XINBIAN
NONGYAO SHIYONG
JISHU SHOUCE

新编

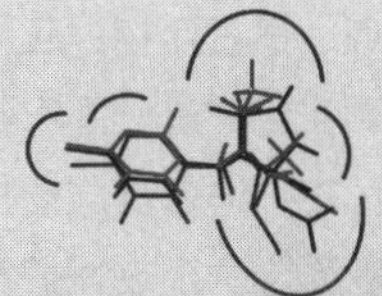

农药使用技术手册

孙家隆　主编

化学工业出版社
·北京·

内容简介

《新编农药使用技术手册》在简述目前我国常见的22种农药剂型及其性能与科学施用、我国农药制剂发展方向的基础上，详细介绍了580余种常用农药品种的相关知识，主要包括具体农药品种的名称、结构、理化性质、毒性、作用特点、适宜作物、应用技术及注意事项等，内容全面系统，新颖实用，是一部农药应用领域不可多得的工具性手册。

本书适合基层植物保护工作者及农业种植人员参考，也是农药学、植物保护等专业师生及农药企业研发人员、农药销售人员研究与学习农药使用技术的得力助手。

图书在版编目（CIP）数据

新编农药使用技术手册 / 孙家隆主编. -- 北京：化学工业出版社，2024.8

ISBN 978-7-122-45575-8

Ⅰ. ①新… Ⅱ. ①孙… Ⅲ. ①农药施用－技术手册 Ⅳ. ①S48-62

中国国家版本馆CIP数据核字（2024）第089905号

责任编辑：刘　军　孙高洁
责任校对：李雨晴
文字编辑：李娇娇
装帧设计：王晓宇

出版发行：化学工业出版社
（北京市东城区青年湖南街13号　邮政编码100011）
印　　装：河北延风印务有限公司
710mm×1000mm　1/16　印张49　字数957千字
2024年11月北京第1版第1次印刷

购书咨询：010-64518888
售后服务：010-64518899
网　　址：http://www.cip.com.cn
凡购买本书，如有缺损质量问题，本社销售中心负责调换。

定　　价：128.00元

本书编写人员名单

主　编： 孙家隆

副主编： 顾松东　郭　磊　李凌绪

曲田丽　吴　培　张保华

编写人员：（按姓名汉语拼音排序）

顾松东　青岛农业大学
郭　磊　青岛农业大学
李凌绪　青岛农业大学
李　明　济南乐丰作物科学有限公司
李兴海　沈阳农业大学
刘　柯　青岛农业大学
彭大勇　江西农业大学
曲　波　山东绿霸化工股份有限公司
曲田丽　青岛农业大学
孙家隆　青岛农业大学
王世辉　山东中新科农生物科技有限公司
王祖利　青岛农业大学
魏泽慧　青岛农业大学
吴　培　山东省农药科学研究院
徐道雨　山东中新科农生物科技有限公司
翟晓露　青岛农业大学
张保华　青岛农业大学
张维杰　济南乐丰作物科学有限公司

前言
PREFACE

开宗明义，本手册是为基层植物保护工作者及农业产业人员编写的一本实用参考书，希望在助力“三农”、保证农业丰收方面贡献绵薄之力。

众所周知，农药在保证农业丰收、有效控制有害生物等方面起着不可替代的积极作用。同时，农药学也是发展十分迅速的学科，首先是随着人们生活质量的不断提高，人们对农产品的品质及生活环境的要求越来越高，农药作为“三农”的保障物资，其施用也越来越规范，相关应用标准逐年更新。再者，每年都有很多环境友好的现代农药新品种问世，这些农药新品种的相关性质及其推广应用技术的普及则成为新农药发挥最大效用的关键。因此，及时、全面、实用地总结与概括当前常用农药的应用技术，将有助于基层植物保护工作者及农业产业人员将“三农”事业发展得更加完美。

本手册分两部分，第一部分简要介绍了目前我国常见的 22 种农药剂型及其性能与科学施用、我国农药制剂的发展方向，第二部分则是从名称、结构、理化性质、毒性、作用特点、适宜作物、应用技术及注意事项等方面系统介绍了 580 余种我国常用农药。为方便检索使用，农药品种按照通用名称汉字拼音顺序排列。其中，国家禁止使用的农药品种不在编辑之列。

本手册的特点是结构新颖、内容丰富、实用性强。

我们的愿望是编写一本内容丰富、具有实用价值的农药应用技术参考书，希望通过本书向广大读者较全面地介绍当前农药品种具体使用知识，以期在助力“三农”及推动农药研究与应用和农药工业发展方面起到良好作用。

我国幅员辽阔、气候多样、作物品种众多、不同地区栽培模式差异明显，植物保护方式方法各不相同，手册中介绍的具体农药品种的施用方法仅供参考，实际生产中应该根据防治对象的抗性情况、环境条件以及国家相关法律法规因地制宜做针对性的调整，不可机械照搬。

农药科学发展突飞猛进，受作者能力和水平所限，本书难免有疏漏之处，恳请专家和读者批评指正。

作者

2024 年 3 月

目录
CONTENTS

第一部分

农药制剂与科学施用

农药在防治植物病虫草害、保障作物生产方面起到重要作用，但农药原药一般不能直接使用，通常需要根据农药原药的性质、施用场景等因素选择合适的助剂，通过科学合理的制剂加工技术，生产相应的制剂产品，如乳油、粉剂、可湿性粉剂、颗粒剂、悬浮剂等。随着人们对保护环境的重视和可持续发展的需要，国内外对农药剂型的研发朝着水基化、颗粒化、缓释化和智能化的方向发展，开始出现包括水乳剂、微乳剂、悬浮剂、悬乳剂、水分散粒剂、微囊悬浮剂等环境友好的剂型。现代农药制剂的发展理念是开发绿色、高效、安全、精准的农药制剂，符合我国“十四五”提出的“绿色高质量发展”要求。同时，新剂型的发展也给老旧的农药品种或剂型注入了新的思路。

农药剂型是指具有一定组分和规格的农药加工形态。一种剂型可制成多种不同用途、不同农药含量的产品，即为农药制剂。针对农药活性成分（原药）选择剂型时需要考虑以下因素：农药活性成分的理化性质；农药活性成分的生物活性和作用方式；剂型的使用方法（喷雾、涂抹或撒施等）；使用的安全性和环保性；防治对象的生物特点和施药气候环境；剂型加工的成本和市场竞争力等。剂型加工的意义在于：可以使有效成分保持良好的稳定性，充分发挥药效，使高毒农药低毒化，减少环境污染和对生态平衡的破坏，优化生物活性，扩大使用方式和防治对象，控制原药释放速率，具有增效、兼治和延缓有害生物抗药性发展的作用。

目前，农药制剂分类有多种方法，按照有效成分可分为单一制剂和复配制剂；按照使用方式可分为直接使用和间接使用的剂型。但常见的分类方法还是以农药制剂的形态分为固体制剂、液体制剂和其他制剂。

第一节　常用农药剂型

一、乳油

乳油（EC）是指将原药（原油或原粉）按一定比例溶解在有机溶剂中，再加入一定量的农药专用乳化剂与其他助剂，配制成的一种均相透明的油状液体，与水混合后能形成稳定的乳状液。乳油中的农药原药是乳油的主体，是起药效作用的成分，有机溶剂主要起溶解或稀释原药的作用，乳化剂主要的作用是将农药原药和有机溶剂的极微小油珠均匀分散在水中，形成稳定的乳状液，以满足喷雾使用的要求。乳油倒入水中可形成水包油（O/W）和油包水（W/O）两种乳状液类型。常见的绝大多数农药乳油都属于水包油型乳油。乳油按照入水后的物理状态可分为 3 种类型：可溶性乳油、溶胶状乳油和乳浊状乳油。可溶性乳油微粒直径在 0.1μm 以下，乳浊液稳定性和对受药表面的润湿性与展着性优良；溶胶状乳油微粒直径为 0.1～1μm，稳定性较好；乳浊状乳油微粒直径为 1～10μm，乳液稳定性不如以上两种，易产生药害或药效不好，视为不合格产品。

特点　乳油的基本性能要求包括：外观应是均相、透明的油状液体，常温条件下贮存 2 年以上不分层、不变质，仍保持原有的理化性质和药效；乳化分散性好；乳油对水质和水温应有较广泛的适应性；乳油兑水稀释后形成的药液喷施在防治靶标上应具有良好的润湿性和展着性，且药液易渗透至作物表皮内部，或渗透至病菌、害虫体内，迅速发挥药效。乳油加工过程简单，设备成本低，配制技术易掌握，有效成分含量可调范围大，贮存稳定性好，使用方便，药效高。乳油是农药剂型加工中最基本和最重要的剂型，但由于含有有毒的有机溶剂（如二甲苯、甲苯等），存在易燃易爆和中毒的危险，容易出现产生药害、污染环境和加工储运不安全等问题。

使用注意事项　乳油农药中含有有机溶剂，对苹果、梨等幼果有刺激作用，在套袋前需尽量避免使用；乳油农药残留时间较长，且能渗透植物表皮，在使用时需严格控制施药浓度，特别是一些对乳油敏感的作物，以免产生药害。

发展前景　目前部分乳油品种相较于其他剂型，有突出的药效和稳定性，因此在短期内不可能被完全替代。因此，乳油今后的发展方向主要体现在以下几方面。

（1）选用更安全的有机溶剂和环保溶剂；

（2）以水代替有机溶剂；

（3）开发溶胶状乳油；

（4）制备高浓度乳油；

（5）不用溶剂制备乳油；

（6）制备固体乳油。

二、水乳剂

水乳剂（EW），也称浓乳剂，是不溶于水的液体原药或固体原药溶于不溶于水的有机溶剂所得的液体分散在水中形成的一种农药制剂。

特点　水乳剂作为国家公认的对环境安全的水基化农药剂型，具有以下优点：

（1）不用或少用有机溶剂，减少了对环境的污染，提高了对生产者、储运者和使用者的安全性；

（2）与乳油相比成本相对较低，但药效与同剂量相应的乳油相当；

（3）与乳油相比，降低了对生产者和使用者的毒性，减轻了对保护作物的药害；

（4）具有良好的掺和性，可与多种剂型混合使用；

（5）可与悬浮剂共同制备悬乳剂，但水乳剂作为一种热力学不稳定的乳状液，也存在有效成分易分解、物理稳定性差、加工工艺复杂等问题，因此水乳剂在配方选择和加工技术方面比乳油困难。

使用注意事项　水乳剂由于用水替代了有机溶剂，对使用对象比较安全，在使用时要注意观察制剂及配制乳液的理化性能，如是否有分层、沉淀、絮凝和结块等现象，以免影响药效，甚至出现药害。另外，由于水乳剂配方复杂，还有多种助剂，在与其他不同类型的剂型或制剂产品混用时要注意混配药液的稳定性。

发展前景 水乳剂是当前农药环保剂型中技术含量高且具有发展前景的一种剂型，也是重要的替代乳油的环境相容型剂型，而且水乳剂具有较好的生物活性，因而具有较好的研究和应用前景。

三、微乳剂

微乳剂（ME）是油溶性或微溶于水的液体原药或溶于非极性有机溶剂的固体原药的液体，分散在水中形成的一种农药制剂。微乳液是一个由油、水两亲性物质（分子）组成的，光学上具各向同性，热力学上稳定且经时稳定的外观透明或者近乎透明的胶体分散体系。微乳液包括油包水（W/O，反相微乳液）、水包油（O/W，正相微乳液）和介于两者之间的连续相（BC，中相微乳液）三种结构。

特点 微乳剂具有以下特点：

（1）制剂及稀释液外观为透明或半透明，其粒径小于100nm；

（2）以水为主要溶剂，对环境友好；

（3）有效成分分散度高，油珠粒径为纳米级，易于渗透到靶标体内，生物活性高；

（4）安全性提高，由于大大减少了有机溶剂的使用，对生产者和使用者的毒害减轻，对人畜和有益生物的毒性较低，避免了强烈的刺激气味、药害和水果上蜡质层溶解等副作用，不影响农产品品质，生产储运安全方便；

（5）制剂加工工艺简单，产品精细化，经时稳定性好。

微乳剂也有不足之处，如有效成分质量分数较低，一般商品化的微乳剂有效成分含量不超过20%；稳定范围较窄，当温度变化时容易出现制剂浑浊，影响制剂外观及物理稳定性；表面活性及用量较高，增加了成本。因此微乳剂比较适合高经济附加值的农药品种，如生物活性高、高附加值有效成分、使用剂量低的农药品种。

使用注意事项 微乳剂在使用过程中应该注意：

（1）在蔬菜、水果等品种和水田中应慎用微乳剂；

（2）开发微乳剂应少用或不用醇和酮类等极性溶剂作为助溶剂；

（3）选择非挥发性溶剂和安全环保溶剂；

（4）微乳剂以加工低含量农药为好，降低溶剂用量和生产成本。

发展前景 微乳剂在国内外近年来一直被认为是一种安全、环保、水基化的剂型，尤其结合纳米农药研究，微乳剂成为我国农药剂型开发的新热点，但微乳剂组成复杂，研发难度大。

四、悬浮剂

农药悬浮剂（SC）是以水为分散介质，由水溶性较低而熔点较高的固体原药、助剂（润湿剂、分散剂、增稠剂、稳定剂、pH 调节剂和消泡剂等）经湿法超微粉碎制得的农药剂型。悬浮剂是现代农药剂型中十分重要的农药环保剂型之一。高品质的悬浮剂粒径细，一般为 1～3μm，悬浮率高（一般在 90%以上），具有良好稳定性，可充分发挥农药的效果。悬浮剂加水稀释后在靶标上达到较高的覆盖率，在作物表面上有较高的展着性、黏附性和耐雨水冲刷性。大多数悬浮剂采用水为连续相，避免了有机溶剂对环境的污染和对农作物的药害。但悬浮剂加工工程较为复杂，对设备要求较高，相较于其他液体制剂，容易沉降分层析水，因此对配方选择要求高。

特点　悬浮剂是水基型制剂中重要的、性能优良的制剂之一，具有诸多优点：

（1）一般具有较高的药效；

（2）使用便利，易于量取，对操作者安全；

（3）无粉尘且可以较快分散于水中；

（4）以水为基质，适合于生物功能的有效利用；

（5）无闪点问题，对植物药害低。

悬浮剂在减少有机溶剂用量、使用和贮运安全方便、持效期长、生产中不产生“三废”等方面的特点顺应了农药无公害化的大趋势。从上述意义出发，以悬浮剂为代表的水基制剂，将成为解决农药公害问题的重要手段之一。

使用注意事项　悬浮剂在使用过程中需要注意：

（1）悬浮剂应现配现用，已配药液不能长期存放。

（2）悬浮剂的用量和用药频率可根据害虫的大小、类型和分布区域进行适当调整。

（3）悬浮剂与其他药剂复配时可以先少量混配，判断是否产生絮凝、沉淀、结块等不稳定的问题，然后再混配使用。

（4）悬浮剂在使用时要注意观察理化性能是否有变化，如分层、沉淀、絮凝、结块、悬浮率降低、有效成分分解等，以免影响药效。

发展前景　悬浮剂是农药制剂中发展历史较短，并处于不断完善中的一种新剂型。这一剂型的出现，给难溶于水和有机溶剂的固体农药制剂化生产和应用提供了新的契机。发达国家对悬浮剂的开发较早，推广速度也较快。我国自 20 世纪 70 年代开始研制悬浮剂以来，无论在配方研究、加工工艺和制剂品种、数量上都获得了较大发展。近年来特异型悬浮剂发展十分迅速，已经出现了一批新型复配悬浮种衣剂，干悬浮剂、微囊悬浮剂和悬乳剂登记也逐年增加。悬浮剂是现代农药中十分重要的农药剂型之一，也是联合国粮农组织（FAO）推荐的四种环保型剂型之一，农药悬浮剂的发展出现新趋势：

（1）悬浮剂尽可能朝着高浓度方向发展；

（2）新的原药品种开发的剂型都有悬浮剂的制剂形态；

（3）悬浮剂的发展表现出应用功能化的趋势，如用于种子处理的悬浮剂就有警戒色、有效成分包衣脱落率等要求；

（4）随着加工工艺的突破和应用技术的提高，悬浮剂制剂的药效已与乳油等传统制剂相当；

（5）技术进步使制备悬浮剂的原药理化性质范围得以放宽，传统概念上不能加工成悬浮剂的活性成分当今都可以加工成悬浮剂，如苯醚甲环唑、二甲戊灵等。

五、可分散油悬浮剂

可分散油悬浮剂是一种在油类溶剂中不溶的固体农药活性成分分散在非水介质（即油类）中，依靠表面活性剂形成高分散稳定的悬浮液体制剂。以水稀释调配使用的油悬浮剂定义为水分散油悬浮剂（OD）；用有机溶剂或油稀释调配后使用的油悬浮剂定义为油悬浮剂（OF）。二者主要区别为使用方式的不同，但加工工艺与设备相似。水分散油悬浮剂兑水稀释后用于常规和无人机超低容量喷雾，这就要求水分散油悬浮剂中要有性能良好的乳化分散剂，能够短时间内迅速使油相分散成包裹有效成分的小油滴悬浮在水中，形成均一稳定的乳液。而油悬浮剂则用与其本身相同或相似的有机溶剂或油稀释，对乳化剂的要求有所下降甚至不需要乳化剂。可分散油悬浮剂是一类极具竞争力的农药剂型，性能稳定，黏附性好，对靶标作物增效作用明显，使用的介质可降解，且生产和使用过程中无粉尘，对环境和人不易造成污染，有着良好的发展前景。

特点 可分散油悬浮剂具有以下优点：

（1）安全、环境友好　可分散油悬浮剂不使用苯类等有机溶剂，以更安全、环保的植物油等可再生的油脂类等为溶剂，对生产者安全，是高效、经济的绿色剂型。

（2）保护有效成分　如在生物制剂中，油悬浮剂中的植物油一定程度上能削弱紫外线对微生物菌剂的影响，可提供相对稳定的微生物生存环境。

（3）可用于特殊场景进行施药　可分散油悬浮剂因其挥发性低、黏附性强、持效期长等特点适合无人机实现精准减量施药。

（4）提高药物渗透性能　如阿维菌素与矿物油混合后具有更好的植物渗透性、更好的触杀作用。

（5）具有良好的润湿展布、保湿、黏附和抗冲刷性能　油悬浮剂在作物角质层和防治对象蜡质层表面更容易润湿展布和黏附，且能够保持长时间湿润，因此具有良好的抗冲刷性能和持效性。

可分散油悬浮剂除了以上的优点外，作为一种复杂固液胶状体系，具有不稳定性，因此存在与其配套的分散剂等助剂较少、稳定性低于水悬浮剂、分散介质不易乳化分散且品质差异大和成本相对较高等问题。

使用注意事项 可分散油悬浮剂对于特殊地形、地区施药有良好的适用性。在果园中由于地形、设备等限制因素，导致传统的喷雾施药方式缺点明显，需要一种喷雾技术来提高施药效率和沉积量，而无人机因其灵活、便捷等特点逐渐成为农业中的热点。因此也可将可分散油悬浮剂与无人机施药结合起来，规避无人机施药时水基化剂型易蒸发、飘移的缺点，使无人机施药更高效、便捷。

发展前景　油悬浮剂是一类极具竞争力的农药剂型，性能稳定、黏着性好，对靶标物增效作用明显，一次性用药即可获得显著防效，使用介质可降解，且生产和使用过程无粉尘，对环境和人不易造成污染和危害，有着较好的发展前景。

六、微囊悬浮剂

微囊悬浮剂（CS）是指通过物理、化学等方法，利用天然或者合成的高分子材料形成核-壳结构微小容器，将农药有效成分包覆其中，并悬浮在连续相（水或其他油性溶剂）中的农药剂型。微囊包括囊壁（皮）和囊芯两部分，囊芯是农药有效成分，囊壁是由明胶、阿拉伯胶、淀粉、甲基纤维素、聚脲树脂、聚苯乙烯等天然或合成高分子材料形成的膜。微囊悬浮剂外观与水悬浮剂相似，微囊外形与原药外观、制备方法和工艺有关，可以是椭圆形、球形、块状或絮状形态，其直径一般从几微米到几百微米。

特点　微囊悬浮剂与其他常规剂型相比具有以下优点：

（1）具有缓释性能，持效期延长；

（2）提高了有效成分的稳定性，避免受到物理、化学及微生物环境因素影响而造成农药分解、氧化、流失等；

（3）减少了有机溶剂用量，降低了对环境的污染；

（4）由于农药有效成分被囊壁包裹，减轻了农药对作物的药害，避免了人畜与农药直接接触造成中毒；

（5）土壤处理时易被吸附于土壤表面形成药土膜，提高农药利用率。

使用注意事项　微囊悬浮剂适用于蛴螬、蝼蛄、金针虫、地老虎、线虫和韭蛆等地下害虫的防治；对生长和危害期长、难以防治的苹果绵蚜、梨木虱、介壳虫、天牛等效果较好；可用于果树干枝期和套袋前的杀虫、杀螨、杀菌剂和需要延长残效和降低药害的芽前除草剂；在环境卫生害虫和粮食贮存害虫防治中可以起到延长药效的作用，另外，也可用于拌种剂。但微囊悬浮剂由于具有缓释性，速效性明显降低，不适用于速效场所。

发展前景　微囊悬浮剂具有安全、环保、节约资源、使用方便等优点，正成为农药剂型的重要发展方向，特别是在地下害虫和芽前除草剂应用方面将有大的发展。而且微囊悬浮剂制备技术的不断进步和新型壁材的不断发展，为智能型微囊产品的研发奠定了基础，或将解决微囊悬浮剂的速效和持效问题，从而实现农药剂型的绿色发展。

七、干悬浮剂

干悬浮剂（DF）是按照水悬浮剂的生产方法，首先制备成水悬浮剂，然后通过喷雾干燥等工艺进行造粒制备得到的产品。干悬浮剂的研制是在农药悬浮剂基础上提出的，由于农药悬浮剂是一种在热力学上不稳定的分散体系，其稳定性难以保证，在贮存过程中易出现不稳定现象，即某些悬浮剂产品的分散粒子在贮存过程中易发生凝聚或聚结，严重时甚至出现结块和沉淀现象，从而影响使用效果。此外，农药含量较高的悬浮剂产品（因体系黏度较高）在使用时不易倒出，容器中的残留物较多，增加了包装容器清理的困难，给环境带来污染。而干悬浮剂是一种固体制剂，在使用时用水稀释形成悬浮液状态，形成以粒径为 1～10μm 的固体农药粒子为分散相、以水为连续相的分散体系，具备了悬浮剂的所有优点，因此市场前景广阔。

特点 干悬浮剂具有以下特点：

（1）在水中快速崩解，分散性和悬浮性好；

（2）加少量水稀释后，可直接用于飞机或地面微量喷雾，较常规用量喷雾工效提高近百倍；

（3）药液粒子足够小，喷施后能均匀附着在作物表面，形成致密的保护膜；辅以良好的黏附展着剂，可增强黏附性能，耐雨水冲刷；

（4）药液粒子大小分布合理，这既能保证药剂的速效性和持效性，又能保证药剂与作物表面完全接触，药效提高；

（5）安全性好，不易产生药害；

（6）不使用任何有机溶剂，安全环保，不污染环境，也无粉尘，对生产和使用人员安全，也可避免药剂飘移产生的药害问题；

（7）用水稀释后农药颗粒粒径很小，易在靶标上发挥作用，药效高。

使用方法 干悬浮剂可以用水稀释（成悬浮液）后进行茎叶喷施，另外可将干悬浮剂产品拌土后进行撒施（如水田除草剂）。

发展前景 干悬浮剂具有良好的悬浮性、分散性、崩解性、流动性和均匀性，是一种新型的农药剂型，田间药效优于水分散粒剂等剂型，但干悬浮剂的生产设备一次性投资较大，生产操作技术性强，因此适合于高附加值的农药品种，随着新型生产技术和设备的发展，干悬浮剂将会进一步提高产品市场竞争优势。

八、可湿性粉剂

可湿性粉剂（WP）是指含有原药、载体和填料、表面活性剂、辅助剂等，并经粉碎成一定粒径的粉状制剂，可兑水稀释形成稳定悬浮液。可湿性粉剂是农药剂型中历史最为悠久的基本剂型之一。可湿性粉剂加工过程中不需要有机溶剂，既节省了有机溶剂又减少了环境污染。配方中添加的润湿剂、展着剂等有利于农药有效成分在作物上黏附，提高抗冲刷能力，包装、储藏和运输也方便。

特点 可湿性粉剂主要特点如下：

（1）可湿性粉剂在配制药液时可被水快速润湿形成悬浮液，同时药剂悬浮液在植物或防治对象表面也具有良好的润湿性；

（2）具有良好的悬浮性，有利于均匀喷雾，不易产生药害；

（3）具有低的起泡性，有利于配制药液和喷雾使用；

（4）具有良好的流动性，以利于加工、贮存和使用；

（5）具有良好的分散性和细度，有利于提高悬浮性；

（6）具有较低的水分含量，提高有效成分稳定性和制剂流动性，避免结块；

（7）具有良好的储存稳定性。

使用注意事项　可湿性粉剂可兑水稀释喷雾使用，且在靶标物上能快速润湿展布，具有较好的药效。在配制药液时一般先把可湿性粉剂加少许水制成初级母液，再按照需要的浓度加水摇匀，喷雾过程中要注意药液是否有絮凝和沉淀等，随时搅拌或晃匀，以免堵塞喷头，影响施药效果。

发展前景　可湿性粉剂作为一种常规剂型，其在生产和使用中存在的“粉尘”问题不可规避，且与其他剂型混合会出现不良的配伍性，今后将会逐渐向水基化、粒状化发展，逐渐被悬浮剂和水分散粒剂所代替。

九、粒剂

粒剂（GR）是由农药原药、溶剂（或水）、载体、助剂混合造粒成型所得的一种颗粒状剂型。农药粒剂根据直径大小可以分为大粒剂（5～9mm）、颗粒剂（297～1689μm）和微粒剂（74～297μm）。粒剂按照崩解特性可分为解体型和不解体型。

特点　粒剂作为一种常用的农药剂型具有以下优点：

（1）施药具有方向性，使撒布的药剂能充分到达靶标生物而对天敌等有益生物安全；

（2）药剂不附着于植物的茎叶上，避免直接接触产生药害；

（3）减少操作人员身体附着或吸入药量，保证对施药人员安全；

（4）施药时无粉尘物飞扬，不污染环境；

（5）使高毒农药低毒化，避免人畜中毒；

（6）可控制粒剂中有效成分释放速度，延长持效期；

（7）使用方便，效率高。

使用注意事项　粒剂具有使用方便、操作安全、应用范围广及延长药效等优点，以杀虫剂和除草剂为主，通常用于水稻田和大田土壤处理，直接或拌土撒施，或撒施于作物心叶内防治钻蛀性害虫等。

发展前景　农药粒剂是目前许多国家正在发展和应用的一种剂型，在农药领域已经占据相当重要的地位，成为农药工业生产中品种较多、吨位较大、应用广泛的剂型。缺点是生产效率低（一般低于 25%）、载体用量大、农药有效含量低、药效低、使用时不安全。

十、可溶粉（粒）剂

可溶粉（粒）剂是指在使用浓度下，有效成分能迅速分散而完全溶解于水中的一种新剂型。其外观为呈流动性的粉粒体，称之为可溶粉剂（SP）和可溶粒剂（SG）。

特点 可溶粉（粒）剂配方组成及加工工艺简单，有效成分含量一般在50%以上，有的高达90%。由于其浓度高，贮存时化学稳定性好，加工和贮存成本相对较低，且为固体剂型，包装、运输、使用安全方便。但可溶粉（粒）剂受水溶性限制，适用于加工成可溶粉（粒）剂的原药有限，即使是水溶性好的农药，也要考虑施药方式、作物生长期、作用机制等，以便做到经济、合理和安全用药。

使用方法 可溶粉（粒）剂的防效比可湿性粉剂高、与乳油接近，而且不用有机溶剂，乳化剂、润湿剂等助剂用量少，一般加水溶解后可直接喷雾。

发展前景 可溶粉（粒）剂配方组成及加工工艺简单，不含有机溶剂，药效稳定，顺应当前农药剂型发展方向，具有较好的发展前景。

十一、水分散粒剂

水分散粒剂（WG）是指能在水中较快崩解、分散形成高悬浮的固-液分散体系的一种剂型。水分散粒剂是20世纪80年代国际上研究开发成功的农药新剂型和新的制剂加工技术。水分散粒剂是在可湿性粉剂的基础上发展起来的，水分散粒剂的配方不仅包含可湿性粉剂的所有助剂，还增加了造粒过程助剂及应用助剂。

特点 水分散粒剂具有以下特点：

（1）无溶剂和无粉尘，对作业者和环境安全；

（2）有足够的硬度和强度，防止产品在包装、储运期间产生超标粉尘；

（3）有效成分含量高，一般含量可超过60%，最高含量可达到90%，降低了生产成本和运输、储运、包装费用；

（4）物理化学稳定性好；

（5）具有优良的悬浮性和流动性，包装、使用方便，不易产生药害；

（6）良好的掺和性，与常用剂型如乳油、可湿性粉剂、悬浮剂等掺和良好。

使用方法 杀虫剂、除草剂、杀菌剂和植物生长调节剂可以加工成水分散粒剂，水稀释时，能迅速崩解、分散形成稳定的悬浮液，主要供喷雾施用。

发展前景 水分散粒剂配方工艺要求高，加工工序复杂，但它与传统剂型相比具有非常鲜明的特性：

（1）对农药品种和制剂含量具有广泛的适应性；

（2）对超高效农药具有良好的匹配性；

（3）生产工艺具有多样性；

（4）对环境具有友好性。因此，水分散粒剂具有良好的应用前景。

十二、种衣剂

种衣剂是一种用于植物种子处理的、具有成膜特性的农药制剂。种衣剂是目前比较重要的种子处理剂。2018年新实施的GB/T 19378—2017《农药剂型名称及代码》中，种子处理剂可以以多种剂型形式应用，包括种子处理干粉剂（DS）、种子处理可分散粉剂（WS）、种子处理液剂（LS）、种子处理乳剂（ES）、种子处理悬浮剂（FS）等。种衣剂和用于种子处理的农药剂型如乳油、粉剂、可湿性粉剂、悬浮剂等不同，种衣剂是在种子表面形成特殊的包衣膜，这层膜在土壤中吸水膨胀而不被溶解，允许种子正常发芽所需的水分和空气通过，同时使农药和种肥等物质缓慢释放，具有杀灭地下害虫、防止种子带菌和苗期病害、促进种苗健康生长发育、改进作物品质、提高种子发芽率、减少农药使用量、提高产量等功能，从而达到减少环境污染、防病治虫保苗的目的。由此可见，种衣剂具有多种功能。但种衣剂由于直接作用于种子进行包衣处理，使用不当有可能会产生药害，因此需要更专业、更有效的生产规范作指导，其创新研发、推广、质量控制体系的建立是其健康发展的基础。

特点　种衣剂作为一种种子处理剂，具有以下优点：

（1）高效　种子处理从农作物生长发育的起点出发，着重保护种子本身以及作物幼苗期，体现预防为主的理念，可以充分发挥药剂的效果；

（2）经济　种子处理具有高度目标性，药力集中、利用率高，比叶面喷施、土壤处理等方法省药、省时、省工和省种；

（3）安全　种子处理可在小范围内进行，便于实现产业化，药剂隐蔽使用，对大气和土壤环境无污染或少污染，减少对天敌的影响，且降低了作物地上部分残留量，有助于高毒农药低毒化；

（4）持效期长　种衣剂具有良好的缓释性，且药物与土壤环境不直接接触，不受日晒雨淋和高温影响，有效成分稳定，持效期延长；

（5）多功能　种子处理以种子为载体包覆多种有效成分（如杀菌剂、杀虫剂、生长调节剂、肥料和微量元素等），可负载化学农药和生物农药，实现从多方面促进作物生长，起到提质、增产作用。

使用方法　种衣剂可结合种子包衣技术使用。所谓种子包衣即借助黏着剂或成膜剂等附着作用强的物质，通过人工或者是使用机械的方法，将农药、肥料、植物生长调节剂等非种子材料按比例均匀包在种子表面的加工处理技术。种子包衣技术可分为人工包衣和机械包衣两种包衣方法，人工包衣是指通过手工的方法将种子和种衣剂充分混合均匀，主要是进行小规模的包衣处理，经过人们的实践，发现使用铁桶、塑料袋和大盆都可以进行人工包衣。机械包衣就是借助特制的机器进行植物种子包衣，包衣较均匀，适用于种子公司进行大规模的种子包衣。种子包衣技术过程涉及种子机械、种子生理、种子贮藏，以及农工、农艺等许多相关环节，因此要结合种子特点和种植环境，开发针对性的种衣剂和配套的包衣机械，建立健全规范的种子包衣技术体系。

发展前景　种子是农业的“芯片”，国际种业巨头一直重视种子健康，种子处理是保证种子健康最重要的手段之一，国内已经形成了具有中国特色的种衣剂研究、开发、生产和推广体系，为种衣剂的发展奠定了基础。

十三、悬乳剂

悬乳剂（SE）是指有效成分以固体微粒和水不溶的微小液滴形态稳定分散在连续的水相中的呈非均相液体的制剂。

特点 悬乳剂是一种较新的剂型，兼具悬浮剂和水乳剂的特点，是把不相容的几种农药活性成分，尤其是一种与水不溶的固体农药活性成分与另一种与水不溶的液体农药活性成分组合加工成的一种单包装剂型产品。这种混合剂型使用方便，避免田间施药桶混时产生的不均匀性，保持了原有的生物活性，通过复配扩大了使用范围，延缓了抗药性，避免了几种农药剂型使用前临时复配造成药液不稳定、药效改变和药害等问题。悬乳剂一般含有两种不同物理形态（液体、固体）的农药有效成分。其中固体有效成分形成分散悬浮颗粒，组成悬浮相；液体有效成分或低熔点有效成分的溶液乳化成油珠，组成乳液相；水为连续相，连续相中一般不含有农药，但根据实际防治需要，也可以溶解一些水溶性农药有效成分，如36%乙草胺•莠去津•草甘膦悬乳剂（含草甘膦12%）。悬乳剂具有较高的闪点、低易燃性及飘移性等优点；因用水作主要溶剂，提高了生产及贮运安全性，降低了对操作人员的皮肤接触毒性，对生态环境安全；同时由于悬乳剂为复配剂型，具有扩大防治谱、增效、减少用药次数、降低用药成本等优点。

使用方法 悬乳剂一般采取喷雾施药，但悬乳剂是含有多种农药活性成分的制剂，其稳定性是比较突出的问题，在运输、贮存和使用时要注意鉴别其外观是否有分层、沉淀等不稳定性现象，同时结合相应检测技术分析有效成分的含量，从而保障施药效果和安全性。

发展前景 悬乳剂可将多种不相容的农药有效成分进行有效复配组合，是一种安全高效、环境友好的水基型制剂，成为植物保护中改善防效、扩大防治范围和延缓抗药性的重要手段，随着农药助剂和制剂加工技术的不断发展，悬乳剂产品技术将越来越成熟。

十四、烟剂

烟剂（FU）是指通过点燃发烟（或经过化学反应产生的热能）释放有效成分的固体制剂。烟剂是有适当热源供给能量，使易于挥发或升华的药剂迅速气化，形成烟或雾，弥漫在空中，维持相当长时间的剂型。

特点 烟剂使用时可以将有效成分形成高度分散体系，具有巨大的表面积和表面能，增强了药剂的穿透、附着能力，充分发挥药剂的触杀、胃毒、内吸、渗透和抑制作用，提高药效。而且烟剂使用不需任何器械，不需要水，工效高，省力方便，除了保护地使用外，也适合于林木、灌木、果树、甘蔗等高杆（秆）作物，在花房、库房、货物车船、山洞、峡谷、洼地及特殊建筑物等处广泛应用。

使用方法　烟剂对农药有效成分要求较高，在发烟温度下易挥发、蒸发、升华又不易分解，且与烟剂其他组分在化学和物理上相容的农药原药才可制成烟剂。同时，烟剂的使用对环境也有严格要求，如气流相对运动特别大的环境和场所不易使用烟剂。

发展前景　随着我国保护地（塑料大棚、温室）种植面积的不断扩大和人民对绿色食品的需求，烟剂以其自身的高效、快速、省工、省力、安全、简便，对环境污染小，不增加保护地湿度、残留量等优势获得快速发展。

十五、油剂与超低容量液剂

油剂（OL）是农药原药溶解于油相形成的均相油状液体制剂，在加工过程中根据需要，有时需要加助溶剂、化学稳定剂或防止出现药害的助剂等，大都是直接喷雾使用。一般附着性好，耐雨水冲刷，效果好。

在农药喷雾中，每公顷的施药液量在 5L 以下（大田作物）或 50L（树木或灌木林）以下的喷雾方法称为超低容量喷雾法（ULV）。超低容量液剂（UL）是直接在超低容量喷雾器械上施用的匀相液体制剂，也称为超低容量油剂或超低容量剂，实际上都是油剂。超低容量液剂必须与超低容量喷雾器械配合，采用超低容量喷雾法。超低容量液剂必须用气化能力极小的溶剂油来配制，以防止油剂的蒸发逸失。

十六、热雾剂

热雾剂（HN）是将液体或固体的农药有效成分溶解在具有适当闪点和黏度的溶剂中，再添加其他助剂加工成的一定规格的制剂。在使用时借助烟雾机将此制剂定量压送到烟花管内，与高温高速的热气流混合喷射至空气中，迅速挥发并形成数微米到几十微米的“雾”，或形成制剂粒径为 0.3～2.0μm 的固体颗粒分散悬浮于空气中，将此类制剂统称为热雾剂。热雾剂必须和烟雾机配套使用。热雾剂具有雾滴细、通透性好、附着力强、耐雨水冲刷等特点，但易受气流影响，施药时如有风，易随风飘移，因此需要注意避免气流带来的不利影响。

十七、气雾剂

气雾剂（AE）是利用低沸点发射剂急剧气化时所产生的高速气流将药液分散雾化，靠阀门控制喷雾量的一种灌装制剂。气雾剂按药液分散系可分为油基气雾剂、水基气雾剂和醇基气雾剂。气雾剂使用时不需要另外的药械，也不用加水或其他溶剂稀释，携带方便，操作简单，雾化程度高，分散性好，穿透性好，在空气中的悬浮性较高，适合在宾馆、饭店、飞机、车船等公共场所和家庭用于防治卫生害虫、杀菌消毒，也可以用于温室、花房等防治病虫害。

十八、饵剂

饵剂（RB）又称“毒饵”，是指针对目标有害物的某种习性而设计的，通过引诱目标有害物前来取食或发生其他行为而干扰其行为或抑制生长发育或致其死亡等等，从而达到预防、消灭或控制目标有害物目的的一种剂型，一般由载体、原药和添加剂组成。毒饵的“原药”可以是原粉或原油，也可以是加工好的制剂。毒饵常用于防治害鼠、卫生害虫及地下害虫，也可以用来防治蝗虫、棉铃虫、金龟子、天牛、实蝇、蟑、蜗牛、蛞蝓、蝙蝠、害鸟等。

十九、蚊香

蚊香（MC）主要用于家庭、医院、公共场所、家畜家禽棚舍驱赶或杀灭蚊子，发烟缓慢柔和，持续时间长，无刺激性异味，对人、畜安全。蚊香根据其加热方式不同可分为自燃型的盘香和线香，加热型的电热蚊香和化学热型蚊香。通常说的蚊香一般指盘式蚊香。盘式蚊香是将杀虫有效成分混合于木粉等可燃性材料中，从一端点燃，在一定的时间内缓慢移动燃烧过程中逐渐地将杀虫有效成分挥散入空中形成气溶胶的一种特殊杀虫剂型。蚊香一般由杀虫有效成分、可燃性材料、其他添加剂及水分混合组成。盘式蚊香价格低廉，应用广泛，但也有缺点，如遇明火，容易引起火灾；每次均需点燃，使用不方便；而且烟气呛人，对眼黏膜造成刺激性；会产生有害气体，对人身体健康造成影响。

二十、电热蚊香片

电热蚊香片（MV）是基于盘式蚊香存在的安全、环保及健康问题而发展起来的。电热蚊香片由载药片和恒温电热器两部分组成，其工作原理是由电热器恒温加热，使载玻片上的有效成分缓慢蒸发气化，达到杀死蚊虫的目的。此法的优点是安全、有效成分热分解少，适于家庭使用。但电热蚊香片存在缺点，如需要每天更换一片，使用不甚方便，药效不稳定，使用2～4h后药效逐步下降，驱蚊片中约有15%有效成分难以挥发出来，造成浪费。

二十一、电热蚊香液

电热蚊香液（LV）是电热类蚊香的第二代产物。电热蚊香液由驱蚊液及使驱蚊液均匀蒸发挥散的电子恒温加热器两部分组成。前者称驱蚊液，后者称驱蚊液用电子恒温加热器，简称电加热器。电热蚊香液相比电热蚊香片具有以下优点：

（1）不需要天天换药，使用方便；

（2）生物效果稳定，有效成分挥散始终均一恒定；

（3）药液可以全部发挥效果，没有浪费；

（4）人手触摸不到发热器件及药物。

二十二、片剂与水分散片剂

片剂（TB）是指原药与填料和其他必要的助剂均匀混合后压制而成的片状制剂。就外观形状而言，片剂包括直接使用片剂、烟片、饵片、水分散片剂、泡腾片剂、可溶片剂、电热蚊香片、防蛀片剂、驱虫片等。片剂具有贮存、运输、携带、应用方便，稳定性好，剂量准确，减少粉尘危害，控制释放，延长有效期等特点。但片剂含药量不宜过高，其崩解分散性能影响药效，泡腾片等对贮存环境要求高。

水分散片剂（WT）是指加入后能迅速形成悬浮液的片状制剂。水分散片剂是在水分散粒剂、片剂以及泡腾片剂的基础上发展起来的农药固体新剂型，具有三种制剂的优点，保持了泡腾片剂崩解速度快的优势，形成稳定的悬浮液，有利于喷雾，同时具有片剂外形特点，生产工艺相同，无粉尘污染，易于包装、运输、贮存和使用，而且计量准确，省工省时。

农药剂型名称及代码见表 1-1 所示。

表 1-1　农药剂型名称及代码（引自 GB/T 19378—2017）

剂型名称	英文名称	代码
原药和母药		
原药	technical material	TC
母药	technical concentrate	TK
固体制剂		
粉剂	dustable powder	DP
颗粒剂	granule	GR
球剂	pellet	PT*
条剂	plant rodlet	PR
片剂	tablet	TB
可湿性粉剂	wettable powder	WP
油分散粉剂	oil dispersible powder	OP
乳粉剂	emulsifiable powder	EP
水分散粒剂	water dispersible granule	WG
乳粒剂	emulsifiable granule	EG
水分散片剂	water dispersible tablet	WT
可溶粉剂	water soluble powder	SP
可溶粒剂	water soluble granule	SG
可溶片剂	water soluble tablet	ST
液体制剂		
可溶液剂	soluble concentrate	SL

续表

剂型名称	英文名称	代码
	液体制剂	
可溶胶剂	water soluble gel	GW
油剂	oil miscible liquid	OL
展膜油剂	spreading oil	SO
乳油	emulsifiable concentrate	EC
乳胶	emulsifiable gel	GL
可分散液剂	dispersible concentrate	DC
膏剂	paste	PA
水乳剂	emulsion,oil in water	EW
油乳剂	emulsion,water in oil	EO
微乳剂	micro-emulsion	ME
脂剂	grease	GS
悬浮剂	suspension concentrate	SC
微囊悬浮剂	capsule suspension	CS
油悬浮剂	oil miscible flowable concentrate	OF
可分散油悬浮剂	oil-based suspension concentrate (oil dispersion)	OD
悬乳剂	suspo-emulsion	SE
微囊悬浮-悬浮剂	mixed formulations of CS and SC	ZC
微囊悬浮-水乳剂	mixed formulations of CS and EW	ZW
微囊悬浮-悬乳剂	mixed formulations of CS and SE	ZE
种子处理干粉剂	powder for dry seed treatment	DS
种子处理可分散粉剂	water dispersible powder for slurry seed treatment	WS
种子处理液剂	solution for seed treatment	LS
种子处理乳剂	emulsion for seed treatment	ES
种子处理悬浮剂	suspension concentrate for seed treatment (flowable concentrate for seed treatment)	FS
	其他制剂	
气雾剂	aerosol dispenser	AE
电热蚊香片	vaporizing mat	MV
电热蚊香液	liquid vaporizer	LV
防蚊片	proof mat	PM*
	挥散制剂	
气体制剂	gas	GA

续表

剂型名称	英文名称	代码
挥散制剂		
发气剂	gas generating product	GE
挥散芯	dispensor	DR*
烟类制剂		
烟剂	smoke generator	FU
蚊香	mosquito coil	MC
诱饵制剂		
饵剂	bait (ready for use)	RB
浓饵剂	bait concentrate	CB
空间驱避制剂		
防蚊网	insect-proof net	PN*
防虫罩	insect-proof cover	PC*
长效防蚊帐	long-lasting insecticidal net	LN
涂抹制剂		
驱蚊乳	repellent milk	RK*
驱蚊液	repellent liquid	RQ*
驱蚊花露水	repellent floral water	RW*
驱蚊巾	repellent wipe	RP*
使用方式制剂		
超低容量液剂	ultra low volume liquid	UL
热雾剂	hot fogging concentrate	HN

注：*我国制定的农药剂型英文名称及代码。

第二节 浅谈我国农药制剂的发展方向

一、国家政策及植保技术对农药制剂新的要求

中国是农药原药的生产和出口大国，随着中国农药行业的发展、农药产业结构的调整、农药制剂的生产量和质量的稳步提升、贸易全球化趋势的增强，提高我国农药制剂产品在国际市场中的占有率成为我国农药行业进一步发展的必由之路。开发高效安全、省时省力的农药制剂产品成为现代植保工作的关键之一，也是农药制

剂发展的方向，新的农药管理政策和植保政策及施药方式对农药制剂提出了更高的要求，因此，农药制剂的发展需要具有以下特点：

①具有方便使用的形态；②能最大限度地发挥药效；③能弥补原料药的不足；④提高使用的安全性；⑤减轻对环境的不良影响；⑥使用方便，实现省力化；⑦对现有品种进行功能化开发，扩大用途。

为了适应新的生产要求和应用场景，我国农药制剂的产品发展以绿色、安全、增效、精准为方向，制剂技术侧重于研究高传导、低挥发、低淋移、防飘移和智能释放。现有产品中的高溶剂含量的制剂如乳油等将会受到限制，低挥发性有机物（VOC）含量和无粉尘的制剂产品如环境友好的水基化制剂、高含量固体化制剂和缓控释制剂等将获得较快发展。

二、中国农药制剂的研发热点

随着科学技术的发展，尤其是交叉学科的深度融合，农药剂型的发展也进入了新的阶段，以开发绿色、生态、安全的农药制剂技术为目标，将过去以分散、润湿、稳定为主线的研究思路转变为对药物传导技术的研究，由偏重新剂型的研发转为对制剂组分的优选。因此，农药制剂研发更加注重精细化、功能化、安全性和高效利用，相继出现了药肥、展膜油剂、水面漂浮颗粒剂、泡腾片剂以及纳米农药制剂等新剂型，还有结合使用技术研制的超低容量液剂、热雾剂、飞防制剂等适合不同使用方式的剂型，在多相制剂研究中，除了悬乳剂，又开发出了微囊悬浮-悬浮剂、微囊悬浮-水乳剂和微囊悬浮-悬乳剂等新的剂型。以下是目前中国农药制剂研发的热点：

（1）乳油技术层面的改进　研发 VOC 含量低，对环境、生态安全性高的绿色农药乳油是第三代农药制剂技术开发的最主要目标之一。主要研究方向包括：高浓度乳油的研发，降低有机溶剂用量；改变溶剂种类，提高溶剂安全环保性；改变乳油物理形态，研发固体乳油和胶体乳油。

（2）飞防用制剂的研究　随着城镇化进程和土地资源整合进程的加快，农业植保施药方式和器械正在发生转变。将高校绿色制剂与先进植保器械结合，对提高农药利用率、减少农药用量起着至关重要的作用。超低容量喷雾制剂是制约飞防技术的主要瓶颈。因此研究符合标准要求和施用要求的飞防制剂非常关键，需要考虑高浓度施药的风险、剂型和配方的匹配、飞防助剂的科学应用及标准体系的建立等。

（3）控制释放技术应用及纳米农药研发　控制释放技术是中国农药制剂技术与国际水平差距最大的领域之一，研发和掌握一系列关键技术是今后的重要发展方向。

近年来，利用纳米材料与技术发展纳米农药新剂型，成为应用领域研究热点之一。将纳米材料和技术应用到农药制剂加工中，有利于改善难溶性农药的分散性、稳定性与生物活性，提高农药在生物靶标表面的黏附性与渗透性，提高农药有效成分的稳定性，控制药物释放速率，延长持效期等。目前纳米农药剂型主要包括微乳剂、纳米乳、纳米分散体、纳米胶囊、纳米微球、纳米胶束、纳米凝胶、纳米粒子、纳米纤维等。目前市场上除了微乳剂、纳米悬浮剂外，其他纳米农药种类仍比较少见。同时，针对纳米农药生态毒理学和环境归趋的研究仍十分有限，因此在推广使用前应构建纳米农药的环境监管体系，建立完善的纳米农药环境风险评估办法，推动环境友好型纳米农药的发展。

此外，结合智能材料制备，具有环境响应性的农药制剂也是极具前景的研究方向。环境响应型农药控释剂由于具有对施药环境，以及保护作物或靶标生物的温度、光照、pH、酶、生化反应等的响应性而释放出农药有效成分，从而高效、经济地控制有害生物，由于其靶向性和功能性，不但减少了农药使用量，同时确保了农业的生产、农产品的质量和生态环境安全。刺激响应型功能材料通过吸附、偶联、包裹和内嵌等方式负载农药，构建农药智能控释递送系统，已经先后研发了温度响应型、光响应型、pH 响应型、氧化还原响应型、酶响应型等控释制剂。但由于负载材料成本高、制备工艺普适性、施药环境复杂性和靶标生理生态差异性等问题，环境响应型控释制剂研究面临较大挑战，今后需要有目的地开发生物相容性好、安全绿色、成本低廉的载体材料，同时开发可适用于规模化生产的生产工艺，明确保护作物和靶标生物的互作环境因子，真正实现农药的有效可控释放，加快研究成果向生产转化。

（4）活体微生物农药制剂技术　微生物农药是目前生物农药领域研究的热点之一，微生物农药是指以天然的或经基因修饰的细菌、真菌、病毒等微生物活体为有效成分的农药，按用途分为微生物杀虫剂、微生物杀菌剂、微生物除草剂等，具有有效成分来源广泛、选择性强、对人畜毒性低等优点。

由于微生物农药的有效成分主要是微生物活体，因此制剂加工所采用的助剂种类和剂型与化学农药相比都有特殊性。首先，微生物农药使用的助剂应不会影响其活性，否则会严重影响产品稳定性、保质期和田间防效；其次，微生物农药液体制剂中，微生物只能是均匀悬浮、分散在体系中，而无法像化学农药一样以分子形态溶解在助剂中。目前主要剂型包括：悬浮剂、可湿性粉剂、粒剂和水分散粒剂等。活体微生物农药制剂技术重点在于延长制剂的货架寿命，其关键技术包括：结合农药制剂配方技术，优化微生物休眠环境（水分、pH 及专用稳定剂等），延长制剂货架寿命。

（5）RNA 干扰技术及递送系统研究　RNA 干扰（RNA interference，RNAi）是指由内源或外源双链 RNA（double-stranded RNA，dsRNA）引发的 mRNA 降解，导致特异性阻碍靶标基因表达的现象。利用 RNAi 技术沉默有害生物生长发育过程中重要的基因，导致其生长发育障碍或者死亡，从而降低有害生物对农作物的侵害，达到农作物安全生产的目的。RNAi 技术具有防治目标专一性、靶标开发便捷性、应用方便易于操作、绿色无污染、无残留及环境兼容性强等众多优势，符合公众对于绿色农药的预期，被称为“农药史上的第三次革命”。

传统的 dsRNA 递送技术包括显微注射、转基因植物、饲喂或浸泡。其中显微注射仅适用于靶基因功能分析，不能在田间推广应用；植物介导的转基因植物在大多数国家被视为转基因产品，其潜在的环境风险需要严格评估。相比而言，通过喷洒等形式实现病虫害防治具有开发成本低、抗性风险低、调控过程简单、田间施用可行等优点。因此，目前国内外对 RNA 生物农药的产品应用主要聚焦于直接喷洒型 RNAi 产品。针对喷洒型 RNA 生物农药的研发和应用，制剂和配方至关重要。因为相比于传统化学农药，dsRNA 属于核酸类物质，在复杂的大田环境中更易于降解，合适的制剂和配方对于 dsRNA 的吸收和稳定性非常关键。目前，RNAi 递送系统包括喂食介导递送系统、表皮渗透介导递送系统、微生物（细菌、病毒、酵母、病原真菌等）介导递送系统和纳米粒子介导递送系统。其中基于纳米材料构建 dsRNA 递送系统日益被关注，纳米载体如天然多糖、脂质体、阳离子聚合物、碳量子点等通过与 dsRNA 结合可以保护其免受环境因子的影响，提升 dsRNA 的环境稳定性，同时可以递送 dsRNA，高效穿透害虫肠道围食膜、细胞膜，甚至体壁等屏障，大幅提升 RNAi 效率，获得良好的害虫控制效果，这为 dsRNA 制剂产品的研究奠定了基础。但也需要注意，一些阳离子纳米粒子可引起细胞膜不稳定，触发细胞毒性。脂质体纳米粒子可启动免疫反应，抑制重要酶如蛋白激酶的活性。因此纳米粒子在应用于农业重要性害虫和病媒害虫防治前应进行安全评估。

第三节　农药科学施用

一、农药科学喷施原则

（1）把握喷药时机　有的菜农朋友习惯 3～4d 喷一次药，以为这样就可以高枕无忧。事实上，这种用药方法是非常不科学的，不仅成本高，而且特别容易引起害虫的抗药性，以致虫害大发生时无法控制。

合理的方法是在害虫发生初期用药，病害则建议定期喷保护性杀菌剂。病害发生初期则根据病害种类采取对症的治疗性杀菌剂。

（2）适宜的喷液量　喷液量并非越多越好。喷药时最合理的喷液量就是喷到叶面湿润而又刚好不滴水为最佳。

科学试验表明，如果喷到叶片滴水后，叶片上残留的药液量仅为药液在叶片上将滴未滴时的一半左右，所以喷到滴水时不仅造成大量浪费，而且实际防效也大打折扣。

也有些菜农朋友习惯喷药液很少，用药浓度很高，这样也是不科学的，因为这样不仅容易出现药害，而且漏喷现象严重，喷不到目标对象，防治效果也不理想。

（3）防治对象不同，喷药位置不同　如果喷药防治蓟马、蚜虫、白粉虱等这一类害虫，则应重点喷施植株的幼嫩部位或中上部；如果防治一般病害，则重点喷施中下部易发病的老叶片，防治猝倒病、立枯病、枯萎病等病害，则应重点喷施茎基部。

（4）药液配制　配制药液时建议大家采用二次稀释法，即先将农药溶于少量水中，待均匀后再加满水，这样可以使药剂在水中溶解更均匀，效果更好。

（5）农药混用顺序　如果一次喷施多种农药（杀虫剂、杀菌剂、叶面肥等）时，大家一定要记住，配制药液要先加叶面肥，再加粉剂剂型的杀菌剂或杀虫剂，最后加入乳油剂型的农药。按此顺序，药效受影响较小，反之，可能会对各种农药效果有很大影响，甚至失效。

二、常用的农药稀释注意事项

（1）液体农药的稀释　药液量少时可直接进行稀释。正确的方法是在准备好的配药容器里先倒入三分之一的清水，再将定量药剂慢慢倒入水中，然后加满水，用木棍等轻轻搅拌均匀后即可使用。

（2）可湿性粉剂农药的稀释　采取两步配制法，即先用少量水配制成较为浓稠的母液，然后再按照液体农药稀释的方法进行配制。

（3）粉剂农药的稀释　主要是利用填充料进行稀释。先取填充料（草木灰、米糠等）将所需的粉剂农药混入搅拌，再反复添加，直到达到所需倍数。

（4）颗粒剂农药的稀释　利用适当的填充料与之混合，稀释时可采用干燥的软土或酸碱性一致的化肥作填充料，按一定的比例搅拌均匀即可。

稀释倍数换算速查见表 1-2。

表 1-2　稀释倍数换算速查

用药量/（mL 或 g）		兑水量					
		30 斤	60 斤	80 斤	90 斤	100 斤	1000 斤
稀释倍数	100 倍	150.0	300.0	400.0	450.0	500.0	5000.0
	200 倍	75.0	150.0	200.0	225.0	250.0	2500.0
	300 倍	50.0	100.0	133.3	150.0	166.7	1666.7
	400 倍	37.5	75.0	100.0	112.5	125.0	1250.0
	500 倍	30.0	60.0	80.0	90.0	100.0	1000.0
	600 倍	25.0	50.0	66.7	75.0	83.3	833.3
	700 倍	21.4	42.9	57.1	64.3	71.4	714.3
	800 倍	18.8	37.5	50.0	56.3	62.5	625.0
	900 倍	16.7	33.3	44.4	50.0	55.6	555.6

续表

用药量/（mL 或 g）		兑水量					
		30 斤	60 斤	80 斤	90 斤	100 斤	1000 斤
稀释倍数	1000 倍	15.0	30.0	40.0	45.0	50.0	500.0
	1500 倍	10.0	20.0	26.7	30.0	33.3	333.3
	2000 倍	7.5	15.0	20.0	22.5	25.0	250.0
	2500 倍	6.0	12.0	16.0	18.0	20.0	200.0
	3000 倍	5.0	10.0	13.3	15.0	16.7	166.7
	3500 倍	4.3	8.6	11.4	12.9	14.3	142.9
	4000 倍	3.8	7.5	10.0	11.3	12.5	125.0
	4500 倍	3.3	6.7	8.9	10.0	11.1	111.1
	5000 倍	3.0	6.0	8.0	9.0	10.0	100.0

举例：药剂的稀释倍数是 3000 倍，要配 60 斤（1 斤=500g）水，所需要的药剂量就是 10mL 或 10g。

用药量/（mL 或 g）		兑水量					
		30 斤	60 斤	80 斤	90 斤	100 斤	1000 斤
稀释倍数	100 倍	150.0	300.0	400.0	450.0	500.0	5000.0
	200 倍	75.0	150.0	200.0	225.0	250.0	2500.0
	300 倍	50.0	100.0	133.3	150.0	166.7	1666.7
	400 倍	37.5	75.0	100.0	112.5	125.0	1250.0
	500 倍	30.0	60.0	80.0	90.0	100.0	1000.0
	600 倍	25.0	50.0	66.7	75.0	83.3	833.3
	700 倍	21.4	42.9	57.1	64.3	71.4	714.3
	800 倍	18.8	37.5	50.0	56.3	62.5	625.0
	900 倍	16.7	33.3	44.4	50.0	55.6	555.6
	1000 倍	15.0	30.0	40.0	45.0	50.0	500.0
	1500 倍	10.0	20.0	26.7	30.0	33.3	333.3
	2000 倍	7.5	15.0	20.0	22.5	25.0	250.0
	2500 倍	6.0	12.0	16.0	18.0	20.0	200.0
	3000 倍	5.0	10.0	13.3	15.0	16.7	166.7
	3500 倍	4.3	8.6	11.4	12.9	14.3	142.9
	4000 倍	3.8	7.5	10.0	11.3	12.5	125.0
	4500 倍	3.3	6.7	8.9	10.0	11.1	111.1
	5000 倍	3.0	6.0	8.0	9.0	10.0	100.0

第二部分

农药品种使用技术

阿维菌素（abamectin）

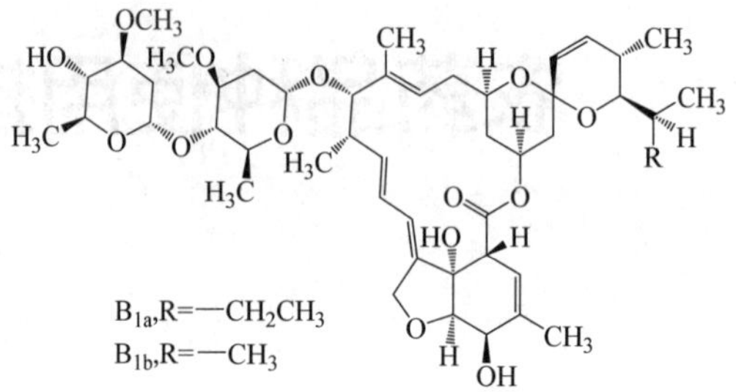

B_{1a}，R=—CH_2CH_3
B_{1b}，R=—CH_3

B_{1a}：$C_{48}H_{72}O_{14}$，873.09，65195-55-3；B_{1b}：$C_{47}H_{70}O_{14}$，859.06，65195-56-4

其他名称 螨虫素、齐螨素、害极灭、杀虫丁、avermectin。

理化性质 原药精粉为白色或黄色结晶（含 B_{1a} 80%，B_{1b} 含量＜20%），熔点161.8～169.4℃，21℃时溶解度：水中7.8μg/L、丙酮中100g/L、甲苯中350g/L、异丙醇中70g/L、氯仿中25g/L，常温下不易分解。在25℃，pH 5～9的溶液中无分解现象。在通常贮存条件下稳定，对热稳定，对光、强酸、强碱不稳定。

毒性 急性 LD_{50}（mg/kg）：野鸭经口84.6，北美鹑经口＞2000；经皮兔＞2000。被土壤微生物迅速降解，无生物富集。

作用特点 阿维菌素是从土壤微生物中分离的天然产物，它是一种大环内酯双糖类化合物。干扰昆虫的神经生理活动，刺激释放 γ-氨基丁酸，而 γ-氨基丁酸对节肢动物的神经传导有抑制作用，螨类和昆虫与药剂接触后即出现麻痹症状，不活动不取食，2～4d后死亡。阿维菌素对昆虫和螨类具有触杀和胃毒作用，并有微弱的熏蒸作用，无内吸作用，但它对叶片有很强的渗透作用，可杀死表皮下的害虫，且残效期长。阿维菌素不杀卵，因不引起昆虫迅速脱水，所以它的致死作用较慢。对捕食性和寄生性天敌虽有直接杀伤作用，但由于植物表面残留少，因此对益虫的损伤小。

适宜作物 蔬菜、果树、水稻、棉花等。

防除对象 蔬菜害虫如菜青虫、小菜蛾、美洲斑潜蝇、二化螟、玉米螟、斜纹夜蛾等；棉花害虫如棉铃虫、红蜘蛛等；果树害虫如红蜘蛛、柑橘潜叶蛾、梨木虱、柑橘锈壁虱、二斑叶螨、梨小食心虫、桃小食心虫等；水稻害虫如稻纵卷叶螟、二化螟等；卫生害虫如蜚蠊等。

应用技术 以1.8%乳油、3.2%乳油、5%乳油、1.8%可湿性粉剂、0.1%杀蟑饵剂为例。

（1）防治蔬菜害虫

① 菜青虫　在卵孵盛期至低龄幼虫期施药，每亩（1 亩=666.7m^2）用 1.8%乳油 30～40mL 稀释后均匀喷雾；或用 3.2%乳油 60～80mL 稀释后均匀喷雾。

② 小菜蛾　在卵孵盛期至低龄幼虫期施药，每亩用 1.8%乳油 30～40mL 稀释后均匀喷雾；或用 3.2%乳油 20～25mL 稀释后均匀喷雾；或用 1.8%可湿性粉剂 30～40g 稀释后均匀喷雾；或用 5%乳油 10～12g 稀释后均匀喷雾。

③ 美洲斑潜蝇　在幼虫发生始盛期或成虫高峰期施药，每亩用 1.8%乳油 40～80mL 稀释后均匀喷雾；或用 3.2%乳油 30～45mL 稀释后均匀喷雾。

④ 二化螟　在茭白二化螟盛期至低龄幼虫始盛期施药，每亩用 1.8%阿维菌素乳油 35～50mL 稀释后均匀喷雾；或用 5%乳油 12～18mL 稀释后均匀喷雾。

⑤ 玉米螟　在姜玉米螟产卵到孵化初期施药，每亩用 1.8%乳油 30～40mL 稀释后均匀喷雾；或用 3.2%乳油 17～22.5mL 稀释后均匀喷雾。

⑥ 斜纹夜蛾　在芋头斜纹夜蛾卵孵盛期到低龄幼虫发生期施药，每亩用 1.8%乳油 45～50mL 稀释后均匀喷雾。

（2）防治水稻害虫

① 稻纵卷叶螟　在卵孵盛期至低龄幼虫期施药，每亩用 1.8%乳油 15～20g 稀释后均匀喷雾；或用 3.2%乳油 9.4～12.5mL 稀释后均匀喷雾；或用 5%乳油 8～12mL 稀释后均匀喷雾。

② 二化螟　在卵孵化盛期至幼虫期施药，每亩用 3.2%乳油 50～80mL 稀释后均匀喷雾；或用 5%乳油 10～15mL 稀释后均匀喷雾。

（3）防治棉花害虫

① 红蜘蛛　在初发期施药，每亩用 1.8%乳油 40～60g 稀释后均匀喷雾；或用 3.2%乳油 40～60mL 稀释后均匀喷雾；或用 5%乳油 16～20mL 稀释后均匀喷雾。

② 棉铃虫　在初发期施药，每亩用 1.8%乳油 80～120mL 稀释后均匀喷雾；或用 3.2%乳油 50～70mL 稀释后均匀喷雾。

（4）防治果树害虫

① 红蜘蛛　在柑橘红蜘蛛发生始盛期施药 1 次，用 1.8%乳油 3000～3500 倍液均匀喷雾；或用 5%乳油 5000～7000 倍液均匀喷雾。

② 潜叶蛾　在柑橘潜叶蛾发生初期施药，用 1.8%乳油 2000～3000 倍液均匀喷雾；或用 3.2%乳油 3000～5000 倍液均匀喷雾。

③ 柑橘锈壁虱　在若螨发生初期施药，用 1.8%乳油 4000～8000 倍稀释液均匀喷雾；或用 3.2%乳油 3000～5000 倍液均匀喷雾。

④ 梨木虱　在若虫发生高峰期施药，用 1.8%乳油 4000～8000 倍液均匀喷雾；或用 3.2%乳油 3000～4000 倍液均匀喷雾。

⑤ 桃小食心虫　在苹果树桃小食心虫卵孵盛期至低龄幼虫期施药，用 1.8%乳油 2000～4000 倍液均匀喷雾。

⑥ 二斑叶螨　在苹果树二斑叶螨始盛期施药，用 1.8%乳油 3000～4000 倍液均匀喷雾。

（5）防治卫生害虫蟑螂　在蟑螂出没或栖息处，将 0.1%阿维菌素杀蟑饵剂直接点状投放于边角、缝隙或裂缝中，每平方米施 1～2 点。

注意事项

（1）本品见光易分解，应在早晚使用。

（2）本品对蜜蜂、家蚕、鱼类等毒性较高，周围开花植物花期禁用，蚕室和桑园附近禁用，远离水产养殖区、河塘等水体施药，禁止在河塘等水体中清洗施药器具，赤眼蜂等天敌放飞区域禁用。

（3）不可与碱性物质混合使用。

（4）在甘蓝、萝卜、小油菜上的安全间隔期分别为 3d、7d、5d，每季最多使用 2 次；在菜豆上安全间隔期 7d，每季最多使用 3 次；在黄瓜上安全间隔期 2d，每季最多使用 3 次；在姜上的安全间隔期 14d，每季最多施药 1 次；在茭白上的安全间隔期 14d，每季作物最多使用 2 次；在水稻、棉花上的安全间隔 21d，每季最多使用 2 次；在柑橘树和苹果树上的安全间隔期 14d，每季最多使用 2 次；在梨树上使用的安全间隔期为 21d，每季最多使用 2 次。

矮健素（chloropropenyl trimethyl ammonium chloride）

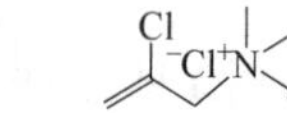

$C_6H_{13}Cl_2N$，170.1，2862-38-6

化学名称　2-氯丙烯基三甲基氯化铵。2-chioro-*N,N,N*-trimethyl-chloride，2-propon-1-aminium。

理化性质　原药为白色结晶，熔点 168～170℃，近熔点温度时分解。相对密度 11.10。粗品为米黄色粉状物，略带腥臭味，易溶于水，不溶于苯、甲苯、乙醚等有机溶剂。结晶吸湿性强，性质较稳定。遇碱时分解。具有与矮壮素相似的结构和残效，但不如矮壮素活性高、毒性低、药效期长。

毒性　小白鼠急性经口 LD_{50} 为 1940mg/kg。

作用特点　可经由植物的根、茎、叶、种子进入植物体内，抑制赤霉素的生物合成，抑制植物细胞生长，控制作物地上部徒长，防止倒伏，可使植物矮化、茎秆增粗、叶片增厚、叶色浓绿、叶片挺立，从而促进坐果、增加蕾铃、促使根系发达等，使植株提早分蘖，增加有效分蘖，增强作物抗旱、抗盐碱的能力。

适宜作物　防止棉花徒长和蕾铃脱落；可防小麦倒伏，增加有效分蘖；提高花生、果树坐果率。

应用技术

（1）使用方式　浸种、喷施。

（2）使用技术

① 防小麦倒伏　用 2500～5000mg/kg 矮健素溶液浸泡小麦种，或每千克小麦种子用 10g 矮健素拌种，晾干后播种，幼苗生长健壮，根系生长良好，有效分蘖增多，小麦茎秆粗壮，基部节间缩短，抗倒伏能力提高。经矮健素处理的小麦幼苗，在干旱情况下，由于蒸腾作用降低，因而增加了抗干旱能力。在小麦拔节期，用 3000mg/kg 矮健素溶液喷洒，可防止小麦倒伏。

② 棉花　矮健素能控制棉株旺长和徒长。以 20～80mg/kg 矮健素溶液喷洒棉株，能改善棉花的群体结构，使株型矮化，主茎节间和果枝节间缩短，改善通风透光条件，减少棉花蕾铃脱落，提高棉花品质。

③ 蚕豆　用 0.4%矮健素溶液浸种 24h，可增产。

④ 花生　开花期用 40～160mg/L 溶液叶面喷雾，可增产。

⑤ 果树　花期用 100mg/L 溶液叶面喷雾，提高坐果率。

注意事项

（1）必须掌握在适宜的生育期施药，过早施药可抑制生长，过迟施药产生药害，无徒长田块不用药。如发现药害时，可以用相当于或低于 1/2 矮健素浓度的赤霉素来解除药害。

（2）不可与碱性农药等混用，以免分解失效。

（3）我国开发的商业化品种，国外没有注册。在生产上应用不如矮壮素广，应用中的问题有待从实践中去认识。

矮壮素（chlormequat chloride）

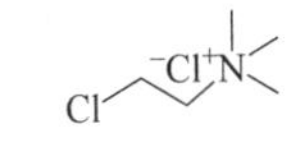

$C_5H_{13}Cl_2N$，158.1，999-81-5

其他名称　氯化氯代胆碱，稻麦立，三西，CCC。

化学名称　2-氯-*N,N,N*-三甲基乙基氯化铵；2-氯乙基三甲基物氮化铵。

理化性质　原药为浅黄色结晶固体，有鱼腥气味。纯品为无色且极具吸湿性的结晶，可溶于低级醇，难溶于乙醚及烃类有机溶剂。在 238～242℃分解，易溶于水，常温下饱和水溶液浓度可达 80%左右，其水溶液性质稳定，在中性或微酸性介质中稳定，在碱性介质中加热能分解。矮壮素晶体极易吸潮，水溶液中 50℃条件下贮存

2 年无变化。

毒性 雄性大鼠急性经口 LD_{50} 966mg/kg，雌性大鼠急性经口 LD_{50} 807mg/kg。大鼠急性经皮 LD_{50}＞4000mg/kg，兔急性经皮 LD_{50}＞2000mg/kg，大鼠急性吸入 LC_{50}（4h）＞5.2mg/L。在两年饲喂试验中，无作用剂量为大鼠 50mg/kg，雄性小鼠 336mg/kg，雌性小鼠 23mg/kg。矮壮素水剂小鼠经皮 LD_{50}＞1250mg/kg。小鸡急性经口 LD_{50} 920mg/kg，日本鹌鹑急性经口 LD_{50} 555mg/kg，环颈雉急性经口 LD_{50} 261mg/kg。鱼毒 LC_{50}：大鳞鲤＞1000mg/L（72h），水蚤属 16.9mg/L（96h），招潮蟹＞1000mg/L（96h），虾 804mg/kg（96h），牡蛎 67mg/L。对土壤中微生物及动物区系无影响，对大鼠经口无作用剂量为 1000mg/kg，在允许使用浓度下对鱼有毒。实验动物试验表明加入胆碱盐酸盐可降低矮壮素的毒性。

作用特点 赤霉素的拮抗剂，可经由叶片、幼枝、芽、根系和种子进入植物体内，可抑制作物细胞伸长，但不抑制细胞分裂，能有效控制植株徒长，缩短植株节间，使植株变矮、茎秆变粗，促使根系发达，提高植物根系的吸水能力，影响植物体内脯氨酸的积累，提高植物的抗逆性，如抗倒伏、抗旱性、抗寒性、抗盐碱及抗病虫害的能力。同时可使作物的光合作用增强，叶绿素含量增多，叶色加深、叶片增厚，使作物的营养生长（即根、茎、叶的生长）转化为生殖生长，从而提高某些作物的坐果率，改善品质，提高产量。

适宜作物 可使小麦、玉米、水稻、棉花、黑麦、燕麦抗倒伏；使小麦抗盐碱；使马铃薯块茎增大；使棉铃增加、棉花增产。

应用技术

（1）培育壮苗、抑制茎叶生长、抗倒伏、增加产量

① 水稻 水稻拔节初期，每亩用 50%水剂 50～100g，加水 50kg 喷洒茎叶，可使植株矮壮，能够防倒伏、增产。

② 小麦 用于小麦浸种，使用 0.3%～0.5%的矮壮素药剂浸泡小麦种子 6～8h，能提高小麦叶片叶绿素的含量和光合速率，促进小麦根系生长及干物质积累，增强小麦抗旱能力，提高产量。分蘖末至拔节初期喷施 1250～2500mg/L 的矮壮素，能有效抑制基部 1～3 节间伸长，有利于防止倒伏。可使小麦节间短、茎秆粗、叶色深、叶片宽厚，矮壮但不影响穗的正常发育，可增产 17%。但要注意，在拔节期以后施用，虽可抑制节间伸长，但影响穗的发育，易造成减产；应用矮壮素还有推迟幼穗发育和降低小麦出粉率等问题。

③ 玉米 用 50%水剂 80～100 倍液浸种 6h，阴干后播种，使植株矮化，根系发达，结棒位降低，无秃头，穗大粒满，增产显著。苗期每亩喷 0.2%～0.3%的药液 50kg，可起到蹲苗作用，还可抗盐碱和干旱，增产 20%左右。

④ 大麦 在大麦基部第一节间开始伸长时，每亩喷施 50kg 0.2%浓度的药液，可矮化植株、防倒伏，增产 10%左右。

⑤ 高粱　用 25～40mg/L 药液浸种 12h，晾干后播种，可使植株矮壮、增产。在播种后 35d 左右时，用 500～2000mg/L 药液，每亩喷施 50kg 的药液，可使植株矮壮、叶色深绿、叶片增厚，从而抗倒伏、增产。

⑥ 棉花　抑制徒长，一般每亩用 50%水剂 5mL 加水 62.5kg 喷洒。在有徒长现象或密度较高的棉田，喷洒 2 次。第一次在盛蕾至初花期，有 6～7 个果枝时，着重喷洒顶部，每亩用药液 25～30kg；第二次在盛花着铃、棉株开始封垄时，着重喷洒果实外围。可改善通风透光条件，多产伏桃、秋桃。前期无徒长现象的棉田，蕾期不可喷药，只在封垄前喷药 1 次，可起到整枝作用。

⑦ 大豆　分别于初花期、花期、盛花期用 100～200mg/L、1000～2500mg/L 药液喷全株，每亩喷 50kg，具有使植株矮壮、增产的效果。

⑧ 花生　用 50～100mg/L 药液在花生播后 50d 喷叶面，矮化植株。

⑨ 甘蔗　在采收前 42h 左右用 1000～2500mg/L 药液喷全株，可矮化植株，增加含糖量。

⑩ 马铃薯　用 50%水剂 200～300 倍液在开花前喷药，提高马铃薯抗旱、抗寒能力。

⑪ 辣椒　有徒长趋势的辣椒植株，初花期或花蕾期喷洒 20～25mg/kg 矮壮素溶液，能抑制茎、叶生长，使植株矮化粗壮、叶色浓绿，增强抗旱和抗寒能力，花期用 100～125mg/kg 喷雾，促进早熟，壮苗。

⑫ 茄子　花期用 100～125mg/kg 矮壮素药液喷雾，促进早熟。

⑬ 番茄　苗期以 10～100mg/L 淋洒土表，能使植株紧凑、提早开花。以 500～1500mg/L 于开花前全株喷洒，提高坐果率。

⑭ 黄瓜　在 3～4 片真叶展开时，以 100～500mg/L 药液喷施叶面，可矮化植株；在黄瓜 14～15 片叶时，以 50～100mg/L 全株喷雾，促进坐果、增产。

⑮ 甜瓜、西葫芦　以 100～500mg/L 药液淋苗，可壮苗、控长、抗旱、抗寒、增产。

⑯ 胡萝卜、白菜、甘蓝、芹菜　抽薹前，用 4000～5000mg/kg 药液喷洒生长点，可有效控制抽薹和开花。

⑰ 葡萄　用 500～1500mg/L 药液在葡萄开花前 15d 全株喷洒，能控制副梢，使果穗齐，提高坐果率，增加果重。

⑱ 苹果、梨　采收后，用 1000～3000mg/L 叶面喷施，可抑制秋梢生长，促进花芽形成，增加翌年坐果量，并提高抗逆性。

⑲ 温州蜜柑　夏梢发生期用 2000～4000mg/L 药液喷施或用 500～1000mg/L 药液浇施，可抑制夏梢，缩短枝条，果实着色好，坐果率提高 6%以上，增产 10%～40%。

（2）促进块茎生长

① 马铃薯　现蕾至开花期，用 1000～2000mg/L 药液，每亩喷 40kg，块茎形

成时间提前 7d，生长速度加快，50g 以上的薯块增加 7%～10%，单产提高 30%～50%。

② 甘薯　移栽 30d 后，每亩用 2500mg/L 的药液加水 50kg 喷施，可控制薯蔓徒长，增产 15%～30%。

③ 胡萝卜　在胡萝卜地下部分开始增大时，用 500～1000mg/L 药液全株喷洒，可促使膨大，增加产量。

④ 夏莴笋　苗期喷 1～2 次 500mg/kg 药液，有效防止幼苗徒长；莲座期开始喷施 350mg/kg 溶液 2～3 次，7～10d 一次，防止徒长，促进幼茎膨大。

⑤ 郁金香　在开花后 10d 以 1000～5000mg/L 喷叶片，能矮化植株，促进鳞茎膨大。

（3）增强耐储性

① 甜菜　每 100kg 甜菜块根均匀喷洒 0.1%～0.3%药液，含糖量降低 30%～40%，避免甜菜在窖藏时腐烂。

② 莴苣　用 60mg/L 的药液浸叶，具有保鲜、耐贮存作用。

③ 番红花　于傍晚用 200mg/L 药液均匀喷洒在叶面上，每隔 7～10d 喷 1 次，共喷 2～3 次，增强耐贮性。

（4）延缓生长

① 茶树　于 9 月下旬喷洒 250mg/L 药液，使茶树生长提前停滞，有利于茶树越冬，翌年春梢生长好。如果用 50mg/L 药液喷洒，可使春茶推迟开采 3～6d。

② 枣　在花期不进行开棚管理的圆铃大枣树上，当花前枣吊着生 8～9 个叶片时用 2000～2500mg/L 的药液全树喷洒，可有效控制枣头生长。

③ 墨兰　在墨兰芽出土几厘米后，用 100mg/L 的药液喷洒叶面，共喷 3～4 次，间隔期 20～30d，可抑制叶片过快生长。

（5）诱导花芽分化

① 杜鹃　用 2000～10000mg/L 药液在杜鹃生长初期淋土表，能矮化植株，促进植株早开花。

② 杏　在新梢长到 15～50cm 长时，喷洒 3000mg/L 的药液，可控制新梢生长，增加开花数，改善果实品质。

表 2-1 为矮壮素在其他观赏植物上的应用。

表 2-1　矮壮素在其他观赏植物上的应用

作物名称	施药时期	处理浓度/（mg/L）	用药方式	功效
菊花	开花前	3000～5000	喷洒	矮化植株、提高观赏性
唐菖蒲	分别在播种后第 0d、28d、49d	800	淋土	矮化植株、提高观赏性
水仙	开花期	800	浇灌鳞茎 3 次	矮化植株、提高观赏性

续表

作物名称	施药时期	处理浓度/（mg/L）	用药方式	功效
瓜叶菊	现蕾前	25%水剂 2500 倍液	浇根	矮化植株、提高观赏性
一品红	播种前	5～20	混土	矮化植株、提高观赏性
百合	开花前	30	土施	矮化植株、提高观赏性
小苍兰	播种前	250	浸泡球茎	矮化植株、提高观赏性
苏铁	新叶弯曲时	1～3	喷洒，共喷 3 次，间隔期 7d	矮化植株、提高观赏性
竹子	竹笋出土约 20cm 时	100～1000	注入竹腔 2～3 滴 /（1～2 节），每 2d 注 1 次	矮化植株、提高观赏性
蒲包花	花芽 15mm 时	800	喷叶	矮化植株、提高观赏性
木槿	新芽 5～7cm	100	喷洒	矮化植株、提高观赏性
狗牙根	生长期	3000	喷洒	矮化植株、提高观赏性
天堂草、马尼拉草	生长期	1000	喷洒	矮化植株、提高观赏性
匍茎剪股颖	生长期	1000～1500	喷洒	矮化植株、提高观赏性
盆栽月季	开花前	500	浇灌	提前开花，延长花期
天竺葵	花芽分化前	1500	喷洒	提前开花，延长花期
四季海棠	开花前	8000	浇灌	提前开花，延长花期
竹节海棠	开花前	250	浇灌	提前开花，延长花期
蔷薇	采收前	1000	喷洒	提前开花，延长花期
郁金香、紫罗兰、金鱼草、香石竹、香豌豆等切花	切花	10～15	瓶插液	提前开花，延长花期
唐菖蒲切花	切花	10	瓶插液	提前开花，延长花期
郁金香切花	切花	5000 蔗糖+300 8-羟基喹啉柠檬酸盐+50 矮壮素	瓶插液	提前开花，延长花期
香豌豆切花	切花	50 蔗糖+300 8-羟基喹啉柠檬酸盐+50 矮壮素	瓶插液	提前开花，延长花期
喇叭水仙切花	切花	60000 蔗糖+250 8-羟基喹啉柠檬酸盐+70 矮壮素+50 硝酸银	瓶插液	提前开花，延长花期
杯菊切花	切花	60000 蔗糖+250 8-羟基喹啉柠檬酸盐+70 矮壮素+50 硝酸银	瓶插液	提前开花，延长花期

注意事项

（1）使用矮壮素时，水肥条件要好，群体有徒长趋势时效果好。若地力条件差、长势不旺，勿用矮壮素。

（2）对单子叶植物不易产生药害，对双子叶植物易产生药害，药害一般不影响下茬作物。但仍需严格按照说明书用药，未经试验不得随意增减用量，以免造成药害。浸种不当会产生根部弯曲，幼叶严重不长，出苗推迟 7d 以上或出苗后呈扭曲畸形等药害症状。初次使用，要先小面积试验。

（3）本品遇碱分解，不能与碱性农药或碱性化肥混用。

（4）施药应在上午 10:00 之前，下午 4:00 以后，以叶面润湿而不流下为宜，这样既可以增加叶片的吸收时间，又不会浪费。

（5）本品低毒，切忌入口和长时间皮肤接触。使用本品时，应穿戴好个人防护用品，使用后应及时清洗。误食会引起中毒，症状为头晕、乏力、口唇及四肢麻木、瞳孔缩小、流涎、恶心、呕吐，重者出现抽搐和昏迷，严重的会造成死亡。对中毒者可采用一般急救措施对症处理，毒蕈碱样症状明显者可酌情用阿托品治疗，但应防止过量。

桉油精（eucalyptol）

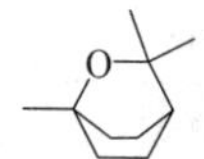

$C_{10}H_{18}O$，154.25，470-82-6

其他名称 桉树脑、桉叶素、桉树醇、桉树精、蚊菌清。

化学名称 1,3,3-三甲基-2-氧双环[2.2.2]辛烷，1,8-cineole。

理化性质 不溶于水，易溶于乙醇、氯仿、乙醚、冰乙酸、油等有机溶剂。

毒性 急性 LD_{50}（mg/kg）：经口 3160，经皮 2000。

作用特点 为植物源杀虫剂，以触杀作用为主要特点，具有高效、低毒等特点。其有效成分能直接抑制昆虫体内乙酰胆碱酯酶的合成，阻碍神经系统的传导，干扰虫体水分的代谢而导致死亡。

适宜作物 十字花科蔬菜。

防除对象 蔬菜害虫蚜虫、卫生害虫蚊。

应用技术 以 5%桉油精可溶液剂、5.6%驱蚊挥散芯为例。

（1）防治蔬菜害虫 防治蚜虫，在蚜虫始盛期施药，用 5%桉油精可溶液剂 70～100g/亩均匀喷雾。

（2）防治卫生害虫 防治蚊，将 5.6%驱蚊挥散芯固定在衣服、鞋子、手提包等随身物品上即可，亦可固定于婴儿车、床边、办公桌椅等家具近人位置。

注意事项

（1）不能与碱性农药等物质混用。

（2）本品对蜜蜂、鱼类、鸟类有毒。施药时避免对周围蜂群产生影响，蜜源作物花期桑园和蚕室附近禁用，远离水产养殖区施药，不要让药剂污染河流、水塘和其他水源和雀鸟聚集地。

（3）本品在十字花科蔬菜上的安全间隔期为7d，每季最多使用2次。

氨氟乐灵（prodiamine）

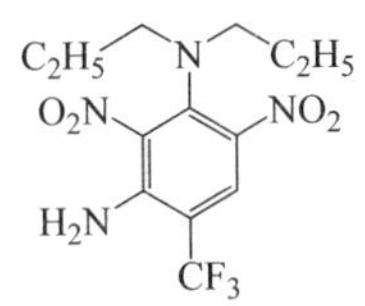

$C_{13}H_{17}F_3N_4O_4$，350.29，29091-21-2

化学名称　2,4-二硝基-N^3,N^3-二丙基-6-三氟甲基苯-1,3-二胺。

理化性质　原药为黄色结晶体，熔点122.5～124℃，水中溶解度为0.183mg/L（pH 7.0，25℃），其他有机溶液中溶解度（20℃，g/L）：丙酮226，苯74，乙醇7，己烷20。对酸、碱、热稳定，对光稳定性中等，无腐蚀性。

毒性　急性经口LD_{50}(mg/kg)：大鼠＞5000；大鼠急性经皮LD_{50}＞2000mg/kg；以200mg/kg剂量喂养大鼠2年，未见不良影响。

作用方式　选择性芽前土壤处理类除草剂，主要通过杂草的胚芽鞘和胚轴吸收，抑制细胞分裂过程中纺锤体的形成，影响根系和芽的生长，从而抑制新萌发的杂草种子生长发育，对已出苗的杂草无效。

防除对象　主要用于防除苹果、桃、柑橘等果园或者苗圃、水稻、大豆等作物的一年生禾本科杂草和阔叶杂草，以及部分多年生杂草，如早熟禾、稗草、马唐、狗尾草、马齿苋等。

使用方法

（1）草坪　草坪成坪后杂草萌发前土壤处理，保持土壤湿润，65%氨氟乐灵水分散粒剂每亩用药80～120g，一年可使用多次，但总剂量不能超过1800g/hm^2。

（2）非耕地　65%氨氟乐灵水分散粒剂每亩用药80～115g，杂草出土前土壤喷雾处理。

注意事项

（1）氨氟乐灵用于草坪除草时，为避免药害，在新种植草坪成坪前勿使用本品。

（2）氨氟乐灵要在杂草萌发前使用，对已发芽杂草无效。

氨基吡芬（aminopyrifen）

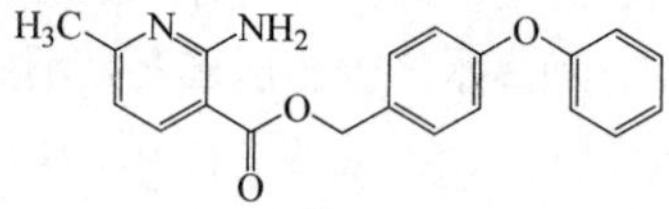

$C_{20}H_{18}N_2O_3$，334.37，1531626-08-0

化学名称 4-苯氧基苄基-2-氨基-6-甲基烟酸酯。

理化性质 白色固体粉末，沸点485.6℃±45.0℃，密度：1.2g/cm³（25℃），溶于二甲基亚砜。

作用特点 该杀菌剂作用机制独特，为糖基磷脂酰肌醇（GPI）生物合成途径中真菌蛋白GWT-1（GPI锚定的壁转移蛋白1）的抑制剂，阻止糖基磷脂酰肌醇锚（GPI-anchor）的生物合成，从而发挥杀菌作用。

适宜作物 杀菌谱广，适用作物众多，可用于水稻、麦类、柑橘、苹果、梨、桃、葡萄、马铃薯、番茄、烟草、茶、油菜、甜菜等病害防治。

防治对象 可以防治稻瘟病、纹枯病、白粉病、赤霉病、疮痂病、炭疽病、轮纹病等，对包括灰葡萄孢在内的多种病原菌活性极强，在极低浓度下，就能够抑制菌丝生长。

注意事项

（1）如果不慎吸入，请将患者移到新鲜空气处；皮肤接触：脱去污染的衣着，用肥皂水和清水彻底冲洗皮肤。眼睛接触：分开眼睑，用流动清水或生理盐水冲洗。

（2）储存于阴凉、通风的库房，库温不宜超过37℃。应与氧化剂、食用化学品分开存放，切忌混储。

氨基寡糖素（amino oligosaccharins）

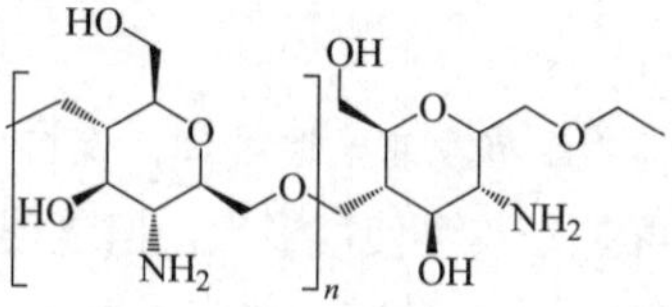

其他名称 农业专用壳寡糖，5%海岛素。

理化性质 为D-氨基葡萄糖以β-1,4糖苷键连接的低聚糖，是从海洋生物如虾类、蟹类等的外壳提取而来的多糖类天然产物，由几丁质降解得壳聚糖后再降解制得，或由微生物发酵提取。作为一种新型的生物农药，它不直接作用于有害生物，而是通过激发植物自身的免疫反应，使植物获得系统性抗逆性，从而起到抗逆、抗病虫和增产作用。

毒性　易被土壤中的微生物降解为水和二氧化碳等环境易吸收的物质，无残留，其诱导的植物抗性组分均是植物的正常成分，对人、畜安全。

作用特点　属低毒杀菌剂。氨基寡糖素（农业级壳寡糖）能对一些病菌的生长产生抑制作用，影响真菌孢子萌发，诱发菌丝形态发生变异、孢内生化发生改变等。能激发植物体内基因，产生具有抗病作用的几丁酶、葡聚糖酶、植保素及 PR 蛋白等，并具有细胞活化作用，有助于受害植株的恢复，促根壮苗，增强作物的抗逆性，促进植物生长发育。氨基寡糖素溶液，具有杀病毒、杀细菌、杀真菌作用。不仅对真菌、细菌、病毒具有极强的防治和铲除作用，而且还具有营养、调节、解毒、抗菌的功效。

适宜作物　西瓜、冬瓜、黄瓜、苦瓜、甜瓜等瓜类，辣椒、番茄等茄果类，甘蓝、芹菜、白菜等叶菜类等。

应用技术

（1）防治枣树、苹果、梨等果树的枣疯病、花叶病、锈果病、炭疽病、锈病等病害，在发病初期用 1000 倍氨基寡糖素细致喷雾，每 10～15d 一次，连喷 2～3 次，防治效果良好。

（2）防治瓜类、茄果类病毒病、灰霉病、炭疽病等病害，自幼苗期开始每 10d 左右喷洒 1 次由 1000 倍 2%氨基寡糖素复配其他有关防病药剂配制成的药液，连续喷洒 2～3 次，可防治以上病害。

（3）防治烟草花叶病毒病、黑胫病等病害，自幼苗期开始每 10d 左右喷洒 1 次，使用由 1000 倍 2%氨基寡糖素复配其他有关防病药剂配制成的药液，连续喷洒 2～3 次，可有效地防治病毒病、黑胫病等病害发生。

注意事项　不得与碱性药剂混用。为防止和延缓抗药性，应与其他有关防病药剂交替使用，每一生长季中最多使用 3 次。用该药与有关杀菌保护剂混用，可显著增加药效。

氨基乙氧基乙烯基甘氨酸盐酸盐

（aminoethoxyvinyl glycine hydrochloride）

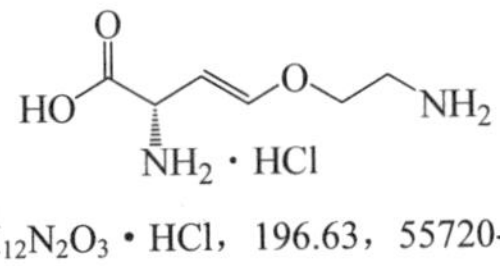

$C_6H_{12}N_2O_3 \cdot HCl$，196.63，55720-26-8

化学名称　(*S*)-反-2-氨基-4-(2-氨基乙氧基)-3-丁烯酸盐酸盐，(*S*)-*trans*-2-amino-

4-(2-aminoethoxy)-3-butenoic acid hydrochloride。

理化性质 类白色至米黄色结晶性粉末。溶解性：溶于水（10mg/mL）。

作用特点 是乙烯生物合成的一种抑制剂，又称乙烯抑制剂。高等植物中乙烯生物合成的前体是甲硫氨酸（Met），通过下列三个反应形成乙烯：甲硫氨酸（Met）→*S*-腺苷甲硫氨酸（AdoMet）→氨基环丙烷羧酸（ACC）→乙烯（Eth，C_2H_4）。其中，ACC 合成酶（磷酸吡哆醛酶，ACS）催化 AdoMet 转变成 ACC 和 5′-甲硫腺苷（MTA），是乙烯生物合成途径的限速酶，它受各种环境和发育因子的控制。ACC 合成酶需磷酸吡哆醛（PLP），在催化反应过程中易受底物诱导降低其活性，氨氧基乙酸（AOA）和氨基乙氧基乙烯基甘氨酸（AVG）等是 ACS 的竞争性抑制剂。氨基乙氧基乙烯基甘氨酸主要作用是抑制乙烯生物合成过程中 ACC 合成酶的活性。使用 AVG 可延长苹果、柠檬等的贮存时间。AVG 还可促进苹果、棉花等作物坐果，防止采前脱落，延长香石竹等切花保鲜时间，促进海棠、凤仙花、万寿菊、菜豆等植物幼苗的生长。

适宜作物 苹果、柠檬、棉花、猕猴桃、海棠、凤仙花、万寿菊、菜豆等。

应用技术 苹果于收获前 4～6 周进行叶面处理，抑制乙烯生物合成的效果最佳。AVG（225mg/L）浸猕猴桃 2min 后，放在（0±0.5）℃和 90%±5%相对湿度（RH）下贮藏 180h，再将果实在（21±1）℃和 70%±5%的环境条件下存放 5d，可增加猕猴桃果实总酚含量，且显著减缓了总黄酮含量和抗氧化能力的降低速度。

注意事项 –20℃干燥保存；室温运输；需穿实验服并戴一次性手套进行操作。

氨氯吡啶酸（picloram）

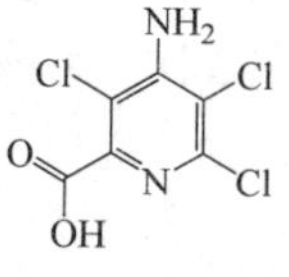

$C_6H_3Cl_3N_2O_2$，241.5，1918-02-1

其他名称 Tordon，毒莠定。

化学名称 4-氨基-3,5,6-三氯吡啶-2-羧酸，4-amino-3,5,6-trichloropyridine-2-carboxylic acid。

理化性质 浅棕色固体，带氯的气味，熔化前约 190℃分解。分配系数 $K_{ow}\lg P$=1.9（20℃，0.1mol HCl，即中性介质）。饱和水溶液 pH 值为 3.0（24.5℃），溶解度（20℃，g/100mL）：水 0.056，丙酮 1.82，甲醇 2.32，甲苯 0.013，己烷小于 0.004。在酸碱溶液中很稳定，但在热的浓碱中分解。其水溶液在紫外光下分解，

DT_{50}为2.6d（25℃）。pK_a为2.3（22℃）。

毒性　急性经口LD_{50}（mg/kg）：雄大鼠＞5000，小鼠2000～4000，兔约2000，豚鼠3000，羊大于100，牛大于100。兔急性经皮LD_{50}＞2000mg/kg，对兔眼睛有中度刺激，对兔皮肤有轻微刺激。对皮肤不引起过敏。雄、雌大鼠吸入LC_{50}＞0.035mg/L空气。NOEL（无可见作用水平）数据[mg/(kg·d)，2年]：大鼠20。ADI（每日允许摄入量）值：0.2mg/kg。小鸡急性经口LD_{50}约6000mg/kg。饲喂试验绿头鸭、山齿鹑LC_{50}均＞5000mg/kg饲料。蓝鳃翻车鱼LC_{50}（96h）：14.5mg/L；虹鳟鱼LC_{50}（96h）：5.5mg/L。羊角月牙藻EC_{50}：36.9mg/L；粉虾LC_{50}：10.3mg/L。蜜蜂LD_{50}＞100μg/只。对蚯蚓无毒。对土壤微生物的呼吸作用无影响。

作用方式　人工合成植物激素类内吸、选择性除草剂，其作用机理与吲哚乙酸相似。可被植物茎、叶、根系吸收传导。在植株中系统传导，可同时向顶和向基双向传导，于生长点累积，主要作用于核酸代谢，并且使叶绿体结构及其他细胞器发育畸形，干扰蛋白质合成，作用于分生组织活动等，最后导致植物死亡。大多数禾本科植物耐药，而大多数双子叶植物（十字花科除外）都对该试剂敏感。在土壤中半衰期为1～12个月。可被土壤吸附集中在0～3cm土层中，在湿度大、温度高的土壤中消失很快。主要与2,4-滴等混用，用于麦田、玉米田以及林地除草。

氨氯吡啶酸具有植物生长调节作用。

适宜作物　用于防除麦类、玉米、高粱地、林地的大多数双子叶杂草和灌木类杂草，对十字花科杂草效果差。

防除对象　单剂主要用于森林、非耕地防除阔叶植物，如紫茎泽兰、薇甘菊、野豌豆、柳叶菊、铁线莲、黄花蒿、青蒿、兔儿伞、百合花、唐松草、毛茛、地榆、白屈菜、委陵菜、紫菀、牛蒡、苣荬菜、刺儿菜、苍耳、葎草、田旋花、反枝苋、刺苋、铁苋菜、水蓼、藜、繁缕、一年蓬、悬浮花、野枸杞、酸枣、黄荆、茅莓、胡枝子、紫穗槐、忍冬、叶底珠、胡桃楸、南蛇藤、山葡萄、蒙古栎、平榛、黄榆、紫椴、黄檗等。

使用方法　杂草苗期至生长旺盛期、灌木展叶后至生长旺盛期施药。用于森林、非耕地防除阔叶杂草，24%水剂亩用量300～600mL，兑水50L稀释均匀后茎叶喷雾。森林防除灌木需增加剂量，24%水剂亩用量380～1140mL。

注意事项

（1）森林施药时，喷雾器喷头应安装保护罩，以免药液喷溅到树体上，引发伤害。杨、槐等阔叶树种对本品敏感，不宜使用；落叶松较敏感，幼树阶段不可使用，其他阶段慎用，应尽量避开根区施药，防止药剂随雨水大量渗入土壤，造成药害。

（2）豆类、葡萄、蔬菜、棉花、果树、烟草、向日葵、甜菜、花卉、桑树、桉树等对氨氯吡啶酸敏感，施药时应注意避免飘移。

（3）对大多数阔叶作物有害，使用时避免与其接触。尽量避开双子叶植物地块，大风或下风头切勿对阔叶作物施药，应在无风天气施药。

（4）喷药工具使用后要彻底清洗，最好是专用。

（5）多余药液应注意保存，不要乱放，以防和其他农药、肥料、种子混合，造成事故。

（6）光照和高温有利于药效发挥。豆类、葡萄、蔬菜、棉花、果树、烟草、甜菜对该药敏感，轮作倒茬时要注意。施药后2d内遇雨会使药效降低。

氨唑草酮（amicarbazone）

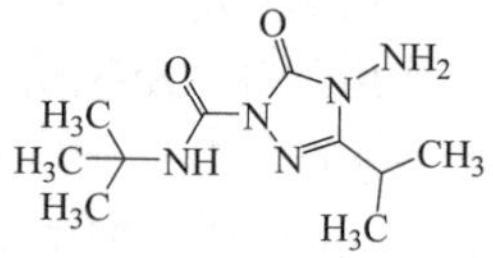

$C_{10}H_{19}N_5O_2$，241.3，129909-90-6

化学名称 4-氨基-5-氧代-3-异丙基-*N*-叔丁基-1,2,4-三唑-1-甲酰胺。

理化性质 纯品氨唑草酮为无色晶体，熔点137.5℃，溶解度（20℃，mg/L）：水4600。

毒性 大鼠急性经口LD_{50}：雌大鼠1015mg/kg，雄大鼠2050mg/kg；对山齿鹑急性经口LD_{50}＞2000mg/kg；对虹鳟LC_{50}（96h）＞120mg/L；对大型溞EC_{50}（48h）＞40.8mg/kg；对蜜蜂中等毒性。对眼睛具刺激性，无神经毒性、皮肤和呼吸道刺激性，无生殖影响和致癌风险。

作用方式 光合作用抑制剂，主要通过根系和叶面吸收，敏感植物的典型症状为褪绿、停止生长、组织枯黄直至最终死亡，与其他光合作用的抑制剂（如三嗪类除草剂）有交互抗性。

防除对象 用于玉米田防除一年生阔叶杂草，对苘麻、藜、野苋菜、宾州苍耳和甘薯属杂草等有较好防效。

使用方法 玉米苗后2～4叶期、一年生杂草3～5叶期，70%水分散粒剂每亩制剂用量20～30g，兑水稀释后均匀茎叶喷雾。

注意事项

（1）干旱、高温季节，应选择傍晚用药。夏季高温下用药，有时玉米叶片会出现轻微药害，但是7～10d后会恢复。

（2）建议在后茬种植小麦，或空茬的区域使用，对后茬种植阔叶作物的地区，需要试验后方能使用。

（3）甜玉米田不宜使用。

（4）在牛筋草、马唐等禾本科杂草为主玉米田除草，不建议使用。

（5）田间使用时注意掌握用药适期，严格控制施药剂量。施药剂量过高，玉米5叶期后过晚用药，可能造成药害加重。

胺菊酯（tetramethrin）

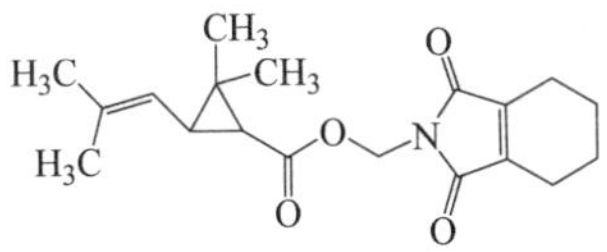

$C_{19}H_{25}NO_4$，331.4，7696-12-0

其他名称　诺毕那命、拟菊酯、四甲菊酯、似菊酯、酞菊酯、酞胺菊酯、Phthalthrin、Ecothrin、Butamin、Duracide、Mulhcide。

化学名称　环己-1-1-烯-1,2-二羧酰亚氨基甲基（*RS*）-2,2-二甲基-3-（2-甲基丙-1-烯基）环丙烷羧酸酯。

理化性质　白色结晶固体，熔点68～70℃，沸点185～190℃（13.3Pa）；溶解性（25℃，g/kg）：水0.0046，己烷20，甲醇53，二甲苯1000；对碱及强酸敏感，在乙醇中不稳定。工业品为白色或略带淡黄色的结晶或固体。

毒性　大白鼠急性LD_{50}（mg/kg）：经口5840（雄）、2000（雌）；经皮>5000。对皮肤和眼睛无刺激性，以2000mg/kg剂量饲喂大鼠3个月，未发现异常现象；对动物无致畸、致突变、致癌作用；对鱼、蜜蜂、家蚕有毒。

作用特点　具有触杀作用，对卫生害虫具有快速击倒效果，但致死性差，有复苏现象，因此要与其他杀虫效果好的药剂混配使用。适用于家庭、公共场所等室内场所驱杀卫生害虫。

防除对象　卫生害虫如蚊、蜚蠊、蝇等。

应用技术　以0.5%杀虫喷射剂（含胺菊酯0.2%、氯菊酯0.3%）、0.6%杀虫水乳剂（含氯菊酯0.2%、胺菊酯0.16%）为例。

防治卫生害虫　蚊、蝇、蜚蠊。

（1）用0.5%杀虫喷射剂向害虫栖息出没处喷洒。

（2）用0.6%杀虫水乳剂向害虫栖息出没处喷洒。

注意事项

（1）使用后注意通风。

（2）本品对鱼类、蜂和蚕毒性高，养蜂场、蚕室、鱼塘及其附近禁用。

胺鲜酯（2-diethylaminoethyl hexanoate）

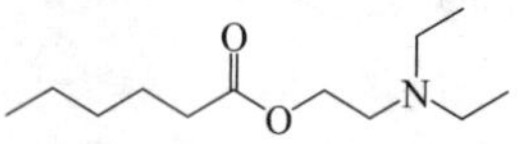

$C_{12}H_{25}NO_2$，215.33，10369-83-2

其他名称 DA-6、增产酯、增效胺、得丰。

化学名称 己酸二乙氨基乙醇酯。

理化性质 纯品为无色液体，在空气中易氧化，工业品为浅黄色或者棕黄色油状液体，原油微溶于水，可溶于大多数有机溶剂，在中性和弱酸性介质中稳定。其柠檬酸盐为纯白色晶体，易溶于水，易溶于乙醇、甲醇、丙酮等有机溶剂。常温下贮存稳定，对高温不稳定，酸性介质中稳定，碱性介质中分解。

毒性 大鼠急性经口 LD_{50} 8633～16570mg/kg，属实际无毒的植物生长调节剂。对白鼠、兔的眼睛及皮肤无刺激作用；经测定结果表明 DA-6 原粉无致癌、致突变和致畸性。

作用特点 为广谱性植物生长调节剂，能显著提高植株叶片叶绿素、蛋白质、核酸的含量，加快光合速度，提高光合速率及过氧化物酶及硝酸还原酶的活性，促进植物细胞的分裂和伸长，促进植株的碳、氮代谢，增强植株对水肥的吸收和干物质的积累，调节体内水分平衡，增强植物的抗旱、抗寒性，无毒、无残留，被广泛应用。尤其对大豆、块根类、块茎类、叶菜类效果较好。同时可作为肥料和杀菌剂增效剂使用，也可用于解除药害。

适宜作物 适用于各种经济作物及粮食作物，如水稻、小麦、大豆、棉花、柑橘、橙、萝卜、胡萝卜、榨菜、牛蒡、高粱、甜菜、番茄、茄子、辣椒、甜椒、扁豆、豌豆、蚕豆、菜豆、韭菜、大葱、洋葱、蘑菇、香菇、木耳、草菇、金针菇、香瓜、哈密瓜、黄瓜、冬瓜、南瓜、丝瓜、苦瓜、节瓜、西葫芦、菠菜、芹菜、生菜、芥菜、白菜、空心菜、甘蓝、花椰菜、生花菜、香菜等，以及桃、李、梅、茶、枣、樱桃、枇杷、葡萄、杏、山楂、橄榄、花生、烟叶、苹果、梨、茶叶、甘蔗、玉米、地瓜、芋、花卉、油菜、荔枝、龙眼、草莓、西瓜。

应用技术

（1）保花保果促生长

① 番茄、茄子、辣椒、甜椒等茄果类 用 10～20mg/L 浓度的胺鲜酯在幼苗期、初花期、坐果后各喷 1 次，可达到苗壮、抗病抗逆性好、增花保果提高结实率、果实均匀光滑、品质提高、早熟、收获期延长的效果。

② 黄瓜、冬瓜、南瓜、丝瓜、苦瓜、节瓜、西葫芦等瓜类 用 8～15mg/L 浓度的胺鲜酯在幼苗期、初花期、坐果后各喷 1 次，可达到苗壮、抗病、抗寒、开花

数增多、结果率提高、瓜形美观、色正、干物质增加、品质提高、早熟、拔秧晚的效果。

③ 西瓜、香瓜、哈密瓜、草莓等　用8～15mg/L胺鲜酯在始花期、坐果后、果实膨大期各喷一次，可达到味好汁多、含糖度提高、增加单瓜重、提前采收、增产、抗逆性好的效果。

④ 苹果、梨　用8～15mg/L胺鲜酯在始花期、坐果后、果实膨大期各喷1次，可达到保花保果、坐果率提高、果实大小均匀、着色好、味甜、早熟、增产的效果。

⑤ 柑橘、橙　用5～15mg/L胺鲜酯在始花期、生理落果中期、果实2～3cm时各喷一次，可达到加速幼果膨大、提高坐果率、果面光滑、皮薄、味甜、早熟、增产、抗寒抗病能力增强的效果。

⑥ 荔枝、龙眼　用8～15mg/L胺鲜酯在始花期、坐果后、果实膨大期各喷1次，可达到坐果率提高、粒重增加、果肉变厚、增甜、核减小、早熟、增产的效果。

⑦ 香蕉　用8～15mg/L胺鲜酯在花蕾期、断蕾期后各喷一次，可达到结实多、果色均匀、增产、早熟、品质好的效果。

⑧ 桃、李、梅、枣、樱桃、枇杷、葡萄、杏、山楂、橄榄　用8～15mg/L胺鲜酯在始花期、坐果后、果实膨大期各喷一次，可达到提高坐果率、果实生长快、大小均匀、百果重增加、含糖度增加、酸度下降、抗逆性提高、早熟、增产的效果。

（2）促进营养生长

① 大白菜、菠菜、芹菜、生菜、芥菜、空心菜、花椰菜、生花菜、香菜等叶菜类　用20～60mg/L胺鲜酯在定植后、生长期间隔7～10d以上喷1次，共2～3次，可达到强壮植株，提高抗逆性，促进营养生长，长势快，叶片增多、宽、大、厚、绿，茎粗、嫩，结球大、重，提早采收的效果。

② 韭菜、大葱、洋葱、大蒜等葱蒜类　用10～15mg/L胺鲜酯在营养生长期间隔10d以上喷一次，共2～3次，可达到促进营养生长、增强抗性的效果。

（3）促进块根、块茎生长

① 萝卜、胡萝卜、榨菜、牛蒡等根菜类　用8～15mg/L胺鲜酯浸种6h。幼苗期、肉质根形成期和膨大期用10～20mg/L浓度各喷1次，可达到幼苗生长快，苗壮，块根直、粗、重，表皮光滑，品质提高，早熟，增产的效果。

② 马铃薯、地瓜、芋　用8～15mg/L胺鲜酯在苗期、块根形成和膨大期各喷1次，可达到苗壮，抗逆性提高，薯块多、大、重，早熟，增产的效果。

（4）提高制种产量

① 豌豆、扁豆、菜豆等豆类　用5～15mg/L胺鲜酯在幼苗期、盛花期、结荚期各喷1次，可达到苗壮，抗逆性好，提高结荚率，早熟，延长生长期和采购期的效果。

② 花生　用8～15mg/L胺鲜酯浸种4h，于始花期、下针期、结荚期各喷一次，可达到提高坐果率，增加开花数，提高结荚数，籽粒饱满，出油率高，增产的效果。

③ 水稻　用10～15mg/L胺鲜酯浸种24h。于分蘖期、孕穗期、灌浆期各喷1次，可达到提高发芽率，壮秧，增强抗寒能力，分蘖增多，增加有效穗，提高结实率和千粒重，促根系活力好，早熟和增产的效果。

④ 小麦　用12～18mg/L胺鲜酯浸种8h，于三叶期、孕穗期、灌浆期各喷1次，可达到提高发芽率，植株粗壮，叶色浓绿，籽粒饱满，秃尖度缩短，穗粒数和千粒重增加，抗干热风，早熟高产的效果。

⑤ 玉米　用6～10mg/L胺鲜酯浸种12～24h，于幼苗期、幼穗分化期、抽穗期各喷1次，可达到提高发芽率，植株粗壮，叶色浓绿，籽粒饱满，秃尖缩短，穗粒数和千粒重增加，抗倒伏，防止红叶病，早熟高产的效果。胺鲜酯与乙烯利和磷酸二氢钾复配，是目前玉米控旺长及株高最好的药剂，可克服单用生长剂控制玉米旺长时玉米棒小、秆细减产的副作用，使营养有效地转移到生殖生长上，玉米植株表现为矮化、发绿、棒大、棒匀、根系发达、抗倒伏能力强。

⑥ 高粱　用8～15mg/L胺鲜酯浸种6～16h，于幼苗期、拔节期、抽穗期各喷1次，可达到提高发芽率，强壮植株，抗倒伏，籽多饱满，穗粒数和千粒重增加，早熟高产的效果。

（5）提高经济作物品质

① 油菜　用8～15mg/L胺鲜酯浸种8h，于苗期、始花期、结荚期各喷1次，可达到提高发芽率，生长旺盛，花多荚多，早熟高产，油菜籽芥酸含量下降，出油率高的效果。

② 棉花　用5～15mg/L胺鲜酯浸种24h，于苗期、花蕾期、花龄期各喷1次，可达到苗壮叶茂，花多桃多，棉絮白，质优，增产，抗性提高的效果。

③ 烟叶　用8～15mg/L胺鲜酯在定植后、团棵期、旺长期各喷1次，可达到苗壮，叶片增多、肥厚，提高抗逆性，增产，提早采收，烤烟色泽好、等级高的效果。

④ 茶叶　用5～15mg/L胺鲜酯在茶芽萌动时喷1次、采摘后喷1次，可达到茶芽密，提高百芽重，新梢增多，枝繁叶茂，氨基酸含量高，增产的效果。

⑤ 甘蔗　用8～15mg/L胺鲜酯在幼苗期、拔节始期、快速生长期各喷1次，可达到增加有效分蘖、株高、茎粗、单茎重，含糖度提高，生长快，抗倒伏的效果。

⑥ 甜菜　用8～15mg/L胺鲜酯浸种8h，于幼苗期、直根形成期和膨大期各喷1次，可达到幼苗生长快，苗壮，直根粗，含糖量提高，早熟，高产的效果。

⑦ 香菇、蘑菇、木耳、草菇、金针菇等食用菌类　用8～15mg/L胺鲜酯在子实体形成初期、初菇期、成长期各喷1次，可提高菌丝生长活力，增加子实体的数量，加快单菇生长速度，生长整齐，肉质肥厚，菌柄粗壮，鲜重、干重大幅度提高，品质提高。

（6）延长植物生命期

① 花卉　用8～25mg/L胺鲜酯在生长期每隔7～10d喷1次，可达到增加植

株日生长量，增加节间及叶片数，增大叶面积及其厚度，提早开花，延长花期，增加开花数，花艳叶绿，增强抗寒、抗旱能力的效果。

② 其他观赏植物　用 15～60mg/L 胺鲜酯在苗期间隔 7～10d 喷 1 次，生长期 15～20d 喷施一次，可达到苗木健壮，提早出圃，增加株高及冠幅，叶色浓绿，加速生长，抗寒、抗旱、延缓衰老的效果。

（7）提高固氮能力　用于大豆，用 8～15mg/L 胺鲜酯浸种 8h，于苗期始花期、结荚期各喷 1 次，可达到提高发芽率，增加开花数，提高根瘤菌固氮能力，结荚饱满，干物质增加，早熟，增产的效果。

（8）与其他药剂复配

① 与肥料混用　胺鲜酯可直接与 N、P、K、Zn、B、Cu、Mn、Fe、Mo 等混合使用，非常稳定，可长期贮存。

② 与杀菌剂复配　胺鲜酯与杀菌剂复配具有明显的增效作用，可以增效 30% 以上，减少用药量 10%～30%，且试验证明胺鲜酯对真菌、细菌、病毒等引起的多种植物病害具有抑制和防治作用。

③ 与杀虫剂复配　可增加植物长势，增强植物抗虫性，且胺鲜酯本身对软体虫具有驱避作用，既杀虫又增产。

④ 与除草剂复配　胺鲜酯和除草剂复配可在不降低除草剂效果的情况下有效防止农作物中毒，使除草剂能够安全使用。

注意事项

（1）原粉可直接做成各种液剂和粉剂，浓度据需要调配，操作方便，不需要特殊助剂、操作工艺和特殊设备。

（2）请勿将本产品与碱性溶液复配使用。

（3）常温干燥贮存。

（4）胺鲜酯安全性非常高，在使用浓度 1～100mg/L 范围内，作物均不会产生药害，使用时间和使用方法灵活，为降低成本，一般使用浓度在 20～50mg/L 即可，增产效果最显著。

（5）胺鲜酯对大多数除草剂具有解毒功效，可作为除草剂的解毒剂。

拌种胺（furmecyclox）

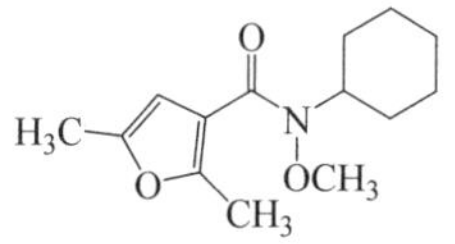

H_3C　O　CH_3　N　OCH_3

$C_{14}H_{21}NO_3$，251.33，60568-05-0

化学名称　*N*-环己基-*N*-甲氧基-2,5-二甲基-3-糠酰胺。

作用特点 对担子菌亚门真菌具有特殊活性。

适宜作物 大麦、小麦、棉花、蔬菜、百合、鸢尾等。

防治对象 麦类散黑穗病、腥黑穗病，蔬菜腐烂病和立枯丝核菌引起的病害，也可用作木材防腐剂。

使用方法 种子处理和土壤处理剂。

（1）防治立枯丝核菌对百合属、郁金香属和鸢尾属的侵染，土壤施用 5g（a.i.）/m^3；

（2）与三丁基氧化锡的混剂（0.55∶10 重量比）可抑制枯草杆菌、芽孢杆菌和普通变形杆菌。

注意事项

（1）严格按照农药安全规定使用此药，喷药时戴好口罩、手套，穿上工作服；

（2）施药时不能吸烟、喝酒、吃东西，避免药液或药粉直接接触身体，如果药液不小心溅入眼睛，应立即用清水冲洗干净并携带此药标签去医院就医；

（3）此药应储存在阴凉和儿童接触不到的地方；

（4）如果误服要立即送往医院治疗；

（5）施药后各种工具要认真清洗，污水和剩余药液要妥善处理保存，不得任意倾倒，以免污染鱼塘、水源及土壤；

（6）搬运时应注意轻拿轻放，以免破损污染环境，运输和储存时应有专门的车皮和仓库，不得与食物和日用品一起运输，应储存在干燥和通风良好的仓库中。

拌种灵（amicarthiazol）

$C_{11}H_{11}N_3OS$, 233.3, 21452-14-2

化学名称 2-氨基-4-甲基-5-甲酰苯氨基噻唑。

理化性质 纯品为白色粉末状结晶，熔点 222～223℃，270～285℃分解。微溶于水，在一般有机溶剂中溶解度也很小，易溶于二甲基甲酰胺。29℃时在下列溶剂中的溶解度分别为（g/100mL）：水 0.008、苯 0.05、甲苯 0.21、乙醇 1.72、甲醇 3.52、二甲基甲酰胺 51。遇碱易分解，遇酸生成对应的盐，其盐酸盐可溶于乙醇和热水。粗品呈米黄色或淡粉红色固体，熔点 210℃左右。

毒性 大白鼠经口急性 LD_{50} 820mg/kg（雄），817.9mg/kg（雌），大白鼠经皮急性 LD_{50}＞820mg/kg。

作用特点　属内吸性杀菌剂。拌种后可进入种皮或种胚，可杀死种子表面或种子内部的病原菌，同时也可进入幼芽和幼根，减少土壤中病原菌对幼苗的侵染。

适宜作物　禾谷类作物（如小麦、玉米、高粱）、花生、棉花等。在推荐剂量下使用对作物和环境安全。

防治对象　小麦黑穗病、玉米黑穗病、高粱黑穗病、花生锈病、棉花苗期病害、炭疽病等。

使用方法

（1）防治玉米黑穗病　用 40%可湿性粉剂 200g/100kg 种子拌种；

（2）防治花生锈病　用 40%可湿性粉剂 500 倍液喷雾；

（3）防治棉花苗期病害　用 40%可湿性粉剂 200g/100kg 种子拌种；

（4）防治红麻炭疽病　用 40%可湿性粉剂 160 倍液浸种。

注意事项　拌种灵主要用于作物拌种。用于谷类种子浸种，能够有效防治黑穗病和其他农作物的炭疽病，与福美双混配可防治小麦黑穗病、高粱黑穗病、棉花苗期病害等。处理过的种子要妥善保管，避免误食。用药时注意安全防护。

拌种咯（fenpiclonil）

$C_{11}H_6Cl_2N_2$, 237.1, 74738-17-3

化学名称　4-（2,3-二氯苯基）吡咯-3-腈。

理化性质　纯品为无色晶体，水中溶解度（20℃）2mg/L，熔点 152.9℃，250℃以下稳定；100℃、pH 3～9 下 6h 不水解。

毒性　大鼠、小鼠和兔的急性经口 LD_{50}＞5000mg/kg，大鼠急性经皮 LD_{50}＞2000mg/kg。对兔眼睛和皮肤均无刺激作用，虹鳟鱼（96h）LD_{50} 0.8mg/L。对蜜蜂无毒。无致畸、无诱变，无胚胎毒性。

作用特点　保护性杀菌剂，主要抑制菌体内氨基酸合成和葡萄糖磷酰化有关的转移，并抑制真菌菌丝体的生长，最终导致病菌死亡。持效期 4 个月以上。

适宜作物　小麦、大麦、玉米、棉花、大豆、花生、水稻、油菜、马铃薯、蔬菜等。

防治对象　对禾谷类作物种传病菌如雪腐镰刀菌有效，也可防治土传病害的病菌如链格孢属、壳二孢属、曲霉属、葡萄孢属、链孢霉属、长蠕孢属、丝核菌属和青霉属菌。

使用方法 禾谷类作物和豌豆种子处理剂量为 20g（a. i.）/100kg 种子，马铃薯用 10～50g（a. i.）/1000kg。防治大麦条纹病、网斑病，麦类雪腐病，大麦散黑穗病，水稻恶苗病、稻瘟病、水稻胡麻斑病，用 5%悬浮种衣剂 4g 拌种 1kg。

倍硫磷（fenthion）

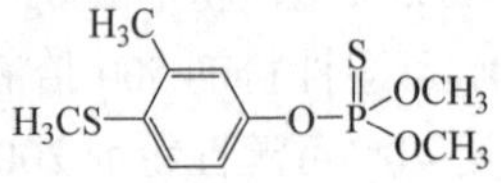

$C_{10}H_{15}O_3PS_2$，278.3，55-38-9

其他名称 百治屠、倍太克斯、芬杀松、拜太斯、番硫磷、Baycid、Baytex、Mercaptophos、Lebaycid、Queletox、Bayer 29493。

化学名称 *O,O*-二甲基-*O*-（3-甲基-4-甲硫苯基）硫代磷酸酯。

理化性质 纯品倍硫磷为无色油状液体，沸点 87℃（1.333Pa）。易溶于甲醇、乙醇、二甲苯、丙酮、氯化氢、脂肪油等有机溶剂，难溶于石油醚，在水中溶解度为 54～56mg/L。工业品呈棕黄色，带特殊臭味，对光和热比较稳定。在 100℃时，pH 1.8～5 介质中，水解半衰期为 36h，pH 11 介质中，水解半衰期为 95min。用过氧化氢或高锰酸钾可使硫醚链氧化，生成相应的亚砜和砜类化合物。

毒性 大鼠急性经口 LD_{50}（mg/kg）：215（雄），245（雌）。大鼠急性经皮 LD_{50} 330～500mg/kg。大鼠 60d 饲喂试验最大允许剂量为 10mg/kg，用 50mg/kg 剂量喂狗 1 年，其体重和摄食量无影响。对鱼 LC_{50} 约 1mg/L（48h）。

作用特点 倍硫磷的作用机制是抑制昆虫体内的乙酰胆碱酯酶，属广谱杀虫剂，具有触杀和内吸作用，残效期长，对作物有一定的渗透作用。在植物体内倍硫磷氧化成亚砜和砜，具有较高的杀虫活性。

适宜作物 小麦、大豆等。

防除对象 小麦害虫如小麦吸浆虫等；大豆害虫如大豆食心虫等；卫生害虫如臭虫、蚊（幼虫）、蝇（幼虫）等。

应用技术

（1）防治小麦害虫 防治小麦吸浆虫，在成虫发生始盛期施药，每亩用 50%乳油 50～100mL 兑水喷雾，重点是麦穗。

（2）防治大豆害虫 防治大豆食心虫，在成虫盛发期施药，每亩用 50%乳油 120～160mL 兑水 45～55kg 均匀喷雾。

（3）防治卫生害虫

① 臭虫 将 2%水乳剂倒入 20 倍的水中搅匀，按 15mL/m^2 进行表面均匀喷雾

施药，随配随用，不要贮存药液。重点处理明亮处墙面、玻璃、纱门、纱窗及电线、绳索等。

② 蚊（幼虫）、蝇（幼虫）　室外用50%乳油兑水施药，按3g/m^2喷洒，可有效杀灭害虫。

注意事项

（1）不能与碱性农药混用。

（2）对蜜蜂、鱼类等水生生物、家蚕有毒，施药期间应避免对周围蜂群的影响；开花植物花期、蚕室和桑园附近禁用；远离水产养殖区施药；禁止在河塘等水体中清洗施药器具。

（3）在十字花科蔬菜的幼苗、梨树、高粱、啤酒花上易引起药害，使用中防止飘移到上述作物上。

（4）大风天或预计1d内降雨请勿施药。

（5）为延缓抗药性产生，建议与其他不同作用机制的杀虫剂轮换使用。

苯并烯氟菌唑（benzovindiflupyr）

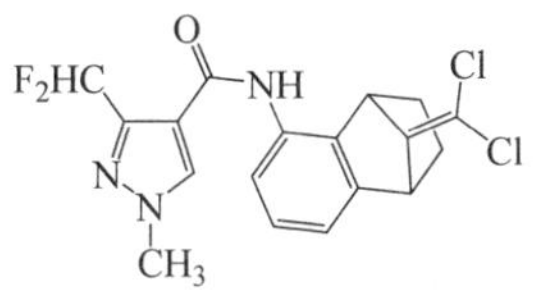

$C_{18}H_{15}Cl_2F_2N_3O$，398.234，1072957-71-1

化学名称　*N*-[9-(二氯甲基)-1,2,3,4-四氢-1,4-亚甲基萘-5-基]-3-(二氟甲基)-1-甲基-1*H*-吡唑-4-甲酰胺。

理化性质　白色粉末，熔点为148.4℃，密度为1.466g/cm^3（25℃），水中溶解度为0.98mg/L（pH 7，20℃），辛醇/水分配系数的对数值（lg K_{ow}）为4.3（25℃）。

毒性　大鼠急性经口 LD_{50}（雌性）55mg/kg（体重），大鼠急性经皮 LD_{50}>2000mg/kg（体重），大鼠急性吸入 LC_{50}>0.56mg/L。该剂对兔眼睛有微弱的刺激作用，对兔皮肤有微弱刺激作用，对CBA小鼠皮肤无致敏性。该杀菌剂对蜜蜂安全；对鹌鹑有微毒；对野鸭中等毒性；对水蚤毒性非常高；对虹鳟鱼毒性非常高；对海洋无脊椎动物毒性高。

作用特点　琥珀酸脱氢酶抑制剂（SDHI）类第7组。作用于病原菌线粒体呼吸电子传递链上的蛋白复合体域，导致三羧酸循环障碍，阻碍能量代谢，抑制病原菌生长并导致死亡。具有内吸传导性，能紧密结合植物蜡质层缓慢渗透到植物组织中。与甲氧基丙烯酸酯类及三唑类杀菌剂无交互抗性。

适宜作物 具有广谱、高效、持效期长的特点，叶面喷雾或土壤处理可防治多种作物、草坪和花卉的叶面病害和土壤病害，被推荐用于蓝莓、卡诺拉油菜、谷类作物（燕麦、小麦、黑麦和大麦）、玉米、棉花、葫芦、番茄、葡萄、豆类、花生、仁果、大豆、马铃薯、草坪草和苗圃作物。

防治对象 可防治小麦叶枯病、花生黑斑病、小麦全蚀病及小麦基腐病，对小麦白粉病、玉米小斑病及灰霉病有特效，对亚洲大豆锈病能提供长效作用。

使用方法

（1）45%苯并烯氟菌唑•嘧菌酯水分散粒剂，制剂产品采用 17～23g/亩喷雾防治花生锈病，用稀释 1700～2500 倍制剂量喷雾防治观赏菊花白锈病。一般都在发病前或发病初期施药，2 次喷雾间隔 7～10d，防治菊花白锈病时，每季最多使用 3 次，不得连续超过 2 次；防治花生锈病时，安全间隔期 14d，每季最多使用 2 次。建议作用方式不同的杀菌剂交替使用，避免与乳油类农药和有机硅类助剂混用以防发生药害。不得用于苹果、山楂、樱桃、李树和女贞，避免雾滴飘移到这些树上。

还可用于防治温室或室外花卉白粉病、炭疽病、霜霉病、灰霉病和黑斑病等。

（2）1100g/L 苯并烯氟菌乳油，以 7.5mL/m^2 防治草坪币斑病、炭疽病和褐斑病，50～75mL[5～7.5g(a.i.)/100L]用于防治温室或室外花卉白粉病、链格孢属菌引发的病害和锈病，能有效防治块茎植物早疫病，马铃薯黑痣病，豆类的叶斑病、炭疽病和亚洲大豆锈病等。

（3）苯并烯氟菌唑（24g/L）和苯醚甲环唑（79g/L）的可溶液剂，用于防治草坪炭疽病、红丝病、褐斑病和币斑病等多种病害。

（4）200g/L 苯并烯氟菌唑•丙环唑的复配产品，用于防治多种食用作物的白粉病、炭疽病、霜霉病、灰霉病和黑斑病等。

注意事项

（1）请按照农药安全使用准则使用本品。本品对皮肤有致敏性，对眼睛有刺激性，应避免药液接触皮肤、眼睛和污染衣物，避免吸入雾滴。切勿在施药现场抽烟或饮食。在饮水、进食和抽烟前，应先洗手、洗脸。

（2）配药时，应戴丁腈橡胶手套、防护口罩，穿长袖衣、长裤和防护靴。

（3）喷药时，应穿长袖衣、长裤和防护靴。

（4）施药后，彻底清洗防护用具，洗澡，并更换和清洗工作服，确保施药衣物同普通衣物分开清洗。

（5）应依照当地法律法规妥善处理农药空包装。使用过的铝箔袋空包装，请直接带离田间，安全保存，并交由有资质的部门统一高温焚烧处理；其他类型的空包装，用清水冲洗三次后，带离田间，妥善处理，切勿重复使用或改作其他用途。所有施药器具，用后应立即用清水或适当的洗涤剂清洗。

苯哒嗪丙酯（3-pyridazinecarboxylic acid）

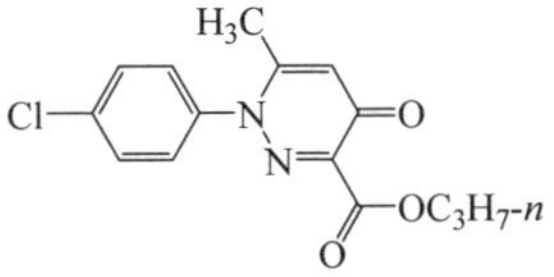

$C_{15}H_{15}ClN_2O_3$，306.8，78778-15-1

其他名称 达优麦，小麦化学杀雄剂，小麦化学去雄剂。

化学名称 1-（4-氯苯基）-1,4-二氢-4-氧-6-甲基哒嗪-3-羧酸丙酯。

理化性质 原药（含量≥95%）为浅黄色粉末，熔点101～102℃。在一般贮存条件下和中性介质中稳定。

毒性 雄性和雌性大鼠急性经口LD_{50} 3160mg/kg、3690mg/kg，对皮肤、眼睛无刺激性，为弱致敏性。致突变试验：Ames试验、小鼠骨髓细胞微核试验、小鼠睾丸细胞染色体畸变试验均为阴性。大鼠喂饲亚慢性试验无作用剂量：雄性为31.6mg/（kg·d），雌性为39mg/（kg·d）。10%乳油对雄性和雌性大鼠急性经口LD_{50} 5840mg/kg、2710mg/kg；对皮肤和眼睛无刺激性，为弱致敏性。该药对鸟、蜜蜂、家蚕均属低毒，对鱼类属中等毒。

作用特点 主要用于小麦育种，具有良好的选择性小麦去雄效果。在有效剂量下，可诱导自交作物雄性不育，培育杂交种子，产生的杂交种子无干瘪现象，对叶片大小、穗长、小穗数和穗粒数均无明显影响。该制剂能诱导自交作物雄性不育，培育杂交种子，用于小麦育种时，可大大降低小麦育种过程中的人工去雄的工作量，节省劳力。

适宜作物 小麦。

应用技术 在小麦幼穗发育的雌雄蕊原基分化期至药隔后期，1次喷药，用药量为每亩用有效成分50～66.6g（折成10%乳油商品量每亩为500～666g，一般加水30～40kg），喷施于小麦母本植株，可诱导小麦雄性不育，提高小麦去雄质量，达到杂种小麦制种纯度要求。对小麦的生长发育无不良影响，且施药适期较长。在施药剂量范围内，随着施药剂量的升高，小麦去雄效果更好，不育率可达95%以上，效果比较理想。

注意事项 该药为低毒植物生长调节剂。

苯哒嗪钾（clofencet potassium）

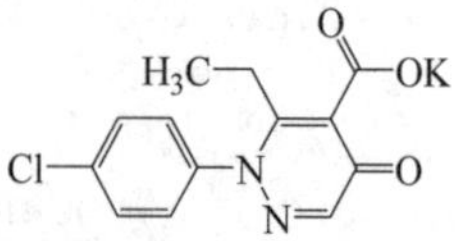

$C_{13}H_{10}ClKN_2O_3$，316.78，82697-71-0

其他名称 小麦化学杀雄剂，金麦斯。

化学名称 potassium 2-(4-chlorophenyl)-3-ethyl-5-oxo-pyridazine-4-carboxylate。

毒性 低毒。

作用特点 该药具有优良的选择性小麦杀雄效果，能有效抑制小麦花粉粒发育，诱导自交作物雄性不育。用于培育小麦杂交种子，可使冬、春小麦获得良好的雄性不孕性诱导效果，不同品种的小麦对金麦斯的敏感性有差异。适宜作喷施的母本品种较多，施药剂量范围较宽，施药适期长，对小麦植株影响小，是较为优良的小麦杀雄剂。

适宜作物 小麦。

应用技术 施药剂量为有效成分 3～5kg/hm^2（折合成 22.4%水剂商品量每亩 893～1488g，一般加水 30～40kg），施药适期为小麦旗叶露尖至展开期，施药方法为茎叶喷雾。施药时应加入占喷药液总量的 1%非离子表面活性剂或 2%乳化剂。

苯丁锡（fenbutatin oxide）

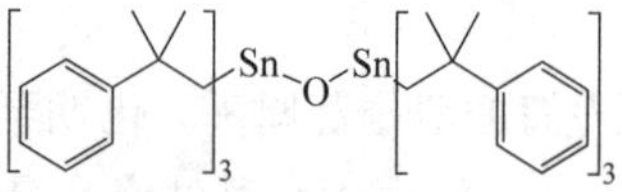

$C_{60}H_{78}OSn_2$，1053，13356-08-6

其他名称 螨完锡、杀螨锡、克螨锡、托尔克、螨烷锡、芬布锡、Torque、Vendex、Osadan、Neostanox。

化学名称 双［三（2-甲基-2-苯基丙基）锡］氧化物。

理化性质 工业品为白色或淡黄色结晶，熔点 138～139℃，纯品 145℃；溶解性（23℃，g/L）：水 0.000005，丙酮 6，二氯甲烷 380，苯 140；水能使其分解成三（2-甲基-2-苯基丙基）锡氢氧化物，经加热或失水又返回氧化物。

毒性 急性 LD_{50}（mg/kg）：经口大白鼠 2630、小鼠 1450，大白鼠经皮＞2000。

作用特点 属感温型抑制神经组织的有机锡杀螨剂，是一种非内吸性杀螨剂。

苯丁锡对害螨具有触杀、胃毒、渗透作用，对成螨、若螨杀伤力较强，杀卵作用小。施药后 3d 开始见效，第 14d 时达到高峰，气温在 22℃以上时，药效提高，低于 15℃时，药效差。对人、畜低毒，对眼、皮肤、呼吸道刺激性较大。对鸟类、蜜蜂低毒，对天敌影响小，对鱼类高毒。

适宜作物　果树、茶树、花卉等。

防除对象　果树害螨如红蜘蛛、柑橘叶螨、柑橘锈螨、苹果叶螨、茶橙瘿螨、茶短须螨、菊花叶螨、玫瑰叶螨、锈壁虱等。

应用技术　以 20%苯丁锡可湿性粉剂、50%苯丁锡可湿性粉剂、10%苯丁锡乳油为例。

（1）防治柑橘树红蜘蛛　在成螨或若螨发生初期、气候温暖时施药，用 20%苯丁锡可湿性粉剂 800～1500 倍液均匀喷雾，或用 10%苯丁锡乳油 500～600 倍液均匀喷雾。

（2）防治柑橘树锈壁虱　在锈壁虱发生始盛期施药，用 50%苯丁锡可湿性粉剂 200～333.3mg/L 均匀喷雾。

注意事项

（1）在使用前，请仔细阅读该产品标签。在番茄收获前 10d 停用本剂。

（2）已对有机磷类和有机氯类农药产生抗药性的害螨，对本剂无交互抗药性。

（3）应储存于阴凉、通风的库房，远离火种、热源，防止阳光直射，保持容器密封。应与氧化剂、碱类分开存放，切忌混储。配备相应品种和数量的消防器材，储区应备有泄漏应急处理设备和合适的收容材料。

（4）在桑园、蚕室附近和周围开花植物花期禁止使用，施药期间应密切关注对附近蜂群的影响，赤眼蜂等天敌放飞区禁用。远离水产养殖区、河塘等水体施药，避免污染水源。禁止在河塘等水体中清洗施药器具。

（5）禁止儿童、孕妇及哺乳期妇女接触。

（6）建议与其他作用机制不同的杀虫剂轮换使用，以延缓抗性产生。

苯磺隆（tribenuron methyl）

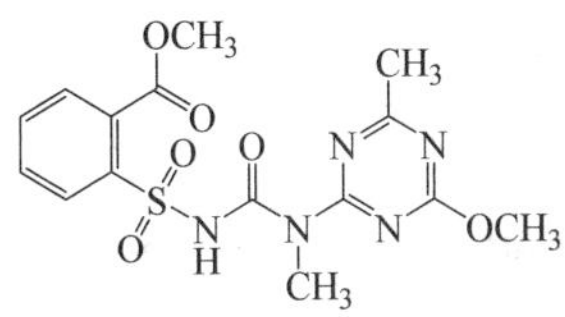

$C_{15}H_{17}N_5O_6S$，395.4，101200-48-0

化学名称　2-[*N*-(4-甲氧基-6-甲基-1,3,5-三嗪-2-基)-*N*-甲基氨基甲酰氨基磺酰基]

苯甲酸甲酯。

理化性质 纯品为灰白色固体，熔点142℃，175℃分解，土壤及酸性条件下不稳定，碱性条件下稳定，溶解度（20℃，mg/L）：水2483，正己烷20800，二氯甲烷250000，丙酮39100，乙酸乙酯16300。

毒性 大鼠急性经口LD_{50}＞5000mg/kg，短期喂食毒性高；对山齿鹑急性LD_{50}＞2250mg/kg；对虹鳟LC_{50}（96h）为738mg/L；对大型溞EC_{50}（48h）为894mg/kg；对月牙藻EC_{50}（72h）为0.11mg/L；对蜜蜂中等毒性，对蚯蚓低毒。对呼吸道具刺激性，有皮肤致敏性，无神经毒性和眼睛、皮肤刺激性，无染色体畸变风险。

作用方式 本品属选择性内吸传导型磺酰脲类除草剂，是侧链氨基酸（缬氨酸、亮氨酸、异亮氨酸）生物合成抑制剂。施药后经叶面与根吸收后转移到体内，抑制乙酰乳酸合成酶，使缬氨酸和异亮氨酸合成受阻，干扰细胞分裂，抑制芽梢和根生长。温度低时杂草死亡速度慢。

防除对象 主要用于小麦田、观赏麦冬防除阔叶杂草如繁缕、麦家公、大巢菜、蓼、鼬瓣花、野芥菜、雀舌草、碎米荠、播娘蒿、反枝苋、田芥菜、地肤、遏兰菜、田蓟等，对猪殃殃防效较差，对田旋花、泽漆、荞麦蔓等杂草效果不显著。

使用方法 在小麦2叶期至拔节期、一年生杂草2～4叶期、多年生杂草6叶期以前使用，以10%可湿性粉剂为例，小麦田每亩制剂用量10～15g，观赏麦冬用量30～35g，兑水30～50L稀释均匀后喷雾。

注意事项

（1）后茬套种、轮作花生的麦田，沙质土、有机质含量低且为碱性的土壤，应在冬前使用，每亩制剂用量以最低推荐剂量为宜；

（2）可加兑水量0.2%的非离子表面活性剂，有助于提高防效；

（3）喷洒时注意防止药剂飘移到敏感的阔叶作物上，避免药剂与其他作物接触。

苯菌灵（benomyl）

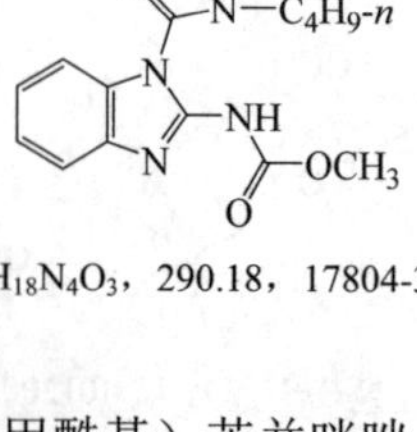

$C_{14}H_{18}N_4O_3$，290.18，17804-35-2

化学名称 1-（正丁基氨基甲酰基）苯并咪唑-2-基氨基甲酸甲酯。

理化性质 白色结晶固体，熔点140℃（分解）。不溶于水和油类，溶于氯仿、丙酮、二甲基甲酰胺。稍有苦味。

毒性　急性 LD_{50}（mg/kg）：大鼠经口＞5000、兔急性经皮＞5000；对兔眼睛有暂时刺激性；以 500mg/kg 剂量饲喂狗两年，未发现异常现象；对蚯蚓无毒。

作用特点　属高效、广谱、内吸性杀菌剂，具有保护、治疗和铲除等作用。除了具有杀菌活性外，还具有杀螨、杀线虫活性。

适宜作物　柑橘、苹果、梨、葡萄、大豆、花生、瓜类、茄子、黄瓜、番茄、芦笋、葱类、芹菜、小麦、水稻等。在推荐剂量下使用对作物和环境安全。

防治对象　对子囊菌亚门、半知菌亚门及某些担子菌亚门的真菌引起的病害有良好的抑制活性，对锈菌、鞭毛菌和接合菌无效。用于防治苹果、梨、葡萄白粉病，苹果、梨黑星病，小麦赤霉病、水稻稻瘟病，瓜类疮痂病、炭疽病，茄子灰霉病，番茄叶霉病，黄瓜黑星病，葱类灰色腐败病，芹菜灰斑病，芦笋茎枯病，柑橘疮痂病、灰霉病，大豆菌核病，花生褐斑病，甘薯黑斑病和腐烂病等。

使用方法　可用于喷洒、拌种和土壤处理，防治大田作物和蔬菜病害，使用剂量为 9.3～10g（a. i.）/亩；防治果树病害，每亩使用剂量为 36.7～73.3g（a. i.)；防治收获后作物病害，使用剂量为 1.7～13.3g（a. i.)。

（1）防治果树病害

① 防治柑橘疮痂病、灰霉病，苹果黑星病、黑点病，梨黑星病，葡萄褐斑病、白粉病　发病前至发病初期，用 50%可湿性粉剂 33～50g，配成 2000～3000 倍液，喷雾，小树每亩喷 150～400kg，大树每亩喷 500kg。

② 防治苹果轮纹病　用 50%可湿性粉剂 800 倍液喷雾。

（2）防治瓜类、蔬菜病害

① 防治瓜类灰霉病、炭疽病，茄子灰霉病，番茄叶霉病，葱类灰色腐败病，芹菜灰斑病等　发病前至发病初期，用 50%可湿性粉剂 33～50g，配成 2000～3000 倍液，每亩喷药液 65～75kg。

② 防治黄瓜黑星病　用 50%可湿性粉剂 500 倍液浸种 20min。

③ 防治西瓜枯萎病　用 50%可湿性粉剂 1000～1500 倍液，处理土壤，从移栽开始间隔 7d 灌根一次，连续灌四次。

④ 防治芦笋茎枯病　发病初期用 50%可湿性粉剂 1500～1800 倍液喷雾。

（3）防治其他作物病害

① 防治大豆菌核病　在病害发生前至发病初期，每亩用 50%可湿性粉剂 66～100g，配成 1000～1500 倍液，喷药液 50～75kg。

② 防治花生褐斑病等　在病害初发时或发病期，每亩用 50%可湿性粉剂 33～50g，配成 2000～3000 倍液，喷药液 50～60kg。

注意事项　在梨、苹果、柑橘、甜菜上安全间隔期为 7d，葡萄上为 21d，在黄瓜、南瓜、甜瓜上的最大允许残留量为 0.5mg/L。不能与波尔多液和石硫合剂等碱性农药混用。防止产生抗药性，与其他农药交替使用。

苯醚甲环唑（difenoconazole）

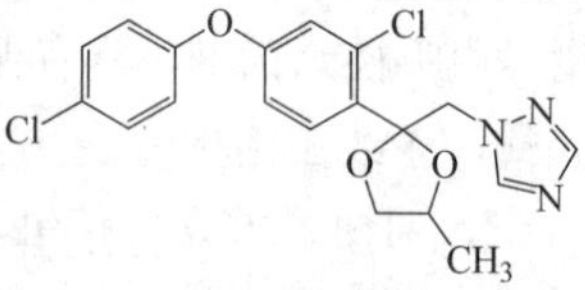

$C_{19}H_{17}Cl_2N_3O_3$，406.30，119446-68-3

化学名称 顺/反-3-氯-4-［4-甲基-2-（1*H*-1,2,4-三唑-1-基甲基）-1,3-二氧戊环-2-基］苯基-4-氯苯基醚。

理化性质 为顺反异构体混合物，顺反异构体比例在0.7～1.5之间，纯品为白色至米色结晶固体，熔点78.6℃；溶解度（25℃，g/kg）：水0.015，丙酮610，乙醇330，甲苯490，正辛醇95；150℃以下稳定。

毒性 急性LD_{50}（mg/kg）：大鼠经口1453，小鼠经口＞2000，兔经皮＞2000；对兔眼睛和皮肤无刺激性；以1mg/（kg·d）剂量饲喂大鼠两年，未发现异常现象；对动物无致畸、致突变、致癌作用。

作用特点 属广谱内吸性杀菌剂，具有预防、治疗、内吸的作用。甾醇脱甲基化抑制剂，其作用机制是抑制细胞壁甾醇的生物合成，阻止真菌生长。叶面处理或者种子处理可提高作物的产量和保证品质。

适宜作物 甜菜、香蕉、禾谷类作物、大豆、园艺作物及各种蔬菜等。对小麦、大麦进行茎叶（小麦株高24～42cm）处理时，有时叶片会出现变色现象，但不会影响产量。

防治对象 对子囊菌亚门（如白粉菌科）、担子菌亚门（如锈菌目）和包括链格孢属、壳二孢属、尾孢属、刺盘孢属、球座菌属、茎点霉属、柱隔孢属、壳针孢属、黑星菌属在内的半知菌，某些种传病原菌有持久的保护和治疗活性，同时对小麦散黑穗病、腥黑穗病、全蚀病、白粉病、根腐病、纹枯病、颖枯病、叶枯病、锈病等病害，甜菜褐斑病，苹果黑星病、白粉病，葡萄白粉病，马铃薯早疫病，花生叶斑病、网斑病，黄瓜白粉病、炭疽病，番茄早疫病，辣椒炭疽病，葡萄黑痘病，柑橘疮痂病等均有较好的治疗效果。

使用方法 主要用作叶面处理剂和种子处理剂。其中10%苯醚甲环唑水分散粒剂主要用于茎叶处理，使用剂量为20～40g/亩；3%悬浮种衣剂主要用于种子处理，使用剂量为3～24g（a. i.）/kg种子。

（1）10%苯醚甲环唑水分散粒剂的应用　主要用于防治梨黑星病、苹果斑点落叶病、番茄早疫病、西瓜蔓枯病、辣椒炭疽病、草莓白粉病、葡萄炭疽病、黑痘病、柑橘疮痂病等。

① 防治蔬菜病害　防治黄瓜白粉病、炭疽病，西瓜炭疽病、蔓枯病，辣椒炭疽

病，大白菜黑斑病，菜豆锈病，每亩用10%水分散粒剂30～50g对水40～50kg喷雾；防治芹菜叶斑病，每亩用10%水分散粒剂40～60g对水40～50kg喷雾；防治番茄早疫病，发病初期每亩用10%水分散粒剂800～1200倍液或10%水分散粒剂83～125g/100L水，或10%微乳剂40～60mL，对水40～50kg喷雾；防治番茄黑斑病，用10%水分散粒剂1500～2000倍液喷雾；防治番茄叶霉病、辣椒白粉病，用10%水分散粒剂2000倍液喷雾；防治西葫芦白粉病，用10%水分散粒剂1000倍液喷雾；防治洋葱白腐病，用10%水分散粒剂1500倍液进行土壤消毒和灌根。

② 防治果树病害　防治梨黑星病，在发病初期用10%水分散粒剂6000～7000倍液或10%微乳剂1500～2000倍液喷雾，发病严重时可提高浓度，建议用3000～5000倍液喷雾，间隔7～14d连续喷药2～3次；防治苹果斑点落叶病，发病初期用10%水分散粒剂2500～3000倍液或10%水分散粒剂33～40g/100L水，发病严重时用1500～2000倍液或10%水分散粒剂50～66.7g/100L水，间隔7～14d，连续喷药2～3次；防治苹果轮纹病，用10%水分散粒剂2000～2500倍液喷雾；防治葡萄炭疽病，用10%水分散粒剂1000～1500倍液喷雾；防治葡萄白腐病，用10%水分散粒剂1500～2000倍液喷雾；防治柑橘炭疽病，用10%水分散粒剂4000～5000倍液喷雾；防治柑橘疮痂病，用10%水分散粒剂3000～4000倍液喷雾；防治荔枝树炭疽病，用10%水分散粒剂1000～2000倍液喷雾；防治草莓白粉病，用10%水分散粒剂20～40g/亩；防治青梅黑星病，用10%水分散粒剂3000倍液喷雾；防治龙眼炭疽病，用10%水分散粒剂800～1000倍液喷雾。

（2）25%苯醚甲环唑乳油的应用　主要用于防治水稻、香蕉病害。防治水稻纹枯病、稻曲病，每亩用25%乳油50mL，对水40～50kg喷雾；防治香蕉黑星病、叶斑病，用25%乳油2000～3000倍液。

（3）3%苯醚甲环唑悬浮种衣剂的应用　主要用于防治小麦矮腥黑穗病、腥黑穗病、散黑穗病、颖枯病、根腐病、纹枯病、全蚀病、早期锈病、白粉病，大麦坚黑穗病、散黑穗病、条纹病、网斑病、全蚀病，大豆、棉花立枯病、根腐病。防治小麦散黑穗病，用3%悬浮种衣剂200～400mL/100kg种子；防治小麦腥黑穗病，用3%悬浮种衣剂67～100mL/100kg种子；防治小麦矮腥黑穗病，用3%悬浮种衣剂133～400mL/100kg种子；防治小麦根腐病、纹枯病、颖枯病，用3%悬浮种衣剂200mL/100kg种子；防治小麦全蚀病、白粉病，用3%悬浮种衣剂1000mL/100kg种子；防治大麦病害，用3%悬浮种衣剂100～200mL/100kg种子；防治棉花立枯病，用3%悬浮种衣剂800mL/100kg种子；防治大豆根腐病，用3%悬浮种衣剂200～400mL/100kg种子。

（4）其他应用　防治籽瓜炭疽病，用30%苯醚甲环唑悬浮剂3000倍液，效果显著；防治太子参叶斑病，10%苯醚甲环唑水分散粒剂6000倍液，效果明显；防治葡萄黑痘病，发病初期用10%苯醚甲环唑水分散粒剂1000～1500倍液，间隔7～

10d，连喷 2～3 次，或者用 40%苯醚甲环唑水乳剂 4000 倍液，施药 2 次，防治效果显著；防治西瓜炭疽病，每亩用 30%苯醚甲环唑悬浮剂 16.7～20g，间隔 7～14d，共施药 3 次，或者每亩用 10%苯醚甲环唑水分散粒剂 60g，间隔 7～10d，连施 2～3 次，或用 20%苯醚甲环唑微乳剂 2000～4000 倍液，效果显著；防治梨果实轮纹病，用 25%苯醚甲环唑乳油 2000～3000 倍液，效果显著；防治黄瓜白粉病，每亩用 10%苯醚甲环唑水分散粒剂 67～83g，间隔 7～10d，连喷 2～3 次；防治番茄早疫病，亩用 10%苯醚甲环唑水分散粒剂 83～100g，间隔 7～10d，连喷 2～3 次；防治柑橘炭疽病，发病初期用 20%苯醚甲环唑水乳剂 4000 倍液，间隔 7～10d，施药 3～4 次；防治黄瓜炭疽病，亩用 10%苯醚甲环唑水分散粒剂 60～80g，间隔 7d，连喷 3 次；防治香蕉叶斑病，用 25%苯醚甲环唑乳油 2000～2500 倍液，间隔 10～14d，连喷 3 次。

注意事项

（1）不宜与铜制剂混用。如需要与铜制剂混用，则要加大苯醚甲环唑 10%以上的药量。为了确保防治效果，在喷雾时用水量一定要充足，果树全株均匀喷药。

（2）西瓜、草莓、辣椒喷液量为每亩人工 50kg。果树可根据大小确定喷液量。施药应选早晚气温低、无风时进行。晴天空气相对湿度低于 65%、气温高于 28℃、风速大于 5m/s 时应停止施药。

（3）施药宜早不宜迟，在发病初期进行喷药效果最佳。

（4）农户拌种：用塑料袋或桶盛好要处理的种子，将 3%悬浮种衣剂用水稀释（一般稀释 1～1.6L/100kg 种子），充分混匀后倒在种子上，快速搅拌或摇晃，直至药液均匀分布于每粒种子上（根据颜色判断）。机械拌种：根据所采用的包衣机性能及作物种子使用剂量，按不同加水比例将 3%苯醚甲环唑悬浮种衣剂稀释成浆状，即可开机。

苯嘧磺草胺（saflufenacil）

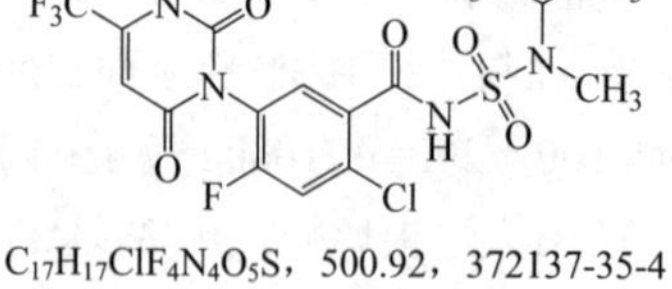

$C_{17}H_{17}ClF_4N_4O_5S$，500.92，372137-35-4

化学名称 *N'*-[2-氯-4-氟-5-(3-甲基-2,6-二氧-4-(三氟甲基)-3,6-二氢-1(2*H*)-嘧啶)苯甲酰]-*N*-异丙基-*N*-甲基硫酰胺。

理化性质　熔点 189.9～193.4℃，溶解度（20℃，mg/L）：水 2100，丙酮 275000，甲醇 29800，甲苯 2300，乙酸乙酯 65500。土壤中不稳定，易分解。

毒性　大鼠急性经口 LD_{50}＞2000mg/kg；对绿头鸭急性 LD_{50}＞2000mg/kg；对杂色鳉 LC_{50}（96h）＞98.0mg/L；对大型溞 EC_{50}（48h）＞98.2mg/kg；对蜜蜂接触毒性低，对蚯蚓低毒。无神经毒性，无致癌风险。

作用方式　原卟啉原氧化酶抑制剂，叶面接触、残效性阔叶杂草除草剂。通过叶面和根部传导，在质外体传导，韧皮部传导有限。

防除对象　用于柑橘园、非耕地防除阔叶杂草，如马齿苋、反枝苋、藜、蓼、苍耳、龙葵、苘麻、黄花蒿、苣荬菜、泥胡菜、牵牛花、苦苣菜、铁苋菜、鳢肠、饭包草、旱莲草、小飞蓬、一年蓬、蒲公英、委陵菜、还阳参、皱叶酸模、大籽蒿、酢浆草、乌蔹莓、加拿大一枝黄花、薇甘菊、鸭跖草、牛膝菊、耳草、粗叶耳草、胜红蓟、地桃花、天名精、葎草等。

使用方法　苗后茎叶处理，阔叶杂草株高或茎长 10～15cm 时喷雾处理，70% 水分散粒剂每亩制剂用量 5～7.5g，兑水稀释均匀后茎叶喷雾。

注意事项

（1）一般配有助剂，具有增效作用，可显著提高防效或降低使用剂量。

（2）大风时或大雨前不要施药，避免飘移引起药害。

苯嗪草酮（metamitron）

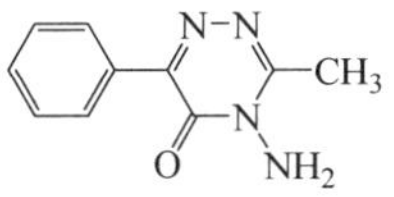

$C_{10}H_{10}N_4O$，202.2，41394-05-2

化学名称　4-氨基-4,5-二氢-3-甲基-6-苯基-1,2,4-三嗪-5-酮。

理化性质　纯品为黄色晶体，熔点 166.6℃，250℃分解，溶解度（20℃，mg/L）：水 1770，丙酮 37000，二甲苯 2000，乙酸乙酯 20000，二氯甲烷 33000。在酸性介质中稳定，pH＞10 时不稳定。

毒性　大鼠急性经口 LD_{50}：2000mg/kg，短期喂食毒性高；日本鹌鹑急性 LD_{50} 1875～1930mg/kg；对虹鳟 LC_{50}（96h）≥190mg/L；对大型溞 EC_{50}（48h）为 101.7～206mg/kg；对月牙藻 EC_{50}（72h）为 0.22mg/L；对蜜蜂接触毒性低、经口毒性中等，对蚯蚓中等毒性。对眼睛、皮肤、呼吸道无刺激性，无染色体畸变和致癌风险。

作用方式　选择性芽前除草剂，光合作用电子传递抑制剂，主要通过植物根部吸收，再输送到叶子内，通过抑制光合作用的希尔反应而起到杀草作用。

防除对象 用于甜菜田防治单子叶和双子叶杂草，如龙葵、反枝苋、藜、苘麻等。

使用方法 播种前进行土壤喷雾处理，以75%水分散粒剂为例，每亩制剂用量400～500g，二次稀释混匀后均匀喷雾。如果天气和土壤条件不好，可在播种后甜菜出苗之前进行土壤处理。或者在甜菜萌发后，杂草1～2叶期进行处理；倘若甜菜处于四叶期，杂草徒长时，仍可按上述推荐剂量进行处理。

注意事项

（1）在施药后降大雨等不良气候条件下可能会使作物产生轻微药害，作物在一周至二周内恢复正常生长。

（2）苯嗪草酮除草效果不够稳定。尚需与其他除草剂，如禾草灭等搭配使用，才能保证防治效果。

（3）苯嗪草酮在土壤中的半衰期，根据土壤类型不同而有所差异，范围为一周到三个月。

（4）土壤处理时，整地要平整，避免有大土块及植物残渣。

苯噻菌胺（benthiavalicarb-isopropyl）

$C_{18}H_{24}N_3SO_3F$，361.18，177406-68-7

化学名称 [(*S*)-1-[(*R*)-1-(6-氟苯并噻唑-2-基)乙基氨基甲酰基]-2-甲基丙基]氨基甲酸异丙酯。

理化性质 纯品苯噻菌胺为白色粉状固体，熔点152℃；溶解度（20℃，g/L)：水0.01314。

毒性 急性LD_{50}（mg/kg)：大、小鼠经口＞5000，大鼠经皮＞2000；对兔眼睛和皮肤没有刺激性；对动物无致畸、致突变、致癌作用。

作用特点 该药不影响核酸和蛋白质的氧化、合成，其确切的作用机理仍需进一步的研究，可能是抑制细胞壁的合成。苯噻菌胺具有很好的预防、治疗作用而且有很好的持效性和耐雨水冲刷性。

适宜作物 马铃薯、番茄、葡萄等。苯噻菌胺在有效控制病菌的剂量范围内对许多作物都具有安全性。

防治对象　葡萄及其他作物的霜霉病、马铃薯和番茄的晚疫病。

使用方法　在田间试验中，以较低的剂量（每亩 1.7～5g）就能够很好地控制马铃薯和番茄的晚疫病、葡萄和其他作物的霜霉病。

注意事项　为了达到广谱活性和低残留，应将苯噻菌胺与其他杀菌剂配成混剂施用。

苯噻氰（benthiazole）

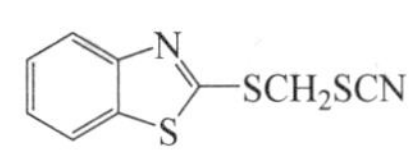

$-SCH_2SCN$

$C_9H_6N_2S_3$，238，21564-17-0

化学名称　2-（硫氰基甲基硫基）苯并噻唑。

理化性质　原油为棕红色液体，纯度 80%，130℃以上分解，闪点不低于 120.7℃，蒸气压小于 1.33Pa。在碱性条件下分解，储存有效期 1 年以上。

毒性　原油大鼠急性经口 LD_{50} 2664mg/kg，兔急性经皮 LD_{50} 2000mg/kg。对兔眼睛、皮肤有刺激性。狗亚急性经口无作用剂量 333mg/L；大鼠亚急性经口无作用剂量 500mg/L。在试验剂量下，未见对动物有致畸、致突变、致癌作用。虹鳟鱼 LC_{50}（96h）0.029mg/L，野鸭经口 LD_{50}10000mg/kg。

作用特点　属广谱性种子保护剂，可以预防及治疗经由土壤及种子传播的真菌或细菌引起的一类病害。用于种子处理，也可用于木材防腐。

适宜作物　水稻、小麦、瓜类、甜菜、棉花、甘蔗、柑橘等。在推荐剂量下使用对作物和环境安全。

防治对象　防治稻胡麻斑病和由镰刀菌属、赤霉属、长蠕孢属、丛梗孢属、梨孢属、柄锈菌属、腐霉属、腥黑粉菌属、黑粉菌属、轮枝孢属、黑星菌属病菌引起的病害，如瓜类猝倒病、蔓割病、立枯病等，水稻稻瘟病、苗期叶瘟病、胡麻叶斑病、白叶枯病、纹枯病等，甘蔗凤梨病，蔬菜炭疽病、立枯病，柑橘溃疡病等。

使用方法　既可用于茎叶处理、种子处理，还可用于土壤处理如灌根等。

（1）防治禾谷类作物病害

① 防治水稻苗期叶瘟病、徒长病、胡麻叶斑病、白叶枯病等，用 30%乳油配成 1000 倍液（有效浓度 30mg/L）浸种 6h。浸种时搅拌，捞出再浸种催芽、播种，药液可连续使用两次。

② 防治水稻稻瘟病、胡麻叶斑病、白叶枯病、纹枯病，发病初期，每次每亩用 30%乳油 50mL 对水 40～50kg 喷雾，每隔 7～14d 喷施一次。

③ 防治谷子粒黑穗病，用30%乳油50mL/100kg谷种拌种。

（2）防治果树、蔬菜、瓜类病害

① 防治甘蔗凤梨病，蔬菜炭疽病、立枯病，柑橘溃疡病，每次每亩用30%乳油50mL对水40～50kg喷雾，每隔7～14d喷施一次。

② 防治瓜类猝倒病、蔓割病、立枯病，发病初期用30%乳油200～375mg/L药液灌根。

注意事项 对鱼类有毒。避免接触皮肤和眼睛。

苯噻酰草胺（mefenacet）

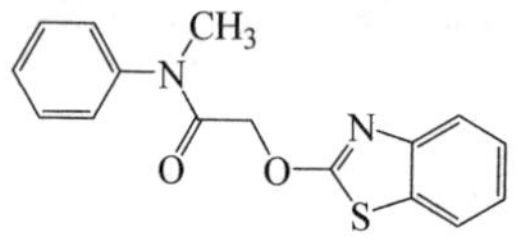

$C_{16}H_{14}N_2O_2S$，298.36，73250-68-7

化学名称 2-（1,3-苯并噻唑-2-基氧）-*N*-甲基乙酰替苯胺。

理化性质 纯品为无色晶体，熔点134.8℃，溶解度（20℃，mg/L）：水4，二氯甲烷200000，己烷500，甲苯35000，异丙醇7500。

毒性 大鼠急性经口LD_{50}＞5000mg/kg；对鲤鱼LC_{50}（96h）为6mg/L；对大型溞EC_{50}（48h）为1.81mg/kg；对*Scenedemus subspicatus* EC_{50}（72h）为0.18mg/L；对蚯蚓中等毒性。无生殖影响和染色体畸变风险。

作用方式 超长链脂肪酸合成抑制剂，选择性除草剂。通过芽鞘和根吸收，经木质部和根吸收，经木质部和韧皮部传导至杂草的幼芽和嫩叶，抑制细胞生长和分裂，最终造成植株死亡。

防除对象 用在水稻田防除水稻稗草和异型莎草有特效，对碎米莎草、牛毛毡及鸭舌草等一年生杂草也有较好防效。

使用方法 水稻抛秧、移栽后3～5d用药，50%可湿性粉剂每亩制剂用量60～80g（北方地区）、50～60g（南方地区），拌细土（或化肥）15～20kg/亩均匀撒施，用药时水田保持3～4cm深水层，保持水层7～10d，不能淹没秧心。稻直播田于水稻播种出苗后1.5～3叶1心期、稗草1.5叶期左右，其他大部分于杂草刚出土时，每亩用30%泡腾颗粒剂120～140g均匀抛撒，药后，保持水层3～5cm 3～5d，水层不得淹没稻心。

注意事项

（1）药后需保水，如缺水可缓慢补水，不能排水，以免降低除草效果。沙质土、漏水田使用效果差。

（2）杂草萌芽期防治最好，超过 4 叶期会影响效果，请注意适期用药。

苯霜灵（benalaxyl）

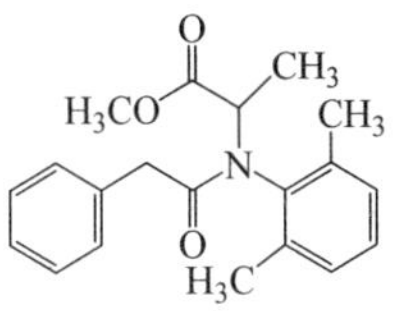

$C_{20}H_{23}NO_3$，325.17，71626-11-4

化学名称　*N*-（2,6-二甲苯基）-*N*-（2-苯乙酰基）-DL-*α*-氨基丙酸甲酯。

理化性质　纯品苯霜灵为无色固体粉末，熔点 78～80℃，具有轻度挥发性；溶解性（25℃）：水中溶解度 0.037g/L，易溶于丙酮、氯仿、二氯甲烷、DMF、二甲苯等大多数有机溶剂；在酸性及中性介质中稳定，遇强碱分解。

毒性　急性 LD_{50}（mg/kg）：大白鼠经口 3500（雄）、2600（雌），小鼠经口＞680，大鼠经皮＞5000；对兔眼睛和皮肤有中度刺激性；以 2.5mg/（kg·d）剂量饲喂大鼠两年，未发现异常现象；对动物无致畸、致突变、致癌作用。对蜜蜂无毒。

作用特点　高效、低毒、药效期长的内吸性杀菌剂，对作物安全，兼具治疗和保护作用。可被植物根、茎、叶迅速吸收，并迅速被运转到植物体内的各个部位，因而耐雨水冲刷。对由霜霉病菌、腐霉病菌和疫霉病菌引起的病害有效果。

适宜作物　用于马铃薯、葡萄、草莓、观赏植物、番茄、烟草、大豆、洋葱、黄瓜、莴苣、白菜、啤酒花、棉花、果树及草皮等，可有效地防治霜霉病、早疫病、晚疫病等。

防治对象　对霜霉病菌、疫霉病菌和腐霉病菌引起的病害有效。如马铃薯霜霉病，葡萄霜霉病，烟草、大豆和洋葱上的霜霉病，黄瓜和观赏植物上的霜霉病，草莓、观赏植物和番茄上的疫霉病，莴苣上的莴苣盘梗霉菌，以及观赏植物上的丝囊霉菌和腐霉菌等引起的病害。

使用方法　喷雾。

（1）可以单用，也可以与保护剂代森锰锌、灭菌丹混用。

（2）苯霜灵既能防治导致多种蔬菜早衰、减产的霜霉病，又能控制引起蔬菜死苑的疫病，而且能提高产量。

（3）田间用药时，第一次喷药宜在发病前或发病初期，连喷 3 次，用药间隔 10d 左右，也可与其他农药混合使用。

（4）防治黄瓜霜霉病，发病初期，用 20%苯霜灵乳油 300～400 倍液喷雾。

（5）防治番茄晚疫病，发病初期用 20%乳油 100～125mL 对水 40～50kg 喷雾。

（6）防治辣椒疫病，在发病前或发病初期，用 20%苯霜灵乳油 500～700 倍喷雾，连续施药 3 次。

注意事项

（1）严格按照农药安全规定使用此药，避免药液或药粉直接接触身体，如果药液不小心溅入眼睛，应立即用清水冲洗干净并携带此药标签去医院就医。

（2）此药应储存在阴凉和儿童接触不到的地方。

（3）如果误服要立即送往医院治疗。

（4）施药后各种工具要认真清洗，污水和剩余药液要妥善处理保存，不得任意倾倒，以免污染鱼塘、水源及土壤。

（5）搬运时应注意轻拿轻放，以免破损污染环境，运输和储存时应有专门的车皮和仓库，不得与食物和日用品一起运输，应储存在干燥和通风良好的仓库中。

（6）苯霜灵适宜在发病初期使用，最好与百菌清等保护剂混用。

（7）长期单一地使用该杀菌剂，病菌易产生抗药性，易与其他杀菌机理的杀菌剂混用、轮用。

苯肽胺酸（phthalanillic acid）

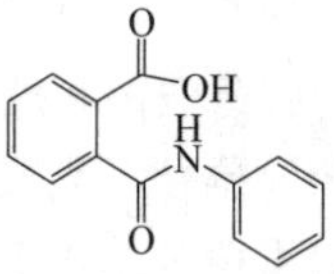

$C_{14}H_{11}NO_3$，241.24，4727-29-1

其他名称 苯酞胺酸、果多早、lemax、Nevirol、phthalanilic、Phthalomonoanilide。

化学名称 *N*-苯基邻羧基苯甲酰胺，*N*-苯基邻苯二甲酸单酰胺，*N*-phenylphthalamic acid。

理化性质 本品外观为类白色粉末，易溶于甲醇、乙醇、丙酮等有机溶剂，不溶于石油醚。熔点 169℃，20℃水中溶解度为 20mL/L。常温条件下贮存稳定。

毒性 大鼠急性经口 LD_{50} 9g/kg（雄、雌），大鼠急性经皮 LD_{50}＞2000mg/kg（雄、雌），对鱼等水生生物和蜜蜂无毒。

作用特点　具有生物活性的新型植物生长调节剂，具有调控作物生长发育及诱导抗逆性等功效，是传统授粉坐果产品、保花保果产品、赤霉素类等物质的最佳替代产品，突出功效在于授粉坐果、保花保果，尤其在逆境条件下，孕花坐果效果非常明显。通过叶面喷施能迅速进入植物体内，促进营养物质输送到花蕾等生长点；增强植物细胞的活力，促进叶绿素的合成，增强植物抗逆能力；利于受精、授粉，具有诱发花蕾成花、结果的作用；防止生理落果及采前落果，并能提早成熟，诱导单穗植物果实膨大，具明显保花保果作用，对坐果率低的作物可提高其产量。形象地描述，苯肽胺酸就是激素的激素，通过调节植物内源激素水平和动态平衡达到促使植物养分转运的效果。

作用效果有：

（1）促花孕花　促进叶绿素和花青素形成，缓解植物花期内源激素不足的矛盾，满足花芽分化对生长激素的需求，并促使营养物质向花芽移动，诱导成花。

（2）保花保果　增强植物细胞活力，可使子房等正常分裂，柱头相对伸长，利于授粉受精，增强抵御大风、连阴雨、低温、干旱、沙尘暴等不良气候条件的能力。阻止叶柄、果柄基部形成离层，防止生理和采前落果，自然成熟期可提前 5～7d。

（3）改善品质　促进果实膨大，提高产量。提高叶片光合效率，利于积累更多的干物质，提高坐果率使果实膨大，从而优化果实品质。

（4）优于赤霉素三大特点

① 逆境环境下，孕花坐果效果明显优于赤霉素；

② 果实后期落果现象明显降低，效果优于赤霉素；

③ 安全性，改善果实品质明显优于赤霉素。

适宜作物　苹果、柑橘、酸樱桃、甜樱桃、李子、小麦、水稻、玉米、苜蓿、油菜、向日葵、辣椒、豆角等。

应用技术　在果树上使用苯肽胺酸，能够促进开花、提高果实品质和产量；西北农林科技大学无公害农药研究中心研究发现，苯肽胺酸对蔬菜的生长具有一定的促进作用，并能诱导提高其植株抗逆性，对前期产量的增加也有一定的效果。一般在花期施药，剂量为 0.2～0.5kg/hm^2。

注意事项

（1）不慎接触皮肤，应立即用肥皂和清水冲洗。

（2）不慎溅入眼睛，应用大量清水冲洗至少 15min。

（3）误服则立即携此标签送病人去医院诊治，对症治疗，不能引吐。

（4）无特效解毒剂。

（5）可与杀虫剂、杀菌剂、叶面肥混用，但不能与碱性物质混用。

苯酰菌胺（zoxamide）

$C_{14}H_{16}Cl_3NO_2$，336.64，156052-68-5

化学名称　（*R,S*）-3,5-二氯-*N*-（3-氯-1-乙基-1-甲基-2-氧代丙基）-对甲基苯甲酰胺。

理化性质　纯品熔点159.5～160.5℃。在水中的溶解度0.681mg/L（20℃）。在水中的半衰期为15d（pH 4和7）、8d（pH 9）。在水中光解半衰期为7.8d，土壤中半衰期为2～10d。

毒性　大鼠急性经口LD_{50}＞5g/kg，大鼠急性经皮LD_{50}＞2g/kg，大鼠急性吸入LC_{50}（4h）＞5.3mg/L。对兔眼睛和皮肤均无刺激作用，对豚鼠皮肤有刺激性。诱变试验（4种试验）：阴性。致畸试验（兔、大鼠）：无致畸性。繁殖试验（兔、大鼠）：无副作用。慢性毒性/致癌试验：无致癌性。野鸭和山齿鹑急性经口LC_{50}＞5250mg/kg，鳟鱼急性LC_{50}（96h）160μg/L。蜜蜂LD_{50}＞100μg/只（经口和接触）；蚯蚓LC_{50}（14d）＞1070mg/kg土壤。

作用特点　高效保护性杀菌剂，具有长持效期和很好的耐雨水冲刷性能，通过微管蛋白*β*-亚基的结合和微管细胞骨架的破裂来抑制菌核分裂。苯酰菌胺不影响游动孢子的游动、孢囊形成或萌发，伴随着菌核分裂的第一个循环，芽管的伸长受到抑制，从而阻止病菌穿透寄主植物。实验室中用冬瓜疫霉病和马铃薯晚疫病试图产生变体没有成功，可见田间快速产生抗性的危险性不大。实验室分离出抗苯甲酰胺类和抗二甲基吗啉类的菌种，实验结果表明苯酰菌胺与之无交互抗性。

适宜作物　黄瓜、辣椒、菠菜、马铃薯、葡萄等。在推荐剂量下对多种作物安全，对环境安全。

防治对象　主要用于防治卵菌纲病害如马铃薯晚疫病和番茄晚疫病、黄瓜霜霉病和葡萄霜霉病，对葡萄霜霉病有特效。离体实验表明苯酰菌胺对其他真菌病原体也有一定活性，推测对甘薯灰霉病、莴苣盘梗霉、花生褐斑病、白粉病等有一定活性。

使用方法　茎叶处理。防治卵菌纲病害如马铃薯晚疫病和番茄晚疫病、黄瓜霜霉病和葡萄霜霉病，在发病前使用，每亩用量为6.7～16.7g，每隔7～10d一次。该药实际应用时，通常和代森锰锌以及其他杀菌剂混配使用，不仅扩大杀菌谱，而且提高药效。

注意事项

（1）严格按照农药安全规定使用此药，喷药时戴好口罩、手套，穿上工作服；

（2）施药时不能吸烟、喝酒、吃东西，避免药液或药粉直接接触身体，如果药液不小心溅入眼睛，应立即用清水冲洗干净并携带此药标签去医院就医；

（3）此药应储存在阴凉和儿童接触不到的地方，如果误服要立即送往医院治疗；

（4）施药后各种工具要认真清洗，污水和剩余药液要妥善处理保存，不得任意倾倒，以免污染鱼塘、水源及土壤；

（5）搬运时应注意轻拿轻放，以免破损污染环境，运输和储存时应有专门的车皮和仓库，不得与食物和日用品一起运输，应储存在干燥和通风良好的仓库中。

苯乙酸（phenylacetic acid）

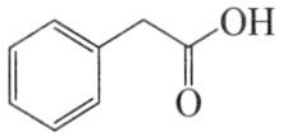

$C_8H_8O_2$，136.15，103-82-2

其他名称　PAA、苯醋酸、苯基丙氨酸。

理化性质　无色片状晶体。熔点 76.5℃。沸点 265.5℃，易溶于热水，溶于醇、醚、氯仿、四氯化碳，微溶于水。

毒性　对皮肤有轻度刺激，低毒。

作用特点　主要存在于水果中的生长素，主要作用是促进植物分化。

应用技术　于果树盛花期使用，喷洒浓度为 20～30mg/kg。

苯唑草酮（topramezone）

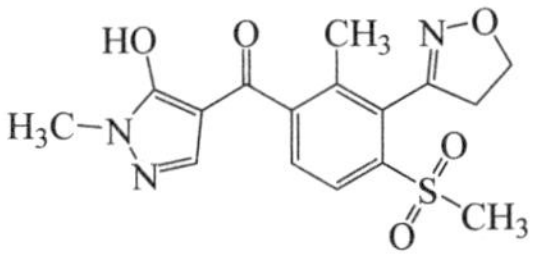

$C_{16}H_{17}N_3O_5S$，363.39，210631-68-8

化学名称　[3-（4,5-二氢-3-异噁唑基）-4-甲基磺酰-2-甲基苯]5-羟基-1-甲基-1*H*-（吡唑-4-基）甲酮。

理化性质　纯品为白色晶体状固体，熔点 220.9～222.2℃，300℃分解，弱酸性，溶解度（20℃，mg/L）：水 100000，丙酮、甲苯、正己烷、乙酸乙酯<10000。

毒性 大鼠急性经口 LD_{50}＞2000mg/kg，短期喂食毒性高；对山齿鹑急性 LD_{50}＞2000mg/kg；对虹鳟 LC_{50}（96h）＞100mg/L；对大型溞 EC_{50}（48h）＞100mg/kg；对月牙藻 EC_{50}（72h）为 17.2mg/L；对蜜蜂接触毒性低，喂食毒性中等，对蚯蚓低毒。对眼睛、皮肤具刺激性，具生殖影响，无染色体畸变风险。

作用方式 苗后茎叶处理内吸传导型除草剂，可通过叶、根和茎吸收，抑制 HPPD 活性，导致植物色素合成受阻，白化死亡。

防除对象 用于玉米防除一年生杂草，如马唐、稗草、牛筋草、狗尾草、野黍、藜、蓼、苘麻、反枝苋、豚草、曼陀罗、牛膝菊、马齿苋、苍耳、龙葵、一点红等。

使用方法 玉米苗后 2～4 叶、杂草 2～5 叶期使用，30%悬浮剂每亩制剂用量 4～6mL，兑水 30～50L 稀释均匀后进行茎叶喷雾。

注意事项

（1）幼小和旺盛生长的杂草对苯唑草酮敏感。

（2）低温和干旱的天气，杂草生长会变慢，影响杂草对苯唑草酮的吸收，死亡时间变长。

（3）在大风时或大雨前不要施药，避免飘移引起药害。

（4）后茬种植苜蓿、棉花、花生、马铃薯、高粱、大豆、向日葵、菜豆、豌豆、甜菜、油菜等作物需先进行小面积试验，再进行种植。

（5）推荐剂量下对各种品种的玉米（大田玉米、甜玉米、爆花玉米）显示较好的安全性。套种或混种其他作物的玉米田，不能使用。

苯唑氟草酮（fenpyrazone）

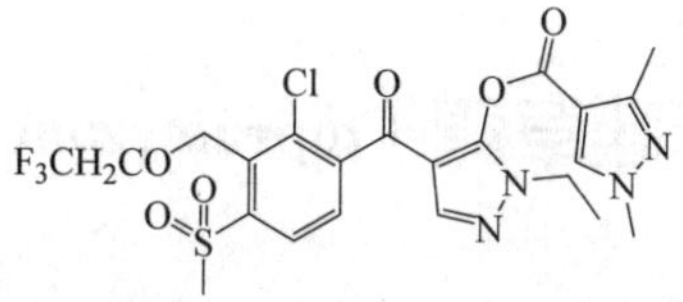

$C_{22}H_{22}ClF_3N_4O_6S$，562.95，CAS 1992017-55-6

化学名称 4-{2-氯-4-(甲基磺酰基)-3-[(2,2,2-三氟乙氧基)甲基]苯甲酰基}-1-乙基-1*H*-吡唑-5-基-1,3-二甲基-1*H*-吡唑-4-甲酸酯。

理化性质 原药外观为棕褐色粉末，熔点 144.5～149.2℃；溶解度：3.2mg/L（20℃，水）。

毒性 属于低毒农药。

作用方式 具有内吸传导性，通过抑制植物体 HPPD 的活性，使其底物转化为尿黑酸的过程受阻，从而导致生育酚及质体醌无法正常合成，进而影响靶标植物体内类胡萝卜素的合成，导致靶标植物叶片白化，最终使靶标植物死亡。

防除对象 可防除玉米田阔叶杂草及禾本科杂草，对反枝苋、牛筋草、苍耳、藜、野稷、龙葵、稗草、狗尾草等杂草高效，对虎尾草、野黍、马齿苋、马唐等有较好的抑制效果。

使用方法 夏玉米3～5叶期，一年生杂草2～5叶期茎叶喷雾施药，每亩兑水15～30kg，二次稀释后均匀喷雾。

注意事项

（1）间套或混种有其他作物的玉米田，不能使用。

（2）高温、干旱季节施药应选择傍晚进行。在干旱的气候条件下，施药前灌水或雨后施药会有利于药效发挥。

吡丙醚（pyriproxyfen）

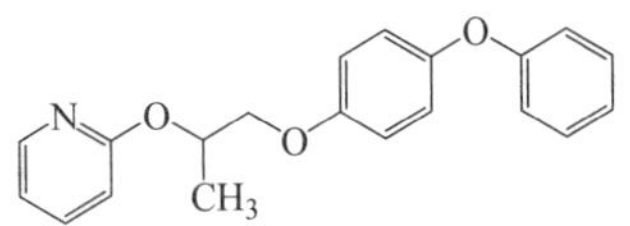

$C_{20}H_{29}NO_3$，321.4，95737-68-1

其他名称 百利普芬、比普噻吩、灭幼宝、蚊蝇醚。

化学名称 4-苯氧基苯基（*RS*）-2-（2-吡啶基氧）丙基醚。

理化性质 白色颗粒状固体（工业品为淡黄色蜡状固体）。熔点47℃，闪点119℃，相对密度1.14（20～25℃），溶解度（g/L，20～25℃）：己烷260，甲醇160，二甲苯430。

毒性 大鼠急性经口LD_{50}＞5000mg/kg，大鼠急性经皮LD_{50}＞2000mg/kg。对兔眼睛和皮肤无刺激作用；对豚鼠皮肤无致敏性。大鼠吸入LC_{50}（4h）＞1.3mg/L。大鼠NOEL（2年）600mg/L（35.1mg/kg）；ADI/RfD：（JMPR）0.1mg/kg（1991，2001），（EC）0.1mg/kg（2008），（EPA）0.35mg/kg（1999）。

作用特点 保幼激素类型的几丁质合成抑制剂，可以抑制胚胎发育及卵的孵化。在早期的卵、末龄幼虫中后期及蛹期施用效果最佳；对含保幼激素的虫体，吡丙醚难以发挥作用。

适宜作物 番茄、柑橘树、姜、双孢菇等。

防除对象 白粉虱、木虱、介壳虫、异眼型蕈蚊（姜蛆）、菌蛆、蝇（蛆）、蚊（孑孓）等。

（1）防治番茄害虫 防治白粉虱于粉虱发生初期施药，用100g/L的乳油47.5～60mL/亩兑水均匀喷雾。

（2）防治柑橘害虫

① 木虱　在木虱卵孵化初期施药，用 100g/L 的乳油 1000～1500 倍液兑水均匀喷雾。

② 介壳虫　在介壳虫卵孵化初期施药，用 100g/L 的乳油 1000～1500 倍液兑水均匀喷雾。

（3）防治大姜害虫　防治姜蛆，在姜窖内使用时，将 1%粉剂与细河沙按照 1：10 比例混匀后均匀撒施于生姜表面（1000～1500g/t 姜）。

（4）防治双孢菇害虫　防治菌蛆，在双孢菇上使用时，将药剂与土（沙）按照 1：10 比例混匀后均匀撒施于料面（1～3g/m^2）。

（5）防治卫生害虫

① 蝇（蛆）　用清水稀释 5%水乳剂 500 倍按 2g/m^2 的量均匀喷洒在蝇类孳生地。

② 蚊子（孑孓）　用清水稀释 10%悬浮剂按 1mL/m^2 的量均匀喷洒在蚊子孳生地。

注意事项

（1）仅用于室外，禁止室内使用。

（2）对桑蚕、鱼类及水生生物有毒，勿在桑园、蚕室附近及水产养殖区使用；不要在河塘、湖泊等水体中清洗施药器械。

（3）赤眼蜂等天敌放飞区域禁用。

（4）在番茄上安全间隔期为 7d，每季最多使用 2 次；在柑橘树上安全间隔期 28d，每季最多使用 2 次；在生姜上安全间隔期 180d，储藏期撒施 1 次；双孢菇播种前撒施 1 次。

（5）大风天或预计 1h 内降雨，请勿施药。

（6）建议与不同机制的杀虫剂轮换使用。

吡草醚（pyraflufen-ethyl）

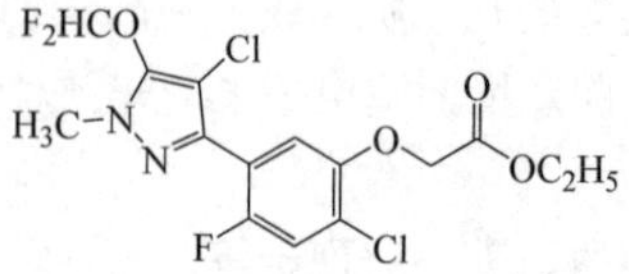

F_2HCO　Cl　O　H_3C-N　N　OC_2H_5　F　Cl

$C_{13}H_9Cl_2F_3N_2O_4$，413.2，129630-19-9

化学名称　2-氯-5-(4-氯-5-二氟甲氧基-1-甲基吡唑-3-基)-4-氟苯氧乙酸乙酯。

理化性质　纯品吡草醚为奶油色粉状固体，熔点 126.4～127.2℃，240℃分解，溶解度（20℃，mg/L）：水 0.082，正庚烷 234，甲醇 7390，丙酮 175000，乙酸乙酯 107000。土壤与水中不稳定，易降解。

毒性　大鼠急性经口 LD_{50}＞5000mg/kg；山齿鹑急性 LD_{50}＞2000mg/kg；虹鳟 LC_{50}（96h）＞0.1mg/L，慢性毒性高；大型溞 EC_{50}（48h）＞0.1mg/kg；对月牙藻 EC_{50}（72h）为 0.00023mg/L；对蜜蜂低毒，对蚯蚓中等毒性。对眼睛、皮肤、呼吸道无刺激性，具生殖影响，无染色体畸变风险。

作用方式　该药为触杀性的新型苯基吡唑类苗后除草剂，其作用机制是抑制植物体内的原卟啉原氧化酶，并利用小麦及杂草对药吸收和沉积的差异所产生不同活性的代谢物，达到选择性地防治小麦地杂草的效果。

防除对象　用于小麦田防治猪殃殃、淡甘菊、小野芝麻、繁缕和其他重要的阔叶杂草，也可用于棉花成熟期脱叶。

使用方法　冬前或春后杂草 2～4 叶期，每亩使用 2%悬浮剂 30～40mL，兑水 40～50L，稀释均匀后进行茎叶喷雾。棉花成熟期脱叶，2%悬浮剂每亩制剂用量 15～20mL，兑水 40～60L 混匀，均匀喷雾于棉花叶片上。

注意事项

（1）收获前 50d 为安全间隔期，不得施药。后茬种植棉花、大豆、瓜类、玉米等作物安全性较好。

（2）大风天或预计 1h 内降雨不得施药，避免药液飘移到邻近的敏感作物田。

（3）勿与有机磷系列药剂（乳油）以及 2,4-滴、2 甲 4 氯（乳油）混用。

（4）小麦拔尖开始后避免使用吡草醚。

（5）使用后小麦会出现轻微的白色小斑点，一般对小麦的生长发育及产量无影响。

吡虫啉（imidacloprid）

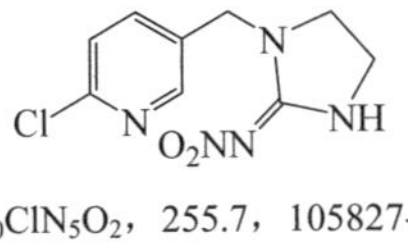

Cl N O_2NN N NH

$C_9H_{10}ClN_5O_2$，255.7，105827-78-9

其他名称　咪蚜胺、吡虫灵、蚜虱净、扑虱蚜、大功臣、灭虫精、一遍净、益达胺、比丹、高巧、康福多、一扫净、Admire、Confidor、Gaucho。

化学名称　1-（6-氯-3-吡啶甲基）-*N*-硝基亚咪唑烷-2-基胺。

理化性质　纯品吡虫啉为白色结晶，熔点 143.8℃；溶解度（20℃，g/L）：水 0.51，甲苯 0.5～1，甲醇 10，二氯甲烷 50～100，乙腈 20～50，丙酮 20～50。

毒性 急性 LD_{50}（mg/kg）：大白鼠经口 681（雄）、825（雌），经皮＞2000；对兔眼睛和皮肤无刺激性；对动物无致畸、致突变、致癌作用。

作用特点 烟碱型乙酰胆碱酯酶受体的作用体，干扰害虫运动神经系统使化学信号传递失灵，使害虫麻痹死亡。吡虫啉具有内吸、触杀、胃毒、驱避等多重作用，对人、畜、植物和天敌安全。本品为高效、广谱、低毒、低残留杀虫剂，与目前常见神经毒性杀虫剂作用机制不同，因此与有机磷、氨基甲酸酯和拟除虫菊酯类杀虫剂无交互抗性。吡虫啉速效性好，残留期可达 25d 左右。药效和温度呈正相关，温度高，杀虫效果好。主要用于防治刺吸式口器害虫及其抗性品系。

适宜作物 蔬菜、水稻、小麦、玉米、棉花、烟草、果树、茶树等。

防除对象 蔬菜害虫如蚜虫、白粉虱、韭蛆、蓟马等；水稻害虫如稻飞虱、稻水象甲、稻蓟马、稻瘿蚊等；小麦害虫如蚜虫等；杂粮害虫如蚜虫等；棉花害虫如棉蚜等；果树害虫如柑橘潜夜蛾、蚜虫、梨木虱等；茶树害虫如茶小绿叶蝉等。

应用技术 以 10%吡虫啉可湿性粉剂、70%吡虫啉拌种剂为例。

（1）防治蔬菜害虫 防治蚜虫，在低龄若虫期施药，用 10%吡虫啉可湿性粉剂 10～20g/亩均匀喷雾。

（2）防治水稻害虫 防治稻飞虱，在低龄若虫期施药，用 10%吡虫啉可湿性粉剂 10～30g/亩均匀喷雾；或在苗床期，每 1kg 稻种用 70%吡虫啉拌种剂 8～10g 拌种，可兼治稻蓟马。

（3）防治小麦害虫 防治蚜虫，在蚜虫初始期或穗蚜发生初盛期施药，用 10%吡虫啉可湿性粉剂 10～20g/亩（南方地区）、30～40g/亩（北方地区）均匀喷雾。

（4）防治棉花害虫 防治棉蚜，用 70%吡虫啉拌种剂进行种子处理，具体方法是：每 100kg 棉种用 70%吡虫啉拌种剂 500～714g，加水 1.5～2kg，将药剂调成糊状，再将种子倒入，搅拌均匀，要求所有的种子均沾上药剂。如果种子太湿，摊开晾于通风阴凉处；或在蚜虫低龄若虫期施药，用 10%吡虫啉可湿性粉剂 15～25g/亩均匀喷雾。

注意事项

（1）不能与碱性农药混用。

（2）使用时不能污染养蜂、养蚕场所及相关水源。

（3）勿让儿童接触本品，不能与食品、饲料存放一起。

（4）远离火源或热源。

吡啶醇（pyripropanol）

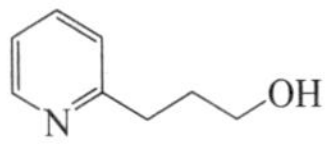

$C_8H_{11}NO$，137.18，2859-68-9

其他名称 丰啶醇、大豆激素、增产宝、增产醇、784-1（PGR-1）。

化学名称 3-（α-吡啶基）丙醇，3-(α-pyridyl) propanol。

理化性质 纯品丰啶醇为无色透明油状液体，具有特殊臭味，工业品为浅黄色透明液体，贮存过程中会逐渐变为红褐色，熔点 260℃，微溶于水（3g/L，16℃），不溶于石油醚，易溶于乙醇、氯仿、丙醚、乙醚、苯、甲苯等有机溶剂。

毒性 急性 LD_{50}（mg/kg）：大白鼠（雄）经口 111.5，小白鼠（雄）经口 154.9、（雌）152.1；对动物无致畸、致突变、致癌作用。动物体内易分解，蓄积性弱。对鱼类高毒。

作用特点 植物生长抑制剂。能抑制作物营养生长，可促进根系生长，使茎秆粗壮，叶片增厚，叶色变绿，增强光合作用；在作物生长期应用，可控制营养生长，促进生殖生长，提高结实率和千粒重。可增加豆科植物的根瘤数，提高固氮能力，降低大豆结荚部位，增加荚数和饱果数，促进早熟丰产。此外还有一定防病和抗倒伏作用。

适宜作物 可用于豆科、芝麻、向日葵、油菜、黄瓜、番茄、水稻、小麦、棉花、果树等作物。

应用技术

（1）大豆　用 80%乳油 4000 倍液浸种 2h，或每 100kg 种子用 26mL 对水 1kg 拌种，在盛花期用 29mL 对水 30～40kg 喷雾，均可使植株矮化、荚多、粒重。

（2）花生　用 80%乳油 3000、5000、7000 倍液对花-17 品种浸种 5h，分别比对照增产 15.85%、15.55%、13.56%。或在盛花期用 500mg/kg 和 800mg/kg 对花-17 品种喷雾，分别比对照增产 12.30%和 16.15%。另据试验，在花生播种前用 100mg/kg 浸种，花生的叶斑病比对照减轻 61.93%。须注意，在花生始花期和盛花期喷洒效果较好；使用 500mg/kg 与 1000mg/kg 增产效果差异不大，因此使用浓度不宜过高；施药田块要求加强肥水管理，促使早花、齐花。

（3）向日葵　用 90%乳油 3000 倍液浸种 2h，芝麻用 3500～4000 倍液浸种 4h 后播种，可使籽增重、增产。

（4）油菜　在盛花期每亩用 90%乳油 50mL，加水 45～50kg 喷雾。

（5）黄瓜和番茄　用 80%乳油 4500～8000 倍液浸种 4h，晾干后播种；或用 8000 倍液喷施叶面。可使植株健壮，增强光合作用，有一定抗病和增产作用。

（6）水稻　浸种或浸根，用 80%乳油 5330～8000 倍液浸种 24h 后播种。用 8000 倍液浸秧根 5min 后再移栽。

注意事项

（1）使用浓度要准确，不宜过高，以免过度抑制。应用前要先试验，然后应用，以免造成损失。

（2）施药田块要加强肥水管理，防止缺水干旱和缺肥而影响植株的正常生长。

（3）本剂对鱼类高毒，施药时防止药液流入鱼塘、河流。

（4）操作时应避免药液溅到眼睛或皮肤上。

吡氟酰草胺（diflufenican）

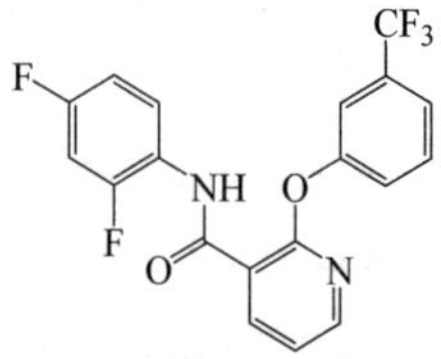

$C_{19}H_{11}F_5N_2O_2$，394.29，83164-33-4

化学名称　2′,4′-二氟-2-(*α,α,α*-三氟甲基间苯氧基)-3-吡啶酰苯胺。

理化性质　纯品为无色晶体，熔点 159.5℃，304.6℃分解，溶解度（20℃，mg/L）：水 0.05，甲醇 4700，乙酸乙酯 65300，丙酮 72200，二氯甲烷 114000。

毒性　大鼠急性经口 LD_{50}＞5000mg/kg，山齿鹑急性 LD_{50} ＞2150mg/kg，鲤鱼 LC_{50}（96h）＞0.099mg/L，高毒；对大型溞 EC_{50}（48h）＞0.24mg/kg，中等毒性；对栅藻 EC_{50}（72h）为 0.00025mg/L，高毒；对蜜蜂、蚯蚓无毒。具眼睛刺激性，无皮肤刺激性和致敏性，无神经毒性，无染色体畸变和致癌风险。

作用方式　酰苯胺类除草剂，选择性触杀和残效性除草剂。通过抑制杂草类胡萝卜素生物合成，导致叶绿素被破坏，细胞膜破裂，杂草则表现为幼芽脱色，最后整株萎蔫死亡。

防除对象　用于小麦田防除一年生阔叶杂草。

使用方法　小麦苗后 2～5 叶期、阔叶杂草 2～4 叶期使用，50%水分散粒剂亩制剂用量 14～16g，兑水 30～40L 稀释均匀后茎叶喷雾。

注意事项　大风时不要施药，以免飘移伤及邻近敏感作物。

吡嘧磺隆（pyrazosulfuron-ethyl）

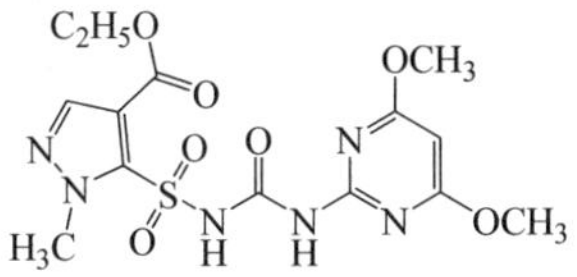

$C_{14}H_{18}N_6O_7S$，414.3，93697-74-6

化学名称　5-(4,6-二甲氧基嘧啶基-2-氨基甲酰氨基磺酰-1-甲基吡唑-4-羧酸乙酯。

理化性质　纯品吡嘧磺隆为灰白色结晶体，熔点177.8～179.5℃，溶解度（20℃，mg/L）：水9.76（25℃），己烷200，苯15600，丙酮31780，氯仿234400。在酸、碱性介质中不稳定。

毒性　大鼠急性经口LD_{50}＞5000mg/kg；对山齿鹑急性LD_{50} 2250mg/kg；对虹鳟LC_{50}（96h）＞180mg/L；对大型溞EC_{50}（48h）为700mg/kg；对*Scenedesmus acutus* EC_{50}（72h）为150mg/L；对蜜蜂中等毒性，对蚯蚓低毒。无神经毒性，无眼睛、皮肤、呼吸道刺激性和致敏性，无染色体畸变和致癌风险。

作用方式　高活性内吸选择性除草剂。药剂能迅速地被杂草的幼芽、根及茎叶吸收，并在植物体内迅速进行传导。主要通过抑制植物细胞中乙酰乳酸合成酶（ALS）的活性，阻碍必需支链氨基酸的合成，使杂草的芽和根很快停止生长发育，随后整株枯死。

防除对象　杀草谱广，药效稳定，安全性高，主要用于水稻秧田、直播田及移栽田防除异型莎草、水莎草、牛毛毡、萤蔺、扁秆藨草、泽泻、鳢肠、鸭舌草、水芹、眼子菜、节节菜、矮慈姑、野慈姑、陌上菜等一年生和多年生阔叶杂草和莎草科杂草，对稗草有一定防效，对千金子无效。

使用方法　秧田和直播田使用，早稻在播种至秧苗三叶期，晚稻在一叶至三叶期，每亩用10%可湿性粉剂，南方10～15g，北方15～20g，兑水40kg喷雾，若以防除稗草为主，早稻则宜在播种后用药，晚稻在一叶一心期用药，并应选用上限剂量。移栽田使用，在水稻移栽后3～7d，每亩用10%可湿性粉剂，南方7～10g，北方10～13g，拌土均匀撒施，也可兑水喷雾。防除眼子菜、四叶萍等多年生阔叶杂草，施药期适宜推迟。防除稗草，必须掌握在稗草一叶一心期前施药。

注意事项

（1）秧田或直播田施药，应保证田板湿润或有薄层水，移栽田施药应保水5d以上，才能取得理想的除草效果；

（2）在磺酰脲类除草剂中，该药对水稻是最安全的一种，但是不同水稻品种对吡嘧磺隆的耐药性有较大差异，早籼品种安全性好，晚稻品种（粳、糯稻）相对敏感，应尽量避免在晚稻芽期使用，否则易产生药害；

（3）吡嘧磺隆药雾和田中排水对周围阔叶作物有伤害作用，应予注意；

（4）若稗草特别严重田块，则可在水稻二至三叶期与50%二氯喹啉酸（每亩20g）混用。

吡噻菌胺（penthiopyrad）

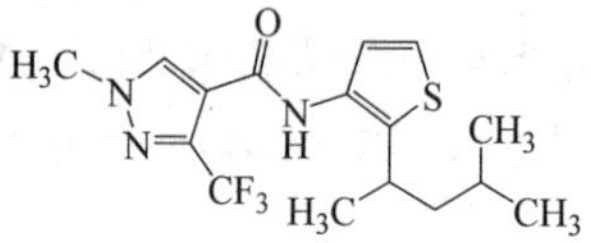

$C_{16}H_{20}F_3N_3OS$，359.41，183675-82-3

化学名称　（*RS*）-*N*-[2-（1,3-二甲基丁基）-3-噻吩基]-1-甲基-3-（三氟甲基）-1*H*-吡唑-4-甲酰胺。

理化性质　纯品熔点103～105℃，在水中的溶解度7.53mg/L（20℃）。

毒性　鼠（雌/雄）急性经口LD_{50}＞2000mg/kg，大鼠（雌/雄）急性经皮LD_{50}＞2000mg/kg，大鼠（雌/雄）急性吸入毒性LC_{50}（4h）＞5669mg/L。对兔眼睛有轻微刺激性，对兔皮肤无刺激性，无致敏性。Ames试验为阴性，致癌变实验为阴性，鲤鱼LC_{50}（96h）1.17mg/L，水蚤LC_{50}（24h）40mg/L，水藻EC_{50}（72h）2.72mg/L。

作用特点　对锈病、菌核病有优异的活性，同时对灰霉病、白粉病和苹果黑星病也显示出较好的杀菌活性。通过在PDA（马铃薯葡萄糖琼脂）培养基上的生长情况发现，对抗甲基硫菌灵、腐霉利和乙霉威的灰葡萄孢均有活性。试验结果表明吡噻菌胺作用机理与其他用于防治这些病害的杀菌剂有所不同，因此没有交互抗性，具体作用机理正在研究中。

适宜作物　蔬菜，果树如苹果树、葡萄树等。

防治对象　灰霉病、菌核病、锈病、霜霉病、苹果树黑星病和白粉病等。

使用方法　茎叶喷雾。

（1）防治日光温室番茄灰霉病，可用20%吡噻菌胺悬浮剂2000倍液喷雾，7～10d喷1次，连续用药2～3次；

（2）防治霜霉病、菌核病、灰霉病、苹果黑星病、锈病和白粉病等，发病前至发病初期，每亩用20%悬浮剂30～60mL对水40～50kg喷雾；

（3）防治葡萄灰霉病，发病前至发病初期，用20%悬浮剂2000倍液喷雾。

注意事项

（1）严格按照农药安全规定使用此药，喷药时戴好口罩、手套，穿上工作服；

（2）施药时不能吸烟、喝酒、吃东西，避免药液或药粉直接接触身体，如果药液不小心溅入眼睛，应立即用清水冲洗干净并携带此药标签去医院就医；

（3）此药应储存在阴凉和儿童接触不到的地方；

（4）如果误服要立即送往医院治疗；

（5）施药后各种工具要认真清洗，污水和剩余药液要妥善处理保存，不得任意倾倒，以免污染鱼塘、水源及土壤；

（6）搬运时应注意轻拿轻放，以免破损污染环境，运输和储存时应有专门的车皮和仓库，不得与食物和日用品一起运输，应储存在干燥和通风良好的仓库中。

吡蚜酮（pymetrozine）

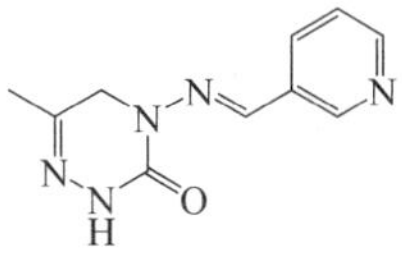

$C_{10}H_{11}N_5O$，217.23，123312-89-0

其他名称　吡嗪酮、飞电、Chcsc、Plcnum、Fulfill、Endcavor、Chin-Yung。

化学名称　(*E*)-4,5-二氢-6-甲基-4-（3-吡啶亚甲基胺）-1,2,4-三嗪-3（2*H*）酮。

理化性质　纯品吡蚜酮为无色结晶，熔点217℃；溶解度（20℃，g/L）：水0.29，乙醇2.25。

毒性　急性LD_{50}（mg/kg）：大鼠经口＞5000、经皮＞2000。对兔眼睛和皮肤无刺激性；对动物无致畸、致突变、致癌作用。

作用特点　作用于害虫体内血液中胺[5-羟色胺（血管收缩素），血清素]信号传递途径，从而导致类似神经中毒的反应，取食行为的神经中枢被抑制，通过影响流体吸收的神经中枢调节而干扰正常的取食活动。吡蚜酮选择性极佳，对某些重要天敌或益虫，如棉铃虫的天敌七星瓢虫、普通草蛉、叶蝉及飞虱科的天敌蜘蛛等益虫几乎无害。吡蚜酮具有优良的内吸活性，叶面试验表明，其内吸活性（LC_{50}）是抗蚜威的2～3倍，是氯氰菊酯的140倍以上。可以防治抗有机磷和氨基甲酸酯类杀虫剂的桃蚜等抗性品系害虫。

适宜作物　蔬菜、小麦、水稻、棉花、果树、观赏植物等。

防除对象　水稻害虫如稻飞虱等；小麦害虫如蚜虫等；蔬菜害虫如蚜虫等；茶树害虫如茶小绿叶蝉等。

应用技术 以25%吡蚜酮可湿性粉剂、50%吡蚜酮水分散粒剂为例。

（1）防治水稻害虫 防治稻飞虱，在稻飞虱低龄若虫发生高峰期，用25%吡蚜酮可湿性粉剂20～24g/亩均匀喷雾，或用50%吡蚜酮水分散粒剂8～12g均匀喷雾。

（2）防治小麦害虫 防治麦蚜，在虫害始发期至盛发期施药，用25%吡蚜酮可湿性粉剂16～20g/亩均匀喷雾。

（3）防治蔬菜害虫 防治蚜虫，在蚜虫发生初盛期，用50%吡蚜酮水分散粒剂10～25g/亩均匀喷雾。

（4）防治茶树害虫 防治茶小绿叶蝉，在茶树低龄若虫盛期，用50%吡蚜酮水分散粒剂2500～5000倍液均匀喷雾。

（5）防治观赏植物害虫 防治观赏菊花蚜虫，在低龄若虫始盛期用药，用50%吡蚜酮水分散粒剂20～30g/亩均匀喷雾。

注意事项

（1）悬浮剂施药时应注意清洗药袋，不能与碱性农药混用。

（2）远离水产养殖区施药，禁止在河塘等水体中清洗施药器具。

（3）使用本品时应穿戴防护服避免吸入药液，施药时不可吃东西和饮水。施药后应及时洗手、洗脸。

（4）建议与其他不同作用机制的杀虫剂轮换使用。

（5）勿让儿童、孕妇及哺乳期妇女接触本品。加锁保存。不能与食品、饲料存放一起。

吡唑草胺（metazachlor）

$C_{14}H_{16}ClN_3O$，277.75，67129-08-2

化学名称 2-氯-*N*-（吡唑-1-基甲基）-乙酰-2′,6′-二甲基苯胺。

理化性质 纯品为无色晶体，熔点取决于重结晶的溶剂：85℃（环己烷），80℃（氯仿/正己烷）。溶解度（20℃，mg/L）：水450，己烷5000，丙酮250000，甲苯265000，二氯甲烷250000。

毒性 大鼠急性经口LD_{50}为2150mg/kg，短期喂食毒性高；山齿鹑急性LD_{50}＞2000mg/kg；对虹鳟LC_{50}（96h）为8.5mg/L；对大型溞EC_{50}（48h）为33mg/kg；

对月牙藻 EC_{50}（72h）为 0.032mg/L；对蜜蜂接触毒性低，经口毒性中等，对蚯蚓中等毒性。对眼睛、皮肤具刺激性，无神经毒性、呼吸道刺激性和皮肤致敏性，无染色体畸变和致癌风险。

作用方式 选择性除草剂，被植物的根、芽吸收，进入植物体后可影响植物细胞的分裂，抑制长链脂肪酸的合成，从而导致植株死亡。

防除对象 防治油菜田一年生禾本科杂草和部分阔叶杂草，如野燕麦、马唐、狗尾草等一年生禾本科杂草，以及苋、母菊、婆婆纳等一年生阔叶杂草。

使用方法 油菜移栽前 1～3d 使用，500g/L 吡唑草胺悬浮剂每亩制剂用量 80～100mL，兑水稀释后土壤喷雾。

吡唑萘菌胺（isopyrazam）

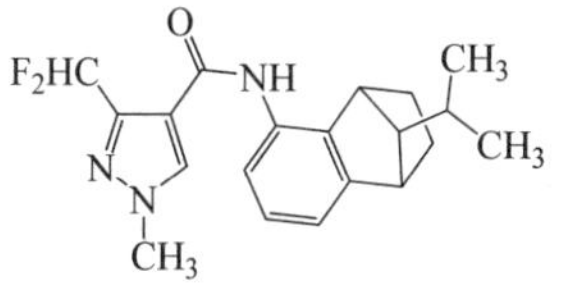

$C_{20}H_{23}F_2N_3O$，359.42，881685-58-1

化学名称 3-（二氟甲基）-1-甲基-*N*-[1,2,3,4-四氢-9-（1-甲基乙基）-1,4-亚甲基萘-5-基]-1*H*-吡唑-4-甲酰胺。

理化性质 吡唑萘菌胺是 97% SYN-异构体（SYN-534969）和 3%反-异构体（SYN-534968）的混合物。熔点：144.5℃（SYN-534968）、130.25℃（SYN-534969）；溶解度：0.55mg/L（SYN-534968）和 1.05mg/L（SYN-534969）；溶剂中溶解度（pH 6.1）：乙酸乙酯 179g/L、二甲苯 20g/L、正辛烷 44.1g/L、二氯甲烷 330g/L、丙酮 314g/L、甲醇 119g/L。pH6.1。

毒性 100%的顺式异构体或 92.8/7.2 的顺式/反式：大鼠的急性经口 LD_{50} ＞ 2000mg/kg。对鱼类具有高到极高的急性毒性，对水蚤具有非常高的急性毒性。吡唑萘菌胺（正反异构体比例 70：30）对虹鳟鱼的 96 h-LC_{50} 值为 66.1μg（a.i.）/L，对蓝鳃太阳鱼的 96h-LC_{50} 值为 181μg（a.i.）/L，对鲤鱼的 96h-LC_{50} 值为 25.8μg（a.i.）/L，对斑马鱼的 96 h-LC_{50} 值为 300μg（a.i.）/L，对黑头鲦鱼的 96h-LC_{50} 值为 26.3μg（a.i.）/L，对红鲈的 96h-LC_{50} 值为 314μg（a.i.）/L，对水蚤的 48h-EC_{50} 值为 44μg（a.i.）/L，对蜜蜂的 48h-LC_{50} 值为 192.27μg（a.i.）/L，对蚯蚓的 14d-LC_{50} 值为＞1000mg（a.i.）/kg 土壤。

作用特点 像其他 SDHI 类杀菌剂一样，吡唑萘菌胺也通过作用于病原菌线粒体呼吸电子传递链上的复合体Ⅱ（琥珀酸脱氢酶或琥珀酸泛醌还原酶）来抑制线粒体的功能，阻止其产生能量，抑制病原菌生长，最终导致其死亡。吡唑萘菌胺以保护作用为主，兼有治疗活性，并提供增产功能。

适宜作物 可有效防治谷物、大豆、油菜、果树、蔬菜、甜菜、花生、棉花、草坪和特种作物等的主要病害。

防治对象 通过叶面和种子处理来防治一系列真菌病害，如谷物、大豆、果树和蔬菜上由壳针孢菌、灰葡萄孢菌、白粉菌、尾孢菌、柄锈菌、丝核菌、核腔菌等引起的病害。

使用方法 29%吡萘·嘧菌酯 30～50mL/亩喷雾防治黄瓜白粉病；30～60mL/亩喷雾防治西瓜白粉病；45～60mL/亩喷雾防治豇豆锈病。

注意事项

（1）请按照农药安全使用准则使用本品。避免药液接触皮肤、眼睛和污染衣物，避免吸入雾滴。切勿在施药现场抽烟或饮食。在饮水、进食和抽烟前，应先洗手、洗脸。

（2）配药和施药时，应戴防护手套和面罩，穿长袖衣、长裤和防护靴。

（3）施药后，彻底清洗防护用具，洗澡，并更换和清洗工作服。

（4）应依照当地法律法规妥善处理农药空包装。使用过的铝箔袋空包装，请直接带离田间，安全保存，并交有资质的部门统一高温焚烧处理；其他类型的空包装，请用清水冲洗三次后，带离田间，妥善处理；切勿重复使用或改作其他用途。所有施药器具，用后应立即用清水或适当的洗涤剂清洗。

（5）本品对水生生物高毒，使用时防止对水生生物产生不良影响。药液及其废液不得污染各类水域、土壤等环境。禁止污染灌溉用水和饮用水。水产养殖区、河塘等水体附近禁用。禁止在河塘等水体清洗施药器具。

（6）避免孕妇及哺乳期妇女接触。

6-苄氨基嘌呤（6-benzylamino purine）

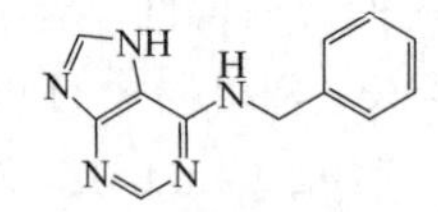

$C_{12}H_{11}N_5$，225.25，1214-39-7

其他名称 6-BA、BA、细胞激动素、6-（*N*-苄基）氨基嘌呤、6-苄基氨基嘌呤、苄氨基嘌呤、6-苄基氨基嘌呤丙烯酸酯、苄胺嘌呤、丙烯酸丁酯、苄基腺嘌呤、烯丙酸丁酯、6-苄腺嘌呤、*N*-苄基腺苷、8-氮杂黄嘌呤、6-苄基腺嘌呤、2-苄氨基嘌呤。

化学名称　6-苯甲基腺嘌呤。

理化性质　纯品为白色结晶，工业品为白色或浅黄色，无臭。纯品熔点234～235℃，在酸、碱中稳定，遇光、热不易分解。在水中溶解度小，在乙醇、酸中溶解度较大。

毒性　对人、畜安全的植物生长调节剂。但摄入过多则会刺激皮肤，损伤食管、胃黏膜，出现恶心、呕吐等现象。

作用特点　该调节剂是第一个人工合成的细胞分裂素，可被发芽的种子、根、嫩枝、叶片吸收；可将氨基酸、生长素、无机盐等向处理部位调运；可抑制植物叶内叶绿素、核酸、蛋白质的分解；保绿防老；可促进生根、疏花疏果、保花保果、形成无籽果实、延缓果实成熟及延缓衰老等。其独有的作用是促进细胞分裂，促进非分化组织分化，促进生物体内物质的积累，促进侧芽发生，防止老化等。广泛用在农业、果树和园艺作物从发芽到收获的各个阶段。但由于其在植物体内的移动性差，生理作用仅局限于处理部位及其附近，因而限制了其在农业和园艺上更广泛的应用。

适宜作物　茶树、西瓜、苹果、葡萄、蔷薇、莴苣、甘蓝、花茎甘蓝、花椰菜、芹菜、双孢蘑菇、石竹、玫瑰、菊花、紫罗兰、百子莲、水稻等。

应用技术　茶树上的使用：用6-BA以75mg/L药液进行叶面喷施，从茶芽膨大期起，每7d左右喷1次，直到茶季结束；赤霉素可在早春用5～50mg/L药液喷洒。西瓜上的使用：将破壳的无籽西瓜种子置于150mg/L的6-BA溶液或4000倍的天然芸苔素内酯溶液中浸泡8h，32℃恒温箱中发芽，然后于育苗床上育苗。水稻上的使用：用10mg/L在1～1.5叶期，处理水稻苗的茎叶，能抑制下部叶片变黄，且保持根的活力，提高稻秧成活率。

按6-苄氨基嘌呤的作用，在生产上还可以进行如下应用：

（1）促进侧芽萌发。春秋季使用促进蔷薇腋芽萌发时，在下位枝腋芽的上下方各0.5cm处划伤口，涂适量0.5%膏剂。在苹果幼树整形或旺盛生长时用3%液剂稀释75～100倍喷洒，可刺激侧芽萌发，形成侧枝。

（2）促进葡萄和瓜类的坐果。用100mg/L溶液在花前2周处理葡萄花序，防止落花落果；瓜类开花时用10g/L涂瓜柄，可以提高坐果。

（3）促进花卉植物的开花和保鲜。用于莴苣、甘蓝、花茎甘蓝、花椰菜、芹菜、双孢蘑菇等切花蔬菜和石竹、玫瑰、菊花、紫罗兰、百子莲等的保鲜，在采收前或采收后都可用100～500mg/L溶液作喷洒或浸泡处理，能有效地保持它们的颜色、风味、香气等。

注意事项

（1）避免药液沾染眼睛和皮肤。

（2）无专用解毒药，按出现症状对症治疗。

（3）贮存于2～8℃阴凉通风处。

苄氯三唑醇（diclobutrazol）

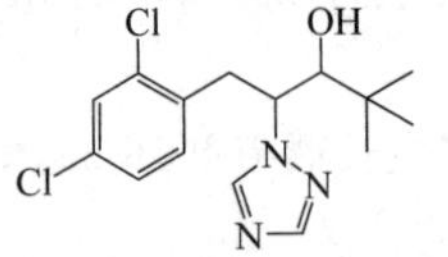

$C_{15}H_{19}Cl_2N_3O$，328.2，75736-33-3

化学名称　（2*RS*,3*RS*）-1-（2,4-二氯苯基）-4,4-二甲基-2-（1*H*-1,2,4-三唑-1-基）戊-3-醇。

理化性质　纯品为白色结晶，熔点147～149℃，相对密度1.25，pK_a＜2。可溶于丙酮、氯仿、甲醇、乙醇等有机溶剂，溶解度大于或等于50g/L。在水中溶解度为9mg/L，分配系数（正辛醇）为6460，对酸碱、光热稳定，在强酸强碱条件下，80℃时水解半衰期为5d，在pH 4～9条件下其水溶液对自然光稳定性33d以上，在50℃、37℃条件下原药稳定性分别在90d、182d以上。

毒性　急性经口LD_{50}(mg/kg)：大鼠4000，小鼠＞1000，豚鼠4000，家兔4000；兔和大鼠急性经皮LD_{50}＞1000mg/kg。对兔皮肤有轻微刺激作用，对兔眼睛有中度刺激性。大鼠三个月饲喂试验无作用剂量为2.5mg/（kg·d），狗半年饲喂试验无作用剂量为每天15mg/kg，虹鳟鱼LC_{50} 9.6mg/kg，蜜蜂经口（或接触）LD_{50} 0.05mg/kg。

作用特点　属内吸性杀菌剂，具有三唑类杀菌剂相同的作用机理。是甾醇脱甲基化抑制剂。

适宜作物　禾谷类作物、番茄、咖啡、苹果、香蕉、柑橘。在推荐剂量下对作物安全。

防治对象　防治多种作物白粉病、禾谷类作物锈病、咖啡驼孢锈病、苹果黑星病，对番茄、香蕉和柑橘上的真菌有效果。

使用方法　田间喷雾量为有效成分4～8g/亩。100mg/L可防治大麦白粉病，也可完全抑制隐匿柄锈菌。

苄嘧磺隆（bensulfuron-methyl）

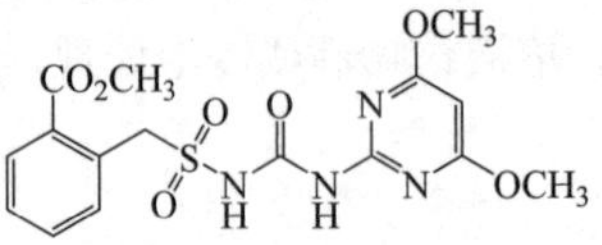

$C_{16}H_{18}N_4O_7S$，410.4，83055-99-6

化学名称　2-[[[[[（4,6-二甲氧基嘧啶-2-基）氨基]羰基]氨基]磺酰基]甲基]苯甲酸甲酯。

理化性质 纯品白色固体，熔点185～188℃，245℃分解，溶解度（20℃，mg/L）：水67，丙酮5100，二氯甲烷18400，乙酸乙酯1750，邻二甲苯229。在微碱性介质中稳定，在酸性介质中缓慢分解。

毒性 大鼠急性经口 LD_{50}＞5000mg/kg，短期喂食毒性高；绿头鸭急性 LD_{50}＞2510mg/kg；对虹鳟 LC_{50}（96h）＞66mg/L；大型溞 EC_{50}（48h）为130mg/kg；对月牙藻 EC_{50}（72h）为0.02mg/L；对蜜蜂接触毒性低，经口毒性中等，对蚯蚓低毒。对眼睛、皮肤无刺激性，无染色体畸变和致癌风险。

作用方式 选择性内吸传导型除草剂。有效成分可在水中迅速扩散，为杂草根部和叶片吸收，并转移到杂草各部，阻碍缬氨酸、亮氨酸、异亮氨酸的生物合成，阻止细胞的分裂和生长。敏感杂草生长机能受阻，幼嫩组织过早发黄，并抑制叶部生长，阻碍根部生长而坏死。

防除对象 主要用于水稻、冬小麦田防除阔叶杂草及莎草科杂草，如鸭舌草、眼子菜、节节菜、繁缕、雨久花、野慈姑、矮慈姑、陌上菜、花蔺、萤蔺、日照飘拂草、牛毛毡、异性莎草、水莎草、碎米莎草、泽泻、窄叶泽泻、茨藻、小茨藻、四叶萍、马齿苋等，对禾本科杂草效果差，但高剂量对稗草、狼把草、稻李氏禾、藨草、扁秆藨草、日本藨草等有一定的抑制作用。

使用方法 使用方法灵活，可用毒土、毒沙、喷雾、泼浇等方法，在土壤中移动性小，温度、土质对其除草效果影响小。水稻田通常在水稻移栽返青后、杂草苗期使用，以60%水分散粒剂为例，每亩制剂用量水稻田3.75～5g，拌土25～30kg均匀撒施，施药时保水3～5cm 5～7d，不得淹没水稻心叶。冬小麦田通常在小麦2～3叶、杂草2～4叶期施药，以60%水分散粒剂为例，每亩制剂用量小麦田5～8g，兑水稀释后均匀后进行茎叶喷雾。

注意事项

（1）水稻2.5叶期前对本品敏感，避免在水稻早期胚根或根系暴露在外时使用；

（2）应严格按照使用说明使用，用药过量或重复喷洒会出现药害，抑制水稻生长，应及时大量施肥，促进水稻快速生长，减轻药害；

（3）阔叶作物及多种蔬菜对苄嘧磺隆敏感，使用时应避免飘移产生药害，同时，应注意稻田水中残留药剂也可能产生药害；

（4）苄嘧磺隆对后茬敏感作物的安全间隔期应在80d以上，小麦田轮作其他作物应注意；

（5）视田间草情而定，苄嘧磺隆适用于阔叶杂草及莎草优势地块和稗草少的地块，幼龄杂草防效较好，超过3叶期效果降低。

22,23,24-表芸苔素内酯（22,23,24-trisepibrassinolide）

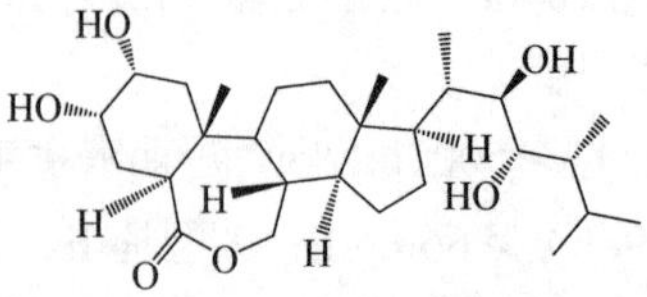

$C_{28}H_{48}O_6$，480.7，78821-42-8

毒性 95% 24-表芸·三表芸原药（24-表芸苔素内酯 92.5%+22,23,24-表芸苔素内酯 2.5%），低毒。

作用特点 有植物细胞分裂和延长的双重作用，促进根系发达，增加光合作用，提高作物叶绿素含量。24-表芸苔素内酯（24-epibrassinolide，EBR）是一种新型的植物内源激素，其生理活性强，处理逆境条件下的植物后，对生物膜有一定的保护作用，能够减缓植物对多种逆境的反应，如高温、低温、干旱、盐渍等，在农作物和蔬菜作物上得到了广泛应用。

适宜作物 水稻。

应用技术 该产品主要调节水稻生长，在水稻拔节期和抽穗期各施药 1 次，用 0.014～0.02mg/kg 剂量喷雾，每季最多使用 2 次。

对于黄瓜种子的萌发和芽的生长，浸种用的 24-表芸苔素内酯的最适浓度为 0.2mg/L。24-表芸苔素内酯浸种能显著提高盐胁迫下黄瓜种子的发芽率和发芽势，保证黄瓜正常发芽。

丙草胺（pretilachlor）

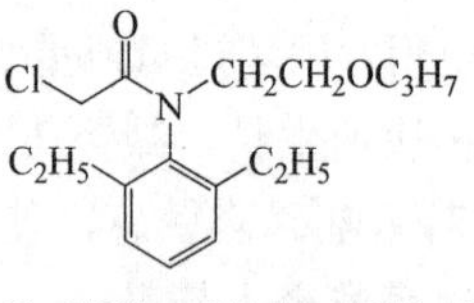

$C_{17}H_{26}ClNO_2$，311.7，51218-49-6

化学名称 2-氯-*N*-（2,6-二乙基苯基）-*N*-（2-丙氧基乙基）乙酰胺。

理化性质 纯品丙草胺为淡黄色透明液体，熔点–72.6℃，闪点 129℃，溶解度（20℃，mg/L）：水 74，易溶于苯、甲醇、正己烷、二氯甲烷。

毒性 大鼠急性经口 LD_{50} 6099mg/kg；日本鹌鹑急性 LD_{50}＞2000mg/kg；虹鳟 LC_{50}（96h）1.6mg/L；对大型溞 EC_{50}（48h）为 7.3mg/kg；对 *Scenedesmus acutus* EC_{50}

（72h）为 9.29mg/L；对蜜蜂、蚯蚓中等毒性。对眼睛、皮肤、呼吸道具刺激性，无染色体畸变和致癌风险。

作用方式　为高选择性水稻田专用除草剂，产品属 2-氯化乙酰替苯胺类除草剂，是细胞分裂抑制剂，对水稻安全，杀草谱广。杂草种子在发芽过程中吸收药剂，根部吸收较差，只能用于芽前土壤处理。水稻发芽期对丙草胺也比较敏感，为保证早期用药安全，丙草胺常加入安全剂使用。

防除对象　适用于水稻田防除稗草、光头稗、千金子、牛筋草、牛毛毡、窄叶泽泻、水苋菜、异型莎草、碎米莎草、丁香蓼、鸭舌草等一年生禾本科杂草、莎草和部分阔叶杂草。

使用方法　在水稻直播田和秧田使用，先整好地，然后催芽播种，播种后 2～4d，灌浅水层，每亩用 30%乳油 100～115mL，对水 30kg 或混细潮土 20kg 均匀喷雾或撒施全田，保持水层 3～4d。水稻移栽田与抛秧田在移栽后 3～5d 或抛秧后 5～7d，将 30%丙草胺乳油按照每亩 100～150mL 拌土 15～25kg，均匀撒施，药后保水 3～5cm，保水 2～3d，不要漫过秧苗心。

注意事项

（1）地整好后要及时播种、用药，杂草过大（1.5 叶期以上）时，耐药性会增强，影响药效。

（2）播种的稻谷要根芽正常，切忌有芽无根。

（3）在北方稻区使用，施药时期应适当延长，先行试验，再大面积推广，以免产生药害。

丙环唑（propiconazol）

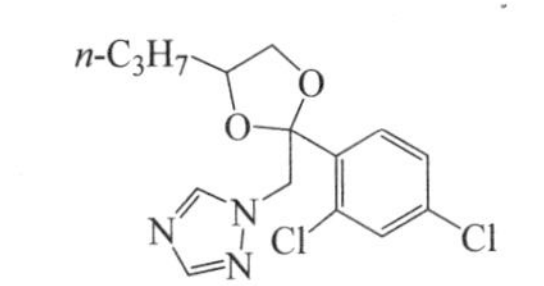

$C_{15}H_{17}Cl_2N_3O_2$，342.2，60207-90-1

化学名称　1-[2-（2,4-二氯苯基）-4-正丙基-1,3-二氧戊环-2-甲基]-1*H*-1,2,4-三唑。

理化性质　淡黄色黏稠液体，沸点 180℃（13.32Pa），蒸气压 1.33×10^{-4}（20℃），相对密度 1.27（20℃），折射率 1.5468。能与大多数有机溶剂互溶，对光、热、酸、碱稳定，对金属无腐蚀。

毒性　大鼠急性 LD_{50}（mg/kg）：1517（经口），＞4000（经皮）；对兔眼睛黏膜和皮肤有轻度刺激，对豚鼠无致敏作用，实验下未见“三致”作用。

作用特点 广谱内吸性杀菌剂，具有保护和治疗作用。甾醇脱甲基化抑制剂，可被根、茎、叶部吸收，并能很快地在植株体内向上传导。残效期在30d左右。

适宜作物 禾谷类作物（如大麦、小麦）和香蕉、咖啡、花生、葡萄等。推荐剂量下对作物安全。

防治对象 可用于防治子囊菌、担子菌和半知菌所引起的病害，特别是对小麦根腐病、白粉病、颖枯病、纹枯病、锈病、叶枯病，大麦网斑病，葡萄白粉病，水稻恶苗病等具有较好的防治效果，但对卵菌病害无效。

使用方法

丙环唑可用于茎叶喷雾，也可用于种子处理。

（1）茎叶喷雾，使用剂量通常为6.7～10g（a. i.）/亩。

（2）种子处理：①防治小麦全蚀病，用25%乳油按种子重量的0.1%～0.2%拌种或0.1%闷种；②防治水稻恶苗病，25%乳油1000倍液浸种。

丙环唑可用于多种作物防治病害，如大田作物病害防治、果树病害防治等。

（1）大田作物病害防治

① 防治小麦纹枯病，用25%乳油20～30mL/亩，进行喷雾，每亩喷水量人工不少于60L，拖拉机10L，飞机1～2L，在小麦茎基节间均匀喷药；

② 防治小麦白粉病、锈病、根腐病、叶枯病、叶锈病、网斑病，燕麦冠锈病、眼斑病、颖枯病（在小麦孕穗期），大麦叶锈病、网斑病，在发病初期用25%乳油35mL/亩对水50kg喷雾；用250g/L丙环唑乳油40g/亩，防效显著；

③ 防治水稻纹枯病，发病初期，用25%丙环唑乳油30mL/亩，或者25%丙环唑乳油15～30mL对水50kg喷雾，防效显著。

（2）果树病害防治

① 防治香蕉叶斑病、黑星病 在发病初期用25%乳油1000～2000倍液喷雾效果最好，间隔21～28d，根据病情的发展，可考虑连续喷施第二次；

② 防治葡萄白粉病、炭疽病 发病初期用25%乳油1000～2000倍液喷雾，间隔期可达14～18d；

③ 防治苹果褐斑病 25%丙环唑乳油1500～2500倍液，防效明显；

④ 防治香蕉叶斑病 用25%丙环唑水乳剂600～2000倍液喷雾，效果显著。

（3）其他病害防治

① 防治花生叶斑病 每亩用25%乳油100～500mL，对水40～50kg，发病初期进行喷雾，间隔14d连续喷药2～3次；

② 防治草坪褐斑病 发病初期，用15.6%乳油80～100g/亩对水40～50kg喷雾；

③ 防治瓜类白粉病 发病初期用25%乳油10～20mL/亩对水40～50kg喷雾；

④ 防治甜瓜蔓枯病 发病初期用25%乳油80～130mL加水2350mL和面粉1250g调成稀糊状涂抹茎基部，每隔7～10d涂1次，连涂2～3次；

⑤ 防治辣椒褐斑病、叶枯病　发病初期，用 25%乳油 20mL/亩对水 40～50kg 喷雾；

⑥ 防治辣椒根腐病　发病初期用 25%乳油 80g/亩对水穴施或灌根；

⑦ 防治芹菜叶斑病　发病初期用 25%乳油 2000 倍液喷雾；

⑧ 防治大棚甜瓜蔓枯病　用 25%丙环唑乳油 80～130mL/亩对水 2350mL 和面粉 1250g 调成稀糊状涂抹茎基部，间隔 7～10d 涂 1 次，连涂 2～3 次，涂茎施药至采收的安全间隔期为 20d。

注意事项　储存温度不得超过 35℃。避免药剂接触皮肤和眼睛。存放在儿童接触不到的地方。喷药时要有防护措施。

丙硫多菌灵（albendazole）

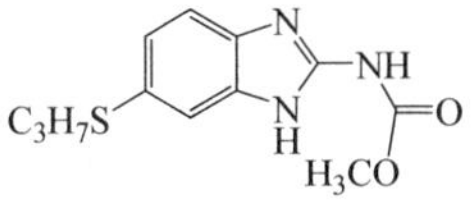

$C_{12}H_{15}N_3O_2S$，265.33，54965-21-8

化学名称　*N*-（5-丙硫基-1*H*-苯并咪唑-2-基）氨基甲酸甲酯。

理化性质　无臭无味、白色粉末，微溶于乙醇、氯仿、热稀盐酸和稀硫酸，溶于冰乙酸，在水中不溶，熔点 206～212℃，熔融时分解。

毒性　大鼠急性经口 LD_{50} 4287mg/kg，急性经皮 LD_{50} 608mg/kg，小鼠急性经口 LD_{50} 17531mg/kg。

作用特点　高效、低毒、内吸性广谱杀菌剂，具有保护和治疗作用。作用机制与苯并咪唑类杀菌剂相似，对病原菌孢子萌发有较强的抑制作用。

适宜作物　水稻、西瓜、辣椒、大白菜、黄瓜、烟草和果树等。推荐剂量下对作物和环境安全。

防治对象　对于多种担子菌和半知菌引起的作物病害有效。可有效防治水稻稻瘟病、烟草炭疽病、西瓜炭疽病、辣椒疫病、大白菜霜霉病、黄瓜灰霉病等。

使用方法

（1）防治水稻稻瘟病、大白菜霜霉病　发病初期用 20%悬浮剂 75～100mL/亩对水 40～50kg 喷雾；

（2）防治西瓜炭疽病　发病前至发病初期用 10%水分散粒剂 150g/亩对水 40～50kg 喷雾；

（3）防治烟草炭疽病　发病初期用 20%悬浮剂 75～100mL/亩对水 40～50kg 喷雾，间隔 7～10d 再喷一次；

（4）防治辣椒疫病　发病前至发病初期用 20%可湿性粉剂 40～60g/亩对水 40～50kg 喷雾；

（5）防治叶菜类和黄瓜灰霉病等　用 20%可湿性粉剂 10～25g/亩对水 40～50kg 喷雾，间隔 7d 喷一次，视病情严重情况喷 2～3 次；

（6）防治某些果树茎腐病、根腐病　用 20%悬浮剂 1000～2000 倍液灌根。

注意事项　可与一般杀菌剂，大多数杀虫剂、杀螨剂混用，不能与铜制剂混用。安全操作使用，存放于阴暗处。喷药后 24h 内下雨应尽快补喷，可视病害严重程度，适当加大剂量和次数。

丙硫菌唑（prothioconazole）

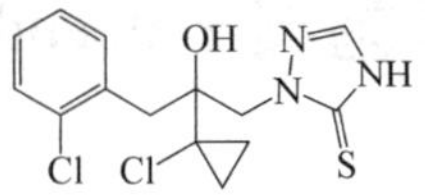

$C_{14}H_{14}Cl_2N_3OS$，326.9，178928-70-6

化学名称　(*RS*)-2-[2-（1-氯环丙基）-3-（2-氯苯基）-2-羟基丙基]-2,4-二氢-1,2,4-三唑-3-硫酮。

理化性质　纯品为白色或浅灰棕色粉末状晶体，熔点 139.1～144.5℃。

毒性　大鼠急性 LD_{50}（mg/kg）：＞6200（经口），＞2000（经皮）。对兔皮肤和眼睛无刺激，对豚鼠皮肤无过敏现象。大鼠急性吸入 LC_{50}＞4990mg/L。无致畸、致突变性，对胚胎无毒性。鹌鹑急性经口 LD_{50}＞2000mg/kg。虹鳟鱼 LC_{50}（96h）1.83mg/L。藻类慢性 EC_{50}（72h）2.18mg/L。蚯蚓 LC_{50}（14d）＞1000mg/kg 干土。对蜜蜂无毒，对非靶标生物/土壤有机体无影响。丙硫菌唑及其代谢物在土壤中表现出相当低的淋溶和积累作用。丙硫菌唑具有良好的生物安全性和生态安全性，对使用者和环境安全。

作用特点　属广谱内吸性杀菌剂，具有优异的保护、治疗和铲除作用。丙硫菌唑是脱甲基化抑制剂，作用机理是抑制真菌中甾醇的前体——羊毛甾醇或 2,4-亚甲基二氢羊毛甾醇 14 位上的脱甲基化作用。具有很好的内吸活性，且持效期长。

适宜作物　小麦、大麦、油菜、花生、水稻和豆类作物。对作物不仅具有良好的安全性，防病治病效果好，而且增产明显。在推荐剂量下使用对作物和环境安全。

防治对象　几乎对所有麦类病害都有很好的防治效果，如小麦和大麦白粉病、纹枯病、枯萎病、叶斑病、锈病、菌核病、网斑病、云纹病等，还能防治油菜和花生土传病害，如菌核病，以及主要叶面病害，如灰霉病、黑斑病、褐斑病、黑胫病、菌核病和锈病等。

使用方法　使用剂量通常为 13.3g（a.i.）/亩，在此剂量下，活性优于或等于常规杀菌剂。

丙嗪嘧磺隆（propyrisulfuron）

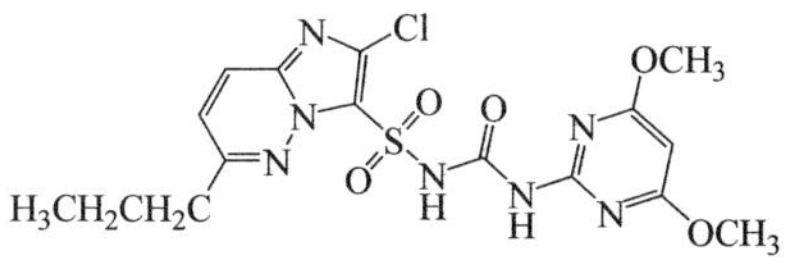

$C_{16}H_{18}ClN_7O_5S$，455.9，570415-88-2

化学名称　1-(2-氯-6-丙基咪唑[1,2-*b*]并哒嗪-3-基磺酰基)-3-(4,6-二甲氧基嘧啶-2-基）脲。

理化性质　纯品为白色固体，熔点＞193.5℃（分解），水中溶解度 0.98mg/L（20℃）。

毒性　大鼠急性经口 LD_{50}＞2000mg/kg，山齿鹑经口 LD_{50}＞2250mg/kg，鲤鱼 LC_{50}（96h）＞10mg/L，中等毒性；对大型溞 EC_{50}（48h）＞10mg/kg，中等毒性；对月牙藻 EC_{50}（72h）＞0.011mg/L，中等毒性。无皮肤、呼吸道刺激性，无致癌风险。

作用方式　丙嗪嘧磺隆为选择性的广谱磺酰脲类除草剂，植物对其具有内吸性，植物可通过根、茎、叶吸收后抑制其乙酰乳酸合成酶（ALS）活性，达到防除作用。

防除对象　杀草谱广，可同时防除一年生禾本科杂草、莎草科杂草、阔叶草等杂草，如稗草（三叶期以下）、萤蔺、鸭舌草、陌上菜、节节菜、沟繁缕、莎草等。同时其对已对其他磺酰脲类除草剂产生抗性的杂草也具有较好防效。

使用方法　直播田施用：在水稻 2 叶期以后、稗草 3 叶期以前施药；每亩用 9.5%悬浮剂 50mL。最佳施药时期为水稻 2.5 叶期。灌水泡整田，保持一定水层或泥浆直接播种。建议催芽后播种，使水稻尽可能早于杂草出苗。不同时期直播水稻和不同除草处理直播水稻的施药时期见表 2-2。移栽田施用：在水稻移栽后 5～7d 施药；每亩用 9.5%悬浮剂 50mL，茎叶喷雾。

表 2-2　不同时期直播水稻和不同除草处理直播水稻的施药时期

类型	直播早稻	直播中、晚稻	移栽稻田
未进行封闭除草	播后 11～18d	播后 6～12d	移栽后 5d
已进行封闭除草	播后 11～20d	播后 6～14d	

注意事项

（1）丙嗪嘧磺隆对千金子无效，若防除千金子需搭配其他除草剂如 10%氰氟草酯（60mL/亩）使用；

（2）丙嗪嘧磺隆对三叶期以后稗草防效较差，如需防除大龄稗草可配合双草醚（10～15mL/亩）使用；

（3）无需排水用药，建议药后保水 4d 以上，便于药剂扩散与吸收。

丙炔噁草酮（oxadiargyl）

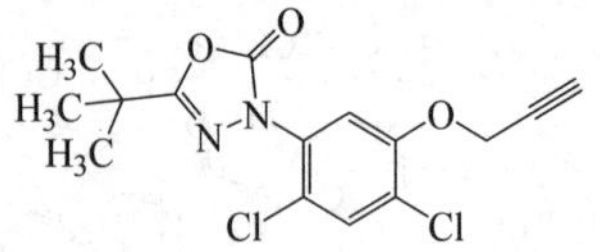

$C_{15}H_{14}Cl_2N_2O_3$，341.1，39807-15-3

化学名称 5-叔丁基-3-[2,4-二氯-5-（丙-2-炔基氧基）苯基]-1,3,4-噁二唑-2（3*H*）-酮。

理化性质 白色至米黄色粉末，熔点131℃，溶解度（20℃，mg/L）：水0.37，甲醇14700，乙腈94600，二氯甲烷500000，乙酸乙酯121600，丙酮250000，甲苯77600。酸性及中性条件下稳定，碱性介质中易分解。

毒性 大鼠急性经口LD_{50}＞5000mg/kg，短期喂食毒性高；对山齿鹑急性LD_{50}＞2000mg/kg，低毒；对虹鳟LC_{50}（96h）＞0.201mg/L，中等毒性；对大型溞EC_{50}（48h）＞0.352mg/kg，中等毒性；对栅藻EC_{50}（72h）为0.001mg/L，高毒；对蜜蜂、蚯蚓低毒。对眼睛、皮肤、呼吸道无刺激性，无神经毒性，无染色体畸变和致癌风险。

作用方式 选择性触杀型除草剂，原卟啉原氧化酶抑制剂，主要在杂草出土前后通过稗草等敏感杂草幼芽或幼苗接触吸收而起作用。施于稻田水中经过沉降逐渐被表层土壤胶粒吸附形成一个稳定的药膜封闭层，当其后萌发的杂草幼芽经过此药层时，以接触吸收和有限传导，在有光的条件下，使接触部位的细胞膜破裂和叶绿素分解，并使生长旺盛部分的分生组织遭到破坏，最终导致受害的杂草幼芽枯萎死亡。而在施药以前已经萌发但尚未露出水面的杂草幼苗，则在药剂沉降之前从水中接触吸收到足够的药剂，致使杂草很快坏死腐烂。土壤中移动性较小，因此，不易触及杂草的根部。持效期30d左右。

防除对象 主要用于水稻移栽田、马铃薯田防除阔叶杂草（如苘麻、鬼针草、藜属杂草、苍耳、圆叶锦葵、鸭舌草、蓼属杂草、梅花藻、龙葵、苦苣菜、节节菜等）、禾本科杂草（如稗草、千金子、刺蒺藜草、马兰草、马唐、牛筋草、稷属杂草）以及莎草科杂草等，对恶性杂草四叶萍有良好的防效。

使用方法 以80%可湿性粉剂为例，于水稻移栽前3～7d，灌水整地后，每亩制剂用量6～8g，兑水3～5L混匀后进行均匀甩施，甩施的药滴间距应少于0.5m，施药后保持3～5cm水层5～7d，用水量3～5L/亩，避免淹没稻苗心叶。马铃薯田播后苗前、杂草出苗之前，采用细雾滴喷头，每亩制剂用量15～18g，兑水20～40L，进行土壤封闭喷雾处理。

注意事项

（1）严格按推荐的使用技术均匀施用，不得超范围使用，其对水稻的安全幅度较窄，不宜用在弱苗田、制种田、抛秧田及糯稻田。

（2）秸秆还田（旋耕整地、打浆）的稻田，也必须于水稻移栽前 3～7d 趁清水或浑水施药，且秸秆要打碎并彻底与耕层土壤混匀，以免因秸秆集中腐烂造成水稻根际缺氧引起稻苗受害。本剂为触杀型土壤处理剂，插秧时勿将稻苗淹没在施用本剂的稻田水中，水稻移栽后应采用"毒土法"撒施，以保药效，避免药害。东北地区移栽前后两次用药防除稗草（稻稗）、三棱草、慈姑、泽泻等恶性或抗性杂草时，可按说明于栽前施用本剂，再于水稻栽后 15～18d 使用其他杀稗剂和阔叶除草剂，两次使用杀稗剂的间隔期应在 20d 以上。

（3）避免使用高剂量，以免因稻田高低不平、缺水或施用不均等造成作物药害。

（4）用于露地马铃薯田时，建议于作物播后苗前将半量丙炔噁草酮与其他苗前土壤处理的禾本科除草剂混用，避免杂草抗药性发生，同时保证药效。用于地膜马铃薯田时，应酌情降低使用剂量。

丙炔氟草胺（flumioxazin）

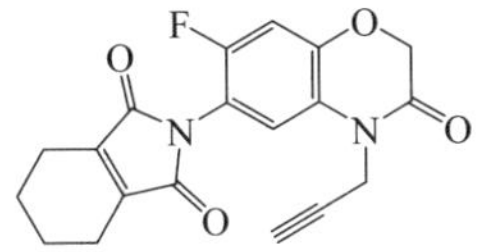

$C_{19}H_{15}FN_2O_4$，354.3，103361-09-7

化学名称　*N*-[7-氟-3,4-二氢-3-氧-4-丙炔-2-基-2*H*-1,4-苯并噁嗪-6-基]环己-1-烯-1,2-二甲酰亚胺乙酸戊酯。

理化性质　纯品丙炔氟草胺为白色粉末，熔点 202～204℃，溶解度（20℃，mg/L）：水 0.786，丙酮 17000，乙酸乙酯 17800，己烷 25，甲醇 1600。酸性条件下相对稳定，碱性条件下易分解。

毒性　大鼠急性经口 LD_{50}＞5000mg/kg；山齿鹑急性经口 LD_{50}＞2250mg/kg；对虹鳟 LC_{50}（96h）为 2.3mg/L；对大型溞 EC_{50}（48h）为 5.9mg/kg；对月牙藻 EC_{50}（72h）为 0.000852mg/L；对蜜蜂低毒，对蚯蚓中等毒性。对眼睛具刺激性，无神经毒性和皮肤刺激性，具生殖影响，无染色体畸变和致癌风险。

作用方式　触杀型的选择性除草剂，作用位点为原卟啉原氧化酶（PPO），可被植物的幼芽和叶片吸收，在光和氧中，引起敏感作物中原卟啉的大量积累，使细胞膜脂质过氧化作用增强，从而导致敏感杂草的细胞膜结构和细胞功能的不可逆损害。

防除对象　登记用于大豆、花生、柑橘园防除一年生阔叶杂草和部分禾本科杂草。

使用方法　用于大豆、花生播前或播后苗前使用，一般播后不超过 3d 施药，以 50%可湿性粉剂为例，亩制剂用量 8～12g（大豆田）、6～8g（花生田），兑水 30～

40L均匀喷雾于土壤表层。柑橘园定向喷雾杂草，50%可湿性粉剂亩用药量53～80g。

注意事项

（1）大豆和花生在拱土或出苗期不能施药，发芽后施药易产生药害，所以必须在苗前施药。

（2）土壤干燥影响药效，应先灌水后播种再施药。

（3）禾本科杂草和阔叶杂草混生的地区，应在专业人员指导下使用该药剂，与防除禾本科杂草的除草剂混合使用，效果会更好。

（4）柑橘园施药应定向喷雾于杂草上，避免喷施到柑橘树的叶片及嫩枝上。

（5）现配现用，不宜长时间搁置。

（6）大风天不宜使用，避免药液飘移造成药害。

丙森锌（propineb）

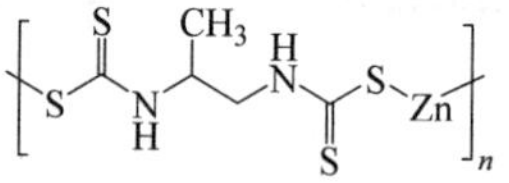

$(C_5H_8N_2S_4Zn)_n$，289.8（单体），12071-83-9

化学名称 多亚丙基双（二硫代氨基甲酸）锌。

理化性质 白色或微黄色粉末。160℃以上分解。蒸气压＜1mPa（20℃）。密度1.813g/mL。溶解度（20℃）：水0.01g/L，一般溶剂中＜0.1g/L。在冷、干燥条件下贮存稳定，在潮湿强酸、强碱介质中分解。

毒性 大鼠急性经口雄 LD_{50}＞8500mg/kg，大鼠急性经皮 LD_{50}＞5000mg/kg。对兔眼睛和兔皮肤无刺激，无“三致”。

作用特点 持效期长、速效性好、广谱的保护性杀菌剂，其作用机制主要是作用于真菌细胞壁和蛋白质的合成，并抑制病原菌体内丙酮酸的氧化，从而抑制病菌孢子的侵染和萌发以及菌丝体的生长。该药含有易于被作物吸收的锌元素，可以促进作物生长、提高果实品质。

适宜作物 水稻、马铃薯、番茄、白菜、苹果、黄瓜、芒果、葡萄、梨、茶、烟草和啤酒花等。推荐剂量下对作物安全。

防治对象 对蔬菜、烟草、葡萄等作物的霜霉病以及马铃薯和番茄的早、晚疫病均有良好作用，并对白粉病、葡萄孢属的病害和锈病有一定的抑制作用，如白菜霜霉病、苹果斑点落叶病、葡萄霜霉病、黄瓜霜霉病、烟草赤星病等。

使用方法 丙森锌是保护性杀菌剂，须在发病前或初期用药。且不能与碱性药剂和铜制剂混合使用，若喷了碱性药剂或铜制剂，应1周后再使用丙森锌。主要用作茎叶处理。

（1）果树病害 防治苹果斑点落叶病，应在苹果春梢或秋梢开始发病时，用70%可湿性粉剂600～700倍液喷雾，每隔7～10d喷1次，连喷3～4次；防治苹果烂果病，应在发病前或初期，用70%可湿性粉剂800倍液喷雾；防治芒果炭疽病，在芒果开花期，雨水较多易发病时开始用70%可湿性粉剂500倍液喷雾，间隔10d喷药1次，共喷4次；防治葡萄霜霉病，发病初期，用70%可湿性粉剂500～700倍液喷雾，每隔7d喷1次，连喷3次；防治柑橘炭疽病，应在发病前或初期，用70%可湿性粉剂600～800倍液喷雾。

（2）蔬菜病害 防治黄瓜霜霉病，应在发病前或初期，用70%可湿性粉剂500～700倍液，以后每隔5～7d喷药1次，连喷3次；防治大白菜霜霉病，在发病初期，用70%可湿性粉剂500～700倍液喷雾，每隔5～7d喷药1次，连喷3次；防治番茄早疫病，在初期尚未发病时开始喷药保护，用70%可湿性粉剂500～700倍液喷雾，每隔5～7d喷药1次，连喷3次；防治番茄晚疫病，发现中心病株时先摘除病株，用70%可湿性粉剂500～700倍液喷雾，每隔5～7d喷药1次，连喷3次。

（3）防治烟草赤星病 病害初期，用70%可湿性粉剂500～700倍液喷雾，每隔7～10d喷1次，连喷3次。

注意事项

（1）丙森锌是保护性杀菌剂，必须在病害发生前或始发期喷药，不可与铜制剂和碱性药剂混用，如两药连用，需间隔1周后再使用。

（2）施药前请详细阅读产品标签，按说明使用，防止发生药害，避免药物中的有效成分分解。

（3）中毒解救：丙森锌属低毒杀菌剂，如果不慎接触皮肤或眼睛，应用大量清水冲洗；不慎误服，应立即送医院诊治。

丙酰芸苔素内酯（propionyl brassinolide）

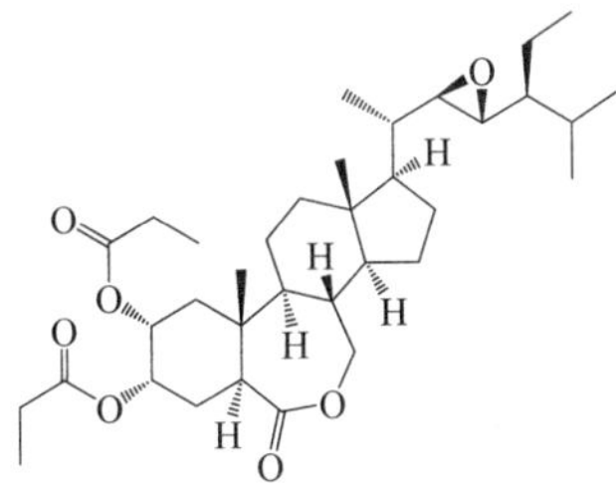

$C_{35}H_{56}O_7$，588.8，133453-54-0

其他名称 长效芸苔素，brassinolide。

理化性质 丙酰芸苔素内酯为白色粉末。

作用特点 促进植物三羧酸循环，提高蛋白质合成能力，促进细胞分裂和增大，加速植物生长发育，增产。

适宜作物 丙酰芸苔素内酯对块根作物、马铃薯和芋头、谷物、棉花、豆类、叶用蔬菜、果树、木本植物、开花植物和经济作物极其有效。

使用方法

（1）于黄瓜开花前 7d 和开花后 7d 各喷雾施药 1 次，每季作物最多施药 2 次，注意喷雾要均匀。

（2）大风天或预计 1h 内降雨，请勿施药。

（3）按照规定用量施药，严禁随意加大用量。

注意事项 不可与碱性物质混用。现配现用，喷药 6h 内遇雨需重喷。

丙溴磷（profenofos）

$C_{11}H_{15}BrClO_3PS$，373.63，41198-08-7

其他名称 多虫磷、溴氯磷、布飞松、菜乐康、克捕灵、克捕赛、库龙、速灭抗、Curacron、Polycron、Selecron、Nonacron、CGA15324S。

化学名称 *O*-乙基-*S*-丙基-*O*-（4-溴-2-氯苯基）硫代磷酸酯。

理化性质 无色透明液体，沸点 110℃（0.13Pa）；工业品原药为淡黄至黄褐色液体；20℃时水中溶解度为 20mg/L，能与大多数有机溶剂互溶。常温储存会慢慢分解，高温更容易引起质量变化。

毒性 急性大鼠 LD_{50}（mg/kg）：358（经口）、3300（经皮），对鸟和鱼毒性较高。

作用特点 主要作用是抑制昆虫体内胆碱酯酶。其为广谱性杀虫剂，可通过内吸、触杀及胃毒等作用方式防治害虫，具有速效性，在植物叶片上有较好的渗透性，同时具有杀卵性能，对其他有机磷、拟除虫菊酯产生抗性的棉花害虫也有效。

适宜作物 水稻、棉花、甘蓝、柑橘树、苹果树、甘薯等。

防除对象 水稻害虫如稻纵卷叶螟、二化螟等；棉花害虫如棉铃虫、棉盲蝽等；蔬菜害虫如小菜蛾、斜纹夜蛾等；果树害虫如柑橘红蜘蛛等；甘薯害虫如甘薯茎线虫等。

应用技术

（1）防治水稻害虫

① 稻纵卷叶螟 在卵孵盛期至低龄幼虫期施药，用50%乳油80～100mL/亩兑水朝稻株中上部均匀喷雾。

② 二化螟 在卵孵始盛期到卵孵高峰期施药，用720g/L乳油40～50mL/亩兑水朝稻株中下部喷雾。田间保持水层3～5cm深，保水3～5d。

（2）防治棉花害虫

① 棉铃虫 在卵孵盛期至低龄幼虫期施药，用50g/L乳油75～125mL/亩兑水均匀喷雾。

② 棉盲蝽 在低龄若虫盛期施药，用720g/L乳油40～50mL/亩兑水均匀喷雾。

（3）防治蔬菜害虫

① 小菜蛾 在低龄幼虫盛期施药，用40%乳油60～90mL/亩兑水均匀喷雾。喷雾最好在傍晚。

② 斜纹夜蛾 在低龄幼虫盛期施药，用40%乳油80～100mL/亩，上午九点以前或者下午五点以后喷雾。

（4）防治果树害虫 防治红蜘蛛，柑橘叶螨螨口密度达2～3头/叶时施药，用50%乳油2000～3000倍液均匀喷雾；苹果树叶螨螨口密度达到2头/叶时施药，用40%乳油2000～4000倍液均匀喷雾。

（5）防治甘薯线虫 防治甘薯茎线虫，甘薯移栽时施药，用10%颗粒剂2000～3000g/亩，用细土拌匀，开沟进行施用，均匀撒于沟内。

注意事项

（1）不可与碱性物质混用。

（2）对水生生物和蜜蜂毒性高，施药期间应避免对周围蜂群的影响；开花植物花期、蚕室和桑园附近禁用；赤眼蜂等天敌放飞区域禁用；远离水产养殖区、河塘等水体施药；禁止在河塘等水域中清洗施药器具。

（3）对苜蓿、高粱、棉花、瓜豆类、十字花科蔬菜和核桃花期有药害，使用时应注意避免药液飘移到上述作物上。

（4）尽量不要在烈日下施药，宜在傍晚施药。

（5）在水稻上的安全间隔期28d，每季最多用1次；在棉花上的安全间隔期为21d，每季最多用2次；在甘蓝上的安全间隔期为14d，每季最多用2次；在柑橘树上的安全间隔期为28d，每季最多用2次；在苹果树上的安全间隔期为60d，每季最多用2次。

（6）大风天或预计1h内降雨请勿施药。

（7）建议与其他作用机制不同的杀虫剂交替使用。

丙酯草醚（pyribambenz-propyl）

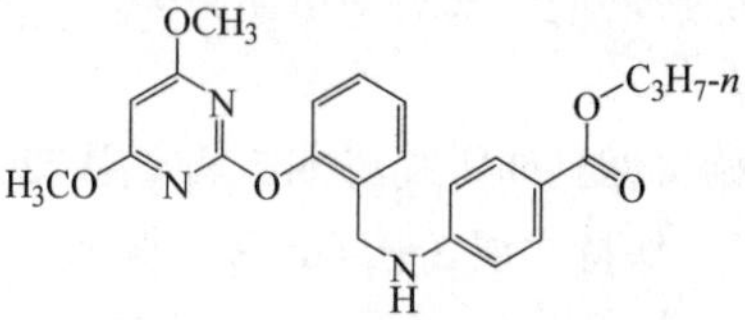

$C_{23}H_{25}N_3O_5$，423.462，420138-40-5

化学名称 4-[2-（4,6-二甲氧基嘧啶-2-氧基）苄氨基]苯甲酸正丙酯。

理化性质 纯品外观为白色固体，熔点（96.9±0.5）℃，溶解度（20℃，mg/L）：水 153，乙醇 1130，二甲苯 11700，丙酮 43700；原药外观为白色至米黄色粉末。对光、热稳定，强酸、强碱会逐渐分解。

毒性 急性 LD_{50}（mg/kg）：大鼠经口 4640，经皮 2150；对兔皮肤无刺激性、对眼睛中毒刺激；对动物无致畸、致突变、致癌作用。

作用方式 丙酯草醚为我国自主研发的新型油菜田除草剂，它可以通过杂草的茎叶、根、芽吸收，在植株体内迅速传导至全株，抑制乙酰乳酸合成酶（ALS）和氨基酸的生物合成，从而抑制和阻碍杂草体内的细胞分裂，使杂草停止生长，最终使杂草白化而枯死。以根吸收为主，茎叶次之。

防除对象 冬油菜田一年生禾本科及部分阔叶杂草，主要为看麦娘、日本看麦娘、棒头草、繁缕、雀舌草等，但是对大巢菜、野老鹳草、稻茬菜、泥糊菜等效果较差。

使用方法 冬油菜移栽田，移栽成活后，杂草 4 叶期前用药，10%丙酯草醚乳油每亩用药量 40～50g，茎叶喷雾处理。

注意事项

（1）丙酯草醚药效发挥较慢，需施药 10d 以上才能出现症状，20d 以上才能完全发挥除草活性。

（2）丙酯草醚对 4 叶期以上的油菜安全。

残杀威（propoxur）

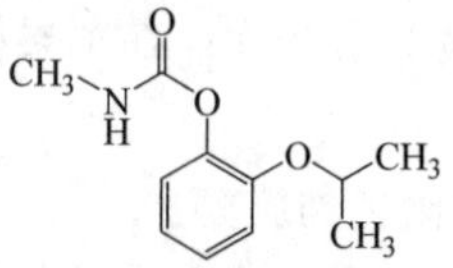

$C_{11}H_{15}NO_3$，209.2，114-26-1

其他名称 残杀畏、安丹、拜高、残虫畏、Baygon、Blattanex、Suncide、Tendex、

Arprocarb、Unden、Bayer9010、Bayer39007。

化学名称　2-异丙氧基苯基-*N*-甲基氨基甲酸酯，2-isopropoxyphenyl-*N*-methyl carbamate。

理化性质　无色结晶，熔点 90.7℃；溶解度（20℃，g/L）：水 1.9，二氯甲烷、异丙醇＞200，甲苯 100；高温及在碱性介质中分解。

毒性　急性 LD_{50}（mg/kg）：大白鼠经口 90～128（雄）、104（雌），小白鼠经口 100～109（雄）；大白鼠经皮＞800～1000；对动物无致畸、致突变、致癌作用；在家庭中使用安全；对蜜蜂高毒。

作用特点　主要是通过抑制害虫体内乙酰胆碱酯酶活性，使害虫中毒死亡，为具强触杀能力的非内吸性杀虫剂，具有胃毒、熏杀和快速击倒作用。常用于牲畜体外寄生虫、仓库害虫及蚊、蝇、蜚蠊、蚂蚁、臭虫等害虫的防治。

适宜作物　蚕桑树。

防除对象　桑树害虫如桑象甲等；卫生害虫如蝇、蜚蠊、蚊等。

应用技术

（1）防治桑树害虫　防治桑象甲，在桑象甲成虫盛发期施药，用 8%乳油 1000～1500 倍液均匀喷雾。

（2）防治卫生害虫

① 蝇、蜚蠊　用 20%乳油稀释 20～40 倍，浓度为 5g/m^2；用 5～7.5g/m^2 全面滞留喷洒于墙面、地面、门窗、橱背等害虫易停留之处。

② 蚊　用 10%微乳剂稀释 10 倍，以 10g/m^2 全面滞留喷洒。

注意事项

（1）不要与碱性农药混用。

（2）对鱼等水生动物、蜜蜂、蚕有毒，使用时注意不可污染鱼塘等水域及饲养蜂、蚕场地；蜜源作物的花期，蚕室内及其附近禁用；周围开花植物花期禁用；赤眼蜂等天敌放飞区禁用。

（3）在桑树上的安全间隔期为 7d，每季最多使用 1 次。

（4）大风天或预计 1h 内降雨请勿施药。

（5）建议与其他作用机制不同的杀虫剂轮换使用。

草铵膦（glufosinate）

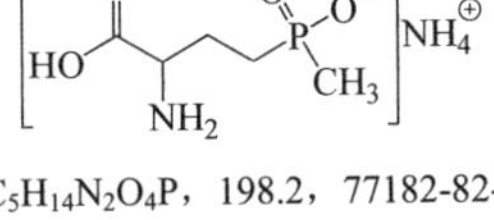

$C_5H_{14}N_2O_4P$，198.2，77182-82-2

化学名称　4-[羟基（甲基）膦酰基]-DL-高丙氨酸铵。

理化性质 纯品草铵膦为结晶固体，熔点215℃，245℃分解，溶解度（20℃，mg/L）：水＞500000，丙酮250，乙酸乙酯250，甲醇5730000，二甲苯250。草铵膦及其盐不挥发、不降解，空气中稳定。

毒性 小鼠急性经口 LD_{50} 416mg/kg，对大鼠短期喂食毒性高；日本鹌鹑急性 LD_{50}＞2000mg/kg；对虹鳟 LC_{50}（96h）为710mg/L；对大型溞 EC_{50}（48h）为668mg/kg；对四尾栅藻 EC_{50}（72h）为46.5mg/L；对蜜蜂、蚯蚓低毒。无呼吸道刺激性，具神经毒性和生殖影响，无染色体畸变和致癌风险。

作用方式 本品为一种具有部分内吸作用的非选择性除草剂，使用时主要作触杀剂。可以导致植物体内氮代谢紊乱、铵过量积累及叶绿体解体，影响光合作用，最终导致杂草死亡。施药后有效成分通过叶片起作用，尚未出土的幼苗不会受到伤害。

防除对象 可防除一年生和多年生双子叶及禾本科杂草，如鼠尾看麦娘、马唐、稗、野大麦、多花黑麦草、狗尾草、金狗尾草、野小麦、野玉米、鸭茅、曲芒发草、羊茅、绒毛草、黑麦草、双穗雀稗、芦苇、早熟禾、野燕麦、雀麦、辣子草、猪殃殃、宝盖草、小野芝麻、龙葵、繁缕、田野勿忘草、匍匐冰草、匍茎剪股颖、拂子茅、苔草、狗牙根、反枝苋等。

使用方法 杂草生长旺盛期施药，以200g/L水剂为例，每亩制剂用量350～583mL，兑水30～50L，稀释均匀后喷雾。

注意事项

（1）应用清水稀释，不能用污水、硬水，以免影响药效。

（2）喷雾时应注意防止药液飘移到其他作物上，防止产生药害。

（3）不可与土壤消毒剂混用，在已消毒灭菌的土壤中，不宜在作物播种前使用。

（4）施药后7d内勿割草、放牧、翻地等。

（5）本品遇土钝化，宜作茎叶处理。

（6）对金属制成的镀锌容器有腐化作用，易引起火灾。

草除灵（benazolin-ethyl）

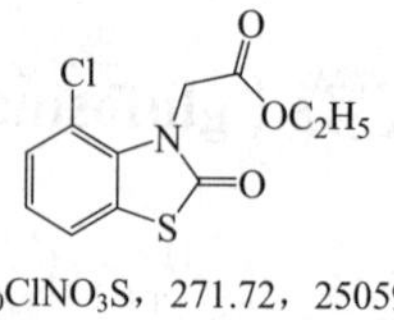

$C_{11}H_{10}ClNO_3S$，271.72，25059-80-7

化学名称 4-氯-2-氧化苯并噻唑-3-基乙酸乙酯，ethyl 4-chloro-2-oxo-3(2*H*)-benzothiazoleacetate。

理化性质　纯品为白色结晶固体，熔点 79.2℃，溶解度（20℃，mg/L）：水 47，丙酮 229000，二氯甲烷 603000，乙酸乙酯 148000，甲苯 28500。酸性条件下稳定，碱性条件下易分解，土壤中半衰期短。

毒性　小鼠急性经口 LD_{50}＞4000mg/kg，绿头鸭急性 LD_{50}＞3000mg/kg，对蓝鳃鱼 LC_{50}（96h）＞2.8mg/L，中等毒性；对大型溞 EC_{50}（48h）＞6.2mg/kg，中等毒性，慢性毒性高；对月牙藻 EC_{50}（72h）＞16.0mg/L，低毒；对蚯蚓毒性低。无染色体畸变风险。

作用方式　选择性内吸传导型苗后除草剂，通过叶片吸收，输导到整个植物体。与激素类除草剂症状相似，敏感植物吸收后生长停滞，叶片僵绿，增厚反卷，新生叶扭曲，节间缩短，最后死亡。在耐药性植物体内降解成无活性物质。

防除对象　防治油菜田一年生阔叶杂草，如繁缕、牛繁缕、雀舌草和猪殃殃等。

使用方法　直播油菜 4～6 叶期或冬油菜移栽成活后，阔叶杂草 2～5 叶期使用，50%悬浮剂亩制剂用量 30～50mL，兑水 25～30L 稀释后均匀茎叶喷雾。

注意事项

（1）冬季霜冻期，杂草停止吸收和生长，不宜施用。

（2）可能对油菜叶片产生局部变形，会恢复生长，不会影响后期产量和品质。

（3）芥菜型油菜对本品高毒敏感，不能使用。对白菜型油菜有轻度药害，应在油菜越冬后期或返青期使用。

草甘膦（glyphosate）

$C_3H_8NO_5P$，169.1，1071-83-6

化学名称　*N*-（磷酰基甲基）甘氨酸，*N*-(phosphonomethyl)glycine。

理化性质　纯品草甘膦为无色结晶固体，熔点 189.5℃，200℃分解，溶解度（20℃，mg/L）：水 10500，丙酮 0.6，二甲苯 0.6，甲醇 10，乙酸乙酯 0.6，溶于氨水。草甘膦及其所有盐不挥发、不降解，在空气中稳定。

毒性　大鼠急性经口 LD_{50}＞5000mg/kg，短期喂食毒性中等；山齿鹑急性 LD_{50}＞3851mg/kg；对虹鳟 LC_{50}（96h）为 38.0mg/L；对大型溞 EC_{50}（48h）为 40mg/kg；对月牙藻 EC_{50}（72h）为 19mg/L；对蜜蜂接触毒性、经口毒性低，对蚯蚓低毒。对眼睛、皮肤具刺激性，无神经毒性、呼吸道刺激性和生殖影响，无染色体畸变风险。

作用方式　内吸传导型广谱灭生性除草剂，作用过程为喷洒-黄化-褐变-枯死。药剂通过植物茎叶吸收在体内输导到各部分。不仅可以通过茎叶传导到地下部分，并且在同一植株的不同分蘖间传导，使蛋白质合成受干扰导致植株死亡。对多年生深根杂草的地下组织破坏力很强，但不能用于土壤处理。

防除对象 本品能防除几乎所有的一年生或多年生杂草。

使用方法 草甘膦在作物播种前，果园、茶园、田边等杂草生长旺盛期，以30%水剂为例，每亩制剂用量250～500mL，加水25～30kg左右进行喷雾处理。

注意事项

（1）草甘膦属灭生性除草剂，施药时应防止药液飘移到作物茎叶上，以免产生药害。

（2）稀释时必须用清水配制，不能用过硬水或污水，现配现用。

（3）草甘膦与土壤接触立即钝化丧失活性，宜作茎叶处理。施药时间以在杂草出齐处于旺盛生长期到开花前，有较大叶面积能接触较多药液为宜。

（4）草甘膦在使用时可加入适量的洗衣粉、柴油等表面活性剂，可提高除草效果，节省用药量。表面活性剂的加入量为喷施量的0.2%～0.5%。

（5）温暖晴天用药效果优于低温天气，施药后4～6h内遇雨会降低药效，应酌情补喷。

（6）草甘膦对金属如钢制成的镀锌容器有腐蚀作用，且可起化学反应产生氢气而易引起火灾，故贮存与使用时应尽量用塑料容器。

（7）低温贮存时，会有结晶析出，用时应充分摇动容器，使结晶重新溶解，以保证药效。

（8）使用中药液溅到皮肤、眼睛上时应立即用清水反复清洗。

茶皂素（tea saponin）

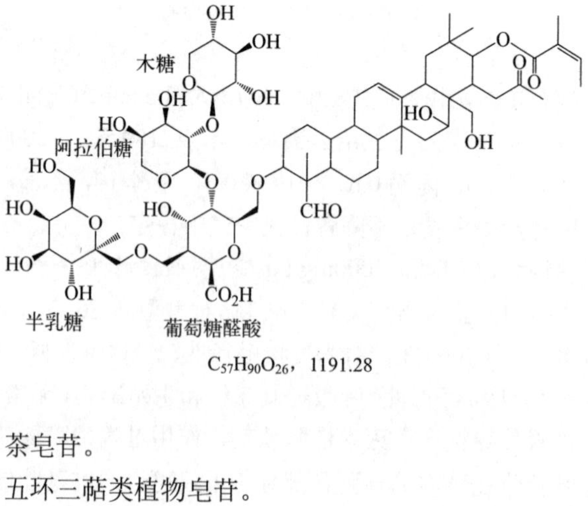

$C_{57}H_{90}O_{26}$，1191.28

其他名称 茶皂苷。

化学名称 五环三萜类植物皂苷。

理化性质　纯品为白色微细柱状晶体，具有苦辛辣味，易潮解。易溶于含水甲醇、含水乙醇以及冰醋酸、醋酐、吡啶等。难溶于无水甲醇、乙醇，不溶于乙醚、丙酮、苯、石油醚等有机溶剂。具有乳化、分散、润湿、去污、发泡、稳泡等多种表面活性，是性能优良的天然表面活性剂。当茶皂素溶液用盐酸酸化后会产生皂苷沉淀。

毒性　急性 LD_{50}（mg/kg）：经口 7940（制剂）；经皮＞10000（制剂）。

作用特点　本品由茶皂素为主要原料精制而成。茶皂素通过触杀和胃毒作用直接杀死害虫，同时对害虫具有一定的驱避作用。茶皂素本身是一种表面活性剂，与其他杀虫剂混用，有明显增效作用。茶皂素与烟碱组成制剂称保尔丰，具有胃毒和驱避作用，可防治柑橘介壳虫、全爪螨、蚜虫和菜青虫等。

适宜作物　茶树。

防除对象　茶树害虫茶小绿叶蝉。

应用技术　以 30%茶皂素水剂为例。

防治茶树害虫　防治茶小绿叶蝉时，在卵孵盛期至 3 龄前若虫盛发期施药，用 30%茶皂素水剂 75～125mL/亩均匀喷雾。

注意事项

（1）本品不得与碱性物质混用，不得与含铜杀菌剂混用。

（2）本品对鱼和家蚕有一定毒性，使用时避开水产养殖区和桑园等场所。

（3）在茶树上每季施药 1 次。

超敏蛋白（harpin protien）

其他名称　Harpin 蛋白，康壮素，Messenger。

理化性质　HarpinEa、HarpinPss、HarpinEch、HarpinEcc 分别由 385、341、340 和 365 个氨基酸组成。均富含甘氨酸，缺少半胱氨酸，对蛋白酶敏感。

毒性　微毒。

作用特点　超敏蛋白作用机理是可激活植物自身的防卫反应，即“系统性获得抗性”，从而使植物对多种真菌和细菌产生免疫或自身防御作用，是一种植物抗病活化剂。可以使植物根系发达，吸肥量特别是钾肥量明显增加；促进开花和果实早熟，改善果实品质与产量。具体作用如下：

（1）促进根系生长。使用后，植物根部发达，毛根、须根增多，干物质、吸肥量特别是吸钾量明显增加，并可增强作物对包括线虫在内的土传疾病的抵抗力。

（2）促进茎叶生长。使用后，植物普遍表现为茎叶粗大，叶片肥大，色泽鲜亮，长势旺盛，植物健壮等。

（3）促进果实生长。使用后，茄果类蔬菜的坐果率普遍提高，单果增大增重，果实个体匀称整齐。

（4）增强光合作用活性，提高光合作用效率。

（5）加快植物生长发育进程，促进作物提前开花和成熟。

（6）诱导抗病效果好。

（7）减轻采后病害危害，延长农产品货架保鲜期，不仅在作物生长期有诱导抗病的功能，而且对减轻采后病害的发生也有明显作用。

（8）改善品质，提高商品等级，实现增产增收。

植物病原细菌存在 *hrp* 基因（hypersensitive reaction and pathogenicity gene），决定病原菌对寄主植物的致病性和非寄主植物的过敏性坏死反应（HR）。植物病原菌都有 *hrp* 基因簇，分子量为 2000～4000，包括 3～13 个基因，它们既和致病性有关，又与诱导寄主的过敏性坏死反应有关。

Harpin 能诱导多种植物的多个品种产生 HR，如诱导烟草、马铃薯、番茄、矮牵牛、大豆、黄瓜、辣椒以及拟南芥产生过敏反应。Harpin 蛋白既能诱导非寄主植物产生过敏反应，其本身又是寄主的一种致病因子。从病原菌中清除它们的基因，会降低或完全消除病原菌对寄主的致病力和诱导非寄主产生过敏反应的能力。激发子 HarpinPss 可激活拟南芥属（*Arabidopsis*）植物中两种介导适应性反应的酶的活性。Harpin 还具有调节离子通道、引起防卫反应和细胞死亡的功能。

美国 EDEN 生物科学公司利用 Harpin 蛋白开发出一种生物农药 Messenger，并于 2000 年 4 月获得登记。Messenger 是含 3% HarpinEa 蛋白的微粒剂，是一种无毒、无害、无残留、无抗性风险的生物农药。对 45 种以上的作物田间试验结果表明，Messenger 具有促进作物生长发育、增加作物生物量积累、增加净光合效率以及激活多途径的防卫反应等作用。对番茄的试验表明，产量平均增加 10%～22%，化学农药用量减少 71%。Messenger 可用于大田或温室的所有农产品，是一种广谱杀菌剂，对大多数真菌、细菌和病毒有效，具有抑制昆虫、螨类和线虫的作用，同时可以促进作物生长。Messenger 的施用方法包括叶面喷雾、种子处理、灌溉和温室土壤处理。用量一般为有效成分 2～11.5g/hm^2，间隔 14d。

适宜作物 油菜、黄瓜、辣椒、水稻等。

应用技术

（1）油菜生长期使用可培养植株抗性　应用康壮素在油菜生长期进行喷雾，能诱导植株对菌核病菌产生过敏性反应及获得一定的系统抗性。其 15mg/L、30mg/L 和 60mg/L 浓度对菌核病的防效分别为 22.34%、24.56%和 18.23%，与对照药剂多菌灵 625mg/L 浓度的防效（22.24%）接近。同时康壮素 25mg/L 和 30mg/L 的浓度能够有效地促进植株的生长发育，增加分枝数、角果数、单角结籽数和千粒重，秕粒率下降；增产效果分别为 25.06%和 20.73%。

（2）防治黄瓜霜霉病、白粉病 在黄瓜上进行应用效果实验，结果表明：第3次施药后7d，康壮素浓度15mg/L、30mg/L和60mg/L对霜霉病的防效分别为18.12%、54.59%和59.12%，低于对照药剂代森锰锌1250mg/L的防效（86.74%）；康壮素浓度15mg/L、30mg/L和60mg/L对白粉病的防效分别为30.27%、44.05%和29.00%，与对照药剂代森锰锌1.250mg/L的防效（41.28%）接近。

（3）增产作用

① 黄瓜 用15mg/L和30mg/L的康壮素处理黄瓜，可有效促进植株的生长发育，使黄瓜提早2～3d开花，叶长、叶宽、瓜长、瓜横切直径和单瓜重增加，增产效果分别为23.9%和30.8%。

② 水稻 每公顷用3%康壮素450g对水450kg喷施，在水稻各个生育期使用均具有明显的增产效果。处理一季晚稻平均稻谷产量12567.3kg/hm^2，比对照增产稻谷900.3kg/hm^2，增产率为7.72%，经济效益显著，提高了农民收入。从节约水稻生产成本考虑，在秧苗期使用康壮素费用最低，增产的效果也十分明显，还能促进移栽秧苗返青，有利于水稻生长。

（4）改善作物品质 用康壮素30mg/L处理辣椒2次后，干物质含量比对照增加29.4%，辣椒素含量增加11.6%，维生素C含量增加48.9%，产量提高63.25%。

注意事项

（1）超敏蛋白的活性易受氯气、强酸、强碱、强氧化剂、离子态药肥、强紫外线等的影响，使用时应注意。

（2）生产中应与其他药剂防治协调配合，以取得更好的控制病虫的效果。

（3）避光、干燥、专用仓库储存。

赤霉酸/素（gibberellic acid）

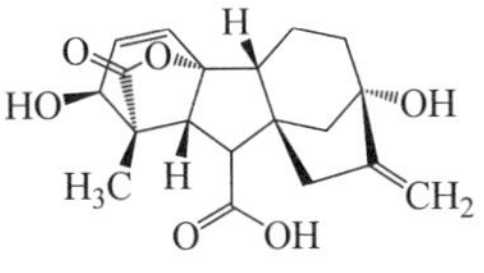

$C_{19}H_{22}O_6$，346.48，77-06-5

其他名称 奇宝，赤霉素A_3，GA_3，九二零，920，ProGibb。

化学名称 3α,10β,13-三羟基-20-失碳赤霉-1,16-二烯-7,9-双酸-19,10-内酯。

理化性质 纯品为结晶状固体，熔点223～225℃（分解），溶解性：水中溶解度5g/L（室温），溶于甲醇、乙醇、丙酮、碱溶液；微溶于乙醚和乙酸乙酯，不溶于氯仿。其钾、钠、铵盐易溶于水（钾盐溶解度50g/L）。稳定性：干燥的赤霉素在室温下稳定存在，但在水溶液或者水-乙醇溶液中会缓慢水解，半衰期（20℃）约 14d（pH 3～4）。在碱中易降解并重排成低生物活性的化合物。受热（50℃以上）或遇氯气则加速分解。pK_a为 4.0。

毒性 小鼠急性经口 LD_{50}＞2500mg/kg，大鼠急性经皮 LD_{50}＞2000mg/kg。对皮肤和眼睛没有刺激。大鼠每天吸入 2h 浓度为 400mg/L 的赤霉酸 21d 未见异常反应。大鼠和狗 90d 饲喂试验＞1000mg/kg 饲料（6d/周）。山齿鹑急性经口 LD_{50}＞2250mg/kg，LC_{50}＞4640mg/kg 饲料。虹鳟鱼 LC_{50}（96h）＞150mg/L。

作用特点 赤霉素是一种贝壳杉烯类化合物，是一种广谱性的植物生长调节剂。植物体内普遍存在着天然的内源赤霉素，是促进植物生长发育的重要激素之一。在植物体内，赤霉素在萌发的种子、幼芽、生长着的叶、盛开的花、雄蕊、花粉粒、果实及根中合成。根部合成的赤霉素向上移动，而顶端合成的赤霉素则向下移动，运输部位是在韧皮部，运输快慢与光合产物移动速度相当。人工生产的赤霉酸主要经由叶、嫩枝、花、种子或果实吸收，移动到起作用的部位。具有多种生理作用：改变某些作物雌、雄花的比例，诱导单性结实，加速某些植物果实生长，促进坐果；打破种子休眠。提早种子发芽，加快茎的伸长生长及有些植物的抽薹；扩大叶面积，加快幼枝生长。有利于代谢物在韧皮部内积累，活化形成层；抑制成熟和衰老、侧芽休眠及块茎的形成。其作用机理为可促进 DNA 和 RNA 的合成，提高 DNA 模板活性，增加 DNA 聚合酶、RNA 聚合酶的活性和染色体酸性蛋白质，诱导 α-淀粉酶、脂肪合成酶、朊酶等酶的合成，增加或活化 β-淀粉酶、转化酶、异柠檬酸分解酶、苯丙氨酸脱氨酶的活性，抑制过氧化酶、吲哚乙酸氧化酶，增加自由生长素含量，延缓叶绿体分解，提高细胞膜透性，促进细胞生长和伸长，加快同化物和贮藏物的流动。多效唑、矮壮素等生长抑制剂可抑制植株体内赤霉酸的生物合成，赤霉素也是这些调节剂有效的拮抗剂。

适宜作物 对杂交水稻制种花期不育有特别功效，对棉花、花生、蚕豆、葡萄等有显著增产作用，对小麦、甘蔗、苗圃、菇类栽培、果蔬类也有作用，能缩短马铃薯的休眠期并使叶绿素减少。

应用技术 使用方式为喷洒、浸泡、浸蘸、涂抹；赤霉素是我国目前农、林、园艺上应用最为广泛的一种生长调节剂。其应用主要有以下几方面。

（1）打破休眠，促进发芽

① 大麦 1mg/L 赤霉素溶液于播前浸种 1 次，可促进种子发芽。

② 棉花 用 20mg/L 赤霉素药液浸种 6～8h，可促进种子萌发。

③ 豌豆 50mg/L 赤霉素药液在播前浸种 21h，可促进种子发芽。

④ 扁豆 10mg/L 赤霉素药液在播前拌种，可促进种子发芽。

⑤ 马铃薯 0.5～2mg/L 的药液浸泡切块 10～15min，可促使休眠芽萌发。

⑥ 甘薯 10～15mg/L 的药液浸泡块茎 10min，可打破休眠。

⑦ 茄子 50～100mg/L 赤霉素药液浸种 8h，可打破浅休眠，或用 500mg/L 赤

霉素药液浸种 24h，可打破中度休眠。

⑧ 莴笋 用 200mg/L 赤霉素药液在 30～38℃下浸种 24h，可打破休眠。

⑨ 油茶 20mg/L 赤霉素药液浸种 4h，可加快催芽速度。

⑩ 桑树 用 1～50mg/L 赤霉素药液于桑树冬眠期喷洒，可促使桑树提早 2～6d 萌发开叶。

⑪ 乌桕 用 50～200mg/L 赤霉素药液浸种 4h，可打破种子休眠。

⑫ 苹果 用 2000～4000mg/L 赤霉素药液于早春喷洒，可打破芽的休眠。

⑬ 草莓 用 5～10mg/L 赤霉素药液在花蕾出现 30%以上时每株 5mL 喷心叶，可打破草莓植株的休眠。

⑭ 金莲花 用 100mg/L 赤霉素药液浸种 3～4h，可促进种子萌发。

⑮ 牡丹 用 800～1000mg/L 赤霉素药液，于每天下午 5:00～6:00 时，用脱脂棉包裹花芽，用毛笔将药液点滴在脱脂棉上，连续处理 3～4 次，可促进发芽。

⑯ 仙客来 用 100mg/L 赤霉素药液浸种 24h，可促使提前发芽。

⑰ 狗牙根 用 5mg/L 赤霉素药液浸种 24h，可促进萌发。

⑱ 结缕草 先用 70～100g/L 的氢氧化钠浸种 15min，再用 40～160mg/L 赤霉素药液浸种 24h，可打破种子休眠。

⑲ 天堂草、马尼拉草 用 25～50mg/L 赤霉素药液于分蘖期喷洒植株，可促使匍匐茎的伸长和分蘖，缩短成坪天数，提高草坪品质。

（2）促进营养体生长

① 小麦 用 10～20mg/L 赤霉素药液于小麦返青期喷叶，可促进前期分蘖，提高成穗率。

② 矮生玉米 用 50～200mg/L 赤霉素药液在玉米营养生长期喷叶 1～2 次，间隔 10d，可增加株高。

③ 芹菜 用 50～100mg/L 赤霉素药液在收获前 2 周喷 1 次叶，可使茎叶肥大，增产。

④ 菠菜 在菠菜收获前 3 周，用 10～20mg/L 赤霉素药液喷叶 1～2 次，间隔 3～5d，可使茎叶肥大，增产。

⑤ 苋菜 于苋菜 5～6 叶期，用 20mg/L 赤霉素药液喷叶 1～2 次，间隔 3～5d，可使茎叶肥大，增产。

⑥ 花叶生菜 于 14～15 叶期，用 20mg/L 赤霉素药液喷叶 1～2 次，间隔 3～5d，可使茎叶肥大，增产。

⑦ 葡萄苗 用 50～100mg/L 赤霉素药液在苗期喷叶 1～2 次，间隔 10d，可增加株高。

⑧ 茶树 于茶树 1 叶 1 心期，用 50～100mg/L 赤霉素药液全株喷洒，可促进生长，增加茶芽密度。

⑨ 桑树 每次采摘桑叶后 7～10d，用 30～50mg/L 赤霉素药液喷洒叶面，可

促进桑树生长，提高桑叶产量和质量。

⑩ 白杨　用10000mg/L赤霉素药液涂抹新梢或伤口1次，可促进生长。

⑪ 落叶松　于苗期用10～50mg/L赤霉素药液喷洒2～5次，间隔10d，可促进地上部生长。

⑫ 烟草　用15mg/L赤霉素药液在苗期喷洒叶面2次，间隔5d，可提高烟叶质量，增产。

⑬ 芝麻　在始花期用10mg/L赤霉素药液喷洒全株1次，可增产。

⑭ 大麻　于大麻出苗后30～50d，用50～200mg/L赤霉素药液喷洒叶面，可增加株高，提高产量，改善大麻纤维质量。

⑮ 元胡　用40mg/L赤霉素药液在苗期喷洒植株2～5次，间隔1周，可促进生长，增加块茎产量，同时防霜霉病。

⑯ 白芷　用20～50mg/L赤霉素药液浸泡种苗30min，可提前8～10d开花。

⑰ 马蹄莲　用20～50mg/L赤霉素药液于萌芽后喷洒植株生长点，可促使花梗生长。

⑱ 大丽花　用20～100mg/L赤霉素药液于萌芽后喷洒生长点，可增加早熟品种株高，促使开花。

（3）促进坐果或无籽果的形成

① 棉花　用20mg/L赤霉素药液浸种6～8h，可加快发芽，促进全苗。或用20mg/L赤霉素药液喷洒幼铃3～5次（间隔3～4d），可促进坐果，减少落铃。

② 黄瓜　用50～100mg/L赤霉素药液于开花时喷花1次，可促进坐果，增产。

③ 甜瓜　用25～35mg/L赤霉素药液于开花前一天或当天喷洒1次，可促进坐果，增产。

④ 番茄　用10～50mg/L赤霉素药液于开花期喷花1次，可促进坐果，防止空洞。

⑤ 茄子　用10～50mg/L赤霉素药液于开花期喷叶1次，可促进坐果，增产。

⑥ 梨　用10～20mg/L赤霉素药液于花期至幼果期喷花或幼果1次，可促进坐果，增产。

⑦ 莱阳茌梨　用10～20mg/L赤霉素药液于盛花期喷花1次，可提高坐果率。

⑧ 京白梨　用5～15mg/L赤霉素药液于盛花期或幼果期喷花1次，可提高坐果率26%。

⑨ 砂梨　用50mg/L赤霉素药液于初蕾期喷洒1次，可提高坐果率2.7倍。

⑩ 有籽葡萄　用20～50mg/L赤霉素药液于花后7～10d喷幼果1次，可促进果实膨大，防止落粒，增产。

⑪ 金丝小枣　用15mg/L赤霉素药液于盛花期末喷花2次，提高坐果率。

⑫ 樱桃　用10～20mg/L赤霉素药液在收获前20d左右喷洒，可提高坐果率及果实重量。

⑬ 果梅 用 30mg/L 赤霉素药液于开花前一天或当天喷雾，可提高坐果率。

（4）延缓衰老及保鲜作用

① 黄瓜、西瓜 用 10～50mg/L 赤霉素药液于黄采收前喷瓜，可延长贮藏期。

② 蒜薹 用 20mg/L 赤霉素药液浸蒜薹基部，可抑制有机物向上运输，保鲜。

③ 脐橙 用 5～20mg/L 赤霉素药液于果实着色前 2 周喷果，可防止果皮软化，保鲜，防裂。

④ 柠檬 用 100～500mg/L 赤霉素药液于果实失绿前喷果，可延迟果实成熟。

⑤ 柑橘 用 5～15mg/L 赤霉素药液于绿果期喷果，可保绿，延长贮藏期。

⑥ 香蕉 用 10mg/L 赤霉素药液于采收后浸果，可延长贮藏期。

（5）调节开花

① 玉米 用 40～100mg/L 赤霉素药液于雌花受精后、花丝开始发焦时喷洒或灌入苞叶内，可减少秃尖，促进灌浆，增加结实率和千粒重。

② 杂交水稻 用 10～30mg/L 赤霉素药液于始穗期至齐穗期喷洒，可推迟萌芽和开花，促进穗下节伸长，抽穗早，提高异交。

③ 黄瓜 用 50～100mg/L 赤霉素药液于 1 叶期喷药 1～2 次，可诱导雌花形成。

④ 西瓜 用 5mg/L 赤霉素药液于 2 叶 1 心期喷叶 2 次，可诱导雌花形成。

⑤ 瓠果 用 5mg/L 赤霉素药液于 3 叶 1 心期喷叶 2 次，可诱导雌花形成。

⑥ 胡萝卜 用 10～100mg/L 赤霉素药液于生长期喷施，可促进抽薹、开花、结籽。

⑦ 甘蓝 于苗期用 100～1000mg/L 赤霉素药液喷苗，可促进花芽分化，早开花，早结果。

⑧ 菠菜 于幼苗期用 100～1000mg/L 赤霉素药液喷叶 1～2 次，可诱导开花。

⑨ 莴苣 于幼苗期用 100～1000mg/L 赤霉素药液喷叶 1 次，可诱导开花。

⑩ 草莓 于花芽分化前 2 周，用 25～50mg/L 赤霉素药液喷叶 1 次，或于开花前 2 周，用 10～20mg/L 赤霉素药液喷叶 2 次，间隔 5d，均可促进花芽分化，花梗伸长，提早开花。

⑪ 菊花 于菊花春化阶段，用 1000mg/L 赤霉素药液喷叶 1～2 次，可代替春化阶段，促进开花。

⑫ 勿忘我 用 400mg/L 赤霉素药液喷叶，可促进开花。

⑬ 郁金香 用 300～400mg/L 赤霉素药液于株高 5～10cm 长时喷洒植株，可促进开花。

⑭ 报春花 用 10～20mg/L 赤霉素药液于现蕾后喷洒，可促进开花。

⑮ 紫罗兰 用 10～100mg/L 赤霉素药液于 6～8 叶期喷洒，可促进开花。

⑯ 绣球花 用 10～50mg/L 赤霉素药液于秋天去叶后喷洒，可促进茎的生长，提前开花。

⑰ 仙客来 用 1～50mg/L 赤霉素药液喷洒生长点，可促进花梗伸长和植株开花。

⑱ 白孔雀草　用50～400mg/L赤霉素药液于移栽后40d喷洒3次(间隔1周)，可促进花枝伸长，提前开花。

（6）提高三系杂交水稻制种的结实率　一般从水稻抽穗 15%开始，用 25～55mg/L 的赤霉素溶液喷施母本，一直喷到 25%抽穗为止，共喷 3 次，先用低浓度喷施，再用较高浓度。可以调节水稻三系杂交制种的花期、促进种田父母本抽穗，减少包颈，提高柱头外露率，增加有效穗数、粒数，从而明显提高结实率。一般常规水稻喷施赤霉素后，能提高分蘖穗的植株高度，提高稻穗整齐度，增加后期分蘖成穗。

（7）赤霉素与其他物质混用　赤霉素与氯化钾混用。赤霉素中添加氯化钾可促进烟草种子发芽。赤霉酸（GA_3）有促进烟草种子发芽的作用，氯化钾则没有，但赤霉素与氯化钾混合（50mg/L+500mg/L）使用，对烟草种子发芽的促进作用显著高于赤霉素单用。

赤霉素与尿素等肥料混用有协同作用。在葡萄开花前单用于葡萄花序，可以诱导葡萄单性结实形成无籽葡萄，如果在 20mg/L 赤霉酸（GA_3）处理液中添加 1g/L 尿素和 1g/L 磷酸进行混用，不仅可以诱导无籽果实的形成，还可以减少落果率，增加无籽果实重量和产量。赤霉酸（GA_3）100～200mg/L 与 0.5%尿素混用喷洒到柑橘、柠檬的幼苗上，可以促进幼苗生长，尿素对其有明显的促进作用。赤霉素与尿素混用（5～10mg/L+0.5%）在脐橙开花前整株喷洒，可以提高脐橙产量。

赤霉素与吲哚丁酸混合制成赤•吲合剂，是一种广谱性的植物生长物质，促进植物幼苗的生长。其主要功能是促进幼苗地下、地上部分呈比例生长，促进弱苗变壮苗，加快幼苗生长发育，最终提高产量、改善品质。适用于水稻、小麦、玉米、棉花、烟草、大豆、花生等大多数大田作物，各种蔬菜、花卉等植物的幼苗。在种子萌发前后至幼苗生长期，以拌种、淋浇或喷洒方式使用。

赤霉素与对氯苯氧乙酸混用，可以增加番茄单果重量与产量。在气温比较低的情况下，番茄开花时需要用对氯苯氧乙酸（25～35mg/L）浸花以促进坐果，但其副作用是会产生部分空洞果。如果将赤霉酸（40～50mg/L）与对氯苯氧乙酸（25～35mg/L）混用，则不仅可以增加坐果率和单果重量，也可以减少空洞果与畸形果的比例，提高番茄产量与品质。

赤霉素与 2-萘氧乙酸、二苯脲混合使用，可以促进欧洲樱桃坐果。欧洲樱桃开花坐果率低，自然坐果率仅 4%左右。若用赤霉酸（GA_3 200～500mg/L）与 2-萘氧乙酸（50mg/L）加二苯脲（300mg/L）的混合液在盛花后喷花，两年应用的坐果率可提高到 53.5%～93.8%，不同年份因温度、湿度等差异其促进坐果的效果略有不同，但混用促进坐果的作用显著。

赤霉素与 2-萘氧乙酸的微肥混合物促进樱桃坐果增产。在樱桃盛花后用 0.4%赤霉素、0.2% 2-萘氧乙酸、0.18%碳酸钾、0.03%硼、0.03%硬脂酸镁混合溶液处理樱桃花器，明显提高樱桃坐果率，增加产量。

赤霉素与硫代硫酸银混用，可诱导葫芦形成雄花。赤霉素可以诱导雄花形成，用硫代硫酸银也有同样作用，而二者混合使用（200mg/L 赤霉素+200mg/L 硫代硫酸银）诱导雄花的作用更明显。

赤霉素与氯吡脲混用，促进葡萄坐果与果实膨大。在葡萄盛花后，将氯吡脲 5mg/L 与赤霉酸（GA_3）10mg/L 混合在盛花后 10d 处理葡萄花序，不仅明显提高坐果率，而且还促进幼果膨大，使果粒均一整齐，提高商品性能。但氯吡脲使用浓度应控制在 5～10mg/L 左右，否则会引起果实太大而降低品质风味。

赤霉素、生长素与激动素混用，可以改善番茄果实品质。赤霉素、生长素加激动素（30mg/L+100mg/L+40mg/L）对番茄进行浸花或喷花处理，不仅可以提高温室条件下番茄的坐果率，而且可以提高果实甜度、维生素 C 含量和干物质重量，大大改善果实品质。

赤霉素与卡那霉素（100mg/L+200mg/L）混用。在葡萄开花前处理花序，可以诱导产生无籽果，提高无籽果实比例，增加果实大小，并促进早熟。

赤霉素的混合物促进番茄坐果。用 20～100mg/L 多种赤霉酸（GA_1、GA_3、GA_4、GA_7）的混合物处理番茄花，其坐果率和产量均明显高于同浓度的赤霉素单用的效果。

赤霉素与芸苔素内酯混用提高水稻结实率。在杂交水稻开花时以 5～40mg/L 的赤霉素与 0.01～0.1mg/L 的芸苔素内酯混合喷洒水稻花序，可以明显提高水稻结实率，增加产量。

赤霉素与硫脲混用在打破叶芥菜休眠上有协同作用。在有光条件下，单用硫脲（0.5%）浸种叶芥菜、紫大芥休眠种子，发芽率可以从无处理的 4.5%提高到 76.5%，单用赤霉酸（GA_3，50mg/L）浸种的发芽率为 72%，而硫脲+赤霉素（0.5%+50mg/L，）混用的发芽率为 100%；在无光条件下，单用硫脲（0.5%）浸种发芽率可以从 1%提高到 29%，单用赤霉素（50mg/L）浸种的发芽率为 55%，而硫脲+赤霉素（0.5%+50mg/L）混用的发芽率为 98.5%，二者混用增效作用显著。

10mg/L 赤霉素和 20mg/L 2,4-滴喷洒葡萄柚、脐橙、可以减少采前落果。

在龙眼雌花谢花后 50～70d 喷 50mg/L 赤霉素和 5mg/L 2,4-滴，有保果壮果的作用。

在柿树谢花后至幼果期喷洒 500mg/L 赤霉素和 15mg/L 防落素，可提高坐果率，促进果实膨大。

在甘蔗茎收获后 7d 内，用浓度为 20～80mg/L 的赤霉素和 100～400mg/L 吲哚丁酸药液喷洒开垄后的蔗头，然后立即盖上土，可以提高发株率，促进幼苗生长，提高宿根蔗产量。

赤霉素 100mg/L+硼砂 0.3%+磷酸二氢钾 0.3%，在葡萄盛花期进行第一次蘸穗，间隔 10d 后用此药液再一次浸蘸果穗，可显著增大巨峰、黑奥林、红富士等品种的果粒，同时含糖量、含酸量、坐果率均有不同程度提高，整齐度较好，还可提高巨峰葡萄的无籽率。

注意事项

（1）赤霉素在我国杂交水稻制种中使用较多。应用中应注意两点：一是要加入表面活性剂，如 Tween-80 等有助于药效发挥；二是应选用优质的赤霉素产品，严防使用劣质或含量不足的产品。目前国内登记的赤霉素有 85%结晶粉、20%可溶粉剂和 4%乳油等。结晶体、粉剂要先用酒精（或 60 度烧酒）溶解，再加足水量。可溶粉剂和乳油可直接加水使用。

（2）赤霉素用作坐果剂应在水肥充足的条件下。细胞激动素可以扩大赤霉素的适用期，提高应用效果。

（3）严禁赤霉素在巨峰等葡萄品质上作无核处理，以免造成僵果。

（4）赤霉素作生长促进剂，应与叶面肥配用，才会有利于形成壮苗。单用或用量过大会产生植株细长、瘦弱及抑制生根等副作用。

（5）赤霉素用作绿色部分保鲜，如蒜薹等，与细胞激动素混用其效果更佳。

（6）赤霉素为酸性，勿与碱性药物混用。

（7）赤霉素遇水易分解失效，要随用随配。因易分解，对光、温度敏感，50℃以上易失效，故不能加热，保存要用黑纸或牛皮纸遮光，放在冰箱中，贮存期不要超过 2 年。母液用不完，要放在 0～4℃冰箱中，最多只能保存 1 周。

（8）经赤霉素处理的棉花，不孕籽增加，故留种田不宜施药。

虫酰肼（tebufenozide）

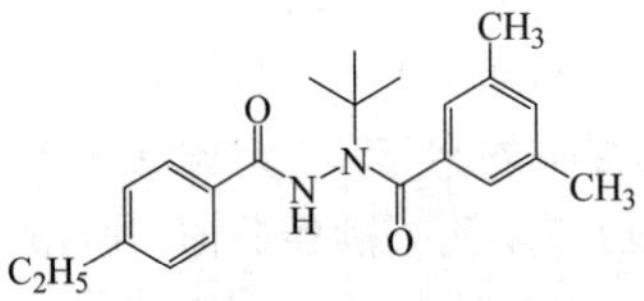

$C_{22}H_{28}N_2O_2$，352.5，112410-23-8

其他名称 抑虫肼、米满、Conform、Mimic。

化学名称 *N*-叔丁基-*N'*-（4-乙基苯甲酰基）-3,5-二甲基苯甲酰肼。

理化性质 纯品为白色结晶固体，熔点 191℃；溶解性（20℃，g/L）：微溶于普通有机溶剂，难溶于水。

毒性 急性 LD_{50}（mg/kg）：大鼠经口＞5000、经皮＞5000；对兔眼睛和皮肤无刺激性；对动物无致畸、致突变、致癌作用。

作用特点 能完全控制害虫的蜕皮过程，是非甾族新型昆虫生长调节剂，是最新研发的昆虫激素类杀虫剂。在害虫尚未发育到蜕皮期出现蜕皮反应，导致不完全蜕皮、拒食、全身失水，最终死亡。虫酰肼杀虫活性高，选择性强，对所有鳞翅目幼虫均有效，对抗性害虫棉铃虫、菜青虫、小菜蛾、甜菜夜蛾等有特效，并有极强的杀卵活性，对非靶标生物更安全。虫酰肼对眼睛和皮肤无刺激性，对高等动物无致畸、致癌、致突变作用，对哺乳动物、鸟类、天敌均十分安全。

适宜作物　蔬菜、棉花、马铃薯、大豆、烟草、果树、观赏作物等。

防除对象　果树害虫如苹果蠹蛾等；蔬菜害虫如甜菜夜蛾、斜纹夜蛾等；林木害虫如松毛虫等。

应用技术　以24%虫酰肼悬浮剂、20%虫酰肼悬浮剂为例。

（1）防治果树害虫　防治苹果蠹蛾，根据虫情测报，第1代开始发生时施药，用24%虫酰肼悬浮剂1000～1500倍液均匀喷雾。如果虫量大，间隔14～21d后再喷1次。

（2）防治蔬菜害虫

① 甜菜夜蛾　在成虫产卵盛期或卵孵化盛期施药，用24%虫酰肼悬浮剂2000～3000倍液均匀喷雾。根据虫情决定喷药次数，持效期为10～14d。

② 斜纹夜蛾　用20%虫酰肼悬浮剂1000～2000倍液均匀喷雾。

（3）防治林木害虫　防治松毛虫，在低龄幼虫期施药用24%虫酰肼悬浮剂2000～4000倍液均匀喷雾。

注意事项

（1）建议每年最多使用本品4次，安全间隔期14d。

（2）本品对鸟类无毒，对鱼和水生脊椎动物有毒，对蚕高毒，不要直接喷洒在水面，废液不要污染水源，在蚕、桑园地区禁止施用此药。

（3）儿童、孕妇或哺乳期妇女禁止接触。

（4）在养蚕区，虾、蟹养殖区不宜使用。

除草定（bromacil）

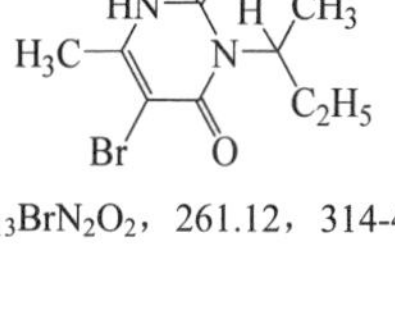

$C_9H_{13}BrN_2O_2$，261.12，314-40-9

化学名称　5-溴-3-仲丁基-6-甲基尿嘧啶。

理化性质　纯品为白色结晶固体，熔点158～159℃，相对密度1.59，溶解度（20℃，mg/L）：水815，丙酮167000，乙醇134000，二甲苯32000。

毒性 大鼠急性经口 LD_{50}＞1414mg/kg，山齿鹑急性 LD_{50}＞2250mg/kg；对蓝鳃鱼 LC_{50}（96h）＞36mg/L；对大型溞 EC_{50}（48h）＞119mg/kg；对某藻类 EC_{50}（72h）为 0.013mg/L；对蜜蜂毒性低。具眼睛、皮肤刺激性，无神经毒性和生殖影响，无染色体畸变风险。

作用方式 非选择性除草剂，主要通过根部吸收传导，也有接触茎叶杀草作用，通过干扰植物光合作用达到杀草效果。

防除对象 防除柑橘园、菠萝田一年生和多年生杂草。

使用方法 杂草生长旺盛期，将 80%可湿性粉剂 125～290g/亩（柑橘）、300～400g/亩（菠萝）兑水 30～40L 稀释后均匀定向喷雾至杂草叶面。

注意事项

（1）施药时应避免药液飘移到邻近敏感作物上，以防产生药害。

（2）土壤移动性较强，对地下水具有一定的污染风险性。

（3）晴天、气温较高、无风或微风时定向喷雾，大风或雨天不宜施用。

除虫菊素（pyrethrins）

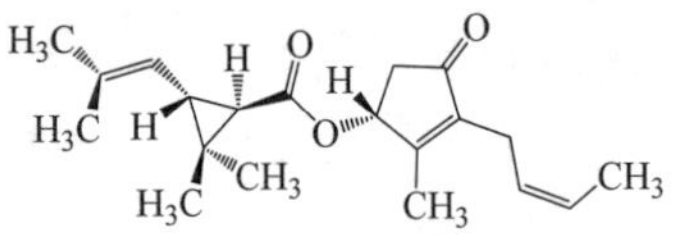

cinerin Ⅰ 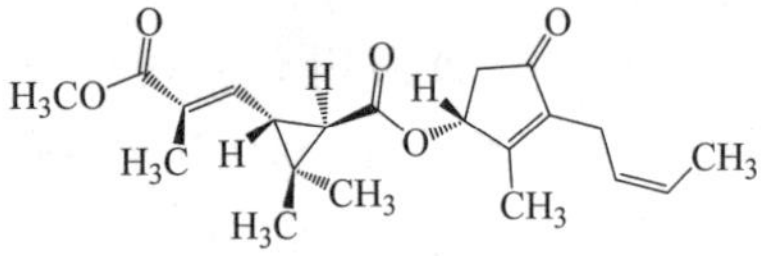　　cinerin Ⅱ

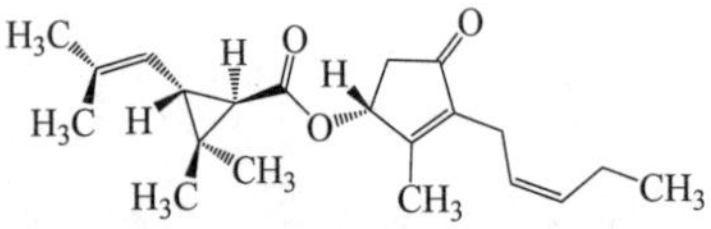

jasmolin Ⅰ 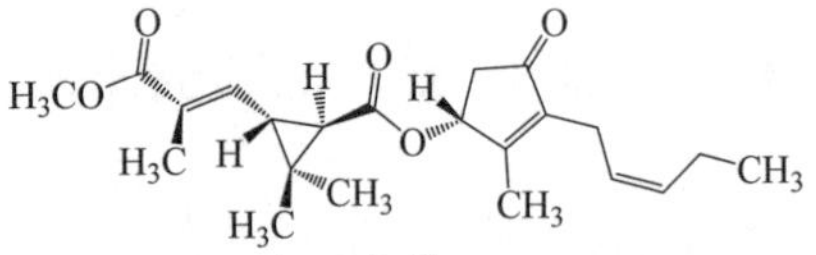　　jasmolin Ⅱ

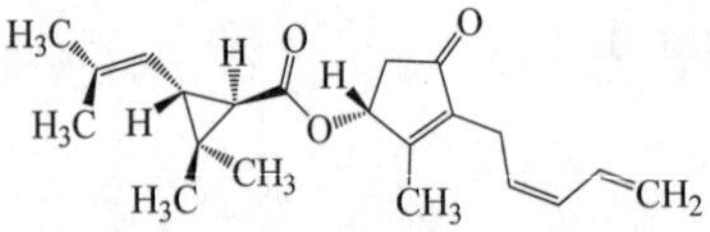

pyrethrin Ⅰ 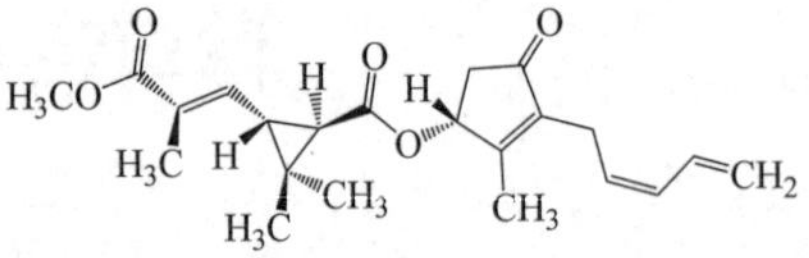　　pyrethrin Ⅱ

理化性质 为天然除虫菊的提取物，内含除虫菊素Ⅰ（cinerin Ⅰ）、除虫菊素Ⅱ（cinerin Ⅱ）、瓜叶除虫菊素Ⅰ（jasmolin Ⅰ）、瓜叶除虫菊素Ⅱ（jasmolin Ⅱ）、茉莉除虫菊素Ⅰ（pyrethrin Ⅰ）、茉莉除虫菊素Ⅱ（pyrethrin Ⅱ）。其中除虫菊素杀虫活性最高，茉莉除虫菊素毒性很低；除虫菊素Ⅰ对蚊、蝇有很高的杀虫活性，除虫菊素Ⅱ有较快的击倒作用。浅黄色油状黏稠物，蒸气压极低，水中几乎不溶。易溶于有机溶剂，如醇类、氯化烃类。增效剂有稳定作用。

毒性　每日允许摄入量为0.04mg/kg。急性LD_{50}（mg/kg）：经口2370，经皮＞5000。对鱼高毒；LC_{50}（96h，mg/L，静态试验）：银大马哈鱼39，水渠鲶鱼114；LC_{50}（μg/L）：蓝鳃太阳鱼10，虹鳟鱼5.2。对蜜蜂高毒，有忌避作用；LD_{50}（经口）：22ng/蜂，（接触）130～290ng/蜂。

作用特点　兼有驱避、击倒和毒杀作用，触杀活性强，通过与细胞膜上的钠离子通道结合，阻断和干扰神经传导，引起害虫麻痹，在数分钟内有效。昆虫中毒后引起呕吐、下痢、身体前后蠕动，继而麻痹死亡。由于除虫菊素为多组分混合物，不易诱使昆虫产生抗性，抗性发展慢，且相对低毒、用量少、低残留。

适宜作物　十字花科蔬菜、果树等。

防除对象　蔬菜害虫如蚜虫等；果树害虫如叶蝉等；卫生害虫如蚊、蝇、蜚蠊、跳蚤、臭虫、蚂蚁等。

应用技术　以1.5%除虫菊素水乳剂、5%除虫菊素乳油、0.6%除虫菊素气雾剂、1%除虫菊素水乳剂、0.5%除虫菊素气雾剂、0.25%除虫菊素蚊香为例。

（1）防治十字花科蔬菜害虫　防治蚜虫，在蚜虫始盛期施药，用1.5%除虫菊素水乳剂120～180mL/亩均匀喷雾；或用5%除虫菊素乳油30～50mL/亩均匀喷雾。

（2）防治果树害虫　防治叶蝉，在低龄若虫盛发期施药，用1.5%除虫菊素水乳剂600～1000倍液均匀喷雾。

（3）防治烟草害虫　防治蚜虫，在烟草蚜虫始盛期施药，用5%除虫菊素乳油20～40mL/亩均匀喷雾。

（4）防治卫生害虫

① 防治蜚蠊、臭虫、蚂蚁、跳蚤　用0.5%除虫菊素气雾剂直接对准喷射，或向其隐匿的地方以20～30cm的距离适量喷射，直至喷射表面轻微湿润；对于难以喷及的地方，可在其周围作适量预防喷射。

② 防治蚊、蝇　用0.5%除虫菊素气雾剂对准害虫直接喷射或按1s/m^2的用量往空间喷射，喷射前关闭门窗，喷口斜向上喷射，或点燃0.25%除虫菊素蚊香驱蚊。

③ 防治蝇　用0.5%除虫菊素气雾剂对准害虫直接喷射或按1s/m^2的用量往空间喷射，喷射前关闭门窗，喷口斜向上喷射。

注意事项

（1）不能与碱性农药混用。

（2）太阳光和紫外光加速分解，勿在强光下施药。

（3）本品对蜜蜂、鱼类等水生生物、家蚕有毒，施药期间应避免对周围蜂群的影响，开花植物花期、蚕室和桑园附近禁用。远离水产养殖区施药，禁止在河塘等水体中清洗施药器具。

（4）建议与其他杀虫剂轮换使用。

（5）施药间隔期为7～10d，最后一次施药距采收间隔时间为2d，在作物生长周期用药不超过3次。

除虫脲（diflubenzuron）

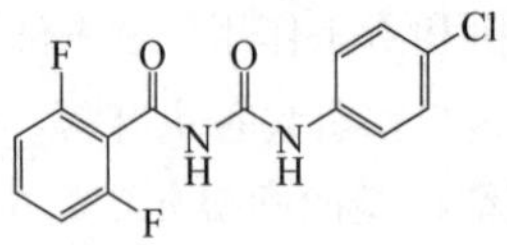

$C_{14}H_{10}ClF_2N_2O_2$，310.7，35367-38-5

其他名称 灭幼脲一号、敌灭灵、二氟隆、二氟脲、二氟阻甲脲、伏虫脲、Dimilin、Difluron、Largon。

化学名称 1-（4-氯苯基）-3-（2,6-二氟苯甲酰基）脲。

理化性质 纯品为白色晶体，熔点228℃。原药（有效成分含量95%）外观为白色至浅黄色结晶粉末，相对密度1.56，熔点210～230℃，20℃时在水中溶解度为0.1mg/kg，丙酮中6.5g/L，易溶于极性溶剂如乙腈、二甲基砜，也可溶于一般溶剂（如乙酸乙酯、二氯甲烷、乙醇）。在非极性溶剂中（如乙醚、苯、石油醚等）很少溶解。遇碱易分解，对光比较稳定，对热也比较稳定。常温贮存也比较稳定，常温贮存稳定期至少两年。

毒性 大鼠急性经口 LD_{50}＞4640mg/kg。兔急性经皮 LD_{50}＞2000mg/kg，急性吸入 LC_{50}＞30mg/L。对兔的眼睛和皮肤有轻度刺激作用。大鼠经口无作用剂量为每天125mg/kg。在实验剂量内未见动物致畸、致突变作用。鹌鹑急性经口 LD_{50}＞4640mg/kg，鲑鱼 LC_{50}＞0.3mg/L（30d）。

作用特点 通过抑制昆虫几丁质合成酶的活性，从而抑制幼虫、卵、蛹表皮几丁质的合成，使昆虫不能正常蜕皮致虫体畸形而死亡。除虫脲主要作用方式是胃毒和触杀。害虫取食后造成积累性中毒，由于缺乏几丁质，幼虫不能形成新表皮，蜕皮困难，化蛹受阻；成虫难以羽化、产卵；卵不能正常发育、孵化的幼虫表皮缺乏硬度而死亡，从而影响害虫整个世代，这就是除虫脲的优点之所在。对甲壳类和家蚕有较大的毒性，对人畜和环境中其他生物安全，属低毒无公害农药。

适宜作物 蔬菜、棉花、果树、林木等。

防除对象 林木害虫如松毛虫、天幕毛虫、尺蠖、美国白蛾、蒂蛀虫、毒蛾、金纹细蛾、桃小食心虫、潜叶蛾等；棉花害虫如棉铃虫等；蔬菜害虫如菜青虫、卷叶螟、夜蛾等。

应用技术 以25%除虫脲可湿性粉剂为例。

（1）防治林木害虫　防治松毛虫，在幼虫低龄期或卵期施药，用25%除虫脲可湿性粉剂55～60g/亩均匀喷雾。

（2）防治果树害虫

① 柑橘潜叶蛾　在柑橘潜叶蛾产卵高峰期或低龄幼虫期施药，用 25%除虫脲可湿性粉剂 2000～4000 倍液均匀喷雾。

② 柑橘锈壁虱　在柑橘锈壁虱成虫产卵期或幼虫低龄期施药，用 25%除虫脲可湿性粉剂 3000～4000 倍液均匀喷雾。

③ 金纹细蛾　在金纹细蛾产卵高峰期或低龄幼虫期施药，用 25%除虫脲可湿性粉剂 1000～2000 倍液均匀喷雾。

（3）防治小麦害虫　防治黏虫，在黏虫产卵高峰期或低龄幼虫期施药，用 25%除虫脲可湿性粉剂 6～20g/亩均匀喷雾。

（4）防治蔬菜害虫

① 菜青虫　在菜青虫低龄幼虫发生期或发生高峰期前开始施药，用 25%除虫脲可湿性粉剂 50～70g/亩均匀喷雾。

② 小菜蛾　在小菜蛾的幼虫低龄期或成虫产卵期施药，用 25%除虫脲可湿性粉剂 32～40g/亩均匀喷雾。

注意事项

（1）不宜在害虫高、老龄期施药，应掌握在幼龄期施药效果最佳。

（2）悬浮剂贮运过程中会有少量分层，因此使用时应先将药液摇匀，以免影响药效。

（3）药液不要与碱性物接触，以防分解。

（4）蜜蜂和蚕对本剂敏感，因此养蜂区、蚕业区应谨慎使用，如果使用一定要采取保护措施。

（5）若产生沉淀，应摇晃混匀后再配用。

（6）本剂对甲壳类（虾、蟹幼体）有害，应注意避免污染养殖水域。

（7）库房应通风、低温、干燥，与食品原料分开储运。

（8）孕妇及哺乳期妇女禁止接触。

促生酯

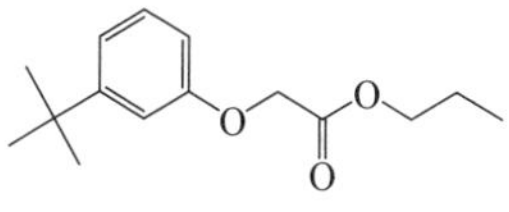

$C_{15}H_{22}O_3$，250.3，66227-09-6

其他名称　特丁滴，M&B25105。

化学名称　3-叔丁基苯氧基乙酸丙酯，proyl-3-tert-butylphenoxyacetate。

理化性质 无色透明液体，带有特殊嗅味，沸点 162℃（2.67kPa），微溶于水（0.05%）。

毒性 急性经口 LD_{50} 为大鼠 1800mg/kg，急性经皮 LD_{50}＞2000mg/kg。日本鹌鹑急性经口 LD_{50} 为 2162mg/kg。对兔皮肤和眼睛刺激中等，对蜜蜂和蚯蚓无毒。

作用特点 本品为植物生长调节剂。通过吸收进入植物体内，暂时抑制顶端分生组织生长，促进苹果和梨未结果幼树和未经修剪幼树侧生枝分枝，而不损伤顶枝。

适宜作物 苹果、梨树等。

注意事项 采用一般防护，处理农药制剂时要戴橡胶手套。本品无专用解毒药，中毒时作对症治疗。

哒菌酮（diclomezine）

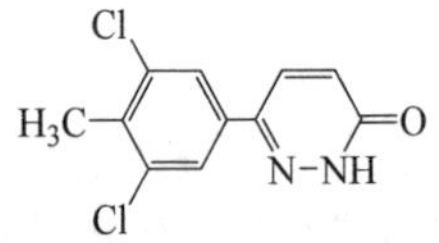

$C_{11}H_8Cl_2N_2O$，255.10，62865-36-5

化学名称 6-（3,5-二氯-4-甲苯基）-3-（2*H*）-哒嗪酮。

理化性质 纯品哒菌酮为无色结晶晶体，熔点 250.5～253.5℃；溶解度（20℃，g/L）：水 0.00074，甲醇 2.0，丙酮 3.4，光照下缓慢分解。

毒性 急性 LD_{50}（mg/kg）：大鼠经口＞12000、经皮＞5000；对兔皮肤和眼睛无刺激性；以 98.9～99.5mg/（kg • d）剂量饲喂大鼠两年，未发现异常现象；对动物无致畸、致突变、致癌作用；对鸟和蜜蜂无毒。

作用特点 通过抑制病原菌隔膜的形成和菌丝生长，从而达到杀菌的目的。哒菌酮是具有保护和治疗作用的杀菌剂。实验证明在含有 1mg/L 哒菌酮的 PDA（马铃薯葡萄糖琼脂）培养基上，立枯丝核菌、稻小核菌和灰色小核菌分枝菌丝的隔膜形成会受到抑制，并引起细胞内含物泄露，此现象在培养开始后 2～3h 便可发现。因此快速起作用是哒菌酮特有的。

适宜作物 草坪、水稻、花生等，推荐剂量下对作物安全。

防治对象 花生的白霉病和菌核病、草坪纹枯病、水稻纹枯病和各种菌核病。

使用方法 茎叶喷雾。

防治水稻纹枯病和其他菌核病菌引起的病害，用 1.2%粉剂 24～32g/亩对水 50kg 喷雾。

注意事项

（1）严格按照农药安全规定使用此药，避免药液或药粉直接接触身体，如果药液不小心溅入眼睛，应立即用清水冲洗干净并携带此药标签去医院就医；

（2）此药应储存在阴凉和儿童接触不到的地方；

（3）如果误服要立即送往医院治疗；

（4）施药后各种工具要认真清洗，污水和剩余药液要妥善处理保存，不得任意倾倒，以免污染鱼塘、水源及土壤；

（5）搬运时应注意轻拿轻放，以免破损污染环境，运输和储存时应有专门的车皮和仓库，不得与食物和日用品一起运输，应储存在干燥和通风良好的仓库中。

哒螨酮（pyridaben）

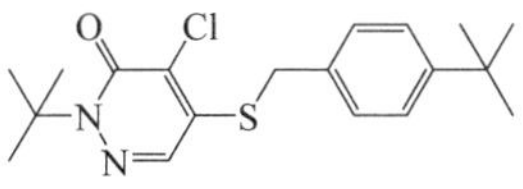

$C_{19}H_{25}ClN_2OS$，364.9，96489-71-3

其他名称 哒螨净、螨必死、螨净、灭螨灵、速慢酮、哒螨灵、牵牛星、扫螨净、Nexter、Sanmite、Prodosed。

化学名称 2-叔丁基-5-叔丁基苄硫基-4-氯哒嗪-3-（2*H*）酮。

理化性质 纯品哒螨酮为白色结晶，熔点 111～112℃，溶解度（20℃，g/L）：丙酮 460，氯仿 1480，苯 110，二甲苯 390，乙醇 57，己烷 10，环己烷 320，正辛醇 63，水 0.012mg/L。对光不稳定，在强酸、强碱介质中不稳定。工业品为淡黄色或灰白色粉末，有特殊气味。

毒性 急性 LD_{50}（mg/kg）：小鼠经口 435（雄）、358（雌），大鼠和兔经皮＞2000；对兔眼睛和皮肤无刺激性；对动物无致畸、致突变、致癌作用。

作用特点 杀虫、杀螨剂，无内吸性，具有触杀和胃毒作用。哒螨酮为广谱、触杀性杀螨剂，持效期长达 30～60d，对螨的不同发育阶段均有效。低温和夏秋气温较高时使用，药效较稳定。

适宜作物 棉花、果树、蔬菜等。

防除对象 果树害螨如苹果红蜘蛛、柑橘红蜘蛛等；棉花害螨如棉花红蜘蛛等；蔬菜害虫如黄条跳甲。

应用技术 以 15%哒螨酮乳油、20%哒螨酮可湿性粉剂为例。

（1）防治果树害螨　防治苹果、柑橘红蜘蛛，在害螨盛孵期施药，用 15%哒螨酮乳油 2000～3000 倍液均匀喷雾，或用 20%哒螨酮可湿性粉剂 2000～2500 倍液均匀喷雾。

（2）防治棉花害螨　防治棉红蜘蛛，在棉花红蜘蛛始盛期或初扩散期施药，用20%哒螨酮可湿性粉剂6～9g/亩均匀喷雾。

注意事项

（1）不能与碱性物质混合使用。

（2）对光不稳定，需避光，阴凉处保存。

（3）应储存于阴凉、通风的库房，远离火种、热源，防止阳光直射，保持容器密封。应与氧化剂、碱类分开存放，切忌混储。配备相应品种和数量的消防器材，储区应备有泄漏应急处理设备和合适的收容材料。

（4）避免儿童、孕妇及哺乳期妇女接触。

（5）本品对蜜蜂有毒，（周围）开花植物花期禁用；对鱼类毒性高，禁止在池塘等水体附近使用。桑园及蚕室附近禁用。清洗药械的污水应选择安全地点妥善处理，不准随地泼洒，防止污染饮用水源和养鱼池塘。

哒嗪硫磷（pyridaphenthione）

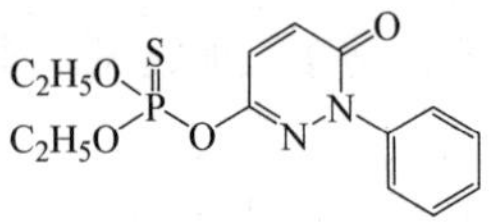

$C_{14}H_{17}N_2O_4PS$，340.34，119-12-0

其他名称　哒净松、杀虫净、苯哒磷、必芬松、打杀磷、哒净硫磷、苯哒嗪硫磷、Ofunack、Pyridafenthion。

化学名称　*O,O*-二乙基-*O*-（2,3-二氢-3-氧代-2-苯基-6-哒嗪基）硫代磷酸酯。

理化性质　纯品为白色结晶，熔点54.5～56.5℃，溶解度为：乙醇1.25%、异丙醇58%、三氯甲烷67.4%、乙醚101%、甲醇226%，难溶于水，对酸、热较稳定，在75℃时加热35h，分解率0.9%，对强碱不稳定，对光线较稳定，在水田土壤中的半衰期21d，工业品为淡黄色固体。

毒性　急性经口LD_{50}（mg/kg）：769.4（雄大鼠），850（雌大鼠），4800（兔），7120（狗）。急性经皮LD_{50}（mg/kg）：2300（雄大鼠），2100（雌大鼠），660（雄小鼠），2100（雌小鼠）。大鼠腹腔注射LD_{50}105mg/kg，以30mg/（kg·d）剂量喂养小鼠6个月，无特殊情况，大多数三代繁殖未发现致癌、致突变现象，鲤鱼LC_{50}10mg/L（48h），日本鹌鹑经口LD_{50}为64.8mg/kg，野鸡经口LD_{50}1.162mg/kg。

作用特点　高效、低毒、低残留的广谱杀虫剂，具有触杀和胃毒作用，但无内吸作用，对多种咀嚼式口器害虫均有较好的防治效果。

适宜作物　水稻、小麦、玉米、棉花、大豆、蔬菜、果树、茶树、森林等。

防除对象　水稻害虫如二化螟、三化螟、稻纵卷叶螟、稻叶蝉等；玉米害虫如黏虫、玉米螟等；棉花害虫如棉铃虫、蚜虫、棉叶螨等；蔬菜害虫如菜青虫等；苹果害虫如桃小食心虫等；森林害虫如松毛虫、竹青虫等。

应用技术

（1）防治水稻害虫

① 螟虫　二化螟、三化螟在卵孵始盛期施药，用20%乳油800～1000倍液喷雾；稻纵卷叶螟可于卵孵盛期至低龄幼虫期施药，用上述药剂喷雾。视虫害发生情况，每10d左右施药1次，可连续用药2～3次。

② 稻叶蝉　在低龄若虫发生盛期施药，用20%乳油800～1000倍液均匀喷雾。

（2）防治小麦、玉米害虫

① 黏虫　在小麦或玉米上于卵孵盛期到低龄幼虫期施药，用20%乳油800～1000倍液均匀喷雾。

② 玉米螟　在卵孵盛期到幼虫钻蛀秸秆前施药，用20%乳油800～1000倍液均匀喷雾。

（3）防治棉花害虫

① 棉铃虫　在卵孵盛期至低龄幼虫期施药，用20%乳油800～1000倍液均匀喷雾。

② 蚜虫　棉田或豆田蚜虫发生始盛期施药，用20%乳油800～1000倍液均匀透彻地喷雾。

③ 棉叶螨　在螨类发生始盛期，每叶片平均超过3头螨时施药，用20%乳油800～1000倍液均匀透彻地喷雾。

（4）防治蔬菜害虫　防治菜青虫，在低龄幼虫发生盛期施药，用20%乳油500～1000倍液均匀喷雾。

（5）防治苹果害虫　防治桃小食心虫，当苹果上卵果率达到1%时施药，用20%乳油500～800倍液喷雾，重点是果实。

（6）防治茶树害虫　防治茶树食叶害虫，在卵孵盛期至低龄幼虫期施药，用20%乳油800～1000倍液均匀喷雾。

（7）防治森林害虫　防治松毛虫、竹青虫，在卵孵至低龄幼虫期施药，用20%乳油500倍液均匀透彻地喷雾。

注意事项

（1）不得与碱性农药等物质混用。

（2）应远离水产养殖区施药，禁止在河塘等水体中清洗施药器具。

（3）大风天或预计1h内降雨请勿施药。

（4）建议与其他作用机制不同的杀虫剂轮换使用。

代森铵（amobam）

$$H_4NS-C(=S)-NH-CH_2CH_2-NH-C(=S)-SNH_4$$

$C_4H_{13}N_4S_4$，246.42，3566-10-7

化学名称 亚乙基双二硫代氨基甲酸铵。

理化性质 纯品为无色结晶，工业品为淡黄色液体，呈中性或弱碱性，有臭鸡蛋味。纯品熔点72.5～72.8℃。易溶于水，微溶于乙醇、丙酮，不溶于苯等。化学性质较稳定，超过40℃的高温以后易分解。

毒性 LD_{50}（mg/kg）：大鼠经口395mg/kg。鱼毒TLm（48h）（TLm指半数耐受极限）：鲤鱼大于40mg/L，水虱8.7mg/L。允许残留：果实0.4mg/kg，茶2.0mg/kg。对人的皮肤有刺激性。对人畜低毒。

作用特点 具有治疗与保护作用的广谱内吸性杀菌剂。代森铵水溶液呈弱碱性，能渗入植物组织，所以其杀菌能力强。代森铵能防治多种作物病害，对植物安全，而且在植物体内分解后还有肥效作用。

适宜作物 可以防治水稻、棉花、蔬菜和果树病害。当代森铵施用浓度在1000倍以内时，对有些作物可能会产生药害。高温时代森铵对豆类植物易产生药害。

防治对象 主要用于防治水稻白叶枯病、纹枯病；黄瓜、白菜、莴苣霜霉病；谷子白发病；烟草霜霉病、赤星病、黑胫病；棉花立枯病、炭疽病、黄萎病；黄瓜白粉病、炭疽病；甘蔗黑斑病、棉花炭疽病以及蔬菜、果树病害等。

使用方法 可用于叶面喷雾、种子处理、土壤消毒及农用器材消毒。一般可用45%水剂1000倍液喷雾或200～400倍液浸种。不宜与碱性农药混配，以免其成分分解失效。

（1）种子处理 用45%水剂对水200～400倍药液浸薯块10min，可以防治甘薯黑斑病。

（2）土壤处理 用45%水剂对水200～400倍药液，浇灌播种沟内，每平方米灌药液2～4kg，可以防治棉花立枯病等土传病害。

（3）喷雾 用45%水剂对水1000倍药液喷雾，每亩喷药量为75kg，可以防治芹菜晚疫病、豆类白粉病、黄瓜霜霉病、白粉病和水稻白叶枯病。

（4）果树病害 防治苹果花腐病，于春季苹果树展叶时，用45%可湿性粉剂1000倍液喷雾；防治苹果树根腐病，可以在秋收后，用45%水剂300～400倍液灌根，每株需灌药液50～200kg；防治苹果树枝干轮纹病，可以用45%水剂100～200倍液涂抹患病部位；防治葡萄霜霉病，于发病初期，用45%水剂1000倍液喷雾，每隔10～15d喷1次，连喷3～4次；防治柑橘立枯病，用45%水剂200～400倍液浸种 1h；防治柑橘炭疽病、溃疡病、白粉病，用 45%水剂 600～800 倍液；防治桃树褐斑病，谢花 10d 后，开始喷洒 45%水剂 1000 倍液，每隔 10～15d 喷 1 次。

（5）蔬菜病害　对多种蔬菜的真菌和细菌病害均有良好效果。防治瓜类苗期病害时，可以用 45%水剂 200～400 倍液进行浇灌，来处理苗床土壤；种子消毒可以防治白菜、甘蓝、花椰菜黑茎病，防治白菜黑斑病，于播种前用 45%水剂 200～400 倍液浸种 15min，再用清水洗净，晾干播种；防治白菜、甘蓝软腐病，发病初期及时清除腐烂病株，用 45%水剂 1000 倍液喷洒全田；防治黄瓜霜霉病，应在发病初期，用 45%水剂 500～800 倍液喷雾；防治黄瓜灰霉病、炭疽病、白粉病、黑星病，番茄叶霉病，茄子绵疫病、斑枯病，莴苣和菠菜霜霉病，菜豆炭疽病、白粉病，魔芋细菌性叶枯病和软腐病等，用 45%水剂 1000 倍液喷雾；防治芹菜斑枯病，发病前或发病初期，用 45%水剂 1000 倍液喷洒；防治胡萝卜软腐病、黑腐病，发病初期，用 45%水剂 800～1000 倍液喷洒。

（6）粮食作物病害　防治玉米大、小斑病，用 45%水剂 78～100mL，对水喷雾；防治水稻白叶枯病、纹枯病、稻瘟病，用 45%水剂 1000 倍液喷雾；防治谷子白发病，播种前，用 45%水剂 180～350 倍液浸种。

（7）防治落叶松早期落叶病　用 45%水剂 600～800 倍液喷雾；防治红麻炭疽病，用 45%水剂 125 倍液于水温 18～24℃下浸种 24h，捞出即可播种；防治桑赤锈病，用 45%水剂 1000 倍液喷雾，隔 7～10d 喷 1 次，连续喷 2～3 次，喷药 7d 后可采叶喂蚕；防治棉花苗期立枯病、炭疽病、黄萎病时，可以用 45%水剂 200 倍液行浸种。

注意事项

（1）45%水剂对水稀释倍数低于 1000 倍时，对有些作物可能会出现药害，尤其是高温时对豆类植物易产生药害。

（2）代森铵不宜与高浓度的其他农药混用，高温或者过量、重复喷药容易出现药害。

（3）不能与碱性和含铜农药及含游离酸的物质混用，如多硫化钡、波尔多液、石硫合剂和松脂合剂等。

（4）代森铵对皮肤具有刺激性，应注意自我防护。施用后，工具要注意清洗。

代森环（milneb）

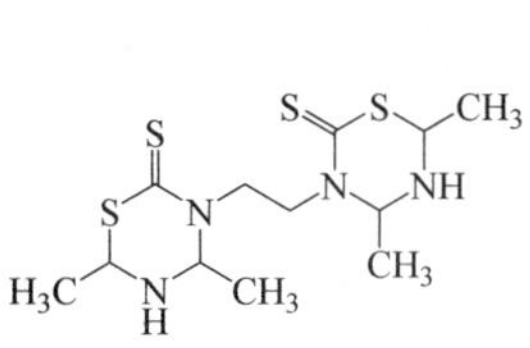

$C_{12}H_{22}N_4S_4$，350.58，3773-49-7

化学名称　3,3-亚乙基双（四氢-4,6-二甲基-1,3,5-噻二唑-2-硫酮）。

理化性质 纯品为无色结晶，原药为黄色或灰白色粉末，在 160℃以上分解。溶解度（20℃）：水＜0.1mg/L，二氯甲烷、己烷、甲苯＜0.1mg/L。干燥、低温条件储存稳定。

毒性 大鼠急性经口 LD_{50} 5000mg/kg。

适宜作物 代森环对多种果树、蔬菜病害有效，对瓜类和白菜的霜霉病及小麦锈病效果显著。与其他有机硫药剂相比，使用浓度低，对作物影响少，对叶、果无污染。

防治对象 马铃薯疫病，番茄叶霉病、疫病、轮纹病、灰霉病，瓜类霜霉病、炭疽病，苹果、梨黑星病、豆锈病等。代森环不仅对病害具有防治效果，还能刺激植物生长。

应用技术 对马铃薯疫病，瓜类霜霉病、炭疽病，番茄叶霉病、疫病、灰霉病、轮纹病，苹果、梨黑星病，豆锈病等，在发病初期，用 75%可湿性粉剂 600～800 倍液喷雾。

使用方法 代森环主要用于叶面喷布。

注意事项

（1）不可与碱性和含铜农药及含有游离酸的物质混用，以免降低药效；

（2）应贮存于阴凉干燥处，防止有效成分分解；

（3）对皮肤有刺激性，使用时应注意保护。

代森锰锌（mancozeb）

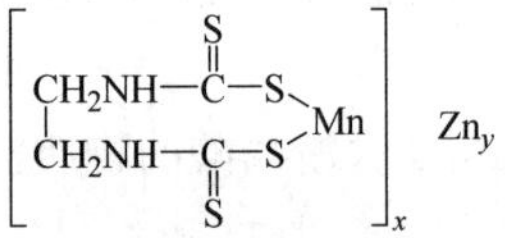

$$\left[\begin{array}{c} \mathrm{CH_2NH-\overset{S}{\overset{\|}{C}}-S} \diagdown \\ \mid \qquad\qquad\qquad\quad \mathrm{Mn} \\ \mathrm{CH_2NH-\underset{S}{\underset{\|}{C}}-S} \diagup \end{array}\right]_x \mathrm{Zn}_y$$

$[C_4H_6N_2S_4Mn]_xZn_y$，8018-01-7

化学名称 1,2-亚乙基双二硫代氨基甲酰锰和锌离子的配位络合物。

理化性质 纯品代森锰锌为灰黄色粉末，熔点 192℃（分解），分解时放出二硫化碳等有毒气体；不溶于水和一般溶剂，遇酸性气体或在高温、高潮湿条件下以及在空气中易分解，分解时可引起燃烧。

毒性 急性 LD_{50}（mg/kg）：大鼠经口 10000（雄），小鼠经口＞7000；对皮肤黏膜有刺激作用；以 16mg/kg 剂量饲喂大鼠 90d，未发现异常现象；对动物无致畸、致突变、致癌作用。

作用特点 高效、低毒、广谱的保护性杀菌剂。其作用机制主要是和参与丙酮酸氧化过程的二硫辛酸脱氢酶中的硫氢基结合，从而抑制菌体内丙酮酸的氧化。可以与内吸性杀菌剂混配使用，来延缓抗药性的产生。对果树、蔬菜上的炭疽病和早疫病等有效。

适宜作物　番茄、菠菜、白菜、甜菜、辣椒、芹菜、菜豆、茄子、莴苣、瓜类（如西瓜等）、棉花、花生、麦类、水稻、玉米、啤酒花、橡胶、茶、荔枝、樱桃、草莓、葡萄、芒果、香蕉、苹果、梨树、烟草、玫瑰花、月季花等。在推荐剂量下对作物安全。

防治对象　代森锰锌是广谱的保护性杀菌剂，对藻菌纲的疫霉属，半知菌类的尾孢属、壳二孢属等引起的多种作物病害均有较好的防效。代森锰锌对多种果树、蔬菜病害有效，如可防治疫病、霜霉病、灰霉病、瓜类炭疽病、黑星病、赤星病等。

使用方法　用于玉米、麦类、花生、高粱、水稻、番茄等作物的种子包衣、浸种和拌种等，可以防治种传病害和苗期的土传病害。对于大田作物、蔬菜，人工喷洒一般每亩 40～50L 药液，拖拉机喷洒则每亩 7～10L 药液，飞机喷洒则每亩 1～2L 药液；果树每亩人工喷药量为 200～300L。除防治病害外，还具有刺激植物生长的作用。一般用 75%可湿性粉剂 600～800 倍液喷洒。

（1）果树病害　防治苹果、梨、桃等轮纹病、炭疽病、黑星病、赤星病、叶斑病，用 80%代森锰锌可湿性粉剂 600～800 倍稀释液，在发病初期喷雾；防治葡萄黑痘病和霜霉病，用 80%代森锰锌可湿性粉剂 600～800 倍稀释液，在幼果期及发病初期喷雾，隔 7～10d 喷 1 次，连喷 4～6 次；防治香蕉叶斑病，用 80%代森锰锌可湿性粉剂 400 倍稀释液喷雾，雨季每月施药 2 次，旱季每月 1 次；防治柑橘疮痂病、炭疽病，可以用 80%代森锰锌可湿性粉剂 400～600 倍稀释液喷雾。

（2）防治花生黑斑病、褐斑病、灰斑病　于病害发生初期开始施药，用 80%可湿性粉剂每亩 200g 对水 40～50kg 均匀喷雾，每隔 10d 喷药 1 次，连续 2～3 次。

（3）防治番茄早疫病、晚疫病、霜霉病　在病害发生初期或在植株苗期进行施药，用 80%代森锰锌可湿性粉剂 300～400 倍液喷雾，每隔 10d 施用 1 次，连续 3～4 次。

（4）防治大豆锈病　于初花期施药，每亩用 80%代森锰锌可湿性粉剂 200～300 倍稀释液，均匀喷雾，每隔 7～10d 施用 1 次，连续 4 次。

（5）防治橡胶树炭疽病、甜菜褐斑病、人参叶斑病、玉米大斑病　用 80%代森锰锌可湿性粉剂 400～600 倍稀释液，在发病初期喷雾。隔 8～10d 喷 1 次，连喷 3～5 次。

（6）防治烟草赤星病　于发病初期，用 80%代森锰锌可湿性粉剂 600～800 倍稀释液喷雾；防治烟草黑胫病，于发病初期，用 43%悬浮剂 400～600 倍液喷雾。

（7）防治水稻稻瘟病　防治叶瘟病时，于发病初期，防治穗瘟时，于麦穗末期至抽穗期，用 80%可湿性粉剂喷雾。

注意事项

(1)施用时注意查看说明书，贮藏时，应干燥、避光，以免成分分解，降低药效。

(2)为提高防治效果，可与多种农药、化肥混合使用。但不能与铜制剂和碱性药剂混用，如喷过铜制剂和碱性药剂要间隔一周后才能喷此药。

(3)代森锰锌只有预防作用，不具有治疗作用，因此应在发病前期或初期施用。

(4)应在作物采收前2～4周停止用药。中午、高温时避免用药。

代森锌(zineb)

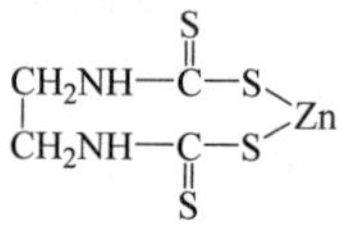

```
              S
              ‖
CH2NH—C—S
 |                 ＼Zn
 |                 ／
CH2NH—C—S
              ‖
              S
```

$C_4H_6N_2S_4Zn$，275.73，12122-67-7

化学名称 亚乙基双-(二硫代氨基甲酸)锌。

理化性质 纯品代森锌为白色粉末，工业品为灰白色或淡黄色粉末，有臭鸡蛋味；难溶于水，除吡啶外，不溶于大多数有机溶剂；对光、热、潮湿不稳定，易分解放出二氧化碳；在温度高于100℃时分解自燃，在酸、碱性介质中易分解，在空气中缓慢分解。

毒性 急性LD_{50}(mg/kg)：大鼠经口＞5000、经皮＞2500；对皮肤黏膜有刺激作用；以2000mg/kg剂量饲喂狗一年，未发现异常现象；对动物无致畸、致突变、致癌作用；对植物安全，不易引起药害。

作用特点 低毒、广谱性的杀菌剂。代森锌的有效成分化学性质比较活泼，在水中容易氧化成异硫氰化合物，该化合物对病原菌体内含有—SH基的酶具有很强的抑制作用，并能直接杀死病原菌孢子并抑制孢子的发芽，阻止病菌侵入植物体内，但对已侵入植物体内的病原菌丝体的杀伤作用很小。因此，使用代森锌防治植物病害，应在病害始见期才能取得较好的防治效果。

适宜作物 光照下容易分解，持效期约7d，可以用于防治粮、果、菜等作物的真菌病害。其对植物较安全，一般无药害，但烟草及葫芦科植物对锌较敏感，施药时应注意，避免发生药害。

防治对象 广谱性、低毒类杀菌剂，为叶面喷洒时用的保护剂。可用于防治麦类、水稻、蔬菜、果树、烟草等作物的病害，如马铃薯早疫病、晚疫病，麦类锈病，玉米大斑病，白菜、黄瓜霜霉病，番茄炭疽病、早疫病、晚疫病、灰霉病，茄子绵疫病、褐纹病，萝卜、甘蓝霜霉病、黑斑病、白斑病、软腐病、黑腐病，苹果、梨黑星病、黑斑病，菠菜霜霉病、白锈病，莴苣霜霉病等，但对白粉病作用差。

使用方法　主要用于叶面喷洒。作为保护剂，可用于粮、果、菜等作物防治由真菌引起的大多数病害。对许多病原菌如霜霉病菌、晚疫病菌以及炭疽病菌等防治效果显著，一般用 80%可湿性粉剂 500～800 倍液喷雾。

（1）防治麦类锈病　用 80%代森锌可湿性粉剂 500 倍药液，于发病初期开始喷药，每隔 7～16d 喷药 1 次，一般喷 2～3 次；防治玉米大斑病，应在发病初期，用 65%可湿性粉剂 500 倍液喷雾。

（2）防治蔬菜病害　防治蔬菜叶部病害，应在发病初期，用 80%代森锌可湿性粉剂 500 倍液喷雾。一般在发病前或发病初期开始第 1 次喷药，以后每隔 7～10d 喷 1 次，连续 2～3 次，可以防治番茄早疫病、晚疫病、叶霉病、斑枯病、炭疽病，白菜、萝卜、甘蓝霜霉病、黑斑病、白斑病、软腐病、黑腐病，油菜霜霉病、软腐病、黑斑病、白锈病，马铃薯早疫病、晚疫病，黄瓜黑星病，葱紫斑病、霜霉病，茄子绵疫病、褐纹病，芹菜疫病、斑枯病，菠菜霜霉病、白锈病等。

（3）防治蔬菜苗期病害　防治蔬菜苗期立枯病、猝倒病、灰霉病、炭疽病，用 80%可湿性粉剂 500 倍液在苗期喷雾，连喷 1～2 次。也可以用代森锌和五氯硝基苯做成“五代合剂”处理土壤，即用五氯硝基苯和代森锌等量混合后，按每平方米育苗床面用混合制剂 8～10g。用前将药剂与适量的细土混匀；取三分之一药土撒在床面做垫土，播种后将剩下的三分之二药土作播后覆盖土用，而后用塑料薄膜覆盖床面，保持床面湿润，直到幼苗出土后揭膜。

（4）防治烟草立枯病、炭疽病　用 80%代森锌可湿性粉剂 400 倍药液喷雾，3～5d 一次，在定植后每隔 10d 喷 1 次，连喷 3～4 次。

（5）防治观赏植物叶部病害　如锈病、霜霉病、炭疽病和叶斑病，应在发病前或初期用 80%代森锌可湿性粉剂 500～600 倍药液喷雾，每隔 7～10d 喷 1 次。

（6）防治茶的黑点病、炭疽病和茶饼病　在发病初期，用 80%代森锌可湿性粉剂 600～800 倍液喷雾，每隔 7～10d 一次，连喷 3 次。

注意事项

（1）本品为保护性杀菌剂，故应在病害发生初期使用，其效果最佳；

（2）葫芦科蔬菜对锌敏感，用药时要严格掌握浓度，不能过大；

（3）不能与铜制剂、碱性农药混用，以免降低药效；

（4）应放在阴凉、干燥通风处，雨淋、光照容易造成有效成分分解；

（5）使用时注意不让药液溅入眼、鼻、口等，用药后要用肥皂洗净脸和手。

单嘧磺隆（monosulfuron）

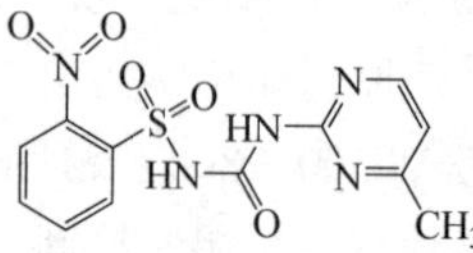

$C_{12}H_{11}N_5O_5S$，337.32，155860-53-2

化学名称 *N*-[（4′-甲基）嘧啶-2′-基]-2-硝基苯磺酰脲。

理化性质 熔点 191.0～191.5℃；溶于 *N*,*N*-二甲基甲酰胺，微溶于丙酮，碱性条件下可溶于水；在中性和弱碱性条件下稳定，在强酸和强碱条件下易发生水解反应；在四氢呋喃和丙酮中较稳定，在甲醇中稳定性较差，在 *N*,*N*-二甲基甲酰胺中极不稳定。

毒性 急性经口毒性、急性经皮毒性 LD_{50} 值均大于 4640mg/kg；对眼睛和皮肤有轻度刺激作用，1d 内可恢复正常；无致畸作用，无繁殖毒性和致癌性。

作用方式 内吸传导型磺酰脲类除草剂，抑制乙酰乳酸合成酶（ALS）活性，使植物因蛋白质合成受阻而停止生长。

防除对象 主要用于谷子田防除藜、蓼、反枝苋、马齿苋、刺儿菜等一年生阔叶杂草，或用于冬小麦田防除播娘蒿、荠菜等一年生阔叶杂草。

使用方法 春播谷子于播后苗前进行土壤喷施，或者谷苗 3 叶期后进行茎叶处理。夏播谷子田应在播后苗前进行土壤喷雾。冬小麦田最佳处理时期为冬前杂草第一次出苗高峰期，也可在杂草春季出苗高峰期施用。10%可湿性粉剂每亩制剂用量分别为 10～20g（谷子）、30～40g（小麦），兑水 30～45L，二次稀释均匀后喷雾。

注意事项

（1）药后 35d 内勿破坏土层，否则影响药效。

（2）谷苗刚出土时对单嘧磺隆最敏感，此时严禁用药。

（3）使用后，后茬可以安全种植玉米、谷子等作物，高粱、大豆、向日葵、花生等作物慎种，严禁种植油菜、白菜等十字花科作物及棉花、苋菜、芝麻等作物。

（4）大风天不宜使用，避免药液飘移到邻近作物田引起药害或导致喷药不均降低效果。

（5）土壤湿润有利于药效发挥。有机质含量低的沙质土遇有效降雨后谷种会受到不同程度药害，不宜使用。低洼地块容易造成积水和药液堆积而导致产生药害，不宜使用。

（6）前茬如果使用长残留除草剂，易造成叠加药害，慎重使用。

单嘧磺酯（monosulfuron-ester）

$C_{14}H_{14}N_4O_5S$，350.35，175076-90-1

化学名称　*N*-[2′-（4-甲基）-嘧啶基]-2-甲氧羰基苯磺酰脲。

理化性质　纯品为白色粉末，熔点 179.0～180.0℃，相对密度 1.54，溶解度（20℃，mg/L）：水 60，甲醇 300，乙腈 1440，丙酮 2030，四氢呋喃 4830，二甲亚砜 24680，碱性条件下可溶于水。弱酸、中性及弱碱性条件下稳定，酸性条件下易降解。

毒性　大鼠急性经口和经皮低毒；对鱼、鸟、蜜蜂、桑蚕低毒。具眼睛轻度刺激性，无皮肤刺激性，致敏性弱，无染色体畸变和致癌风险。

作用方式　内吸、传导性磺酰脲类除草剂，作用靶标是乙酰乳酸合成酶（ALS），使植物因蛋白质合成受阻而停止生长。

防除对象　对马唐、稗草、碱茅、硬草、看麦娘、播娘蒿、荠菜、米瓦罐、萹蓄、藜、马齿苋、反枝苋等高效，但对猪殃殃、婆婆纳、麦家公、泽漆、田旋花等活性较低。

使用方法　冬小麦田于小麦 3 叶期至拔节前用药，最佳用药时期为冬前杂草第一次出苗高峰期，也可在杂草春季出苗期、小麦返青后施用；春小麦在杂草出苗高峰期施用。10%可湿性粉剂亩制剂用量 12～15g（冬小麦）、15～20g（春小麦），兑水 30～45L，二次稀释均匀后茎叶喷雾。

注意事项

（1）施药时应选择无风天气操作，避免喷洒到阔叶作物。

（2）后茬以种植玉米为宜，严禁种植油菜、芝麻等敏感作物，慎种旱稻、苋、高粱、棉花等作物。

（3）不可与碱性农药等物质混用。

单氰胺（cyanamide）

NC–NH_2

H_2CN_2，42.04，420-04-2

其他名称　amidocyanogen，hydrogen cyanamide，cyanoamine，cyanogenamide。

化学名称 氨腈或氰胺。

理化性质 原药纯度≥97%。纯品为无色易吸湿晶体，熔点45～46℃，在水中有很高的溶解度（20℃，4.59kg/L）且呈弱碱性，在43℃时与水完全互溶；溶于醇类、苯酚类、醚类，微溶于苯、卤代烃类，几乎不溶于环己烷。对光稳定，遇碱分解生成双氰胺和聚合物，遇酸分解生成尿素；加热至180℃分解。单氰胺含有氰基和氨基，都是活性基团，易发生加成、取代、缩合等反应。

毒性 大鼠急性经口LD_{50}：雄性147mg/kg，雌性271mg/kg，大鼠急性经皮LD_{50}＞2000mg/kg。对家兔皮肤轻度刺激性，对眼睛重度刺激性，该原药对豚鼠皮肤变态反应试验证明属弱致敏类农药。50%单氰胺水溶液对斑马鱼LC_{50}（48h）：103.4mg/L；鹌鹑经口LD_{50}（7d）：981.8mg/kg；蜜蜂（食下药蜜法）LC_{50}（48h）：824.2mg/L；家蚕（食下毒叶法）LC_{50}（2龄）：1190mg/kg桑叶。该药对鱼和鸟均为低毒。田间使用浓度为5000～25000mg/L，对蜜蜂具有较高的风险性，在蜜源作物花期应禁止使用。对家蚕主要为田间飘移影响，对邻近桑田飘移影响的浓度不足实际施用浓度的十分之一，其在桑叶上的浓度小于对家蚕的LC_{50}值，对桑蚕无实际危害影响，因此对蚕为低风险性。

作用特点 既是植物除草剂，也是植物生长调节剂，能够抑制植物体内过氧化氢酶的活性，加速植物体内氧化磷酸戊糖（PPP）循环，加速植物体内基础性物质的生成速度，终止休眠，使作物提前发芽。

适宜作物 对大樱桃、猕猴桃、蓝莓、桃等果树有打破休眠和促进萌芽的作用。对葡萄和樱桃安全。在国外用作水果果树的落叶剂、无毒除虫剂。晶体单氰胺主要用于医药、保健产品、饲料添加剂的合成和农药中间体的合成，用途很广泛。

应用技术

（1）葡萄 在葡萄发芽前15～20d，用50%水剂10～20倍液，喷施于枝条，使芽眼处均匀着药，可提早发芽7～10d，从而对开花、着色、成熟均有提早作用。

（2）桃 据辽宁果树科学研究所对2个桃品种“春雪”和“金辉”的试验，发现处理后表现为物候期明显比对照有不同程度提前，不同浓度单氰胺处理对单果重、产量和果实品质并无影响。单氰胺最佳处理浓度为1.7%，过度使用单氰胺有芽脱落现象。

（3）樱桃 在大樱桃棚室栽培过程中，由于部分果农扣棚晚，升温早，也不进行人工降温，使得大樱桃树未能满足其需冷量，出现开花不整齐现象。应用有利于打破休眠的单氰胺可以解决这个问题。施用方法为：在棚室栽培的大樱桃树扣棚后充分浇水、施肥，扣地膜后，用单氰胺100～150倍液均匀喷洒，要求均匀快速，浓度不要过大，喷布不要过多。如果喷布不均匀，易出现开花不整齐现象；如浓度过大、喷布过多，易造成叶芽早萌发、旺长现象。

注意事项

（1）操作时应穿戴化学防护服、化学防护手套、化学防护靴和袜子，戴护目镜。置于儿童接触不到处。如不慎溅入眼睛，用流动水清洗最少 15min，同时就医。无特殊解毒剂，如误食，对症治疗。

（2）避免吸入蒸气或雾滴。贮存于干燥阴凉场所，远离酸、碱和氧化剂。不要靠近易燃物品，避免阳光直晒。

（3）本品对蜜蜂有高风险性，禁止在蜜源植物花期使用。

稻丰散（phenthoate）

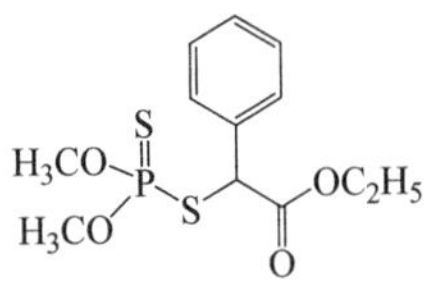

$C_{12}H_{17}O_4PS_2$，320.4，2597-03-7

其他名称　益尔散、爱乐散、甲基乙酯磷、Aimsan、Cidial、Elsan、Tanome、Popthion。

化学名称　*O,O*-二甲基-*S*-（乙氧基羰基苄基）二硫代磷酸酯。

理化性质　纯品为白色结晶，具芳香味，相对密度 1.226（20℃），易溶于丙酮、苯等多种有机溶剂，在水中溶解度为 11mg/L，工业品为黄褐色芳香味液体，在酸性与中性介质中稳定，碱性条件下易水解。

毒性　急性经口 LD_{50}（mg/kg）：300～400（大鼠），90～160（小鼠）；动物两年喂养试验无作用剂量为 1.72mg/（kg • d）。动物实验未见致畸、致癌变作用。对蜜蜂有毒。

作用特点　稻丰散的作用机制是抑制昆虫体内的乙酰胆碱酯酶，具有触杀和胃毒作用，对酸性较稳定。稻丰散乳油在一般条件下可保存 3 年以上，但遇碱性物质可分解。

适宜作物　水稻、柑橘树等。

防除对象　水稻害虫如稻纵卷叶螟、褐飞虱、二化螟等；柑橘害虫如矢尖蚧、红蜡蚧等。

应用技术

（1）防治水稻害虫

① 稻纵卷叶螟　在低龄幼虫盛期或百丛有新束叶苞 15 个以上时施药，用 40%水乳剂 150～175g/亩朝稻株中上部喷雾。

② 褐飞虱　在稻分蘖期或晚稻孕穗、抽穗时低龄若虫盛期施药，用 40%水乳剂 150～175g/亩朝稻株中下部喷雾。第一次施药后间隔 10d 后可再施一次。

③ 二化螟　早、晚稻分蘖期或晚稻孕穗、抽穗期，在卵孵始盛期到高峰期施药，用60%乳油60～100mL/亩朝稻株中下部喷药；第一次施药后间隔10d后可再施一次。田间保持水层3～5cm深，保水3～5d。

④ 三化螟　当卵孵盛期或发现田间有枯心苗和白穗时施药，用50%乳油100～120mL/亩喷雾，分蘖期重点是近水面的茎基部；孕穗期重点是稻穗。白穗要在卵孵盛期内，于水稻破口5%～10%时用1次药，以后每隔5～6d施药1次，连续施药2～3次。

（2）防治柑橘害虫　防治介壳虫，在矢尖蚧、红蜡蚧卵孵盛期出现大量爬虫时施药，用50%乳油500～800倍液均匀喷雾。一般施药1～2次，间隔10～15d再实施1次。

注意事项

（1）不能与碱性物质混用，以免分解失效。

（2）对蜜蜂、家蚕、鱼有毒，施药期间应避免对周围蜂群的影响；蜜源作物花期、蚕室和桑园附近禁用；远离水产养殖区施药；禁止在河塘等水体中清洗施药器具。

（3）葡萄、桃、无花果和苹果的某些品种对稻丰散敏感。施药时避免飘移。

（4）在柑橘树上的安全间隔期为30d，每季最多使用3次；在水稻上的安全间隔期为7d，每季最多使用3次。

（5）大风天或预计1h内降雨请勿施药。

（6）建议与其他作用机制不同的杀虫剂轮换使用。

稻瘟灵（isoprothiolane）

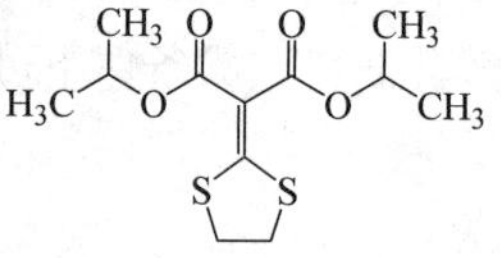

$C_{12}H_{18}O_4S_2$，290.4，50512-35-1

其他名称　Fuji-one，富士一号，SS 11946，IPT，NNF-109。

化学名称　1,3-二硫戊环-2-亚基-丙二酸二异丙酯，di-isopropyl-1,3-dithiolan-2-ylidenemalonate。

理化性质　纯品稻瘟灵为白色晶体，熔点54～54.5℃；溶解度（20℃，g/kg）：水0.048，有机溶剂溶解度（25℃，kg/kg）：乙醇1.5，二甲亚砜2.3，氯仿2.3，二甲基甲酰胺2.3，二甲苯2.3，苯3.0，丙酮4.0。工业品为淡黄色晶体，有有机硫的特殊气味。

毒性　急性 LD_{50}（mg/kg）：大白鼠经口 1100（雄）、1340（雌），大鼠经皮＞10250；对兔皮肤和眼睛无刺激性；对动物无致畸、致突变、致癌作用；对鸟和蜜蜂无毒。摄入生物体后能被分解除去，无蓄积现象。

作用特点　具有保护和治疗作用。作用机制是抑制纤维素酶的形成，而阻止菌丝生长。具有渗透性，通过根和叶吸收，向上向下传导，从而转移到整个植株。对稻瘟病有防治效果，兼有抑制稻褐飞虱、白背飞虱的效果。稻瘟灵能够使稻瘟病菌分生孢子失去侵入宿主的能力，阻碍磷脂合成（由甲基化生成的磷脂酰胆碱），对病菌含甾族化合物的脂类代谢有影响，对病菌细胞壁成分有影响，能抑制菌体侵入，防止吸器形成，控制芽孢生成和病斑扩大。

适宜作物　水稻、果树、茶树、桑树、块根蔬菜等。在推荐剂量下使用对作物和环境安全。

防治对象　水稻稻瘟病（叶瘟和穗瘟），果树、茶树、桑树、块根蔬菜上的根腐病。

使用方法　主要用于防治水稻稻瘟病，茎叶处理使用剂量为 26.7～40g（a. i.）/亩，水田撒施 240～400g（a. i.）/亩。

（1）防治叶瘟病　在秧田后期或水稻分蘖期，用 40%可湿性粉剂 75～100g/亩对水 50～75kg 均匀喷雾，在常发生地区或根据当年叶瘟病发生时间，在发病前 7～10d，用 40%可湿性粉剂 0.6～1kg/亩对水 400kg 泼浇，保持水层 2～3d 后自然落干，药效可达 6～7 周。防治穗瘟病，在水稻孕穗后期到破口期以及齐穗期，用 40%乳油 75～100mL/亩对水 60～75kg 喷雾。

（2）防治树木根腐病　每株树用 40%乳油 300g 对水灌根。

（3）防治水稻稻瘟病　在破口始穗期和齐穗期用 40%稻瘟灵乳油 600～800 倍液。

注意事项　不可与强碱性农药混用，水稻收获前 15d 停止使用。

用作植物生长调节剂

作用特点　对水稻还有壮苗作用。

适宜作物　水稻。

注意事项

（1）不可与强碱性农药混用。

（2）水稻收获前 15d 停止使用本药。

（3）与噁霉灵混用，可增强抗水稻其他病害的能力。

稻瘟酯（pefurazoate）

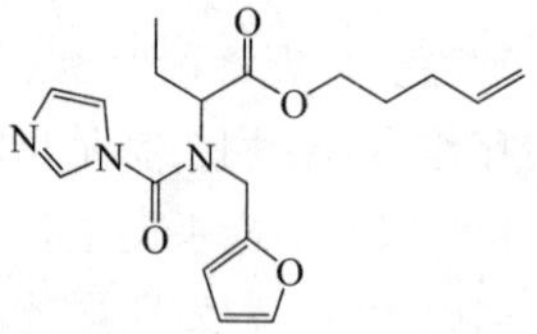

$C_{18}H_{23}N_3O_4$，345.4，101903-30-4

化学名称 *N*-糠基-*N*-咪唑-1-基羰基-DL-高丙氨酸（戊-4-烯）酯，*N*-（呋-2-基）甲基-*N*-咪唑-1-基羰基-DL-高丙氨酸（戊-4-烯）酯。

理化性质 纯品为淡棕色液体，沸点235℃（分解）；溶解度（25℃，g/L）：水0.443，正己烷12，二甲亚砜、乙醇、丙酮、乙腈、氯仿、乙酸乙酯、甲苯＞1000。

毒性 急性 LD_{50}（mg/kg）：大鼠经口 981（雄）、1051（雌），小鼠经口 1299（雄）、946（雌），大鼠经皮＞2000；对兔眼睛有轻微刺激性，对兔皮肤无刺激性；对动物无致畸、致突变、致癌作用。

作用特点 破坏和阻止病菌细胞膜重要组成成分麦角甾醇的生物合成，影响病菌的繁殖和赤霉素的合成，通过抑制萌发管和菌丝的生长来阻止种传病原真菌的生长发育。该药剂对对苯菌灵有抗性的炭疽病菌有特效。

适宜作物 水稻、草莓等。在推荐剂量下使用对作物和环境安全。

防治对象 对众多的植物病原真菌具有较高的活性，其中包括子囊菌、担子菌和半知菌的致病真菌，但对藻状菌纲稍差，对种传病原真菌，特别是由串珠镰孢引起的水稻恶苗病、由稻梨孢引起的稻瘟病和宫部旋孢腔菌引起的水稻胡麻斑病有效。

使用方法 20%可湿性粉剂：①浸种。稀释 20 倍，浸 10min；稀释 200 倍，浸24h。②种子包衣。剂量为种子干重的 0.5%。③种子喷洒。以 7.5 倍的稀释药液喷雾，用量 30mL/kg 干种。

（1）防治水稻稻瘟病、白叶枯病、纹枯病、绵腐病　0.5kg 种子用清水预浸12h，捞起洗净用 20%可湿性粉剂 1g 对水 0.5kg，配成药液浸种 12h，捞起清洗数次，换清水浸至种子吸足水分，然后播种。

（2）防治草莓炭疽病　发病初期用 20%可湿性粉剂 1000 倍液喷雾。

注意事项 在 100μg/mL 的浓度下，尽管该化合物几乎不能抑制这些致病菌孢子的萌发，但用浓度 10μg/mL 处理后，孢子即出现萌发芽管逐渐膨胀，异常分歧和矮化现象。藤仓赤霉的许多病株由日本各地区收集得来的感染种子分离而得，它们对稻瘟酯具有敏感性。稻瘟酯的最低抑制浓度从 0.78mg/L 至 12.5mg/L 不等，未发现对稻瘟酯不敏感的菌株。不能与碱性农药混用，种子处理时用量要准确，以免产生药害影响发芽率。存放于阴凉干燥处。

地乐酚（dinoseb）

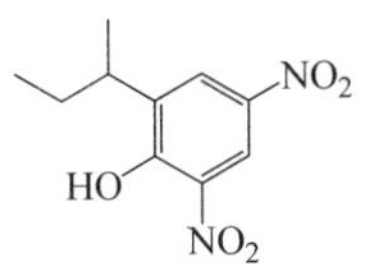

$C_{10}H_{12}N_2O_5$，240.21，88-85-7

其他名称　二硝丁酚，4,6-二硝基-2-仲丁基苯酚，阻聚剂，DNBP，DN289，Hoe26150，Hoe02904。

化学名称　2-异丁基-4,6-二硝基苯酚，2-*sec*-butyl-4,6-dinitophenol。

理化性质　橙褐色液体，熔点 38～42℃。原药（纯度约 94%）为橙棕色固体；熔点 30～40℃。室温下在水中溶解度为 100mg/L；溶于石油和大多数有机溶剂。本品酸性，pK_a：4.62，可与无机或有机碱形成可溶性盐。水存在下对低碳钢有腐蚀性。其盐溶于水，对铁有腐蚀性。

毒性　大鼠急性经口 LD_{50}：58mg/kg。家兔急性经皮 LD_{50}：80～200mg/kg；以 200mg/kg 涂于兔皮肤上（5 次），没有引起刺激作用。180d 饲喂试验表明：每日 100mg/kg 饲料对大鼠无不良影响。两年饲养试验表明：地乐酚对大鼠的无作用剂量为 100mg/kg 饲料；对狗为 8mg/kg 饲料。鲤鱼 LC_{50}（48h）：0.1～0.3mg/L。最大残留限量（MRL）不得超过 0.02mg/kg。在地表水和土壤中很快降解，但在地下水中长期存在。

作用特点　是一种除草剂，但单用效果差，与其他除草剂混用有一定的除草作用。小量地乐酚施于玉米植株，可刺激玉米生长和发育，从而达到增产的目的。美国已有多数玉米田使用这种激素，一般增产 5%～10%。但不同环境条件、玉米不同品种，效果不同。

适宜作物　地乐酚曾用作触杀型除草剂，可用于谷物地中一年生杂草的防除，用量为 $2kg/hm^2$。也可作为植物生长调节剂，作马铃薯和豆科作物的催枯剂，可以控制种子、幼苗和树木的生长，被广泛用于作物的生长。

应用技术

（1）收获前使用可加速马铃薯和其他豆类失水。在马铃薯和豆科作物收获前，以 $2.5kg/hm^2$ 的剂量作催枯剂。

（2）叶面施药可刺激玉米生长，提高产量。在玉米拔节期至雌穗小花分化始期，每亩施纯药 2～3g，稀释为 200mg/L，叶面喷施。提前或推迟，效果较差，甚至会减产。个别玉米品种或心叶内喷药过多时，叶片褪绿出现黄斑，但对玉米生长和产量影响不大。

注意事项

（1）地乐酚应放在通风良好的地方，远离食物和热源。

（2）避免直接接触该药品。

（3）夏季多雨、适当密植、晚熟玉米田施用，效果较好。

（4）注意十字花科植物对该药敏感。

2,4-滴（2,4-dichlorophenoxyacetic acid）

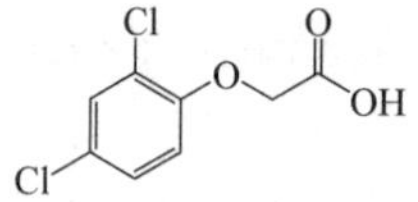

$C_8H_6Cl_2O_3$，221.0，94-75-7

其他名称 2,4-D、2,4-D 酸、2,4-二氯苯氧基乙酸。

化学名称 2,4-二氯苯氧乙酸，(2,4-dichlorophenoxy)acetic acid。

理化性质 纯品为白色结晶，无臭，工业品为白色或淡黄色结晶粉末，略带酚气味。熔点 140.5℃，能溶于乙醇、乙醚、丙酮等大多数有机溶剂，微溶于油类；难溶于水，在 20℃溶解度为 540mg/L，25℃时为 890mg/L。化学性质稳定，通常以盐或酯的形式使用。与醇类在硫酸催化下生成相应的酯类，其酯类难溶于水；与各种碱类作用生成相应的盐类，成盐后钠盐和铵盐易溶于水。2,4-D 本身是一种强酸，对金属有腐蚀作用，不吸湿，常温下较稳定，遇紫外光照射会引起部分分解。2,4-D 在苯氧化合物中活性最强，比吲哚乙酸高 100 倍。为使用方便，常加工成钠盐、铵盐或酯类的液剂。

毒性 大白鼠急性经口 LD_{50}（mg/kg）：2,4-滴 639～764，2,4-滴钠盐 660～805。没有致癌性，能吸入、食入、经皮肤吸收后可抑制某些蛋白质的合成及酶的活性，对身体有害，孕妇吸入可引起胎儿畸变。对眼睛、皮肤具刺激作用，反复接触对肝、心脏有损害作用。

作用方式 可用于植物生长调节，是用于诱导愈伤组织形成的常用的生长素类似物的一种。具内吸性，可从根、茎、叶进入植物体内，降解缓慢，故可积累一定浓度，从而干扰植物体内激素平衡，破坏核酸与蛋白质代谢，促进或抑制某些器官生长，使杂草茎叶扭曲、茎基变粗、肿裂等。

防除对象 主要作用于双子叶植物，在 500mg/L 以上高浓度时用于茎叶处理，可在麦、稻、玉米、甘蔗等作物田中防除藜、苋等阔叶杂草。

使用方法 禾本科作物在其 4～5 叶期具有较强耐性，是喷药的适期。有时也用于玉米播后苗前的土壤处理，以防除多种双子叶杂草。与莠去津、扑草净等除草剂混用，或与硫酸铵等酸性肥料混用，可以增加杀草效果。在温度20～28℃时，药效随温度上升而提高，低于20℃则药效降低。

注意事项

（1）2,4-D吸附性强，用过的喷雾器必须充分洗净，以免棉花、蔬菜等敏感作物受其残留微量药剂危害，但对人畜安全。2,4-滴在低浓度下，能促进植物生长，在生产上也被用作植物生长调节剂。

（2）2,4-D多以复配剂或钠盐登记使用，单剂只有原药登记使用。

用作植物生长调节剂

作用特点　具生长素作用，是一种类生长素，其生理活性高，使用浓度不同其作用有较大差异，有低浓度促进、高浓度抑制的效果。使用后能被植物各部位（根、茎、花、果实）吸收，并通过输导系统，运送到各生长旺盛的幼嫩部位。并可促进同化产物向幼嫩部位转送，促进细胞伸长，果实膨大，根系生长，防止离层形成，维持顶端优势，并能诱导单性结实。在植物组织培养时，常作为生长素组分配制在培养基中，促进愈伤组织生长，芽、根的形成与分化。2,4-D在低浓度（10～50mg/L）下，有防止落花落果、提高坐果率、促进果实生长、提早成熟、增加产量的作用。当浓度增大时，能使某些植物发生药害，甚至死亡，因此高浓度2,4-D是广谱的内吸性除草剂，低浓度可作植物生长调节剂，具有生根、保绿、刺激细胞分化、提高坐果率等多种生理作用。

适宜作物　通常用于番茄、茄子、辣椒，防止早期落花落果，可提早收获，增加产量；用于大白菜，可防止贮存脱叶；用于柑橘，可延长贮存期；用于棉花，可防止蕾铃脱落等。0.1%的2,4-D可用来防治禾谷类作物中的阔叶杂草。在500mg/L以上高浓度时用于茎叶处理，可在麦、稻、玉米、甘蔗等作物田中防除藜、苋等阔叶杂草及萌芽期禾本科杂草。

应用技术

（1）防止落花落果，提高坐果率

① 番茄　春末夏初低温易使番茄落花，为抵御低温对番茄造成落花，可采用15～25mg/L的2,4-D水溶液喷洒花簇、涂抹花簇或浸花簇。操作时应避免接触嫩叶及花芽，以免发生药害。施用时间以开花前1d至开花后1～2d为宜。此外，还可促进果实发育，形成无籽果实。冬季温室及春播番茄应用2,4-D，可以提早10～15d采摘上市，还可改善茄果品质和风味，增加果实中的糖和维生素含量。处理方法有喷花法和涂抹法。处理花的最适宜时间为开花当天，也可在开花后一天使用。花未全开时不宜使用，花蕾过小容易灼伤花蕾；开花48h后不宜使用，此时保花保果不理想。同一花朵不宜连续使用，因用量过大会发生烧花和果实品质下降、畸形果增多等现象。使用之前最好进行小规模试验，之后再大面积使用。大面积使用时，应把握气温高时用低浓度，气温低时用高浓度。一般选择9～12时处理新开的花朵，使用时

间过早，花朵带露水会降低药效，影响效果；使用时间过晚，易导致落花及落果。

② 茄子　2,4-D 处理茄子，不仅能有效地防止落花，增加坐果率，而且还能增加早期产量。茄子应用 2,4-D 最适浓度为 20～30mg/kg，植株上有 2～3 朵花开放时，将 25mg/kg 2,4-D 溶液喷洒在花簇上，可增加坐果率，还可用点花法（用毛笔或棉球等蘸取药液涂于花柄上）或蘸花法（将配制好的药液盛于小容器中，浸花后迅速取出），如用 30mg/kg 蘸花还可增加早期产量。

③ 冬瓜　在冬瓜开花时用 15～20mg/kg 2,4-D 溶液涂花柄，可显著提高坐果率。

④ 西葫芦　用 10～20mg/kg 2,4-D 溶液涂西葫芦花柄，可防止落花，同时提高产量。

⑤ 柑橘、葡萄柚　柑橘盛花期后或绿色果实趋于成熟将变色时，以 24mg/kg 2,4-D 钠盐溶液喷洒柑橘果实，可减少落果 50%～60%，并使大果实数量增加，且对果皮及果实品质无不良影响。如用 10mg/kg 2,4-D 加 20mg/kg 赤霉素混合液处理，效果更显著，可防止果皮衰老，耐贮存。用 200mg/kg 2,4-D 铵盐溶液和 2%柠檬醇混合液处理，采收的柑橘可减少糖、酸及维生素 C 的损失，并能阻止果实腐烂。对葡萄柚也有同样效果。

⑥ 盆栽柑橘和金橘　在幼果期用 10mg/kg 2,4-D 或 10mg/kg 2,4-D 加 10mg/kg 赤霉素溶液喷叶和果，可延长挂果期，并可防止在运输途中落果。

⑦ 芒果　用 10～20mg/kg 2,4-D 溶液喷洒可以减少芒果落果。但需注意，如浓度过高反而会增加落果。

⑧ 葡萄　采收前用 5～10mg/kg 2,4-D 溶液喷洒果实，可防止果实在贮藏期落粒。

⑨ 香豌豆　用 0.02～2mg/kg 2,4-D 溶液喷洒香豌豆花蕾离层区，可防止落花，延长观赏期。

⑩ 朱砂根　用 10mg/kg 2,4-D 加 10mg/kg 赤霉素混合液在挂果期喷果，可延长挂果期。

⑪ 金鱼草、飞燕草　蕾期用 10～30mg/kg 2,4-D 溶液喷洒花蕾，可减少落花。

（2）促进生长，增加产量

① 水稻　种子用 10mg/kg 或 50mg/kg 浓度的 2,4-D 溶液浸种 36h 或 48h，可增产约 12%。用 100mg/kg 以上的 2,4-D 溶液浸泡种子，对秧苗生长有一定的促进作用。

② 小麦、大麦　每公顷用 20～34mg/kg 2,4-D 溶液处理冬春小麦，能控制麦田中双子叶杂草生长，并刺激小麦生长，每公顷产量比未施用 2,4-D 的高 200kg，麦粒中蛋白质含量也有所提高。在小麦和大麦 5～7 叶期，叶面施用 5%2,4-D 异丙酯加铜、硼、锰、锌、铁、硫元素的粉剂，产量可提高 11%。喷洒 2,4-D 异辛酯溶液可使麦粒蛋白质含量由 11.3%增加至 12.5%，同时施用 0.05%的铁二乙烯三铵五乙

酸（FeDTPA），麦粒的蛋白质含量由11.3%增至13.6%，而单独使用铁二乙烯三铵五乙酸则无效。盆栽大麦每隔15d喷洒一次10mg/kg 2,4-D，可提高鲜重、干重和籽粒重。

③ 玉米　以5mg/kg、10mg/kg或30mg/kg 2,4-D浸泡杂交玉米种子24h，可增加植株高度和产量。用30mg/kg时可增加产量约20%；用50mg/kg时也有增产作用；浓度超过500mg/kg，对植株有伤害作用。

④ 棉花　用5mg/kg 2,4-D溶液处理40d苗龄的棉花植株，此后每隔20d重复施用一次，直至开花，能防止落蕾落铃，可提高产量。

⑤ 马铃薯　以1%或5%2,4-D粉剂另加铜、硼、锰、锌、铁和硫的无机盐的粉剂，每公顷用6810g，施于马铃薯植株叶片上，能增产11%～15%。种植前用200mg/kg 2,4-D钠盐溶液喷洒马铃薯种薯，可促进发芽，并增加产量38.5%。播种前用50～100mg/kg的2,4-DM（2,4-二氯萘氧基丁酸）及硫酸锌溶液处理种薯，可使产量增加5%～19%。

⑥ 菜豆　以1mg/kg的2,4-D及50mg/kg的铁、锰、铜、锌、硼盐类的水溶液，施用于生长2周的菜豆植株，可显著增加茎高、叶面积和根、茎、叶的鲜重，可使豆荚产量增加，豆荚中维生素C含量也有所增加。叶部施用0.5mg/kg或1mg/kg的2,4-D并加硫酸铁溶液的植株，产量显著增加，单用2,4-D产量也可增加20%。

⑦ 黄瓜　在温室条件下，播种前用2,4-D处理黄瓜种子，在土壤栽培中产量增加20%，在水培中增产6%。

⑧ 人心果　以50mg/kg或100mg/kg 2,4-D铵盐溶液喷洒人心果树，可促进果实成熟一致，成熟更快，还原糖含量较高，贮藏时水分损失较少。

⑨ 椰子　100mg/kg浓度2,4-D可促进椰子萌发。

⑩ 菠萝　植株完成营养生长后，用5～10mg/kg 2,4-D从株心处注入，每株约30mL，可促进开花，使花期一致。适用于分期栽种、分期收获的菠萝园。

（3）贮藏保鲜

① 香蕉　于香蕉采收后，用1000mg/kg 2,4-D溶液喷洒，对贮藏有明显作用。

② 萝卜　在贮藏期间，用10～20mg/kg 2,4-D处理，可抑制生根发芽，防止糠心。2,4-D浓度不宜过高（80mg/kg），否则影响萝卜的色泽，降低质量，而且在贮藏后期易造成腐烂。主要用于贮藏前期，过了二月份药力逐渐分解，反而会产生刺激加速衰老。

③ 大白菜、甘蓝　采收前3～7d，用25～50mg/kg 2,4-D溶液喷施至外部叶片湿透为止，外部晾干后再贮藏，可防止窖藏或运输过程中白菜大量脱帮（同样适用于甘蓝）。大白菜收获后用2,4-二氯苯氧乙酸浸根，或与萘乙酸混合液浸蘸或喷洒根茎部，可延长保鲜期，即使贮藏到来年3月中下旬，外层老帮仍然呈鲜绿色。

④ 花椰菜　冬前贮藏花椰菜时，用50mg/L的2,4-D喷洒叶片，可促进花球在贮藏期间继续生长。

⑤ 板栗　用300～500mg/kg 2,4-D溶液喷洒板栗，晾干后贮藏，可防止发芽。

⑥ 柑橘　采收后立刻用20～100mg/kg 2,4-D或加入500mg/kg多菌灵或1500mg/kg噻菌灵浸泡果实，晾干后用薄膜分别包装，可防止落蒂，并能保鲜，减少贮藏期间果皮霉烂。

注意事项

（1）2,4-D原粉不溶于水，使用前应先加入少量水，再加入适量氢氧化钠溶液，边加边搅拌，使之溶解，然后加水稀释至需要浓度。配制药剂的容器不能用金属容器，以免发生化学反应，降低药效。

（2）2,4-D吸附性强，用过的喷雾器必须充分洗净，敏感作物受其残留微量药剂危害。洗涤方法是用清水冲洗2～3次，然后在喷雾器内装满水，再加入纯碱50～100g，彻底清洗喷雾器各部件，并将此碱液在喷雾器内放置10h左右，再用清水冲洗干净，最好器械专一使用。

（3）该调节剂在高浓度下为除草剂，低浓度下为生长促进剂，因此应严格掌握使用浓度，以免发生药害。轻度药害症状为叶柄变软弯曲，叶片下垂，顶部心叶出现翻卷，叶片畸形，果实畸形，成果形成空心果，出现裂果等。重度药害为植株大部分叶片下垂，心叶翻卷严重，出现畸形并收缩，植株生长点萎缩坏死，整株逐渐萎蔫死亡，对双子叶植物药害较重，对单子叶植物药害较轻。使用2,4-D时要注意周围的作物，如有棉花、大豆等作物，防止药液随风飘洒到这些作物上引起药害，从而使叶片发黄枯萎，造成减产。

2,4-滴丙酸（dichlorprop）

$C_9H_8Cl_2O_3$，235.07，120-36-5

其他名称　防落灵、2,4-DP、Hormatox、Kildip、Vigon-RS、Redipon，Fernoxone、cornox RX。

化学名称　2-(2,4-二氯苯氧基)丙酸，(*RS*)-2-(2,4-二氯苯氧基)丙酸，(*RS*)-2-(2,4-dichlorophenoxy) propanoic acid。

理化性质　纯品为无色无臭晶体，熔点117.5～118.1℃，在室温下无挥发性，在20℃水中溶解度为350mg/L，易溶于丙酮、异丙醇等大多数有机溶剂，较难溶于苯和甲苯，其钠盐、钾盐可溶于水。在光、热下稳定。

毒性　低毒，对人、畜无害。大白鼠急性经口LD_{50} 863mg/kg（雄），870mg/kg

（雌），小鼠急性经口 LD_{50} 400mg/kg。大鼠急性经皮 LD_{50}＞4000mg/kg，小鼠 1400mg/kg。鹌鹑急性经口 LD_{50} 250～500mg/kg。4.5%制剂大白鼠 LD_{50} 为 3352mg/kg（雄）、3757mg/kg（雌）；对蜜蜂无毒；鱼毒 LC_{50}（96h）：鳟鱼 100～200mL/L。

作用特点　为类生长素的苯氧类植物生长调节剂，主要经由植株的叶、嫩枝、果吸收，然后传到叶、果的离层处，抑制纤维素酶的活性，从而阻抑离层的形成，防止成熟前果和叶的脱落。高浓度可作除草剂。

适宜作物　可用作谷类作物双子叶杂草防除；苹果、梨采前防落果剂，且有促进着色作用；对葡萄、番茄也有采前防落果的作用。

应用技术

（1）苹果、梨、葡萄、番茄的采前防落果剂　以 20mg/L 于采收前 15～25d，全株喷洒（每亩药液 75～100kg），红星、元帅、红香蕉苹果采前防落效果一般达到 59%～80%，且有着色作用。

2,4-D 丙酸与醋酸钙混用既促进苹果着色又延长储存期。新红星、元帅苹果采收前落果严重，在采收前 14～21d 用 2,4-D 丙酸和醋酸钙混合药液喷洒，可以防止采前落果、促进着色、增加硬度、改善果实品质。并可以减少贮藏期软腐病的发生，延长贮藏期。

在梨上使用也有类似的效果。此外，在葡萄、番茄上也有采前防落效果，并有促进果实着色的作用。

（2）除草剂　在禾谷类作物上单用时，用量为 1.2～1.5kg/hm^2，也可与其他除草剂混用。

注意事项

（1）使用时适当加入表面活性剂，如 0.1%吐温-80，有利于药剂发挥作用。

（2）用作苹果采前防落果剂时，与钙离子混用可增加防落效果及防治苹果软腐病。

（3）如喷后 24h 内遇雨，影响效果。

2,4-滴丁酸（2,4-dichlorophenoxybutyric acid）

Cl　O　Cl　O　OH

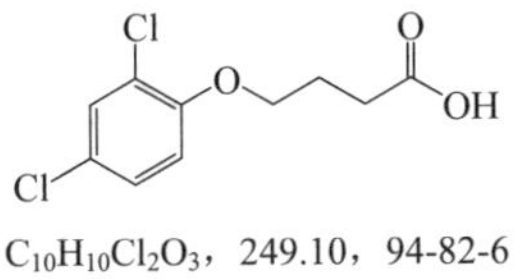

$C_{10}H_{10}Cl_2O_3$，249.10，94-82-6

化学名称　4-(2,4-二氯苯氧基)丁酸，4-(2,4-dichlorophenoxy)butyric acid。

理化性质　纯品外观为类白色结晶，原药外观为类白色固体粉末。熔点 119～

119.5℃，溶解度（g/L,25℃）：水中 4.385、丙酮 143、甲醇 113.8、乙酸乙酯 90.7、二甲苯 10.5。

毒性 原药对雌雄性大鼠急性经口 LD_{50}1470mg/kg，急性经皮 LD_{50} 均＞2000mg/kg，急性吸入 LC_{50}＞2000mg/m^3，属低毒级；对兔皮肤、眼睛无刺激性；豚鼠皮肤变态反应（致敏性）试验结果为无致敏性。

作用方式 内吸性药剂，可从根、茎、叶进入植物体内，在敏感植物体内经 β-位氧化为 2,4-滴，干扰敏感植物体内激素平衡，使杂草茎叶扭曲、肿胀、发育畸形，最终导致死亡。

防除对象 可用于播种后的谷物和草地防除阔叶草如鸭跖草、龙葵、苘麻等，对水稻田阔叶杂草及莎草科杂草也有防效。

使用方法 在移栽稻分蘖中后期，杂草 2～5 叶期茎叶喷雾施药。用药前一天傍晚排干田水，喷药 24h 后灌水，水层勿淹没水稻心叶。喷雾时要在无风或微风（风力不大于三级）天气进行；预计 6h 内降雨，不要施药。

注意事项

（1）棉花、甜菜、油菜、马铃薯、向日葵、瓜类、蔬菜、中药材、果树、林木等对本品敏感，施用时保持一定的安全距离，避免药液飘移到上述敏感作物及树木，以免产生药害。下风向有敏感作物及树木的区域，禁用本品。

（2）用药时选用合适的喷雾器械，使用标准喷雾器喷雾，不能用超低容量或弥雾机施药。施药时压低喷头，喷头距作物及杂草叶面不宜过高，挥动幅度适中。

（3）施药期间应避免对周围蜂群的影响，禁止在开花植物花期、蚕室和桑园附近使用。远离水产养殖区、河塘等水域施药，禁止在河塘等水域清洗施药器具。鱼、虾、蟹套养稻田禁用，施药后的药水禁止排入水体。赤眼蜂等天敌放飞区域禁用。

2,4-滴钠（sodium 2,4-dichlorophenoxyacetate）

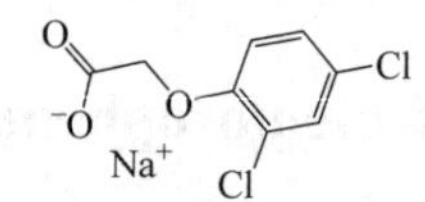

$C_8H_5Cl_2NaO_3$，243.02，2702-72-9

化学名称 2,4-二氯苯氧乙酸钠盐。

作用特点 植物生长调节剂，适用于番茄，可刺激花粉发芽，能较好地完成受精过程达到保花、保果的目的，同时可提早成熟。

适宜作物 属于植物生长调节剂，切勿随意提高或降低使用浓度。留作种子的番茄禁用本品，以免造成植物无籽。施药时勿将 2,4-滴钠滴落在叶片上，以防卷叶产生药害。

防治对象　番茄。

使用方法　低浓度（1～30mg/kg）时具有植物生长素之功能，于番茄花顶见黄未完全开放或呈喇叭状时用棉球或毛笔蘸取配好的药液，涂花蕾或者点花蕾。较高浓度则抑制生长，更高浓度时可使作物畸形发育致死，可作为除草剂。

注意事项

（1）该药在大剂量下为除草剂，低剂量下为植物生长调节剂，因此必须在规定的浓度范围内使用，以免造成药害而减产。

（2）无用药经验，应通过小面积试验，成功后再扩大施用。

（3）留作种子用的农田禁用本品，以免造成植物生长变态。

（4）棉花、豆类、瓜类等禁用本品。

（5）在番茄上不能采用全株喷施的方法，勿将药液喷到其他作物上，防止产生药害。

2,4-滴异辛酯（2,4-disooctyl ester）

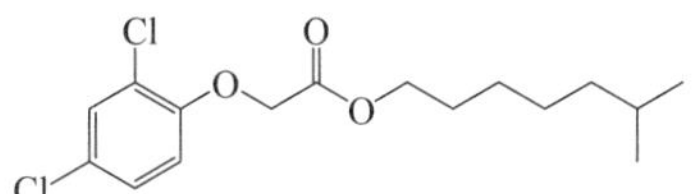

$C_{16}H_{22}Cl_2O_3$，333.25，25168-26-7

化学名称　2,4-二氯苯氧乙酸异辛酯；isooctyl (2,4-dichlorophenoxy)acetate。

理化性质　纯品为无色油状液体，原油为褐色液体，熔点 9℃，相对密度（水=1g/cm^3）1.2428，蒸气压：25～28℃，溶解性：不溶于水，易溶于有机溶剂。稳定性：挥发性强，与碱分解。

毒性　大白鼠、豚鼠和兔的急性经口 LD_{50} 300～1000mg/kg。大白鼠口服中毒最低量为 50mg/kg。

防除对象　适用于麦类、玉米、大豆、谷子、高粱、水稻、甘蔗等禾本科作物。可以防除藜、蓼、反枝苋、铁苋菜、马齿苋、问荆、苦菜花、小蓟、苍耳、苘麻、田旋花、野慈姑、雨久花、鸭舌草等阔叶类杂草。对播娘蒿、荠菜、离蕊芥、泽漆防除效果特别好。对麦家公、婆婆纳、猪殃殃、米瓦罐等有抑制作用。

使用方法

（1）冬大麦、春小麦、春大麦　在 4～5 叶期，杂草 3～5 叶期施药，施药过晚易造成药害，形成畸穗而影响产量。用药量每亩地用 77% 2,4-滴异辛酯乳油 35～40mL，兑水 30L。

（2）玉米、高粱田　播种后3～5d，在出苗前每亩用77% 2,4-滴异辛酯乳油50～58mL，兑水50L均匀喷施土表和已出土杂草。

（3）春大豆　在出苗前每亩地用77% 2,4-滴异辛酯乳油50～58mL，兑水50L，播后苗前土壤喷雾。

注意事项

（1）2,4-滴异辛酯乳油对棉花、大豆、油菜、向日葵、瓜类等双子叶作物十分敏感。喷雾时一定在无风或微风天气进行，切勿喷到或飘移到敏感作物中去，以免发生药害。

（2）严格掌握施药时期和使用量，麦类在4叶期前及拔节后对2,4-滴异辛酯敏感，不宜使用。

（3）喷雾器最好专用，以免喷其他农药出现药害。

敌百虫（trichlorfon）

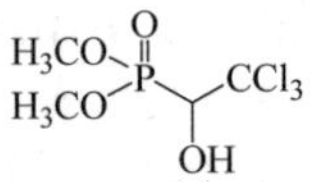

$(H_3CO)_2P(=O)CH(OH)CCl_3$

$C_4H_8Cl_3O_4P$，257.4，52-68-6

其他名称　毒霸、三氯松、必歼、百奈、Anthhon、Dipterex、Chlorphos、Dylox、Neguvon、Trichlorphon、Lepidex、Tugon、Bayer 15922。

化学名称　*O,O*-二甲基-(2,2,2-三氯-1-羟基乙基)膦酸酯，*O,O*-dimethyl-(2,2,2-trichloro-hydroxyethyl)phosph onate。

理化性质　白色晶状粉末，具有芳香气味，熔点83～84℃；溶解度（g/L，25℃）：水154，氯仿750，乙醚170，苯152，正戊烷1.0，正己烷0.8；常温下稳定，遇水逐渐水解，受热分解，遇碱碱解生成敌敌畏。

毒性　急性经口LD_{50}（mg/kg）：大鼠650（雌）、560（雄）；用含敌百虫500mg/kg的饲料喂养大鼠两年无异常现象。

作用特点　抑制昆虫体内的乙酰胆碱酯酶，使突触内乙酰胆碱积聚，造成虫体抽搐、痉挛而死亡。它是一种毒性低、杀虫谱广的有机磷杀虫剂，对害虫有很强的胃毒作用。在弱碱溶液中可变成敌敌畏，但不稳定，很快分解失效。对害虫有很强的胃毒作用，兼有触杀作用，对植物具有渗透性，但无内吸传导作用。

适宜作物　水稻、小麦、甘蓝、烟草、枣树、茶树、柑橘树、荔枝树、森林。

防除对象　水稻害虫如二化螟、稻纵卷叶螟等；小麦害虫如黏虫等；蔬菜害虫如斜纹夜蛾、菜青虫等；果树害虫如柑橘卷叶蛾、荔枝椿象等；烟草害虫如烟青虫等；茶树害虫如茶尺蠖等；森林害虫如松毛虫等。

应用技术

（1）防治水稻害虫

① 二化螟　在卵孵盛期施药，用 80%可溶粉剂兑水重点朝离水面 3～7cm 的叶丛和茎秆喷雾。田间保持水层 3～5cm 深，保水 3～5d。

② 稻纵卷叶螟　在卵孵盛期至低龄幼虫期施药，用 80%可溶粉剂 700 倍液重点朝水稻植株的中上部喷雾。

（2）防治小麦害虫　防治黏虫，在卵孵盛期至低龄幼虫期施药，用 80%可溶粉剂 350～700 倍液兑水均匀喷雾。

（3）防治蔬菜害虫

① 斜纹夜蛾　在低龄幼虫发生期施药，用 80%可溶粉剂 85～100mL/亩兑水均匀喷雾。

② 菜青虫　在低龄幼虫发生期施药，用 30%乳油 100～150mL/亩兑水均匀喷雾。

（4）防治果树害虫

① 柑橘卷叶蛾　在卵孵盛期至低龄幼虫期施药，用 90%可溶粉剂 1200～1500 倍液均匀喷雾。

② 荔枝蝽　在卵孵盛期至低龄幼虫期施药，用 80%可溶粉剂 700 倍液均匀喷雾。

③ 枣黏虫　在卵孵盛期至低龄幼虫期施药，用 80%可溶粉剂 700 倍液均匀喷雾。

（5）防治烟草害虫　防治烟青虫，在卵孵盛期施药，用 80%可溶粉剂 85～100g/亩兑水均匀喷雾。

（6）防治茶树害虫　防治茶尺蠖，在卵孵盛期至低龄幼虫期施药，用 80%可溶粉剂 700～1400 倍液均匀喷雾。

（7）防治森林害虫　防治松毛虫，在卵孵盛期至低龄幼虫期施药，用 80%可溶粉剂 1500～2000 倍液均匀喷雾。

注意事项

（1）不能与碱性农药等物质混用。

（2）对蜜蜂、家蚕有毒，花期蜜源作物周围禁用，施药期间应密切注意对附近蜂群的影响，蚕室及桑园附近禁用；对鱼类等水生生物有毒，养鱼稻田禁用，施药后的田水不得直接排入河塘等水域；远离水产养殖区施药，禁止在河塘等水域内清洗施药器具。

（3）对玉米、苹果敏感，对高粱、豆类特别敏感，易产生药害，使用时注意避免药液飘移到上述作物上。

（4）药剂稀释液不宜放置过久，应现配现用。

（5）水稻上的安全间隔期为 15d，每季最多使用 3 次；十字花科蔬菜最后一次施药至作物收获时允许的间隔天数为14d，每季最多使用2次。

（6）大风天或预计1h内降雨时，请勿施药。

（7）建议与其他作用机制不同的杀虫剂轮换使用，以延缓害虫抗性产生。

敌稗（propanil）

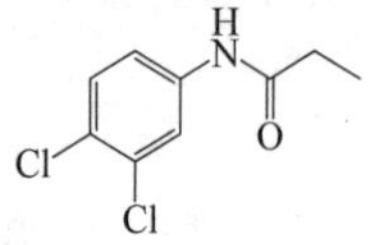

$C_9H_9Cl_2NO$，218.1，709-98-8

化学名称 3,4-二氯苯基丙酰胺，*N*-(3,4-dichlorophenyl)propanamide。

理化性质 纯品为棕色结晶固体，熔点91.5℃，沸点351℃，相对密度1.412，溶解度（20℃，mg/L）：水95，丙酮664000，甲醇650000，二甲苯34510，乙酸乙酯598000。一般情况下，对酸、碱、热及紫外光较稳定，遇强酸易水解，在土壤中较易分解。

毒性 大鼠急性经口LD_{50}＞2500mg/kg；山齿鹑急性经口LD_{50} 196mg/kg；对虹鳟LC_{50}（96h）5.4mg/L；对大型溞EC_{50}（48h） 4.8mg/kg；对月牙藻EC_{50}（72h）0.11mg/L；对蜜蜂接触毒性低、经口毒性中等，对黄蜂低毒，对蚯蚓中毒。对眼睛无刺激性，无神经毒性、皮肤刺激性和致敏性。

作用方式 具有高度选择性的触杀型除草剂。在水稻体内被芳基羧基酰胺酶水解成3,4-二氯苯胺和丙酸而解毒，稗草由于缺乏此种解毒机能，细胞膜最先遭到破坏，导致水分代谢失调，很快失水枯死。敌稗遇土壤后分解失效，仅宜作茎叶处理。

防除对象 主要用于稻田防除稗草，也可防除水马齿、鸭舌草和旱稻田马唐、狗尾草、野苋等。

使用方法 稗草一叶一心期施药，以16%乳油为例，每亩制剂用量1250～1875mL，兑水50L，混合均匀后茎叶喷雾。施药前2d排水，药后2d复水，保水2d，不可淹没稻心。

注意事项

（1）由于氨基甲酸酯类、有机磷类杀虫剂能抑制水稻体内敌稗解毒酶的活力，因此水稻在喷施敌稗前后10d之内不能使用这类农药。

（2）应选晴天、无风天气喷药，气温高除草效果好，并可适当降低用药量，杂草叶面潮湿会降低除草效果，要待露水干后再施用，避免雨前施用。

（3）盐碱较重的秧田，由于晒田引起泛盐，也会伤害水稻，可在保浅水或秧根湿润情况下施药，施药后不等泛碱，及时灌水和洗碱，以免产生碱害。

（4）贮存中会出现结晶。使用时略加热，待结晶熔化后再稀释使用。

（5）棉花、大豆、蔬菜、果树等幼苗对敌稗敏感，施药时应避免药液飘移到上述作物上产生药害。

敌草胺（napropamide）

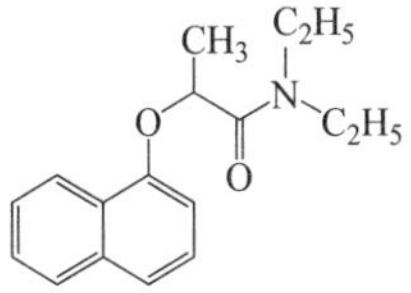

$C_{17}H_{21}NO_2$，271.4，15299-99-7

化学名称　*N*,*N*-二乙基-2-(1-萘基氧)丙酰胺，*N*,*N*-diethyl-2-(1-naphthalenyloxy) propanamide。

理化性质　纯品为无色晶体，熔点 74.8～75.5℃，沸点 316.7℃，溶解度（20℃，mg/L）：水 74，丙酮 440000，正己烷 11100，乙酸乙酯 290000，二氯甲烷 692000。

毒性　大鼠急性经口 LD_{50}＞4680mg/kg，短期喂食毒性高；山齿鹑急性 LD_{50}＞2250mg/kg；对虹鳟 LC_{50}（96h）为 6.6mg/L；对大型溞 EC_{50}（48h）为 14.3mg/kg；对月牙藻 EC_{50}（72h）为 3.4mg/L；对蜜蜂低毒，对蚯蚓中等毒性。对眼睛、呼吸道具刺激性，无神经毒性和皮肤刺激性，无染色体畸变和致癌风险。

作用方式　为选择性芽前土壤处理剂，杂草根和芽鞘能吸收药液，抑制细胞分裂和蛋白质合成，使根生长受影响，心叶卷曲最后死亡。可杀死萌芽期杂草。

防除对象　主要用于大蒜、烟草、棉花、甜菜、西瓜、油菜田防除单子叶杂草，如稗草、马唐、狗尾草、野燕麦、千金子、看麦娘、早熟禾、雀稗等一年生禾本科杂草，也能杀死部分双子叶杂草，如藜、猪殃殃、繁缕、马齿苋等，对由地下茎发生的多年生单子叶杂草无效。对作物安全，尤其是棚栽、覆膜作物不会产生回流药害。

使用方法　杂草出苗前，进行土壤喷雾，以 50%可湿性粉剂为例，每亩兑水 50～100L，每亩制剂用量：油菜田 100～120g；甜菜 100～200g；大蒜 120～200g；棉花、西瓜、烟草 100～200g。

注意事项

（1）在土壤干燥的条件下用药，防除效果差，干燥条件下应相应增大用水量，施药后如遇干旱应采用人工措施保持土壤湿润。

（2）敌草胺对芹菜、茴香、菠菜、莴笋、胡萝卜等伞形花科作物有药害，不宜使用。

（3）敌草胺对已出土的杂草效果差，故应早施药。

（4）春夏季日照长，光解敌草胺多，用量应高于秋季。

（5）按照推荐剂量使用，正常条件下对后茬作物安全，用量过高时，会对下茬水稻、大麦、高粱、玉米等禾本科作物产生药害。

（6）不得与碱性物质混合使用。

（7）使用时应平整土地，用药后15d内，勿破坏施药土层。

（8）若移栽后施药，应对准地面定向喷雾，避免药液喷施在作物上。

敌草快（diquat dibromide）

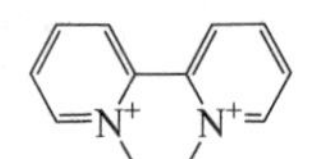

$C_{12}H_{12}N_2$，184.2，2764-72-9

其他名称 利农，双快，杀草快，催熟利，敌草快二溴盐，Dextrone，Reglox，Reglone，aquacide，Pathclear。

化学名称 1,1′-亚乙基-2,2′-联吡啶二溴盐，6,7-dihydrodipyrido[1,2-*a*:2′,1′-*c*]pyrazinediium。

理化性质 以单水合物形式存在，为无色至浅黄色结晶体。325℃开始分解（一水合物）。蒸气压<0.01mPa（一水合物），相对密度1.61（25℃）。20℃，水中溶解度700g/L，微溶于乙醇和羟基溶剂（25g/L），不溶于非极性有机溶剂（<0.1g/L），稳定性：在中性和酸性溶液中稳定，在碱性条件下易水解。DT_{50}：pH 7，模拟光照下约74d；pH 5～7时稳定；黑暗条件下pH 9时，30d损失10%；pH 9以上时不增加降解。对锌和铝有腐蚀性。

毒性 大鼠急性经口LD_{50} 214mg/kg，喂食毒性高；对绿头鸭急性LD_{50} 83mg/kg；对虹鳟LC_{50}（96h）21.0mg/L；对大型溞EC_{50}（48h）1.2mg/kg；对月牙藻EC_{50}（72h）0.011mg/L；对蜜蜂、蚯蚓中等毒性。延长接触时间，人的皮肤能吸收敌草快，引起暂时的刺激，可使伤口愈合延迟。对眼睛、皮肤有刺激。如果吸入可引起鼻出血和暂时性的指甲损伤。

作用方式 具有一定传导性能的触杀型除草剂。可迅速被绿色植物组织吸收，杂草受药后数小时即开始枯死。药液对成熟和棕色树皮无不良影响。药液接触土壤后钝化，正常使用技术情况下，不影响土壤中的种子萌芽和出苗，对植物地下根茎基本无破坏作用。

防除对象 用于冬油菜田、免耕蔬菜、小麦免耕田、非耕地、柑橘园、苹果园进行除草，也可用于冬油菜、马铃薯、棉花、水稻、小麦田进行催枯。

使用方法

（1）农田除草 冬油菜田于移栽前1～3d、杂草2～5叶期施药，以20%水剂为例，每亩制剂用量150～200mL，兑水30～50L混合均匀后喷雾；免耕蔬菜于前茬作物收获后、下茬蔬菜播种/移栽前使用，以20%水剂为例，每亩制剂用量200～300mL，兑水30～50L混合均匀后喷雾；小麦田于播种前2～3d使用，以20%水剂为例，每亩制剂用量150～200mL，兑水30～50L混合均匀后喷雾；非耕地以20%水剂为例，每亩制剂用量250～350mL，兑水25～50L混合均匀后喷雾；柑橘园、苹果园以20%水剂为例，每亩制剂用量150～200mL，兑水25～50L混合均匀后定向茎叶喷雾。

（2）作物催枯 马铃薯田收获前10～15d以20%水剂为例，亩制剂用量200～250mL，兑水30～50L混合均匀后喷雾；水稻、小麦、冬油菜田于水稻成熟后期，收割前5～7d施药，棉花以20%水剂为例，亩制剂用量150～200mL，兑水30～50L混合均匀后喷雾。

注意事项

（1）敌草快是非选择性除草剂，切勿对作物幼树进行直接喷雾。否则，接触作物绿色部分会产生严重药害。

（2）勿与碱性磺酸盐湿润剂、激素型除草剂、金属盐类等碱性化合物混合使用。

（3）敌草快可以和2,4-滴、取代脲类、三氮苯类、茅草枯等除草剂混用，以延长对杂草的有效防除时间。未经稀释的敌草快原液对铝等金属材料有腐蚀作用，故应贮存在塑料桶内。但是，稀释之后，对用金属材料制成的喷雾装置无腐蚀作用。

（4）切勿使用手动超低量喷雾器或弥雾式喷雾器。

用作植物生长调节剂

作用特点 可作为成熟作物的催枯剂，使植株上的残绿部分和杂草迅速枯死，可提前收割；在土壤中迅速失活，不会污染地下水，适用于在作物萌发前除杂草。

适宜作物 可用于棉花、马铃薯脱叶。

应用技术

（1）马铃薯 收获前1～2周，进行叶面喷洒，施用量0.6～0.9kg/hm^2，可促进马铃薯叶片干枯。马铃薯收获前一般需要干燥脱叶，单用敌草快，干燥、脱叶效果不如与尿素混用时效果好。将敌草快与尿素按0.4kg/hm^2+20kg/hm^2混合处理马铃薯植株，处理后3d，茎及叶子干燥脱落的程度几乎与单用0.8kg/hm^2敌草快的效果一样。尿素降低了药的用量，减少了药剂对环境的污染。

（2）棉花　在60%棉荚张开时，进行叶面喷洒，施用量0.6～0.8kg/hm^2，可加速棉花脱叶。

注意事项

（1）在喷洒药液过程中，除杂草和需催枯作物外，避免使药液接触其他作物绿色部分，以防药害。

（2）不能与碱性磺酸盐湿润剂、激素型除草剂、碱金属盐类等混用。

（3）在施药和贮存过程中，要注意安全防护。

敌草隆（diuron）

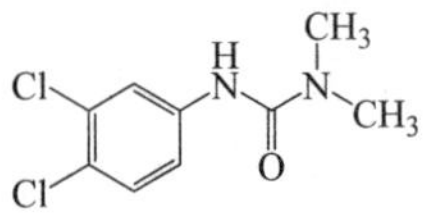

$C_9H_{10}Cl_2N_2O$，233.09，330-54-1

其他名称　DCMU，Dichlorfenidim。

化学名称　*N'*-(3,4-二氯苯基)-*N*,*N*-二甲基脲，*N'*-(3,4-dichlorophenyl)-*N*,*N*-dimethylurea。

理化性质　纯品为白色无臭结晶固体，熔点158～159℃，330℃降解，溶解度（20℃，mg/L）：水35.6，邻二甲苯1470，丙酮47200，乙酸乙酯19000，二氯甲烷14400。在热乙醇中的溶解度随温度升高而增加。180～190℃和酸、碱中分解。不腐蚀，不燃烧。

毒性　大鼠急性经口LD_{50}＞2000mg/kg；对山齿鹑急性经口LD_{50}为1104mg/kg；对杂色鳉LC_{50}（96h）为6.7mg/L；大型溞EC_{50}（48h）为5.8mg/kg；对四尾栅藻EC_{50}（72h）为0.0027mg/L；对蜜蜂接触毒性低，经口毒性中等，对黄蜂低毒，对蚯蚓中等毒性。对呼吸道具刺激性，无神经毒性，无眼睛、皮肤刺激性和致敏性，有致癌风险。

作用方式　内吸传导型取代胺类除草剂。可被植物的根、叶吸收，以根系吸收为主。杂草根系吸收药剂后，传到地上叶片中，并沿着叶脉向周围传播，抑制光合作用中的希尔反应，该药杀死植物需光照，使受害杂草从叶尖和边缘开始褪色，最终致全叶枯萎，不能制造养分，“饥饿”而死。敌草隆对种子萌发及根系无显著影响，药效期可维持60d以上。在低剂量下可通过位差及时差选择进行除草，高剂量时成为灭生性除草剂。

防除对象　杀草谱很广，对大多数一年生和多年生杂草都有效，主要用于棉花、甘蔗田防除马唐、牛筋草、狗尾草、旱稗、藜、苋、蓼、莎草等一年生杂草，提高剂量也可用于非耕地作灭生性除草。

使用方法 于棉花、甘蔗田播后苗前兑水稀释均匀后进行土壤喷雾，以50%可湿性粉剂为例，甘蔗田制剂用量160～240g/亩，棉花田制剂用量100～150g/亩，如遇干旱天气应提高用水量，每季最多使用一次，用量提升至600～1067g/亩可用于非耕地灭生性除草。

注意事项

（1）对麦苗有杀伤作用，麦田禁用；

（2）对棉叶有很强的触杀作用，施药必须施于土表，棉苗出土后不宜使用敌草隆；

（3）沙性土壤，用药量应比黏质土壤适当减少；

（4）对果树（如桃树）及多种作物的叶片有较强的杀伤力，应避免药液飘移引起药害；

（5）温暖晴天施药效果好于低温天气，施药后3d内勿割草、放牧和翻地。

用作植物生长调节剂

作用特点 作为植物生长调节剂，它可提高苹果的色泽；为甘蔗的开花促进剂。作用机制还有待进一步研究。

适宜作物 苹果、棉花、甘蔗等。

应用技术

（1）苹果 以4×10^{-5}～4×10^{-4}mol/L敌草隆药液与柠檬酸或苹果酸混用（用柠檬酸或苹果酸调pH 3.0～3.8）在苹果着色前处理，能诱导花青素的产生，从而不仅可以增加苹果的着色面积，还可以提高优级果率。在敌草隆与柠檬酸或苹果酸混合液中加入0.1%吐温–20更有利于药效的发挥。

（2）甘蔗 在甘蔗开花早期，以500～1000mg/L喷洒花，可促进甘蔗开花。

（3）棉花 敌草隆与噻唑隆混剂可作棉花脱叶剂。敌草隆与噻唑隆可以制成混合制剂，用于棉花脱叶，并抑制顶端生长，促进吐絮。

注意事项

（1）不要使敌草隆飘移到棉田、麦田及桑树上。

（2）不能和碱性试剂混用，否则会降低敌草隆的效果。

（3）用过敌草隆的喷雾器要彻底清洗。

（4）遇明火、高热可燃。受高热分解，放出有毒气体。因此，工作现场严禁吸烟、进食和饮水。

（5）工作人员采取必要的防护措施，如不慎与皮肤接触，用肥皂水及清水彻底冲洗，就医；与眼睛接触，拉开眼睑，用流动清水冲洗15min，就医；吸入，脱离现场至空气新鲜处，就医；误服者，饮适量温水，催吐，就医。

敌敌畏（dichlorvos）

$$\mathrm{(H_3CO)_2P(=O)-O-CH=CCl_2}$$

$C_4H_7Cl_2O_4P$，220.98，62-37-7

其他名称 二氯松、百扑灭、棚虫净、烟除、DDVP、DDVF、Dichlorfos、Dedevap、Napona、Nuvan、Apavap、Bayer-19149。

化学名称 *O*,*O*-二甲基-*O*-(2,2-二氯乙烯基)磷酸酯，*O*,*O*-dimethyl-*O*-(2,2-dechlorovinyl)phosphate。

理化性质 无色有芳香气味液体，相对密度1.415（25℃），沸点74℃（133.3Pa）；室温时水中溶解度为10g/L，与大多数有机溶剂和气溶胶推进剂混溶；对热稳定，遇水分解：室温时其饱和水溶液24h水解3%，在碱性溶液或沸水中1h可完全分解。对铁和软钢有腐蚀性，对不锈钢、铝、镍没有腐蚀性。

毒性 大鼠急性LD_{50}（mg/kg）：经口50（雌）、80（雄）；经皮75（雌）、107（雄）；对蜜蜂高毒。用含敌敌畏小于0.02mg/（kg·d）饲料喂养兔子24周无异常现象，剂量在0.2mg/（kg·d）以上时引起慢性中毒。

作用特点 主要作用机制是抑制昆虫体内的乙酰胆碱酯酶，造成神经传导阻断而死亡。它是一种高效、广谱的有机磷杀虫剂，具有熏蒸、胃毒和触杀作用，残效期较短，对半翅目、鳞翅目、鞘翅目、双翅目等昆虫及红蜘蛛都具有良好的防治效果。施药后易分解，残效期短，无残留。

适宜作物 水稻、小麦、玉米、棉花、十字花科蔬菜、黄瓜、苹果、柑橘树、桑树、茶树、菊花、林木等。

防除对象 水稻害虫如稻飞虱等；小麦害虫如黏虫、麦蚜等；棉花害虫如造桥虫等；蔬菜害虫如黄条跳甲、菜青虫、甜菜夜蛾、白粉虱、蚜虫等；果树害虫如蚜虫、苹小卷叶蛾、柑橘糠片蚧等；桑树害虫如桑尺蠖等；茶树害虫如茶尺蠖等；花卉害虫如蚜虫等；森林害虫如松毛虫、天幕毛虫、杨柳毒蛾、竹蝗等；储粮害虫如玉米象等。

应用技术

（1）防治水稻害虫 防治稻飞虱，在低龄若虫盛期施药，用90%乳油33.3～40mL/亩兑水50kg喷雾，重点是植株中下部叶丛和稻秆。田间应保持3～5cm的水层2～3d。

（2）防治小麦害虫 防治麦蚜，在蚜虫发生始盛期施药，用48%乳油80～100mL/亩兑水40～50kg均匀喷雾。

（3）防治棉花害虫

① 棉蚜 在蚜虫发生始盛期施药，用 77.5%乳油 75～100mL/亩兑水 45～55kg 均匀喷雾。

② 棉小造桥虫 在卵孵盛期至低龄幼虫发生期施药，用 80%乳油 50～100g/亩兑水均匀喷雾。

（4）防治蔬菜害虫

① 菜青虫 在低龄幼虫盛期施药，用 50%乳油 80～120mL/亩兑水均匀喷雾。用药时间选择在傍晚效果较佳。

② 甜菜夜蛾 在低龄幼虫盛期施药，用 50%乳油 90～120mL/亩兑水均匀喷雾。

③ 黄曲条跳甲 白菜上成虫发生期施药，用 80%可溶液剂 30～40mL/亩兑水均匀喷雾。喷药时先在菜地边沿地带喷药，然后由外往里均匀喷药；视虫害发生情况，每 7d 左右施药一次，可连续用药 3～4 次。

④ 瓜蚜 大棚内黄瓜上蚜虫发生始盛期施药，闭棚并用 30%烟剂 300～400g/亩点燃放烟处理，注意及时放风。每隔 3～5d 用药一次，连续用药 2～3 次。使用时根据棚室大小均匀布点，每亩大棚可设 4～6 个放烟点，烟片下垫上小木块或硬纸片，由里向门口逐个点燃。

⑤ 白粉虱 大棚内黄瓜上白粉虱低龄若虫发生初期施药，闭棚并用 15%烟剂 390～450g/亩点燃放烟处理，6h 后及时放风。每隔 3～5d 施药一次，可连续用药 2 次。

（5）防治果树害虫

① 蚜虫 在蚜虫发生始盛期用 77.5%乳油 1000～1250 倍液均匀喷雾。

② 苹小卷叶蛾 在卵孵盛期至低龄幼虫期施药，用 48%乳油 1000～1250 倍液均匀喷雾。

③ 柑橘糠片蚧 在若蚧初孵时期施药，用 48%乳油 500～1000 倍液均匀喷雾。

（6）防治桑树害虫 防治桑尺蠖，在卵孵盛期至低龄幼虫期施药，用 80%乳油 50g/亩兑水均匀喷雾。

（7）防治茶树害虫 防治茶尺蠖，在卵孵盛期至低龄幼虫期施药，用 80%乳油 50g/亩兑水均匀喷雾。

（8）防治花卉害虫 防治蚜虫类，观赏菊花上蚜虫由低密度向高密度发展时施药，用 90%乳油 800～1000 倍液喷雾。宜在晴天的早上或傍晚施药，间隔期为 10d。

（9）防治森林害虫 防治松毛虫、天幕毛虫、杨柳毒蛾、竹蝗，适合在树高、郁闭度 0.6 以上、山陡、缺水、缺劳力的林区。使用时将 2%烟剂主剂插管插入供热剂中，然后插入引火捻，点燃引火捻即可冒出白色杀虫浓烟，使用剂量为 500～1000g/亩。以傍晚日落后或早晨日出前的时间最适宜于放烟，雨天、风大（超过 1m/s）、雾天则不宜放烟。

（10）防治储粮害虫 防治玉米象等多种储粮害虫，将药块放入大缸、水泥箱、木柜等贮粮用具内密封，用 28%缓释剂熏蒸。注意：熏蒸原粮后至原粮出仓上市间隔期为180d。

（11）防治卫生害虫　防治蚊、蝇等卫生害虫，用80%乳油300～400倍液喷洒地面或挂条熏蒸均有良好的效果。

注意事项

（1）不可与碱性农药等物质混合使用。

（2）开花植物花期禁用，施药期间应密切注意对周围蜂群的影响；蚕室和桑园附近禁用；远离河塘等水域施药；禁止在河塘等水体中清洗施药器具。

（3）敌敌畏对高粱、月季花易产生药害，对玉米、豆类、瓜类幼苗及柳树也较敏感，施药时应防止药液飘移到上述作物上造成为害。

（4）敌敌畏用于室内必须注意安全。

（5）在水稻上的安全间隔期28d，每季最多使用2次；在小麦上的安全间隔期为28d，每季最多使用2次；在棉花上的安全间隔期为5d，每季最多使用5次；十字花科蔬菜上的安全间隔期7d，每季最多使用2次；黄瓜上的安全间隔期为7d，每季最多使用次数2次；苹果树上的安全间隔期为7d，每季最多使用1次；柑橘树上的安全间隔期7d，每季最多使用3次；茶树上的安全间隔期为6d，每季最多使用1次。

（6）大风天或预计1h内降雨请勿施药。

（7）建议与其他作用机制不同的杀虫剂轮换使用，以延缓害虫抗性产生。

敌菌丹（captafol）

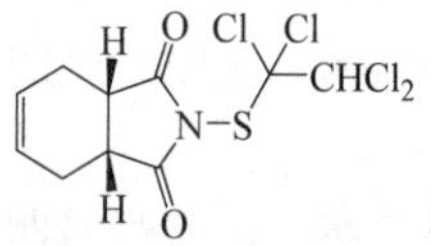

H　O　Cl　Cl
CHCl$_2$
N–S
H　O

$C_{10}H_9Cl_4NO_2S$，349.061，2425-06-1

化学名称　*N*-(1,1,2,2-四氯乙硫基)-1,2,3,6-四氢苯邻二甲酰亚胺。

理化性质　纯品为白色结晶固体，熔点160～161℃，在室温下几乎不挥发。难溶于水，微溶于大多数有机溶剂。在强碱条件下不稳定。

毒性　大白鼠急性口服LD_{50} 5000～6200mg/kg，用80%可湿性粉剂的水悬液给药，大鼠急性口服LD_{50} 2500mg/kg，大白兔急性经皮毒性LD_{50}为>15.4g/kg。每日用500mg/kg对大鼠或以10mg/kg剂量对狗进行两年饲养试验均没有产生中毒现象。对野鸭和家鸭10d饲养的LD_{50}分别为23g/kg以上和101.7g/kg。对虹鳟鱼接触4d后半数致死浓度（LC_{50}）为0.5mg/L，大翻车鱼为2.8mg/L，金鱼为3.0mg/L，青鳃鱼为 0.15mg/L。

作用特点　多作用点的广谱、保护性杀菌剂。

适宜作物　经济作物、蔬菜、森林等。

防治对象　防治番茄叶部及果实病害，马铃薯枯萎病，蔬菜和经济作物的根腐病、立枯病、霜霉病、疫病和炭疽病，咖啡、仁果病害以及其他农业、园艺和森林作物的病害，还能作为木材防腐剂。

使用方法　可茎叶处理、土壤处理和种子处理。

注意事项

（1）严格按照农药安全规定使用此药，喷药时戴好口罩、手套，穿上工作服；

（2）施药时不能吸烟、喝酒、吃东西，避免药液或药粉直接接触身体，如果药液不小心溅入眼睛，应立即用清水冲洗干净并携带此药标签去医院就医；

（3）此药应储存在阴凉和儿童接触不到的地方；

（4）如果误服要立即送往医院治疗；

（5）施药后各种工具要认真清洗，污水和剩余药液要妥善处理保存，不得任意倾倒，以免污染鱼塘、水源及土壤；

（6）搬运时应注意轻拿轻放，以免破损污染环境，运输和储存时应有专门的车皮和仓库，不得与食物和日用品一起运输，应储存在干燥和通风良好的仓库中。

敌菌灵（anilazine，triazine）

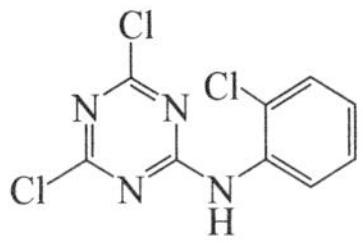

$C_9H_5Cl_3N_4$，275.52，101-05-3

化学名称　2,4-二氯-6-（2-氯代苯氨基）均三氮苯。

理化性质　白色至黄色结晶，熔点 159～160℃（从苯与环己烷混合溶剂中析出结晶），不溶于水，但易水解。30℃是在 100mL 有机溶剂中的溶解度：氯苯 6g，苯 5g，二甲苯 4g，丙酮 10g。常温下储存 2 年，有效成分含量变化不大。敌菌灵在中性和弱酸性介质中较稳定，在碱性介质中加热会分解。

毒性　属低毒杀菌剂。原粉对大鼠畸形经口 LD_{50}＞5g/kg，对兔急性经皮 LD_{50}＞9.4g/kg，长时间与皮肤接触有刺激作用。在试验条件下，未见致癌作用。对大鼠经口无作用剂量为 5g/kg。鱼毒（LC_{50}）：虹鳟 0.15g/kg（48h），蓝鳃＜1.0g/kg（96h）。鹌鹑 LD_{50}＞2g/kg，对蜜蜂无毒。

作用特点　广谱性杀菌剂，有内吸活性。

适宜作物 水稻、黄瓜、番茄、烟草等。

防治对象 瓜类炭疽病、瓜类霜霉病、黄瓜黑星病、水稻稻瘟病、胡麻叶斑病、烟草赤星病、番茄斑枯病、黄瓜蔓枯病等，对由葡萄孢属、尾孢属、交链孢属、葡柄霉属等真菌有特效。

使用方法 茎叶喷雾和拌种。

（1）防治人参立枯病 用50%敌菌灵可湿性粉剂按种子重量的0.3%拌种；

（2）防治人参根腐病 除在人参播种或移栽前作土壤处理外，还可用500～800倍的悬浮液浸种苗，或生长期浇灌病区；

（3）防治番茄斑枯病 在发病早期，用50%可湿性粉剂300～700倍液喷雾，间隔7～10d喷1次；

（4）防治草莓灰霉病 用50%敌菌灵可湿性粉剂400～600倍液喷雾，防治效果可达80%以上，从现蕾期开始，每隔7～10d喷药1次，连喷3～4次，和多菌灵、克菌丹及异菌脲等杀菌剂交替使用效果更佳；

（5）防治烟草赤星病、水稻稻瘟病 在发病早期，用50%可湿性粉剂500倍液喷雾；

（6）防治黄瓜黑星病、霜霉病、蔓枯病等 用50%可湿性粉剂400～500倍液喷雾，间隔7～10d喷1次，连喷3～4次；

（7）防治保护地黄瓜霜霉病、番茄晚疫病 用10%防霉灵粉尘，每亩用药量为1kg，在发病前或发病初期开始喷药，以后每隔7～10d喷1次，视病情发生情况连续喷2～3次。必须使用喷粉器施药，不能用其他器械代替。施药前先关闭大棚或温室，而后按照每亩用药量为1kg，将农药装入喷粉器药箱中，排粉量调在200g/min左右，喷粉器及粉尘剂必须保持干燥，不能使用潮湿或结块药剂。喷药应选在早晨或傍晚施药，阴天和雨天全天都可以喷药，傍晚闭棚后施药效果最好，施药时，要均匀地对空喷粉，效果好，若早晨喷药，经过2h后再打开棚门或室窗，若傍晚喷药，第二天早晨再打开棚门或温室窗口，以充分发挥药效。施药时，应遵守农药安全操作规程，要求穿长袖工作服，佩戴风镜、口罩及防护帽，工作结束后必须清洗手、脸及其他裸露皮肤。

注意事项

（1）严格按照农药安全规定使用此药，避免药液或药粉直接接触身体，如果药液不小心溅入眼睛，应立即用清水冲洗干净并携带此药标签去医院就医；

（2）此药应储存在阴凉和儿童接触不到的地方；

（3）如果误服要立即送往医院治疗，敌菌灵切勿与碱性农药混用；

（4）水稻扬花期应停止用药，以防产生要害；

（5）可通过呼吸道和食管引起中毒，长时间与皮肤接触也有刺激作用，但无特殊解药，需采用对症处理进行治疗；

（6）施药后各种工具要认真清洗，污水和剩余药液要妥善处理保存，不得任意倾倒，以免污染鱼塘、水源及土壤；

（7）搬运时应注意轻拿轻放，以免破损污染环境，运输和储存时应有专门的车皮和仓库，不得与食物和日用品一起运输，应储存在干燥和通风良好的仓库中。

调呋酸（dikegulac）

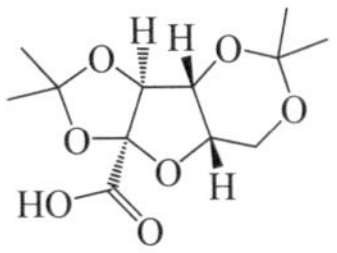

$C_{12}H_{18}O_7$，274.3，18467-77-1

其他名称　二凯古拉酸钠，二凯古拉酸钠糖酸钠，古罗酮糖，Atrinal，Cutlass，Off-shoot。

化学名称　2,3:4,6-二-*O*-异丙基-2-酮基-L-古罗糖酸钠，2,3:4,6-双-*O*-(1-甲基亚乙基)-*α*-L-二甲氧-2-己酮五环糖酸钠

理化性质　调呋酸钠为无色结晶，无臭，熔点＞300℃。溶于水、甲醇、乙醇等，溶解度（25℃，g/L）：水中 590，丙酮、环己酮、二甲基甲酰胺、已烷＜10，氯仿 63，乙醇 230。K_{ow}很低，在室温下密闭容器中 3 年内稳定；对光稳定；在 pH 7～9 介质中不水解。商品为每千克中含 167g 二凯古拉酸钠盐的液体。

毒性　调呋酸钠大鼠急性经口 LD_{50}（mg/kg）：雄性 31000、雌性 18000，大鼠急性经皮 LD_{50}＞2000mg/kg。其水溶液对豚鼠皮肤和兔眼睛无刺激性。在 90d 饲喂试验中，大鼠接受 2000mg/（kg・d）及狗接受 3000mg/（kg・d）未见不良影响。日本鹌鹑、绿头鸭和雏鸡饲喂试验 LC_{50}（5d）＞50000mg/kg 饲料。鱼毒 LC_{50}（96h）：蓝鳃翻车鱼＞10000mg/L，虹鳟鱼＞5000mg/L。对蜜蜂无毒，LD_{50}（经口和局部处理）＞0.1mg/只。

作用特点　调呋酸钠是内吸性植物生长调节剂，能抑制生长素、赤霉酸和细胞分裂素的活性；诱导乙烯的生物合成。能被植物吸收并运输到植物茎端，从而打破顶端优势，促进侧枝的生长。主要用于促进观赏植物、林木侧枝和花芽的形成和生长，抑制绿篱和木本观赏植物和林木的纵向生长。

适宜作物　观赏植物、林木。

应用技术

（1）树篱植物打尖　调呋酸钠可代替人工打尖，对所有树篱都有效，是优良的打尖剂。一般在春季修剪后 2～5d 进行，用 4000～5000mg/kg 溶液喷施全株，连续处理 3 年，可使树篱植物伸长缓慢，全株叶片丰满，生长旺盛。不同种类的树篱植

物，使用浓度不同，常见树篱植物的使用浓度如下：松柏类：600～2000mg/kg；金银花：600～800mg/kg；香柏：800mg/kg；女贞：1000mg/kg；山楂：1500mg/kg；冬青、小檗、老鸦嘴、丝棉木：2000mg/kg；山毛榉、火棘、玫瑰：4000mg/kg；鹅耳枥：5000mg/kg。

（2）盆栽观赏植物打尖、整形

① 对于盆栽观赏植物，使用后有打尖和整形的效果。一般施用浓度为2000～6000mg/kg。

② 对于需要大规模生产的观赏植物，如常绿杜鹃和矮生杜鹃，一般在春季修剪后2～5d，花分化前4周左右，用4000～5000mg/L药液叶面喷洒，可使它们在整个生长季节，茎的伸长延缓，侧枝多发，株形紧凑。

③ 对于海棠、叶子花，在花芽分化前，用600～1400mg/L药液叶面喷洒全株，既能起到整形作用，又不影响开花。

注意事项

（1）不要与杀虫剂或肥料混合使用。

（2）容器使用后要用肥皂水洗净。

（3）注意在生长条件好、生长健壮的植物上施用，效果更好。使用时需加入表面活性剂。

（4）不需要专门的防护措施，但勿将药液喷溅到地上。

（5）注意防冻结冰。

调果酸［2-(3-chlorophenoxy)-propionic acid］

$C_9H_9ClO_3$，200.62，101-10-0

其他名称 坐果安。

化学名称 间氯苯氧异丙酸，2-(3-氯苯氧基)丙酸。

理化性质 纯品为无色无臭结晶粉末，原药略带酚味，熔点117.5～118.1℃，在室温下无挥发性，溶解度（22℃）：在水中为12g/L，丙酮中为790.9g/L，二甲亚砜中为2685g/L，乙醇中为710.8g/L，甲醇中为716.5g/L，异辛醇中为247.3g/L；24℃在苯中溶解度为24.2g/L，氯苯中为17.1g/L，甲苯中为17.6g/L；24.5℃在二甘醇中溶解度为390.6g/L，二甲醛胺中为2354.5g/L，二甲烷中为789.2g/L。

毒性 小鼠（1.88年）6g/kg饲料、大鼠（2年）5g/kg饲料的饲喂试验中，无致突变作用。雄大鼠急性经口 LD_{50} 为 3360mg/kg，雌大鼠急性经口 LD_{50} 为 2140mg/kg，兔急性经皮 LD_{50}＞2g/kg。野鸭和鹌鹑的 LC_{50}（8d）＞5.6g/kg 饲料，鱼毒：虹鳟 LC_{50}（96h）21mg/L，蓝鳃 LC_{50}（96h）118mg/L。

作用特点　调果酸是应用较为专一的植物生长调节剂，主要用于抑制菠萝冠芽叶的生长，增加果实大小，同时对根或茎易生长赘芽的作物也可以起到抑制作用。

适宜作物　菠萝、李属植物。

应用技术　使用调果酸可增加菠萝重量，在收获前 15 周即最后一批花凋谢、花冠长 3～5cm 时，以 240～700g/hm^2 兑水 1000kg 喷于冠顶，可推迟成熟期，抑制冠部，增加菠萝（凤梨）果径。还可用于某些李属的疏果。

注意事项

（1）要对症下药，并掌握用药时期、施药次数和用药量。

（2）要选好施药器械，禁止在蔬菜、果树、茶叶、中草药材上使用。

（3）要有适当的防护措施。如施药时应穿长衣裤，戴好口罩及手套，尽量避免农药与皮肤及口鼻接触，施药时不能吸烟、喝水和吃食物；一次施药时间不宜过长，最好在 4h 内；接触农药后要用肥皂清洗，包括衣物；药具用后清洗要避开人畜饮用水源；农药包装废弃物要妥善收集处理，不能随便乱扔。

（4）农药应封闭贮藏于背光、阴凉和干燥处，远离食品、饮料、饲料及日用品等。

（5）孕妇、哺乳期妇女及体弱有病者不宜施药。如发生农药中毒，应立即送医院抢救治疗。

调环酸钙（prohexadione-calcium）

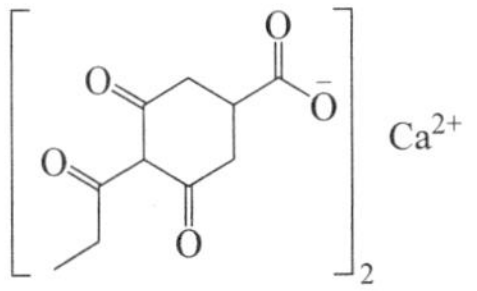

$C_{20}H_{22}CaO_{10}$，462.42，127277-53-6

其他名称　立丰灵，调环酸，KIM-112，KUH833，Viviful。

化学名称　3,5-二氧代-4-丙酰基环己烷羧酸钙，calcium 3-oxido-5-oxo-4-propionyl-cyclohexanecarboxylate。

理化性质　钙盐为白色无味粉末，工业品为黄色粉末，熔点＞360℃，相对密度 1.460。20℃水中溶解度为 174mg/L，甲醇 1.11mg/L，丙酮 0.038mg/L。在水溶液中稳定。

毒性 大、小鼠急性经口 LD_{50}>5000mg/L。大鼠急性经皮 LD_{50}>2000mg/L。对兔皮肤无刺激性，对兔眼睛有轻微刺激性。大鼠急性吸入 LC_{50}（4h）>4.21mg/L。NOEL 数据[2 年，mg/(kg·d)]：雄大鼠 93.9，雌大鼠 114，雄小鼠 279，雌小鼠 351；雄或雌狗（1 年）80mg/(kg·d)。大鼠和兔无致突变和致畸作用。野鸭和小齿鹑急性经口 LD_{50}>2000mg/L，野鸭和小齿鹑 LC_{50}（4d）>5200mg/kg 饲料。鱼毒 LC_{50}（96h，mg/L）：虹鳟和大翻车鱼>100，鲤鱼>150。水蚤 LC_{50}（48h）>150mg/L。海藻 EC_{50}（120h）>100mg/L。蜜蜂 LD_{50}（经口和接触）>100μg/只。蚯蚓 LC_{50}（14d）>1000mg/kg 土壤。未观察到致突变性和致畸作用，对轮作植物无残留毒性，对环境无污染。

作用特点 是赤霉酸生物合成的抑制剂，可通过种子、根系和叶面吸收抑制赤霉酸的合成，从而抑制作物旺长。能缩短植物的茎秆伸长、控制作物节间伸长，使茎秆粗壮、植株矮化，防止倒伏；促进生育，促进侧芽生长和发根，使茎叶保持浓绿，叶片挺立；控制开花时间，提高坐果率，促进果实成熟。还能提高植物的抗逆性，增强植株的抗病害、抗寒冷和抗旱的能力，减轻除草剂的药害，从而改善收获效率。

适宜作物 调环酸钙能显著缩短所有水稻栽培品种的茎秆高度，同时具有促进穗粒发育，提高稻谷产量的效果。低剂量的调环酸钙对水稻、大麦、小麦、日本地毯草、黑麦草等禾谷类的生长具调节作用，具有显著的抗倒伏及矮化性能。另外，对棉花、糖用甜菜、黄瓜、菊花、甘蓝、香石竹、大豆、柑橘、苹果等植物，具有明显抑制生长的作用。可用于一整年的草坪管理，能用于所有的草坪区域，如高尔夫草坪、高尔夫球发球台、高尔夫球道、住宅区、商业公园和运动场等场所。

应用技术

（1）提高抗倒伏能力，增加产量

① 水稻、小麦、大麦 在水稻拔节前 5～10d，每亩用有效成分 3g 叶面喷施，倒 6 至倒 2 节间均显著缩短，表明调环酸钙被水稻吸收后，可随生长发育由下向上移动，依次抑制新生节间的伸长，药效长达 30d 左右。节间缩短，株高降低，弯曲力矩减少，同时显著提高倒 5 至倒 3 节间的抗折力，从而显著降低倒伏指数，同时还可显著增加每穗粒数，达到增产的效果。

② 高粱 在拔节后 27～30d，每亩用有效成分 3～6g 叶面喷施，既能在第 1 次倒伏发生前有效抑制株高控制第 1 次倒伏的发生，还由于施药时间的推后使植株出现反弹的时间推后，缩短了生长出现反弹至茎节伸长结束之间的时间，从而能够更加有效地控制植株最终株高，减轻或完全控制高粱倒伏发生。

（2）改善品质、提高产量

① 苹果、梨、樱桃、李子、山楂、枇杷 在花后 10d 内，用 125～250mg/L 叶面喷施，可显著抑制叶和枝条的营养生长，增强果实的光照，改善果实的品质，提高产量，同时对细菌火疫病以及真菌病害有很好的预防作用。

② 葡萄 葡萄花谢后，用 250mg/L 叶面喷施，可抑制葡萄的营养生长，提高葡萄汁的色素和酚类化合物含量，改善葡萄的品质，同时具有一定的增产效果。

③ 糖用甜菜、黄瓜、番茄 每亩用有效成分 1.5～3g 叶面喷施，可抑制叶和茎的营养生长，增强通风透光，从而改善品质、提高产量。

④ 棉花 在棉花生长中期，每亩用有效成分 3g 叶面喷施，可抑制叶和枝条的营养生长，显著降低植株高度，增强通风透光，从而改善品质、提高产量。

（3）减少草坪修剪次数 防除剪股颖、狗牙根、草地早熟禾、黑麦草、日本地毯草、结缕草、高茅草等，每亩用有效成分 10～20g 叶面喷施，在整个生长季节都可以使用，可降低新生高度 50%～90%，显著减少割草次数。其中当用量达到 20g/亩时可完全抑制高茅草的生长，其他草坪的最高用量可达 45g/亩，而不会对草坪造成伤害。

（4）减缓衰老 可用于菊花、甘蓝、香石竹等观赏植物。用有效成分 1.5～3g/亩叶面喷施，具有矮化植株的作用，保持叶片浓绿，减缓衰老，对叶和花无不良影响。

注意事项

（1）保存于低温、干燥处。

（2）对轮作植物无残留毒性，对环境无污染，有可能取代三唑类生长延缓剂。

调嘧醇（flurprimidol）

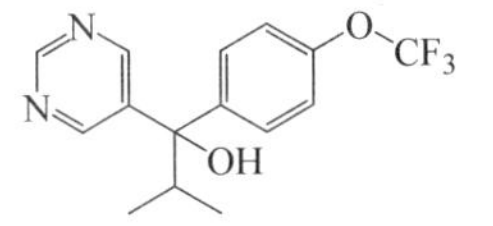

$C_{15}H_{15}F_3N_2O_2$，312.3，56425-91-3

其他名称 EL-500。

化学名称 (*RS*)-2-甲基-1-嘧啶-5-基-1-(4-三氟甲氧基苯基)丙-1-醇。

理化性质 本品为无色结晶，熔点 93.5～97℃，沸点 264℃，溶解度（20℃，mg/L）：水中 114（蒸馏水）、104（pH 5）、114（pH 7）、102（pH 9）。溶解度（20℃，g/L）：正己烷 1.26，甲苯 144，二氯甲烷 1810，甲醇 1990，丙酮 1530，乙酸乙酯 1200。稳定性：在 pH 4、7 和 9（50℃）时，5d 水解率＜10%。室温下至少能稳定存在 14 个月。在水中见光分解，DT_{50} 约 3h。

毒性 急性经口 LD_{50}（mg/kg）：雄大鼠 914，雌大鼠 709，雄小鼠 602，雌小鼠 702。兔急性经皮 LD_{50}＞500mg/kg，大鼠急性吸入 LC_{50}＞5mg/L 空气。NOEL 数据：大鼠（2 年）4mg/kg，小鼠（2 年）1.4mg/（kg • d）。ADI 值：未在食用作物上使用。以 200mg/（kg • d）剂量饲养大鼠或者以 45mg/（kg • d）剂量饲养兔均无致畸作用。Ames 试验、DNA 修复、大鼠原初肝细胞和其他体外生测试验均为阴性。鹌鹑和绿头鸭急性经口 LD_{50}＞2000mg/kg，饲喂试验鹌鹑 LC_{50}（5d）560mg/kg 饲料，绿头鸭 LC_{50}（5d）1800mg/kg 饲料。蓝鳃翻车鱼 LC_{50}（96h）17.2mg/L，虹鳟 LC_{50}（96h）18.3mg/L，水蚤 LC_{50}（48h）11.8mg/L，海藻（*Selenastrum capricornutum*）EC_{50} 0.84mg/L。蜜蜂：LD_{50}（接触，48h）＞100μg/只。

作用特点 调嘧醇属嘧啶醇类植物生长调节剂，赤霉素合成抑制剂。通过根、茎吸收传输到植物顶部，其最大抑制作用在性繁殖阶段。

适宜作物 改善冷季和暖季草皮的质量，减缓生长和减少观赏植物的修剪次数，抑制大豆、禾本科、菊科植物的生长，减缓早熟禾本科草皮的生长，用于二年生火炬松、湿地松的叶面表皮部，能降低高度，而且无毒性。

应用技术

（1）水稻 对水稻具有生根和抗倒伏作用，在分蘖期施药，主要通过根吸收，然后转移至水稻植株顶部，使植株高度降低，诱发分蘖，增进根的生长；在抽穗前 40d 施药，提高水稻的抗倒伏能力，不会延迟孕穗或影响产量。

（2）大豆、菊花 以 0.45kg/hm^2 喷于土壤，可抑制大豆、菊花的生长。

（3）草坪草 以 0.5～1.5kg/hm^2 施用，可改善冷季和暖季草坪的质量。以 0.84kg 本品+0.07kg（伏草胺）/hm^2 桶混施药，可减少早熟禾混合草坪的生长，与未处理对照相比，效果达 72%。

（4）观赏植物 可注射树干，减缓生长和减少观赏植物的修剪次数。

（5）火炬松和湿地松 本品用于二年生火炬松和湿地松的叶面和皮部，能降低高度，而且无毒性。当以水剂作叶面喷洒或以油剂涂于树皮时，均能使一年生植株的生长量降低到对照树的一半左右。

注意事项

（1）本品应贮存于干燥阴凉处。

（2）本品对眼睛和皮肤有刺激性，应注意防护。无专用解毒药，对症治疗。

丁苯吗啉（fenpropimorph）

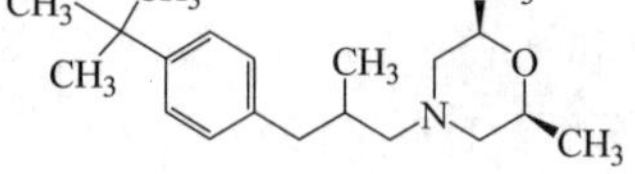

$C_{20}H_{33}NO$，303.5，67306-03-0，67564-91-4（*cis*-异构体）

化学名称 (*RS*)-顺式-4-[3-(叔丁基苯基)-2-甲基丙基]-2,6-二甲基吗啉。

理化性质 纯品丁苯吗啉为无色具有芳香气味的油状液体，沸点＞300℃（101.3kPa）；溶解度（20℃，g/kg）：水 0.0043，丙酮、氯仿、环己烷、甲苯、乙醇、乙醚＞1000。

毒性 急性 LD_{50}（mg/kg）：大鼠经口＞3000、经皮＞4000；对兔眼睛无刺激性，对兔皮肤有刺激性；对动物无致畸、致突变、致癌作用。

作用特点 内吸性杀菌剂，能够向顶传导，对新生叶保护作用时间长达 3～4 周，具有保护和治疗作用，是麦角甾醇生物合成抑制剂，能够改变孢子的形态和细胞膜的结构，并影响其功能，而使病原菌死亡或受抑制。

适宜作物 棉花、向日葵、豆科、禾谷类作物、甜菜，对大麦、小麦、棉花安全。

防治对象 可以防治柄锈菌属、黑麦喙孢、禾谷类作物的白粉菌，豆类白粉菌，甜菜白粉菌等引起的真菌病害，如麦类白粉病、麦类叶锈病、麦类条锈病和禾谷类黑穗病、棉花立枯病等。

使用方法 茎叶喷雾。

防治豆类、甜菜的叶部病害，禾谷类白粉病，禾谷类锈病，在发病早期，用 75% 乳油 50mL/亩对水 40～50kg 喷雾。

注意事项

（1）严格按照农药安全规定使用此药，避免药液或药粉直接接触身体，如果药液不小心溅入眼睛，应立即用清水冲洗干净并携带此药标签去医院就医；

（2）此药应储存在阴凉和儿童接触不到的地方；

（3）如果误服要立即送往医院治疗；

（4）施药后各种工具要认真清洗，污水和剩余药液要妥善处理保存，不得任意倾倒，以免污染鱼塘、水源及土壤；

（5）搬运时应注意轻拿轻放，以免破损污染环境，运输和储存时应有专门的车皮和仓库，不得与食物和日用品一起运输，应储存在干燥和通风良好的仓库中。

丁草胺（butachlor）

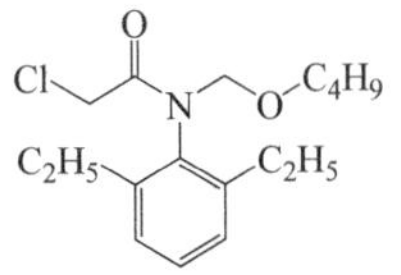

$C_{17}H_{26}ClNO_2$，311.9，23184-66-9

化学名称 *N*-丁氧甲基-2-氯-2′,6′-二乙基乙酰替苯胺。

理化性质 纯品为油状液体，原药外观为黄棕色至深棕色均相液体，熔点 −2.8～1.7℃，沸点 156℃（66.5Pa），165℃降解，溶解度（20℃）：水 20mg/L；在室温下能溶于乙醚、丙酮、苯、甲苯、二甲苯、氯苯、乙醇、乙酸乙酯等多种有机溶剂，对紫外光稳定，抗光解性能好，土壤中不稳定。

毒性 大鼠急性经口 LD_{50}＞2620mg/kg；对大型溞 EC_{50}（48h）＞4.24mg/kg；对四尾栅藻（*Scenedesmus quadricauda*）EC_{50}（72h）＞0.2mg/L；对蜜蜂低毒，对蚯蚓毒性高。具皮肤刺激性和致敏性。

作用方式 选择性内吸传导型芽前除草剂，主要通过杂草幼芽和幼小的次生根吸收，抑制体内蛋白质合成，使杂草幼株肿大、畸形、色深绿，最终导致死亡。只有少量丁草胺能被稻苗吸收，而且在体内迅速完全分解代谢，因而稻苗有较大的耐药力。丁草胺在土壤中稳定性小，对光稳定；能被土壤微生物分解。丁草胺在土壤中淋溶度不超过 1～2cm。在土壤或水中经微生物降解，破坏苯胺环状结构，但较缓慢，100d 左右可降解活性成分 90%以上，因此对后茬作物没有影响。

防除对象 对芽期及二叶前的杂草有较好的防除效果，对二叶期以上的杂草防除效果下降。丁草胺可用于水稻秧田、直播田、移栽本田除草。能防除一年生禾本科杂草及一些莎草科杂草和某些阔叶杂草，如稗草、马唐、看麦娘、千金子、碎米莎草、异型莎草、水莎草、萤蔺、牛毛毡、水苋、节节菜、陌上菜等，对瓜皮草、泽泻、眼子菜、青萍、紫萍、萍等无效。

使用方法

（1）水稻秧田、直播田，粗秧板做好后或直播田平整后，一般在播种前 2～3d，每亩用丁草胺 45～60g 有效成分兑水 50kg 喷雾于土表。喷雾时田间灌浅水层，药后保水 2～3d，排水后播种。或在秧苗立针期，稻播后 3～5d，每亩用丁草胺 45～60g 有效成分，兑水 25～50kg，均匀喷雾，稻板沟中保持有水，不但除草效果好，秧苗素质也好。

（2）移栽稻田，早稻在插秧后 5～7d，晚稻在插秧后 3～5d，掌握在稗草萌动高峰时，每亩用丁草胺 45～60g 有效成分，采用毒土法撒施，撒施时田间灌浅水层，药后保水 5～6d。

注意事项

（1）在秧田与直播稻田使用，60%丁草胺每亩用量不得超过 150mL，并切忌田面淹水。一般南方用量采用下限。早稻秧田若气温低于 15℃时施药会有不同程度药害，不宜使用。

（2）对三叶期以上的稗草效果差，因此必须掌握在杂草一叶期以前使用；三叶期使用，水不要淹没秧心。

（3）目前麦田除草一般不用丁草胺，丁草胺用于菜地若土壤水分过低会影响药效的发挥。

（4）对鱼毒性较强，养鱼稻田不能使用。用药后的田水也不能排入鱼塘。

（5）对瓜皮草等阔叶草较多的稻田，可将丁草胺与 2 甲 4 氯混用或用丁草胺与 10%苄嘧磺隆进行混用。每亩用 60%丁草胺乳油 50mL 加 20%2 甲 4 氯水剂 100mL，或加 10%苄嘧磺隆可湿性粉剂 6～8g，采用毒土法或喷雾法，施药时间可比单用丁草胺推迟 2d。

丁氟螨酯（cyflumetofen）

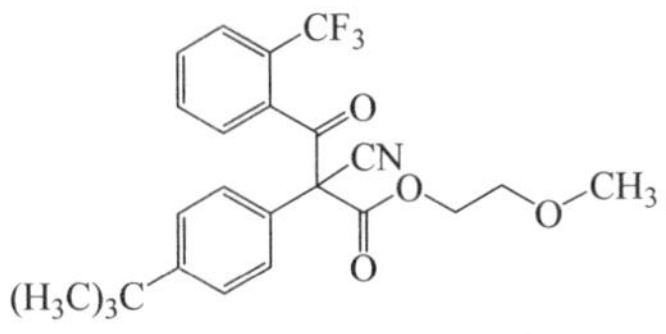

$C_{24}H_{24}F_3NO_4$，447，400882-07-7

化学名称　(*RS*)-2-(4-叔丁基苯基)-2-氰基-3-氧代-3-(*α,α,α*-三氟-邻甲苯基)丙酸-2-甲氧乙基酯。

理化性质　熔点 77.9～81.7℃。

毒性　低毒杀螨剂。

作用特点　非内吸性杀螨剂，主要作用方式为触杀和胃毒作用。与现有杀虫剂无交互抗性。

适宜作物　蔬菜、果树、茶树、观赏植物等。

防除对象　螨类。

应用技术　20%丁氟螨酯悬浮剂。

防治果树害螨（如柑橘树红蜘蛛），在若螨发生盛期或害螨为害早期施药，用 20%丁氟螨酯悬浮剂 1500～2500 倍液均匀喷雾。

注意事项

（1）对家蚕有毒，远离桑园施药，禁止在河塘等水体中清洗施药器具，以免污染水源，水产养殖区、河源等水域附近禁用。

（2）孕妇、哺乳期妇女及过敏者应避免接触。

丁硫克百威（carbosulfan）

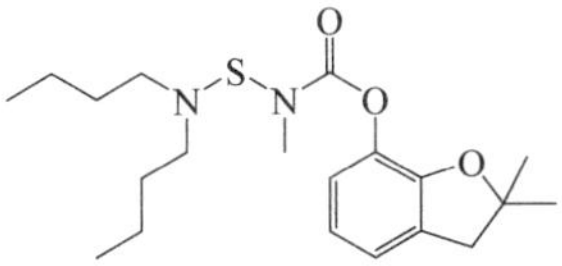

$C_{20}H_{32}N_2O_3S$，380.55，55285-14-8

其他名称　好年冬、克百丁威、丁硫威、威灵、Marshall、Adrantage。

化学名称 2,3-二氢-2,2-二甲基苯并呋喃基-7-基-*N*-甲基-*N*-（二丁基氨基硫）氨基甲酸酯。

理化性质 淡黄色油状液体，减压蒸馏热分解（8.6×10^3Pa）；溶解度：水0.3mg/L，与丙酮、二氯甲烷、乙醇、二甲苯等有机溶剂互溶；在中性或弱碱性介质中稳定，在酸性介质中不稳定，遇水分解。

毒性 急性LD_{50}（mg/kg）：大鼠经口250（雄）、185（雌），小鼠经口129，经皮：大鼠、兔＞2000；对兔眼睛无刺激性；以20mg/kg以下剂量饲喂大鼠两年，未发现异常现象；对动物无致畸、致突变、致癌作用。

作用特点 抑制昆虫体内的乙酰胆碱酯酶，使昆虫持续兴奋导致死亡；对害虫主要是胃毒作用，是具有高效内吸性的广谱性杀虫、杀螨、杀线虫剂，对成虫、幼虫都有效，且持效期长。

适宜作物 水稻、玉米、棉花、花生、甘蔗等。

防除对象 水稻害虫如三化螟、稻飞虱、稻蓟马、稻瘿蚊、稻水象甲等；玉米害虫如蛴螬、蝼蛄、金针虫、地老虎等；棉花害虫如棉蚜等；花生害虫如蛴螬等；甘蔗害虫如蔗螟、蔗龟等。

应用技术

（1）防治水稻害虫

① 三化螟 在分蘖期和孕穗至破口露穗期施药，用200g/L乳油200～250mL/亩兑水50～75kg均匀透彻喷雾。田间应保持3～5cm的水层3～5d。

② 稻飞虱 在低龄若虫盛发期施药，用200g/L乳油200～250mL/亩兑水50kg喷雾。田间应保持3～5cm的水层2～3d。

③ 稻蓟马 将稻种浸种催芽，破胸露白后用35%种子处理干粉剂800～1200g/100kg种子拌种。拌种时种子应保持湿润，加入药剂后，来回翻动，充分拌匀，使之均匀附着在种子表面。放置半小时后播种。

④ 稻瘿蚊 将浸种后的稻种，常规催芽至破胸晾干后（以不粘手为宜）按比例加入35%种子处理干粉剂（按1714～2286g制剂/100kg种子）不停翻动3～5min，干粉剂均匀附着在种子表面再晾20～30min后将种子均匀撒播，播种后立即覆土。

⑤ 稻水象甲 在水稻移栽或抛秧后5～7d施药，用5%颗粒剂拌适量干细土2～3kg/亩撒施。

（2）防治玉米害虫 防治玉米地下害虫，采用种子包衣方法：用20%悬浮种衣剂按588～666mL/100kg种子量取药剂，加入适量水稀释并混匀，药液与种子搅拌均匀，晾干后即可播种。配制好的药液应在24h内使用。

（3）防治棉花害虫 防治棉蚜，在蚜虫始盛期施药，用200g/L乳油45～60mL/亩兑水均匀喷雾。

（4）防治花生害虫 防治花生蛴螬，花生播种前施药，用5%颗粒剂3～5kg/亩沟施，然后覆土。

（5）防治甘蔗害虫

① 蔗螟　新植蔗在开沟、下种后带状撒施 5%颗粒剂于种植沟中，然后盖土；用药量为 2850～3200g/亩；宿根蔗在收获后 5～15d 带状施用上述药剂，用量同上，施后盖土。

② 蔗龟　甘蔗下种时或甘蔗分蘖期施药，用 5%颗粒剂 3500～4000g/亩，在塑料桶内将药剂与复合肥或土拌匀后下种时施药：沟施于已开好的蔗沟内，覆盖薄土，然后放入蔗种，并覆土；或于甘蔗分蘖期沟施并覆土。

注意事项

（1）不可与强酸碱性物质混用。

（2）禁止在蔬菜、瓜果、茶叶、菌类和中草药上使用。

（3）使用时避免同时使用敌稗和灭草灵除草剂。

（4）对蜜蜂、鱼类等水生生物、家蚕有毒，施药期间应避免对周围蜂群的影响；开花植物花期、蚕室和桑园附近禁用；鸟类保护区禁用；远离水产养殖区施药，禁止在河塘等水体中清洗施药器具。

（5）在水稻上的安全间隔期为 30d，每季最多使用 1 次；在棉花上的安全间隔期为 30d，每季最多使用 2 次；甘蔗上的安全间隔期 192d，每季最多使用 1 次；花生上的安全间隔期为收获期，每季最多使用 1 次。

（6）大风天气，预计 1h 内即将下雨，请勿喷药。

（7）建议与其他作用机制不同的杀虫剂轮换使用。

丁噻隆（tebuthiuron）

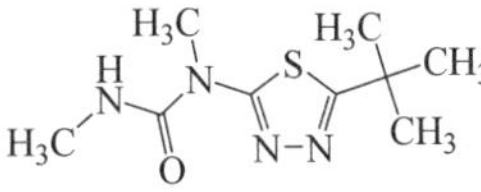

$C_9H_{16}N_4OS$，228.31，34014-18-1

化学名称　*N*-(5-叔丁基-1,3,4,-噻二唑-2-基)-*N,N'*-二甲基脲。

理化性质　纯品为灰白色至浅黄色结晶固体，熔点 162.9℃，275℃分解，相对密度 1.19，溶解度（20℃，mg/L）：水 2500，苯 3700，己烷 6100，丙酮 70000，甲醇 170000。土壤与水中稳定，不易降解。

毒性　大鼠急性经口 LD_{50}：雌大鼠 387mg/kg，雄大鼠 477mg/kg；对绿头鸭急性 LD_{50}＞500mg/kg；对虹鳟 LC_{50}（96h）＞87mg/L；对大型溞 EC_{50}（48h）＞225mg/kg；对月牙藻 EC_{50}（72h）为 0.05mg/L；对蜜蜂、蚯蚓中等毒性。对眼睛具刺激性，无神经毒性、皮肤刺激性，无染色体畸变和致癌风险。

作用方式 广谱性的脲类除草剂，通过根部吸收，然后传导至其他组织结构，抑制光合作用，导致杂草死亡。

防除对象 用于非耕地防除一年生和多年生的禾本科以及阔叶杂草。

使用方法 杂草生长旺盛期，每亩用46%悬浮剂110～130mL，兑水45L稀释均匀后茎叶喷雾。

注意事项

（1）大风天或预计1h内降雨，请勿用药。

（2）残效期久，仅用于开辟森林防火道除草，不得用于农田、果茶园、沟渠、田埂、路边、抛荒田等场所。

丁子香酚（eugenol）

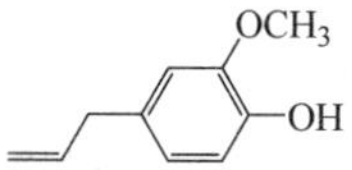

$C_{10}H_{12}O_2$，164.20，97-53-0

其他名称 邻丁香酚。

化学名称 4-烯丙基-2-甲氧基苯酚。

理化性质 无色至淡黄色液体，在空气中变棕色，有强烈的丁香气味。沸点253～254℃（常压），闪点110℃，折射率1.5400～1.5420（20℃）。不溶于水，能与醇、醚、氯仿、挥发油混溶，溶于冰乙酸和氢氧化钠溶液。

毒性 毒性LD_{50}（mg/kg）：大鼠经口2680。

作用特点 丁子香酚是从丁香、百部等十多种中草药中提取出杀菌成分，辅以多种助剂研制而成的，广谱、高效，兼具预防和治疗双重作用。丁子香酚为溶菌性化合物，是一种霜霉病、疫病、灰霉病等病菌溶解剂；由植物的叶、茎、根部吸收，并有向上传导功能。安全、环保无残留；药效治疗迅速，持效期长。已发病的作物喷药后，菌孢子马上变形，被溶解消失。对各种作物的霜霉病、灰霉病及晚疫病具有特效。

适宜作物 蔬菜、瓜类等作物。

应用技术 对各种作物感染的真菌病害有特效，防治蔬菜、瓜类等作物上的灰霉病、霜霉病、白粉病、炭疽病、疫病、叶霉病等。每亩用0.3%液剂40～50g，兑水40～50kg，于作物发病初期喷施，3～5d用药一次，连用2～3次。

注意事项 切勿与碱性农药、肥料混用；喷药6h内遇雨补喷；水温低于15℃时，先加少量温水溶化后再兑水喷施。

啶斑肟（pyrifenox）

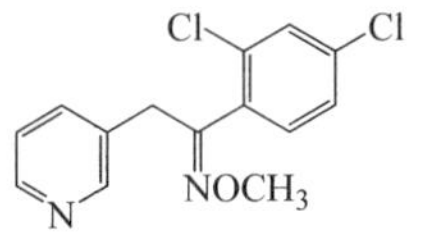

$C_{14}H_{12}Cl_2N_2O$，295.17，888283-41-4

化学名称　2′,4′-二氯-2-（3-吡啶基）苯乙酮-*O*-甲基肟。

理化性质　纯品啶斑肟为略带芳香气味的褐色液体，是 *Z*、*E* 异构体混合物，沸点 212.1℃；溶解性（20℃，g/L）：水 0.15，易溶于乙醇、正己烷、丙酮、甲苯、正辛醇等。

毒性　急性 LD_{50}（mg/kg）：大鼠 2912，小鼠＞2000，大鼠经皮＞5000；对兔眼睛无刺激性，对兔皮肤有轻微刺激性；对动物无致畸、致突变、致癌作用。

作用特点　麦角甾醇生物合成抑制剂，为内吸性杀菌剂，可被植物的根或茎叶吸收，向顶转移，同时具有保护和治疗作用，可防治子囊菌亚门和半知菌亚门的多种植物病原菌。

适宜作物　葡萄、香蕉、花生、观赏植物、苹果等。

防治对象　可以防治香蕉、葡萄、花生、观赏植物、核果、仁果和蔬菜上或果实上的病原菌（从梗孢属和黑星菌属），如苹果黑星病、苹果白粉病、葡萄白粉病、花生叶斑病。

使用方法　主要用于茎叶喷雾。

（1）防治花生叶斑病，发病初期喷药，用 25%可湿性粉剂 17～35g/亩对水 40～50kg 喷雾；

（2）防治葡萄白粉病，发病初期喷药，用 25%可湿性粉剂 10～13g/亩对水 40～50kg 喷雾。

注意事项

（1）严格按照农药安全规定使用此药，避免药液或药粉直接接触身体，如果药液不小心溅入眼睛，应立即用清水冲洗干净并携带此药标签去医院就医；

（2）此药应储存在阴凉和儿童接触不到的地方；

（3）如果误服要立即送往医院治疗；

（4）施药后各种工具要认真清洗，污水和剩余药液要妥善处理保存，不得任意倾倒，以免污染鱼塘、水源及土壤；

（5）搬运时应注意轻拿轻放，以免破损污染环境，运输和储存时应有专门的车皮和仓库，不得与食物和日用品一起运输，应储存在干燥和通风良好的仓库中。

啶虫脒（acetamiprid）

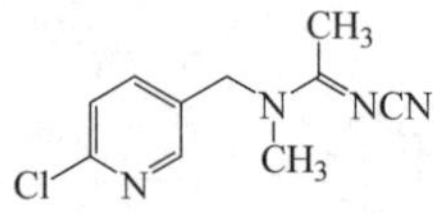

$C_{10}H_{11}ClN_4$，222.68，160430-64-8

其他名称　吡虫清、乙虫脒、啶虫咪、力杀死、蚜克净、鼎克毕达、乐百农、绿园、莫比朗、楠宝、搬蚜、喷平、蚜跑、津丰、顽击、蓝喜、响亮、锐高 1 号、蓝旺、全刺、千锤、庄喜、万鑫、刺心、蒙托亚、爱打、高贵、淀猛、胜券、Mosplan。

化学名称　*N*-(6-氯-3-吡啶甲基)-*N'*-氰基-*N*-甲基乙脒。

理化性质　纯品啶虫脒为白色结晶，熔点 101～103.5℃；溶解性（20℃，g/L）：水 4.2，易溶于丙酮、甲醇、乙醇、二氯甲烷、氯仿、乙腈、四氢呋喃等有机溶剂。

毒性　急性 LD_{50}（mg/kg）：经口大白鼠 217（雄）、146（雌），小鼠 198（雄）、184（雌），大白鼠经皮＞2000。

作用特点　主要作用于害虫的烟碱型乙酰胆碱受体，破坏害虫的运动神经系统而使其死亡。啶虫脒为一种新型拟烟碱类的高效性广谱杀虫剂，对害虫兼具触杀和胃毒作用，并且有较强的渗透作用。对害虫作用迅速，残效期长，适用于防治半翅目害虫，对天敌杀伤力小。由于作用机制独特，能防治对拟除虫菊酯类、有机磷类、氨基甲酸酯类等产生抗性的害虫。

适宜作物　适用于蔬菜、水稻、小麦、棉花、烟草、果树、茶树等。

防除对象　蔬菜害虫如蚜虫、白粉虱、小菜蛾、菜青虫等；水稻害虫如稻飞虱等；小麦害虫如蚜虫等；棉花害虫如棉蚜等；果树害虫如柑橘潜夜蛾、蚜虫等；茶树害虫如茶小绿叶蝉等。

应用技术　以 3%啶虫脒乳油、20%啶虫脒可湿性粉剂、20%啶虫脒可溶粉剂为例。

（1）防治蔬菜害虫　防治蚜虫时，在蚜虫发生初盛期施药，用 3%啶虫脒乳油 40～50g/亩均匀喷雾，药效可持续 15d 以上，可兼治初龄小菜蛾幼虫。

（2）防治果树害虫　防治蚜虫时，在蚜虫发生初期施药，用 20%啶虫脒可湿性粉剂 10000～20000 倍液均匀喷雾。

（3）防治水稻害虫　防治稻飞虱时，在低龄若虫发生期用药，不仅内吸性强、活性高，而且作用速度快、持效期长。以 20%啶虫脒可溶粉剂 7.5～10g/亩均匀喷雾。

注意事项

（1）本品在黄瓜上的安全间隔期为 8d。

（2）本品不能与碱性农药混用。

（3）施药时戴防护服、手套、口罩等，施药期间不可吃东西和饮水，施药后及时洗手洗脸。

（4）应均匀喷雾至植株各部位，为避免产生抗药性，尽可能与其他杀虫剂交替使用。

（5）对鱼、蜂、蚕毒性大，施药时远离水产养殖区，避免对周围蜂群的影响，蜜源作物花期、蚕室和桑园禁用，禁止在河塘中清洗施药用具。

啶磺草胺（pyroxsulam）

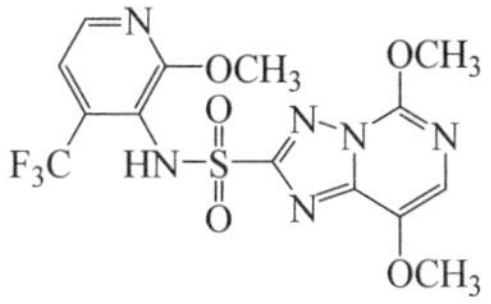

$C_{14}H_{13}F_3N_6O_5S$，434.35，422556-08-9

化学名称　*N*-(5,7-二甲氧基[1,2,4]三唑[1,5-*α*]嘧啶-2-基)-2-甲氧基-4-(三氟甲基)-3-吡啶磺酰胺。

理化性质　纯品为白色晶体粉末，熔点 208℃（分解），弱酸性，溶解度（20℃，mg/L）：水 3200，丙酮 2790，乙酸乙酯 2170，甲醇 1010，二甲苯 35.2，苯 3700，己烷 6100，丙酮 70000，甲醇 170000。土壤易降解，半衰期短。

毒性　大鼠急性经口 LD_{50}＞2000mg/kg；绿头鸭急性经口 LD_{50}＞2000mg/kg；虹鳟 LC_{50}（96h）＞87mg/L；对大型溞 EC_{50}（48h）＞100mg/kg；对月牙藻 EC_{50}（72h）为 0.924mg/L；对蜜蜂、蚯蚓低毒。对眼睛、皮肤具刺激性，对皮肤有致敏性，无生殖影响，无染色体畸变和致癌风险。

作用方式　内吸传导型磺酰胺类除草剂，抑制乙酰乳酸合成酶活性，影响植物氨基酸合成，导致杂草死亡。施药后杂草即停止生长，一般 2～4 周后死亡，干旱、低温时杂草枯死速度稍慢。

防除对象　用于小麦田防除看麦娘、日本看麦娘、硬草、雀麦、野燕麦、野老鹳草、婆婆纳，并可抑制早熟禾、猪殃殃、泽漆、播娘蒿、荠菜、繁缕、米瓦罐、稻槎菜等杂草。低温下仍有较好的防效。

使用方法　冬前或早春施用，麦苗 4～6 叶期、一年生禾本科杂草 2.5～5 叶期，杂草出齐后用药越早越好，每亩使用 4%可分散油悬浮剂 15～25mL，兑水 15L 稀释均匀后进行茎叶喷雾。

注意事项

（1）小麦起身拔节后不得施用。

（2）不宜在遭受干旱、涝害、冻害、盐害、病害及营养不良的麦田施用，施用前后 2d 内也不可大水漫灌麦田。

（3）施药 1h 后降雨不影响药效。

（4）施药后麦苗有时会出现临时性黄化或蹲苗现象，正常条件下小麦返青后消失，不影响产量。

（5）正常情况下 3 个月后可种植小麦、大麦、燕麦、玉米、大豆、水稻、棉花、花生、西瓜等作物，6 个月后可种植番茄、小白菜、油菜、甜菜、马铃薯、苜蓿、三叶草等作物；其他后茬作物，需进行安全性测试后方可种植。

啶菌胺（PEIP）

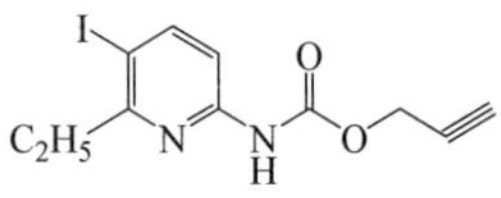

$C_{11}H_{11}IN_2O_2$，330.13，

化学名称 *N*-(6-乙基-5-碘-吡啶-2-基)氨基甲酸炔丙酯。

作用特点 啶菌胺能够干扰病原菌细胞的分离。

适宜作物 禾谷类作物等。

防治对象 对灰霉病有特效，防治禾谷类作物白粉病，水稻稻瘟病、立枯病。

使用方法 茎叶处理。使用浓度为 8～63mg（a. i.）/L。

注意事项

（1）严格按照农药安全规定使用此药，避免药液或药粉直接接触身体，如果药液不小心溅入眼睛，应立即用清水冲洗干净并携带此药标签去医院就医；

（2）此药应储存在阴凉和儿童接触不到的地方；

（3）如果误服要立即送往医院治疗；

（4）施药后各种工具要认真清洗，污水和剩余药液要妥善处理保存，不得任意倾倒，以免污染鱼塘、水源及土壤；

（5）搬运时应注意轻拿轻放，以免破损污染环境，运输和储存时应有专门的车皮和仓库，不得与食物和日用品一起运输，应储存在干燥和通风良好的仓库中。

啶菌噁唑（pyrisoxazole）

$C_{16}H_{17}ClN_2O$，288.77，847749-37-5

化学名称　*N*-甲基-3-(4-氯)苯基-5-甲基-5-吡啶-3-甲基-噁唑啉。

理化性质　原药（含量≥90%）为棕褐色黏稠油状物，有部分固体析出。啶菌噁唑结构中存在顺、反异构体（*Z* 体，*E* 体），原药为 *Z* 体和 *E* 体的混合体，*Z* 体和 *E* 体的生物活性没有明显差异，常温下 *Z* 体和 *E* 体能互相转化。熔点 51～65℃，蒸气压为 0.48mPa（20℃），易溶于丙酮、氯仿、乙酸乙酯、乙醚，微溶于石油醚，不溶于水。常温下对酸、碱稳定。在水中、日光或光下稳定。高温下分解，明显分解温度≥180℃。

毒性　急性 LD_{50}（mg/kg）：大鼠经口 2000（雄）、1710（雌），大鼠经皮＞2000；对皮肤、眼睛无刺激性，皮肤致敏性为轻度。致突变试验：Ames 试验、小鼠骨髓细胞微核试验、小鼠睾丸细胞染色体畸变试验均为阴性。雄、雌性大鼠亚慢性（13 周）饲喂试验无作用剂量分别为 82.27mg/（kg·d）和 16.57mg/（kg·d）。25%乳油急性 LD_{50}（mg/kg）：对大鼠经口＞4640，大鼠经皮＞2150；对眼睛中度刺激，对皮肤无刺激，皮肤致敏性为轻度。属低毒杀菌剂。25%乳油对斑马鱼 LC_{50}（96h）为 13.83mg/L；雄、雌性鹌鹑 LD_{50}（7d）分别为 1930mg/kg 和 1879.8mg/kg；蜜蜂 LD_{50} 为 85.98μg/只蜂；柞蚕 LC_{50}＞5000mg/L。对鱼、鸟、蜜蜂、蚕均为低毒。

作用特点　甾醇合成抑制剂杀菌剂，具有独特的作用机制和广谱杀菌活性，且同时具有保护和治疗作用，有良好的内吸性，通过根部和叶茎吸收能有效控制叶部病害的发生和危害。

适宜作物　该杀菌剂适用于黄瓜、番茄、韭菜、葡萄、草莓、小麦、水稻等。

防治对象　对灰霉病有优异的防治效果，不仅可有效防治黄瓜、番茄、韭菜、草莓等蔬菜、水果的灰霉病，番茄叶霉病，对小麦、黄瓜白粉病，黄瓜黑星病，莴苣菌核病，水稻稻瘟病等均有良好的防治效果。

使用方法　25%啶菌噁唑乳油对灰霉病有较好的防治效果，稀释 625～1250 倍，每亩用有效成分 13.3～26.7g（折成 25%乳油制剂用量为 53～107mL/亩），于发病前或发病初期开始施药，一般间隔 7d 施药一次，连续施药 2～3 次。发病重时需采用高剂量。

（1）防治保护地番茄叶霉病，每亩用 25%啶菌噁唑乳油有效成分 13～26g，兑水 60L 喷雾。

（2）防治小麦白粉病、黄瓜白粉病等，应在发病初期，用 25%乳油在 125～500mg（a.i.）/L 的浓度防治，防治效果在 95%以上，对白粉病的杀菌活性与腈菌唑基本相似，高于三唑酮。

（3）防治莴苣菌核病，用 25%啶菌噁唑乳油 1000～1500 倍液喷雾。

注意事项

（1）如发生误食，应让患者静卧，然后送医院治疗。如不能马上紧急治疗，可采取用手指抠咽喉深处，使患者呕吐的方法，医生可采用洗胃法。

（2）避免在高温条件下贮存药剂。

（3）一般作物安全间隔期为 3d，每季作物最多使用 3 次。

啶菌腈（pyridinitril）

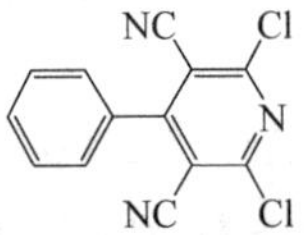

$C_{13}H_5Cl_2N_3$，274.11，1086-02-8

化学名称 2,6-二氯-3,5-二氰基-4-苯基吡啶。

理化性质 无色结晶，熔点 208～210℃，难溶于水，微溶于二氯甲烷、丙酮、苯、乙酸乙酯、氯仿。工业品纯度在 97%以上，常温下对酸稳定。

适宜作物 仁果、核果、葡萄、啤酒花、蔬菜、苹果树等。

防治对象 能防治仁果、核果、葡萄、啤酒花、蔬菜上的多种病害，也能防治苹果的黑星病、白粉病，对植物无药害。

使用方法 茎叶处理。

发病初期，用 75%可湿性粉剂 750 倍液喷雾。

注意事项

（1）严格按照农药安全规定使用此药，避免药液或药粉直接接触身体，如果药液不小心溅入眼睛，应立即用清水冲洗干净并携带此药标签去医院就医；

（2）此药应储存在阴凉和儿童接触不到的地方；

（3）如果误服要立即送往医院治疗；

（4）施药后各种工具要认真清洗，污水和剩余药液要妥善处理保存，不得任意倾倒，以免污染鱼塘、水源及土壤；

（5）搬运时应注意轻拿轻放，以免破损污染环境，运输和储存时应有专门的车皮和仓库，不得与食物和日用品一起运输，应储存在干燥和通风良好的仓库中。

啶嘧磺隆（flazasulfuron）

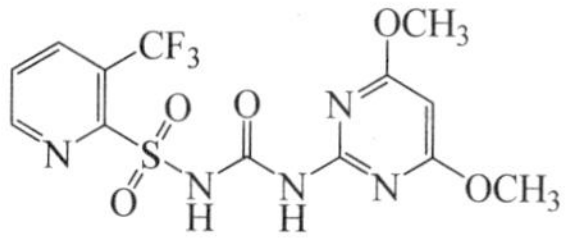

$C_{13}H_{12}F_3N_5O_5S$，407.2，104040-78-0

化学名称　1-(4,6-二甲氧基嘧啶-2-基)-3-(3-三氟甲基-2-吡啶磺酰基)脲。

理化性质　纯品啶嘧磺隆为白色结晶粉末，熔点180℃，溶解度（20℃，mg/L）：水2100，正己烷0.5，甲苯560，二氯甲烷22100，乙酸乙酯6900。

毒性　大鼠急性经口LD_{50}＞5000mg/kg，对大鼠短期喂食毒性高；对山齿鹑经口LD_{50}＞2000mg/kg；对虹鳟LC_{50}（96h）为22mg/L；对大型溞EC_{50}（48h）＞25mg/kg；对月牙藻EC_{50}（72h）为0.014mg/L；对蜜蜂低毒，对黄蜂接触毒性低、经口毒性中等，对蚯蚓中等毒性。对呼吸道具刺激性，无神经毒性，无眼睛、皮肤刺激性和致敏性，有生殖风险，无致癌风险。

作用方式　一般情况下，主要通过叶面吸收并转移至植物各组织，主要抑制产生支链氨基酸、亮氨酸、异亮氨酸和缬氨酸的前驱物乙酰乳酸合成酶的反应，处理后杂草立即停止生长，吸收4～5d后新发出的叶子褪绿，然后逐渐坏死并蔓延至整个植株，20～30d杂草彻底枯死。

防除对象　主要用于暖季型草坪防除多种禾本科杂草、阔叶杂草和一年生或多年生莎草科杂草，如稗草、狗尾草、具芒碎米莎草、绿苋、早熟禾、小飞蓬、日本看麦娘、硬草、䓘草、荠菜、油莎草、天胡荽、宝盖草、繁缕、巢菜、短叶水蜈蚣、香附子等，对部分玄参科杂草如通泉、蚊母草等效果不佳，对结缕草类和狗牙根类草坪安全性高，休眠期到生长期均可用药。

使用方法　在任何季节均可芽后施用，土壤或叶面喷雾均可，以杂草3～4叶期为佳，25%水分散粒剂每亩制剂用量为10～20g，兑水量30～40L。

注意事项

（1）高羊茅、黑麦草、早熟禾等冷季型草坪对该药高度敏感，不能使用本剂；

（2）部分杂草见效较慢，勿重复施药；

（3）喷水需足量，保证药效。

啶酰菌胺（boscalid）

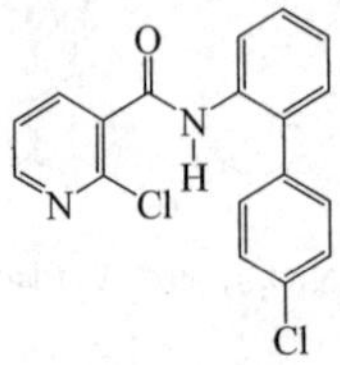

$C_{18}H_{12}Cl_2N_2O$，328.9，88425-85-6

化学名称 *N*-(4′-氯联苯-2-基)-2-氯烟酰胺。

理化性质 纯品啶酰菌胺为无色晶体，熔点 142.8～143.8℃；溶解度（20℃，g/L）：水 0.0046，甲醇 40～50，丙酮 160～200。

毒性 急性 LD_{50}（mg/kg）：大鼠＞5000，大鼠经皮＞25000；对兔眼睛和皮肤无刺激性；对动物无致畸、致突变、致癌作用。

作用特点 内吸性杀菌剂，具有杀菌谱较广、不易产生交互抗性、作用机理独特、活性高、对作物安全等特点。能抑制真菌呼吸，是线粒体呼吸链中琥珀酸辅酶Q还原酶抑制剂。施用时药液经植物吸收通过叶面渗透，通过叶内水分的蒸发作用和水的流动使药液传输扩散到叶片末端和叶缘部位，并与病原菌细胞内线粒体作用，和呼吸链中电子传递体系的蛋白复合体（Ⅰ，Ⅲ，Ⅳ）一样，蛋白复合体Ⅱ也是线粒体内膜的一种成分，不具备质子泵的功能，这些多肽中的两种能在膜内将复合体固定，同时其他多肽处于线粒体基质中，在TCA循环中催化琥珀酸成为延胡索酸，抑制线粒体琥珀酸脱氢酶活性，从而阻碍三羧酸循环，使氨基酸、糖缺乏，阻碍了植物病原菌的能量源ATP的合成，干扰细胞的分裂和生长使菌体死亡。试验结果表明啶酰菌胺与其他杀菌剂无交互抗性。

适宜作物 黄瓜、甘蓝、薄荷、坚果、豌豆、草莓、核果、向日葵、马铃薯、葡萄、乳香黄连、花生、莴苣、莱果、胡萝卜、大田作物、芥菜、油菜、豆类、球茎蔬菜。

防治对象 黄瓜、甘蓝、薄荷、坚果、豌豆、草莓、核果、向日葵、马铃薯、葡萄、乳香黄连、花生、莴苣、莱果、胡萝卜、大田作物、芥菜、油菜、豆类、球茎蔬菜等的白粉病、灰霉病，各种腐烂病、褐腐病和根腐病。

使用方法 茎叶喷雾。

（1）防治葡萄、黄瓜等的灰霉病、白粉病　在发病早期，用50%水分散粒剂35～45g/亩对水40～50kg喷雾；

（2）防治油菜菌核病　用50%啶酰菌胺水分散粒剂，一般年份每亩用药24～36g，发生偏重年份用药36～48g/亩对水50kg喷雾，可以取得较好的防治效果；

（3）防治草莓灰霉病　用50%啶酰菌胺水分散粒剂1200倍液喷雾，草莓始花期第1次喷药，间隔10d连喷3次。

注意事项

（1）在黄瓜上施药，应注意高温、干燥条件下易发生烧叶、烧果现象；

（2）葡萄等果树上施药，要避免和渗透展开剂、叶面液肥混用；

（3）严格按照农药安全规定使用此药，避免药液或药粉直接接触身体，如果药液不小心溅入眼睛，应立即用清水冲洗干净并携带此药标签去医院就医；

（4）此药应储存在阴凉和儿童接触不到的地方；

（5）如果误服要立即送往医院治疗；

（6）施药后各种工具要认真清洗，污水和剩余药液要妥善处理保存，不得任意倾倒，以免污染鱼塘、水源及土壤；

（7）搬运时应注意轻拿轻放，以免破损污染环境，运输和储存时应有专门的车皮和仓库，不得与食物和日用品一起运输，应储存在干燥和通风良好的仓库中。

毒草胺（propachlor）

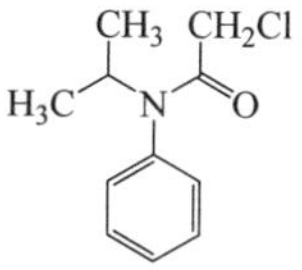

$C_{11}H_{14}ClNO$，211.7，1918-16-7

化学名称　*α*-氯代-*N*-异丙基乙酰替苯胺，*α*-chloro-*N*-isopropylacetanilide。

理化性质　纯品为淡黄褐色固体，熔点77℃，170℃分解，溶解度（20℃，mg/L）：水580，丙酮353900，二甲苯205500，甲苯296100，苯655900。常温下稳定，在酸、碱条件下受热分解，土壤中分解快。

毒性　大鼠急性经口LD_{50} 550mg/kg，短期喂食毒性高；山齿鹑急性LD_{50} 91mg/kg；对虹鳟LC_{50}（96h）为0.17mg/L；对大型溞EC_{50}（48h）为7.8mg/kg；对月牙藻EC_{50}（72h）为0.015mg/L；对蜜蜂低毒，对蚯蚓中等毒性。对眼睛、皮肤具刺激性，具皮肤致敏性，具生殖风险。

防除对象　用于水稻移栽田防除一年生禾本科杂草和某些阔叶杂草，如马唐、稗、狗尾草、早熟禾、看麦娘、藜、苋、龙葵、马齿苋等，对红蓼、苍耳效果差，对多年生杂草无效，对稻田稗草效果显著，有特效，使用安全，不易发生药害。毒草胺在土壤中残效期约30d。

使用方法　水稻移栽后4～6d施药，50%可湿性粉剂亩制剂用量200～300g，拌湿细土20kg/亩，均匀撒施。施药前保持3～4cm水层，药后保水5～7d。

注意事项

（1）注意药后保持浅水层勿淹没水稻心叶，以免造成药害。

（2）对鱼类等水生生物有毒，应远离水产养殖区施药。

毒死蜱（chlorpyrifos）

$C_9H_{11}Cl_3NO_3PS$，350.6，2921-88-2

其他名称 氯蜱硫磷、乐斯本、同一顺、新农宝、博乐、毒丝本、佳丝本、久敌、落螟、Dursban、Lorsban、Dowco179。

化学名称 *O,O*-二乙基-*O*-(3,5,6-三氯-2-吡啶基)硫代磷酸酯，*O,O*-diethyl-*O*-(3,5,6-trichloro- pyridyl) phosphorothioate。

理化性质 无色结晶，具有轻微的硫醇味，熔点42.0～43.5℃；工业品为淡黄色固体，熔点35～40℃；溶解性（25℃）：水2mg/L，丙酮0.65kg/kg，苯0.79kg/kg，氯仿0.63kg/kg，易溶于大多数有机溶剂；在pH 5～6时最稳定；水解速率随温度、pH值的升高而加速；对铜和黄铜有腐蚀性，铜离子的存在也加速其分解。

毒性 急性LD_{50}（mg/kg）：大鼠经口163（雄）、135（雌），兔经口1000～2000、经皮2000；在动物体内解毒很快，对动物无致畸、致突变、致癌作用；对鱼、小虾、蜜蜂毒性较大。

作用特点 抑制昆虫体内乙酰胆碱酯酶的活性而破坏正常的神经冲动传导，引起异常兴奋、痉挛等中毒症状，最终导致死亡。毒死蜱为广谱杀虫剂，可通过触杀、胃毒及熏蒸等作用方式防治害虫。毒死蜱对土壤有机质吸附能力很强，因此对地下害虫（蛴螬等）防效出色，控制期长。该药混配性好，可与不同类别杀虫剂复配增加杀虫效果。

适宜作物 水稻、玉米、小麦、棉花、花生、甘蔗、苹果树、柑橘树等。

防除对象 水稻害虫如稻纵卷叶螟、二化螟、三化螟、稻瘿蚊等；小麦害虫如麦蚜等；玉米害虫如蛴螬等；花生害虫如蛴螬、蝼蛄、金针虫、地老虎等；棉花害虫如棉蚜、棉铃虫等；甘蔗害虫如各种地下害虫等；果树害虫如桃小食心虫、苹果绵蚜、柑橘红蜘蛛、柑橘矢尖蚧、柑橘锈壁虱等；卫生害虫如白蚁等。

应用技术

（1）防治水稻害虫

① 稻飞虱 在低龄若虫为害盛期施药，用25%微乳剂100～150g/亩兑水喷雾，重点为水稻的中下部叶丛及茎秆，田间应保持3～5cm的水层2～3d。

② 二化螟 在卵孵始盛期到卵孵高峰期施药，用480g/L乳油50～80mL/亩兑水均匀喷雾，重点是稻株中下部。施药后保持3～5cm浅水层5～7d。

③ 三化螟 在水稻大肚期至破口期（田间有5%～10%的稻株破口）第一次用药，用药量为480g/L乳油50～80mL/亩。施药后保持3～5cm浅水层5～7d。

④ 稻纵卷叶螟 在卵孵盛期至低龄幼虫期施药，用25%微乳剂100～150g/亩兑水均匀喷雾。

⑤ 稻瘿蚊 宜在立针期和移栽后5～7d各施药1次，将480g/L乳油250～300mL/亩用水稀释配成母液再与每亩15～20kg细沙土拌匀撒施于田间。

（2）防治小麦害虫 防治小麦蚜虫，在蚜虫始盛期施药，用480g/L乳油15～25mL/亩兑水40～50kg均匀喷雾。

（3）防治玉米害虫 防治玉米蛴螬，玉米播种时用0.5%颗粒剂20～30kg/亩沟施，施后立即覆土。

（4）防治花生害虫 防治花生地下害虫，当花生田主要为暗黑鳃金龟为害时，花生开花期施药，用30%微囊悬浮剂350～500mL/亩兑水灌根。具体方法：将喷雾器的旋水片卸掉，然后直接沿垄浇灌；或用0.5%颗粒剂30～36kg/亩撒施；当花生田出现蝼蛄等其他害虫为害时，可用10%颗粒剂900～1500g/亩撒施于沟内并覆土。

（5）防治棉花害虫

① 棉铃虫 在卵孵盛期至低龄幼虫期施药，用480g/L乳油94～125mL/亩兑水均匀喷雾。

② 棉蚜 在蚜虫始盛期施药，用40%乳油100～150mL/亩兑水均匀喷雾。

（6）防治甘蔗害虫 防治甘蔗地下害虫，用10%颗粒剂500～1000g/亩播种时穴施或幼苗期开沟撒施，施药深度为土层下15～20cm处，施药时可拌土或细沙。

（7）防治果树害虫

① 桃小食心虫 在卵果率超过1%时施药，用40%毒死蜱2000～3000倍液向树上喷雾，重点是未套袋的果实。间隔7d后，再喷一次。

② 苹果绵蚜 主要针对树干在花前和花后各用40%乳油1800～2400倍液喷雾一次。

③ 柑橘红蜘蛛 在螨类低密度且有发展趋势时施药，用40%乳油1000～2000倍液喷雾，有一定的防效。

④ 柑橘矢尖蚧 在卵孵盛期、一龄若虫到处游走阶段施药最佳。用40%乳油1000～2000倍液均匀喷雾。

⑤ 柑橘锈壁虱 当发现叶片背面或果实初出现锈色或黑褐色，用40%乳油

1000～2000 倍液均匀喷雾。

（8）防治卫生害虫　防治白蚁，土壤中有白蚁，用 45%乳油 55mL/m^2 进行土壤处理；如木材被白蚁钻蛀，可用 45%乳油 45～90 倍液浸泡木材。

注意事项

（1）禁止在蔬菜上使用毒死蜱。

（2）禁止与碱性物质混用。

（3）对蜜蜂和家蚕有毒，开花植物花期禁用并注意对周围蜂群的影响；蚕室禁用，桑园附近慎用；对鱼等水生生物高毒，要远离河塘等水域用药；禁止在河塘等水体中清洗施药器具；对鸟中等毒性，鸟类保护期慎用。

（4）黄瓜、菜豆、西瓜、高粱等对毒死蜱较敏感，应避免药剂接触上述作物。

（5）在水稻上的安全间隔期为 30d，每季最多使用 2 次；在棉花上的安全间隔期为 21d，每季最多使用 3 次；在柑橘树上的安全间隔期为 28d，每季最多使用 1 次；在苹果树上的安全间隔期为 28d，每季最多使用 1 次。

（6）预计 1h 内降雨请勿施药。

（7）建议与其他作用机制不同的杀虫剂轮换使用，以延缓害虫抗性产生。

独脚金内酯（strigolactone）

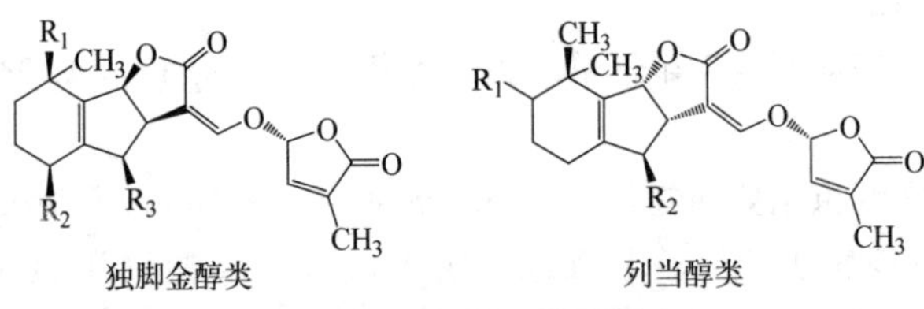

$C_{17}H_{14}O_5$，298.29，76974-79-3

其他名称　SLs，GR24，rac-GR24。

化学名称　(3*aR**,8*bS**,*E*)-3-(((*R**)-4-methyl-5-oxo-2,5-dihydrofuran-2-yloxy)methylene)-3,3*a*,4,8*b*- tetrahydro -2*H*-indeno[1,2-*b*]furan-2-one。

理化性质　溶于丙酮（10mmol/L）、氯仿、乙酸乙酯。沸点（567.7±50.0）℃（1.01×10^5Pa），密度（1.39±0.1）g/cm^3，折射率 1.63，闪光点 255℃。

毒性　无毒。

作用特点　独脚金内酯是一类倍半萜烯小分子化合物，是一些天然的独脚金醇类化合物及人工合成类似物的总称，广泛存在于高等植物中，主要在根中合成，是能够调控植物内源性发育过程的信号分子，被称为新型植物生长调节剂。独脚金内酯是调控植物分枝的第三种生长调节剂，其调节植物分枝功能不同于传统的生长素和细胞分裂素，还可同时调控株高、光形态建成、叶片形状、花青素积累、根系形态等诸多生长发育过程以及植物对干旱、低磷等环境胁迫的适应。其骨架结构由 4 个环组成，由类胡萝卜素代谢产生。目前已发现的天然产物中主要有以下几种独脚金内酯：5-脱氧独脚金醇（5-deoxystrigol）、高粱内酯（sorgolactone）、独脚金醇（strigol）、列当醇（orobanchol）和黑蒴醇（alectrol）等。人工合成的类似物有 GR24、GR6 和 GR7 等，其中 GR24 的活性最高。

独脚金内酯在水稻和拟南芥中根部产生并向上运输，参与植物顶端优势的调控，直接或间接抑制腋芽发育和植物分枝。此外，独脚金内酯能够调控种子萌发、侧芽伸长、侧根生长以及株高、叶片形状、衰老等发育过程，并且在单子叶植物和双子叶植物中具有高度保守性。可通过控制独脚金内酯在植物体内的合成与代谢来调控植物分枝发育，调控作物株型。独脚金内酯的主要生物学功能表现在诱导种子萌发、促进丛枝菌根真菌菌丝分枝以及调节植物的生长等方面。

适宜作物　水稻、小麦、番茄、茄子、辣椒、黄瓜等。

应用技术　独脚金内酯类似物在杂草控制、杂草检验检疫、植株塑形、作物栽培、品种选育等方面都有重要的科研价值和应用价值。

（1）用于控制植物分枝，调控植物株型　研究表明，独脚金内酯的合成与信号传导可以控制水稻、小麦等的分蘖及植株的高度。对于一些园艺花卉和经济类果树，可通过控制独脚金内酯的合成来调节植物分枝，达到多开花多结果等调控效果。人工喷施独脚金内酯类似物，可抑制水稻、小麦、番茄、茄子、辣椒、黄瓜等植物的无效分枝，培育出优质的理想植株。

（2）新型环保除草剂，控制寄生杂草生长。独脚金内酯可以诱导杂草种子的萌发，在农作物播种或出苗前使用适量独脚金内酯类似物，可诱导寄生植物种子提前萌发，使其接触不到寄主，来抑制杂草的生长，减轻寄生植物的危害。

（3）作为独脚金、列当发芽促进剂，使之增产。

（4）保护野生中药资源，利用独脚金内酯类似物可以诱导种子萌发，可以提高肉苁蓉、锁阳等珍贵药材种子萌发率、接种率，有助于提高产量、缩短生长年限和提高规模化人工栽培水平。

（5）利用丛枝菌根真菌菌丝分枝和根瘤菌的形成，增强贫瘠土壤肥力。

注意事项

（1）冰袋运输。粉末于 4℃干燥避光保存，有效期 18 个月。溶于丙酮，分装储存于–20℃或–80℃冰箱，避免反复冻融，有效期至少 2 个星期。

（2）独角金内酯溶于丙酮，通常配成 10mmol/L 母液，分装储存于–20℃或–80℃冰箱，避免反复冻融。使用时将母液稀释成所需要的工作液浓度。

对氯苯氧乙酸钠（sodium 4-CPA）

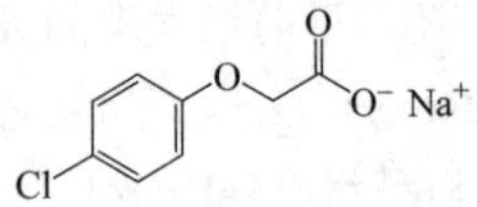

$C_8H_6ClNaO_3$，208.57，13730-98-8

化学名称 4-氯苯氧乙酸钠

理化性质 纯品为白色针状粉末结晶，基本无臭无味，不溶于水。

作用特点 对氯苯氧乙酸钠系一种具有生长素活性的苯氧类植物生长调节剂，由植物的根、茎、叶、花和果吸收。防止番茄等茄果类蔬菜落花落果，抑制豆类生根，促进果实发育，形成无籽果实，提早成熟，增加产量，改善品质等。

适宜作物 抗菌谱广，保护作用强。处理种子和土壤可以防治禾谷类作物的黑穗病和多种作物的苗期立枯病。用于喷雾也可以防治一些果树、蔬菜的病害，对多种作物霜霉病、疫病、炭疽病也有较好的防治效果。对人、畜的毒性较低，推荐剂量下对作物无药害。

防治对象 杨梅树，柑橘树，樱桃树，番茄，荔枝树，观赏石榴。

使用方法

（1）茄子花期用浓度为25～30mg/L的对氯苯氧乙酸钠药液喷洒，连续2次，每次间隔1周。

（2）番茄在花开一半时，用25～30mg/L的对氯苯氧乙酸钠药液喷洒1次。辣椒用15～25mg/L的防落素药液于盛花期喷施1次。

（3）西瓜于花期用20mg/L的对氯苯氧乙酸钠药液喷施1～2次。

（4）对于大白菜，在收获前3～15d用25～35mg/L的对氯苯氧乙酸钠药液在晴天下午喷洒，可以有效防止大白菜贮存期间脱帮，并且有保鲜作用。

注意事项

（1）在蔬菜收获前3d停用。

（2）喷花时一定要定点（只喷花而不能喷茎、叶），喷洒时间宜选晴天早晨或傍晚，如果在高温、烈日下或阴雨天喷洒就容易产生药害。

对溴苯氧乙酸（*p*-bromophenoxyacetic acid）

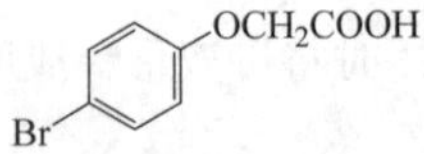

$C_8H_7BrO_3$，231.04，1878-91-7

其他名称 增产素，4-溴代苯氧乙酸。

化学名称 4-溴苯氧基乙酸，2-(4-bromophenoxy)acetic acid。

理化性质 纯品为白色针状结晶，商品为微红色粉末。熔点156～159℃，难溶于水，微溶于热水，易溶于乙醇、丙酮等有机溶剂。常温贮存不稳定。遇碱易生成盐。

毒性 对人、畜低毒。

作用特点 通过茎、叶吸收，传导到生长旺盛部位，使植株叶色变深，叶片增厚，新梢枝条生长快，提高坐果率，增大果实体积和增加重量，并使果实色泽鲜艳。

适宜作物 水稻、小麦、苹果等。

应用技术

（1）保花保果　在苹果盛花期用10～20mg/L增产素溶液进行喷雾。成龄树每株喷2.5kg药液为宜。

（2）使籽粒饱满，增加产量

① 小麦　在扬花灌浆期用30～40mg/L增产素溶液进行喷雾，可减少空秕率，增加千粒重。

② 水稻　在水稻抽穗期、扬花期或灌浆期用20～30mg/L增产素溶液进行喷雾，$1hm^2$用药量为30g，可以提高成穗率和结实率，使籽粒饱满、产量增加。

注意事项

（1）因原药水溶性差，配药时应先将原药加入95%乙醇中，然后再加水稀释。药液中加入0.1%中性皂可增加展着黏附率，提高药效。

（2）要严格掌握施药浓度，在苹果上使用浓度不宜超过30mg/L。选择晴天早晨或傍晚施药，避免在降雨或烈日下施药。施药后6h内遇下雨，要重新喷。

（3）有关该试剂的毒性，对作物的安全性、适用作物等还有待进一步试验。

多菌灵（carbendazim）

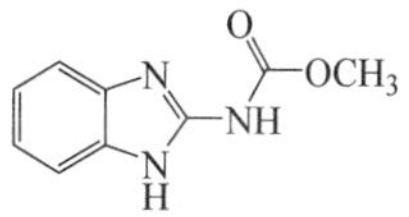

$C_9H_9N_3O_2$，191.18，10605-21-7

化学名称 *N*-(2-苯并咪唑基)氨基甲酸酯。

理化性质 纯品多菌灵为无色粉状固体，熔点302～307℃；溶解度（24℃，g/L）：水0.008，DFM 5，丙酮0.3，乙醇0.3，氯仿0.1，乙酸乙酯0.135；在碱性介质中缓慢水解，在酸性介质中稳定，可形成盐。

毒性 急性LD_{50}（mg/kg）：大鼠经口＞15000、经皮＞2000，兔经口＞10000；

对兔眼睛和皮肤无刺激性；以 300mg/kg 剂量饲喂狗两年，未发现异常现象；对蚯蚓无毒。

作用特点 属广谱内吸性杀菌剂，具有保护和治疗作用。主要作用机制是干扰细胞有丝分裂过程中纺锤体的形成，从而影响菌的有丝分裂过程。多菌灵具有高效低毒、防病谱广的特点，有明显的向顶输导性能，除叶部喷雾外，也多作拌种和土壤消毒使用。

适宜作物 棉花、花生、禾谷类作物、苹果、葡萄、桃、烟草、番茄、甜菜等。在推荐剂量下使用对作物和环境安全。水稻安全间隔期为 30d，小麦为 20d。

防治对象 对葡萄孢、镰刀菌、小尾孢菌、青霉菌、壳针孢菌、核盘菌、黑星菌、轮枝孢菌、丝核菌等病菌引起的小麦网腥黑穗病、散黑穗病、燕麦散黑穗病、小麦颖枯病、谷类茎腐病、麦类白粉病，苹果、梨、葡萄、桃的白粉病，苹果褐斑病、梨黑星病、桃疮痂病、葡萄灰霉病、葡萄白腐病，棉花苗期立枯病、棉花烂铃病、花生黑斑病、花生基腐病、烟草炭疽病，番茄褐斑病、灰霉病，甘蔗凤梨病、甜菜褐斑病，水稻稻瘟病、纹枯病和胡麻斑病等病害有效。对藻状菌和细菌无效，对子囊菌亚门的某些病原菌和半知菌类的大多数病原真菌有效。

使用方法

（1）防治禾本科作物病害

① 麦类病害　防治麦类黑穗病，用 40%悬浮剂 25mL 对水 4kg 均匀喷洒 100kg 麦种，再堆闷 6h 后播种；防治小麦赤霉病，在始花期，用 40%可湿性粉剂 121.7g/亩，加水 50kg，均匀喷雾，或 40%悬浮剂 100～120mL/亩对水 40～50kg 喷雾，间隔 7～10d 再施药 1 次。

② 水稻病害　防治水稻稻瘟病，用 50%悬浮剂 75～100mL/亩对水 40～50kg 喷雾，防治叶瘟可用 40%可湿性粉剂 121.7g/亩，加水 70kg 均匀喷雾，在发病中心或出现急性病斑时喷药 1 次，间隔 7d，再喷药 1 次，防治穗瘟用 50%悬浮剂 75～100mL/亩对水 40～50kg 喷雾，在破口期和齐穗期各喷药 1 次，喷药重点在水稻茎部；在病害发生初期或幼穗形成期至孕穗期喷药，间隔 7d 再喷药一次，可防治纹枯病；防治水稻小粒菌核病，在水稻圆秆拔节期至抽穗期，用 50%悬浮剂 75～100g/亩对水 40～50kg 喷施，间隔 5～7d 喷药 1 次，共喷 2～3 次。

（2）防治其他作物病害

① 棉花病害　防治立枯病、炭疽病，用 50%可湿性粉剂 1kg/100kg 种子；防治棉花枯萎病、黄萎病，用 40%悬浮剂 375mL 对水 50kg，浸种 20kg，14h 后捞出滤去水分后播种。

② 花生病害　防治花生立枯病、茎腐病、根腐病，用 50%可湿性粉剂 500～1000g/100kg 种子，也可以先将花生种子浸泡 24h 或将种子用水湿润后再用相同药量拌种；防治花生叶斑病，发病初期用 25%可湿性粉剂 125～150g/亩对水 50～75kg 喷雾。

③ 防治油菜菌核病　在盛花期和终花期各喷雾一次，用 40%可湿性粉剂 187.5～283.3g/亩或者 50%悬浮剂 75～125mL/亩对水 40～50kg 喷雾。

④ 防治甘薯黑斑病　用 50mg/L 浸种薯 10min，或用 30mg/L 浸苗基部 3～5min，药液可连续使用 7～10 次。

⑤ 防治地瓜黑斑病　移栽前用 50%可湿性粉剂 3000～4000 倍液浸地瓜苗茎基部 5min。

⑥ 防治甜菜褐斑病　发病初期，用 25%可湿性粉剂 150～250g 对水 50kg 喷雾。

（3）防治果树病害

① 防治梨树黑星病　用 50%悬浮剂 500 倍液喷雾，落花后喷第 2 次。

② 防治桃疮痂病　在桃子套袋前，用 50%可湿性粉剂 600～800 倍液喷雾，间隔 7～10d，再喷 1 次。

③ 苹果病害　防治苹果褐斑病，在病害始见后，用 50%可湿性粉剂 600～800 倍液喷雾，间隔 7～10d，再喷 1 次；防治苹果轮纹病，发病初期用 80%可湿性粉剂 800～1200 倍液喷雾；防治苹果炭疽病，发病初期用 50%可湿性粉剂 600～800 倍液喷雾；防治苹果花腐病，发病初期用 50%可湿性粉剂 200～300 倍液灌根。

④ 防治葡萄黑痘病、白腐病、炭疽病　在葡萄展叶后到果实着色前，用 50%可湿性粉剂 500～800 倍液喷雾，间隔 10～15d，再喷 1 次。

⑤ 防治桑树褐斑病　发病初期用 50%可湿性粉剂 800～1000 倍液喷雾。

⑥ 防治果树流胶病　开春后当树液开始流动时，先将病树周围垄一土圈，根据树龄的大小确定每棵树的用药量，一般 1～3 年生的树，每棵用 40%可湿性粉剂 100g，树龄较大的每棵用 40%可湿性粉剂 200g，稀释后灌根，开花坐果后再灌一次，病害可以得到控制。

（4）防治蔬菜类病害

① 防治黄瓜霜霉病　发病前至发病初期，用 50%悬浮剂 50～80mL/亩对水 40～50kg 喷雾。

② 防治番茄早疫病　发病初期用 50%悬浮剂 60～80mL/亩对水 40～50kg 喷雾，间隔 7～10d 喷药 1 次，连续喷药 3～5 次。

③ 防治辣椒疫病　发病前用 50%悬浮剂 60～80mL/亩对水 40～50kg 灌根或喷雾。

④ 防治瓜类枯萎病　大田定植前用 25%可湿性粉剂 2～2.5kg 加湿润细土 30kg 制成药土，撒于定植穴里，结果期发病用 50%可湿性粉剂 500 倍液灌根，每株灌 250mL。

⑤ 防治节瓜炭疽病　用 50%可湿性粉剂 1kg 加土杂肥 2000kg，配成药土覆盖。

⑥ 防治西瓜炭疽病　发病初期用 20%悬浮剂 100～120mL/亩对水 40～50kg 喷雾。

⑦ 防治芦笋茎枯病　发病初期用 20%悬浮剂 150～180mL/亩对水 40～50kg

喷雾。

⑧ 防治蘑菇褐腐病　用 50%可湿性粉剂 2～2.5g/m^2 对水后喷雾于营养土。

（5）防治花卉病害　可防治大丽花花腐病、月季褐斑病、君子兰叶斑病、海棠灰斑病、兰花炭疽病、兰花叶斑病、花卉白粉病等，发病初期用 40%可湿性粉剂 500 倍液喷雾，间隔 7～10d 喷 1 次。

（6）防治小麦赤霉病　小麦扬花盛期至小麦灌浆期用 25%多菌灵可湿性粉剂 200～260g/亩喷雾，防效较好，或者用 40%多菌灵悬浮剂 100～120g/亩，间隔 7～10d，连喷 2～3 次。

注意事项　多菌灵可与一般杀菌剂混用，不能与铜制剂混用，与杀虫、杀螨剂混用时要随混随用。配药时注意防止污染。多菌灵为单作用点杀菌剂，病原菌易产生抗性，如灰霉菌、恶苗病菌、黑星病菌、芦笋茎枯病菌、尾孢菌和核盘菌等。

多菌灵苯磺酸盐（carbendazim sulfonic salf）

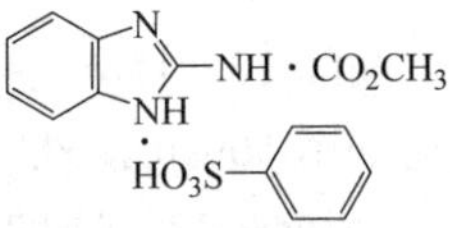

化学名称　*N*-苯并咪唑-2-基氨基甲酸甲酯苯磺酸盐。

毒性　对眼睛及皮肤有刺激，经口中毒出现头昏、恶心、呕吐症状。

作用特点　属于新型、高效、内吸性广谱杀菌剂。可防治多种病害。

适宜作物　油菜、黄瓜、番茄、苹果、荔枝等。推荐剂量下对作物和环境安全。

防治对象　可有效防治油菜霜霉病、菌核病，黄瓜霜霉病，番茄疫病，苹果轮纹病，荔枝霜霉病等。

使用方法

（1）防治油菜菌核病　发病初期用 35%悬浮剂 100～140mL/亩对水 50～60kg 喷雾；

（2）防治黄瓜霜霉病　发病初期用 35%悬浮剂 143～214mL/亩对水 50～60kg 喷雾；

（3）防治苹果轮纹病、荔枝霜疫霉病　发病初期用 35%悬浮剂 600～800 倍液喷雾。

注意事项　与杀虫剂、杀螨剂混用要随混随用，不能与碱性农药混用。

多杀菌素（spinosad）

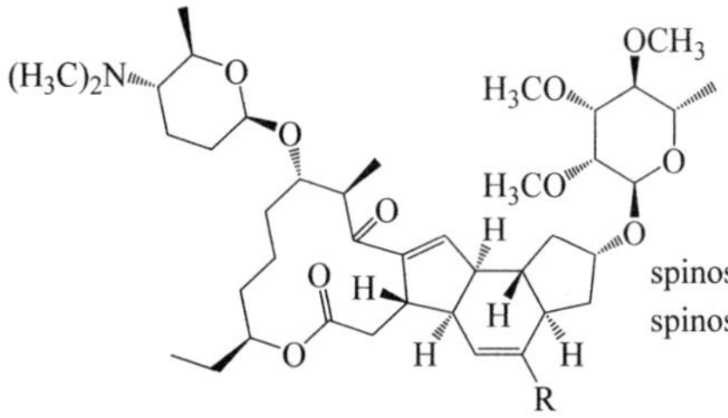

spinosyn A,R=H,$C_{41}H_{65}NO_{10}$,732.0

spinosyn D,R=—CH_3,$C_{42}H_{67}NO_{10}$,746.0

$C_{41}H_{65}NO_{10}$ (spinosyn A) + $C_{42}H_{67}NO_{10}$ (spinosyn D)，732.0 (spinosyn A)，746.0 (spinosyn D)，

168316-95-8 (131929-60-7 + 131929-63-0)

其他名称 艾克敌，多杀霉素，菜喜，催杀。

理化性质 浅灰白色晶体，带有一种类似于轻微陈腐泥土的气味。熔点：A 型 84～99.5℃，D 型 161.5～170℃。密度 0.512g/cm^3（20℃）。水中溶解度：A 型 pH 为 5、7、9 时分别为 270mg/L、235mg/L 和 16mg/L，D 型 pH 为 5、7、9 时分别为 28.7mg/L、0.332mg/L 和 0.053mg/L。在水溶液中 pH 为 7.74，对金属和金属离子在 28d 内相对稳定。在环境中通过多种途径组合的方式进行降解，主要为光解和微生物降解。

毒性 对有益昆虫的高度选择性，使其在害虫综合治理中成为一种引人注目的农药。研究表明，多杀菌素能在大鼠、狗、猫等动物体内快速吸收和广泛代谢。据报道，在 48h 内，多杀菌素或其代谢产物的 60%～80%通过尿或大便排泄出去。多杀菌素在动物的脂肪组织中含量最高，其次是肝、肾、奶和肌肉组织。动物体内多杀菌素的残留量主要通过 N_2 脱甲基化作用、O_2 脱甲基化作用和羟基化作用来代谢。多杀菌素在环境中通过多种组合途径快速降解，主要为光降解和微生物降解，最终分解为碳、氢、氧、氮等自然组分，因而对环境不会造成污染。多杀菌素的土壤光降解半衰期为 9～10d，叶面光降解的半衰期为 1.6～16d，而水光降的半衰期则小于 1d。当然，半衰期与光的强弱程度有关，在无光照的条件下，多杀菌素经有氧土壤代谢的半衰期为 9～17d。另外，多杀菌素的土壤传质系数为中等，它在水中的溶解度很低并能快速降解，由此可见多杀菌素的沥滤性能非常低，因此只要合理使用，它对地下水源是安全的。根据美国环保署（EPA）的规定，不需要设置任何缓冲区域。中国农业农村部和美国农业部登记的安全采收期都只有 1d，最适合无公害蔬菜的生产应用。

作用特点 本品是由放线菌刺糖多孢菌发酵产生的生物源农药，是一种大环内酯类生物杀虫剂，作用于昆虫的神经系统，可以持续激活靶标昆虫乙酰胆碱烟碱型受体，使害虫迅速麻痹、瘫痪，最后导致死亡。对害虫具有触杀和胃毒作用，对叶片有较强的渗透作用，残效期较长，具有一定的杀卵作用，无内吸作用。

适宜作物 蔬菜、棉花、水稻。

防除对象 蔬菜害虫如蓟马、小菜蛾等；棉花害虫如棉铃虫等；水稻害虫如稻纵卷叶螟等；卫生害虫如红火蚁等。

应用技术 以10%多杀菌素悬浮剂、10%多杀菌素水分散粒剂、25g/L多杀菌素悬浮剂、480g/L多杀菌素悬浮剂、0.015%杀蚁饵剂为例。

（1）防治蔬菜害虫

① 蓟马 在茄子蓟马若虫发生始盛期施药，用10%多杀菌素悬浮剂17～25mL/亩均匀喷雾；或用25g/L多杀菌素悬浮剂65～100mL/亩均匀喷雾。

② 小菜蛾 在低龄幼虫期施药，用10%多杀菌素悬浮剂12.5～17.5mL/亩均匀喷雾；或用25g/L多杀菌素悬浮剂50～66mL/亩均匀喷雾；或用25g/L多杀菌素悬浮剂33～66mL/亩均匀喷雾。

（2）防治棉花害虫 防治棉铃虫，在卵孵化高峰至低龄幼虫期用药，用10%多杀霉素悬浮剂20～30mL/亩均匀喷雾；或用480g/L多杀菌素悬浮剂4.2～5.5mL/亩均匀喷雾。

（3）防治水稻害虫 防治稻纵卷叶螟，在卵孵盛期至低龄幼虫期用药，用10%多杀菌素水分散粒剂25～30g/亩均匀喷雾；或用480g/L多杀菌素悬浮剂15～20mL/亩均匀喷雾。

（4）防治卫生害虫 防治红火蚁，将0.015%杀蚁饵剂投放在红火蚁经常出现的地方，本品应由专业人员使用。红火蚁大面积发生区，蚁巢密度较大时，建议采用撒施，红火蚁小面积发生区，蚁巢密度较小时，建议采用单蚁巢处理，在蚁丘外围30～60cm处，围绕蚁丘撒施本饵剂一圈，或点放3～5小堆，每巢用量约35～50g（大蚁巢可多放些）。施用时须地表干燥，施药时间应避开可能于施用后12h内有雨的情况，且施药后24h内勿灌溉。施用本饵剂后7～10d内请勿使用其他防治红火蚁的药剂。

注意事项

（1）本品对蜜蜂、蚕及鱼类等水生生物高毒，开花植物花期禁用，并注意对周围蜂群的影响，蚕室和桑园附近禁用；远离水产养殖区、河源等水体施药，不要在水体中清洗施药器具；赤眼蜂等天敌放飞区禁用。

（2）建议与作用机制不同的杀虫剂轮换使用，以延缓抗性产生。

（3）本品不可与酸性农药等物质混用。

（4）在茄子上的安全间隔期为5d，每季最多使用2次；在甘蓝上的安全间隔期为5d，每季最多使用2次；在大白菜上的安全间隔期3d，每季最多施药2次；在水稻作物上的安全间隔期为14d，每季最多施药1次；在棉花上的安全间隔期为14d，每季最多使用3次。

多效唑（paclobutrazol）

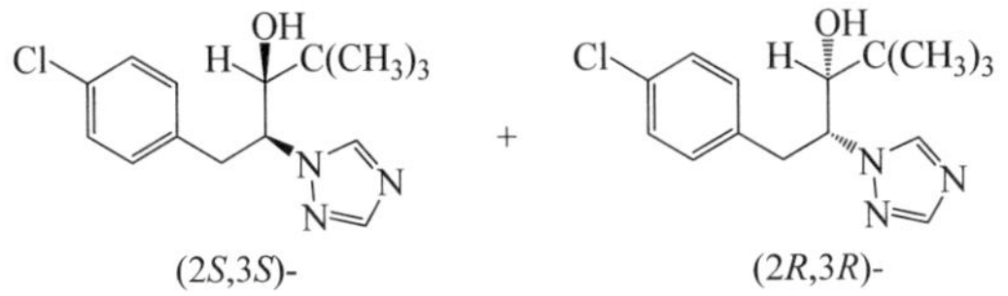

(2*S*,3*S*)-　　(2*R*,3*R*)-

$C_{15}H_{20}ClN_3O$，293.8，76738-62-0

其他名称　PP_{333}，氯丁唑，Boxzi，Clipper，Culter，MET，Parlay，Smarect。

化学名称　(2*RS*,3*RS*)-1-(4-氯苯基)-4,4-二甲基-2-(1*H*-1,2,4-三唑-1-基)戊-3-醇。

理化性质　纯品多效唑为无色结晶白色固体，工业品为淡黄色。熔点 165～166℃，密度 1.22g/cm^3，难溶于水，可溶于乙醇、甲醇、丙酮、二氯甲烷等有机溶剂，溶解度：水 26mg/L，甲醇 150g/L，丙二醇 50g/L，丙酮 110g/L，环己酮 180g/L，二氯甲烷 100g/L，二甲苯 60g/L。纯品在常温下存放 2 年以上稳定，50℃下至少 6 个月内不分解，稀溶液在 pH 4～9 范围内及紫外光下，分子不水解或降解。

毒性　急性 LD_{50}（mg/kg）：大鼠经口 2000（雄）、1300（雌），小鼠经口 490（雄）、1200（雌），大鼠和兔经皮＞1000。对大鼠和兔皮肤和眼睛有一定的刺激作用。以 250mg/kg 剂量饲喂大鼠两年，未发现异常现象；对动物无致畸、致突变、致癌作用。

作用特点　多效唑是 20 世纪 80 年代研制成功的三唑类高效低毒的植物生长延缓剂，易为植物的根、茎、叶和种子吸收，通过木质部进行传导，是内源赤霉素合成的抑制剂。其在农业上的应用价值在于它对作物生长的控制效果，主要是通过抑制赤霉素的合成，减缓植物细胞的分裂和伸长，从而抑制新梢和茎秆的伸长或植株旺长，缩短节间，促进侧芽（分蘖）萌发，增加花芽数量，提高坐果率，增加叶片内叶绿素含量、可溶性蛋白含量和核酸含量，降低赤霉素和吲哚乙酸的含量，提高光合速率，降低气孔导度和蒸腾速率，使植株矮壮，根系发达，提高植株抗逆性能，如抗倒、抗旱、抗寒及抗病等抗逆性，增加果实钙含量，减少储存病害等。在多种果树上施用，能抑制根系和营养体的生长；使叶绿素含量增加；抑制顶芽生长，促进侧芽萌发和花芽的形成，增加花蕾数，提高着果率，改善果实品质及提高经济效益，被认为是迄今为止最好的生长延缓剂之一。

适宜作物　用于水稻、小麦、玉米等作物防止徒长，用于水稻秧田，还可抑制秧田杂草的生长；用于柑橘、苹果、梨、桃、李、樱桃、杏、柿等果实可控制植株的高度；用于菊花、山茶花、百合花、桂花、杜鹃花、一品红、水仙花等观赏植物，可使株型紧凑、小型化；对菊花、水仙和一串红等草本花卉的株高有抑制或控制作用，使株型更有利于观赏；对盆栽椰榆、紫薇、九里香、扶桑、山指甲、福建茶和驳骨丹等绿篱植物新梢的伸长也有明显抑制作用；还可矮化草皮，减少修剪次数。

应用技术

（1）控制生长、抗倒伏

① 水稻　于水稻一叶一心期放干秧田水，每亩喷施100μL/L 的多效唑药液100kg，或播后5～7d，放干水田，将120mL 25%乳油兑水100L，均匀喷雾。多效唑对连作晚稻秧苗具有延缓生长速度、控制茎叶伸长、防止徒长、促进根系生长、增加分蘖、增强光合作用、有利于培育多蘖壮秧、加大秧龄弹性、防止秧苗移栽后“败苗”等功能。

使用时须注意，水稻秧苗喷施多效唑后，要作移栽处理，不可拔秧留苗，秧田要翻耕后再插秧，以免影响正常抽穗；按规定的用量和浓度施用；应用多效唑的秧田，播种量不能过高。杂交稻秧田播种可以提早1～2d；要在秧田无水（有水层的要提前排水）或水稍干后喷雾，第二天再上水或过“跑马水”湿润育秧。喷施后3h内下大雨要重喷；使用多效唑育秧的秧田，第二年不可连作秧田，要轮换。

② 玉米　在播种前浸种10～12h，1kg 种子加15%多效唑可湿性粉剂1.5g，加水100g，3～4h 搅拌一次。

③ 小麦　在麦苗一叶一心期、小麦起身至拔节前每亩用15%多效唑可湿性粉剂40g，加水50kg 喷施。

④ 油菜

a. 提高油菜产量　于油菜进入越冬前几天，喷洒75～300mg/kg 的多效唑药液，能使菜苗矮壮、叶色加深、叶片加厚，有效防止早抽薹，增强植株抗冻耐寒能力，使油菜冻害率降低30%以上，冻害指数降低15%以上，产量明显增加。也可于春后油菜初薹期，用浓度为40mg/kg 的多效唑药液处理提高产量。

另外，也可在油菜苗2叶期和栽后15d，施硼肥7.5kg/hm^2，加15%多效唑可湿性粉剂150g，加水40kg 喷洒。处理后，明显增加根茎粗、单株鲜重和干重，提高叶片净光合速率，增产14.4%左右。

b. 防止甘蓝型优质油菜倒伏　对于易倒伏的油菜品种，在现蕾期用150mg/kg 的多效唑药液喷洒，可降低成株株高17.2cm 和一次分枝的高度13.9cm，增加单株有效分枝数和角果数，有效防止倒伏，提高产量14.3%。

c. 快速繁殖油菜　在油菜组培的生根培养基中加入0.1mg/kg 浓度的多效唑药液，可抑制试管苗的徒长，使茎秆矮化，叶色深绿，叶片厚实，根多粗壮。假植和直接移栽的成活率均高于90%，且后效活力强。如甘蓝型油菜隐性核不育系117A 的试管苗移栽后，成熟时植株高达148cm，主茎有效角果数达471.7个/株，单株产量达17g。

d. 抑制油菜三系制种中微粉的产生　南方油菜三系制种，有微粉产生会干扰甚至造成生产不能使用；春播制种产量低、质量差，无法大面积推广。多效唑虽然不能对微粉产生直接作用，但能通过延缓生长发育、推迟生育期，使小孢子发育处于温敏发育后无微粉。另据贵州的试验，对油菜雄性不育系陕2A，于抽薹盛期用

300mg/kg 的多效唑药液喷洒 1 次（喷前抽薹 1.6cm 左右），能降低株高和一次有效分枝高度，增加一次分枝个数。可提早 10～15d 播种，植株健壮无微粉，又可提高制种产量和质量。

e. 防止油菜苗床的“高脚苗”　在播种量较大、气温偏高或肥足雨多的情况下，油菜苗的叶柄和株高容易生长过快，出现“高脚苗”，导致移栽后发根慢、成活率低、产量低。可在油菜 3 叶期，用 15%多效唑可湿性粉剂 150mg/kg 的药液，按 600～750L/hm^2 喷洒。喷后 4～5d，叶色加深，新生叶柄的伸长受到抑制，幼苗矮壮，茎根粗壮，移栽成活率高，增产 10%～20%。

⑤ 棉花　中期每亩用 50g 15%多效唑可湿性粉剂兑水 50kg 喷施。若使用不当则棉花会出现植株严重矮化，果枝不能伸展、叶片畸形、赘芽丛生、落蕾落铃等现象。

⑥ 花生　调控花生生长发育：用 50～100mg/L 的多效唑药液拌种，用量以浸湿种子为度，1h 后晾干播种。可以调控花生的生长发育，表现为使茎基部节间缩短，株高降低，分枝增多，根系发达，根系活力增强；叶片叶绿素含量和光合速率明显提高。对花生中后期的健壮生长、降低结果部位和果针入土非常有利。但由于拌种后下胚轴缩短较多，故播种不宜过深，以免影响出苗或推迟出苗。

多效唑在花生上使用不当会出现叶片小、植株不生长、花生果小、早衰等药害症状，因此应用浓度和施药量应根据花生生长势而定。在肥力高、栽培密度过大的地块，植株长势猛，施药量需大一些，或浓度高一些，甚至可以施用两次，才能抑制徒长，取得高产；对于肥力、栽培密度适中的地块，施用药液浓度可低一些，施药量一般即可；而在肥力差、栽培密度较稀或雨水不足的地块，植株生长势较差，则不宜施用多效唑，否则减产。

多效唑在花生上的施药时期也是影响花生产量的一个关键因素。施药过早，会减产，施药过迟，无增产作用。最适施药时期是大量果针入土时期，春花生的下针期约在始花后 26～29d，秋花生的下针期约在始花后 14～20d。这个时期，施用多效唑，既可抑制茎叶徒长，不致遮阴、倒伏，还可将光合产物集中分配到幼荚，增加饱果数和果重，增加产量。

提高花生的抗逆能力。将 100～200mg 的多效唑原药喷洒于 5～6 叶期的花生植株，可促进根系生长，提高根系吸水、吸肥能力；叶片贮水细胞体积增大，蒸腾速率下降，叶片含水量增多，提高花生的抗旱能力。

⑦ 大豆　于大豆初花期叶面喷施 100～200mg/L 的多效唑，可以明显增加种子中的蛋白质含量。原因是多效唑增加了叶片叶绿素含量和硝酸还原酶活性，促进根部吸收和利用硝态氮。春大豆于封行期使用，夏大豆于花期用 100～200mg/L 的多效唑。若土壤肥沃，植株徒长可适当加大浓度，但不宜超过 300mg/L。

但须注意正确掌握喷药时间，过早、过晚都影响喷施效果；对生长较差的田块少用或不用，有倒伏趋势的田块，每亩用量可增加至 250g，浓度为 400mg/kg；喷药后不要因叶色较深而放松水肥管理。

⑧ 甘薯　扦插后 50～70d，每亩用 50～100mg/kg 的多效唑稀释液 50kg 叶面喷施，可控制地上部分茎叶的旺长，使地上与地下部分的生长趋于合理协调，促进有机物向块根运转，使薯块产量增加，而藤蔓产量下降。经测定，藤蔓产量下降 4% 左右，藤蔓每减少 1kg，甘薯鲜重可增加约 7kg，一般可增产 15%～30%。在早期喷施多效唑还有提高薯苗抗逆性和成活率的作用。

须注意掌握使用浓度，一般以 50～100mg/kg 为宜，浓度过高，抑制过分将影响产量；根据薯苗生长势决定是否用药，一般在生长旺盛、藤蔓盖满畦面时用药，否则不宜使用。

⑨ 马铃薯　于马铃薯株高 25～30cm 时，使用 250～300mg/kg 的多效唑药液，每亩叶面喷雾 50kg，可抑制茎秆伸长，促进光合作用。改善光合产物在植株器官上的分配比例，起到“控上、促下”的作用，促进块茎膨大，增加产量。于现蕾花初花期，使用 2000～2500mg/kg 的药液，每亩叶面喷雾 50kg，以叶面全部湿润为止，使块茎形成的时间提前 1 周，生长速度加快，单株产量提高 30%～50%，同时使 50g 以上的大薯块增加 7%～10%。马铃薯植株外形表现为节间缩短、株型紧凑、叶色浓绿、叶片变厚。

⑩ 番茄　番茄经多效唑处理后，可防止徒长。对出现徒长的番茄苗，在 5～6 片真叶时，用 10～20mg/kg 的多效唑叶面喷洒，用药量为 35～40kg/亩，药后 7～10d 即可控制徒长，同时出现叶色加深、叶片加厚、植株和叶片硬挺、腋芽萌生等现象。经多效唑处理的番茄苗，移栽大田之后，在肥水充足的条件下，能使多效唑得以缓解，植株生长迅速加快，与不使用多效唑的处理无差异。

须注意，番茄苗使用多效唑时，必须严格掌握浓度，同时喷雾点要细，喷施要均匀，且不能重复喷，防止药液大量落入土壤。避免灌根或施土，以防在土壤中残留。

⑪ 茄子　当茄子秧苗开始出现徒长时，用多效唑处理秧苗，可明显控制徒长现象，植株表现矮壮，叶色浓绿，叶片硬挺。

在植株有 5～6 片真叶时，用 10～20mg/kg 的多效唑叶面喷洒，用药量为 20～30kg/亩，喷施时雾点要细、均匀，不能重复喷。一般整个秧苗期喷洒 1 次即可，最多不超过 2 次，否则秧苗受抑过重，影响生长。

须注意严格掌握用药浓度，茄子秧苗使用的适宜浓度为 10～20mg/kg，若超过 20mg/kg，易使秧苗受抑过重。

⑫ 辣椒　在秧苗长至 6～7cm 时，用 10～20mg/L 药液喷施。

⑬ 西瓜　育苗时，对西瓜叶喷 50～100mg/L 的药液，或在伸蔓至 60cm 左右时，对生长过旺植株喷施药液，可起到控旺的作用。

⑭ 西葫芦　在 3～4 片真叶展开后，用 4～20mg/L 药液喷洒，可使节间缩短，叶片增厚，增加抗寒、抗病性能。

（2）控梢 在苹果、梨、桃、樱桃等树木上，可做土壤处理、涂树干和叶面喷雾。

① 苹果 秋季枝展下每株用 15～20g 15%多效唑可湿性粉剂土施，或新梢长至 5～10cm 时用 15%多效唑可湿性粉剂 500～700 倍液隔 10d 喷一次，共 3 次。

② 梨 新梢长至 5～10cm 时用 15%多效唑可湿性粉剂 500～700 倍液隔 10d 喷一次，共 3 次。

③ 桃、山楂 秋季或春季枝展下，每株用 15%多效唑可湿性粉剂 10～15g 土施。

④ 樱桃 每株用 15%多效唑可湿性粉剂 4～6g 土施。

⑤ 葡萄 在盛花末期叶面喷施 1000～2000mg/L 药液，可抑制主梢和副梢的徒长，提高产量。

⑥ 芒果 5 月上旬，每株用 15%多效唑可湿性粉剂 15～20g 加水 15～20kg，开环形沟施。

⑦ 荔枝 11 月中旬，用 15%可湿性粉剂 750 倍液叶面喷洒。

⑧ 枣树 花前 8～9 叶时，用 2000～2500mg/L 药液全树喷洒，可提高坐果率，提高产量。

⑨ 板栗 如果板栗旺长，可在 7 月份用 300mg/L 的药液全株喷洒，起控梢促花的作用。

⑩ 烟草 5～7 叶期每亩用 15%多效唑可湿性粉剂 60g 加水 50kg 喷施。

（3）观赏植物整形

① 油橄榄 于油橄榄落叶前（9 月 5 日左右），叶面喷洒 200mg/L 的多效唑溶液，能提高叶片超氧化物歧化酶活性，降低叶片超氧自由基的产生速率，延缓叶片衰老，把叶片脱落始期和高峰期都推迟了 15d，从而有利于开花和果实发育。

② 桂花 每年春季抽梢前，用 800mg/L 的多效唑溶液叶面喷施 1 次，可使新叶变小变厚，节间缩短，植株紧凑，观赏价值提高。

③ 丁香 扦插定植 7d 后，用 20mg/L 的多效唑溶液浇灌土壤，30d 后再浇第 2 次，可促使侧枝生长、美化树形。

④ 玫瑰 新枝条长到 5～10cm 时，用 300mg/L 的多效唑溶液浇灌土壤，可防止枝条徒长。

⑤ 文竹 用 20mg/L 的多效唑溶液喷洒文竹，可使植株矮化、叶色浓绿。

⑥ 大丽花 盆栽大丽花摘顶后，用 200mg/L 的多效唑溶液喷施，可抑制新梢伸长，使植株矮化、枝条粗壮、花期一致。

⑦ 金鱼草 用 50～80mg/L 的浓度喷施于幼苗叶面，10～15d 后再喷 1 次，可矮化植株，使茎秆加粗、叶色加深、叶片增厚，从而提高观赏价值。

⑧ 一串红 用 500mg/L 的多效唑溶液喷洒叶面，可矮化植株，提高观赏价值。

注意事项

（1）本品应在阴凉干燥处保存。不得与食物、饲料、种子混放。

（2）多效唑在土壤中残留时间较长，施药田块收获后，必须经过耕翻，以防对后茬作物产生药害，导致不出苗、晚出苗、出苗率低、幼苗畸形等药害症状，或来年在该基地上种植出口蔬菜易造成药物残留超标等现象。

（3）一般情况下，使用多效唑不易产生药害，若用量过高，对作物生长产生过度抑制现象时，可增施氮或喷施赤霉素来解救。

（4）多效唑的矮化效果受气温高低的影响，高温季节药效高。因此，随着气温的降低，要想达到高温时相同的药效，就必须逐渐加大用药浓度。

（5）蔬菜对多效唑的反应比较敏感，使用浓度应根据天气不同、作物种类、不同生育时期，采用有效范围内的低浓度；喷洒时要以植株茎叶喷湿欲滴，但不下滴为度，不重喷；可叶面喷施的尽量叶面喷施，不土施，以避免对后季作物、土壤带来不良影响；一般情况下喷一次即可。

（6）多效唑属低毒植物生长延缓剂，无专用解毒药剂，若误服引起中毒，应催吐，并立即送医院对症治疗。

噁草酸（propaquizafop）

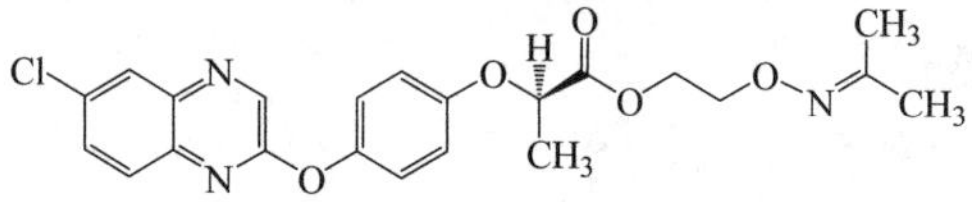

$C_{22}H_{22}ClN_3O_5$，443.9，111479-05-1

化学名称 2-异亚丙基氨基-氧乙基(*R*)-2-[4-(6-氯喹喔啉-2-基氧)苯氧基]丙酸酯。

理化性质 纯品为无色晶体，熔点66.3℃，260℃降解，溶解度（20℃，mg/L）：水0.63，丙酮500000，氯仿100000，甲醇76000，甲苯500000。

毒性 大鼠急性经口 LD_{50}＞5000mg/kg；山齿鹑急性 LD_{50}＞2000mg/kg；鲤鱼 LC_{50}（96h）0.19mg/L；大型溞 EC_{50}（48h）＞0.9mg/kg；对月牙藻 EC_{50}（72h）＞2.1mg/L；对蜜蜂接触毒性低，急性口服毒性中等，对蚯蚓中等毒性。有皮肤致敏性，无眼睛、皮肤刺激性以及神经毒性，无染色体突变、DNA损伤风险。

作用方式 其为乙酰辅酶A羧化酶（ACCase）抑制剂，具有内吸传导性，茎叶处理后能快速被杂草叶片吸收，传导至分生组织，抑制植物体内乙酰辅酶A羧化酶的活性，导致脂肪酸合成受阻，进而杀死杂草。

防除对象 主要用于防除大豆、棉花、甜菜、马铃薯、花生、豌豆、油菜和蔬菜地的一年生和多年生禾本科杂草，如野燕麦、匍匐冰草、阿刺伯高粱和狗牙根等。

使用方法 苗后，杂草3～5叶期施药，10%乳油制剂用药量为35～50mL/亩，兑水 30L，二次稀释后进行茎叶喷雾。

注意事项

（1）噁草酸只对禾本科杂草有效，需防除其他杂草可配合使用其他除草剂；

（2）施药时注意不要在大风天气施药，避免飘移对禾本科作物产生药害；

（3）高剂量下对大豆叶片有褪绿、灼烧斑点症状，但不影响产量。

噁草酮（oxadiazon）

$C_{15}H_{18}Cl_2N_2O_3$，345.2，19666-30-9

化学名称　5-叔丁基-3-(2,4-二氯-5-异丙氧基苯基)-1,3,4-噁二唑-2-(3*H*)-酮。

理化性质　纯品噁草酮为无色晶体，熔点 87℃，沸点 282.1℃，溶解度（20℃，mg/L）：水 0.57，丙酮 350000，苯 1000000，甲苯 350000，甲醇 122400。酸性与中性条件下稳定，碱性介质中不稳定。

毒性　大鼠急性经口 LD_{50}＞5000mg/kg；山齿鹑急性 LD_{50}＞2150mg/kg；对虹鳟 LC_{50}(96h)为 1.2mg/L；对大型溞 EC_{50}(48h)＞2.4mg/kg；对 *Scenedemus subspicatus* 的 EC_{50}（72h）为 0.004mg/L；对蜜蜂低毒，对蚯蚓中等毒性。对眼睛、皮肤无刺激性，无神经毒性，具呼吸道刺激性和生殖影响，无染色体畸变风险。

作用方式　是选择性芽前、芽后除草剂。主要通过杂草幼芽或茎叶吸收，药剂进入植物体后积累在生长旺盛部位，抑制生长，使杂草组织腐烂死亡。对萌发期的杂草效果最好，随着杂草长大而效果下降，对成株杂草基本无效。

防除对象　适用于水稻、大豆、棉花田防除稗草、千金子、雀稗、异型莎草、鸭舌草、瓜皮草、节节草以及苋科、藜科、大戟科、酢浆草科、旋花科等一年生禾本科及阔叶杂草。

使用方法　直播水稻播种前（水稻不能催芽）5d 平整田面后，每亩用 25% 噁草酮乳油 68.6～91.4mL 拌细土 5kg，混合后均匀后撒施，药后 3～5d 地面保持湿润，不能积水。水稻移栽田于水稻移栽前 1～3d，毒土法撒施 1 次，25% 噁草酮乳油亩制剂用量 100～150mL，兑土 15kg 搅拌均匀后撒施，药后 2d 不排水，保持 3～5cm 水层，不淹没稻心。地膜花生，播后苗前及覆膜前，25% 噁草酮乳油亩制剂用量 100～150mL，兑水 30～50L 土壤封闭喷雾处理；露地花生播后苗前，25%噁草酮乳油亩制剂用量 100～150mL，兑水 30～50L 土壤封闭喷雾处理。棉花播后苗前，

25%噁草酮乳油亩制剂用量115～130mL，兑水30～50L土壤封闭喷雾处理。春大豆田于大豆播后苗前进行土壤喷雾处理，25%噁草酮乳油每亩制剂用量200～300g，兑水30～40L。

注意事项

（1）催芽播种秧田，必须在播种前2～3d施药，如播种后马上施药，易出现药害。水直播稻田使用时，建议用前进行安全性试验。

（2）旱田使用，土壤要保持湿润，否则药效无法发挥。

（3）水稻移栽田，若遇到弱苗、施药过量或水层过深淹没稻苗心叶时，易产生药害。药害发生后，应及时排水洗田2～3次，待药害缓解后，浅水灌溉，追施速效氮肥、生物肥，促进稻株生长发育。

（4）东北地区水稻移栽前后两次用药防除稗草、三棱草、慈姑、泽泻等恶性杂草时，可按说明于栽前撒施噁草酮，再于水稻栽后15～18d使用其他杀稗剂及阔叶除草剂，间隔期应在20d以上。

噁霉灵（hymexazol）

HO
N O CH$_3$

$C_4H_5NO_2$，99.2，10004-44-1

其他名称 土菌消，明喹灵，绿亨一号，Tachigaren，F-319，SF-6505。

化学名称 3-羟基-5-甲基异噁唑，5-甲基异噁唑，5-甲基-1,2-噁唑-3-醇。

理化性质 纯品噁霉灵为无色晶体，熔点86～87℃，沸点200～204℃；溶解度（20℃，g/L）：水65.1，丙酮730，二氯甲烷602，乙酸乙酯437，甲醇968，甲苯176，正己烷12.2。稳定性：在碱性条件下稳定，酸性条件下相当稳定，对光、热稳定，无腐蚀性。酸解离常数pK_a 5.92（20℃），闪点203～207℃。

毒性 急性LD_{50}（mg/kg）：大鼠经口4678（雄）、3909（雌），小鼠经口2148（雄）、1968（雌），大鼠经皮＞10000；对兔眼睛有刺激性，对兔皮肤无刺激性；以30mg/（kg·d）剂量饲喂大鼠两年，未发现异常现象；对动物无致畸、致突变、致癌作用；对蜜蜂无毒。

作用特点 属广谱内吸性杀菌剂，具有治疗、内吸和传导作用。作为土壤消毒剂，噁霉灵与土壤中的铁、铝离子结合，抑制孢子的萌发。噁霉灵能被植物的根吸收及在根系内迅速移动（3h能从根系内移动到茎部，24h移动至全株），在植株内代谢产生两种糖苷，对作物有提高生理活性的效果，从而能促进植株的生长、根的分蘖、根毛的增加和根的活性提高。土壤吸附的能力极强，在垂直和水平方向的移动性很小。对多种病原真菌引起的病害有较好的防治效果，对水稻生理病害也有好的效果，两周内仍有杀菌活性。因噁霉灵对土壤中病原菌以外的细菌、放线菌的影响很小，所以对土壤中微生物的生态不产生影响，在土壤中能分解成毒性很低的化合物，对环境安全。

适宜作物　水稻、甜菜、饲料甜菜、黄瓜、西瓜、葫芦、果树、人参、观赏作物、康乃馨以及苗圃等。在推荐剂量下使用对作物和环境安全。

防治对象　对鞭毛菌、子囊菌、担子菌、半知菌的腐霉菌、镰刀菌、丝核菌、伏革菌、根壳菌、雪霉菌都有很好的治疗效果。作为土壤消毒剂，对腐霉菌、镰刀菌等引起的土传病害如猝倒病、立枯病、枯萎病、菌核病等有较好的预防效果。

使用方法　主要用作拌种、拌土或随水灌溉，拌种用量为5～90g（a. i.）/kg 种子，拌土用量为0.3～0.6g（a. i.）/L 土，噁霉灵与福美双混配，用于种子消毒和土壤处理效果更佳。

（1）防治水稻病害　水稻恶苗立枯病，苗床或育秧箱，每次用30%水剂3～6mL（有效成分0.9～1.8g）/m^2，对水喷施，然后再播种，移栽前以相同药量再喷一次。

（2）防治瓜菜病害

① 防治黄瓜立枯病　发病初期用70%可湿性粉剂1～1.5g/m^2对水喷淋幼苗。

② 防治甜菜立枯病　主要采用拌种处理，干拌法每100kg甜菜种子，用70%噁霉灵可湿性粉剂400～700g（有效成分280～490g）与50%福美双可湿性粉剂400～800g（有效成分200～400g）混合均匀后再拌种；湿拌法100kg种子，先用种子重量的30%水把种子拌湿，然后用70%噁霉灵可湿性粉剂400～700g（有效成分280～490g）与50%福美双可湿性粉剂400～800g（有效成分200～400g）混合均匀后再拌种。

③ 防治西瓜枯萎病　用70%可湿性粉剂2000倍液处理种子，也可用70%可湿性粉剂4000倍液在生长期喷雾。

（3）防治其他病害

① 防治果树圆斑根腐病　先挖开土壤将烂根去掉，然后用70%可湿性粉剂2000倍液灌根。

② 防治人参立枯病　在人参出苗前，用70%可湿性粉剂2000倍液灌溉土壤2～3cm。

注意事项　该药用于拌种时宜干拌，湿拌和闷种易出现药害。严格控制用药量，施药时注意防护，避免接触皮肤和眼睛。存放在干燥阴凉处。

用作植物生长调节剂

作用特点　在植株内代谢产生两种糖苷，对作物有提高生理活性的效果，从而能促进植株生长、根的分蘖、根毛的增加和根的活性提高。

适宜作物　主要应用于蔬菜、粮食作物、花生、烟草、药材等。

应用技术

（1）水稻　每 5kg 土壤混拌 4～8g 40% 噁霉灵药品，装入盒中培养水稻幼苗，移栽后可促进根的形成。或者在水稻秧苗移栽前用 10mg/L 噁霉灵+10mg/L 生长促进剂浸根，也可促进根的形成。

（2）栀子花　用 300mg/L噁霉灵+10mg/L 萘乙酸混合处理栀子插枝基部，不仅促进生根，且根的数量也显著增加。但须注意的是，单用 300mg/L噁霉灵或 10mg/L 萘乙酸浸泡栀子插枝基部，基本没有促进生根的效果。

（3）蔬菜、粮食、花生、烟草、药材等作物　幼苗定植时或秧苗生长期，用 3000～6000 倍 96% 噁霉灵（或 1000 倍 30% 噁霉灵）喷洒，间隔 7d 再喷 1 次，不但可预防枯萎病、根腐病、茎腐病、疫病、黄萎病、纹枯病、稻瘟病等病害的发生，而且可促进秧苗根系发达、植株健壮，增强对低温、霜冻、干旱、涝渍、药害、肥害等多种自然灾害的抗御性能。

注意事项

（1）不要用噁霉灵浸种。

（2）本品可与一般农药混用，并相互增效，如和稻瘟灵混用可壮水稻苗和防病。

（3）使用时须遵守农药使用防护规则。用于拌种时，要严格掌握药剂用量，拌后随即晾干，不可闷种，防止出现药害。

噁咪唑（oxpoconazole）

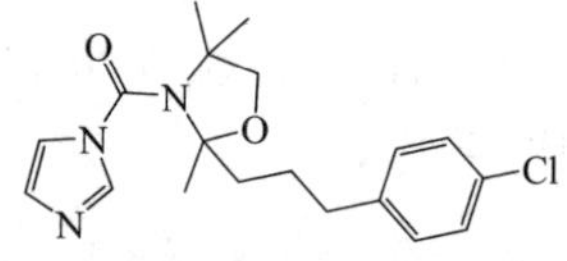

$C_{19}H_{24}ClN_3O_2$，134074-64-9

化学名称　(*RS*)-2-[3-(4-氯苯基)丙基]-2,4,4-三甲基-1,3-噁唑啉-3-基-咪唑-1-基酮。

理化性质　噁咪唑富马酸盐为无色透明结晶状固体，熔点 123.6～124.5℃，水中溶解度为 0.0895g/L（25℃）。

毒性　噁咪唑富马酸盐对哺乳动物、鸟类、水生生物、有益生物毒性低，各种毒理研究表明，其没有任何不良毒性。

作用特点　属于甾醇脱甲基化抑制剂。抑制真菌麦角甾醇生物合成，还可能抑制病原菌几丁质的生物合成。噁咪唑富马酸盐对灰霉病菌具有突出的杀菌活性，对灰霉病有很好的防治效果。

适宜作物　苹果、梨、桃、葡萄、柑橘、樱桃等。推荐剂量下对作物和环境安全。

防治对象　可有效防治苹果和梨的黑星病、锈病、花腐病、斑点落叶病、黑斑病，樱桃褐腐病，桃子褐腐病、疮痂病、褐纹病，葡萄白粉病、炭疽病、灰霉病，柑橘疮痂病、灰霉病、绿霉病、青霉病等。

使用方法

（1）防治苹果黑星病、锈病，梨树黑星病、锈病、黑斑病，发病初期，用 20%可湿性粉剂 3000～4000 倍液喷雾；

（2）防治苹果斑点落叶病、花腐病、黑斑病，桃子褐腐病、疮痂病、褐纹病，葡萄白粉病、灰霉病、炭疽病，发病初期，用 20%可湿性粉剂 2000～3000 倍液喷雾；

（3）防治樱桃褐腐病，发病初期，用 20%可湿性粉剂 3000 倍液喷雾；

（4）防治柑橘疮痂病、灰霉病、青霉病、绿霉病，发病初期，用 20%可湿性粉剂 2000 倍液喷雾。

噁嗪草酮（oxaziclomefone）

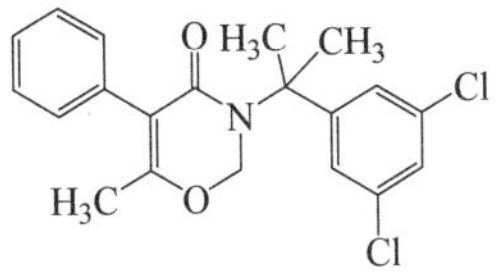

$C_{20}H_{19}Cl_2NO_2$，376.28，153197-14-9

化学名称　3-[1-(3,5-二氯苯基)-1-甲基乙基]-2,3-二氢-6-甲基-5-苯基-4*H*-1,3-噁嗪-4-酮。

理化性质　纯品为白色晶体，熔点 149.5～150.5℃，溶解度（25℃）：水 0.18mg/L。

毒性　大（小）鼠急性经口 LD_{50}＞5000mg/kg。对兔皮肤无刺激性，对兔眼睛有轻微刺激性，无致突变、致畸性。

作用方式　属于有机杂环类，是内吸传导型水稻田除草剂，主要由杂草的根部和茎叶基部吸收。杂草接触药剂后茎叶部失绿、停止生长，直至枯死。

防除对象　主要防治对象为稗草、沟繁缕、千金子、异型莎草等多种杂草；具有有效成分使用量低、适宜施药期长、持效期长、对水稻的选择安全性较高等特点。

使用方法

（1）水稻田（直播）　杂草 2 叶期左右每亩用 1%噁嗪草酮悬浮剂 270～340mL。

（2）水稻移栽田　水稻移栽 5～7d 后，每亩用 1% 噁嗪草酮悬浮剂 270～340mL，兑水 30～45kg，喷雾处理。施药时田间水层 3～5cm，保持 5～7d。

噁霜灵（oxadixyl）

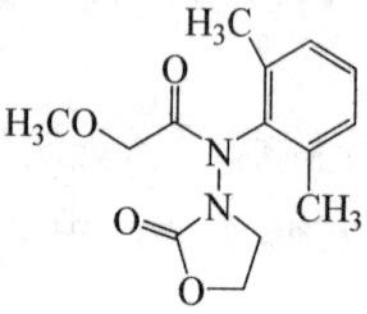

$C_{14}H_{14}N_2O_4$，278.13，77732-09-3

化学名称　*N*-(2-甲氧基-甲基-羰基)-*N*-(2-氧代-1,3-噁唑烷-3-基)-2,6-二甲基苯胺。

理化性质　纯品噁霜灵为无色晶体，熔点 104～105℃；溶解度（25℃，g/L）：水 3.4，丙酮、氯仿 344，DMSO 390，乙醇 50，甲醇 112。

毒性　急性 LD_{50}（mg/kg）：大鼠经口 3380，雄大鼠经皮＞2000；对兔眼睛和皮肤无刺激性；对动物无致畸、致突变、致癌作用。对蜜蜂无毒。

作用特点　具有接触杀菌和内吸传导活性，具有治疗和保护作用，被植物内吸后，能在植株根、茎、叶内部随着汁液流动向四周传导，噁霜灵在植物体内的移动性稍次于甲霜灵。具有双向传导作用，但是以向上传导为主，也具有跨层转移作用，有效期长，药效快，对各种作物的霜霉病具有预防、治疗、根除三大功效。

防治对象　抗菌谱与甲霜灵相似，对指疫霉菌、疫霉菌、腐霉菌、指霜霉菌、指梗霜霉菌、白锈菌、葡萄生轴霜霉菌等具有较高的抗菌活性。主要用于防治霜霉目真菌引起的植物霜霉病、疫病等，另外，还对烟草黑胫病、猝倒病，葡萄褐斑病、黑腐病、蔓割病等具有良好的防效。

适宜作物　葡萄、烟草、玉米、棉花，蔬菜如黄瓜、茄子、白菜、辣椒、马铃薯等。

使用方法　既可作茎叶喷雾，也可作种子处理。施用浓度为 400～500 倍，间隔 10～15d 喷 1 次，连喷 2～3 次，每次每亩用药 150g。

（1）茎叶喷雾使用剂量为 200～300g（a.i.）/km^2，每亩用 64%杀毒矾（有效成分为 56%的代森锰锌与 8% 噁霜灵）可湿性粉剂 120～170g（有效成分 76.8～108.8g），加水喷雾，或每 100L 水加 135～250g（有效浓度为 853.3～1280mg/L），剂量与有效期的关系为：若以 250mg/L 均匀喷雾，则持效期 9～10d，对病害的治疗作用达 3d 以上；若以 500mg/L 有效浓度均匀喷雾，可防治葡萄霜霉病，持效期 16d 以上；

若以 8mg/L 有效浓度均匀喷雾，则持效期为 2d，若以 30～120mg/L 有效浓度均匀喷雾，则持效期为 7～11d；

（2）防治黄瓜霜霉病，用 64%杀毒矾可湿性粉剂 500 倍液，在发病初期第 1 次喷药，间隔 7～10d 再喷第 2 次，连续用药 2～3 次；

（3）防治烟草黑胫病，施用杀毒矾 200～250g/亩，间隔 10～15d，对病害有较好的防治作用；

（4）防治马铃薯病害，可用 64%杀毒矾 0.5kg+农用链霉素 10～30g 拌种薯 1000kg；

（5）利用杀毒矾防治瓜菜病害应在作物发病前或发病初期喷药，用药量为 64%杀毒矾可湿性粉剂 120～150g/亩，对水稀释 500～750 倍液喷雾，每亩用水量为 60～100kg，使用间隔期视病害轻重一般间隔 10～14d 喷雾 1 次，连续 2～3 次。若病情较严重，应适当提高用药量，缩短用药间隔期。

注意事项

（1）严格按照农药安全规定使用此药，避免药液或药粉直接接触身体，如果药液不小心溅入眼睛，应立即用清水冲洗干净并携带此药标签去医院就医；

（2）此药应储存在阴凉和儿童接触不到的地方；

（3）如果误服要立即送往医院治疗；

（4）施药后各种工具要认真清洗，污水和剩余药液要妥善处理保存，不得任意倾倒，以免污染鱼塘、水源及土壤；

（5）搬运时应注意轻拿轻放，以免破损污染环境，运输和储存时应有专门的车皮和仓库，不得与食物和日用品一起运输，应储存在干燥和通风良好的仓库中；

（6）在发病初期用药才能达到较好的防治效果，间隔 10～12d 再喷一次，以彻底防治病害，应选择早晚风小、气温较低时施药；

（7）不宜与碱性农药混用；施药时要遵守农药的操作规程，以防中毒。

噁唑菌酮（famoxadone）

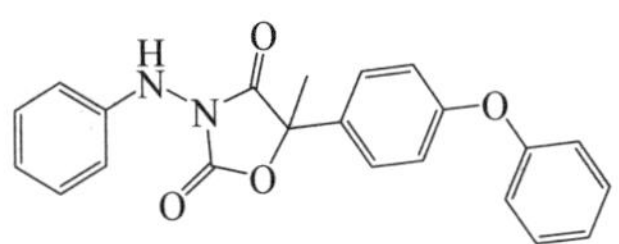

$C_{22}H_{18}N_2O_4$，374.39，131807-57-3

化学名称 3-苯氨基-5-甲基-5-(4-苯氧基苯基)-1,3-噁唑啉-2,4-二酮。

理化性质 噁唑菌酮纯品为无色结晶状固体，水中溶解度为 52mg/L。

毒性 大鼠急性经口 LD_{50}＞5000mg/kg，急性经皮 LD_{50}＞2000mg/kg，对兔眼

睛及皮肤无刺激。

作用特点 属于内吸性杀菌剂，具有保护和治疗作用。噁唑菌酮为线粒体电子传递抑制剂，对复合体Ⅲ中细胞色素 c 氧化还原酶有抑制作用。同甲氧基丙烯酸酯类杀菌剂有交互抗性，与苯基酰胺类杀菌剂无交互抗性。

适宜作物 禾谷类作物、葡萄、马铃薯、番茄、瓜类、辣椒。推荐剂量下对作物和环境安全。

防治对象 可有效防治子囊菌亚门、担子菌亚门、鞭毛菌亚门卵菌纲中的重要病害，如白粉病、锈病、颖枯病、网斑病、霜霉病、晚疫病等。

使用方法 推荐使用剂量 3.3～6.7g（a. i.）/亩，禾谷类作物最大用量为 18.7g（a. i.）/亩。对瓜类霜霉病、辣椒疫病等也有优良的活性。

（1）防治葡萄霜霉病，发病初期用 3.3～6.7g（a. i.）/亩对水喷雾；

（2）防治马铃薯、番茄晚疫病，发病初期用 6.7～13.3g（a. i.）/亩对水喷雾；

（3）防治小麦颖枯病、网斑病、白粉病、锈病，发病初期用 10～13.3g（a. i.）/亩对水喷雾，与氟硅唑混用效果更好。

噁唑酰草胺（metamifop）

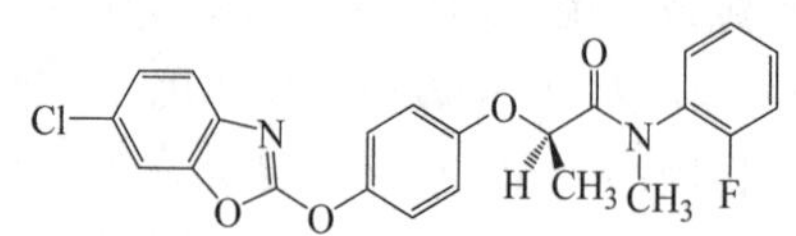

$C_{23}H_{18}ClFN_2O_4$，440.9，256412-89-2

化学名称 (*R*)-2-[(4-氯-1,3-苯并噁唑-2-基氧)苯氧基]-2′-氟-*N*-甲基丙酰替苯胺。

理化性质 纯品为米黄色粉末，熔点 77.0～78.5℃，沸腾前分解，溶解度(20℃，mg/L)：水 0.687，丙酮 250000，甲醇 250000，二甲苯 250000，乙酸乙酯 250000。

毒性 大鼠急性经口 LD_{50}＞2000mg/kg；虹鳟 LC_{50}（96h）0.307mg/L；大型溞 EC_{50}（48h）＞0.288mg/kg；对未知藻类 EC_{50}（72h）2.03mg/L；对蜜蜂急性经口毒性中等，对蚯蚓中等毒性。对皮肤无刺激性。

作用方式 内吸传导型除草剂，属 ACCase 抑制剂，经茎叶吸收，通过维管束传导至生长点，抑制植物脂肪酸的合成。用药后几天内敏感品种出现叶面褪绿、抑制生长，有些品种在施药后 2 周出现干枯，甚至死亡。

防除对象 主要用于直播水稻田防除一年生禾本科杂草，如稗草、千金子、马唐和牛筋草等。

使用方法 禾本科杂草齐苗后（稗草、千金子 2～3 叶期为佳）施药，以 10% 乳油为例，每亩制剂用量 60～80mL，兑水 30～45kg，稀释均匀后进行茎叶喷雾。

施药前排水，药后 1d 复水，保水 3～5d，水层不要淹没稻心。

注意事项

（1）禁止使用弥雾机，同时避免飘移至邻近的其他禾本科作物田。

（2）每亩用水量不少于 30kg，随着草龄、密度增大，应适量增大用水量，均匀喷透。

（3）可与阔叶除草剂搭配使用，使用前先进行小面积试验。不要和洗衣粉等助剂混用。

（4）水稻三叶期后用药较为安全，其他禾本科作物不宜使用。

（5）对鱼虾有毒性，不宜在养鱼稻田使用。

二苯基脲磺酸钙（diphenylurea sulfonic calcium）

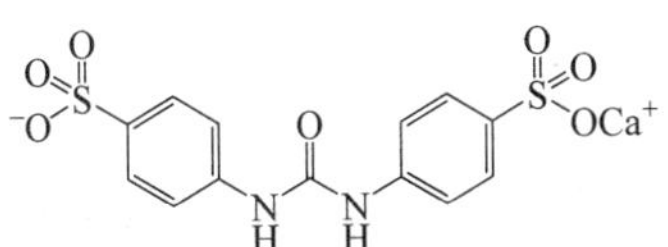

$CaC_{13}H_{10}N_2O_7S_2$，306.8，78778-15-1

其他名称　多收宝。

化学名称　(*N,N*-二苯基脲)-4,4-二磺酸钙。

理化性质　原药（含量≥95%）外观为浅棕黄色固体，固体熔点 300℃，水中溶解度 122.47g/L（20℃）；稳定性：对酸、碱、热稳定，光照分解；密度 1.033g/mL（20℃）。

毒性　对兔皮肤、眼睛无刺激性，为弱致敏性；致突变试验：Ames 试验、小鼠骨髓细胞微核试验均为阴性；大鼠饲喂亚慢性试验无作用剂量为 2mg/（kg·d）。该药属低毒植物生长调节剂。

作用特点　可影响植物细胞内核酸和蛋白质的合成，促进或抑制植物细胞的分裂或伸长，可调控植物体内多种酶的活性、叶绿素含量、根茎叶和芽的发育，从而提高农作物的产量。对棉花、小麦、蔬菜等作物有增产效果。

适宜作物　棉花、小麦、黄瓜。

应用技术　6.5%二苯基脲磺酸钙水剂对棉花用药浓度为 50～75mg/kg（每亩用药液量 45kg），于棉花苗期、蕾期、初花期喷 3 次药，对棉花的生长发育有促进作用，增加植株抗旱能力，减少蕾、铃脱落，提高单株结铃数，促进棉花纤维发育及干物质累积，使棉花的产量和质量有明显提高和改善，对棉花安全。对小麦的用药浓度为 100～150mg/kg（每亩用药液量 30kg），于小麦出齐苗后、拔节前、扬花期连续喷 3 次药，对小麦生长有一定促进作用，可促进小麦有效分蘖，提高成穗率，增加穗粒数和千粒重，明显提高小麦产量，对小麦安全。对黄瓜的用药浓度为 10～20mg/kg（每亩用药液量 30kg），于黄瓜苗期 7 叶期后开始喷药，以后每隔 20d 喷药 1 次，共喷药 3～4 次，可调节黄瓜生长，增加黄瓜产量，使植株健康，增强抗病性。

注意事项

（1）本品可与一般农药混合使用；

（2）本品低毒，但不得食用；

（3）产品质量保质期两年，在阴凉处贮存；

（4）应通过试验来确定最佳浓度，特别在苗期，更是不宜稀释过浓，以免产生药害；

（5）喷药后 8h 内遇雨，需重喷；

（6）对黄瓜品质无不良影响，未见药害。

二苯脲（diphenylurea）

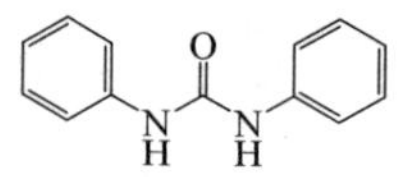

$C_{13}H_{12}N_2O$，212.2，102-07-8

化学名称 1,3-二苯基脲，*N,N'*-二苯脲。

理化性质 纯品无色，菱形结晶体。熔点 238～239℃，沸点 260℃。二苯脲易溶于醚、冰醋酸，但不溶于水、丙酮、乙醇和氯仿。

毒性 二苯脲对人和动物低毒。不影响土壤微生物的生长，不污染环境。

作用特点 具有类似细胞分裂素的生理作用，但其活性比普通的细胞分裂素弱。在合成的衍生物中，也有相当强的活性化合物，例如 *N*-3-氯苯-*N'*-苯脲、*N*-4-硝基苯-*N'*-苯脲等。二苯脲可通过植物的叶片、花、果实吸收，促进组织、细胞分化，促进植物新叶的生长，延缓老叶片内叶绿素分解。与赤霉酸、2-萘氧乙酸等混用时作用更显著。

适宜作物 核果类果树。

应用技术

（1）樱桃 在早期和开花盛期，用二苯脲 50mg/L 与赤霉素 250mg/L 和 2-萘氧乙酸 50mg/L，或二苯脲 50mg/L 和赤霉素 250mg/L 混配施用。

（2）李子 在开花盛期，用二苯脲 50mg/L 与赤霉素 250mg/L 和 2-萘氧乙酸

10mg/L 混配施用。

（3）桃　在开花盛期，用二苯脲 150mg/L 与赤霉素 100mg/L 和 2-萘氧乙酸 15mg/L 混配施用。

（4）苹果　在开花盛期，用二苯脲 300mg/L 与赤霉素 200mg/L 和 2-萘氧乙酸 10mg/L 混配施用。

注意事项

（1）混配药剂不要和碱性药物接触，否则二苯脲在碱性条件下会分解。

（2）混配药剂喷洒要均匀，且只能在花和果实上喷洒。

（3）在施药 8～12h 内不要浇水，如下雨需重喷。

二甲戊灵（pendimethalin）

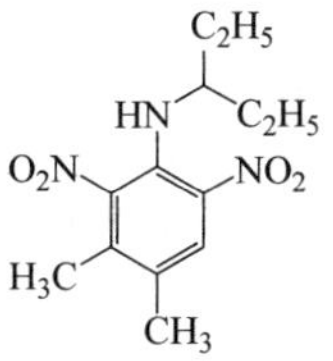

$C_{13}H_{19}N_3O_4$，281.3，40487-42-1

化学名称　*N*-(1-乙基丙基)-2,6-二硝基-3,4-二甲基苯胺，*N*-(1-ethylpropyl)-2,6-dinitro-3,4 –xylidine。

理化性质　纯品二甲戊灵为橘黄色晶体，熔点 54～58℃，蒸馏时分解；水中溶解度 0.33mg/L（20℃），溶解性（20℃，g/L）：丙酮 700，异丙醇 77，二甲苯 628，辛烷 138，易溶于苯、氯仿、二氯甲烷等。

毒性　急性 LD_{50}（mg/kg）：大鼠＞5000，小鼠经口 3399（雄）、2899（雌），兔经皮＞2000；以 100mg/kg 剂量饲喂大鼠两年，未发现异常现象；对动物无致畸、致突变、致癌作用；对鱼类低毒。

作用方式　主要抑制分生组织细胞分裂，不影响杂草种子的萌发。在杂草种子萌发过程中幼芽、茎和根吸收药剂后而起作用。双子叶植物吸收部位为下胚轴，单子叶植物吸收部位为幼芽，其受害症状为幼芽和次生根被抑制。

防除对象　适用于大豆、玉米、棉花、烟草、花生和多种蔬菜及果园中，防除一年生禾本科杂草和某些阔叶杂草，如马唐、狗尾草、牛筋草、早熟禾、稗草、藜、苋和蓼等杂草。

使用方法

（1）大豆田　播前土壤处理。每亩用 33%乳油 250～300mL（东北地区）。由于该药吸附性强，挥发性小，且不易光解，因此施药后混土与否对防除杂草效果影响不大。如果遇长期干旱，土壤含水量低时，适当混土3～5cm，以提高药效。本药剂也可以用于大豆播后苗前处理，但必须在大豆播种后出苗前5d内施药。在单、双子叶杂草混生田，可与灭草松（即苯达松）搭配使用。

（2）玉米田　苗前苗后均可使用本药剂。如苗前施药，必须在玉米播后出苗前5d内用药。每亩施用33%二甲戊灵乳油200～250mL，兑水40～60kg均匀喷雾。如果施药时土壤含水量低，可以适当混土，但切忌药接触玉米种子。如果玉米苗后施药，应在阔叶杂草长出两片真叶、禾本科杂草1.5叶期之前进行。药量及施用方法同苗前施药。本药剂在玉米田里可与莠去津混用，提高防除双子叶杂草的效果，混用量为每亩用33%乳油0.2kg和40%的莠去津胶悬剂83g。

（3）花生田　本药剂可用于播前或播后苗前处理。每亩用33%乳油150～200mL，兑水40～50kg喷雾。

（4）棉田　播前或播后苗前处理，每亩用33%乳油150～200mL，兑水30～50kg，喷雾处理。

（5）蔬菜田　韭菜、小葱、甘蓝、菜花、小白菜等直播蔬菜田，可在播种施药后浇水，每亩用33%乳油130～150mL兑水喷雾，持效期可达45d左右。对生长期长的直播蔬菜如育苗韭菜等，可在第1次用药后40～45d再用药1次，可基本上控制蔬菜整个生育期间的杂草危害。在甘蓝、菜花、莴苣、茄子、番茄、青椒等移栽菜田，均可在移栽前或移栽缓苗后土壤施药，每亩用33%乳油100～200g。

（6）果园　在果树生长季节，杂草出土前，每亩用33%乳油200～300g，土壤处理。兑水后均匀喷雾。本药剂与莠去津混用，可扩大杀草谱。

（7）烟草田　可在烟草移栽后施药，每亩用33%乳油100～200g兑水均匀喷雾。二甲戊灵也可作为烟草抑芽剂，在大部分烟草现芽2周后进行打顶，并将烟草扶直，2cm长的腋芽全部抹去。将10～13mL 33%二甲戊灵加水1000mL，每株用杯淋法将约20mL混合液从顶部浇灌或施淋，使每个腋芽都接触药液，有明显的抑芽效果。

（8）甘蔗田　可在甘蔗栽后施药。用药量为每亩用33%乳油200～300g兑水均匀喷雾。

（9）其他方法　本药剂可作为抑芽剂使用，用于烟草、西瓜等提高产量和质量。

注意事项

（1）防除单子叶杂草效果比双子叶杂草效果好。因此在双子叶杂草发生较多的田块，可同其他除草剂混用。

（2）为增加土壤吸附，减轻二甲戊灵对作物的药害，在土壤处理时，应先浇水，后施药。

（3）当土壤黏重或有机质含量超过2%时，应使用高剂量。

（4）二甲戊灵对鱼有毒，应防止药剂污染水源。

（5）接触本药剂的工作人员，需穿长袖衣、裤，戴手套、口罩等，工作期间不可饮食或吸烟。工作结束时，要用肥皂和清水洗净。如果不慎将药液接触皮肤和眼睛，应立刻用大量清水冲洗，如果误服中毒，不可使中毒者呕吐，应立即请医生对症治疗。

（6）本产品为可燃性液体，运输及使用时应避开火源。液体贮存应放在原容器内，并加以封闭，贮放在远离食品、饲料及儿童、家畜接触不到的场地。使用的空筒或空瓶应深埋。

药害症状

（1）大豆　用其做土壤处理时受害，表现下胚轴和主根缩短、变粗，侧根、毛根减少，不长根瘤，叶片变小、皱缩，有的产生褐色锈斑，有的顶端缺损，植株矮小、皱缩。

（2）玉米　用其做土壤处理时受害，表现芽鞘缩短、变粗，叶片扭卷、弯曲、皱缩，茎部弯曲，根系缩短、变畸，植株变矮。受害严重时，根尖显著膨大，呈棒槌状或肿瘤状。

（3）油菜　用其做土壤处理时受害，表现出苗缓慢、子叶缩小并向背面翻卷，有的变黄，下胚轴和胚根缩短变粗，胚根变褐，不生侧根，顶芽萎缩，植株生长停滞，迟迟不生真叶。

（4）花生　用其做土壤处理时受害，表现下胚轴和根系缩短、变粗，根尖膨大，侧根、根毛减少，子叶产生褐色枯斑，真叶产生淡白色云斑，植株矮缩，生长缓慢。

二氯喹啉草酮（quintrione）

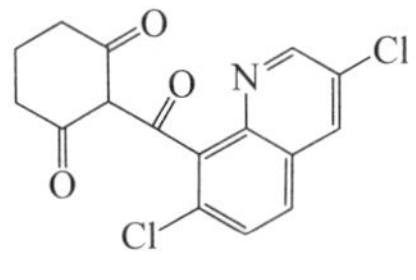

$C_{16}H_{11}Cl_2NO_3$，336.2，130901-36-8

化学名称　2-(3,7-二氯喹啉-8-基)羰基-环己烷-1,3-二酮，2-(3,7-dichloro-quinoline-8-yl)-carbonyl-cyclohexane-1,3-diketone。

理化性质　纯品为淡黄色粉末，无刺激性异味，熔点 141.8～144.2℃，沸点 248.2℃，溶解度（mg/L，20℃）：水 0.423，二甲基甲酰胺 79840，丙酮 25300，甲醇 2690。

毒性　大鼠急性经口、经皮 LD_{50}＞5000mg/kg；大鼠急性吸入毒性 LC_{50}＞2000mg/kg；对日本鹌鹑 LD_{50} 为 1490mg；对斑马鱼 LC_{50}（96h）＞l.05mg/L；对蜜蜂经口 LD_{50}（48h）63.9μg/蜂；对家蚕 LC_{50}（96h）为 2000mg/L。对眼睛、皮肤具

轻度刺激性，有弱致敏性，无染色体畸变风险。

作用方式 是 HPPD（对羟苯基丙酮酸双氧化酶）抑制剂，可通过根、茎、叶吸收，在植物体内抑制酪氨酸转变为质体醌，干扰类胡萝卜素合成，3～5d 内出现黄化症状，1～2 周内白化死亡。

防除对象 主要用于防除稻田内禾本科杂草、阔叶类杂草和莎草类杂草，对稗草、无芒稗、西来稗、光头稗、马唐、鳢肠、陌上菜、丁香蓼、异型莎草、碎米知风草、猪殃殃、牛繁缕、荠菜、大巢菜具有较好防效，对耳叶水苋、鸭舌草具有一定防效，对千金子、日本看麦娘、看麦娘、菵草、硬草、棒头草、早熟禾、野燕麦和野老鹳草等杂草防效较差。

使用方法 水稻移栽后 7～20d 使用，稗草 2～4 叶期施药效果最佳，或者直播水稻出苗 3.5 叶期后，稗草 2～3 叶期，20%可分散油悬浮剂每亩用量 200～300mL，兑水 30～40L，二次稀释后茎叶喷雾。施药前排水至浅水，药后一天灌水并保水 3～5cm 5～7d。

注意事项

（1）施药时避免弱苗、小苗，重复喷药。

（2）灌水时注意水层高度，避免淹没稻心，以免产生药害。

（3）防治千金子等杂草时可与氰氟草酯等药剂混用以扩大杀草谱。

（4）该除草剂对水稻安全性较高，但伞形花科作物对其较敏感，使用时应避免飘移。

二氯喹啉酸（quinclorac）

COOH
Cl
N
Cl

$C_{10}H_5Cl_2NO_2$，242.1，84087-01-4

化学名称 3,7-二氯喹啉-8-羧酸，3,7-dichloroquinoline-8-carboxylic acid。

理化性质 纯品二氯喹啉酸为无色晶体，熔点 274℃，溶解度（20℃，mg/L）：水 0.065，丙酮 10000，不溶于甲醇，不溶于二甲苯。在水与土壤中稳定，半衰期超过 1 年，在土壤中有较大的移动性，能被土壤微生物分解。

毒性 大鼠急性经口 LD_{50} 2680mg/kg；对绿头鸭急性 LD_{50}＞2000mg/kg；虹鳟 LC_{50}（96h）＞100mg/L；对大型溞 EC_{50}（48h）＞29.8mg/kg；对栅藻 EC_{50}（72h）为 6.53mg/L；对蜜蜂低毒。对眼睛、皮肤、呼吸道具刺激性，具皮肤致敏性，无生殖影响和致癌风险。

作用方式 合成激素抑制剂，药剂能被萌发的种子、根、茎和叶部迅速吸收，并迅速向茎和顶部传导，使杂草中毒死亡，与生长素类物质的作用症状相似。

防除对象 本剂可特效地防除稻田稗草，还能有效地防除鸭舌草、水芹、田皂角、田菁、臂形草、决明和牵牛类的杂草，但对莎草科杂草的效果差。

使用方法 水稻插秧、抛秧后 7～20d 均可使用，以稗草 2～3 叶期施药最佳。水稻直播田水稻出苗后 4 叶期到分蘖期均可使用，以稗草 2～3 叶期施药最佳。排水后施药，药后间隔 1～2d 复水，保水 5～7d。以 45%可溶粉剂为例，每亩制剂用量 30～50g，兑水 30～40L。

注意事项

（1）避免在水稻播种早期胚根暴露在外时使用，秧苗 2 叶 1 心前对二氯喹啉酸敏感。

（2）也可田中带水喷雾，但水层要浅，不能浸过水稻心叶，用药量需在登记范围内酌情增加。

（3）茄科、伞形花科、锦葵科、葫芦科、豆科、菊科、旋花科等作物如甜菜、烟草、向日葵、豌豆、苜蓿、马铃薯等对二氯喹啉酸敏感，后茬不可种植，两年后方可种植，后茬种植水稻、玉米等耐性作物安全。

（4）施药如不均匀，易产生药害。

二氯异噁草酮（bixlozone）

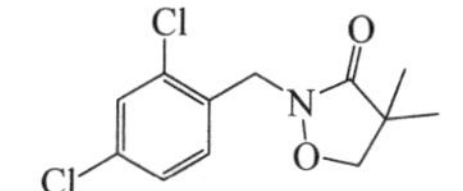

$C_{12}H_{13}Cl_2NO_2$，274.14，81777-95-9

化学名 2-[(2,4-二氯苯基)甲基]-4,4-二甲基-3-异噁唑啉酮。

理化性质 熔点 81.5℃；沸点前分解；溶解度：水 39.6mg/L（20℃）。

毒性 原药低毒。

作用方式 选择性除草剂，通过植物根和幼苗吸收，随蒸腾作用经木质部向上运输到植物各部分，抑制 1-脱氧-D-木酮糖-5-磷酸合酶的作用，从而破坏质体类异戊二烯的生物合成，进而导致类胡萝卜素的合成受阻和叶绿素光解，破坏植物光合作用，使敏感植物短期内变白、变黄或失绿，最终死亡。还能选择性地抑制杂草中双萜的合成。

防除对象 在我国登记用于防除麦田多种一年生阔叶杂草，如荠菜、播娘蒿、繁缕、牛繁缕、婆婆纳、波斯婆婆纳、卷耳和通泉草等。亦可用于果树、蔬菜、棉花、水稻、高粱、大麦、黑麦、玉米和油菜等作物防除一年生杂草。

使用方法 冬小麦田播后苗前采用36%二氯异噁草酮悬浮剂20～40mL/亩，兑水量30～40L，对土壤喷雾。

注意事项 每季最多使用1次，播后苗前土壤喷雾不可使药液接触种子，喷雾时采用粗雾滴或抗飘移喷嘴喷雾器。

二嗪磷（diazinon）

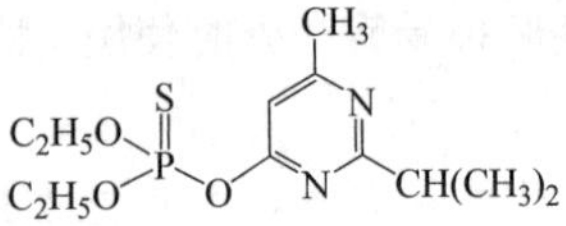

$C_{12}H_{21}N_2O_3PS$，304.35，333-41-5

其他名称 二嗪农、地亚农、大亚仙农、大利松、Basudin、Neocidol、Diazol、Diazide、DBD。

化学名称 *O*,*O*-二乙基-*O*-(2-异丙基-4-甲基嘧啶-6-基)硫代磷酸酯。

理化性质 纯品为无色油状液体，略带香味。沸点83～84℃（26.66×10^{-3}Pa）、125℃（133.32Pa），相对密度1.116～1.118（20℃）。可与丙酮、乙醇、二甲苯混溶，能溶于石油醚，常温下在水中溶解度0.004%。50℃以上不稳定，对酸、碱不稳定，对光稳定。在水及稀酸中会慢慢水解，贮存中微量水分能促使其分解，变为高毒的四乙基硫代焦磷酸酯。工业品为淡褐棕色液体。

毒性 急性LD_{50}（mg/kg）：285（大鼠经口），163（小鼠经口）；455（雌性大鼠经皮）；小鼠急性吸入LC_{50} 630mg/m^3。对家兔皮肤和眼睛有轻度刺激作用。大鼠慢性毒性饲喂试验无作用剂量为0.1mg/（kg・d），猴子为0.05mg/（kg・d）。在试验剂量下，对动物无致畸、致癌、致突变作用。鲤鱼LC_{50} 3.2mg/L（48h）。对蜜蜂高毒。

作用特点 主要作用是抑制乙酰胆碱酯酶，属广谱性杀虫剂，具有触杀、胃毒和熏蒸作用，也有一定的内吸作用，对鳞翅目、半翅目等多种害虫有较好的防治效果。

适宜作物 水稻、小麦、花生、小白菜、甘蔗、白术等。

防除对象 水稻害虫如二化螟、三化螟、稻飞虱等；小麦害虫如小麦吸浆虫等；花生害虫如蛴螬、蝼蛄、金针虫、地老虎等地下害虫；白菜害虫如小地老虎等；甘蔗害虫如蔗螟等。

应用技术

（1）防治水稻害虫

① 二化螟 在卵孵始盛期到高峰期施药，用50%乳油60～80g/亩兑水朝稻株中下部喷雾。田间保持水层3～5cm深，保水3～5d。

② 三化螟 当卵孵盛期或发现田间有枯心苗和白穗时，用50%乳油60～80g/

亩喷雾，分蘖期重点是近水面的茎基部；孕穗期重点是稻穗。

③ 稻飞虱　在低龄若虫盛发期施药，用50%乳油75～133g/亩。田间应保持水层2～3d。每隔10d喷一次，可连续2～3次。

（2）防治小麦害虫　防治小麦吸浆虫，在小麦播种前施药，用0.1%颗粒剂40～60kg/亩撒施。

（3）防治花生害虫　防治花生地下害虫，在花生播种期施药。当整畦下种后，先在畦中开沟，后用细沙土拌5%颗粒剂撒施于沟内，800～1200g/亩，覆土和盖种同时进行；或在花生花期或扎果针期沟施，将药剂拌入土层中，对地下害虫如蛴螬、地老虎、金针虫、蝼蛄有明显的防治作用。也可在花生盛花期，用5%颗粒剂与干细土或肥料搅拌均匀后，于傍晚撒施于花生垄内，对防治蛴螬效果显著，浇水或覆土效果更好。

（4）防治蔬菜害虫　防治小地老虎，在小白菜苗床期施药，可采用沟施或撒施4%颗粒剂1200～1500g/亩，覆土后播种；移栽期可穴施；大田期可于行侧开沟施药或撒施，然后覆土。

（5）防治甘蔗害虫　防治蔗螟，在新植甘蔗种植培土时或宿根蔗破垄松蔸培土时，沟施4%颗粒剂2000～3000g/亩后覆土。

注意事项

（1）不能与碱性农药或含铜的药剂等物质混用。

（2）在使用敌稗前后两周内不得使用二嗪磷。

（3）对蜜蜂、鱼类等水生生物及家蚕有毒，施药期间应避免对周围蜂群的影响；蜜源作物花期、蚕室和桑园附近禁止施用；远离水产养殖区施药；禁止在河塘等水体中清洗施药器械。

（4）在水稻上的安全间隔期为30d，每季最多使用1次；花生上的安全间隔期为75d，每季最多使用1次。

二氢卟吩铁（iron chlorine e6）

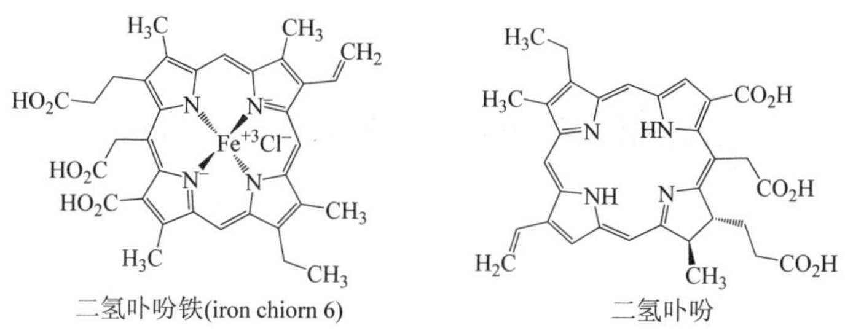

二氢卟吩铁(iron chiorn 6)　　二氢卟吩

$C_{34}H_{34}ClFeN_4O_6$，685.9，15492-44-1

理化性质　墨绿色疏松粉末状固体，无臭气，无爆炸性，具有弱氧化性，非爆炸物；松密度0.230g/mL，堆密度0.292g/mL；对包装材料不具有腐蚀性。溶解度

（25℃，g/L）：不溶于水；丙酮 0.5g/L；甲醇 0.45g/L。pH 范围 4.5～6.5，溶解程度和溶液稳定性（通过 75μm 试验筛）≤98%，湿筛试验（200 目）≥98.0%，润湿时间≤120s，持久起泡性（1min 后泡沫体积）≤50mL，产品的热贮存和常温 2 年贮存均稳定。二氢卟吩（分子式及分子量：$C_{34}H_{36}N_4O_6$ 596.68；CAS 登录号：19660-77-6）也称二氢卟酚，是叶绿素 a、叶绿素 b 和血红素 d 等的骨架。二氢卟吩铁螯合物以焦脱镁叶绿酸、紫红素、二氢卟吩为主配体，不同酸根或氢氧根为轴向配体（X）与过渡金属三价铁离子螯合为二氢卟吩铁（Ⅲ）。

毒性 2%二氢卟吩铁母药微毒；0.02%二氢卟吩铁可溶粉剂微毒。

作用特点 二氢卟吩铁是从沙蚕中提取的具有调节作物生长的新型天然植物生长调节剂，属于叶绿素类衍生物；具有延缓叶绿素降解、增强光合作用、促进根系生长、提高发芽率、增加抗逆性、促进对肥料的吸收、调节生长等作用；且不易积累残留，活性强、效果好。二氢卟吩铁除调节作物生长外，对抗逆和产量都有较好的增效作用。其作用机制是通过抑制叶绿素酶而延缓叶绿素的降解，提高叶绿素含量，并提高光系统Ⅱ（PSⅡ）的最大光化学效率（F_v/F_m）；能够促进根细胞内 NO 的生成和降低吲哚乙酸氧化酶活性，促进植物根系生长；明显提高活性氧清除酶活性，促进抗氧化物质脯氨酸含量升高。二氢卟吩铁（丰翠露®）通过产生叶绿素酶抑制剂，抑制叶绿素降解，提高光合效率，积累有效光合产物，促进作物生长，增加作物的生物产量。同时在胁迫下，明显提高 SOD、POD、CAT 和 APX 等抗氧化酶活性，减少活性氧自由基的产生，通过促根、壮茎秆、促叶，增强作物抗寒、抗盐碱等耐逆性。

适宜作物 油菜、大豆、萝卜、花生、马铃薯、小麦、水稻等。

应用技术 在油菜苗期、抽薹前各施药 1 次，用药浓度 0.01～0.02mg/kg 喷雾（折成 0.02%二氢卟吩铁可溶粉剂产品稀释 10000～20000 倍液），对油菜生长有较好的调节活性，能够增加单株角果数、每角粒数、千粒重等。

在小麦越冬前、拔节期用 0.02%二氢卟吩铁可溶粉剂 5000 倍液、10000 倍液、20000 倍液各喷施 1 次，对调节小麦生长、增产效果明显，增加有效穗数，提高千粒重，增产效果明显。

二硝酚（2-methyl-4,6-dinitrophenol）

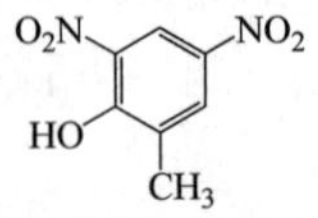

O_2N NO_2 HO CH_3

$C_7H_6N_2O_5$，198.1，534-52-1

其他名称 DNC，Antinnonin，Sinox。

化学名称 4,6-二硝基邻甲酚，2-methyl-4,6-dinitrophenol。

理化性质 纯品为浅黄色无嗅的结晶体，熔点88.2～89.9℃。水中溶解度(24℃)：6.94g/L。溶于大多数有机溶剂。二硝酚和胺类化合物、碳氢化合物、苯酚可发生化学反应。易爆炸，有腐蚀性。

毒性 急性经口LD_{50}：大鼠25～40mg/kg；山羊100mg/kg；绵羊200mg/kg（二硝酚钠盐）。对皮肤有刺激性，急性经皮LD_{50}（mg/kg）：大鼠200～600，兔1000。NOEL数据（mg/kg饲料，0.5年）：大鼠和兔＞100，狗20。日本鹌鹑LD_{50}（14d）：15.7mg/kg；绿头鸭LD_{50}：23mg/kg。水蚤EC_{50}（24h）：5.7mg/L；海藻EC_{50}（96h）：6mg/L。蜜蜂LD_{50}：1.79～2.29mg/只。

作用特点 二硝酚曾用作除草剂。作为植物生长调节剂可加速马铃薯和某些豆类作物在收获前失水，催枯。

适宜作物 马铃薯、豆类植物。

应用技术 作为马铃薯和某些豆类作物的催枯剂，用量为3～4kg/hm^2。

注意事项 二硝酚对人和动物有毒，操作过程中避免接触。

防落素（*p*-chlorophenoxyacetic acid）

$C_8H_7ClO_3$，186.59，122-88-3

其他名称 PCPA，对氯苯氧乙酸，番茄灵，坐果灵，促生灵，丰收灵，防落粉等，4-CPA，Tomato Fix Concentrate，Marks 4-CPA，Tomatotone，Fruitone。

化学名称 4-对氯苯氧乙酸，4-chlorophenoxy acetic acid (9CI)。

理化性质 纯品为无色结晶，无特殊气味，熔点157～158℃。能溶于热水、酒精、丙酮，其盐水溶性更好，商品多以钠盐形式加工成水剂使用。在酸性介质中稳定，对光热稳定，耐贮藏。

毒性 大鼠急性经口LD_{50}为850mg/kg，小鼠腹腔LD_{50}为680mg/kg；鲤鱼LC_{50}为3～6mg/L，泥鳅为2.5mg/L（48h），水蚤EC_{50}＞40mg/L。ADI：0.022mg/kg。

作用特点 具有生长素活性的苯氧类植物生长调节剂，可经由植株的根、茎、叶、花、果吸收，生物活性持续时间较长，其生理作用类似内源生长素，刺激细胞分裂和组织分化，刺激子房膨大，诱导单性结实，形成无籽果实，促进坐果及果实膨大，防止落花落果，促进果实发育，提早成熟，增加产量，改善品质等。有效提高含糖量，减少畸形果、裂果、空洞果、果实病害的发生，具有保花保果、防病增产的双重作用，并有诱导单性结实的作用，应用后比 2,4-滴安全，不易产生药害。高剂量下具有除草效果。

适宜作物 各种蔬菜、瓜果、粮棉作物。主要用于番茄防止落花落果，也可用于茄子、辣椒、葡萄、柑橘、苹果、水稻、小麦等多种作物的增产增收。

应用技术

（1）防止落花，提高坐果率

① 番茄 在蕾期以 20～30mg/L 药液浸或喷蕾，可在低温下形成无籽果实；在花期（授粉后）以 20～30mg/L 药液浸或喷花序，可促进在低温下坐果；在正常温度下以 15～25mg/L 药液浸或喷蕾或花，不仅可形成无籽果促进坐果，还加速果实膨大、植株矮化，使果实生长快，提早成熟。

对氯苯氧乙酸对番茄枝、叶的药害虽然较轻，但喷施时还应尽量避免将药液喷至枝、叶上。如果药液接触到幼芽或嫩叶上，也会引起轻度的叶片皱缩、狭长或细小等药害现象。对出现药害的番茄，应加强肥水管理，促进新叶正常发生。

② 茄子 用小型手持喷雾器或喷筒，对准花朵喷雾，浓度为 50～60mg/kg，可显著增加早期产量。须注意要根据气温的变化，调整施用浓度，如气温低于 20℃，可选用 60mg/kg，若气温高，浓度应适当低一些。喷花时尽量避免将药液喷洒在枝、叶上，否则会出现不同程度的药害。

③ 辣椒 以 10～15mg/L 药液喷花，能保花保果，促进坐果结荚。

④ 南瓜、西瓜、黄瓜等瓜类作物 以 20～25mg/L 药液浸或喷花，防止化瓜，促进坐果。

⑤ 四季豆 以 1～5mg/L 药液喷洒全株，可促进坐果结荚，明显提高产量。

⑥ 葡萄、柑橘、荔枝、龙眼、苹果 在花期以 25～35mg/L 药液整株喷洒，可防止落花，促进坐果，增加产量。

⑦ 高果梅、金丝小枣 用 30mg/L 药液在盛花末期喷洒，可提高二者的坐果率。

（2）增产增收及保鲜作用

① 水稻 在水稻扬花灌浆期，每亩用 95%粉剂 3g 加水 50kg 均匀喷至稻茎、叶上。

② 小麦 在苗期每亩用 95%粉剂 3g 加水 50kg 全株均匀喷雾。

③ 大白菜 在收获前 3～15d，用 20～40mg/L 的药液在晴天下午喷洒，可有效防止大白菜贮存期间脱帮，且有保鲜作用，贮存期长（超过 120d），以高浓度（40mg/L）较好；贮存期短（60d 左右），以 20～30mg/L 为宜，且可抑制柑橘果蒂叶绿素的降解，对柑橘有保鲜的作用。

注意事项

（1）对氯苯氧乙酸作坐果剂，要注意水肥充足、长势旺盛时使用，效果好。在使用时，适量增加些微量元素效果更好，但不同作物配比不同，勿任意使用。

（2）巨峰葡萄对氯苯氧乙酸较为敏感，勿用将它用于叶面喷洒。

（3）在作物开花第二天 10 时以前或 16 时以后使用。

（4）严格使用浓度，不能随意加大浓度。药粉兑水时，要充分搅拌 2min 后再使用。

（5）喷药部位为作物的花柄、幼果，不能喷在生长点、嫩叶上。如不慎喷到嫩叶上，发生严重卷叶，可用 1g 90%赤霉素兑水 45kg 喷洒，过几天就会好转。

放线菌酮（cycloheximide）

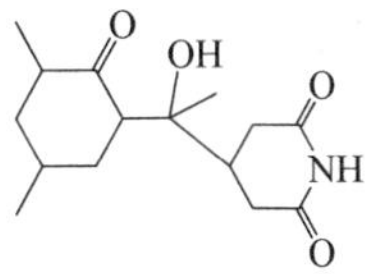

$C_{15}H_{23}NO_4$，281.35，66-81-9

其他名称　环己酰亚胺，农抗 101，内疗素，柑橘离层剂，Actidione，Acti-Aid。

化学名称　3-[2-(3,5-二甲基-2-氧代环己基)-2-羟基乙基]-戊二酰胺。

理化性质　纯品为无色、薄片状的结晶体，熔点 119～121℃。其稳定性与 pH 有关。在 pH4～5 最稳定，pH5～7 较稳定，pH 值＞7 时分解。在 25℃条件下，丙酮中溶解度 33%，异丙醇 5.5%，水中 2%，环己胺 19%，苯＜0.5%。

毒性　急性经口 LD_{50}：小鼠 2mg/kg，大鼠为 13365mg/kg，豚鼠 65mg/kg，猴子 60mg/kg。

作用特点　放线菌酮为抗生素，能杀死酵母和真菌，作为杀菌剂，对细菌无效，同时又是良好的植物生长调节剂，田间应用后，大多保存在果皮上。低浓度诱导果实内源乙烯产生，迅速输送到果柄，促使离层区酶形成，使果实脱落。同时还可促进老叶片脱落，但不影响翌年产量。

适宜作物　柑橘、橙、柚、油橄榄。

应用技术

（1）柑橙、橙、柚、油橄榄　当果实趋于正常成熟时，用 2～25mg/L 放线菌酮喷洒，处理后 3～7d，果柄离层充分发育，果实容易从茎秆上摘取时即可收获。用 1000mg/L 放线菌酮超剂量喷雾效果更好。可以促进油橄榄叶片脱落，但效果不如乙烯利好。

（2）柑橘　促进柑橘果实采收前脱落，一般浓度为 10～20mg/L 喷洒，也可将放线菌酮（1～5mg/L）与甲氯硝吡唑（50～100mg/L）混合后处理，效果更好。

注意事项

（1）放线菌酮对皮肤有刺激性，可使嘴唇周围发红、瘙痒，操作后用肥皂洗净手、脸。如不慎进入眼睛，需用清洁流水冲洗 15min。反应轻时外擦甘油即可，严重时注射葡萄糖酸钙。

（2）不能与碱性药物混用。

（3）放线菌酮对哺乳动物毒性较高。

（4）放线菌酮在 20～30mg/L 浓度施用可使作物抵御病害和加速落果。但剂量过高，可能会产生反作用。

粉唑醇（flutriafol）

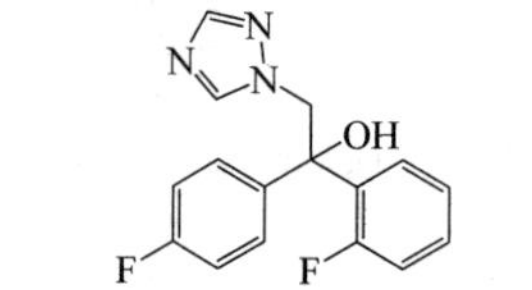

$C_{16}H_{13}F_2N_3O$，301.29，76674-21-0

化学名称 (*RS*)-2,4′-二氟-*α*-(1*H*-1,2,4-三唑-1-基甲基)二苯基乙醇。

理化性质 纯品为无色晶体，熔点 130℃。溶解度（20℃，g/L）：水 0.130（pH 7）、丙酮 190、二氯化碳 150、己烷 0.300、甲醇 69、二甲苯 12。

毒性 雄、雌大鼠急性经口 LD_{50} 1140mg/kg、1480mg/kg，大鼠急性经皮 LD_{50} ＞1000mg/kg，兔急性经皮 LD_{50}＞2000mg/kg。对大鼠和兔的皮肤无刺激，但对鼠眼睛有轻微刺激性。在 Ames 试验中无诱变作用，在活体细胞形成研究中为负结果，对大鼠和兔无致癌作用。

作用特点 属广谱内吸性杀菌剂，具有保护、治疗和铲除作用。是甾醇抑制剂，主要是与真菌蛋白色素相结合，抑制麦角甾醇的生物合成，引起真菌细胞壁破裂和菌丝的生长。粉唑醇可通过植物的根、茎、叶吸收，再由维管束向上转移，根部的内吸能力大于茎、叶，但不能在韧皮部作横向或向基输导，在植物体内或体外都能抑制真菌的生长。

适宜作物 禾谷类作物如小麦、大麦、黑麦、玉米等，在推荐剂量下对作物安全。

防治对象 粉唑醇对担子菌和子囊菌引起的禾谷类作物茎叶病害、穗部病害、土传和种传病害如白粉病、锈病、云纹病、叶斑病、网斑病、黑穗病等具有良好的保护和治疗作用，并兼有一定的熏蒸作用，对谷物白粉病有特效，对麦类白粉病的孢子堆具有铲除作用，施药后 5～10d，原来形成的病斑可消失，但对卵菌和细菌无活性。

使用方法　粉唑醇既可茎叶处理，也可种子处理。茎叶处理使用剂量通常为8.3g（a. i.）/亩，种子处理使用剂量通常为75～300g（a. i.）/kg，防治土传病害用量为75mg/kg种子，种传病害用量为200～300mg/kg种子。拌种时，先将拌种所需的药量加水调成药浆，药浆的量为种子重量的1.5%，拌种均匀后再播种。

（1）拌种处理

① 防治麦类黑穗病　用12.5%乳油200～300mL/100kg种子（有效成分25～37.5g）拌种；

② 防治玉米丝黑穗病　用12.5%乳油320～480mL/100kg玉米种子（有效成分40～60g）拌种。

（2）喷雾处理

① 防治麦类白粉病　在茎叶零星发病至病害上升期，或上部三叶发病率达30%～50%时开始喷药，用12.5%乳油50mL/亩（有效成分6.25g），对水40～50kg喷雾；

② 防治麦类锈病　在麦类锈病盛发期，用12.5%乳油33.3～50mL/亩（有效成分4.16～6.25g），对水40～50kg喷雾。

（3）防治苦瓜白粉病　发病初期用12.5%粉唑醇悬浮剂有效成分0.084～0.125g/L，连续喷药3次，使用间隔期10～15d。

注意事项　施药时应使用安全防护用具，如不慎溅到皮肤或眼睛应立即用清水冲洗。不得与食品、饲料一起存放，废旧容器及剩余药剂应密封于原包装中妥善处理。

砜吡草唑（pyroxasulfone）

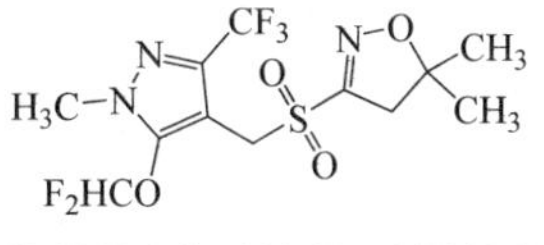

$C_{12}H_{14}F_5N_3O_4S$，391.32，447399-55-5

化学名称　[3-[(5-二氟甲氧基-1-甲基-3-三氟甲基吡唑-4-基)-甲基磺酰基]-4,5-二氢-5,5-二甲基-1,2-噁唑]。

理化性质　纯品为白色晶体固体，熔点130.7℃，溶解度(20℃，mg/L)：水3.49。

毒性　大鼠急性经口LD_{50}＞2000mg/kg；山齿鹑急性LD_{50}＞2250mg/kg；虹鳟LC_{50}（96h）＞2.2mg/L；对大型溞EC_{50}（48h）＞4.4mg/kg；对月牙藻EC_{50}（72h）为0.00038mg/L；对蜜蜂低毒，对蚯蚓中等毒性。

作用方式 属于异噁唑类土壤封闭处理除草剂，抑制极长链脂肪酸延长酶活性，主要通过幼芽和幼根被植物吸收，阻碍顶端分生组织生长。

防除对象 用于冬小麦田防除雀麦、大穗看麦娘、播娘蒿、荠菜等多种一年生杂草。

使用方法 冬小麦播后苗前进行土壤封闭喷雾处理，40%悬浮剂每亩制剂用量25～30mL，兑水30～40L二次稀释均匀后喷雾。

注意事项

（1）土壤墒情良好或灌溉、降雨后施药最佳。

（2）后茬轮作玉米、大豆、花生、绿豆等旱地作物安全，水稻对其敏感，不宜在稻麦轮作地块使用。

砜嘧磺隆（rimsulfuron）

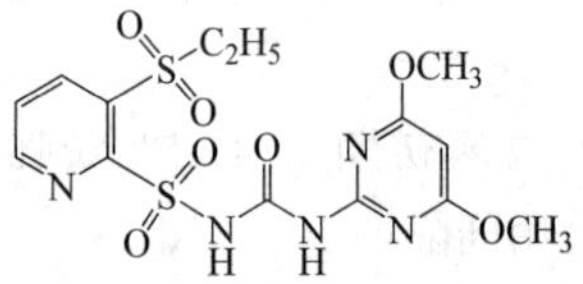

$C_{14}H_{17}N_5O_7S_2$，431.4，122931-48-0

化学名称 *N*-(((4,6-二甲氧基-2-嘧啶基)氨基)羰基)-3-(乙基磺酰基)-2-吡啶磺酰胺。

理化性质 纯品砜嘧磺隆为无色晶体，熔点172～173℃，174℃分解，土壤与水中不稳定，溶解度（20℃，mg/L）：水7300，丙酮14800，二氯甲烷35500，乙酸乙酯2850，甲醇1550。

毒性 大鼠急性经口LD_{50}＞5000mg/kg，短期喂食毒性高；山齿鹑急性LD_{50}＞2250mg/kg；对虹鳟LC_{50}（96h）＞390mg/L；对大型溞EC_{50}（48h）＞360mg/kg；对月牙藻EC_{50}（72h）为1.2mg/L；对蜜蜂接触毒性低、经口毒性中等，对蚯蚓低毒。对眼睛具刺激性，无神经毒性和呼吸道刺激性，无染色体畸变和致癌风险。

作用方式 乙酰乳酸合成酶（ALS）抑制剂，由根吸收很快传导至分生组织，通过抑制必需的缬氨酸和异亮氨酸的生物合成从而使细胞分裂和植物生长停止。

防除对象 用于防除玉米、马铃薯、烟草田中一年生禾本科及部分阔叶杂草，如田蓟、铁荠、香附子、皱叶酸模、阿拉伯高粱、野燕麦、止血马唐、稗草、多花黑麦草、苘麻、反枝苋、猪殃殃、虞美人、繁缕等。

使用方法　于杂草2～5叶期施药效果最佳，以25%水分散粒剂为例，每亩制剂用量5～6g，兑水30L以上，稀释均匀后沿行间均匀喷雾，控制喷头高度，严禁将药液直接喷到烟叶上、马铃薯及玉米的喇叭口内。可按喷液量的0.2%在药液中加入洗衣粉作表面活性剂。

注意事项

（1）严禁使用弥雾机施药，尽量在无风无雨时施药，避免雾滴飘移，危害周围作物。

（2）使用砜嘧磺隆前后7d内，禁止使用有机磷杀虫剂，避免产生药害。

（3）沙壤土质不宜施用砜嘧磺隆。

（4）甜玉米、爆玉米、黏玉米及制种玉米田不宜使用。

（5）花生、棉花、黄豆等多数阔叶作物对砜嘧磺隆敏感，须保证足够间隔时间后种植。高用量下后茬不适合种植小麦及十字花科作物（如油菜、青菜、萝卜、花椰菜等）。

呋苯硫脲（fuphenthiourea）

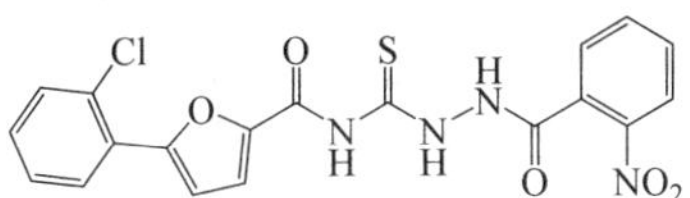

$C_{19}H_{13}ClN_4O_5S$，444.9，1332625-45-2

其他名称　享丰。

化学名称　*N*-(5-邻氯苯基-2-呋喃甲酰基)-*N'*-(邻硝基苯甲酰氨基)硫脲。

理化性质　原药为浅棕色粉末固体，纯品为淡黄色结晶，熔点207～209℃。不溶于水，微溶于醇、芳香烃，在乙腈、*N*,*N*-二甲基甲酰胺（DMF）中有一定的溶解度，一般情况下，对酸、碱、热均比较稳定。

毒性　大鼠的急性经口LD_{50}＞5000mg/kg，急性经皮LD_{50}＞2000mg/kg，对眼刺激为轻度级，皮肤刺激试验属无刺激性级，皮肤变态反应试验结果为致命强度Ⅰ级，弱致敏物。

作用特点　主要生理效应是促进根部发育，增强光合作用，提高水分利用率，增加分蘖提高抗寒、抗旱、抗倒伏等抗逆能力，具有增产作用，对品质无不良影响。用于水稻可调节水稻生长，能促进水稻发芽、生根、壮苗、增加有效穗、提高成穗率和增加产量。秧苗根系旺盛，活力增强，移栽大田后，能促进水稻分蘖，增加成穗数和每穗实粒数，但对千粒重无明显影响。其特点是低毒、安全、使用简便、有较好增产效果，另外，生产工艺方面也具有原料易得、生产工艺先进、能耗低、成本低的特点。

适宜作物 水稻。

应用技术 用10%乳油稀释1000倍液浸种48h，并用此浸种液育秧即可，种子出苗安全、出芽整齐、芽谷颜色鲜亮，发芽率高，苗期叶色深绿、叶鞘紧凑，苗茎粗扁，根系发达，白根数多。抛栽后发根力强，返青快。用呋苯硫脲浸种还可以提高有效穗数、每穗实粒数、结实率，从而提高产量，可使水稻增产6%～14%。

呋吡菌胺（furametpyr）

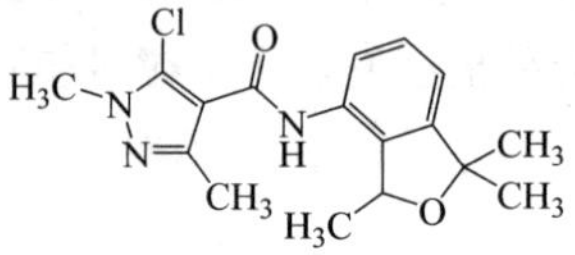

$C_{17}H_{20}O_2N_3Cl$，333.82，123572-88-3

化学名称 (*RS*)-5-氯-*N*-(1,3-二氢-1,1,3-三甲基异苯并呋喃-4-基)-1,3-二甲基吡唑-4-甲酰胺或*N*-(1,1,3-三甲基-2-氧-4-二氢化茚基)-5-氯-1,3-二甲基吡唑-4-甲酰胺。

理化性质 纯品呋吡菌胺为无色或浅棕色固体，熔点150.2℃；溶解性（25℃，g/L）：水0.225；在太阳光下分解较迅速；在加热条件下，在碳酸钠介质中易分解。

毒性 急性LD_{50}（mg/kg）：大鼠经口640（雄）、590（雌），大鼠经皮＞2000；对兔眼睛有轻微刺激，对兔皮肤无刺激性；对动物无致畸、致突变、致癌作用。

作用特点 对电子传递系统中作为真菌线粒体还原型烟酰胺腺嘌呤二核苷酸（NADH）基质的电子传递系统并无影响，而对琥珀酸基质的电子传递系统，具有强烈的抑制作用，即呋吡酰胺对光合作用Ⅱ产生作用，通过影响琥珀酸的组分及TCA回路，使生物体所需的养料下降；也就是说抑制真菌线粒体中琥珀酸的氧化作用，从而避免立枯丝核菌菌丝体分离，而对还原型烟酰胺腺嘌呤二核苷酸（NADH）的氧化作用无影响。呋吡菌胺具有内吸活性，且传导性能优良，具有很好的预防和治疗效果。

适宜作物 水稻。呋吡菌胺在推荐剂量下对水稻安全，无药害，对环境中的非靶标生物影响小，较为安全，对哺乳动物、水生生物和有益昆虫低毒。该药剂在河水中、土表遇光照迅速分解，土壤中的微生物也能使呋吡菌胺分解，故对环境安全。

防治对象 对担子菌亚门的大多数病原菌有很好的活性，如水稻纹枯病、水稻菌核病、水稻白绢病等。

使用方法　以颗粒剂于水稻田淹灌施药防治水稻纹枯病等。大田防治水稻纹枯病的剂量为 30～40g（a.i.）/亩。

注意事项

（1）严格按照农药安全规定使用此药，避免药液或药粉直接接触身体，如果药液不小心溅入眼睛，应立即用清水冲洗干净并携带此药标签去医院就医；

（2）此药应储存在阴凉和儿童接触不到的地方；

（3）如果误服要立即送往医院治疗；

（4）施药后各种工具要认真清洗，污水和剩余药液要妥善处理保存，不得任意倾倒，以免污染鱼塘、水源及土壤；

（5）搬运时应注意轻拿轻放，以免破损污染环境，运输和储存时应有专门的车皮和仓库，不得与食物和日用品一起运输，应储存在干燥和通风良好的仓库中。

呋草酮（flurtamone）

$C_{18}H_{14}F_3NO_2$，333.3，96525-23-4

化学名称　(*RS*)-5-甲氨基-2-苯基-4-(*α*,*α*,*α*-三氟间甲苯基)呋喃-3(2*H*)-酮。

理化性质　纯品呋草酮为浅黄色粉末，熔点 149℃，190℃分解，相对密度 1.38，溶解度（20℃，mg/L）：水 10.7，丙酮 350000，甲醇 199000，己烷 18，乙酸乙酯 133000。

毒性　大鼠急性经口 LD_{50}＞5000mg/kg，短期喂食毒性高；对山齿鹑急性 LD_{50}＞2530mg/kg；对呆鲦鱼 LC_{50}（96h）为 6.64mg/L；对大型溞 EC_{50}（48h）为 13mg/kg；对月牙藻 EC_{50}（72h）为 0.073mg/L；对蜜蜂、黄蜂、蚯蚓低毒。对眼睛、皮肤、呼吸道刺激性，无神经毒性和皮肤致敏性，无染色体畸变风险。

作用方式　苯基呋喃酮类除草剂，通过植物根和芽吸收而起作用。抑制类胡萝素合成，敏感品种发芽后立即呈现普遍褪绿白化作用。

防除对象　可防除多种禾本科杂草和阔叶杂草如苘麻、美国豚草、马松子、马齿苋、大果田菁、刺黄花稔、龙葵以及苋、芸薹、山扁豆、蓼等杂草。

呋菌胺（methfuroxam）

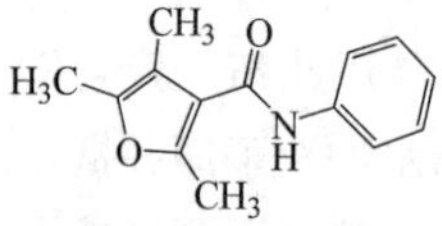

$C_{14}H_{15}NO_2$，229.27，28730-17-8

化学名称 2,4,5-三甲基-3-呋喃基酰苯胺。

理化性质 白色结晶固体，熔点 138～140℃，略有气味。25℃溶解度：水中 0.01g/kg，丙酮 125g/kg，甲酸 64g/kg，二甲基甲酰胺 412g/kg，苯 36g/kg。在强酸、强碱中水解，对金属无腐蚀作用。

毒性 小鼠急性经口 LD_{50} 为 0.88g/kg（雌），兔经皮 LD_{50} 为 3.16g/kg；大鼠吸入 LD_{50} 为 17.39mg/L（空气），对兔皮肤无刺激性，对兔眼睛稍有刺激，虹鳟鱼 LC_{50} 为 0.36mg/L。

作用特点 具有内吸作用的拌种剂，可用于防治种子胚内带菌的麦类散黑穗病。

适宜作物 大麦、小麦、高粱、谷子、玉米等。

防治对象 小麦散黑穗病、小麦光腥黑穗病、谷子粒黑穗病、高粱丝黑穗病、高粱坚黑穗病、高粱散黑穗病、大麦散黑穗病等。

使用方法 拌种。

（1）防治高粱丝黑穗病、散黑穗病及坚黑穗病，用 25%液剂 200～300mL 拌种 100kg；

（2）防治小麦光腥黑穗病，用 25%液剂 300mL 拌种 100kg；

（3）防治大麦及小麦散黑穗病，用 25%液剂 200～300mL 拌种 100kg；

（4）防治谷子粒黑穗病，用 25%液剂 280～300mL 拌种 100kg。

注意事项

（1）严格按照农药安全规定使用此药，喷药时戴好口罩、手套，穿上工作服；

（2）施药时不能吸烟、喝酒、吃东西，避免药液或药粉直接接触身体，如果药液不小心溅入眼睛，应立即用清水冲洗 15min，并携带此药标签去医院就医；

（3）此药应储存在阴凉和儿童接触不到的地方；

（4）如果误服要立即送往医院治疗；

（5）施药后各种工具要认真清洗，污水和剩余药液要妥善处理保存，不得任意倾倒，以免污染鱼塘、水源及土壤；

（6）搬运时应注意轻拿轻放，以免破损污染环境，运输和储存时应有专门的车皮和仓库，不得与食物和日用品一起运输，应储存在干燥和通风良好的仓库中。

呋醚唑（furconazole-*cis*）

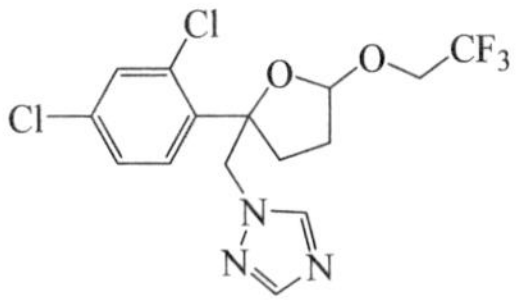

$C_{15}H_{12}Cl_2F_3N_3O_2$，393.9，112839-32-4

化学名称 (2*RS*,5*RS*)-5-(2,4-二氯苯基)-四氢-5-(1*H*-1,2,4-三唑-1-基甲基)-2-呋喃基-2,2,2-三氟乙醚基。

理化性质 无色晶体，熔点86℃，溶解度：水21mg/L，有机溶剂370～1400g/L。

毒性 大鼠急性LD_{50}（mg/kg）：450～900（经口），＞2000（经皮）。对兔眼睛和皮肤无刺激作用。

作用特点 属内吸性杀菌剂，具有保护和治疗作用，是甾醇脱甲基化抑制剂。

适宜作物 禾谷类作物、苹果、葡萄、蔬菜、观赏植物等。在推荐剂量下使用对作物和环境安全。

防治对象 对子囊菌亚门、担子菌亚门和半知菌亚门真菌有优异活性。如白粉病、锈病、疮痂病、叶斑病和其他叶部病害等。

使用方法

（1）防治苹果白粉病 发病初期用1.3～1.7g（a.i.）/亩对水喷雾；

（2）防治苹果疮痂病 发病初期用0.7～1.3g（a.i.）/亩对水喷雾；

（3）防治葡萄白粉病 发病初期用6.7g（a.i.）/亩对水喷雾；

（4）防治蔬菜和观赏植物白粉病和锈病 发病初期用1.7～3.3g（a.i.）/亩对水喷雾。

呋喃虫酰肼（fufenozide）

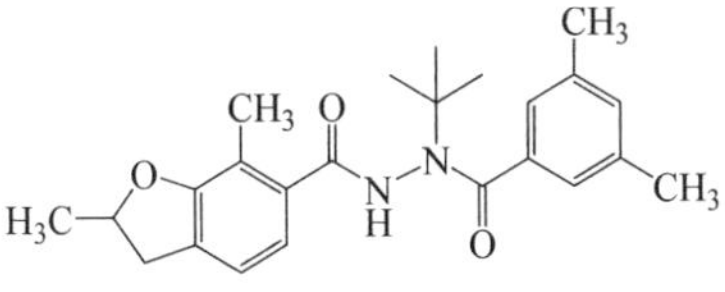

$C_{24}H_{30}N_2O_3$，394.5，467427-81-1

化学名称 *N*-(2,3-二氢-2,7-二甲基苯并呋喃-6-甲酰基)-*N*′-叔丁基-*N*′-(3,5-二甲基苯甲酰基)-肼。

理化性质 白色粉末状固体；熔点146.0～148.0℃；溶于有机溶剂，不溶于水。

毒性 大鼠急性经口 LD_{50}＞5000mg/kg（雄，雌），大鼠急性经皮 LD_{50}＞5000mg/kg（雄，雌），对皮肤无刺激性。Ames 试验无致基因突变作用。10%呋喃虫酰肼悬浮剂对鱼、蜜蜂、鸟均为低毒，对家蚕高毒；对蜜蜂低风险，对家蚕极高风险，桑园附近严禁使用。

作用特点 昆虫生长调节剂，害虫取食后，很快出现不正常蜕皮反应，停止取食，提早蜕皮，但由于不正常蜕皮而无法完成蜕皮，导致幼虫脱水和饥饿而死亡。呋喃虫酰肼以胃毒作用为主，有一定的触杀作用，无内吸性。对哺乳动物和鸟类、鱼类、蜜蜂毒性极低，对环境友好。

适宜作物 蔬菜、甜菜、水稻等。

防除对象 蔬菜害虫如甜菜夜蛾、斜纹夜蛾、小菜蛾等；水稻害虫如稻纵卷叶螟、二化螟等。

应用技术 以10%呋喃虫酰肼悬浮剂为例。

（1）防治蔬菜害虫 防治甜菜夜蛾、斜纹夜蛾，在幼虫3龄期前，用10%呋喃虫酰肼悬浮剂60～100mL/亩均匀喷雾。

（2）防治水稻害虫 防治稻纵卷叶螟，在卵孵盛期，用10%呋喃虫酰肼悬浮剂100～120mL/亩均匀喷雾。推荐使用剂量为10～12g/亩。在稻纵卷叶螟卵孵盛期至二龄幼虫前（初卷叶期）或卵孵化高峰后2d喷雾使用，喷雾一定要均匀。

注意事项

（1）该药对蚕高毒，作用速度慢，应较常规药剂提前5～7d使用，每季作物使用次数不要超过1次。

（2）高温期间注意做好安全用药的各项防护措施。

（3）为了提高防治效果，于傍晚用药。

（4）儿童、孕妇和哺乳期妇女禁止接触。

呋喃磺草酮（tefuryltrione）

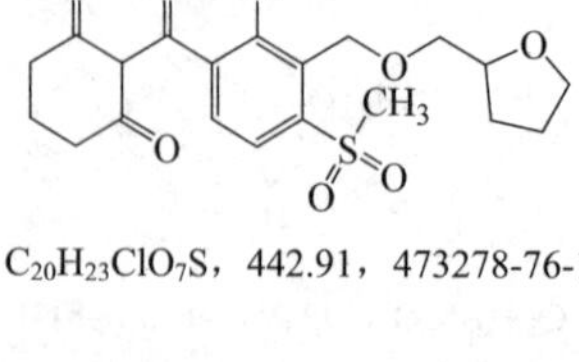

$C_{20}H_{23}ClO_7S$，442.91，473278-76-1

化学名称 2-{2-氯-4-甲磺酰基-3-[(*RS*)-四氢呋喃-2-基甲氧基甲基]苯甲酰基}环己烷-1,3-二酮。

化学性质 熔点 113.7～115.4℃；沸点 686℃；闪点 368.5℃；密度 1.362g/mL。溶解度（mg/L）：水 0.106g/L（20℃，pH 2.0）、64.2g/L（20℃，pH 7.0）、57.5g/L（20℃，pH 9.0）；丙酮 200～300g/L（20℃）、DMSO 300～600g/L。正辛醇/水分配系数：K_{ow}lg$P$（25℃±1℃，pH 2.0）=1.9；蒸气压（20℃）＜1.0×10^{-5}hPa；稳定性：163℃左右分解。

毒性 大鼠急性经口 LD_{50}（雄/雌）＞2500mg/kg，大鼠急性经皮 LD_{50}（雄/雌）＞2000mg/kg，大鼠急性吸入毒性 LC_{50}（雄/雌）＞2000mg/kg。

作用方式 抑制 4-羟基苯基丙酮酸双氧化酶（HPPD），通过根、茎、幼芽、叶吸收并迅速传导，抑制酪氨酸到质体醌的生化过程，导致植物生长中不可或缺的色素合成受阻，叶面白化，继而分生组织坏死。

防除对象 对稗草、鸭舌草、陌上菜、萤蔺、雨久花、白花水八角、泽泻、水莎草、矮慈姑等高效，对水竹叶、田皂角、大狼把草、狼把草、鳢肠等防效较好。

使用方法 水稻移栽后 15～30d，用 30g（a.i.）/hm^2 药剂灌施或撒施。

呋酰胺（ofurace）

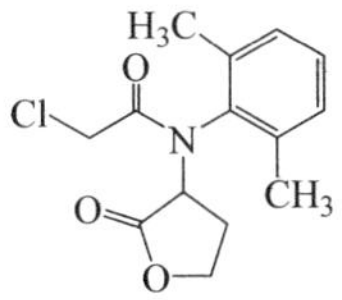

$C_{14}H_{16}ClNO_3$，281.74，58810-48-3

化学名称 (*RS*)-*α*-(2-氯-*N*-2,6-二甲苯基乙酰氨基)-*γ*-丁内酯。

理化性质 无色晶体，熔点 145～146℃。相对密度 1.296。溶解度（21℃）：水 140mg/kg，氯仿 255g/kg，环己酮 141g/kg，二甲基甲酰胺 336g/kg，乙酸乙酯 44g/kg，丙二醇 5.6g/kg。碱性条件下水解。

毒性 急性经口 LD_{50}（mg/kg）：雄大鼠 3500，雌大鼠 2600，小鼠＞5000，兔＞5000，大鼠急性经皮 LD_{50}＞5000mg/kg。对兔皮肤和眼睛有中度刺激作用，对豚鼠皮肤无致敏性。

作用特点 通过干扰核糖体 RNA 的合成，抑制真菌蛋白质合成，为内吸性杀菌剂，具有保护和治疗作用。可被植物的根、茎、叶迅速吸收，并在植物体内运转到各个部位，因而耐雨水冲刷。

防治对象 主要用于由霜霉菌、疫霉菌、腐霉菌等卵菌纲病原菌引起的病害，如烟草霜霉病、向日葵霜霉病、番茄晚疫病、葡萄霜霉病及观赏植物、十字花科蔬菜霜霉病等。

使用方法 在发病前期，用 50%可湿性粉剂 800～1000 倍液均匀喷雾，间隔 20d 再喷一次，可有效控制病害的为害。

注意事项

（1）严格按照农药安全规定使用此药，避免药液或药粉直接接触身体，如果药液不小心溅入眼睛，应立即用清水冲洗干净并携带此药标签去医院就医；

（2）此药应储存在阴凉和儿童接触不到的地方；

（3）如果误服要立即送往医院治疗；

（4）施药后各种工具要认真清洗，污水和剩余药液要妥善处理保存，不得任意倾倒，以免污染鱼塘、水源及土壤；

（5）搬运时应注意轻拿轻放，以免破损污染环境，运输和储存时应有专门的车皮和仓库，不得与食物和日用品一起运输，应储存在干燥和通风良好的仓库中。

伏杀硫磷（phosalone）

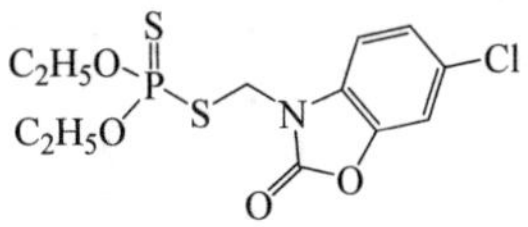

$C_{12}H_{15}ClNO_4PS_2$，367.8，2310-17-0

其他名称 伏杀磷、佐罗纳、Embacide、Rubitox、Zolone、Azofene。

化学名称 *O,O*-二乙基-*S*-（6-氯-2-氧苯噁唑啉-3-基-甲基）二硫代磷酸酯。

理化性质 纯品为白色结晶，带大蒜味。熔点 48℃，挥发性小，空气中饱和浓度：小于 0.01mg/m^3（24℃），约 0.02mg/m^3（40℃），约 0.1mg/m^3（50℃），约 0.3mg/m^3（60℃）。易溶于丙酮、乙腈、苯乙酮、苯、氯仿、环己酮、二噁烷、乙酸乙酯、二氯乙烷、甲乙酮、甲苯、二甲苯等有机溶剂。可溶于甲醇、乙醇，溶解度 20%。不溶于水，溶解度约 0.1%。性质稳定，常温可贮存两年或 50℃贮存 30d 无明显失效，无腐蚀性。

毒性 急性经口 LD_{50}（mg/kg）：雄性大鼠 120，雌性大鼠 135～170，豚鼠 150；雌性大鼠急性经皮 LD_{50}1500mg/kg。大鼠和狗两年饲喂试验无作用剂量分别为 2.5mg/kg 和 10.0mg/kg。动物实验未见致癌、致畸、致突变作用。虹鳟鱼 LC_{50} 0.3mg/L，鲤鱼 LC_{50}1.2mg/L（48h）。野鸡急性经口 LD_{50} 290mg/kg，对蜜蜂中等毒性。

作用特点 伏杀硫磷的作用机制是抑制昆虫体内的乙酰胆碱酯酶，属广谱性杀虫、杀螨剂。其对作物有渗透性，但无内吸传导作用，对害虫以触杀和胃毒作用为主。该药药效发挥速度较慢，在植物上持效约 14d，随后代谢成为可迅速水解的硫代磷酸酯。

适宜作物　棉花。

防治对象　棉花害虫如棉铃虫等。

应用技术　防治棉花害虫：棉铃虫在二、三代卵孵盛期至低龄幼虫期施药，用 35%乳油 160～180mL/亩，每隔 10～15d 用药一次，可用 3～4 次。

注意事项

（1）不要与碱性农药混用。

（2）对蜜蜂、鱼类等水生生物、家蚕有毒，施药期间应避免对周围蜂群的影响；蜜源作物花期、蚕室和桑园附近禁用；远离水产养殖区施药；禁止在河塘等水体中清洗施药器具。

（3）在棉花上的安全间隔为 14d，每季最多使用 4 次。

（4）大风天或预计 1h 内降雨请勿施药。

（5）建议与其他作用机制不同的杀虫剂轮换使用。

氟胺磺隆（triflusulfuron-methyl）

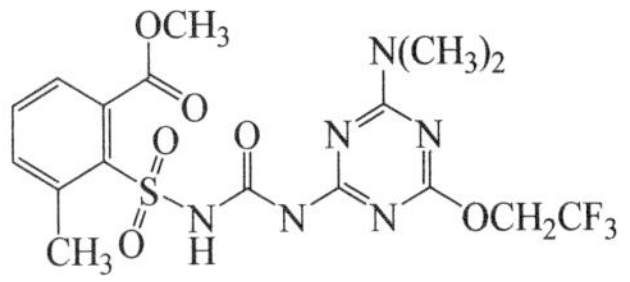

$C_{17}H_{19}F_3N_6O_6S$，492.43，126535-15-7

化学名称　3-(4-二甲基氨基-6-(2,2,2-三氟乙氧基)-1,3,5-三嗪-2-氨基甲酰氨基磺酰基)间甲基苯甲酸甲酯。

理化性质　纯品为白色晶状固体，熔点 159～162℃，相对密度 1.46，溶解度（20℃，mg/L）：水 260，乙酸乙酯 27000，丙酮 120000，己烷 1.6，甲醇 17000。酸性条件下不稳定，中性及碱性条件下较稳定，土壤中半衰期短。

毒性　大鼠急性经口 LD_{50}＞5000mg/kg，短期喂食毒性高；对山齿鹑急性 LD_{50}＞2250mg/kg；对虹鳟 LC_{50}（96h）为 730mg/L；对大型溞 EC_{50}（48h）＞960mg/kg；对月牙藻 EC_{50}（72h）为 0.034mg/L；对蜜蜂、蚯蚓低毒。无眼睛、皮肤刺激性和皮肤致敏性，具呼吸道刺激性，无神经毒性和染色体畸变风险。

作用方式　属于选择性内吸传导型除草剂，抑制植物体乙酰乳酸合成酶，阻断侧链氨基酸生物合成，主要通过叶面吸收并传导至分生组织，根部分吸收，影响细胞的分裂和生长。

防除对象 用于甜菜田防除反枝苋、苘麻、稗草等一年生杂草。

使用方法 甜菜苗后3～5叶，禾本科杂草2～5叶期、阔叶杂草株高3～5cm时，50%水分散粒剂每亩用量2.7～3.3g，兑水30～45L稀释均匀后进行茎叶喷雾。

注意事项 大风或降雨天气不宜施药，避免雾滴飘移后危害周围其他作物。

氟苯虫酰胺（flubendiamide）

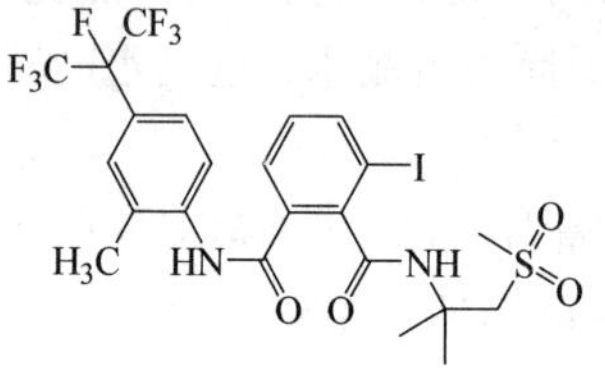

$C_{23}H_{22}F_7IN_2O_4S$，682.3901，272451-65-7

其他名称 垄歌。

化学名称 *N*-2-[1,1-二甲基-2-(甲磺酰基)乙基]-3-碘代-*N*-1-{2-甲基-4-[1,2,2,2-四氟-1-(三氟甲基)乙基]苯基}-1,2-苯二甲酰胺。

理化性质 外观为白色结晶粉末，熔点217.5～220.7℃，水中溶解度29.9μg/L。

毒性 对蜜蜂毒性很低，对鲤鱼（水生生物的代表）毒性也很低。在一般用量下对有益虫没有活性（几乎无毒）。对家蚕剧毒。

作用特点 激活鱼尼丁受体细胞内钙释放通道，导致贮存钙离子发生失控性释放。是目前为数不多的作用于昆虫细胞鱼尼丁受体的化合物。对鳞翅目害虫有广谱防效，几乎对所有的鳞翅目类害虫均具有很好的活性，与现有杀虫剂无交互抗性产生，非常适宜于对现有杀虫剂产生抗性的害虫的防治。对幼虫有非常突出的防效，对成虫防效有限，没有杀卵作用。渗透植株体内后通过木质部略有传导。耐雨水冲刷。

适宜作物 玉米、蔬菜和甘蔗等。

防除对象 蔬菜害虫如小菜蛾、甜菜夜蛾；甘蔗害虫如蔗螟；玉米害虫如玉米螟。

应用技术 以20%氟苯虫酰胺水分散粒剂，10%、20%悬浮剂为例。

（1）防治蔬菜害虫

① 小菜蛾 在害虫卵孵盛期至低龄幼虫期施药，用20%氟苯虫酰胺水分散粒剂13～17g/亩，或10%氟苯虫酰胺悬浮剂20～25mL/亩均匀喷雾。

② 甜菜夜蛾 在害虫卵孵盛期至低龄幼虫期施药，用20%氟苯虫酰胺水分散粒剂15～17g/亩均匀喷雾。

（2）防治玉米害虫　防治玉米螟时，在害虫卵孵盛期至低龄幼虫时施药，用20%氟苯虫酰胺悬浮剂 8～12mL/亩；或 10%氟苯虫酰胺悬浮剂 20～30mL/亩均匀喷雾。

（3）防治甘蔗害虫　防治甘蔗螟时，在害虫卵孵盛期至低龄幼虫时施药，用20%氟苯虫酰胺水分散粒剂 15～20g/亩均匀喷雾。

注意事项

（1）本品禁止在水稻作物上使用。

（2）为延缓抗性产生，每季作物不推荐施用超过 2 次的双酰胺类产品，包括单剂和含双酰胺类的混剂产品。

（3）在靶标害虫的一个世代内可以使用双酰胺类产品 2 次。在防治同一靶标害虫的下一代时，应与其他不同作用机理的杀虫剂产品轮换使用。

（4）本剂用量低，故在配制药液时请采用二次稀释法。稀释前应先将药剂配制成母液；先在喷雾器中加水至 1/4～1/2，再将该药倒入已盛有少量水的另一容器中，并冲洗药袋，然后搅拌均匀制成母液。将母液倒入喷雾器中，加够水量并搅拌均匀即可使用。

（5）避免孕妇及哺乳期妇女接触。

（6）本品虽为低毒杀虫剂，但使用时仍应注意安全防护，施药时穿防护服、戴口罩，施药后及时清洗。

（7）清洗施药器械或处置废料时，应避免污染环境。禁止在河塘等水域清洗施药器具。

（8）开花植物花期、蚕室及桑园附近禁用。

（9）用过的容器应妥当处理，不可作他用，也不可随意丢弃。

氟苯嘧啶醇（nuarimol）

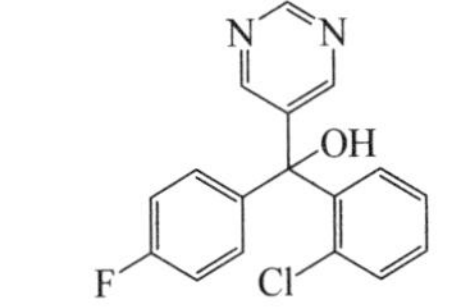

$C_{17}H_{12}ClFN_2O$，314.74，63284-71-9

化学名称　(*RS*)-2-氯-4′-氟-*α*-(嘧啶-5-基)苯基苄醇。

理化性质　无色晶体，熔点 126～127℃，溶解度（25℃）：水 26mg/L（pH=4），丙酮 170g/L，甲醇 55g/L，二甲苯 20g/L。极易溶解在乙腈、苯和氯仿中，微溶于己烷。在试验的最高贮存温度 52℃下稳定，在日光下分解。

毒性 急性经口 LD_{50}(g/kg)：雄大鼠 1.25，雌大鼠 2.5，雌小鼠 3，雄小鼠 2.5，犬 0.500。兔急性经皮 LD_{50}＞2g/kg，上述剂量下对皮肤无刺激作用，当以 0.1mL（7mg）施于它们眼睛时有轻微刺激作用。大鼠急性吸入 LC_{50}（1h）为 0.37mg（原药）/L 空气。在 2 年饲喂实验中，对大鼠和小鼠的无作用剂量为 50mg/kg 饲料。鹌鹑急性经口 LD_{50} 200mg/kg。在连续流动系统中，浓度 1.1mg/L 条件下，在 7d 的试验中，未观察到对蓝鳃的影响。蓝鳃 LC_{50}（96h）约 12.1mg/L。对蜜蜂无毒；LC_{50}（接触）＞1g/L，水蚤 LC_{50}（48h）＞25mg/L。

作用特点 具有保护、治疗和内吸活性的杀菌剂，抑制甾醇脱甲基化，通过抑制担孢子分裂的完成而起作用。

适宜作物 核果、蛇麻草、石榴、苹果、葡萄、禾谷类作物、葫芦和其他作物。

防治对象 石榴、核果、葫芦、葡萄和其他作物上的白粉病，苹果的疮痂病，禾谷类作物由病原菌所引起的病害如白粉病、叶枯病、斑点病、疮痂病等。

使用方法 茎叶处理和种子处理。

（1）防治果树黑星病和白粉病　在发病前期至发病早期，用 3.5g（a.i.）/亩对水 75kg 喷雾；

（2）防治麦类白粉病　用 100～200mg（a.i.）拌种 1kg。

注意事项

（1）严格按照农药安全规定使用此药，避免药液或药粉直接接触身体，如果药液不小心溅入眼睛，应立即用清水冲洗干净并携带此药标签去医院就医。

（2）此药应储存在阴凉和儿童接触不到的地方。

（3）如果误服要立即送往医院治疗；施药后各种工具要认真清洗，污水和剩余药液要妥善处理保存，不得任意倾倒，以免污染鱼塘、水源及土壤。

（4）搬运时应注意轻拿轻放，以免破损污染环境，运输和储存时应有专门的车皮和仓库，不得与食物和日用品一起运输，应储存在干燥和通风良好的仓库中。

氟吡呋喃酮（flupyradifurone）

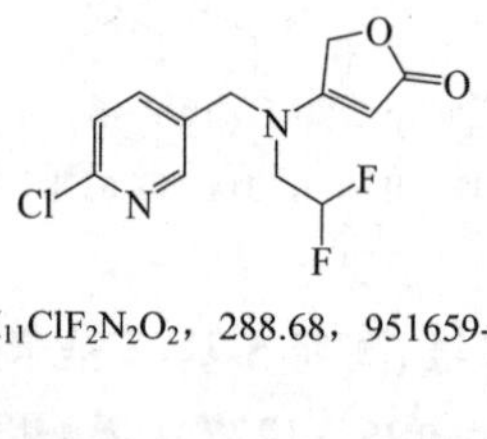

$C_{12}H_{11}ClF_2N_2O_2$，288.68，951659-40-8

化学名称 4-[(6-氯-3-吡啶基甲基)-(2,2-二氟乙基)-氨基]-呋喃-2-(5*H*)-酮。

理化性质 纯品为白色至米黄色固体粉末，几乎无味，熔点 72～74℃，不易燃。

在水中溶解度为3.2g/L（pH值为4），3.0g/L（pH值为7）；在甲苯中溶解度为3.7g/L；易溶于乙酸乙酯和甲醇。

毒性　96.2%氟吡呋喃酮对大鼠急性经口 LD_{50} 2000mg/kg，对雄性大鼠最大无作用剂量为80mg/L，对雌性大鼠最大无作用剂量为400mg/L，对兔眼睛和皮肤无刺激性，无致畸、无致癌、无生殖毒性、无致突变性，大鼠口服90d无神经毒性反应。

作用特点　烟碱型乙酰胆碱受体激动剂，主要用于防治刺吸式口器害虫。具有内吸、触杀、胃毒和渗透作用，速效性好、持效期长，且与常规新烟碱类杀虫剂无交互抗性，其最突出的特点是对蜜蜂等传粉昆虫低毒。

适宜作物　番茄、辣椒、马铃薯、黄瓜、葡萄、西瓜、咖啡、坚果、柑橘。

防治对象　烟粉虱、蚜虫、介壳虫、叶蝉、西花蓟马、潜叶蝇等。

应用技术　以17%氟啶虫胺腈悬浮剂为例。

防治烟粉虱时，在烟粉虱成虫发生初期，用17%氟吡呋喃酮悬浮液30～40mL/亩进行叶面均匀喷雾。第一次药后7～10d再施药一次。对烟粉虱、白粉虱成虫、若虫均具有较好的防效。

注意事项

（1）对蜜蜂、家蚕、水生生物等有毒。

（2）孕妇及哺乳期妇女避免接触。

氟吡磺隆（flucetosulfuron）

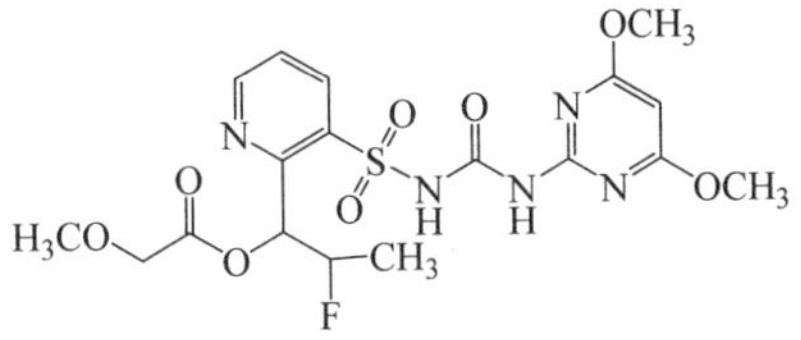

$C_{18}H_{22}FN_5O_8S$，487.5，412928-75-7

化学名称　(1*RS*,2*RS*;1*RS*,2*RS*)-1-{3-[(4,6-二甲氧基吡啶-2-氨甲酰)氨磺酰]-2-吡啶基}-2-氟丙基甲氧基酯。

理化性质　纯品为白色固体，熔点178～182℃，弱酸性，溶解度(20℃，mg/L)：水114，乙酸乙酯11700，丙酮22900，正己烷6.0，甲醇3800。酸性条件下不稳定，中性及碱性条件下较稳定，土壤中半衰期短。

毒性　大鼠急性经口 LD_{50}＞5000mg/kg，对鲤鱼 LC_{50}（96h）＞10mg/L，中等毒性；对大型溞 EC_{50}（48h）＞10mg/kg，中等毒性；对藻类 EC_{50}（72h）＞10mg/L，低毒。

作用方式　抑制乙酰乳酸合成酶，抑制亮氨酸、异亮氨酸、缬氨酸等支链氨基酸的合成，引起生长抑制和植株枯死。

防治对象 用于水稻田防除一年生和多年生杂草，对稗草防效尤为优异，但对千金子、眼子菜等的防效较差。

使用方法 水稻移栽田于杂草苗前或杂草 2～4 叶期采用毒土法处理 1 次，10%可湿性粉剂每亩制剂用量 13～20g（杂草苗前）、20～26g（杂草 2～4 叶期），混土 30～50kg 或拌化肥撒施。水稻直播田于杂草 2～5 叶期使用，10%可湿性粉剂每亩制剂用量 13～20g，兑水 30～50L，稀释均匀后进行茎叶喷雾。施药前排水，药后 1～2d 复水，并保水 3～5d。

注意事项 后茬种植水稻、油菜、小麦、大蒜、胡萝卜、萝卜、菠菜、移栽黄瓜、甜瓜、辣椒、番茄、草莓、莴苣安全，其他作物需试验后方可种植。

氟吡菌酰胺（fluopyram）

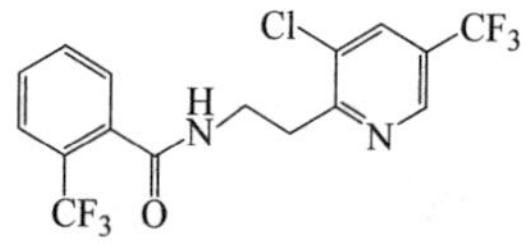

$C_{16}H_{11}ClF_6N_2O$，396.71，658066-35-4

其他名称 路富达。

化学名称 *N*-{2-[3-氯-5-(三氟甲基)-2-吡啶基]乙基}-*α,α,α*-邻三氟甲基苯甲酰胺。

理化性质 外观为白色粉末，无明显气味，熔点117.5℃，相对密度1.53(20℃)。微溶于水（mg/L，20℃）：16（蒸馏水）、15（pH 4）、16（pH 7）、15（pH 9）；溶于二氯甲烷、甲醇、丙酮、乙酸乙酯、二甲亚砜，溶解度均＞250g/L（20℃）；在水中稳定，50℃下，pH 4、7、9 溶液中均稳定。

毒性 急性经口（鼠）：LD_{50}＞2000mg/kg；急性经皮（鼠）：LD_{50}＞2000mg/kg；对兔皮肤无刺激性，对兔眼睛无刺激性。鸟：鹌鹑急性经口 LD_{50}＞2000mg/kg，短期饲喂野鸭 LD_{50}＞1643mg/kg；鱼：鲤鱼 LC_{50}（96h）＞0.98mg/L、鲤鱼 NOEC（21d）0.135mg/L；水蚤：EC_{50}（48h）＞100mg/L；水藻：中肋条骨藻 EC_{50}（72h）＞1.13mg/L；蜜蜂：LD_{50}（接触）＞100μg/蜂；蚯蚓：LC_{50}（14d）＞1000mg/kg（干土）。

作用特点 性能非常独特，不仅具有杀菌作用，同时还是优秀的杀线虫剂和仓储保鲜作用剂。属琥珀酸脱氢酶抑制剂（SDHI）类，具有很强的杀菌杀线虫活性。氟吡菌酰胺是第一个通过抑制复合体Ⅱ起作用的杀线虫剂，它代表了一类新的作用机理的杀线虫剂。

适宜作物 应用于葡萄、梨树、香蕉、苹果、黄瓜、番茄、花卉、草坪草、瓜果、烟草等70多种作物上。

防治对象　除防治斑点落叶病、叶斑病、灰霉病、白粉病、炭疽病、早疫病等病害外，还可以在多种作物上用于防治多种线虫，是一种高效、绿色、低毒的杀线虫剂。

使用方法

（1）41.7%氟吡菌酰胺悬浮剂，0.02～0.03mL/株，防治番茄根结线虫，兼治白粉病。

（2）43%氟菌•肟菌酯悬浮剂病5～10mL/亩喷雾，防治黄瓜白粉病；黄瓜炭疽病、靶斑病，西瓜蔓枯病，番茄早疫病，用15～20mL/亩喷雾防治；20～30mL/亩喷雾，防治番茄叶霉病、辣椒炭疽病。

（3）35%氟菌•戊唑醇悬浮剂5～10mL/亩喷雾，防治黄瓜白粉病；20～25mL/亩喷雾防治黄瓜靶斑病；25～30mL/亩喷雾防治西瓜蔓枯病、番茄早疫病；2000～3000倍液喷雾防治香蕉黑星病。

（4）40%氟吡菌酰胺•丙硫菌唑推荐用量为13～32g/亩，防治豆类作物、花生和甜菜等白粉病、叶斑病、褐腐病和灰霉病等。

（5）500g/L氟吡菌酰胺•嘧霉胺乳油用于防治鳞茎类蔬菜葡萄孢属叶枯病、匍柄霉属叶斑病、小浆果类（包括悬钩子属、浆果和矮生浆果）白粉病和灰霉病、马铃薯早疫病和叶斑病。

注意事项

（1）严格按照农药安全规定使用此药，避免药液或药粉直接接触身体，如果药液不小心溅入眼睛，应立即用清水冲洗干净并携带此药标签去医院就医；

（2）此药应储存在阴凉和儿童接触不到的地方；

（3）如果误服要立即送往医院治疗；

（4）施药后各种工具要认真清洗，污水和剩余药液要妥善处理保存，不得任意倾倒，以免污染鱼塘、水源及土壤；

（5）搬运时应注意轻拿轻放，以免破损污染环境，运输和储存时应有专门的车皮和仓库，不得与食物和日用品一起运输，应储存在干燥和通风良好的仓库中。

氟吡酰草胺（picolinafen）

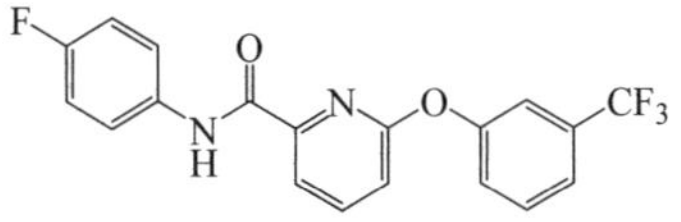

$C_{19}H_{12}F_4N_2O_2$，376.30，137641-05-5

化学名称　*N*-(4-氟苯基)-6-[3-(三氟甲基)苯氧基]-2-吡啶甲酰胺。

理化性质 纯品为白色晶状固体，熔点 107.2～107.6℃，230℃分解，溶解度（20℃，mg/L）：水 0.047，乙酸乙酯 464000，丙酮 557000，甲苯 263000，甲醇 30400。

毒性 大鼠急性经口 LD_{50}＞5000mg/kg，短期喂食毒性高；绿头鸭急性 LD_{50}＞2250mg/kg，对虹鳟 LC_{50}（96h）＞0.68mg/L，中等毒性；对大型溞 EC_{50}（48h）＞0.45mg/kg，中等毒性；对藻类 EC_{50}（72h）为 0.00018mg/L，高毒；对蜜蜂低毒；对蚯蚓中等毒性。对皮肤、眼睛、呼吸道无刺激性，无神经毒性和生殖影响，无染色体畸变和致癌风险。

作用方式 酰胺类苗前封闭除草剂，通过抑制植物体内类胡萝卜素生物合成，导致叶绿素被破坏、细胞膜破裂，杂草幼芽脱色或白色，最后整株萎蔫死亡。

防除对象 用于冬小麦田防除婆婆纳、繁缕、牛繁缕、宝盖草、荠菜、播娘蒿等一年生阔叶杂草。

使用方法 冬小麦播后苗前使用，20%悬浮剂每亩制剂用量 17～20mL，兑水 30～40L 二次稀释均匀后土壤喷雾。

注意事项

（1）晴天、无风天气用药，大风天不宜施药，以免飘移至邻近敏感作物。

（2）低温和寒流及霜冻来临前后不宜用药，以免产生药害。

氟虫脲（flufenoxuron）

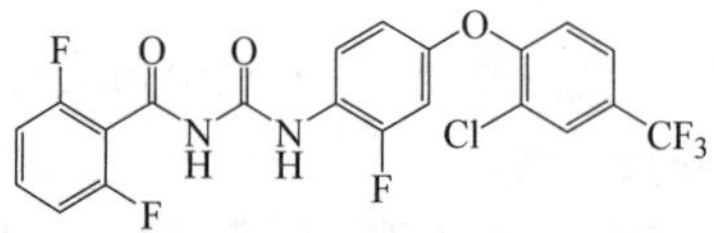

$C_{21}H_{11}ClF_6N_2O_3$，488.8，101463-69-8

其他名称 氟虫隆、卡死克、Cascade。

化学名称 1-[4-(2-氯-*α*,*α*,*α*-三氟-对甲苯氧基)-2-氟苯基]-3-(2,6-二氟苯甲酰)脲。

理化性质 纯品为白色晶体，熔点 230～232℃。在有机溶剂中的溶解度：丙酮 82g/L，二氯甲烷 24g/L，二甲苯 6g/L，己烷 0.023g/L，不溶于水。自然光照射下，在水中半衰期 11d，对光稳定，对热稳定。

毒性 大鼠和小鼠急性 LD_{50}（mg/kg）：＞3000（经口），＞2000（经皮），大鼠急性吸入 LC_{50}＞5mg/L，静脉注射 LD_{50}＞1500mg/kg，对兔的眼睛和皮肤无刺激作用。大鼠和小鼠饲喂无作用剂量为 50mg/kg，狗为 100mg/kg。动物实验未发现致畸、致突变作用。鲑鱼 LC_{50}>100mg/L。对家蚕毒性较大。

作用特点　昆虫生长调节剂，是几丁质合成抑制剂，使昆虫不能正常蜕皮或变态而死亡，成虫接触药剂后，产的卵即使孵化成幼虫也会很快死亡。具有触杀和胃毒作用，并有很好的叶面滞留性。对未成熟阶段的螨和害虫有高活性，可用于防治植食性螨类（刺瘿螨、短须螨、全爪螨、锈螨、红叶螨等），并有很好的持效作用，对捕食性螨和昆虫安全。

适宜作物　蔬菜、棉花、玉米、大豆、果树等。

防除对象　蔬菜害虫如小菜蛾、菜青虫等；果树害虫如苹果红蜘蛛、柑橘红蜘蛛、锈壁虱、柑橘潜叶蛾、桃小食心虫等；棉花害虫如棉红蜘蛛、棉铃虫等。

应用技术　以 5%氟虫脲乳油为例。

（1）防治蔬菜害虫

① 小菜蛾　在 1～2 龄幼虫期施药，用 5%氟虫脲乳油 25～50mL/亩（有效成分 1.25～2.5g）均匀喷雾。

②菜青虫　在幼虫 2～3 龄期施药，用 5%氟虫脲乳油 20～25mL/亩（有效成分 1～1.25g）均匀喷雾。

（2）防治果树害虫

① 苹果红蜘蛛　在越冬代和第 1 代若螨集中发生期施药，苹果开花前后用 5%氟虫脲乳油 1000～2000 倍液（有效浓度 25～50mg/L）均匀喷雾。

② 柑橘红蜘蛛　在卵孵化盛期施药，用 5%氟虫脲乳油 600～1000 倍液均匀喷雾。

③ 柑橘潜叶蛾　在新梢放出 5d 左右施药，用 5%氟虫脲乳油 1000～1300 倍均匀喷雾。

④ 桃小食心虫　在卵孵化盛期施药，用 5%氟虫脲乳油 1000～2000 倍（有效浓度 25～50mg /L）均匀喷雾。

（3）防治棉花害虫

① 棉红蜘蛛　若、成螨发生期，平均每叶 2～3 头螨时施药，用 5%氟虫脲乳油 50～75mL/亩（有效成分 2.5～3.75g）均匀喷雾。

② 棉铃虫　在产卵盛期至卵孵化盛期施药，防治棉红铃虫二、三代成虫在产卵高峰至卵孵化盛期施药，用 5%氟虫脲 75～100mL/亩（有效成分 3.75～5g）均匀喷雾。

注意事项

（1）一个生长季节最多只能用药 2 次。施药时间应较一般杀虫剂提前 2～3d。对钻蛀性害虫宜在卵孵化盛期施药，对害螨宜在幼若螨盛期施药。

（2）苹果上应在收获前 70d 用药，柑橘上应在收获前 50d 用药。喷药时要均匀周到。

（3）不可与碱性农药，如波尔多液等混用，否则会减效。间隔使用时，先喷氟虫脲，10d 后再喷波尔多液比较理想。建议与不同作用机制的杀虫剂轮换使用。

（4）对甲壳纲水生生物毒性较高，避免污染自然水源。

（5）库房应通风、低温、干燥，与食品原料分开储运。

（6）儿童、孕妇及哺乳期妇女禁止接触。

氟啶胺（fluazinam）

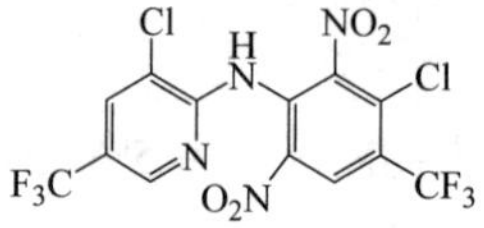

$C_{13}H_4Cl_2F_6O_4N_4$，465.09，79622-59-6

化学名称 *N*-(3-氯-5-三氟甲基-2-吡啶基)-*α,α,α*-三氟-3-氯-2,6-二硝基对甲苯胺。

理化性质 纯品氟啶胺为黄色结晶粉末，熔点 115～117℃；溶解度（20℃，g/L）：水 0.0017，丙酮 470，甲苯 410，二氯甲烷 330，乙醚 320，乙醇 150。

毒性 急性 LD_{50}（mg/kg）：大鼠经口＞5000，大鼠经皮＞2000；对兔眼睛有刺激性，对兔皮肤有轻微刺激性；对动物无致畸、致突变、致癌作用。

作用特点 广谱性杀菌剂，其效果优于常规保护性杀菌剂。是线粒体氧化磷酸化解偶联剂，通过抑制孢子萌发，菌丝突破、生长，以及孢子形成而抑制所有阶段的感染过程。例如对交链孢属、葡萄孢属、疫霉属、单轴霉属、核盘菌属和黑星菌属真菌非常有效，并对抗苯并咪唑类和二羧酰亚胺类杀菌剂的灰葡萄孢也有良好的效果，耐雨水冲刷，持效期长。

适宜作物 马铃薯、大豆、番茄、小麦、黄瓜、柑橘、水稻、梨、苹果、茶、葡萄、草坪草等。

防治对象 杀菌谱广，对黑斑病、疫霉病、黑星病和其他的病原体病害有良好的防治效果，如苹果黑星病、苹果叶斑病、梨黑斑病、梨锈病、水稻稻瘟病、水稻纹枯病、马铃薯晚疫病、草坪币斑病、燕麦冠锈病、葡萄灰霉病、葡萄霜霉病、柑橘疮痂病、柑橘灰霉病、黄瓜灰霉病、黄瓜腐烂病、黄瓜霜霉病、黄瓜炭疽病、黄瓜白粉病、黄瓜茎部腐烂病、番茄晚疫病等。另外，氟啶胺还显示出杀螨活性，对柑橘红蜘蛛、香石竹锈螨、神泽叶螨等有效。

使用方法 主要用于茎叶喷雾。

（1）防治马铃薯晚疫病　发病早期，用 50%悬浮剂 30～35mL/亩对水 40～50kg 喷雾；

（2）防治辣椒疫病　在发病前或发病早期喷药，用 50%悬浮剂 30～40mL/亩对水 40～50kg 喷雾，间隔 7～10d，连续 2～3 次，重点喷施辣椒茎基部；

（3）防治大白菜根肿病　50%氟啶胺悬浮剂，每亩用药 267～333mL 对水 67kg，在大白菜播种或定植前对全田或种植穴内的土壤喷雾；

（4）防治柿炭疽病　用 50%氟啶胺悬浮剂 1500 倍液，在柿树谢花后 10～30d 喷药，间隔 7～10d 喷 1 次，连喷 2～3 次，在 6 月下旬初再喷施 1 次。

注意事项

（1）严格按照农药安全规定使用此药，避免药液或药粉直接接触身体，如果药液不小心溅入眼睛，应立即用清水冲洗干净并携带此药标签去医院就医；

（2）此药应储存在阴凉和儿童接触不到的地方；

（3）如果误服要立即送往医院治疗；

（4）施药后各种工具要认真清洗，污水和剩余药液要妥善处理保存，不得任意倾倒，以免污染鱼塘、水源及土壤；

（5）搬运时应注意轻拿轻放，以免破损污染环境，运输和储存时应有专门的车皮和仓库，不得与食物和日用品一起运输，应储存在干燥和通风良好的仓库中。

氟啶草酮（fluridone）

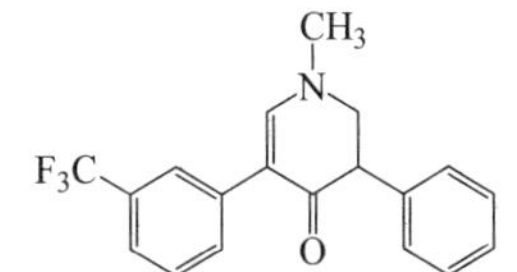

$C_{19}H_{14}F_3NO$，329.32，59756-60-4

化学名称　1-甲基-3-苯基-5-(3-三氟甲基苯基)-4(1*H*)-吡啶酮。

理化性质　纯品为白色结晶，原药为白色至淡黄色固体；密度为 1.274g/cm^3；熔点 154～155℃；沸点 444.4℃（1.01×10^5Pa）；溶解度：水 12mg/L（pH 7，25℃），甲醇、氯仿＞10g/L，乙酸乙酯＞5g/L，己烷＜0.5g/L。

毒性　急性经口大鼠 LD_{50}＞10000mg/kg，急性经皮家兔 LD_{50}＞5000mg/kg。

作用方式　内吸传导型除草剂，可被植物的根吸收并传导至叶片，通过抑制八氢番茄红素去饱和酶抑制类胡萝卜素生物合成，造成叶绿素的降解，抑制光合作用，导致植物死亡。

防除对象　对龙葵、反枝苋、藜、马泡瓜、苘麻、鳢肠等高效，对稗草、狗尾草、牛筋草、马唐等禾本科杂草有较好效果。

使用方法　42%氟啶草酮悬浮剂每亩用 30～40mL，兑水 60～80kg（新疆地区）

或 30～50kg（西北内陆其他地区），于棉花播种前于土壤喷雾施药。新疆地区喷雾后立即浅混土，混土深度 3～5cm。

注意事项

（1）仅限在西北内陆棉区使用；

（2）间套种其他作物的棉田不可使用；

（3）有机质含量低的沙土地须适当降低用量；

（4）后茬种植小麦可能有一定影响。

氟啶虫胺腈（sulfoxaflor）

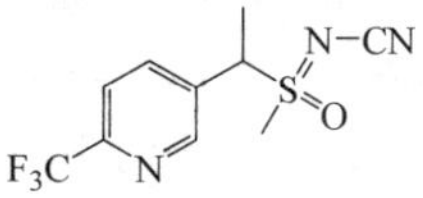

$C_{10}H_{10}F_3N_3OS$，277.2661，946578-00-3

其他名称 可立施、特福力、XDE-208。

化学名称 [甲基（氧）[1-[6-（三氟甲基）-3-吡啶基]乙基]-λ^6-硫酮]氰基氨。

理化性质 纯品氟啶虫胺腈为灰白色粉末，熔点 112.9℃；有机溶剂中溶解性（20℃，g/L）：甲醇 93.1，丙酮 217，对二甲苯 0.743，1,2-二氯乙烷 39，乙酸乙酯 95.2，正庚烷 0.000242，正辛醇 1.66。水中溶解度（20℃，99.7%纯度）：pH=5 时，1380mg/L；pH=7 时，570mg/L；pH=9 时，550mg/L。

毒性 急性经口 LD_{50}：雌大鼠 1000mg/kg，雄大鼠 1405mg/kg；急性经皮 LD_{50}：大鼠（雌/雄）＞5000mg/kg；制剂急性经口 LD_{50}＞2000mg/kg。

作用特点 作用于昆虫神经系统中的烟碱型乙酰胆碱受体，但是与其他新烟碱类杀虫剂具有不同的作用位点。该药剂具有胃毒和触杀作用，可用于防治棉花烟粉虱和盲椿象，以及小麦、桃树和西瓜蚜虫。

适宜作物 棉花、桃树、西瓜、小麦、白菜、柑橘树、黄瓜、苹果树、葡萄、水稻。

防除对象 蚜虫、矢尖蚧、烟粉虱、盲椿象、稻飞虱、桃蚜。

应用技术 以 22%氟啶虫胺腈悬浮剂为例。

（1）蚜虫　在蚜虫发生始盛期施药，用 22%氟啶虫胺腈悬浮剂 7.5～12.5mL/亩均匀喷雾。

（2）烟粉虱　在烟粉虱成虫始盛期或卵孵始盛期施药 2 次，用 22%氟啶虫胺腈悬浮液 15～23mL/亩均匀喷雾。

（3）稻飞虱　在稻飞虱低龄若虫期施药，用 22%氟啶虫胺腈悬浮剂 15～20mL/亩均匀喷雾。

（4）桃蚜　在蚜虫发生始盛期施药，用 22%氟啶虫胺腈悬浮剂 5000～10000 倍液均匀喷雾。

注意事项

（1）对蜜蜂、家蚕、水生生物等有毒。

（2）孕妇及哺乳期妇女避免接触。

氟啶虫酰胺（flonicamid）

$C_9H_6F_3N_3O$，229.16，158062-67-0

其他名称　氟烟酰胺，Teppeki，Ulala，Carbine，Aria（FMC）。

化学名称　*N*-氰甲基-4-(三氟甲基)烟酰胺，*N*-cyanomethyl-4-(trifluoromethyl) nicotinamide。

理化性质　本品外观为白色无味固体粉末，熔点 157.5℃，溶解度（g/L，20℃）：水 5.2、丙酮 157.1、甲醇 89.0，对热稳定。

毒性　急性经口 LD_{50} 大鼠（雌、雄）884mg/kg、1768mg/kg，急性经皮 LD_{50} 大鼠（雌/雄）＞5000mg/kg。

作用特点　除具有触杀和胃毒作用，还具有很好的神经毒剂和快速拒食作用。该药剂通过阻碍害虫吮吸作用而致效。害虫摄入药剂后很快停止吮吸，最后饥饿而死。氟啶虫酰胺是一种新型低毒吡啶酰胺类昆虫生长调节剂类杀虫剂，生物活性剂对各种刺吸式口器害虫有效，并具有良好的渗透作用，它可从根部向茎部、叶部渗透，但由叶部向茎、根部渗透作用相对较弱。对人、畜、环境有极高的安全性，同时对其他杀虫剂具抗性的害虫有效。

适宜作物　果树、蔬菜、水稻等。

防除对象　果树、蔬菜蚜虫，稻飞虱等。

应用技术　以 10%氟啶虫酰胺水分散粒剂为例。

（1）防治果树害虫　防治蚜虫时，在蚜虫发生初盛期施药，用 10%氟啶虫酰胺水分散粒剂 2500～5000 倍液均匀喷雾。

（2）防治蔬菜害虫　防治蚜虫时，在蚜虫发生初盛期施药，用 10%氟啶虫酰胺水分散粒剂 30～50g/亩均匀喷雾。

氟啶脲（chlorfluazuron）

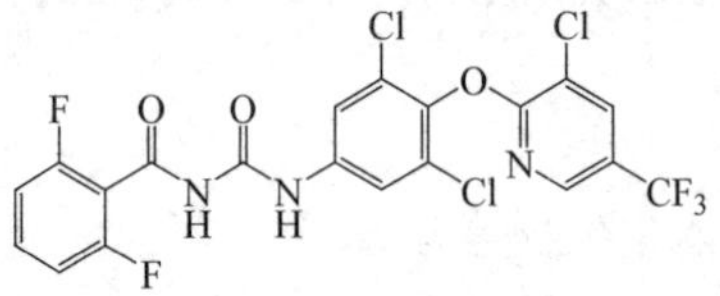

$C_{20}H_9Cl_3F_5N_3O_3$，540.8，71422-67-8

其他名称 定虫隆、定虫脲、克福隆、控幼脲、抑太保、Atabron 5E、Jupiter。

化学名称 1-[3,5-二氯-4-(3-氯-5-三氟甲基-2-吡啶氧基)苯基]-3-(2,6-二氟苯甲酰基)脲。

理化性质 纯品氟啶脲为白色结晶固体，熔点 232～233.5℃；溶解度（20℃，g/L）：环己酮 110，二甲苯 3，丙酮 52.1，甲醇 2.5，乙醇 2.0，难溶于水；原药为黄棕色结晶。

毒性 急性 LD_{50}（mg/kg）：大、小鼠经口＞5000，大鼠经皮 1000；以 50mg/（kg·d）剂量饲喂大鼠两年，未发现异常现象；对动物无致畸、致突变、致癌作用。

作用特点 抑制几丁质合成，阻碍昆虫正常蜕皮，使卵的孵化、幼虫蜕皮及蛹发育畸形，成虫羽化受阻。具有胃毒、触杀作用。药效高，但作用速度较慢，对鳞翅目、鞘翅目、直翅目、膜翅目、双翅目等害虫活性高，但对蚜虫、叶蝉、飞虱无效。

适宜作物 棉花、蔬菜、果树、林木等。

防除对象 蔬菜害虫如小菜蛾、菜青虫、粉虱、韭蛆等；棉花害虫如棉叶螨、棉铃虫、棉红铃虫等；果树害虫如柑橘潜叶蛾、叶螨等。

应用技术 以5%氟啶脲乳油、10%氟啶脲水分散粒剂、0.1%氟啶脲浓饵剂为例。

（1）防治蔬菜害虫

① 小菜蛾、菜青虫

a. 在低龄幼虫期施药，用 5%氟啶脲乳油 60～80mL/亩均匀喷雾。

b. 在甘蓝小菜蛾低龄幼虫发生始盛期施药，用 10%氟啶脲水分散粒剂 20～40g/亩均匀喷雾。

② 粉虱　在若虫盛发期施药，用 5%氟啶脲乳油 500～1000 倍液均匀喷雾。

（2）防治棉花害虫

① 棉叶螨　在若螨发生期施药，用 5%氟啶脲乳油 50～75g/亩均匀喷雾。

② 棉铃虫、棉红铃虫　在卵孵盛期施药，用 5%氟啶脲乳油 100～140mL/亩均匀喷雾。

（3）防治果树害虫

① 柑橘潜叶蛾　在害虫低龄幼虫期施药，用 5%氟啶脲乳油 2000～3000 倍液

均匀喷雾。

② 各种叶螨　用 5%氟啶脲乳油稀释 1000～2000 倍均匀喷雾，可兼治各种木虱、桃小食心虫和尺蠖。

（4）防治白蚁　用 0.1%氟啶脲浓饵剂，用水稀释 3～4 倍投放于白蚁出没处。

注意事项

（1）本剂是阻碍幼虫蜕皮致其死亡的药剂，从施药至害虫死亡需 3～5d，使用时需在低龄幼虫期进行。

（2）本剂无内吸传导作用，施药必须均匀周到。

（3）本品对蜜蜂、鱼类等水生生物、家蚕有毒，施药期间应避免对周围蜂群的影响，蜜源作物花期、蚕室和桑园附近禁用。应远离水产养殖区施药，禁止在河塘等水体中清洗施药器具。

（4）棉花和甘蓝每季作物使用不超过 3 次，柑橘不超过 2 次。安全间隔期棉花和柑橘均为 21d，甘蓝 7d。

（5）本品药效表现较慢，用药适期应比一般有机磷类、拟除虫菊酯类杀虫剂提早 3d 左右。宜在幼、若虫（螨）盛发期用药。

（6）库房通风低温干燥；与食品原料分开储运。

（7）孕妇及哺乳期妇女避免接触。

氟啶酰菌胺（fluopicolide）

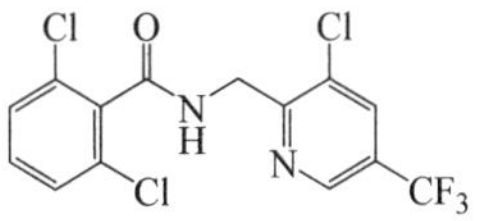

$C_{14}H_8Cl_3F_3N_2O$，383.58，239110-15-7

化学名称　2,6-二氯-*N*-{[3-氯-5-(三氟甲基)-2-吡啶]甲基}苯甲酰胺。

理化性质　纯品为米色粉末状微细晶体，熔点 150℃；分解温度 320℃；溶解度（g/L，20℃）：乙酸乙酯 37.7，二氯甲烷 126，二甲基亚砜 183，丙酮 74.7，正己烷 0.20，乙醇 19.2，甲苯 20.5；在水中溶解度约为 4mg/L（室温下）。原药（含量 97.0%）外观为米色粉末，在常温以及各 pH 条件下，在水中稳定（水中半衰期可达 365d），对光照也较稳定。

毒性　大鼠急性经口、经皮 LD_{50}＞5000mg/kg，对兔皮肤无刺激性，对兔眼睛有轻度刺激性；豚鼠皮肤致敏实验结果为无致敏性；大鼠 90d 亚慢性饲喂试验最大无作用剂量为 100mg/kg（饲料浓度），三项致突变试验（Ames 试验、小鼠骨髓细胞微核试验、染色体畸变试验）结果均为阴性，未见致突变性；在试验剂量内大鼠未见致畸、致癌作用。

作用特点 为广谱杀菌剂，对卵菌纲病原菌有很高的生物活性。具有保护和治疗作用，氟啶酰菌胺有较强的渗透性，能从叶片上表面向下表面渗透，从叶基向叶尖方向传导，对幼芽处理后能够保护叶片不受病菌侵染，从根部沿植株木质部向整株作物分布，但不能沿韧皮部传导。

适宜作物 黄瓜、番茄、水稻、小麦等。

防治对象 主要用于防治卵菌纲病害如霜霉病、疫病等，除此之外，对稻瘟病、灰霉病、白粉病等具有一定的防效。

注意事项

（1）严格按照农药安全规定使用此药，避免药液或药粉直接接触身体，如果药液不小心溅入眼睛，应立即用清水冲洗干净并携带此药标签去医院就医；

（2）此药应储存在阴凉和儿童接触不到的地方；

（3）如果误服要立即送往医院治疗；

（4）施药后各种工具要认真清洗，污水和剩余药液要妥善处理保存，不得任意倾倒，以免污染鱼塘、水源及土壤；

（5）搬运时应注意轻拿轻放，以免破损污染环境，运输和储存时应有专门的车皮和仓库，不得与食物和日用品一起运输，应储存在干燥和通风良好的仓库中。

氟硅唑（flusilazole）

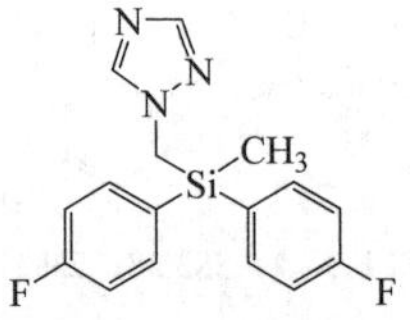

$C_{16}H_{15}F_2N_3Si$，316.4，85509-19-9

化学名称 双(4-氟苯基)甲基(1*H*-1,2,4-三唑-1-基亚甲基)硅烷。

理化性质 纯品氟硅唑为白色晶体，熔点 53～55℃；溶解性（20℃）：易溶于多种有机溶剂。

毒性 急性 LD_{50}（mg/kg）：大鼠经口 1100（雄）、674（雌），兔经皮＞2000；对兔眼睛和皮肤中度刺激；10mg/kg 剂量饲喂大鼠两年，未发现异常；对动物无致畸、致突变、致癌作用。

作用特点 属广谱内吸性杀菌剂，具有内吸、保护和治疗作用。甾醇脱甲基化抑制剂，能抑制病原菌丝伸长，阻止病菌孢子芽管生长，破坏和阻止病菌的细胞膜重要组成成分麦角甾醇的生物合成，导致细胞膜不能形成，使病菌死亡，喷药后能迅速被作物叶面吸收并向下传导，产生保护作用。

适宜作物 苹果、梨、黄瓜、番茄和禾谷类等。对作物安全，对绝大多数作物非常安全（唯酥梨品种应避免在幼果前使用；梨肉的最大残留限量为 0.05μg/g，梨皮为 0.5μg/g，安全间隔期为 18d），对人、畜低毒，不为害有益动物和昆虫。

防治对象 防治子囊菌亚门、担子菌亚门和半知菌亚门真菌引起的多种病害如苹果黑星病、白粉病，禾谷类的麦类核腔菌属、壳针孢属菌、葡萄钩丝壳菌、葡萄球座菌引起的病害（如眼点病、锈病、白粉病、颖枯病、叶斑病等），以及甜菜上的多种病害。对梨、黄瓜黑星病、白粉病，大麦叶斑病、颖枯病，花生叶斑病，番茄叶霉病、早疫病，葡萄白粉病也有效，持效期约为 7d。

使用方法 喷雾处理。

（1）果树病害防治

① 梨黑星病 发病初期，用 40%乳油 10000 倍液，每隔 7～10d 喷雾 1 次，连喷 4 次，能有效防治梨黑星病，并可兼治梨赤星病，发病高峰期或雨水大的季节，喷药间隔期可适当缩短，采收前 18d 停止施药。

② 苹果黑星病、白粉病 在低剂量下，有多种喷洒方法，安全间隔期 14d，可有效地防治叶片和果实黑星病和白粉病。该药剂不仅有保护活性，并在侵染后长达 120h 还具有治疗活性。对基腐病等的夏季腐烂病和霉污病无效，对叶片或果座的大小或形状都没明显药害。

③ 苹果炭疽病、轮纹病 发病前期，用 40%乳油 8000 倍液加 50%多菌灵可湿性粉剂 1000 倍液喷雾，5 月中旬至采前 8d，间隔 10～14d 喷一次药。

④ 葡萄黑痘病、白腐病、炭疽病、白粉病等 发病初期用 40%乳油 8000～10000 倍液喷雾，间隔 7～10d 左右施药 1 次；防治葡萄白腐病，发病初期用 400g/L 氟哇唑乳油 40～50mg/kg 对水喷雾，间隔 10～14d，连喷 3 次，防治效果显著；防治葡萄黑痘病，发病初期用 40%氟硅唑乳油 6000～8000 倍液喷雾，用水量 3.3kg/亩，效果显著；防治葡萄白粉病，发病初期用 40%氟硅唑乳油 6000～8000 倍液喷雾，间隔 10d 施药一次，效果显著。

⑤ 草莓白粉病 发病初期用 40%乳油 10000～12000 倍液喷雾，间隔 7～10d 左右施药 1 次，连续 4 次。

⑥ 香蕉树黑星病 发病初期用 10%乳油 4000～5000 倍液喷雾。

（2）瓜菜、茄科、豆类等病害防治

① 黄瓜黑星病 发病初期用 40%氟硅唑乳油 17.5mL/亩，喷药液 60kg/亩，均匀喷雾，间隔 7～10d，共施药 3～4 次。

② 番茄叶霉病 发病初期用 40%乳油 7000～8000 倍液喷雾，以后间隔 7～10d 再喷 1 次。

③ 番茄早疫病 发病初期用 40%乳油 8000～10000 倍液喷雾，间隔 7d 左右施

药 1 次。

④ 菜豆白粉病　发病初期用 40%乳油 10～15mL/亩对水 40～50kg 喷雾。

⑤ 甜瓜炭疽病　发病初期用 40%乳油 12～16mL/亩对水 40～50kg 喷雾。

⑥ 西葫芦白粉病　发病初期用 40%乳油 8000～10000 倍液喷雾。

⑦ 黄瓜白粉病　发病初期用 8%氟硅唑微乳剂 25～75g/亩对水 50kg，间隔 7d 施药 1 次，共喷 3 次。

⑧ 甜瓜炭疽病　发病初期用 40%氟硅唑乳油 4.67～6.25g/亩对水喷雾，间隔 7d 施药 1 次，连续 3 次，防治效果明显。

（3）其他作物病害防治

① 花生病害　以 4.7～6.7g（a.i.）/亩剂量可有效地防治花生叶斑病。

② 禾谷类病害　以 5.3～10.6g(a.i.)/亩剂量可有效地防治禾谷类叶和穗病害，如叶锈病、颖枯病、叶斑病和白粉病等。

③ 亚麻白粉病　用 40%氟硅唑乳油 8000 倍液，喷雾 4～5 次，具有很好的防效。

注意事项　氟硅唑对许多重要经济作物的多种病害具有优良防效。在多变的气候条件和防治病害有效剂量下没有药害；对主要的禾谷类病害，包括斑点病、颖枯病、白粉病、锈病和叶斑病，施药 1～2 次；对叶、穗病害施药 2 次，一般能获得较好的防治效果。防治斑点病的剂量为 4～13.3g（a.i.）/亩，而对其他病害，10.7g（a.i.）/亩或较低剂量下即能得到满意的效果。根据作物及不同病害，其使用剂量通常为 4～13.3g（a.i.）/亩。为了避免病菌对氟环唑产生抗性，一个生长季内使用次数不宜超过 4 次，应与其他保护性药剂交替使用。

氟环唑（epoxiconazole）

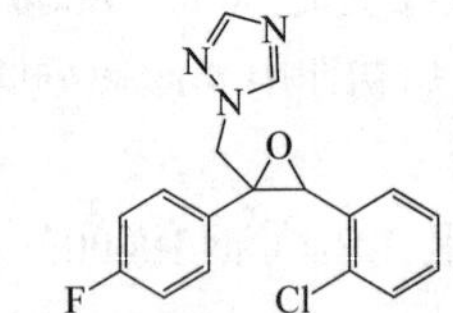

$C_{17}H_{13}ClFN_3O$，329.8，106325-08-0

化学名称　(2*RS*,3*RS*)-1-[3-(2-氯苯基)-2,3-环氧-2(4-氟苯基)丙基]-1*H*-1,2,4-三唑。

理化性质　纯品氟环唑为无色结晶固体，熔点 136.2℃；溶解度（20℃，g/kg）：水 0.00663，丙酮 14.4，二氯甲烷 29.1。

毒性　急性 LD_{50}（mg/kg）：大鼠经口＞5000、经皮＞2000；对兔眼睛和皮肤无

刺激性；对动物无致畸、致突变、致癌作用

作用特点　属广谱内吸性杀菌剂，具有保护、治疗和铲除作用。甾醇脱甲基化抑制剂，在麦角甾醇生物合成中抑制 1,4-脱甲基化作用，引起麦角甾醇缺乏，导致真菌细胞膜不正常，致使真菌死亡。抗菌谱广，持效期长。

适宜作物　禾谷类作物、糖用甜菜、花生、油菜、草坪草、咖啡及果树等，推荐剂量下对作物安全、无药害。

防治对象　对子囊菌亚门和担子菌亚门真菌有较高活性，尤其对禾谷类作物病害如立枯病、白粉病、眼纹病等十多种病害真菌有很好的防治作用。

使用方法　喷雾处理，使用剂量通常为 5～8.3g（a.i.）/亩。防治小麦锈病，发病初期用 12.5%悬浮剂 50～60mL/亩对水 40～50kg 喷雾；防治香蕉叶斑病，发病初期用 75g/L 悬浮剂 4000～7500 倍液喷雾。

防治稻曲病和纹枯病，用 12.5%氟环唑（福满门）悬浮剂 40g/亩，防效显著；防治小麦主要病害（白粉病、锈病），用 12.5%氟环唑悬浮剂 20～40g/亩预防，发生初期可用 12.5%氟环唑悬浮剂 30～50g/亩喷雾；防治香蕉叶斑病，用 7.5%氟环唑乳油 250 倍液喷雾 3 次，防效显著。

氟磺胺草醚（fomesafen）

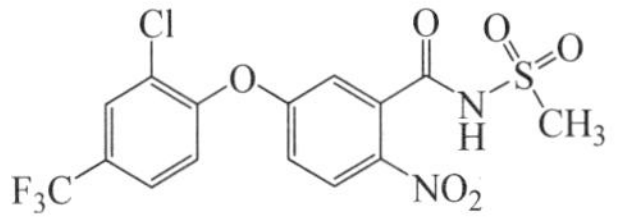

$C_{15}H_{10}ClF_3N_2O_6S$，438.76，72178-02-0

化学名称　*N*-甲磺酰基-5-[2-氯-4-(三氟甲基)苯氧基]-2-硝基苯甲酰胺，5-(2-氯-*α*,*α*,*α*-三氟对甲苯氧基)-*N*-甲磺酰基-2-硝基苯甲酰胺。

理化性质　纯品氟磺胺草醚为白色结晶体，熔点 219℃；溶解度（20℃，g/L）：丙酮 300；氟磺胺草醚呈酸性，能生成水溶性盐。

毒性　急性 LD_{50}（mg/kg）：雄大鼠经口＞2000；兔经皮＞2000；以 100mg/kg 饲料剂量饲喂大鼠两年，无异常现象；对兔皮肤和眼睛有轻微刺激性；对动物无致畸、致突变、致癌作用。

作用方式　选择性除草剂。它被植物的叶片、根吸收，进入植物叶绿体内，由于破坏光合作用引起叶部枯斑，从而导致植株迅速枯萎死亡。喷药后 4h 下雨不降低药效。药液在土壤里被根部吸收也能发挥杀草作用，大豆吸收药剂后能迅速降解。

防除对象　主要用于防除大豆田阔叶杂草，如苘麻、铁苋菜、反枝苋、豚草、鬼针草、田旋花、荠菜、藜、刺儿菜、鸭跖草、问荆、裂叶牵牛、卷茎蓼、马齿苋、龙葵、苣荬菜、苍耳、马泡果等杂草。

使用方法 用于大豆苗后，一般在大豆1～2片复叶时，田间复叶杂草在1至3叶期每亩用氟磺胺草醚50mL（有效成分12.5g）兑水30kg均匀喷雾；如杂草达4～5叶时亩用药量应提高到75mL（有效成分18.8g）。防治鸭跖草需在3叶期前施药，鸭跖草4叶期后仅有抑制作用。因残留对后茬作物不安全，不推荐苗前使用。对禾本科杂草与阔叶杂草混合严重发生的田块，可在田间禾本科杂草与阔叶杂草2～3叶期，每亩用25%氟磺胺草醚40mL加15%精吡氟禾草灵乳油25mL兑水30kg均匀喷雾。

注意事项

（1）在大豆田后施用氟磺胺草醚用量不要随意加大，当亩用商品量达125mL时，大豆叶面出现褐色斑点，再加大剂量会出现生长点扭曲，一般7～10d恢复。

（2）氟磺胺草醚在土壤中的残效期较长。当用药量高，每亩有效成分超过60g，大豆播前、播后苗前土壤处理，防除大豆田双子叶杂草虽有很好效果，但在土壤中残效过长，对后茬作物有影响；若第二年种敏感作物，如白菜、谷子、高粱、甜菜、玉米、小麦、亚麻等，会对其产生不同程度药害，应降低用药剂量，使药害减轻至无影响。

（3）玉米套种豆田时，不可使用氟磺胺草醚。大豆与其他敏感作物间作时，请勿使用。

（4）果树及种植园施药时，要避免将药液直接喷溅到树上，尽量用低压喷雾，用保护罩定向喷雾。

（5）接触原液时应戴手套、护目镜，穿工作服，施药时勿饮食或抽烟，若药液溅在衣服或皮肤上，应立即用清水冲洗。如误服中毒，应立即催吐，然后送医院治疗。此药无特效解毒剂，需对症治疗。

（6）运输时需用金属器皿盛载，贮放地点要远离儿童和家畜。

药害

（1）小麦 受其残留危害，表现为多在叶基、叶鞘部位发生水渍状变色，并伴生一些褐斑，心叶紧卷，并逐渐枯萎。

（2）油菜 油菜对氟磺胺草醚比较敏感，茎叶处理时误施易产生药害。受其残留危害，表现子叶和真叶缩小、稍卷，并从叶基及叶缘开始失绿变白而枯萎，植株生长缓慢或停滞。受害严重时，幼苗在长出真叶之前便枯死。

（3）大豆 用该药剂做土壤处理受害，表现子叶、真叶、顶芽卷缩，并产生褐色枯斑或枯死，植株生长缓慢，大小不一。用该药剂做茎叶处理受害，表现着药叶片的叶肉产生白色或黄褐色枯斑（或为密集的小斑点，或为漫连的大斑块），叶面皱缩，叶缘翻卷。

氟磺酰草胺（mefluidide）

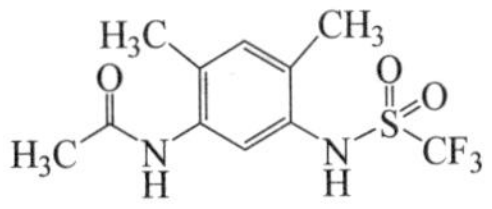

$C_{11}H_{13}F_3N_2O_3S$，310.3，53780-34-0

其他名称 Embark，MBR-12325。

化学名称 5-(1,1,1,-三氟甲基磺酰基氨基)乙酰-2,4-二甲苯胺。

理化性质 纯品为无色无嗅结晶体，熔点 183～185℃。溶解度（23℃，g/L）：水中 0.18，丙酮 350，苯 0.31，二氯甲烷 2.1，甲醇 310，正辛醇 17。本品对热稳定，在酸或碱性溶液中回流则乙酰氨基基团水解，水溶液在紫外光照射下降解。

毒性 急性经口 LD_{50}（mg/kg）：大鼠 4000，小鼠 1920。兔急性经皮 LD_{50}＞4000mg/kg。对兔眼睛有中等刺激，对兔肤没有刺激。NOEL 数据（90d）：大鼠 6000mg/kg 饲料，狗 1000mg/kg 饲料。无致突变、致畸作用。对鼠伤寒沙门氏杆菌没有致突变性。绿头鸭和山齿鹑急性经口 LD_{50}＞4620mg/kg。虹鳟鱼和蓝鳃翻车鱼 LC_{50}（96h）＞100mg/L。对蜜蜂无毒。

作用特点 经由植物的茎、叶吸收，抑制分生组织的生长和发育。作为除草剂，在草坪、牧场、工业区等场所抑制多年生禾本科杂草的生长及杂草种子的产生。作为生长调节剂，可抑制观赏植物和灌木的顶端生长和侧芽生长，增加甘蔗含糖量。

适宜作物 主要为草坪草、观赏植物、小灌木的矮化剂。

应用技术

（1）一般用量为 300～1100g/hm^2。

（2）在甘蔗收获前 6～8 周，用 600～1100g/hm^2 喷洒，可增加含糖量。另外，也可作为烟草腋芽抑制剂。

氟节胺（flumetralin）

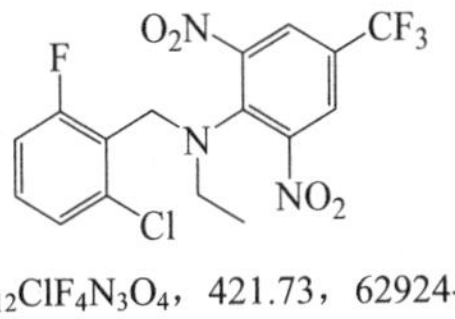

$C_{16}H_{12}ClF_4N_3O_4$，421.73，62924-70-3

其他名称 抑芽敏。

化学名称 *N*-(2-氯-6-氟苄基)-*N*-乙基-α,α,α-三氟-2,6-二硝基对甲苯胺。

理化性质 纯品为黄色至橙色无嗅晶体，熔点 101～103℃（工业品 92.4～103.8℃），相对密度 1.54，蒸气压 0.032mPa。溶解度（25℃，g/L）：水中 0.00007，甲苯 400，丙酮 560，乙醇 18，正辛醇 6.8，正己烷 14。稳定性：在 pH 5～9 时对水解稳定；250℃以下稳定。

毒性 大鼠急性经口 LD_{50}＞5000mg/kg，大鼠急性经皮 LD_{50} ＞2000mg/kg，对皮肤和眼睛有刺激作用。制剂乳油（150g/L）对兔皮肤中等刺激性，对兔眼睛强烈刺激性。大鼠急性吸入 LC_{50}＞2.13g/m^3 空气。NOEL 数据（2 年）：大、小鼠 300mg/kg 饲料，在试验剂量内对动物无致畸和突变作用。ADI 值：0.17mg/kg。山齿鹑和绿头鸭急性经口 LD_{50}＞2000mg/kg。山齿鹑和绿头鸭饲喂试验 LC_{50}＞5000mg/L 饲料。蓝鳃翻车鱼和鳟鱼 LC_{50} 分别为 18μg/L 和 25μg/L。水蚤 LC_{50}（48h）＞66μg/L。海藻 EC_{50}＞0.85mg/L。对蜜蜂无毒。蚯蚓 LC_{50}＞1000mg/kg 土壤。

作用特点 属接触兼局部内吸性高效烟草侧芽抑制剂，经由烟草的茎、叶表面吸收，有局部传导性能。进入烟草腋芽部位，抑制腋芽内分生细胞的分裂、生长，从而控制腋芽的萌发。为接触兼局部内吸型植物生长延缓剂。被植物吸收快，作用迅速，主要影响植物体内酶系统功能，增加叶绿素与蛋白质含量。抑制烟草侧芽生长，施药后 2h 无雨可见效，对预防花叶病有一定效果。

适宜作物 烟草上专用的抑芽剂。适用于烤烟、明火烤烟、马丽兰烟、晒烟、雪茄烟。

应用技术 在生产上，当烟草生长发育到花蕾伸长期至始花期时便要进行人工摘除顶芽（打顶），但不久各叶腋的侧芽会大量发生，通常须进行人工摘侧芽 2～3 次，以免消耗养分，影响烟叶的产量与品质。氟节胺可以代替人工摘除侧芽，在打顶后 24h，每亩用 25%乳油 80～100mL 稀释 300～400 倍，可采用整株喷雾法、杯淋法或涂抹法进行处理，会有良好的控侧芽效果。从简便、省工角度来看，顺主茎往下淋为好；从省药和控侧芽效果来看，宜用毛笔蘸药液涂抹到侧芽上。当药液稀释倍数低（100 倍）时，效果更佳，但成本较高。药液浓度低于 600 倍时，有时不能抑制生长旺盛的高位侧芽。在山东、湖北等烟区，施用 500 倍的药液可获得良好的效果。

注意事项

（1）当侧芽已超过 2.5cm 长时抑芽效果欠佳，甚至控制不住，因此要在侧芽刚萌发时处理。

（2）对人畜皮肤、眼、口有刺激作用，防止药液飘移，操作时注意保护，器械用后洗净。误服本药可服用医用活性炭解毒，但不要给昏迷患者喂食任何东西，无特殊解毒剂，需对症治疗。

（3）避免药雾飘移到邻近的作物上。避免药剂污染水塘、水沟和河流，以免对鱼类造成危害。

（4）本品在 0～35℃条件下存放。贮存在远离食品、饲料和避光、阴凉的地方。

（5）勿与其他农药混用。

（6）2019 年 1 月 1 日起，欧盟正式禁止使用氟节胺的农产品在境内销售，请注意使用情况。

氟菌唑（triflumizole）

$C_{15}H_{13}ClF_3N_3O$，345.7，99387-89-0

化学名称　(*E*)-4-氯-*α*,*α*,*α*-三氟-*N*-(1-咪唑-1-基-2-正丙氧基亚乙基)邻甲苯胺。

理化性质　纯品氟菌唑为无色结晶固体，熔点 63.5℃；溶解度（20℃，g/L）：水 12.5，氯仿 2220，己烷 17.6，二甲苯 639，丙酮 1440，甲醇 496；在强碱、强酸介质中不稳定。

毒性　雄性大鼠急性经口 LD_{50}＞715mg/kg，雌性 695mg/kg；雄性小鼠急性经口 LD_{50} 560mg/kg，雌性 510mg/kg；雄性大鼠腹腔注射 LD_{50} 895mg/kg，雌性 710mg/kg；雄性小鼠腹腔注射 LD_{50} 710mg/kg，雌性 530mg/kg；大鼠、小鼠皮下注射 LD_{50}＞5000mg/kg；大鼠、小鼠急性经皮 LD_{50}＞5000mg/kg；大鼠急性吸入 LC_{50}＞3.2mg/L。对兔皮肤无刺激作用，对眼睛黏膜有轻度刺激。大鼠慢性饲喂试验无作用剂量为 3.7mg/kg 饲料。动物实验未见致癌、致畸、致突变作用。鲤鱼 LC_{50}1.26mg/L（48h），鹌鹑急性经口 LD_{50} 2467mg/kg，对蜜蜂安全。

作用特点　属广谱内吸性杀菌剂，具有保护、治疗和铲除作用。氟菌唑为甾醇脱甲基化抑制剂。

适宜作物　麦类、各种蔬菜、果树及其他作物，在推荐剂量下使用对作物和环境安全。日本推荐最大残留限量蔬菜为 1mg/kg，果树为 2mg/kg，番茄为 2mg/kg，小麦为 1mg/kg，茶为 15mg/kg。

防治对象　用于防治仁果上的胶锈菌属和黑星菌属病菌，果实和蔬菜上的白粉菌科、镰孢霉属和链核盘菌属病菌，禾谷类上的长蠕孢属、腥黑粉菌属和黑粉菌属病菌，麦类种子上的黑穗病、白粉病和条纹病、锈病，茶树炭疽病、条饼病，桃褐腐病等。

使用方法　通常用于茎叶喷雾，也可用于种子处理。蔬菜用量为 12～20g（a.i.）/亩，果树用量为 46.7～66.7g（a.i.）/亩。

（1）防治禾谷类作物病害

① 防治麦类白粉病　在发病初期，用30%可湿性粉剂13.3～20g/亩对水喷雾，间隔7～10d，共喷2～3次，最后一次喷药要在收割前14d。

② 防治麦类白粉病、赤霉病　发病初期用30%可湿性粉剂13～20g/亩对水50kg喷雾，间隔7～10d，共喷2～3次。

③ 防治水稻稻瘟病、恶苗病、胡麻斑病　用30%可湿性粉剂20～30倍液浸种10min。

（2）防治果树、蔬菜病害

① 防治黄瓜白粉病　发病初期用30%可湿性粉剂13～20g/亩对水50kg喷雾，间隔10d，共喷两次。

② 防治豌豆白粉病　用30%可湿性粉剂2000倍液喷雾，用水量苗期以60kg/亩为宜，中后期以75kg/亩为宜，间隔7d，共喷三次。

③ 防治梨黑星病　发病初期用30%可湿性粉剂2000～3000倍液喷雾，间隔7～10d再喷一次。

④ 防治草莓白粉病　发病初期用30%可湿性粉剂2000倍液喷雾，间隔7d，共喷四次。

注意事项　用药量人工每亩喷40～50L，拖拉机喷7～13L。施药选早晚气温低、无风时进行。晴天9:00～16:00时应停止施药，温度超过28℃、空气相对湿度低于65%、风速超过4m/s应停止施药。

氟喹唑（fluquinconazole）

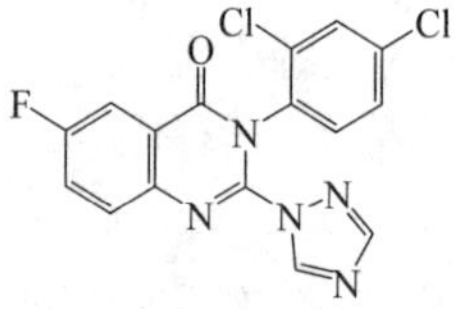

$C_{16}H_8Cl_2FN_5O$，376.2，136426-54-5

化学名称　3-(2,4-二氯苯基)-6-氟-2-(1*H*-1,2,4-三唑-1-基)喹唑啉-4-(3*H*)-酮。

理化性质　灰白色固体颗粒，熔点191.9～193℃（工业品184～192℃），相对密度1.58，溶解度（20℃）：水0.001g/L，丙酮50g/L，二甲苯10g/L，乙醇3g/L，二甲基亚砜200g/L，在水中DT_{50}为21.8d（25℃，pH值为7）。

毒性　大鼠急性经口LD_{50}为112mg/kg，急性经皮LD_{50}雄性为2679mg/kg、雌性为625mg/kg；小鼠急性经口LD_{50}雄性为325mg/kg，雌性为180mg/kg。

作用特点　属于内吸性杀菌剂，具有保护和治疗作用。氟喹唑对麦角甾醇生物合成有良好的抑制作用。对作物非常安全。

适宜作物　苹果、大麦、葡萄、豆科植物、核果类作物、咖啡树和草坪草等。推荐剂量下对作物和环境安全。

防治对象　可有效防治子囊菌、半知菌和担子菌引起的病害，如链核盘菌属、尾孢霉属、茎点霉属、壳针孢属、核盘菌属、柄锈菌属、驼孢锈菌属的病菌，以及禾白粉菌、葡萄钩丝壳等引起的植物病害。

使用方法　防治苹果黑星病、白粉病，发病初期用 25%可湿性粉剂 5000 倍液喷雾，间隔 10～14d 喷一次，共喷施 5～9 次。

氟乐灵（trifluralin）

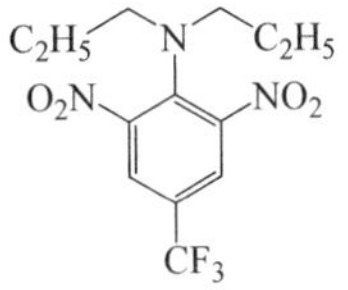

C_2H_5　N　C_2H_5

O_2N　NO_2

CF_3

$C_{13}H_{16}F_3N_3O_4$，335.28，1582-09-8

化学名称　2,6-二硝基-*N*,*N*-二丙基-4-三氟甲基苯胺，2,6-dinitro-*N*,*N*-dipropyl-4-triouoromethyl aniline。

理化性质　本品为橙黄色结晶固体。熔点 48.5～49℃（工业品为 42℃）。能溶于多数有机溶剂，溶解度：二甲苯 58%、丙酮 40%、乙醇 7%，不溶于水。易挥发、易光解，能被土壤胶体吸附而固定，化学性质较稳定。

毒性　急性经口 LD_{50}（mg/kg）：大鼠＞10000，小鼠＞5000，狗＞2000；家兔急性经皮 LD_{50}＞2000mg/kg；以 2000mg/kg 剂量喂养大鼠 2 年，未见不良影响。对鱼类毒性较大，鲤鱼 LC_{50} 为 4.2mg/L（48h），金鱼为 0.59mg/L，蓝鳃鱼为 0.058mg/L。蜜蜂致死量为 24mg/只。

作用方式　选择性触杀型除草剂。在植物体内输导能力差，可在杂草种子发芽生长穿出土层的过程中被吸收。禾本科杂草通过幼芽吸收，阔叶杂草通过下胚轴吸收，子叶和幼根也能吸收，但出苗后的茎叶不能吸收，因此对已出土杂草无效。

防除对象　旱田作物及园艺作物的芽前除草剂，可用于棉花、花生、大豆、豌豆、油菜、向日葵、甜菜、蓖麻、果树、蔬菜及桑园等防除单子叶杂草和一年生阔叶杂草，如马唐、牛筋草、狗尾草、稗草、蟋蟀草、繁缕、野苋、马齿苋、藜、蓼等，对鸭跖草、半夏、艾蒿、繁缕、雀舌草、打碗花、车前等防效差，对多年生杂草如三棱草、狗牙根、苘麻、田旋花、茅草、龙葵、苍耳、芦苇、鳢肠、扁秆藨草、野芥及菟丝子等杂草基本无效。

使用方法 作物播前或播后、苗前或移栽前后进行土壤处理后及时混土3～5cm，混土要均匀，混土后即可播种。用药量根据土壤有机质含量及质地而定，一般有机质含量在2%以下的每亩用48%氟乐灵乳油80～100mL，有机质含量超过2%的每亩用48%氟乐灵乳油100～125mL。砂质地用低限，黏土用高限。如土壤湿度条件满足，南方油菜田可在播种后出苗前作土壤处理，不必进行混土，防除效果也好。

（1）棉田 直播棉田，播种前5～7d，每亩用480g/L氟乐灵乳油100～150mL，兑水50kg对地面进行常规喷雾，药后立即耕地进行混土处理，拌土深度5cm左右，以免见光分解。地膜棉田，耕翻整地以后，每亩用480g/L乳油75～100mL，兑水50kg左右，喷雾拌土后播种覆膜。移栽棉田，在移栽前进行土地处理，剂量和方法同直播棉田。移栽时应注意将开穴挖出的药土覆盖于棉苗根部周围。

（2）大豆田 播种前5～7d，48%氟乐灵乳油每亩用药80～150mL，兑水50kg，施药后混土3～5cm，施药后5～7d再播种。

（3）玉米田 播后或播后苗前，48%氟乐灵乳油每亩用药75～80mL，兑水50kg喷雾后即混土。

（4）蔬菜田 一般在地粗平整后，每亩用48%氟乐灵乳油75～100mL，兑水50kg喷雾或拌土20kg均匀撒施土表，然后进行混土，混土深度为2～3cm，混土后隔天进行播种。直播蔬菜，如胡萝卜、芹菜、茴香、香菜、架豆、豇豆、豌豆等，播种前或播种后均可用药。大（小）白菜、油菜等十字花科蔬菜播前3～7d施药。移栽蔬菜如番茄、茄子、辣椒、甘蓝、菜花等移栽前后均可施用。黄瓜在移栽缓苗后苗高15cm时使用，移栽芹菜、洋葱、沟葱、老根韭菜缓苗后可用药。以上每亩用药量为100～150mL，杂草多、土地黏重、有机质含量高的田块在推荐用量范围内用量宜高，反之宜低。施药后应尽快混土3～5cm深，以防光解，降低除草效果。氟乐灵特别适合地膜栽培作物使用。用于地膜栽培时，氟乐灵按常量减去三分之一。

上述剂量和施药方法也可供花生、桑园、果园及其他作物使用氟乐灵时参考。氟乐灵可与扑草净、嗪草酮等混用以扩大杀草谱。

注意事项

（1）氟乐灵易挥发和光解，喷药后应及时拌土3～5cm深。不宜过深，以免相对降低药土层中的含药量和增加药剂对作物幼苗的伤害。从施药到混土的间隔时间一般不能超过8h，否则会影响药效。

（2）药效受土壤质地和有机质含量影响较大，用药量应根据不同条件确定。砂质土地及有机质含量低的土壤宜适当减少用量。

（3）氟乐灵残效期较长。在北方低温干旱地区可长达10～12个月，对后茬的高粱、谷子有一定的影响，高粱尤为敏感。

（4）瓜类作物及育苗韭菜、直播小葱、菠菜、甜菜、小麦、玉米、高粱等对氟乐灵比较敏感，不宜应用，以免产生药害。氟乐灵饱和蒸气压较高，在棉花地膜苗床使用，一般 48%氟乐灵乳油每亩用量不宜超过 80mL，否则易产生药害。氟乐灵在叶类蔬菜上使用，每亩用药量 48%氟乐灵乳油超过 150mL，易产生药害。

（5）氟乐灵乳油对塑料制品有腐蚀作用，不宜用塑料桶盛装氟乐灵，以深色玻璃瓶避光贮存为宜，并不要靠近火源和热气，用前摇动。氟乐灵对已出土的杂草基本无效，因此使用前应铲除老草。

（6）药液溅到皮肤和眼睛上，应立即用清水大量反复冲洗。

氟铃脲（hexaflumuron）

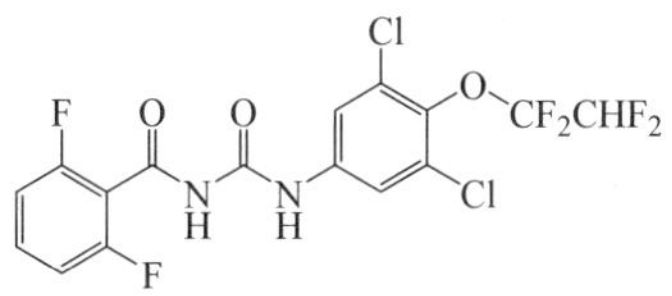

$C_{16}H_8Cl_2F_6N_2O_3$，461.1，86479-06-3

其他名称　盖虫散、六伏隆、Consult、Trueno、hezafluron。

化学名称　1-[3,5-二氯-4-(1,1,2,2-四氟氧乙基)苯基]-3-(2,6-二氟苯甲酰基)脲。

理化性质　纯品为白色固体（工业品略显粉红色），熔点 202～205℃；溶解性（20℃，g/L）：甲醇 11.3，二甲苯 5.2，难溶于水；在酸和碱性介质中煮沸会分解。

毒性　急性 LD_{50}(mg/kg)：大鼠经口＞5000，大鼠经皮＞2100，兔经皮＞5000；对动物无致畸、致突变、致癌作用。

作用特点　几丁质合成抑制剂，属特异性杀虫剂，具有很高的杀虫和杀卵活性，以胃毒作用为主，兼有触杀和拒食作用。田间试验表明，氟铃脲在通过抑制蜕皮而杀死害虫的同时，还能抑制害虫吃食速度，故有较快的击倒力。

适宜作物　果树、棉花等。

防除对象　蔬菜害虫如小菜蛾、韭蛆等；棉花害虫如棉铃虫等；果树害虫如金纹细蛾、桃潜蛾、卷叶蛾、刺蛾、桃蛀螟、柑橘潜叶蛾、食心虫等。

应用技术　以 5%氟铃脲乳油、4.5%氟铃脲悬浮剂为例。

（1）防治蔬菜害虫

① 小菜蛾　在小菜蛾低龄幼虫期施药，用 5%氟铃脲乳油 40～80mL/亩均匀喷雾。

② 甜菜夜蛾　在成虫产卵期或幼虫低龄期施药，用 4.5%氟铃脲悬浮剂 60～90mL/亩均匀喷雾。

（2）防治棉花害虫　防治棉铃虫时，在棉铃虫卵孵化盛期至 2～3 龄幼虫发生期施药，用 5%氟铃脲乳油 120～160mL/亩均匀喷雾。

注意事项

（1）对食叶害虫应在低龄幼虫期施药。对钻蛀性害虫应在产卵盛期、卵孵化盛期施药。该药剂无内吸性和渗透性，喷药要均匀、周密。

（2）不能与碱性农药混用，但可与其他杀虫剂混合使用，其防治效果更好。

（3）对鱼类、家蚕毒性大，要特别小心。

（4）库房应通风、低温、干燥，与食品原料分开储运。

（5）儿童、孕妇及哺乳期妇女避免接触。

氟硫草定（dithiopyr）

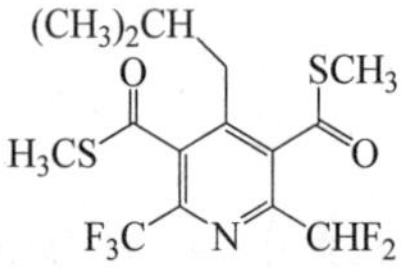

$C_{15}H_{16}F_5NO_2S_2$，371.3，97886-45-8

化学名称　*S,S'*-二甲基-2-二氟甲基-4-异丁基-6-三氟甲基吡啶-3,5-二硫代甲酸酯。

理化性质　纯品为硫黄味灰白色粉末，熔点 65℃，溶解度（20℃，mg/L）：水 1.38，己烷 33000，甲苯 250000，二乙醚 500000，乙醇 120000。

毒性　大鼠急性经口 LD_{50}＞5000mg/kg；绿头鸭急性经口 LD_{50}＞5620mg/kg；虹鳟 LC_{50}（96h）0.36mg/L；对大型溞 EC_{50}（48h）为 14mg/kg；对月牙藻 EC_{50}（72h）为 0.02mg/L；对蜜蜂中等毒性，对蚯蚓低毒。对眼睛、皮肤、呼吸道具刺激性，无神经毒性和生殖影响，无致癌作用。

作用方式　吡啶羧酸类芽前除草剂，抑制有丝分裂过程。主要通过茎叶和根吸收，阻断纺锤体微管的形成，造成微管短化，不能形成正常的纺锤丝，使细胞无法进行有丝分裂，造成杂草生长停止、死亡。该除草剂的除草活性不受环境因素变化的影响，对水稻安全，持效期可达 80d。

防除对象　可有效防除一年生禾本科杂草和一些阔叶杂草和莎草，水稻田稗草、鸭舌草、异型莎草、节节菜和种子繁殖的泽泻等，草坪一年生禾本科杂草如升马唐、紫马唐，以及一年生阔叶杂草如球序卷耳、零余子景天、腺漆姑草等。

氟氯吡啶酯（halauxifen-methyl）

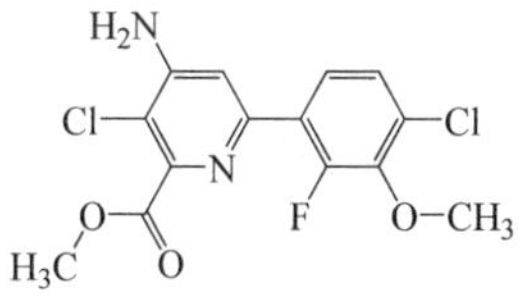

$C_{14}H_{11}Cl_2FN_2O_3$，345.16，943831-98-9

化学名称　4-氨基-3-氯-6-(4-氯-2-氟-3-甲氧基苯)-2-吡啶甲酸甲酯。

理化性质　纯品为白色粉末状固体，熔点145.5℃，222℃分解，溶解度（20℃，mg/L）：水1830，甲醇38.1，丙酮250，乙酸乙酯129，正辛醇9.83。土壤中半衰期短，易光解。

毒性　大鼠急性经口 LD_{50}＞5000mg/kg；山齿鹑急性 LD_{50}＞2250mg/kg；羊头鱼 LC_{50}（96h）1.33mg/L；对大型溞 EC_{50}（48h）为2.21mg/kg；对藻类 EC_{50}（72h）＞0.855mg/L；对蜜蜂喂食毒性低，接触毒性中等，对蚯蚓中等毒性。无神经毒性和皮肤、眼睛刺激性，具生殖影响，无染色体畸变和致癌风险。

作用方式　芳基吡啶酸类合成生长素类除草剂，通过模拟高剂量天然植物生长激素的作用，引起生长素调节基因的过度刺激，干扰敏感植物的生长过程。

防除对象　目前未登记单剂，混剂用于小麦田中，主要用于防除阔叶杂草。

氟氯氰菊酯（cyfluthrin）

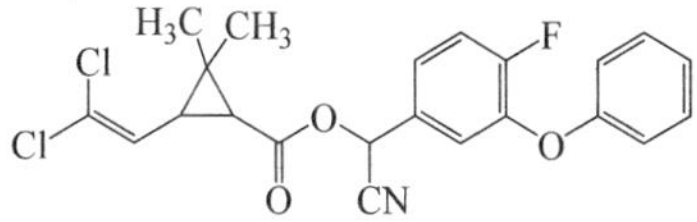

$C_{22}H_{18}Cl_2FNO_3$，434.3，68359-37-5

其他名称　百治菊酯、百树菊酯、百树得、拜高、保得、拜虫杀、赛扶宁、杀飞克、氟氯氰醚菊酯、高效百树、Baythroid、Balecol、Bulldock、Cylathrin、Cyfloxylate、Bay FCR 1272。

化学名称　(*R,S*)α-氰基-(4-氟-3-苯氧基苄基)(*R,S*)顺、反-3-(2,2-二氯乙烯基)-2,2-二甲基环丙烷羧酸酯。

理化性质　氟氯氰菊酯为两个对映体的反应混合物，其比例为1∶2。对映体Ⅱ（*S*,1*R*-顺-+*R*,1*S*-顺-）的熔点为81℃，溶解性（20℃）：二氯甲烷、甲苯＞200g/L，己烷 1～2g/L，异丙醇 2～5g/L；在弱酸性介质中稳定，在碱性介质中易分解。

毒性 急性 LD_{50}（mg/kg）：大鼠经口＞450、经皮＞5000，小鼠经口 140。以 125mg/kg 剂量饲喂大鼠 90d，未发现异常现象。

作用特点 本品属于含氟拟除虫菊酯类杀虫剂，具有触杀和胃毒作用，作用于害虫神经系统，通过与害虫钠离子通道相互作用而破坏其神经系统功能，害虫接触药液后表现出过度兴奋、麻痹而死亡，可快速击倒靶标害虫，持效期较长。本品具有良好的土壤传导性能，其生物活性较高，药物能很快渗透到害虫蜡质表层，有一定耐雨水冲刷性。

适宜作物 蔬菜、棉花、烟草、花生等。

防除对象 蔬菜害虫如菜青虫、蚜虫等；棉花害虫如棉铃虫等；花生害虫如蛴螬等；烟草害虫如地老虎等；卫生害虫如蚊、蝇、蟑螂、蚂蚁、跳蚤等。

应用技术 以 50g/L 氟氯氰菊酯水乳剂、50g/L 氟氯氰菊酯乳油、10%氯氟氰菊酯可湿性粉剂、5.7%氟氯氰菊酯水乳剂、5.7%氟氯氰菊酯乳油为例。

（1）防治蔬菜害虫

① 菜青虫 在低龄幼虫期施药，用 50g/L 氟氯氰菊酯乳油 30～35mL/亩；或用 5.7%氟氯氰菊酯乳油 20～30mL/亩均匀喷雾。

② 蚜虫 在甘蓝蚜虫种群数量上升期施药，用 50g/L 氯氟氰菊酯水乳剂 20～30mL/亩均匀喷雾；或用 50g/L 氟氯氰菊酯乳油 30～40mL/亩均匀喷雾。

（2）防治棉花害虫 防治棉铃虫时，在卵孵化盛期或低龄幼虫始盛期施药，用 5.7%氯氟氰菊酯乳油 30～70mL/亩均匀喷雾；或用 50g/L 氯氟氰菊酯乳油 30～35mL/亩均匀喷雾。

（3）防治烟草害虫 防治地老虎时，在烟草苗期施药，用 5.7%氟氯氰菊酯水乳剂 30～40mL/亩均匀喷雾。

（4）防治花生害虫 防治蛴螬时，在花生播种前施药，用 5.7%氟氯氰菊酯乳油 100～150mL/亩喷雾于播种穴，然后覆土。

（5）防治卫生害虫 防治蚊、蝇、蟑螂、跳蚤时，用 50g/L 氟氯氰菊酯水乳剂 0.2～1.2mL/m^2 滞留喷雾；或用 10%氯氟氰菊酯可湿性粉剂 225～450mg/m^2 滞留喷洒。滞留喷洒时根据不同接触表面的吸收情况，按照相应的稀释倍数进行喷洒，直至处理表面喷湿为宜，为了保持药效，尽量不要擦洗。

注意事项

（1）不能与碱性物质混用，以免分解失效。

（2）不能在桑园、鱼塘、河流、养蜂场使用。赤眼蜂等天敌放飞区域禁用。

（3）建议与其他作用机制不同的杀虫剂轮换使用。

（4）本品在烟草安全间隔期为 21d，每季最多使用 1 次；在甘蓝上安全间隔期为 14d，每季最多使用 2 次；在棉花上使用的安全间隔期为 21d，每季最多使用 2 次。

氟吗啉（flumorph）

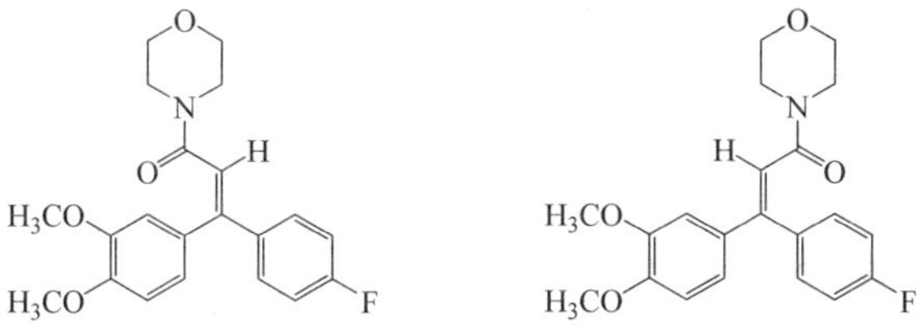

$C_{21}H_{22}FNO_4$，271.4，211867-47-9

化学名称　(*E,Z*)-4-[3-(4-氟苯基)3-(3,4-二甲氧基苯基)丙酰基]吗啉或(*E,Z*)3-(4-氟苯基)-3-(3,4-二甲氧基苯基)-1-吗啉丙烯酮。

理化性质　原药为棕色固体。纯品为白色固体，熔点105～110℃。微溶于己烷，易溶于甲醇、甲苯、丙酮、乙酸乙酯、乙腈、二氯甲烷。

毒性　大鼠急性经口LD_{50}（mg/kg）：＞2710（雄），＞3160（雌）。大鼠急性经皮LD_{50}＞2150mg/kg（雌，雄）。对兔皮肤和兔眼睛无刺激性，无致畸、致突变、致癌作用。NOEL数据2年（mg/kg）：雄大鼠63.64，雌大鼠16.65。环境毒性评价结果表明对鱼、蜂、鸟安全。

作用特点　因氟原子特有的性能如模拟效应、电子效应、渗透效应，因此使含有氟原子的氟吗啉的防病杀菌效果倍增，活性显著高于烯酰吗啉。氟吗啉为高效杀菌剂，具有很好的保护、治疗、铲除、渗透和内吸活性。氟吗啉是卵菌纲病害防治剂，对孢子囊萌发的抑制作用显著。另外还具有治疗活性高、抗风险低、持效期长、用药次数少、农用成本低、增长效果显著等特点。不仅对孢子萌发的抑制作用显著，且治疗活性突出。氟吗啉对甲霜灵产生抗性的菌株仍有很好的活性，氟吗啉持效期为16d，推荐用药间隔时间为10～13d。由于持效期长，在同样生长季内用药次数较少，从而减少劳动量，降低了农用成本。

适宜作物　花生、大豆、马铃薯、番茄、黄瓜、白菜、南瓜、甘蓝、大蒜、葡萄、板蓝根、烟草、啤酒花、谷子、甜菜、大葱、辣椒、菠萝、荔枝、橡胶、柑橘、鳄梨、可可、玫瑰、麝香、石竹等。推荐剂量下对作物安全、无药害。对地下水、环境安全。

防治对象　氟吗啉主要用于防治卵菌纲病原菌产生的病害如辣椒疫病、番茄晚疫病、葡萄霜霉病、黄瓜霜霉病、白菜霜霉病、荔枝霜疫霉病、马铃薯晚疫病、大豆疫霉根腐病等。

使用方法　主要用于茎叶喷雾。

（1）在发病初期或根据农时经验在中心病株发生前7～10d进行施药，可有效地预防上述病害的发生，病害大发生后使用氟吗啉进行防治也可迅速控制病害的再度发生和蔓延。

（2）在作为保护剂使用时一般稀释 1000～1200 倍，在作为治疗剂使用时稀释 800 倍左右，施药间隔期依照病害发生的程度及田间的实际情况而定，一般为 9～13d。

（3）对于辣椒疫病等也可采用灌根、喷淋、苗床处理等方法，为了减缓抗药性等问题的发生每季作物在氟吗啉使用不应该超过 4 次。

（4）使用时最好和其他类型的杀菌剂轮换使用。

（5）防治辣椒疫病、番茄晚疫病、葡萄霜霉病、黄瓜霜霉病、白菜霜霉病、荔枝霜疫霉病、马铃薯晚疫病、大豆疫霉根腐病等，在发病初期，用 50%可湿性粉剂 30～40g/亩对水 40～50kg 喷雾。

（6）防治大白菜制种田霜霉病，用 60%氟吗啉可湿性粉剂 500 倍液，在白菜霜霉病发病初期开始喷药，间隔 7d 喷 1 次，连续喷 3 次。

（7）防治辣椒疫病，用 60%氟吗啉 750～1000 倍液，在辣椒移栽时开始第一次喷药，间隔 7～10d 喷 1 次，连续喷 2～3 次。

（8）防治马铃薯晚疫病，防效好、增产显著、效益好的药剂组合有：

① 嘧菌酯 32mL/亩、氟吗·锰锌 100g/亩、甲霜灵·锰锌 150g/亩，按序分 3 次喷施；

② 氟吗·锰锌 120g/亩和甲霜灵·锰锌 150g/亩两者交替使用；

③ 60%氟吗·锰锌可湿性粉剂 120g/亩。

（9）防治黄瓜霜霉病，在发病初期，用 60%氟吗啉可湿性粉剂 500～1000 倍液第 1 次喷药，间隔 7d，连续用药 2 次。

（10）防治蔬菜的霜霉病、晚疫病，在发病初期用 60%氟吗啉可湿性粉剂 1 袋 25g 对水 14kg 进行叶面喷雾，每隔 5～7d 喷 1 次，连喷 2～3 次，对于无病区，每隔 10～15d 喷 1 次，可预防病害的发生。

（11）防治日光温室番茄灰霉病，用 10%氟吗啉粉剂或 5%百菌清粉剂，每亩每次用药 1kg，9～11d 1 次，连续用药 2～3 次。

注意事项

（1）严格按照农药安全规定使用此药，避免药液或药粉直接接触身体，如果药液不小心溅入眼睛，应立即用清水冲洗干净并携带此药标签去医院就医；

（2）此药应储存在阴凉和儿童接触不到的地方；

（3）如果误服要立即送往医院治疗；

（4）施药后各种工具要认真清洗，污水和剩余药液要妥善处理保存，不得任意倾倒，以免污染鱼塘、水源及土壤；

（5）搬运时应注意轻拿轻放，以免破损污染环境，运输和储存时应有专门的车皮和仓库，不得与食物和日用品一起运输，应储存在干燥和通风良好的仓库中。

氟醚菌酰胺（fluopimomide）

$C_{15}H_8ClF_7N_2O_2$，416.68，1309859-39-9

化学名称　N-(3-氯-5-(三氟甲基)吡啶-2-甲基)-2,3,5,6-四氟-4-甲氧基苯甲酰胺。

理化性质　类白色粉末，无刺激性气味，熔点 115～118℃，密度 0.801g/mL，水中溶解度：4.53×10^{-3}g/L（20℃，pH 值 6.5）。

作用特点　高效广谱杀菌剂，作用于真菌线粒体的呼吸链，抑制琥珀酸脱氢酶的活性，从而阻断电子传递，抑制真菌孢子萌发、芽管伸长、菌丝生长和孢子母细胞形成等真菌生长和繁殖的主要阶段，杀菌作用由母体活性物质直接引起，没有相应代谢活性。

适宜作物　黄瓜、水稻、马铃薯、芋头等作物。

防治对象　黄瓜霜霉病、水稻纹枯病、马铃薯晚疫病、芋头疫病等。

使用方法

（1）50%氟醚菌酰胺水分散粒剂 6～9g/亩，防治黄瓜霜霉病。

（2）40%氟醚菌酰胺・己唑醇悬浮剂 12.5～15mL/亩，防治水稻纹枯病。

注意事项

（1）本品对蜜蜂、家蚕低毒，施药期间应避免对周围蜂群的影响，开花植物花期、蚕室和桑园附近禁用。赤眼蜂等天敌放飞区禁用。防止药液污染水源地。禁止在河塘等水域内清洗施药器具。

（2）使用本品时应穿戴防护服和手套，避免吸入药液，施药期间不可吃东西和饮水，施药后应及时洗手和洗脸。

（3）孕妇及哺乳期妇女禁止接触此药。

（4）建议与其他作用机制不同的杀菌剂轮换使用，以延缓抗性产生。

（5）本品不可与呈碱性的农药等物质混合使用。

氟醚唑（tetraconazole）

$C_{13}H_{10}Cl_2F_4N_3O$，386.9，112281-77-3

化学名称　2-(2,4-二氯苯基)-3-(1*H*-1,2,4-三唑-1-基)丙基-1,1,2,2-四氟乙基醚。

理化性质 黏稠油状物，20℃蒸气压 1.6mPa。20℃水中溶解度 150mg/L，可与丙酮、二氯甲烷、甲醇互溶，水溶液对日光稳定，在 pH 5～9 下水解，对铜具轻微腐蚀性。

毒性 大鼠急性经口 LD_{50}（mg/kg）：1250（雄），1031（雌）。大鼠急性经皮 LD_{50} ＞2g/kg，无致突变性，Ames 试验无诱变性。鹌鹑 LC_{50}（8d）422mg/kg 饲料，鱼毒 LC_{50}（96h）：蓝鳃 4.0mg/L，虹鳟 4.8mg/L。

作用特点 属内吸性杀菌剂，具有内吸、保护和治疗作用。是甾醇脱甲基化抑制剂，可迅速地被植物吸收，并在内部传导，持效期 6 周。

适宜作物 禾谷类作物如小麦、大麦、燕麦、黑麦等，果树如香蕉、葡萄、梨、苹果等，蔬菜如瓜类等，观赏植物等。在推荐剂量下使用对作物和环境安全。

防治对象 可以防治白粉菌属、柄锈菌属、喙孢属、核腔菌属和壳针孢属菌引起的病害如小麦白粉病、小麦散黑穗病、小麦锈病、小麦腥黑穗病、小麦颖枯病、大麦云纹病、大麦散黑穗病、大麦纹枯病、玉米丝黑穗病、高粱丝黑穗病、瓜果白粉病、香蕉叶斑病、苹果斑点落叶病、梨黑星病和葡萄白粉病等。

使用方法 既可茎叶处理，也可做种子处理使用。

（1）茎叶喷雾

① 防治禾谷类作物和甜菜病害 使用剂量为 6.7～8.3g（a.i.）/亩；

② 防治葡萄、观赏植物、仁果、核果病害 使用剂量为 1.3～3.3g（a.i.）/亩；

③ 防治蔬菜病害 使用剂量为 2.7～4g（a.i.）/亩；

④ 防治甜菜病害 使用剂量为 4～6.7g（a.i.）/亩。

（2）种子处理 通常使用剂量为 10～30g（a.i.）/100kg 种子。

（3）另据资料报道，防治草莓白粉病，用 125g/L 氟醚唑水乳剂 50～83.3g/亩喷雾，防效显著。

氟噻草胺（flufenacet）

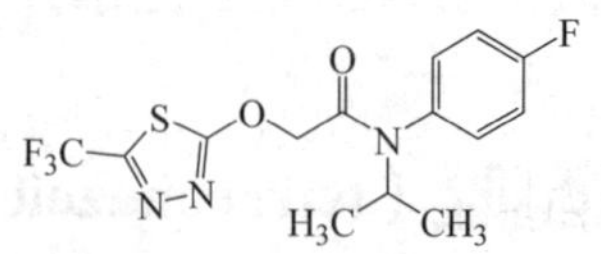

$C_{14}H_{13}F_4N_3O_2S$，363.3，142459-58-3

化学名称 4′-氟-*N*-异丙基-*N*-2-(5-三氟甲基-1,3,4-噻二唑-2-基氧基)乙酰苯胺。

理化性质 纯品氟噻草胺为白色或棕色固体，熔点 76～79℃，150℃分解，相对密度 1.45，溶解度（20℃，mg/L）：水 51，丙酮 280000，甲苯 200000，己烷 8700，丙醇 170000。

毒性　大鼠急性经口 LD_{50}＞589mg/kg，短期喂食毒性高；山齿鹑急性 LD_{50} 1608mg/kg；对蓝鳃鱼 LC_{50}（96h）为 2.13mg/L；对大型溞 EC_{50}（48h）为 30.9mg/kg；对月牙藻 EC_{50}（72h）0.00204mg/L；对蜜蜂、黄蜂低毒，对蚯蚓中等毒性。对皮肤具致敏性，无神经毒性，无染色体畸变和致癌风险。

作用方式　属氧化乙酰胺类选择性除草剂，该化合物为细胞分裂抑制剂，通过抑制靶标杂草根和茎部幼芽区域的细胞分裂过程，达到阻止其生长和组织延伸的效果。

防除对象　用于防除玉米田里的一年生杂草如狗尾草、稗草、马唐等，对阔叶杂草也具有一定的抑制作用。

使用方法　玉米播后苗前、杂草尚未出土时，41%悬浮剂亩制剂用量 80～120mL，兑水 30～60L 进行土壤喷雾。

注意事项

（1）使用时应注意避免飘移，以免引起药害或降低药效。

（2）严禁加洗衣粉等助剂混合使用。

氟噻唑吡乙酮（oxathiapiprolin）

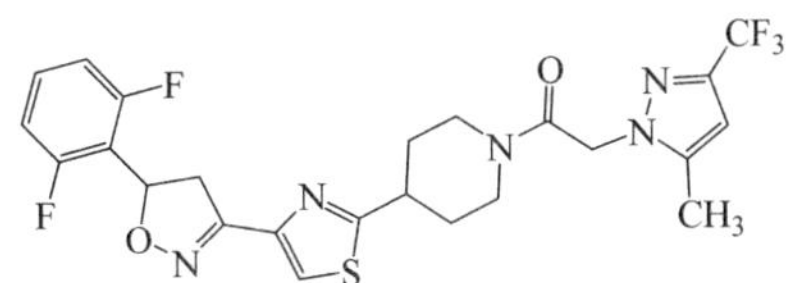

$C_{24}H_{22}F_5N_5O_2S$，539.5，1003318-67-9

化学名称　1-(4-[4-[(5*RS*)-5-(2,6-二氟苯基)-4,5-二氢-1,2-噁唑-3-基]-1,3-噻唑-2-基]-1-哌啶基)-2-[5-甲基-3-(三氟甲基)-1*H*-吡唑-1-基]乙酮。

理化性质　灰白色晶体固体，熔点 146.4℃；沸点前分解，分解温度为 289.5℃；溶解度（mg/L，20℃）：水中 0.1749，正己烷 10，邻二甲苯 5800，二氯甲烷 352900，丙酮 162800。

毒性　急性 LD_{50}（mg/kg）：对大鼠经口、经皮＞5000，大鼠吸入 5.0，对眼睛、皮肤和呼吸系统无刺激性，也无致癌、致突变，无神经毒性。对虹鳟鱼 LC_{50}＞0.69mg/L，大型溞急性 EC_{50}（48 h）＞0.67mg/L，藻类 EC_{50}（72h）＞0.351mg/L。对蜜蜂急性经口和接触毒性 LD_{50}＞100μg/蜂，蚯蚓急性 LC_{50}＞1000mg/kg。

作用特点　氧化固醇结合蛋白（OSBP）抑制剂，作用位点新颖，对由卵菌纲病原菌引起的植物病害高效。氟噻唑吡乙酮对病原菌生命周期中的多个阶段皆有效，包括游动孢子释放、休眠孢子萌发、孢囊梗发育、孢子囊形成等，且作用快速，用药后 1～3d 即可见效。氟噻唑吡乙酮具有良好的移动性及内吸向顶传导作用，可在寄主植物体内长距离输导，不仅能从老叶向新叶转移，也能由根部向叶部移动。

适宜作物 具有优异的耐雨水冲刷性能，在极低的用量下，即可表现出极好的保护和治疗活性，且持效作用好。其施用量仅为常用杀菌剂的 1/100～1/5。用于马铃薯、葡萄、向日葵、罗勒、烟草、豌豆、葫芦、人参、观赏植物、高尔夫球场草坪草、蔬菜和其他特色农作物上卵菌纲病害防治。

防治对象 主要用于防治黄瓜霜霉病、甜瓜霜霉病、葡萄霜霉病、白菜霜霉病、番茄晚疫病、马铃薯晚疫病、辣椒疫病、向日葵霜霉病、罗勒霜霉病、烟草黑胫病等。

使用方法 采用叶面喷雾、种子处理和土壤处理方式。100g/L 氟噻唑吡乙酮可分散油悬浮剂，用 20～30g（a.i.）/hm^2 叶面喷雾，在发病前或发病初期施用，间隔 10d 喷 1 次，喷施 2～3 次，能有效控制病害的发生。氟噻唑吡乙酮种子处理剂可以防治大豆疫霉病、向日葵霜霉病等。

（1）防治葡萄霜霉病、马铃薯晚疫病、番茄晚疫病、辣椒疫病、黄瓜霜霉病等，100g/L 氟噻唑吡乙酮可分散油悬浮剂，用药量为 20～30g（a.i.）/hm^2，在发病前保护性用药，每隔 10d 左右施用 1 次，施药 2～3 次。

（2）防治马铃薯晚疫病，用药量 12～30g（a.i.）/hm^2，在发病前保护性用药，每隔 10d 左右施用 1 次，施药 2～3 次，持效期长达 7～10d。

注意事项

（1）本品不可与强酸、强碱性物质混用。

（2）马铃薯安全间隔期 10d，最多施药 3 次；黄瓜安全间隔期 3d，最多施药 4 次；辣椒、番茄安全间隔期 5d，最多施药 3 次；葡萄安全间隔期 7d，最多施药 2 次。

（3）操作时请注意，不要粘到衣服上或入眼。请佩戴防护眼镜。请不要误食。操作后、进食前请洗手。污染的衣物再次使用前请清洗干净。

（4）禁止在湖泊、河塘等水体内清洗施药用具，避免药液流入湖泊、池塘等水体，防止污染水源。

（5）为延缓抗性的产生，在葡萄等上一季作物使用本品时建议不超过 2 次；其他作物上一季使用本品或氧化固醇结合蛋白（OSBP）抑制杀菌剂不超过 4 次。

（6）请与其他作用机理杀菌剂桶混、轮换使用。

（7）孕妇和哺乳期妇女应避免接触。

（8）氟噻唑吡乙酮作用位点单一，具有中高水平抗性风险，需要进行抗性管理。为有效延缓抗药性的产生，氟噻唑吡乙酮可以与不同作用机理的杀菌剂进行复配或者轮换使用。

氟酮磺草胺（triafamone）

$C_{14}H_{13}F_3N_4O_5S$，406.34，874195-61-6

化学名称　*N*-(2-(4,6-二甲氧基-1,3,5-三嗪-2-羰基)-6-氟苯基)-1,1-二氟-*N*-甲基甲磺酰胺。

理化性质　纯品为白色粉末状固体，熔点 105.6℃，相对密度 1.53，溶解度（20℃，mg/L）：水 33。在土壤与水中易降解，半衰期均低于 10d。

毒性　大鼠急性经口 LD_{50}＞2000mg/kg；对鲤鱼 LC_{50}（96h）＞100mg/L；大型溞 EC_{50}（48h）＞50mg/kg；对藻类 EC_{50}（72h）为 6.23mg/L；对蜜蜂接触毒性低，经口毒性中等。对眼睛、皮肤无刺激性，无神经毒性、呼吸道刺激性和致敏性，无染色体畸变风险。

作用方式　抑制植物乙酰乳酸合成酶（ALS）功能，抑制缬氨酸、亮氨酸和异亮氨酸的生物合成，抑制植物分类和生长，可通过根、茎、叶吸收。

防除对象　主要用于移栽稻田土壤封闭，也可移栽后施用，对稗草、双穗雀稗、扁秆藨草、一年生莎草等具有较好防效，对丁香蓼、慈姑、鳢肠、眼子菜、狼把草、水莎草等阔叶杂草和多年生莎草具有较好抑制效果，但对千金子和大龄稗草（四叶期及以后）防效较差。

使用方法　水稻充分缓苗后、大部分杂草出苗前施用，目前我国只登记有 19% 悬浮剂，以甩施法或者药土法施药，用量 8～12mL，施用前用 50～100mL 水采用二次稀释法将制剂稀释为母液待用。甩施法，先将母液对 2～7L 水搅匀，再均匀甩施；药土法，将母液与少量沙土混匀，再与 3～7kg 沙土拌匀后均匀撒施。移栽当天用甩施法，移栽后用甩施法或药土法。

注意事项

（1）使用时必须混匀，施药时也要均匀施药。

（2）确保均匀甩施于水稻行间的水面上，避免药液施到稻苗茎叶上，用药后保持 3～5cm 水层 7d 以上，只灌不排，水层勿淹没水稻心叶避免药害。

（3）病弱苗、浅根苗及盐碱地、药后短期内易遭受冷涝害等胁迫田块不宜施用。

（4）防治氟酮磺草胺杀草谱以外的包括抗性草在内的其他杂草时，须与其他不同作用机理的药剂搭配使用。

（5）整个生育期最多使用一次，收获后可继续连作水稻，更换轮作作物前需先试验再种植。

氟酰胺（flutolanil）

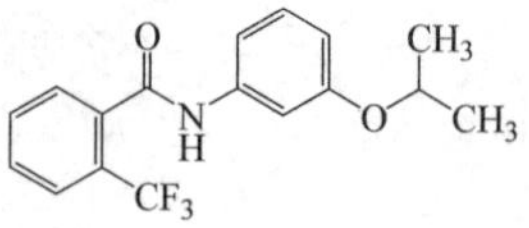

$C_{17}H_{16}F_3NO_2$，323.32，66332-96-5

化学名称 3′-异丙氧基-2-(三氟甲基)苯甲酰苯胺或 α,α,α-三氟-3′-异丙氧基邻甲苯甲酰胺。

理化性质 纯品氟酰胺为无色晶体，熔点102～103℃；溶解度（20℃，g/L）：水0.00653，丙酮1439，甲醇832，乙醇374，氯仿674，苯135，二甲苯29。

毒性 急性 LD_{50}（mg/kg）：大、小鼠经口＞10000，大、小鼠经皮＞5000；对兔眼睛有轻微刺激性，对兔皮肤无刺激性；对动物无致畸、致突变、致癌作用。对蜜蜂无毒。

作用特点 该药剂是琥珀酸脱氢酶抑制剂，抑制天门冬氨酸盐和谷氨酸盐的合成，该药剂具有保护和治疗活性，能够阻止病原菌的生长和穿透，主要防治担子菌亚门病原菌引起的病害。

适宜作物 观赏植物、甜菜、马铃薯、谷类、蔬菜、花生、水果等，推荐剂量下对谷类、水果和蔬菜安全。

防治对象 水稻纹枯病、蔬菜幼苗立枯病、禾谷类雪腐病和锈病。

使用方法 茎叶处理。

（1）防治水稻纹枯病　在发病初期使用，用20%可湿性粉剂100～120g/亩对水40～50kg喷雾，可以长期抑制病害的发展，溶于灌溉水中，能被水稻根系吸收，并且向上转移到水稻的茎叶，以达到较好的防治效果。

（2）防治马铃薯疮痂病　用20%可湿性粉剂225g/100kg种薯，可以达到较好的防治效果。

注意事项

（1）氟酰胺可以与其他杀菌剂混用，使用时应注意勿污染其他水源，谨防对鱼的毒害；

（2）严格按照农药安全规定使用此药，避免药液或药粉直接接触身体，如果药液不小心溅入眼睛，应立即用清水冲洗干净并携带此药标签去医院就医；

（3）此药应储存在阴凉和儿童接触不到的地方；

（4）如果误服要立即送往医院治疗；

（5）施药后各种工具要认真清洗，污水和剩余药液要妥善处理保存，不得任意倾倒，以免污染鱼塘、水源及土壤；

（6）搬运时应注意轻拿轻放，以免破损污染环境，运输和储存时应有专门的车皮和仓库，不得与食物和日用品一起运输，应储存在干燥和通风良好的仓库中。

氟茚唑菌胺（fluindapyr）

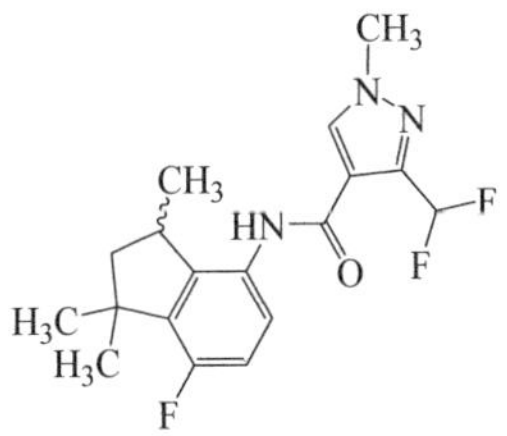

$C_{18}H_{20}F_3N_3O$，351.37，1383809-87-7

化学名称　3-(二氟甲基)-*N*-[(3*RS*)-7-氟-2,3-二氢-1,1,3-三甲基-1*H*-茚-4-基]-1-甲基-1*H*-吡唑-4-甲酰胺。

理化性质　白色或米白色固体粉末，熔点 169～171℃，密度 1.3g/cm^3（25℃）。微溶于氯仿、乙酸乙酯。

毒性　大鼠急性经口和急性经皮 LD_{50} 均＞2000mg/kg，大鼠急性吸入 LC_{50}＞5.2mg/L（雌雄）。无神经毒性，对兔眼睛有轻微刺激性，但处理 48h 后刺激性消失，对兔皮肤没有刺激作用。对 Hartley 豚鼠的皮肤刺激作用为阴性。在大鼠和小鼠的慢性毒性/致癌性研究中，无致癌性，无遗传毒性。对鲤鱼 LC_{50}＞363μg/L，水蚤 EC_{50}＞342μg/L。

作用特点　琥珀酸脱氢酶抑制剂（SDHI）类杀菌剂，作用于病原菌线粒体呼吸电子传递链上的复合体Ⅱ，通过干扰病原菌细胞线粒体呼吸作用，进而导致生物体衰竭死亡，其对其他化学类型的杀菌剂产生抗性的真菌病害也有效。氟茚唑菌胺高效防治病害的同时，还能提高作物产量。

适宜作物　其适用作物众多，可用于谷物、大豆、坚果树、油菜、棉花、果蔬、草坪草和观赏植物等。此外，氟茚唑菌胺自身广谱、高效、兼容性好，可以与其他许多杀菌剂复配或预混，提供一流的病害防治方案。

防治对象　防治包括壳针孢属、链格孢属引起的病害，如大豆亚洲锈病、叶枯病、纹枯病、稻瘟病、花枯病、菌核病、炭疽病、灰霉病和白粉病。防治暖季型草皮中的离蠕孢叶枯病、小麦全蚀病和大斑病，以及冷季型草皮中的炭疽病、仙环病和币斑病。

使用方法 可用于叶面喷施防治大豆、谷物（除水稻）、谷物饲料、草料、坚果树等，以及非农领域（包括高尔夫球场、草坪、观赏植物等）的病害。

（1）防治大豆上的亚洲大豆锈病，根据病害发生程度，100g/L 乳油制剂用量为 0.7～0.8L/hm^2。芽后 30d，或者在环境条件有利于病害发生时，进行第 1 次预防性用药；14d 后再重复用药 1 次。

（2）防治黄瓜白粉病和番茄灰霉病，42%氟茚唑菌胺悬浮剂用量为 100～120g/hm^2，发病前或发生初期喷雾，施药 3 次，间隔 7d 左右，对黄瓜白粉病的防效为 80%～90%，对番茄灰霉病的防效为 75%～85%。

注意事项

（1）氟茚唑菌胺和氟醚唑的复配产品，两种有效成分相互补充，以确保高水平的防效以及最佳的作物选择性。

（2）施药前请详细阅读产品标签，按说明使用，防止发生药害，避免药物中的有效成分分解。

氟唑环菌胺（sedaxane）

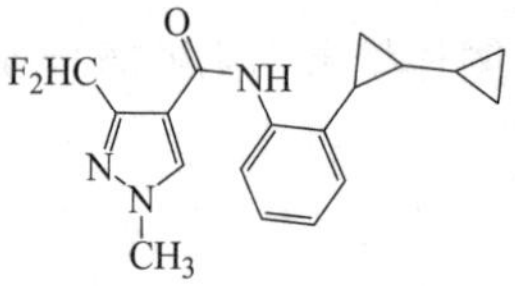

$C_{18}H_{19}F_2N_3O$，331.37，874967-67-6

化学名称 2′-[(1*RS*,2*RS*)-1,1′-联环丙烯-2-基]-3-(二氟)-1-甲基吡唑-4-羧酸苯胺。

理化性质 氟唑环菌胺是 *trans*-异构体和 *cis*-异构体的混合物，*trans*-异构体与 *cis*-异构体的比为 85∶15，工业品纯度不小于 95%（一般 96.7%），*trans*-异构理化性质：外观为灰褐色粉末，有微弱芳香味，工业品纯度 98.7%，熔点 121.4℃，相对密度 1.21。在水中溶解度为 14mg/L；在有机溶剂中溶解度（g/L）：丙酮 410、二氯甲烷 500、乙酸乙酯 200、正己烷 410、甲醇 110、辛醇 20、甲苯 70、二甲亚砜 162。

毒性 急性经口大鼠（雌性）LD_{50}≥2000mg/kg，大鼠急性经皮 LD_{50}＞2000mg/kg（雌雄），大鼠急性吸入 LC_{50}＞5.1mg/L（雌雄）。对家兔眼睛无刺激性；对家兔皮肤无刺激性；对豚鼠皮肤不致敏或弱致敏。原药致突变试验结果为阴性。原药对鱼藻为中等毒性，对溞、蜜蜂接触、鸟、蚯蚓、土壤微生物均为低毒。原药在土壤中中等降解，在水体中具有化学稳定性，水和土壤表面均难光解，在不同土壤中难移动，具中等吸附性、中等富集性，水-沉积物体系中难降解。

作用特点　与其他 SDHI 类杀菌剂作用机理一样，氟唑环菌胺通过作用于细菌体内连接氧化磷酸化与电子传递的枢纽之一——琥珀酸脱氢酶，导致三羧酸循环障碍，阻碍其能量代谢，进而抑制病原菌的生长，导致其死亡，从而达到防治病害的目的。

适宜作物　有优异的作物耐受性，可用于谷物、油菜、马铃薯、甜菜、向日葵和棉花等作物的种子处理。

防治对象　杀菌谱宽，对真菌的子囊菌亚门和担子菌亚门真菌具有广泛的抑制活性，可作用于种传真菌 *Ustilago nuda*、*Tilletia caries* 和 *Pyrenophora graminea*，以及土传真菌 *Rhizoctonia solani*、*Rhizoctonia cerealis* 和 *Typhula incarnata* 等。

使用方法

（1）44%氟唑环菌胺悬浮种衣剂，30～90mL/100kg 种子，种子包衣防治玉米黑粉病、丝黑穗病。

（2）8%氟唑环菌胺・咯菌腈种子处理悬浮剂，30～70mL/100kg 种薯拌种防治马铃薯黑痣病。

（3）9%氟唑环菌胺・咯菌腈・苯甲种子处理悬浮剂 100～200mL/100kg 种子，拌种防治小麦散黑穗病。

（4）11%氟唑环菌胺・咯菌腈・精甲霜灵种子处理悬浮剂，300～400mL/100kg 种子，拌种防治水稻恶苗病；100～300mL/100kg 种子拌种，防治水稻烂秧病；200～300mL/100kg 种子拌种防治水稻立枯病。

（5）27.2%氟环菌・咯菌腈・噻虫嗪种子处理悬浮剂，200～400mL/100kg 种子，种子包衣防治小麦散黑穗病、金针虫。

注意事项

（1）本品应加锁保存，勿让儿童、无关人员和动物接触。

（2）请按照农药安全使用准则使用本品。在种子处理过程中，避免药液接触皮肤、眼睛和污染衣物，避免吸入药液。

（3）操作人员处理产品前应清洗双手和面部，处理时不可饮食、吸烟。操作人员应戴防渗手套、口罩，穿长袖衣、长裤、靴子等。配药和种子处理应在通风处进行。结束后，彻底清洗防护用具，洗澡，并更换和清洗工作服。

（4）处理过的种薯应适当播种，必须覆土，剩余种薯不得饲喂动物。收齐在行间散落的包衣后的种薯，处理区严禁畜禽进入。

（5）铝箔包装袋应清洗三次后交由废物管理公司循环利用。其他空包装，请用清水冲洗三次后交由具资质的部门统一高温焚烧处理；切勿重复使用或改作其他用途。

（6）本品对水生生物有毒，可能导致水生环境的长期不良反应。勿将本品及其废液弃于池塘、河溪、湖泊等，以免污染水源。禁止在河塘等水域清洗施药器具。

（7）未用完的制剂应放在原包装内密封保存，切勿将本品置于饮、食容器内。

（8）孕妇及哺乳期的妇女避免接触本品。

氟唑磺隆（flucarbazone-sodium）

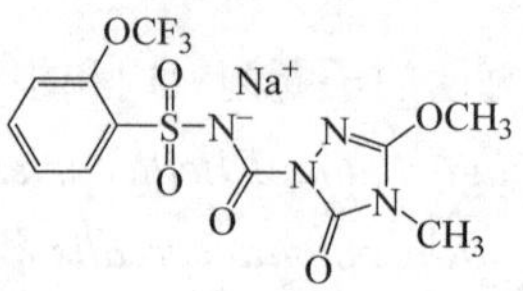

$C_{12}H_{10}F_3N_4NaO_6S$，418.28，181274-17-9

化学名称 1*H*-1,2,4-三唑-1-氨甲酰-4,5-2*H*-3-甲氧基-4-甲基-5-*O*-*N*-[[2-(三氟甲氧)苯]磺酰]-钠盐。

理化性质 纯品为无色晶体粉末，无臭，熔点200℃（分解），溶解度（20℃，g/L）：正庚烷＜0.1，二氯甲烷 0.72，异丙醇 0.27，二甲苯＜0.1，二甲亚砜＞250，丙酮 1.3，乙腈 6.4，乙酸乙酯 1.4，聚乙烯乙二醇 48，水 44。水和光照条件下稳定。

毒性 大鼠急性经口 LD_{50}＞5000mg/kg，对小鼠短期喂食毒性中等；山齿鹑急性 LD_{50} 2000mg/kg；对虹鳟 LC_{50}（96h）为 96.7mg/L；对大型溞 EC_{50}（48h）为 109mg/kg；对月牙藻 EC_{50}（72h）为 6.4mg/L；对蜜蜂低毒，对蚯蚓中等毒性。对眼睛具刺激性，无神经毒性和皮肤、呼吸道刺激性，无致癌风险。

作用方式 可被杂草的根、茎、叶吸收，抑制杂草体内乙酰乳酸合成酶的活性，破坏其正常的生理生化代谢过程，从而发挥除草活性。在小麦体内可被快速代谢，对小麦安全性高。

防除对象 可有效防除小麦田中雀麦、野燕麦、看麦娘等大部分禾本科杂草，同时也可有效控制部分阔叶杂草，对播娘蒿、荠菜、猪殃殃等阔叶杂草也有较高的防效，对日本看麦娘、荠菜、蜡烛草、播娘蒿、大巢菜、多花黑麦草、龙葵、硬草、野油菜、早熟禾、狗尾草、稗草的防效一般，对小藜、麦家公、藜的防效较差。

使用方法 在小麦 2～5 叶期，杂草 1～4 叶期且大部分杂草已萌发时使用，对叶面和土壤均匀喷雾。以 70%水分散粒剂为例，用量为秋季 3.0～3.5g/亩，亩用水量 30～40L；春季 3.5～4.0g/亩，亩用水量 30～40L。

注意事项

（1）如遇干旱天气，需保持充足的用水量，保证防效。

（2）冬小麦田冬前使用可有效防除雀麦，冬后于小麦返青期用药也能控制雀麦危害，但防效低于冬前用药。具体情况根据当地农业生产情况确定。

（3）干旱、低温、洪涝、肥力不足等不良环境条件下不宜使用。

（4）冬小麦区在晚秋、初冬用药时，应选择晴朗温暖的天气用药，气温应高于 8℃。

（5）在小麦体内可被快速代谢，对小麦安全性高。推荐剂量下对小麦安全，提高剂量后小麦叶片失绿黄化。

氟唑菌酰胺（fluxapyroxad）

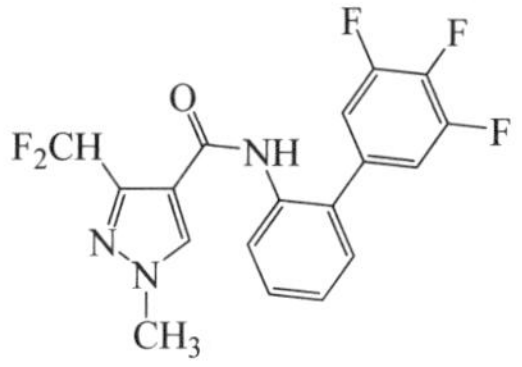

$C_{18}H_{12}F_5N_3O$，381.31，907204-31-3

化学名称　3-(二氟甲基)-1-甲基-*N*-(3′,4′,5′-三氟[1,1′-联苯]-2-基)-1*H*-吡唑-4-甲酰胺。

理化性质　原药（纯度 99.3%）为白色到米色固体，无味，熔点 156.8℃，密度（20℃）1.42g/mL，约在 230℃分解。溶解度（20℃）：水 3.88mg/L（pH 5.84）、3.78mg/L（pH 4.01）、3.44mg/L（pH 7.00）、3.84mg/L（pH 9.00）；有机溶剂（原药纯度 99.2%）（g/L，20℃）：丙酮＞250，乙腈 167.6±0.2，二氯甲烷 146.1±0.3，乙酸乙酯 123.3±0.2，甲醇 53.4±0.0，甲苯 20.0±0.0，正辛醇 4.69±0.1，正庚烷 0.106±0.001。在黑暗和无菌条件下，在 pH 4、5、7、9 水溶液中稳定。光照稳定。

毒性　大鼠（雌性）急性经口 LD_{50}≥2000mg/kg，大鼠（雌雄）急性经皮 LD_{50}＞2000mg/kg，大鼠（雌雄）急性吸入 LC_{50}＞5.1mg/L；对兔眼睛有微弱的刺激作用，对兔皮肤有微弱的刺激作用；对豚鼠皮肤没有致敏性。无致癌性，无致畸性，对生殖无副作用，无遗传毒性、神经毒性和免疫毒性。对鸟急性 LD_{50}＞2000mg/kg，对水蚤急性 EC_{50}（48h）6.78mg/L，对鱼急性 LC_{50}（96h）0.546mg/L，对水生无脊椎动物急性 EC_{50}（48h）6.78mg/L，对水藻急性 EC_{50}（72h）0.70mg/L，对蜜蜂急性接触 LD_{50}（48h）＞100μg/蜜蜂，对蜜蜂急性经口 LD_{50}（48h）＞110.9μg/蜜蜂，对蚯蚓急性 LC_{50}（14d）＞1000mg/kg。由以上数据可知，氟唑菌酰胺对水生生物有毒，对其他有益生物毒性低。

作用特点　广谱性杀真菌剂，具有预防和治疗作用，可抑制孢子发芽、菌丝生长和孢子形成。内吸传导性强，吸收到蜡质层后被均匀输送到叶片尖端，持效期较长，对病原菌具有高靶标性；并对三唑类和甲氧基丙烯酸酯类产生抗性品系的多种病菌高效，与三唑类杀菌剂组合使用会产生增产效果。

适宜作物　可有效防治谷物、大豆、油菜、果树、蔬菜、甜菜、花生、棉花、草坪草和特种作物等的主要病害。对谷物、大豆、蔬菜、水果等，有优良的防效，并具有非常优异的内吸传导活性，通过叶面或种子处理防治多种病害。

防治对象 通过叶面和种子处理来防治一系列真菌病害，如谷物、大豆、果树和蔬菜上由壳针孢菌、灰葡萄孢菌、白粉菌、尾孢菌、柄锈菌、丝核菌、核腔菌等引起的病害。

使用方法

（1）43%唑醚·氟酰胺悬浮剂防治玉米大斑病用16～24mL/亩喷雾。

（2）42.4%唑醚·氟酰胺悬浮剂 10～20mL/亩喷雾防治草莓白粉病、黄瓜白粉病、马铃薯早疫病、西瓜白粉病；20～30mL/亩喷雾防治草莓灰霉病、番茄灰霉病、番茄叶霉病、黄瓜灰霉病、辣椒炭疽病；30～40mL/亩沟施、喷洒种薯防治马铃薯黑痣病；2500～3500 倍液喷雾防治芒果炭疽病；2500～5000 倍液喷雾防治葡萄白粉病；2500～4000 倍液喷雾防治葡萄灰霉病；2000～3000 倍液喷雾防治香蕉黑星病。此外 0.7～0.8L/hm^2，用于大豆、柑橘、马铃薯、洋葱、胡萝卜、苹果、芒果、甜瓜、黄瓜、甜椒、番茄、油菜、花生、菜豆、向日葵、高粱、玉米、小麦和花卉（菊花和玫瑰）等。可防治亚洲大豆锈病，增强作物的光合作用，用于病害的抗性管理，以及小扁豆和鹰嘴豆上的茎枯病，还可抑制这三种作物上的所有菌核病。

（3）12%氟菌·氟环唑乳油 40～60mL/亩喷雾防治水稻纹枯病；500～1000 倍液喷雾防治香蕉叶斑病。还可用于小麦、大麦、黑小麦、黑麦和燕麦，防治白粉病、叶枯病、颖枯病、条锈病和叶锈病等。

（4）12%苯甲·氟酰胺悬浮剂 40～67mL/亩喷雾防治菜豆锈病、番茄叶斑病、番茄叶霉病、辣椒白粉病、西瓜叶枯病；56～70mL/亩喷雾防治番茄早疫病、黄瓜白粉病；53～67mL/亩喷雾防治黄瓜靶斑病雾；1330～2400 倍液喷雾防治梨树黑星病；1600～1900 倍液喷雾防治苹果树斑点落叶病；1000～2000 倍液喷雾防治葡萄穗轴褐枯病。

注意事项

（1）药剂应现混现兑，配好的药液要立即使用。

（2）避免暴露，施药时必须穿戴防护衣或使用保护措施。

（3）施药后用清水及肥皂彻底清洗脸及其他裸露部位并更换衣物。

（4）避免吸入有害气体、雾液。

（5）水产养殖区、河塘等水体附近禁用，操作时不要污染水面和灌渠。

（6）使用过的药械需清洗三遍，禁止在河塘等水域清洗施药器具。远离水产养殖区、河塘等水体施药。

（7）毁掉空包装袋，并按照当地的有关规定处置所有的废弃物。

（8）操作时应远离儿童和家畜。

（9）孕妇及哺乳期妇女禁止接触。

氟唑菌酰羟胺（pydiflumetofen）

$C_{16}H_{16}Cl_3F_2N_3O_2$，426.67，1228284-64-7

化学名称 3-(二氟甲基)-*N*-甲氧基-1-甲基-*N*-[(*RS*)-1-甲基-2-(2,4,6-三氯苯基)乙基]吡唑-4-甲酰胺，flufenapyramide。

理化性质 白色或淡黄色固体，熔点 110～112℃，密度（1.44±0.1）g/cm^3。

毒性 大鼠的急性经口 LD_{50}＞500mg/kg，急性经皮 LD_{50}＞500mg/kg，急性吸入 LC_{50}＞5.11mg/L，对眼睛和皮肤无刺激性，豚鼠皮肤变态反应（致敏）为无致敏性。对鸟 LD_{50} 3776mg/kg，对虹鳟鱼 LC_{50} 0.18mg/L，水蚤 EC_{50} 0.42mg/L，藻类＞5.9mg/L。对蜜蜂急性经口和接触毒性 LD_{50}＞100μg/蜜蜂，蚯蚓＞1000mg/kg。

作用特点 与其他 SDHI 类杀菌剂作用机理相同，通过干扰呼吸链复合体Ⅱ，阻止能量合成，抑制病原菌生长。

适宜作物 具广谱、高效的特征，适用于许多作物，例如玉米、小粒谷物、大豆、花生、油菜籽、蔬菜、藜麦等。

防治对象 防治由镰刀菌、尾孢菌、葡萄孢菌、链格孢菌等许多病原菌引起的病害。它有两大特点：

（1）防治由镰刀菌引起的病害，如小麦赤霉病等；

（2）防治线虫，如对大豆胞囊线虫防效显著，并具有促进植物健康作用，可提高作物产量和收益。

使用方法

（1）200g/L 氟酰羟·苯甲唑悬浮剂，防治黄瓜白粉病，推荐商品制剂用量均为 40～50mL/（亩·次）。防治黄瓜白粉病，建议在病害发生前或发病初期喷雾，间隔 7～10d 喷 1 次，连续喷 2 次，重点喷叶片正反面。每季作物最多使用 2 次，安全间隔期 3d。需根据植株大小适当调整用水量，用水量一般为 45L/亩。

防治西瓜白粉病，推荐商品制剂用量均为 40～50mL/（亩·次）。建议在病害发生前或发病初期喷洒，间隔 7～10d 喷 1 次，连续喷 2 次，重点喷叶片正反面。每季作物最多使用 2 次，安全间隔期 14d。需根据植株大小适当调整用水量，用水量一般为 45L/亩。

（2）200g/L 氟唑菌酰羟胺悬浮剂，防治小麦赤霉病、油菜菌核病，推荐商品制剂用量均为 50～65mL/（亩·次）；防治油菜菌核病，建议在油菜开花初期、茎秆发病初期喷雾，重点喷茎秆部。每季作物最多使用 1 次，安全间隔期 21d。需根据植株大小适当调整用水量，用水量一般为 30L/亩。防治小麦赤霉病建议在小麦扬花初期喷雾，可间隔 7d 左右再施药 1 次，重点喷施穗部。一季作物最多使用 2 次，安全间隔期为 14d。

注意事项

（1）请按照农药安全使用准则使用本品。避免皮肤、眼睛暴露和吸入雾滴。切勿在施药现场抽烟或饮食。在饮水、进食和抽烟前，应先洗手、洗脸。

（2）配药时，应穿长袖衣、长裤，戴防护面罩、丁腈橡胶手套，穿防护靴。

（3）喷药时，应穿长袖衣、长裤和防护靴。为黄瓜喷药时，应加戴防护面罩、丁腈橡胶手套和防水的宽边帽。

（4）施药后，应彻底清洗防护用具，洗澡，并更换和清洗工作服；确保施药衣物同普通衣物分开清洗。

（5）应依照当地法律法规妥善处理农药空包装。使用过的铝箔袋空包装，请直接带离田间，安全保存，并交由有资质的部门统一高温焚烧处理；其他类型的空包装，请用清水冲洗三次后，带离田间，妥善处理；切勿重复使用或改作其他用途。所有施药器具，用后应立即用清水或适当的洗涤剂清洗。

（6）药液及其废液不得污染各类水域、土壤等环境。本品对鱼类等水生生物有毒，水产养殖区、河塘等水体附近禁用，禁止在河塘等水域清洗施药器具。勿将药液或空包装弃于水中；严禁在河塘中洗涤喷雾器械。

（7）桑园及蚕室附近禁用。

（8）大风天或预计施药后 1h 内降雨，或在极端温湿度条件下，请勿使用本品。建议与其他作用机理不同的杀菌剂轮换使用。

（9）孕妇、哺乳期妇女及儿童避免接触本品。

福美双（thiram）

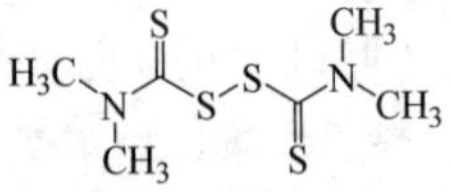

$C_6H_{12}N_2S_4$，240.42，137-26-8

化学名称 双（二甲基硫代氨基甲酰基）二硫物。

理化性质 纯品福美双为白色结晶，熔点 155～156℃，溶解度（25℃，g/L）：水 0.3，乙醇 10，丙酮 80.0；在有还原剂的酸性介质中分解，可被氯气分解；工业品为白色或淡黄色粉末。

毒性　急性 LD_{50}（mg/kg）：大鼠经口 378～865，小鼠经口 1500～2000；对皮肤黏膜有刺激作用，长期接触的人饮酒有过敏反应。

作用特点　具有保护作用的广谱杀菌剂。主要用来处理种子和土壤，以防治禾谷类作物的黑穗病和多种作物的苗期立枯病，也可用于防治果树和蔬菜的部分病害。可与多种内吸性杀菌剂复配，并可与其他保护剂杀菌剂复配混用。

适宜作物　抗菌谱广，保护作用强。处理种子和土壤可以防治禾谷类作物的黑穗病和多种作物的苗期立枯病。用于喷雾也可以防治一些果树、蔬菜的病害，对多种作物霜霉病、疫病、炭疽病也有较好的防治效果。对人、畜的毒性较低，推荐剂量下对作物无药害。

防治对象　可用于喷洒防治果树、蔬菜的多种病害，例如苗期立枯病，多种作物霜霉病、疫病、炭疽病，以及禾谷类作物的黑穗病等。

使用方法　一般用于叶面喷雾，也可以用来处理种子和土壤，对种传病害和苗期土传病害有较好的防治效果。

（1）防治小麦腥黑穗病、根腐病、秆枯病，大麦坚黑穗病，每 50kg 种子用 50%可湿性粉剂 150g 拌种。防治小麦赤霉病、雪腐叶枯病、根腐病的叶腐和穗腐、白粉病，在发病初期，用 50%可湿性粉剂 500～1000 倍液喷雾。

（2）防治柑橘等果树树苗的立枯病，用 50%可湿性粉剂 8～10g/m^2，与细土 10～15kg 拌匀，1/3 作垫土，2/3 用于播种后覆土。防治苹果树腐烂病，刮去病斑，用 10%膏剂 30～40g/m^2 涂抹病部；防治苹果树炭疽病，发病初期，用 80%可湿性粉剂 1000～1200 倍液喷雾。防治梨黑星病，发病初期，用 50%可湿性粉剂 500～1000 倍液喷雾。防治葡萄白腐病，当下部果穗发病初期，用 50%可湿性粉剂 500～1000 倍液喷雾，隔 12～15d 喷 1 次，至采收前半个月为止，注意使用浓度过高易产生药害；防治葡萄炭疽病，于发病初期，用 50%可湿性粉剂 500～750 倍液喷雾。

（3）防治稻瘟病，稻胡麻叶斑病，稻秧苗立枯病，大、小麦黑穗病，玉米黑穗病，用 50%可湿性粉剂 0.5kg 拌种 100kg；防治玉米黑粉病、高粱炭疽病，每 50kg 种子用 50%可湿性粉剂 250g 拌种；防治谷子黑穗病，每 50kg 种子用 50%可湿性粉剂 150g 拌种。

（4）防治大豆立枯病、黑点病、褐斑病、紫斑病，每 50kg 种子用 50%可湿性粉剂 150g 拌种；防治大豆霜霉病、褐斑病，发病初期开始喷 50%可湿性粉剂 500～1000 倍液，每亩喷药液量 50L，隔 15d 喷 1 次，共喷 2～3 次。防治花生冠腐病，每 50kg 种子用 50%可湿性粉剂 150g 拌种。防治豌豆褐斑病、立枯病，用 50%可湿性粉剂 0.8kg 拌种 100kg。

（5）防治黄瓜霜霉病、白粉病，发病初期，用 80%可湿性粉剂 50～100g/亩对水 40～50kg 喷雾；防治黄瓜褐斑病，发病初期，用 50%可湿性粉剂 500～1000 倍液喷雾；防治黄瓜和葱立枯病，用 50%可湿性粉剂 0.3～0.8kg 拌种 100kg。

（6）防治辣椒立枯病，发病初期，用 50%可湿性粉剂 800 倍液喷雾；防治辣椒炭疽病，发病初期，用50%可湿性粉剂500倍液喷雾；

（7）防治种子传播的苗期病害，如十字花科、茄果类、瓜类等蔬菜苗期立枯病、猝倒病以及白菜黑斑病、瓜类黑星病、莴苣霜霉病、菜豆炭疽病、豌豆褐纹病、大葱紫斑病和黑粉病等，用种子量的0.3%～0.4%的50%可湿性粉剂拌种（用50%可湿性粉剂0.3～0.4kg拌种100kg）。处理苗床土壤防治苗期病害，如番茄、瓜类幼苗立枯病和猝倒病，每平方米用50%可湿性粉剂8g或者每平方米苗床用50%可湿性粉剂4～5g加70%五氯硝基苯可湿性粉剂4g，与细土20kg拌匀，播种时用1/3毒土下垫，播种后用余下的2/3毒土覆盖。防治大葱、洋葱黑粉病，在拔除病株后，用50%可湿性粉剂与80～100倍细土拌匀的毒土，撒施于病穴。用50%可湿性粉剂500～800倍液喷雾，可防治白菜、瓜类的霜霉病、白粉病、炭疽病，番茄晚疫病、早疫病、叶霉病，蔬菜灰霉病等。

（8）防治松树苗立枯病，每50kg种子用50%可湿性粉剂250g拌种。

（9）防治烟草炭疽病，发病初期用50%可湿性粉剂500倍液常规喷雾；防治烟草根腐病，发病初期用50%可湿性粉剂500倍液浇灌，每株灌药液100～200mL；防治烟草根腐病，每500kg苗床土用50%可湿性粉剂500g处理土壤。

（10）防治亚麻、胡麻枯萎病，每50kg种子用50%可湿性粉剂100g拌种。

注意事项

（1）冬瓜幼苗对福美双敏感，忌用。

（2）应存置于阴凉干燥处，并远离火源，防止燃烧，对皮肤及人体黏膜有刺激作用，皮肤沾染后，则常会发生接触性皮炎，出现皮疹斑，甚至有水光、糜烂等现象，并且裸露部位皮肤发生瘙痒，操作时应做好防护，工作完毕应及时清洗裸露部位。

（3）不能与铜、汞制剂及碱性药剂混用或前后紧接使用。

（4）误服可引起强烈的消化道症状，如恶心、呕吐、腹痛、腹泻等，严重时可导致循环、呼吸衰竭，误服者迅速催吐、洗胃，并对症治疗。清洗后的污水和废药液应妥善处理，拌过药的种子禁止饲喂家禽、家畜，施药后各种工具要注意清洗。不得与食物日用品一起运输和储存，应有专门的车皮和仓库。

福美锌（ziram）

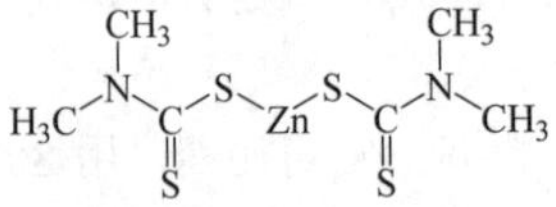

$C_6H_{12}N_2S_4Zn$，305.80，137-30-4

化学名称 二甲基二硫代氨基甲酸锌。

理化性质 工业品为无色固体粉末。纯品为白色粉末，熔点 250℃，无气味。能溶于丙酮、二硫化碳、氨水和稀碱溶液；难溶于一般有机溶剂；常温下水中溶解度为 0.97～18.3mg/L。在空气中易吸潮分解，但速度缓慢，高温和酸性加速分解，长期贮存或与铁接触会分解而降低药效。

毒性 大白鼠急性经口 LD_{50} 2068mg/kg，对皮肤和黏膜有刺激作用。鲤鱼 TLm（48h）为 0.075mg/L。

作用特点 该药作为杀菌剂主要是叶面喷雾起保护作用，主要作用机制是抑制含 Cu^{2+} 或 HS^- 基团的酶活性。

适宜作物 本药为保护性杀菌剂和促进作物生长、早熟剂，对多种真菌引起的病害有抑制和预防作用，可用于防治苹果、柿、桃、杏、柑橘和葡萄等多种果树的炭疽、疮痂等病，防效明显。

防治对象 防治苹果花腐病、炭疽病、黑点病、白粉病、赤星病，桃疮痂病、炭疽病、缩叶病，梨黑斑病、赤星病、黑星病，葡萄疫病、褐斑病、炭疽病、白粉病，柑橘溃疡病、疮痂病等。

使用方法 主要用于对水喷雾。对苹果腐烂病有特效。对各种作物的白粉病、水稻稻瘟病、玉米大斑病、大豆灰斑病、葡萄白腐病、梨黑星病也有一定防治作用。该药残效期较长，具有保护和治疗作用。

一般在发病前或发病初期，用 65%可湿性粉剂 300～500 倍液进行喷雾，能起到良好的预防作用，在发病期间每隔 5～7d 喷雾 1 次，根据病害不同，用药次数和药量也不同，一般连用 2～4 次。

（1）防治柑橘疮痂病、溃疡病，葡萄白腐病、疫病、白粉病、褐斑病，杏菌核病，苹果白粉病、赤星病、花腐病、炭疽病、黑点病等，应在发病初期，用 65%可湿性粉剂 600～800 倍液喷雾，连喷 2～5 次。

（2）防治水稻恶苗病、稻瘟病，麦类锈病、白粉病，马铃薯黑斑病、晚疫病时可以用 65%可湿性粉剂 300～500 倍液，在发病初期进行喷雾，每隔 5～7d 喷药 1 次，一般喷 2～3 次。

（3）防治黄瓜、西瓜炭疽病，每亩用 80%福美锌可湿性粉剂 125～150g，对水喷雾；防治棉花立枯病，用 80%福美锌可湿性粉剂 160 倍液，进行浸种；防治杉木炭疽病、橡胶树炭疽病，用 80%福美锌可湿性粉剂 500～600 倍液喷雾。

注意事项

（1）不能与砷酸铅、铜制剂、石灰和硫黄混用。

（2）烟草和葫芦对锌敏感，因此使用时需注意。

（3）福美锌主要以预防为主，应该早期使用。药剂应储存在阴凉、干燥的地方。

腐霉利（procymidone）

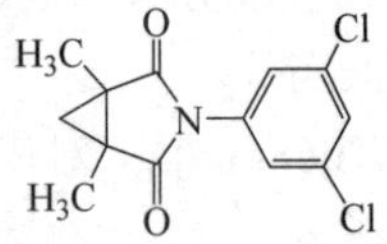

$C_{13}H_{11}Cl_2NO_2$，284.14，32809-16-8

化学名称 *N*-(3,5-二氯苯基)-1,2-二甲基环丙烷-1,2-二羰基亚胺。

理化性质 纯品腐霉利为白色或棕色结晶，熔点 164～166.5℃；溶解性（25℃）：水中溶解度 0.0045g/L，易溶于丙酮、二甲苯，微溶于乙醇。

毒性 急性 LD_{50}（mg/kg）：大、小鼠经口＞5000；对兔眼睛和皮肤没有刺激性；以 300～1000mg/kg 剂量饲喂大鼠两年，未发现异常现象；对动物无致畸、致突变、致癌作用。

作用特点 抑制病原菌体内甘油三酯的合成，主要作用于细胞膜，阻碍菌丝顶端正常细胞壁的合成，抑制病原菌菌丝生长发育。腐霉利为保护性、治疗性和持效性杀菌剂，兼有中等内吸活性，具有保护和治疗作用，持效期 7d 以上，能阻止病斑的发展。故发病前或发病早期使用有很好的效果，腐霉利在植物体内具有传导性，因此没有直接喷洒到药剂部分的病害也能得到较好的控制。另外，腐霉利和苯并咪唑类药剂的作用机理不同，因此，苯并咪唑类药剂的防治效果不理想的情况下，使用腐霉利可获得很好的防效。

适宜作物 番茄、油菜、黄瓜、葱类、玉米、葡萄、桃、草莓和樱桃等。

防治对象 腐霉利能有效地防治核盘菌、葡萄孢菌和旋孢腔菌引起的病害，如洋葱灰霉病、花卉灰霉病、草莓灰霉病、黄瓜灰霉病、番茄灰霉病、葡萄灰霉病、大豆茎腐病、莴苣茎腐病、辣椒茎腐病和桃褐腐病等，另外，腐霉利对桃、樱桃等核果类的灰星病、苹果花腐病、洋葱灰腐病等均有良好的效果。对水稻胡麻斑病、大麦条纹病、瓜类蔓枯病等也有较好的防效。

使用方法 茎叶处理。

（1）防治番茄早疫病，建议 50%腐霉利可湿性粉剂可与 70%代森锰锌可湿性粉剂轮换使用，腐霉利的使用浓度为 1000～1500 倍液，在发病初期施药，早疫病发生严重的情况下，间隔 10～14d 再喷药 1 次，具体喷药次数根据病害发生严重程度而定；

（2）防治韭菜灰霉病，用 50%可湿性粉剂，韭菜 3～4 叶期，在发病初期，用 50%可湿性粉剂 40～60g/亩，使用后药效迅速，药剂持效期长，可根据病情发展，建议增加施药次数 1～2 次；

（3）防治保护地番茄灰霉病，用 10%腐霉利烟剂，在发病初期使用的适宜剂量为 200～250g/亩，在发病中后期适宜用药量为 30g（a.i.）/亩，持效期为 7d，还可用 20%百・腐烟剂，在病害初期使用可有效减轻病害的为害，用量为 200～250g/亩，在番茄灰霉病侵染初期连续使用 3～4 次，每次间隔 7d 左右；

（4）防治黄瓜菌核病，用 20%腐霉利悬浮剂 600～800 倍液喷雾，连续喷药 3 次，间隔 8d，可有效控制黄瓜菌核病的蔓延；

（5）防治日光温室蔬菜菌核病，可用 15%腐霉利烟熏剂，傍晚进行密闭烟熏，每亩每次用 250g，隔 7d 熏 1 次，连熏 3～4 次。

注意事项

（1）腐霉利不要与碱性药剂混用，亦不宜与有机磷农药混配，为确保药效及其经济性，要按规定的浓度范围喷药，不应超量使用；

（2）严格按照农药安全规定使用此药，避免药液或药粉直接接触身体，如果药液不小心溅入眼睛，应立即用清水冲洗干净并携带此药标签去医院就医；

（3）此药应储存在阴凉和儿童接触不到的地方；

（4）如果误服要立即送往医院治疗；

（5）施药后各种工具要认真清洗，污水和剩余药液要妥善处理保存，不得任意倾倒，以免污染鱼塘、水源及土壤；

（6）搬运时应注意轻拿轻放，以免破损污染环境，运输和储存时应有专门的车皮和仓库，不得与食物和日用品一起运输，应储存在干燥和通风良好的仓库中。

腐植酸（humic acid）

300～10000

其他名称 Fulvic acid。主要作为抗旱剂使用，商品名有富里酸、抗旱剂一号、旱地龙等。

化学名称 黄腐酸。

理化性质 主要以 $R(COOH)_n$ 等形式存在，分子量一般为 300～10000。黑色或棕黑色粉末，含碳 50%左右、氢 2%～6%、氧 30%～50%、氮 1%～6%、硫等。主要官能团有羧基、羟基、甲氧基、羰基等，可溶于水、酸、碱。

毒性 天然有机物的分化产物，对人、畜安全，无环境污染。

作用特点 腐植酸天然水体中常见的一类大分子有机化合物，一般认为腐植酸是一组芳香结构的、性质相似的酸性物质的复杂混合体，主要存在于土壤、泥炭、褐煤等有机矿层中。腐植酸由 C、H、O、N、S 等元素组成，不同类型的腐植酸元素组成有较大差异，但不同来源同类型的腐植酸元素含量比较接近。由于来源不同，它们的组分、结构和分子量有很大差异，其主要组分是有机酸及其衍生物，结构至今还未确定，用 R-COOH 表示，其分子量一般为几百到几十万。

腐植酸是一种亲水性可逆胶体，显弱酸性，比较稳定，一般不再受真菌和细菌的分解。相对密度在 1.330～1.448 之间，其颜色和密度随煤化程度的加深而增加。通常腐植酸多呈黑色或棕色胶体状态，随着条件的改变可以胶溶和絮凝。它所处的状态及状态转换，可随介质所处 pH 值而定。除 H^+离子外，金属离子同样也可使腐植酸絮凝，金属离子的絮凝能力与其价数有关，三价离子＞二价离子＞一价离子，相同价数的离子与其半径有关，离子半径越大，絮凝能力也越大。金属离子的絮凝能力与其相应氢氧化物的溶解度相比较，氢氧化物的溶解度越低，这种金属的絮凝能力越大。由于腐植酸是由微小的球形微粒构成，各微粒间以链状形式连接形成与葡萄串类似的团聚体，在酸性条件下，各微粒间的团聚作用是氢键。腐植酸微粒直径变动于 80～100Å 之间。因腐植酸具有疏松“海绵状”结构，使其产生巨大的表面积（330～340m/g）和表面能，构成了物理吸附的应力基础，其吸附能力还与腐植酸对水的膨润性大小有关，腐植酸钠盐（R—COONa）或土金属盐（R—COO½Na）较腐植酸（R—COOH）本身有较高的膨润性能。随着膨润性能的加强，可使腐植酸的活性基团充分地裸露于水溶液中，增加了腐植酸与金属离子接触概率，进而提高了吸附效果。腐植酸分子结构中含有多种活性基团，能参与动植物体内的代谢过程，是一种良好的生物刺激剂，亦可与金属离子进行离子交换、络合或螯合反应。因各种腐植酸来源不同，其分子结构中所含的活性基团性质和数量存在差异，因而对重金属离子的吸附能力有很大的差别。此外，腐植酸分子结构中存在醌基和半醌基，使其具有氧化还原能力。

按照不同的划分依据，腐植酸被划分为不同的类型：

（1）按形成方式

① 天然腐植酸　包括土壤腐植酸、水体腐植酸、煤类腐植酸；

② 人工腐植酸　包括生物发酵腐植酸、化学合成腐植酸、氧化再生腐植酸。

（2）按来源方式

① 原生腐植酸　是天然物质的化学组成中所固有的腐植酸，如泥炭和褐煤等；

② 再生腐植酸　指低阶煤（褐煤及分化煤等）经过分化或人工氧化方法生成的腐植酸，如分化煤等；

③ 合成腐植酸　通常指人工方法从非煤炭物质所制得的与天然腐植酸相似的物质，如蔗糖与胺反应的碱可溶物及造纸黑液等均属合成腐植酸。

（3）按在溶剂中的溶解度不同

① 黄腐酸　是一种溶于水的灰棕黄色粉末状物质；

② 棕腐酸　是一种不溶于水的棕色无定型粉末，可溶于乙醇或丙酮；

③ 黑腐酸　为褐色无定型的酸性有机物，不溶于水和酸，仅溶于碱。

腐植酸具有如下特点：

① 功能性多，适应性广　由于腐植酸具有络合、离子交换、分散、黏结等功

能，适量加入无机氮、磷、钾后，达到养分科学配比的目的。

② 提高肥料利用率　普通肥料（腐植酸）中的N、P、K养分不容易被作物完全吸收，腐植酸肥料与相同用量的普通肥料相比，N的土壤自然循环还原能力增加30%～40%，P的固定损失可减少45%左右，K的流失率降低30%。

③ 增强抗逆性能　腐植酸可缩小叶面气孔的张开度，减少水分蒸发，使植物和土壤保持较多的水分，具有独特的抗旱、抗寒、抗病能力。

④ 刺激作用　腐植酸具有活化功能，可增加植物体内氧化酶活性及代谢活动，从而使根系发达、促进植物生长。

⑤ 改良土壤　腐植酸中胶体与土壤中钙形成絮状凝胶，可改善土壤团粒结构，调节土壤水、肥、气、热状况，提高土壤的吸附、交换能力，调节pH值，达到土壤酸碱平衡。

腐植酸为广谱植物生长调节剂，有促进植物生长尤其能适当控制作物叶面气孔的开放度，减少蒸腾，对抗旱有重要作用，能提高抗逆能力，具增产和改善品质作用；可与一些非碱性农药混用，并常有协同增效作用。

在农药的使用上，腐植酸主要有三方面用途：一是用腐植酸为原料制成以腐植酸为载体的农药，或以腐植酸为赋形剂的杀虫剂；二是用于土壤和植物的农药解毒；三是用于农药储存，防止农药分解。此外，可直接用腐植酸钠防治苹果腐烂病、棉花枯萎病、黄瓜霜霉病和杀死多种蚜虫，把具有改良土壤性能的腐植酸混合肥料与五氯苯酚杀虫剂相混合，可制成兼有除草、改土功效和肥效的新型除草剂。

腐植酸作为营养土添加剂、生根和壮根肥添加剂、土壤改良剂、植物生长调节剂、叶面肥复合剂、抗寒剂、抗旱剂、复合肥增效剂等，与氮、磷、钾等元素结合制成腐植酸类肥料，具有肥料增效、改良土壤、刺激作物生长、改善农产品质量等功能。腐植酸镁、腐植酸锌、腐植酸铁分别在补充土壤缺镁、玉米缺锌、果树缺铁上有良好的效果。

适宜作物　水稻、小麦、葡萄、甜菜、甘蔗、瓜果、番茄、杨树等。

应用技术

（1）使用方式　浸泡、浸蘸、浇灌、喷洒。

（2）使用技术

① 水稻、甘薯、蔬菜等移栽作物或果树插条　在水稻秧苗移栽前10～24h，将液体腐肥加泥土调成糊状浸根，浸根浓度为0.01%～0.05%，若蘸根浓度稍高，可促使水稻根系发育，进而促进根系对氮、磷、钾的吸收，使幼苗生长健壮。

对甘薯、蔬菜等移栽作物或果树插条，也可用同样的方法浸根或蘸根。试验表明，腐植酸与吲哚丁酸混用，促进苹果插枝生根的效果比二者单用显著。

另外，还可在水稻生长期根外追施。方法为：在水稻扬花至灌浆初期，用浓度为0.01%～0.05%腐植酸溶液喷施叶面、穗部，每亩50kg，喷洒2～3次。可促进灌浆，增产。

② 小麦　在小麦孕穗期及灌浆初期叶面喷洒具有明显的增产效果，尤以孕穗期喷洒后增产效果最佳，在孕穗期喷洒以旗叶伸出叶鞘 1/3～1/2 时较好，用药量为 50～150g/亩，加水 40kg 进行喷洒，在孕穗期和灌浆初期各喷 1 次。可降低小麦的蒸腾速率，增大气孔阻力，提高脯氨酸含量，一般可增产 10%左右。

腐植酸与核苷酸混合使用，研制成 3.25%黄（腐酸）核（甘酸）合剂，注册商品名为 3.25%绿满丰水剂。在小麦生长发育期，以 150～200 倍液喷洒 2～3 次，可提高小麦抗旱能力，增加叶绿素含量及光合作用效率，健壮植株，促进根系发育，提高产量。

③ 玉米　在大喇叭口期，用 0.01%～0.05%腐植酸溶液喷施植株，可增强抗旱能力，增产。

④ 花生　在花生下针期，或在花生生长期受旱时，以 0.01%～0.05%腐植酸溶液喷施植株，增产。

⑤ 大豆　在大豆结荚期，以 0.01%～0.05%腐植酸溶液喷施植株，可增加结荚数和豆粒重。

⑥ 葡萄、甜菜、甘蔗、瓜果、番茄等　以 300～400mg/L 浇灌腐植酸，可不同程度提高含糖量。

⑦ 杨树等　插条以 300～500mg/L 浸渍，可促进插条生根。

注意事项

（1）这类物质有生理活性，但取得的效果又不是非常明显，各地应用效果也不稳定，有待与其他农药混用，以更好地发挥作用。

（2）应用时应加入表面活性剂。

复酞核酸（double phthalate nucleic acid）

理化性质　本品外观为白色粉末，易溶于水，中性，无色无味。

毒性　纯天然植物提取物，对人畜安全，对环境和生物无任何残留和污染。

作用特点　复酞核酸为新型植物生长物质，能诱导植物基因活性酶，启发生长因子，促进作物生长，被植物生理学界誉为绿色植物第六生命素。同时复酞核酸具有绿色环境友好、配伍性强等优点，是生产绿色农产品（A 级、AA 级）首选叶面喷施物。本品区别于传统的各种化学调节剂，是现今市场广泛使用的化学调节剂的替代产品，代表着植物调节物质的发展方向。

（1）复酞核酸促进植物伸长生长，促进根茎、芽的生长，使幼苗和成长植株快速生长形成壮苗壮株，增加叶茎株的重量。

（2）复酞核酸延缓叶片衰老，促使叶绿素、蛋白质和原生质含量降低。

（3）使作物叶片厚绿，叶柄粗壮翠绿，植物早开花、早结果、早上市，果形美观，风味纯正，口感好从而提高商品性。

（4）增强作物抗逆性，增强细胞活力、抵抗力、免疫力，促进作物自身调节功能。

（5）复酞核酸化学稳定性强，能与各种酸性或碱性（pH 4～9）肥料、农药混合使用，克服了传统化学调节剂混配性差、产生拮抗性的缺点。

（6）复酞核酸广谱、高效、绿色环保，用于所有植物的整个生育期，能替代传统各种化学调节剂，成本低，见效快，是 A 级、AA 级绿色食品理想叶面喷施物、施肥添加物。

适宜作物　各种作物。

应用技术　复酞核酸可用于各种作物的整个生育期。叶面喷施亩用量 1g，底施、冲施每亩用量 20～30g，另外在不同的作物、不同的肥水条件、不同的生长期，在用量上可遵循先示范后推广的原则。

注意事项

（1）与肥料、农药混用时，应注意用量。

（2）使用时，应置于儿童、无关人员及动物接触不到的地方，并加锁保存。

（3）本品应贮存在干燥、通风、阴凉、防雨处，并注意防潮。

甘蓝夜蛾核型多角体病毒

（*Mamestra brassicae* multiple nuclear polyhedrosis virus）

理化性质　外观为白色固体，熔点 238～240℃，在水中溶解度为 1～2mg/L。

毒性　急性 LD_{50}（mg/kg）：经口＞2000、经皮＞2000。

作用特点　甘蓝夜蛾核型多角体病毒是一种生物病毒杀虫剂，具有胃毒作用，但无内吸、熏蒸作用。害虫通过取食感染病毒，病毒粒子侵入中肠上皮细胞后进入血淋巴，在气管基膜、脂肪体等组织繁殖，逐步侵染虫体全身细胞，虫体组织化脓引起死亡。该病毒通过感染害虫的粪便及死虫再侵染周围健康虫体，导致害虫种群中大量个体死亡。

适宜作物　蔬菜、棉花、玉米、水稻、烟草、茶树等。

防除对象　蔬菜害虫如小菜蛾等；棉花害虫如棉铃虫等；玉米害虫如玉米螟、地老虎等；水稻害虫如稻纵卷叶螟等；茶树害虫如茶尺蠖等。

应用技术　以甘蓝夜蛾核型多角体病毒 20 亿 PIB/mL 悬浮剂、甘蓝夜蛾核型多角体病毒 10 亿 PIB/mL 悬浮剂、甘蓝夜蛾核型多角体病毒 30 亿 PIB/mL 悬浮剂、甘蓝夜蛾核型多角体病毒 10 亿 PIB/g 可湿性粉剂、甘蓝夜蛾核型多角体病毒 5 亿

PIB/g 颗粒剂为例。

（1）防治蔬菜害虫　防治小菜蛾时，在低龄幼虫（3 龄前）始发期施药，用 20 亿 PIB/mL 甘蓝夜蛾核型多角体病毒悬浮剂 90～120mL/亩均匀喷雾。

（2）防治棉花害虫　防治棉铃虫时，在低龄幼虫（3 龄前）始发期施药，用 20 亿 PIB/mL 甘蓝夜蛾核型多角体病毒悬浮剂 50～60mL/亩均匀喷雾。

（3）防治玉米害虫

① 玉米螟　在低龄幼虫（3 龄前）始发期施药，用 10 亿 PIB/mL 甘蓝夜蛾核型多角体病毒悬浮剂 80～100mL/亩均匀喷雾。

② 地老虎　在播种前，将甘蓝夜蛾核型多角体病毒 5 亿 PIB/g 颗粒剂 800～1200g/亩与适量细沙土混匀，撒施于播种沟内。

（4）防治水稻害虫　防治稻纵卷叶螟时，在低龄幼虫（3 龄前）始发期施药，用 30 亿 PIB/mL 甘蓝夜蛾核型多角体病毒悬浮剂 30～50mL/亩均匀喷雾。

（5）防治烟草害虫　防治烟青虫时，在低龄幼虫（3 龄前）始发期施药，用 10 亿 PIB/g 甘蓝夜蛾核型多角体病毒可湿性粉剂 80～100g/亩均匀喷雾。

（6）防治茶树害虫　防治茶尺蠖时，在低龄幼虫（3 龄前）始发期施药，用 20 亿 PIB/mL 甘蓝夜蛾核型多角体病毒悬浮剂 50～60mL/亩均匀喷雾。

注意事项

（1）本品不能与强酸、碱性物质混用，以免降低药效。

（2）建议与其他不同作用机制的杀虫剂轮换使用，以延缓抗性。

（3）由于该药无内吸作用，所以喷药要均匀周到，新生叶、叶片背面重点喷洒，才能有效防治害虫。

（4）选在傍晚或阴天施药，尽量避免阳光直射。

高效苯霜灵（benalaxyl-M）

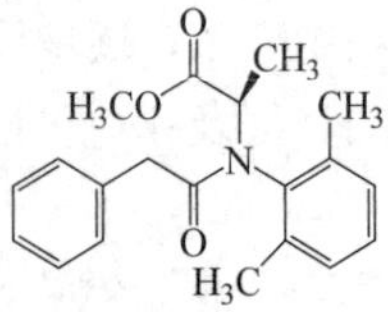

$C_{20}H_{23}NO_3$，325.17，98243-83-5

化学名称　*N*-(2,6-二甲苯基)-*N*-(2-苯乙酰基)-D-*α*-氨基丙酸甲酯。

作用特点　高效内吸性杀菌剂，具有较好的治疗作用。可被植物根、茎、叶迅速吸收，并迅速被运转到植物体内的各个部位，因而耐雨水冲刷。

适宜作物　草莓、番茄、观赏植物、马铃薯、洋葱、烟草、大豆、莴苣、黄瓜等。

防治对象　主要用于防治各种卵菌纲病原菌引起的病害，如葡萄霜霉病，观赏植物上疫霉菌引起的晚疫病，马铃薯晚疫病，草莓上疫霉菌引起的晚疫病，番茄上疫霉菌引起的晚疫病，烟草上霜霉菌引起的霜霉病，洋葱上霜霉菌引起的霜霉病，大豆上霜霉菌引起的霜霉病，黄瓜等的瓜类霜霉病，莴苣上的莴苣盘梗霉引起的病害，以及观赏植物上的丝囊菌和腐霉菌等引起的病害。

注意事项

（1）严格按照农药安全规定使用此药，避免药液或药粉直接接触身体，如果药液不小心溅入眼睛，应立即用清水冲洗干净并携带此药标签去医院就医；

（2）此药应储存在阴凉和儿童接触不到的地方；

（3）如果误服要立即送往医院治疗；

（4）施药后各种工具要认真清洗，污水和剩余药液要妥善处理保存，不得任意倾倒，以免污染鱼塘、水源及土壤；

（5）搬运时应注意轻拿轻放，以免破损污染环境，运输和储存时应有专门的车皮和仓库，不得与食物和日用品一起运输，应储存在干燥和通风良好的仓库中。

高效氟吡甲禾灵（haloxyfop-P-methyl）

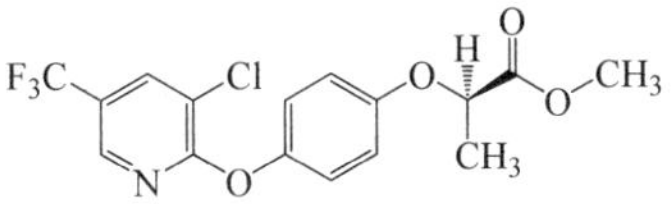

$C_{16}H_{13}ClF_3NO_4$，375.73，72619-32-0

化学名称　(*R*)-2-[4-(3-氯-5-三氟甲基-2-吡啶氧基)苯氧基]丙酸甲酯。

理化性质　纯品高效氟吡甲禾灵为棕色液体，沸点＞280℃（1013hPa），溶解性（25℃）：水中溶解度为 9.08mg/L，易溶于丙酮、二氯甲烷、二甲苯、甲醇、乙酸乙酯等有机溶剂。

毒性　大鼠急性 LD_{50}（mg/kg）：经口≥300，经皮＞2000；对皮肤无刺激作用，对兔眼睛有轻微刺激作用，对动物无致畸、致突变、致癌作用。

作用方式　高效氟吡甲禾灵为苗后选择性除草剂，施药后能很快被禾本科杂草的叶片吸收，并传导至整个植株，抑制植物乙酰辅酶 A 羧化酶的合成，从而抑制分生组织生长，杀死杂草。施药期长，对出苗后到分蘖、抽穗初期的一年生和多年生禾本科杂草均具有很好的防除效果。正常使用情况下对各种阔叶作物高度安全。低温、干旱条件下仍能表现出优异的除草效果。

防除对象 一年生及多年生禾本科杂草。如马唐、稗草、千金子、看麦娘、狗尾草、牛筋草、早熟禾、野燕麦、芦苇、白茅、狗牙根等，尤其对芦苇、白茅、狗牙根等多年生顽固禾本科杂草具有卓越的防除效果。

使用方法

（1）防除一年生禾本科杂草，于杂草 3～5 叶期时施药，每亩用 10.8%高效氟吡甲禾灵乳油 20～30mL，兑水 20～25kg，均匀喷雾杂草茎叶。天气干旱或杂草较大时，须适当加大用药量至 30～40mL，同时兑水量也相应加大至 25～30kg。

（2）用于防治芦苇、白茅、狗牙根等多年生禾本科杂草时，每亩用量为 10.8%高效氟吡甲禾灵乳油 60～80mL，兑水 25～30kg。在第一次用药后 1 个月再施药 1 次，才能达到理想的防治效果。

① 大豆田 防治一年生禾本科杂草于 3～4 叶期施药，每亩用 10.8%高效氟吡甲禾灵乳油 25～30mL（有效成分 2.7～3.2g）；4～5 叶期，每亩用 30～35mL（有效成分 3.2～3.8g）；5 叶期以上，用药量适当增加。防治多年生禾本科杂草，3～5 叶期，每亩用 40～60mL（有效成分 4.3～6.5g）。

混用时每亩用 10.8%高效氟吡甲禾灵乳油 25～35mL+48%灭草松 167～200mL（或 24%乳氟禾草灵 33.3mL，或 21.4%三氟羧草醚 70～100mL，或 25%氟磺胺草醚 70～80mL）。

防治难治杂草，每亩用 10.8%高效氟吡甲禾灵乳油 25～35mL+48%异噁草松乳油 70mL+48%灭草松 100mL（或 25%氟磺胺草醚 60mL）。

② 油菜田 油菜苗后杂草 3～5 叶期时用药。每亩用 10.8%高效氟吡甲禾灵乳油 20～30mL（有效成分 2.2～3.2g），加水 15～30L，进行茎叶喷雾处理，可有效防除看麦娘、棒头草等禾本科杂草。

③ 棉花、花生等作物田 根据杂草的生育期，参照大豆田、油菜田的使用方法进行处理。棉花田每亩用 10.8%高效氟吡甲禾灵乳油 25～30mL（有效成分 2.7～3.2g）；花生田每亩用 10.8%高效氟吡甲禾灵乳油 20～30mL（有效成分 2.2～3.2g）。

注意事项

（1）本品使用时加入有机硅助剂可以显著提高药效。

（2）禾本科作物对本品敏感，施药时应避免药液飘移到玉米、小麦、水稻等禾本科作物上，以防产生药害。

（3）本品对鱼类有毒，施药时应远离水产养殖区，剩余药液和清洗药具不得倒入湖泊或者其他水源中。

（4）高效氟吡甲禾灵与乙羧氟草醚低剂量混合对禾本科杂草马唐、稗草有拮抗作用，高剂量为加成作用。

药害症状

（1）水稻 受其飘移危害，表现心叶纵卷、褪绿、萎缩，其他叶片也逐渐纵卷、变黄、变褐枯死。

（2）小麦　受其飘移危害，表现从茎顶的生长点及心叶基部开始变褐枯萎，心叶上部变黄，根系变细、变短，植株生长停滞，随后茎叶由内向外逐渐变黄枯死。

高效氟氯氰菊酯（beta-cyfluthrin）

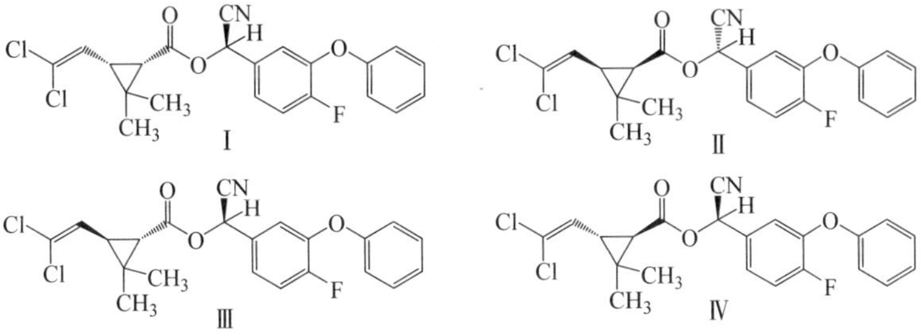

$C_{22}H_{18}Cl_2FNO_3$，434.3，68359-37-5

化学名称　(*S*)-*α*-氰基-4-氟-3-苯氧苄基(1*R*)-*cis*-3-(2,2-二氯乙烯基)-2,2-二甲基环丙烷羧酸酯（Ⅰ）、(*R*)-*α*-氰基-4-氟-3-苯氧苄基(1*S*)-*cis*-3-(2,2-二氯乙烯基)-2,2-二甲基环丙烷羧酸酯（Ⅱ）、(*S*)-*α*-氰基-4-氟-3-苯氧苄基(1*R*)-*trans*-3-(2,2-二氯乙烯基)-2,2-二甲基环丙烷羧酸酯（Ⅲ）、(*R*)-*α*-氰基-4-氟-3-苯氧苄基(1*S*)-*trans*-3-(2,2-二氯乙烯基)-2,2-二甲基环丙烷羧酸酯（Ⅳ）。

理化性质　纯品外观为无色无臭晶体，相对密度为1.34(22℃)。溶解度(μg/L，20℃)：在水中（Ⅱ）为1.9（pH 7），（Ⅳ）为2.9（pH 7）；（Ⅱ）在其他溶剂中溶解度（g/L，20℃）：正己烷10～20，异丙醇5～10。稳定性：在pH 4、7时稳定，pH 9时，迅速分解。

毒性　急性经口LD_{50}(mg/kg)：大鼠380(在聚乙二醇中)、211(在二甲苯中)；雄小鼠91、雌小鼠165。大鼠急性经皮LD_{50}（24h）＞5000mg/kg。对皮肤无刺激，对兔眼睛有轻微刺激性，对豚鼠无致敏作用。

作用特点　具有触杀和胃毒作用，具有一定杀卵活性，并对部分成虫有拒避作用，无内吸作用和渗透作用。作为神经轴突毒剂，可以引起昆虫极度兴奋、痉挛与麻痹，还能诱导产生神经毒素，最终导致神经传导阻断，也能引起其他组织产生病变。本品杀虫谱广，击倒迅速，持效期长，除对咀嚼式口器害虫有效外，还可用于刺吸式口器害虫的防治，若将药液直接喷洒在害虫虫体上效果更佳。植物对本品有良好的耐药性。

适宜作物　棉花、小麦、果树、蔬菜等。

防除对象　蔬菜害虫如菜青虫等；棉花害虫如棉铃虫、棉红铃虫等；小麦害虫如蚜虫等；果树害虫如柑橘木虱、金纹细蛾、桃小食心虫等；卫生害虫如蚊、蝇、蟑螂、蚂蚁等。

应用技术 以2.5%高效氟氯氰菊酯水乳剂、5%高效氟氯氰菊酯水乳剂、2.5%高效氟氯氰菊酯悬浮剂、12.5%高效氟氯氰菊酯悬浮剂、25g/L 高效氟氯氰菊酯乳油为例。

（1）防治蔬菜害虫 防治菜青虫时，在低龄幼虫始盛期进行施药，用 5%高效氟氯氰菊酯水乳剂 10～15mL/亩均匀喷雾；或用 2.5%高效氟氯氰菊酯水乳剂 20～30mL/亩均匀喷雾。

（2）防治小麦害虫 防治蚜虫时，在小麦蚜虫发生始盛期施药，用 5%高效氟氯氰菊酯水乳剂 8～10mL/亩均匀喷雾。

（3）防治棉花害虫

① 棉铃虫 在卵孵化高峰期均匀施药，用 25g/L 高效氟氯氰菊酯乳油 40～60mL/亩均匀喷雾。

② 红铃虫 在低龄幼虫高峰期用药，用 25g/L 高效氟氯氰菊酯乳油 30～50mL/亩均匀喷雾。

（4）防治果树害虫

① 柑橘木虱 在木虱发生初期施药，用 2.5%高效氟氯氰菊酯水乳剂 1500～2500 倍液均匀喷雾。

② 苹果金纹细蛾 在叶片刚出现虫斑时用药，用 25g/L 高效氟氯氰菊酯乳油 1500～2000 倍液均匀喷雾。

③ 苹果桃小食心虫 在卵果率达到 1%时用药，用 25g/L 高效氟氯氰菊酯乳油 2000～3000 倍液均匀喷雾。

（5）防治卫生害虫

① 蚊、蝇、蟑螂 用 2.5%高效氟氯氰菊酯悬浮剂 0.6～1.4g/m^2 滞留喷洒；或用 12.5%高效氟氯氰菊酯悬浮剂 256mg/m^2 滞留喷洒。

② 蚂蚁 用 2.5%高效氟氯氰菊酯悬浮剂 0.6～1.4g/m^2 滞留喷洒。

注意事项

（1）不能与碱性物质混用，以免分解失效。

（2）不能在桑园、鱼塘、河流、养蜂场使用，赤眼蜂等天敌放养区域禁用。

（3）在甘蓝上的安全间隔期为 14d，每季最多使用 2 次；在棉花、柑橘上的安全间隔期为 21d，每季最多使用 2 次；在苹果树上的安全间隔期为 15d，每季最多使用 3 次。

高效甲霜灵（metalaxyl-M）

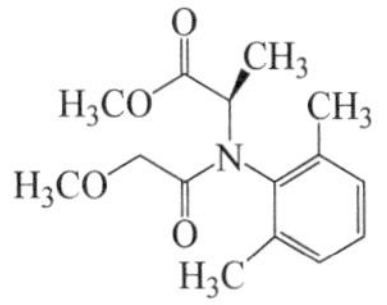

$C_{15}H_{21}NO_4$，279.15，70630-17-0

化学名称　*N*-(2,6-二甲苯基)-*N*-(2-甲氧基乙酰基)-D-*α*-氨基丙酸甲酯或(*R*)-2-{[(2,6-二甲苯基)甲氧乙酰基]氨基}丙酸甲酯。

理化性质　纯品高效甲霜灵为淡黄色或浅棕色黏稠液体，沸点 270℃（分解）。

毒性　急性 LD_{50}（mg/kg）：大白鼠经口＞669，经皮＞3100；对兔眼睛有轻微刺激性，对兔皮肤没有刺激性；以 250mg/kg 剂量饲喂大鼠两年，未发现异常现象；对动物无致畸、致突变、致癌作用。对蜜蜂无毒，对鸟类低毒。

作用特点　具有保护、治疗作用的内吸性杀菌剂。核糖体 RNA Ⅰ的合成抑制剂，可被植物的根、茎、叶吸收，并随植物体内水分运转而转移到植物的各个器官。

适宜作物　棉花、水稻、玉米、甜玉米、高粱、甜菜、向日葵、苹果、柑橘、葡萄、牧草、草坪草、观赏植物、辣椒、胡椒、马铃薯、番茄、草莓、胡萝卜、洋葱、南瓜、黄瓜、西瓜、花生等，豆科作物如豌豆、大豆、苜蓿等。

防治对象　可以防治霜霉菌、疫霉菌、腐霉菌所引起的病害，如马铃薯晚疫病、啤酒花霜霉病、黄瓜霜霉病、烟草黑胫病、稻苗软腐病、葡萄霜霉病、白菜霜霉病等。

使用方法　高效甲霜灵可用于种子处理、土壤处理及茎叶处理。

（1）茎叶处理　使用剂量为 6.7～9.3g（a.i.）/亩，视作物用量有所差别；

（2）土壤处理　使用量为 16.7～66.7g（a.i.）/亩，视作物用量有所差别，如辣椒 66.7g（a.i.）/亩等；

（3）种子处理　使用量为 8～300g（a.i.）/100kg 种子，视作物用量有所差别，如棉花 15g（a.i.）/100kg 种子、玉米 70g（a.i.）/100kg 种子、向日葵 105g/100kg 种子等，用于防治软腐病时使用量为 8.25～17.5g（a.i.）/100kg 种子；

（4）35%种子处理乳剂处理种子时，视作物用量有所差别　如防治谷子白发病用量为 70～100mL/100kg 种子，防治向日葵霜霉病用量为 35～100mL/100kg 种子，防治水稻烂秧病用量为 5～8mL/100kg 种子，防治棉花猝倒病用量为 15～30mL/100kg 种子，防治花生根腐病用量为 15～30mL/100kg 种子，晾干后播种；

（5）防治花生根腐病　按 35%高效甲霜灵种子处理乳剂 40mL 拌 100kg 花生种子比例量取药剂，并且加入种子重量 1.5%的清水将药剂混匀后拌对应量种子，晾干后拌种。

注意事项

（1）严格按照农药安全规定使用此药，避免药液或药粉直接接触身体，如果药液不小心溅入眼睛，应立即用清水冲洗干净并携带此药标签去医院就医；

（2）此药应储存在阴凉和儿童接触不到的地方；

（3）如果误服要立即送往医院治疗；

（4）施药后各种工具要认真清洗，污水和剩余药液要妥善处理保存，不得任意倾倒，以免污染鱼塘、水源及土壤；

（5）搬运时应注意轻拿轻放，以免破损污染环境，运输和储存时应有专门的车皮和仓库，不得与食物和日用品一起运输，应储存在干燥和通风良好的仓库中；

（6）该药常规施药量不会产生药害，也不会影响烟及果蔬等的风味品质；

（7）应防止误食，目前尚无解毒剂。该药对人的皮肤有刺激性，要注意防护。

高效氯氟氰菊酯（lambda-cyhalothrin）

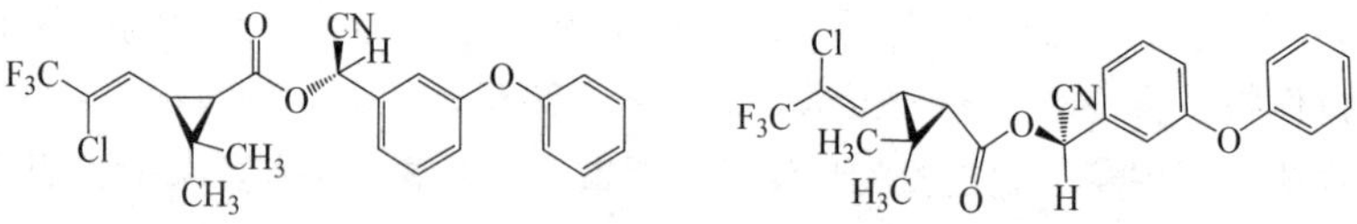

$C_{23}H_{19}ClF_3NO_3$，449.9，91465-08-6

其他名称　功夫、γ-三氟氯氰菊酯、Icon、Karate、Warrior、Cyhalosun、Phoenix、SFK、Demand、Hallmark、Impasse、Kung Fu、Matador、Scimitar、Aakash、JudoDo、Katron、Pyrister、Tornado。

化学名称　本品是一个混合物，含等量的(*S*)-*α*-氰基-3-苯氧基苄基-(*Z*)-(1*R*,3*R*)-3-(2-氯-3,3,3-三氟丙烯基)-2,2-二甲基环丙烷羧酸酯，(*R*)-*α*-氰基-3-苯氧基苄基-(*Z*)-(1*S*,3*S*)-3-(2-氯-3,3,3-三氟丙烯基)-2,2-二甲基环丙烷羧酸酯。

理化性质　无色固体（工业品为深棕色或深绿色固体黏稠物）。熔点 49.2℃（工业品为 47.5～48.5℃）。水中溶解度 0.005mg/L(pH 6.5，20℃)，其他溶剂中溶解度（20℃）：在丙酮、甲醇、甲苯、正己烷、乙酸乙酯中溶解度均大于 500g/L。

毒性　急性经口 LD_{50}（mg/kg）：雄大鼠 79，雌大鼠 56；大鼠急性经皮 LD_{50}（24h）632～696mg/kg。对兔皮肤无刺激，对兔眼睛有一定的刺激作用，对狗皮肤无致敏作用。

作用特点　作用于昆虫神经系统，通过钠离子通道作用破坏神经元功能，杀死害虫。具有触杀、胃毒和驱避作用，无内吸作用，能够快速击倒害虫，持效期长。能消灭传播疾病的媒介害虫和各种卫生害虫。

适宜作物　棉花、果树、蔬菜、茶树、烟草、马铃薯、观赏植物等。

防除对象　蔬菜害虫如菜青虫、蚜虫、美洲斑潜蝇等；小麦害虫如黏虫、蚜虫等；玉米害虫如金针虫等；棉花害虫如棉铃虫、棉红铃虫等；果树害虫如桃小食心虫、柑橘潜叶蛾、梨小食心虫、荔枝椿象等；茶树害虫如茶小绿叶蝉、茶尺蠖等；油料及经济作物害虫如烟青虫、大豆食心虫等；花卉害虫如小地老虎等。

应用技术　以25g/L高效氯氟氰菊酯乳油、2.5%高效氯氟氰菊酯乳油、2.5%高效氯氟氰菊酯水乳剂、10%种子处理微囊悬浮剂、2.5%高效氯氟氰菊酯微囊悬浮剂、10%高效氯氟氰菊酯可湿性粉剂为例。

（1）防治蔬菜害虫

① 菜青虫　在卵孵化盛期至低龄幼虫期用药，用25g/L高效氯氟氰菊酯乳油20～40mL/亩均匀喷雾；或用2.5%高效氯氟氰菊酯水乳剂25～40mL/亩均匀喷雾；或用2.5%高效氯氟氰菊酯乳油20～40g/亩均匀喷雾。

② 蚜虫　在为害初期施药，用25g/L高效氯氟氰菊酯乳油20～30mL/亩均匀喷雾。

（2）防治小麦害虫

① 黏虫　在发生始盛期施药，用25g/L高效氯氟氰菊酯乳油12～20mL/亩均匀喷雾。

② 蚜虫　于小麦蚜虫始发期施药，用25g/L高效氯氟氰菊酯乳油12～20mL/亩均匀喷雾。

（3）防治玉米害虫　防治金针虫时，于玉米播种前用10%种子处理微囊悬浮剂375～450mL/100kg种子均匀拌种，阴干后24h内以3～5cm深度播种，每季最多使用1次。

（4）防治棉花害虫

① 棉铃虫、红铃虫　在卵孵盛期至低龄幼虫期施药，用25g/L高效氯氟氰菊酯乳油20～60mL/亩均匀喷雾。

② 棉蚜　在虫害发生始盛期施药，用25g/L高效氯氟氰菊酯乳油10～20mL/亩均匀喷雾。

（5）防治果树害虫

① 梨小食心虫　在卵孵盛期、幼虫未钻进作物前施药，用25g/L高效氯氟氰菊酯乳油3000～5000倍液均匀喷雾。

② 桃小食心虫　在害虫卵孵盛期、幼虫未蛀入前施药，用25g/L高效氯氟氰菊酯乳油4000～5000倍液均匀喷雾；或用2.5%高效氯氟氰菊酯水乳剂3000～4000倍液均匀喷雾；或用2.5%高效氯氟氰菊酯乳油4000～5000倍液均匀喷雾。

③ 荔枝椿象　在若虫期施药，用25g/L高效氯氟氰菊酯乳油2000～4000倍液均匀喷雾。

④ 柑橘潜叶蛾　在卵孵盛期施药，用25g/L高效氯氟氰菊酯乳油2000～4000

倍液均匀喷雾。

（6）防治油料及经济作物害虫

① 大豆食心虫　在大豆开花期、幼虫蛀荚之前施药，用 25g/L 高效氯氟氰菊酯乳油 15～20mL/亩均匀喷雾。

② 烟青虫　在幼龄期施药，用 25g/L 高效氯氟氰菊酯乳油 15～20mL/亩烟草正反面均匀喷雾，或用 2.5%高效氯氟氰菊酯乳油 16～22g/亩均匀喷雾。

（7）防治茶树害虫

① 茶尺蠖　于 1～2 龄幼虫高峰期施药，用 25g/L 高效氯氟氰菊酯乳油 10～20mL/亩均匀喷雾，或用 2.5%高效氯氟氰菊酯水乳剂 10～20mL/亩均匀喷雾。

② 茶小绿叶蝉　在若虫高发期施药，用 25g/L 高效氯氟氰菊酯乳油 40～80mL/亩均匀喷雾。

（8）防治花卉害虫　防治小地老虎时，在牡丹小地老虎 3 龄幼虫前施药，用 25g/L 高效氯氟氰菊酯乳油 20～40mL/亩均匀喷雾。若天气干旱、空气相对湿度低用高量；土壤条件好、空气相对湿度高时用低量。

（9）防治卫生害虫

① 蚊、蝇　2.5%高效氯氟氰菊酯微囊悬浮剂 2.4g/m^2 滞留喷洒，或用 10%高效氯氟氰菊酯可湿性粉剂 0.2g/m^2 滞留喷洒。

② 蜚蠊　2.5%高效氯氟氰菊酯微囊悬浮剂 3.2g/m^2 或 10%高效氯氟氰菊酯可湿性粉剂 0.2g/m^2 滞留喷洒。

注意事项

（1）不能在桑园、鱼塘、河流、养蜂场使用，避免污染。赤眼蜂放飞区域禁用。

（2）不能与碱性物质混用，以免分解失效。

（3）建议与作用机制不同的杀虫剂轮换使用，以延缓抗性产生。

（4）十字花科蔬菜叶菜的安全间隔期为 7d，每季最多使用 3 次；棉花的安全间隔期 21d，每季最多使用 3 次；大豆的安全间隔期 30d，每季最多使用 2 次；小麦的安全间隔期 15d，每季最多使用 2 次；烟草的安全间隔期 14d，每季最多使用 3 次；苹果、梨、荔枝、柑橘、茶树安全间隔期 7d，每季最多使用 3 次。

高效氯氰菊酯（beta-cypermethrin）

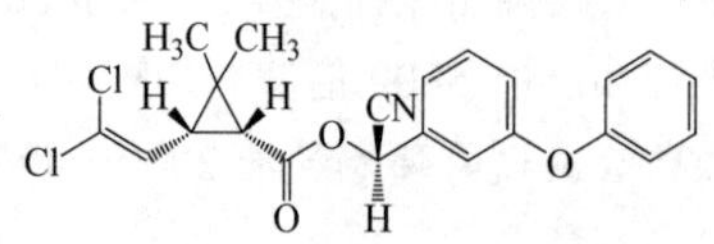

（S）-α-氰基-3-苯氧基苄基-（1R）-顺-3-（2,2-二氯乙烯基）-2,2-二甲基环丙烷羧酸酯

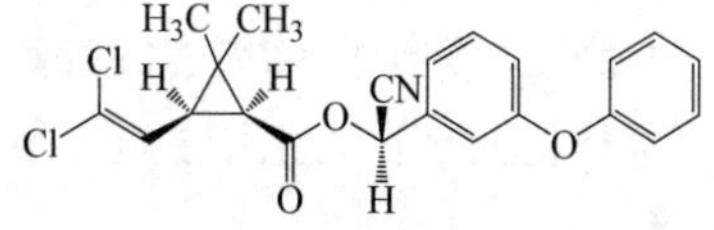

（S）-α-氰基-3-苯氧基苄基-（1S）-顺-3-（2,2-二氯乙烯基）-2,2-二甲基环丙烷羧酸酯

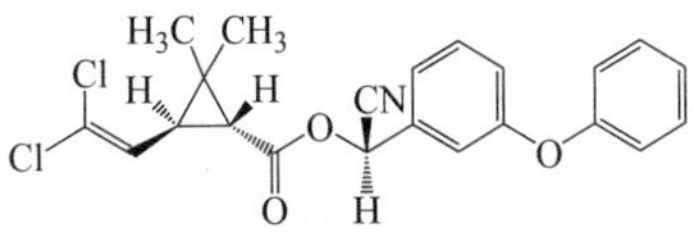

（*S*）-*α*-氰基-3-苯氧基苄基-（1*R*）-反-3-（2,2-二氯乙烯基）-2,2-二甲基环丙烷羧酸酯

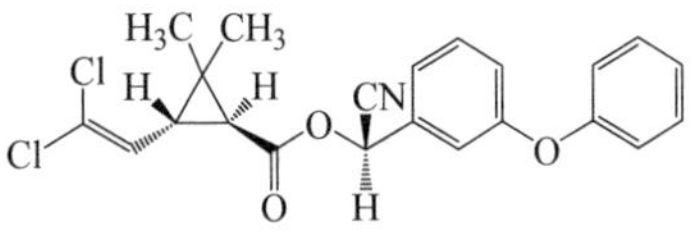

（*S*）-*α*-氰基-3-苯氧基苄基-（1*S*）-反-3-（2,2-二氯乙烯基）-2,2-二甲基环丙烷羧酸酯

$C_{22}H_{19}Cl_2NO_3$，416.2，65731-84-2

其他名称　顺式氯氰菊酯、高效百灭可、高效安绿宝、奋斗呐、快杀敌、好防星、甲体氯氰菊酯、虫必除、百虫宁、保绿康、克多邦、绿邦、顺克宝、农得富、绿林、Fastac、Bcstox、Fendana、Renegade。

化学名称　(*R*,*S*)-*α*-氰基-3-苯氧苄基(1*R*,3*R*)-顺、反-3-(2,2-二氯乙烯基)-2,2-二甲基环丙烷羧酸酯。

理化性质　高效氯氰菊酯原药分别由顺式体和反式体的两个对映体对组成（比例均为1∶1）。原药为白色结晶，熔点63.1～69.2℃，溶解度（20℃，g/L）：已烷9，二甲苯370，难溶于水；在弱酸性和中性介质中稳定，在碱性介质中发生差向异构化，部分转为低效体，在强酸和强碱介质中水解。

毒性　原药大白鼠急性LD_{50}（mg/kg）：经口126（雄）、133（雌），经皮316（雄）、217（雌）；对兔皮肤和眼睛有刺激作用；对动物无致畸、致突变、致癌作用；对鸟类低毒，对鱼类高毒，田间使用剂量对蜜蜂无伤害。

作用特点　高效氯氰菊酯是氯氰菊酯的高效异构体，通过与害虫钠通道相互作用而破坏其神经系统的功能。具有很高的触杀、胃毒作用，还具有杀卵作用。杀虫谱广，生物活性较高，击倒速度快，药效受温度影响大。

适宜作物　蔬菜、棉花、小麦、烟草、大豆、油菜、果树、茶树等。

防除对象　蔬菜害虫如菜青虫、小菜蛾、韭菜迟眼蕈蚊、烟青虫、菜蚜、美洲斑潜蝇、白粉虱、蛴螬、二十八星瓢虫、豆荚螟等；棉花害虫如棉铃虫、棉红铃虫、棉蚜等；小麦害虫如蚜虫等；果树害虫如梨木虱、柑橘潜叶蛾、荔枝蒂蛀虫、桃小食心虫、红蜡蚧、苹果蠹蛾等；茶树害虫如茶尺蠖、茶小绿叶蝉等；烟草害虫如蚜虫等；草原害虫如蝗虫等；卫生害虫如蝇、蚊、蟑螂、蚂蚁、跳蚤、虱等。

应用技术　以4.5%高效氯氰菊酯乳油、4.5%高效氯氰菊酯水乳剂为例。

（1）防治蔬菜害虫

① 菜青虫、小菜蛾　在低龄幼虫期施药，用4.5%高效氯氰菊酯乳油30～40mL/亩均匀喷雾。

② 烟青虫　在辣椒烟青虫卵孵化盛期施药，用4.5%高效氯氰菊酯乳油35～50mL/亩均匀喷雾。

③ 韭菜迟眼蕈蚊　在韭菜迟眼蕈蚊成虫始盛期和盛期施药，用4.5%高效氯氰菊酯乳油10～20mL/亩均匀喷雾。

④ 美洲斑潜蝇　在番茄美洲斑潜蝇发生初期施药，用4.5%高效氯氰菊酯乳油28～33mL/亩均匀喷雾。

⑤ 蚜虫　在十字花科蔬菜蚜虫盛发期施药，用 4.5%高效氯氰菊酯乳油 20～30mL/亩均匀喷雾。

⑥ 豆荚螟　在豇豆豆荚螟孵化初期施药，用 4.5%高效氯氰菊酯乳油 30～40mL/亩均匀喷雾。

⑦ 二十八星瓢虫　用4.5%高效氯氰菊酯乳油22～45mL/亩均匀喷雾。

（2）防治小麦害虫　防治蚜虫时，在蚜虫始盛期施药，用4.5%高效氯氰菊酯乳油20～40mL/亩均匀喷雾。

（3）防治棉花害虫

① 棉蚜　在蚜虫始盛期用药，用4.5%高效氯氰菊酯乳油22～45mL/亩均匀喷雾。

② 棉铃虫、红铃虫　在卵孵盛期或低龄幼虫发生盛期施药，用4.5%高效氯氰菊酯乳油25～45mL/亩喷雾，均匀喷施正、反叶面，若防治三、四代棉铃虫，应适当提高田间使用量。

（4）防治烟草害虫　防治烟青虫时，在低龄幼虫发生期施药，用4.5%高效氯氰菊酯乳油35～50mL/亩均匀喷雾。

（5）防治草原蝗虫　在蝗蝻3龄前施药，用4.5%高效氯氰菊酯乳油30～40mL/亩均匀喷雾。

（6）防治果树害虫

① 红蜡蚧　在柑橘红蜡蚧若虫盛发期施药，用4.5%高效氯氰菊酯乳油900倍液均匀喷雾。

② 潜叶蛾　在柑橘潜叶蛾幼虫期施药，用4.5%高效氯氰菊酯乳油2250～3000倍液均匀喷雾。

③ 梨木虱　在低龄若虫期施药，用 4.5%高效氯氰菊酯乳油 1440～2163 倍液均匀喷雾。

④ 桃小食心虫　在卵孵盛期施药，用 4.5%高效氯氰菊酯乳油 1350～2250 倍液均匀喷雾。

⑤ 苹果蠹蛾　在卵盛孵期至低龄幼虫期施药，用 4.5%高效氯氰菊酯乳油1500～1800倍液均匀喷雾。

（7）防治茶树害虫

① 茶尺蠖　在卵孵盛期至低龄幼虫期施药，用 4.5%高效氯氰菊酯乳油 20～30mL/亩均匀喷雾。

② 小绿叶蝉　在若虫高峰期施药，用4.5%高效氯氰菊酯乳油30～60mL/亩均匀喷雾。

（8）防治卫生害虫

① 蚊、蝇　在蚊、蝇栖息或活动场所的物体表面或缝隙施药，用4.5%高效氯氰菊酯水乳剂30mg/m^2进行表面滞留喷洒。

② 蟑螂　在蟑螂栖息或活动场所的物体表面或缝隙，用4.5%高效氯氰菊酯水乳剂40mg/m^2进行滞留喷洒。

注意事项

（1）不要与碱性物质混用。

（2）对水生动物、蜜蜂、家蚕有毒，使用时注意不可污染水域及饲养蜂、蚕场地。

（3）建议与作用机制不同的杀虫剂轮换使用，以延缓抗性产生。

（4）本品在十字花科蔬菜、辣椒上的安全间隔期为7d，每季最多使用2次；在番茄上的安全间隔期为3d，每季最多使用2次；在马铃薯上的安全间隔期为14d，每季最多使用2次；在韭菜上的安全间隔期为10d，每季最多使用2次；在豇豆上安全间隔期为3d，每季最多使用1次；在小麦上的安全间隔期为31d，每季最多使用2次；在棉花上使用的安全间隔期为14d，每季最多使用2次；在茶树上安全间隔期为7d，每季最多使用2次；在烟草上使用的安全间隔期为15d，每季最多使用2次；在柑橘树上安全间隔期为40d，每季最多使用3次；在苹果树上安全间隔期为21d，每季最多使用3次；用于防治草原蝗虫，安全间隔期为7d，每个生长季节最多施药1次。

高效烯唑醇（diniconazole-M）

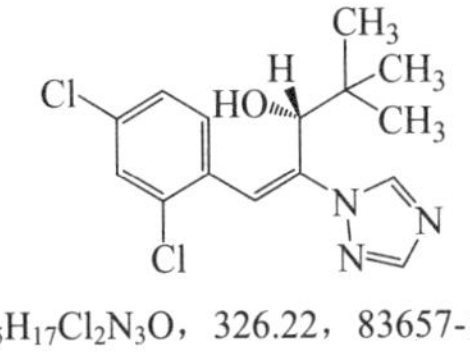

$C_{15}H_{17}Cl_2N_3O$，326.22，83657-18-5

化学名称　(*E*)-(*R*)-1-(2,4-二氯苯基)-4,4-二甲基-2-(1*H*-1,2,4-三唑-1-基)-1-戊烯-3-醇。

理化性质　原药为无色结晶状固体，熔点169～170℃。

毒性　同烯唑醇。

作用特点　属广谱内吸性杀菌剂，具有保护、治疗和铲除作用。其作用机制与烯唑醇相同，都是抑制菌体麦角甾醇的生物合成，导致真菌细胞膜不正常，使病菌死亡。

适宜作物 玉米、小麦、花生、苹果、梨、黑穗醋栗、咖啡树、花卉等。推荐剂量下对作物安全。

防治对象 可防治子囊菌、担子菌和半知菌引起的许多真菌病害。对子囊菌和担子菌有特效，适用于防治麦类散黑穗病、腥黑穗病、坚黑穗病、白粉病、条锈病、叶锈病、秆锈病、云纹病、叶枯病，玉米、高粱丝黑穗病，花生褐斑病、黑斑病，苹果白粉病、锈病，梨黑星病，黑穗醋栗白粉病以及咖啡树、蔬菜等的白粉病、锈病等病害。

使用方法 种子处理及喷雾处理。

（1）种子处理

① 防治小麦黑穗病 用 12.5%可湿性粉剂 160～240g/100kg 种子拌种；

② 防治小麦白粉病、条锈病 用 12.5%可湿性粉剂 120～160g/100kg 种子拌种；

③ 防治玉米丝黑穗病 用 12.5%可湿性粉剂 240～640g/100kg 种子拌种。

（2）喷雾处理

① 防治小麦白粉病、条锈病、叶锈病、秆锈病、云纹病、叶枯病 感病前或发病初期用 12.5%可湿性粉剂 12～32g/亩，对水 50～70kg 喷雾；

② 防治黑穗醋栗白粉病 感病初期用 12.5%可湿性粉剂 1700～2500 倍液喷雾；

③ 防治苹果白粉病、锈病 感病初期用 12.5%可湿性粉剂 3000～6000 倍液喷雾；

④ 防治梨黑星病 感病初期用 12.5%可湿性粉剂 3000～4000 倍液喷雾；

⑤ 防治花生褐斑病、黑斑病 感病初期用 12.5%可湿性粉剂 16～48g/亩，对水 50kg 喷雾。

注意事项 本品不可与碱性农药混用。

光合诱导素（photosynthetic induction factor）

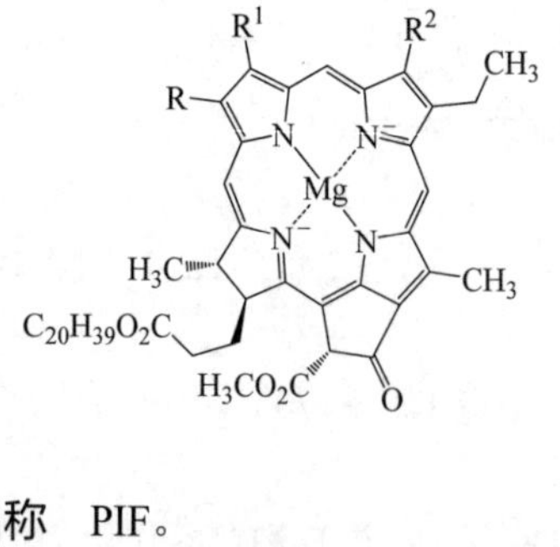

a: R=CH_3; R^1=$CHCH_2$; R^2=CH_3

b: R=CH_3; R^1=$CHCH_2$; R^2=CHO

d: R=CH_3; R^1=CHO; R^2=CH_3

f: R=CHO; R^1=$CHCH_2$; R^2=CH_3

其他名称 PIF。

理化性质 白色粉末状。易溶于水，可溶于乙醇、甲醇、丙酮等有机溶剂。常规条件下储存稳定。酸白菜味道。

作用特点　光合诱导素是广谱型植物生长调节剂，能够迅速提高植物的光合作用，从而达到为作物增产抗病的效果。1998 年悉尼华裔陈敏教授在澳洲鲨鱼湾的蓝藻菌中发现，蓝藻菌含量约为 0.8μg，其他绿色植物及藻类菌种中含量极低，大约在 0.03～0.1μg。光合诱导素在光照下可扩大植物光合作用的范围，促使植物吸收比红外光范围更广阔的光谱；可使植物光合色素吸收更多的 600nm 和 700nm 的光子作为能量，加快从水分子光解过程中得到的电子在辅酶Ⅱ $NADP^+$和还原性辅酶Ⅱ NADPH 之间转移的速率，抑制光呼吸，加快碳反应速率，大大提高有机物的合成效率，从而促使植物进行高效率光合作用。光合诱导素可促使植物吸收更多的红橙光和蓝紫光等，扩大植物光合作用的范围，大大增加太阳能使用的限度，进一步增强植物的免疫功能，深层挖掘植物的生长潜能，促进植物吸收更多的营养，从而健康快速生长。光合诱导剂又称为“植物黄金润滑油”，经科学研究发现，植物中 0.05～0.15μg 左右的光合诱导素含量是最合适的，能够提高光合生产率 3～5 倍。光合诱导素还具有促进细胞原生质流动、提高细胞活力、促根壮苗、保花保果、坐果膨大、提高产量等作用。既可单独使用，又可作农药添加剂、肥料添加剂，与肥料、农药、饲料等复配使用。光合诱导素在农业科技方面的巨大发展空间，必将为未来农业科技带来一次新的变革。

适宜作物　小麦、水稻、棉花、花生、玉米、大豆、瓜果、葱、姜、蒜、韭菜、辣椒、芝麻、油菜、烟草、花卉、茶、枸杞、柑橘、香蕉、芒果、荔枝、药材等作物。

应用技术　喷雾用量：取 1～2g 兑 15kg 水均匀喷施茎叶。冲施、滴灌：每亩 20～30g。

注意事项

（1）使用时应按规定时期、浓度、用量和方法进行使用。

（2）不可与碱性农药混用。

硅丰环

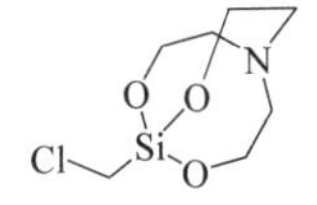

$C_7H_{14}O_3NSiCl$，223.73

其他名称　妙福。

化学名称　1-氯甲基-2,8,9-三氧杂-5-氮杂-1-硅三环(3,3,3)十一碳烷。

理化性质　硅丰环属杂氮硅三环化合物。硅丰环原药质量分数≥98.0%；外观为均匀的白色粉末；熔点为211～213℃；溶解度（20℃）：100g水中溶解1g；在52～56℃温度条件下稳定。

毒性 大鼠急性经口LD_{50}：雄性为926mg/kg，雌性为1260mg/kg；大鼠急性经皮LD_{50}＞2150mg/kg；对兔皮肤、眼睛无刺激性；豚鼠皮肤变态反应（致敏）试验结果致敏率为0，无皮肤致敏作用。致突变试验结果：Ames试验、小鼠骨髓细胞微核试验、小鼠睾丸细胞染色体畸变试验、小鼠精子畸形试验均为阴性，无致突变作用。50%硅丰环湿拌种剂大鼠急性经口LD_{50}＞5000mg/kg，大鼠急性经皮LD_{50}＞2150mg/kg；对兔皮肤、眼睛均无刺激性；豚鼠皮肤变态反应（致敏）试验的致敏率为0，无致敏作用；剂型均为低毒植物生长调节剂。

作用特点 具有特殊分子结构及显著的生物活性的有机硅化合物，分子中配位键具有电子诱导功能，其能量可以诱导作物种子细胞分裂，使生根细胞的有丝分裂及蛋白质的生物合成能力增强。在种子萌发过程中，生根点增加，因而植物发育幼期就可以充分吸收土壤中的水分和营养成分，为作物的后期生长奠定物质基础。当作物吸收该调节剂后，其分子进入植物的叶片，电子诱导功能逐步释放，其能量用以光合作用的催化作用，即光合作用增强，使叶绿素合成能力加强，通过叶片不断形成碳水化合物，作为作物生存的储备养分，并最终供给植物的果实。

适宜作物 小麦、水稻、马铃薯。

应用技术 拌种或浸种。用1000～2000mg/kg药液，拌种4h（种子：药液=10：1）；或用200mg/kg药液浸种3h（种子：药液=10：1）（50%硅丰环湿拌种剂2g加水1L，拌10kg种子，或加水0.5L浸5kg种子，浸3h），然后播种。可以增加小麦的分蘖数、穗粒数及千粒重，对冬小麦具有调节生长和明显的增产作用。

硅氟唑（simeconazole）

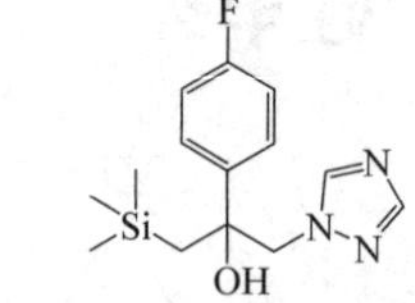

$C_{14}H_{20}FN_3OSi$，293.41，149508-90-7

化学名称 (*RS*)-2-(4-氟苯基)-1-(1*H*-1,2,4-三唑-1-基)-3-(三甲基硅基)丙-2-醇。

理化性质 硅氟唑纯品为白色结晶状固体。熔点118.5～120.5℃；水中的溶解度为57.5mg/L（20℃），溶于大多数有机溶剂。

毒性　急性经口 LD_{50}：雌大鼠为 682mg/kg、雄大鼠为 611mg/kg、雌小鼠为 1018mg/kg、雄小鼠为 1178mg/kg；大鼠急性经皮 LD_{50}＞5000mg/kg，吸入 LC_{50}＞5.17mg/L（4h）；对家兔及皮肤无刺激。

作用特点　属于内吸性杀菌剂，具有保护、治疗和内吸作用。硅氟唑是甾醇脱甲基化抑制剂，主要破坏和阻止病菌的细胞膜重要组成成分麦角甾醇生物合成，导致细胞膜不能形成，使病菌死亡，可迅速地被植物吸收，并在内部传导，明显提高作物产量。

适宜作物　水稻、小麦、苹果、梨、桃、茶、蔬菜、草坪草等。推荐剂量下对作物和环境安全。

防治对象　能有效防治众多子囊菌、担子菌和半知菌所致病害，尤其对各类白粉病、黑星病、锈病、立枯病、纹枯病等具有优异的防效。

使用方法　种子处理使用剂量为 25～75g（a.i.）/100kg 种子，茎叶喷雾使用剂量为 3.3～6.7g（a.i.）/亩。防治散黑穗病，使用 4～10g（a.i.）/100kg 小麦种子；防治大多数土传或气传病害如白粉病、立枯病、纹枯病和网斑病，使用 50～100g（a.i.）/100kg 种子。

硅噻菌胺（silthiopham）

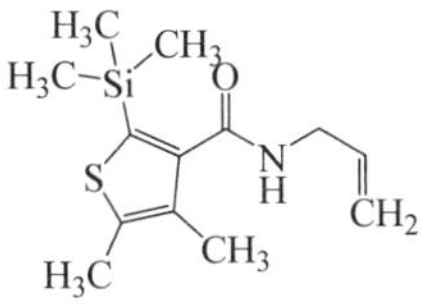

$C_{13}H_{21}NOSSi$，267.46，175217-20-6

化学名称　*N*-烯丙基-4,5-二甲基-2-(三甲基硅烷基)噻吩-3-甲酰胺。

理化性质　纯品硅噻酰菌胺为白色颗粒状固体，熔点 86.1～88.3℃；溶解性（20℃，g/L）：水 0.0353。

毒性　急性 LD_{50}（mg/kg）：大鼠经口＞5000，大鼠经皮＞5000；对兔眼睛和皮肤无刺激性；对动物无致畸、致突变、致癌作用。

作用特点　该药剂具体的作用机理尚不清楚，与甲氧基丙烯酸酯类的作用机理不同。研究表明硅噻菌胺是能量抑制剂，可能是 ATP 抑制剂，具有良好的保护活性，残效期长。该药剂主要用于小麦拌种，防治小麦全蚀病，具体的作用是小麦种子经该药剂拌种后，在其周围形成药剂保护圈，随着种子生长发育，保护圈向种子的四周扩大，小麦根系始终处在保护圈内，保护根系不被病菌侵染，以达到防治小麦全蚀病的目的。

适宜作物　小麦。对作物、哺乳动物和环境安全。

防治对象　小麦全蚀病。

使用方法　种子处理。

（1）轻病田，用 125g/L 悬浮剂 20mL 拌种 10kg；

（2）重病田，用 125g/L 悬浮剂 30mL 拌种 10kg；

（3）试验表明，硅噻菌胺拌种除有一定的除菌作用外，主要是调节小麦根系生长，刺激小麦根系发育，从而弥补因根部感病造成根部死亡对小麦生长造成的损失。

注意事项

（1）严格按照农药安全规定使用此药，避免药液或药粉直接接触身体，如果药液不小心溅入眼睛，应立即用清水冲洗干净并携带此药标签去医院就医；

（2）此药应储存在阴凉和儿童接触不到的地方；

（3）如果误服要立即送往医院治疗；施药后各种工具要认真清洗，污水和剩余药液要妥善处理保存，不得任意倾倒，以免污染鱼塘、水源及土壤；

（4）搬运时应注意轻拿轻放，以免破损污染环境，运输和储存时应有专门的车皮和仓库，不得与食物和日用品一起运输，应储存在干燥和通风良好的仓库中。

果绿啶（glyodin）

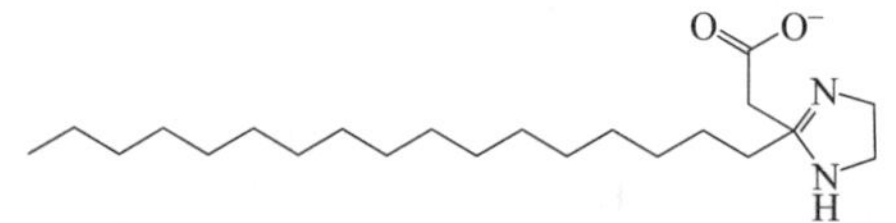

$C_{22}H_{44}N_2O_2$，368.6，556-22-9

其他名称　Crag Fruit Fungicide 314，Glyodex，Glyoxalidine，Glyoxide Dry。

化学名称　乙酸-2-十七烷基-2-咪唑啉（1∶1），2-heptadecyl-2-imidazolinemonoacetate。

理化性质　纯品为柔软的蜡状物质，熔点 94℃。乙酸盐为橘黄色粉末，熔点 62～68℃。相对密度 1.035（20℃）。不溶于水，二氯乙烷和异丙醇中溶解度 39%。在碱性溶液中分解。

毒性　大鼠急性经口 LD_{50}＞6800mg/kg。对鱼和野生动物低毒。狗 210mg/（kg·d）饲喂 1 年，大鼠 270mg/（kg·d）饲喂 2 年无不良反应。

作用特点　果绿啶可由植物茎、叶和果实吸收，曾被作为杀菌剂使用，属于保护性杀菌剂，可防治苹果的黑星病、斑点病、黑腐病，樱桃的叶斑病，菊科作物的斑枯病等；对动植物寄生螨类也有效。作为植物生长调节剂，可促进水分吸收，增加吸附性和渗透性。因此，可增强叶面施用的植物生长调节剂的效果。

过氧化氢（hydrogen peroxide）

H—O—O—H

H_2O_2，43.01，7722-84-1

其他名称　双氧水，乙氧烷。

化学名称　过氧化氢。

理化性质　纯过氧化氢为弱酸性、淡蓝色黏稠液体，有微弱的特殊气味；密度1.13g/mL（20℃），熔点–0.43℃，沸点158℃，溶于水、醇和乙醚。性质极不稳定，遇光、热或有重金属和其他杂质，均能引起分解，同时放出氧和热。具有较强的氧化能力，在有酸存在下较稳定，有腐蚀性。高浓度的过氧化氢能使有机物燃烧。与二氧化锰相互作用，放出氧气，引起爆炸。

毒性　大鼠经皮 LD_{50} 4060mg/kg；大鼠吸入（4h）LC_{50} 2000mg/mg。微生物致突变：鼠伤寒沙门氏菌 10μL/皿；大肠杆菌 5mg/L。姊妹染色单体交换：仓鼠肺353μmol/L。致癌性：IARC致癌性评论为动物可疑阳性。

作用特点　H_2O_2 是一种杀菌剂，可以减少病原菌感染导致的低萌发率；H_2O_2 在某种酶作用下可为种子有氧呼吸提供 O_2，并抑制种子无氧呼吸，以减少有机物消耗量及无氧呼吸过程中产生的酒精对种子的危害；H_2O_2 能刺激解除种子休眠的磷酸戊糖代谢；适当浓度的 H_2O_2 可提高过氧化物酶活性，从而进一步提高种子的活力。

适宜作物　夏谷、花生、水稻、烟草、油菜、薏苡、甜菜、甘草、玉米及黑豆的种子等。

应用技术

（1）过氧化氢提高休眠种子的发芽率，促进种子发芽

① 夏谷　3%～10% H_2O_2 促进夏谷种子发芽率提高。

② 花生　1% H_2O_2 浸泡花生种效果最佳。

③ 油菜　0.01%～0.1%H_2O_2 浸种可提高低活力油菜种子的活力指数，而浓度大于3%，其作用相反。

④ 烟草　0.15%或1.0% H_2O_2 浸烟草种子均提高发芽率25%以上。

⑤ 薏苡　1%～3% H_2O_2 处理薏苡种子，不仅萌发率高，而且萌发时间短。

⑥ 甜菜　叶用甜菜以浓度2%～5% H_2O_2 处理为宜，根用甜菜以浓度3% H_2O_2 处理为宜，对贮存期较长的种子则以5% H_2O_2 处理为佳。

⑦ 甘草　0.4mol/L H_2O_2 能提高甘草种子发芽率 24.41%。

⑧ 玉米　2.0%～3.0% H_2O_2 浸泡玉米种子后发芽率最高。

⑨ 黑豆　0.10% H_2O_2 浸泡黑豆种子萌芽率最高。

（2）过氧化氢提高植物幼苗抗逆性

① 玉米苗　0.1mmol/L H_2O_2 外源预处理提高了玉米幼苗在高温胁迫下的存活率。

② 水稻苗　低温下 10μmol/L H_2O_2 处理可以刺激水稻耐冷品种的幼苗的抗冷性增加；4mmol/L H_2O_2 处理水稻幼苗，其抗寒调节能力最佳；不同浓度 H_2O_2 预处理水稻根部可减轻低 Cd（镉）对土壤的毒害。

③ 大豆苗　用＜50mmol/L H_2O_2 处理大豆可减轻低温伤害。

④ 甘薯苗　用 0.5mmol/L H_2O_2 处理甘薯幼苗不定根能够增强甘薯幼苗的抗冷性。

⑤ 春小麦苗　12d 苗龄的春小麦幼苗在 1mmol/L 及 10mmol/L H_2O_2 的胁迫锻炼后，增强了其抗旱性。H_2O_2 前处理可在一定程度上增强小麦幼苗的抗盐性。

⑥ 马铃薯苗　外源 H_2O_2 可减轻盐碱土壤对马铃薯渗透调节功能和 Na^+/K^+吸收影响，缓解盐碱土壤对马铃薯生长发育的抑制，增强马铃薯对盐碱土壤的适应性。

注意事项

（1）注意防潮、防水、避光、避热，置于常温下保存。

（2）不得口服，应置于儿童不易触及处。

（3）对金属有腐蚀作用，慎用。

（4）避免与碱性及氧化性物质混合。

（5）医用过氧化氢有效期一般为 2 个月。

（6）不得用手触摸。

（7）装卸时轻拿轻放，防止包装破损。

（8）失火时只能用干沙、细石子掩盖，绝不可用水。

海藻素（algin）

其他名称　海藻精、乌金绿、甲壳海藻素类叶面肥。

理化性质　产品为棕色液体，pH4.9，极易溶于水，具有海藻味。内含多种植物所必需的营养成分和海洋生物活性物质、海藻多糖、天然植物生长素。

毒性　对大鼠急性经口 LD_{50} 15380mg/kg。

作用特点　海藻素为多种激动素混合物，系从海藻中提取。其最大功能在于提高作物抗逆能力，促进营养物质的同化吸收，主要在逆境条件下应用。其作用机制是能促进植物细胞分裂和伸长，强化新陈代谢，延缓衰老和促进根、茎生长，提高植物对水分和养分的吸收能力，增强抗逆能力，改善作物品质，提高产量。尤为重要的是藻红素和藻蓝素，其辅基是吡咯环所组成的链，分子中不含金属，与蛋白质结合在一起，藻红素主要吸收绿光，藻蓝素主要吸收橙黄光，它们能将所吸收的光能传递给叶绿素而用于光合作用，这点对治理或改善园林绿化植物的黄化也有重要意义。另外，海藻素还能改善土壤结构、水溶液乳化性，减低液体表面张力，可与多种药、肥混用，能提高展布性、黏着性、内吸性，而增强药效、肥效。另在植保方面可直接单用，也有抑制有害生物、缓解病虫危害的作用，如与其他制剂复配，还有增效作用。

适宜作物 水稻、棉花、番茄、芹菜、甘蓝、甜菜、果树等作物。

应用技术 可直接叶喷、灌根、浸种、扦插繁殖，也可作营养剂配制专用冲施肥、叶面肥等。用于无公害基地、花卉和苗圃等农业生产。

（1）水稻 每亩施用 400mL，用 0.125%的浓度浸种和喷施秧苗，用 0.225%的浓度在插秧后 15d、45d、60d 各喷施一次。

（2）果蔬 每亩施用 200～300mL，用 0.025%～0.030%的浓度在苗期开始每隔 7d 喷施一次，收货前 10d 停止使用。

（3）棉花 在初花期，每亩用 0.01%富滋水剂 50～100mL，兑水 20kg，叶面喷雾，间隔两周，连喷 3 次，可提高产量。

（4）番茄 于幼苗移栽前，用 0.01%海藻素水剂 400 倍液浸根。移栽后两周，每亩用 80～160mL，兑水 25kg，叶面喷雾，间隔两周，连喷 3 次，可提高产量。

禾草丹（thiobencarb）

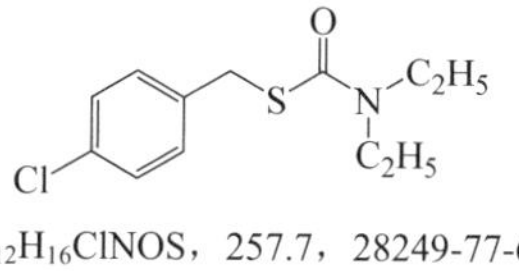

$C_{12}H_{16}ClNOS$，257.7，28249-77-6

化学名称 *N,N*-二乙基硫代氨基对氯苄酯，*S*-[(4-chlorophenyl)methyl]-dimethyl-carbamothioate。

理化性质 原药有效成分含量 93%，纯品外观为淡黄色油状液体，沸点 126～129℃(1.07Pa)，熔点 3.3℃，闪点 172℃，水中的溶解度为 27.5mg/L(20℃，pH=6.7)。易溶于苯、甲苯、二甲苯、醇类、丙酮等有机溶剂。在酸、碱介质中稳定，对热稳定，对光较稳定。制剂为淡黄色或黄褐色液体。

毒性 工业原药对大鼠（雄性）急性经口 LD_{50}＞1000mg/kg。大鼠急性经皮 LD_{50}

>1000mg/kg。大鼠急性吸入 LC_{50}7.7mg/L（1h）。对家兔的皮肤和眼膜有一定的刺激作用，但短时间内即可消失。在动物体内能快速排出，无储积作用。在试验条件下，对动物未见致突变、致畸、致癌作用。两年饲喂无作用剂量大鼠为 1mg/（kg·d）。对鱼的毒性：鲤鱼 LC_{50}（49h）为 36mg/L，白虾 LC_{50}（96h）为 0.264mg/L。对鹌鹑的 LD_{50} 为 7800mg/kg，对野鸭 LD_{50} 为 10000mg/kg。

作用方式 禾草丹是一种内吸传导型的选择性芽期除草剂。主要通过杂草的幼芽和根吸收，阻断α-淀粉酶和蛋白质合成，抑制细胞有丝分裂，对杂草种子萌发没有作用，只有当杂草萌发后吸收药剂才起作用。

防除对象 本品能防除稗草、千金子、异型莎草、牛毛毡等，及野慈姑、瓜皮草、萍类等，还能防除看麦娘、马唐、狗尾草、碎米莎草。

使用方法

（1）秧田期使用 应在播种前或秧苗一叶一心至二叶期施药。早稻秧田每亩用 50%禾草丹乳油 150～200mL，晚稻秧田每亩用 50%禾草丹乳油 125～150mL，兑水 50kg 喷雾。播种前使用保持浅水层，排水后播种。苗期使用浅水层保持 3～4d。

（2）移栽稻田使用 一般在水稻移栽后 3～7d，田间杂草处于萌动高峰至二叶期前，每亩用 50%禾草丹乳油 260～400mL，兑水 50kg 喷雾。

（3）水稻直播田使用 一般在水稻直播后 3d 内（播种、盖籽、上水自然落干后），每亩用 50%禾草丹乳油 260～320mL，播后苗前土壤喷雾。

（4）麦田、油菜田使用 一般在播后苗前，每亩用 50%禾草丹乳油 200～250mL 作土壤喷雾处理。

注意事项

（1）禾草丹在秧田使用时，边播种、边用药或在出苗至秧苗立针期灌水条件下用药，对秧苗都会发生药害，不宜使用。稻草还田的移栽稻田，不宜使用禾草丹。

（2）禾草丹对三叶期稗草效果下降，应掌握在稗草二叶一心前使用。

（3）禾草丹与 2 甲 4 氯、苄嘧磺隆、西草净混用，在移栽田可兼除瓜皮草等阔叶杂草。

（4）禾草丹不可与 2,4-滴混用，否则会降低禾草丹除草效果。

禾草敌（molinate）

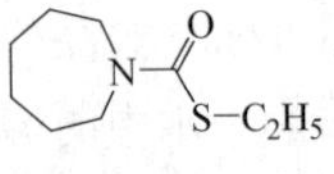

O
N
S−C_2H_5

$C_9H_{17}NOS$，187.3，2212-67-1

化学名称 *S*-乙基-*N*,*N*-六次甲基硫代氨基甲酸酯，*S*-ethyl-*N*,*N*-hexamethylenethiocarbamate。

理化性质　黄褐色透明状液体，沸点为202℃（1.33×10^3Pa）；工业品原药为淡黄至黄褐色液体；蒸气压 1.466×10^{-1}Pa（25℃），能溶于丙醇、甲醇、异丙醇、苯、二甲苯，水中溶解度 0.8g/L（20℃），水田中半衰期为21～25d。受土壤微生物作用，分解出氨及 CO_2，对热稳定，无腐蚀性，但用药时不宜使用聚氯乙烯管道或容器。

毒性　急性大鼠 LD_{50}（mg/kg）：经口 483、经皮＞4350，对鱼类有毒性，对鸟类、天敌、蜜蜂无害。对眼睛和皮肤有刺激作用。

作用方式　具有内吸作用的稻田除草剂。能被杂草的根和芽吸收，特别易被芽鞘吸收。对稗草有特效，而且适用时期较宽，但杀草谱窄。

防除对象　适用于水稻田防除稗草、牛毛草、异型莎草等。

使用方法

（1）秧田和直播田使用　可在播种前施用，先整好田，做好秧板，然后每亩用90.9%乳油 100～150g 或 150～220g，拌细润土 20kg，均匀撒施土表并立即混土耙平。保持浅水层，2～3d 后即可播种已催芽露白的稻种，以后进行正常管理。亦可在稻苗长到 3 叶期以上，稗草在 2～3 叶期，每亩用 90.9%乳油 100～150g，混细潮土 20kg 撒施。保持水层 4～5cm，持续 6～7d。如稗草为 4～5 叶期，应加大药量到150～200g。

（2）插秧田使用　水稻插秧后 4～5d，每亩用 90.9%乳油 150～220g，混细潮土20kg，喷雾或撒施。保持水层 4～6cm，持续 6～7d。自然落干，以后正常管理。

注意事项

（1）禾草敌挥发性强，施药时和施药后保持水层 7d，否则药效不能保证。

（2）籼稻对禾草敌敏感，剂量过高或用药不均匀，易产生药害。

（3）禾草敌对稗草特效，对其他阔叶杂草及多年生宿根杂草无效，如要兼除可与其他除草剂混用。

药害症状

（1）小麦　用其做土壤处理受害，表现芽鞘缩短、变粗、弯曲，芽鞘顶端变褐、枯死，有的芽鞘紧裹基叶而使之难以抽出，有的幼苗基叶弯曲和叶片黄化。

（2）水稻　秧田用其做土壤表面封闭处理受害，表现发芽、出苗迟缓，幼苗茎叶弯曲、扭卷、萎缩、僵硬，叶尖变黄、纵卷、枯干，有的叶片褪绿变黄。移植田用其做拌土撒施受害，表现内层新生的茎叶弯曲、扭卷、皱缩，外层老叶从叶尖开始黄枯，然后渐向叶基扩展，尤其触水叶片表现较重，分蘖抽缩、斜冲，植株变矮、变畸。

禾草灵（diclofop-methyl）

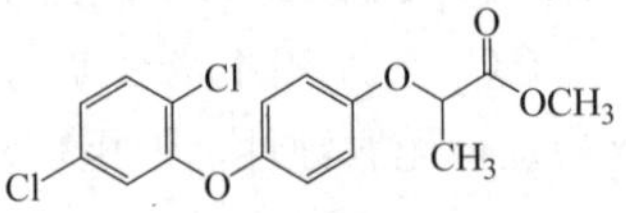

$C_{16}H_{14}Cl_2O_4$，340.179，51338-27-3

化学名称 2[4(-2,4-二氯苯氧基)苯氧基]丙酸甲酯，2-[4-(2,4-dichlorphenoxy)-phenoxy]-methyl propionate。

理化性质 纯化合物为无色无臭固体，工业品为无色无臭胶体。熔点39～41℃。水中溶解度为0.3mg/100mL（22℃），有机溶剂中溶解度：丙酮249g/100mL，乙醇11g/100mL，乙醚228g/100mL，二甲苯253g/100mL。在20℃时蒸气压为0.034mPa；原药纯度≥93%，pH=6.8，闪点54.5℃。

毒性 急性经口LD_{50}（mg/kg）：雄大鼠＞580，雌大鼠＞557；雄大鼠90d饲喂无作用剂量为12.5mg/kg，雄狗为80mg/kg。对野鸭和鹌鹑LD_{50}＞2000mg/kg，虹鳟鱼LD_{50}（96h）10.7mg/kg。对人眼有刺激作用。对皮肤有轻微刺激作用。在实验条件下未见致畸、致癌、致突变作用。

作用方式 作叶面处理，可被植物的根、茎、叶吸收，主要作用于植物的分生组织，抑制乙酰辅酶A羧化酶的合成，阻碍脂肪酸合成，导致植株死亡。其原理是在植物体内以酸和酯的形式存在，酯类作用强烈，是植物激素拮抗剂，能抑制茎的生长；酸类为弱拮抗剂，能破坏细胞膜。受药的野燕麦，细胞膜和叶绿素受到破坏，光合作用及同化物向根部运输受到抑制，经5～10d后即出现褪绿的中毒现象。具有局部内吸作用，传导性能差。

防除对象 选择性茎叶处理剂，有一定的内吸传导作用，对双子叶植物和麦类作物安全。主要用于大（小）麦、青稞、黑麦、大豆、花生、油菜、甜菜、亚麻、马铃薯等作物田，防除野燕麦、看麦娘、稗草、马唐、狗尾草、毒麦、画眉草、千金子、蟋蟀草等禾本科杂草，对阔叶杂草无效。

使用方法 宜在杂草苗期使用，采用喷雾法处理茎叶。

（1）小麦、大麦田防除野燕麦、看麦娘时，宜在大部分杂草2～4叶期施药，每亩用36%乳油180～200mL（有效成分64.8～72g），加水35～40kg稀释后，茎叶喷雾。施药越晚除草效果越低。

（2）在油菜、大豆、甜菜等作物田防除野燕麦、狗尾草、稗草等，宜在杂草2～4叶期施药，每亩用36%乳油160～200mL（有效成分60～72g）。防治看麦娘、马唐时，每亩用36%乳油200mL（有效成分72g），在马唐1～2叶或看麦娘分蘖时施药。双子叶作物对禾草灵耐药力低于禾谷类作物，每亩药有效成分超过72g时对小麦生长有抑制作用。

注意事项

（1）禾草灵不宜在玉米、高粱、谷子、棉花田使用。

（2）禾草灵在气温低时药效降低，麦田使用宜早。土地湿度高时有利于药效发挥，宜在施药后2～3d内灌水。

（3）禾草灵可与氨基甲酸酯类、取代脲类、腈类及甜菜宁、嗪草酮等除草剂混用。但不能与2甲4氯等苯氧乙酸类及麦草畏、苯达松混用，也不宜与氮肥混用，否则会降低药效。

（4）美国和德国规定作物最大残留量为0.1mg/L。

（5）因本品含有溶剂，人误食后可服200mL石蜡油，再服30g活性炭解毒，不要让病人呕吐，注意保暖、静卧，禁用肾上腺素类药治疗。

琥珀酸（succinic acid）

$C_4H_6O_4$，118.1，110-15-6

其他名称　亚乙基二羧酸，1,2-乙烷二甲酸，乙二甲酸。

化学名称　丁二酸。

理化性质　纯品白色、无嗅而具有酸味的菱形结晶体，熔点187～189℃，沸点235℃。溶于水，微溶于乙醇、甲醇、乙醚、丙酮、甘油。几乎不溶于苯、二硫化碳、石油醚和四氯化碳。遇明火、高热可燃，放出刺激性烟气。粉体与空气可形成爆炸性混合物，当达到一定浓度时，遇火星会发生爆炸。可与碱反应，也可以发生酯化和还原等反应。受热脱水生成琥珀酸酐。可发生亲核取代反应，羟基被卤原子、氨基化合物、酰基等取代。

毒性　大鼠急性经口LD_{50} 2260mg/kg；给猫1g/kg剂量，未见不良影响。猫最小致死注射剂量为2g/kg。

作用特点　琥珀酸广泛存在于动物与植物体内。可作为杀菌剂、表面活性剂、增味剂。作为植物生长调节剂，可通过植物的根、茎、叶吸收，加速植物体内的代谢，从而调节植物生长。

适宜作物　玉米、春大麦、棉花、大豆、甜菜等。

应用技术　10～100mg/L琥珀酸浸种或拌种12h，可促进根的生长，增加玉米、春大麦、棉花、大豆、甜菜等作物的产量。

注意事项

（1）本品和其他生根剂混用效果更佳。

（2）琥珀酸应低剂量多次施用，或与其他叶面肥混合施用效果更佳。

环吡氟草酮（cypyrafluone）

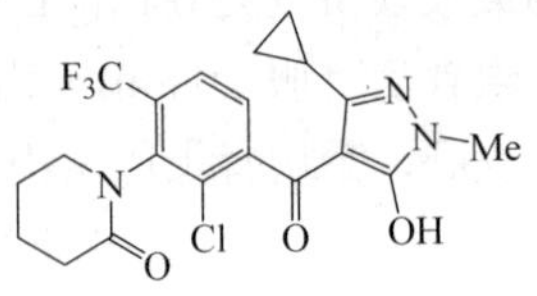

$C_{20}H_{19}ClF_3N_3O_3$，441.8，1855929-45-1

化学名称 1-(2-氯-3-(3-环丙基-5-羟基-1-甲基-1*H*-吡唑-4-羰基)-6-三氟甲基-苯基)-哌啶-2-酮。

理化性质 纯品为浅黄色粉末状固体，熔点 189.6℃，水溶解度 515.3mg/L（25℃），弱酸碱性及中性条件下稳定。

毒性 低毒。

作用方式 为对羟基苯丙酮酸双加氧酶（HPPD）抑制剂，抑制对羟基苯基丙酮酸转化为尿黑酸的过程，抑制生育酚及质体醌的正常合成，影响植物体内类胡萝卜素合成，导致叶片失绿、死亡。

防除对象 主要用于小麦田防除禾本科杂草和阔叶杂草。茎叶处理对看麦娘、日本看麦娘、硬草、牛繁缕、婆婆纳、荠菜、麦家公、播娘蒿、菵草等具有较好防除效果，对野燕麦、大巢菜和野老鹳草具一定防效，对多花黑麦草、雀麦、节节麦、早熟禾、猪殃殃和泽漆防效较差；土壤处理对看麦娘、日本看麦娘、硬草、牛繁缕、婆婆纳具较好防效，对荠菜、野油菜具一定防效，对野老鹳草、大巢菜、野燕麦、雀麦、节节麦、猪殃殃和多花黑麦草防效较差。其与目前常用的 ALS 抑制剂（甲基二磺隆、啶磺草胺等）及 ACCase 抑制剂（精噁唑禾草灵、炔草酯、唑啉草酯等）类除草剂不存在交互抗性，故对抗性看麦娘、日本看麦娘的防治具有较好效果。

使用方法 在冬小麦 3 叶 1 心期至拔节前，杂草 2～5 叶期，6%可分散油悬浮剂每亩用量 150～200mL，兑水 15～30kg，二次稀释后茎叶喷雾。

注意事项

（1）恶劣天气如大风或雨天不宜施药。

（2）避免飘移到油菜、蚕豆等作物上，以免引起药害。

药害 环吡氟草酮对不同类型的小麦品种安全，但是对其他阔叶作物如油菜、蚕豆等会产生药害，使用时注意避免飘移。

环丙嘧啶醇（ancymidol）

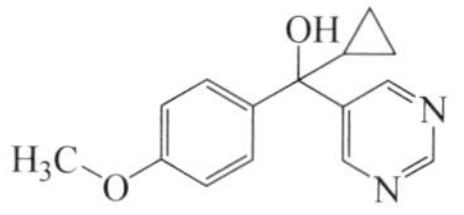

$C_{15}H_{16}N_2O_2$，256.3，12771-68-5

其他名称　嘧啶醇、A-抑制剂、氯苯嘧啶醇、alpha-环丙基-alpha-(嘧啶-5-基)-4-甲氧基苯甲醇、三环苯嘧醇、醇草啶。

化学名称　*α*-环丙基-*α*-(4-甲氧苯基)-5-嘧啶甲醇。

理化性质　白色结晶，能溶于水，熔点 110～＜111℃＞，易溶于丙酮、甲醇等。

毒性　小白鼠急性经口 LD_{50} 5000mg/kg。对皮肤无刺激性，但对眼睛稍有刺激作用。

作用特点　可被根系或叶片吸收，抑制植物节间伸长，使叶色浓绿。对大多数观赏植物均有控制株型的作用。抑制植物体内赤霉素的生物合成，有延缓营养生长、促进开花的效果。

适宜作物　用于控制观赏植物株型。盆栽植物与花坛植物，可叶面喷洒或土壤浇灌；对温室花卉，如菊花、一品红、大丽花、郁金香、百合等，控制株型的效果良好。

应用技术

（1）增抗性　用 25～200mg/kg 环丙嘧啶醇溶液在鸡冠花、一串红、万寿菊、长春花苗期叶面喷洒，可使其在生长期一直保持良好的观赏效果。定植在庭院的，每 3～4 周喷 1 次，能增强植物抗性，提高植物对夏季炎热、大风、干旱及空气污染等不良环境的忍受力。

（2）苗床控株高　凤仙花、百日草、鸡冠花在苗床中培育时，用 25～250mg/kg 环丙嘧啶醇溶液叶面喷洒，可有效地控制株高。

（3）盆栽促矮化　可使盆栽观赏植物矮化，抑制植株长高。

（4）菊花　植株高 5～15cm 时，或在打尖后 2 周，用 50mg/kg 环丙嘧啶醇溶液土壤浇灌，效果较好。

（5）百合　植株高 5～15cm 时，用环丙嘧啶醇 0.25～0.5mg/盆（10cm 直径）处理，可得矮壮的植物，或在百合种植前用 50mg/kg 环丙嘧啶醇溶液浸泡球茎 12h，矮化效果更显著。

（6）一品红、杜鹃花　一品红打尖后 4 周、杜鹃花定植后 2 周，用环丙嘧啶醇 0.1～0.25mg/盆处理也有效。

（7）郁金香　促成栽培前 1 周，当盆栽球茎移到温室后 1～2d，每盆栽有 4～6 个球茎，用 50mg/kg 环丙嘧啶醇溶液土壤浇灌 200mL，或 0.5～0.25mg/盆直接施于土中，能控制株型。

（8）天竺葵　具有 5～7 片真叶时，用 0.02%环丙嘧啶醇溶液喷叶，至喷湿为止，效果显著。

（9）五色椒　新枝生长到 5～8cm 高时，每盆用 0.15～0.3mg 环丙嘧啶醇土壤浇灌，效果良好。

注意事项

（1）避免与皮肤或食物接触，操作后用肥皂与清水将手洗净。

（2）使用浓度过量，会过度控制植物生长，延缓开花 1～2d。但对花的发育没有影响。

（3）不要用松树皮或类似物质作基质与土壤混合在一起，否则将减弱环丙嘧啶醇土壤浇灌的效果。

（4）处理时避免将药液喷到其他植株上。

环丙酰草胺（cyclanilide）

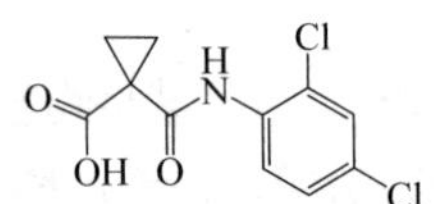

$C_{11}H_9Cl_2NO_3$，274.1，113136-77-9

其他名称　Finish。

化学名称　1-(2,4-二氯苯氨基羰基)环丙羧酸，1-(2,4-dichloroanilinocarbonyl) cyclopropanecarboxylic acid。

理化性质　纯品为白色粉状固体，熔点 195.5℃。水中溶解度（20℃，g/100mL）：0.0037（pH5.2），0.0048（pH 7），0.0048（pH 9）；有机溶剂中溶解度（20℃，g/100mL）：丙酮 5.29，乙腈 0.50，二氯甲烷 0.17，乙酸乙酯 3.18，正己烷＜0. 0001，甲醇 5.91，正辛烷 6.72，异丙醇 6.82。稳定性：本品相当稳定。pK_a 3.5（22℃）。

毒性　大鼠急性经口 LD_{50}（mg/kg）：雌性 208，雄性 315。兔急性经皮 LD_{50}＞2000mg/kg。对兔眼睛无刺激性，对兔皮肤有中度刺激性。大鼠急性吸入 LC_{50}（4h）＞5.15mg/L 空气。NOEL 数据（2 年）：大鼠 7.5mg/kg。急性经口 LD_{50}（mg/kg）：绿头鸭＞215，山齿鹑 216。饲喂试验 LC_{50}（8d，mg/L 饲料）：绿头鸭 1240，山齿鹑 2849。鱼毒 LC_{50}（96h，mg/L）：虹鳟鱼＞11，大翻车鱼＞16，羊肉鲷 49。蜜蜂 LD_{50}（接触）＞100μg/只。

进入动物体内的本品迅速排出，残留在植物上的主要是未分解的本品，在土壤中有氧条件下，DT_{50} 15～49d。主要由土壤微生物降解，移动性差，不易被淋溶至地下水。

作用特点　主要抑制生长素的运输。

适宜作物 主要用于棉花、禾谷类作物、草坪和橡胶等脱叶。

应用技术 与乙烯利混用，具有协同增效作用。使用剂量为10～200g(a.i.)/hm^2。

环丙酰菌胺（carpropamid）

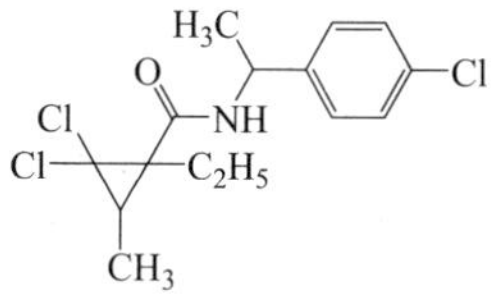

$C_{15}H_{18}Cl_3NO$，334.67，混合物 104030-54-8

化学名称 主要由以下 4 种结构组成，其中前两种含量超过 95%，（1*S*,3*R*）-2,2-二氯-*N*-[(*R*)-1-(4-氯苯基)乙基]-1-乙基-3-甲基环丙酰胺，（1*R*,3*S*）-2,2-二氯-*N*-[(*R*)-1-(4-氯苯基)乙基]-1-乙基-3-甲基环丙酰胺，(1*R*,3*S*）-2,2-二氯-*N*-[(*S*)-1-(4-氯苯基)乙基]-1-乙基-3-甲基环丙酰胺，（1*S*,3*R*）-2,2-二氯-*N*-[(*S*)-1-(4-氯苯基)乙基]-1-乙基-3-甲基环丙酰胺。

理化性质 纯品为无色结晶固体，而原药为淡黄色粉末，熔点为 147～149℃。有机溶剂中溶解度（g/L，20℃）：丙酮 153，甲醇 106，甲苯 38，己烷 0.9。水中溶解度（mg/L，pH7，20℃）：1.7（分析纯），1.9（生化试剂）。

毒性 雄、雌小鼠急性经口 LD_{50}＞5000mg/kg，雄、雌大鼠急性经口 LD_{50}＞5000mg/kg，雄、雌大鼠急性经皮 LD_{50}＞5000mg/kg，雄、雌大鼠急性吸入 LC_{50}（4h）＞5000mg/L（灰尘）。对兔皮肤和眼睛无刺激，对豚鼠皮肤无过敏现象；大鼠和小鼠两年喂养试验无作用剂量为400mg/kg，狗喂养1年试验无作用剂量为200mg/kg；体内和体外试验均无致突变型。日本鹌鹑饲喂 LD_{50}（5d）＞2000mg/kg，虹鳟鱼 LC_{50}（96h）10mg/L，鲤鱼 LC_{50}（48h）＞5.6mg/L，水蚤 LC_{50}（3h）410mg/L，蚯蚓 LC_{50}（14d）＞1000mg/kg 干土。

作用特点 内吸、保护性杀菌剂，无杀菌活性，不抑制病原菌菌丝的生长。主要抑制黑色素生物合成，在感染病菌后可加速植物抗菌素 momilactone A 和 sakuranetin 等的产生，这种作用机理预示环丙酰菌胺可能对其他病害也有活性。

适宜作物 水稻，推荐剂量下对作物安全，无药害。

防治对象 水稻稻瘟病。

使用方法 茎叶处理和种子处理。防治稻瘟病，以预防为主，在育苗箱中应用剂量为 27g（a.i.）/亩，种子处理剂量为 30～40g（a.i.）/100kg，种子茎叶处理量为 5～10g（a.i.）/亩。

注意事项

（1）严格按照农药安全规定使用此药，避免药液或药粉直接接触身体，如果溅入眼中，请立即用清水冲洗 15min，溅到皮肤上，立即用肥皂水清洗，若刺激还在，立即去医院就医；

（2）此药应储存在阴凉和儿童接触不到的地方；

（3）如果误服要立即送往医院治疗；

（4）施药后各种工具要认真清洗，污水和剩余药液要妥善处理保存，不得任意倾倒，以免污染鱼塘、水源及土壤；

（5）搬运时应注意轻拿轻放，以免破损污染环境，运输和储存时应有专门的车皮和仓库，不得与食物和日用品一起运输，应储存在干燥和通风良好的仓库中；

（6）应注意在病害发生前施药，施药晚则效果下降，施药后一定要用肥皂洗净脸、手、脚。

环丙唑醇（cyproconazole）

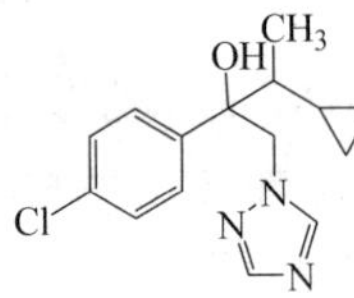

$C_{15}H_{18}ClN_3O$，291.78，94361-06-5 或 113096-99-4

化学名称 (2*RS*,3*RS*;2*RS*,3*SR*)-2-(4-氯苯基)-3-环丙基-1-(1*H*-1,2,4-三唑-1-基)丁-2-醇。

理化性质 为外消旋混合物，纯品无色结晶，熔点 106～109℃；溶解度（25℃，g/kg）：水 0.140，丙酮 230，乙醇 230，二甲基亚砜 180，二甲苯 120。

毒性 急性 LD_{50}（mg/kg）：大鼠经口 1020（雄）、1333（雌），小鼠经口 200（雄）、218（雌），大鼠经皮＞2000；对兔眼睛和皮肤无刺激性；以 1mg/（kg·d）剂量饲喂大鼠两年，未发现异常现象；对动物无致畸、致突变、致癌作用。

作用特点 属广谱内吸性杀菌剂，具有预防、治疗、内吸作用。属于甾醇抑制剂，其作用机制是抑制类固醇脱甲基化（麦角甾醇生物合成），改变孢子形态和细胞膜的结构，并影响其功能而使病菌死亡或受抑制。环丙唑醇能被植物各部分吸收，在植物体内传导，被根部吸收后有很强的向顶部传导能力。

适宜作物 小麦、大麦、燕麦、黑麦、玉米、高粱、花生、甜菜、苹果、梨、咖啡树、草坪草等。推荐剂量下对作物安全。主要用作茎叶处理。对麦类锈病持效期为 4～6 周，白粉病为 3～4 周。

防治对象　可以防治白粉菌属、柄锈菌属、喙孢属、核腔菌属、尾孢霉属、黑星菌属和壳针孢属菌引起的病害，如小麦白粉病、小麦散黑穗病、小麦纹枯病、小麦雪腐病、小麦全蚀病、小麦腥黑穗病、大麦云纹病、大麦散黑穗病、大麦纹枯病、玉米丝黑穗病、高粱丝黑穗病、花生叶斑病、花生白腐病、甜菜菌核病、咖啡锈病、苹果斑点落叶病、梨黑星病、葡萄白粉病等。

使用方法　使用剂量通常为4～6.7g（a.i.）/亩，如以2.7～6.7g（a.i.）/亩施用可有效地防治禾谷类和咖啡锈病，禾谷类、果树白粉病，花生、甜菜叶斑病，苹果黑星病和花生白腐病。防治麦类锈病持效期为4～6周，防治白粉病为3～4周。

（1）防治花生叶斑病、花生白腐病　用40%悬浮剂15mL/亩，对水40～50kg喷雾；防治禾谷类作物病害用量为5.3g（a.i.）/亩，防治咖啡病害用量为1.3～3.3g（a.i.）/亩，防治甜菜病害用量为2.7～4g（a.i.）/亩或40%悬浮剂7～10mL/亩，对水40～50kg喷雾；防治果树病害用量为0.67g（a.i.）/亩或40%悬浮剂5000～8000倍液喷雾。谷类眼点病、叶斑病和网斑病，发病初期，用40%悬浮剂15mL/亩对水40～50kg喷雾。

（2）防治甜菜叶斑病　发病初期，用40%悬浮剂7～10mL/亩对水40～50kg喷雾。

（3）防治苹果黑星病、葡萄白粉病　发病初期，用40%悬浮剂5000～8000倍液喷雾。

（4）防治小麦条锈病　用40%环丙唑醇悬浮剂12～15g/亩防效显著，不同剂量对小麦均有良好的增产效果。

环氟菌胺（cyflufenamid）

$C_{20}H_{17}F_5N_2O_2$，412.36，180409-60-3

化学名称　(*Z*)-*N*-[*α*-(环丙基甲氧基氨基)-2,3-二氟-6-(三氟甲基)苄基]-2-苯基-乙酰胺。

理化性质　具芳香气味的白色固体，熔点61.5～62.5℃，沸点256.8℃。溶解度（g/L，20℃）：丙酮920，二氯甲烷902，乙酸乙酯808，乙腈943，甲醇653，乙醇500，二甲苯658，正己烷18.6。pH 5～7的水溶液稳定，pH 9水溶液半衰期为288d，水溶液光解半衰期为594d。

毒性 大(小)鼠急性经口 LD_{50}＞5000mg/kg，大鼠急性经皮 LD_{50}＞2000mg/kg。对兔皮肤无刺激性，对兔眼睛有轻微刺激性，对豚鼠皮肤无过敏现象。大鼠急性吸入 LC_{50}（4h）＞4.76mg/L。ADI 值 0.041mg/kg，山齿鹑急性经口 LD_{50}＞2000mg/kg，山齿鹑饲喂 LC_{50}（5d）＞2000mg/kg，虹鳟鱼 LC_{50}（96h）＞320mg/L，蜜蜂急性经口 LD_{50}＞1000μg/只，蚯蚓 LC_{50}（14d）＞1000mg/kg 干土。

作用特点 主要抑制白粉病菌生活史（即发病过程）中菌丝上分生吸器的形成和生长、次生菌丝的生长和附着器的形成，但对孢子的萌发、芽管的伸长均无作用。试验表明环氟菌胺与苯并咪唑类、嘧啶胺类、吗啉类、线粒体呼吸抑制剂、三唑类、苯氧喹啉等无交互抗性。

适宜作物 葡萄、黄瓜、小麦、草莓、苹果等。

防治对象 小麦白粉病、草莓白粉病、黄瓜白粉病、苹果白粉病、葡萄白粉病等。

使用方法 茎叶喷雾。

防治葡萄、黄瓜、小麦、草莓、苹果等的白粉病，在发病初期，用 1.7g（a.i.）/亩对水 40～50kg 喷雾。

注意事项

（1）严格按照农药安全规定使用此药，避免药液或药粉直接接触身体，如果药液不小心溅入眼睛，应立即用清水冲洗干净并携带此药标签去医院就医；

（2）此药应储存在阴凉和儿童接触不到的地方；

（3）如果误服要立即送往医院治疗；

（4）施药后各种工具要认真清洗，污水和剩余药液要妥善处理保存，不得任意倾倒，以免污染鱼塘、水源及土壤；

（5）搬运时应注意轻拿轻放，以免破损污染环境，运输和储存时应有专门的车皮和仓库，不得与食物和日用品一起运输，应储存在干燥和通风良好的仓库中。

环磺酮（tembotrione）

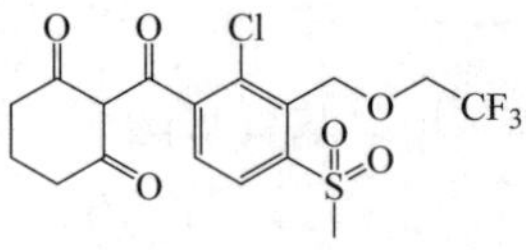

$C_{17}H_{16}O_6F_3SCl$，440.8，335104-84-2

化学名 2-{2-氯-4-甲磺酰基-3-[(2,2,2-三氟乙氧基)甲基]苯甲酰基}环己烷-1,3-二酮。

理化性质　熔点 117℃；pH 3.63（24℃）；密度（20℃）为 1.56g/mL；溶解度（mg/L，20℃）：水 28.3（pH=7），二甲基亚砜＞600，二氯甲烷＞600，乙酸乙酯 180.2，甲苯 75.7，己烷 47.6，乙醇 8.2。

毒性　原药经口、经皮及吸入低毒，对皮肤致敏，对眼和皮肤无刺激。急性经口：大鼠 LD_{50}＞2000mg/kg；急性经皮：大鼠 LD_{50}＞2000mg/kg；急性吸入：大鼠 LC_{50}＞5.03mg/L；眼刺激：家兔原药无刺激；皮肤刺激：家兔无刺激。

作用方式　具有内吸性和选择性，通过抑制 HPPD 的活性，使对羟基苯基丙酮酸转化为尿黑酸的过程受阻，导致质体醌、生育酚无法正常合成，进而影响靶标体内类胡萝卜素的生物合成，促使植物分生，新生组织黄化、褪绿，即产生白化症状，继而组织坏死，导致杂草死亡。

防除对象　可防除稗草、马唐、苋、繁缕、苍耳、小飞蓬、藜、豚草、假高粱、狐尾草、牛筋草、旋花属杂草、苣荬菜、大爪草、水蓼、苘麻、蓟、婆婆纳、猪殃殃、宝盖草、茅草、辣子草、鼬瓣花、反枝苋等，对狗尾草和马齿苋也有较好活性。

使用方法　8%环磺酮可分散油悬浮剂每亩 75～105mL，兑水 35～40L，于玉米苗后 3～5 叶期、杂草 2～6 叶期均匀喷施于杂草茎叶。

注意事项

（1）高温、干旱、低温、玉米生长弱小时慎用；

（2）玉米每季最多施药 1 次；

（3）后茬不能种植胡萝卜、甜菜，种植萝卜、莴苣等需要间隔 90d 以上。

环嗪酮（hexazinone）

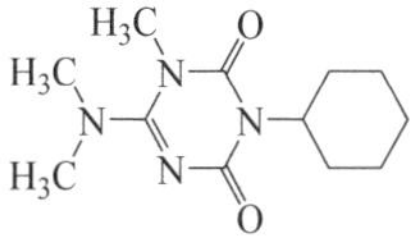

$C_{12}H_{20}N_4O_2$，252.3，51235-04-2

化学名称　3-环己基-6-二甲氨基-1-甲基-1,3,5-三嗪-2,4-二酮。

理化性质　纯品为无色晶体，熔点 113.5℃，溶解度（mg/L，20℃）：水 33000，丙酮 626000，甲苯 334000，甲醇 2146500，苯 837000。土壤与水环境中稳定，不易降解。

毒性　大鼠急性经口 LD_{50} 1100mg/kg；山齿鹑急性 LD_{50}＞2258mg/kg；虹鳟 LC_{50}（96h）＞320mg/kg；大型溞 EC_{50}（48h）＞85mg/kg；对月牙藻 EC_{50}（72h）为

0.0145mg/L；对蜜蜂接触毒性 LD_{50}＞100μg/蜂。对眼睛、皮肤具刺激性，无神经毒性和染色体畸变风险。

作用方式 环嗪酮为三氮苯酮类除草剂，其靶标为光合作用光系统Ⅱ，引起植物光合作用受损，属芽后触杀性除草剂，可通过根和叶面吸收。

防除对象 主要用于森林防除杂草及灌木，可用于造林前除草灭灌、开设森林防火道和维护常绿针叶林（红松、樟子松、云杉、马尾松等）过程中防除多种一年生和两年生杂草，如狗牙根、空心莲子草、双穗雀稗、狗尾草、蚊子草、走马芹、香薷、芦苇、小叶樟、窄叶山嵩、蕨、铁线莲、轮叶婆婆纳、刺儿菜、野燕麦、蓼、稗、藜等，也可通过点喷的方式杀灭黄色忍冬、珍珠海棠、榛材、柳叶绣线菊、刺五加、翅春榆、山杨、桦、蒙古柞、椴、水曲柳、黄菠萝、核桃楸等木本植物。

使用方法 在杂草及灌木生长旺盛期施药，以25%可溶液剂为例，每亩制剂用量334～500mL，兑水稀释后进行茎叶喷雾或点射，持效期40d。

注意事项

（1）最好在雨前施药，施药后15d内无降雨应适当喷水，否则会影响药效。

（2）暴雨前不宜施药，避免流失飘移引起邻近植物药害。

（3）单剂未在其他作物上登记，如需使用应先进行试验。

（4）落叶松对环嗪酮敏感，不宜使用。

（5）土壤有机质含量高时，微生物对环嗪酮降解较快，可适当提高使用剂量。

（6）稀释时水温不宜过低，否则影响环嗪酮溶解。

环戊噁草酮（pentoxazone）

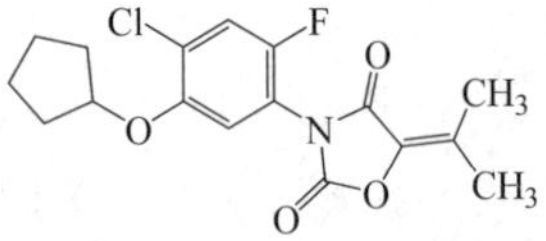

$C_{17}H_{17}ClFNO_4$，353.8，110956-75-7

化学名称 3-（4-氯-5-环戊氧基-2-氟苯基）-5-异亚丙基-1,3-噁唑啉-2,4-二酮。

理化性质 纯品环戊噁草酮为无色晶体状粉末，熔点104℃，溶解度（20℃，mg/L）：水0.216，甲醇24800，己烷5100。

毒性 大鼠急性经口 LD_{50}＞5000mg/kg；山齿鹑急性 LD_{50}＞2250mg/kg；鲤鱼 LC_{50}（96h）21.4mg/L；对大型溞 EC_{50}（48h）为38.8mg/kg；对月牙藻 EC_{50}（72h）为0.00131mg/L；对蜜蜂、蚯蚓中等毒性。对眼睛、皮肤无刺激性，无致癌风险。

作用方式 作用靶点为原卟啉原氧化酶。有效地抑制在叶绿素生物合成中起作用的原叶啉Ⅸ氧化酶。在水中的溶解度低，对土壤的吸附能力强，药剂使用后会在水中扩散并迅速吸附于土壤表层，形成均匀的药剂处理层。

防除对象　用于水稻移栽田防除稗草、鸭舌草、荸荠、陌上菜、雨久花以及部分莎草科杂草等。

使用方法　水稻移栽后当天起 3d 内，施药 1 次。以 8%悬浮剂为例，每亩制剂用量 160～280mL，均匀甩施。药前至少 3～4d 灌水 3～5cm，施药后保水 5～7d，不得淹没稻心叶。

环酰菌胺（fenhexamid）

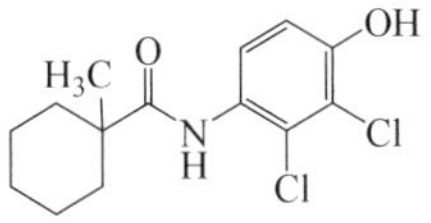

$C_{14}H_{17}Cl_2NO_2$，302.20，126833-17-8

化学名称　*N*-(2,3-二氯-4-羟基苯基)-1-甲基环己基甲酰胺。

理化性质　纯品为白色粉状固体，熔点 153℃。水中溶解度 20mg/L（pH 5～7，20℃）。在 25℃pH 为 5、7、9 水溶液中放置 30d 稳定。

毒性　大鼠急性 LD_{50}（mg/kg）：＞5000（经口），＞5000（经皮）。大鼠急性吸入 LC_{50}（4h）＞5057mg/L。对兔眼睛和皮肤无刺激性。无致畸、致癌、致突变作用。山齿鹑急性经口 LD_{50}＞2000mg/kg。鱼毒 LC_{50}（96h，mg/L）：虹鳟鱼 1.34，大翻车鱼 3.42。蜜蜂 LD_{50}（48h）＞100μg/只（经口和接触）。蚯蚓 LC_{50}（14d）＞1000mg/kg 土壤。

作用特点　具体作用机理尚不清楚。大量的研究表明其具有独特的作用机理，与已有杀菌剂苯并咪唑类、二羧酰亚胺类、三唑类、苯胺嘧啶类、*N*-苯基氨基甲酸酯类等无交互抗性。

适宜作物　柑橘、草莓、蔬菜、葡萄、观赏植物等。对作物、人类、环境安全，是理想的综合有害生物治理药物。

防治对象　各种灰霉病及相关的菌核病、黑斑病等。

使用方法　叶面喷雾。防治灰霉病，剂量为 33.3～66.7g(a.i.)/亩。

注意事项

（1）严格按照农药安全规定使用此药，避免药液或药粉直接接触身体，如果药液不小心溅入眼睛，应立即用清水冲洗干净并携带此药标签去医院就医；

（2）此药应储存在阴凉和儿童接触不到的地方；

（3）如果误服要立即送往医院治疗；

（4）施药后各种工具要认真清洗，污水和剩余药液要妥善处理保存，不得任意倾倒，以免污染鱼塘、水源及土壤；

（5）搬运时应注意轻拿轻放，以免破损污染环境，运输和储存时应有专门的车皮和仓库，不得与食物和日用品一起运输，应储存在干燥和通风良好的仓库中。

环酯草醚（pyriftalid）

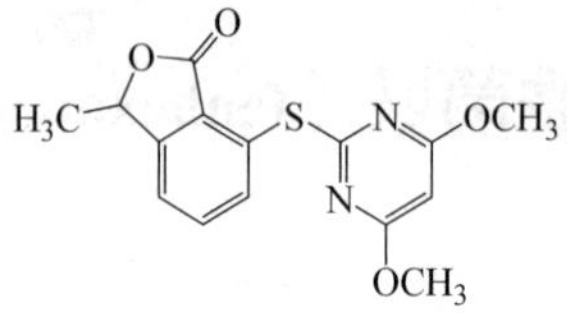

$C_{15}H_{14}N_2O_4S$，318.35，135186-78-6

化学名称 7-[(4,6-二甲氧基-2-嘧啶基)硫]-3-甲基-1(3*H*)-苯并呋喃酮。

理化性质 纯品为白色晶体粉末，熔点 163.4℃，300℃时开始分解。溶解度（25℃，mg/L）：水 1.8；原药为浅褐色细粉末，在有机溶液中溶解度（25℃，g/L）：甲醇 1.4，丙酮 14，乙酸乙酯 6.1，己烷 30。

毒性 急性 LD_{50}（mg/kg）：大鼠经口＞5000，经皮＞2000；对兔皮肤和眼睛无刺激性；以 23.8～25.5mg/（kg·d）剂量饲喂大鼠 90d，未发现异常现象；对动物无致畸、致突变、致癌作用。对鱼类、鸟类、蜜蜂、家蚕均低毒，鲤鱼 LD_{50}（96h）＞100mg/L，鹌鹑 LD_{50}＞2000mg/kg，蜜蜂经口 LD_{50}（48h）＞138μg/只，接触 LD_{50}（48h）＞100μg/只，家蚕 LD_{50}（96h）＞1250mg/kg。

作用方式 抑制乙酰乳酸合成酶（ALS）的合成，主要被水稻田杂草的根尖吸收，少部分被杂草叶片吸收，在植株体代谢后，产生药效佳的代谢物，并经内吸传导，使杂草停止生长，继而枯死。

防除对象 主要用于稻田防除稗草等禾本科杂草和部分阔叶杂草，是新型水稻苗后早期广谱除草剂，目前主要在水稻移栽田中使用，对水稻后茬作物安全。对水稻田稗草、千金子防效较好，对碎米莎草、鸭舌草、节节菜等阔叶杂草和莎草有一定的防效。

使用方法 防治水稻移栽田一年生禾本科、莎草科及部分阔叶杂草，24.3%环酯草醚悬浮剂每亩用药量 50～80mL，水稻移栽后 5～7d，于杂草 2～3 叶期（稗草 2 叶期前，以稗草叶龄为主）茎叶喷雾处理，施药前一天排干田水，均匀喷雾，每亩兑水 15～30L，施药 1～2d 后复水 3～5cm，保持 5～7d，一季作物最多施用一次。

注意事项

（1）尽早用药，除草效果更佳，施药时避免雾滴飘移至邻近作物。

（2）目前登记的产品仅限于水稻移栽田使用，在稗草 2 叶期前使用最佳，之后效果差。

磺草酮（sulcotrione）

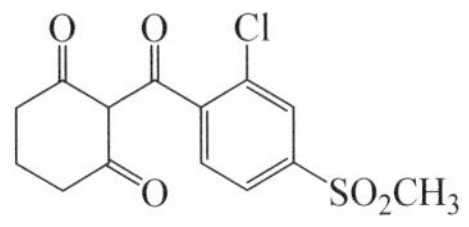

$C_{14}H_{13}ClO_5S$，328.77，99105-77-8

化学名称　2-(2-氯-4-甲磺酰基苯甲酰基)环己烷-1,3-二酮。

理化性质　原药为褐灰色固体，熔点 139℃，水中溶解度 165mg/L（25℃），溶于丙酮和氯苯。在水中，日光或避光下稳定，耐热高达 80℃。在肥沃沙质土壤中 DT_{50}15d，细沃土中 DT_{50}7d。工业品熔点 131～139℃。

毒性　大鼠急性经口 LD_{50}＞5000mg/kg，兔急性经皮 LD_{50}＞4g/kg。原药或制剂对哺乳动物的经口、经皮或吸入急性毒性均很低，皮肤吸收也很低，对使用者也很安全。该化合物对兔皮肤无刺激作用，对眼睛有轻微的刺激作用，对豚鼠皮肤有强过敏性，急性吸入 LC_{50}（4h）＞1.6mg/kg。活体试验表明，本品对大鼠和兔不致畸。施药后 50～140d，在玉米和青饲料作物中未发现残留。对鸟类、野鸭、鹌鹑等野生动物的毒性很低；对鲤鱼毒性低，虹鳟鱼 LC_{50}（96h）为 227mg/L。对水蚤和蜜蜂安全。水蚤 LC_{50}（48h）＞100mg/L 高剂量下，对土壤微生物也无有害影响。

作用方式　为叶面除草剂，也可通过根系吸收，残留土壤活性使其优于仅有叶面活性的芽后除草剂。这一附加效果是防除某些杂草如苋属的重要因素。施药后杂草很快脱色，缓慢死亡。三酮类除草剂的作用方式至今仍未完全弄清楚，很可能是叶绿素的合成直接受到影响，作用于类胡萝卜素合成。由于这一作用方式，它不可能与三嗪类除草剂有交互抗性。

防除对象　禾本科杂草、阔叶杂草及某些单子叶杂草，如稗草、牛筋草、藜、茄、龙葵、蓼、酸模叶蓼、马唐和野黍。

使用方法　芽后施用，玉米 3～6 叶期，禾本科杂草 2～4 叶期，阔叶杂草 2～6 叶期，每亩用 15%磺草酮水剂 300～500mL 可防除阔叶杂草和禾本科杂草。高剂量［900g（a.i.）/hm^2］对玉米也安全，但遇干旱和低洼积水时，玉米叶会有短暂的脱色症状，对玉米生长的重量无影响。在正常轮作条件下，对冬小麦、大麦、冬油菜、马铃薯、甜菜和豌豆等安全。可以单用、混用或连续施用防除玉米杂草。

磺菌胺（flusulfamide）

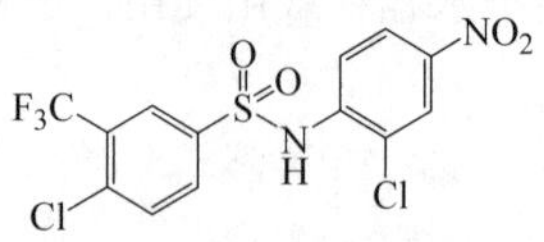

$C_{13}H_7Cl_2F_3N_2O_4S$，415.2，106917-52-6

化学名称 2′,4-二氯-*a,a,a*-三氟-4′-硝基间甲苯磺酰苯胺。

理化性质 纯品为浅黄色结晶状固体。熔点 169.7～171.0℃。水中溶解度 2.9mg/kg（25℃）；有机溶剂中溶解度（g/kg，25℃）：甲醇 24，丙酮 314，四氢呋喃 592。在黑暗环境中与 35～80℃之间能稳定存在 90d。在酸、碱介质中稳定存在。

毒性 雄性大鼠急性经口 LD_{50} 为 180mg/kg，雌性大鼠 132mg/kg。雌雄大鼠急性经皮 LD_{50}＞2000mg/kg。对兔有轻微眼睛刺激，无皮肤刺激，无皮肤过敏现象。雌雄大鼠急性吸入 LC_{50}（4h）为 0.47mg/L。鹌鹑急性经口 LD_{50} 为 66mg/kg。蜜蜂 LD_{50} 为＞20g/只（经口与接触）。

作用特点 抑制孢子萌发。

适宜作物 甘蓝、花椰菜、甜菜、番茄、茄子、黄瓜、菠菜、小麦、水稻、大麦、黑麦、大豆、萝卜等，果树如苹果树、葡萄等。

防治对象 锈病、菌核病、灰霉病、霜霉病、苹果树黑星病和白粉病，磺菌胺能有效地防治土传病害，包括腐霉菌、疮痂病菌等引起的病害，对根肿病（如白菜根肿病）有显著效果。

使用方法 茎叶喷雾。

注意事项

（1）严格按照农药安全规定使用此药，喷药时戴好口罩、手套，穿上工作服；

（2）施药时不能吸烟、喝酒、吃东西，避免药液或药粉直接接触身体，如果药液不小心溅入眼睛，应立即用清水冲洗干净并携带此药标签去医院就医；

（3）此药应储存在阴凉和儿童接触不到的地方；

（4）如果误服要立即送往医院治疗；

（5）施药后各种工具要认真清洗，污水和剩余药液要妥善处理保存，不得任意倾倒，以免污染鱼塘、水源及土壤；

（6）搬运时应注意轻拿轻放，以免破损污染环境，运输和储存时应有专门的车皮和仓库，不得与食物和日用品一起运输，应储存在干燥和通风良好的仓库中。

磺菌威（methasulfocarb）

$C_9H_{11}NO_4S_2$，261.3，66952-49-6

其他名称　Kayabest，NK-191。

化学名称　*S*-(4-甲基磺酰基氧苯基)-*N*-甲基硫代氨基甲酸酯，*S*-(4-methylsulfonyloxyphenyl)-*N*-methylthiocarbamate。

理化性质　纯品为无色结晶体，熔点137.5～138.5℃。水中溶解度为480mg/L，溶于苯、醇类和丙酮。对日光稳定。

毒性　急性经口LD_{50}（mg/kg）：大鼠112～119，雄小鼠342，雌小鼠262。大、小鼠急性经皮LD_{50}＞5000mg/kg，大鼠急性吸入LC_{50}（4h）＞0.44mg/L空气。对小鼠无诱变性，对大鼠无致畸性。鲤鱼LC_{50}(48h)：1.95mg/L。水蚤LC_{50}(3h)：24mg/L。

作用特点　磺菌威是一种磺酸酯杀菌剂和植物生长调节剂。用于土壤，尤其用于水稻的育苗箱，对防治由根腐属、镰孢属、木霉属、伏革菌属、毛霉属、丝核菌属和极毛杆菌属等病原真菌引起的水稻枯萎病很有效。

适宜作物　水稻。

应用技术　用于水稻时，在播种前7d内或临近播种时，将10%粉剂混土，剂量为5L育苗土混6～10g药剂。不仅杀菌，还可提高水稻根系的生理活性。

混杀威（trimethacarb）

$C_{11}H_{15}NO_2$，193.24，2686-99-9

其他名称　混灭威、三甲威、3,4,5-三甲威、*N*-甲基氨基甲酸混二甲苯酯、3,4,5-三甲基苯基、混二甲苯基甲氨基甲酸酯、混二甲苯基-*N*-甲基氨基甲酸酯、3,4,5-Landrin、3,4,5-Trimethacarb、Landrin 1、Landrin A、SD 8530、Shell 8530、Shell SD 8530。

化学名称　*N*-甲基氨基甲酸混二甲苯酯，Phenol,3,4,5-trimethyl-, 1-(*N*-methylcarbamate)。

理化性质　原药为淡黄色至红棕色油状液体，微臭，当温度低于10℃时，有结晶析出，不溶于水，微溶于汽油、石油醚，易溶于甲醇、乙醇、丙酮、苯和甲苯等有机溶剂，遇碱易分解。

毒性 雄性大鼠急性经口 LD_{50} 为441～1050mg/kg，雌性大鼠经口 LD_{50} 为295～626mg/kg。原油小鼠急性经口 LD_{50} 为 214mg/kg，小鼠急性经皮 LD_{50}＞400mg/kg。红鲤鱼 TLm（48h）为 30.2mg/L。

作用特点 混杀威是由灭杀威和灭除威两种同分异构体混合而成的氨基甲酸酯类杀虫剂，对飞虱、叶蝉有强烈的触杀作用。击倒速度快，一般施药后 1h 左右，大部分害虫即跌落水中，但残效只有 2～3d。其药效不受温度的影响，在低温下仍有很好的防效。混灭威对鳞翅目和半翅目等害虫均有效，主要用于防治叶蝉、飞虱、蓟马等。

适宜作物 水稻。

防除对象 水稻害虫如稻飞虱、稻叶蝉等。

应用技术 以防治水稻害虫为例介绍。

（1）稻飞虱 在低龄若虫发生盛期施药，用 50%乳油 75～100g/亩，兑水 50～60kg，对准稻株中下部进行全面喷雾处理。田间保持水层 3～5cm 深，保水 3～5d。

（2）稻叶蝉 在低龄若虫发生盛期施药，用 50%乳油 50～100mL/亩兑水喷雾处理，前期重点是茎秆基部；抽穗灌浆后穗部和上部叶片为喷布重点。

注意事项

（1）不得与碱性农药混用或混放，应放在阴凉干燥处。

（2）混灭威有疏果作用，宜在花期后 2～3 周使用。

（3）对蜜蜂及水生生物有毒，开花作物花期、蚕室和桑园附近禁用；赤眼蜂等天敌放飞区域禁用；禁止在河塘等水体内清洗施药器具。

（4）在水稻上的安全间隔期为 20d，每季最多使用 1 次。

（5）大风天或预计 1h 内降雨请勿使用。

（6）建议与其他作用机制的杀虫剂轮换使用。

己唑醇（hexaconazole）

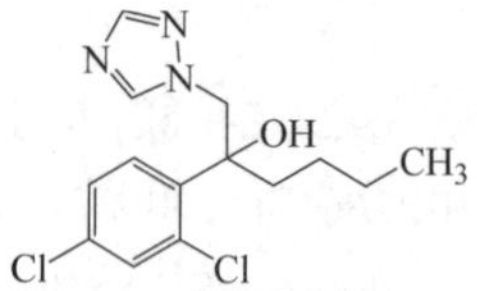

$C_{14}H_{17}Cl_2N_3O$，314.21，79983-71-4

化学名称 (*RS*)-2-(2,4-二氯苯基)-1-(1*H*-1,2,4-三唑-1-基)己-2-醇。

理化性质　纯品己唑醇为无色晶体，熔点111℃；溶解度（20℃，g/kg）：水0.017，二氯甲烷336，甲醇246，丙酮164，乙酸乙酯120，甲苯59。

毒性　急性LD_{50}（mg/kg）：大鼠经口2189（雄）、6071（雌），大鼠经皮＞2000；对兔眼睛有中度刺激性，对兔皮肤无刺激性；以10mg/（kg·d）剂量饲喂大鼠两年，未发现异常现象；对动物无致畸、致突变、致癌作用。

作用特点　属广谱内吸性杀菌剂，有内吸、保护和治疗作用。是甾醇脱甲基化抑制剂，破坏和阻止病菌麦角甾醇的生物合成，导致细胞膜不能形成，使病菌死亡，还能够抑制病原菌菌丝伸长，阻止已发芽的病菌孢子侵入作物组织。

适宜作物　果树（如苹果、葡萄、香蕉）、蔬菜（瓜果、辣椒等）、花生、咖啡、禾谷类作物（如小麦、水稻）和观赏植物等。在推荐剂量下使用，对环境、作物安全，但有时对某些苹果品种有药害。

防治对象　有效地防治子囊菌、担子菌和半知菌所致病害，尤其是对担子菌亚门和子囊菌亚门引起的病害如白粉病、锈病、纹枯病、稻曲病、黑星病、褐斑病、炭疽病等有优异的铲除作用。

使用方法　茎叶喷雾，使用剂量通常为1～16.7g（a.i.）/亩。

（1）禾谷类作物病害防治

① 防治小麦白粉病　发病初期用5%悬浮剂20～30mL/亩对水40～50kg喷雾；

② 防治小麦锈病　发病初期用5%悬浮剂30～40mL/亩对水40～50kg喷雾；用30%己唑醇悬浮剂2.4～3g（a.i.）/亩，对水量30kg/亩，一般喷施1～2次即可；

③ 防治水稻纹枯病　发病初期用5%悬浮剂50～80g/亩对水40～50kg喷雾；在分蘖末期和孕穗末期，用30%的己唑醇悬浮剂10～15mL/亩；

④ 防治水稻稻曲病　发病初期用5%悬浮剂40～60mL/亩对水40～50kg喷雾；在抽穗前5～7d和齐穗期，用30%己唑醇悬浮剂15mL/亩，均有很好的防治效果；在孕穗后期和齐穗期用30%己唑醇悬浮剂10～20mL/亩，对水50kg，效果显著。

（2）果树病害防治

① 防治苹果斑点落叶病、白粉病　发病初期用50%悬浮剂7000～9000倍液喷雾；

② 防治苹果白粉病、苹果黑星病　发病初期用50%悬浮剂10～20mg/L喷雾；

③ 防治梨树黑星病　发病初期用50%悬浮剂5～8mL/亩对水40～50kg喷雾；

④ 防治桃树褐腐病　发病初期用5%悬浮剂800～1000倍液喷雾；

⑤ 防治葡萄白粉病、褐斑病　发病初期用5%微乳剂1500～2000倍液喷雾。

（3）其他作物病害防治

① 防治黄瓜白粉病　发病初期用5%悬浮剂1000～1500倍液喷雾；

② 防治番茄白粉病　发病初期用5%悬浮剂500～1000倍液喷雾；

③ 防治大荚豌豆白粉病　发病初期用5%微乳剂30mL/亩对水40～50kg喷雾；

④ 防治咖啡锈病　发病初期用5%微乳剂40mL/亩对水40～50kg喷雾；

⑤ 防治苹果斑点落叶病　发病初期用 5%悬浮剂 1000～1500 倍液喷雾，间隔 10～14d 喷一次，连喷 3～4 次；

⑥ 防治番茄灰霉病　发病初期用 5%己唑醇悬浮剂 500～1000 倍液喷雾，一般用药 2～3 次。

注意事项　施药时不宜随意加大剂量，否则会抑制作物生长，施药时应使用安全防护用具，避免药液接触皮肤或眼睛。存放在儿童不宜接触的地方，妥善处理剩余药剂。

2 甲 4 氯（MCPA）

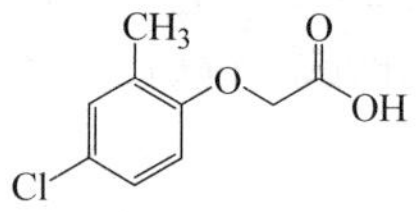

$C_9H_9ClO_3$，200.6，94-74-6

化学名称　2-甲基-4-氯苯氧乙酸，2-methyl-4-chloro phenoxyacetic acid。

理化性质　2 甲 4 氯为灰白色晶体，有芳香气味。熔点 115.4～116.8℃。粗品纯度在 85%～95%，熔点 100～150℃，微溶于水（25℃溶解度 825mg/L），易溶于乙醇、丙醇等有机溶剂。能与各种碱类生成相应的盐，一般制成钠盐。2 甲 4 氯钠原粉为褐色粉末，有酚的刺激气味。易溶于水，干燥的粉末极易吸潮结块，但不变质。

毒性　急性经口 LD_{50}（mg/kg）：大鼠 962～1470，小鼠 550，对野生动物及鱼低毒。

作用方式　选择性激素型内吸传导除草剂，主要用于苗后茎叶处理，传导到杂草各部分，抑制植物顶端的核酸代谢和蛋白质合成，使生长点停止生长，从而导致杂草死亡。

防除对象　适用于水稻、小麦等作物，防治三棱草、鸭舌草、泽泻、野慈姑及其他阔叶杂草。

使用方法

（1）小麦田　小麦完全分蘖末期至拔节前，每亩用 13% 2 甲 4 氯水剂 308～462mL，加水 100kg，茎叶喷雾，可防除大部分一年生阔叶杂草。

（2）玉米田　玉米 4～5 叶期，每亩可用 56% 2 甲 4 氯钠水剂 107～143mL，兑水 20～40kg，进行茎叶喷雾处理。

（3）移栽稻田　移栽后 30d 至拔节期前，用药前排干田水，每亩可用 13% 2 甲 4 氯水剂 231～462mL，兑水 50～60kg，进行喷雾处理。

2 甲 4 氯与敌稗（有效成分 315g/hm^2+2250g/hm^2）混用时，在移栽后三周，加水 15～30kg 进行喷雾处理，除能防除荆三棱外，还能兼治稗草。在以扁秆藨草、三菱藨草及日本藨草为主，兼有阔叶杂草的田块，实践证明 2 甲 4 氯与苯达松混用是行之有效的。在三棱草 10～30cm、鸭舌草 1～3 叶期时，每亩用 20% 2 甲 4 氯水剂 100mL 加 48%苯达松水剂 100mL（有效成分 20g+48g）进行茎叶处理，效果良好。

（4）高羊茅草坪　高羊茅草 2～5 叶期，每亩可用 40% 2 甲 4 氯钠水剂 90～110mL，进行茎叶喷雾处理。

（5）高粱　每亩可用 56% 2 甲 4 氯钠水剂 107～143mL，茎叶处理。

（6）大麻　每亩可用 56% 2 甲 4 氯钠水剂 20g+120g/L 烯草酮乳油 13mL，兑水 40kg 茎叶喷雾处理。

注意事项

（1）2 甲 4 氯与 2,4-滴一样，与喷雾机接触部分的结合力很强，用后应彻底清洗机具的有关部件，最好是专用。

（2）2 甲 4 氯飘移对棉花、油菜、豆类、蔬菜等作物威胁极大，应尽量避开，应在无风天气施药。

（3）要穿防护衣、裤，戴口罩、手套。施药后要用肥皂洗手、洗脸。要顺风喷雾，不用逆风喷雾，以免药物接触皮肤，进入眼睛引起炎症。施药时严禁抽烟、喝水、吃东西。

（4）中毒症状有呕吐、恶心、步态不稳、肌肉纤维颤动、反射降低、瞳孔缩小、抽搐、昏迷、休克等。部分病人有肝、肾损害。发现上述症状时，应立即送医院，请医生对症治疗，注意防治脑水肿和保护肝脏。

（5）本品储存时应注意防潮，放置于阴凉干燥处，不得与种子、食物、饲料放在一起。勿与酸性物质接触，以免失效。

药害

（1）大豆

① 药害产生原因　茎叶处理时大豆对 2 甲 4 氯敏感，误施或药液飘落到大豆植株上可产生药害。

② 药害症状　受其飘移危害，表现嫩茎、叶柄弯曲，新叶变黄、变厚，并向正面翻卷。受害严重时，老叶失水枯干，顶芽和侧芽生长停滞或萎缩。

（2）小麦　药害症状表现为：用其做茎叶处理受害，茎叶多向一侧弯成弓形或抛物线形，外叶的中下部变为筒状而包住心叶。受害严重时，多数叶片变为褐色而枯死。

（3）水稻　药害症状表现为：用其做茎叶处理受害，心叶、嫩叶纵卷呈筒状，分蘖扭曲并萎缩，叶色变暗或变浓，质地变硬，植株生长停滞。也有的表现茎叶黄枯。若用其进行芽前土壤处理受害，则会造成幼芽弯曲，出苗迟缓，植株矮小、纤细，先出叶片的中上部多有黄白色枯斑。

（4）甜菜　药害症状表现为：受其飘移危害，叶柄弯曲，叶片向背面横卷，幼叶和顶芽萎缩。

（5）油菜　药害症状表现为：受其飘移危害，叶柄弯曲，嫩叶向背面翻卷，老叶则产生大块白色枯斑，顶芽萎缩，植株逐渐停止生长，进而枯死。

（6）向日葵　药害症状表现为：受其飘移危害，嫩茎变粗，叶柄弯曲，上部新生叶片严重萎缩、变厚，尖端枯干。

（7）棉花　药害症状表现为：受其飘移危害，嫩茎、叶柄弯曲，叶片变小、稍卷，植株生长缓慢。

2甲4氯丁酸（2-methyl-4-chlorobutyric acid）

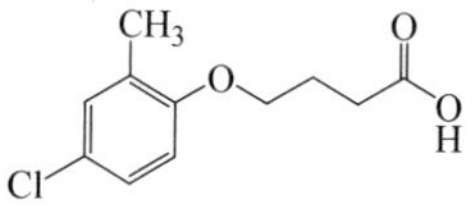

$C_{11}H_{13}ClO_3$，228.7，94-81-5（酸），6062-26-6（钠盐）

化学名称　4-(4-氯邻甲苯氧基)丁酸，4-(4-chloro-*o*-tolyoxy) butyrie acid。

理化性质　纯品为无色结晶（工业品为褐色至棕色薄片），熔点101℃（工业品95～100℃），密度1.233g/cm^3（22℃）。溶解度（20℃，g/L）：水0.11（pH 5）、4.4（pH 7）、444（pH 9）；丙酮313、二氯甲烷169、乙醇150、己烷0.26、甲苯8。常用的碱金属盐和铵盐易溶于水，几乎不溶于大多数有机溶剂。稳定性：酸的化学性质极其稳定，在pH 5～9（25℃）时，对水解稳定，固体对光稳定，溶液降解半衰期为2.2d，对铝、锡和铁稳定至150℃。

毒性　大鼠急性经口LD_{50}：4700mg/kg，大鼠急性经皮LD_{50}＞2000mg/kg。对眼睛有刺激性，对皮肤无刺激性，对皮肤无过敏性。大鼠急性吸入LC_{50}（4h）＞1.14mg/L空气。NOEL数据：大鼠（90d）100mg/kg饲料。鸟类LC_{50}＞20000mg/kg饲料。鱼毒LC_{50}（48h）：虹鳟鱼75mg/L，黑头呆鱼11mg/L。对蜜蜂无毒。

作用特点　通过植物的茎、叶吸收，传导到其他组织。高浓度时可作为除草剂，低浓度时作为植物生长调节剂，可防止收获前落果。

适宜作物　苹果、梨、橘子。

应用技术

（1）苹果　收获前15～20d，20%制剂6000倍液喷洒2次，用量为300～600L/1000m^2，防止落果。

（2）梨　收获前7d，以20%制剂6000倍液喷洒2次，用量为200～300L/1000m^2，防止落果。

（3）橘子　收获前 20d，用 20mg/L 的溶液喷洒，防止落果。

上述处理除防止落果外，还可延长苹果、梨、橘子的贮存时间。

注意事项

（1）严格按照推荐剂量使用，不能随意增加使用剂量。

（2）用过本品的喷雾器械要彻底清洗。

甲氨基阿维菌素苯甲酸盐（emamectin benzoate）

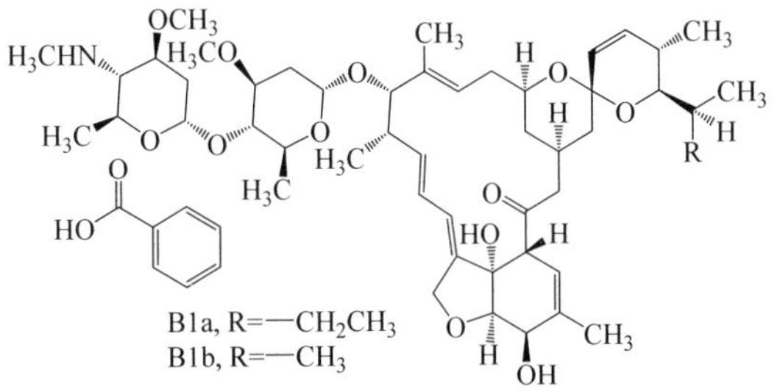

Bla：$C_{49}H_{75}NO_{13} \cdot C_7H_6O_2$　Blb：$C_{48}H_{73}NO_{13} \cdot C_7H_6O_2$，Bla：1008.26　Blb：994.23，137512-74-4

其他名称　甲维盐。

化学名称　4′-表-甲氨基-4′-脱氧阿维菌素苯甲酸盐。

理化性质　外观为白色或淡黄色结晶粉末，熔点 141～146℃；稳定性：在通常贮存条件下本品稳定，对紫外光不稳定。溶于丙酮、甲苯，微溶于水，不溶于己烷。

作用特点　甲维盐阻碍运动神经信息传递而使害虫麻痹死亡，以胃毒作用为主，兼有触杀作用，对作物无内吸性能，但能有效深入施用作物表皮组织，因而具有较长残效期，具有高效、广谱、残效期长的特点，为优良的杀虫、杀螨剂。对螨类、鳞翅目、鞘翅目及半翅目害虫有极高活性，在土壤中易降解、无残留、不污染环境，在常规剂量范围内对有益昆虫及天敌、人、畜安全，可与大部分农药混用。

适宜作物　蔬菜、棉花等。

防除对象　蔬菜害虫如菜青虫、甜菜夜蛾、小菜蛾等；棉花害虫如棉铃虫、烟青虫等。

应用技术　以 1%甲维盐乳油、1.5%甲维盐乳油、0.5%甲维盐乳油、1%甲维盐微乳剂、0.1%甲维盐杀蟑饵剂为例。

（1）防治蔬菜害虫

① 小菜蛾　在卵孵盛期至 2 龄幼虫前期施药，用 1%甲维盐乳油 10～20mL/亩

均匀喷雾。

② 菜青虫　在低龄幼虫期施药，用1%甲维盐乳油10～17mL/亩均匀喷雾。

③ 甜菜夜蛾　在害虫发生初期施药，用1.5%甲维盐乳油7.5～12.5g/亩均匀喷雾。

④ 棉铃虫　在卵孵盛期和低龄幼虫期施药，用0.5%甲维盐乳油100～150g/亩均匀喷雾。

⑤ 烟青虫　在卵孵盛期至2龄幼虫前期施药，用1%甲维盐微乳剂17～25mL/亩均匀喷雾。

（2）防治卫生害虫　防治蟑螂时，在蟑螂出没或栖息处，将0.1%甲维盐杀蟑饵剂直接点状投放于边角、缝隙或裂缝中，每平方米施药1～2点。

注意事项

（1）本品对蜜蜂、家蚕有毒，开花作物花期及蚕室、桑园附近禁用。赤眼蜂等天敌放飞区域禁用。对鱼类等水生生物有毒，远离水产养殖区、河塘等水域附近施药，残液严禁倒入河中，禁止在江河湖泊中清洗施药器具。

（2）本品不可与呈碱性的农药等物质混合使用。

（3）与不同作用机理的杀虫剂交替使用，以延缓抗性的产生。

（4）在十字花科蔬菜上使用的安全间隔期为5d，每季最多使用2次；在烟草上的安全期间隔为21d，每季最多使用2次；在棉花上使用的安全间隔期为14d，每季最多使用2次。

甲苯酞氨酸（benzoic acid）

$C_{15}H_{13}NO_3$，225.27，85-72-3

其他名称　Duraset，Tmomaset。

化学名称　*N*-间甲苯基邻氨羰基苯甲酸，*N*-*m*-tolylphthalamic acid。

理化性质　白色结晶，熔点152℃。25℃下溶解度：水0.1%、丙酮13%、苯0.03%；易溶于甲醇、乙醇和异丙醇。pH 3、pH 10条件下水解。结晶固体，25℃时在水中的溶解度为0.1g/100mL，易溶于丙酮。

毒性　大白鼠急性经口LD_{50}为5230mg/kg。人口服致死最低量为500mg/kg。

作用特点　可增加花和果的数量，从而增产，有防止落花和增加坐果率的作用，为内吸性植物生长调节剂，在不利的气候条件下，可防止花和幼果的脱落。

适宜作物　番茄、白扁豆、樱桃、梅树等。

应用技术　能增加番茄、白扁豆、樱桃和梅子的坐果率。蔬菜则在开花最盛期喷药，例如在番茄花簇形成初期喷 0.5%浓度药液，剂量为 500～1000L/hm^2，可增加坐果率。果树在开花 80%时喷药，施药浓度为 0.01%～0.02%。

注意事项

（1）施药切勿过量。

（2）勿与其他农药合用。

（3）在高温度气候条件下，喷药宜在清晨或傍晚进行。

（4）使用时戴防护手套、穿防护服、戴防护眼罩、戴防护面具。

甲草胺（alachlor）

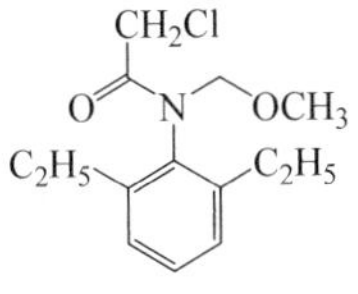

$C_{14}H_{20}ClNO_2$，269.8，15972-60-8

化学名称　2-氯-*N*-(2,6-二乙基苯基)-*N*-(甲氧基甲基)乙酰胺。

理化性质　原药为无色晶体，不具挥发性，熔点 40.5～41.5℃，沸点 100℃，105℃时分解，水中溶解度（20℃）240mg/L，能溶于乙醚、苯、乙醇等有机溶剂，在强酸强碱条件下可水解，紫外光下较为稳定。

毒性　大鼠急性经口 LD_{50} 930～1350mg/kg，大鼠短期喂食毒性高；山齿鹑急性 LD_{50} 1536mg/kg；虹鳟 LC_{50}（96h）为 1.8mg/L；对大型溞 EC_{50}（48h）为 10mg/kg；对 *Scenedesmus quadricauda* EC_{50}（72h）为 0.966mg/L；对蜜蜂、蚯蚓中等毒性。对眼睛具刺激性，无神经毒性和呼吸道刺激性，无染色体畸变风险。

作用方式　选择性芽前土壤处理除草剂。主要通过杂草芽鞘吸收，根部和种子也可少量吸收。甲草胺进入杂草体内后，抑制蛋白酶活性，使蛋白质合成遭破坏而杀死杂草。甲草胺主要杀死出苗前土壤中萌发的杂草，对已出土的杂草防除效果不好。甲草胺能被土壤团粒吸附，不易在土壤中淋失，也不易挥发失效，但能被土壤微生物所分解，一般有效控制杂草时间为 35d 左右。

防除对象　主要用于花生、棉花、夏大豆田防除稗草、马唐、蟋蟀草、狗尾草、秋稷等一年生禾本科杂草及苋、马齿苋、轮生粟米草等阔叶杂草，对藜、蓼、大豆菟丝子也有一定防除效果，对田旋花、蓟、匍匐冰草、狗牙根等多年生杂草无效。

使用方法　播后苗前使用，以 43%乳油为例，每亩制剂用量 200～300mL，兑水 50kg 稀释均匀后进行土壤喷雾。

注意事项

（1）高粱、谷子、水稻、小麦、瓜类、胡萝卜、韭菜、菠菜等作物不宜使用，施药时避免药液飘逸到以上敏感作物上，以防产生药害。

（2）甲草胺乳油能溶解塑料制品，不腐蚀金属容器，可用金属制品贮存。

（3）本品可燃，低于 0℃贮存会出现结晶，已出现结晶在 15～20℃条件下可复原，对药效不影响。

（4）土壤湿度大有利于提高防效，使用后半月内如无降雨，应进行浇水或浅混土，以保证药效，但土壤积水易发生药害。

甲呋酰胺（fenfuram）

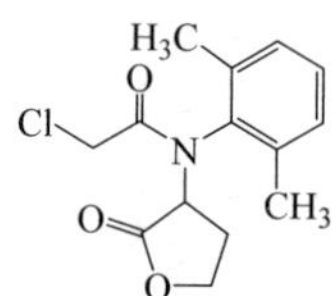

$C_{14}H_{16}ClNO_3$，281.7，58810-48-3

化学名称 DL-3[*N*-氯乙酰基-*N*(2,6-二甲基苯基)氨基]-γ-丁内酯。

理化性质 原药为乳白色固体，纯度为 98%，熔点为 109～110℃。纯品为无色结晶固体，水中溶解度为 0.1g/L（20℃），有机溶剂中溶解度（g/L，20℃）：丙酮 300，环己酮 340，甲醇 145，二甲苯 20。对热和光稳定，中性介质中稳定，但在强酸和强碱中，易分解，在土壤中半衰期为 42d。

毒性 大鼠急性经口 LD_{50} 为 12900mg/kg，小鼠急性经口 LD_{50} 为 2450mg/kg。对兔皮肤有轻度刺激性。

作用特点 内吸性杀菌剂。

适宜作物 大麦、小麦、高粱、谷子。

防治对象 大麦黑穗病、小麦黑穗病、高粱丝黑穗病、谷子黑穗病。

使用方法 种子处理。小麦黑穗病、大麦黑穗病、谷子黑穗病、高粱丝黑穗病，用 25%甲呋酰胺乳油 200～300mL/100kg 拌种。

注意事项

（1）严格按照农药安全规定使用此药，喷药时戴好口罩、手套，穿上工作服；

（2）施药时不能吸烟、喝酒、吃东西，避免药液或药粉直接接触身体，如果药液不小心溅入眼睛，应立即用清水冲洗干净并携带此药标签去医院就医；

（3）此药应储存在阴凉和儿童接触不到的地方；

（4）如果误服要立即送往医院治疗；

（5）施药后各种工具要认真清洗，污水和剩余药液要妥善处理保存，不得任意倾倒，以免污染鱼塘、水源及土壤；

（6）搬运时应注意轻拿轻放，以免破损污染环境，运输和储存时应有专门的车皮和仓库，不得与食物和日用品一起运输，应储存在干燥和通风良好的仓库中。

甲磺草胺（sulfentrazone）

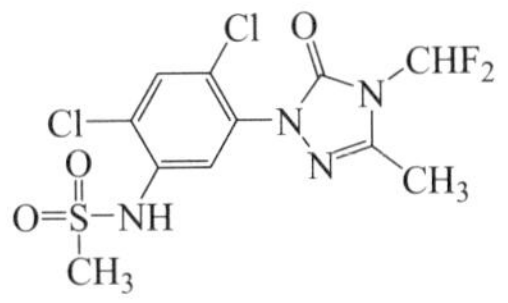

$C_{11}H_{10}Cl_2F_2N_4O_3S$，376.30，122836-35-5

化学名称　2′,4′-二氯-5′-(4-二氟甲基-4,5-二氢-3-甲基-5-氧代-1*H*-1,2,4-三唑-1-基)甲磺酰苯胺。

理化性质　原药为棕白色固体，熔点121～123℃，水溶液弱酸性，溶解度(20℃，mg/L)：水780，丙酮640000，乙腈186000，甲苯66600，己烷110。土壤与水中稳定，不易降解。

毒性　大鼠急性经口LD_{50}＞2855mg/kg，短期喂食毒性高；对绿头鸭急性LD_{50}＞2250mg/kg；对蓝鳃鱼LC_{50}(96h)为93.8mg/L；对大型溞EC_{50}(48h)＞60.4mg/kg；对鱼腥藻EC_{50}（72h）为32.8mg/L；对蜜蜂中等毒性。对眼睛具刺激性，无呼吸道刺激性，无神经毒性和致癌风险。

作用方式　选择性除草剂，通过抑制叶绿素生物合成过程中原卟啉氧化酶而引起细胞膜破坏，使叶片迅速干枯、死亡。

防除对象　用于甘蔗田防除一年生杂草，如小飞蓬、莎草、马唐、阔叶丰花草、藿香蓟等。

使用方法　甘蔗、杂草出土前施药，40%甲磺草胺悬浮剂每亩制剂用量60～90mL，兑水30～50L稀释均匀后进行土壤喷雾。

注意事项

（1）大风天不宜施药，避免飘移到周围作物田地及果树。

（2）严禁加洗衣粉等助剂，请勿与其他药剂混用。

（3）不适用于砂质土壤，也不能施用于任何灌溉系统中。土壤湿润有利于药效发挥。

（4）持效期长，药后90d内不得种植其他作物。

甲基碘磺隆（iodosulfuron-methyl-sodium）

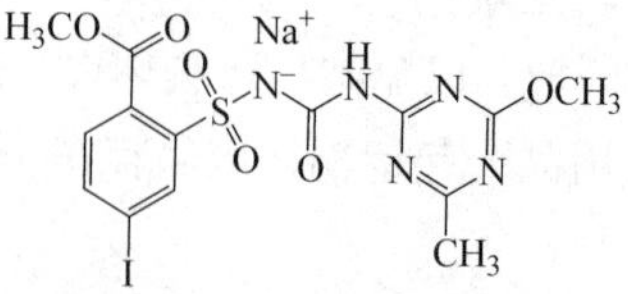

$C_{14}H_{13}IN_5NaO_6S$，529.24，144550-36-7

化学名称 4-碘代-2-[3-(4-甲氧基-6-甲基-1,3,5-三嗪-2-基)脲磺酰基]苯甲酸甲酯钠盐。

理化性质 纯品为白色固体，熔点 152℃，155℃降解，20℃溶解度（g/L）：水 25，正己烷 0.012，甲苯 2.1，甲醇 12。土壤半衰期 2.7d，水中稳定。

毒性 大鼠急性经口 LD_{50} 为 2448mg/kg，急性经皮 LD_{50}＞2000mg/kg，急性吸入 LC_{50}＞2.81mg/L；对眼睛、皮肤无刺激性，具神经毒性和呼吸道刺激性，无致敏性；致突变 Ames 试验、小鼠微核试验为阴性，未见致畸、致癌作用。对鸟、大多数水生生物、蜜蜂和蚯蚓中等毒性，对太阳鱼 LC_{50}（96h）＞100mg/L，山齿鹑 LD_{50}＞2000mg/kg，大型溞 EC_{50}＞100mg/kg，蚯蚓 LC_{50}（14d）＞1000mg/kg。

作用方式 支链乳酸合成酶（ALS）抑制剂，抑制缬氨酸与异亮氨酸的生物合成，阻止细胞分裂和植物生长，通过杂草根、叶吸收后在植物体内传导，使杂草叶褪绿、停止生长，进而干枯死亡。在作物中被代谢毒性降低。

防除对象 主要用于防除玉米田一年生阔叶杂草及莎草科杂草，对猪殃殃、荠菜、繁缕、麦蒿等杂草具较好防效。

使用方法 玉米 3～5 叶期，杂草 2～5 叶期，2%可分散油悬浮剂 20～25mL/亩，二次稀释后，均匀茎叶喷雾。推荐在小麦-玉米-小麦轮作的玉米田使用，后茬不能种植向日葵、油菜、大豆、水稻等敏感作物。间套或混种有其他作物的玉米田不宜使用。甜玉米、糯玉米、爆裂玉米以及制种田玉米不宜使用，不同玉米品种对甲基碘磺隆的耐药性不同，推广前应先进行小面积试验，确认安全后再进行大面积使用。

注意事项

（1）特殊条件慎用，如高温高湿、长期干旱、低温、玉米生长弱小。

（2）不宜与长残效除草剂混用，以免产生药害。

（3）不要和有机磷、氨基甲酸酯类杀虫剂混用或使用本剂前后 7d 内不要使用有机磷、氨基甲酸酯类杀虫剂，以免发生药害。

甲基毒死蜱（chlorpyrifos-methyl）

$C_7H_7Cl_3NO_3PS$，322.47，5598-13-0

其他名称　甲基氯蜱硫磷、氯吡磷、雷丹、Dowreldan、Graincot、Reldan、Dowco 214。

化学名称　*O*,*O*-二甲基-*O*-(3,5,6-三氯-2-吡啶基)硫代磷酸酯，*O*,*O*-dimethyl-*O*-(3,5,6-trichloro- 2-pyridyl)phosphorothioate。

理化性质　外观为白色结晶，略有硫醇味。熔点 45.5～46.5℃。易溶于大多数有机溶剂；水中溶解度 4mg/L（25℃）。正常贮存条件下稳定，在中性介质中相对稳定，在 pH 4～6 和 pH 8～10 介质中水解，碱性条件下加热水解加速。

毒性　急性经口 LD_{50}（mg/kg）：大鼠 2472（雄）、1828（雌），2250（豚鼠），2000（兔）。急性经皮 LD_{50}（mg/kg）>2000（兔），>2800（大鼠）。积蓄毒性试验属弱毒性，动物实验无致畸、致癌、致突变作用。对鱼和鸟安全，鲤鱼 LC_{50}（48h）4.0mg/L，虹鳟鱼 LC_{50}（96h）0.3mg/L，对虾有毒。

作用特点　主要抑制昆虫体内的乙酰胆碱酯酶，从而导致害虫死亡。其属低毒类农药，具有触杀、胃毒、熏蒸作用，为非内吸性杀虫剂。

适宜作物　棉花、甘蓝等。

防除对象　棉花害虫如棉铃虫等，蔬菜害虫如菜青虫等。

应用技术

（1）防治棉花害虫　防治棉铃虫时，在卵孵盛期至低龄幼虫期施药，用 400g/L 乳油 100～175mL/亩兑水均匀喷雾。视虫情 5～7d，可再施用一次。

（2）防治蔬菜害虫　防治菜青虫时，在低龄幼虫发生盛期施药，用 400g/L 乳油 60～80mL/亩兑水均匀喷雾。

注意事项

（1）不可与碱性农药等物质混合使用。

（2）对鱼类等水生生物有毒，应远离水产养殖区施药；禁止在河塘等水体清洗施药器具。对家蚕有毒，蚕室禁用，桑园附近慎用；对蜜蜂有毒，开花植物花期禁用并注意对周围蜂群的影响；对鸟类有毒，鸟类保护期慎用。

（3）对瓜类（特别在大棚中）、莴苣苗期、芹菜及烟草敏感，施药时应避免药液飘移到上述作物上，以防产生药害。

（4）在棉花上的安全间隔期为 30d，每季最多使用 3 次；在甘蓝上的安全间隔期为 7d，每季最多使用 3 次。

（5）大风天或预计 1h 内降雨，请勿施药。

（6）建议与其他作用机制不同的杀虫剂轮换使用，以延缓害虫抗药性产生。

甲基二磺隆（mesosulfuron-methyl）

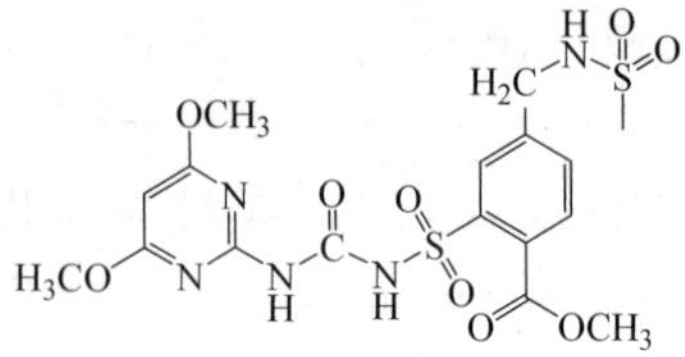

$C_{17}H_{21}N_5O_9S_2$，503.5，208465-21-8

化学名称 2-[3-(4,6-二甲氧基嘧啶-2-基)脲磺酰]-4-甲磺酰胺甲基苯甲酸甲酯。

理化性质 纯品为乳白色粉末，略带辛辣味，熔点 195.4℃（190℃降解），20℃溶解度（g/L）：水 483，正己烷 200，丙酮 13660，乙酸乙酯 2000，甲苯 130。土壤与水中稳定，土壤半衰期 78d，水中半衰期 44d。

毒性 大鼠急性经口 LD_{50}＞5000mg/kg；绿头鸭急性 LD_{50}＞2000mg/kg；山齿鹑经口 LD_{50}＞5000mg/kg；虹鳟 LC_{50}（96h）＞100mg/L；大型溞 EC_{50}（48h）＞100mg/kg；对月牙藻 EC_{50}（72h）为 0.2mg/L；对蜜蜂中等毒性，对黄蜂、蚯蚓低毒。对眼睛、皮肤具刺激性，无神经毒性、呼吸道刺激性和致敏性，无染色体畸变风险。

作用方式 抑制乙酰乳酸合成酶（ALS）活性，影响缬氨酸、亮氨酸和异亮氨酸的合成，阻止细胞分裂和植物生长，可通过茎、叶和根部吸收，抑制植物细胞分裂，导致植物死亡。一般使用后 2d 杂草停止生长，2～4 周后杂草死亡，干旱低温条件下施药，效果较慢但不影响最终防效。

防除对象 主要用于防治春小麦、冬小麦田大多数禾本科杂草，如硬草、节节麦、早熟禾、碱茅、棒头草、看麦娘、茵草、黑麦草、毒麦、野燕麦等，以及部分阔叶类杂草，如牛繁缕、荠菜等。对具精噁唑禾草灵抗性的茵草、日本看麦娘也具有较好防效。

使用方法 施用时期宜偏早，在小麦 3～6 叶期，禾本科杂草基本出齐，处于 3～5 叶期时使用，施药过迟易产生药害。以 30g/L 可分散油悬浮剂为例，20～40mL/亩，用 15～30kg 水，二次稀释后均匀茎叶喷雾。

注意事项

（1）一般冬前使用为宜，杂草基本出齐后用药越早越好。

（2）本剂施用后有蹲苗作用，某些小麦品种可能出现黄化或矮化现象，小麦返青后黄化自然消失。麦田套种下茬作物时，应于小麦起身拔节 55d 以后进行。

（3）施药后 8h 内降雨会降低药效，可半量补喷。

药害　不同类型的小麦品种对甲基二磺隆的敏感程度存在明显差异，对普通类型的冬小麦品种安全，通常冬小麦较春小麦品种耐药，粉质型品种较半角质型品种耐药，角质型品质相对最为敏感。正常使用后会出现暂时性黄化和矮化现象，返青后自然消失，可有效防治小麦徒长，具一定增产效果。施用不当时，会造成小麦出现缺绿病、叶片畸形、枯萎、部分叶片叶焦和严重生长抑制，甚至死亡，建议与安全剂混合使用，进行小规模试验无药害后再使用。

甲基环丙烯（1-methylcyclopropene）

C_4H_6，54.09，3100-04-7

其他名称　1-甲基环丙烯，Ethyl Bloc。

化学名称　甲基环丙烯，英文化学名称为 1-methylcyclopropene。

理化性质　纯品为无色气体，沸点 4.68℃，蒸气压 2×10^5Pa（20～25℃），溶解度（mg/L，20～25℃）：水 137，庚烷＞2450，二甲苯 2250，丙酮 2400，甲醇＞11000。水解 DT_{50}（50℃）2.4h，光氧化降解 DT_{50}（50℃）4.4h。其结构为带一个甲基的环丙烯，常温下为一种非常活跃的、易反应、十分不稳定的气体，当超过一定浓度或压力时会发生爆炸，因此，在制造过程中不能对甲基环丙烯以纯品或高浓度原药的形式进行分离和处理，其本身无法单独作为一种产品存在，也很难贮存。

毒性　大鼠急性经口 LD_{50}＞5000mg/kg，大鼠急性吸入 LC_{50}（4h）＞165μL/L 空气。

作用特点　是一种非常有效的乙烯产生和乙烯作用抑制剂。作为促进成熟的植物激素，乙烯既可由部分植物自身产生，又可在贮藏环境甚至空气中存在一定量。乙烯与细胞内部的相关受体结合，才能激活一系列与成熟有关的生理生化反应，加快衰老和死亡。甲基环丙烯可以很好地与乙烯受体结合，并较长时间保持束缚在受体蛋白上，因而有效地阻碍了乙烯与受体的正常结合，致使乙烯作用信号的传导和表达受阻。但这种结合不会引起成熟的生化反应，因此，在植物内源乙烯产生或外源乙烯作用之前，施用甲基环丙烯就会抢先与乙烯受体结合，从而阻止乙烯与其受体的结合，很好地延长了果树成熟衰老过程，延长了保鲜期。

适宜作物　主要用于果蔬、切花保鲜。

应用技术

（1）使用方式　甲基环丙烯的使用量很小，以微克来计算，方式是熏蒸。在密封的空间内熏蒸6～12h，就可以达到保鲜的效果。

（2）使用技术

① 水果、蔬菜　在采摘后1～7d进行熏蒸处理，可以延长保鲜期至少一倍的时间。如苹果、梨的保鲜期可以从原来的正常贮存3～5个月，延长到8～9个月。

② 八月红梨　用1.0μl/L的甲基环丙烯处理，可使果实保持较高的硬度、可溶性固体物和可滴定酸含量，明显降低果实的呼吸强度和乙烯释放速率，能完全抑制八月红梨果实黑皮病的发生，显著降低果心褐变率，推迟果实的后熟和衰老，延长贮藏期。

③ 桃　用25μl/L的甲基环丙烯分别对底色转白期和成熟期的桃果实进行处理，然后置于0℃左右的冷库中贮存24d，能延缓这两个时期桃果实的后熟软化进程。

④ 河套蜜瓜　用100mg/L、300mg/L的药液处理，能有效延缓河套蜜瓜硬度的下降速度。

甲基硫菌灵（thiophanate-methyl）

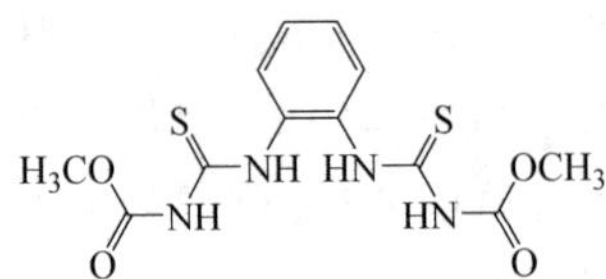

$C_{12}H_{14}N_4O_4S_2$，342.39，23564-05-8

化学名称　1,2-双(3-甲氧羰基-2-硫脲基)苯。

理化性质　纯品为无色结晶固体，原粉（含量约93%）为微黄色结晶。熔点172℃（分解）。在水和有机溶剂中的溶解度很低，易溶于二甲基甲酰胺，溶于二氧六环、氯仿，亦可溶于丙酮、甲醇、乙醇、乙酸乙酯等溶剂。对酸、碱稳定。

毒性　急性经口LD_{50}（mg/kg）：大白鼠7500，小白鼠3514，兔2270。大白鼠、土拨鼠、兔的急性经皮LD_{50}在10000mg/kg以上。鲤鱼TLm（48h）为11mg/L。允许残留量：米2.0mg/kg，麦、甘薯、豆类、甜菜为1.0mg/kg，果实、蔬菜为5.0mg/kg，茶20mg/kg。ADI为0.08mg/kg。

作用特点　主要干扰病原菌菌丝的形成。在植物体内先转化为多菌灵，从而影响病菌细胞的分裂，使孢子萌发长出的芽管畸形，从而杀死病菌。

适宜作物　粮、棉、油、蔬菜、花卉、果树等。

防治对象　对稻瘟病、稻纹枯病、小麦锈病和白粉病、麦类赤霉病、麦类黑穗病、油菜菌核病、番茄叶霉病、蔬菜炭疽病、蔬菜褐斑病、蔬菜灰霉病、花生疮痂病、果树白粉病、果树炭疽病等病害均有效。

使用方法　拌种、喷雾。

（1）防治麦类黑穗病　50%可湿性粉剂200g加水4kg拌种100kg，然后闷种6h。

（2）防治水稻稻瘟病、菌核病、纹枯病　每亩用70%可湿性粉剂70～100g，加水40～50kg喷雾，隔7～10d再施药一次。

（3）防治棉花苗期病害　每100kg棉种用70%可湿性粉剂700g加水拌种。

（4）防治麦类赤霉病　每亩用可湿性粉剂70～100g，加水40～50kg，于破口期喷雾，隔7d再施药一次。

（5）防治花生疮痂病　用70%可湿性粉剂500倍液加水稀释后于发病初期喷雾。

（6）防治油菜菌核病、霜霉病　每亩用70%可湿性粉剂100～150g，加水50kg，于油菜盛花期喷雾，隔7～10d再施药一次。

（7）防治蔬菜白粉病、炭疽病、灰霉病等　70%可湿性粉剂800～1000倍液于发病初期喷雾，隔7～10d再施药1次。

（8）防治柑橘疮痂病、炭疽病，梨黑星病、白粉病、锈病、黑斑病、轮纹病，葡萄白粉病、炭疽病等　用70%可湿性粉剂1000～1500倍液喷雾，隔10d再施药1次，连续2～3次。

（9）防治柑橘储藏期青、绿霉病　用70%可湿性粉剂500～700倍液于采收后浸果。

注意事项

（1）不能与含铜制剂、碱性药剂混用。

（2）甲基硫菌灵与多菌灵、苯菌灵有交互抗性，不能与之交替使用或混用。

（3）病原菌对该药易产生抗性，不能长期单一使用，应与其他类杀菌剂轮换使用或混用。

（4）作物收获前2周必须停止使用。

（5）应该储存于阴凉、干燥处，严格防潮湿和日晒。

甲基嘧啶磷（pirimiphos-methyl）

CH_3　H_3CO　S　P　H_3CO　O　N　N　$N(C_2H_5)_2$

$C_{11}H_{20}N_3O_3PS$，305.33，29232-93-7

其他名称　安得力、保安定、亚特松、甲基嘧啶硫磷、甲基虫螨磷、甲密硫磷、甲基灭定磷、虫螨磷、安定磷、Actellic、Actellifog、Silo San、Fernex、Blex、PP 511。

化学名称 *O*,*O*-二甲基-*O*-（2-二乙基氨基-6-甲基嘧啶-4-基）硫代磷酸酯，*O*,*O*-dimethyl-*O*-(2-diethylamino-6-methyl-primidin-4-yl) phosphorothioate。

理化性质 原药为黄色液体。熔点 15～17℃，蒸气压 1.333×10^{-2}Pa（30℃）。能溶于大多数有机溶剂，在水中溶解度为 5mg/L。在强酸和碱性介质中易水解，对光不稳定，在土壤中半衰期为 3d 左右。

毒性 急性经口 LD_{50}（mg/kg）：2050（雌大鼠），1180（雄小鼠），1150～2300（雄兔），1000～2000（雌豚鼠）；兔急性经皮 LD_{50}＞2000mg/kg。对眼睛和皮肤无刺激作用。大鼠 90d 喂饲试验无作用剂量为 8mg/kg 饲料，相当于 0.4mg/（kg·d）。动物试验未见致癌、致畸、致突变作用。三代繁殖试验未见异常。鲤鱼 LC_{50}（24h）1.6mg/L，（48h）1.4mg/L。

作用特点 主要作用是抑制乙酰胆碱酯酶，属广谱性杀虫剂，具有触杀、胃毒、熏蒸和一定的内吸作用，在木材、砖石等惰性物面上药效持久，在原粮和其他农产品上可较好地保持生物活性，在高温下是相当稳定的谷物防虫保护剂。甲基嘧啶磷对鳞翅目、半翅目等多种害虫均有较好的防治效果，亦可拌种防治多种作物的地下害虫。

适宜范围 储粮、居家环境等。

防除对象 储粮害虫如赤拟谷盗、谷蠹、玉米象等；卫生害虫如蚊、蛆等。

应用技术

（1）防治储粮害虫 防治赤拟谷盗、谷蠹、玉米象，在原粮仓库内用 55%乳油按 9～18mg/kg 的剂量喷雾，使药剂均匀接触原粮。

（2）防治卫生害虫

① 蚊、蝇 用 20%水乳剂按玻璃面 5g/m² 喷洒；油漆面、石灰面按 15g/m² 滞留喷洒。

② 蛆 手工撒施 1%颗粒剂，按 20g/m² 使用；或使用颗粒喷雾机均匀喷洒在需要处理的水体表面。

注意事项

（1）避免与碱性药物混用。

（2）对家蚕有毒，开花植物花期、桑园、蚕室附近禁用；禁止在河塘等水体内清洗施药器具。

（3）加水稀释后应一次用完，不能储存以防失效。

（4）应放在阴凉干燥处，远离火源。

（5）使用中有任何不良反应请及时就医。

甲菌定（dimethirimol）

$C_{11}H_{19}N_3O$，209.29，5221-53-4

化学名称　5-丁基-2-二甲氨基-4-羟基-6-甲基吡啶。

理化性质　纯品为白色针状结晶体，无臭，熔点 102℃，溶解度（25℃，g/L）：氯仿 1200，水 1.2，二甲苯 360，乙醇 65，丙酮 45。对酸、碱、热较稳定，对金属无腐蚀性。

毒性　大鼠急性经口 LD_{50} 2350～4000mg/kg，小鼠 800～1600mg/kg，对兔 500mg/（kg·d）剂量去毛接触 40d，未发现不良影响，对大鼠和狗分别以 300mg/kg 和 24mg/kg 剂量喂养两年，均无不良影响。对天敌无害。

作用特点　内吸性杀菌剂，兼有保护和治疗作用，腺嘌呤核苷酸脱氨酶抑制剂，可被植物的根、茎、叶迅速吸收，并在植物体内运转到各个部位。

适宜作物　麦类、瓜类、蔬菜、甜菜、柞树、橡胶树等。

防治对象　瓜类白粉病、柞树白粉病、禾本科植物的白粉病及蔬菜灰霉病和菌核病等。

使用方法　茎叶喷雾。

（1）防治柞树白粉病，在发病早期，用 0.1%浓度药液喷雾；

（2）防治瓜类白粉病，发病初期，用 0.01%浓度药液喷雾；

（3）防治韭菜灰霉病和黄瓜灰霉病，在发病初期，用 50%甲菌定可湿性粉剂 600 倍液喷雾，隔 7d 喷 1 次，视病情发展喷 2～4 次；

（4）防治番茄早疫病，在发病初期，用 50%甲菌定可湿性粉剂 600 倍液喷雾，隔 7d 喷 1 次，视病情发展喷 2～4 次；

（5）防治黄瓜炭疽病，在发病初期，用 50%甲菌定可湿性粉剂 600 倍液喷雾，隔 7d 喷 1 次，视病情发展喷 2～4 次；

（6）防治黄芩灰霉基腐病，在发病初期，用 50%甲菌定可湿性粉剂 100g/亩，隔 7d 喷 1 次，喷 2～3 次；

（7）防治番茄灰霉病，在发病初期，用 50%甲菌定可湿性粉剂 600～800 倍液喷雾，隔 7d 喷 1 次，连喷 2～3 次，还可兼治番茄早疫病；

（8）防治莴笋灰霉病，在发病初期，用 50%甲菌定可湿性粉剂 800 倍液喷雾，隔 7d 喷 1 次，视病情发展喷 3～4 次；

（9）防治芹菜菌核病，用 50%甲菌定可湿性粉剂 600 倍液喷雾，隔 7d 喷 1 次，视病情发展喷 3～4 次；

（10）防治日光温室蔬菜菌核病，在发病初期，用 50%甲菌定可湿性粉剂 600～800 倍液喷雾，隔 7d 喷 1 次，视病情发展喷 3～4 次；

（11）防治百合花灰霉病，在发病初期，用 50%甲菌定可湿性粉剂 800 倍液喷雾，隔 10d 喷 1 次，视病情发展喷 2～3 次；

（12）防治万寿菊灰霉病，在发病初期，用 50%甲菌定可湿性粉剂 800 倍液喷雾，隔 10d 喷 1 次，视病情发展喷 2～3 次。

注意事项

（1）严格按照农药安全规定使用此药，避免药液或药粉直接接触身体，如果药液不小心溅入眼睛，应立即用清水冲洗干净并携带此药标签去医院就医。

（2）此药应储存在阴凉和儿童接触不到的地方。

（3）如果误服要立即送往医院治疗。

（4）施药后各种工具要认真清洗，污水和剩余药液要妥善处理保存，不得任意倾倒，以免污染鱼塘、水源及土壤。

（5）搬运时应注意轻拿轻放，以免破损污染环境，运输和储存时应有专门的车皮和仓库，不得与食物和日用品一起运输，应储存在干燥和通风良好的仓库中。该药在植物体内半衰期为 3～4d，在使用浓度过高或土壤极干燥的情况下易产生药害。

（6）对害虫和天敌无药害。

甲咪唑烟酸（imazapic）

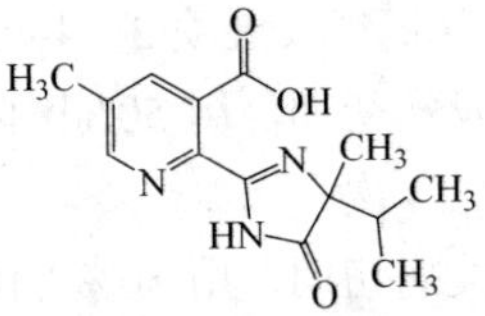

$C_{14}H_{17}N_3O_3$，275.3，104098-48-8

化学名称 (*RS*)-2-(4-异丙基-4-甲基-5-氧-2-咪唑啉-2-基)-5-甲基尼古丁酸。

理化性质 纯品为淡褐色粉末，熔点 204～206℃，水溶液强酸性，溶解度（20℃，mg/L）：水 2230，丙酮 18.9。

毒性 大鼠急性经口 LD_{50}＞5000mg/kg；绿头鸭急性 LD_{50}＞2150mg/kg；虹鳟 LC_{50}（96h）＞100mg/L；大型溞 EC_{50}（48h）＞100mg/kg；对月牙藻 EC_{50}（72h）为 0.051mg/L；对蜜蜂低毒。对眼睛具刺激性，无神经毒性、呼吸道刺激性和致敏性，

无染色体畸变风险。

作用方式　内吸传导性，主要抑制乙酰乳酸合成酶（ALS）活性，可通过植物根茎叶吸收并传导至分生组织内，抑制支链氨基酸合成，阻碍蛋白质功能进而导致植物死亡。

防除对象　主要用于花生田与甘蔗田防治禾本科杂草、莎草科杂草以及部分阔叶杂草，如稗草、马唐、牛筋草、狗尾草、千金子、碎米莎草、香附子、苋、藜、蓼、苘麻、丁香蓼、马齿苋、龙葵、荠菜、碎米荠、牛繁缕、苍耳、胜红蓟、莲子草、空心莲子草、打碗花等。

使用方法

（1）花生田　播后苗前或苗后早期，禾本科杂草2.5～5叶期，阔叶杂草5～8cm高，花生为1.5～2.0复叶时，每亩制剂用量20～30mL，兑水45～60L，二次稀释后均匀喷雾。

（2）甘蔗田　喷雾处理，播后苗前（芽前喷雾）每亩制剂用量30～40mL，兑水45～60L，二次稀释后施药；也可苗后行间定向均匀喷雾，每亩制剂用量20～30mL，兑水45～60L，甘蔗苗后行间定向喷雾需使用保护罩，并在无风天谨慎施药。

注意事项

（1）持效期长，生长期只能用药一次，且后茬作物仅限花生、小麦轮作或甘蔗、花生继续种植。

（2）甘蔗田苗后喷雾如不使用保护罩，大风等致使喷雾雾滴飘移至甘蔗苗，会产生药害。

（3）稀释时制剂用量应严格按照说明配制并均匀稀释，施药均匀周到，避免重喷漏喷。

（4）大风或雨前不宜施药，土壤适当湿润有利于药剂发挥作用，土壤湿度不够理想时应适当延后中耕时间（14d以后）。

（5）播后苗前处理时，一些敏感性杂草可能仍会出土，但很快这些杂草会变黄、枯萎、停止生长，同时，甲咪唑烟酸可能会引起花生或蔗苗轻微褪绿或生长暂时受到抑制，作物很快可恢复生长，不影响最终产量。

（6）除花生与甘蔗外，甲咪唑烟酸对其他作物容易产生药害，同时其土壤持效期长，对瓜菜、叶菜、豆科作物等均有影响，种植其他作物时应先进行小区试验，不影响作物生长时再进行种植，一般来说，施药后间隔4个月可种植小麦，9个月可种植玉米、大豆、烟草，18个月可种植甜玉米、棉花、大麦，24个月可种植黄瓜、菠菜、油菜，36个月可种植香蕉、番薯等作物。

甲嘧磺隆（sulfometuron-methyl）

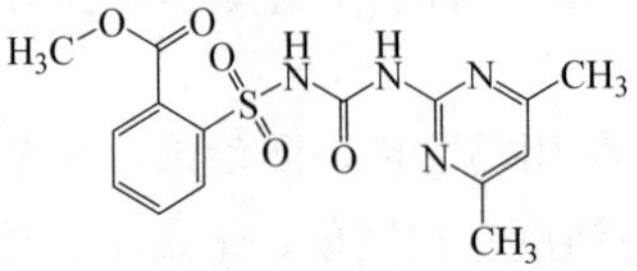

$C_{15}H_{16}N_4O_5S$，364.38，74222-97-2

化学名称 2-(4,6-二甲基嘧啶-2-基氨基甲酰氨基磺酰基)苯甲酸酯。

理化性质 原药为灰白色固体，熔点203～205℃，水溶液弱酸性，溶解度(20℃，mg/L)：水244，丙酮3300，乙酸乙酯650，甲苯240，二氯甲烷15000。

毒性 大鼠急性经口LD_{50}＞5000mg/kg；绿头鸭急性LD_{50}＞5000mg/kg；虹鳟LC_{50}（96h）＞12.5mg/L；大型溞EC_{50}（48h）＞12.5mg/kg；对蜜蜂、蚯蚓低毒。对眼睛具刺激性，无生殖影响和致癌风险。

作用方式 灭生性除草剂，具内吸传导性，能抑制植物分生组织细胞分裂，阻止植物生长，植物外表呈现显著的红紫色、失绿、坏死、叶脉失色和端芽死亡。

防除对象 用于防火隔离带、非耕地、林地、针叶苗圃防除绝大多数一年生和多年生单、双子叶杂草及阔叶灌木。

使用方法 杂草生长旺盛期，用10%悬浮剂每亩制剂用量250～500g（杂草）、700～2000g(杂灌)稀释后进行定向喷雾。针叶苗圃10%悬浮剂每亩制剂用量70～140g。

注意事项

（1）不能用于农田、果茶园、沟渠、田埂、路边、抛荒田等场所除草。

（2）落叶松、杉木慎用，对门氏黄松、美国黄松等有药害，不能使用。

（3）用清水配药，勿用浊水，以免降低药效，药后3～4h内下雨，药效可能会降低。

（4）不可在临近雨季的时间用药，以免连续降雨而将药剂冲刷到附近农田里而造成药害。

甲萘威（carbaryl）

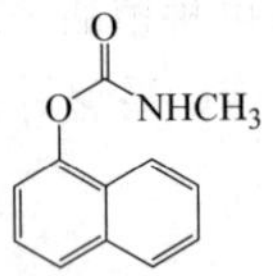

$C_{12}H_{11}NO_2$，201.2，63-25-2

其他名称 西维因、胺甲萘、Sevin、Bugmaster、Denapon、Dicarbam、Hexavin、

Karbaspray、Pantrin、Ravyon、Septen、Sevimol、Tricarnam。

化学名称 1-萘基-*N*-甲基氨基甲酸酯，1-naphthyl-*N*-methylcarbamate。

理化性质 白色晶体，熔点142℃，易溶于丙酮、环己酮、苯、甲苯等大多数有机溶剂，30℃时在水中溶解度为40mg/L；对光、热稳定，遇碱迅速分解。

毒性 急性LD_{50}（mg/kg）：大鼠经口283（雄），经皮>4000，家兔经皮>2000；以200mg/kg剂量饲喂大鼠两年，未发现异常现象；对动物无致畸、致突变、致癌作用；对蜜蜂毒性大。

作用特点 抑制昆虫体内的乙酰胆碱酯酶，属广谱杀虫剂，具有触杀和胃毒作用。其对叶蝉、飞虱及一些不易防治的咀嚼式口器的害虫如棉红铃虫有较好防效。该药毒杀作用慢，可与一些有机磷类农药混用，但甲萘威低温时防效差。

适宜作物 甘蓝、水稻、棉花等。

防除对象 甘蓝田有害生物如蜗牛等；水稻害虫如稻飞虱、稻蓟马、稻瘿蚊、稻叶蝉等；棉花害虫如棉铃虫、红铃虫、地老虎、棉蚜等；烟草害虫如烟青虫等；大豆害虫如大豆造桥虫等。

应用技术

（1）防治蔬菜有害生物 防治蜗牛时，于甘蓝田蜗牛发生期施药，用5%颗粒剂2750～3000g/亩撒施。

（2）防治水稻害虫

① 稻飞虱 在低龄若虫发生盛期施药，用85%可湿性粉剂80～100g/亩兑水50～60kg朝水稻中下部喷雾。视虫情间隔为7～10d，可再次施用2～3次。

② 稻蓟马 晚秧苗四五叶期或本田初期叶尖初卷时施药，用5%颗粒剂2500～3000g/亩撒施。

③ 稻瘿蚊 秧苗移栽一周后稻瘿蚊成虫期到卵孵盛期施药，用5%颗粒剂2500～3000g/亩均匀撒施。视虫害发生情况，每14d左右施药一次，可连续用药2～3次。

④ 稻叶蝉 在低龄若虫发生盛期施药，用85%可湿性粉剂200～260g/亩均匀喷雾。

（3）防治棉花害虫

① 棉铃虫 在卵孵盛期至低龄幼虫期施药，用85%可湿性粉剂100～150g/亩兑水均匀喷雾。

② 红铃虫 在成虫发生盛期到卵盛期施药，用25%可湿性粉剂200～300g/亩兑水40～60kg均匀喷雾。

③ 地老虎 在卵孵至低龄幼虫期施药，用85%可湿性粉剂120～160g/亩兑水40～60kg均匀喷雾。视虫害情况，每隔7～10d施药1次，可连续施药3次。

④ 棉蚜 在蚜虫发生始盛期施药，用25%可湿性粉剂100～260g/亩兑水40～60kg均匀喷雾。

（4）防治烟草害虫　防治烟青虫时，在卵孵盛期至低龄幼虫期施药，用25%可湿性粉剂100～260g/亩兑水均匀喷雾。

（5）防治大豆害虫　防治大豆造桥虫时，在卵孵盛期至低龄幼虫期施药，用25%可湿性粉剂200～260g/亩兑水均匀喷雾。

注意事项

（1）不能与碱性农药混合，并且不宜与有机磷农药混配。药液配好后要尽快施用，不要长时间放置，更不要长时间使用金属容器混配或盛放。

（2）对益虫杀伤力较强，使用时注意对蜜蜂的安全防护。周围开花植物花期，蚕室或桑园附近、水产养殖区附近禁用；禁止在河塘等水域内清洗施药器具。

（3）不能防治螨类，使用不当会因杀伤天敌过多而促使螨类盛发。

（4）对瓜类作物较敏感，施药时应避免药液飘移到瓜类作物上。

（5）低温时使用，防治效果较差。

（6）在稻田上的安全间隔期为21d，每季最多使用3次；棉花上的安全间隔期为7d，每季最多不宜超过3次。

（7）大风天或预计1h内有降雨，请勿施药。

（8）建议与其他作用机制不同的杀虫剂轮换使用。

甲哌𬭩（mepiquat chloride）

$N^{+}Cl^{-}$

$C_7H_{16}NCl$，149.66，15302-91-7

其他名称　壮棉素，助壮素，棉长快，增棉散，皮克斯（Pix），调节啶。

化学名称　1,1-二甲基哌啶𬭩氯化物，1,1-dimethylpiperidinium chloride。

理化性质　纯品为无味白色结晶体，熔点285℃（分解），溶解度（g/mL，20℃）：水＞500、乙醇162、氯仿10.5，丙酮、乙醚、乙酸乙酯、环己烷、橄榄油均＜1.0。对热稳定，在潮湿的空气中易吸湿，含有效成分90%的原粉外观为白色或灰白色结晶体，密度1.187g/cm³（20℃），不可燃，不爆炸。50℃以下贮存稳定期两年以上。含有效成分97%的原粉外观为白色或浅黄色结晶体，水分含量小于3%。常温贮存稳定期两年以上。

毒性　99%原粉对大鼠急性经口LD_{50} 490mg/kg，急性经皮LD_{50}7800mg/kg，急性吸入LC_{50} 3.2mg/L。对兔眼睛和皮肤无刺激作用。在动物体内蓄积性较小。在试验条件下，未见致突变、致畸和致癌作用。大鼠三代繁殖试验结果未见异常。大鼠两年慢性饲喂试验无作用剂量为3000mg/kg。按规定剂量使用，对鱼类、鸟、蜜蜂无害。在土壤中易分解成二氧化碳和氮，对土壤微生物无害。

作用特点 对植物生长有延缓作用，可通过植物叶片和根部吸收，传导至全株，可降低植物体内赤霉素的活性，从而抑制细胞伸长，对芽长势减弱，控制株型纵横生长，使植株节间缩短、株型紧凑、叶色深厚、叶面积减少，并增强叶绿素的合成，可控制植株旺长、推迟封行等。甲哌鎓能提高细胞膜的稳定性，增加植株抗逆性。

适宜作物 主要用于抑制棉花生长，防止蕾铃脱落，也可用于小麦、玉米防倒伏。用于葡萄、柑橘、桃、梨、枣、苹果等果树防止新梢过长，提高钙离子浓度；用于番茄、瓜类和豆类可提高产量、提早成熟。

应用技术

（1）棉花 主要用于棉花生长调节，由棉花的叶吸收而起作用。不仅抑制棉株的高度，而且对果枝的横向生长有抑制作用，可在棉花生长全程使用。棉花应用甲哌鎓后3～6d棉花叶色浓绿，能协调营养生长与生殖生长的关系，延缓纵向生长和横向生长，使得株型紧凑，减少蕾铃的脱落，集中开花结铃，增加伏前桃与伏桃比例，衣分、衣指、籽指、铃重及籽棉产量都有增加，对皮棉质量无不良影响。生产上采用系统化学控制法，一般每亩使用甲哌鎓原药8～10g，可增产棉花10%以上。

① 促进种子萌发 应用甲哌鎓浸种，可以促进棉籽发芽，出苗整齐；提早和增加侧根发生，增强根系活力；实现壮苗稳长，增加棉花幼苗对干旱、低温等不良环境的抵抗能力；促进壮苗，减少死苗，增加育苗移栽成活率。处理方法为：经硫酸脱绒的种子，按1～2g甲哌鎓原药加水10kg，配成100～200mg/kg的药液，加入种子，搅匀后浸泡6～8h。未经脱绒的种子，处理药液浓度需200～300mg/kg，其他同脱绒种子。浸种期间翻搅2～3次，以使浸种均匀。如果用温水浸种，时间可短些。浸种完毕及时捞出种子，晾干后播种。种子包衣可在晾干后进行，也可用含有甲哌鎓的种衣剂加工。

② 培育壮苗 在棉花移栽时，使用甲哌鎓可促进棉苗健壮，防止形成高脚苗和弱苗。可以在播种前浸种，也可以在棉花出苗后，用50mg/kg甲哌鎓药液叶面喷洒。

在苗蕾期使用甲哌鎓，能促进根系发育，实现壮苗稳长，塑造合理株型，促进早开花，增强棉花对干旱、涝害等逆境的抵抗力，协调水肥管理，避免因早施肥、浇水而引起徒长。方法为在春棉8～10叶期至4～5个果枝期，短季棉在3～4叶期至现蕾期用甲哌鎓原药4.5～12g/hm^2，加水150～225L喷洒。

③ 控制棉花徒长 甲哌鎓的典型作用是“缩节”，就是延缓棉花主茎和果枝伸长，缩短节间，防止徒长。一般在棉花始花期到盛花期容易徒长，用97%的甲哌鎓原药150～300mg/hm^2，加水15～25kg叶面喷洒。如仍然旺长，可在间隔15～20d，按上述浓度重喷1次。

（2）大豆　甲哌鎓与胺鲜酯混用后可以改善大豆物质代谢，优化物质分配，促进叶片和根系生理活性，提高大豆叶绿素含量和叶片光合速率，也能提高叶片蛋白质含量并改善氨基酸组分，提高叶片中硝酸还原酶、肽酶活性和硝态氮含量，有利于延长籽粒充实期的叶片功能并促进氮素的转化，同时提高大豆根系氧化还原能力，促进根系的结瘤固氮能力。大豆应用胺鲜酯和甲哌鎓混剂后，能降低大豆株高，防止倒伏；提高大豆荚数、粒数、粒重，产量增加幅度 10%～15%，籽粒品质略有改善。也有甲哌鎓与多效唑混用用于大豆生长调节的产品。

（3）小麦　甲哌鎓在禾本类植物上出现药害较少，用量范围较宽。针对多效唑在旱地上代谢较慢，容易引起后茬作物残留药害，生产时通常使用烯效唑，或者利用多效唑与甲哌鎓进行复配降低多效唑的使用剂量。甲哌鎓和多效唑混用后无论是浸种还是拌种，均能提高麦苗根系的生长发育能力和活力，培育冬前壮苗、提高麦苗适应环境的能力；还可加快小麦叶片的分化和出叶速度，增加越冬期前主茎展开叶数，使叶片长度缩短、单叶面积下降、叶色加深，有利于达到冬前壮苗标准。生产上推荐使用 3～6mL/10kg 种子进行拌种即可。

在小麦拔节始期，使用 200mg/kg 的甲哌鎓稀释液叶面均匀喷施，对降低株高、增加茎秆强度、防止小麦旺长、防止倒伏、提高结实率、增加千粒重和产量均有较好的作用。据报道，小麦喷施甲哌鎓后，株高比对照矮 24.9cm，节间长缩短 5.6cm，单产增加 13.64%。

在返青拔节前（3～4 叶期）每亩用 25～30mL 20.8%甲哌鎓·烯效唑微乳剂进行叶面喷施处理后能降低茎基部 1～3 节间长度，增加单位长度干物质重，提高茎秆的质量。植株重心降低，茎秆质量提高，增强抗倒伏、抗弯的能力。第 4、5 节间的“反跳”，有利于旗叶光合作用和利用茎秆干物质再分配。单位面积穗数、穗粒数、千粒重协调增加，增产 8%～13%。甲哌鎓与烯效唑混用，效果更佳。

（4）花生　在花生针期和结荚初期喷洒 150mg/L 的甲哌鎓药液，可提高花生根系长度和氨基酸合成能力，促进根系对无机磷的吸收以及调节糖类物质的利用和转化，因而可以提高根系活力，延缓根系的衰老。能使荚果数增加，饱果数增加，荚果发育快，单果重和体积增加，产量平均增加 10%～40%。与胺鲜酯混用后，在花生生长至开花下针期，可控制花生植株生长，使花生株型矮化，提高单株饱荚数，增加饱荚重，对花生品质无影响。

（5）玉米　在玉米大喇叭口期，使用 500～800mg/L 甲哌鎓进行茎叶喷雾，可抑制玉米细胞伸长，缩节矮壮，有利于培育壮苗。

（6）甘薯　可促进薯类薯块肥大，甘薯茎叶喷施 200～300mg/L 的甲哌鎓溶液，施用两次（间隔 15d）后，甘薯的营养生长受到抑制，藤蔓的增长明显减缓，浓度越高，蔓长增长越慢；甲哌鎓处理促进甘薯光合作用向生殖器官转移，能显著增加甘薯的大块茎个数和产量，对甘薯品质无不良影响。甲哌鎓也可以用于甘薯的调节生长。

于蕾期至现花期，使用 50mg/kg 的甲哌鎓药液叶面喷洒，能促进有机养分向地下部转移，促进块茎肥大，提高产量。

（7）油菜　防止油菜倒伏，在油菜抽薹期喷洒 40～80mg/kg 的甲哌鎓溶液，能使油菜结果枝紧凑，封行期推迟，延长中下部叶片光合作用的时间，提高群体光合速率，使产量提高 17.2%～30.4%，防止倒伏。

注意事项

（1）施用甲哌鎓要根据作物生长情况而定，对土壤肥力条件差、水源不足、长势差的田块，不宜施用。对喷洒甲哌鎓的田块，要加强肥水管理，防止干旱或缺肥。对易早衰的作物品种，应在生长后期喷洒尿素进行根外追肥。喷雾点雾滴要细，喷施要均匀。

（2）须掌握使用剂量和施药时期，根据规定剂量施药。施药时间不宜过早，以免影响植株正常生长，但施药过迟会引起药害。如引起药害，可喷洒赤霉素减缓药害程度。甲哌鎓一般不会对下茬作物产生药害。

（3）施用甲哌鎓应选择晴天，喷药后 3h 内如遇中等以上降雨，会影响药效。不能与碱性农药混用，也不可与磷酸二氢钾混用，但可与乐果、久效磷等农药混用，混合后要立即施用。如施用后出现抑制过度现象，可喷洒 500mg/L 的赤霉素缓解。棉田施药后 24h 内降雨影响药效。

（4）要避免溅入眼睛，防止人、畜误食。不要与食物、种子、饲料混放。

（5）甲哌鎓易吸湿，甚至可以成水状，故须保存在避光、密封、干燥容器中。潮解后可在 100℃左右烘干。

（6）可与多种杀虫剂、杀菌剂混用。

（7）甲哌鎓控旺长较为迅速，但持效期短，多效唑具有控制营养生长、缩短节间距、促进生殖生长、持效期长的特点。将两者复配使用，药效持效长，在控制旺长的同时，增加产量，抗倒伏。

甲氰菊酯（fenpropathrin）

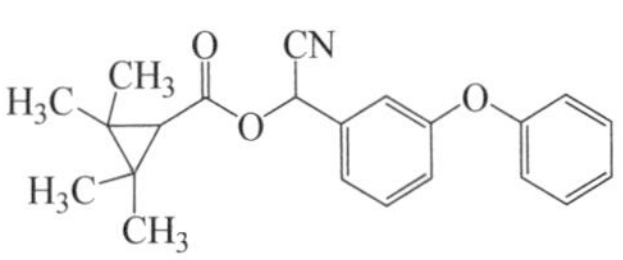

$C_{22}H_{23}NO_3$，349.4，39515-41-8

其他名称　农螨丹、灭扫利、Meothrin、Fenpropanate、Danitol、Rody、Henald、

FD706、WL41706、OMS1999、S-3206。

化学名称 (*R,S*)-*α*-氰基-3-苯氧苄基-2,2,3,3-四甲基环丙烷酸酯。

理化性质 白色晶体，熔点45～50℃；溶解度（20℃，g/L）：丙酮、环己酮、乙酸乙酯、乙腈、DMF＞500，正己烷97，甲醇173；在室温、烃类溶剂、水中和微酸性介质中稳定，在碱性介质中不稳定。甲氰菊酯原药为黄褐色固体，熔点45～50℃。

毒性 急性LD_{50}（mg/kg）：大鼠经口69.1（雄）、58.4（雌），小鼠经口68.1（雄、雌）；经皮大鼠794（雄）、681（雌）；对兔皮肤和眼睛无明显刺激性，对动物无致畸、致突变、致癌作用。

作用特点 属神经毒剂，具有触杀、胃毒作用，还具有一定的驱避作用，但无内吸、熏蒸作用。本品杀虫谱广、残效期长，对多种叶螨有良好效果，当害虫、害螨并发时，可虫螨兼治。低温下也有较好的防效，可在初冬清园时使用。

适宜作物 棉花、蔬菜、果树、茶树等。

防除对象 蔬菜害虫如菜青虫、小菜蛾等；棉花害虫如棉铃虫、棉红铃虫、红蜘蛛等；果树害虫如桃小食心虫、红蜘蛛、柑橘潜叶蛾等；茶树害虫如茶尺蠖等。

应用技术 以20%甲氰菊酯乳油、10%甲氰菊酯乳油为例。

（1）防治棉花害虫

① 棉铃虫 在卵盛孵期至低龄幼虫始盛期施药，用20%甲氰菊酯乳油30～40g/亩均匀喷雾。

② 棉红铃虫 在第二、三代卵盛孵期施药，用20%甲氰菊酯乳油30～40g/亩均匀喷雾。

③ 棉红蜘蛛 在成、若螨发生期施药，用20%甲氰菊酯乳油30～40g/亩均匀喷雾。

（2）防治蔬菜害虫 防治菜青虫、小菜蛾时，在低龄幼虫期施药，用20%甲氰菊酯乳油25～30g/亩均匀喷雾；或用10%甲氰菊酯乳油30～50mL/亩均匀喷雾。

（3）防治果树害虫

① 红蜘蛛 在苹果树红蜘蛛发生期用药，用20%甲氰菊酯乳油2000倍液均匀喷雾；或用10%甲氰菊酯乳油800～1000倍液均匀喷雾。

② 桃小食心虫 在苹果树桃小食心虫卵孵化初期、幼虫蛀果前施药，用20%甲氰菊酯乳油2000～3000倍液均匀喷雾；或用10%甲氰菊酯乳油1000～1500倍液均匀喷雾。

③ 柑橘红蜘蛛 在红蜘蛛始盛期用药，用20%甲氰菊酯乳油2000～3000倍液均匀喷雾。

④ 柑橘潜叶蛾 在柑橘新梢放出初期3～6d或卵孵化期施药，用20%甲氰菊酯乳油8000～10000倍液均匀喷雾。

（4）防治茶树害虫 防治茶尺蠖时，在低龄幼虫期施药，用20%甲氰菊酯乳油7.5～9.5g/亩均匀喷雾。

注意事项

（1）除碱性物质外，可与各种药剂混用。

（2）为延缓抗药性产生，与作用机制不同的农药轮换使用或混用。

（3）对鱼、蚕、蜂高毒，施药时避免在桑园、养蜂区施药或药液流入池塘。

（4）在低温条件下药效更高、残效期更长，提倡早春和秋冬施药。

（5）本品虽具有杀螨作用，但不能作为专用杀螨剂使用，只能做替代品种，最好用于虫螨兼治。

（6）本品在棉花上的安全间隔期为14d，每季最多施药3次；在苹果树、柑橘树上的安全间隔期为30d，每季最多施药3次；在甘蓝上的安全间隔期为3d，每季最多施药3次；在茶树上的安全间隔期为7d，每季最多施药1次。

甲霜灵（metalaxyl）

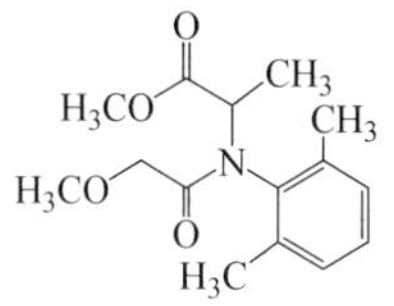

$C_{15}H_{21}NO_4$，279.35，57837-19-1

化学名称 *N*-(2,6-二甲苯基)-*N*-(2-甲氧基乙酰基)-DL-*a*-氨基丙酸甲酯。

理化性质 纯品甲霜灵为白色固体结晶，熔点71～72℃，具有轻度挥发性；溶解性（25℃）：水0.7%，甲醇65%，易溶于大多数有机溶剂；在酸性及中性介质中稳定，遇强碱分解。

毒性 急性LD_{50}（mg/kg）：大白鼠经口＞669，经皮＞3100；对兔眼睛有轻微刺激性，对兔皮肤没有刺激性；以250mg/kg剂量饲喂大鼠两年，未发现异常现象；对动物无致畸、致突变、致癌作用。对蜜蜂无毒，对鸟类低毒。

作用特点 具有保护、治疗作用的内吸性杀菌剂。在水中迅速溶解，被植物绿色部分（茎、叶）迅速吸收，并随植物体内水分快速运转到各个部位，因而耐雨水冲刷。施药后持效期长，在推荐用量下可维持药效14d左右。土壤处理持效期可超过2个月。对甲霜灵作用方式的大量研究认为，甲霜灵最初的作用方式是抑制rRNA生物合成。若甲霜灵作用靶标的rRNA聚合酶发生突变，靶标病原菌将对甲霜灵产生高水平的抗药性。不同的苯基酰胺类杀菌剂及具有抗菌活性的氯乙酰替苯胺类除草剂之间存在正交互抗药性。甲霜灵单独使用极易导致靶标病原菌产生抗药性，生产上除了单独处理土壤外，一般与其他杀虫剂和杀菌剂混用，或制成复配制剂，甲霜灵是控制疫病较为有效的杀菌剂，其粉剂可用于叶部喷雾、土壤处理和浸种。

适宜作物 谷子、马铃薯、葡萄、烟草、柑橘、啤酒花、蔬菜等。

防治对象 几乎对所有霜霉目的病原菌都有抗菌活性。甲霜灵对霜霉菌、疫霉菌、腐霉菌引起多种蔬菜的霜霉病、晚疫病、猝倒病效果好。蔬菜生产中多用甲霜灵防治黄瓜霜霉病、白菜霜霉病、莴苣霜霉病、白萝卜霜霉病、番茄晚疫病、辣椒疫病、马铃薯晚疫病、茄子绵疫病、油菜白锈病、谷子白发病等。

使用方法 可以作种子和土壤处理及茎叶喷雾。

（1）防治谷子白发病，采用拌种方法，该方法分为干拌和湿拌。干拌时，用 35%种子处理干粉 200～300g 干拌 100kg 种子；湿拌时，先将 100kg 种子用 500mL 水将种皮湿润，然后加药拌匀，即可播种。

（2）防治黄瓜、白菜霜霉病，发病前至发病初期，用 25%可湿性粉剂 30～60g/亩对水 50kg 喷雾；防治烟草黑胫病，包括苗床处理和大田防治两种。苗床处理于播种后 2d，用 25%可湿性粉剂 130g/亩对水喷淋苗床。大田防治于移植后一周开始喷药，每隔 10～14d 喷药 1 次，用药次数最多 3 次，用药量为每次用 25%可湿性粉剂 150～200g/亩，对水喷雾。

（3）防治大豆霜霉病时，100kg 大豆种子用 35%拌种剂 300g（有效成分 105g）干拌之后，直接播种。

（4）防治马铃薯晚疫病，叶片上刚开始出现病斑时用药，具体用药方法为每隔 2 周用药一次，最多用药 3 次，用药量为每次用 25%可湿性粉剂 150～200g/亩，对水喷雾。

（5）防治啤酒花霜霉病，春季剪枝后马上喷药 1 次，用 25%可湿性粉剂 600～1000 倍液喷雾。

注意事项

（1）严格按照农药安全规定使用此药，避免药液或药粉直接接触身体，如果药液不小心溅入眼睛，应立即用清水冲洗干净并携带此药标签去医院就医。

（2）此药应储存在阴凉和儿童接触不到的地方。

（3）如果误服要立即送往医院治疗；施药后各种工具要认真清洗，污水和剩余药液要妥善处理保存，不得任意倾倒，以免污染鱼塘、水源及土壤；搬运时应注意轻拿轻放，以免破损污染环境，运输和储存时应有专门的车皮和仓库，不得与食物和日用品一起运输，应储存在干燥和通风良好的仓库中。

（4）该药单独喷雾时病菌容易产生抗药性，应与其他杀菌剂混合使用，该药剂可与多种杀菌剂、杀虫剂混用。

（5）该药常规施药量不会产生药害，也不会影响烟及果蔬等的风味品质。

（6）应防止误食，目前尚无解毒剂。该药对人的皮肤有刺激性，要注意防护。

甲酰氨基嘧磺隆（foramsulfuron）

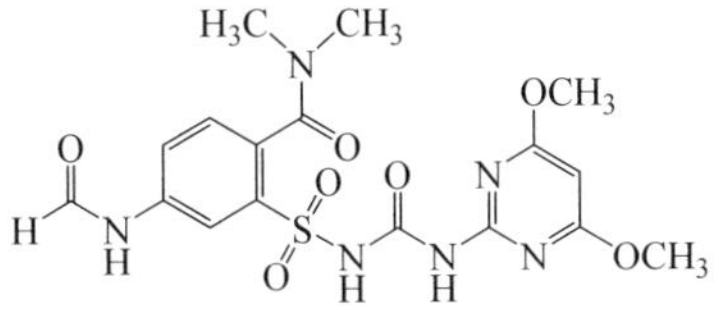

$C_{17}H_{20}N_6O_7S$，452.44，173159-57-4

化学名称　1-(4,6-二甲氧基嘧啶-2-基)-3-(2-二甲氨基羰基-5-甲酰氨基苯基磺酰基)脲。

理化性质　原药为白色粉末，熔点 199.5℃，水溶液弱酸性，溶解度（20℃，mg/L）：水 3293，丙酮 1925，乙酸乙酯 362，庚烷 10，甲醇 1660。酸性条件下不稳定，碱性条件下稳定。

毒性　大鼠急性经口 LD_{50}＞5000mg/kg；山齿鹑急性经口 LD_{50}＞2000mg/kg；虹鳟 LC_{50}（96h）＞100mg/L；对大型溞 EC_{50}（48h）为 100mg/kg；对鱼腥藻 EC_{50}（72h）为 8.1mg/L；对蜜蜂低毒，对蚯蚓中等毒性。对呼吸道具刺激性，无皮肤刺激性和致敏性，无神经毒性和生殖影响，无染色体畸变和致癌风险。

作用方式　抑制植物体支链氨基酸合成，引起杂草死亡。在玉米体内迅速代谢达到选择性的效果。

防除对象　用于玉米田防除一年生杂草。

使用方法　玉米苗后 3～5 叶期、一年生杂草 2～5 叶期使用，3%可分散油悬浮剂每亩制剂用量 80～120mL，兑水稀释后进行均匀茎叶喷雾。

注意事项

（1）仅限于在普通杂交玉米，即硬粒型、粉质型、马齿型及半马齿型杂交玉米上使用。施用后玉米幼苗可能出现暂时性白化和矮化现象，一般 1～3 周左右消失，不影响产量。禁止在爆玉米、糯玉米（蜡质型）及各种类型的玉米自交系上使用，甜玉米对甲酰氨基嘧磺隆敏感，施用后玉米幼苗会出现严重白化、扭曲和矮化等症状。

（2）杂草出齐苗后用药越早越好。

（3）大风天或预计 1h 内下雨，请勿施药。

甲氧虫酰肼（methoxyfenozide）

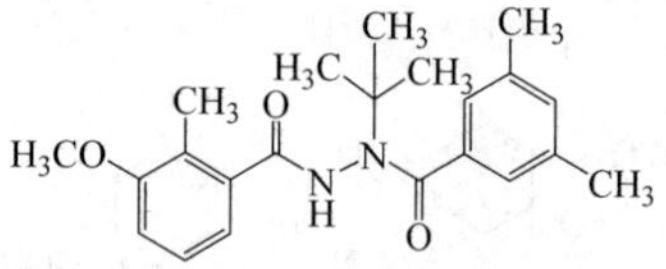

$C_{22}H_{28}N_2O_3$，368.47，161050-58-4

其他名称　Runner、Intrepid。

化学名称　*N*-叔丁基-*N'*-(3-甲氧基-2-甲基苯甲酰基)-3,5-二甲基苯甲酰肼。

理化性质　纯品为白色粉末，熔点202～205℃；溶解度（20℃，g/L）：二甲亚砜110，环己酮99，丙酮90，难溶于水。

毒性　急性LD_{50}（mg/kg）：大鼠经口＞5000、经皮＞2000；对兔眼睛有轻微刺激性，对兔皮肤无刺激性；对动物无致畸、致突变、致癌作用。

作用特点　昆虫生长调节剂，非固醇型结构的蜕皮激素，能使鳞翅目幼虫在成熟前提早进入蜕皮过程而又不能形成健康的新表皮，从而导致幼虫提早停止取食并最终死亡。本品对防治对象选择性强，只对鳞翅目幼虫有效。甲氧虫酰肼对环境较友善，对鱼类、虾、牡蛎和水蚤毒性中等，对皮肤、眼睛无刺激性，无致敏性，属低毒杀虫剂。

适宜作物　蔬菜、玉米、水稻、高粱、大豆、棉花、甜菜、果树、花卉、茶树等。

防除对象　水稻害虫如二化螟等；果树害虫如苹果蠹蛾、苹果食心虫等；蔬菜害虫如甜菜夜蛾、斜纹夜蛾等。

应用技术　以24%甲氧虫酰肼悬浮剂、240g/L甲氧虫酰肼悬浮剂为例。

（1）防治水稻害虫　防治二化螟时，在二化螟卵孵高峰期至低龄幼虫高峰期施药，用24%甲氧虫酰肼悬浮剂20～30mL/亩均匀喷雾。

（2）防治果树害虫　防治苹果小卷叶蛾时，在低龄幼虫期施药，用240g/L甲氧虫酰肼悬浮剂3000～5000倍液均匀喷雾。

（3）防治蔬菜害虫　防治甜菜夜蛾、斜纹夜蛾时，在卵孵盛期和低龄幼虫期施药，用240g/L甲氧虫酰肼悬浮剂10～20mL/亩均匀喷雾。

注意事项

（1）摇匀后使用，先用少量水稀释，待溶解后边搅拌边加入适量水。喷雾务必均匀周到。

（2）施药时期掌握在卵孵化盛期或害虫发生初期。

（3）为防止抗药性产生，害虫多代重复发生时勿单一施用此药，建议与其他作用机制不同的药剂交替使用。

（4）避免药液喷溅到眼睛和皮肤上，避免吸入药液气雾，施药时穿戴长袖衣裤及防水手套，施药结束后用肥皂彻底清洗。

（5）本品不适宜用灌根等任何浇灌方法。

（6）本品对水生生物有毒，禁止污染湖泊、水库、河流、池塘等水域。

（7）儿童、孕妇及哺乳期妇女避免接触。

甲氧隆（metoxuron）

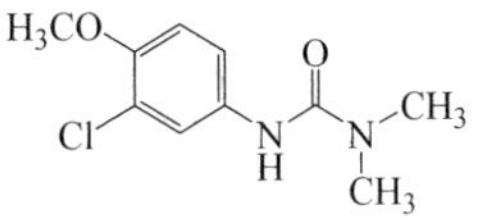

$C_{10}H_{13}ClN_2O_2$，228.7，19937-59-8

其他名称 Purival。

化学名称 3-(3-氯-4-甲氧基苯基)-1,1-二甲基脲，3-(3-chloro-4-methoxylphenyl)-1,1-dimethylurea。

理化性质 纯品为无色结晶体，熔点126～127℃，水中溶解度678mg/L（24℃），可溶于丙酮、环己酮、乙腈和热乙醇，在乙醚、苯、甲苯、冷乙醇中溶解度中等，不溶于石油醚。贮存稳定（54℃，4周）。在强酸和强碱条件下水解，DT_{50}（50℃）18d（pH3）、21d（pH5）、24d（pH7）、＞30d（pH9）、26d（pH11）。其溶液对紫外光敏感。

毒性 大鼠急性经口LD_{50} 3200mg/kg，急性经皮LD_{50}＞2000mg/kg，对蜜蜂无毒。

作用特点 可作为除草剂使用，作为生长调节剂使用时，可通过植物的根、叶片吸收，传导到其他组织，抑制光合作用，加速叶片枯萎和脱落。

适宜作物 马铃薯、黄麻、柿子。

应用技术 应用于马铃薯时，在收获前几周，以2～5kg/hm^2剂量叶面喷施，可加速成熟、增加产量。还可用于大麻、黄麻和柿子脱叶。

甲氧咪草烟（imazamox）

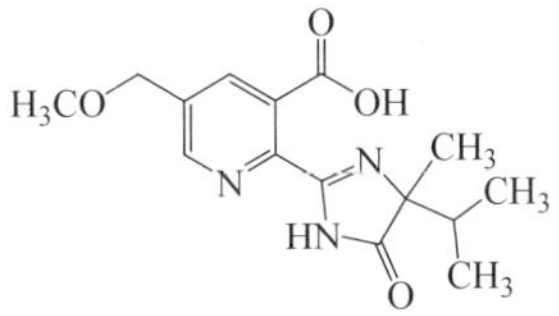

$C_{15}H_{19}N_3O_4$，305.3，114311-32-9

化学名称 (*RS*)-2-(4-异丙基-4-甲基-5-氧-2-咪唑啉-2-基)-5-甲氧基甲基尼古

丁酸。

理化性质 纯品甲氧咪草烟为灰白色固体，熔点165.5～167.2℃，强酸性，溶解度（20℃，mg/L）：626000，己烷7，甲醇67000，甲苯2200，乙酸乙酯10000。土壤中稳定，不宜降解。

毒性 大鼠急性经口毒性 LD_{50}＞5000mg/kg；山齿鹑急性经口 LD_{50}＞1846mg/kg；杂色鳉 LC_{50}（96h）＞97mg/L；对大型溞 EC_{50}（48h）＞100mg/kg；对月牙藻 EC_{50}（72h）＞29.1mg/L；对蜜蜂、蚯蚓中等毒性。对眼睛、皮肤具刺激性，无神经毒性和致敏性，具生殖影响，无染色体畸变和致癌风险。

作用方式 广谱、高活性除草剂，通过叶片吸收、传导并积累于分生组织，抑制乙酰羟酸合成酶（AHAS）的活性，影响3种支链氨基酸（缬氨酸、亮氨酸、异亮氨酸）的生物合成，最终破坏蛋白质的合成，干扰DNA合成及细胞分裂和生长。药剂在杂草苗后作茎叶处理后，很快被植物叶片吸收并传导至全株，杂草随即停止生长，在4～6周后死亡。植物根系也能吸收甲氧咪草烟，但吸收能力远不如咪唑啉酮类除草剂其他品种，如咪唑喹啉酸。

防除对象 用于大豆田防除大多数一年生禾本科与阔叶杂草，如野燕麦、稗草、狗尾草、金狗尾草、看麦娘、稷、千金子、马唐、鸭跖草（3叶期前）、龙葵、苘麻、反枝苋、藜、小藜、苍耳、香薷、水棘针、狼把草、繁缕、柳叶刺蓼、鼬瓣花、荠菜等，对多年生的苣荬菜、刺儿菜等有抑制作用。

使用方法 大豆播后苗前土壤喷雾使用，4%水剂每亩制剂用量75～80mL，加水15～30L稀释均匀后喷雾处理。

注意事项

（1）在低温或作物长势较弱的情况下，应慎重使用，在北方低洼地及山间冷凉地区不宜使用甲氧咪草烟。作物偶尔会出现暂时矮化、生长点受抑制或褪绿现象，但这些现象会在1～2周内消失，作物很快恢复正常生长，不影响产量。

（2）喷洒甲氧咪草烟时不能加增效剂YZ-901、AA-921。

（3）每季作物使用该药不超过一次，使用时加入2%硫酸铵或其他液体化肥效果更好，喷雾应均匀，避免重复喷药或超推荐剂量用药。

（4）在土壤中残效期较长，按推荐剂量使用后合理安排后茬作物，播种冬小麦、春小麦、大麦需间隔4个月；播种玉米、棉花、谷子、向日葵、烟草、西瓜、马铃薯、移栽稻需间隔12个月；播种甜菜、油菜需间隔18个月（土壤pH值≥6.2）。

（5）大豆用其做茎叶处理可能受害，表现幼嫩叶片褪绿转黄并皱缩、翻卷、下垂，但主、侧脉周围仍绿，叶柄和主、侧脉的背面变为紫褐色，顶芽及叶片上部枯死，随后从茎的下部长出细小侧枝。

腈苯唑（fenbuconazole）

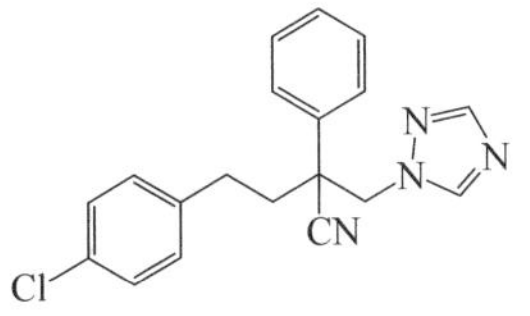

$C_{19}H_{17}ClN_4$，336.8，114369-43-6

化学名称　4-(4-氯苯基)-2-苯基-2-(1*H*-1,2,4-三唑-1-基甲基)丁腈。

理化性质　纯品腈苯唑为无色结晶，熔点 124～126℃；溶解性（25℃）：可溶于醇、芳烃、酯、酮等，不溶于脂肪烃，难溶于水。

毒性　急性 LD_{50}（mg/kg）：大鼠经口＞2000、经皮＞5000；兔眼睛和皮肤无刺激性，乳油制剂对兔眼睛和皮肤有严重刺激作用；以 20mg/（kg・d）剂量饲喂大鼠 90d，未发现异常现象；对动物无致畸、致突变、致癌作用。

作用特点　属于内吸传导型杀菌剂，也是一种带有三唑结构的喹唑啉类杀菌剂，具有保护、治疗和内吸活性。其作用机制是抑制麦角甾醇生物合成，是甾醇脱甲基化抑制剂，既能阻止病菌的发育，又能使下一代孢子变形，失去继续传染能力，从而抑制病原菌菌丝的伸长，阻止已发芽的病原菌孢子侵入作物组织。

适宜作物　禾谷类作物、甜菜、葡萄、香蕉、果树（如桃、苹果）等。对作物非常安全。

防治对象　对子囊菌、半知菌和担子菌引起的多种阔叶及禾谷类作物上的病害均有效，如禾谷类作物的壳针孢属病菌、柄锈菌属病菌和黑麦喙孢，甜菜上的甜菜生尾孢，葡萄上的葡萄孢属病菌、葡萄球座菌和葡萄钩丝壳，核果上的丛梗孢属，果树上如苹果黑星病、香蕉叶斑病等。

使用方法　既可叶面喷施，也可作种子处理剂。推荐剂量为 25～150mg/L，作物耐受使用量为 100～500g/亩。

（1）防治水稻稻曲病，发病初期用 24%悬浮剂 15～20mL 对水 40～50kg 喷雾。

（2）防治香蕉叶斑病，发病初期用 24%乳油 400 倍液，间隔 7～14d，喷雾一次。

（3）防治桃树褐腐病，在桃树发病前或发病初期喷药，用 24%乳油 2500～3000 倍液或 24%乳油 33.3～40mL，对水 100L 喷雾。

（4）防治草坪病害使用剂量为 5～16.7g（a.i.）/亩。

（5）另据资料报道，防治香蕉叶斑病用 24%腈苯唑悬浮剂 800～1200 倍液喷雾，效果显著。

腈菌唑（myclobutanil）

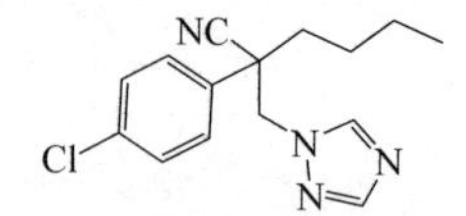

$C_{15}H_{17}ClN_4$，288.78，88671-89-0

化学名称 2-(4-氯苯基)-2-(1*H*-1,2,4-三唑-1-甲基)己腈。

理化性质 纯品为无色结晶，熔点68～69℃；溶解性（25℃）：水中溶解度为0.124g/kg，可溶于酮、酯、乙醇和苯类，不溶于脂肪烃如己烷等；见光分解半衰期222d。工业品为棕色或淡黄色固体，熔点63～68℃。

毒性 大鼠急性经口 LD_{50}（mg/kg）＞1600（雄），＞2290（雌）；兔急性经皮 LD_{50}＞5000mg/kg。对鼠、兔无皮肤刺激，对眼睛有轻微刺激，对豚鼠无皮肤过敏现象。90d大鼠饲喂无作用剂量为10mg/kg饲料。对鼠、兔无致突变作用，活体小鼠试验无诱变，Ames试验为阴性。鹌鹑急性经口 LD_{50}510mg/kg，灰斑雉急性经口 LD_{50}1635mg/kg。LC_{50}（96h）：蓝鳃2.1mg/L，虹鳟4.2mg/L，鲤鱼（48h）5.8mg/L，水蚤11mg/L。

作用特点 属广谱内吸性杀菌剂，具有保护和治疗活性。其作用机制主要是对病原菌的麦角甾醇的生物合成起抑制作用，对子囊菌、担子菌均具有较好的防治效果。

适宜作物 苹果、梨、核果、葡萄、葫芦、园艺观赏作物、小麦、大麦、燕麦、棉花和水稻。推荐剂量对作物安全。

防治对象 白粉病、黑星病、腐烂病、锈病等。

使用方法 可用于叶面喷洒和种子处理。使用剂量通常为2～4g（a.i.）/亩。

（1）防治禾谷类作物病害

① 防治小麦白粉病，用25%乳油8～16g/亩对水75～100kg，相当于6000～9000倍液，混合均匀后喷雾。于小麦基部第一片叶开始发病即发病初期开始喷雾，共施药两次，两次间隔10～15d。持效期可达20d，40%腈菌唑可湿性粉剂10～15g/亩效果显著。

② 防治麦类散黑穗病、网腥黑穗病、坚黑穗病、小麦颖枯病、大麦条纹病和网斑病等土传或种传病害，用25%乳油25～40mL/100kg种子拌种。

（2）防治蔬菜、花卉、观赏树木等病害

① 防治黄瓜白粉病、黑星病 用40%可湿性粉剂8～10g/亩对水40～50kg喷雾。

② 防治辣椒白粉病 25%腈菌唑乳油剂量以8.53～14.2g/亩，喷液量50kg/亩，间隔7d，连续喷3次。

③ 防治草莓白粉病 用 25%乳油 15mL/亩对水 40～50kg 喷雾。

④ 防治菊花锈病、悬铃木白粉病 用 12.5%乳油 2000 倍液喷雾，12.5%腈菌唑水剂 2000 倍液喷雾。

⑤ 防治番茄叶霉病 12.5%的腈菌唑乳油 1500 倍液，间隔 5～7d 一次，连喷 2～3 次。

⑥ 防治月季白粉病 用 25%乳油 12～15mL/亩对水 40～50kg 喷雾。

⑦ 防治樟子松幼苗猝倒病 用 40%可湿性粉剂 3500 倍液喷雾。

（3）防治果树病害

① 防治梨树、苹果树黑星病、白粉病、褐斑病、灰斑病 可用 25%乳油 6000～8000 倍液均匀喷雾，喷液量视树势大小而定。

② 防治葡萄病害 防治葡萄白粉病，用 5%乳油 1000～2000 倍液喷雾；防治葡萄炭疽病，用 40%可湿性粉剂 4000～6000 喷雾。

③ 防治香蕉叶斑病、黑星病 12%乳油 2000～4000 倍液均匀喷雾，间隔 10d，共施药三次。

④ 防治山楂白粉病 用 12.5%乳油 2500 倍液喷雾。

⑤ 防治枣锈病、炭疽病 用 12.5%的腈菌唑乳油 2000 倍液，连续喷 3 次，间隔 15d。

⑥ 防治香蕉黑星病 发病初期用 25%腈菌唑乳油 3000～4000 倍，连续喷 3～4 次，间隔为 10～15d。

注意事项 持效期长，对作物安全，有一定刺激生长作用，施药时注意安全，本品易燃，贮存在阴凉干燥处。

精吡氟禾草灵（fluazifop-P-butyl）

$C_{19}H_{20}F_3NO_4$，383.36，79241-46-6

化学名称 (*R*)-2-{4-[(5-三氟甲基吡啶-2-基)氧基]苯氧基}丙酸丁酯。

理化性质 原药纯度为 85.7%，外观为褐色液体，熔点–15℃，沸点 154℃（2.66Pa），30℃时蒸气压 133.3nPa。常温下在水中溶解度为 1mL/L，可与二甲苯、丙酮、丙二酮、甲苯等有机溶剂混溶，在正常条件下贮存稳定。

毒性 大鼠急性经口 LD_{50} 为 3680mg/kg（雄）、2451mg/kg（雌），制剂精吡氟禾草灵 15%乳油大鼠急性经口 LD_{50} 5000mg/kg。对饲养动物试验剂量内无致畸、致突变、致癌作用。

作用方式 内吸传导型茎叶处理除草剂，具优良选择性，对禾本科杂草具强力的杀伤作用，对阔叶作物安全。药剂主要通过茎叶吸收，在植物体内水解成酸，经筛管、导管传导至生长点、节间分生组织，干扰ATP（三磷酸腺苷）的产生和传递，破坏光合作用，抑制细胞分裂，阻止其生长。由于植物吸收传导强，施药后48h即可表现中毒症状。表现为停止生长、芽和节的分生组织出现枯斑，心叶和其他叶片逐渐变成紫色和黄色至枯萎死亡。但药效发挥较慢，10～15d后才能杀死一年生杂草，在干旱、杂草较大的情况下效果较差，其较强的抑制作用使杂草生长矮小，结实极少。

适用范围

（1）果蔬类 西瓜、草莓、葡萄、黄瓜、冬瓜、甜瓜、南瓜、西葫芦、白菜、甘蓝、芥菜、萝卜、各种豆类、茄子、番茄、辣椒、胡萝卜、芹菜、香菜、茴香、洋葱、大蒜、韭菜、大葱、莴苣、菠菜、苋菜、甜菜、菜花、莲藕等。

（2）花草类 苜蓿及各种阔叶茶圃。

（3）其他作物类 大豆、花生、棉花、油菜、甘薯、马铃薯、亚麻、胡麻、芝麻、向日葵、烟草等。

防除对象 防除一年生、多年生禾本科杂草，主要是野燕麦、狗尾草、旱稻、马唐、牛筋草、看麦娘、雀麦、臂形草等，提高剂量可防除芦苇、狗牙根、双穗雀稗等多年生杂草。

使用方法

（1）大豆田 大豆2～3叶期，禾本科杂草3～5叶期，每亩用15%精吡氟禾草灵乳油50～70mL加水10L，茎叶喷雾处理。当水分条件较好时，杂草幼嫩，出苗整齐，每亩40～50mL也能取得较好防效，干旱、杂草较大，则需适当提高剂量，每亩67～80mL才能取得较好防效。多年生杂草芦苇、狗牙根等用量应提高到每亩用15%精吡氟禾草灵乳油80～120mL，芦苇4～6叶期作茎叶喷雾处理。

混用 每亩用15%精吡氟禾草灵50～80mL+48%灭草松167～200mL（或25%氟磺胺草醚67mL，或48%异噁草松67mL，或24%乳氟禾草灵33.3mL）。难治杂草推荐三混，15%精吡氟禾草灵50～80mL+48%异噁草松70mL+25%氟磺胺草醚60～70mL或48%灭草松100mL。

（2）花生田 花生苗后2～3叶期，一年生禾本科杂草3～5叶期，用15%精吡氟禾草灵乳油每亩50～67mL加水30～40L茎叶喷雾处理，结合一次中耕除草，可控制全生育期杂草。

（3）油菜田 一年生禾本科杂草3～5叶期，每亩用15%精吡氟禾草灵乳油50～70mL加水30～50L，茎叶喷雾处理。

（4）棉花田 棉苗3～4叶期，禾本科杂草3～5叶期，每亩用15%精吡氟禾草灵乳油33～67g加水10L，茎叶喷雾处理。

（5）甜菜田　甜菜3～4叶期，禾本科杂草3～5叶期，每亩50～67mL作茎叶喷雾处理，防除以稗草、狗尾草等一年生禾本科杂草为主的地块，可获得较好防效。在单、双子叶混生地，可与16%甜菜宁乳油每亩400mL混用，防除野燕麦、稗草、藜、苋及阔叶草效果显著，对作物安全。

注意事项

（1）精吡氟禾草灵对水稻、玉米、小麦等禾本科作物有害，施药时应避开这些作物。

（2）精吡氟禾草灵在土地湿度较高时除草剂效果好，干旱时较差，所以在干旱时应略加大药量和用水量。施药时应避免在高温、干燥的情况下施药。

（3）在亚麻田，与2甲4氯水剂混用可防治阔叶杂草。

（4）在大豆田，与2甲4氯、2,4-滴等苯氧乙酸类除草剂混用有明显的拮抗作用。

（5）万一误食中毒，需饮水催吐，并送医院治疗。

（6）本品应在阴暗处密封贮存，防火。

药害症状　高粱受其飘移危害，表现先从茎顶的生长点及心叶基部开始变褐枯萎，随后心叶上部产生紫红色斑，并逐渐蔓延到外叶和根系，致使植株变黄枯死，叶片和叶鞘很容易从生长点上拔掉。

精草铵膦（glufosinate-P）

$C_5H_{15}N_2O_4P$，198.2，35597-44-5

化学名称　(2*S*)-2-氨基-4-(羟基甲基磷酰基)丁酸铵，(2*S*)-2-amino-4-(hydroxy-methylphosphinyl) butanoic acid。

理化性质　熔点230℃，辛醇水分配系数为1.10×10^{-4}，酸性强。

毒性　对鸟类急性经口LD_{50}＞2000mg/kg，对虹鳟LC_{50}（96h）为27mg/L，中等毒性；对大型溞EC_{50}（48h）为15mg/kg，中等毒性。具神经毒性和生殖影响，无呼吸道刺激性和致癌作用。

作用方式　灭生性除草剂，草铵膦的L型异构体，谷氨酰胺合成酶抑制剂，导致铵离子累积中毒，抑制光合作用。

防除对象　目前登记用于柑橘园防除一年生和多年生杂草。

使用方法　于杂草生长期，每亩使用10%精草铵膦钠盐水剂400～600mL/亩，兑水30～60kg进行树行间或者树下均匀定向茎叶喷雾。

注意事项

（1）大风天或预计 1h 内有雨时请勿施药。

（2）定向均匀全面喷雾，喷雾时喷头上应加装保护罩，注意避免施药时药液飘移至邻近作物。

（3）遇土钝化，因此在稀释和配制本品药液时应使用清水。

精噁唑禾草灵（fenoxaprop-P-ethyl）

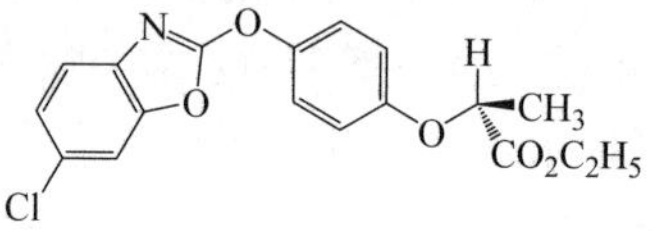

$C_{18}H_{16}ClNO_5$，361.78，71238-80-2,113158-40-0（酸）

化学名称 (*R*)-2-[4-(6-氯-1,3-苯并噁唑-2-氧基)苯氧基]丙酸乙酯。

理化性质 纯品精噁唑禾草灵为白色固体，熔点 89～91℃，溶解度（25℃）：水 0.9mg/L，丙酮＞500g/L，环己烷、乙醇＞10g/L，乙酸乙酯＞200g/L，甲苯＞300g/L；对光不敏感，遇酸、碱分解。

毒性 大鼠急性经口 LD_{50} 为 3150～4000mg/kg，小鼠急性经口 LD_{50}＞5000mg/kg，大鼠急性经皮 LD_{50}＞2000mg/kg，大鼠急性吸入 LD_{50}＞6.04mg/L。在 90d 饲喂试验中，小鼠无作用剂量为 1.4mg/（kg・d），大鼠为 0.8mg/（kg・d），狗为 15.9mg/（kg・d）。对非哺乳动物的毒性与外消旋体相似。

作用方式 内吸性苗后广谱禾本科杂草除草剂。

防除对象 精噁唑禾草灵用作苗后除草剂，防除甜菜、棉花、亚麻、花生、油菜、马铃薯、大豆和蔬菜田的一年生和多年生禾本科杂草，主要是野燕麦、日本看麦娘、看麦娘、硬草等。精噁唑禾草灵（骠马）中加有安全剂解草唑（Hoe 070542），在小麦或黑麦内可被很快代谢为无活性的降解产物，而对禾本科杂草的敏感性无明显影响。适用于小麦、黑麦田。

使用方法 苗后除草剂，施药期很宽。可在禾本科杂草 2～3 叶期至分蘖期用药，最佳的施药时间应在杂草 3 叶期后，使用剂量为 40～108g（a.i.）/hm^2，大约为相同活性所需外消旋体量的一半。

（1）小麦田　看麦娘及野燕麦等，杂草 2 叶期及拔节期均可使用，但以冬前杂草 3～4 叶期使用最好。精噁唑禾草灵（骠马）防除小麦田的硬草、茵草，在冬前杂草 3～4 叶期使用，每亩用 6.9%乳油 50～60mL，加水 30～50L 喷雾。冬后每亩用 6.9%乳油 70～80mL，加水 40～60L 喷雾，小麦拔节后不能使用。

（2）大豆田　大豆芽后2～3复叶期，用6.9%精噁唑禾草灵（威霸）浓乳剂每亩50～70mL，加水10L，茎叶处理。

（3）花生田　花生2～3叶期，杂草3～5叶期，用10%精噁唑禾草灵乳油每亩34～42mL，茎叶处理。

（4）油菜田　油菜3～6叶期，杂草3叶期喷药，冬油菜用6.9%精噁唑禾草灵（威霸）浓乳剂每亩50～60mL，加水10L，茎叶处理；春油菜田6.9%精噁唑禾草灵（威霸）浓乳剂每亩50～70mL，加水10L，茎叶处理。

（5）棉花田　杂草2～3叶期，用6.9%精噁唑禾草灵水乳剂每亩50～60mL，加水20～30L，茎叶处理。

注意事项

（1）只有含有安全剂的精噁唑禾草灵才能用于小麦田，精噁唑禾草灵（威霸）不含安全剂，不能用于麦田，主要用于玉米、花生等阔叶类作物。

（2）精噁唑禾草灵（骠马）不能用于大麦、元麦或其他禾本科作物田。某些品种小麦冬后使用精噁唑禾草灵（骠马）会出现叶片短时间叶色变淡现象，7～10d逐渐恢复。

（3）水稻田施用精噁唑禾草灵（威霸）后，水稻叶片可能出现“节节黄”现象，一般用药后2～3星期消除，不影响产量。

药害症状

（1）小麦　用其加安全剂（Hoe 070542）的品种做茎叶处理受害，表现从幼叶基部向上褪绿转黄，并在叶鞘与叶基的结合部位缢缩、枯折，从而使叶片平伏。受害严重时，心叶蜷缩、变褐、枯死。

（2）水稻　受其飘移危害或误用于北方稻田而受害，表现心叶、嫩叶纵卷，颜色变黄或变暗，而呈青枯状，植株变矮，生长停滞。受害严重时，叶片全部卷缩、变黄、变褐枯死。

精喹禾灵（quizalofop-P-ethyl）

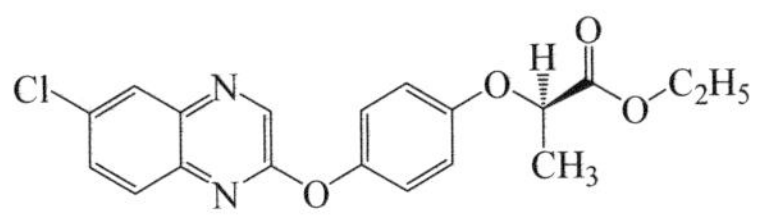

$C_{19}H_{17}ClN_2O_4$，372.8，100646-51-3

化学名称　(*R*)-2-[4-(6-氯-2-喹喔啉氧基)苯氧基]丙酸乙酯。

理化性质　精喹禾灵原药为浅黄色粉状结晶，熔点76.1～77.1℃；溶解度(20℃，g/L)：水0.00061，丙酮650，乙醇22，二甲苯360。稳定性：中性和酸性稳定，碱性不稳定。

毒性 急性经口 LD_{50}（mg/kg）：大鼠 1210（雄）、1182（雌），小鼠 1753（雄）、1805（雌）；经皮大鼠＞2000。对皮肤无刺激作用；以 128mg/kg 剂量饲喂大鼠 90d，未发现异常现象；对动物无致畸、致突变、致癌作用。

作用方式 精喹禾灵通过杂草茎叶吸收，在植物体内向上和向下双向传导，积累在顶端及居间分生，抑制细胞脂肪酸合成，使杂草坏死。精喹禾灵是一种高度选择性的旱田茎叶处理剂，在禾本科杂草和双子叶作物间有高度的选择性，对阔叶作物田的禾本科杂草有很好的防效。作用速度快，对一年生杂草可 24h 传遍植株，药效稳定，不易受雨水气温及湿度等环境条件的影响。

防除对象 野燕麦、稗草、狗尾草、金狗尾草、马唐、野黍、牛筋草、看麦娘、画眉草、千金子、雀麦、大麦属杂草、多花黑麦草、毒麦、稷属杂草、早熟禾、双穗雀稗、狗牙根、白茅、匍匐冰草、芦苇等一年生和多年生禾本科杂草。

使用方法

（1）棉花田 于棉花苗后，禾本科杂草 3～5 叶期防治。防治一年生禾本科杂草每亩地用 10%精喹禾灵乳油 30～40mL，兑水 30～50kg 均匀茎叶喷雾处理。土壤水分空气湿度较高时，有利于杂草对精喹禾灵的吸收和传导。

（2）大豆田 大豆苗后，禾本科杂草 3～5 叶期防治，春大豆田每亩地用 15%精喹禾灵乳油 30～40mL，夏大豆田每亩地用 15%精喹禾灵乳油 20～30mL，茎叶喷雾。

（3）油菜田 油菜 3 叶期后，一年生禾本科杂草 3～5 叶期，每亩地用 5%精喹禾灵乳油 50～60mL，兑水 30～50kg，茎叶喷雾。

（4）苗圃 在禾本科杂草 3～5 叶期，每亩地用 8.8%精喹禾灵乳油 40～50mL，兑水 30kg，茎叶喷雾。

注意事项

（1）本品飘移对水稻、小麦、玉米、甘蔗等禾本科作物威胁极大，应尽量避开。套作禾本科作物的大豆田不能使用。

（2）高温、干燥等异常天气时，有时会在大豆叶片局部出现接触性病斑，但之后会长出新叶发育正常，不影响产量。

（3）操作时，需戴口罩和橡皮手套。操作后，用肥皂将脸手脚等洗净，并用清水漱口。

（4）误饮应多喝水，将药液吐出，并马上找医生采取抢救措施。

药害症状

（1）玉米 受其飘移危害，表现为从茎顶的生长点及心叶基部开始变褐枯萎，心叶上部相继变黄、枯死，然后由内层叶片向外层叶片、由上位叶片向下位叶片依次变黄枯死。

（2）小麦 受其飘移危害，表现先从心叶基部开始向上褪绿转黄，然后逐渐向外层叶片扩展。受害严重时，全株变为黄白色或黄褐色，进而倒伏枯死。

（3）水稻　受其飘移危害和误用受害，表现心叶纵卷、颜色变黄，植株因心叶萎缩而变矮，生长停滞。受害严重时，会使所有叶片都卷缩、变黄、变褐枯死。

（4）高粱　受其飘移危害，表现从茎顶的生长点及心叶基部开始变褐枯萎，心叶上部和其他叶片、叶鞘逐渐变黄，并产生紫红或紫褐色斑，根系变紫、变褐，植株生长停滞，然后枯死。

精异丙甲草胺（S-metolachlor）

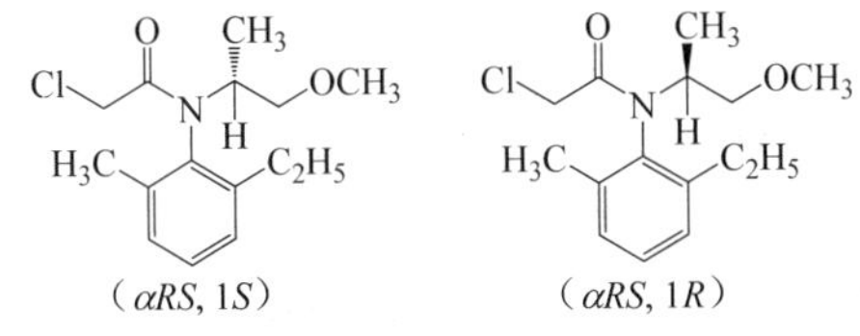

$C_{15}H_{22}ClNO_2$，283.8，87392-12-9

化学名称　(α*RS*,1*S*)-2-氯-6′-乙基-*N*-(2-甲氧基-1-甲基乙基)乙酰邻甲苯胺(80%～100%)；(α*RS*,1*R*)-2-氯-6′-乙基-*N*-(2-甲氧基-1-甲基乙基)乙酰邻甲苯胺(0%～20%)。

理化性质　原药为棕色油状液体，熔点–61.1℃，沸点 334℃，290℃分解，溶解性（20℃，mg/L）：水 488，与苯、甲苯、甲醇、乙醇、辛醇、丙酮、二甲苯、二氯甲烷、DMF、环己酮、己烷等有机溶剂互溶。

毒性　大鼠急性经口 LD_{50}＞2000mg/kg，短期喂食毒性高；绿头鸭急性 LD_{50}≥2150mg/kg；对虹鳟 LC_{50}（96h）为 1.23mg/kg；对大型溞 EC_{50}（48h）为 11.2mg/kg；对月牙藻 EC_{50}（72h）为 0.017mg/L；对蜜蜂急性接触毒性低，急性经口毒性中等；对蚯蚓中等毒性。对皮肤具刺激性及致敏性，无眼睛刺激性，对生殖有影响。

作用方式　是在异丙甲草胺的基础上除去其中的非活性体，得到精制的活性体混合物。选择性芽前除草剂，主要通过萌发杂草的芽鞘、幼芽吸收而发挥杀草作用。精异丙甲草胺不仅具有异丙甲草胺的优点，而且在安全性和防治效果上更胜一筹。

防除对象　对多种单子叶杂草、一年生莎草及部分一年生双子叶杂草有高度防效，如稗、马唐、千金子、狗尾草、牛筋草、蓼、苋、马齿苋、碎米莎草及异型莎草等。

使用方法　适用于作物播后苗前或移栽前进行土壤处理，甘蓝、油菜、烟草仅限移栽前土壤喷雾，以 960g/L 乳油为例，制剂用量如下：菜豆田 65～85mL/亩（东北地区）、50～65mL/亩（其他地区）；春大豆田 80～120mL/亩、夏大豆田 60～85mL/亩；春玉米田 150～180mL/亩、夏玉米田 60～85mL/亩；大蒜田 50～65mL/亩；冬油菜田 45～60mL/亩；番茄地 65～85mL/亩（东北地区）、50～65mL/亩（其他地区）；

甘蓝田 45～55mL/亩；花生田 45～60mL/亩；马铃薯田 100～130mL/亩（北方地区）、50～65mL/亩（其他地区）；棉花田 60～100mL/亩；甜菜田 75～90mL/亩；西瓜田 40～65mL/亩；向日葵田 100～130mL/亩；烟草田 40～75mL/亩；芝麻田 50～65mL/亩；冬枣园 50～80mL/亩；每亩兑水 30～60L，均匀喷雾。

注意事项

（1）在质地黏重的土壤上施用时，使用推荐高限剂量，疏松的土壤上施用时，使用低剂量。

（2）起垄作物及覆膜作物需按照实际施用面积来计算药量，不可多喷，覆膜作物施药后应立即覆膜。

（3）正常使用剂量下对后茬作物安全，但后茬种植水稻时需先进行小面积种植，安全后方可种植。

（4）该药剂在低洼地和沙壤土使用时，如遇雨，容易发生淋溶药害，需慎用。

（5）干旱与大风条件不利于药效发挥，干旱条件下可先灌溉后施药（不推荐先施药后灌溉，易出现淋溶药害，降雨来临前或滴灌作物田不宜使用精异丙甲草胺）或在施药后浅混土 2～3cm 或适当增加用药量以保证药效。

（6）水旱轮作栽培的西瓜田以及在双重及双重以上保护地西瓜田不宜使用。

（7）拱棚栽培地易发生回流药害，不宜使用。

菊胺酯

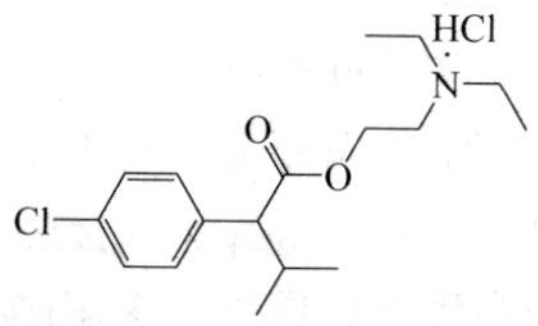

$C_{17}H_{27}Cl_2NO_2$，348.3，172351-12-1

其他名称　菊乙胺酯。

化学名称　*N,N*-二乙氨基乙基-4-氯-*α*-异丙基苄基羧酸酯盐酸盐。

理化性质　该化合物是以增产胺（DCPTA）为先导，进行结构修饰，根据拼合原理设计合成 12 个全新的类似物。

毒性　菊胺酯原药对受试动物大白鼠和小白鼠的经口半数致死量（LD_{50}）均大于 500mg/kg，菊胺酯原药的经口急性毒性为低毒级。菊胺酯原药经皮急性毒性均大于 2500mg/kg，按农药急性分级标准判定为低毒级化合物。致突变试验：Ames 试验呈阴性。

作用机制及特点　可增强叶片的光合速率；增强根系的活力；使可溶性糖含量

增加；促进核酸和蛋白质的合成，使代谢旺盛，促进植物的营养生长；对磷素的吸收有一定的促进作用。

适宜作物　对小麦、水稻、油菜、棉花、芝麻等作物有较好增产作用。

应用技术　在小麦拔节期和初花期各施药一次，可提高单穗结粒数、千粒重量及小区产量，从而起到不同程度的增产作用。菊胺酯以施 1×10^{-4} 质量分数的增产效果最好，0.5×10^{-4} 次之，1.5×10^{-4} 效果较小，与对照比，其效果分别为 13.67%、7.4%、3.65%。

在水稻上使用 150mg/L 增产效果最佳。

注意事项　菊胺酯农药对鱼的毒性是中毒，但对蜂、鸟、蚕的毒性都是低毒，使用时对环境生物安全。

菌核净（dimetachlone）

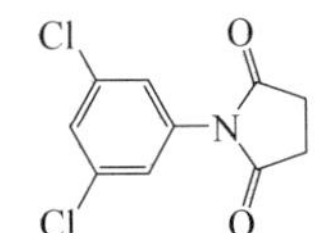

$C_{10}H_7Cl_2NO_2$，244.07，24096-53-5

化学名称　*N*-(3,5-二氯苯基)-丁二酰亚胺。

理化性质　纯品为白色鳞状结晶。熔点 137.5～139℃，易溶于四氢呋喃、二甲基亚砜、二氧六环、苯、氯仿；可溶于甲醇、乙醇；难溶于正己烷、石油醚；不溶于水。在常温和酸性条件下稳定；遇到碱以及在阳光下容易分解。

毒性　急性经口 LD_{50}（mg/kg）：2037（雄性大鼠），1280（雄性小鼠）。大鼠急性经皮 LD_{50}＞5000mg/kg。鲤鱼 LC_{50}（48h）55mg/L。

作用特点　对核盘菌和灰葡萄孢菌有高度活性，具有内渗治疗和直接杀菌作用，残效期长。

适宜作物　油菜、烟草、水稻、麦类等。

防治对象　对麦类赤霉病、麦类白粉病、水稻纹枯病、油菜菌核病、烟草赤星病有良好的防效，也应用于工业防腐等方面。

使用方法　主要用于茎叶处理。

（1）防治大豆菌核病，用可湿性粉剂 50～66.7g/亩茎叶喷雾，喷雾要均匀，每隔 10d 喷 1 次，连喷 2 次；

（2）防治黄瓜灰霉病，发病早期，用 40%可湿性粉剂 50～80g/亩对水 60kg 喷雾；

（3）防治烟草赤星病，发病初期，用40%可湿性粉剂125g/亩对水100kg于烟草封顶期喷雾，间隔7d喷1次，连喷2次；

（4）防治番茄灰霉病，发病早期，用40%可湿性粉剂800～1000倍液喷雾；

（5）防治水稻纹枯病，发病初期，用40%可湿性粉剂100～200g/亩对水100kg，间隔7～14d喷雾1次，整个生长发育期，共防治2～3次；

（6）防治苹果斑点落叶病，发病初期，用40%可湿性粉剂700倍液喷雾；

（7）防治向日葵菌核病，发病初期，用40%可湿性粉剂1000倍液喷雾，间隔7～10d，连喷2次；

（8）防治油菜菌核病，在油菜盛花期第一次喷药，用40%可湿性粉剂100～150g/亩对水65～100kg喷雾，间隔7～10d喷第2次，喷于植株中下部；

（9）防治人参菌核病，小区试验证明，在人参展叶期，每平方米参床浇40%菌核净500～1500倍液3kg，始花期再用1000倍液喷雾1次，对人参菌核病的防效可达91.7%～100%。

注意事项

（1）严格按照农药安全规定使用此药，避免药液或药粉直接接触身体，如果药液不小心溅入眼睛，应立即用清水冲洗干净并携带此药标签去医院就医；

（2）此药应储存在儿童接触不到的地方；

（3）如果误服要立即送往医院治疗；

（4）在运输和储存时，要有专门的车皮和仓库，不得与食物及日用品一起运输或储存；

（5）该药剂属低毒杀菌剂，但在配药和施药时，仍然需要防止污染手、脸和皮肤，如已经沾上药液，应立即清洗干净；

（6）在配药或施药时，要注意不要抽烟、喝水或吃东西，工作完毕后应及时洗净手、脸和可能被污染的部位；

（7）菌核净应贮存在阴凉、避光、干燥、通风的仓库中；该药剂能通过食管等引起中毒，无特效药解毒，可对症处理。

糠氨基嘌呤（kinetin）

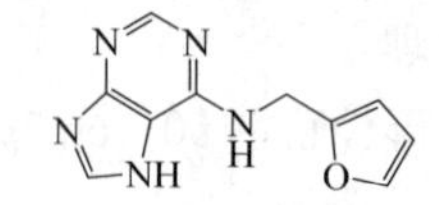

$C_{10}H_9N_5O$，215.21，525-79-1

其他名称 KT，动力精，激动素，6-呋喃甲基氨基嘌呤，凯尼丁，糠基腺嘌呤，

Aminoguanidine。

化学名称　6-糠基氨基嘌呤，6-furfurylaminopurine。

理化性质　纯品为白色片状结晶，从乙醇中获得的结晶，熔点为266～269℃，为两性化合物。不溶于水，溶于强酸、强碱与冰醋酸，微溶于冷水、甲醇和乙醇。配制时先溶于少量浓盐酸或乙醇中，然后再将盐酸（或乙醇）溶液稀释到一定量的水中。

毒性　99%糠氨基嘌呤原药，低毒；0.4%糠氨基嘌呤水剂，低毒。

作用特点　本品是一种细胞分裂素类植物生长调节剂，能促进细胞分裂和组织分化，延缓蛋白质和叶绿素降解，有保鲜与防衰作用，可延缓离层形成，增加坐果。用于农业上果树、蔬菜及组织培养，可促进细胞分裂、分化、生长；诱导愈伤组织长芽，解除顶端优势；打破侧芽休眠，促进种子发芽；延缓衰老，保鲜；调节营养物质的运输，促进结实等。由于价格比6-苄基氨基嘌呤高，活性又不如6-苄基氨基嘌呤，因此在生产中一般多用6-苄基氨基嘌呤。

糠氨基嘌呤是一种嘌呤类天然植物内源激素，也是人类发现的第一个细胞分裂素，可人工合成。可被作物叶、茎、子叶和发芽的种子吸收，移动缓慢。具有促进细胞分裂，促进RNA、蛋白质生物合成特性；诱导芽分化解除顶端优势；延缓蛋白质和叶绿素降解，从而保鲜和防衰；延缓离层形成，增加坐果等作用。

适宜作物　水稻、玉米、棉花、番茄、辣椒、黄瓜、西瓜、韭菜、芹菜、苹果、梨、葡萄、各种花卉、中药材等。

应用技术

（1）使用方式

① 浸种　使用浓度一般为0.01mg/kg药液，即用1mg/kg的糠氨基嘌呤可溶粉剂500g，加水50kg。

② 叶面喷雾　使用浓度一般为0.02mg/kg药液，即用1mg/kg的糠氨基嘌呤可溶粉剂100g，加水5kg，搅拌均匀后喷施于作物表面。

（2）使用技术

① 促进坐果

a. 棉花　用100～200mg/kg糠氨基嘌呤溶液喷洒棉花，可促进光合作用，增加总糖量及含氮量，有利于棉铃生长。

b. 梨、苹果　在梨或苹果花瓣大多脱落时，用250～500mg/kg糠氨基嘌呤溶液喷洒花或小果，可促进坐果，减少采前落果。

c. 葡萄　盛花期后用250～500mg/kg溶液浸蘸果穗，能促进坐果。

d. 可乐果　刚采收后，用100mg/kg溶液浸泡种子24h，可促进萌发。

② 打破休眠

a. 莴苣　在高温地区，用100mg/kg溶液浸莴苣种子3min，有助于莴苣种子克服由于高温引起的休眠。用10mg/kg溶液浸莴苣种子3min，可提高种子抗盐能力。

b. 马铃薯　对需要一年两收的马铃薯，夏季收获后用 10mg/kg 溶液浸泡 10min，可以打破休眠，使薯块在处理后 2～3d 就发芽。

c. 杜鹃花　对未经低温处理的杜鹃花用 100mg/kg 糠氨基嘌呤溶液加 100mg/kg 赤霉素溶液，每隔 4d 喷 1 次，到芽膨大为止，可消除杜鹃花对低温的需要，提早开花。单用糠氨基嘌呤无效，与赤霉素混用对打破休眠有加合作用，比单用赤霉素效果更好。

d. 番红花　10mg/kg 糠氨基嘌呤溶液加 100mg/kg 赤霉素处理番红花球茎，促进开花，增加花朵数。

③ 保鲜作用　以 10～20mg/L 喷洒花椰菜、芹菜、菠菜、莴苣、芥菜、萝卜、胡萝卜等植株，或收获后浸蘸，能延缓绿色组织中蛋白质和叶绿素的降解，防止衰老，起到保鲜作用。处理结球白菜、甘蓝等可加大浓度至 40mg/L。

a. 番茄　将尚未成熟的（绿色）番茄采摘后，在 10～100mg/kg 糠氨基嘌呤溶液中浸一下，由于糠氨基嘌呤延缓了果实中内源乙烯的形成，可延迟番茄成熟 5～7d，延长储藏期，有利于运输。

b. 青椒　采收后，用 10mg/kg 溶液浸果或喷洒，可延长保鲜期。

c. 草莓　采收后，用 10mg/kg 溶液浸果或喷洒，晾干后包装，可延长保存期。

d. 月季　用 60mg/kg 溶液处理月季鲜切花，可较长时间保持花色鲜艳。

④ 组织培养

a. 马铃薯　在组织培养中，应用 0.2～1μmol/L 糠氨基嘌呤与生长素混用，处理全植株、离体器官或器官，有明显刺激组织或器官分化的作用。如马铃薯茎尖培养基中，每升加入 0.25～2.5mg 糠氨基嘌呤可以诱导 80%～100%马铃薯块茎形成。

b. 唐菖蒲、倒挂金钟　在唐菖蒲子球茎组织培养中，在 MS 培养基中加入 5mg/kg 2,4-D 和 0.1mg/kg 糠氨基嘌呤，在倒挂金钟幼叶 MS 培养基中加入 1mg/kg 萘乙酸和 2mg/kg 糠氨基嘌呤，均有利于繁殖。

⑤ 调节生长　99%糠氨基嘌呤原药和 0.4%糠氨基嘌呤水剂，主要用于调节水稻生长，在水稻分蘖期、扬花初期和灌浆期各施药 1 次，用 4～6.7mg/kg 剂量喷雾，每季最多使用 3 次。

注意事项

（1）因糠氨基嘌呤无商品制剂，其原药不溶于水，而溶于强酸、强碱、冰乙酸等。因此，在配制时需特别小心，防止溅到皮肤与眼中。

（2）现配现用，遇碱易分解，因此勿与碱性农药和肥料混用。

（3）在植物体内移动性差，仅作叶面处理效果欠佳，如果用于果实，可采用浸果或喷果处理。

（4）严格控制药剂的使用浓度。储存于阴凉、干燥处。

糖菌唑（bromuconazole）

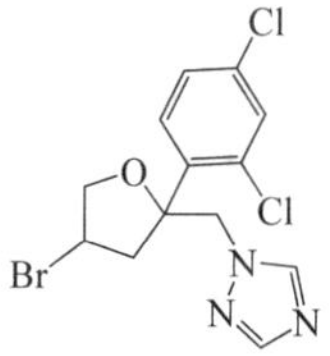

$C_{13}H_{12}BrCl_2N_3O$，377.1，116255-48-2

化学名称　1-[(2*RS*,4*RS*,2*RS*,4*SR*)-4-溴-2-(2,4-二氯苯基)四氢糠基]-1*H*-1,2,4-三唑。

理化性质　纯品为无色粉末，熔点 84℃，25℃时蒸气压为 0.004mPa，水中溶解度为 50mg/L，溶于有机溶剂。

毒性　大鼠急性经口 LD_{50} 365mg/kg，急性经皮 LD_{50}＞2g/kg，小鼠急性经口 LD_{50} 1151mg/kg，对兔眼睛及皮肤无刺激作用，豚鼠无皮肤过敏。兔急性吸入 LC_{50}（4h）＞5mg/L，鹌鹑和野鸭急性经口 LD_{50}＞2150mg/kg，鱼毒 LC_{50} 为 3.1mg/L（96h），虹鳟鱼为 1.7mg/L，水蚤 LC_{50}＞5mg/L（48h），Ames 试验无诱变性。

作用特点　属于内吸性杀菌剂。能够抑制甾醇脱甲基化。

适宜作物　禾谷类作物、蔬菜、果树等。推荐剂量下对作物和环境安全。

防治对象　可有效防治禾谷类作物、蔬菜、果树上的子囊菌亚门、担子菌亚门和半知菌亚门病原菌，对链格孢属、镰孢菌属病原菌也有很好的效果。用 0.02%悬浮剂 0.66～1kg/亩对水 40～50kg 喷雾。

抗倒胺（inabenfide）

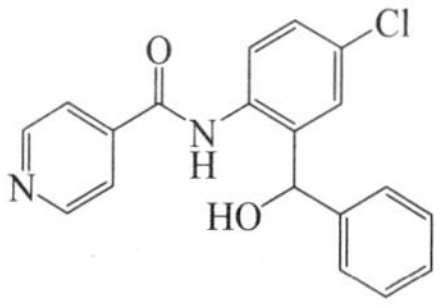

$C_{19}H_{15}ClN_2O_2$，338.79，82211-24-3

其他名称　依纳素，Inabenfude(BSI)，Seritard，CGR-811。

化学名称　*N*-[4-氯-2-(羟基苄基)苯基]吡啶-4-甲酰胺，4-氯-2-(*α*-羟苄基)异烟酰替苯胺。

理化性质　纯品抗倒胺为淡黄色至棕色结晶固体，熔点 210～212℃；溶解度（30℃，g/kg）：难溶于水，丙酮 3.6，乙酸乙酯 1.43，氯仿 0.59，DMF6.72，乙醇

1.61，甲醇 2.35。对光稳定，对碱稍不稳定。

毒性 大、小鼠（雄、雌）急性经口 LD_{50}15g/kg，腹腔注射 LD_{50}＞5g/kg，急性经皮 LD_{50}＞5g/kg，急性吸入 LC_{50}（4h）0.46mg/L 空气（大鼠）。对兔皮肤和眼睛无不良反应，对豚鼠无过敏性。对大鼠和狗饲喂 6 个月和 2 年的亚慢性和慢性试验研究中，无明显异常反应。对大鼠的生殖研究（3 代繁殖）和对大鼠和兔的致畸试验中，未发现明显异常。复原突变试验（Ames 试验）、微生物的复原试验（染色体畸变）和修复试验均为阴性，鱼毒 LC_{50}（48h）：鲤鱼 30mg/L，鲮鱼 26mg/L。水蚤 LC_{50}（3h）30mg/L。抗倒胺具有一定的毒性，根据美国和欧盟等农药分级标准，其属于毒性较高农药。因此，很多国家都制定了粮谷中抗倒胺的最大允许残留限量，日本规定抗倒胺在大米中的最大允许残留量为 0.05mg/kg。

适用作物 对水稻有很强的抗倒伏作用。

作用特点 本品能延缓植物生长，抑制水稻赤霉素的生物合成。对水稻有很强的选择性，在稻株体内、土壤和水中易代谢，无残留。主要通过根吸收。

应用技术

（1）水稻 在水稻抽穗前 40～50d，每亩用 80g 原药处理水稻，即用可湿性粉剂 180g，兑水 50L 喷洒。经抗倒胺处理后，水稻抗倒伏效果好，增产幅度为 14%～20%。此外，对穗分化和子实饱满度等方面的效应都优于多效唑，且无药害。

在漫灌条件下，以抗倒胺 1.5～2.4kg/hm^2 施于土壤表面。可使稻秆节间缩短、矮壮，上部叶片狭短，提高水稻抗倒伏能力，并能促进谷粒成熟，提高千粒重，但每穗粒数略有减少。

（2）大豆 用 60～120mg/L 的抗倒胺溶液喷洒于大豆第一节间生长期的幼苗，大豆幼苗株高明显受抑制，基部节间缩短，根系鲜重、干重、根管比值、根系活力和叶片中叶绿素含量均提高。药剂浓度越高，作用越强，具有良好的壮苗作用。

（3）花生 于花生出苗后第 10d，喷施 60～120mg/L 的抗倒胺，幼苗株高明显受到抑制，基部节间缩短，一、二分枝数，以及地上部鲜重、干重减少，根系鲜重、干重、长度、活力和叶片叶绿素含量均增加。药剂浓度愈高，其作用愈强，壮苗作用良好。

注意事项 药品应贮存于低温、干燥、通风处。

抗倒酯（trinexapac-ethyl）

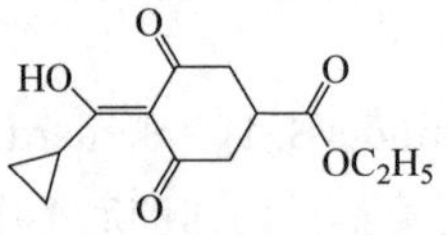

$C_{13}H_{16}O_5$，252.26，95266-40-3

其他名称 挺立，CGA163935，Modus，Primo，Vision，Omega。

化学名称　4-环丙基（羟基）亚甲基-3,5-二氧代环己烷羧酸乙酯。

理化性质　纯品抗倒酯为无色结晶固体，熔点36℃，溶解度为：水中pH为7时27g/L，pH 4.3时为2g/L；乙腈、环己酮、甲醇＞1g/L，己烷35g/L，正辛醇180g/L，异丙醇9g/L。pK_a 4.57。

毒性　大鼠急性经口LD_{50}＞4460mg/kg，急性经皮LD_{50}＞4000mg/kg，急性吸入LC_{50}（4h）＞5.69mg/L；对家兔眼睛和皮肤有轻度刺激作用；豚鼠皮肤变态反应（致敏性）试验结果为无致敏性。大鼠90d亚慢性喂养毒性试验最大无作用剂量为36mg/（kg·d）；致突变试验：Ames试验、小鼠微核试验、小鼠体外淋巴细胞基因突变试验、大鼠体外染色体畸变试验等多项致突变试验结果均为阴性，未见致突变作用。抗倒酯250g/L乳油大鼠急性经口LD_{50}＞5000mg/kg，急性经皮LD_{50}＞4000mg/kg；家兔皮肤、眼睛无刺激性；豚鼠皮肤变态反应（致敏性）试验结果为有中度致敏性。抗倒酯原药和250g/L乳油均为低毒植物生长调节剂。

抗倒酯原药对虹鳟鱼LC_{50}（96h）为68mg/L；蜜蜂急性接触LD_{50}（48h）为115.4μg/蜂，急性经口LD_{50}（48h）为293.4μg/蜂；250g/L乳油对虹鳟鱼EC_{50}（48h）为24mg/L；对蜜蜂急性接触LD_{50}（48h）为69.9μg/蜂，急性经口LD_{50}（48h）＞107μg/蜂；抗倒酯120.91g/蜂可溶液剂对家蚕LC_{50}（96h）＞5000mg/kg桑叶。抗倒酯对鱼、鸟、蜜蜂、家蚕均为低毒。

作用特点　赤霉素生物合成抑制剂，通过降低赤霉素的含量，控制作物旺长，减少节间伸长。可被植物茎、叶迅速吸收，根部吸收很少。

适宜作物　可在禾谷类、油料作物、甘蔗、蓖麻、向日葵和草坪等多种作物上使用，明显抑制生长。主要功效为抗倒伏（用于水稻），促进成熟（用于甘蔗）。

应用技术　使用剂量通常为100～500g（a.i.）/hm^2。小麦等禾谷类作物与冬油菜出苗后，以100～300g（a.i.）/hm^2施用于禾谷类作物与冬油菜，能有效降低小麦等禾谷类植物的株高，防止倒伏，改善收获效率。

（1）草坪　以150～500g（a.i.）/hm^2施用于草坪，减少修剪次数。

（2）甘蔗　以100～250g（a.i.）/hm^2用于甘蔗，可促进成熟。

注意事项　勿将抗倒酯乳油用于受不良气候（干旱、冰雹）影响和受到严重病虫害危害的作物。

抗坏血酸（ascorbic acid）

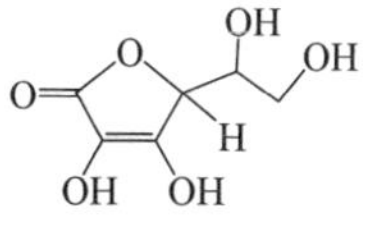

$C_6H_8O_6$，176.4，50-81-7

其他名称　维生素C，丙种维生素，维生素丙，茂丰，抗病丰。

化学名称 L-抗坏血酸（木糖型抗坏血酸）

理化性质 纯品为白色结晶。熔点190～192℃（部分分解），易溶于水，100℃水中溶解度为80%，45℃为40%，稍溶于乙醇，不溶于乙醚、氯仿、苯、石油醚、油、脂类。水溶液显酸性，浓度为5mg/mL时pH为3，浓度50mg/mL时pH为2。味酸，干燥时稳定，不纯品或天然品露置空气、光线中易氧化成脱氢抗坏血酸，水溶液中混入微量铜、铁离子时可加快氧化速度。溶液无臭，是较强的还原剂。贮藏时间较长后变淡黄色。

毒性 对人、畜安全，以500～1000mg/（kg·d）饲喂小鼠一段时间，未见有异常现象。

作用特点 广泛存在于植物果实中，茶叶等多种叶类农产品均含有维生素C。在植物体内参与电子传递系统中的氧化还原作用，促进植物的新陈代谢。与吲哚丁酸混用，诱导插枝生根作用比单用效果好。也具有捕捉体内自由基的作用，提高作物抗病能力，如提高番茄抗灰霉病的能力。

适宜作物 用作万寿菊、波斯菊、菜豆等插枝生根剂，提高番茄抗灰霉病的能力，可增加烟叶的产量。

应用技术

（1）促进插枝生根　在万寿菊、波斯菊、菜豆上使用时，抗坏血酸30mg/L+吲哚丁酸30mg/L混用处理，可显著促进插枝生根。

（2）抗病作用

① 番茄　用20～30mg/L抗坏血酸药液喷施番茄果实，提高抗灰霉病的能力。

② 烟草　用125mg/L抗坏血酸药液喷施，可抗花叶病毒。

③ 小麦　在小麦苗期、孕穗期，用30mg/L抗坏血酸药液喷施叶面，可提高产量，增强抗病力。

（3）改善品质、增产

① 水稻　苗期用30mg/L抗坏血酸药液喷施叶面，可增加产量。

② 烟草　6%水剂以2000倍液喷洒烟草叶片2次，可改善烟草品质，增加烟叶产量。

③ 辣椒　生长期用30～40mg/L药液喷施叶面，可增加产量。

④ 茶树　用20～30mg/L药液喷施叶面，可改善茶叶品质，增加茶叶产量。

⑤ 蜜柑　生长期用20～30mg/L药液喷施叶面，可改善品质，增加产量。

注意事项

（1）本品水溶液呈酸性，接触空气后易氧化，现配现用。

（2）贮存时间较长后变淡黄色。

抗蚜威（pirimicarb）

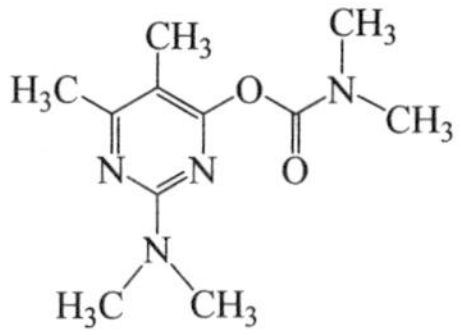

$C_{11}H_{18}N_4O_2$，238.3，23103-98-2

其他名称 辟蚜雾、辟蚜威、Pirimor、Rapid、Aphox。

化学名称 5,6-二甲基-2-二甲氨基-4-嘧啶基-*N*,*N*-二甲基氨基甲酸酯。

理化性质 白色粉末状固体，熔点91.6℃，无味；工业品为浅黄色粉末状固体，熔点＞85℃；溶解度（25℃，g/L）：水2.7，丙酮4.0，氯仿3.2，乙醇2.5，二甲苯2.0；与酸形成易溶于水的盐。

毒性 大白鼠急性LD_{50}（mg/kg）：经口130（雄）、143（雌），经皮＞2000；对皮肤和眼睛无刺激性，对鱼、水生生物、蜜蜂、鸟类低毒；饲喂大鼠两年，未发现异常现象；对动物无致畸、致突变、致癌作用。

作用特点 选择性杀虫剂，具有触杀、胃毒和破坏呼吸系统的作用，能防治对有机磷杀虫剂产生抗性的除棉蚜外的所有蚜虫。该药杀虫迅速，施药后数分钟即可迅速杀死蚜虫，因而对预防蚜虫传播的病毒病有良好的作用。残效期短，对作物安全，不伤天敌，是害虫综合防治的理想药剂。抗蚜威对瓢虫、食蚜蝇、蚜茧蜂等蚜虫天敌没有不良影响，可保护天敌，从而可有效延长对蚜虫的控制期。抗蚜威对蜜蜂安全，用于防治大白菜、萝卜等蔬菜田的蚜虫，能提高蜜蜂的授粉率，增加产量。

适宜作物 小麦、烟草、十字花科蔬菜。

防除对象 小麦害虫如麦蚜等，烟草害虫如烟蚜等，十字花科蔬菜害虫如菜蚜等。

（1）防治小麦蚜虫 防治麦蚜时，在蚜虫始盛期施药，用50%可湿性粉剂15～20g/亩兑水40～50kg均匀喷雾。

（2）防治烟草蚜虫 防治烟蚜时，在蚜虫始盛期施药，用25%水分散粒剂30～50g/亩兑水40～50kg均匀喷雾。

（3）防治十字花科蔬菜蚜虫 防治菜蚜时，在蚜虫始盛期施药，用25%水分散粒剂20～36g/亩兑水40～50kg均匀喷雾。

注意事项

（1）禁止与碱性农药等物质混用。

（2）对蜂、鸟、赤眼蜂、大型溞有毒。施药期间应避免对周围蜂群的影响；周围植物花期、鸟保护区、赤眼蜂等天敌昆虫放飞区禁用；远离水产养殖区施药；禁止在河塘等水域中清洗施药器具。

（3）在 15℃以下使用效果不能充分发挥，因此最好选择气温在 20℃以上的无风温暖天气施药。

（4）对棉蚜防治效果差，请勿在棉田使用此药。

（5）在小麦上的安全间隔期为 14d，每季最多使用 2 次；在烟草上的安全间隔期为 7d，每季最多使用 3 次；十字花科蔬菜上的安全间隔期为 14d，每季最多使用 3 次。

（6）大风天或预计 1h 内有雨请勿施药。

（7）建议与其他作用机制不同的杀虫剂轮换使用，以延缓害虫抗性产生。

壳聚糖（chitosan）

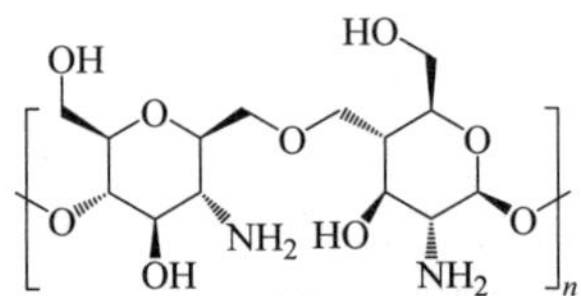

$(C_6H_{11}NO_4)_n$，$(161.1)_n$，9012-76-4

其他名称 甲壳素，甲壳胺，甲壳质，几丁聚糖，施特灵。

化学名称 (1,4)-2-氨基-2-去氧-β-D-葡聚糖[(1,4)-2-乙酰氨基-2-去氧-β-D-葡萄糖]。

理化性质 纯品为白色或灰白色无定形片状或粉末，无臭无味，可溶于稀酸及有机酸中，如水杨酸、酒石酸、乳酸、琥珀酸、乙二酸、苹果酸、抗坏血酸等，分子越小，脱乙酰度越大，溶解度越大。化学性质稳定，耐高温，经高温消毒后不变性。

溶于弱酸稀溶液中的壳聚糖，加工成的膜具有透气性、透湿性、渗透性、延伸性及防静电作用。

壳聚糖在盐酸水溶液中加热至 100℃，能完全水解成氨基葡萄糖盐酸盐。壳聚糖在碱性溶液或乙醇、异丙醇中可与环氧乙烷、氯乙醇、环氧丙烷反应生成羟乙基化或羟丙基化的衍生物，从而更易溶于水。壳聚糖还可与甲酸、乙酸、草酸、乳酸等有机酸生成盐。

毒性 毒性极低。口服、长期毒性试验均显示毒性非常小，也未发现有诱变性、皮肤刺激性、眼黏膜刺激性、皮肤过敏、光毒性、光敏性。小鼠、大鼠急性口服 LD_{50} ＞15g/kg。

作用特点

（1）作为固定酶的载体。因为壳聚糖分子中的游离氨基酸对各种蛋白质的亲和力非常强，可以用来作酶、抗原、抗体等生理活性物质的固定化载体，使酶、细胞保持高度的活力。

（2）可被酶降解。壳聚糖可被甲壳酶、甲壳胺酶、溶菌酶、蜗牛酶水解，其分解产物是氨基葡萄糖及二氧化碳，而氨基葡萄糖是生物体内大量存在的一种成分，对生物无毒。

（3）良好的生物螯合剂和吸附剂。壳聚糖分子中含有羟基、氨基，可与金属离子形成螯合物，在 pH 2～6 时，螯合最多的是 Cu^{2+}，其次是 Fe^{2+}，且随 pH 值增大而螯合量增多，还可与带负电荷的有机物，如蛋白质、氨基酸、核酸发生吸附作用。壳聚糖和甘氨酸的交联物可使螯合的 Cu^{2+}能力提高 22 倍。

适宜作物　常用作种子包衣剂成分，也可用作土壤改良剂、农药的缓释剂及水果保鲜剂等。

应用技术

（1）处理种子，促进增产。壳聚糖广泛用于处理种子，在作物种子外形成一层薄膜，不但可以抑制种子周围病原菌的生长，增强作物的抵抗力，而且还有生长调节作用，可使许多作物产量增加。壳聚糖的弱酸溶液用作种子包衣剂的黏附剂，使种子具有透气、抗菌及促进生长等多种作用，现配现用，是优良的生物多功能吸附性种子包衣剂。如壳聚糖 11.2g+谷氨酸 11.2g，处理 22.68kg 作物种子，增产达 28.9%。

① 大豆　1%壳聚糖+0.25%乳酸处理大豆种子，可促进早发芽。

② 油菜、茼蒿　壳聚糖 800 倍液浸泡油菜、茼蒿种子后播种，可促进根系发育。

③ 小麦、水稻、玉米、棉花、大麦、燕麦、大豆、甘薯　用壳聚糖处理均可增产。

（2）抗病防病

① 喷雾　0.4%壳聚糖溶液喷洒烟草，10d 内可减少烟草斑纹病毒的传播。

② 浸种处理　减轻小麦纹枯病、大豆根腐病、水稻胡麻斑病、花生叶斑病等的症状。

③ 浸根　25～50μg/mL 壳聚糖浸芹菜苗，可防止尖孢镰刀菌引起的萎蔫；番茄浸根，可防治根腐病。

（3）喷洒果品表面，有保鲜作用　在苹果收获时用 1%壳聚糖均匀喷洒于果面后晾干，在室温下贮存 5 个月后，苹果表面仍保持亮绿色，没有皱缩，含水量和维生素 C 含量明显高于对照，好果率达 98%。2%壳聚糖 600～800 倍液（25～33.3mg/L）喷洒黄瓜，可调节生长、提高抗病能力，从而提高产量。

（4）施于土壤，可改善团粒结构，减少水分蒸发。壳聚糖以 25mg/g（土）水溶剂加入土壤可以改进土壤的团粒结构，减少水分蒸发、减轻土壤盐渍作用。梨树用 50mL 壳聚糖+300g 锯末混合，有改良土壤的作用。此外，壳聚糖的 Fe^{2+}、Mn^{2+}、Zn^{2+}、Cu^{2+}、Mo^{2+}液肥可作无土栽培用的液体肥料。

（5）用作农药的缓释剂　*N*-乙酰壳聚糖可对许多农药起缓释作用，可使有效期延长 50～100 倍。

注意事项

（1）壳聚糖有吸湿性，注意防潮。

（2）不同分子量的壳聚糖的应用效果有差异，使用时应注意产品说明。

克草胺（ethachlor）

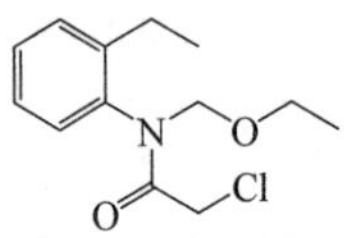

$C_{13}H_{18}ClNO_2$，255.7

化学名称　2-乙基-*N*-(乙氧甲基)-*α*-氯代乙酰基替苯胺。

理化性质　原油为红棕色油状液体，沸点 200℃（2.67kPa）。不溶于水，可溶于丙酮、二氯丙烷、乙酸、乙醇、苯、二甲苯等有机溶剂，在强酸或强碱条件下加热均可水解。25%克草胺乳油外观为红棕油状液体，闪点 40℃。水分含量≤0.5%。pH 为 5～8。乳液稳定性合格。

毒性　小鼠急性经口 LD_{50} 774mg/kg，雌小鼠经口 LD_{50} 464mg/kg，Ames 试验和染色体畸变分析试验为阴性。对眼睛黏膜及皮肤有刺激作用。25%乳油雄性小鼠急性经口 LD_{50} 为 1470mg/kg，雌小鼠经口 LD_{50} 为 1470mg/kg，小鼠经皮 LD_{50} 为 1470mg/kg。

作用方式　选择性芽前土壤处理剂。原药主要通过杂草的芽鞘吸收，其次由根部吸收，抑制蛋白质的合成，阻碍杂草的生长而致其死亡。其除草效果与杂草出土前后的土壤湿度有关。药剂的持效期 40d 左右。

防除对象　可用于水稻移栽田防除一年生禾本科杂草及小粒种子阔叶杂草，如稗草、牛毛草、莎草等稻田杂草。

使用方法　移栽后（北方 5～7d、南方 3～6d），拌细土撒施，药后保水 2～3cm，不要淹没稻心，5～7d 后正常管理。

注意事项

（1）克草胺的除草活性高于丁草胺，而对水稻的安全性低于丁草胺，因此在水稻本田应用时应严格掌握施药时间及用药量。

（2）不宜在水稻秧田、直播田，及小苗、弱苗及漏水的本田使用。

（3）水稻芽期及黄瓜、菠菜、高粱等作物对克草胺敏感，不宜在上述作物田使用。

（4）克草胺对鱼类有毒，防止药液污染河水及池塘。

（5）如田间阔叶杂草较多，请与防除阔叶杂草的除草剂混合使用。

克菌丹（captan）

$C_9H_8Cl_3NO_2S$，300.58，133-06-2

化学名称　*N*-三氯甲硫基-4-环己稀-1,2-二甲酰亚胺。

理化性质　纯品为白色晶体，熔点178℃，蒸气压0.00133Pa（25℃）。25℃时溶解度为：二甲苯2%，氯仿7%，丙醇2%，环己酮2%，异丙醇0.1%，水中0.5mg/L。对酸稳定，强碱作用下分解。

毒性　大鼠急性经口LD_{50} 9000mg/kg，对皮肤及黏膜有刺激作用。用300mg/（kg·d）剂量的工业品喂狗66周未出现慢性中毒症状，对大鼠两年饲喂试验的无作用剂量为1000mg/kg。动物试验发现致畸、致突变作用。

作用特点　具有保护和治疗作用的杀菌剂，没有内吸活性，喷药后，黏附在作物表面，可以用于叶面喷雾和种子处理。克菌丹是一种广谱性杀菌剂，能防治大田作物、蔬菜、果树的多种病害，兼有杀红蜘蛛的作用，在对铜制剂较敏感的桃树、李树上尤为适用。

适宜作物　麦类作物和棉花、果树、马铃薯、蔬菜、玉米、水稻等。

防治对象　稻瘟病、小麦锈病、小麦赤霉病、玉米苗期茎基腐病、葡萄霜霉病、葡萄黑腐病、柑橘树脂病、草莓灰霉病、麦类锈病、麦类赤霉病、花生白绢病、茄子褐纹病、白菜霜霉病、西葫芦灰霉病、樱桃灰星病、番茄早疫病、番茄晚疫病、蔬菜根腐病、番茄叶霉病、辣椒炭疽病、黄瓜炭疽病、高粱坚黑穗病、高粱散黑穗病、谷子黑穗病、糜子黑穗病。

使用方法　茎叶喷雾和种子处理。

（1）防治草莓灰霉病，发病前至发病初期，用50%可湿性粉剂400～600倍液喷雾；

（2）防治玉米苗期茎基腐病，播种前，用450g/L悬浮种衣剂70～80g/100kg种子包衣；

（3）防治苹果黑星病、苹果轮纹病、梨黑星病、葡萄霜霉病、葡萄黑腐病、柑橘树脂病等，发病早期，用50%可湿性粉剂300～500倍液喷雾；

（4）防治麦类锈病、麦类赤霉病、花生白绢病，发病初期，用50%可湿性粉剂

150～200g/亩对水 40～50kg 喷雾；

（5）防治茄子褐纹病、白菜霜霉病，发病初期，用 50%可湿性粉剂 500 倍液喷雾，间隔 5～7d 喷 1 次，连喷 3～4 次；

（6）防治番茄早疫病、番茄叶霉病、辣椒炭疽病、黄瓜炭疽病，发病初期，用 50%可湿性粉剂 400～600 倍液喷雾；

（7）防治水稻恶苗病，用 50%克菌丹 500 倍液浸种 48h，浸种温度为 21℃左右；

（8）防治高羊茅草坪炭疽病，发病初期，用克菌丹 300 倍液喷雾，间隔 7d，连续喷 3 次。

注意事项

（1）对苹果和梨的某些品种有药害，对莴苣、芹菜、番茄种子有影响；

（2）严格按照农药安全规定使用此药，避免药液或药粉直接接触身体，如果药液不小心溅入眼睛，应立即用清水冲洗干净并携带此药标签去医院就医；

（3）此药应储存在阴凉和儿童接触不到的地方；

（4）如果误服要立即送往医院治疗；

（5）施药后各种工具要认真清洗，污水和剩余药液要妥善处理保存，不得任意倾倒，以免污染鱼塘、水源及土壤；搬运时应注意轻拿轻放，以免破损污染环境；

（6）运输和储存时应有专门的车皮和仓库，不得与食物和日用品一起运输，应储存在干燥和通风良好的仓库中；

（7）可与多数常用农药混用，不能与碱性药剂混用；

（8）用药后，要注意洗手、洗脸及可能与药剂接触的皮肤；拌药的种子不能用作饲料或食用。

克螨特（propargite）

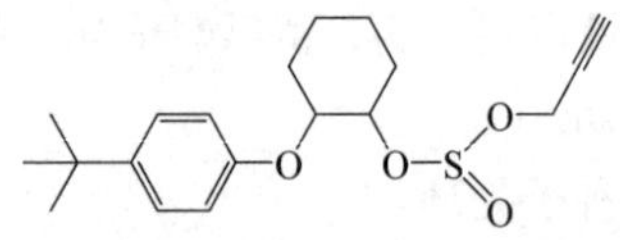

$C_{19}H_{26}O_4S$，350.5，2312-35-8

其他名称 丙炔螨特、炔螨特、螨除净、Comite、Omite、BPPS、ENT 27226。

化学名称 2-(4-叔丁基苯氧基)环己基丙-2-炔基亚硫酸酯。

理化性质 工业品克螨特为深琥珀色黏稠液体，易燃，易溶于有机溶剂，不能与强碱、强酸混合。

毒性 急性 LD_{50}（mg/kg）：大白鼠经口 2200，兔经皮＞3000。

作用特点　具有触杀、熏蒸和胃毒作用，无内吸和渗透传导作用。对成螨、若螨有效，杀卵效果差。

适宜作物　棉花、蔬菜、苹果、柑橘、茶树、花卉等。

防除对象　棉花、蔬菜、苹果、柑橘、茶树、花卉等多种作物上的害螨。

应用技术　以 73%克螨特乳油为例。

（1）防治棉花害螨　防治棉红蜘蛛时，于棉花红蜘蛛发生盛期施药，用 73%克螨特乳油 35～45mL/亩均匀喷雾。

（2）防治果树害螨　防治柑橘红蜘蛛、柑橘锈壁虱、苹果红蜘蛛、山楂红蜘蛛，在红蜘蛛若螨盛发初期施药，用 73%克螨特乳油 2000～4000 倍液均匀喷雾。

（3）防治茶树害螨　防治茶叶瘿螨、茶橙瘿螨，在茶橙瘿螨若虫发生盛期施药，用 73%克螨特乳油 1500～2000 倍液均匀喷雾。

（4）防治蔬菜害螨　防治茄子、豇豆红蜘蛛在害虫发生盛期前施药，用 73%克螨特乳油 30～50mL/亩均匀喷雾。

注意事项

（1）在高温、高湿条件下喷洒高浓度的克螨特对某些作物的幼苗和新梢嫩叶有药害，为了作物安全，对 25cm 以下的瓜、豆、棉苗等，73%乳油的稀释倍数不宜低于 3000 倍，对柑橘新梢不宜低于 2000 倍。

（2）施用时必须戴安全防护用具，若不慎接触眼睛或皮肤，应立即用清水冲洗；若误服，应立即饮下大量牛奶、蛋白或清水，送医院治疗。

（3）本产品除不能与波尔多液及强碱农药混合使用外，可与一般农药混用。

（4）克螨特为触杀性杀螨剂，无组织渗透作用，故需均匀喷洒作物叶片的两面及果实表面。

（5）应储存于阴凉、通风的库房，远离火种、热源，防止阳光直射，保持容器密封。应与氧化剂、碱类分开存放，切忌混储。配备相应品种和数量的消防器材，储区应备有泄漏应急处理设备和合适的收容材料。

（6）建议与其他作用机制不同的杀螨剂轮换使用，以延缓抗性产生。

苦参碱（matrine）

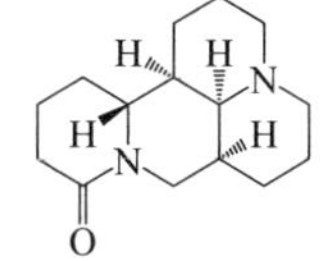

$C_{15}H_{24}ON_2$，248.36，519-02-8

理化性质　深褐色液体，酸碱度≤1.0（以 H_2SO_4 计）。热贮存在 54℃±2℃，

14d 分解率≤5.0%，0℃±1℃冰水溶液放置 1h 无结晶，无分层，不可与碱性物质混用。

毒性 急性 LD_{50}（mg/kg）：经口＞10000；经皮＞10000。

作用特点 本品是生物碱类杀虫剂，为天然植物性农药，具有触杀和胃毒作用。害虫一旦接触药剂，即麻痹神经中枢，继而使虫体蛋白凝固，堵死虫体气孔，使虫体窒息死亡。杀虫广谱，是一种低毒、低残留、环保型农药。

适宜作物 蔬菜、果树、小麦、烟草、茶树、林木等。

防除对象 蔬菜害虫如菜青虫、小菜蛾、蚜虫、韭蛆等；小麦害虫如蚜虫等；果树害虫如矢尖蚧、红蜘蛛、梨木虱等；烟草害虫如烟青虫、烟蚜、小地老虎等；茶树害虫如茶毛虫、茶小绿叶蝉等；林木害虫如美国白蛾等。

应用技术 以 0.5%苦参碱水剂、1.3%苦参碱水剂、0.3%苦参碱水剂、0.3%苦参碱可湿性粉剂为例。

（1）防治蔬菜害虫

① 蚜虫 在虫害初期施药，用 0.5%苦参碱水剂 60～90mL/亩均匀喷雾；或用 1.3%苦参碱水剂 20～40mL/亩均匀喷雾。

② 菜青虫、小菜蛾 在卵孵盛期至低龄幼虫期施药，用 0.5%苦参碱水剂 60～90mL/亩均匀喷雾；或用 1.3%苦参碱水剂 32.5～40mL/亩均匀喷雾。

③ 韭蛆 于韭菜韭蛆低龄幼虫发生初期施药，用 0.5%苦参碱水剂 1000～2000mL/亩灌根。

（2）防治小麦害虫 防治蚜虫，在蚜虫发生始盛期施药，用 0.5%苦参碱水剂 60～90mL/亩均匀喷雾。

（3）防治果树害虫

① 矢尖蚧 于柑橘树矢尖蚧发生始盛期施药，用 0.5%苦参碱水剂 1000～1500 倍液均匀喷雾。

② 红蜘蛛 在红蜘蛛发生初盛期施药，用 0.5%苦参碱水剂 220～660 倍液均匀喷雾。

③ 梨木虱 于梨树梨木虱发生始盛期施药，用 0.5%苦参碱水剂 600～1000 倍液均匀喷雾。

（4）防治烟草害虫

① 烟青虫 在卵孵盛期至低龄幼虫盛发期施药，用 0.5%苦参碱水剂 60～80mL/亩均匀喷雾。

② 烟蚜 在虫害初期施药，用 0.5%苦参碱水剂 60～90mL/亩均匀喷雾。

③ 小地老虎 于烟草移栽时，用 0.3%苦参碱可湿性粉剂 5000～7000g/亩穴施处理。把药剂和一定湿度细土混合均匀后施于种植穴内，随即覆土，每株剂量 3～5g，每季施药 1 次。

（5）防治茶树害虫

① 茶毛虫　在低龄幼虫期施药，用 0.5%苦参碱水剂 50～70mL/亩均匀喷雾；或用 0.3%苦参碱水剂 90～120mL/亩均匀喷雾。

② 茶小绿叶蝉　在茶小绿叶蝉若虫盛发初期开始施药，用 0.3%苦参碱水剂 120～150mL/亩均匀喷雾。

（6）防治林木害虫　防治美国白蛾，于美国白蛾低龄幼虫发生盛期施药，用 0.5%苦参碱水剂 1000～1500 倍液均匀喷雾。

注意事项

（1）本品对蜂、蚕、鸟、鱼有毒，开花植物花期禁用，使用时应密切关注附近蜂群的影响；远离水产养殖区施药，禁止在河塘等水体中清洗施药器具。

（2）严禁与碱性农药混用。如作物用过化学农药，5d 后方可施用此药，以防酸碱中和影响药效。

（3）在茶树上的安全间隔期 3d，每季最多使用 2 次；在烟草上的安全间隔期 7d，每季最多使用 2 次；在青菜上的安全间隔期 7d，甘蓝上 14d，萝卜上 21d，每季最多使用 1 次；苹果、柑橘、小麦每季最多使用 1 次；在杨树上的安全间隔期为 14d，每季最多使用 1 次。

苦皮藤素（celangulin）

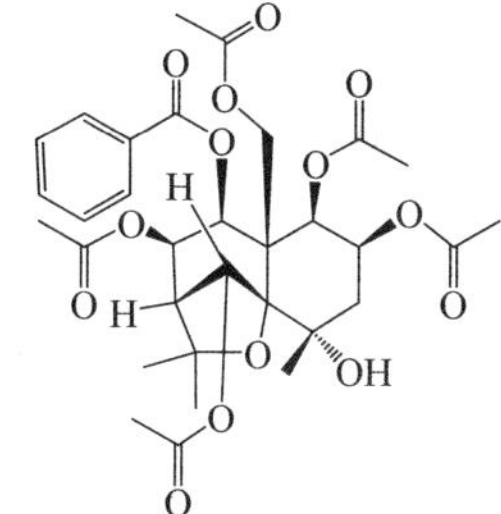

$C_{32}H_{40}O_{14}$，648.65，116159-73-0

化学名称　β-二氢沉香呋喃多元酯。

理化性质　原药外观为深褐色均质液体。熔点 214～216℃，溶解度：不溶于水，易溶于芳烃、乙酸乙酯等中等极性溶剂，能溶于甲醇等极性溶剂，在非极性溶剂中溶解度较小。稳定性：在中性或酸性介质中稳定，强碱性条件下易分解。制剂外观为棕黑色液体，闪点＞150℃。

作用特点　本品属于植物源农药，它是以苦皮藤根皮为原料，经有机溶剂（苯）提取后，将提取物、助剂和溶剂以适当比例混合而成的杀虫剂。具有胃毒、触杀和麻醉、拒食的作用，以胃毒为主。主要作用于昆虫消化道组织，破坏其消化系统，导致昆虫进食困难，饥饿而死。不易产生抗性和交互抗性。

适宜作物 蔬菜、水稻、果树、茶树、林木等。

防除对象 蔬菜害虫如甜菜夜蛾、菜青虫、斜纹夜蛾、韭蛆等；水稻害虫如稻纵卷叶螟等；果树害虫如小卷叶蛾、绿盲蝽等；茶树害虫如茶尺蠖等；林木害虫如尺蠖等。

应用技术 以1%苦皮藤素水乳剂、0.3%苦皮藤素水乳剂、0.2%苦皮藤素水乳剂为例。

（1）防治蔬菜害虫

① 甜菜夜蛾 在低龄幼虫发生期施药，用1%苦皮藤素水乳剂90～120mL/亩均匀喷雾。

② 菜青虫 在低龄幼虫发生期施药，用1%苦皮藤素水乳剂50～70mL/亩均匀喷雾。

③ 斜纹夜蛾 在低龄幼虫发生期施药，用1%苦皮藤素水乳剂90～120mL/亩均匀喷雾。

④ 黄条跳甲 在甘蓝黄条跳甲发生初盛期施药，用0.3%苦皮藤素水乳剂100～120mL/亩均匀喷雾。

⑤ 韭蛆 在韭菜根蛆发生初盛期施药，用0.3%苦皮藤素水乳剂90～100g/亩灌根处理。

（2）防治水稻害虫 防治稻纵卷叶螟，在低龄幼虫发生期施药，用1%苦皮藤素水乳剂30～40mL/亩均匀喷雾。

（3）防治果树害虫

① 小卷叶蛾 在猕猴桃小卷叶蛾低龄幼虫发生期施药，用1%苦皮藤素水乳剂4000～5000倍液均匀喷雾。

② 绿盲蝽 在绿盲蝽发生期施药，用1%苦皮藤素水乳剂30～40mL/亩均匀喷雾。

（4）防治茶树害虫 防治茶尺蠖，在低龄幼虫发生期施药，用1%苦皮藤素水乳剂30～40mL/亩均匀喷雾。

（5）防治林木害虫 防治尺蠖，在槐树尺蠖发生初盛期施药，用0.2%苦皮藤素水乳剂1000～2000倍液均匀喷雾。

注意事项

（1）本品不宜与碱性农药混用。

（2）本品对鸟类、鱼类等水生生物有毒，施药期间应避免对周围鸟类的影响，鸟类保护区附近禁用；水产养殖区、河塘等水体附近禁用，禁止在河塘等水体中清洗施药器具，清洗施药器具的水也不能排入河塘等水体，鱼或虾蟹套养的稻田禁用，施药后的田水不得直接排入水体；对家蚕有毒，家蚕及桑园附近禁用。

（3）建议与其他作用机制不同的杀虫剂轮换使用，以延缓抗性产生。

（4）在水稻上的安全间隔期为 15d，在其他作物上的安全间隔期为 10d，每季最多使用 1 次。

喹草酮（quinotrione）

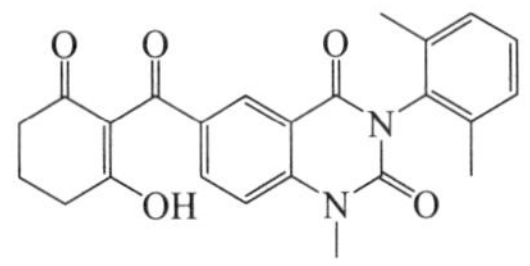

$C_{24}H_{22}N_2O_5$，418.15，1639426-14-4

化学名称　3-(2,6-二甲基苯基)-6-(2-羟基-6-氧亚基环己-1-烯-1-羰基)-1-甲基苯并嘧啶-2,4(1*H*,3*H*)-二酮。

理化性质　黄色固体粉末，熔点 187～189℃，溶于常用有机溶剂。

毒性　原药为低毒农药。

作用方式　具有内吸性，可以被植物茎叶吸收，抑制植物体内的对羟苯基丙酮酸双氧化酶（HPPD）的合成，导致酪氨酸的积累，使质体醌和生育酚的生物合成受到阻碍，进而影响类胡萝卜素的生物合成，杂草茎叶白化后死亡。

防除对象　对狗尾草防效好，可以有效防除马唐、稗草、牛筋草、野黍、藜、苘麻、反枝苋、鸭跖草、马齿苋和苍耳等一年生杂草，对野糜子、虎尾草有明显抑制作用。

使用方法　高粱 3～5 叶期、一年生杂草 2～4 叶期茎叶喷雾，10%悬浮剂每亩制剂用量 60～100mL，施药应喷雾均匀，避免重喷、漏喷。

注意事项

（1）间套或混种有其他作物的高粱田，不能使用本品；

（2）低温和干旱的天气，杂草生长会变慢从而影响杂草对喹草酮的吸收，杂草死亡的时间会变长；

（3）在大风时或大雨前不要施药，避免飘移；

（4）水稻对喹草酮敏感，施药后后茬不能种植水稻。

喹禾糠酯（quizalofop-P-tefuryl）

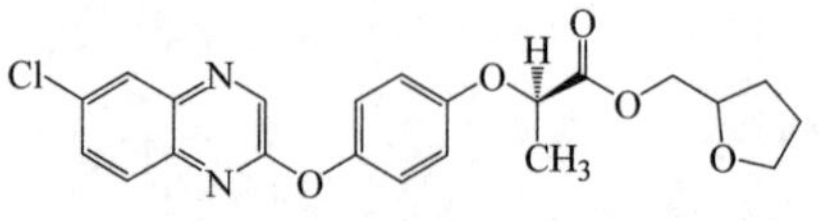

$C_{22}H_{21}ClN_2O_5$，428.89，119738-06-6

化学名称　(2*R*)-2-[4-(6-氯喹喔啉-2-基氧)苯氧基]丙酸四氢糠酯。

理化性质　纯品为深黄色液体，室温下有结晶存在，熔点 58.3℃，211℃分解，溶解度（20℃，mg/L）：水 3.13，甲苯 652000，正己烷 12000，甲醇 64000，丙酮 221000。土壤与水中不稳定，半衰期短，降解较快。

毒性　大鼠急性经口 LD_{50} 为 1012mg/kg；对山齿鹑急性经口 LD_{50}＞2150mg/kg；对绿头鸭经口 LD_{50}＞258.6mg/kg；对蓝鳃鱼 LC_{50}（96h）为 0.23mg/L；大型溞 EC_{50}（48h）＞1.51mg/kg；对月牙藻 EC_{50}（72h）＞1.9mg/L；对蜜蜂低毒，对蚯蚓中等毒性。对眼睛具刺激性，有皮肤致敏性，无呼吸道刺激性，无染色体畸变及 DNA 损伤风险。

作用方式　可通过茎叶吸收，传导至全株分生组织，抑制植物脂肪酸合成，阻止植物发芽和根茎生长，进而死亡。在杂草体内持效期长，喷药后植物快速停止生长，3～5d 心叶基部变褐，5～10d 变黄坏死，14～21d 整株死亡。

防除对象　主要用于阔叶作物田（如大豆、油菜、花生、马铃薯、棉花、亚麻、豌豆、蚕豆、向日葵、西瓜、阔叶蔬菜、果树、林业苗圃等），防除一年生和多年生禾本科杂草，可防除稗草、狗尾草、金色狗尾草、野燕麦、马唐、看麦娘、硬草、千金子、牛筋草、雀麦、棒头草、剪股颖、画眉草、野黍、大麦草、多花黑麦草、狗牙根、双穗雀稗、假高粱等杂草，对阔叶草和莎草无效。

使用方法　在禾本科作物 2～5 叶期用药，以 4%乳油为例，每亩用药量 50～80mL，兑水 15～30L，二次稀释后均匀茎叶喷雾，多年生杂草用药量提高至 80～120mL/亩。

注意事项

（1）耐冲刷，施药 1h 后降雨不影响药效。

（2）土壤及空气水分湿度较高时有利于杂草吸收药物，长期湿度低不宜施药或应适当提高剂量。

（3）杂草较多时可适当提高剂量。

（4）可与灭草松、氟磺胺草醚、草除灵等混用扩大杀草谱。

（5）本品对油菜和绝大多数阔叶作物安全，对黄花苜蓿有药害。同时应避免飘移至小麦、水稻、高粱等禾本科作物，以免产生药害。

喹菌酮（oxolinic acid）

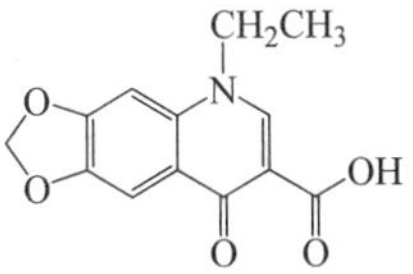

$C_{13}H_{11}NO_5$，261.2301，14698-29-4

化学名称　5-乙基-5,8-二氢-8-氧代[1,3]-二氧戊环并[4,5-*g*]喹啉-7-羧酸。

理化性质　工业品为浅棕色结晶固体。纯品为无色结晶固体，熔点＞250℃。溶解度：水 3.2mg/L（25℃），正己烷、二甲苯、甲醇＜10g/kg（20℃）。

毒性　急性经口 LD_{50}（mg/kg）：雄大鼠 630，雌大鼠 570。雄大鼠和雌大鼠急性经皮 LD_{50}＞2000mg/kg。对兔皮肤和眼睛无刺激。急性吸入 LC_{50}（4h，mg/L）：雄大鼠 2.45，雌大鼠 1.70。鲤鱼 LC_{50}（48h）＞10mg/L。

作用特点　主要通过抑制细菌分裂时必不可少的 DNA 复制而发挥其抗菌作用，具有保护和治疗作用。

适宜作物　水稻、白菜、苹果、梨、马铃薯等。

防治对象　甘蓝类黑腐病、大白菜软腐病及根肿病、马铃薯黑胫病、苹果火疫病、梨火疫病、水稻颖枯病、水稻内颖褐变病、水稻软腐病、水稻苗期立枯病等。

使用方法　种子处理和茎叶喷雾。

（1）用于种子处理　用 20%可湿性粉剂按种子重量的 5%包衣或 1～10mg/L 浸种。

（2）茎叶喷雾　用 20%可湿性粉剂 100～200g/亩对水 40～50kg 喷雾。

（3）防治甘蓝类黑腐病　发病初期，用 20%喹菌酮可湿性粉剂 1000 倍液喷雾，施药间隔 10d 左右，连续防治 2～3 次。

（4）防治大白菜根肿病　发病初期，用 20%可湿性粉剂 1000 倍液对准病株基部定点喷雾。

（5）防治马铃薯黑胫病　发病初期，用 20%喹菌酮可湿性粉剂 1000～1500 倍喷雾。预防喷洒需要彻底，防治时期以出穗前后共 10d 左右为宜，在此期间为保证药效，施药 2 次。

（6）防治十字花科软腐病　用 20%喹菌酮可湿性粉剂 1000 倍液喷雾，施药间隔 10d 左右，连续防治 2～3 次。

（7）防治紫菜薹黑腐病　用 20%喹菌酮可湿性粉剂 1000 倍液喷雾，施药间隔 10d 左右，连续防治 2～3 次或用 20%喹菌酮可湿性粉剂 1000 倍液浸种 20min，水洗晾干播种。

（8）防治花生青枯病　发病初期，用 20%喹菌酮可湿性粉剂 600 倍液淋灌，每隔 7～10d 喷 1 次，连续喷 3～4 次或更多，前密后疏。

（9）防治菜花叶斑病　发病初期及时喷药防治，用 20%喹菌酮可湿性粉剂 1000 倍液喷雾，菜花生长期间，每隔 10d 左右喷药 1 次，连续喷 2～3 次。

（10）防治水稻白叶枯病　发病初期及时喷药防治，用 20%喹菌酮可湿性粉剂 1000～1500 倍液喷雾，间隔 10d 喷 1 次，连续 1～2 次。

（11）防治萝卜黑腐病、软腐病、细菌性叶斑病　发病初期及时喷药防治，用 20%喹菌酮可湿性粉剂 1000 倍液浸种 20min，浸种处理的种子要用水充分洗后晾干播种。

注意事项

（1）严格按照农药安全规定使用此药，避免药液或药粉直接接触身体，如果药液不小心溅入眼睛，应立即用清水冲洗干净并携带此药标签去医院就医；

（2）此药应储存在阴凉和儿童接触不到的地方；

（3）如果误服要立即送往医院治疗；

（4）施药后各种工具要认真清洗，污水和剩余药液要妥善处理保存，不得任意倾倒，以免污染鱼塘、水源及土壤；

（5）搬运时应注意轻拿轻放，以免破损污染环境，运输和储存时应有专门的车皮和仓库，不得与食物和日用品一起运输，应储存在干燥和通风良好的仓库中。另外，该药不能与铜制剂混合使用。

喹硫磷（quinalphos）

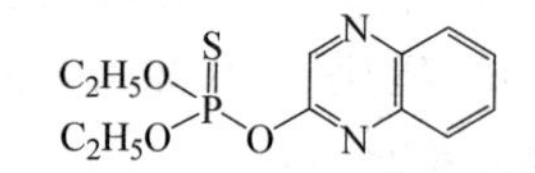

$C_{12}H_{15}N_2O_3PS$，298.30，13593-03-8

其他名称　喹噁磷、喹噁硫磷、克铃死、爱卡士、Kinalux、Bayrusil、Ekalux、Diethchinalphion、Bayer 77049、SRA 7312。

化学名称　*O,O*-二乙基-*O*-(2-喹噁磷基)硫代磷酸酯。

理化性质　纯品为白色晶体，熔点 31～36℃，工业品为深褐色油状液体，120℃分解，不能蒸馏。水中溶解度为 17.8mg/L（22～23℃），正己烷为 250g/L，易溶于甲苯、二甲苯、乙醚、乙酸乙酯、乙腈、甲醇、乙醇等。微溶于石油醚。工业品不稳定，在室温下，稳定期为 14d，但在非极性溶剂中，并有稳定剂存在下稳定，遇碱易水解。

毒性　大鼠急性 LD_{50}（mg/kg）：71（经口），800～1750（经皮）；急性吸入 LC_{50}

0.71mg/L。对兔眼睛和皮肤无刺激作用。以含有160mg/kg剂量的饲料喂养大鼠90d，未见中毒现象。2年喂养无作用剂量大鼠为3mg/kg，狗为0.5mg/kg。在试验剂量内，未见致癌、致畸、致突变；鲤鱼LC_{50}（24h）3～10mg/L；对蜜蜂有毒。

作用特点　乙酰胆碱酯酶抑制剂，属广谱性杀虫剂，具有胃毒和触杀作用，无内吸和熏蒸性能，有一定的杀卵功效。它在植物上有良好的渗透性，降解速度快，残效期短。

适宜作物　水稻、棉花、柑橘树等。

防除对象　水稻害虫如稻纵卷叶螟、二化螟、三化螟等；棉花害虫如棉铃虫、蚜虫等；果树害虫如柑橘木虱、介壳虫等。

应用技术

（1）防治水稻害虫

① 稻纵卷叶螟　在卵孵盛期至低龄幼虫期施药，用10%乳油100～150mL/亩朝稻株中上部喷药。

② 二化螟　在卵孵始盛期到卵孵高峰期施药，用25%乳油120～140mL/亩兑水朝稻株中下部喷雾。田间保持水层3～5cm深，保水3～5d。

③ 三化螟　在分蘖期和孕穗到破口露穗期施药，用10%乳油100～120g/亩喷雾。分蘖期重点是近水面的茎基部；孕穗期重点是稻穗。每隔5～7d喷一次，连喷2～3次。

（2）防治棉花害虫

① 棉铃虫　在卵孵盛期至低龄幼虫期施药，用25%乳油100～140mL/亩兑水均匀喷雾。

② 蚜虫　在蚜虫发生始盛期施药，用25%乳油48～160mL/亩兑水均匀喷雾。

（3）防治柑橘害虫

① 柑橘木虱　在卵孵盛期至一龄若虫期施药，用25%乳油1500～2000倍液均匀喷雾，叶背、叶面均要喷到。

② 柑橘介壳虫　在一龄若蚧盛发期施药，用25%乳油750～1000倍液喷雾。施药间隔5～7d，连续施药2～3次。

注意事项

（1）不可与碱性农药等物质混合使用。

（2）对鱼类等水生生物、蜜蜂、家蚕毒害大，应避免对周围蜂群的不利影响；开花植物花期、蚕室和桑园附近禁用；鸟类保护区禁用；瓢虫、赤眼蜂天敌放飞区域禁用；远离水产养殖区施药；禁止在河塘等水体中清洗施药器具。

（3）在水稻、棉花、柑橘上的安全间隔期分别为14d、25d和28d，每季最多使用3次。

（4）大风天或预计1h内降雨请勿施药。

（5）建议与菊酯类农药混配使用，并与其他作用机制不同的杀虫剂轮换使用。

喹螨醚（fenazaquin）

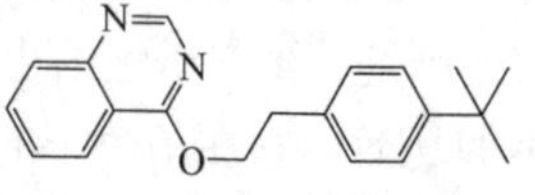

$C_{20}H_{22}N_2O$，306.4，120928-09-8

其他名称 螨即死。

化学名称 4-叔丁基苯乙基-喹唑啉-4-基醚，4-*tert*-butylphenethyl quinazolin-4-yl ether。

理化性质 纯品为晶体，熔点 70～71℃，溶解度（g/L）：丙酮 400、乙腈 33、氯仿大于 500、己烷 33、甲醇 50、异丙醇 50、甲苯 50，水 0.22mg/L。

毒性 急性经口 LD_{50}（mg/kg）：雄大鼠 50～500，小鼠＞500，鹌鹑＞2000（用管饲法）。

作用特点 杀虫、杀螨剂，作用方式为触杀、胃毒，通过触杀作用于昆虫细胞的线粒体和染色体组Ⅰ，占据了辅酶 Q 的结合点。对柑橘树、苹果树红蜘蛛有较好的防治效果，持效期长，对天敌安全。

适宜作物 蔬菜、棉花、果树、茶树、观赏植物等。

防除对象 螨类。

应用技术 以 95g/L 喹螨醚乳油、18%喹螨醚悬浮剂为例。

（1）防治果树害螨　防治苹果树红蜘蛛，在幼、若螨刚开始发生时施药，用 95g/L 喹螨醚乳油 3800～4500 倍液均匀喷雾。

（2）防治茶树害螨　防治红蜘蛛，在幼、若螨刚开始发生时施药，用 18%喹螨醚悬浮剂 25～35mL/亩均匀喷雾。

注意事项

（1）对蜜蜂、家蚕及水生生物有毒，避免直接施用于花期植物上和蜜蜂活动场所，避免污染鱼池、灌溉水和饮用水源。

（2）对皮肤和眼睛有刺激性，用药时应注意安全防护。

（3）不得与呈碱性的农药等物质混用。

蜡质芽孢杆菌（*Bacillus cereus*）

其他名称 蜡状芽孢杆菌，叶扶力，叶扶力 2 号，BC752 菌株。

理化性质 本剂为蜡质芽孢杆菌活体吸附粉剂。外观为灰白色或浅灰色粉末，细度90%通过325目筛，水分含量≤5%，悬浮率≥85%，pH7.2。与假单芽孢菌混合制剂外观为淡黄色或浅棕色乳液体，略带黏性，有特殊腥味，密度 1.08g/cm^3，pH6.5～8.4，45℃以下稳定。

毒性 低毒生物农药，其原液对大鼠急性经口 LD_{50}＞7000亿菌体/kg，大鼠90d亚慢性喂养试验，剂量为100亿菌体/（kg·d），未见不良反应。用100亿菌体/kg对兔急性经皮和眼睛试验，均无刺激性反应。对人、畜和天敌安全，不污染环境。

作用特点 能通过体内的SOD酶，调节作物细胞微生境，维持细胞正常的生理代谢和生化反应，提高抗逆性，加速生长，提高产量和品质。多数情况下与井冈霉素复配使用，防治水稻纹枯病、稻曲病及小麦纹枯病、赤霉病等。作为细菌杀菌剂，单剂主要用于油菜抗病、壮苗、增产以及防治生姜瘟病。蜡质芽孢杆菌属微生物制剂，低毒、低残留，不污染环境，使用安全。

适宜作物 适用于油菜、玉米、高粱、大豆及各种蔬菜作物。

应用技术

（1）拌种 对油菜、玉米、高粱、大豆及各种蔬菜作物，每1000g种子，用本剂15～20g拌种，然后播种。如果种子先浸种后拌本剂菌粉时，应在拌药后晾干再进行播种。

（2）喷雾 对油菜、大豆、玉米及蔬菜等作物，在旺长期，每亩用本剂100～150g，对水30～40L均匀喷雾。据在油菜上试验，可增加油菜分枝数、角果数及籽粒数，促进增产，并对立枯病、霜霉病有防治作用，明显降低发病率。

注意事项

（1）本剂为活体细菌制剂，保存时避免高温，50℃以上易造成菌体死亡。应贮存在阴凉、干燥处，切勿受潮，避免阳光暴晒。

（2）本剂保质期2年，在有效期及时用完。

狼毒素（neochamaejasmin）

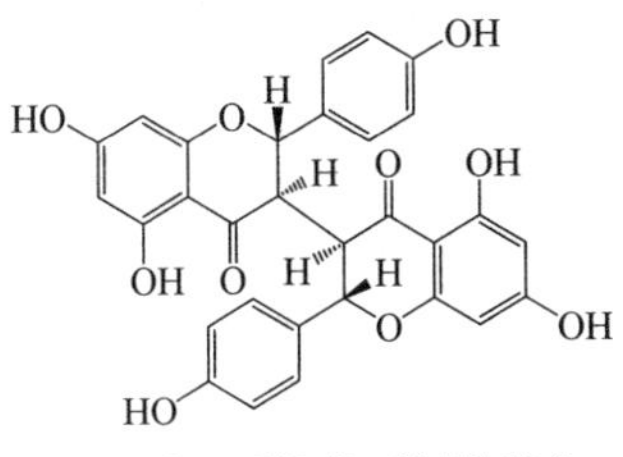

$C_{30}H_{22}O_{10}$，542.49，90411-13-5

化学名称 [3,3′-双-4*H*-1-苯并吡喃]-4,4′-二酮,2,2′,3,3′-四氢-5,5′,7,7′-四羟基-

2,2′-双(4-羟基苯基)。

理化性质 原药外观为黄色结晶粉末，熔点278℃，溶于甲醇、乙醇，不溶于三氯甲烷、甲苯。制剂外观为棕褐色、半透明、黏稠状、无霉变、无结块固体。

毒性 大鼠急性LD_{50}（mg/kg）：经口＞5000，经皮＞5000。

作用特点 本品属黄酮类化合物，具有旋光性，且多为左旋体。具有胃毒、触杀作用，作用于虫体细胞，渗入细胞核抑制破坏新陈代谢系统，使受体能量传递失调、紊乱，导致死亡。

适宜作物 十字花科蔬菜。

防除对象 蔬菜害虫菜青虫。

应用技术 以1.6%狼毒素水乳剂为例。

防治蔬菜害虫菜青虫时，在低龄幼虫期施药，用1.6%狼毒素水乳剂50～100mL/亩均匀喷雾。

注意事项

（1）不能与碱性农药相混。

（2）不作土壤处理剂使用。

（3）施药温度不能小于10℃，雨前不宜喷洒，开瓶一次用完。

（4）对水生生物鱼、溞高毒，禁止污染鱼塘、桑田、水源，远离水产养殖区、河塘等水体施药。禁止在河塘等水体中清洗施药器具。

乐果（dimethoate）

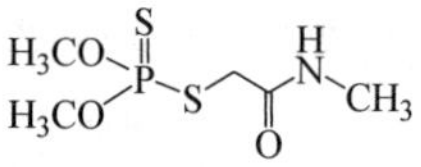

$C_5H_{12}NO_3PS_2$，229.28，60-51-5

其他名称 乐戈、绿乐、齐胜、乐意、Rogor、Cygon、Dantox、Fosfamid、Rexion。

化学名称 *O*,*O*-二甲基-*S*-(*N*-甲基氨基甲酰甲基)二硫代磷酸酯，*O*,*O*-dimethyl-*S*-(*N*-methyl carbanoyl methyl)phosphorodithioate。

理化性质 无色结晶，熔点49～52℃；含量在95%以上的工业品为白色结晶固体，略带硫醇气味，熔点43～46℃。乐果能溶解于多种有机溶剂，如乙醇＞300g/kg（20℃）、甲苯＞300g/kg（20℃）、苯、氯仿、四氯化碳、饱和烃、醚类等；在酸性介质中较稳定，在碱性介质中迅速分解；受氧化剂作用或在生物体内代谢后能生成氧乐果，在金属离子（Fe^{2+}、Cu^{2+}、Zn^{2+}等）存在下，氧化作用更容易进行；对日光稳定，受热分解成*O*,*S*-二甲基类似物。

毒性 原药LD_{50}（mg/kg）：大鼠急性经口320～380，小鼠经皮700～1150。

作用特点 主要作用是抑制乙酰胆碱酯酶，阻碍神经传导导致害虫死亡。它是内吸性有机磷杀虫和杀螨剂，杀虫范围广，对害虫和害螨有强烈的触杀和一定的胃毒作用。乐果进入虫体后首先被氧化成毒性更强的氧乐果，发挥毒杀作用。适用于防治多种作物上的害虫，如蚜虫、叶蝉、粉虱、潜叶性害虫及某些蚧类，对螨类也有一定的防效。

适宜作物 水稻、小麦、烟草、棉花、甘薯等。

防除对象 水稻害虫如二化螟、三化螟、稻飞虱、叶蝉等；小麦害虫如蚜虫等；烟草害虫如烟青虫、蚜虫等；棉花害虫如蚜虫、螨类等；甘薯害虫如甘薯小象甲等。

应用技术

（1）防治水稻害虫

① 二化螟 在卵孵始盛期到卵孵高峰期施药，用50%乳油60～80mL/亩喷雾，重点是稻株中下部。田间保持3～5cm的水层3～5d。

② 三化螟 在分蘖期和孕穗至破口露穗期施药，用40%乳油90～100mL/亩喷雾。田间应保持3～5cm的水层3～5d。

③ 稻飞虱 在低龄若虫盛期施药，用40%乳油75～100mL/亩兑水喷雾，重点为水稻的中下部叶丛及茎秆。田间应保持水层2～3d。

④ 稻叶蝉 在低龄若虫发生盛期施药，用20%乳油800～1000倍液均匀喷雾。

（2）防治烟草害虫 防治烟青虫时，在卵孵盛期至低龄幼虫期施药，用50%乳油60～80mL/亩兑水均匀喷雾。

（3）防治棉花害虫

① 蚜虫 在蚜虫始盛期施药，用40%乳油兑水均匀喷雾；其中棉蚜用量30～50mL/亩；麦蚜用量13.5～27mL/亩；烟蚜用量50～100mL/亩；菜蚜用量30～50mL/亩。

② 叶螨 在螨类始盛期施药，用40%乳油60～80mL兑水均匀喷雾。

（4）防治甘薯害虫 防治甘薯小象甲时，将鲜薯片放入40%乳油2000倍液中浸一浸，然后再放入10cm深、20cm×20cm的小穴中诱杀害虫。

注意事项

（1）不可与碱性农药等物质混合使用。

（2）对蜜蜂、鱼类等水生生物、家蚕有毒，施药期间应避免对周围蜂群的影响。蜜源作物花期、蚕室和桑园附近禁用；远离水产养殖区施药；禁止在河塘等水体中清洗施药器具。

（3）对牛、羊、家禽的毒性高，施过药的田块在7～10d不可放牧。

（4）对啤酒花、菊科植物、高粱某些品种及烟草、枣、桃、杏、梅、梨、橘、橄榄、无花果等作物敏感，使用时应做药害试验，再确定使用浓度。

（5）在水稻上的安全间隔期为30d，每季最多使用1次；在烟草上的安全间隔期为5d，每季最多使用3次；在棉花上的安全间隔期为14d，每季最多使用1次。

（6）建议与其他作用机制不同的杀虫剂轮换使用。

藜芦碱（vertrine）

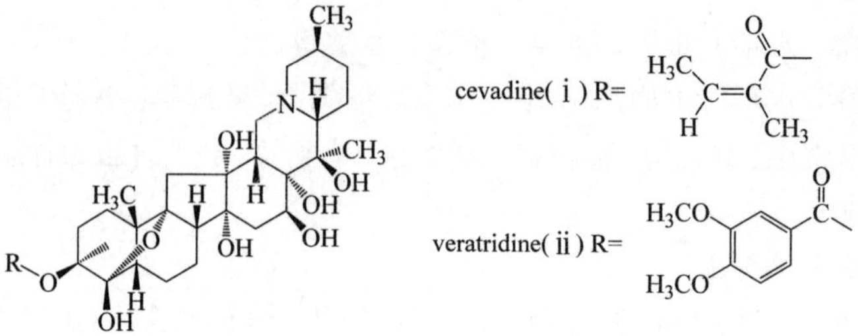

cevadine(ⅰ) R=

veratridine(ⅱ) R=

$C_{32}H_{49}NO_9$（ⅰ），$C_{36}H_{51}NO_{11}$（ⅱ），591.7（ⅰ），673.8（ⅱ），8051-02-3，62-59-9（ⅰ），71-62-5（ⅱ）

理化性质 扁平针状结晶，熔点 208～210℃（分解），微溶于水，1g 溶于约 15mL 乙醇或乙醚。

毒性 急性 LD_{50}（mg/kg）：经口 20000，经皮 5000。

作用特点 具有触杀和胃毒作用。其杀虫机制为药剂经虫体表皮或吸食进入消化系统，造成局部刺激，引起反射性虫体兴奋，继而抑制虫体感觉神经末梢，经传导抑制中枢神经而致害虫死亡。对人畜安全，低毒、低污染。药效期 10d 以上。主要用于大田农作物、果林蔬菜病虫害的防治。

适宜作物 棉花、甘蓝等。

防除对象 棉花害虫如棉铃虫、蚜虫等；蔬菜害虫如菜青虫等。

应用技术 以 0.5%藜芦碱可溶液剂为例。

（1）防治棉花害虫

① 棉铃虫 在低龄幼虫高峰期施药，用 0.5%藜芦碱可溶液剂 75～100mL/亩均匀喷雾。

② 棉蚜 在棉蚜发生始盛期施药，用 0.5%藜芦碱可溶液剂 75～100mL/亩均匀喷雾。

（2）防治蔬菜害虫

① 菜青虫 在卵孵盛期至低龄幼虫期施药，用 0.5%藜芦碱可溶液剂 75～100mL/亩均匀喷雾。

② 白粉虱 在黄瓜白粉虱发生期施药，用 0.5%藜芦碱可溶液剂 70～80mL/亩均匀喷雾。

③ 蓟马 在茄子蓟马发生期施药，用 0.5%藜芦碱可溶液剂 70～80mL/亩均匀喷雾。

④ 红蜘蛛 在辣椒、茄子红蜘蛛发生期施药，用 0.5%藜芦碱可溶液剂 600～

700 倍液均匀喷雾。

（3）防治小麦害虫　防治蚜虫，在小麦蚜虫发生期用药，用 0.5%藜芦碱可溶液剂 100～133g/亩均匀喷雾。

（4）防治烟草害虫　防治烟蚜，在烟蚜发生始盛期施药，用 0.5%藜芦碱可溶液剂 120～140g/亩均匀喷雾。

（5）防治果树害虫　防治红蜘蛛，在柑橘、枣树红蜘蛛发生期施药，用 0.5%藜芦碱可溶液剂 600～800 倍液均匀喷雾；在猕猴桃红蜘蛛发生期施药，用 0.5%藜芦碱可溶液剂 600～700 倍液均匀喷雾。

（6）防治茶树害虫

① 茶小绿叶蝉　在茶树茶小绿叶蝉始盛期施药，用 0.5%藜芦碱可溶液剂 600～800 倍液均匀喷雾。

② 茶橙瘿螨　在茶橙瘿螨发生始盛期施药，用 0.5%藜芦碱可溶液剂 600～800 倍液均匀喷雾。

③ 茶黄螨　在茶黄螨始盛期施药，用 0.5%藜芦碱可溶液剂 1000～1500 倍液均匀喷雾。

注意事项

（1）本品对鸟、蜜蜂、家蚕、鱼等水生生物有毒，鸟类保护期禁用；施药时避免对周围蜂群的影响，开花植物花期、蚕室和桑园附近禁用；远离水产养殖区施药，禁止在河塘等水体中清洗施药器具，清洗施药器具的水也不能排入河塘等水体。

（2）建议与其他作用机制不同的杀虫剂轮换使用，以延缓抗性产生。

（3）不可与呈强酸、强碱性的农药等物质混合使用，可与有机磷、菊酯类混用，但须现配现用。

（4）在甘蓝上的安全间隔期为 3d，棉花为 7d，每季最多使用 3 次；在茶树上的安全间隔期为 10d，每季最多使用 1 次；在小麦上的安全间隔期为 14d，每季最多使用 2 次；使用本品后的辣椒、茄子、柑橘、茶叶、草莓、枣、猕猴桃至少应间隔 10d 才能收获，每季最多施用 1 次。

联苯肼酯（bifenazate）

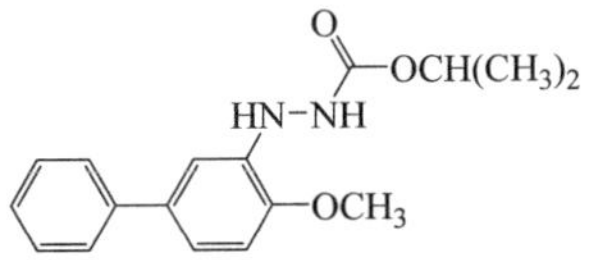

$C_{17}H_{20}N_2O_3$，300.35，149877-41-8

化学名称　*N'*-(4-甲氧基联苯-3-基)肼羧酸异丙酯。

其他名称 NC-1111、Acramite、D2341、Floramite。

理化性质 纯品外观为白色固体结晶；水中溶解度（20℃）2.1mg/L；有机溶剂溶解度（20℃，g/L)：甲苯中24.7，乙酸乙酯中102，甲醇中44.7，乙腈中95.6。

毒性 大鼠急性经口、经皮 LD_{50} 均＞5000mg/kg；对兔眼睛、皮肤无刺激性；豚鼠皮肤致敏试验结果为无致敏性。4项致突变试验：Ames试验、微核试验、体外哺乳动物基因突变试验、体外哺乳动物染色体畸变试验均为阴性，未见致突变作用。联苯肼酯480g/L悬浮剂对大鼠急性经口 LD_{50}＞5000mg/kg，急性经皮 LD_{50}＞2000mg/kg；对兔皮肤无刺激性，兔眼睛有刺激性，但无腐蚀作用，豚鼠皮肤无致敏性。该制剂用于苹果树，对鱼类高毒，高风险性；对鸟中等毒，低风险性；对蜜蜂、家蚕低毒，低风险性。

作用特点 对螨类的中枢神经传导系统的 γ-氨基丁酸（GABA）受体有独特作用。是一种新型选择性叶面喷雾用杀螨剂，对螨的各个生活阶段有效。具有杀卵活性和对成螨的迅速击倒活性，对捕食性螨影响极小，非常适合害虫的综合治理。对植物没有毒害。

适宜作物 果树等。

防除对象 果树害螨红蜘蛛等。

应用技术 以43%联苯肼酯悬浮剂为例，防治果树害螨，在柑橘树红蜘蛛低龄若虫盛发期施药，用联苯肼酯43%悬浮剂1800～2400倍液均匀喷雾。

注意事项

（1）本品不宜连续使用，建议与其他类型药剂轮换使用。

（2）使用时应注意远离河塘等水体施药，禁止在河塘内清洗施药器具。

（3）不宜与其他强酸强碱性物质混合使用。

（4）建议与其他作用机制不同的杀虫剂轮换使用。

（5）蜜源植物花期，蚕室及桑园附近禁用，不得在食用花卉或同类作物上使用。

联苯菊酯（bifenthrin）

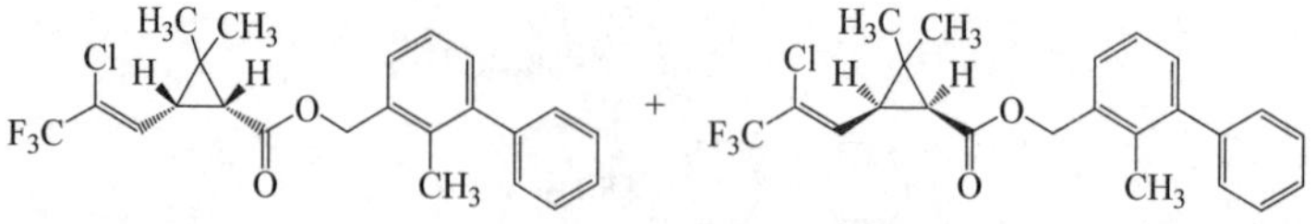

$C_{23}H_{22}ClF_3O_2$，422.87，82657-04-3

其他名称 天王星、苯菊酯。

化学名称　(1*R*,*S*)-顺式-(*Z*)-2,2-二甲基-3-(2-氯-3,3,3-三氟-1-丙烯基)环丙烷羧酸-2-甲基-3-苯基苄酯。

理化性质　纯品为灰白色固体。熔点 57～64.6℃（工业品熔点 61～66℃），闪点 165℃。溶于丙酮、氯仿、二氯甲烷、甲苯、乙醚，稍溶于庚烷和甲醇，不溶于水。分配系数（正辛醇/水）1000000。原药在常温下稳定 1 年以上，在天然日光下半衰期 255d，土壤中 65～125d。

毒性　大鼠急性经口 LD_{50} 54.5mg/L，兔急性经皮 LD_{50}＞2000mg/kg，对大鼠、兔皮肤和眼睛无刺激作用，对豚鼠皮肤无致敏作用。动物 2 个饲喂试验无作用浓度为 50mg/kg。动物试验未见致癌、致畸、致突变作用，三代繁殖试验也未见异常情况。对鱼类高毒，蓝鳃翻车鱼 LC_{50}（96h）为 0.35μg/L，虹鳟鱼 LC_{50}（96h）0.15μg/L，水蚤 LC_{50}（48h）0.16μg/L。野鸭急性经口 LC_{50}（8d）1280mg/kg 饲料，鹌鹑 LC_{50}（8d）4450mg/kg 饲料。

作用特点　抑制昆虫体内神经组织中乙酰胆碱酯酶的活性，破坏神经冲动的传导，引起一系列神经中毒症状而死，对害虫具有触杀和胃毒作用，兼有驱避和拒食作用，杀虫活性较高，击倒速度较快，持效期较长。

适宜作物　棉花、小麦、果树、蔬菜、茶树等。

防除对象　蔬菜害虫如黄条跳甲、地老虎、白粉虱等；小麦害虫如红蜘蛛、蚜虫等；棉花害虫如棉铃虫、棉红蜘蛛、棉红铃虫等；果树害虫如桃小食心虫、柑橘潜叶蛾、木虱、柑橘红蜘蛛等；茶树害虫如茶小绿叶蝉、黑刺粉虱、茶尺蠖、茶毛虫等；卫生害虫如蚊、蝇、蜚蠊、白蚁等。

应用技术　以 25g/L 联苯菊酯乳油、100g/L 联苯菊酯乳油、25g/L 联苯菊酯悬浮剂、5%联苯菊酯水乳剂、2.5%联苯菊酯水乳剂、5%联苯菊酯悬浮剂为例。

（1）防治蔬菜害虫

① 白粉虱　在番茄保护地白粉虱发生初期，虫口密度不高时施药，用 2.5%联苯菊酯水乳剂 20～40mL/亩均匀喷雾；或用 25g/L 联苯菊酯乳油 20～40mL/亩均匀喷雾；或用 100g/L 联苯菊酯乳油 5～10mL/亩均匀喷雾。

② 黄条跳甲　用 25g/L 联苯菊酯乳油 27～36mL/亩均匀喷雾。

（2）防治小麦害虫　防治蚜虫，在小麦蚜虫发生初盛期喷雾施药，用 2.5%联苯菊酯水乳剂 50～60mL/亩均匀喷雾；或用 25g/L 联苯菊酯悬浮剂 50～60mL/亩均匀喷雾。

（3）防治棉花害虫

① 棉铃虫、红铃虫　在卵孵盛期至低龄幼虫期施药，用 25g/L 联苯菊酯乳油 80～140g/亩均匀喷雾；或用 100g/L 联苯菊酯乳油 20～35mL/亩均匀喷雾。

② 棉红蜘蛛　在卵孵盛期施药，用 25g/L 联苯菊酯乳油 120～160g/亩均匀喷雾；或用 100g/L 联苯菊酯乳油 30～40mL/亩均匀喷雾。

（4）防治果树害虫

① 桃小食心虫　在害虫卵孵盛期、幼虫未蛀入前施药，用 25g/L 联苯菊酯乳油 1000～1500 倍液均匀喷雾；或用 100g/L 联苯菊酯乳油 3300～5000 倍液均匀喷雾。

② 柑橘潜叶蛾　在低龄幼虫期施药，用 25g/L 联苯菊酯乳油 2000～2500 倍液均匀喷雾；或用 100g/L 联苯菊酯乳油 10000～13500 倍液均匀喷雾。

③ 柑橘红蜘蛛　在红蜘蛛发生初期施药，用 25g/L 高效联苯菊酯乳油 800～1200 倍液均匀喷雾；或用 100g/L 联苯菊酯乳油 3350～5000 倍液均匀喷雾。

④ 柑橘木虱　用 25g/L 联苯菊酯乳油 800～1200 倍液均匀喷雾。

（5）防治茶树害虫

① 茶尺蠖、茶毛虫　在卵孵盛期至低龄幼虫期施药，用 25g/L 联苯菊酯乳油 20～40mL/亩均匀喷雾；或用 100g/L 联苯菊酯乳油 5～10mL/亩均匀喷雾。

② 茶小绿叶蝉　在发生初期、虫口密度低时施药，用 2.5%联苯菊酯水乳剂 80～120mL/亩均匀喷雾；或 25g/L 联苯菊酯乳油 80～100mL/亩均匀喷雾；或用 100g/L 联苯菊酯乳油 20～25mL/亩均匀喷雾。

③ 粉虱　在卵孵化盛期施药，用 25g/L 联苯菊酯乳油 80～100mL/亩均匀喷雾；或用 100g/L 联苯菊酯乳油 20～25mL/亩均匀喷雾。

④ 象甲　在成虫出土盛末期施药，用 25g/L 联苯菊酯乳油 100～140mL/亩均匀喷雾；或用 100g/L 联苯菊酯乳油 30～35mL/亩均匀喷雾。

（6）防治卫生害虫

① 蚊、蝇　将 5%联苯菊酯悬浮剂 0.8～1g/m^2 按 50～150 倍液进行滞留喷洒。

② 蜚蠊　将 5%联苯菊酯悬浮剂 1～1.2g/m^2 按 50～150 倍液进行滞留喷洒。

③ 跳蚤　将 5%联苯菊酯悬浮剂 0.3～0.4g/m^2 按 150～200 倍液进行滞留喷洒。

④ 白蚁　用于木材、建筑及周边土壤防治白蚁。土壤处理：将 5%联苯菊酯悬浮剂按 100 倍用水稀释，用 5～10L/m^2 稀释液喷洒。木材处理：将 5%联苯菊酯悬浮剂按 100 倍用水稀释，对板材进行涂刷或喷洒；方材浸泡 30min 以上喷洒。

注意事项

（1）不能在桑园、鱼塘、河流、养蜂场使用，避免污染。赤眼蜂放飞区域禁用。

（2）不能与碱性物质混用，以免分解失效。

（3）建议与作用机制不同的杀虫剂轮换使用，以延缓抗性产生。

（4）在小麦上安全间隔期为 21d，每季最多使用 1 次；在茶树上的安全间隔期为 7d，每季最多用药 1 次；在棉花上的安全间隔期为 14d，每季最多使用 3 次；在柑橘树上的安全间隔期为 21d，每季最多施药 1 次；在苹果树上的安全间隔期为 10d，每季最多施药 3 次。

邻酰胺（mebenil）

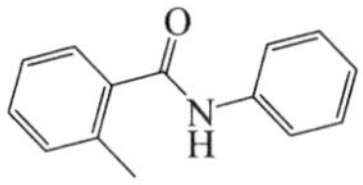

$C_{14}H_{13}NO$，211.26，7055-03-0

化学名称　2-甲基-*N*-苯基苯甲酰胺。

理化性质　纯品为结晶固体，熔点 130℃，溶于大多数有机溶剂，如乙醇、二甲基亚砜、*N*,*N*-二甲基甲酰胺（DMF）、丙酮，难溶于水，对酸、碱、热均较稳定。

毒性　大鼠急性经口 LD_{50} 6000mg/kg，小鼠急性经口 LD_{50} 8750mg/kg，对皮肤无明显刺激，在动物体内不累积，代谢快。

作用特点　内吸性杀菌剂，对担子菌亚门病原菌具有较强的抑制作用。

适宜作物　小麦、马铃薯、水稻等。

防治对象　小麦锈病、小麦菌核根腐病及丝核菌引起的其他根部病害、谷物锈病、马铃薯立枯病、马铃薯黑痣病、水稻纹枯病、小麦纹枯病等。

使用方法　茎叶处理或拌种。

（1）防治马铃薯黑痣病　用 15%拌种剂 13～16g 浸种薯 1kg；

（2）防治水稻、小麦纹枯病　在发病初期，用 25%邻酰胺胶悬剂 200～320g/亩对水 40～50kg 喷雾，间隔 10d，连续喷 2～3 次。

注意事项

（1）严格按照农药安全规定使用此药，喷药时戴好口罩、手套，穿上工作服；

（2）施药时不能吸烟、喝酒、吃东西，避免药液或药粉直接接触身体，如果药液不小心溅入眼睛，应立即用清水冲洗干净并携带此药标签去医院就医；

（3）此药应储存在阴凉和儿童接触不到的地方；

（4）如果误服要立即送往医院治疗；

（5）施药后各种工具要认真清洗，污水和剩余药液要妥善处理保存，不得任意倾倒，以免污染鱼塘、水源及土壤；搬运时应注意轻拿轻放，以免破损污染环境，运输和储存时应有专门的车皮和仓库，不得与食物和日用品一起运输，应储存在干燥和通风良好的仓库中，贮存温度不要低于−15℃；

（6）要早期喷药，发病盛期施药效果差，喷药时药液一定要搅拌均匀；

（7）在使用中如发现有中毒现象，要立即送医院，对症治疗。

硫菌灵（thiophanate）

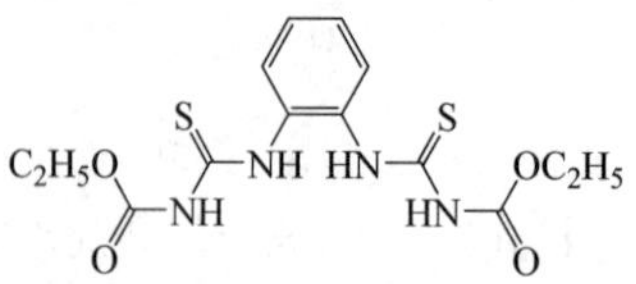

$C_{14}H_{18}N_4O_4S_2$，370.44，23564-06-9

化学名称 4,4′-(1,2-亚苯基)双(3-硫代脲基甲酸乙酯)。

理化性质 硫菌灵为无色片状结晶，熔点 195℃（分解），难溶于水，溶于二甲基甲酰胺、乙腈和环己酮等有机溶剂，在乙醇、丙酮等溶剂中能重结晶，化学性质稳定。

毒性 小鼠急性经口 LD_{50}＞15g/kg，对鱼、贝类毒性很低，对鲤鱼的 TLm＞20mg/L。

作用特点 广谱内吸性杀菌剂，具有保护和治疗作用。喷到植物上后很快转化成乙基多菌灵，使病原菌孢子萌发长出的芽管扭曲异常，细胞壁扭曲，影响附着胞形成。具有高效低毒、残效期长的特点，还有促进植物生长的作用。

适宜作物 禾谷类作物、棉花、豌豆、菜豆、甜菜、烟草、马铃薯、甘薯、番茄、黄瓜、辣椒、梨、葡萄、桃、柑橘、桑树等。推荐剂量下对作物和环境安全。

防治对象 可有效防治麦类赤霉病、麦类白粉病、小麦腥黑穗病、莜麦坚黑穗病、玉米和高粱的丝黑穗病、谷子粒黑穗病、糜子黑穗病、水稻稻瘟病、水稻纹枯病、水稻小粒菌核病、马铃薯环腐病、甘薯黑斑病、黄瓜白粉病、番茄叶霉病、油菜菌核病、豌豆白粉病、油菜褐斑病、棉苗病害、烟草白粉病、梨白粉病、黑星病、柑橘疮痂病、绿霉病、青霉病、葡萄白腐病、桃炭疽病等病害。

使用方法

（1）防治禾谷类作物病害

① 防治小麦腥黑穗病、莜麦坚黑穗病　用种子重量 0.1%～0.3%的 50%可湿性粉剂拌种；

② 防治麦类赤霉病和白粉病、水稻纹枯病　在麦类始花期开始，在水稻分蘖期到拔节圆秆期，用 50%可湿性粉剂 50～60g/亩对水 50～75kg 喷雾，喷 2～3 次，间隔 5～7d；

③ 防治水稻稻瘟病　抽穗期，用 50%可湿性粉剂 1000～1500 倍液喷雾；

④ 防治水稻小粒菌核病　在水稻拔节圆秆期至抽穗期，用 50%可湿性粉剂 500～1000 倍液喷雾，喷 2～3 次，间隔 10d；

⑤ 防治玉米和高粱的丝黑穗病　用 50%可湿性粉剂 250～350g 拌种 50kg；

⑥ 防治谷子粒黑穗病，糜子黑穗病　用 50%可湿性粉剂 500～800 倍液浸种 4h。

（2）防治蔬菜及瓜类病害

① 防治番茄叶霉病　发病初期，用50%可湿性粉剂500倍液喷雾，喷3次，间隔7～10d；

② 防治辣椒炭疽病、茄子绵疫病、菜豆灰霉病等　发病初期，用50%可湿性粉剂1000倍液喷雾，间隔7～10d；

③ 防治油菜菌核病　发病前至发病初期，用50%可湿性粉剂1000～1500倍液喷雾；

④ 防治瓜类灰霉病、白粉病、炭疽病、褐斑病等　发病初期，用50%可湿性粉剂50～60g/亩对水50～60kg喷雾，间隔7～10d；

⑤ 防治马铃薯环腐病　用50%可湿性粉剂500倍液浸种2h。

（3）防治果树病害

① 防治葡萄白腐病、梨白粉病、梨黑星病、柑橘疮痂病、桃炭疽病　发病初期，用50%可湿性粉剂500～800倍液喷雾；

② 防治桑树白粉病、污叶病　发病初期，用50%可湿性粉剂500～1000倍液喷雾。

（4）防治其他作物病害

① 防治棉花苗期病害　用种子重量1%的50%可湿性粉剂拌种；

② 防治甜菜褐斑病　发病前至发病初期，用50%可湿性粉剂1000倍液喷雾；

③ 防治烟草白粉病　发病前至发病初期，用50%可湿性粉剂500～1000倍液喷雾；

④ 防治甘薯黑斑病　用50%可湿性粉剂500～1000倍液浸薯种10min。

注意事项　可与多种农药混合使用，但不能与铜制剂混用，不能长期单一使用，应与其他保护性杀菌剂交替使用或混用，存放于阴凉干燥处，施药后应及时冲洗干净。

硫脲（thiourea）

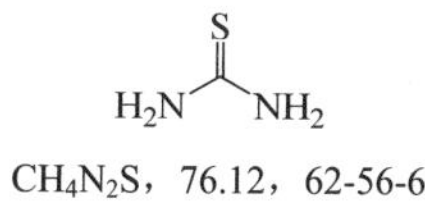

CH_4N_2S，76.12，62-56-6

其他名称　硫代尿素。

化学名称　2-thiourea。

理化性质　白色光亮苦味晶体，熔点176～178℃，溶于冷水、乙醇，微溶于乙醚。遇明火、高热可燃。本品易与金属形成化合物，其溶液稳定性跟纯度有关。

毒性 一次作用时毒性小，反复作用时能经皮肤吸收，抑制甲状腺和造血器官的机能，引起中枢神经麻痹及呼吸和心脏功能降低等症状。

作用特点 具有细胞分裂素活性，打破休眠促进萌芽。

应用技术 芸薹类蔬菜：赤霉素 50mg/L+硫脲 0.5%，浸种 1min。

硫双灭多威（thiodicarb）

$$H_3C-S-C(CH_3)=N-O-C(=O)-N(CH_3)-S-N(CH_3)-C(=O)-O-N=C(CH_3)-S-CH_3$$

$C_{10}H_{18}N_4O_4S_3$，354.5，59669-26-0

化学名称 3,7,9,13-四甲基-5,11-二氧杂-2,8,14-三硫杂-4,7,9,12-四氮杂十五烷-3,12-二烯-6,10-二酮。

其他名称 拉维因、硫双威、维因、硫敌克、双灭多威、灭索双、Larvin、Semevin、Lepicron、Dicarbasulf。

理化性质 白色针状晶体，熔点 173℃，工业品为淡黄色粉末，熔点 173～174℃，有轻微的硫黄气味；溶解度（25℃，g/kg）：水 0.035，二氯甲烷 150，丙酮 8，甲醇 5，二甲苯 3；遇金属盐、黄铜、铁锈或在强碱、强酸介质中分解。

毒性 大白鼠急性 LD_{50}（mg/kg）：经口 143（雄）、119.7（雌），经皮＞2000；对兔皮肤无刺激，对眼睛有轻微刺激性；以 10mg/kg 以下剂量饲喂大鼠两年，未发现异常现象；对动物无致畸、致突变、致癌作用。

作用特点 抑制昆虫体内的乙酰胆碱酯酶，使昆虫致死。这是一种可逆性的抑制，如果昆虫不死亡，酶可以脱氨基甲酰化而恢复。对害虫主要是胃毒和触杀作用，有一定的杀卵效果，在田间使用还能杀死部分蛾类，对氧化代谢活性较强的抗性害虫具有独到的杀虫效果。对鳞翅目、鞘翅目害虫有效。

适宜作物 棉花、甘蓝。

防除对象 棉花害虫如棉铃虫、小地老虎等；蔬菜害虫如菜青虫、甜菜夜蛾等。

应用技术

（1）防治棉花害虫

① 棉铃虫　在卵孵盛期至低龄幼虫期施药，用 75%可湿性粉剂 65～75g/亩兑水均匀喷雾。视虫害发生情况，每 7d 施药一次，可连续施药三次。

② 小地老虎　棉田播种时施药。用 375g/L 悬浮种衣剂 0.9～2.8kg 兑水至 4～5kg，拌成糊状，再将 100kg 种子（光籽）倒入，充分搅拌均匀 3～5min，务必使种子均匀粘上药液，晾干 20～30min 后播种，播种后立即覆土。

（2）防治蔬菜害虫

① 菜青虫　在低龄幼虫发生盛期施药，用 80% 水分散粒剂 15～25g/亩兑水均匀喷雾。

② 甜菜夜蛾　在低龄幼虫发生盛期施药，用 80% 水分散粒剂 65～75g/亩兑水均匀喷雾。

注意事项

（1）不能与碱性和强酸性（pH＞7.5 或 pH＜3.07）农药混用，也不能与代森锰和代森锰锌混用。

（2）对蜜蜂、家蚕有毒，花期开花植物周围禁用；施药期间应密切注意对附近蜂群的影响；蚕室及桑园附近禁用；对鱼类等水生生物有毒，远离水产养殖区、河塘等水体施药；禁止在河塘等水域内清洗施药器具。

（3）对蚜虫、螨类、蓟马等刺吸式或锉吸式口器害虫几乎没有杀虫效果，若要防治刺吸式口器的害虫，须与其他农药混用。

（4）预计大风或 1h 内有雨请勿施药。

（5）在棉花上的安全间隔期为 21d，每季最多使用 3 次；在甘蓝上的安全间隔期为 7d，每季最多使用 1 次。

（6）为延缓抗性的产生，建议与其他杀虫剂交替使用。

螺虫乙酯（spirotetramat）

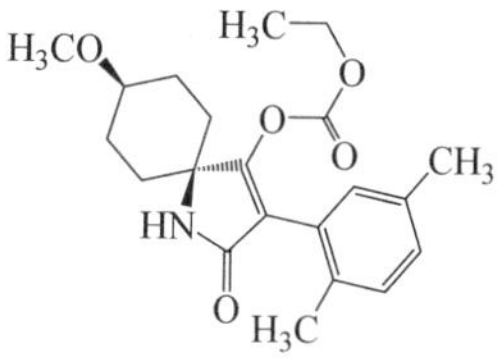

$C_{21}H_{27}NO_5$，217.23，203313-25-1

其他名称　亩旺特。

化学名称　4-(乙氧基羰基氧基)-8-甲氧基-3-(2,5-二甲苯基)-1-氮杂螺[4.5]-癸-3-烯-2-酮。

理化性质　原药外观为白色粉末，无特别气味，制剂外观是具芳香味的白色悬浮液。熔点 142℃，溶解度（mg/L，20℃）：水 33.4，正己烷 0.055，乙醇 44.0，甲苯 60，乙酸乙酯 67，丙酮 100～120，二甲基亚砜 200～300，二氯甲烷＞600；分解温度 235℃。稳定性较好。

毒性　急性经口 LD_{50} 大鼠（雌/雄）＞2000mg/kg，急性经皮 LD_{50} 大鼠（雌/雄）

＞2000mg/kg。

作用特点 杀虫谱广，持效期长，通过干扰昆虫的脂肪生物合成导致幼虫死亡，降低成虫繁殖能力。由于其独特机制，可有效地防治对现有杀虫剂产生抗性的害虫，同时可作为烟碱类杀虫剂抗性管理的重要品种。

适宜作物 蔬菜、果树等。

防除对象 蔬菜害虫如烟粉虱等；果树害虫如介壳虫、红蜘蛛、矢尖蚧等。

应用技术 以22.4%螺虫乙酯悬浮剂为例。

（1）防治蔬菜害虫 防治烟粉虱，在烟粉虱产卵初期施药，用22.4%螺虫乙酯悬浮剂20～30mL/亩均匀喷雾。

（2）防治果树害虫 防治介壳虫，在介壳虫孵化初期至低龄若虫盛发期施药，用22.4%螺虫乙酯悬浮剂3500～5000倍液均匀喷雾。

注意事项

（1）为了避免和延缓抗性的产生，建议与其他不同作用机制的杀虫剂轮用，同时应确保无不良影响。

（2）远离水产养殖区、河塘等水体附近施药，禁止在河塘等水域中清洗施药器具。开花植物花期禁用，桑园蚕室禁用。施药期间应密切关注对附近蜂群的影响。

（3）儿童、孕妇及哺乳期的妇女应避免接触。

螺环菌胺（spiroxamine）

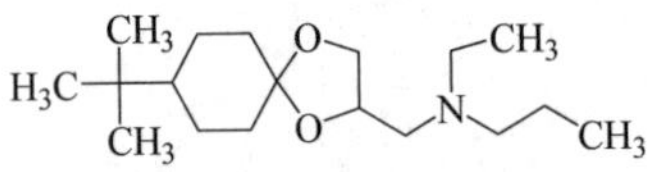

$C_{18}H_{35}NO_2$，297.5，118134-30-8

化学名称 8-叔丁基-1,4-二氧杂螺[4.5]癸烷-2-基甲基(乙基)(正丙基)胺。

理化性质 螺环菌胺是两个异构体A（49%～56%）和B（44%～51%）组成的混合物，纯品为淡黄色液体，沸点120℃（分解）；溶解度（20℃，g/L）：水＞200。

毒性 急性LD_{50}（mg/kg）：大鼠经口595（雄）、550～560（雌），大鼠经皮＞1600；对兔皮肤有严重刺激性，对兔眼睛无刺激性；以70mg/kg剂量饲喂大鼠两年，未发现异常现象；对动物无致畸、致突变、致癌作用。

作用特点 属内吸性叶面杀菌剂，具有保护和治疗作用。螺环菌胺属甾醇脱甲基化抑制剂，主要抑制C-14脱甲基化酶的合成，作用速度快，持效期长。

适宜作物 小麦、大麦等。在推荐剂量下使用对作物和环境安全。

防治对象　白粉病、锈病、云纹病、条纹病等。

使用方法　防治小麦白粉病和各种锈病，大麦云纹病和条纹病，使用剂量为25～50g（有效成分）/亩。

注意事项　可单独使用，也可与其他杀菌剂混用以扩大杀菌谱。对白粉病有特效。

螺螨酯（spirodiclofen）

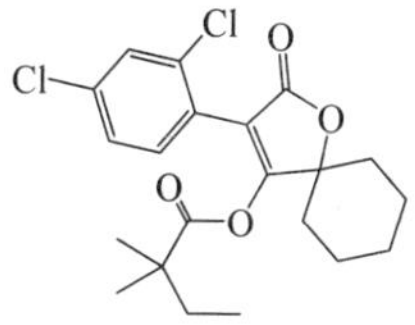

$C_{21}H_{24}Cl_2O_4$，411.32，148477-71-8

化学名称　3-(2,4-二氯苯基)-2-氧代-1-氧杂螺[4.5]-癸-3-烯-4-基-2,2-二甲基丁酯。

其他名称　螨威多、季酮螨酯、alrinathrin。

理化性质　外观白色粉末，无特殊气味，熔点94.8℃，溶解度（g/L）：正己烷20，二氯甲烷＞250，异丙醇47，二甲苯＞250，水0.05。

毒性　大鼠急性LD_{50}（mg/kg）：＞2500（经口），＞4000（经皮）。经兔试验表明，对皮肤有轻度刺激性，对眼睛无刺激性。豚鼠试验表明，无皮肤致敏性。对鲤鱼LC_{50}＞1000mg/L（72h）。对蜜蜂无影响，喷洒次日即可放饲。对蚕以200mg/L喷洒，安全间隔期为1d。

作用特点　主要抑制螨的脂肪合成，阻断螨的能量代谢，对螨的各个发育阶段都有效，特别杀卵效果突出。具触杀、胃毒作用，没有内吸性。

适宜作物　棉花、果树等。

防除对象　各类螨，对梨木虱、榆蛎盾蚧以及叶蝉等害虫有很好的兼治效果。

应用技术　以240g/L螺螨酯悬浮剂为例。

（1）防治果树害螨　防治柑橘树、苹果树红蜘蛛，在红蜘蛛卵孵化盛期或幼若虫发生始盛期施药，用240g/L螺螨酯悬浮剂4000～6000倍液匀喷雾。

（2）防治棉花害螨　防治棉花红蜘蛛，在害螨为害早期施药，用240g/L螺螨酯悬浮剂10～20mL/亩均匀喷雾。

注意事项

（1）考虑到抗性治理，建议在一个生长季（春季、秋季），使用次数最多不超过

2 次。

（2）本品的主要作用方式为触杀和胃毒，无内吸性，喷药要全株均匀喷雾，特别是叶背。

（3）建议避开果树开花时用药。

（4）应储存于阴凉、通风的库房，远离火种、热源，防止阳光直射，保持容器密封。应与氧化剂、碱类分开存放，切忌混储。配备相应品种和数量的消防器材，储区应备有泄漏应急处理设备和合适的收容材料。

（5）对鱼类、水蚤、藻类等水生生物有毒，应远离水产养殖区、河塘等水体施药，地下水、饮用水源附近禁用。

咯菌腈（fludioxonil）

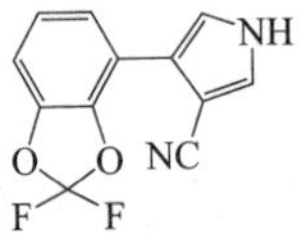

$C_{12}H_6F_2N_2O_2$，248.2，131341-86-1

化学名称 4-(2,2-二氟-1,3-苯并二氧-4-基)吡咯-3-腈。

理化性质 咯菌腈纯品为无色、无味的结晶状固体。纯度 99.8%的咯菌腈熔点 199.8℃；密度为 1.54g/cm^3；25℃下在不同溶剂中的溶解度（g/L）：丙酮 190，乙醇 44，正辛烷 20，甲苯 2.7，正己烷 0.0078，水 0.0018。

毒性 大鼠急性经口 LD_{50}＞5000mg/kg，急性经皮 LD_{50}＞2000mg/kg，吸入 LD_{50}＞26000mg/m^3（4h）；对家兔及皮肤无刺激；对人没有遗传变异性。对鸟类、蜜蜂无毒，而有效成分在实验室内对藻类、水蚤及鱼类有毒。

作用特点 属于非内吸性的广谱杀菌剂。主要抑制葡萄糖磷酰化有关酶的转移，并抑制真菌菌丝体的生长，最终导致病菌死亡。与现有杀菌剂无交互抗性。作为叶面杀菌剂防治雪腐镰刀菌、小麦网腥黑穗病菌、立枯病菌等，对灰霉病有特效；种子处理防治链格孢属、壳二孢属、曲霉属、镰孢属、长蠕孢属、丝核菌属及青霉属等病原菌。

适宜作物 小麦、大麦、玉米、豌豆、油菜、水稻、观赏作物、葡萄、蔬菜和草坪草等。推荐剂量下对作物和环境安全。

防治对象 防治的病害有：小麦腥黑穗病、雪腐病、雪霉病、纹枯病、根腐病、全蚀病、颖枯病、秆黑粉病；大麦条纹病、网斑病、坚黑穗病、雪腐病；玉米青枯病、茎基腐病、猝倒病；棉花立枯病、红腐病、炭疽病、黑根病、种子腐烂病；大豆立枯病、根腐病；花生立枯病、茎腐病；水稻恶苗病、胡麻叶斑病、早期叶瘟病、立枯病；油菜黑斑病、黑胫病；马铃薯立枯病、疮痂病；蔬菜枯萎病、炭疽病、褐斑病、蔓枯病。

使用方法　种子处理使用剂量为2.5～10g（a.i.）/100kg种子，茎叶处理使用剂量为16.7～33.3g（a.i.）/亩，防治草坪病害使用剂量为26.7～53.3g（a.i.）/亩，防治收获后水果病害使用剂量为0.3～0.6g（a.i.）/L。拌种时种子量为100kg情况下，2.5%制剂：大麦、小麦、玉米、花生、马铃薯用100～200mL，棉花用100～400mL，大豆用200～400mL，油菜用600mL，蔬菜用400～800mL；10%制剂：大麦、小麦、玉米、花生、马铃薯用25～50mL，棉花用25～100mL，大豆用50～100mL，水稻用50～200mL，油菜用150mL，蔬菜用100～200mL。

（1）防治禾谷类作物病害

① 防治小麦散黑穗病、根腐病　用2.5%悬浮种衣剂5～15mL/100kg种子拌种。

② 防治小麦纹枯病　用2.5%悬浮种衣剂150～200mL/100kg种子拌种。

③ 防治水稻恶苗病　用2.5%悬浮种衣剂10～15mL/100kg种子拌种。

④ 防治玉米茎基腐病　用2.5%悬浮种衣剂4～6g/100kg种子包衣。

（2）防治其他作物病害

① 防治向日葵菌核病、棉花立枯病、花生根腐病、大豆根腐病　用2.5%悬浮种衣剂15～20mL/100kg种子拌种。

② 防治花生茎枯病　用2.5%悬浮种衣剂400～800mL/100kg种子拌种。

③ 防治棉花立枯病　用2.5%悬浮种衣剂15～20g/100kg种子包衣。

④ 防治西瓜枯萎病　用2.5%悬浮种衣剂10～15g/100kg种子包衣。

⑤ 防治烟草黑胫病、猝倒病、赤星病、病毒病等　用2.5%悬浮种衣剂按种子量的0.15%拌种。

⑥ 防治蔬菜枯萎病　用2.5%悬浮种衣剂800～1500倍液灌根。

⑦ 防治观赏菊花灰霉病　发病初期用50%可湿性粉剂4000～6000倍液喷雾。

注意事项　避免与皮肤接触。勿将剩余药液倒入池塘、河流中。存放于阴凉干燥通风处。

绿僵菌（*Metarhizium anisopliae*）

其他名称　杀蝗绿僵菌、金龟子绿僵菌。

理化性质　产品外观为灰绿色微粉，疏水、油分散性。活孢率≥90.0%，有效成分（绿僵菌孢子）≤5×10^{10}孢子/g，含水量≤5.0%，孢子粒径≤60μm，感杂率≤0.01%。

毒性 急性 LD_{50}（mg/kg）：经口＞2000，经皮＞2000。

作用特点 本品是一类真菌类微生物杀虫剂，产生作用的是绿僵菌分生孢子，萌发后可以侵入昆虫表皮，以触杀方式侵染寄主并致死，环境条件适宜时，在寄主体内增殖产孢，绿僵菌可以再次侵染流行。

适宜作物 蔬菜、果树、小麦、水稻、烟草、甘蔗、草地等。

防除对象 果树害虫如蚜虫、木虱等；水稻害虫如二化螟、稻纵卷叶螟、稻飞虱、叶蝉等；小麦害虫如蚜虫等；烟草害虫如蚜虫等；草地害虫如蝗虫等；蔬菜害虫如地老虎、蓟马、菜青虫、甜菜夜蛾、黄条跳甲、蚜虫等；卫生害虫如蜚蠊等。

应用技术 以 2 亿孢子/g 金龟子绿僵菌 CQMa421 颗粒剂、100 亿孢子/g 金龟子绿僵菌油悬浮剂、80 亿孢子/g 金龟子绿僵菌 CQMa421 可湿性粉剂、80 亿孢子/mL 金龟子绿僵菌 CQMa421 可分散油悬浮剂、5 亿孢子/g 金龟子绿僵菌杀蟑饵剂为例。

（1）防治果树害虫

① 蚜虫 在桃树蚜虫发生始盛期施药，用 80 亿孢子/mL 金龟子绿僵菌 CQMa421 可分散油悬浮剂 1000～2000 倍液均匀喷雾。

② 木虱 在柑橘树木虱发生期施药，用 80 亿孢子/mL 金龟子绿僵菌 CQMa421 可分散油悬浮剂 1000～2000 倍液均匀喷雾。

（2）防治水稻害虫

① 二化螟、稻纵卷叶螟 在低龄幼虫期施药，用 80 亿孢子/g 金龟子绿僵菌 CQMa421 可湿性粉剂 60～90g/亩均匀喷雾；或用 80 亿孢子/mL 金龟子绿僵菌 CQMa421 可分散油悬浮剂 60～90mL/亩均匀喷雾。

② 稻飞虱 在虫害初期施药，用 80 亿孢子/g 金龟子绿僵菌 CQMa421 可湿性粉剂 60～90g/亩均匀喷雾；或用 80 亿孢子/mL 金龟子绿僵菌 CQMa421 可分散油悬浮剂 60～90mL/亩均匀喷雾。

③ 叶蝉 用 80 亿孢子/mL 金龟子绿僵菌 CQMa421 可分散油悬浮剂 60～90mL/亩均匀喷雾。

（3）防治小麦害虫 防治蚜虫，在蚜虫发生始盛期施药，用 80 亿孢子/mL 金龟子绿僵菌 CQMa421 可分散油悬浮剂 60～90mL/亩均匀喷雾。

（4）防治蔬菜害虫

① 地老虎 在卵孵化盛期或低龄幼虫期施药，用 2 亿孢子/g 金龟子绿僵菌 CQMa421 颗粒剂 4～6kg/亩撒施，穴施或沟施本产品后，作物可直接播种或移栽于该穴或沟中，使用时尽量使颗粒剂分布在作物根部周围。

② 蓟马 在豇豆蓟马低龄若虫始盛期至盛发期施药，用 100 亿孢子/g 金龟子绿僵菌油悬浮剂 25～35g/亩均匀喷雾。

③ 菜青虫、甜菜夜蛾 在低龄幼虫期施药，用 80 亿孢子/mL 金龟子绿僵菌 CQMa421 可分散油悬浮剂 40～60mL/亩均匀喷雾。

④ 黄条跳甲 用 80 亿孢子/mL 金龟子绿僵菌 CQMa421 可分散油悬浮剂 60～90mL/亩均匀喷雾。

⑤ 蚜虫 在蚜虫发生始盛期施药，用 80 亿孢子/mL 金龟子绿僵菌 CQMa421 可分散油悬浮剂 40～60mL/亩均匀喷雾。

（5）防治烟草害虫 防治蚜虫，在蚜虫发生始盛期施药，用 80 亿孢子/mL 金龟子绿僵菌 CQMa421 可分散油悬浮剂 60～90mL/亩均匀喷雾。

（6）防治草地害虫 防治蝗虫，在低龄若虫期施药，用 80 亿孢子/mL 金龟子绿僵菌 CQMa421 可分散油悬浮剂 40～60mL/亩均匀喷雾。

（7）防治甘蔗害虫 防治蛴螬，在卵孵化盛期或低龄幼虫期施药，用 2 亿孢子/g 金龟子绿僵菌 CQMa421 颗粒剂 4～6kg/亩撒施，穴施或沟施本产品后，作物可直接播种或移栽于该穴或沟中，使用时尽量使颗粒剂分布在作物根部周围。

（8）防治卫生害虫 防治蜚蠊，将 5 亿孢子/g 金龟子绿僵菌杀蟑饵剂投放于蜚蠊出没处。

注意事项

（1）本品耐热性能较差，不宜在高温下存放。

（2）不可与呈碱性的农药等物质混合使用。

（3）禁止在河塘等水域中清洗施药器具，蚕室及桑园附近禁用。

绿麦隆（chlorotoluron）

$C_{10}H_{13}ClN_2O$，212.7，15545-48-9

化学名称 *N*-(3-氯-4-甲基苯基)-*N'*,*N'*-二甲基脲，*N'*-(3-chloro-4-methylphenyl)-*N*,*N*-dimethylurea。

理化性质 纯品绿麦隆为无色结晶，熔点 148.1℃，溶解度（20℃，mg/L）：水 74，乙酸乙酯 21000，丙酮 54000，乙醇 48000，甲苯 3000。

毒性 大鼠急性经口 LD_{50}＞5000mg/kg，对大鼠短期喂食毒性高；日本鹌鹑急性 LD_{50} 为 272mg/kg；对虹鳟 LC_{50}（96h）为 20mg/L；大型溞 EC_{50}（48h）为 67mg/kg；对月牙藻 EC_{50}（72h）为 0.2mg/L；对蜜蜂、蚯蚓低毒。无神经毒性，无眼睛、皮肤、呼吸道刺激性和致敏性，有致癌风险。

作用方式 主要通过杂草根部吸收向上传导，并有叶面触杀作用，叶片也能吸收一部分。药剂进入植物体内以后，抑制光合作用中的希尔反应，干扰电子传递过程，使叶片褪绿，不能制造养分而“饥饿”死亡。施药后3d，野燕麦、杂草开始表现中毒症状，叶片绿色减退，叶尖和心叶相继失绿，约10d后整株失绿干枯死亡。绿麦隆杀草作用缓慢，一般需两周后才能见效。抗淋溶性强，持效期可达70d以上，120d后土壤中无残留。

防除对象 主要用于大麦、小麦、玉米田防除看麦娘、硬草、碱茅、早熟禾、牛繁缕、雀舌草、卷耳、婆婆纳、荠菜、萹蓄等一年生杂草。对猪殃殃、问荆、田旋花、苣荬菜、酸模、蓼等基本无效。

使用方法 在小麦、大麦、玉米播种后出苗前施药，25%可湿性粉剂每亩制剂用量160～400g，兑水溶解稀释后均匀喷雾于土壤表面；也可用于苗后早期进行茎叶喷雾，施用剂量应适当降低。每季只能施用一次。

注意事项

（1）对小麦、大麦、青稞基本安全，若施药不均，会稍有药害，表现轻度变黄现象，经20d左右可恢复正常。

（2）除草效果以及安全程度受气温、土壤湿度、光照等影响较大，应因地制宜地使用。干旱及气温在10℃以下均不利于药效的发挥。因此，在适期范围内，冬前用药时间不宜过长。入冬后及寒潮来临前不宜用药。土壤干旱时应注意浇水。

（3）严禁在水稻田使用绿麦隆，在麦田轮作地区用绿麦隆防除麦田杂草用药要均匀，以免局部用药过量使后茬水稻产生药害，同时用药不能过迟，否则土壤残留也容易引起后茬水稻田药害。

（4）油菜、蚕豆、豌豆、红花、苜蓿等作物对绿麦隆较敏感，不能在这些作物上使用。

（5）绿麦隆可湿性粉剂易吸潮，应贮存于干燥处。

氯氨吡啶酸（aminopyralid）

$C_6H_4Cl_2N_2O_2$，207.03，150114-71-9

化学名称 4-氨基-3,6-二氯-2-吡啶甲酸，4-amino-3,6-dichloro-2-pyridinecarboxylic acid。

理化性质 原药为灰白色固体，熔点163.5℃，334℃分解，水溶液强酸性，溶解度（20℃，mg/L）：水2480，丙酮29200，乙酸乙酯3940，甲醇52200，二甲苯40。

毒性 大鼠急性经口LD_{50}＞5000mg/kg，短期喂食毒性中等；山齿鹑急性LD_{50}

＞2250mg/kg；对虹鳟 LC_{50}（96h）＞100mg/L；对大型溞 EC_{50}（48h）＞100mg/kg；对月牙藻 EC_{50}（72h）为 30mg/L；对蜜蜂中等毒性，对蚯蚓低毒。对眼睛具刺激性，无神经毒性、生殖影响和皮肤刺激性，无染色体畸变和致癌风险。

作用方式　合成激素型除草剂，具内吸传导性，被植物茎叶和根迅速吸收，在敏感植物体内，诱导植物产生偏上性反应，导致植物生长停滞并迅速坏死。

防除对象　目前登记用于草原牧场防除阔叶杂草，如橐吾、乌头、棘豆属及蓟属等有毒有害阔叶杂草。

使用方法　杂草出苗后至生长旺盛期，21%水剂每亩制剂用量25～35mL，牧草叶片药液干后即可放牧。

注意事项

（1）氯氨吡啶酸对垂穗披碱草、高山嵩草、线叶嵩草等有轻微药害，对蒲公英、凤毛菊、冷蒿有中等药害，阔叶牧草为主的草原牧草区域慎用，混生草场可对有害杂草进行点喷。

（2）牛羊取食处理过的牧草或干草，粪便含有未降解的氯氨吡啶酸，不可以用作敏感阔叶作物的肥料，否则会产生药害。

氯苯胺灵（chlorpropham）

$C_{10}H_{12}ClNO_2$，213.7，101-21-3

其他名称　氯普芬，土豆抑芽粉，马铃薯抑芽剂，3-氯苯氨基甲酸异丙酯。

化学名称　间氯苯氨基甲酸异丙酯。

理化性质　纯品为无色结晶，熔点 41.4℃，具有轻微的特殊的气味。25℃时在水中的溶解度为 89mg/L，在石油中溶解度中等（在煤油中 10%），可与低级醇、芳烃和大多数有机溶剂混溶。工业产品纯度为 98.5%，深褐色油状液体，熔点 38.5～40℃。在低于 100℃时稳定，但在酸和碱性介质中缓慢水解，超过 150℃分解。土壤吸附作用强，在土壤中以微生物降解为主，半衰期 15℃时为 65d，29℃时为 30d，具体与微生物活性和土壤湿度密切相关。

毒性　对大鼠经口 LD_{50} 4200mg/kg，兔经皮 LD_{50}＞2000mg/kg。对眼睛稍有刺激性，对皮肤无刺激性。动物试验未见致畸、致突变作用，大鼠慢性毒性试验和致癌作用试验无作用剂量为 30mg/（kg·d）。对眼和皮肤有刺激作用，浓度大时，轻微抑制胆碱酯酶。

作用特点 高度选择性苗前或苗后早期除草剂，有丝分裂抑制剂，在多年生作物地及一年生作物地，单独或与其他除草剂一起用于芽前选择性除草，氯苯胺灵具挥发性，其蒸气可被幼芽吸收从而抑制杂草幼芽生长，也可被叶片、根部吸收，在体内向上、向下双向传导。

同时，氯苯胺灵还有植物生长调节作用，具有抑制 *β*-淀粉酶活性，抑制植物 RNA、蛋白质的合成，干扰氧化磷酸化和光合作用，破坏细胞分裂，因而能显著地抑制马铃薯贮存时的发芽力。也可用于果树的疏花、疏果。

适宜作物 能有效防除小麦、玉米、苜蓿、向日葵、马铃薯、甜菜、大豆、水稻、菜豆、胡萝卜、菠菜、莴苣、洋葱、辣椒等作物地中一年生禾本科杂草和部分阔叶草。用于防除的杂草主要有生禾苗、稗草、野燕麦、早熟禾、多花黑麦草、繁缕、粟米草、荠菜、苋、燕麦草、田野菟丝子、萹蓄、马齿苋等。

应用技术

（1）使用氯苯胺灵处理马铃薯，可抑制马铃薯发芽，避免因食用发芽的马铃薯而中毒。在马铃薯收获后待损伤自然愈合（14d 以上）后和出芽前使用，将药剂混细干土均匀撒于马铃薯上，使用剂量为每吨马铃薯用 0.7%粉剂 1.4～2.1kg（有效成分 9.8～14.7g）；或用 2.5%粉剂 400～600g（有效成分 10～15g）。

（2）在作物播后苗前进行土壤处理，处理时气温 16℃以下每公顷用量 2.24～4.5kg，24℃以上用量加倍，施后应拌土。苗后处理时为 1.2～3.5kg，苗后处理除草活性差，但可防治幼苗期的苋与蓼、繁缕和马齿苋。

（3）可作为生长调节剂，用于抑制土豆发芽。

注意事项

（1）吞入时，饮水并导吐；吸入时，移至新鲜空气处并供氧；溅入眼中，用大量水冲洗；如皮肤接触，则用肥皂清洗并用清水冲洗。

（2）氯苯胺灵目前多作为植物生长调节剂被登记，仅有 99%原药作为除草剂登记使用。

氯苯咯菌胺（metomeclan）

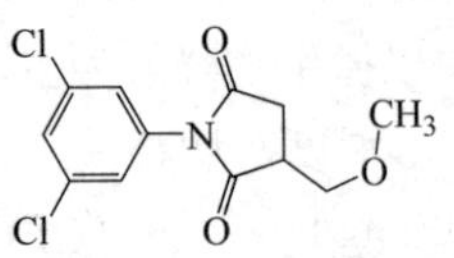

$C_{12}H_{10}Cl_2NO_3$，288.12，81949-88-4

化学名称 1-(3,5-二氯苯基)-3-(甲氧基甲基)-2,5-吡咯烷二酮。

作用特点　广谱性杀菌剂，对半知类真菌具有较好的防效。

适宜作物　葡萄、莴苣、油菜、香蕉等。

防治对象　防治由灰葡萄孢属、交链孢属、核盘菌属、链核盘菌属、丛梗孢属、球腔菌属、丝核菌属、油壶菌属、镰刀菌属等病原菌引起的病害，如葡萄灰霉病、莴苣灰霉病、油菜菌核病、香蕉叶斑病；收获后浸果处理可以防治由青霉属、交链孢属、毛盘孢属、葡萄孢属、色二孢属和镰刀菌属等真菌引起的病害。

使用方法　茎叶处理。防治由灰葡萄孢属、交链孢属、核盘菌属、链核盘菌属、丛梗孢属、球腔菌属、丝核菌属、油壶菌属、镰刀菌属等病原菌引起的病害，如葡萄灰霉病、莴苣灰霉病、油菜菌核病、香蕉叶斑病等，用药量为30～50g（a.i.）/亩。

注意事项

（1）严格按照农药安全规定使用此药，喷药时戴好口罩、手套，穿上工作服；

（2）施药时不能吸烟、喝酒、吃东西，避免药液或药粉直接接触身体，如果药液不小心溅入眼睛，应立即用清水冲洗干净并携带此药标签去医院就医；

（3）此药应储存在阴凉和儿童接触不到的地方；

（4）如果误服要立即送往医院治疗；

（5）施药后各种工具要认真清洗，污水和剩余药液要妥善处理保存，不得任意倾倒，以免污染鱼塘、水源及土壤；

（6）搬运时应注意轻拿轻放，以免破损污染环境，运输和储存时应有专门的车皮和仓库，不得与食物和日用品一起运输，应储存在干燥和通风良好的仓库中。

氯苯嘧啶醇（fenarimol）

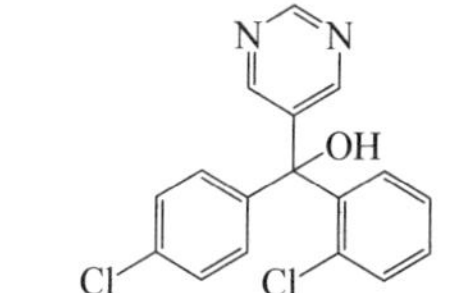

$C_{17}H_{12}Cl_2N_2O$，331.20，60168-88-9

化学名称　2,4′-二氯-α-(嘧啶-5-基)-二苯基甲醇。

理化性质　纯品氯苯嘧啶醇为白色结晶状固体，熔点117～119℃；溶解度(25℃，g/L)：水0.0137，丙酮151，甲醇98.0，易溶于大多数有机溶剂，阳光下迅速分解。

毒性　急性LD_{50}（mg/kg）：大鼠经口2500、小鼠经口4500，大鼠经皮＞2000；对兔眼睛有严重刺激性，对兔皮肤无刺激性；以25mg/（kg·d）剂量饲喂雌大鼠一年，未发现异常现象；对动物无致畸、致突变、致癌作用。

作用特点　具有内吸杀菌作用，兼具预防和治疗双重作用，是麦角甾醇生物合成抑制剂，即通过干扰病原菌甾醇及麦角甾醇的生物合成，从而影响病原菌正常的生长发育，氯苯嘧啶醇不能抑制病原菌孢子的萌发，但是能抑制病原菌菌丝的生长发育，导致病原菌不能侵染植物组织，在病原菌潜伏期施药，能阻止病原菌的发育，而在发病后施药，可导致下一代孢子变形使之无法继续传染。

适宜作物 主要应用于果树、蔬菜及观赏植物等，如板栗、石榴、梨树、苹果树、梅、芒果、核果、辣椒、葡萄、茄子、葫芦、甜菜、花生、番茄、草莓、玫瑰和其他园艺作物等，推荐剂量下正确使用无药害作用，过量使用会引起叶子生长不正常，呈现暗绿色。

防治对象 苹果黑星病、苹果炭疽病、芒果白粉病、苹果白粉病、苹果炭疽病、梨轮纹病、梨黑星病、梨锈病、葡萄白粉病、葫芦科白粉病、花生黑斑病、花生褐斑病、花生锈病等。

使用方法 主要用于茎叶处理。

（1）防治花生黑斑病、褐斑病、锈病 在发生初期，用 6%可湿性粉剂 30～50g/亩对水 40～50kg 喷雾，10～15d 一次，生长季节共喷药 3～4 次；

（2）防治黄瓜黑星病 用 6%可湿性粉剂 4000～5000 倍液喷雾，药液重点喷洒植株中上部和生长点，每隔 7d 左右喷一次，连续 3～4 次；

（3）防治苹果黑星病、炭疽病，梨黑星病、锈病 在发病早期，用 6%可湿性粉剂 1500～2000 倍液喷雾，间隔 10～15d 喷 1 次，整个生长季节共喷 3～4 次；

（4）防治花木植物的白粉病 用 6%可湿性粉剂 1000～1500 倍液喷雾，10～20d 喷一次，连喷 3～4 次；

（5）防治苹果白粉病 在发病早期，用 6%可湿性粉剂 2000～4000 倍液喷雾；

（6）防治葫芦科白粉病 在发病早期，用 6%可湿性粉剂 15～30g/亩对水 40～50kg 喷雾，间隔 10～15d 喷 1 次，整个生长季节共喷 3～4 次；

（7）防治菠菜叶斑病 在发病初期，用 6%氯苯嘧啶醇（乐必耕）可湿性粉剂 1500～2000 倍液喷雾，每 10d 防治 1 次，视病情防治 1～3 次；

（8）防治豆瓣菜褐斑病 在发病初期，用 6%乐必耕可湿性粉剂 1000 倍液喷雾，每 10d 防治 1 次，视病情发展连续防治 1～3 次；

（9）防治芦笋炭疽病 在发病初期，用 6%乐必耕可湿性粉剂 1000～1500 倍液喷雾，每 10～15d 防治 1 次，连续防治 2～3 次，要重点喷洒中下部茎和嫩笋；

（10）防治豇豆白粉病 在发病初期，用 6%乐必耕可湿性粉剂 1000～1500 倍液喷雾，每 7～15d 喷 1 次，喷撒 3 次或更多，采收前 7d 停止用药；

（11）防治马铃薯炭疽病 在发病初期，用 6%乐必耕可湿性粉剂 1500 倍液喷雾，7～10d 防治 1 次，连续防治 2～3 次；

（12）防治甜瓜靶斑病 在发病初期，用 6%乐必耕可湿性粉剂 1500 倍液喷雾，每 10～15d 防治 1 次，视病情发展，连续喷药 2～3 次；

（13）防治樱桃番茄褐斑病　在发病初期，用6%乐必耕可湿性粉剂1500倍液喷雾，7～10d防治1次，视病情发展防治1～3次；

（14）防治山药炭疽病　在发病初期，用6%乐必耕可湿性粉剂1500倍液喷雾，7～10d防治1次，视病情发展防治3～4次；

（15）防治香葱锈病　在发病初期，用6%乐必耕可湿性粉剂4000倍液喷雾，防治1～2次；

（16）防治菜豆锈病　在发病初期，用6%乐必耕可湿性粉剂4000～5000倍液喷雾，7～10d防治1次，连续防治2～3次；

（17）防治黄花菜锈病　在发病初期，用6%乐必耕可湿性粉剂2000倍液喷雾，7～10d防治1次，视病情发展防治2～4次；

（18）防治保护地番茄叶霉病　在发病初期，用6%乐必耕可湿性粉剂2000倍液喷雾，7～10d防治1次，视病情发展防治3次。

注意事项

（1）安全间隔期为21d，应严格按照农药安全规定使用此药，避免药液或药粉直接接触身体，如果药液不小心溅入眼睛，应立即用清水冲洗干净并携带此药标签去医院就医；

（2）此药储存应远离火源，放置在阴凉和儿童接触不到的地方；

（3）梅树开花盛期请勿施药。

氯吡嘧磺隆（halosulfuron-methyl）

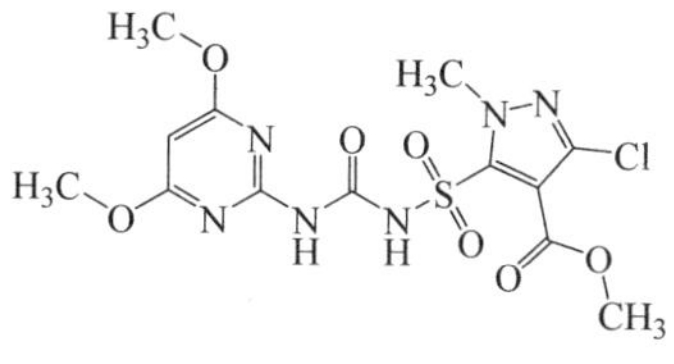

$C_{13}H_{15}ClN_6O_7S$，434.81，100784-20-1

化学名称　3-氯-5-(4,6-二甲氧基嘧啶-2-基氨基羰基氨基磺酰基)-1-甲基吡唑-4-羧酸甲酯。

理化性质　原药为白色精细粉末，熔点175.5～177.2℃，181.6℃分解，水溶液弱酸性，溶解度（20℃，mg/L）：水10.2，甲醇1616，己烷127.8，甲苯3640，乙酸乙酯15260。

毒性　大鼠急性经口LD_{50}＞8866mg/kg；山齿鹑急性经口LD_{50}＞2250mg/kg；蓝鳃鱼LC_{50}（96h）＞118mg/L；对大型溞EC_{50}（48h）＞107mg/kg；对月牙藻EC_{50}

（72h）为 0.0053mg/L；对蜜蜂、蚯蚓低毒。对呼吸道具刺激性，无眼睛、皮肤刺激性，无染色体畸变和致癌风险。

作用方式 磺酰脲类选择性内吸传导型除草剂，具内吸传导性，通过杂草根部和叶片吸收转移到杂草各部，阻碍氨基酸、赖氨酸、异亮氨酸的生物合成，阻止细胞的分裂和生长。敏感杂草生长机能受阻，幼嫩组织过早发黄抑制叶部生长，阻碍根部生长而坏死。

防除对象 用于玉米、水稻、小麦、甘蔗、番茄、高粱田防除一年生阔叶杂草及莎草科杂草，对香附子有特效。

使用方法 玉米田 3～5 叶期、杂草 2～4 叶期使用，15%可分散油悬浮剂每亩制剂用量 25～30mL，兑水 30L 均匀茎叶喷雾；小麦田杂草 2～5 叶期，35%水分散粒剂亩制剂用量 8.6～12.8g，兑水 20～40L 稀释后均匀喷雾；水稻直播田秧苗 2 叶 1 心期、杂草 2～3 叶期使用，35%水分散粒剂每亩制剂用量 5.8～8.6g，兑水 20～40L 稀释后均匀喷雾，施药前一天排干水，保持土壤湿润，药后一天复水，保水一周，勿淹没水稻心叶；甘蔗田杂草 2～5 叶期，75%水分散粒剂每亩制剂用量 3～5g，兑水 30～45L 稀释均匀后进行茎叶喷雾；番茄移栽前 1d、杂草 2～4 叶期使用，75%水分散粒剂每亩制剂用量 6～8g，每亩兑水 40L 进行土壤喷雾；高粱苗后 2 叶期到抽穗前、杂草 2～4 叶期施药，75%水分散粒剂每亩制剂用量 3～4g，兑水稀释后均匀后喷雾。

注意事项

（1）氯吡嘧磺隆只适用于马齿型和硬质玉米，不推荐用于甜玉米、糯玉米、爆裂玉米、制种玉米、自交系玉米及其他作物。玉米 2 叶期前及 10 叶期后不能使用本品。玉米 6～9 叶期，喷雾时压低喷头，避开玉米心叶。

（2）尽量在无风无雨时施药，避免雾滴飘移，危害周围作物。

氯吡脲（forchlorfenuron）

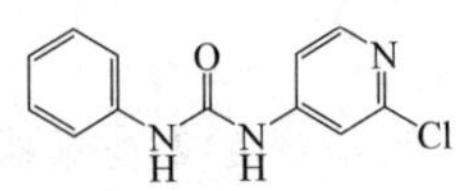

$C_{12}H_{10}ClN_3O$，247.68，68157-60-8

其他名称 吡效隆，吡效隆醇，氯吡苯脲，脲动素，调吡脲，联二苯脲，施特优，KT-30，CPPU，4PU-30。

化学名称 1-(2-氯-4-吡啶)-3-苯基脲，*N,N*-二苯脲。

理化性质 白色结晶粉末，熔点 170～172℃。在 20℃时，水中溶解度为 0.11g/L，乙醇 119g/L，无水乙醇 149g/L，丙酮 127g/L，氯仿 2.7g/L。稳定性：在光、热、酸、碱条件下稳定。耐贮存。

毒性 大白鼠急性经口 LD_{50} 4918mg/kg，兔急性经皮 LD_{50}＞2000mg/kg。虹鳟鱼 LC_{50}（96h）为 9.2mg/kg。大鼠急性吸入 LC_{50}（4h）在饱和蒸汽中不致死，无作用剂量为 7.5mg/kg。对兔皮肤有轻度刺激性，对眼睛有刺激；无致突变作用。

作用特点 广谱、多用途的取代脲类具有激动素作用的植物生长调节剂，是目前促进细胞分裂活性最高的一种人工合成激动素，其生物活性大约是苄氨基嘌呤的 10 倍。可经由植物的根、茎、叶、花、果吸收，然后运输到起作用的部位。具有细胞分裂素活性，主要生理作用是促进细胞分裂，增加细胞数量，增大果实；促进组织分化和发育；打破侧芽休眠，促进萌发；延缓衰老，调节营养物质分配；提高花粉可孕性，诱导部分果树单性结实，促进坐果，改善果实品质。

适宜作物 烟草、番茄、茄子、苹果、猕猴桃、葡萄、脐橙、枇杷、西瓜、甜瓜、草莓、黄瓜、樱桃萝卜、洋葱、大豆、向日葵、大麦、小麦等。

应用技术

（1）诱导愈伤组织生长 防治烟草时，用 10mg/L 药液叶面喷施，可促进愈伤组织生长。

（2）膨大果实，提高坐果率及产量，改善品质

① 苹果 在苹果生长期（7～8 月），以 50mg/L 氯吡脲处理侧芽，可诱导苹果产生分枝，但它诱导出的侧枝不是羽状枝，故难以形成短果枝，这是它与苄氨基嘌呤的不同之处。

② 梨 开花前以 0.1%药液 100～150 倍液喷洒，可提高坐果率，改善品质，增加产量。

③ 桃 在桃开花后 30d 以 20mg/L 喷幼果，增加果实大小，促进着色，改善品质。

④ 猕猴桃 谢花后 10～20d，用 0.1%可溶液剂 20mL，兑水 2kg，浸幼果 1 次，果实膨大，单果增重，不影响果实品质。用药 2 次或药液浓度过大，产生畸形果，影响果实风味。中华猕猴桃在开花后 20～30d，以 5～10mg/L 浸果，促进果实膨大。

⑤ 葡萄 谢花后 10～15d，用 0.1%可溶液剂 70～200 倍液浸幼果穗，提高坐果率，果实膨大、增重，增加可溶性固形物含量。可与赤霉酸（GA_3）混合使用。在葡萄盛花前 14～18d，以 1～5mg/L 氯吡脲+100mg/L GA_3 浸果，增加 GA_3 的效果；盛花后 10d，施药浓度为 3～5mg/L 氯吡脲+100mg/L GA_3，促进葡萄果实肥大。防止葡萄落花，在始花至盛花期以 2～10mg/L 浸花效果较好。

⑥ 脐橙、温州蜜柑、椪柑、柚子、柑橘 于生理落果期，用 500 倍液喷施脐橙树冠或用 100 倍液涂果梗蜜盘。在生理落果前，即谢花后 3～7d、谢花后 25～30d，用 0.1%可溶液剂 50～200 倍液涂果梗蜜盘各 1 次，提高坐果率；或用 0.1%氯

吡脲溶液 5～10mL 加 4%赤霉酸乳油 1.25mL，加水 1L，处理时间方法同上。

⑦ 枇杷　幼果直径 1cm 时，用 0.1%可溶液剂 100 倍液浸幼果，1 个月后再浸 1 次，果实受冻后及时用药，可促使果实膨大。

⑧ 大麦、小麦　用 0.1%可溶液剂 6～7 倍液喷施旗叶。与赤霉素或生长素类混用，药效优于单用。

⑨ 水稻　抽穗期使用 5～10mg/kg 药液喷洒，可提高精米率、千粒重及产量。

⑩ 大豆　始花期喷 0.1%可溶液剂 10～20 倍液（50～100mg/L），提高光合效率，增加蛋白质含量。

⑪ 向日葵　花期喷 0.1%可溶液剂 20 倍液，可使籽粒饱满，千粒重增加。

⑫ 西瓜　开雌花前 1d 或当天，用 0.1%可溶液剂 20～33 倍液涂果柄一圈，提高坐瓜率、含糖量。不可涂瓜胎，薄皮易裂品种慎用；气温低用药浓度高，气温高用药浓度低。

⑬ 甜瓜　开雌花当天或前后 1d，用 0.1%本品溶液 5～10mL 加水 1L（5～10mg/L），浸蘸瓜胎 1 次，促进坐果及果实膨大。甜瓜在开花前后以 200～500mg/L 涂果梗，促进坐果。

⑭ 西瓜　开花当天或前 1d，用 0.1%药液 30～50mL 加水 1kg，涂瓜柄，或喷洒于授粉雌花的子房上，可提高坐瓜率，增加含糖量和产量。

⑮ 黄瓜　低温光照不足、开花受精不良时，为解决“化瓜”问题，于开花前 1d 或当天用 0.1%可溶液剂 20 倍液涂抹瓜柄，可缩短生育期，提高坐瓜率，增加产量。

⑯ 马铃薯　马铃薯种植后 70d 以 100mg/L 喷洒处理，增加产量。

⑰ 洋葱　鳞茎生长期，叶面喷 0.1%可溶液剂 50 倍液，延长叶片功能期，促进鳞茎膨大。

⑱ 樱桃萝卜　6 叶期喷 0.1%可溶液剂 20 倍液，缩短生育期。

（3）保鲜

① 草莓　采摘后，用 0.1%可溶液剂 100 倍液喷果或浸果，晾干保藏，可延长贮存期。

② 其他叶菜类　用氯吡脲处理，可防止叶绿素降解，延长保鲜期。

注意事项

（1）严格按规定时期、用药量和使用方法，浓度过高可引起果实空心、畸形果、顶端开裂等现象，并影响果内维生素 C 含量。

（2）对人眼睛及皮肤有刺激性，施用时应注意防护。

（3）氯吡脲用作坐果剂，主要用于花器、果实处理。在甜瓜、西瓜上应慎用，尤其在浓度偏高时会有副作用产生。提高小麦、水稻千粒重，也是从上向下喷洒小麦、水稻植株上部为主。

（4）氯吡脲与赤霉酸或其他生长素混用，其效果优于单用，但须在专业人员指导下或先试验后示范的前提下进行，勿任意混用。与磷酸二氢钾复配，既能促进果实膨大，又能促进植物生长，防止落果，有效地改善果实的品质。用在小麦和水稻上，能增加千粒重，达到增产的效果。

（5）处理后 12～24h 内遇下雨须重新施药。

（6）药液应现用现配，否则效果降低。本品易挥发，用后要盖紧瓶盖。

氯丙嘧啶酸（aminocyclopyrachlor）

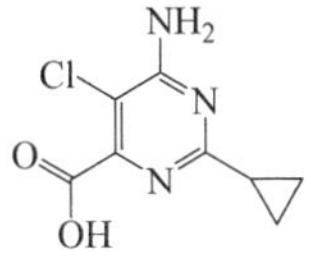

$C_8H_8ClN_3O_2$，213.62，858956-08-8

化学名称　6-氨基-5-氯-2-环丙烷基嘧啶-4-羧酸。

理化性质　原药为果味白色固体，熔点 140.5℃，181.6℃分解，溶解度（20℃，mg/L）：水 3130。

毒性　大鼠急性经口 LD_{50}＞5000mg/kg；绿头鸭急性 LD_{50}＞5290mg/kg；蓝鳃鱼 LC_{50}（96h）＞120mg/L；对大型溞 EC_{50}（48h）＞27.2mg/kg；对月牙藻 EC_{50}（72h）＞120mg/L；对蜜蜂低毒，对蚯蚓中等毒性。对眼睛具刺激性，无生殖影响和致癌风险。

作用方式　通过杂草叶和根部吸收，转移进入分生组织，干扰杂草茎、叶和根的生长激素平衡，引起植物死亡。

防除对象　用于非耕地防除阔叶杂草，包括菊科、豆科、藜科、旋花科、茄科、大戟科和一些木本植物。

使用方法　杂草 10～30cm 高时使用，50%可溶粒剂每亩制剂用量 10～20g，兑水溶解后进行茎叶喷雾。

注意事项

（1）氯丙嘧啶酸对土壤吸附是不可逆的，不可直接施于裸露的土壤上。

（2）大风或预计 48h 内降雨请勿施药，避免因飘移至邻近敏感作物导致药害等问题。

（3）不推荐在土壤渗透性强如沙土区域使用。不可用于结冰的土壤及被雪水覆盖的土壤。

氯虫苯甲酰胺（chlorantraniliprole）

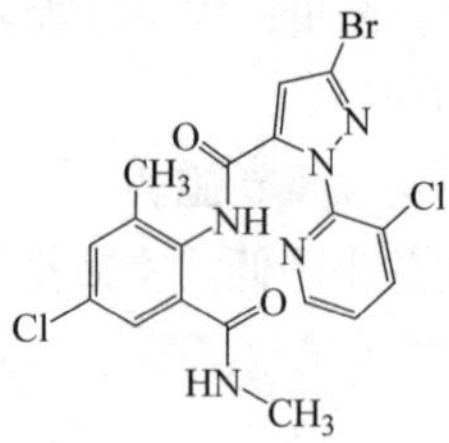

$C_{18}H_{14}BrCl_2N_5O_2$，501，500008-45-7

其他名称 氯虫酰胺、康宽、KK 原药。

化学名称 3-溴-*N*-[4-氯-2-甲基-6-[(甲氨基甲酰基)苯]-1-(3-氯吡啶-2-基)-1-氢-吡唑-5-甲酰胺。

理化性质 纯品外观为白色结晶，熔点 208～210℃，330℃分解，溶解度（20～25℃，mg/L）：水 1.023、丙酮 3.446、甲醇 1.714、乙腈 0.711、乙酸乙酯 1.144。

毒性 大鼠急性经口 LD_{50}＞2000mg/kg（雌、雄），大鼠急性经皮 LD_{50}＞2000mg/kg（雌、雄）。对兔眼睛轻微刺激，对兔皮肤没有刺激。Ames 试验呈阴性。

作用特点 属邻甲酰氨基苯甲酰胺类杀虫剂，主要是激活鱼尼丁受体，释放平滑肌和横纹肌细胞内储存的钙离子，引起肌肉调节衰弱、麻痹，直至最后害虫死亡。具有胃毒、触杀及内吸传导作用。氯虫苯甲酰胺表现出对哺乳动物和害虫鱼尼丁受体极显著的选择性差异，大大提高了对哺乳动物和其他脊椎动物的安全性。

适宜作物 果树、水稻、玉米、甘蔗、蔬菜、甘薯等。

防除对象 果树害虫如金纹细蛾、桃小食心虫等；水稻害虫如稻纵卷叶螟、二化螟、三化螟、大螟、稻水象甲等；玉米害虫如玉米螟、小地老虎、黏虫等；油料及经济作物害虫如小地老虎、蔗螟等；蔬菜害虫如甜菜夜蛾、小菜蛾等；甘薯害虫如斜纹夜蛾。

应用技术 以 0.4%氯虫苯甲酰胺颗粒剂、200g/L 氯虫苯甲酰胺悬浮剂、5%氯虫苯甲酰胺悬浮剂、35%氯虫苯甲酰胺水分散粒剂为例。

（1）防治果树害虫

① 金纹细蛾　在蛾量急剧上升时施药，用氯虫苯甲酰胺 35%水分散粒剂 17500～25000 倍液均匀喷雾。

② 桃小食心虫　在蛾量急剧上升时施药，用氯虫苯甲酰胺 35%水分散粒剂 7000～10000 倍液均匀喷雾。

（2）防治水稻害虫　稻纵卷叶螟、二化螟、三化螟、大螟、稻水象甲。

① 在稻纵卷叶螟及二化螟卵孵高峰期前 5～7d 施药，用氯虫苯甲酰胺 0.4%颗粒剂 600～700g/亩均匀撒施。

② 在稻纵卷叶螟、二化螟、三化螟、大螟卵孵高峰期施药，用氯虫苯甲酰胺

200g/L 悬浮剂 5～10mL/亩均匀喷雾。

③ 在稻水象甲成虫开始出现时或移栽后 1～2d 施药，用氯虫苯甲酰胺 200g/L 悬浮剂 6.67～13.3mL/亩均匀喷雾。

（3）防治油料及经济作物害虫

① 玉米螟　在玉米螟卵孵化高峰期施药，用氯虫苯甲酰胺 200g/L 悬浮剂 3～5mL/亩均匀喷雾。

② 小地老虎　小地老虎害虫发生早期施药，用氯虫苯甲酰胺 200g/L 悬浮剂 3.3～6mL/亩均匀喷雾。

③ 蔗螟　在甘蔗幼苗期施药，用氯虫苯甲酰胺 200g/L 悬浮剂 15～20mL/亩均匀喷雾。

（4）防治蔬菜害虫

① 甜菜夜蛾　甜菜夜蛾虫卵孵化高峰期施药，用氯虫苯甲酰胺 5%悬浮剂 30～55mL/亩均匀喷雾。

② 小菜蛾　在小菜蛾卵孵高峰期施药，用氯虫苯甲酰胺 5%悬浮剂 40～55mL/亩均匀喷雾。

注意事项

（1）用药时做好基本防护措施，使用后及时清洗手、脸等暴露部分皮肤并更换衣物。

（2）勿让儿童、孕妇及哺乳期妇女接触本品。加锁保存。不能与食品、饲料存放一起。

（3）本品对家蚕毒性较高，蚕室及桑园附近禁用。

（4）不可与强酸、强碱性物质混用

（5）对鱼和水生生物有毒，勿将废液等排入地下道和附近水源，避免影响鱼类和污染水源。

氯氟吡啶酯（florpyrauxifen-benzyl）

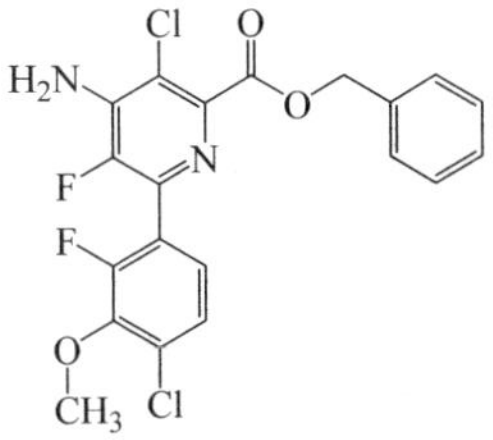

$C_{20}H_{14}Cl_2F_2N_2O_3$，439.25，1390661-72-9

化学名称　4-氨基-3-氯-6-(4-氯-2-氟-3-苯甲氧基)-5-氟-2-吡啶酸苯甲酯。

理化性质 原药为灰白色至米色固体，熔点137.1℃，286.8℃分解，溶解度（20℃，mg/L）：水0.011，甲醇13000，丙酮210000，二甲苯14000，乙酸乙酯120000。

毒性 大鼠急性经口LD_{50} 5000mg/kg；山齿鹑急性经口LD_{50}＞2250mg/kg；虹鳟LC_{50}（96h）＞0.049mg/L；大型溞EC_{50}（48h）＞0.0626mg/kg；月牙藻EC_{50}（72h）＞0.0337mg/L；蜜蜂低毒，蚯蚓中等毒性。对眼睛、皮肤、呼吸道无刺激性，无神经毒性、生殖影响和染色体畸变风险。

作用方式 芳基吡啶甲酸酯类合成激素除草剂，通过植物的叶片和根部吸收，经木质部和韧皮部传导，并积累在杂草的分生组织，诱导细胞内相关生命活动暴增，导致敏感植物生长失控从而发挥除草活性。

防除对象 用于水稻田防除稗草等一年生杂草，如稗草、光头稗、稻稗、千金子等禾本科杂草，异型莎草、油莎草、碎米莎草、香附子、日照飘拂草等莎草科杂草，苘麻、泽泻、苋菜、豚草、藜、小飞蓬、母草、水丁香、雨久花、慈姑、苍耳等阔叶杂草。

使用方法 水稻直播田于秧苗4.5叶即1个分蘖可见、稗草不超过3个分蘖时期施药，移栽田于秧苗返青后1个分蘖可见、稗草不超过3个分蘖时期施药，3%乳油每亩制剂用量40～80mL，兑水15～30L稀释均匀后进行茎叶喷雾，施药前排水（可有潜水层，需确保杂草茎叶2/3以上露出水面），药后1～3d灌水，保水5～7d，水层不要淹没稻心叶。

注意事项

（1）极端冷热天气、干旱冰雹等逆境或环境因素会影响到药效和作物耐药性，不推荐施用。

（2）施药后水稻可能出现暂时性药物反应如生长受到抑制或叶片畸形，通常水稻会逐步恢复正常生长。

（3）不宜在缺水田、漏水田及盐碱田使用。秧田、制种田、缓苗期、秧苗长势弱，存在药害风险，不推荐使用。

（4）不能和敌稗、马拉硫磷等药剂混用，施用氯氟吡啶酯7d内不能再施马拉硫磷。与其他药剂混用需测试。

（5）避免飘移到邻近敏感阔叶作物引起药害，如棉花、大豆、葡萄、烟草、蔬菜、桑树、花卉、观赏植物及其他非靶标阔叶植物。

氯氟吡氧乙酸（fluroxypyr）

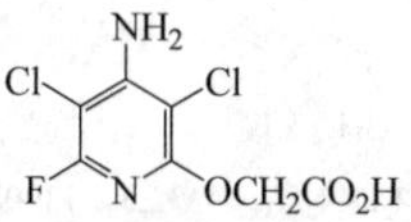

NH_2 Cl Cl F N OCH_2CO_2H

$C_7H_5Cl_2FN_2O_3$，255.0，69377-81-7

化学名称 4-氨基-3,5-二氯-6-氟-2-吡啶氧乙酸。

理化性质　纯品氯氟吡氧乙酸为白色晶体，熔点232～233℃，360℃分解，溶解度（20℃，mg/L）：水6500，己烷2，甲醇35000，二甲苯300，丙酮9200。酸性及中性条件下稳定，碱性条件下易分解，土壤中易降解。

毒性　大鼠急性经口LD_{50}＞2000mg/kg，喂食毒性高；绿头鸭急性经口LD_{50}＞2000mg/kg；对蓝鳃鱼LC_{50}（96h）14.3mg/L；大型溞EC_{50}（48h）＞100mg/kg；月牙藻的EC_{50}（72h）为49.8mg/L；对蜜蜂接触毒性低，喂食毒性中等；对蚯蚓中等毒性。对眼睛、皮肤、呼吸道无刺激性，具神经毒性，无染色体畸变和致癌风险。

作用方式　是一种吡啶氧乙酸类内吸传导型苗后除草剂。施药后被植物叶片与根迅速吸收，在体内很快传导，敏感作物出现典型的激素类除草剂反应，植株畸形、扭曲。在耐药性植物如小麦体内，药剂可结合成轭合物失去毒性，从而具有选择性。

防除对象　主要用于防除小麦、玉米、水稻移栽田、水田畦畔的阔叶杂草，如猪殃殃、繁缕、牛繁缕、泽漆、大巢菜、野老鹳、空心莲子草、野油菜、竹叶草、苘麻、飞蓬、铁苋菜、野油菜、鼬瓣花、田旋花、米瓦罐（麦瓶草）、卷茎蓼（荞麦蔓）、马齿苋、婆婆纳、荠菜、离心芥等，对禾本科杂草无效。

使用方法　小麦田3叶期至拔节期，杂草3～5叶期施药，200g/L乳油每亩制剂用量50～70mL，茎叶喷雾；玉米3～5叶期，阔叶杂草2～5叶期施药最佳，避开玉米心叶，200g/L乳油制剂用量50～70mL/亩，茎叶喷雾；水稻田于移栽后10～20d，杂草2～5叶期施药，200g/L乳油制剂用量65～75mL/亩，茎叶喷雾；水田畦畔于杂草生长旺盛期施药，200g/L乳油制剂用量50～60mL/亩，茎叶喷雾。

注意事项

（1）勿在甜玉米、爆裂玉米等特种玉米田以及制种玉米田使用。

（2）收获前30d，不再用药；大风天或1h内降雨，不宜施药。

（3）施药作业时避免雾滴飘移到大豆、花生、甘薯和甘蓝等阔叶作物，以免产生药害；果园、葡萄园喷药时，避免将药液喷到树叶，压低喷头喷雾或加保护罩进行定向喷雾。

（4）温度对其除草的结果影响较小，但影响其药效发挥的速度。低温时药效发挥慢，植物中毒停止生长，但不立即死亡；气温升高后很快死亡。

氯氟吡氧乙酸异辛酯（fluroxypyr-meptyl）

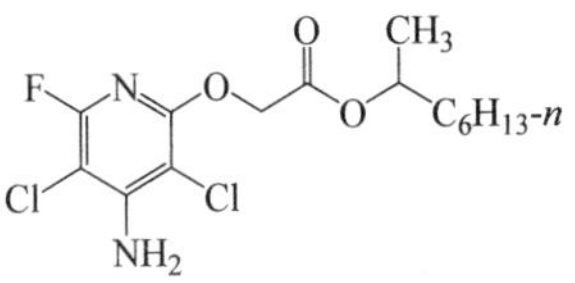

$C_{15}H_{21}Cl_2FN_2O_3$，255.0，81406-37-3

化学名称　((4-氨基-3,5-二氯-6-氟-2-吡啶)氧基)-乙酸-1-甲基庚基酯。

理化性质 纯品氯氟吡氧乙酸异辛酯为白色晶体，熔点 57.5℃，312℃分解，溶解度（20℃，mg/L）：水 0.136，正庚烷 62300，甲醇 3770000，丙酮 3300000，乙酸乙酯 2500000。酸性及中性条件下稳定，碱性条件下易分解，土壤中易降解。

毒性 大鼠急性经口 LD_{50}＞2000mg/kg；山齿鹑急性经口 LD_{50}＞2000mg/kg；虹鳟 LC_{50}（96h）＞0.225mg/L；大型溞 EC_{50}（48h）＞0.183mg/kg；*Scenedesmus subspicatus* EC_{50}（72h）＞0.5mg/L；对蜜蜂毒性低，对蚯蚓中等毒性。对眼睛、皮肤无刺激性，无神经毒性，无染色体畸变和致癌风险。

作用方式 吡啶类内吸传导型苗后除草剂。施药后被植物叶片与根迅速吸收，其活性成分为氯氟吡氧乙酸，在体内很快传导，敏感作物出现典型的激素类除草剂反应，植株畸形、扭曲。在耐药性植物如小麦体内，药剂可结合成轭合物失去毒性，从而具有选择性。

防除对象 主要用于防除小麦、玉米、高粱、水稻移栽田、狗牙根草坪、非耕地阔叶杂草，如猪殃殃、繁缕、牛繁缕、泽漆、大巢菜、野老鹳、空心莲子草、野油菜、竹叶草、苘麻、飞蓬、铁苋菜、鼬瓣花、田旋花、米瓦罐（麦瓶草）、卷茎蓼（荞麦蔓）、马齿苋、婆婆纳、荠菜、离心芥等，对上述阔叶杂草有良好防效，对禾本科杂草无效。

使用方法 春小麦田小麦返青至拔节期、冬小麦田 3 叶至拔节期，杂草 3～5 叶期施药，288g/L 乳油制剂用量 50～70mL/亩，茎叶喷雾；玉米 3～5 叶期，阔叶杂草 2～5 叶期施药最佳，避开玉米心叶，288g/L 乳油制剂用量 50～70mL/亩，茎叶喷雾；高粱 4～5 叶期，阔叶杂草 2～4 叶期施药，288g/L 乳油制剂用量 55～75mL/亩，对准杂草顺垄定向茎叶喷雾，避开心叶；非耕地于阔叶杂草生长旺盛期施药，288g/L 乳油制剂用量 50～65mL/亩，茎叶喷雾；水稻田于移栽后，杂草 2～5 叶期施药，288g/L 乳油制剂用量 55～75mL/亩，茎叶喷雾；狗牙根草坪杂草 3～5 叶期施药，288g/L 乳油制剂用量 40～80mL/亩，茎叶喷雾；水田畦畔防除空心莲子草时，288g/L 乳油制剂用量 50～70mL/亩，茎叶喷雾。

注意事项

（1）在土壤中淋溶性差，大部分在 0～10cm 表土层中。

（2）预测在 1h 内降雨，不宜施药。

（3）施药作业时避免雾滴飘移到大豆、花生、甘薯和甘蓝等阔叶作物，以免产生药害；果园喷药时，避免将药液喷到树叶，压低喷头喷雾或加保护罩进行定向喷雾。

（4）后茬套种或轮作花生、棉花、瓜类的麦田应在冬前用药。药后 90d 内不可种阔叶作物。

（5）施药时保证气温在 10℃以上。

氯氟醚菌唑（mefentrifluconazole）

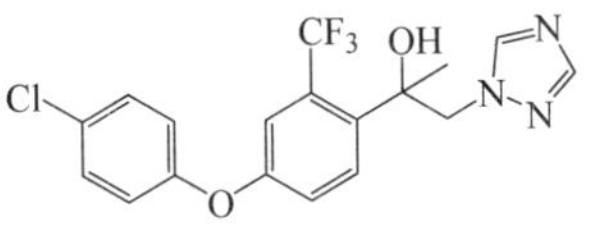

$C_{18}H_{15}ClF_3N_3O_2$，397.78，1417782-03-6

化学名称 2-[4-(4-氯苯氧基)-2-三氟甲基苯基]-1-(1*H*-1,2,4-三唑-1-基)-2-丙醇。

理化性质 白色固体，熔点 126℃，沸腾前分解；溶解度（mg/L，20℃）：水中 0.81，二甲苯 8500，丙酮 93200，甲醇 116200，二氯甲烷 55300。

毒性 急性 LD_{50}（mg/kg）：大鼠经口＞2000，大鼠经皮＞5000；对兔眼睛无刺激作用，对皮肤有微弱的刺激作用；无致癌性，无致畸性，对生殖无副作用，无遗传毒性、神经毒性和免疫毒性。对山齿鹑急性经口 LD_{50} 816mg/kg，对虹鳟鱼 LC_{50} 0.532mg/L，水蚤 EC_{50} 0.944mg/L。对蜜蜂急性经口和接触毒性 LD_{50}＞100μg/蜜蜂，蚯蚓＞1000mg/kg。

作用特点 为甾醇生物合成 C14 脱甲基化酶抑制剂。其分子中含有异丙醇结构，因此其与丙硫菌唑等三唑类杀菌剂又有不同，能够很好地抑制壳针孢菌的转移，减少病菌突变，延缓抗性的产生和发展。灵活多变的空间形态使得氯氟醚菌唑对多种抗性菌株始终保持高效，是一款非常优秀的抗性管理工具。

适宜作物 广谱、高效、内吸性，具有铲除和保护作用。用于 60 多种作物，包括谷物、豆类、甜菜、马铃薯、油菜籽、核果、仁果、柑橘类水果和木本坚果；用于谷物和大豆等进行种子处理；用于草坪和观赏植物。

防治对象 用于防治锈病和壳针孢菌、镰刀菌等引起的病害，水稻纹枯病、穗腐病，苹果褐斑病，葡萄炭疽病，番茄早疫病，玉米大斑病，苹果树黑星病，核果树和杏树花腐病、褐腐病，葡萄白粉病，马铃薯和坚果树上由链格孢菌引起的病害，玉米和大豆上由尾孢菌引起的病害，甜菜褐斑病等。

使用方法 既可叶面喷雾，也可用于种子处理。100g/L 氯氟醚菌唑乳油，用 100～150g（a.i.）/hm^2 叶面喷雾，在发病前或发病初期施用，每季最多用药 3 次，安全间隔期 15～20d。

（1）防治苹果树黑星病、葡萄白粉病，在发病前期或病菌侵染后使用，可以在果树的多个生长点使用，75g/L 氯氟醚菌唑 800 倍液喷雾使用，每季最多用药 3 次。

（2）防治小麦叶锈病、白粉病、叶斑病、条锈病，大麦叶锈病、叶斑病、白粉病、网斑病，100g/L 氯氟醚菌唑乳油，一般 100～150g（a.i.）/hm^2 喷雾处理，每季最多用药 3 次，安全间隔期 15～20d。

注意事项

（1）不能在植物生长早期使用，对植物生长有一定的抑制作用，在生产中其安全间隔期 15～20d。

（2）应严格遵循农药轮换制度，最好和其他杀菌机制的杀菌剂混用，效果会更好。

（3）要严格控制使用浓度和在果树同一生长季节的使用次数，一般使用次数不得超过 3 次。

（4）残效期长，土壤降解较慢。

氯化胆碱（choline chloride）

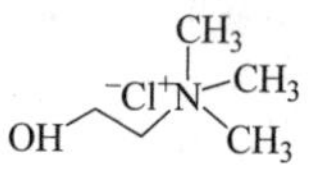

$C_5H_{14}ClNO$，139.62，67-48-1

其他名称 氯化胆脂、增蛋素、三甲基（2-羟乙基）铵氯化物、2-羟乙基三甲基氯化铵、维生素 B4、2-羟乙基三甲基氯化铵。

化学名称 2-羟乙基-三甲基氢氧化胆碱。

理化性质 白色吸湿性结晶，无味，有鱼腥臭。熔点 240℃。10%水溶液 pH 5～6，在碱液中不稳定。本品易溶于水和乙醇，不溶于乙醚、石油醚、苯和二硫化碳。

毒性 LD_{50}（大鼠，经口）3400mg/kg。

作用特点 维生素 B 的一种。胆碱可以促进肝、肾的脂肪代谢；胆碱还是机体合成乙酰胆碱的基础，从而影响神经信号的传递。另外胆碱也是体内蛋氨酸合成所需的甲基源之一。许多食物中都含有天然胆碱，但其浓度不足以满足现代饲料业对动物迅速生长的需要。因此在饲料中应添加合成胆碱以满足其需要。缺少胆碱可导致脂肪肝、生长缓慢、产蛋率降低、死亡增多等现象。

适宜作物 可促进小麦、水稻小穗分化；用于玉米、甘蔗、甘薯、马铃薯、萝卜、洋葱、棉花、烟草、蔬菜、葡萄、芒果等增加产量；用于杜鹃花、一品红、天竺葵、木槿等观赏植物调节生长；用于小麦、大麦、燕麦抗倒伏。

应用技术 氯化胆碱还是一种植物光合作用促进剂，对增加产量有明显的效果。小麦、水稻在孕穗期喷施可促进小穗分化、多结穗粒，灌浆期喷施可加快灌浆速度，促穗粒饱满，千粒重增加 2～5g。亦可用于玉米、甘蔗、甘薯、马铃薯、萝卜、洋葱、棉花、烟草、蔬菜、葡萄、芒果等，在不同气候、生态环境条件下增产效果稳定；块根等地下部分生长作物在膨大初期每亩用 60%水剂 10～20mL（有效成分 6～12g），加水 30L 稀释（1500～3000 倍），喷施 2～3 次，膨大增产效果明显。

注意事项

（1）氯化胆碱水剂贮存温度不应低于−12℃，以避免结晶后堵塞管道。

（2）氯化胆碱粉剂贮存在筒仓中应使用除湿设备以防产品吸潮。植物载体型氯化胆碱粉剂长期吸湿后则有可能有发酵现象。

氯菊酯（permethrin）

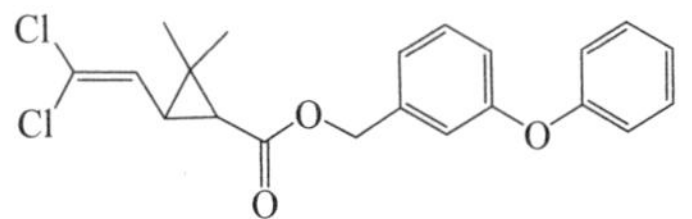

$C_{21}H_{20}Cl_2O_3$，391.3，52645-53-1

其他名称　苯醚氯菊酯、久效菊酯、除虫精、苄氯菊酯、克死命、Exmin、Matadan、Pounce、Ambushsog、Coopex。

化学名称　(3-苯氧苄基)(1*R*,*S*)顺,反-3-(2,2-二氯乙烯基)-2,2-二甲基环丙烷羧酸酯。

理化性质　氯菊酯纯品为白色晶体，熔点 34～35℃，溶解度（20℃，g/kg）：己烷＞1000，甲醇 258，二甲苯＞1000，丙酮、乙醇、二氯甲烷、乙醚＞50%，难溶于水；在酸性介质中稳定，在碱性介质中水解较快。

毒性　原药（顺反比 45∶55）大鼠急性 LD_{50}（mg/kg）：经口 2370（雌），经皮＞2500；对兔皮肤无刺激性，对兔眼睛有轻度刺激性；对动物无致畸、致突变、致癌作用。

作用特点　杀虫谱广，具有触杀和胃毒作用，无内吸熏蒸作用。在碱性介质及土壤中易分解失效，此外，与含氰基结构的菊酯相比，对高等动物毒性更低，刺激性相对较小，击倒速度更快，同等使用条件下害虫抗性发展相对较慢。氯菊酯杀虫活性相对较低，单位面积使用剂量相对较高，在阳光照射下易分解，可以用于防治多种作物害虫，尤其适于卫生害虫的防治。

适宜作物　蔬菜、水稻、小麦、玉米、棉花、果树、茶树、烟草等。

防除对象　蔬菜害虫如菜青虫、小菜蛾、菜蚜等；棉花害虫如棉蚜、棉铃虫、棉红铃虫等；小麦害虫如黏虫等；烟草害虫如烟青虫等；果树害虫如柑橘潜叶蛾、蚜虫、食心虫等；茶树害虫如茶尺蠖、茶毛虫等；卫生害虫如蚊、蝇、臭虫、跳蚤、蟑螂、蚂蚁等。

应用技术　以 10%氯菊酯乳油为例。

（1）防治蔬菜害虫

① 菜青虫、小菜蛾　在幼虫 3 龄以前施药，用 10%氯菊酯乳油 10～30mL/亩

均匀喷雾。

② 菜蚜　在蚜虫发生盛期开始施药，用10%氯菊酯乳油10～15g/亩均匀喷雾。

(2)防治果树害虫　防治柑橘潜叶蛾、蚜虫、食心虫，用10%氯菊酯乳油1660～3350倍液均匀喷雾。

(3)防治茶树害虫

① 茶尺蠖、茶毛虫　在低龄幼虫期施药，用10%氯菊酯乳油2000～5000倍液均匀喷雾。

② 蚜虫　在蚜虫发生盛期开始施药，用10%氯菊酯乳油2000～5000倍液均匀喷雾。

注意事项

(1) 不能与碱性农药混用。

(2) 对鱼虾、蜜蜂、家蚕等高毒，使用时勿接近鱼塘、蜂场、桑园。

(3) 建议与其他作用机制不同的杀虫剂轮换使用。

(4) 本品在茶树和果树作物上安全间隔期不得小于3d，每季最多使用2次；在棉花和烟草作物上不小于10d，棉花每季最多使用3次，烟草为2次；在蔬菜上不少于2d，每季最多使用3次；在小麦上不少于7d，每季最多使用2次。

氯氰菊酯（cypermethrin）

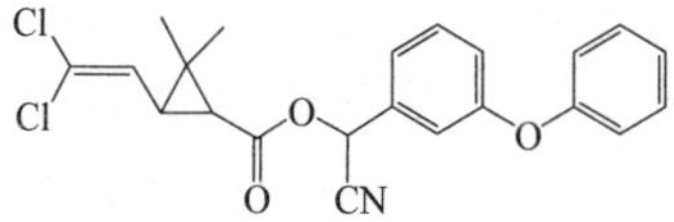

$C_{22}H_{19}Cl_2NO_3$，416.2，52315-07-8

其他名称　兴棉宝、赛波凯、保尔青、轰敌、阿锐克、奥思它、格达、韩乐宝、克虫威、氯氰全、桑米灵、灭百可、安绿宝、田老大8号、Barricard、Cymbush、Ripcord、NRDC-149、Cyperkill、Afrothrin、WL43467、PP-383、CCN-52、Arrivo。

化学名称　(*R*,*S*)-*α*-氰基-3-苯氧苄基(1*R*,*S*)-顺、反-3-(2,2-二氯乙烯基)-2,2-二甲基环丙烷羧酸酯。

理化性质　氯氰菊酯是8个氯氰菊酯异构体混合物，工业品为黄色至淡棕色黏稠液体或半固体，60℃以上时为液体。溶解性（20℃，g/L）：丙酮、氯仿、环己酮、二甲苯＞450，乙醇337、己烷103，难溶于水；在弱酸性和中性介质中稳定，在碱性介质中水解较快。氯氰菊酯中8个光学异构体如下所示：

$$\left.\begin{matrix}1R\text{-}cis,\ \alpha\text{-}S\\1S\text{-}cis,\alpha\text{-}R\end{matrix}\right\}cis\,\alpha\ \left.\begin{matrix}1R\text{-}cis,\beta\text{-}R\\1S\text{-}cis,\beta\text{-}S\end{matrix}\right\}cis\,\beta\ \left.\begin{matrix}1R\text{-}\ trans,\ \alpha\text{-}S\\1S\text{-}\ trans,\ \alpha\text{-}R\end{matrix}\right\}trans\,\alpha\ \left.\begin{matrix}1R\text{-}\ trans,\ \beta\text{-}R\\1S\text{-}\ trans,\ \beta\text{-}S\end{matrix}\right\}trans\,\beta$$

毒性　急性经口 LD_{50}（mg/kg）：大鼠 251（工业品），小鼠 138；对皮肤和眼睛有轻微刺激性；对动物无致畸、致突变、致癌作用。对蜜蜂、家蚕和蚯蚓剧毒。

作用特点　杀虫谱广，具有触杀、胃毒和一定的熏蒸作用，药效迅速，对光、热稳定。可防治对有机磷产生抗性的害虫，残效期长，对某些害虫具有杀卵作用，对鳞翅目幼虫效果良好。

适宜作物　蔬菜、水稻、小麦、玉米、棉花、果树、茶树、烟草等。

防除对象　蔬菜害虫如菜青虫、小菜蛾、菜蚜等；棉花害虫如棉铃虫、棉红铃虫等；小麦害虫如蚜虫等；果树害虫如柑橘潜叶蛾、桃小食心虫等；茶树害虫如茶尺蠖、茶毛虫、茶小绿叶蝉等；卫生害虫如蚊、蝇、臭虫、蜚蠊、蚂蚁等。

应用技术　以 100g/L 氯氰菊酯乳油、10%氯氰菊酯乳油、10%氯氰菊酯可湿性粉剂为例。

（1）防治蔬菜害虫

① 菜青虫　在 1～3 龄幼虫发生期施药，用 100g/L 氯氰菊酯乳油 20～30mL/亩均匀喷雾；或用 10%氯氰菊酯乳油 20～30mL/亩均匀喷雾。

② 小菜蛾　在低龄幼虫期施药，用 10%氯氰菊酯乳油 25～35mL/亩均匀喷雾。

③ 蚜虫　在十字花科蔬菜蚜虫种群数量上升期施药，用 10%氯氰菊酯乳油 20～40mL/亩均匀喷雾。

（2）防治小麦害虫　防治蚜虫，于小麦苗蚜或穗蚜始盛期施药，用 10%氯氰菊酯乳油 24～32mL/亩均匀喷雾。

（3）防治棉花害虫

① 棉铃虫　在棉铃虫卵孵盛期施药，用 10%氯氰菊酯乳油 30～60mL/亩均匀喷雾。

② 棉蚜　在棉蚜发生期用药，用 10%氯氰菊酯乳油 30～60mL/亩均匀喷雾。

（4）防治果树害虫

① 柑橘潜叶蛾　在幼虫发生始盛期施药，用 10%氯氰菊酯乳油 1000～2000 倍液均匀喷雾。

② 桃小食心虫　在虫卵盛发期用药，用 10%氯氰菊酯乳油 1000～1500 倍液均匀喷雾。

（5）防治茶树害虫

① 茶尺蠖、茶毛虫　在低龄幼虫期施药，用 10%氯氰菊酯乳油 2000～3700 倍液均匀喷雾。

② 茶小绿叶蝉　在若虫盛发期用药，用 10%氯氰菊酯乳油 2000～3700 倍液均匀喷雾。

（6）防治卫生害虫　防治臭虫、蚂蚁、蚊、蝇、蜚蠊，将 10%氯氰菊酯可湿性粉剂稀释 100 倍，按 400～500mL/m^2 制剂用量处理表面；在玻璃、瓷砖、油漆等非吸收性表面建议将本品稀释 40～50 倍液进行滞留喷洒。

注意事项

（1）不能与碱性农药混用。

（2）本品对鱼虾、蜜蜂、家蚕等高毒，使用时勿接近鱼塘、蜂场、桑园。

（3）建议与其他作用机制不同的杀虫剂轮换使用。

（4）本品在棉花上使用的安全间隔期为 7d，小青菜 2d，大白菜 5d，柑橘树 7d，棉花 7d，苹果树 21d，每季最多使用 3 次；在茶树上使用的安全间隔期 7d，每季最多使用 1 次。

氯酸镁（magnesium chlorate）

$Mg(ClO_3)_2 \cdot 6H_2O$，299.30，10326-21-3

其他名称　Desecol，Magron，MC Defoliant，Ortho MC。

化学名称　氯酸镁（六水合物），magnesium chloride hexahydrate。

理化性质　纯品为无色针状或片状结晶，熔点 118℃；沸点 120℃（分解）。易溶于水，18℃时 100mL 水中溶解 56.5g，微溶于丙酮和乙醇。在 35℃时溶化析出水分而转化为四水合物。由于具有很高的吸湿性，不易引起爆炸和着火。比其他氯酸盐稳定，与硫、磷、有机物等混合，经摩擦、撞击，有引起爆炸燃烧的危险。对失去氧化膜的铁有显著腐蚀性，对不锈钢和搪瓷的腐蚀性不显著。

毒性　大鼠急性经口 LD_{50} 6348mg/kg；小鼠急性经口 LD_{50} 5235mg/kg。

作用特点　本品具触杀作用，能被根部吸收，并在植物体内传导，以杀死植物的根和顶端，当其用量小于致死剂量时，可使绿叶褪色、茎秆和根中的淀粉含量减少。本品既是脱叶剂，又是除草剂，主要用于棉株脱叶。

适宜作物　用作棉花收获前的脱叶剂、小麦催熟剂、除莠剂、干燥剂。

应用技术　喷药时间应根据棉铃成熟情况和枯霜期的早晚来决定。在棉铃成熟、开始自然落叶时喷脱叶剂才能发挥最好的效果。喷药过早，棉株尚在生长期，有时无法使棉叶枯死，甚至会引起落蕾、落铃，导致减产，损害棉花纤维及种子品质，并会复生新叶；喷药过晚，由于气温降低，棉叶变老、质粗，脱叶效果也不好。最好在顶部可成熟的棉铃生长期达到 35～40d 时喷药。喷药时应在昼夜平均气温 17℃以上时进行。17℃以下，脱叶作用受阻，10℃时脱叶作用完全停止。由于晚霜后需经 12～15d 才能完成脱叶过程，如喷晚了，遇枯霜，棉叶被打死枯在棉枝上。故在贪青晚熟棉田，枯霜期来早年份，为争取多收霜前花，喷药脱叶应在枯霜前 15～

20d 进行完毕。

对于喷药浓度和量，一般每亩喷浓度为 0.5%～0.6%的氯酸镁药液 100kg。

当昼夜平均气温高于 20～25℃时，药量应减少 15%～20%。当棉花在生长期或脱叶前受过旱，脱叶困难时，需增加用药量 15%～20%。

据观察氯酸镁可起到如下作用：

（1）喷药 15d 内棉株逐渐脱叶 85%～99%。

（2）增产霜前花 8.9%～37.3%。

（3）籽棉含杂含水分少。茂密棉田下部喷药后老叶脱落，可防治下部棉桃烂铃。

（4）该药剂可消灭红蜘蛛、蚜虫等害虫，减少次年棉苗期虫害。

（5）可在棉花生长后期、收获期前消灭杂草。

（6）可对晚熟贪青棉株进行第二次喷药催熟。

注意事项

（1）20%或 40%氯酸镁溶液溅到皮肤上，可使皮肤发红并有灼痛感，应立即用肥皂和清水充分清洗；患急性皮炎时，可用铅水洗剂、硼酸液清洗，涂上中性软膏；如不慎溅入眼睛，用凉开水充分清洗至少 15min，用 30%的磺胺乙酰滴入眼内。生产工作人员工作时应穿戴工作服，戴口罩、乳胶手套等劳动用品，以保护器官和皮肤。误服应立即送医院治疗。剩余药液应妥善处理，以免其他作物受害。

（2）注意施药浓度，最高允许浓度建议为 10mg/m^3。

（3）摘棉花前先施药，至少 7d 后方可开始下地工作。

氯烯炔菊酯（chlorempenthrin）

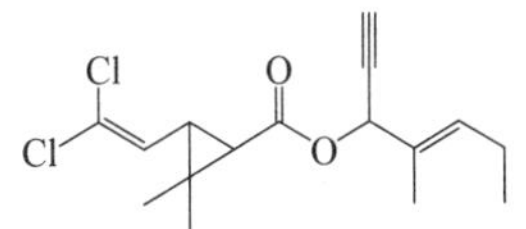

$C_{16}H_{20}Cl_2O_2$，315.3，54407-47-5

其他名称　炔戊氯菊酯、二氯炔戊菊酯、中西气雾菊酯。

化学名称　(1*R*,*S*)-顺,反-2,2-二甲基-3-(2,2-二氯乙烯基)环丙烷羧酸-1-乙炔基-2-甲基戊-2-烯基酯。

理化性质　淡黄色油状液体，有清淡香味；沸点 128～130℃（4Pa），可溶于多种有机溶剂，不溶于水；对光、热和酸性介质较稳定，在碱性介质中易分解。

毒性　小鼠急性经口 LD_{50}790mg/kg；常用剂量条件下对人畜眼、鼻、皮肤及呼吸道均无刺激；Ames 试验阴性。

作用特点 具有触杀作用，是一种高效、低毒的新型拟除虫菊酯类杀虫剂，对卫生害虫有较好的防效。本品具有蒸气压高、挥发度好、杀灭力强的特点，对害虫击倒速度快。

防除对象 卫生害虫如蝇等。

应用技术 以 0.4%氯烯炔菊酯杀虫喷射剂为例。

防治卫生害虫蝇，于室外用 0.4%氯烯炔菊酯杀虫喷射剂直接喷洒。

注意事项 本品对鱼类和蚕类有毒，蚕室、桑园、鱼塘及其附近禁用，禁止在河塘等水体内清洗施药器具。

氯酯磺草胺（cloransulam-methyl）

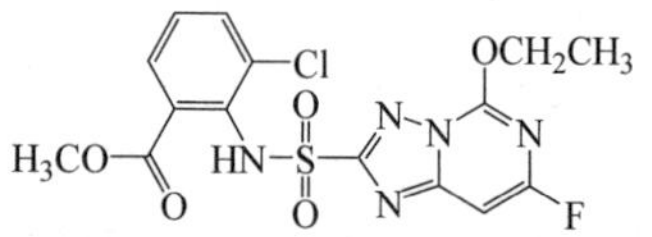

$C_{15}H_{13}ClFN_5O_5S$，429.81，147150-35-4

化学名称 3-氯-2-[(5-乙氧基-7-氟-[1,2,4]三唑并[5,1-*c*]嘧啶-2-基)磺酰氨基]苯甲酸甲酯。

理化性质 原药为灰白色，熔点 217℃，水溶液呈弱酸性，溶解度（20℃，mg/L）：水 184，丙酮 4360，二氯甲烷 6980，乙酸乙酯 980，甲醇 470。

毒性 大鼠急性经口 LD_{50}＞5000mg/kg；山齿鹑急性经口 LD_{50}＞5620mg/kg；虹鳟 LC_{50}（96h）＞86.0mg/L；对大型溞 EC_{50}（48h）为 163mg/kg；对月牙藻 EC_{50}（72h）为 0.042mg/L；对蜜蜂、蚯蚓中等毒性。对眼睛、皮肤具刺激性，无神经毒性和呼吸道刺激性，无致癌风险。

作用方式 磺酰胺类内吸性除草剂，通过植物的叶片和根部吸收，积累在杂草的分生组织，抑制乙酰乳酸合成酶（ALS）活性，影响蛋白质的合成，使杂草停止生长而死亡。

防除对象 用于春大豆田防除阔叶杂草，对鸭跖草、红蓼、本氏蓼、苍耳、苘麻、豚草有较好的防治效果，对苦菜、苣荬菜、刺儿菜也有较强的抑制作用。

使用方法 于春大豆 1～3 片复叶期、鸭跖草 3～5 叶期施药，84%氯酯磺草胺水分散粒剂每亩制剂用量 2～2.5g，兑水 15～30L 稀释均匀后进行茎叶喷雾。

注意事项

（1）施药时添加适量有机硅、甲基化植物油等助剂，可提高干旱条件下的除草效果。

（2）施药后大豆叶片可能出现暂时轻微褪色，很快恢复正常，不影响产量。

（3）仅限春大豆田使用，一年一茬，正常推荐剂量下第二年可以安全种植小麦、水稻、高粱、玉米（甜玉米除外）、杂豆、马铃薯。氯酯磺草胺对甜菜、向日葵敏感，后茬种植此类敏感作物需慎重，安全间隔期 12 个月。种植油菜、亚麻、甜菜、向日葵、烟草等，安全间隔期在 24 个月以上。其他作物需测试后再进行种植。

马拉硫磷（malathion）

$$(H_3CO)_2P(=S)-S-CH(CO_2C_2H_5)CH_2CO_2C_2H_5$$

$C_{10}H_{19}O_6PS_2$，330.35，121-75-5

其他名称　马拉松、马拉塞昂、飞扫、四零四九、Carbofos、Malathiozol、Maladrex、Maldison、Formol、Malastan。

化学名称　*O,O*-二甲基-*S*-(1,2-二乙氧羰基乙基)二硫代磷酸酯。

理化性质　透明浅黄色油状液体。熔点 2.85℃，沸点 156～157℃（93Pa）；难溶于水，易溶于乙醇、丙酮、苯、氯仿、四氯化碳等有机溶剂。对光稳定，对热稳定性较差；在 pH＜5 的介质中水解为硫化物和 α-硫醇基琥珀酸二乙酯，在 pH 5～7 的介质中稳定，在 pH＞7 的介质中水解成硫化物钠盐和反丁烯二酸二乙酯；可被硝酸等氧化剂氧化成马拉氧磷，但工业品马拉硫磷中加入 0.01%～1.0%的有机氧化物，可增加其稳定性；对铁、铅、铜、锡制品容器有腐蚀性，此类物质也可降低马拉硫磷的稳定性。

毒性　急性大白鼠 LD_{50}（mg/kg）：经口 1751.5（雌）、1634.5（雄）；经皮 4000～6150。用含马拉硫磷 100mg/kg 的饲料喂养大鼠 92 周，无异常现象；对蜜蜂高毒，对眼睛、皮肤有刺激性。

作用特点　非内吸的广谱性杀虫剂，有良好的触杀和一定的熏蒸作用，进入虫体后首先被氧化成毒力更强的马拉氧磷，从而发挥强大的毒杀作用。当进入温血动物体内时，则被在昆虫体内没有的羧酸酯酶水解，因而失去毒性。马拉硫磷毒性低，残效期短，对刺吸式口器和咀嚼式口器害虫均有效。

适宜作物　水稻、小麦、棉花、大豆、十字花科蔬菜、果树、茶树、牧草等。

防除对象　水稻害虫如稻飞虱、蓟马、稻叶蝉等；小麦害虫如黏虫等；棉花害虫如盲蝽类等；大豆害虫如大豆食心虫等；蔬菜害虫如黄条跳甲等；果树害虫如绿盲蝽等；茶树害虫如长白蚧等；牧草害虫如蝗虫等。

应用技术

（1）防治水稻害虫

① 稻飞虱　在低龄若虫为害盛期施药，用 45%乳油 80～120g/亩兑水喷雾，重点为水稻的中下部叶丛及茎秆。田间应保持水层 2～3d。

② 稻蓟马　秧苗四五叶期和本田稻苗返青期时施药，用 45%乳油 83～111g/亩兑水均匀喷雾。

③ 稻叶蝉　在低龄若虫发生盛期施药，用 45%乳油 85～110g/亩均匀喷雾。

（2）防治小麦害虫　防治黏虫，在卵孵盛期至低龄幼虫发生期施药，用 45%乳油 85～110g/亩兑水均匀喷雾。

（3）防治棉花害虫　防治盲椿象，在低龄若虫发生盛期施药，用 45%乳油 55～85g/亩兑水均匀喷雾，重点喷洒棉花生长点及蕾铃部。

（4）防治大豆害虫　防治大豆食心虫，在成虫盛发期施药，用 45%乳油 85～110g/亩喷雾，可于 5～7d 后再喷一次。

（5）防治果树害虫　防治绿盲蝽，果树上低龄若虫盛发期施药，主要在早期发芽及长新叶时用 45%乳油 1350～1800 倍液喷雾。

（6）防治蔬菜害虫　防治黄条跳甲，在黄条跳甲成虫发生期施药，用 45%乳油 80～110mL/亩兑水均匀喷雾。

（7）防治茶树害虫　防治长白蚧，在卵孵盛期，若虫四处爬行时施药最好，用 45%乳油 450～720 倍液均匀喷雾。

（8）防治牧草害虫　防治蝗虫，牧草、农田及林木蝗虫在低龄若虫始盛期施药，用 45%乳油 65～90g/亩兑水均匀喷雾。

注意事项

（1）忌与碱性或酸性物质混用，以免分解失效。

（2）施用前后一周内不得使用敌稗。

（3）药液应随配随用，不可久放。

（4）对蜜蜂、鱼类等水生生物、家蚕有毒，施药期间应避免药液飘移；开花植物花期、蚕室和桑园附近禁用；远离水产养殖区施药；禁止在河塘等水体中清洗施药器具；赤眼蜂等天敌放飞区域禁用。

（5）对番茄幼苗、瓜类、豇豆、高粱、樱桃、梨、苹果的某些品种等较敏感，施药时应避免药液飘移到上述作物上。

（6）与异稻瘟净或稻瘟净混用，会增加对人、畜毒性，要注意安全使用。

（7）在水稻上的安全间隔期为 14d，每季最多使用 3 次；在棉花上的安全间隔期为 7d，每季最多使用 2 次；在十字花科蔬菜叶菜上的安全间隔期为 7d，每季最多使用 2 次；在梨树上的安全间隔期为 7d，每季最多使用 3 次。

（8）大风天气或雨天请勿施药。

麦草畏（dicamba）

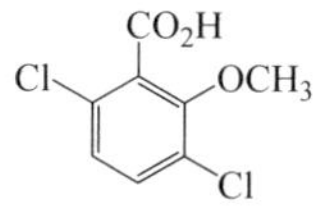

$C_8H_6Cl_2O_3$，221.0，1918-00-9

化学名称　3,6-二氯-2-甲氧基苯甲酸，3,6-dichloro-2-methoxybenzoic acid。

理化性质　纯品为白色颗粒，熔点 114～116℃，230℃分解，强酸性，溶解度（20℃，mg/L）：水 250000，丙酮 500000，己烷 2800，甲醇 500000，乙酸乙酯 500000。土壤中不稳定，易分解。

毒性　大鼠急性经口 LD_{50} 为 1707mg/kg；绿头鸭急性 LD_{50} 为 1373mg/kg；对虹鳟 LC_{50}（96h）＞100mg/L；对大型溞 EC_{50}（48h）＞41mg/kg；对骨藻 EC_{50}（72h）为 1.8mg/L；对蜜蜂、蚯蚓低毒。对眼睛、皮肤具刺激性，无神经毒性和呼吸道刺激性，无染色体畸变和致癌风险。

作用方式　属安息香酸系苯甲酸类除草剂，具有内吸传导作用，药剂可被杂草根、茎、叶吸收，通过木质部和韧皮部向上下传导，集中在分生组织及代谢活动旺盛的部位，干扰和破坏阔叶杂草体内的原有激素平衡，阻止杂草正常生长，最终导致杂草死亡。

防除对象　猪殃殃、荞麦蔓、牛繁缕、大巢菜、播娘蒿、苍耳、薄蒴草、田旋花、刺儿菜、问荆、鳢肠等阔叶杂草。

使用方法　小麦 3.5 叶期至分蘖盛期用药，480g/L 水剂每亩制剂用量 20～27mL；玉米播后苗前或苗后早期用药，480g/L 水剂每亩制剂用量 26～39mL；防治芦苇阔叶杂草于杂草苗期用药，480g/L 水剂每亩制剂用量 29～75mL；非耕地于杂草生长旺盛期或生长初期使用，480g/L 水剂每亩制剂用量 50～70mL。每亩兑水 30～40L，进行茎叶均匀喷雾。

注意事项

（1）小麦三叶期前和拔节后禁止使用，春小麦以主茎 5 叶为界，冬小麦以主茎 6 叶为界。不同小麦品种对麦草畏的敏感性也有差异，大面积应用前，应先在小范围内进行试验。小麦冬眠期间或气温低于 5℃时，不宜施用。

（2）玉米种子不得与本品接触，玉米株高达 90cm 或雄穗抽出前 15d 内，不能施用。甜玉米、爆裂玉米等敏感品种，不得施用，以免发生药害。

（3）正常使用后小麦、玉米苗在初期有匍匐、倾斜或弯曲现象，一周后方可恢复。药害严重时的症状同 2,4-滴丁酯，抢救措施也同。

（4）大豆、棉花、烟草、蔬菜、向日葵和果树等阔叶作物对麦草畏敏感。大风时不要施药，以免飘移伤及邻近敏感作物。

麦草畏甲酯（disugran）

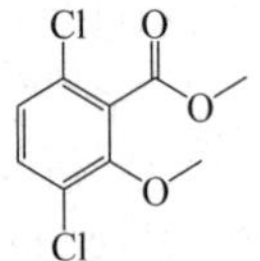

$C_9H_8Cl_2O_3$，235.06，6597-78-0

其他名称 百草敌、增糖酯、Racuza。

化学名称 3,6-二氯-2-甲氧基苯甲酸甲酯。

理化性质 分析纯纯品为白色结晶固体。熔点31～32℃。25℃呈黏性液体。沸点118～128℃（40～53Pa）。水中溶解度＜1%，溶于丙酮、二甲苯、甲苯、戊烷和异丙醇。

毒性 大鼠急性经口LD_{50} 3344mg/kg，兔急性经皮LD_{50}＞2000mg/kg。对眼睛有刺激，但对皮肤无刺激。

作用特点 可通过茎、叶吸收，传导到活跃组织。作用机制仍有待于研究。其生理作用是加速成熟和增加含糖量。

应用技术

（1）甘蔗　收获前4～8周，施用0.25～1kg/hm^2，可增加含糖量。

（2）甜菜　收获前4～8周，施用0.25～1kg/hm^2，可增加含糖量。

（3）甜瓜　在瓜直径为7～12cm时，施用1.0～2.0kg/hm^2，可增加含糖量。

（4）葡萄柚　收获前4～8周，施用0.25～0.5kg/hm^2，可通过改变糖/酸比例，增加甜度。

（5）苹果、桃　果实出现颜色时，施用0.25～1kg/hm^2，可促进均匀成熟。

（6）葡萄　开花期，施用0.2～0.6kg/hm^2，可增加含糖量，增加产量。

（7）大豆　开花后，施用0.25～1kg/hm^2，可增加产量。

（8）绿豆　开花后，施用0.25～1kg/hm^2，可增加产量。

（9）草地　旺盛生长期，施用0.25～1kg/hm^2，可增加草坪草分蘖。

注意事项

（1）最好的应用方法是叶面均匀喷洒。

（2）不能和碱性或酸性植物生长调节剂混用。

（3）处理后24h内下雨，需重喷。

麦穗宁（fuberidazole）

$C_{11}H_8N_2O$，184.19，3878-19-1

化学名称 2-(2-呋喃基)苯并咪唑。

理化性质 原药为结晶粉末，熔点 286℃（分解）。室温下溶解度：二氯甲烷 1%，异丙醇 5%，水 0.0078%，此外可溶于甲醇、乙醇、丙酮。对光不稳定。

毒性 大鼠急性 LD_{50}（mg/kg）：经口 1100，经皮 1000（7d），大鼠急性经腹膜 LD_{50}100mg/kg。大鼠 3 个月饲养试验无作用剂量为 1.5g/kg 饲料。

作用特点 属高效低毒内吸性杀菌剂，具有内吸传导和治疗作用。作用机制是通过与 β-微管蛋白结合抑制有丝分裂，抑制真菌线粒体的呼吸作用和细胞增殖。与多菌灵同属苯并咪唑类药剂，有相同的杀菌谱。

适宜作物 小麦、大麦。在推荐剂量下使用对作物和环境安全。

防治对象 对子囊菌、担子菌、半知菌中的主要病原菌具有较好抗菌活性，而对卵菌、接合菌和病原细菌无活性。用于防治镰刀菌属病害，小麦黑穗病、雪腐病、赤霉病，大麦条纹病等。

使用方法 内吸性杀菌剂，主要用于种子处理，使用剂量为 4.5g（a.i.）100kg 种子。

咪菌腈（fenapanil）

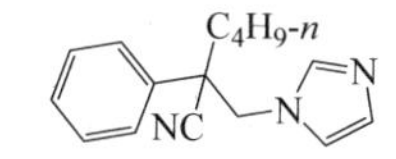

$C_{16}H_{19}N_3$，253.34，61019-78-1

化学名称 2-正丁基-2-苯基-3-(1*H*-咪唑基-1-基)丙腈。

理化性质 黏稠和深褐色液体。沸点 200℃（93Pa），蒸气压（25℃）为 0.133Pa。溶解度：在水中为 1%，在乙二醇中为 25%，在丙酮和二甲苯中均为 50%。在酸性或碱性介质中稳定。其盐酸盐的熔点为 160～162℃。

毒性 大鼠急性经口 LD_{50} 1590mg/kg，家兔急性经皮 LD_{50} 5000mg/kg。

作用特点 属广谱内吸杀菌剂。作用机制是抑制麦角甾醇生物合成。

适宜作物 小麦、大麦、水稻、蔬菜、蚕豆、苹果等。在推荐剂量下使用对作物和环境安全。

防治对象 可防治子囊菌、担子菌和半知菌等多种真菌病害，主要用于防治白粉病、锈病、叶斑病、稻瘟病、胡麻斑病、苹果轮纹病、黑星病等。

使用方法

(1) 防治禾谷类作物病害

① 防治小麦秆锈病 发病初期用25%乳油60mL/亩对水40～50kg喷雾。

② 防治水稻稻瘟病、胡麻斑病 在扬花期用25%乳油133mL/亩对水40～50kg喷雾。

(2) 防治其他作物病害

① 防治花椰菜淡斑病 发病初期用25%乳油160mL/亩对水40～50kg喷雾。

② 防治蚕豆幼苗褐斑病 处理种子时用25%乳油100mL/100kg种子。

咪鲜胺(prochloraz)

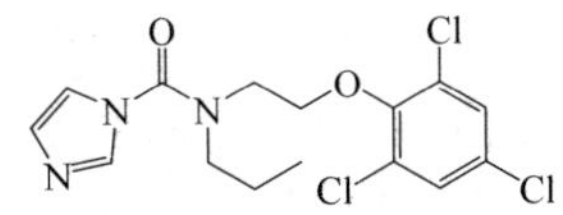

$C_{15}H_{16}Cl_3N_3O_2$，376.7，67747-09-5

化学名称 *N*-丙基-*N*-[2-(2,4,6-三氯苯氧基)乙基]-1*H*-咪唑-1-甲酰胺。

理化性质 咪鲜胺为白色结晶固体，熔点46.5～49.3℃，溶解度(25℃，g/L)：丙酮3500，氯仿2500，甲苯2500，乙醚2500，二甲苯2500，水34.4mg/L。在20℃、pH 7的水中稳定，对浓酸或碱，以及在阳光下不稳定。

毒性 大鼠急性经口LD_{50} 1600～2400mg/kg，经皮LD_{50} 2.1g/kg，小鼠急性经口LD_{50} 2400mg/kg，对兔急性经皮LD_{50}＞3g/kg。

作用特点 属于广谱杀菌剂，具有保护和铲除作用。咪鲜胺通过抑制甾醇生物合成起作用，尽管不具有内吸作用，但具有一定的传导性能。在土壤中主要降解为易挥发的代谢产物，易被土壤颗粒吸附，不易被雨水冲刷。对土壤中生物低毒，对某些土壤中的真菌有抑制作用。可用于水果采后处理，防治贮藏期病害。种子处理时对禾谷类作物种传和土传真菌病害有较好的活性。

适宜作物 水稻、麦类、油菜、大豆、向日葵、甜菜、柑橘、芒果、葡萄和多种蔬菜、花卉、果树等。推荐剂量下对作物和环境安全。

防治对象 水稻恶苗病、胡麻斑病、稻瘟病，小麦赤霉病，大豆炭疽病、褐斑病，向日葵炭疽病，甜菜褐斑病，柑橘炭疽病、蒂腐病、青绿霉病，黄瓜炭疽病、灰霉病、白粉病，荔枝黑腐病，香蕉叶斑病、炭疽病、冠腐病，芒果黑腐病、轴腐病、炭疽病等病害。

使用方法

（1）防治禾谷类作物病害

① 防治水稻恶苗病　在不同地区用法不同，长江流域及长江以南地区，用25%乳油2000～3000倍液或每100L水加25%乳油33.2～50mL（有效浓度83～125mg/L），浸种1～2d，取出用清水催芽。黄河流域及黄河以北地区，用25%乳油3000～4000倍液或100L水加25%乳油25～33.2mL（有效浓度62.5～83mg/L），浸种3～5d，取出用清水催芽。东北地区，用25%乳油3000～5000倍液或100L水加25%乳油20～33.2mL（有效浓度50～83mg/L），浸种5～7d。温度高浸种时间短，温度低浸种时间长。

② 防治水稻稻瘟病　发生初期用45%咪鲜胺微乳剂有效成分20～25g/亩，隔7d喷施一次，均匀喷雾于植株上下；在水稻“破肚”出穗前和扬花前后，用25%乳油40～60mL/亩对水40kg喷雾，喷1～2次。防治穗颈稻瘟病，病轻时喷一次即可，发病重的年份在第一次喷药后间隔7d再喷一次。

③ 防治水稻稻曲病　水稻破口前7d左右开始用25%咪鲜胺乳油12.5～15g/亩，喷施药液量60kg/亩，如病情发生严重，可于破口期再施药一次。

④ 防治小麦赤霉病　小麦抽穗扬花期，用25%乳油800～1000倍液喷雾。

⑤ 防治小麦白粉病　发病初期用25%乳油50～60mL/亩对水40～50kg喷雾，视病情，6～7d再喷一次。

⑥ 防治大麦散黑穗病　播种前用25%乳油3000倍液浸种48h，随浸随播。

（2）防治果树病害

① 防治苹果炭疽病　发病初期用25%乳油800～1000倍液喷雾。

② 防治葡萄炭疽病　发病初期用25%乳油800～1200倍液喷雾。

③ 防治柑橘青霉病、绿霉病、炭疽病、蒂腐病　当天收获的果实，常温下用25%乳油500～1000倍液浸果1min后捞起晾干，单果包装。

④ 防治香蕉轴腐病、炭疽病　当天采收的香蕉，常温下用25%乳油500～1000倍液浸果1min后捞起晾干，可用于防腐保鲜。

⑤ 防治香蕉冠腐病　用25%咪鲜胺水乳剂333～500倍液喷雾，防效显著。

⑥ 防治芒果炭疽病　采前园地叶面喷施，芒果花蕾期至收获期用25%乳油500～1000倍液，施药5～6次，第一次在花蕾期，第二次在始花期，以后间隔7d喷施，采前10d最后喷药一次。

⑦ 防治龙眼炭疽病　在龙眼第一次生理落果时用25%乳油1200倍液喷雾，间隔7d喷施一次，连喷4次。

（3）防治瓜菜类病害

① 防治黄瓜炭疽病　发病初期用50%可湿性粉剂30～50g/亩对水40～50kg喷雾。

② 防治番茄炭疽病　发病初期用45%乳油1500～2000倍液喷雾，间隔7～10d

喷一次，连喷2～3次。

③ 防治辣椒炭疽病　发病初期用45%乳油15～30mL/亩对水40～50kg喷雾。

④ 防治辣椒白粉病　发病初期用25%乳油50～70mL/亩对水40～50kg喷雾。

⑤ 防治香蕉冠腐病　用25%咪鲜胺水乳剂333～500倍液喷雾，防效显著。

⑥ 防治西瓜炭疽病、蔓枯病　发病初期用25%乳油500～1000倍液喷雾，间隔7～10d喷一次，连喷2次。

⑦ 防治蘑菇褐腐病、白腐病　用50%可湿性粉剂0.4～0.6g/m^2拌于覆盖土或喷淋菇床。

⑧ 防治甜瓜炭疽病　发病初期用25%乳油1200～1500倍液喷雾，间隔7d喷一次。

⑨ 防治大蒜叶枯病　发病初期用25%乳油1000～1500倍液喷雾，间隔6～8d喷一次，连喷3次。

（4）防治其他作物病害

① 防治花生褐斑病　发病初期用25%乳油30～50g/亩对水40～50kg喷雾，间隔8d喷一次，连喷3次。

② 防治烟草赤星病　发病初期用50%可湿性粉剂2000倍液喷雾，间隔7d喷一次，连喷3次。

③ 防治甜菜褐斑病　7月下旬甜菜出现第一批褐斑时，用25%乳油1000倍液喷雾，间隔10d喷一次，连喷2～3次。

④ 防治茶炭疽病　茶树夏梢始盛期，用50%可湿性粉剂1000～2000倍液喷雾，间隔7d喷一次，连喷3次。

⑤ 防治人参炭疽病、黑斑病　发病初期用25%乳油2500倍液喷雾，间隔7～10d喷一次，连喷10次。

注意事项　使用时严格按照使用说明。对水生动物有毒，不可污染鱼塘、河道和水沟。防腐保鲜浸果前务必将药剂搅拌均匀，浸果1min后捞起晾干。水稻浸种，长江流域以南浸种1～2d，黄河流域以北浸种3～5d后用清水催芽播种。

咪鲜胺锰络合物（prochloraz manganese chloride complex）

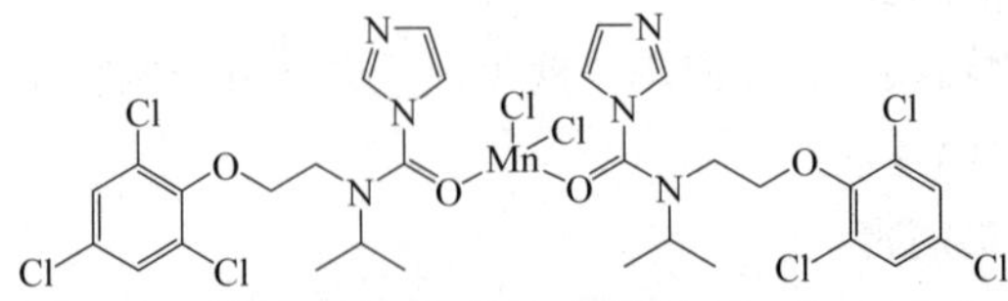

$C_{30}H_{32}Cl_8MnN_6O_4$，879.1749，69192-23-0

化学名称　*N*-丙基-*N*-[2-(2,4,6-三氯苯氧基)乙基]-1*H*-咪唑-1-甲酰胺-氯化锰。

理化性质　咪鲜胺锰络化合物为白色至褐色沙砾状粉末，有微芳香气味，熔点141～142.5℃，水中溶解度为40mg/L，丙酮为7g/L，在水溶液和悬浮液中，此复合物能很快分离成咪鲜胺和氯化锰，在25℃下，分离度为55%（4h）。

毒性　大鼠急性经口LD_{50} 1600～3200mg/kg，急性经皮LD_{50}＞5000mg/kg，吸入LC_{50}＞1096mg/L，对兔眼睛有轻微刺激，皮肤无刺激，在试验剂量内，未发现“三致”现象，三代繁殖试验未见异常。

作用特点　咪鲜胺锰络化合物通过抑制麦角甾醇生物合成而起作用。主要用于使用咪鲜胺易引起药害的作物上，不具有内吸作用但有一定的渗透传导性能，对子囊菌引起的多种作物病害有特效，还可以用于水果采后处理，防治贮藏期病害，在土壤中主要降解为易挥发的代谢产物，易被土壤颗粒吸附，不易被雨水冲刷。对土壤中的生物低毒，但对某些土壤中的真菌有抑制作用。

适宜作物　水稻、黄瓜、辣椒、大蒜、西瓜、烟草、柑橘、芒果、葡萄、蘑菇等。推荐剂量下对作物和环境安全。

防治对象　可有效防治水稻恶苗病，蘑菇褐腐病、白腐病，柑橘炭疽病、蒂腐病、青霉病、绿霉病，黄瓜炭疽病，烟草赤星病、炭疽病，芒果炭疽病，香蕉冠腐病、炭疽病等病害。

使用方法

（1）防治作物病害

① 防治黄瓜炭疽病　发病初期用50%可湿性粉剂1000～2000倍液喷雾，间隔7～10d施药一次；

② 防治水稻恶苗病　用50%可湿性粉剂4000～6000倍液浸种；

③ 防治辣椒炭疽病　发病初期用25%可湿性粉剂80～120g/亩对水40～50kg喷雾；

④ 防治大蒜叶枯病　发病初期用50%可湿性粉剂50～60g/亩对水40～50kg喷雾；

⑤ 防治西瓜枯萎病　在西瓜移栽后，用50%可湿性粉剂800～1000倍液灌根，每株100mL，间隔7～10d，连灌3～4次；

⑥ 防治节瓜炭疽病　发病初期用50%可湿性粉剂1000～1500倍液喷雾；

⑦ 防治葡萄黑痘病　发病初期用50%可湿性粉剂1500～2000倍液喷雾；

⑧ 防治烟草炭疽病　发病初期用50%可湿性粉剂1000倍液喷雾；

⑨ 防治烟草赤星病　发病初期用50%可湿性粉剂1500～2500倍液喷雾；

⑩ 防治蘑菇褐腐病、白腐病　用50%可湿性粉剂0.8～1.2g/m^2，第一次施药在覆土前，覆盖土用0.4～0.6g/m^2，加水1kg，均匀拌土；第二次施药在每二潮菇转批后，用50%可湿性粉剂800～1200倍液，菇床上用药1kg/m^2均匀喷施。

（2）采果后防腐保鲜处理

① 防治柑橘青霉病、绿霉病、炭疽病、蒂腐病等　用50%可湿性粉剂1000～2000倍液，常温药液浸果1min后捞出晾干，如能结合单果包装的方式，则效果更佳；

② 防治芒果炭疽病及保鲜　芒果采收前，花蕾期至收获期，用50%可湿性粉剂1000～2000倍液喷雾，第一次在花蕾期，第二次在始花期，间隔7d施药一次，共喷洒5～6次，采前10d最后一次施药，当天采收的芒果，用50%可湿性粉剂500～1000倍液，常温药液浸果1min后捞出晾干，如能结合单果包装的方式，则效果更佳。

咪唑菌酮（fenamidone）

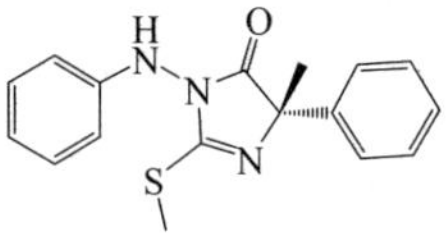

$C_{17}H_{17}N_3OS$，311.4，161326-34-7

化学名称　(*S*)-1-苯氨基-4-甲基-2-甲硫基-4-苯基咪唑啉-5-酮。

理化性质　咪唑菌酮纯品为白色羊毛状粉末，熔点137℃，水中溶解度7.8mg/L（20℃）。

毒性　大鼠急性经口LD_{50}雄性＞5000mg/kg，雌性2028mg/kg，急性经皮LD_{50}＞2000mg/kg，对兔眼睛及皮肤无刺激，对豚鼠皮肤无刺激。Ames和微核试验测试为阴性，对大鼠和兔无致畸性，山齿鹑急性经口LD_{50}＞2000mg/kg，鱼LC_{50}（96h）为0.74mg/L，山齿鹑和野鸭（饲料）LC_{50}（8d）＞5200mg/kg。

作用特点　属于内吸性杀菌剂，具有保护和治疗作用。咪唑菌酮通过在氢化辅酶Q-细胞色素c氧化还原酶水平上阻滞电子转移来抑制线粒体呼吸。

适宜作物　小麦、棉花、葡萄、烟草、草坪、向日葵、玫瑰、马铃薯、番茄等。推荐剂量下对作物和环境安全。

防治对象　防治各种霜霉病、晚疫病、疫霉病、猝倒病、黑斑病、斑腐病等。

使用方法　咪唑菌酮主要用于叶面处理，使用剂量为5～10g（a.i.）/亩，同三乙膦酸铝等一起使用具有增效作用。

咪唑喹啉酸（imazaquin）

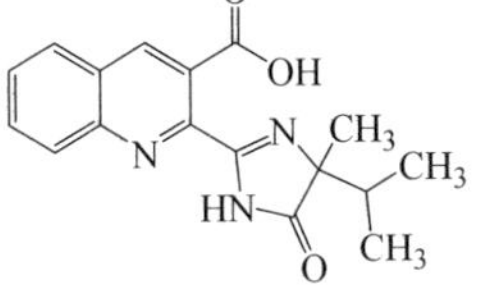

$C_{17}H_{17}N_3O_3$，311.3，81335-37-7

化学名称　(*RS*)-2-(4-异丙基-4-甲基-5-氧-2-咪唑啉-2-基)喹啉-3-羧酸。

理化性质　纯品咪唑喹啉酸为灰色晶状固体，熔点219～224℃（分解），溶解度（20℃，mg/L）：水102000，甲苯240，二氯甲烷14500，丙酮3690，乙酸乙酯1490。

毒性　大鼠急性经口LD_{50}＞5000mg/kg；绿头鸭急性LD_{50}＞2150mg/kg；虹鳟LC_{50}（96h）＞100mg/L；对大型溞EC_{50}（48h）＞100mg/kg；对月牙藻EC_{50}（72h）为21.5mg/L；对蜜蜂接触毒性低，经口毒性中等，对蚯蚓中等毒性。无眼睛、皮肤、呼吸道刺激性，无神经毒性，无染色体畸变和致癌风险。

作用方式　高效、选择性除草剂，抑制侧链氨基酸合成。

防除对象　用于春大豆田防除蓼、藜、反枝苋、鬼针草、苍耳、苘麻等阔叶杂草，对臂形草、马唐、野黍、狗尾草属等禾本科杂草也有一定防治效果。

使用方法　春大豆田播后芽前进行土壤喷雾，每亩用5%水剂150～200mL，兑水30kg喷雾。

注意事项

（1）施药喷洒要均匀周到，不宜飞机喷洒，地面喷药应注意风向、风速，以免飘移造成敏感作物危害。

（2）不宜在雨天前后使用，低洼田块、酸性土壤慎用。不能在杂草四叶期后施用。

（3）白菜、油菜、黄瓜、马铃薯、茄子、辣椒、番茄、甜菜、西瓜、高粱、水稻等对本品敏感，不能在施用本品三年内种植。

咪唑烟酸（imazapyr）

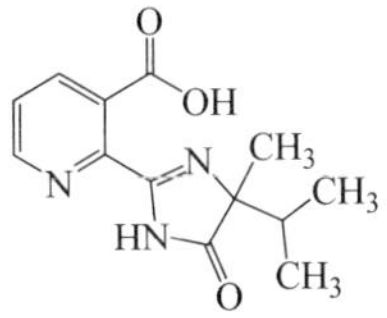

$C_{13}H_{15}N_3O_3$，261.3，81334-34-1

化学名称　3-吡啶羧酸-2-[4,5-二氢-4-甲基-4-(1-甲基乙基)-5-氧-1*H*-咪唑啉-2-

基]酯。

理化性质 纯品为灰白色晶体，熔点169～173℃，溶解度（20℃，mg/L）：水9740，丙酮33900，正己烷9.5，甲醇105000，甲苯1800。

毒性 大鼠急性经口LD_{50}＞5000mg/kg；绿头鸭急性LD_{50}为2150mg/kg；虹鳟LC_{50}（96h）100mg/L；大型溞EC_{50}（48h）100mg/L；对藻EC_{50}（72h）71mg/L；蜜蜂接触毒性LD_{50}＞100μg/蜂，低毒，对蜜蜂口服毒性LD_{50}为25μg/蜂，中等毒性，对蚯蚓中等毒性。对眼睛、皮肤、呼吸道具刺激性，无神经毒性、生殖影响和致癌作用。

作用方式 主要抑制乙酰乳酸合成酶（ALS）活性，进而抑制支链氨基酸的合成，具内吸性，可被植物根、叶片吸收并传导至分生组织内积累，导致植物死亡。一般草本植物2～4周内失绿，逐渐死亡，1个月内树木幼龄叶片开始变红或变褐色。

防除对象 属灭生性除草剂，能防除一年生和多年生的禾本科杂草、阔叶杂草、莎草科杂草以及木本植物，持效期3～4个月。

使用方法 可用于苗期处理防除正在萌发的杂草，也可用于苗后茎叶处理，以25%水剂为例，每亩制剂用量200～400mL，兑水50～60L，二次混匀后进行土壤和茎叶喷雾。

注意事项

（1）吸收快，叶片喷雾2h后降雨不影响药效。

（2）见效较慢，一般施药后15～20d见效。

（3）持效期较长，注意后期作物种植影响，同时应避免飘移至非目标地块。

（4）对葎草、鸭跖草、节节菜等效果较差，控制时间较短。

（5）可降低剂量用于控制林间杂草。

咪唑乙烟酸（imazethapyr）

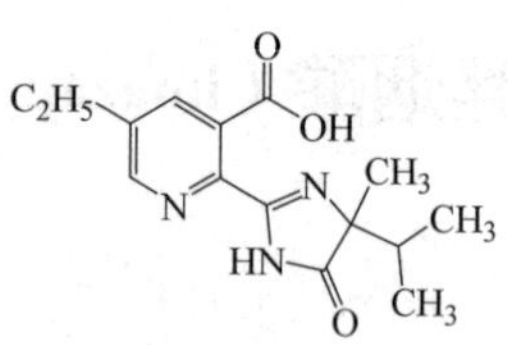

$C_{15}H_{19}N_3O_3$，289.3，81335-77-5

化学名称 (*RS*)-5-乙基-2-(4-异丙基-4-甲基-5-氧-2-咪唑啉-2-基)烟酸。

理化性质 纯品咪唑乙烟酸为无色晶体，熔点169～173℃，180℃分解，溶解度（20℃，mg/L）：水 1400，丙酮 48200，甲醇 105000，甲苯 5000，庚烷 900。

毒性 大鼠急性经口 LD_{50}＞5000mg/kg；绿头鸭急性经口 LD_{50}＞2150mg/kg；山齿鹑经口 LD_{50}＞5000mg/kg；对虹鳟 LC_{50}（96h）＞340mg/L；对大型溞 EC_{50}（48h）＞1000mg/kg；对月牙藻 EC_{50}（72h）为 71mg/L；对蜜蜂接触毒性低，经口毒性中等，对蚯蚓低毒。对眼睛、皮肤、呼吸道具刺激性，无神经毒性和生殖影响，无染色体畸变和致癌风险。

作用方式 侧链氨基酸合成抑制剂，通过根、叶吸收，并在木质部和韧皮内传导，积累于植物分生组织内，阻止乙酰羟酸合成酶活性，影响缬氨酸、亮氨酸、异亮氨酸的生物合成，使植物生长受到抑制而死亡。

防除对象 用于东北地区春大豆田中禾本科杂草和某些阔叶杂草的防除，如苋菜、千金子、蓼、藜、龙葵、苍耳、稗草、狗尾草、马唐、黍、野西瓜苗、碎米莎草、异型莎草等。

使用方法 播后苗前土壤处理或苗后早期（大豆真叶-二出复叶期，杂草 2～4 叶期）喷雾处理。5%水剂每亩制剂用量 100～135g，兑水 20～30kg，稀释均匀后喷雾。

注意事项

（1）甜菜、白菜、油菜、西瓜、黄瓜、马铃薯、茄子、辣椒、番茄、高粱等作物对其敏感，施用后三年不得种植。按推荐剂量使用，后茬种植春小麦、大豆或者玉米安全。

（2）施药初期对大豆生长有明显抑制作用，能很快恢复。

（3）避免飞机高空施药，避免飘移产生药害。

（4）低洼田块、酸性土壤慎用，干旱时应加大用水量。

（5）土壤有机质含量高，土质黏重、土壤干旱，宜采用较高药量；土壤有机质含量低，沙质土壤、土壤墒情好宜采用较低药量。

醚磺隆（cinosulfuron）

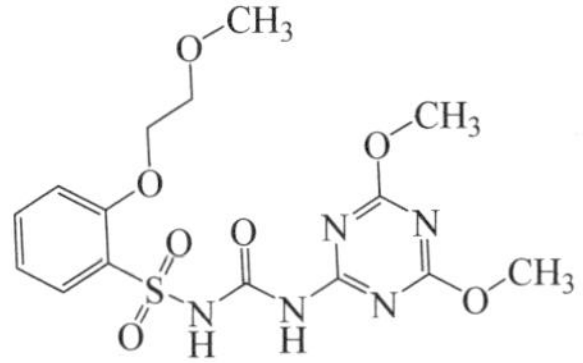

$C_{15}H_{19}N_5O_7S$，413.4，94593-91-6

化学名称 1-(4,6-二甲氧基-1,3,5-三嗪-2-基)-3-[2-(2 甲氧基乙氧基)苯基磺酰]脲。

理化性质 纯品醚磺隆为无色结晶状粉末，熔点127～135.2℃，土壤及酸性条件下不稳定，碱性条件下稳定，溶解度（20℃，mg/L）：水4000，丙酮36000，乙醇1900，甲苯540，正辛醇260。

毒性 大鼠急性经口LD_{50}＞5000mg/kg；日本鹌鹑急性LD_{50}为2000mg/kg；对虹鳟LC_{50}（96h）为100mg/L；对大型溞EC_{50}（48h）为2500mg/kg；*Scenedesmus subspicatus* EC_{50}（72h）为4.8mg/L；对蜜蜂、蚯蚓中等毒性，对眼睛、皮肤无刺激性。

作用方式 主要通过根部和茎部吸收，由输导组织传送到分生组织，抑制支链氨基酸（如缬氨酸、异亮氨酸）的生物合成。施药后杂草停止生长，5～10d后植株开始黄化，逐渐枯萎死亡。

防除对象 用于水稻移栽田防效一年生阔叶杂草及莎草科杂草，对水苋菜、异型莎草、圆齿尖头草、沟酸浆属杂草、慈姑属杂草、粗大藨草、萤蔺、仰卧藨草、尖瓣花、绯红水苋菜、繁缕、花蔺、异型莎草、鳢肠、牛毛毡、水虱草、丁香蓼、鸭舌草、眼子菜和浮叶眼子菜防治效果较好，其次为田皂草、野生田皂角、空心莲子草、反枝苋、鸭跖草、碎米莎草、水虱草、针蔺、节节草、瓜皮草和三叶慈姑。

使用方法 水稻移栽后4～10d用药，10%醚磺隆可湿性粉剂每亩制剂用量12～20g，毒土法施药，1∶10用水稀释，每亩拌细湿土30kg，施药前后田间保持2～4cm的浅水层，药后保水5～7d。

注意事项

（1）重砂性土、漏水田慎用，以免发生药害；

（2）每季水稻最多使用1次。

醚菊酯（etofenprox）

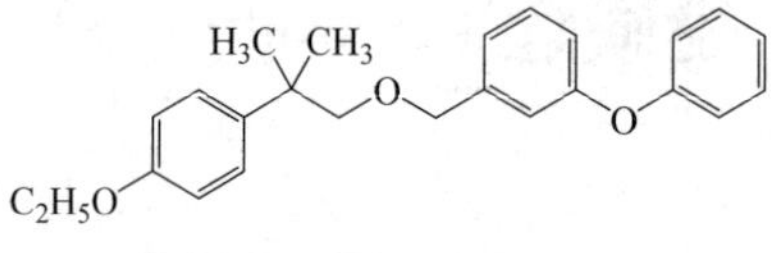

$C_{25}H_{28}O_3$，376.5，80844-07-1

其他名称 苄醚菊酯、利来多、依芬宁、多来宝、Trebon、Lenatop、MTI-500。

化学名称 2-(4-乙氧基苯基)-2-甲基丙基-3-苯氧基苄基醚。

理化性质 纯品醚菊酯为无色晶体，熔点36.4～37.5℃。

毒性 急性LD_{50}（mg/kg）：大鼠经口＞21440（雄）、＞42880（雌），小鼠经口

＞53600（雄）、＞107200（雌）；经皮大鼠＞1072（雄）、小鼠＞2140（雌）；对兔皮肤和眼睛无刺激性，对蜜蜂无毒；以一定剂量饲喂大鼠、小鼠、狗，均未发现异常现象；对动物无致畸、致突变、致癌作用。

作用特点　具有触杀和胃毒作用，无内吸传导作用。通过扰乱昆虫神经的正常生理，使之由兴奋、痉挛到麻痹而死亡。本品杀虫谱广、杀虫活性高、击倒速度快、持效期长，对天敌杀伤力较小，对作物安全。

适宜作物　水稻、蔬菜、烟草、茶树、林木等。

防除对象　水稻害虫如稻褐飞虱、稻水象甲等；蔬菜害虫如菜青虫、小菜蛾等；烟草害虫如烟青虫、烟蚜等；茶树害虫如茶小绿叶蝉等。

应用技术　以20%醚菊酯悬浮剂、30%醚菊酯悬浮剂、30%醚菊酯水乳剂、10%醚菊酯水乳剂、10%醚菊酯悬浮剂为例。

（1）防治水稻害虫

① 稻飞虱　在稻飞虱始发盛期施药，用30%醚菊酯悬浮剂20～25mL/亩均匀喷雾。

② 稻水象甲　在稻水象甲始发盛期施药，用30%醚菊酯悬浮剂25～35mL/亩均匀喷雾。

（2）防治蔬菜害虫

① 菜青虫　在低龄幼虫期施药，用20%醚菊酯悬浮剂15～20mL/亩均匀喷雾；或用10%醚菊酯水乳剂30～40mL/亩均匀喷雾；或用10%醚菊酯悬浮剂30～40mL/亩均匀喷雾。

② 小菜蛾　在低龄幼虫期施药，用10%醚菊酯悬浮剂80～100g/亩均匀喷雾。

（3）防治茶树害虫　防治茶小绿叶蝉，在茶小绿叶蝉发生期施药，用30%醚菊酯水乳剂33～40mL/亩均匀喷雾。

（4）防治烟草害虫

① 烟青虫　在低龄幼虫期施药，用30%醚菊酯水乳剂20～30mL/亩均匀喷雾。

② 烟蚜　在烟蚜发生初期施药，用30%醚菊酯水乳剂20～30mL/亩均匀喷雾。

（5）防治林木害虫　防治松毛虫，在卵孵盛期至低龄幼虫期施药，用10%醚菊酯悬浮剂2000～3000倍液均匀喷雾。

注意事项

（1）不要与强碱性农药混用。

（2）对家蚕、蜜蜂有毒，使用时应避开蜜蜂采花期、蚕室、桑园附近禁用，远离水产养殖区、河塘水源附近施药，禁止在河塘或水体中清洗施药器具。赤眼蜂等天敌放飞区域禁用。

（3）建议与其他杀虫机制不同的杀虫剂轮换使用。

（4）本品在甘蓝上使用的安全间隔期为 7d，每季最多使用 3 次；在水稻上的安全间隔期 14d，每季最多施药 2 次；在烟草上的安全间隔期为 21d，每季最多使用 2 次。

嘧苯胺磺隆（orthosulfamuron）

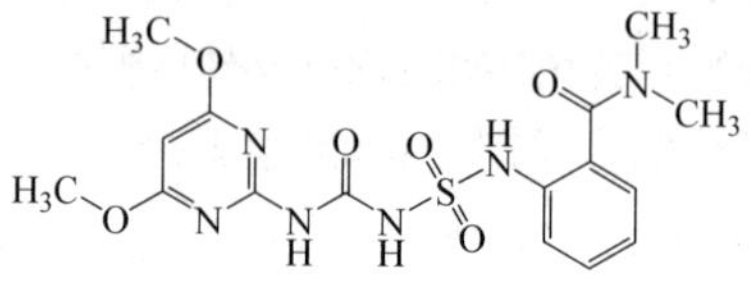

$C_{16}H_{20}N_6O_6S$，424.44，213464-77-8

化学名称　1-(4,6-二甲氧基嘧啶-2-基)-3-[2-(二甲基氨基甲酰基)苯氨基磺酰基]脲。

理化性质　纯品为无味白色粉末，熔点 157℃，185℃分解，20℃溶解度（g/L）：水 629，丙酮 19500，乙酸乙酯 3300，甲醇 8300，二氯甲烷 56000。

毒性　大鼠急性经口 LD_{50}＞5000mg/kg；山齿鹑急性经口 LD_{50}＞2000mg/kg；斑马鱼 LC_{50}（96h）＞100mg/L；大型溞 EC_{50}（48h）＞100mg/kg；对鱼腥藻 EC_{50}（72h）为 13mg/L；对蜜蜂、蚯蚓低毒。对眼睛、皮肤无刺激性，具神经毒性和生殖影响，无染色体畸变风险。

作用方式　抑制乙酰乳酸合成酶（ALS）活性，影响缬氨酸、亮氨酸和异亮氨酸的合成，阻止细胞分裂和植物生长，可通过茎、叶和根部吸收，抑制植物细胞分裂，导致植物死亡。

防除对象　主要用于移栽水稻田防除一年生和多年生阔叶杂草、莎草及低龄稗草。

使用方法　水稻移栽后 5～7d 使用，50%水分散粒剂每亩制剂用量 8～10g，茎叶喷雾或毒土法施药均可。

注意事项

（1）对低龄杂草防治效果较好。

（2）使用时水稻可能会存在一定程度抑制和失绿，在两周后可恢复，通过追肥提高秧苗素质可恢复正常生长。

嘧草硫醚（pyrithiobac-sodium）

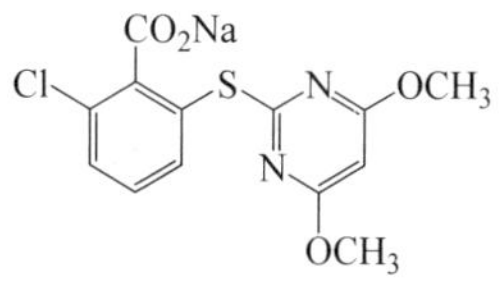

$C_{13}H_{10}ClN_2NaO_4$，348.7，123343-16-8

化学名称 2-氯-6-(4,6-二甲氧基嘧啶-2-基硫)苯甲酸钠。

理化性质 纯品为白色固体，原药白色粉状固体。熔点 233.8～234.2℃（分解），密度 1.609mg/mL。溶解度（20℃）：在水中（g/L）264（pH 5.0）、705（pH 7.0）、690（pH 9.0）、728（蒸馏水）；在有机溶剂中（mg/L）：丙酮 812、甲醇 2.7×10^5、正己烷 10、二氯甲烷 8.38、甲苯 5.05、乙酸乙酯 205。

毒性 大鼠急性经口 LD_{50}（mg/kg）：雄性 3300、雌性 3200；兔急性经皮 LD_{50} ＞2000mg/kg，低毒。对兔皮肤无刺激性，对兔眼睛有刺激性。大鼠吸入 LC_{50}（4h）＞6.9mg/L。

作用方式 通过植物根、茎、叶吸收并在体内传导，抑制乙酰乳酸合成酶（ALS）活性，阻止亮氨酸、异亮氨酸、缬氨酸等支链氨基酸的合成，进入杂草体内后首先杀死生长点，而后杂草黄化、干枯，最终导致杂草死亡。

防除对象 可用于棉花田防治一年生和多年生禾本科杂草和大多数阔叶杂草。对牵牛、苍耳、苘麻、刺黄花稔、田菁、阿拉伯高粱等难防杂草有很好的防除效果。

使用方法 主要用于棉花田苗前及苗后除草。土壤处理和茎叶处理均可，使用剂量为 35～105g(a.i.)/hm^2。苗后需同表面活性剂等一起使用。

注意事项 嘧草硫醚进行茎叶处理时对棉花有轻微药害，抑制棉花幼苗生长，后期可恢复。

嘧草醚（pyriminobac-methyl）

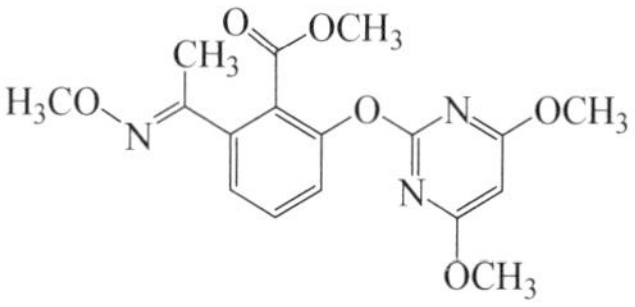

$C_{17}H_{19}N_3O_6$，361.4，136191-64-5

化学名称 2-(4,6-二甲氧基-2-嘧啶氧基)-6-(1-甲氧基亚胺乙基)苯甲酸甲酯。

理化性质 纯品嘧草醚为白色粉状固体，为顺式和反式混合物，熔点 105℃（纯顺式 70℃，纯反式 106.8℃），溶解度（20℃，g/L）：甲醇 14.0～14.6，难溶于水；工业品原药纯度＞93%，其中顺式 75%～78%，反式 11%～21%。

毒性 急性 LD_{50}（mg/kg）：大鼠经口＞5000；兔经皮＞5000；对兔皮肤和眼睛有轻微刺激性；对动物无致畸、致突变、致癌作用。

作用方式 通过杂草的茎叶和根吸收并迅速传导至全株，抑制乙酰乳酸合成酶（ALS）和氨基酸的生物合成，从而抑制和阻碍杂草体内的细胞分裂，使杂草停止生长，最终使杂草白化而枯死。

防除对象 3 叶期以前的稗草。

使用方法

（1）水稻移栽田 稗草 3 叶期前，每亩用 10%嘧草醚可湿性粉剂 20～30g，药土、毒肥或茎叶喷施。

（2）水稻直播田 水稻 3～5 叶期，稗草 3 叶期前施药，每亩用 10%嘧草醚可湿性粉剂 20～30g，药土法施用。

注意事项

（1）嘧草醚只是除稗剂，尤其对 1～3 叶期的稻稗效果最好。施药时，为了防除其他杂草应与相应的除草剂混用。

（2）施药后杂草死亡速度比较慢，一般为 7～10d，嘧草醚对未发芽的杂草种子和芽期杂草无效。

（3）对水稻很安全，可适用于移栽田、抛秧田、直播田以及水育秧田。

（4）可在播后无水层时使用，但在施药后需要 3～5cm 水层并保水 5d 以上。

（5）对水稻芽期很安全无药害，在播种后 0～3d 也可施用，但是稗草在 1 叶期以后才能够吸收嘧草醚有效成分，因此稗草都是在 1 叶期以后才出现中毒现象，之后稗草白化枯死。

嘧啶肟草醚（pyribenzoxim）

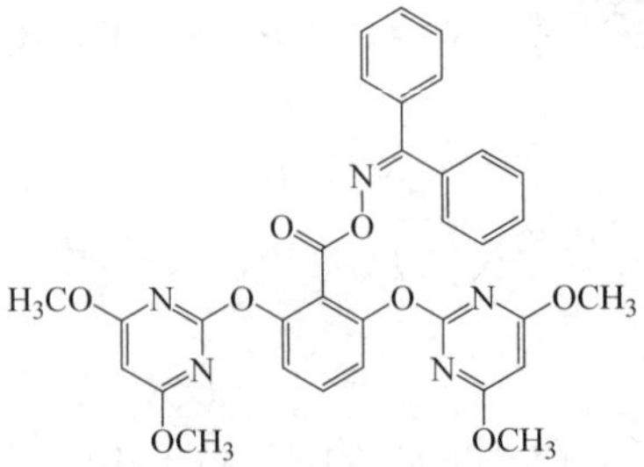

$C_{32}H_{27}N_5O_8$，609.59，168088-61-7

化学名称 *O*-[2,6-双(4,6-二甲氧-2-嘧啶基)苯甲酰基]二苯酮肟。

理化性质　纯品嘧啶肟草醚为白色固体，熔点 128～130℃，溶解度（25℃，mg/L）：水 3.5。

毒性　急性 LD_{50}（mg/kg）：大鼠经口＞5000（雌）；小鼠经皮＞2000；对兔皮肤和眼睛无刺激性；对动物无致畸、致突变、致癌作用。

作用方式　属于原卟啉原氧化酶（PPO）抑制剂，可以被植物的茎叶吸收，在体内传导，抑制敏感植物支链氨基酸的生物合成［主要是抑制乙酰乳酸合成酶（ALS）］。喷药后 24h 抑制植物生长，3～5d 出现黄化，7～14d 枯死。

防除对象　可以用于水稻移栽田、直播田和抛秧稻田，防除禾本科、莎草科及一些阔叶杂草。防除效果较好的杂草种类：稗草、稻稗、稻李氏禾、扁秆藨草、日本藨草、异型莎草、野慈姑、泽泻、陌上菜、节节菜。防除效果一般的杂草种类：匍茎剪股颖、雨久花、鸭舌草、萤蔺。无防除效果的杂草种类：马唐、千金子，防除这两种杂草可与氰氟草酯复配使用。

使用方法　施药前一天排水，使杂草茎叶充分露出水面，每亩兑水 15L，将药液均匀喷到杂草茎叶上，喷药后 1～2d 灌水正常管理（灌水可以抑制杂草的萌发，可以减少后期杂草的数量）。水直播以杂草叶龄为基准，但要考虑水稻是否没于水内。

注意事项

（1）嘧啶肟草醚用药后 6h 之内降雨会影响药效，应及时补喷。

（2）温度低于 15℃持续 3～4d，药效不好；15～30℃，效果正常，温度升高，效果增强；超过 30℃，不会出现药害，但水稻黄化现象会出现得早。

（3）不要倍量使用此药剂（即不应减少兑水量），不要重喷，水稻没于水中使用此药剂，易产生药害。

（4）嘧啶肟草醚落水失效，所以使用前应排水，使杂草充分露出水面。

（5）水稻出现黄化现象后，应立即灌水，保持水稻正常生长。

（6）不能与敌稗、灭草松等触杀型药剂混用。

嘧菌胺（mepanipyrim）

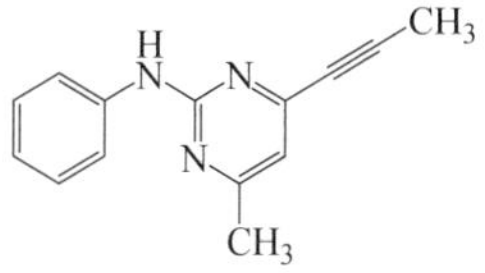

$C_{14}H_{13}N_3$，223.28，110235-47-7

化学名称　*N*-(4-甲基-6-丙炔基嘧啶-2-基)苯胺。

理化性质　纯品嘧菌胺为无色结晶状固体或粉状固体，熔点 132.8℃；溶解度

（20℃，g/L）：水 0.0031，丙酮 139，正己烷 2.06，甲醇 15.4。

毒性 急性 LD_{50}（mg/kg）：大、小鼠经口＞5000，大鼠经皮＞2000；对兔眼睛和皮肤无刺激性；以 3.07mg/（kg·d）剂量饲喂雌大鼠一年，未发现异常现象；对动物无致畸、致突变、致癌作用。

作用特点 能够抑制病原菌蛋白质分泌，包括降低一些水解酶的水平。嘧菌胺主要是在病原菌孢子的发芽到寄主感染为止的过程中，对孢子的芽管伸长、附着器的形成以及对病原菌的侵入有很强的抑制作用，但对病原菌的孢子生长发育没有抑制作用，对病原菌菌丝的生长发育抑制作用也不强。

适宜作物 观赏植物、果树、蔬菜等。对作物安全，无药害。

防治对象 草莓灰霉病、番茄灰霉病、葡萄灰霉病、黄瓜灰霉病、苹果黑星病、梨黑星病、桃褐腐病、梨褐腐病等。

使用方法 主要用于茎叶喷雾。防治草莓灰霉病、番茄灰霉病、葡萄灰霉病、黄瓜灰霉病、苹果黑星病、梨黑星病、桃褐腐病、梨褐腐病，用药量为 6.5～66.5g（a.i.）/亩对水 40～50kg 喷雾。

注意事项

（1）严格按照农药安全规定使用此药，避免药液或药粉直接接触身体，如果药液不小心溅入眼睛，应立即用清水冲洗干净并携带此药标签去医院就医；

（2）此药应储存在阴凉和儿童接触不到的地方；

（3）如果误服要立即送往医院治疗；

（4）施药后各种工具要认真清洗，污水和剩余药液要妥善处理保存，不得任意倾倒，以免污染鱼塘、水源及土壤；

（5）搬运时应注意轻拿轻放，以免破损污染环境，运输和储存时应有专门的车皮和仓库，不得与食物和日用品一起运输，应储存在干燥和通风良好的仓库中。

嘧菌环胺（cyprodinil）

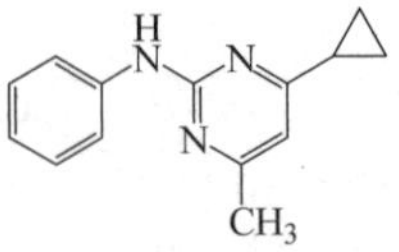

$C_{14}H_{15}N_3$，225.30，121552-61-2

化学名称 4-环丙基-6-甲基-*N*-苯基嘧啶-2-胺。

理化性质 纯品嘧菌环胺为粉状固体，熔点 75.9℃；溶解度（25℃，g/L）：水 0.013，丙酮 610，甲苯 460，正己烷 30，正辛醇 160，乙醇 160。

毒性 急性 LD_{50}（mg/kg）：大鼠经口＞2000，大鼠经皮＞2000；对兔眼睛和皮肤无刺激性；以 3mg/（kg·d）剂量饲喂大鼠两年，未发现异常现象；对动物无致畸、致突变、致癌作用。

作用特点 抑制真菌水解酶分泌和蛋氨酸的生物合成，干扰真菌生命周期，抑制病原菌穿透、破坏植物体中菌丝体的生长，同三唑类、咪唑类、吗啉类、二羧酰亚胺类、苯基吡咯类等无交互抗性，对半知菌和子囊菌引起的灰霉病和斑点落叶病等具有较好的防治效果，非常适用于病害综合治理。

适宜作物 蔬菜、果树、小麦、大麦、葡萄、观赏植物等。对作物安全，无药害。

防治对象 主要是防治小麦、大麦、蔬菜、果树、观赏植物等的灰霉病、白粉病、黑星病、网斑病、颖枯病，包括辣椒灰霉病、草莓灰霉病、葡萄灰霉病、韭菜灰霉病、小麦白粉病、大麦白粉病、梨树黑星病等。

使用方法 主要用于茎叶喷雾。

（1）防治草莓灰霉病 在发病早期，用 50%水分散粒剂 1000 倍液喷雾，每隔 7～10d 喷 1 次，连续使用 2～3 次；

（2）防治辣椒灰霉病 抓好早期预防，苗后真叶期至开花前病害侵染初期开始第 1 次用药，视天气情况和病害发展，每隔 7～10d 用 50%水分散粒剂 1000 倍液喷雾，连喷 2～3 次；

（3）防治葡萄灰霉病 开花期是防治灰霉病的一个关键时期，果实近成熟期是灰霉病防治的另一个关键时期，从花序开始至果穗期用 50%水分散粒剂 1000 倍液喷雾药 2～3 次，间隔 7～10d 左右一次，葡萄盛花期慎用；

（4）防治人参灰霉病 用 50%水分散粒剂 1000 倍液喷雾的防效最佳；

（5）防治油菜菌核病 用 50%水分散粒剂 800 倍液喷雾，喷施植株中下部，由于带菌的花瓣是引起叶片、茎秆发病的主要原因，因此，应掌握在油菜主茎盛花期至第一分枝盛花期（最佳防治适期）用药，间隔 7～10d 喷一次，连喷 2～3 次；

（6）防治樱桃番茄灰霉病 在发病初期，用 50%嘧菌环胺可湿性粉剂 1000 倍液喷雾，间隔 7d，连喷 2 次。

注意事项

（1）嘧菌环胺可与绝大多数杀菌剂和杀虫剂混用，为保证作物安全，建议在混用前进行相容性试验。

（2）一季使用 2 次时，含有嘧啶胺类的其他产品只能使用 1 次，当一种作物在一季内施药处理灰霉病 7 次或超过 7 次时嘧啶胺类的产品最多使用 3 次。

（3）在黄瓜、番茄上慎用。

（4）应加锁保存，勿让儿童、无关人员和动物接触，勿与食品、饮料和动物饲料存放在一起，贮藏在避光、干燥、通风处。贮藏温度应避免低于 10℃或高于 35℃，产品堆放高度不宜超过 2m，以免损坏包装。

（5）按照农药安全使用准则使用，避免药液接触皮肤、眼睛和污染衣物，避免吸入雾滴，切勿在施药现场抽烟或饮食。

（6）配药时，应佩戴手套、面罩，穿长袖衣、长裤和靴子。施药后，彻底清洗防护用具，洗澡，并更换和清洗工作服。

（7）使用过的空包装，用清水清洗三次，压烂后土埋，切勿重复使用和改做其他用途，所有施药器具，用后应立即用清水或适当洗涤剂清洗。

（8）勿将药液或空包装弃于水中或在河塘中洗涤喷雾器械，避免影响鱼类和污染水源。

嘧霉胺（pyrimethanil）

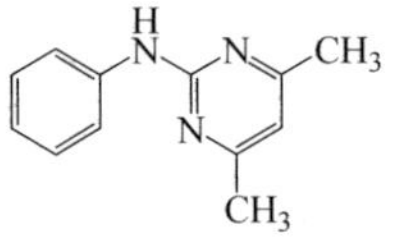

$C_{12}H_{13}N_3$，199.26，53112-28-0

化学名称 *N*-(4,6-二甲基嘧啶-2-基)苯胺。

理化性质 纯品嘧霉胺为无色结晶状固体，熔点96.3℃；溶解度（20℃，g/L）：水0.121，丙酮389，正己烷23.7，甲醇176，乙酸乙酯617，二氯甲烷1000，甲苯412。

毒性 急性LD_{50}（mg/kg）：大鼠经口4159～5971、小鼠经口4665～5359，大鼠经皮＞5000；对兔眼睛和皮肤无刺激性；以20mg/（kg·d）剂量饲喂雌大鼠一年，未发现异常现象；对动物无致畸、致突变、致癌作用。

作用特点 与三唑类、二硫代氨基甲酸酯类、苯并咪唑类及乙霉威等无交互抗性，对敏感或抗性病原菌均具有优异活性。嘧菌胺是一种新型杀菌剂，具有保护、叶片穿透及根部内吸活性，同时具有内吸传导和熏蒸作用，治疗活性较差，施药后迅速到达植株的花、幼果等喷药方式无法到达的部位杀死病原菌，药效快，并且稳定。嘧霉胺属苯氨基嘧啶类，其作用机理独特，能抑制蛋白质的合成，包括降低一些水解酶水平，据推测这些酶与病原菌进入寄主植物并引起寄主组织的坏死有关。嘧霉胺的药效对温度不敏感，在相对较低的温度下使用，其效果没有变化。

适宜作物 葡萄、草莓、梨、苹果、豆类作物、番茄、黄瓜、韭菜等。

防治对象 对灰霉病有特效，可防治番茄灰霉病、番茄早疫病、葡萄灰霉病、黄瓜灰霉病、豌豆灰霉病、韭菜灰霉病等，还可以防治苹果斑点落叶病、苹果黑星病、烟草赤星病、番茄叶霉病。

使用方法　喷雾。

（1）防治草莓灰霉病　在发病早期，用 40%可湿性粉剂 40～60g/亩对水 40～50kg 喷雾，或用 40%菌核·嘧霉胺悬浮剂 800～1000 倍液喷雾，一般在初花期至盛花期施药为宜，整个生长季节连喷 3～5 次，每隔 7～10d 一次，喷药时注意喷雾器喷头不能离草莓花太近，否则容易把花粉冲掉导致成果率下降，一般距花 30cm 左右为宜；

（2）防治黄瓜灰霉病　在发病早期，用 40%嘧霉胺悬浮剂 800 倍液喷雾，间隔 7d 喷 1 次，共喷 3 次；

（3）防治番茄灰霉病、番茄早疫病　在发病早期，用 70%水分散粒剂 40～50g/亩对水 40～50kg 喷雾；

（4）防治保护地温室、大棚栽培的番茄、黄瓜、辣椒等蔬菜的灰霉病　在发病初期，用 40%嘧霉胺乳油 800～1200 倍液第 1 次喷药，连续喷施 3 次，间隔 7d；

（5）防治大田番茄灰霉病　在病害发生初期，用 40%嘧霉胺可湿性粉剂 24～48g/亩，连续喷药 3 次，间隔 5d 左右；

（6）防治葡萄灰霉病　在发病早期，用 40%悬浮剂 1000～1500 倍液喷雾；

（7）防治烟草赤星病　在发病早期，用 25%可湿性粉剂 120～150g/亩对水 40～50kg 喷雾；

（8）嘧霉胺可作为抑霉唑的替代药剂应用于柑橘的采后处理，其推荐使用质量浓度为 500～1000mg/L，可单独使用，也可与抑霉唑或咪鲜胺混合使用；

（9）防治茄子灰霉病　发病初期，用 40%悬浮剂 1000 倍液喷雾，间隔 7d 再喷 1 次；

（10）防治莴苣菌核病　用 40%嘧霉胺可湿性粉剂 600 倍液喷雾，每隔 5～7d 喷 1 次，连续喷 3～4 次；

（11）防治辣椒灰霉病和菌核病　发病初期，用 40%嘧霉胺悬浮剂 1200 倍液喷雾，每隔 7～10d 喷 1 次，连喷 1～2 次；

（12）防治西葫芦灰霉病　发病初期，用 40%嘧霉胺悬浮剂 1000 倍液喷雾，每隔 7～10d 喷 1 次，连喷 2～3 次；

（13）防治花卉灰霉病　发病初期，用 40%嘧霉胺悬浮剂 1000 倍液喷雾，每隔 7～10d 喷 1 次，连喷 2～3 次。

注意事项

（1）嘧霉胺在使用时应与其他杀菌剂轮换使用，避免产生抗性；

（2）露地黄瓜、番茄施药一般应选早晚风小、气温低时使用，晴天上午 8:00～17:00，空气湿度低于 65%、气温高于 28℃应停止施药；

（3）如发生意外中毒，应立即携带产品标签送医院治疗；

（4）在不通风的温室或大棚内，如果用药剂量过高，可导致部分作物叶片出现褐色斑点，因此，请注意按照标签的剂量使用，并建议施药后通风；

（5）嘧霉胺在蔬菜、草莓等作物上的安全间隔期为 3d；

（6）注意安全储存、使用和放置本药剂；储存时不得与食物、种子饮料等混放。

棉铃虫核型多角体病毒

（*Helicoverpa armigera* nuclear polyhedrosis virus）

作用特点　本品是一种病毒生物农药杀虫剂，由核型多角体病毒及助剂加工而成。喷施到农作物上被棉铃虫取食后，病毒在虫体内大量复制增殖，迅速扩散到害虫全身各个部位，吞噬消耗虫体组织，导致害虫染病后全身化水而亡，药效较持久。病毒通过死虫的体液、粪便继续传染至下一代害虫，具有持续传染、降低害虫群体基数之功效。

适宜作物　棉花、芝麻、烟草、番茄、辣椒等。

防除对象　棉花、芝麻、烟草、番茄害虫如棉铃虫，烟草、辣椒害虫如烟青虫。

应用技术　以棉铃虫核型多角体病毒 20 亿 PIB/mL 悬浮剂、棉铃虫核型多角体病毒 10 亿 PIB/g 可湿性粉剂、棉铃虫核型多角体病毒 50 亿 PIB/mL 悬浮剂、棉铃虫核型多角体病毒 600 亿 PIB/g 水分散粒剂为例。

（1）防治棉花害虫　防治棉铃虫，在卵孵化盛期至低龄幼虫期施药，用 20 亿 PIB/mL 棉铃虫核型多角体病毒悬浮剂 50～60mL/亩均匀喷雾；或用棉铃虫核型多角体病毒 10 亿 PIB/g 可湿性粉剂 80～100g/亩均匀喷雾；或用棉铃虫核型多角体病毒 50 亿 PIB/mL 悬浮剂 20～24mL/亩均匀喷雾。

（2）防治蔬菜害虫　防治烟青虫，在番茄烟青虫产卵高峰期至低龄幼虫盛发初期施药，用棉铃虫核型多角体病毒 600 亿 PIB/g 水分散粒剂 2～4g/亩均匀喷雾。

（3）防治烟草害虫　防治烟青虫，在烟草烟青虫产卵高峰期至低龄幼虫盛发初期施药，用棉铃虫核型多角体病毒 600 亿 PIB/g 水分散粒剂 3～4g/亩均匀喷雾。

注意事项

（1）本品不能与强酸、碱性物质混用，以免降低药效。

（2）建议与其他不同作用机制的杀虫剂轮换使用，以延缓抗性。

（3）由于该药无内吸作用，所以喷药要均匀周到，新生叶、叶片背面重点喷洒，才能有效防治害虫。

（4）选在傍晚或阴天施药，尽量避免阳光直射。

（5）施药期间应避免对周围蜂群的影响，蜜源作物花期、蚕室和桑园附近禁用。远离水产养殖区施药，禁止在河塘等水体中清洗施药器具。

（6）本品在棉花上使用安全间隔期为 7d，每季最多使用 2 次。

灭草松（bentazone）

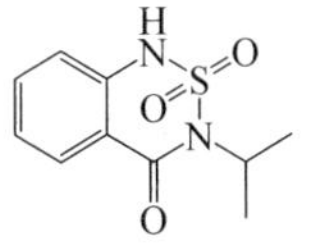

$C_{10}H_{12}N_2O_3S$，240.3，22057-89-0

化学名称 3-异丙基-(1*H*)-苯并-2,1,3-噻二嗪-4-酮-2,2-二氧化物。

理化性质 纯品为白色或黄色晶体，熔点138℃，210℃分解，溶解度（20℃，mg/L）：水7112，正己烷18，甲苯21000，乙酸乙酯388000，甲醇556000。在酸和碱介质中均不易水解，但在紫外光照下分解。

毒性 大鼠急性经口 LD_{50} 1400mg/kg，短期喂食毒性高；山齿鹑急性经口 LD_{50} 1140mg/kg；虹鳟 LC_{50}（96h）＞100mg/；对大型溞 EC_{50}（48h）＞100mg/kg；对鱼腥藻 EC_{50}（72h）10.1mg/L；对蜜蜂、蚯蚓低毒。对眼睛具刺激性，无神经毒性、皮肤和呼吸道刺激性，具皮肤致敏性，无生殖影响，无染色体畸变和致癌风险。

作用方式 触杀型选择性的苗后除草剂，用于苗期茎叶处理，通过叶片接触而起作用。旱田作用，先通过叶面渗透传导到叶绿体内抑制光合作用。水田使用，既能通过叶面渗透又能通过根部吸收，传导到茎叶，强烈阻碍杂草光合作用和水分代谢，造成营养饥饿，使生理机能失调而致死。在耐性作物体内向活性弱的糖轭合物代谢而解毒，对作物安全。施药后8～16周灭草松在土壤中可被微生物分解。

防除对象 登记用于草原牧场、茶园、大豆、甘薯、水稻、小麦、马铃薯田防除阔叶杂草，可防除马齿苋、鳢肠、打碗花、米莎草、藜、蓼、龙葵、苋属杂草、苍耳属杂草、鸭跖草属杂草、苘麻、荠菜、曼陀罗、野西瓜苗、硬毛刺苞菊、野芝麻属杂草、繁缕、牛膝菊属（在第三叶期或以前）、宾州蓼、细万寿菊、全叶家艾、田蓟、猪殃殃、芸薹属杂草、乾花属杂草、母菊属、野生萝卜、刺黄花穗、大麻、铁荸荠、向日葵、酸浆属杂草、野芥等旱田杂草，也可防除泽泻、鸭舌草、节节菜、慈姑、尖瓣花、莲子草、矮慈姑、慈姑属杂草、萤蔺、球花莎草、异型莎草、水虱草、日照飘拂草、油莎草、碎米莎草、荸荠属等水田杂草。

使用方法

（1）花生、大豆田、茶园在杂草3～4叶期进行茎叶喷雾处理，480g/L水剂每亩制剂用量104～208mL（大豆）、150～200mL（花生、茶园）；

（2）马铃薯田在5～10cm高、杂草2～5叶期，其中藜2叶期前，进行茎叶喷雾处理，480g/L水剂每亩制剂用量150～200mL；

（3）水稻插秧田在插秧后20～30d，直播田在播后30～40d，水稻分蘖末期，杂草3～5叶期施药，480g/L水剂每亩制剂用量133～200mL；

（4）草原牧场在 5～6 月份，杂草 3～5 叶期施药，480g/L 水剂每亩制剂用量 200～250mL；

（5）甘薯移栽后 15～30d、杂草 3～4 叶期施药，480g/L 水剂每亩制剂用量 133～200mL；

（6）小麦田在小麦 2～3 叶期、杂草 2 叶期施药，480g/L 水剂每亩制剂用量 100mL。每亩兑水 20～30L，稀释均匀后茎叶喷雾。

注意事项

（1）旱田使用灭草松应在阔叶杂草出齐、苗幼时施药，喷洒均匀，使杂草茎叶充分接触药剂。稻田防除三棱草、阔叶杂草，一定要在杂草出齐、排水后喷雾，均匀喷在杂草茎叶上，两天后灌水，效果显著，否则影响药效。

（2）灭草松在高温晴天活性高、除草效果好，反之阴天和气温低时效果差。用药的最佳温度为 15～27℃，最佳湿度大于 65%。施药后 8h 内应无雨。在极度干旱和水涝的田间不宜使用灭草松，以防发生药害。

（3）灭草松对棉花、蔬菜等阔叶作物较为敏感，施药时注意避开。

（4）茶园使用本品时注意不要把药液喷到茶叶上。

灭菌丹（folpet）

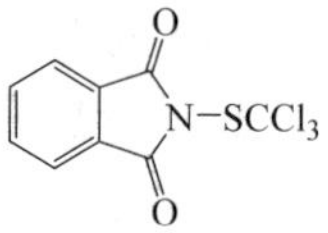

$C_9H_4Cl_3NO_2S$，296.53，133-07-3

化学名称 *N*-三氯甲硫基邻苯二甲酰亚胺。

理化性质 纯品为白色晶体。熔点 177℃，微溶于有机溶剂；不溶于水（仅 1mg/L）。在干燥条件下较稳定，室温下遇水缓慢水解，遇高温或碱性物质迅速分离。

毒性 大鼠急性经口 LD_{50}10000mg/kg，兔急性经皮 LD_{50}＞22600mg/kg。对人黏膜有刺激作用，其粉尘或雾滴接触到眼睛、皮肤，或吸入均能使局部受到刺激。动物试验发现致畸、致突变作用。鲤鱼 LC_{50}（48h）0.21mg/L。

作用特点 没有内吸活性，属广谱保护性杀菌剂，对植物有刺激生长作用。喷施后黏附在作物表面，可以预防多种作物病害。

适宜作物 葫芦、马铃薯、观赏植物、齐墩果属植物、葡萄等多种作物。灭菌丹是保护性杀菌剂，可预防粮食、蔬菜和果树等多种作物病害。在推荐剂量下安全，无药害。

防治对象　瓜类蔬菜霜霉病、葡萄霜霉病、葡萄白粉病、马铃薯早疫病、马铃薯晚疫病、番茄早疫病、番茄晚疫病、马铃薯白粉病、番茄白粉病、草莓灰霉病、苹果炭疽病、梨黑星病、水稻纹枯病、小麦锈病、稻瘟病、小麦白粉病、小麦赤霉病、烟草炭疽病、花生叶斑病。

使用方法　叶面喷雾和种子处理。

（1）防治梨黑星病、苹果炭疽病，发病初期，用50%可湿性粉剂500～600倍液喷雾；

（2）防治水稻纹枯病、小麦锈病、稻瘟病、小麦白粉病、小麦赤霉病、烟草炭疽病、花生叶斑病，在发病早期，用50%可湿性粉剂200～400倍液喷雾；

（3）防治马铃薯早疫病、马铃薯晚疫病、番茄早疫病、番茄晚疫病、马铃薯白粉病、番茄白粉病、草莓灰霉病，在发病早期，用50%可湿性粉剂400～500倍液喷雾。

注意事项

（1）严格按照农药安全规定使用此药，避免药液或药粉直接接触身体，如果药液不小心溅入眼睛，应立即用清水冲洗干净并携带此药标签去医院就医；

（2）此药应储存在儿童接触不到的地方；

（3）如果误服要立即送往医院治疗；

（4）施药后各种工具要认真清洗，污水和剩余药液要妥善处理保存，不得任意倾倒，以免污染鱼塘、水源及土壤；

（5）搬运时应注意轻拿轻放，以免破损污染环境，运输和储存时应有专门的车皮和仓库，不得与食物和日用品一起运输，应储存在干燥和通风良好的仓库中；

（6）该药对作物无害，但用在梨、葡萄、苹果上时有轻度药害，高浓度下，对大豆、番茄有显著药害，稻田养鱼时要慎用本品；

（7）灭菌丹不可与油类乳剂、碱性药剂及含铁物质混用或前后连用；

（8）对人、畜黏膜有刺激作用，使用时勿吸入药粉，用药后用肥皂洗手、脸及可能与药液接触的皮肤；

（9）包装应密封，远离火、热源。

灭菌唑（triticonazole）

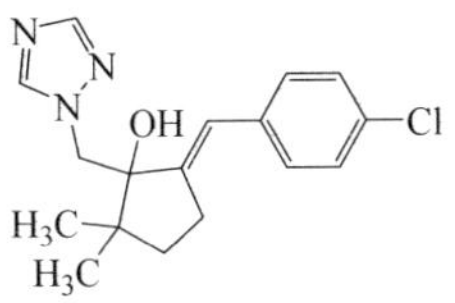

$C_{17}H_{20}ClN_3O$，317.81，131983-72-7

化学名称　(*RS*)-(*E*)-5-(4-氯亚苄基)-2,2-二甲基-1-(1*H*-1,2,4-三唑-1-基甲基)环

戊醇。

理化性质 原药纯度为95%，纯品为无臭、无色粉状固体，熔点139～145℃，当温度达到180℃时开始分解。水中溶解度为9.3mg/L（20℃）。

毒性 大鼠急性经口LD_{50}＞2000mg/kg，急性经皮LD_{50}＞2000mg/kg，吸入LC_{50}（4h）＞1.4mg/L，对兔眼睛及皮肤无刺激，山齿鹑急性经口LD_{50}＞2000mg/kg，虹鳟鱼LC_{50}（96h）＞10mg/L，水蚤LC_{50}（48h）＞9.3mg/L，对蚯蚓有毒。

作用特点 内吸性广谱杀菌剂。是甾醇生物合成C14脱甲基化酶抑制剂，抑制和干扰菌体的附着胞和吸器的生长发育，主要作为种子处理剂，也可茎叶喷雾，对种传病害特有效，持效期可达4～6周。

适宜作物 禾谷类作物、豆科作物、果树（如苹果）等。推荐剂量下对作物和环境安全。

防治对象 防治镰孢霉属、柄锈菌属、麦类核腔菌属、黑粉菌属、腥黑粉菌属、白粉菌属、圆核腔菌属、壳针孢属、柱隔孢属等病菌引起的病害，如白粉病、黑星病、锈病、网斑病等。

使用方法 种子处理使用剂量为2.5g（a.i.）/100kg小麦种子或20g（a.i.）/100kg玉米种子，茎叶喷雾使用剂量为4g（a.i.）/亩。防治小麦散黑穗病，发病初期用2.5%悬浮种衣剂3～5g/100kg种子。

灭锈胺（mepronil）

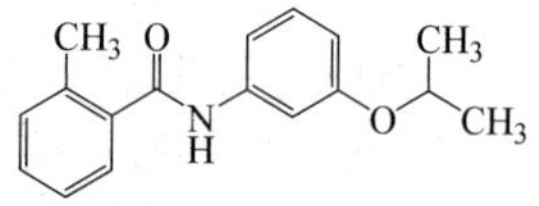

$C_{17}H_{19}NO_2$，269.34，55814-41-0

化学名称 3′-异丙氧基-2-甲基苯甲酰苯胺。

理化性质 纯品为白色结晶，熔点84～89℃，闪点225℃。溶解度（g/L）：水12.7，苯28.2，丙酮＞50，甲醇＞50，正己烷0.11。pH 5～9时对酸、碱、热和紫外线稳定。

毒性 大鼠急性经口LD_{50}10000mg/kg，兔急性经皮LD_{50}10000mg/kg，对兔皮肤和眼睛无刺激作用。雄性大鼠亚急性无作用剂量为43mg/（kg·d），雌性为5.2mg/（kg·d）。鳄鱼LC_{50}：8.6mg/L（48h）、8.0mg/L（96h），青鱼LC_{50} 10mg/L。蜜蜂急性经口LD_{50}＞0.1mg/只。

作用特点 20%灭锈胺是一种高效、低毒、广谱的内吸性杀菌剂，能有效防治多种作物的重要病害，而且有效期长、不易产生药害、耐雨水冲刷，对由担子菌引起的病害有特效。灭锈胺通过抑制复合体Ⅱ的琥珀酸脱氢酶从而阻碍病原菌的呼吸。能够抑制和阻止纹枯病菌侵入寄主，达到预防和治疗作用。对水稻纹枯病、小麦根腐病和锈病、梨树锈病、棉花立枯病有良好防效。耐雨水冲刷，对人、畜、鱼类安全。

适宜作物　水稻、黄瓜、马铃薯、小麦、梨和棉花等。

防治对象　用于防治由担子菌引起的病害，如小麦上的隐匿柄锈菌和肉孢核盘菌，水稻、黄瓜和马铃薯上的立枯丝核菌。

使用方法　可在水面、土壤中使用，也可用于种子处理，该杀菌剂还是良好的木材防腐、防霉剂。

（1）防治黄瓜立枯病　发病初期，用 20%乳油 150～200mL/亩对水 40～50kg 喷雾；

（2）防治棉花立枯病　发病初期，用 20%悬浮剂 150～200mL/亩对水 40～50kg 喷雾；

（3）防治水稻纹枯病　一般在水稻分蘖期和孕穗期各喷一次，75%可湿性粉剂 67～83g/亩对水 40～50kg 喷雾，如果水稻生长旺盛，遇高温高湿，有利于病害发生时，可增加施药次数，间隔 7～10d 喷 1 次，水稻纹枯病盛发初期施药，对水喷雾，重点喷施茎基部，发病严重的田块，在水稻分蘖末期和孕穗末期各施药 1 次，发生特别严重的田块，齐穗期可再喷药 1 次，安全性好，常规用量不会产生药害。

注意事项

（1）严格按照农药安全规定使用此药，避免药液或药粉直接接触身体，如果药液不小心溅入眼睛，应立即用清水冲洗干净并携带此药标签去医院就医；

（2）此药应储存在阴凉和儿童接触不到的地方；

（3）如果误服要立即送往医院治疗；

（4）施药后各种工具要认真清洗，污水和剩余药液要妥善处理保存，不得任意倾倒，以免污染鱼塘、水源及土壤；搬运时应注意轻拿轻放，以免破损污染环境，运输和储存时应有专门的车皮和仓库，不得与食物和日用品一起运输，应储存在干燥和通风良好的仓库中；

（5）储存时瓶子密封，置于干燥阴凉处；

（6）喷洒人员应佩戴口罩等防护用具，结束后，用清水洗手和身体其他裸露部位，并且漱口；

（7）万一误服，应设法使其呕吐并马上去医院治疗；

（8）另外该杀菌剂不能用于桑树上。

灭蝇胺（cyromazine）

$C_6H_{10}N_6$，166.2，66215-27-8

化学名称 *N*-环丙基-1,3,5-三嗪-2,4,6-三胺，*N*-cyclopropyl-1,3,5-triazine-2,4,6-triamine。

其他名称 环丙氨腈、蝇得净、环丙胺嗪、赛诺吗嗪、潜克、灭蝇宝、谋道、潜闪、川生、驱蝇、网蛆、Armor、Bereazin、Trigard、Larvadex、Neoprox、Vetrazine、CGA 72662。

理化性质 纯品为白色结晶。熔点 220～222℃，在 20℃、pH 7.5 时水中溶解度为 11000mg/L。pH 5～9 时，水解不明显。

毒性 大鼠急性经口 LD_{50} 3387mg/kg；急性吸入 LC_{50}（4h）＞2720mg/m^3。对兔皮肤有轻微刺激作用，对眼睛无刺激性。急性经皮 LD_{50}＞2000mg/kg；急性吸入 LC_{50}＞2120mg/m^3；对兔皮肤有中等刺激作用，对眼睛有轻微刺激作用。虹鳟鱼和鲤鱼 LC_{50}＞100mg/L；蓝鳃鱼和鲶鱼 LC_{50}＞90mg/L。对鸟类实际无毒，短尾白鹌鹑 LD_{50} 为 1785mg/kg，野鸭 LD_{50}＞2510mg/kg。

作用特点 有强内吸传导作用，对蝇类幼虫有特效，可诱使幼虫和蛹在形态上发生畸变，成虫羽化不全或畸变。对害虫的触杀、胃毒及内吸渗透作用强。

适宜作物 蔬菜等。

防除对象 蔬菜害虫如斑潜蝇、韭蛆等；卫生害虫如蚊、蝇等。

应用技术 以 50%灭蝇胺可湿性粉剂为例。

（1）防治蔬菜害虫　防治黄瓜、茄子、四季豆、叶菜类上的美洲斑潜蝇等多种潜叶蝇，在美洲斑潜蝇低龄幼虫高峰期，用 50%的灭蝇胺 20～30g/亩均匀喷雾。

（2）防治卫生害虫　防治蚊、蝇，将 50%灭蝇胺可湿性粉剂 20g 加水 5L，可喷 20m^2 面积或 40m 长度，或加 15L 水在蚊、蝇滋生处浇灌，14d 后再施药一次。处理鸡、猪、牛等养殖场、积水池、发酵废物池、垃圾处理场，杀灭蚊、蝇效果极佳。

注意事项

（1）本品对幼虫防效好，对成蝇效果较差，要掌握在初发期使用，保证喷雾质量。

（2）斑潜蝇的防治适期以低龄幼虫始发期为好，如果卵孵化不整齐，用药时间可适当提前，7～10d 后再次喷药。

（3）喷药务必均匀周到。

（4）本品不能与强酸、强碱性物质混合使用。

（5）勿让儿童、孕妇及哺乳期妇女接触本品。加锁保存。不能与食品、饲料存放一起。

（6）采取相应的安全防护措施，避免皮肤、眼睛接触和口鼻吸入。

（7）对蜜蜂、家蚕有毒，施药期间应避免对周围蜂群的影响，开花植物花期、蚕室和桑园附近禁用。

灭幼脲（chlorbenzuron）

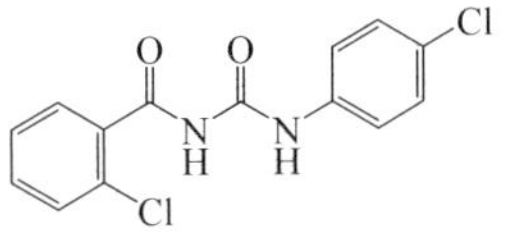

$C_{14}H_{10}Cl_2N_2O_2$，308.9，57160-47-1

其他名称　苏脲一号、灭幼脲三号、一氯苯隆、扑蛾丹、蛾杀灵、劲杀幼、Mieyouniao。

化学名称　1-邻氯苯甲酰基-3-(4-氯苯基)脲，1-(2-chlorobenzoyl)-3-(4-chlorophenyl)urea。

理化性质　原药为白色结晶，熔点 199～210℃；在丙酮中溶解度 10mg/L，可溶于 *N,N*-二甲基甲酰胺和吡啶等有机溶剂，不溶于水。遇碱或遇酸易分解，通常条件下贮藏较稳定，对光、热也稳定。

毒性　大鼠急性经口 LD_{50}＞20000mg/kg，对兔眼睛和皮肤无明显刺激作用。大鼠经口无作用剂量为 125mg/（kg·d）。动物试验未见致畸、致癌、致突变作用。动物体内无积累作用。对鱼类、鸟类、天敌、蜜蜂安全。

作用特点　昆虫几丁质合成抑制剂，为昆虫激素类杀虫剂，通过抑制昆虫表皮几丁质合成酶和尿核苷辅酶的活性来抑制昆虫几丁质合成，从而导致昆虫不能正常蜕皮而死亡。灭幼脲属低毒杀虫剂，主要表现为胃毒、触杀作用。灭幼脲影响卵的呼吸代谢及胚胎发育过程中的 DNA 和蛋白质代谢，使卵内幼虫缺乏几丁质而不能孵化或孵化后随即死亡；在幼虫期施用，使害虫新表皮形成受阻，延缓发育，或缺乏硬度，不能正常蜕皮而导致死亡或形成畸形蛹死亡。对变态昆虫，特别是鳞翅目幼虫表现为很好的杀虫活性。对益虫和蜜蜂等膜翅目昆虫和森林鸟类几乎无害，但对赤眼蜂有影响。

适宜作物　玉米、小麦、蔬菜、果树等。

防除对象　果树害虫如桃潜叶蛾、桃小食心虫、梨小食心虫、金纹细蛾、刺蛾、苹果舟蛾、卷叶蛾、梨木虱、柑橘木虱等；茶树害虫如茶黑毒蛾、茶尺蠖等；蔬菜害虫如菜青虫、甘蓝夜蛾、地蛆等；小麦害虫如黏虫等；林木害虫如美国白蛾、松毛虫等；牡丹害虫如刺蛾等；卫生害虫如蝇蛆、蚊幼虫等。

应用技术 以25%灭幼脲悬浮剂、20%灭幼脲胶悬剂为例。

（1）防治森林害虫

① 松树松毛虫 在松毛虫幼虫发生盛期进行施药，用25%灭幼脲悬浮剂1500～2000倍液均匀喷雾。

② 美国白蛾 在害虫卵孵盛期和低龄幼虫期施药，用25%灭幼脲悬浮剂1500～2000倍液均匀喷雾。

（2）防治蔬菜害虫 防治菜青虫，在菜青虫低龄幼虫盛发期，用25%灭幼脲悬浮剂15～20mL/亩均匀喷雾。

（3）防治果树害虫 防治苹果金纹细蛾，在金纹细蛾发生初期施药，用25%灭幼脲悬浮剂1500～2500均匀喷雾。

注意事项

（1）此药在2龄前幼虫期进行防治效果最好，虫龄越大，防效越差。

（2）本药于施药3～5d后药效才明显，7d左右出现死亡高峰。忌与速效性杀虫剂混配，使灭幼脲类药剂失去了应有的绿色、安全、环保作用和意义。

（3）灭幼脲悬浮剂有沉淀现象，使用时要先摇匀后加少量水稀释，再加水至合适的浓度，搅匀后喷用。在喷药时一定要均匀。

（4）用过的容器应妥善处理，不可做他用，也不可随意丢弃。运输时轻拿轻放，严禁倒置。

（5）本品应贮存在阴凉、干燥、通风、防雨处，远离火源或热源，置于儿童触及不到之处，勿与食品、饮料、饲料、粮食等同贮同运。

（6）避免儿童、孕妇及哺乳期的妇女接触。

（7）不可与呈强碱性的农药等物质混用。

茉莉酸类物质（jasmonates，JAs）

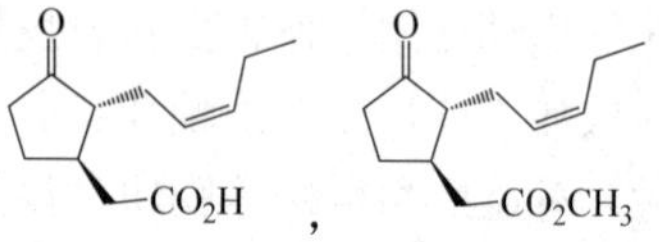

CO_2H ， CO_2CH_3

茉莉酸 $C_{12}H_{18}O_3$，210.27，77026-92-7；茉莉酸甲酯 $C_{13}H_{20}O_3$，224.30，39924-52-2

化学名称 3-氧代-2-(2-戊烯基)环戊烷乙酸（甲酯）。

理化性质 茉莉酸类是一类特殊的环戊烷衍生物，其结构上的特点是具有环戊烷酮。在自然界最早被发现的是茉莉酸甲酯，现已发现 30 多种。其中，茉莉酸（jasmonic acid，JA）及其挥发性甲酯衍生物茉莉酸甲酯（methyl-jasmonate，MeJA，也称为甲基茉莉酸）和氨基酸衍生物统称为茉莉酸类物质（jasmonates，JAs），也称为茉莉素、茉莉酮酸和茉莉酮酯。茉莉酸和茉莉酸甲酯是已知的 20 多种 JAs 中最具代表性的两种物质，这两种物质在代谢上具有激素作用的特点，在生理功能上也可与其他激素发生相互作用，因此被认为是一类新型植物激素。茉莉酸纯品是有芳香气味的黏性油状液体，沸点为 125℃，紫外吸收波长 234～235nm，可溶于丙酮。茉莉酸几种异构体以固定比例存在于植物体内，而每种植物体内的比例不同。

作用特点 植物体内起整体性调控作用的植物生长调节物质。因该类物质是茉莉属（*Jasminum*）等植物中香精油的重要成分故而得名，其进化地位和生理作用与动物中的前列腺素有类似之处。游离的茉莉酸于 1971 年首先从肉桂枝枯病菌（*Lasiodiplodia theobromae*）的培养液中被分离出来。后来发现 JAs 在植物界中普遍存在，广泛分布于植物的幼嫩组织、花和发育的生殖器官，通过信号转导途径调控植物生长发育和应激反应。JAs 的生理效应，一方面与植物的生长发育相关，包括种子的萌发与生长、器官的生长与发育、植物的衰老与死亡、参与光合作用过程等；另一方面与自身的防御系统相关，如在外界机械创伤、病虫害防御、不利的环境因子胁迫等信号转导中起信使作用，可诱导一系列植物防御基因的表达、防御反应化学物质的合成等，并调节植物的“免疫”和应激反应。茉莉酸合成途径的激活对于应激信号的传递和放大是必不可少的。

适宜作物 番茄、木瓜、番石榴、水蜜桃、香蕉、芒果、葡萄、黄瓜、草莓、葡萄柚等。

应用技术 研究表明，茉莉酸具有植物激素的多效作用，包括生物抑制作用、诱导作用、促进作用。

（1）促进乙烯产生和果实成熟 把羊毛脂浸在 0.5%的茉莉酸甲酯中，涂抹未成熟的番茄青果实后，发现乙烯含量比对照增加 1.6～7.9 倍。茉莉酸也刺激番茄果实形成较多的 β-胡萝卜素，促进果实着色和成熟。在果实成熟的整个过程中，茉莉酸甲酯能强烈促进乙烯的产生，茉莉酸甲酯处理后，乙烯前体 1-氨基环丙烷-1-羧酸（ACC）的含量增加。研究认为茉莉酸甲酯既影响 ACC 合成酶的活性，又影响 ACC 氧化酶的活性。茉莉酸促进苹果中乙烯生成，并降低果实可滴定酸含量。

（2）促进衰老 用茉莉酸类处理叶片会引起叶绿素减少，叶绿素结构破坏，叶片黄化，蛋白质分解和呼吸作用加强。因而被认为是死亡激素，可从发育中的种子和果实转移到叶片，从而引起叶片衰老。

（3）延缓采后果蔬冷害的发生 茉莉酸甲酯处理可有效延缓木瓜、番石榴、水蜜桃、香蕉、芒果、葡萄、黄瓜等果实冷害症状的发生，起到果实保鲜、保持食用品质的作用。

（4）增强采后果蔬抗病性　茉莉酸类是植物获得性诱导抗性的重要诱导因子，采用适当浓度的茉莉酸甲酯处理草莓果实和葡萄柚果实，可有效抑制草莓果实灰霉病和葡萄柚果实青绿病的发生，增强采后果蔬抗病性。

（5）增强植物抗旱能力　以 1×10^{-8}～1×10^{-3}mol/L 浓度处理植物，可抑制茎的生长，萌芽种子转为休眠状态，加速叶片气孔关闭，推迟成熟。

注意事项　各种植物对茉莉酸类植物生长调节剂反应不一样，大量应用时，应先做好试验，确定适宜的使用浓度。

苜蓿银纹夜蛾核型多角体病毒
（*Autographa californica* nuclear polyhedrosis virus）

其他名称　奥绿一号。

理化性质　制剂外观为橘黄色可流动悬浮液体，pH 6.0～7.0。

作用特点　本品采用昆虫杆状病毒为活性杀虫因子，以经口、经卵传播方式作用于害虫群体，施药后害虫取食受抑制并染病，并最终导致害虫细胞崩解破坏、体液流失而死。具有低毒、药效持久、对害虫不易产生抗性等特点，是生产无公害蔬菜的生物农药。

适宜作物　十字花科蔬菜。

防除对象　蔬菜害虫甜菜夜蛾。

应用技术　以 10 亿 PIB/mL 苜蓿银纹夜蛾核型多角体病毒悬浮剂、20 亿 PIB/g 苜蓿银纹夜蛾核型多角体病毒悬浮剂为例。

防治甜菜夜蛾，在卵孵化盛期至低龄幼虫期施药。

① 用 10 亿 PIB/mL 苜蓿银纹夜蛾核型多角体病毒悬浮剂 100～120mL/亩均匀喷雾。

② 用 20 亿 PIB/g 苜蓿银纹夜蛾核型多角体病毒悬浮剂 100～130g/亩均匀喷雾。

注意事项

（1）桑园及养蚕场所不得使用。

（2）本品不能与强酸、碱性物质和铜制剂及杀菌剂混用。

（3）施药时选择傍晚或阴天，避免阳光直射。

（4）远离水产养殖区、河塘等水域施药，禁止在河塘等水域中清洗施药器具，避免药剂污染水源，桑园及蚕室附近禁用。

（5）建议与其他不同作用机理的杀虫剂轮用。

（6）视害虫发生情况，每 7d 左右施药一次，可连续施药 2 次。

2-萘氧乙酸（2-naphthoxyacetic acid）

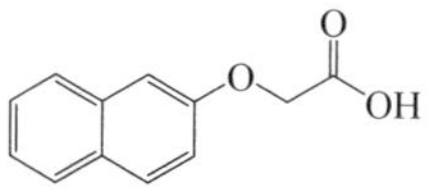

$C_{12}H_{10}O_3$，202.21，120-23-0

其他名称　β-NOA，NOA。

化学名称　β-萘氧乙酸或2-萘氧基乙酸，β-naphthyl oxyacetic acid，2-naphthyl oxyacetic acid

理化性质　纯品为白色结晶，熔点151～154℃。可分为A型和B型，其中B型的活性较强，难溶于水，微溶于热水，溶于乙醇、醚、乙酸等有机溶剂，性质稳定，耐贮存。具有萘乙酸的活性，但活性没有萘乙酸高。

毒性　对人、畜无害，对哺乳动物低毒，大白鼠急性经口 LD_{50} 1000mg/kg，对蜜蜂无毒。

作用特点　其生理作用与萘乙酸相似，主要用于促进植物生根，防止果实脱落。由叶片和根吸收，能促进坐果，刺激果实膨大，且能克服空心果。与生根剂一起使用，可促进植物生根。

适宜作物　番茄、秋葵、金瓜、苹果、葡萄、菠萝、草莓等。

应用技术

（1）使用方式　喷洒、浸泡。

（2）使用技术

① 番茄　用50mg/L溶液喷洒植株，增加早期产量，并能产生无籽果实。

② 秋葵　用50mg/L溶液浸种6～12h，可促进种子萌发。

③ 金瓜　用50mg/L溶液喷洒花，可获得60%无籽果实。

④ 苹果、葡萄、菠萝、草莓　用40～60mg/L溶液喷洒，可防止落果。

注意事项　2-萘氧乙酸粉剂可用有机溶剂溶解后再稀释成所需浓度。

萘乙酸（1-naphthylacetic acid）

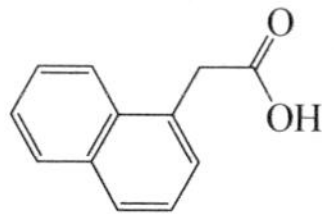

$C_{12}H_{10}O_2$，186.21，86-87-3

其他名称　NAA，1-萘乙酸，1-萘基乙酸，2-(1-萘基)乙酸，α-萘醋酸。

化学名称 α-萘乙酸，α-naphthyl acetic acid。

理化性质 纯品萘乙酸为白色针状结晶固体，工业品黄褐色。熔点134～135℃，沸点285℃。水溶性差，20℃水中溶解度为420mg/L，溶于热水，易溶于醇、酮、乙醚、氯仿和苯等有机溶剂。遇碱生成盐，萘乙酸盐能溶于水，其溶液呈中性，在一般有机溶剂中稳定，可加工成钾盐或者钠盐后，再配制成水溶液使用，其钠、钾盐可溶于热水，如浓度过高水冷却后会有结晶析出；遇酸生成α-萘乙酸，呈白色结晶。性质稳定，但易潮解，见光变色，应避光保存。萘乙酸分α型和β型，α型的活性比β型的强，通常说的萘乙酸即指α型。

毒性 低毒，对人、畜低毒，对皮肤、黏膜有刺激作用。急性LD_{50}（mg/kg）：大鼠经口＞2000，小鼠经口670，兔经皮＞5000。对大鼠、兔皮肤和眼睛有刺激作用。对动物无致畸、致突变、致癌作用。

作用特点 广谱性生长素类植物生长调节剂。可经叶片、树枝的嫩表皮、种子进入植物体内，随营养液流输导到各部位，能促进细胞分裂和扩大，改变雌、雄花比例。萘乙酸除具有一般生长素的基本功能外，还可以促进植物根的形成和诱导形成不定根，用于促进种子发根、插扦生根和茄科类生须根。能促进果实和块根块茎迅速膨大，因此在蔬菜、果树上可作为膨大素使用。能提高开花坐果率，防止落花落果，具有防落功能和增加坐果等。不仅具有提高产量、改善品质，促进枝叶茂盛、植株健壮的作用，还能有效提高作物抗寒、抗旱、抗涝、抗病、抗盐碱、抗逆能力。在较高浓度下，有抑制生长作用。在生产上可作为扦插生根剂、防落果剂、坐果剂、开花调节剂等。

适宜作物 在粮食、蔬菜、果树和花卉等作物上广泛使用。适用于谷类作物，增加分蘖，提高成穗率和千粒重；棉花减少蕾铃脱落，增桃增重，提高质量。果树促开花，防落果，催熟增产。瓜果类蔬菜防止落花，形成小籽果实；促进扦插枝条生根等。

应用技术

（1）促进果实和块根块茎迅速膨大

① 甘薯　将薯秧捆齐，用10～20mg/L药液浸泡秧苗基部1寸（1寸=3.33cm）深，6h后插秧；或用80～100mg/L的药液蘸秧基部1寸高，立即插秧，可提高秧苗成活率，膨大薯块，增加产量。

② 萝卜、白菜　用15～30mg/L的药液浸种12h，捞出用清水冲洗1～2次，晾干后播种。可促进果实膨大，增加产量。

③ 棉花　盛花期开始，用10～20mg/L的药液喷施叶面，间隔10～15d喷1次，共喷3次。可防止落蕾落铃，膨大果桃，改善品质，增加产量。

（2）提高坐果率、保花保果、防落

① 苹果等疏花疏果

a. 苹果、梨等果树　在大年时花果数量过多，而次年结果很少，甚至二三年才恢复结果，造成大小年现象。大年时，在确保坐果前提下，对过多的花、果进行化学疏除，使负载量适宜、布局合理，从而减少树体营养的过多消耗。这对克服大小年结果、提高果品质量及防止树势衰弱等都有显著的作用。

b. 苹果　国光、金冠、秦冠等品种开始落瓣后 5～10d，喷洒 40mg/L 萘乙酸，喷湿树冠至不滴水为度；金冠、鸡冠等品种盛花后 14d 左右，喷洒 10mg/L 萘乙酸+200mg/L 乙烯利和 3000 倍 6501 展着剂，或花蕾膨大期喷洒 300mg/L 乙烯利，至开始落瓣后 10d 左右喷洒 20mg/L 萘乙酸。金冠：盛花后 14d，喷洒 10～40mg/L 萘乙酸，或开始落瓣后 10d 左右，喷洒 10mg/L 萘乙酸+750mg/L 甲萘威（西维因）。国光：盛花后 10d，喷洒 20～40mg/L 萘乙酸，或花蕾膨大期喷 300mg/L 乙烯利，至盛花后 10d，喷 20mg/L 萘乙酸（或加 300mg/L 乙烯利）。苹果使用萘乙酸疏花疏果主要是晚熟品种，早熟品种因易产生药害不宜使用。

c. 梨　鸭梨盛花期喷洒 40mg/L 萘乙酸钠，可降低坐果率 13%～25%。秋白梨：盛花后 7～14d，喷洒 20mg/L 萘乙酸，百花序坐果数减少 33.59%。金盖酥和天生伏梨：90%花开时，喷洒 30mg/L 萘乙酸，花序坐果率比对照降低 40.7%和 21.7%；花瓣脱落后 1～5d，喷洒 30mg/L 萘乙酸，花序坐果率比对照降低 28.9%和 34.3%。

d. 桃　大久保，盛花期喷洒 20～40mg/L 萘乙酸。蟠桃：盛花期及花后两周，各喷洒 40～60mg/L 萘乙酸。

e. 温州蜜柑　盛花期后 30d，果径在 2mm 以下时，喷洒 200～300mg/L。

f. 柿子　盛花后 10～15d，喷洒 10～20mg/L。

② 防止采前落花落果

a. 苹果、梨　在采收前 5～21d，用 5～20mg/L 的萘乙酸全株喷 1 次，防止采前落果；苹果使用萘乙酸后 2～3d，落果减少，5～6d 效果明显，有效期为 10～20d。用药 2 次，能大幅减少落果。各地生产实践表明，在苹果落果前数天，通常是采收前 30～40d 及 20d，喷洒两次浓度为 20～40mg/L 的萘乙酸。重点喷树体结果部位，喷湿至不滴水为度，第一次浓度低些；第二次稍高些。据试验，在有效浓度范围内，增加使用浓度并不相应增加效果。萘乙酸使用浓度过高，反会产生药害，超过 60mg/L，会使叶片萎蔫，甚至脱落。但据报道，对红玉苹果使用萘乙酸，浓度应提高到 60～80mg/L。喷药时重点喷果实和果柄，内堂果及下部果应多喷。

b. 中华猕猴桃　将中华猕猴桃插穗下部 1/3～1/2 浸入萘乙酸溶液中，根据插条木质化程度不同，浸渍浓度和时间也不同。一般硬枝插条，在 500mg/L 药液中浸 5s；绿枝插条在 200～500mg/L 药液中浸 3h。也可用粉剂黏着法，先将插穗下部在清水中浸湿，然后蘸 500～2000mg/L 的萘乙酸钠粉剂，之后插入苗床。

c. 柑橘　采前 15d 用 40～60mg/L 的溶液喷果蒂部位，可防止采前落果，提高产量。

d. 山楂　将嫩花枝或嫩果枝插穗在 300～320mg/L 的萘乙酸溶液中浸泡 2h，生根率可达 90%左右，对照仅 13.3%。

e. 葡萄　将砧木根端 5cm 左右浸入 100～400mg/L 的萘乙酸溶液中 6～12h，可刺激砧木发根。但各品种反应不一样，大量应用时，应先做好试验，确定适宜的使用浓度。

f. 沙果　成熟很不一致，采前落果特别严重，一般高达 50%～70%，严重影响了沙果的产量和质量。据试验，于沙果正常采收前 20d 左右，全株喷洒 30～50mg/L 萘乙酸，可减轻采前落果 26%～46%。同时，由于延长了果实生育期，还有利于糖分积累和果实着色，红果率达 71%，比对照提高 31%。

g. 辣椒　辣椒开花结果时对温度的要求较高，在辣椒生育前期温度低于 15℃，后期温度高于 20℃以及光照不足、干旱等不良环境条件下，或者肥水过多，种植过密，枝叶徒长等，都会引起大量落花，通常可达 20%～40%，严重影响了辣椒早期产量和总产量。生产上使用苯酚类植物生长调节剂，如 2,4-滴或防落素对辣椒浸花，虽能减少落花，但非常费工。如采用喷果法，又会产生药害。对此，浙江农业大学进行了应用植物生长调节剂防止辣椒落花的研究，结果表明以萘乙酸的效果最好，且又安全。

h. 杭州鸡爪椒×茄门甜椒杂种一代辣椒　于开花期用 50mg/L 萘乙酸溶液喷花，每隔 7～10d 喷一次，前后共喷 4～5 次，能明显减少落花，提高坐果率，促进果实生长，增加果数和果重。前期产量增加 29.2%，总产量增加 20.4%，分别达到极显著和显著水平。据观察，辣椒喷洒萘乙酸，能使叶色变深、叶的寿命延长、辣椒花叶病的发病率下降，增强了抗病和抗逆性。同时，试验还指出，在适宜浓度下辣椒用萘乙酸喷花，不会产生药害，比用 2,4-滴或防落素喷花安全，比浸花提高工效 10 倍，因此宜在生产上推广应用。但留种的辣椒不宜处理，因对辣椒种子的形成、发育和产量会有一定影响。

i. 南瓜　开花时用 5～20mg/L 的药液涂子房，可提高坐果率。

j. 西瓜　雌花初开时，用 20～30mg/L 的药液浸花或喷花，可提高坐果率。

（3）促进不定根和根的形成

① 葡萄　扦插前用 100～200mg/L 的药液浸蘸枝条，可促使枝条生根，发芽快，植株发育健壮。

② 茶、桑、柞树、水杉等　用 10～15mg/L 的药液浸插扦枝基部 24h，可促进生根。

③ 雪松　将插穗浸入 500mg/L 萘乙酸溶液中 5s，能比对照提早半个月生根。

④ 翠柏、地柏　夏插繁殖时，将插穗浸入 50mg/L 萘乙酸溶液中 24h 或 500mg/L 溶液中 15s，都能明显促进插条生根。

⑤ 山茶　大多数名贵的山茶品种性器官退化，靠扦插繁殖后代。方法是：在 5、6 月份，取半木质的枝条，剪一芽一叶，长 3～5cm，用 300～500mg/L 萘乙酸浸泡 8～12h，之后冲洗干净，插于遮阴的沙床（基质为黄土 6 份、河沙 4 份）上。也可采用快浸法，即将插条在 1000mg/L 萘乙酸溶液中浸 3～5s。处理后 50d 调查，

发根率比对照高 1 倍，根数增加，平均根长和株总根长均超过对照。

⑥ 仙人球　盆栽仙人球在室内，特别在我国北方，发根迟，生长慢，影响了它的观赏价值。用萘乙酸处理，可以促进仙人球发根和生长。促进发根的方法是：把从母体上取下的幼株，用 100mg/L 萘乙酸浸泡 20min 左右，然后取出栽种在预定的盆中。促进仙人球生长的方法是：用 50mg/L 萘乙酸溶液代替清水浇仙人球，夏季每日一次，连续 10d。有明显促进仙人球发根和生长的效果。

⑦ 玉兰　再生能力弱，扦插生根困难。试验证明，将幼、壮龄树上剪下的嫩枝，放入 200mg/L 萘乙酸溶液中浸泡 24h，能促使玉兰插条生根成苗。

⑧ 大白菜　种植采种的大白菜或甘蓝，生产上习惯用种子繁殖。但产种量不高，繁殖系数低。研究表明，采用“叶-芽”扦插法，结合使用萘乙酸促根，能使每一片叶子繁殖成一个独立的植株。一株大白菜或甘蓝的叶球，有叶子 30～50 张，就可以繁殖几十株。一个叶球用“叶-芽”扦插法繁殖所得到的种子，比一株母株的采种量多十几倍，从而可大大提高繁殖系数，提高自交不亲和系或雄性不育系的繁殖率，同时能保持优良单株的遗传性，为结球叶菜的留种技术提供了一个新的途径。使用方法为：取大白菜或甘蓝叶片，切一段中肋，带有一个腋芽（侧芽）及一小块茎组织，在 1000～2000mg/L 萘乙酸溶液中快速浸蘸茎切口底面，不要蘸到芽，否则会影响发芽。然后扦插在砻糠灰或砂与菜园土（1∶1）的混合基质上。扦插后，一般要求温度为 20～25℃、相对湿度 85%～95%。10～15d 后，开始发芽、生根，逐渐长成植株，通常成活率达 85%～95%。每一个大白菜叶球可以繁殖成 30～40 株，提高繁殖系数 15～20 倍。

（4）促进生长、促进植株健壮、增产、改善品质

① 水稻　用 0.0001%浓度的萘乙酸药液浸秧根 1～2h、移栽后返青快，茎秆粗壮。

② 小麦　用 0.0001%浓度的萘乙酸药液浸麦种 6～12h，捞出后用清水冲洗 2 遍，风干后播种，可促进分蘖，提高抗盐能力。在小麦拔节前用 0.0025%浓度的萘乙酸药液喷洒 1 次，扬花后用 30mg/kg 的萘乙酸药液着重喷剑叶和穗部，可防止倒伏，增加结实率。

③ 玉米、谷子　用 20～30mg/L 的药液浸种 12h，捞出用清水冲洗 1～2 遍，干后播种；生长期用 15～20mg/L 的药液喷洒叶面，可促进生长，增加产量。

④ 番茄、茄子　定株前、开花始期，用 5～20mg/L 的药液喷洒叶面，每隔 10～15d 喷洒 1 次，共 3 次，可促进生长，增加产量。将 20mg/L 萘乙酸+0.5%氯化钙在番茄果实膨大期使用，可促进番茄吸收矿物质，降低脐腐发生率。

⑤ 黄瓜　生长期用 5～20mg/L 的药液喷洒全株 1～2 次，可增加雌花密度，调节生长。

⑥ 甘蔗　分蘖期用 15～20mg/L 的药液喷洒叶面 2～3 次，可促进生长，增加产量。

⑦ 苹果　用 30～50mg/L 的药液喷洒叶面 1～2 次，可显著增加产量。

⑧ 马铃薯　将萘乙酸用少量酒精溶解，再加适量清水，均匀喷洒于干细土（边喷边搅拌），然后放一层马铃薯撒一层药土，一般贮藏5t马铃薯需要用萘乙酸250g。可防止马铃薯薯块在贮藏期间发芽变质，有效期可维持 3～6 个月。

⑨ 蚕豆　蚕豆在生长过程中，正确使用低浓度的植物生长调节剂，不但能促进其生长发育，而且能防止落花落荚，抑制顶端生长，增强植株耐寒性、抗倒性，以达到增产的目的。喷施 10mg/kg 萘乙酸和 1000mg/kg 硼酸混合液，能显著减少蚕豆的蕾、花、荚的脱落，增加成荚数。喷施后，一般单产可增加 15～20kg，提早成熟 5～7d，是简便易行、经济有效的增产措施。喷药时间以阴天或傍晚为好，整株喷最好喷在叶背面。

⑩ 大豆　于大豆结荚盛期用 5～10mg/L 的萘乙酸溶液重点喷洒豆荚，可以调节叶片的光合产物转运到豆荚上，抑制离层形成，减少落花落荚、促进早熟增产。但要注意过高浓度的萘乙酸反而促进离层形成，疏花疏果。

⑪ 菠萝　菠萝定植后，在正常生长中，抽薹结果时间很长，自然抽薹率低。生产上为提早菠萝抽薹、提高抽薹率，在 20 世纪 50～60 年代采用电石（碳化钙）催花，后改用萘乙酸处理（现在一些地区又改用乙烯利催花）。萘乙酸能诱导菠萝花芽分化，提早抽薹开花，提高抽薹率，促进结果成熟，从而使菠萝密植高产，实现当年种植当年收获。同时，又调节了收果季节，做到有计划地安排市场鲜果供应和罐头加工的需要。使用方法：菠萝植株营养生长成熟后，从株心注入 30～50mL 浓度为 1525mg/L 萘乙酸溶液，可促使植株由营养生长转向生殖生长，处理后约 30d 可以抽薹，抽薹率达 60%。健壮植株可达 90%以上，而且结果成熟一致。注意使用萘乙酸浓度不宜过高，否则会抑制将要开花的植株开花。

⑫ 烟草　生长期用 10～20mg/L 的萘乙酸溶液喷施叶面 2～3 次，可调节烟株生长，提高烟叶质量。

注意事项

（1）本品对皮肤和黏膜具有刺激作用，与本品接触人员需注意防止污染手、脸和皮肤。如有污染应及时用清水清洗。勿将残余药液倒入河、池塘等，以免污染水源。无特效解毒剂，如出现中毒症状，马上送医院就诊。

（2）能通过食管等引起中毒，一旦误食，应立即送医院对症治疗，注意保护肝、肾。

（3）本品难溶于冷水，配制方法有：

① 配制时先用少量酒精溶解，再加水稀释到所需浓度；

② 先将萘乙酸加少量水调成糊状，再加适量水，然后加碳酸氢钠（小苏打），边加边搅拌，直至全部溶解；

③ 用沸水溶解。

（4）严格按照说明书要求浓度使用，不可随意加大浓度，否则就会对植物造成药害。轻度萘乙酸的药害表现为花和幼果脱叶，对植株生长影响较小；较重药害为叶片萎缩，叶柄翻转，叶片脱落，成果迅速成熟脱落。对于浸种药害，轻则导致根少、根部畸形，重则不生根，不出苗。萘乙酸药害大多数不对下茬作物产生危害，但部分会对下茬作物产生药害作用。如秋白梨用 40mg/kg 会引起减产，浓度过高会引起畸形、叶片枯焦以及脱落。无花果用 50mg/kg 以上会引起药害。此外，萘乙酸坐果或防落果剂使用时，浓度不能太高，若浓度增加 10mg/L，可能引起反作用，原因是高浓度的类生长素能促进植物体内乙烯的生成。萘乙酸作为生根剂使用时，单用时虽然生根效果好，但苗生长不理想。所以，一般可与吲哚乙酸或其他具有生根作用的调节剂混用，才能提高调节效果。瓜果类喷洒药液量，以叶面均匀喷湿为止。大田作物一般每亩喷药液 50kg，果树为 75～125kg。表面活性剂可明显影响萘乙酸的吸收，加吐温-20、X-77 等可使萘乙酸的吸收提高几倍。100mg/L 的萘乙酸与草甘膦混用有明显的增效作用。在不同地区、年份、品种、树势、气候等因素下，萘乙酸对果树的疏花疏果效果有很大的差异。各地在使用前，应先做好试验，寻找适合当地的用药技术，以免用药不当造成疏除过度而导致减产。

（5）本品的水溶液易失效，需现配现用，应密封，贮藏于干燥、避光处，以免变质。

（6）萘乙酸可与杀虫、杀菌剂及化肥混用。

1-萘乙酸甲酯（methyl naphthalene-1-acetate）

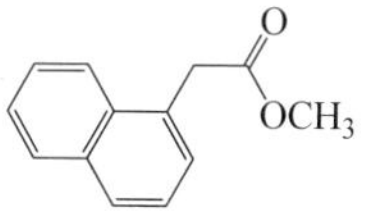

$C_{13}H_{12}O_2$，200.24，2876-78-0

其他名称　alpha-萘乙酸甲酯，萘-1-乙酸甲酯，M-1，MENA，Methyl。

化学名称　*α*-萘乙酸甲酯，萘乙酸甲酯，1-naphthaleneacetic acid。

理化性质　纯品为无色油状液体，沸点 168～170℃，折光率 1.598（25℃），不溶于水，易溶于甲醇、苯等有机溶剂。工业品 1-萘乙酸甲酯常含有萘二乙酸二甲酯。有挥发性，一般以蒸气方式使用。温度越高挥发越快，也可与惰性材料滑石粉混合使用。

毒性　对动物内服致死剂量约 10g/kg。对人稍有毒。

作用特点　具有生长素的活性，有抑制发芽的效果。1-萘乙酸甲酯具有挥发性，可通过挥发出的气体抑制马铃薯在贮藏期间发芽，延长休眠期。还可有效防止萝卜发芽，大量用于马铃薯贮藏。α-萘乙酸甲酯不仅应用范围广，而且毒性低，生产和使用安全，因此是青鲜素（抑芽丹、马来酰肼）等的良好替代品。

适宜作物 用于马铃薯和萝卜等根菜类可防止发芽，也可用于小麦抑芽、甜菜储存、水果坐果、抑制烟草侧芽生长等，还能用于延长果树和观赏树木芽的休眠期。

应用技术

（1）马铃薯 薯块收获后贮藏期间，利用1-萘乙酸甲酯抑制其发芽。具体做法是将1-萘乙酸甲酯喷在干土上或纸屑上，与马铃薯混合，5000kg马铃薯用90%以上的1-萘乙酸甲酯100～500g。延长休眠期长短与萘乙酸使用量呈正相关。在最佳贮藏温度10℃下可存1年。翌年播种前将薯块取出，放在阴暗、空气流通的地方，待1-萘乙酸甲酯挥发殆尽，可用作种薯，也可供食用。

（2）薄荷 用40mg/L的萘乙酸甲酯、20mg/L萘乙酸、8mg/L双氧水喷洒辣薄荷，其气生部分薄荷油含量增加13.8%～22.8%，薄荷油中薄荷醇含量增加8.5%。

注意事项

（1）灵活掌握用药量，对进入休眠期的马铃薯进行处理时用药量要多些；对芽即将萌发的马铃薯用药可少些；对休眠期短的品种可适当增加用药量来延长贮藏时期。

（2）处理后的马铃薯要改为食用，可将其摊放在通风场所，让残留的1-萘乙酸甲酯挥发。

萘乙酸钠（sodium naphthalene-1-acetate）

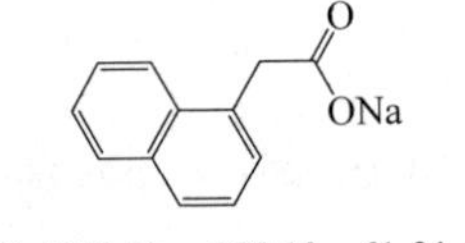

$C_{12}H_9O_2Na$，208.19，61-31-4

其他名称 1-萘乙酸钠。

化学名称 α-萘乙酸钠。

理化性质 本品为白色颗粒、粉末或结晶性粉末；无臭或微带臭气，味微甜带咸。在水中易溶，在乙醇中略溶。熔点120℃，常温下储存稳定。溶液中pH 7～10时稳定。极易溶于水（53.0g/100mL，25℃）。溶于乙醇（1.4g/100mL）水溶液的pH值为8。防止发酵力及杀菌力较苯甲酸弱。pH 3.5时，0.05%溶液完全能阻止酵母生长，pH 6.5时，需要2.5%以上溶液的浓度。

毒性 LD_{50}(mg/kg)：大鼠急性经口约1000，小鼠约700（钠盐）；对皮肤和黏膜略有刺激。按照规定剂量使用，对蜜蜂无毒。人应该避免吸入药雾，避免药液与皮肤、眼睛接触；勿将残余药液倒入河、池、塘等，以免污染水源。无特效解毒剂，若出现中毒症状，马上送医院就诊。

作用特点　萘乙酸钠是萘乙酸的强碱弱酸钠盐，水解后产生萘乙酸，植物利用的是离子，所以只要有萘乙酸根离子，就可以起作用。萘乙酸为广谱性植物生长调节剂，可促进细胞分裂，诱导形成不定根，改变雌雄花比例，增加坐果率等。萘乙酸主要经由植物叶片、嫩枝表皮等进入植物体内，随营养液输导到起作用的部位。

高纯度萘乙酸钠为生长素类植物调节剂，经由叶片、植物的嫩表皮、种子进入植物体内，随营养流输导到生长旺盛的部位（生长点、幼嫩器官、花或果实），迅速促进细胞分裂与扩大（膨果剂、膨大素），并可明显促进根系的尖端发育，诱导形成不定根（生根粉）。具有调节生长，促进生根、抽芽，诱导开花，防止落花落果，形成无核果实，促进早熟，增产等作用，同时萘乙酸钠也可增强植物的抗旱、抗寒、抗病、抗盐碱、抗干热风的能力。是一种广谱、高效、低毒的植物生长调节剂。

适宜作物　番茄、猕猴桃、葡萄、西瓜、黄瓜、辣椒、茄子、梨、苹果、蘑菇等。

应用技术

（1）单独使用　高纯度 α-萘乙酸钠可单独配成水剂、乳油、粉剂和其他剂型，用于促长、生根、保花、保果等。单独使用剂量 2g 兑 15kg 水。

（2）高纯度 α-萘乙酸钠可以和很多植物生长调节剂复配使用，如：①与生长素复配，制成生根粉，是目前市场上高档生根粉的主要配方；②与复硝酚钠复配，制成保花保果和膨果剂；③与杀菌剂复配，可防治病毒和其他病害；④与肥料复配，可提高肥料利用率，同时促进植物根系发达，保花保果保铃。

建议最佳用量为：①叶面肥 0.2～0.4g/亩；②滴灌 0.5～2g/亩；③冲施肥 8～10g/亩；④复合肥（基肥、追施肥）8～10g/亩；⑤疏花疏果 30～50mg/L；⑥抑制生根 100mg/L。

（3）0.2%磷酸二氢钾或 0.2%尿素与 20mg/L 萘乙酸钠相配合，可促进番茄增产。

（4）萘乙酸钠与吲哚丁酸钾复配生根好，萘乙酸钠是生主根的，吲哚丁酸钾是生毛细根的，两者复配，生根效果好，可用作冲施肥、滴灌肥、复合肥、BB 肥、复混肥、掺混肥，必要时可添加少许的新福钠，可使作物长势好，且长得壮。

注意事项　单独使用时注意用量，量大容易出现药害。

1-萘乙酸乙酯（ethyl-1-naphthaleneacetate）

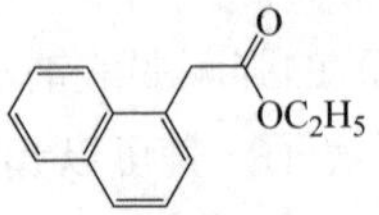

$C_{14}H_{14}O_2$，214.26，2122-70-5

其他名称 alpha-萘乙酸乙酯，Tre-Hold。

化学名称 α-萘乙酸乙酯，萘乙酸乙酯。

理化性质 无色液体。沸点 158～160℃（400Pa）。不溶于水，溶于丙酮、乙醇、二硫化碳，微溶于苯。

毒性 大白鼠急性经口 LD_{50} 3580mg/kg，兔急性经皮 LD_{50}＞5000mg/kg。

作用特点 具有生长素的活性，主要用于化学整株。可通过植物茎和叶片吸收，抑制侧芽生长，可用作植物修整后的整形剂。

适宜作物 对槭树、榆树、栎树均有效。

应用技术 已用在枫树和榆树上。应用时间为春末夏初，植物修整后，将 1-萘乙酸乙酯直接用在切口处。绿篱经修剪后，将 1-萘乙酸乙酯涂在修剪的切口处，可控制新梢生长。每年 4 月 1 日至 7 月 15 日间处理 2 次效果最佳。温度高时效果显著，可代替人工修剪。

注意事项 1-萘乙酸乙酯要在植物修整后 1 周，侧芽开始重新生长前应用。

萘乙酰胺（1-naphthaleneacetamide）

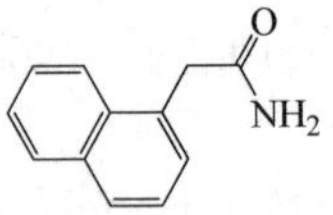

$C_{12}H_{11}NO$，185.22，86-86-2

其他名称 2-(1-萘基)乙酰胺(IUPAC)，Amid-Thin，WDirigog，NAAmide。

化学名称 1-萘乙酰胺，α-萘乙酰胺。

理化性质 原药为无味白色结晶，熔点 182～184℃。能溶于热水、乙醚、苯、丙酮、乙醇、异丙醇，在 20℃微溶于水，水中溶解度 39mg/kg（40℃）。不溶于二硫化碳、煤油和柴油。常温下稳定。

毒性 大白鼠急性经口 LD_{50} 6400mg/kg；兔急性皮试 LD_{50} 5000mg/kg。无毒，

对皮肤无刺激作用，但可引起不可逆的眼损伤。

作用特点　萘乙酰胺可经由植物的茎、叶吸收，传导性慢。诱导花梗离层的形成，疏花，防治早熟落果，可作疏果剂，也有促进生根的作用。

适宜作物　是良好的苹果、梨的疏果剂。萘乙酰胺与有关生根物质混用促进苹果、梨、桃、葡萄及观赏植物的广谱生根剂。

应用技术　在采收前 4 周喷本品，可防止苹果、梨和樱桃采前落果，浓度一般为 25～50mg/L，剂量为 212.5g/hm^2。还可用于刺激插条和移栽植株生根。

注意事项

（1）用作疏果剂应严格掌握时间，且疏果效果与气温等有关，因此先要取得示范经验再推广。

（2）采用一般保护措施，无专用解毒药，出现中毒症状后应对症治疗。

尿囊素（allantoin）

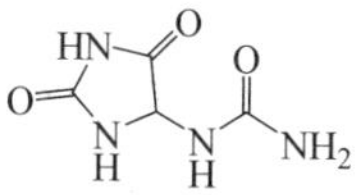

$C_4H_6N_4O_3$，158.115，202-592-8

化学名称　*N*-(2,5-二氧代-4-咪唑啉啶基)尿素。

理化性质　白色结晶粉末，密度 1.45g/cm^3，熔点 230℃，溶解性：能溶于热水、热乙醇和稀氢氧化钠溶液，微溶于水和乙醇，几乎不溶于丁醚和氯仿。

作用特点　尿囊素是优良的植物生长调节剂，能引起植物体内核酸的变化，可刺激植物生长，对小麦、柑橘、水稻、蔬菜、大豆等均有显著增产效果，并有固果、早熟作用。

使用方法

（1）本品适宜施药时期为黄瓜初花期，施药方式为喷雾，间隔 7～10d 施药 1 次，共施药 2 次。施药时应注意均匀、周到，以确保效果。

（2）施用时气温在 18℃以上为好，大风天或预计 1h 内降雨，请勿施药。

（3）本品在黄瓜上使用，严格按照规定用药量和方法使用，每季最多使用 2 次。

哌草丹（dimepiperate）

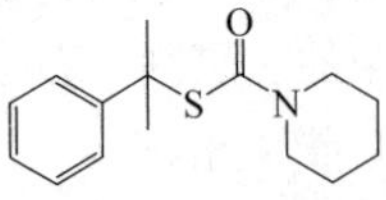

$C_{15}H_{21}NOS$，263.2，61432-55-1

化学名称 *S*-(*α*,*α*-二甲基苄基)哌啶-1-硫代甲酸酯，*S*-1-甲基-1-苯基乙基哌啶-1-硫代甲酸酯，*S*-1-methyl-1-phenylethylpiperidine-1-carbothioate。

理化性质 纯品为蜡状固体，熔点38.8～39.3℃，水中溶解度20mg/L（25℃），其他溶剂中溶解度（kg/L，25℃）：丙酮6.2、氯仿5.8、环己酮4.9、乙醇4.1、己烷2.0。稳定性：30℃下稳定1年以上，当干燥时日光下稳定，其水溶液在pH 1和pH 14稳定。

毒性 大鼠急性经口LD_{50}(mg/kg)：雄946，雌959。小鼠急性经口LD_{50}(mg/kg)：雄4677，雌4519。大鼠急性经皮LD_{50}＞5000mg/kg。对兔皮肤和眼睛无刺激作用，对豚鼠无皮肤过敏性，大鼠和兔未测出致畸活性，大鼠两代繁殖试验未见异常。大鼠吸入LC_{50}（4h）＞1.66mg/L。大鼠饲喂两年无作用剂量0.104mg/L，允许摄入剂量0.001mg/kg 。雄日本鹌鹑急性经皮LD_{50}＞2000mg/kg，母鸡急性经皮LD_{50}＞5000mg/kg。鱼毒LC_{50}（48h）：鲤鱼5.8mg/L，虹鳟鱼5.7mg/L。

作用方式 哌草丹为内吸传导型稻田选择性除草剂。对防治二叶期以前的稗草效果突出，对水稻安全性高。药剂由根部和茎叶吸收后传导至整个植株。哌草丹是植物内源生长素的拮抗剂，可打破内源生长素的平衡，进而使细胞内蛋白质合成受到阻碍，破坏生长点细胞的分裂，致使生长发育停止，茎叶由浓绿变黄变褐、枯死，约需1～2周。哌草丹在稗草和水稻体内的吸收与传递速度有差异，能在稻株内与葡萄糖结成无毒的糖苷化合物，都是形成选择性的生理基础。此外，哌草丹在稻田大部分分布在土壤表层1cm之内，这对移植水稻来说，也是安全性高的因素之一。

土壤温度、还原条件对药效影响作用小。由于哌草丹蒸气压低、挥发性小，因此不会对周围的蔬菜等作物造成飘移危害。此外，对水层要求不甚严格，土壤饱和状态的水分就可得到较好的除草效果。

防除对象 防除稗草及牛毛草，对水田其他杂草无效。

使用方法 一般用于水稻秧田、南方直播田。该药目前在登记使用的只有17.2%苄嘧·哌草丹（苄嘧磺隆0.6%+哌草丹16.6%）可湿性粉剂。直播田：水稻播种后，稗草2叶期前，每亩使用17.2%苄嘧·哌草丹可湿性粉剂200～300g（有效成分34.4～51.6g），兑水30L进行喷雾处理。水育秧田：播后1～4d，每亩使用17.2%苄嘧·哌草丹可湿性粉剂200～300g（有效成分34.4～51.6g），拌细土撒施。

注意事项

（1）本剂适用于以稗草为主的秧（稻）田。当稻田草相复杂时，应与其他除草剂混合使用，如2甲4氯、苯达松、苄嘧磺隆等。哌草丹目前只有与苄嘧磺隆的复配剂在登记使用。

（2）哌草丹对2叶期以前的稗草防效好，应注意不要错过施药适期。

（3）低温贮存有结晶析出时，用前应注意充分搅动，使晶体完全溶解后再施药。

（4）在日本水稻上残留试验结果表明，稻米上残留量低于最低检出量（0.005mg/kg），土壤中的半衰期在7d以内。

（5）万一中毒或误服时，应立即让病人饮大量水，等呕吐出毒物后让病人保持安静并送医院。如不慎将药液溅在皮肤上或眼睛内，应用肥皂和水彻底洗净。

扑草净（prometryn）

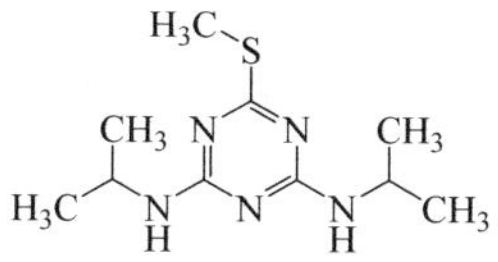

$C_{10}H_{19}N_5S$，241.4，7287-19-6

化学名称　4,6-双(异丙氨基)-2-甲硫基-1,3,5-三嗪。

理化性质　纯品为白色晶体，熔点118～120℃，沸点300℃，溶解度（20℃，mg/L）：水33，丙酮240000，己烷5500，甲醇160000，甲苯17000。在正常环境条件下稳定，在酸性和碱性介质中水解。

毒性　原药对大鼠急性经口毒性 LD_{50}＞4786mg/kg，低毒；绿头鸭急性经口 LD_{50}＞2150mg/kg，绿头鸭短期喂食毒性 LD_{50}＞500mg/kg；对虹鳟 LC_{50}（96h）为5.5mg/L，中等毒性；对大型溞 EC_{50}（48h）为12.66mg/kg，中等毒性；对栅藻 EC_{50}（72h）为0.002mg/L，高毒；对蜜蜂、蚯蚓中等毒性。无皮肤刺激性、皮肤致敏性和生殖影响，干扰内分泌，无染色体畸变和致癌风险。

作用方式　三氮苯类选择性内吸传导型除草剂，主要通过根部吸收，也可以经茎、叶渗入植物体内。吸收的扑草净通过蒸腾流进行传导，抑制光合作用中的希尔反应，使植物失绿，干枯死亡。本品施药后可被土壤黏粒吸附，在0～5cm表土中形成药层，持效期20～70d。

防除对象　可用于茶园、果园、大豆田、甘蔗田、谷子田、花生田、麦田、棉花田、苗圃、水稻本田、水稻秧田、苎麻田、大蒜田防除马唐、狗尾草、蟋蟀草、稗草、看麦娘、马齿苋、鸭舌草、藜、牛毛毡、眼子菜、四叶萍、野慈姑、莎草科等杂草，对猪殃殃、伞形花科和一些豆科杂草防效较差。

使用方法

（1）茶园、果园、苗圃　于杂草芽期或中耕后使用，以 50%可湿性粉剂为例，每亩制剂用量 250～400g，兑水 40～60L，稀释均匀后喷雾，喷于地表，切勿喷至树上。

（2）花生、大豆、棉花、谷子、甘蔗　于播后苗前土壤喷雾，以 50%可湿性粉剂为例，每亩制剂用量 100～150g。

（3）麦田　于小麦 2～3 叶期，杂草刚萌芽或 1～2 叶期，以 50%可湿性粉剂为例，每亩制剂用量 60～100g，兑水 30～60L 稀释均匀后茎叶喷雾。

（4）水稻田　于移栽后 5～7d，秧苗返青及眼子菜（牙齿菜）叶色由红转绿时，拌细土 20～30kg/亩撒施，以 50%可湿性粉剂为例，每亩制剂用量 20～120g，施药前堵住进出口，水层保持 3～5cm，保持药水层 5～7d。

（5）大蒜田种后苗前使用，以 50%可湿性粉剂为例，每亩制剂用量 80～120g，兑水 40kg 稀释均匀后进行土壤喷雾。

注意事项

（1）该药活性高，用量少，施药时应量准土地面积，用药量要准确，以免产生药害。

（2）有机质含量低的沙质土不宜使用。

（3）避免高温时施药，气温超过 30℃时容易产生药害。地膜覆盖田，在 28℃以上时应及时放苗。小拱棚禁用。

（4）施药时适当的土壤水分有利于发挥药效，保持土壤湿润、施药后浅混土 2～3cm、镇压，有利于提高药效。

（5）用于水田一定要在秧苗返青后才可施药。水稻生长期禁用。

8-羟基喹啉（8-hydroxyquinoline）

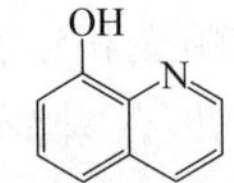

C_9H_7NO，145.16，148-24-3

其他名称　8-氢氧化喹啉，8-羟基氮萘，邻羟基氮（杂）萘，喔星，8-羟基氮杂萘，羟喹啉。

化学名称　8-羟基喹啉。

理化性质　8-羟基喹啉是两性的，能溶于强酸、强碱，在碱中电离成负离子，在酸中能结合氢离子，在 pH 7 时溶解性最小。白色或淡黄色结晶或结晶性粉末，不溶于水和乙醚，溶于乙醇、丙酮、氯仿、苯或稀酸，能升华。腐蚀性较小。

毒性　急性大鼠经口 LD_{50} 1200mg/kg；大鼠腹腔 LD_{50} 43mg/kg；小鼠皮下 LC_{50} 83600μg/kg。吸入毒性：大鼠＞1210mg/m^3。该物质对环境可能有危害，对水体应给予特别注意。

作用机制　对于多年生植物，该剂可加速切口的愈合，可作为防治各种细菌和真菌的杀菌剂。其作用机制还有待于进一步研究。

适宜作物　雪松、日本晋中柏属植物、樱桃、桐树等。

应用技术　可作为雪松、日本金钟柏属植物、樱桃、桐树等多年生植物切口处的愈合剂。每 5cm 直径切口处用 0.2%制剂 2g。

8-羟基喹啉柠檬酸盐（citroxin）

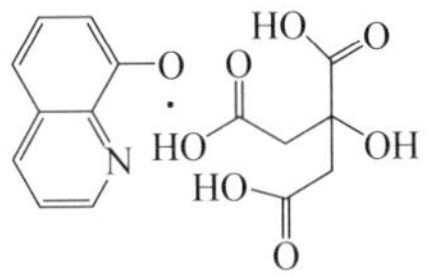

$C_{15}H_{15}NO_8$，337.3，134-30-5

化学名称　2-羟基-8-羟基喹啉-1,2,3-丙烷三羧酸盐，oxine citrate。

理化性质　纯品为微黄色粉状结晶体，熔点 175～178℃。在水中易溶解。微溶于乙醇，不溶于乙醚。与重金属易反应。

毒性　对人和动物安全。

作用特点　本品能被任何切花吸收，抑制乙烯的生物合成，促进气孔开张，从而减少花和叶片的水分蒸发。作用机制有待于进一步研究。

适宜作物　主要用于各种切花的保存液。

应用技术

（1）康乃馨　8-羟基喹啉柠檬酸盐 200mg/L +糖 70g/L+$AgNO_3$ 25mg/L。

（2）玫瑰　8-羟基喹啉柠檬酸盐 250mg/L+糖 30g/L+$AgNO_3$ 50mg/L+$Al_2(SO_4)_3 \cdot 16H_2O$ 300mg/L+PBA 100mg/L。

（3）金鱼草　8-羟基喹啉柠檬酸盐 300mg/L+糖 15g/L。

（4）菊花　8-羟基喹啉柠檬酸盐 250mg/L+糖 40g/L+苯菌灵 100mg/L。

注意事项

（1）8-羟基喹啉柠檬酸盐不能和碱性试剂混用。

（2）定期给切花加入新鲜保存液，可延长其寿命。

羟基乙肼（2-hydrazinoethanol）

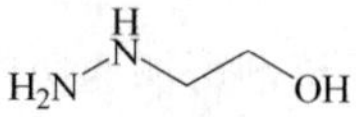

$C_2H_8ON_2$，76.01，109-84-2

其他名称 Omaflora，Brombloom，BOH。

化学名称 *β*-羟基乙肼，英文化学名称为 2-hydroxyethyl hydrazine。

理化性质 本品为无色液体，稍稠。含量 70%时，熔点–70℃，沸点 145～153℃（3.325×10^3Pa）。闪点 106.5℃。可与水完全混合，溶于低级醇，难溶于醚。在低温和暗处稳定，稀释溶液易于氧化。

适宜作物 菠萝。

应用技术 以 0.09mL/棵用量能促使菠萝树提前开花。

14-羟基芸苔素甾醇（14-hydroxylated brassinosteroid）

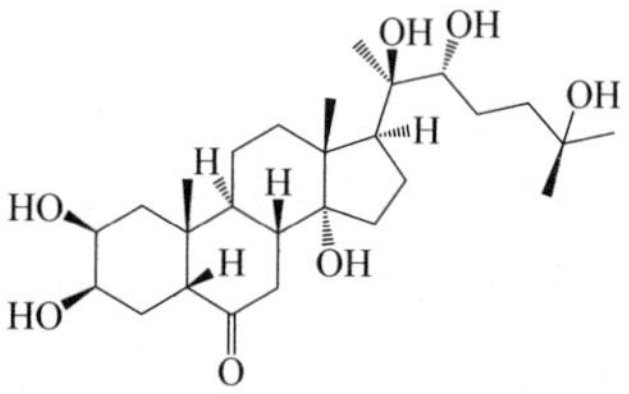

$C_{27}H_{46}O_7$，482.7，457603-63-3

其他名称 安诺素、苏丰源。

化学名称 (20*R*, 22*R*)-2*β*, 3*β*, 14, 20, 22, 25-六羟基-5*β*-胆甾-6-酮。

毒性 毒性级别为低毒或微毒，对水生生物等环境生物毒性低。5%14-羟基芸苔素甾醇母药，低毒；0.01%14-羟基芸苔素甾醇水剂，低毒；40%芸苔・赤霉酸（0.002%+39.998%）可溶粒剂，低毒。

作用特点 目前唯一登记的天然芸苔素类似物，该类芸苔素的类似物于 1970 年由 Faux 等从蕨类植物中提取发现，具有植物细胞分裂和延长双重作用，其活性主要表现为促进植物生长，促进根系发达，增加光合作用，提高作物叶绿素含量，提高结实率，增加产量，改善品质，抗逆等。极其微小的剂量就可表现出良好的调节效果。其作用方式主要是促进细胞伸长和分裂，调控叶片形状；改变细胞膜电位和酶活性，增强光合作用；促进 DNA、RNA 和蛋白质的生物合成，提高植株对环境胁迫的耐受力等。突出优势主要为天然、高效、广谱、安全等。

适宜作物　已经在 80 多种作物上应用，并且适用于作物生长的各个生育期。

应用技术　应用方法多样，如拌种、浸种、浸苗、蘸根、喷施、滴灌、冲施、飞防等，与植物亲和性高，使用浓度活性区间跨度大，不易产生药害，对作物安全性更高；与杀菌剂、杀螨剂、杀虫剂一起混用，协同增效明显，降低杀菌剂、杀螨剂、杀虫剂用量，同时激发作物自身免疫，从而降低杀菌剂、杀螨剂的抗性；与除草剂一起混用，可大大降低除草剂的药害风险，并且增强杂草新陈代谢速率，让杂草短时间内死亡，死草彻底、迅速、不反弹，增强低温除草药效；与叶面肥一起混用，可提高营养物质吸收利用率 10%～26%，增强新陈代谢速率的同时增加叶面营养补充，更符合作物生长规律。在葡萄上用 0.02～0.04mg/kg 喷雾，可调节葡萄生长。

单剂产品主要调节水稻生长，在水稻孕穗期和齐穗期，用 0.025～0.033mg/kg 剂量喷雾，每季最多使用 2 次。混剂产品主要调节柑橘树生长和水稻制种，在柑橘树初花期、幼果期和果实膨大期各施药 1 次，用 33～40mg/kg 剂量喷雾；在水稻抽穗始期和盛期各施药 1 次，用 180～240g/hm^2 剂量喷雾。

注意事项　勿与食品、饮料、动物饲料、粮食和种子同贮同运，应贮存在干燥阴凉、通风防雨处，远离火源或热源。

嗪氨灵（triforine）

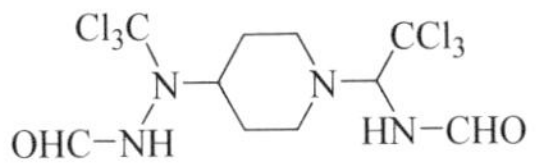

$C_{10}H_{14}Cl_6N_4O_2$，434.96，26644-46-2

化学名称　1,4-二（2,2,2-三氯-1-甲酰氨基乙基）哌嗪。

理化性质　纯品为白色结晶体。熔点 155℃。室温时溶解度：二甲基甲酰胺 28.3g/L，甲醇 1.13g/L，二噁烷 1.66g/L，甲苯 0.88g/L，微溶于丙酮、苯、四氯化碳、氯仿、二氯甲烷，难溶于二甲基亚砜，水中溶解度为 27～29mg/L。

毒性　大鼠和小鼠急性 LD_{50}（mg/kg）：＞6000（经口），＞5800（经皮）；对眼睛和皮肤有轻度刺激。鲤鱼 LC_{50}＞40mg/L，水蚤 LC_{50} 40mg/L。对蜜蜂安全。

作用特点　嗪氨灵是麦角甾醇生物合成抑制剂，具有保护、治疗、铲除作用和内吸活性，能被植物的根、茎、叶迅速吸收并输送到植株的各个部位。

适宜作物　花卉、果树、草坪、蔬菜、禾谷类作物等。

防治对象　主要用于防治花卉、果树、草坪、蔬菜、禾谷类作物等黑星病、锈病、白粉病等。

使用方法 茎叶喷雾。

（1）嗪氨灵15%乳剂400倍液防治菜豆锈病，发病初期用药，间隔12d连喷两次，试验发现嗪氨灵对红蜘蛛具有一定的防治效果；

（2）15%嗪氨灵乳剂200倍液防治白菜白斑病，在发病初期用药，重点防治莲座期发生的白斑病，间隔20d再喷一次；

（3）防治月季黑斑病，发病初期用药，嗪氨灵15%乳剂1000倍液喷雾，每隔15d左右喷药1次，连续喷药数次防效佳；

（4）防治茄科蔬菜白粉病，在发病初期，可用50%嗪氨灵乳油500～600倍液，每隔15d左右喷1次，连续防治2～3次，在有细菌性叶斑病同时发生时还可使用52%克菌宝可湿性粉剂600～800倍。

注意事项

（1）严格按照农药安全规定使用此药，避免药液或药粉直接接触身体，如果药液不小心溅入眼睛，应立即用清水冲洗干净并携带此药标签去医院就医；

（2）此药应储存在阴凉和儿童接触不到的地方；

（3）如果误服要立即送往医院治疗；

（4）施药后各种工具要认真清洗，污水和剩余药液要妥善处理保存，不得任意倾倒，以免污染鱼塘、水源及土壤；

（5）搬运时应注意轻拿轻放，以免破损污染环境，运输和储存时应有专门的车皮和仓库，不得与食物和日用品一起运输，应储存在干燥和通风良好的仓库中。

嗪吡嘧磺隆（metazosulfuron）

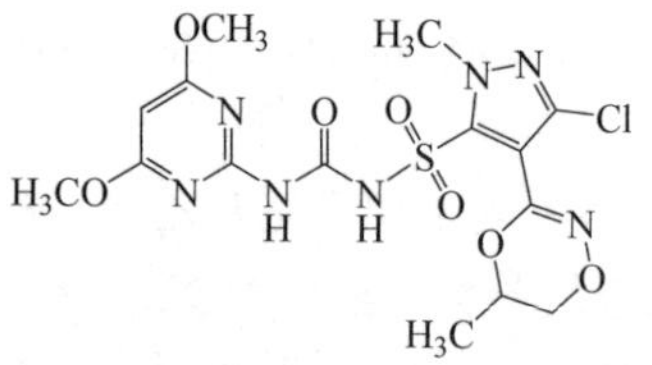

$C_{15}H_{18}ClN_7O_7S$，475.9，868680-84-6

化学名称 1-{3-氯-1-甲基-4-[(5*RS*)-5,6-二氢-5-甲基-1,4,2-二噁嗪-3-基]吡唑-5-基磺酰基}-3-(4,6-二甲氧基吡啶-2-基)脲。

理化性质 纯品为白色无气味固体，熔点176～178℃，密度1.49g/cm^3，溶解度（20℃，mg/L）：水33.3。

毒性 对哺乳动物的毒性极低，对鱼、鸟及天敌昆虫安全，大鼠经口急性LD_{50}

＞2000mg/kg，急性经皮 LC_{50}＞5.05mg/L；对兔皮肤无刺激性，对兔眼睛有轻微刺激性；Ames 试验阴性，微核试验阴性；对鲤鱼急性 LC_{50}＞95.1mg/L，大型溞 EC_{50}＞101mg/L；对西方蜜蜂 LD_{50}＞100μg/只（经口、接触），对北美鹑 LD_{50}＞2000mg/kg（经口），对赤子爱胜蚓 LC_{50}＞1000mg/kg。

作用方式　乙酰乳酸合成酶（ALS）抑制剂，在植物体内主要抑制关键氨基酸（缬氨酸、亮氨酸、异亮氨酸）的生物合成，从而使细胞分裂受阻，抑制植物生长。嗪吡嘧磺隆的作用靶标与现有磺酰脲类相同，但受体不同，故嗪吡嘧磺隆对现有磺酰脲类产生抗性的杂草具较好的防除效果。

防除对象　对现有磺酰脲类产生抗性的杂草具有较好的防除效果，如已产生抗性的萤蔺、三棱草、雨久花、鸭舌草、泽泻、野慈姑等田间杂草，对萤蔺和野慈姑具特效并抑制其地下块茎，降低次年发生的危害度，同时还能有效防除幼龄稗草、莎草科杂草及一年生、多年生阔叶杂草。

使用方法　水稻插秧返青后 3～7d（插秧后 10～20d），按照施用剂量 20～25g/亩，采用毒土、毒肥或喷雾法施用 33%嗪吡嘧磺隆水分散粒剂；施药后田间需保持水层 3～5cm，保水 5～7d（杂草未露出水面情况下效果最佳，超出水层需结合其他防除措施）；杂草发生严重时，可与丁草胺或苯噻·苄等混用，加强除草效果。

注意事项

（1）为确保效果稳定，插秧前需封闭处理。

（2）施用后需保水，沙质土或漏水田应避免使用。

（3）对部分水稻品种具有一定药害风险，如稻花香系列，需谨慎使用。

（4）异常高温或低温情况下需谨慎使用。

嗪草酸甲酯（fluthiacet-methyl）

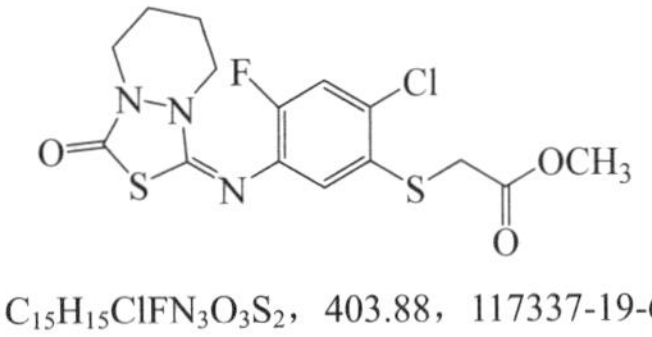

$C_{15}H_{15}ClFN_3O_3S_2$，403.88，117337-19-6

化学名称　[[2-氯-4-氟-5-[(四氢-3-氧代-1*H*-3*H*-(1,3,4)噻二唑[3,4*a*]亚哒嗪-1-基)氨基]苯基]硫]乙酸甲酯。

理化性质　原药为灰白色粉末，熔点 106℃，249℃分解，溶解度（20℃，mg/L）：水 0.85，丙酮 10100，二氯甲烷 53100，甲苯 8400，甲醇 441。

毒性　原大鼠急性经口 LD_{50}＞5000mg/kg，山齿鹑急性 LD_{50}＞2250mg/kg，虹

鳟 LC_{50}（96h）0.043mg/L，高毒；对大型溞 EC_{50}（48h）＞2.3mg/kg，中等毒性；对月牙藻 EC_{50}（72h）为 0.00251mg/L，高毒；对蜜蜂低毒，对蚯蚓中等毒性。对眼睛具刺激性，无神经毒性和皮肤刺激性，无致癌风险。

作用方式 稠杂环类触杀性茎叶处理除草剂，抑制敏感植物叶绿体合成中的原卟啉原氧化酶，造成原卟啉的积累、细胞膜坏死，进而导致植株枯死。

防除对象 用于大豆、玉米田防除一年生阔叶杂草，如藜、反枝苋、铁苋菜、苘麻等，尤其对苘麻特效。

使用方法 于大豆 1～2 片复叶、玉米 2～4 叶期，大部分一年生阔叶杂草 2～4 叶期施药，部分难防杂草如鸭跖草宜在两叶前用药。5%乳油亩制剂用量 10～15mL（东北地区）、8～12mL（其他地区），兑水 20～30L 稀释均匀后进行茎叶喷雾。

注意事项

（1）施药后大豆会产生轻微灼伤斑，一周可恢复正常生长，对产量无影响。

（2）如需防治禾本科杂草，可与防除禾本科杂草除草剂配合使用。

（3）尽量不要在高温条件下施药，高温下（大于 28℃）用药量酌减。

（4）嗪草酸甲酯降解速度较快，无后茬残留影响，但不得套种或混种敏感阔叶作物。

嗪草酮（metribuzin）

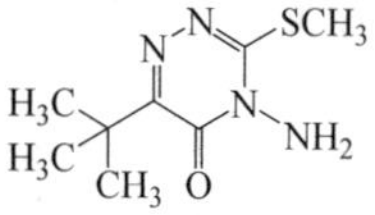

$C_8H_{14}N_4OS$，214.3，21087-64-9

化学名称 4-氨基-6-叔丁基-4,5-二氢-3-甲硫基-1,2,4-三嗪-5-酮。

理化性质 纯品嗪草酮为白色有轻微气味晶体，熔点 126℃，230℃分解，溶解度（20℃，mg/L）：水 10700，正庚烷 820，二甲苯 60000，乙酸乙酯 250000，丙酮 449400。土壤中易降解。

毒性 大鼠急性经口 LD_{50}＞322mg/kg，短期喂食毒性高；对山齿鹑急性 LD_{50} 164mg/kg，对虹鳟 LC_{50}（96h）为 74.6mg/L，中等毒性；对大型溞 EC_{50}（48h）为 49mg/kg，中等毒性；对 *Scenedesmus subspicatus* EC_{50}（72h）为 0.02mg/L，中等毒性；对蜜蜂接触毒性低、喂食毒性中等，对黄蜂低毒，对蚯蚓中等毒性。有生殖影响，无神经毒性，无眼睛、皮肤、呼吸道刺激性和眼睛致敏性，无染色体畸变和致癌风险。

作用方式 嗪草酮为三嗪类选择性除草剂。有效成分被杂草根系吸收随蒸腾流向上部传导，也可被叶片吸收在体内作有限的传导。主要通过抑制敏感植物的光合作用发挥杀草活性，施药后各敏感杂草萌发出苗不受影响，出苗后叶片褪绿，最后营养枯竭而致死。

防除对象　用于大豆、马铃薯田防除一年生的阔叶杂草和部分禾本科杂草，对多年生杂草效果不好。防除阔叶杂草如蓼、苋、藜、荠菜、小野芝麻、萹蓄、马齿苋、野生萝卜、田芥菜、苦荬菜、苣荬菜、繁缕、牛繁缕、荞麦蔓、香薷等有极好的效果，对苘麻、苍耳、鳢肠、龙葵则次之；对部分单子叶杂草如狗尾草、马唐、稗草、野燕麦、毒麦等有一定效果，对多年生杂草效果很差。

使用方法　于大豆、马铃薯播后苗前使用，也可用于马铃薯苗后（马铃薯 3～5 叶期，杂草 2～5 叶期）除草使用，以 75%水分散粒剂为例，大豆田每亩制剂用量 45～60g，马铃薯苗前使用每亩制剂用量 50～60g，兑水 30～50L 土壤喷雾，马铃薯苗后每亩使用剂量 18～22g，稀释均匀后对全田茎叶均匀喷雾。

注意事项

（1）严禁用于土壤有机质含量低于 2%的轻质砂土。若土壤含有大量黏质土及腐殖质，药量要酌情提高，反之减少。

（2）在 pH 7.5 以上的土壤应采用低限剂量，以免发生药害。

（3）温度对嗪草酮的除草效果及作物安全性亦有一定影响，温度高的较温度低的地区用药量低。大豆播后苗前施药，在雨量低的地区使用较高剂量，施药后有较大降水或大水漫灌，会使大豆根部吸收药剂而发生药害，春季低温多雨地区慎用。

（4）北豆系列大豆品种不宜用本品。

（5）大豆播种深度至少 3.5～4cm，播种过浅易发生药害。

（6）土壤具有适当的温度有利于根的吸收，若土壤干燥应于施药后浅混土。

（7）高用药量对下茬甜菜、洋葱生长有影响，需要间隔 18 个月再种植。

青鲜素（maleic hydrazide，MH）

O= ⟨HN-NH⟩ =O 或 HO- ⟨N-N⟩ -OH

$C_4H_4N_2O_2$，112.09，123-33-1

其他名称　抑芽丹，马来酰肼，木息，顺丁烯二酸酰肼，失水苹果酰肼，MH-30，sprout-stop，Regulox，Retard，Malazide，Desprout，Birtoline。

化学名称　顺丁烯二酸联胺，1,2-二羟-3,6-哒嗪二酮，6-羟基-3-(2*H*)-哒嗪酮。

理化性质　纯品为无色结晶体，熔点 296～298℃，难溶于水，在水中的溶解度为 2000mg/kg，其钠盐、钾盐和铵盐易溶于水，易溶于乙酸、二乙醇胺或三乙醇胺，稍溶于乙醇，在乙醇中的溶解度为2000mg/kg，而难溶于热乙醇。商品为棕色液体，为含量25%～35%的青鲜素钠盐水剂。稳定性很强，耐贮藏，使用时可直接用水稀释，通常加0.1%～0.5%表面活性剂，以提高青鲜素活性。

毒性 大白鼠急性经口 LD_{50}：3800～6800mg/kg。无刺激性。对大白鼠用含钠盐的饲料在50000mg/kg剂量下饲喂2年，未出现中毒症状。不致癌。

作用特点 是一种暂时性植物生长抑制剂或选择性除草剂。青鲜素经植物吸收后，能在植物体内传导到生长活跃部位，并积累在顶芽里，但不参与代谢。青鲜素在植物体内与巯基发生反应，抑制植物的顶端分生组织细胞分裂，破坏顶端优势，抑制顶芽旺长。使光合产物向下输送到腋芽、侧芽或块茎、块根里。能抑制这些芽的萌发，或延长萌发期。青鲜素的分子结构与尿嘧啶类似，是植物体内尿嘧啶代谢拮抗物，可渗入核糖核酸中，抑制尿嘧啶进入细胞与核糖核酸结合。主要作用是阻碍核酸合成，并与蛋白质结合而影响酶系统。在生产中用于延缓植物休眠，延长农产品贮藏期，控制侧芽生长等。

适宜作物 可用于马铃薯、洋葱、大蒜、萝卜等在贮藏期防止发芽；也可用于棉花、玉米杀雄；对山桃、女贞等可起到打尖修顶的作用；用于烟叶抑制侧芽。青鲜素与2,4-滴混合配制，可作除草剂，用于抑制草坪、树篱和树的生长。

应用技术

（1）抑制萌芽，延长农产品贮藏期

① 马铃薯、洋葱、大蒜 在收获前2～3周，叶片尚绿时，用2000～3000mg/kg青鲜素溶液叶面喷施，可延缓贮藏期发芽与生根，减少养分消耗，避免因长途运输或贮藏期间变质而造成损失。利用青鲜素处理可做到马铃薯全年上市，缓和蔬菜供应淡旺季节的矛盾。用2000～3000mg/kg青鲜素溶液，每亩用50kg药液叶面喷施马铃薯，可以防止马铃薯块茎在贮藏期间发芽，呼吸下降，淀粉水解减少。

② 糖用甜菜 在收获前15～30d，用500mg/kg青鲜素溶液喷洒叶下根茎部1次，可抑制甜菜后期叶片生长，增加块根糖分积累，减少贮存中糖分的损失，防止空心或发芽。

③ 甘薯 收获前2～3周，用2000mg/kg青鲜素溶液叶面喷洒一次，可防止甘薯生根和发芽。

④ 抑制烟叶侧芽 烟叶侧芽萌发始期用30%铵盐600倍稀释液每亩喷洒50kg，隔7d左右喷1次，共喷3～4次，可有效抑制侧芽生长，促进叶色变黄，叶质增厚。

虽然青鲜素价格廉、效果较好，但对人畜不够安全，故生产上将青鲜素与抑芽敏混合使用，在腋芽刚萌发时，将两种抑芽剂按照1：（1～4）的比例混合，不但提高了抑芽的效果，还扩大了适用期，减少了青鲜素的残留。

（2）抑制抽薹开花

① 胡萝卜、萝卜 对二年生胡萝卜和萝卜，在采收前1～4周，用1000～2000mg/kg青鲜素溶液叶面喷洒一次，可抑制抽薹，减少养分消耗，保持原有色泽

与品质。

② 甘蓝、结球白菜、芹菜、莴苣　甘蓝或结球白菜，在采收前 2～4 周用 2500mg/kg 青鲜素溶液叶面喷洒，可抑制花芽分化和抽薹开花，促进叶片生长和叶球形成。用 50～100mg/kg 青鲜素溶液喷洒，可防止芹菜和莴苣抽薹。

③ 甜菜　花芽分化初期，用 3000mg/kg 青鲜素溶液叶面喷洒，可抑制甜菜在越冬期间抽薹，延长生长期，提高块根的产量和含糖量。

④ 甘蔗　甘蔗开花会影响植株糖分的积累，在甘蔗穗分化初期用 3000～5000mg/kg 青鲜素溶液喷洒顶部，可抑制开花，增加糖含量。

⑤ 芦苇　是造纸原料之一，在造纸工艺过程中，易把芦苇花穗上的护颖带入纸浆，严重影响纸的质量，不利于印刷。用青鲜素可抑制芦苇开花。芦苇幼穗分化期，用 3000mg/kg 青鲜素溶液喷洒 2 次，间隔 2 周，可抑制开花，或使小花不育，增加植株纤维含量。

（3）化学整株

① 烟草　摘心后，用 2500mg/kg 青鲜素溶液喷洒上部 5～6 片叶，能控制顶芽与腋芽生长，代替人工掰杈。对防治烟草赤星病有一定效果。烟草早花期或抽芽期，用 500mg/kg 青鲜素溶液喷洒 2 次，间隔 4d，可抑制花序发育，使花粉发育不良，产生空的子房，促进叶片增大，改善品质。

② 草莓　移栽后，以 1000mg/kg 青鲜素溶液喷洒草莓植株，可减少匍匐枝的发育，使果实增大。

③ 茶树　打顶是生产上常用的整枝方法，用 500～1000mg/kg 青鲜素溶液喷洒，可抑制茶树新枝形成和发芽，减少冬季的冻伤和落叶，改善茶叶品质。

④ 豇豆　用 200～400mg/kg 青鲜素溶液喷洒，可抑制豇豆顶芽生长，促进侧芽生长，增加开花结荚数，提高种子产量。

⑤ 糖用甜菜　留种株在盛花期或种子形成期，用 100～500mg/kg 青鲜素溶液喷洒，可代替人工去芽，增加种子产量。

⑥ 绿篱植物　往往需要人工打尖或整修，抑制生长过旺与新梢形成，以改善株型。用青鲜素 1000～5000mg/kg 溶液处理绿篱植物，如黄杨、鼠李、榔榆、山楂、女贞、日本荚蒾、火棘、毡毛栒子、夹竹桃等，可代替人工修剪，节省劳力。一般在春季人工整修后用青鲜素溶液全株喷洒，可抑制顶芽生长，促进侧枝生长，使株型密集，提高观赏价值。青鲜素一般使用两个月后被降解，不会影响再生长。长期使用，对树木的寿命也没有不良影响。

⑦ 松树　松柏类植物对青鲜素耐药力比较大，用 1000～2500mg/kg 青鲜素处理常绿松树，可控制新芽的过度生长，有效期达 4 个月。

⑧ 行道树　行道树的树冠往往会由于生长过旺，影响交通安全，以及遮挡夜间照明等。用 1000～5000mg/kg 青鲜素溶液在春季行道树腋芽开始生长时喷洒全株，由于新发育的叶片比长成的叶片更易吸收青鲜素，可使叶片吸收部位附近的顶

芽生长受到抑制。在2～3月份天气晴朗、树身干燥时，对白蜡树、栎树、白杨、榆树等用1500～3000mg/kg青鲜素溶液喷洒，可控制疯杈和枝条生长，使用浓度和效果与植物品种和年龄有关，一般在修剪之后或春季腋芽开始生长时使用效果最好。处理时如空气湿度较高，有利于增加植株对青鲜素的吸收量。

（4）诱导雄性不育

① 棉花　现蕾后与接近开花期，以800～1000mg/kg青鲜素溶液喷洒2次，可杀死棉花雄蕊。

② 玉米　在生长出6～7片叶时，用500mg/kg青鲜素溶液，1周1次，共3次，可去雄。

③ 瓜类　青鲜素能诱导增加雌花。黄瓜幼苗期，用100～200mg/kg青鲜素溶液喷洒，隔10d喷洒1次，共喷洒2次，可提高雌花比例，增加坐果。西瓜在2叶1心期，以100mg/kg青鲜素溶液喷洒，间隔1周1次，共喷2次，可提高早期产量和总产量。苦瓜、甜瓜1～2叶阶段，用青鲜素处理有同样效果。

（5）切花保鲜

① 月季、香石竹、菊花　在含糖（糖3.5%、硫酸铝100mg/kg、柠檬酸1000mg/kg、硫酸联氨700mg/kg）保鲜液中，加入2500mg/kg青鲜素，对月季、香石竹、菊花、金鱼草等切花有良好的保鲜效果。

② 金鱼草、羽扇豆、大丽花　用250～500mg/kg青鲜素溶液在切花贮存前进行处理，可延长贮藏期，保持质量。

注意事项

（1）青鲜素当除草剂使用时，可抑制耕地杂草和灌木的生长，如每亩用25%青鲜素1.2～2L加水50L喷雾，可控制多年生杂草3～4个月，也可抑制灌木生长。

（2）在块茎作物上喷洒青鲜素，要视收获后贮藏与否，若在收获后不需贮藏，则不要喷洒，以免农药残留量过大，影响食品安全。必须严格控制使用浓度，原则上，使用浓度越高，抑制萌芽的效果越明显，但也越使果蔬腐烂。通常青鲜素使用浓度在1000～4000mg/kg之间。青鲜素处理，一定要掌握好采收前喷洒的时间、部位和浓度。喷洒过早，如在叶子生长旺盛时期处理，会抑制块根块茎的膨大生长，影响产量，且抑制萌芽的效果反而差；若喷洒过迟，叶子已经枯黄，就失去了吸收和运转的能力，起不到应有的效果。青鲜素必须在果蔬采收前，喷洒在果蔬叶面，而不能于采后处理。处理过的马铃薯不能留种用，不要处理因缺水或霜冻所致生长不良的马铃薯。

（3）容器用后要洗净，如有残留将影响其他作物。不要让药剂接触皮肤与眼睛。操作人员在使用后，要用清水洗手后再用餐。喷过药的作物、饲料勿喂饲牲畜，喷药区内勿放牧；无专用解毒药，若误服，需做催吐处理，进行对症治疗。贮存在阴凉干燥处。

（4）青鲜素在土表和植物茎叶表面不易消解，也不易在土壤中淋失。因此，应尽量避免在直接食用的农作物上使用，只能用于留种的作物。在收获后不需贮藏的块茎作物上，不可喷洒青鲜素，以免过量残留，食用不安全。对某些作物需在生长前期使用时，必须经过残留试验后方能推广。植物吸收青鲜素较慢，如施用 24h 内下雨，将降低药效。使用时加入乳化剂效果更好。

（5）作为烟草控芽剂的最适浓度较窄，较低时效果差，较高时易产生药害，应严格限制使用浓度。

（6）在酸性、碱性和中性溶液中均稳定，在硬水中析出沉淀。但对氧化剂不稳定，遇强酸可分解出氮。对铁器有轻微腐蚀性。

氰草津（cyanazine）

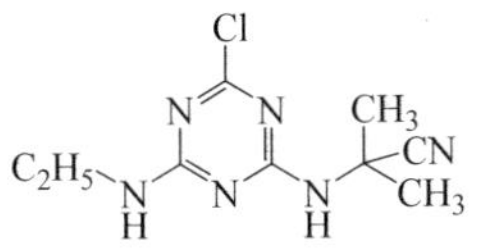

$C_9H_{13}ClN_6$，240.7，21725-46-2

化学名称　2-氯-4-(1-氰基-1-甲基乙氨基)-6-乙氨基-1,3,5-三嗪。

理化性质　白色晶体，熔点 167.5～169℃，溶解度（20℃，mg/L）：水 171，丙酮 195000，乙醇 45000，苯 15000，己烷 15000。对光和热稳定，在 pH 5～9 稳定，强酸、强碱介质中水解。

毒性　大鼠急性经口 LD_{50} 288mg/kg，*Rasbora heteromorpha* LC_{50}（96h）为 10mg/L，中等毒性；对大型溞 EC_{50}（48h）为 49mg/kg，中等毒性；*Scenedesmus quadricauda* EC_{50}（72h）0.2mg/L，中等毒性；对蜜蜂、蚯蚓中等毒性。对呼吸道具刺激性，具神经毒性和生殖影响。

作用方式　氰草津是选择性内吸传导型除草剂，以根部吸收为主，叶部也能吸收，通过抑制光合作用，使杂草枯萎而死亡。选择性是因为玉米本身含有一种酶能分解氰草津。药效 2～3 个月，对后茬种植小麦无影响。除草活性与土壤类型有关，土壤有机质多为黏土时用药量需要适当增加。在潮湿土壤中半衰期 14～16d，在土壤有机质中被土壤微生物分解。

防除对象　可防治一年生禾本科杂草和阔叶杂草，如早熟禾、马唐、狗尾草、牛筋草、𦰡草、野燕麦、蓼、苋、藜、铁苋菜、马齿苋等。对双子叶杂草的防除效果优于单子叶杂草，对反枝苋、马齿苋、狗尾草、牛筋草效果明显，对马唐有效，对稗草、硬草效果差，对多年生杂草和莎草科杂草效果差。

使用方法　在玉米、高粱播后苗前，每亩用 40%氰草津悬浮剂 200～300mL，对水 40～50L 喷雾土表；或玉米 4 叶期前、杂草高 3～5cm 时，茎叶喷雾处理，每亩用 40%氰草津悬浮剂 200mL。

注意事项

（1）春玉米田宜苗后茎叶处理；苗前处理因干旱防效差，可以浅混土以提高药效。

（2）玉米 4 叶期后施用易产生药害，温度过低或过高时对玉米不安全。

（3）施药后即下中至大雨玉米易发生药害，积水田药害更严重。

氰氟草酯（cyhalofop-butyl）

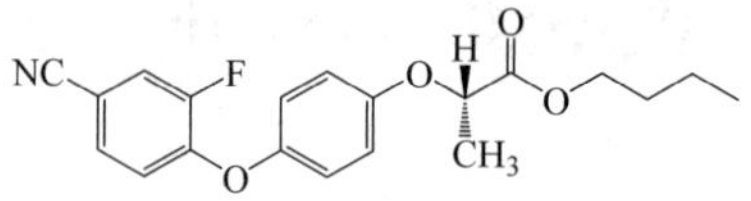

$C_{20}H_{20}FNO_4$，357.4，122008-85-9

化学名称 (*R*)-2-[4-(4-氰基-2-氟苯氧基)苯氧基]丙酸丁酯。

理化性质 纯品氰氟草酯为白色晶体，熔点 49.5℃，沸点＞270℃（分解）；溶解度（20℃）：水 0.44mg/L，乙腈、丙酮、乙酸乙酯、二氯甲烷、甲醇、甲苯＞250g/L；在 pH 1.2、9.0 时迅速分解。

毒性 急性 LD_{50}（mg/kg）：大（小）鼠经口＞5000，经皮大鼠＞2000；对兔皮肤无刺激性，对兔眼睛有轻微刺激性；以 0.8～2.5mg/（kg·d）剂量饲喂大鼠，未发现异常现象；对动物无致畸、致突变、致癌作用。

作用方式 内吸传导性除草剂。由植物体的叶片和叶鞘吸收，韧皮部传导，积累于植物体的分生组织区，抑制乙酰辅酶 A 羧化酶（ACCase），使脂肪酸合成停止，细胞的生长分裂不能正常进行，膜系统等含脂结构破坏，最后导致植物死亡。从氰氟草酯被吸收到杂草死亡比较缓慢，一般需要 1～3 周。杂草在施药后的症状如下：四叶期的嫩芽萎缩，导致死亡。二叶期的老叶变化极小，保持绿色。

防除对象 主要用于防除重要的禾本科杂草。氰氟草酯对千金子高效，对低龄稗草有一定的防效，还可防除、马唐、双穗雀稗、狗尾草、牛筋草、看麦娘等，对莎草科杂草和阔叶杂草无效。

使用方法

（1）秧田 稗草 1.5～2 叶期，每公顷用 10%乳油 450～750mL（每亩 30～50mL），加水 450～600kg（每亩 30～40kg），茎叶喷雾。

（2）直播田、移栽田和抛秧田 稗草 2～4 叶期，每公顷用 10%乳油 750～1005mL（每亩 50～67mL），加水 450～600kg（每亩 30～40kg），做茎叶喷雾，防治大龄杂草时应适当加大用药量。

注意事项

（1）氰氟草酯在土壤中和稻田中降解迅速，对后茬作物和水稻安全，但不宜用作土壤处理（毒土或毒肥法）。

（2）与氰氟草酯混用无拮抗作用的除草剂有异噁草松、禾草丹、丙草胺、二甲戊灵、丁草胺、二氯喹啉酸、噁草酮、氯氟吡氧乙酸。氰氟草酸与2甲4氯、磺酰脲类以及苯达松混用时可能会有拮抗现象，可通过调节用量来克服。如需防除阔叶草及莎草科杂草，最好施用7d后再施用防阔叶杂草除草剂。

（3）施药时，土表水层小于1cm或排干（土壤水分为饱和状态）可达最佳药效，杂草植株50%高于水面，也可达到较理想的效果。旱育秧田或旱直播田施药时田间持水量饱和可保证杂草生长旺盛，从而保证最佳药效。施药后24～48h灌水，防止新杂草萌发。干燥情况下应酌情增加用量。

（4）10%氰氟草酯乳油中已含有最佳助剂，使用时不必再添加其他助剂。

（5）使用较高压力、低容量喷雾。

药害　水稻幼苗期过量施药（5g/亩），可产生不同程度的药害。

药害症状　在育苗秧田用其做茎叶处理受害，表现心叶稍卷，叶尖变黄、变褐枯干，有时在外叶（第一叶片）上部产生褐斑，幼苗矮小，生长停滞。在移植本田用其做茎叶处理受害，表现叶片的叶尖、叶缘产生漫连紫褐色斑，随后纵向卷缩枯干，分蘖减少，根系短小。

氰氟虫腙（metaflumizone）

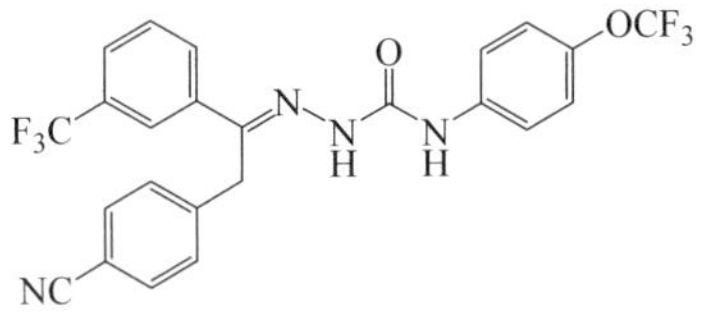

$C_{24}H_{16}F_6N_4O_2$，506.40，139968-49-3

其他名称　艾杀特、艾法迪。

化学名称　(*E*+*Z*)-[2-(4-氰基苯)-1-[3-(三氟甲基)苯]亚乙基]-*N*-[4-(三氟甲氧基)苯]-联氨羰草酰胺。

理化性质　原药外观为白色固体粉末，密度1.461g/cm^3，带芳香味。pH 6.48，冷、热贮存稳定（54℃）。

毒性　急性经口LD_{50}大鼠（雌/雄）＞5000mg/kg，急性经皮LD_{50}大鼠（雌/雄）＞5000mg/kg。

作用特点 主要是胃毒作用，带触杀作用，阻碍神经系统的钠路径引起神经麻痹。可用于防治鳞翅目和鞘翅目害虫，对哺乳动物和非靶标生物低风险。

适宜作物 蔬菜、水稻等。

防除对象 蔬菜害虫如甜菜夜蛾、小菜蛾等；水稻害虫如稻纵卷叶螟、二化螟等。

应用技术 以22%氰氟虫腙悬浮剂为例。

（1）防治蔬菜害虫

① 甜菜夜蛾 在甜菜夜蛾发生初盛期施药，用22%氰氟虫腙悬浮剂67～87mL/亩均匀喷雾。

② 小菜蛾 在低龄幼虫高发期施药，用22%氰氟虫腙悬浮剂70～85mL/亩均匀喷雾。

（2）防治水稻害虫 防治稻纵卷叶螟，在低龄幼虫高发期施药，用22%氰氟虫腙悬浮剂30～50mL/亩均匀喷雾。

注意事项

（1）对鱼毒性高，药械不得在池塘等水源和水体中洗涤，残液不得倒入水源和水体中。

（2）本品对鱼类等水生生物、蚕、蜂高毒，施药时避免对周围蜂群产生影响，开花植物花期、桑园、蚕室附近禁用，赤眼蜂等天敌放飞区域禁用。

（3）建议与其他不同作用机制的杀虫剂轮换使用。

（4）儿童、孕妇及哺乳期妇女应避免接触。

氰菌胺（fenoxanil）

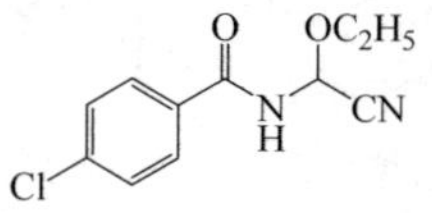

$C_{11}H_{11}ClN_2O_2$，238.67，84527-51-5

化学名称 (*RS*)-4-氯-*N*-[氰基(乙氧基)甲基]苯甲酰胺。

理化性质 浅褐色结晶固体，熔点69.0～72.5℃，20℃溶解度（g/L）：水0.167（pH 5.3），甲醇272，丙酮＞500，二氯甲烷271，二甲苯26，乙酸乙酯336，己烷0.12，常温下贮存至少9个月内稳定。

毒性 大鼠急性经口 LD_{50}＞5000mg/kg（雄）、4211mg/kg（雌），大鼠急性经皮 LD_{50}（雄和雌）＞2000mg/kg，对兔眼睛和皮肤无刺激性、无“三致”。

作用特点 氰菌胺是一个具有内吸传导作用的稻瘟病防治剂，通过抑制附着胞的渗透从而阻止稻瘟病致病菌（*Pyricularia oryzae*）的侵染，实验表明氰菌胺是黑色素（melanin）生物合成抑制剂，具体而言为脱氢酶抑制剂，与其他的诸如环丙酰菌胺等稻瘟病黑色素合成抑制剂一样，在黑色素合成体系中对从小柱孢酮生化合成中的有关脱氢酶——小柱孢酮脱氢酶具有抑制作用。氰菌胺在叶面和水下施用时防治稻瘟病效果更佳，且持效显著，具有内吸和残留活性。

适宜作物　水稻。对作物、哺乳动物、环境安全。

防治对象　稻瘟病。

使用方法　茎叶处理。使用剂量为6.45～25.8g（a.i.）/亩。

注意事项

（1）严格按照农药安全规定使用此药，避免药液或药粉直接接触身体，如果药液不小心溅入眼睛，应立即用清水冲洗干净并携带此药标签去医院就医；

（2）此药应储存在阴凉和儿童接触不到的地方；

（3）如果误服要立即送往医院治疗；

（4）施药后各种工具要认真清洗，污水和剩余药液要妥善处理保存，不得任意倾倒，以免污染鱼塘、水源及土壤；

（5）搬运时应注意轻拿轻放，以免破损污染环境，运输和储存时应有专门的车皮和仓库，不得与食物和日用品一起运输，应储存在干燥和通风良好的仓库中。

氰霜唑（cyazofamid）

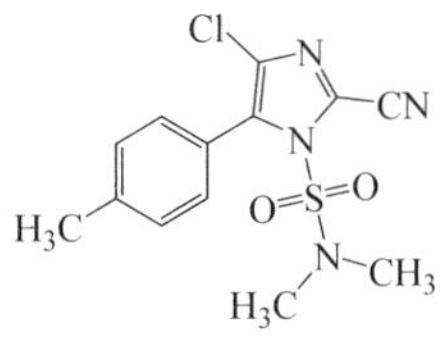

Cl　N　CN　N　O=S=O　N　CH$_3$　H$_3$C　H$_3$C

$C_{13}H_{12}ClN_4O_2S$，324.78，120116-88-3

化学名称　4-氯-2-氰基-*N*,*N*-二甲基-5-对甲苯基咪唑-1-磺酰胺。

理化性质　纯品氰霜唑为浅黄色粉状固体，熔点152.7℃；溶解性（20℃）：难溶于水。

毒性　急性LD_{50}（mg/kg）：大、小鼠经口＞5000，经皮＞2000；对兔眼睛和皮肤无刺激性；对动物无致畸、致突变、致癌作用。

作用特点　氰霜唑具有很好的保护作用和一定的内吸、治疗活性。是线粒体呼吸抑制剂，是细胞色素bc_1中Q_i抑制剂，不同于β-甲氧基丙烯酸酯（是细胞色素bc_1中Q_o抑制剂）。持效期长，且耐雨水冲刷。对卵菌所有生长阶段均有作用，对甲霜灵产生抗性或敏感的病菌均有活性。

适宜作物 马铃薯、葡萄、荔枝、黄瓜、白菜、番茄、洋葱、莴苣、草坪。在推荐剂量下使用对作物和环境安全。

防治对象 霜霉病、疫病如黄瓜霜霉病、葡萄霜霉病、番茄晚疫病、马铃薯晚疫病等。

使用方法 既可用作茎叶处理，也可用于土壤处理（防治草坪和白菜病害）。使用剂量为4～6.7g（a.i.）/亩。

（1）防治蔬菜病害

① 防治番茄晚疫病、黄瓜霜霉病，发病初期用10%悬浮剂50～70mL/亩对水40～50kg喷雾。

② 防治马铃薯晚疫病，发病初期用10%悬浮剂2000～2500倍液喷雾。

（2）防治果树病害　防治葡萄霜霉病，荔枝霜疫霉病、疫病，发病初期用10%悬浮剂2000～2500倍液喷雾。

（3）防治大白菜根肿病　10%氰霜唑悬浮剂150mL/亩，连续施药2～3次，第1次于播种前拌毒土穴施塘底，再播种；第2次于出苗后（播种后5～7d）按2000倍液用药液300L/亩，灌根，间隔7～10d再灌1次，防效显著。

（4）防治番茄晚疫病　发病初期用10%氰霜唑悬浮剂30～40mL/亩，间隔7～10d，连续施药2～3次。

（5）防治荔枝霜疫霉病　在荔枝花蕾期至成熟期用10%氰霜唑悬浮剂2000～2500倍，花穗期喷药1～2次，挂果期喷药3～4次，即在小果期、中果期、膨大期或果实转色前期、果实转色期或采果前10～20d各喷药1次，施药间隔时间为10～15d。

注意事项 防治番茄晚疫病时为防止长期单独使用产生抗性，与其他杀菌剂交替轮换使用。

氰戊菊酯（fenvalerate）

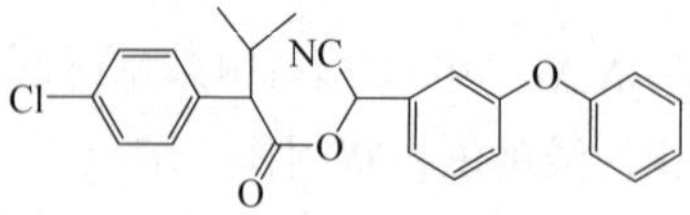

$C_{25}H_{22}ClNO_3$，419.9，51630-58-1

其他名称 中西杀灭菊酯、杀灭菊酯、速灭菊酯、戊酸氰菊酯、异戊氰菊酯、敌虫菊酯、杀虫菊酯、百虫灵、虫畏灵、分杀、芬化力、军星10号、杀灭虫净、速灭杀丁、Fenkill、Fenvalethrin、Sumitox、Sumicidin、Belmark、Pydrin。

化学名称 (*R*,*S*)-*α*-氰基-3-苯氧苄基(*R*,*S*)-2-(4-氯苯基)-3-甲基丁酸酯。

理化性质　纯品为黄色油状液体，原药（含氯氰菊酯 92%）为黄色或棕色黏稠液体，熔点 39.5～53.7℃。易溶于丙酮、乙腈、氯仿、乙酸乙酯、二甲基甲酰胺、二甲基亚砜、二甲苯等有机溶剂，在酸性介质中稳定，在碱性介质中会分解，加热 150～300℃时逐渐分解，常温下贮存 1 年分解率：40℃为 6.98%，60℃为 6.09%。30℃时 3d 分解率：pH 3.4 时为 8.7%，pH 7.3 时为 31.3%，pH 10.8 时为 97.3%。

毒性　鼠急性经口 LD_{50} 451mg/kg。对兔皮肤有轻度刺激作用、对眼睛有中度刺激性，动物试验未发现致癌和繁殖毒性。对鱼和水生动物有毒。

作用特点　杀虫谱广，具有强烈的触杀和胃毒作用，无内吸和熏蒸作用，对一些害虫的卵也具有杀伤作用，同时还具有忌避作用。药效较为迅速，可将害虫控制在危害前。

适宜作物　蔬菜、棉花、大豆、烟草、果树、茶树等。

防除对象　蔬菜害虫如菜青虫、蚜虫等；棉花害虫如棉红铃虫、棉蚜等；大豆害虫如大豆食心虫、豆荚螟、大豆蚜虫、小地老虎、烟青虫等；果树害虫如桃小食心虫、梨小食心虫、柑橘潜叶蛾等；卫生害虫如蜚蠊、白蚁等。

应用技术　以 20%氰戊菊酯乳油、0.9%氰戊菊酯粉剂为例。

（1）防治蔬菜害虫

① 菜青虫　在卵孵盛期至低龄幼虫期施药，用 20%氰戊菊酯乳油 20～40g/亩均匀喷雾。

② 蚜虫　在蚜虫始盛期施药，用 20%氰戊菊酯乳油 20～40g/亩均匀喷雾。

（2）防治棉花害虫

① 红铃虫　在卵孵盛期至低龄幼虫期施药，用 20%氰戊菊酯乳油 25～50g/亩均匀喷雾。

② 棉蚜　在蚜虫始盛期施药，用 20%氰戊菊酯乳油 25～50g/亩均匀喷雾。

（3）防治油料及经济作物害虫

① 小地老虎　在幼虫三龄前施药，用 20%氰戊菊酯乳油 3.6～5mL/亩均匀喷雾。

② 烟青虫　在幼虫三龄前施药,用 20%氰戊菊酯乳油 3.6～5mL/亩均匀喷雾。

③ 豆荚螟　在卵孵化盛期或低龄幼虫期施药，用 20%氰戊菊酯乳油 20～40g/亩均匀喷雾。

④ 大豆食心虫　在卵孵化盛期或低龄幼虫期施药，用 20%氰戊菊酯乳油 20～30g/亩均匀喷雾。

⑤ 大豆蚜虫　在蚜虫始盛期开始施药，用 20%氰戊菊酯乳油 10～20g/亩均匀喷雾。

（4）防治果树害虫

① 梨小食心虫　在卵孵盛期至低龄幼虫钻蛀前施药，用 20%氰戊菊酯乳油 10000～20000 倍液均匀喷雾。

② 柑橘潜叶蛾　在卵孵盛期至低龄幼虫期施药，用20%氰戊菊酯乳油10000～20000倍液均匀喷雾。

③ 桃小食心虫　在苹果树桃小食心虫卵孵盛期施药，用20%氰戊菊酯乳油2000～2500倍液均匀喷雾。

（5）防治卫生害虫

① 蜚蠊　将0.9%氰戊菊酯粉剂按3g/m^{2}的药量撒布。

② 白蚁　新建、改建、扩建、装饰、装修的房屋实施白蚁预防处理。木材处理时用20%氰戊菊酯乳油80倍液均匀周到涂抹木材；土壤处理时用20%氰戊菊酯乳油160倍液（3L/m^2）喷雾。

注意事项

（1）本品禁止在茶树上使用。

（2）勿与碱性农药等物质混用。

（3）为延缓抗性产生，可与其他作用机制不同的杀虫剂轮换使用。

（4）本品对天敌、鱼虾、家蚕、蜜蜂等毒性高，使用时勿污染河流、池塘、桑园和养蜂场所等。施药后，禁止残液倒入河流，禁止器具在河流等水体中清洗。

（5）本品对螨类无效，在虫、螨并发时，要与专门的杀螨剂配合使用。

（6）施药后设立警示标志，人畜在施药后24h后方可进入施药地点。

（7）本品在蔬菜作物上的安全间隔期为夏季5d，秋冬季12d，最多使用3次，每次隔7～10d喷一次；在柑橘上的安全间隔期为20d，每季最多使用3次；在苹果树上的安全间隔期为14d，每季最多使用3次；在棉花上的安全间隔期为7d，最多使用3次；在烟草上使用的安全间隔期为21d，每季最多使用3次。

球孢白僵菌（*Beauveria bassiana*）

其他名称　Beauverial。

理化性质　外观为土灰色条状。

作用特点　本品是一种真菌类微生物杀虫剂，作用方式是球孢白僵菌接触虫体感染，通过穿透昆虫的体壁、呼吸道和消化道而感染寄主，降解体壁，破坏虫体组织并致其死亡。

适宜作物　蔬菜、水稻、玉米、小麦、棉花、茶树、林木、竹子、花生等。

防除对象　玉米害虫如玉米螟等；林木害虫如光肩星天牛、美国白蛾、松毛虫、松褐天牛、杨小舟蛾等；竹子害虫如竹蝗等；茶树害虫如茶小绿叶蝉等；水稻害虫如稻纵卷叶螟、二化螟等；小麦害虫如蚜虫等；蔬菜害虫如小菜蛾、蓟马、韭蛆等；花生地下害虫如蛴螬等。

应用技术　以150亿个孢子/g球孢白僵菌可湿性粉剂、150亿个孢子/g球孢白僵菌颗粒剂、400亿个孢子/g球孢白僵菌水分散粒剂、400亿个孢子/g球孢白僵菌可湿性粉剂为例。

（1）防治玉米害虫　防治玉米螟，在玉米螟卵孵盛期至低龄幼虫发生盛期施药，用400亿个孢子/g球孢白僵菌可湿性粉剂100～120g/亩均匀喷雾，注意心叶喇叭口内均匀着药。

（2）防治林木害虫

① 美国白蛾、杨小舟蛾、竹蝗　在杨树杨小舟蛾低龄幼虫期、林木美国白蛾2～3龄幼虫期、竹子竹蝗发生期施药，用400亿个孢子/g球孢白僵菌可湿性粉剂1500～2500倍液均匀喷雾。

② 光肩星天牛　防治成虫，用400亿个孢子/g球孢白僵菌可湿性粉剂1500～2500倍液喷雾；防治幼虫，向产卵孔或排泄孔注射400亿个孢子/g球孢白僵菌可湿性粉剂1500～2500倍液。

（3）防治茶树害虫　防治茶小绿叶蝉，在若虫初发期施药，用400亿个孢子/g球孢白僵菌可湿性粉剂25～30g/亩均匀喷雾；或用400亿个孢子/g球孢白僵菌水分散粒剂27.5～30g/亩均匀喷雾。

（4）防治蔬菜害虫

① 小菜蛾　在卵孵化高峰期至低龄幼虫期施药，用400亿个孢子/g球孢白僵菌水分散粒剂30～40g/亩均匀喷雾；或用400亿个孢子/g球孢白僵菌水分散粒剂26～35g/亩均匀喷雾。

② 蓟马　在辣椒蓟马低龄若虫发生初期施药，用150亿个孢子/g球孢白僵菌可湿性粉剂160～200g/亩均匀喷雾。

③ 韭蛆　在低龄幼虫盛发期，即韭菜叶尖开始发黄变软并逐渐向地面倒伏时施药，用150亿个孢子/g球孢白僵菌颗粒剂250～300g/亩撒施。

（5）防治水稻害虫

① 稻纵卷叶螟　在孵化盛期及1～2龄幼虫高峰期施药，用400亿个孢子/g球孢白僵菌水分散粒剂30～35g/亩均匀喷雾。

② 二化螟　在卵孵盛期或低龄幼虫发生初期施药，用150亿个孢子/g球孢白僵菌颗粒剂500～600g制剂/亩撒施。

（6）防治小麦害虫　防治蚜虫，在蚜虫发生初期施药，用150亿个孢子/g球孢白僵菌可湿性粉剂15～20g/亩均匀喷雾。

（7）防治花生地下害虫　防治蛴螬，用150亿个孢子/g球孢白僵菌可湿性粉剂250～300g/亩与细土或细沙混匀，在花生播种期穴施或花生开花下针期15～20kg/亩施于花生墩四周。

注意事项

（1）箱口一旦开启，应尽快用完，以免影响孢子活力。

（2）不可与杀菌剂混用，也不能与碱性物质混用。

（3）建议与其他不同作用机制的杀虫剂轮换使用，以延缓抗性产生。

（4）蚕室及桑园附近禁用，水产养殖区、河塘等水体附近禁用，禁止在河塘等水域清洗施药器具。

（5）玉米每季最多使用 1 次；在辣椒上的安全间隔期 7d，每季施药 1 次。

球形芽孢杆菌（*Bacillus sphaericus* H5a5b）

其他名称 C3-41 杀幼虫剂。

理化性质 制剂外观：灰色或褐色悬浮液体；pH 5.0～6.0；悬浮率≥80%。

毒性 急性 LD_{50}（mg/kg）：经口＞5000；经皮＞2000。

作用特点 本品系球形芽孢杆菌发酵配制而成，对人、畜、水生生物低毒，是一种高效、安全、选择性杀蚊的生物杀幼蚊剂。广泛用于杀灭各种孳生地中的库蚊、按蚊幼虫、伊蚊幼虫，中毒症状在取食 1h 后出现。强光照射可使其稳定性下降，即使在弱碱性条件下也会被迅速破坏。

防除对象 卫生害虫孑孓（蚊幼虫）。

应用技术 以 80ITU/mg 球形芽孢杆菌悬浮剂、100ITU/mg 球形芽孢杆菌悬浮剂为例。

防治卫生害虫孑孓，用 80ITU/mg 球形芽孢杆菌悬浮剂 4mL/m^2 均匀喷洒，15d 左右施药一次，水温 25℃左右为宜；或用 100ITU/mg 球形芽孢杆菌悬浮剂 3mL/m^2 稀释 50 倍均匀喷洒，间隔 10～15d 用药一次。

注意事项

（1）本品为生物制剂，应避免阳光紫外线照射。

（2）不能与碱性农药混用。

（3）不得直接用于河塘等流动水体，禁止在河塘等水域清洗施药器具，蚕室及桑园附近禁用。

炔草酯（clodinafop-propargyl）

$C_{17}H_{13}ClFNO_4$，339.7，105512-06-9

化学名称 (*R*)-2-[4-(5-氯-3-氟-2-吡啶氧基)苯氧基]丙酸炔丙酯。

理化性质 纯品为白色晶体，熔点 59.5℃。水中溶解度 2.0mg/L（20℃）。其他溶剂中溶解度（g/L，25℃）：甲苯 690，丙酮 880，乙醇 97，正己烷 7.5。在酸性介质中相对稳定，碱性介质中水解：DT_{50}（25℃）64h（pH 7），2.2h（pH 9）。

毒性 急性经口 LD_{50}（mg/kg）：大鼠＞1202，小鼠＞2000。大鼠急性经皮 LD_{50}＞2000mg/kg。对兔眼和皮肤无刺激性。大鼠急性吸入 LC_{50}（4h）3.325mg/L 空气。喂养试验无作用剂量[mg/(kg·d)]：大鼠 0.35，小鼠（18 个月）1.2，狗 3.3。无致畸，无致突变性，无繁殖毒性。鱼毒 LC_{50}（96h，mg/L）：鲤鱼 0.46，虹鳟鱼 0.39。对野生动物、无脊椎动物及昆虫低毒，LD_{50}（8d）：山齿鹑＞2000mg/L），蚯蚓＞210mg/kg 土壤。蜜蜂 LD_{50}（48h，经口和接触）＞100μg/只。

作用方式 抑制植物体内乙酰辅酶 A 羧化酶的活性，从而影响脂肪酸的合成，而脂肪酸是细胞膜形成的必要物质。炔草酯主要通过杂草叶部组织吸收，而根部几乎不吸收。叶部吸收后，通过木质部由上向下传导，并在分生组织中累积，高温、高湿条件下可加快传导速度。炔草酯在土壤中迅速降解为游离酸苯基和吡啶部分进入土壤，在土壤中基本无活性，对后茬作物无影响。

作用特点 该药杀草谱广，施药适期宽，混用性好。对小麦高度安全，适用于冬小麦和春小麦除草；加量使用不影响安全性，使用推荐剂量 2 倍药量对小麦无不良影响；温度变化不影响安全性，从 10 月份至次年 4 月份均可施药；安全性不受小麦生育期影响，从小麦 2 叶期至拔节期均可施药。该药残留期较短，在土壤中的半衰期为 10～15d，在通气条件下能快速降解，不易在土壤中移动、淋溶和累积，对下茬作物安全。

防除对象 对恶性禾本科杂草特别有效，与安全剂以一定比例混合，用于小麦田，主要防治禾本科杂草，如对鼠尾看麦娘、燕麦、黑麦草、早熟禾、狗尾草等有高效作用，另外有资料记录对硬草、茵草、棒头草也表现十分卓越。对阔叶杂草和莎草无效。一般施药 1～2d 后杂草停止生长，10～30d 后死亡。

使用方法 用药量有效成分一般在 30～45g/hm^2，用于小麦苗后茎叶喷雾 1 次，使用 60g/hm^2 剂量可造成小麦叶片黄化，但 20d 后可以恢复，在推荐范围内对小麦安全。炔草酯的使用与杂草的种类和使用时期密切相关。如果对野燕麦、看麦娘杂草 2～4 叶期使用，每亩用量 3g 兑水 15～30kg 喷雾，就可以获得满意的防效；后期 5～8 叶期，使用剂量提高到 4.5g 即可。如果对硬草、茵草、棒头草等为主的田块，杂草 2～4 叶期，每亩用量 4.5g；5～8 叶期，剂量提高到 5.25～6g。一般来说，在禾本科杂草 2～4 叶期，在温暖、潮湿的气候下，大多数杂草已经发芽并且生长旺盛时使用效果最佳。炔草酸（麦极）还有一个特点，它的防效和水的使用量没有关系，如果使用适当的喷雾设备，保证杂草均匀受药的情况下，一般使用 15kg 水也能取得一样的防效，这样可以节省用水和劳力。

注意事项

（1）建议在麦田进行除草时和苯磺隆、苄嘧磺隆可湿性粉剂等除草剂混用，以提高阔叶杂草的防治效果。

（2）冬前使用施药适期为禾本科杂草 2～4 叶期。

（3）施药后遇低温或干旱，药效发挥速度变慢，防除效果变差。

（4）小麦拔节后和大麦田不宜使用。

（5）在低温下使用对麦苗也有较好的安全性，但应避免在麦田受渍、生长弱的田块用药，否则容易出现药害，药害症状主要是麦苗生长受抑，并可能出现麦叶发黄症状。

（6）唑草酮与炔草酸混用，可以兼除麦田禾本科杂草和阔叶杂草，安全性和防效均好，但如果用到上述田块（麦田受渍、生长弱的田块），小麦受到唑草酮药害后，生长变弱，可能进一步受到炔草酸药害而生长受抑。

乳氟禾草灵（lactofen）

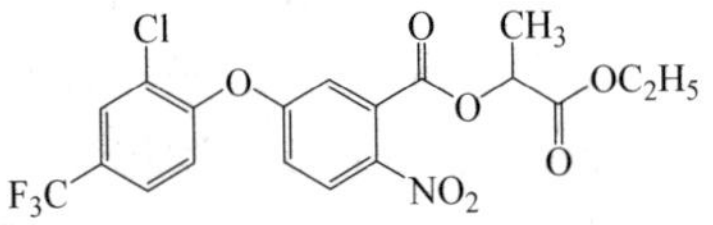

$C_{19}H_{15}ClF_3O_7N$，461.77，77501-63-4

化学名称 *O*-[5-(2-氯-*α*,*α*,*α*-三氟对甲苯氧基)-2-硝基苯甲酰基]-DL-乳酸乙酯。

理化性质 纯品乳氟禾草灵为深红色液体，熔点 44～46℃，几乎不溶于水，能溶于二甲苯。

毒性 急性 LD_{50}（mg/kg）：大鼠经口＞5000，兔经皮＞2000；对兔皮肤刺激性很小，对兔眼睛有中度刺激性；对鱼类高毒、对蜜蜂低毒、对鸟类毒性较低；对动物无致畸、致突变、致癌作用。

作用方式 该药为选择性苗后茎叶处理型除草剂，施药后杂草通过茎叶吸收，在体内进行有限传导，通过破坏细胞膜的完整性而导致细胞内容物的流失，从而使杂草干枯而死。

防除对象 主要用于大豆、棉花、花生、水稻、玉米等作物的阔叶杂草。如苍耳、反枝苋、龙葵、苘麻、柳叶刺蓼、酸模叶蓼、节蓼、卷茎蓼、铁苋菜、野西瓜苗、狼把草、鬼针草、藜、小藜、香薷、水棘针、鸭跖草（3 叶期以前）、地肤、马齿苋、豚草等一年生阔叶杂草，对多年生的苣荬菜、刺儿菜、大蓟、问荆等有较强的抑制作用，在干旱条件下对苍耳、苘麻、藜的效果明显下降。

使用方法 在大豆出苗后 2～4 叶复叶期，阔叶杂草基本出齐且大多数杂草植株不超过 5cm 高时，每亩用 24%乳氟禾草灵乳油 22～50mL（有效成分 5.3～12g），加水 25kg 进行均匀喷雾，且使杂草茎叶能均匀接触药液。夏大豆用药量低，每亩用有效成分不宜超过 8g，否则药害重。乳氟禾草灵是苗后触杀型除草剂，苗后早期施药被杂草茎叶吸收，抑制光合作用，充足的光照有助于药效发挥。

注意事项

（1）该药对作物的安全性较差，施药后会出现不同程度的药害，故施药时要尽可能地保证药液均匀，做到不重喷、不漏喷，且严格限制用药量。

（2）杂草生长状况和气象条件均可影响该药的活性。该药对 4 叶期以前生长旺盛的杂草杀草活性高，低温、干旱不利于药效的发挥。故施药时应选择合适的天气。

（3）空气相对湿度低于 65%，土壤长期干旱或温度超过 27℃时不应施药，施药后最好半小时内不降雨。

（4）切勿让该药接触皮肤和眼睛，若不慎染上，应立即用清水冲洗 15min 以上，如入眼还需请医生治疗。如误服该药中毒应用牛奶、蛋清催吐。

（5）本品应严格保管，勿与食物、饲料、种子存放一处。

药害

（1）大豆　用其做茎叶处理受害，表现着药叶片产生漫连形灰白色或淡褐色、棕褐色枯斑，有的嫩叶失绿变白，有的嫩叶叶面皱缩、叶缘翻卷并枯焦破裂，有的叶脉变褐。受害严重时，部分叶片和顶芽完全变褐，卷缩而枯死。

（2）花生　用其做茎叶处理受害，表现着药叶片产生黄褐色枯斑，嫩叶皱缩，植株生长缓慢而瘦小。受害严重时，叶片失绿变为灰白色或黄白色而枯死，顶芽变褐枯死。

噻苯隆（thidiazuron）

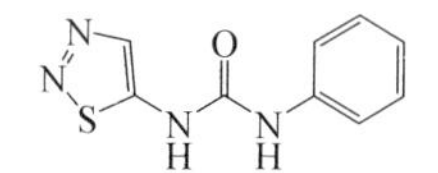

$C_9H_8N_4OS$，220.25，51707-55-2

其他名称　脱叶灵，脱落宝，脱叶脲，赛苯隆，益果灵，噻唑隆，艾格福，棉叶净，Difolit，Dropp，TDS，DEF。

化学名称　1-苯基-3-(1,2,3-噻二唑-5-基)脲，1-phenyl-3-(1,2,3-thiadiazol-5-yl) urea。

理化性质　纯品为无色无嗅结晶体，熔点 213℃（分解）。溶解度（20℃，mg/L）：水 2.3。其他溶剂中溶解度（20℃，g/L）：甲醇 4.2，二氯甲烷 0.003，甲苯 0.4，丙酮 6.67，乙酸乙酯 1.1，己烷 0.002。对热和酸性介质稳定，在碱性介质中会慢慢分解。制剂外观为浅黄色透明液体，pH 6.0～8.0。能被土壤强烈吸收，DT_{50}＜60d（大田条件）。

毒性 低毒，无致畸、致癌、致突变性。大鼠急性经口 LD_{50}＞4000mg/kg，急性经皮 LD_{50}＞1000mg/kg。对眼睛有轻度刺激作用，对皮肤无刺激性。对鱼类高毒。对蜜蜂无毒。工作环境允许浓度小于 0.5mg/m^3。

作用特点 高效脱叶剂，经由植株茎、叶吸收，传导到叶柄与茎之间，可促进叶柄与茎之间的分离组织自然形成而脱落。噻苯隆具有强烈促进细胞分裂的活性，使棉桃早熟开裂，易于采摘，还能使棉花增产 10%～20%。较高浓度下可以作为脱叶灵使用，可刺激乙烯形成，促进果胶和纤维素酶活性，从而促进成熟叶片脱落，加快棉桃吐絮；较低浓度则可以起到膨果的作用，能诱导植物细胞分裂、一些植物愈伤组织分化出芽，因而也可作坐果剂。

适宜作物 主要用作棉花落叶剂。对菜豆、大豆、花生等作物也具有明显抑制生长的作用，在植物组织培养基上也有应用。

应用技术

（1）脱叶 棉花后期使用噻苯隆促进落叶和开桃，可提高品质且利于机械采收，提高生产效率。噻苯隆促使棉花落叶的效果，取决于许多因素及相互作用。主要是温度、湿度以及施药后的降雨量。气温高、湿度大时效果好。使用剂量与植株高矮和密度有关。在我国中部，每亩 5000 株的条件下，于 9 月末每亩用 50%噻苯隆可湿性粉剂 100g，加水 50～75kg 进行全株叶面处理，施药后 10d 可使落叶、吐絮增多，15d 达到高峰，20d 后有所下降。上述处理剂量有利于作物提前收获和早播冬小麦，而且对后茬作物生长无影响。噻苯隆可使棉花早熟，棉铃吐絮相对提前、集中，增加霜前棉的比例。棉花不夹壳、不掉絮、不落花、增加纤维长度、提高衣分，有利于机械、人工采收。噻苯隆药效维持时间较长，叶片在青绿状态下就会脱落，彻底解决“枯而不落”的问题，减少叶片对机采棉的污染，提高机械化采棉作业的质量和效率。同时，对蚜虫也有较强的抑制作用。所以，噻苯隆在棉花种植上的使用越来越广泛。

（2）抑制生长

① 黄瓜 用 2mg/L 喷洒即将开放的黄瓜雌花花托，可促进坐果，增加单果重。

② 芹菜 芹菜采收后，用 1～10mg/L 喷洒绿叶，可使芹菜叶片较长时间保持绿色，延缓叶片衰老。

（3）增加产量、提高品质

① 葡萄 用 4～6mg/L 的噻苯隆药液在花期喷洒植株，每亩药液 75kg（稀释 175～250 倍），均匀喷雾。有增产、提质、增效、抗病等效果，尤其对酿酒葡萄增产效果明显，不足之处是成熟期推迟。

② 甜瓜 用 2.5～3.3mg/L 的噻苯隆药液喷洒植株，可增产、提高坐果率。

注意事项

（1）施药时要严格掌握，不要在棉桃开裂 60%以下时喷施，以免影响品质和产量，同时要注意降水情况，施药后 2d 内下雨会影响药剂效果。

（2）要根据棉花种植密度和植株的高矮灵活掌握施药剂量，一般每亩种植5000株时用药100g，种植株数少可减少用药量。

（3）贮存处远离食品、饲料和水源。施药后要认真清洗喷雾器。清洗容器和处理废旧药液时，注意不要污染水源。

（4）操作时注意防护，喷药时防止药液沾染眼睛，避免吸入药雾和粉尘。

噻虫胺（clothianidin）

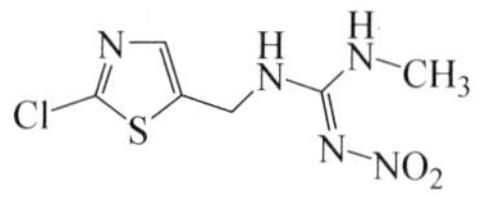

$C_6H_8ClN_5O_2S$，249.7，210880-92-5

其他名称 frusuing、Dantostu、可尼丁。

化学名称 (*E*)-1-(2-氯-1,3-噻唑-5-基甲基)-3-甲基-2-硝基胍。

理化性质 熔点176.8℃，溶解度：水0.327g/L，丙酮15.2g/L，甲醇6.26g/L，乙酸乙酯2.03g/L，二氯甲烷1.32g/L，二甲苯0.0128g/L。

毒性 大鼠急性经口LD_{50}＞5000mg/kg（雌、雄），急性经皮LD_{50}＞2000mg/kg（雌、雄）；对兔皮肤无刺激性，对兔眼睛轻度刺激。

作用特点 噻虫胺结合位于神经后突触的烟碱型乙酰胆碱受体，属新型烟碱类杀虫剂，具有内吸性、触杀和胃毒作用，可以快速被植物吸收并广泛分布于作物体内，是一种高活性的广谱杀虫剂。适用于叶面喷雾、土壤处理作用。经室内对白粉虱的毒力测定和对番茄烟粉虱的田间药效试验表明，具有较高活性和较好防治效果。表现出较好的速效性，持效期在7d左右。

适宜作物 蔬菜、水稻、玉米、棉花、甘蔗、花生、果树、茶树、观赏植物等。

防除对象 主要用于水稻、蔬菜、果树及其他作物上防治粉虱、蚜虫、叶蝉、蓟马、蔗螟、蔗龟、韭蛆、飞虱、小地老虎、金针虫、蛴螬、种蝇等半翅目、鞘翅目、双翅目和鳞翅目类害虫。

应用技术 以50%噻虫胺水分散粒剂为例。

防治烟粉虱时，在粉虱发生初期施药，用50%噻虫胺水分散粒剂6～8g/亩均匀喷雾。

注意事项

（1）对蜜蜂接触高毒，经口剧毒，具有极高风险性，使用时应注意，蜜源作物花期禁用，施药期间密切关注对附近蜂群的影响。

（2）对家蚕剧毒，具极高风险性。蚕室及桑园附近禁用。每季最多使用3次，安全间隔期为7d。

（3）禁止在河塘等水域中清洗施药器具。

（4）勿让儿童、孕妇及哺乳期妇女接触本品。不能与食品、饲料存放一起。

噻虫嗪（thiamethoxam）

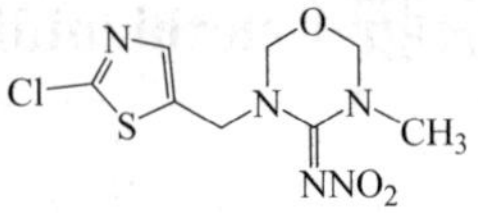

$C_8H_{10}ClN_5O_3S$，291.71，153719-23-4

其他名称 阿克泰、快胜、Actara、Adage、Cruiser。

化学名称 3-(2-氯-1,3-噻唑-5-基甲基)-5-甲基-1,3,5-噁二嗪-4-基硝基亚胺。

理化性质 纯品噻虫嗪为白色结晶粉末，熔点139.1℃；溶解性（20℃）：易溶于丙酮、甲醇、乙醇、二氯甲烷、氯仿、乙腈、四氢呋喃等有机溶剂。

毒性 急性LD_{50}（mg/kg）：大鼠经口1563，大白鼠经皮＞2000；对兔眼睛和皮肤无刺激性。

作用特点 噻虫嗪与吡虫啉相似，可选择性抑制昆虫中枢神经系统烟碱型乙酰胆碱酯酶受体，进而阻断昆虫中枢神经系统的正常传导，造成害虫出现麻痹死亡，属新一代杀虫剂，在pH为2～12的条件下稳定，对人、畜低毒，对眼睛和皮肤无刺激性。对害虫具有良好的胃毒和触杀作用，其作用机理完全不同于现有的杀虫剂，也没有交互抗性问题，并具有强内吸传导性，植物叶片吸收药剂后可迅速传导到各个部位，害虫吸食药剂后，活动被迅速抑制，停止取食，并逐渐死亡，对刺吸式口器害虫有特效，对多种咀嚼式口器害虫也有很好的防效，具有高效、单位面积用药量低等特点，持效期可达30d左右。

适宜作物 水稻、甜菜、油菜、马铃薯、棉花、果树、花生、向日葵、大豆、茶树、西瓜、烟草和柑橘等。

防除对象 有效防治鳞翅目、鞘翅目、缨翅目害虫，如各种蚜虫、叶蝉、粉虱、飞虱等。

应用技术 以25%噻虫嗪水分散粒剂为例。

（1）防治稻飞虱　在若虫发生初盛期施药，用25%噻虫嗪水分散粒剂1.6～3.2g/亩（有效成分0.4～0.8g），每亩喷液量30～40L，直接喷在叶面上，可迅速传导到水稻全株。

（2）防治果树害虫

① 苹果蚜虫　在蚜虫为害始盛期施药，用25%噻虫嗪水分散粒剂6～10g/亩均

匀喷雾。

② 梨木虱　在孵化盛期至低龄若虫盛发期施药，用 25%噻虫嗪水分散粒剂 3360～4200 倍液均匀喷雾。

③ 柑橘潜叶蛾　在卵孵高峰期至低龄幼虫发生高峰期施药，用 25%噻虫嗪水分散粒剂 23～30g/亩均匀喷雾。

（3）防治白粉虱　在粉虱高峰期喷雾施药，用 25%噻虫嗪水分散粒剂 15～20g/亩均匀喷雾。

（4）防治棉花蓟马　在蓟马若虫发生初期施药，用 25%噻虫嗪水分散粒剂 10～20g/亩均匀喷雾。

注意事项

（1）避免在低于−10℃和高于 35℃储存。

（2）对蜜蜂和家蚕有毒。

（3）害虫停止取食后，死亡速度较慢，通常在施药后 2～3d 出现死虫高峰期。

（4）对抗性蚜虫、飞虱等害虫防效特别好。

（5）勿让儿童、孕妇及哺乳期妇女接触本品。不能与食品、饲料存放一起。

噻吩磺隆（thifensulfuron-methyl）

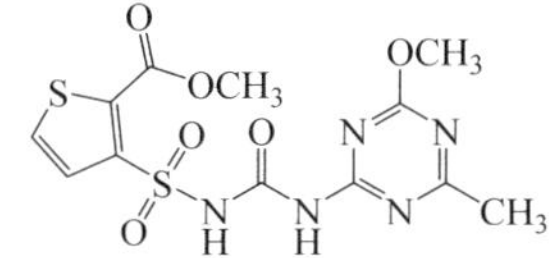

$C_{12}H_{13}N_5O_6S_2$，387.3，79277-27-3

化学名称　3-(4-甲氧基-6-甲基-1,3,5-三嗪-2-基氨基羰基氨基磺酰基)噻吩-2-羧酸甲酯。

理化性质　原药为白色粉末，熔点 176℃，水溶液弱酸性，溶解度（20℃，mg/L）：水 54.1，丙酮 1900，乙醇 900，乙酸乙酯 2600，甲醇 2600。土壤中不稳定，半衰期短。

毒性　大鼠急性经口 LD_{50}＞5000mg/kg，绿头鸭急性 LD_{50}＞2510mg/kg，对虹鳟 LC_{50}（96h）＞56.4mg/L，中等毒性；对大型溞 EC_{50}（48h）为 60.7mg/kg，中等毒性；对月牙藻 EC_{50}（72h）＞0.8mg/L，中等毒性；对蜜蜂接触毒性低，经口毒性中等，对蚯蚓低毒。对眼睛、皮肤无刺激性，具神经毒性和呼吸道刺激性，无染色体畸变和致癌风险。

作用方式　属选择性内吸传导型磺酰脲类除草剂，是侧链氨基酸合成抑制剂。

阔叶杂草叶面和根系迅速吸收并转移到体内分生组织，抑制缬氨酸和异亮氨酸的生物合成，从而组织细胞分裂，达到杀除杂草的目的。

防除对象 用于玉米、大豆、小麦、花生田防除一年生和多年生阔叶杂草，如苘麻、野蒜、凹头苋、反枝苋、皱果苋、臭甘菊、荠菜、藜、鸭跖草、播娘蒿、香薷、问荆、小花糖芥、鼬瓣花、猪殃殃、葎草、地肤、本氏蓼、卷茎蓼、酸模叶蓼、桃叶蓼、马齿苋、猪毛菜、米瓦罐、龙葵、苣荬菜、牛繁缕、繁缕、遏蓝菜、王不留行、婆婆纳等。对田蓟、田旋花、野燕麦、狗尾草、雀麦等防效不显著。

使用方法 在小麦 2 叶期至拔节前进行茎叶喷雾，在花生、大豆播前或播后苗前土壤喷雾一次；在玉米播后苗前进行土壤处理或在玉米 3～4 叶期茎叶喷雾。15%可湿性粉剂亩制剂用量 10～15g（冬小麦）、8～12g（花生）、6.5～9g（夏大豆、夏玉米芽前）、9～11g（春大豆、春玉米芽前）、3.5～6.5g（夏玉米芽后）、6.5～9g（春玉米芽后），兑水 30～50L，稀释均匀后进行喷雾。

注意事项

（1）在同一田块里，每一作物生长季中噻磺隆的用量以不超过 32.5g/hm^2 为宜，残留期 30～60d。

（2）当作物处于不良环境时（如严寒、干旱、土壤水分过饱和及病虫危害等），不宜施药，否则可能产生药害。土壤 pH 值＞7、土壤黏重及积水的田块禁止使用。施药时遇干旱土壤处理应混土；茎叶处理施药时，药液中加入 1%植物油型助剂在干旱条件下可获得稳定的药效。

（3）沙质土、低洼地及高碱性土壤不宜使用。

（4）稀释时加入洗衣粉液，加上表面活性剂可提高噻吩磺隆对阔叶杂草的活性。

（5）对禾本科杂草无效，阔叶杂草叶龄大于 5 叶防效差。

（6）不能与碱性物质混合，以免分解失效。

（7）在苗带及地膜覆盖施药时，用药量应酌减。

噻氟菌胺（thifluzamide）

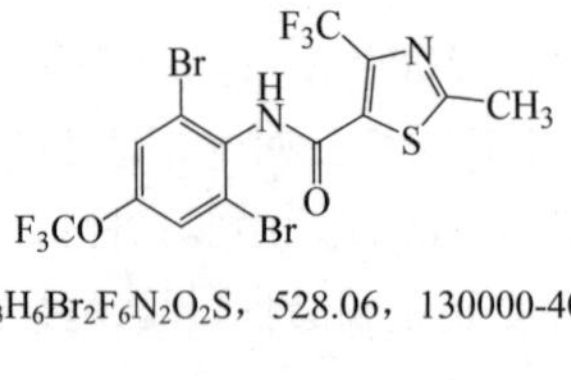

$C_{13}H_6Br_2F_6N_2O_2S$，528.06，130000-40-7

化学名称 2′,6′-二溴-2-甲基-4′-三氟甲氧基-4-三氟甲基-1,3-噻二唑-5-羧酰苯胺。

理化性质　纯品噻氟菌胺为白色至浅棕色固体，熔点 177.9～178.6℃；溶解度（20℃，mg/L）：水 1.6。

毒性　大鼠急性 LD_{50}（mg/kg）：经口＞5000，兔经皮＞5000；对兔眼睛有中度刺激，对兔皮肤有轻微刺激性；对动物无致畸、致突变、致癌作用。

作用特点　琥珀酸脱氢酶抑制剂，是一种新的噻唑羧基-*N*-苯酰胺类杀菌剂，具有广谱杀菌活性，可防治多种植物病害，特别是担子菌、丝核菌属真菌所引起的病害，同时具有很强的内吸传导性。

适宜作物　水稻等禾谷类作物、其他作物，如水稻、花生、棉花、马铃薯和草坪等。推荐剂量下对作物安全，不产生药害。

防治对象　噻氟菌胺对由黑粉菌、腥黑粉菌、伏革菌、丝核菌、柄锈菌、核腔菌等担子菌亚门致病菌有特效。

使用方法　可用于水稻等禾谷类作物的茎叶处理、种子处理和土壤处理。叶面喷雾可有效防治丝核菌、锈菌和白绢病菌引起的病害。在种子处理防治系统性病害方面发挥更大作用。处理种子可有效防治黑粉菌、腥黑粉菌和条纹病菌引起的病害。

（1）禾谷类锈病发病初期，用 23%悬浮剂 35～70g/亩对水 40～60kg 喷雾；

（2）用 23%悬浮剂 30～130g/100kg 种子进行种子处理，对黑粉菌属和小麦网腥黑粉菌亦有很好的防效；

（3）花生白绢病发生早期，用 23%悬浮剂 18.6g 对水 40～60kg 喷雾 1 次，可以抑制整个生育期的白绢病；

（4）防治花生冠腐病时，播种后 45d 施用 23%悬浮剂 15～20g/亩对水 40～60kg 喷雾，并在 60d 时再喷一次；

（5）以 23%悬浮剂 280～560g/100kg 处理种子，对花生枝腐病和锈病有很好的效果；

（6）防治水稻纹枯病，用 23%胶悬剂 15mL/亩，间隔 10～15d，连喷 3 次。

注意事项

（1）严格按照农药安全规定使用此药，避免药液或药粉直接接触身体，如果药液不小心溅入眼睛，应立即用清水冲洗干净并携带此药标签去医院就医；

（2）此药应储存在阴凉和儿童接触不到的地方；

（3）如果不小心误食该药，喝几杯清水并携带此药标签去医院就医；

（4）施药后各种工具要认真清洗，污水和剩余药液要妥善处理保存，不得任意倾倒，以免污染鱼塘、水源及土壤；

（5）搬运时应注意轻拿轻放，以免破损污染环境，运输和储存时应有专门的车皮和仓库，不得与食物和日用品一起运输，应储存在干燥和通风良好的仓库中；

（6）如果溅到皮肤上，立即用肥皂水冲洗，若刺激性还在，立即去医院就医；

（7）搬药、混药和喷药过程中，要戴好防护面具，注意不要吸入口中，过后要立即用肥皂洗净脸、手、脚。

噻节因（dimethipin）

$C_6H_{10}O_4S_2$，210.3，55290-64-7

其他名称 落长灵，哈威达，UBI-N252，Harvade，Oxydimethin，N_2S_2。

化学名称 2,3-二氢-5,6-二甲基-1,4-对二硫杂环-1,1,4,4-四氧化物。

理化性质 白色结晶，熔点162～167℃。微溶于水，溶解度（25℃，g/L）：水4.6，乙腈180，二甲苯9，甲醇10.7。稳定性：在pH 3、6和9条件下稳定；在20℃稳定1年，55℃下稳定14d，光照（25℃）下稳定期≥7d。能水解。pK_a10.88，微酸性。

毒性 低毒，对眼睛有刺激。大鼠急性经口LD_{50} 1180mg/kg，兔急性皮试LD_{50}＞8000mg/kg。对兔眼睛刺激性严重，对兔皮肤无刺激性，对豚鼠致敏性较弱。大鼠吸入LC_{50}（4h）：1.2mg/L。NOEL数据（2年）：大鼠2mg/kg，狗25mg/kg，对这些动物无致癌作用。ADI值：0.02mg/kg。野鸭和山齿鹑饲喂LC_{50}（8d）＞5000mg/kg。鱼LC_{50}（96h，mg/L）：虹鳟52.8，翻车鱼20.9，羊肉鲷17.8。蜜蜂LD_{50}＞100μg/只（25%制剂），蚯蚓LC_{50}（14d）＞39.4mg/L（25%制剂）。水蚤LC_{50}（48h）为21.3mg/L。

作用特点 局部内吸性化合物。能促进植物叶柄离层区纤维素酶的活性，诱导离层形成，引起叶片干燥而脱落。药剂不能在植物体内运输。可使棉花、苗木、香蕉树和葡萄树脱叶，还能促进早熟，并能降低收获时亚麻、油菜、水稻和向日葵种子的含水量。可作脱叶剂、干燥剂或疏果剂，高浓度时可作除草剂。

适宜作物 促进叶片脱落或干燥，用于促使棉花、玉米、苗木、橡胶树和葡萄树脱叶，使马铃薯蔓干燥；也用于降低水稻和向日葵收获时种子中的含水量；还能促进水稻、油菜、亚麻、向日葵等成熟。

应用技术 可促进叶片脱落或干燥，用于促使棉花脱叶与马铃薯蔓干燥。

（1）棉花 棉铃80%开裂时，在正常收获前7～14d，用350～700mg/kg噻节因溶液叶面喷洒，可促进棉叶脱落，不影响棉籽产量和纤维长度。如处理过早，将降低棉籽质量。

（2）水稻 收获前14～20d，用350～700mg/kg噻节因溶液喷雾，可促进水稻穗头干燥与成熟，防止成熟前阴雨穗头发霉。

（3）马铃薯 收获前14～20d，用700～1400mg/kg噻节因溶液喷洒茎蔓，能使地上部分迅速干燥，促进地下部块茎形成，有利于收获。

（4）干菜豆 收获前14d，用350～700mg/kg噻节因溶液喷洒，可促进荚果干燥，叶片脱落，提早成熟。

（5）向日葵　收获前14～21d，苞片呈棕色时，用350～1400mg/kg噻节因溶液喷雾，能促进叶片脱落，使花盘干燥，防止成熟前遇阴雨花盘发霉。

（6）苹果　幼果直径约1.2cm时，用5～500mg/kg噻节因溶液喷洒，可起疏果作用。果实长成后，收获前10～14d，用12.5～25mg/kg噻节因溶液全株喷洒，可诱导果柄离层形成，叶片脱落，进入休眠，防止霜害。

（7）葡萄　收获前10～14d，用350～700mg/kg噻节因溶液喷雾，能促进脱叶，使叶片中的营养物质转移到果实中去，提高果实品质，也便于机械收获。

注意事项

（1）对眼睛和皮肤有刺激性，操作时不要让药液溅入眼中，最好戴防护镜，操作后要用肥皂水洗手、洗脸。

（2）喷药时药液中加展着剂可提高药效。

（3）该药是一种悬浮剂，使用前摇匀；加乙烯利可抑制棉花再生长，促进成熟和棉铃开裂。

（4）要求喷后无雨的时间为6h。

噻菌胺（metsulfovax）

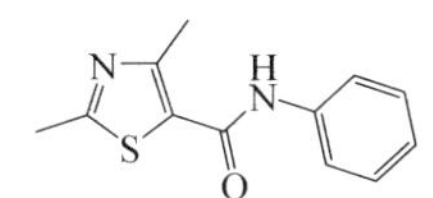

$C_{12}H_{12}N_2OS$，232.30，21452-18-6

化学名称　2,4-二甲基-1,3-噻唑-5-羰基苯胺。

理化性质　晶体，熔点140～142℃，溶解度为水342mg/L、已烷320mg/L、甲醇17g/L、甲苯12.9/L，呈酸性，在土壤中的DT_{50}约7d。

毒性　大鼠急性经口LD_{50}为4g/kg，兔急性经皮LD_{50}＞2g/kg，大鼠急性吸入LC_{50}（4h）＞5.7mg/L空气，2年饲喂试验无作用剂量为雌大鼠50mg/kg饲料、雄大鼠4g/kg饲料。野鸭LC_{50}（8d）＞5.6g/kg饲料，蓝鳃LC_{50}（96h）为34mg/L，水蚤LC_{50}（48h）＞97mg/L。

作用特点　内吸性杀菌剂。

适宜作物　水稻、棉花、观赏植物、马铃薯。

防治对象　水稻、棉花、观赏植物和马铃薯上的担子菌亚门病原菌，如柄锈菌属、腥黑粉菌属、黑粉菌属以及立枯丝核菌属等病菌所致病害。

使用方法　种子处理、叶面喷雾或土壤处理。用量为0.2～0.8g（a.i.）/kg种子进行拌种。

注意事项

（1）严格按照农药安全规定使用此药，喷药时戴好口罩、手套，穿上工作服；

（2）施药时不能吸烟、喝酒、吃东西，避免药液或药粉直接接触身体，如果药液不小心溅入眼睛，应立即用清水冲洗干净并携带此药标签去医院就医；

（3）此药应储存在阴凉和儿童接触不到的地方；

（4）如果误服要立即送往医院治疗；

（5）施药后各种工具要认真清洗，污水和剩余药液要妥善处理保存，不得任意倾倒，以免污染鱼塘、水源及土壤；

（6）搬运时应注意轻拿轻放，以免破损污染环境，运输和储存时应有专门的车皮和仓库，不得与食物和日用品一起运输，应储存在干燥和通风良好的仓库中。

噻菌灵（thiabendazole）

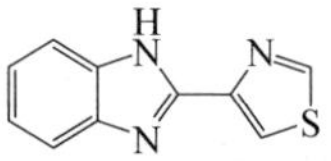

$C_{10}H_7N_3S$，210.19，148-79-8

其他名称 特克多（Tecto），涕必灵（Tobaz），噻苯咪唑，硫苯唑，默夏多。

化学名称 2-(噻唑-4-基)苯并咪唑。

理化性质 灰白色或白色无味粉末。熔点 297～298℃，在室温下不挥发，加热到 310℃升华。在水中溶解度随 pH 值而改变，在 25℃、pH 2.0 时，约为 1%；pH 为 5～12 时低于 0.005%；本品溶于甲苯、丙酮、苯、氯仿等有机溶剂，在室温下有机溶剂中溶解度（g/L）：丙酮 2.43，苯 0.23，氯仿 0.08，甲苯 9.3，二甲亚砜 80。在水、酸、碱性溶液中均稳定。

毒性 大鼠急性经口 LD_{50} 3330mg/kg；小鼠急性经口 LD_{50} 3810mg/kg；大白兔急性经口 LD_{50} 3850mg/kg。用 100mg/（kg・d）的药量饲喂大鼠 2 年以上的慢性毒性试验，未发现有明显的不利影响。对蜜蜂无毒，对鱼类和野生动物安全。对人的眼睛有刺激性，对皮肤也有轻微的刺激性。世界粮农组织和卫生组织 1981 年规定，噻菌灵每天允许摄入量为 0.3mg/kg。

作用特点 属高效低毒内吸性杀菌剂，具有治疗、保护和内吸传导作用。噻菌灵作用机制是药剂与真菌细胞的 β-微管蛋白结合而影响纺锤体的形成，继而影响细胞分裂，抑制真菌线粒体呼吸作用和细胞繁殖，与苯菌灵等苯并咪唑药剂有正交互抗药性，与多菌灵有相同的杀菌谱。根施时能向顶传导。

适宜作物 适宜作物如柑橘、葡萄、柠檬、芒果、苹果、梨、香蕉、草莓、甘蓝、芹菜、芦笋、荷兰豆、马铃薯、花生、甜菜、甘蔗等。在推荐剂量下使用对作物和环境安全。

防治对象　对子囊菌、担子菌、半知菌中的主要病原菌具有较好抗菌活性，而对毛霉属、霜霉属、疫霉属、腐霉属及根霉属等病菌无效，对卵菌、接合菌和病原细菌无活性。用于防治柑橘青霉病、绿霉病、蒂腐病、花腐病，草莓白粉病、灰霉病，甘蓝灰霉病，芹菜斑枯病、菌核病，芒果炭疽病，苹果青霉病、炭疽病、灰霉病、黑星病、白粉病，甜菜、花生孺孢叶斑病，甘蔗叶斑病，马铃薯贮藏期腐烂病等。噻菌灵更多的适用于果蔬贮藏防腐。

使用方法　可茎叶处理，也可做种子处理和茎部注射。

（1）防治果树病害

① 防治苹果轮纹病　发病初期用40%可湿性粉剂1000～1500倍液喷雾。

② 防治苹果和梨的青霉病、炭疽病、灰霉病、黑星病、白粉病，草莓白粉病、灰霉病　收获前用50%悬浮剂60～120mL/亩对水40～50kg喷雾。

③ 防治芒果炭疽病　收获后用50%悬浮剂200～500倍液浸果。

④ 防治葡萄灰霉病　收获前用50%悬浮剂400～500倍液喷雾。

（2）防治其他作物病害

① 防治甜菜、花生叶斑病　发病前至发病初期，用50%悬浮剂25～50mL/亩对水40～50kg喷雾。

② 防治芹菜斑枯病、菌核病　发病前至发病初期，用50%悬浮剂40～80g/亩对水40～50kg喷雾。

③ 防治甘蓝灰霉病　收获后用50%悬浮剂750倍液浸蘸。

④ 防治韭菜灰霉病　发病初期用42%悬浮剂1000倍液喷雾，间隔10d喷一次，施药三次。

⑤ 防治蘑菇褐腐病　施药时期以培养基发酵前、散料时和覆土时各施药一次为宜，用50%悬浮剂40～60g/100kg料进行培养及处理，80～120g/m^3进行覆土处理和10～15g/m^2进行料面处理为宜。施药方法上先将生产工具和器具、培养基原料进行喷雾处理，拌匀后再发酵，对散料的料面进行喷雾处理，然后对覆土进行拌土处理。

（3）防治贮藏期病害

① 柑橘贮藏防腐　柑橘采收后用500～5000mg（a.i.）/L药液浸果3～5min，晾干装筐，低温保存，可以控制青霉病、绿霉病、蒂腐病、花腐病的为害。

② 香蕉贮藏防腐　香蕉采收后用750～1000mg（a.i.）/L药液浸果1～3min，晾干装箱，可以控制贮运期间烂果。

③ 马铃薯贮藏期环腐病、干腐病、皮斑病和银皮病　将45%悬浮剂90mL/亩对水30kg喷雾。

注意事项　可用作涂料、合成树脂和纸制品的防霉剂，柑橘、香蕉的食品添加剂，动物用的驱虫药。本剂对鱼有毒，注意不要污染池塘和水源，药剂密封保存，放置在安全地方。避免与其他药剂混用，不应在烟草收获后的叶上使用。

用作植物生长调节剂

作用特点 是一种高效、广谱、国际上通用的嘧啶胺类内吸性杀菌剂，对侵袭谷物、水果和蔬菜的病原菌如交链孢、寄生霜霉、灰霉枝孢和根霉等具有良好的预防和治疗作用，对子囊菌、担子菌和半知菌真菌具有抑菌活性，用于防治多种作物真菌病害及果蔬防腐保鲜，对果蔬的贮藏病害有保护和治疗作用，低浓度下就能抑制果蔬贮存中的致病菌。用浓度为2.5mg/kg、5mg/kg、10mg/kg的噻菌灵可分别抑制黑色蒂腐菌、褐色蒂腐菌和青霉菌、绿霉菌的生长，对轮纹病菌（*Macrophoma kawatsukai*）、黑星菌（*Fusicladium dendriticum*）、灰葡萄孢（*Botrytis cinerea*）、长蠕孢菌（*Helminthos porium*）、镰刀菌（*Fusarium* spp.）等亦有良好的抑制作用，但对疫霉菌（*Phytophthora* spp.）、根腐菌、根霉菌等无效。用它处理柑橘有褪绿作用，并能保持果蒂的新鲜。但连续单独使用后会产生抗性，药效会逐渐降低。

适宜作物 广泛用于果蔬的防腐保鲜。根据西班牙市场残留分析表明，受检样品91%是用噻菌灵处理过的。该样机能有效地抑制柑橘青霉病、绿霉病，苹果和梨轮纹病，白菜真菌性腐烂病和马铃薯贮藏期的一些病害；用噻菌灵处理伏令夏橙返青果，可以加快转黄。作为保鲜剂，我国规定可用于水果保鲜，最大使用量为0.02g/kg。农业上可用于马铃薯、粮食和种子的防霉。

应用技术

（1）甜橙 甜橙采收后第二日，用800～1000mg/kg的噻菌灵药液中加入200mg/kg 2,4-滴浸果，然后用塑料薄膜单果包装放入垫纸竹篓，贮藏132d好果率达95.3%，贮存188d好果率达89%。对青霉病、绿霉病的防效好于多菌灵。用噻菌灵保鲜剂处理的果实风味与对照果实相差不多。果实内可溶性固形物、果汁率与入库前相比，变化不大，但有机酸有所下降。

（2）锦橙橘 采收后，用浓度为0.2%的噻菌灵加200mg/kg 2,4-滴的混合液处理，单果包装，装入瓦楞纸果箱，贮存于普通库房，库温为7～13.5℃，相对湿度为87%～100%，贮藏65d后好果率达95.3%。另据研究，用500mg/kg的噻菌灵浸果处理伏令夏橙，置于20℃防空洞内贮存5个月，好果率为95%，稍高于抑霉唑处理的果实，且抗潮湿性强。其返青褪绿的效果以10～20℃条件下转色最快，150d后有60%以上转黄。

（3）马铃薯 处理方法有三种：一是种植前处理，即种植前用药处理贮藏的种薯块茎。二是贮前处理。三是贮后处理。用水将噻菌灵胶悬剂稀释成2%～4%的溶液，以液压喷雾器喷洒块茎，块茎用1～2L/t药液，块茎的用药量为40g（a.i.）/t。因噻菌灵挥发性差，处理块茎时应使100%表面均匀蘸药，晾干后放入聚乙烯塑料薄膜袋内贮藏。噻菌灵粉剂、胶悬剂及混合剂都可用于块茎贮前喷洒。粉剂施药方法，英国是以振动撒粉器处理块茎。马铃薯贮前用药剂处理效果较好，但也有在马铃薯贮藏后利用热雾机使用烟剂熏蒸的。

（4）白菜

① 白菜真菌性软腐病　白菜收获后用有效含量为0.5～0.6g/L的噻菌灵药液从顶部喷洒处理，喷洒后将白菜上多余的药液沥干，并在贮藏的第一个月内增加空气流通，风干白菜的外层，在库温0～1℃、相对湿度为90%的条件下，可贮存9个月。

② 白菜细菌性软腐病　使用有效剂量为33g/L的噻菌灵烟雾剂处理白菜。

（5）豆荚　用500mg/kg噻菌灵药液浸泡谷壳，保鲜液与谷壳之比为10∶1，浸泡0.5h后捞出滤干，带药谷壳与豆荚相间放入纸箱。在温度为10℃、相对湿度为80%～90%的条件下，可保存2周，豆荚的好果率为78%。

注意事项

（1）噻菌灵能刺激人的皮肤和眼睛，应避免与皮肤和眼睛接触，如有沾染要用大量清水清洗。

（2）浸果过程中，要不断搅拌药液，定时测定浓度的变化，及时加药补充，以使受药均匀，达到预期效果。

（3）采用机械喷果，预先要清洗果面，最好应用减压闪蒸，待果面水分干了后再进行喷淋处理。

（4）噻菌灵与其他苯并咪唑类药物一样，易产生抗药性，不能连续使用，应注意和其他保鲜剂交替、混合使用。

（5）噻菌灵与邻苯基酚钠混用可增加药效。

噻菌铜（thiodiazole copper）

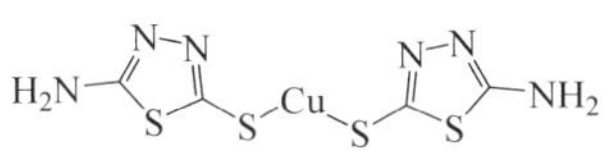

$C_4H_4CuN_6S_4$，327.9，3234-61-5

化学名称　2-氨基-5-巯基-1,3,4-噻二唑铜。

理化性质　原药为黄绿色粉末结晶，熔点300℃，微溶于二甲基甲酰胺，不溶于水和各种有机溶剂。遇强碱分解，在酸性下稳定。

毒性　急性LD_{50}（mg/kg）：大鼠经口2150（雌），大鼠经皮LD_{50}＞2000（雌雄）；20%制剂急性LD_{50}（mg/kg）：大鼠经口＞5050，大鼠经皮＞2150；原药在各试验剂量下，无致生殖细胞突变作用，Ames试验致突变作用为阴性，对皮肤无刺激性，对眼属轻度刺激，无致微核作用。亚慢性经口毒性的最大无作用剂量为20.16mg/（kg·d）；20%制剂对皮肤、对眼均属轻度刺激。

作用特点 有机铜广谱杀菌剂，兼具内吸、传导、预防、保护、治疗等多重作用，是防治农作物细菌性病害的新一代高效、低毒、广谱杀菌剂。具有相同的噻二唑基团，该基团在植物体外对细菌抑制力差，但在植物体内却是高效的治疗剂；而铜离子具有既杀细菌又杀真菌的作用，可与病原菌细胞膜表面上的阳离子交换，导致病菌细胞膜上的蛋白质凝固而杀死病菌。铜离子也可渗透进入病原菌细胞内，与某些酶结合，影响其活性，导致机能失调，病菌因而衰竭死亡。此外，该药剂还可以补充微量元素铜，促进植物生长发育，维持光合作用，提高作物的抗寒、抗旱能力。

适宜作物 水稻、柑橘、柚、黄瓜、棉花、大蒜、甜瓜、白菜、花生、烟草、魔芋、生姜、辣椒、花卉苗木、香蕉、西瓜、龙眼、葡萄、桃树、苹果、梨、番茄、芝麻等。

防治对象 可广泛用于20余种作物、60多种细菌和真菌性病害防治。

（1）细菌性病害 水稻细菌性条斑病、水稻白叶枯病、水稻基腐病、柑橘溃疡病、柚溃疡病、黄瓜细菌性角斑病、棉花角斑病、大蒜叶枯病、甜瓜角斑病、白菜软腐病、花生青枯病、烟草野火病、烟草青枯病、魔芋软腐病、生姜姜瘟病、辣椒青枯病、花卉苗木细菌性病害、桃树细菌性穿孔病等。

（2）真菌性病害 柑橘疮痂病、柚疮痂病、香蕉叶斑病、西瓜枯萎病、龙眼叶斑病、花生枯萎病、葡萄黑痘病、苹果轮纹病、梨树炭疽病、番茄枯萎病、芝麻枯萎病等。

既可作茎叶喷雾，也可做灌根和土壤处理。20%噻菌铜悬浮剂，施用浓度为500～800倍液，间隔7～10d喷1次，连续2～3次。

（1）喷雾

① 用500倍液，防止辣椒细菌性斑点病，并可兼治辣椒炭疽病。

② 用600倍液，防治黄瓜细菌性角斑病、十字花科蔬菜（大白菜、花椰菜、甘蓝、萝卜等）的细菌性病害。

③ 用800倍液，防治番茄细菌性髓部坏死病。

（2）灌根

① 用500倍液，对植株基部喷雾，防治洋葱软腐病。

② 用600倍液，在发病初期及时拔去病株，并在病穴及四周喷浇，或对发病部位喷雾，防治大白菜软腐病。

③ 用600倍液灌根，每株次灌药液250mL，防治番茄、辣椒、茄子等的青枯病。

（3）土壤处理 20%噻菌铜悬浮剂，用1000～1100倍液淋浇土壤，防治土传病害。

注意事项

（1）宜在发病初期用药（喷雾或灌根），每隔7～10d用药1次，连续用药2～3次。

（2）喷雾时，宜将叶面喷湿。

（3）灌根时，最好在距离根 10～15cm 周围挖一个小坑灌药液，防止药液流失。

（4）噻菌铜不要与福美双、福美锌等福美类的农药混用。

噻螨酮（hexythiazox）

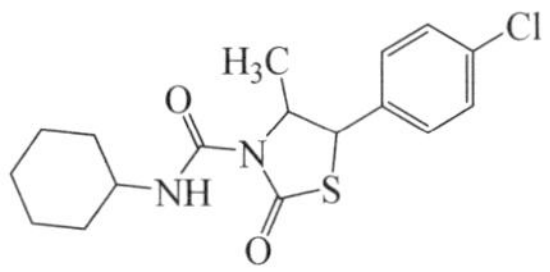

$C_{17}H_{21}ClN_2O_2S$，352.9，78587-05-0

其他名称 尼索朗、除螨威、己噻唑、合赛多、Nissoorum、Savey、Cobbre、Acarflor、Cesar、Zeldox、NA 73。

化学名称 (4*RS*,5*RS*)-5-(4-氯苯基)-*N*-环己基-4-甲基-2-氧代-1,3-噻唑烷-3-羧酰胺。

理化性质 纯品噻螨酮为白色晶体，熔点 108～108.5℃，溶解度（20℃，g/L）：丙酮 160、甲醇 20.6、乙腈 28、二甲苯 362、正己烷 3.9，水 0.0005；在酸碱性介质中水解。

毒性 急性 LD_{50}（mg/kg）：大、小鼠经口＞5000，大鼠经皮＞2000；对兔眼睛有轻微刺激性，对兔皮肤无刺激性；以 23.1mg/kg 剂量饲喂大鼠两年，未发现异常现象；对动物无致畸、致突变、致癌作用。

作用特点 噻螨酮为噻唑烷酮类杀螨剂，以触杀作用为主，对植物组织有良好的渗透性，无内吸性作用。对多种植物害螨具有强烈的杀卵、杀幼螨、杀若螨的特性，对成螨无效，对接触到药液的雌成虫所产的卵具有抑制孵化的作用，残效期较长。对叶螨防效好，对锈螨、瘿螨防效较差。

适宜作物 棉花、果树等。

防除对象 果树害螨如苹果红蜘蛛、柑橘红蜘蛛等。

应用技术 以 5%噻螨酮乳油、5%噻螨酮可湿性粉剂为例。

（1）防治果树害螨

① 苹果红蜘蛛 在幼、若螨盛发期用药，平均每叶有 3～4 只螨时，用 5%噻螨酮乳油 1250～2500 倍液均匀喷雾，或用 5%噻螨酮乳油 25～33.3mg/L 均匀喷雾。在收获前 7d 停止使用。

② 柑橘红蜘蛛 在柑橘树红蜘蛛于螨类发生初期施药，用 5%噻螨酮可湿性粉剂 1428～2000 倍液均匀喷雾。

（2）防治棉花害螨　防治棉红蜘蛛，在红蜘蛛发生初期施药，用 5%噻螨酮乳油 50～75mL/亩均匀喷雾。

注意事项

（1）在蔬菜收获前 30d 停用。

（2）在 1 年内，只使用 1 次为宜。

（3）应储存于阴凉、通风的库房，远离火种、热源，防止阳光直射，保持容器密封。应与氧化剂、碱类分开存放，切忌混储。配备相应品种和数量的消防器材，储区应备有泄漏应急处理设备和合适的收容材料。

（4）不可与呈碱性的农药等物质混合使用。

（5）建议与其他作用机制不同的杀螨剂轮换使用，以延缓抗性产生。

噻嗪酮（buprofezin）

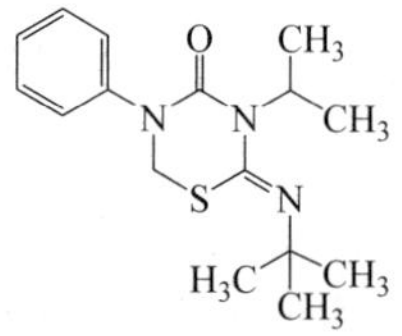

$C_{16}H_{23}N_3OS$，305.4，69327-76-0

其他名称　稻虱灵、扑虱灵、优乐得、捕虫净、稻虱净、扑杀灵、布芬净、丁丙嗪、Applaud、Aproad、PP 618、NNI 750。

化学名称　2-叔丁基亚氨基-3-异丙基-5-苯基-3,4,5,6-四氢-2*H*-1,3,5-噻二嗪-4-酮。

理化性质　纯品为白色晶体，熔点 104.5～105.5℃；溶解度（25℃，g/L）：丙酮 240，苯 327，乙醇 80，氯仿 520，己烷 20，水 0.0009。

毒性　急性 LD_{50}（mg/kg）：大鼠经口 2198（雄）、2355（雌），小鼠经口 10000，大鼠经皮＞5000；对兔眼睛和皮肤有极轻微刺激性。以 0.9～1.12mg/（kg·d）剂量饲喂大鼠两年，未发现异常现象；对动物无致畸、致突变、致癌作用。

作用特点　噻嗪酮抑制昆虫几丁质合成和干扰新陈代谢，致使若虫蜕皮畸形或翅畸形而缓慢死亡，是一种抑制昆虫生长发育的新型选择性杀虫剂。本品触杀作用强，也有胃毒作用。一般施药第 3～7d 才能看出效果，对成虫没有直接杀伤力，但可缩短其寿命，减少产卵量，并且产出的多是不育卵，幼虫即使孵化也很快死亡。对半翅目的飞虱、叶蝉、粉虱及介壳虫类害虫有良好防治效果，药效期长达 30d 以上。对天敌较安全，综合效应好。

适宜作物　水稻、果树、茶树、火龙果、马铃薯等。

防治对象　水稻害虫如褐飞虱、叶蝉类等；果树害虫如柑橘矢尖蚧等；茶树害虫如茶小绿叶蝉；火龙果害虫如介壳虫；马铃薯害虫如大叶蝉等。

应用技术　以25%噻嗪酮可湿性粉剂为例。

（1）防治水稻害虫

① 叶蝉类　在主害代低龄若虫始盛期喷药1次，用25%噻嗪酮可湿性粉剂20～30g/亩均匀喷雾，重点喷植株中下部。

② 褐飞虱　在主要发生世代及其前一代，在卵孵盛期至低龄若虫盛发期，用25%噻嗪酮可湿性粉剂20～40g/亩在害虫主要活动为害部位（稻株中下部）各进行1次均匀喷雾，能有效控制为害。在褐飞虱主害代若虫高峰始期施药还可兼治白背飞虱、叶蝉，效果可达81%～100%。

（2）防治果树害虫　防治柑橘矢尖蚧，在若虫盛孵期喷药1～2次，两次喷药间隔15d左右，用25%噻嗪酮可湿性粉剂1000～2000倍液均匀喷雾。

（3）防治茶树害虫　防治茶小绿叶蝉，在6～7月若虫高峰前期或春茶采摘后施用，用25%噻嗪酮可湿性粉剂1000～1500倍液均匀喷雾。

（4）防治蔬菜害虫　防治温室黄瓜、番茄等蔬菜的白粉虱，在低龄若虫盛发期，用25%噻嗪酮可湿性粉剂2000～2500倍液（有效浓度100～125mg/kg）均匀喷雾，具有良好的防治效果，并可兼治茶黄螨等。

注意事项

（1）噻嗪酮应兑水稀释后均匀喷洒，不可用毒土法。

（2）药液不宜直接接触白菜、萝卜，否则将出现褐斑及绿叶白化等药害。

（3）日本推荐的最大残留限量（MRL）糙米为0.3mg/kg。

（4）密封后存于阴凉干燥处，避免阳光直接照射。

（5）勿让儿童、孕妇及哺乳期妇女接触本品。加锁保存。不能与食品、饲料存放一起。

（6）对蜜蜂、鱼类等水生生物、家蚕有毒，鱼、虾、蟹套养稻田禁用。

噻森铜（thiosen copper）

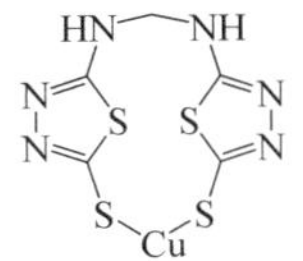

$C_5H_4CuN_6S_4$，339.5

化学名称　*N,N'*-亚甲基-双(2-氨基-5-巯基-1,3,4-噻二唑)铜。

理化性质 纯品为黄绿色粉末固体，熔点300℃，20℃时不溶于水，微溶于吡啶、二甲基甲酰胺。遇强碱易分解，可燃。

毒性 急性LD_{50}（mg/kg）：大鼠经口＞5000，大鼠经皮LD_{50}＞2000；对兔子眼睛有轻度刺激，对兔皮肤无刺激；经豚鼠实验为弱致敏性；亚慢性经口毒性的最大无作用剂量为10mg/（kg·d）；Ames试验、生殖细胞畸变试验为阴性且无诱发骨髓多染红细胞微核增加的作用。

作用特点 噻森铜由噻唑基与铜离子2个基本基团组成，故有着特殊的作用性质。噻唑基团在植物体内有很高的治疗作用，其通过孔纹导管对细菌产生严重损害，导致细菌的细胞壁变薄，继而破裂至细菌死亡。但该基团对植株中螺纹导管和环导管内的细菌只有10d左右的抑制作用，往往难以彻底灭除。为此，增添了铜离子，可弥补不足，可使杀菌效果更佳。铜离子兼具防治真菌和细菌的作用，使该药的防治对象更广。

适宜作物 水稻、柑橘、橙、柚、香蕉、龙眼、菠萝、荔枝、芒果、西瓜、甜瓜、番茄、茄子、辣椒、白菜、甘蓝、萝卜、花椰菜、黄瓜、菜豆、花生、魔芋、芋头、生姜、棉花、烟草、大豆、药材、花卉苗木等。

防治对象 可以防治20多种作物上的60多种病害。防治水稻白叶枯病、细菌性条斑病、基腐病、烂秧病、细菌性褐条病，柑橘溃疡病、疮痂病、炭疽病、沙皮病，柚溃疡病、疮痂病，香蕉叶斑病、炭疽病，龙眼叶斑病，菠萝茎腐病、心腐病，荔枝炭疽病，芒果炭疽病、疮痂病，西瓜枯萎病、细菌性青枯病，甜瓜蔓枯病、细菌性果腐病，番茄青枯病，茄子软腐病，辣椒溃疡病，白菜软腐病，甘蓝细菌性黑腐病，萝卜细菌性疫病，花椰菜软腐病，黄瓜细菌性角斑病、枯萎病、细菌性疫病，菜豆细菌性疫病、细菌性角斑病，花生青枯病、叶斑病、根腐病，魔芋软腐病，芋头腐败病，生姜瘟病，棉花枯萎病、立枯病、细菌性角斑病、炭疽病，烟草青枯病、野火病、软腐病，大豆细菌性叶烧病、斑点病，药材溃疡病，花卉苗木根腐病等。

使用方法 既可作茎叶喷雾，也可做蘸根、浸种和灌根处理。30%噻森铜悬浮剂，施用浓度为500～600倍液，发病初期防治，间隔7～10d防治1次，连续3～4次。

（1）防治水稻白叶枯病、细菌性条斑病、基腐病、烂秧病、细菌性褐条病 30%悬浮剂500倍液喷雾，视病情连续使用2～3次，间隔7～10d，可加适量磷酸二氢钾。

（2）防治白菜软腐病、黑腐病 500倍液灌根，每株250mL，也可用500倍液喷雾。

（3）防治番茄青枯病、枯萎病 500倍液灌根加喷雾喷湿全株，可加适量磷酸二氢钾。

（4）防治辣椒青枯病、软腐病、细菌性叶斑病 500倍液灌根加喷雾喷施全株，可加适量磷酸二氢钾，重点以根部为主。

（5）防治黄瓜细菌性角斑病 用500倍液喷雾，连续防治3次，每次间隔7～10d；防治西（甜）瓜枯萎病、蔓枯病，用500倍液灌根，每株250mL，也可用500

倍液喷雾喷施全株，可加适量氨基酸或叶面肥同时使用。

（6）防治菜豆细菌性疫病、细菌性角斑病　用 500 倍液喷雾喷施全株，连续防治 3 次，每次间隔 7～10d。

（7）防治柑橘溃疡病、疮痂病　用 500 倍液喷雾，每季 2 次，间隔 7～10d。

（8）防治香蕉叶斑病　用 500 倍液喷雾，间隔 7～10d，连续防治 4～5 次。

（9）防治花生根腐病、青枯病　用 500 倍液浇根，连续防治 2 次，如有其他病害发生可以喷雾浇根同时进行。

（10）防治生姜瘟病　用 500 倍液浸种 4h，灌根用 500 倍液每丛 250mL，喷雾重点在根部，间隔 7～10d 使用 1 次，直到采收。

（11）花卉根腐病、叶斑病、枯萎病　用 500 倍液浇根、喷雾，连续防治 3 次。

注意事项

（1）在水稻、番茄上安全间隔期分别为 14d、3d，每季作物最多用药均为 3 次。

（2）使用时应遵守农药安全操作规程，穿防护服，戴手套、口罩等，避免吸入药液。施药期间不可吃东西和饮水等。施药后应及时洗手和脸及暴露的皮肤。

（3）对铜敏感作物在花期及幼果期慎用或试后再用。

（4）本剂在酸性条件下稳定，不可与强碱性农药混用。

（5）孕妇及哺乳期妇女禁止接触、施用本品。

（6）远离水产养殖区施药，禁止在河塘等水域清洗施药器具。

（7）赤眼蜂等天敌常飞区禁用。

（8）用过的容器要妥善处理，不可做他用，不可随意丢弃，药液及其废液不得污染各类水域、土壤等环境。

（9）不慎吸入，应将病人移至空气流通处；皮肤接触或溅入眼睛，应用大量清水冲洗。

（10）本品应存放于通风处，严防光线直晒；远离热源和火源；放到儿童接触不到的地方加锁保存。

噻酮磺隆（thiencarbazone-methyl）

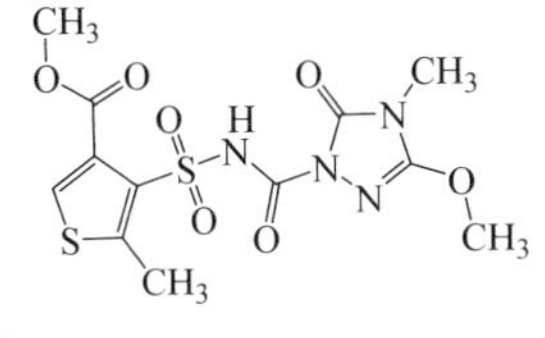

$C_{12}H_{14}N_4O_7S_2$，390.44，317815-83-1

化学名称　4-[(4,5-二氢-3-甲氧基-4-甲基-5-氧代-1*H*-1,2,4-三唑-1-基）羰基磺酰胺]-5-甲基噻吩-3-羧酸酯。

理化性质 原药为白色晶体粉末，熔点 206℃，231℃分解，水溶液弱酸性，溶解度（20℃，mg/L）：水 436，乙醇 230，正己烷 0.15，甲苯 190，丙酮 9540。

毒性 大鼠急性经口 LD_{50}＞2000mg/kg，山齿鹑急性经口 LD_{50}＞2000mg/kg，对虹鳟 LC_{50}（96h）＞104mg/L，低毒；对大型溞 EC_{50}（48h）＞98.6mg/kg，中等毒性；对月牙藻 EC_{50}（72h）为 0.17mg/L，中等毒性；对蜜蜂、蚯蚓低毒。具生殖影响，无神经毒性和皮肤刺激性，无染色体畸变和致癌风险。

作用方式 乙酰乳酸合成酶（ALS）抑制剂，具有内吸性，药剂能够通过植物根部和叶片吸收。

防除对象 用于防除禾本科杂草和阔叶杂草，目前国内无单剂登记，与异噁唑草酮复配后杀草谱得到有效拓宽，可防除多种禾本科杂草和阔叶杂草，如野黍、马唐、反枝苋、狗尾草、牛筋草、藜、稗草、苘麻等。

噻酰菌胺（tiadinil）

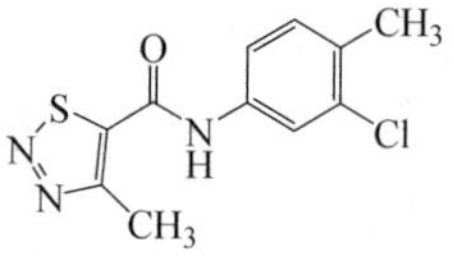

$C_{11}H_{10}ClN_3OS$，267.74，223580-51-6

化学名称 3′-氯-4,4′-二甲基-1,2,3-噻二唑-5-甲酰苯胺。

理化性质 纯品噻酰菌胺为白色固体，熔点 116℃。

毒性 大鼠急性 LD_{50}(mg/kg)：经口＞5000，兔经皮＞5000；对兔眼睛无刺激；对动物无致畸、致突变、致癌作用。

作用特点 该药剂本身对病菌的抑制活性较差，其作用机理主要是阻止病原菌菌丝侵入邻近的健康细胞，并能诱导其产生抗病基因。叶鞘鉴定法计算稻瘟病菌对水稻叶鞘细胞侵入菌丝的伸展度和叶鞘细胞实验可以明显观察到该药剂对已经侵入细胞的病原菌抑制作用并不明显，但病原菌的菌丝很难侵入邻近的健康细胞，说明该药剂对稻瘟病病原菌的抑制活性较弱，但可以有效地阻止病原菌菌丝对邻近健康细胞的侵害，从而阻止了病斑的形成。进一步的研究表明，水面施药 7d 时，发现噻酰菌胺可以诱导邻近细胞产生很多的抗病基因，噻酰菌胺可以提高水稻本身的抗病能力。该药使用越早，诱导抗病性的效果越明显。

适宜作物 水稻、小麦等。

防治对象 该药主要用于防治水稻稻瘟病。另外，对水稻褐斑病、白叶枯病，以及芝麻叶枯病，小麦白粉病、锈病、晚疫病，黄瓜霜霉病等也有一定的防效。

使用方法　噻酰菌胺具有很好的内吸活性，可以通过根部吸收，并迅速传导到其他部位，适合于水面使用。另外，该药剂受环境因素影响较小，如移植深度、水深、气温、水温、土壤、光照、施肥和漏水条件等，用药期长，在发病前 7～12d 均可使用。

（1）防治稻瘟病　发病早期用药效果更好，用 24%悬浮剂 12～20mL/亩对水 40～50kg 喷雾；

（2）防治水稻纹枯病　在发病前，用 24%悬浮剂 12～20mL/亩对水 40～50kg 喷雾；

（3）防治黄瓜霜霉病　发病前期，用 24%悬浮剂 1200 倍液喷雾；

（4）防治小麦白粉病　发病前期，用 24%悬浮剂 600 倍液喷雾。

注意事项

（1）严格按照农药安全规定使用此药，避免药液或药粉直接接触身体，如果该药不小心溅入眼中，立即用清水冲洗 15min，如果刺激性还在，立即到医院就医；

（2）此药应储存在阴凉和儿童接触不到的地方；如果误服要立即送往医院治疗；施药后各种工具要认真清洗，污水和剩余药液要妥善处理保存，不得任意倾倒，以免污染鱼塘、水源及土壤；

（3）搬运时应注意轻拿轻放，以免破损污染环境，运输和储存时应有专门的车皮和仓库，不得与食物和日用品一起运输，应储存在干燥和通风良好的仓库中；

（4）如果溅到皮肤上，立即用肥皂水冲洗，如果刺激还在，立即去医院就医；

（5）施药后务必用肥皂洗净脸、手、脚，该药在病害发生初期使用，使用越早，效果越好。

噻唑菌胺（ethaboxam）

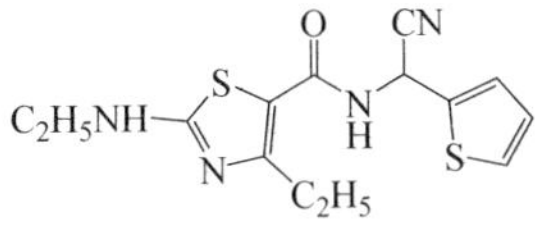

$C_{14}H_{16}N_4OS_2$，320.1，162650-77-3

化学名称　(*RS*)-*N*-(*α*-氰基-2-噻吩甲基)-4-乙基-2-乙氨基噻唑-5-甲酰胺。

理化性质　纯品噻唑菌胺为白色粉末，没有固定熔点，在 185℃熔化过程分解。

毒性　急性 LD_{50}（mg/kg）：大、小鼠经口＞5000，大鼠和兔经皮＞5000；对兔眼睛和皮肤无刺激性；对动物无致畸、致突变、致癌作用；对蜜蜂无毒。

作用特点　具有预防、治疗和内吸活性。噻唑菌胺能有效抑制马铃薯晚疫病病原菌（疫霉菌）生活史中菌丝体生长和孢子的形成，但对该菌孢子囊萌发、孢囊的生长以及游动孢子几乎没有任何活性，这种作用机制区别于防治该菌的其他杀菌剂。

适宜作物 葡萄、马铃薯、瓜类、黄瓜、辣椒等。在推荐剂量下使用对作物和环境安全。

防治对象 主要用于防治卵菌纲病原菌引起的病害如葡萄霜霉病、马铃薯晚疫病、瓜类霜霉病等。

使用方法 使用剂量通常为6.7～16.7g（a.i.）/亩。

（1）防治葡萄霜霉病、马铃薯晚疫病，20%噻唑菌胺可湿性粉剂在大田应用时，推荐使用剂量分别为13.3g（a.i.）/亩和16.7g（a.i.）/亩，间隔7～10d。

（2）防治黄瓜霜霉病、辣椒疫病，发病初期用12.5%可湿性粉剂75～100g/亩对水40～50kg喷雾。

噻唑锌（zinc-thiozole）

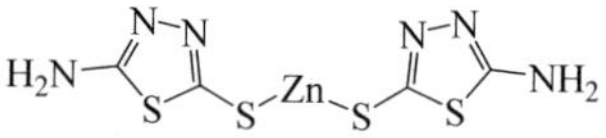

$C_4H_4ZnN_6S_4$，329.7，3234-62-6

化学名称 双[（5-氨基-1,3,4-噻二唑-2-基）硫]锌

理化性质 灰白色粉末，熔点大于300℃，不溶于水和大多数有机溶剂，只微溶于*N,N*-二甲基甲酰胺（DMF），在中性和弱碱性条件下稳定。

毒性 急性LD_{50}（mg/kg）：大鼠经口5000（雌），大鼠经皮LD_{50}＞2000（雌雄）；20%噻唑锌制剂比推荐浓度高出20倍（8000mg/L）时出现家蚕急性中毒症状；在水稻糙米和柑橘的最大允许残留限量（MRL）值分别为0.2mg/kg和0.5mg/kg。

作用特点 噻唑锌具有相同的噻二唑基团，该基团在植物体外对细菌抑制力差，但在植物体内却是高效的治疗剂；而锌离子具有既杀细菌又杀真菌的作用，可与病原菌细胞膜表面上的阳离子交换，导致病菌细胞膜上的蛋白质凝固而杀死病菌。铜离子也可渗透进入病原菌细胞内，与某些酶结合，影响其活性，导致机能失调，病菌因而衰竭死亡。在这两种基团的共同作用下，噻唑锌的杀菌效果显著，防治对象广泛，持效期长达14～15d。噻唑锌含有大量的二价锌离子，在杀菌的同时，还能补充植物生长所必需的锌元素，消除果树由缺锌引起的小叶病、莲花叶、鸡腿枝等生理性病害。锌还能促进花粉管的伸长，促进授粉，促花保果，达到增产的目的。

适宜作物 水稻、白菜、花生、黄瓜、生姜、番茄、柑橘、辣椒、茄子、西瓜、甜瓜、南瓜、烟草、葡萄等。

防治对象 可广泛用于水稻、果树和蔬菜等40多种作物病害防治。生姜细菌性叶枯病，白菜细菌性软腐病，白菜黑斑病、炭疽病、锈病、白粉病、缺锌老化叶，花生青枯病、死棵烂根病、叶斑病，水稻僵苗、黄秧烂秧、细菌性条斑病、白叶枯病、纹枯病、稻瘟病、缺锌火烧苗，黄瓜细菌性角斑病、溃疡病、霜霉病、靶标病、黄点病、缺锌黄化叶，番茄细菌性溃疡病、晚疫病、褐斑病、炭疽病、缺锌小叶病等。

使用方法　发病初期，20%噻唑锌悬浮剂，稀释 500～800 倍液喷雾。发病严重加大（减小）稀释倍数。间隔 7d 左右连续防治 2～3 次为宜，注意二次稀释喷雾。

（1）防治柑橘溃疡病、疮痂病、炭疽病等病害　可在发病前或发病初期，用 20%噻唑锌悬浮剂 400～500 倍液对全株茎叶均匀喷雾。

（2）防治黄瓜、西瓜、甜瓜、南瓜等瓜类的青枯病、枯萎病、猝倒病、细菌性角斑病、靶斑病、霜霉病等病害　可在发病初期，用 50%嘧酯•噻唑锌悬浮剂 40～60mL/亩，兑水 30kg 喷雾防治。

（3）防治辣椒、番茄、茄子等作物的青枯病、枯萎病、软腐病、疮痂病、叶枯病、晚疫病、溃疡病、绵疫病等病害　在发病初期使用，可用 50%唑醚•噻唑锌悬浮剂 30～40mL，兑水 30kg 均匀喷雾。

注意事项

（1）噻唑锌不可与含金属离子的农药、叶面肥以及碱性农药进行复配，会产生化学反应造成药害。

（2）该药对鱼类有毒，应避免药液污染水源和养殖场所。

（3）水稻和柑橘最后一次施药距收获天数为 21d，水稻每季最多用药 3 次，柑橘每年最多用药 3 次。

（4）施药时穿长衣裤，戴手套、口罩等，不能饮食、吸烟，施药后洗干净手脸等。

（5）清洗器具的废水不能排入河流、池塘等水源；废弃物妥善处理，不可留作他用。

（6）避免孕妇及哺乳期的妇女接触该药。

三碘苯甲酸（TIBA）

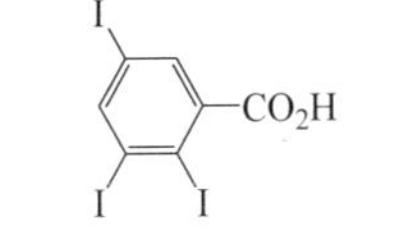

$C_7H_3I_3O_2$，499.81，88-82-4

其他名称　Regmi-8。

化学名称 2,3,5-三碘苯甲酸，2,3,5-triiodobenzoic acid。

理化性质 纯品为白色无定形粉末，熔点224～226℃，不溶于水，常温下在水中的溶解度为1.4%，微溶于煤油或柴油，易溶于乙醇、异乙醇、乙醚、苯、甲苯。其铵盐溶于水。

毒性 急性经口LD_{50}大鼠813mg/kg，小鼠2200mg/kg。对鱼低毒，对鲤鱼48h的TLm＞40mg/kg。

作用特点 TIBA是一种抗生长素类调节物质，也是一种生长素传导抑制剂，能阻碍生长素和赤霉素在韧皮部中的运输。其结构与生长素相近，可和生长素竞争作用位点，使生长素不能与受体结合，为生长素的竞争性抑制剂，降低植物体内生长素的浓度，抑制生长素向根、茎运输，抑制茎顶端生长，阻碍节间伸长，使植株矮化、叶片增厚、叶色深绿、顶端优势受阻。对植株有整形和促使花芽形成的作用，还能促进早熟、增产。高浓度时抑制植物生长，低浓度时促进生根和生长，在适当浓度下促进开花和诱导花芽形成，增加开花数和结实数。具有抑制枝条生长、开张角度、促进花芽形成、增加分枝、矮化树体、减少采前落果、促进成熟的作用。

适宜作物 可用于水稻、小麦防止倒伏，增产；用于大豆、番茄促进花芽形成，防止落花、落果；用于苹果幼树整形整枝。剂型：98%粉剂，2%液剂。

应用技术

（1）使用方式 原药先加少量乙醇溶解，再加适量水稀释喷雾。

（2）使用方法

① 大豆 三碘苯甲酸阻碍生长素在植物体内的运输，抑制茎部顶端生长，叶色变绿，叶片增厚，促进腋芽萌发，株矮分枝多且粗壮，增加荚数、实粒数和产量。在生长旺盛的中熟、晚熟品种或与玉米间作的大豆上使用，增产效果显著；长势弱或极早熟品种不宜使用该药。在大豆初花至盛花期，一般用三碘苯甲酸原药3～5g/亩，初花期3g，盛花期5g。

② 花生 盛花期用200mg/L药液喷洒1次，促进结荚，提高质量。

③ 甘薯 用150mg/L三碘苯甲酸药液喷洒1次，可抑制地上部分徒长，促进块根生长。

④ 马铃薯 现蕾期用100mg/L三碘苯甲酸药液喷洒1次。

⑤ 苹果 是国光和红玉苹果的脱叶剂。在采收前30d，用450mg/L三碘苯甲酸药液全株或在着果枝附近喷洒1次，可促进落叶，使果实着色。在苹果盛花期使用，有疏果作用。

对于尚未结果的一二年生苹果树，在早春叶面开始生长时，或者对于已结果的苹果树，在苹果落花后2周或在盛花后1个月，用25mg/L的药液喷洒叶面，可诱导花芽的形成，提高下一年的开花率，使直立生长的主枝改变为向斜面开张，改善侧枝角度。

⑥ 桑树 在桑树生长旺期用300～450mg/L的药液喷洒1～2次，可增加分枝

和叶数。

注意事项

（1）要掌握好使用浓度、施药次数和施药时期，以免产生不良影响。本品用于大豆可增产和提高大豆蛋白质含量，但要注意不能用作饲料的豆科植物上。

（2）本品由于使用效果不稳定，影响了它的扩大应用。与一些叶面处理的生长调节剂配合使用，特别是与能够扩大它的适用期、提高其生物活性的物质配合使用，有利于发挥它的应用效果。

（3）加入表面活性剂，会增大其应用效果。

三氟苯嘧啶（triflumezopyrim）

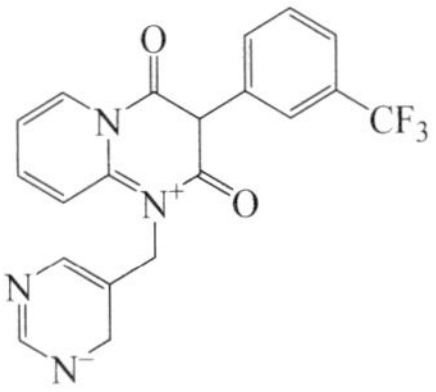

$C_{20}H_{13}F_3N_4O_2$，398.34，1263133-33-0

其他名称　佰靓珑。

化学名称　3,4-二氢-2,4-二氧代-1-(嘧啶-5-基甲基)-3-(*α,α,α,*-三氟间甲苯基)-2*H*-吡啶并[1,2-*α*]嘧啶-1-鎓-3-盐。

理化性质　三氟苯嘧啶纯品为黄色固体，熔点188.8～190℃，205～210℃开始分解；水和有机溶剂中的溶解度（g/L）：水0.23±0.01（20℃），*N,N*-二甲基甲酰胺377.62，乙腈65.87，甲醇7.65，丙酮71.85，乙酸乙酯14.65，二氯甲烷76.07，邻二甲苯0.702，正辛醇1.059，正己烷0.0005。

毒性　三氟苯嘧啶对大鼠急性经口 LD_{50} 值>4930mg/kg，大鼠急性经皮 LD_{50} 值>5000mg/kg，大鼠吸入 LC_{50} 值（4h）>5mg/L；对家兔眼睛有轻微刺激性，对家兔皮肤无刺激性，对豚鼠皮肤无致敏性；每日允许摄入量约为0～0.2mg/kg。三氟苯嘧啶无体外基因毒性、致畸性、免疫毒性和神经毒性。

作用特点　三氟苯嘧啶广谱、内吸、高效、持效，微毒，对鳞翅目、同翅目等多种害虫均具有很好的防效，作用机理不同于常规杀虫剂，虽作用于乙酰胆碱受体，但与新烟碱类等杀虫剂无交互抗性。能在短时间内快速停止害虫取食，及时保护作物免受飞虱危害，避免“冒穿”现象发生，并能阻止病毒病的传播；具有内吸传导性，叶面喷雾和土壤处理皆可，通过土壤处理可以让根部吸收并向上传导；具有良好的渗透性，耐雨水冲刷。同时对环境友好，对有益节肢动物群落有着很好的保护作用，对传粉昆虫无不利影响，非常适合于有害生物的综合治理项目。而且，其在环境中的残留很少，在收获的作物内残留极低，可有效降低贸易壁垒可能带来的风险。

适宜作物 水稻。

防除对象 稻飞虱、叶蝉。

应用技术 以10%三氟苯嘧啶悬浮剂为例。

防治稻飞虱，在水稻稻飞虱低龄若虫始盛期施药，用10%三氟苯嘧啶悬浮剂10～16mL/亩均匀喷雾。

注意事项

（1）孕妇和哺乳期妇女应避免接触。

（2）对蜜蜂、家蚕有毒，避免在蜜蜂觅食时施药；蚕室和桑园附近禁用。

（3）药液配制后请在当天内施用。

三氟苯唑（fluotrimazole）

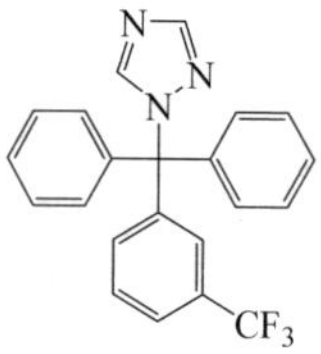

$C_{22}H_{16}F_3N_3$，379.390，31251-03-3

化学名称 1-(3-三氟甲基三苯甲基)-1,2,4-三唑。

理化性质 无色结晶固体。熔点132℃，20℃时的溶解度：水1.5mg/L，二氯甲烷中为40%，环己酮中为20%，甲苯中为10%，丙二醇中为50g/L。在0.1mol/L氢氧化钠溶液中稳定，在0.2mol/L硫酸中分解率为40%。

毒性 三氟苯唑的毒性很低。大鼠急性LD_{50}（mg/kg）：5000（经口），＞1000（经皮）。对蜜蜂无毒。

作用特点 属内吸性杀菌剂。氟原子引入唑类化合物，使其生物活性明显提高，而毒性显著降低。

适宜作物 小麦、大麦、水稻。在推荐剂量下使用对作物和环境安全。

防治对象 对白粉病、稻瘟病等病害有较好的作用。对白粉病有特效。

使用方法 防治白粉病，发病初期用50%可湿性粉剂500倍液喷雾。

注意事项 存放在通风干燥处。配药时注意安全，防止药液吸入或沾染皮肤。喷雾要均匀。

三氟草嗪（trifludimoxazin）

$C_{16}H_{11}F_3N_4O_4S$，412.34，1258836-72-4

化学名：1,5-二甲基-6-硫代-3-(2,2,7-三氟-3,4-二氢-3-氧代-4-丙-2-炔基-2*H*-1,4-苯并噁嗪-6-基)-1,3,5-三嗪烷-2,4-二酮。

理化性质　纯品为米白色至米黄色粉末；熔点 206℃；密度（20℃）：1.58g/mL；油水分配系数 lgP_{ow}（30℃）3.33；水中溶解度（pH=7.88，20.1℃）1.78mg/L；有机溶剂中溶解度（20℃）：甲醇 10.8g/L，甲苯 36.0g/L，乙酸乙酯 155.2g/L，二氯甲烷 238.4g/L，丙酮 423.8g/L，正庚烷 0.0265g/L。

毒性　大鼠急性经口 LD_{50}＞2000mg/kg；对眼睛和皮肤无刺激性，对皮肤无致敏性；无致癌毒性；无遗传毒性。

作用方式　三嗪酮类原卟啉原氧化酶（PPO）抑制剂，通过干扰叶绿素生物合成和引发细胞内一系列破坏性氧化反应而致杂草死亡。

防除对象　可用于谷物、大豆、花生、柑橘、梨果及其他作物，防除禾本科杂草和阔叶杂草，对反枝苋、荠菜、播娘蒿具有很好的防除效果，对看麦娘、狗尾草、稗草也具有一定的防除作用。

使用方法　茎叶喷雾、土壤处理均可

三氟啶磺隆钠盐（trifloxysulfuron sodium）

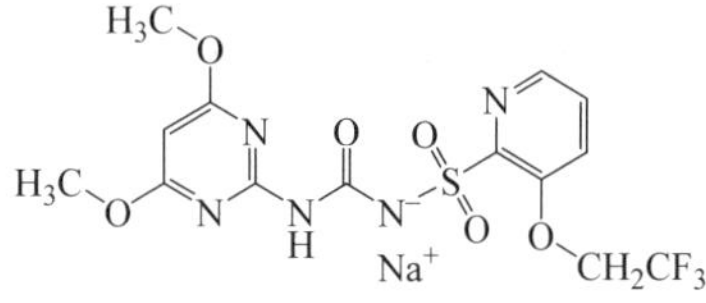

$C_{14}H_{13}F_3N_5NaO_6S$，459.33，199119-58-9

化学名称　*N*-[(4,6-二甲氧基-2-嘧啶基)氨基甲酰]-3-(2,2,2-三氟乙氧基)-2-吡啶磺酰胺钠。

理化性质　原药为白色粉末，熔点 170.2～177.7℃，水溶液弱酸性，溶解度（20℃，

mg/L)：水 25700，丙酮 17000，乙酸乙酯 3800，甲醇 50000，甲苯 1.0。

毒性 大鼠急性经口 LD_{50}＞5000mg/kg，山齿鹑急性 LD_{50} 为 2000mg/kg，虹鳟 LC_{50}（96h）＞103mg/L，低毒；对大型溞 EC_{50}（48h）＞108mg/kg，低毒；对月牙藻 EC_{50}（72h）为 0.0065mg/L，高毒；对蜜蜂、蚯蚓中等毒性。对眼睛、皮肤具刺激性，无神经毒性，无染色体畸变和致癌风险。

作用方式 磺酰脲类选择性除草剂，抑制乙酰乳酸合成酶（ALS）的生物活性从而杀死杂草。根据杂草种类和生长条件的差异，一般在 2～4 周后完全死亡。

防除对象 登记用于暖季型草坪（长江流域及以南地区的狗牙根类和结缕草类的暖季型草坪草）防除莎草和阔叶杂草以及部分禾本科杂草，如香附子、马唐、阔叶草等。

使用方法 于成坪草坪杂草旺盛生长期叶龄较小时均匀喷雾处理，施药前、后 1～2d 内不修剪，11%可分散油悬浮剂每亩制剂用量 20～30mL，兑水稀释后均匀喷雾，施药 3h 后遇雨对药效无明显影响。

注意事项

（1）不能用于早熟禾、黑麦草、匍匐剪股颖、高羊茅等冷季型草坪草及海滨雀稗等其他草坪草。

（2）施用后请勿播植除草坪草以外的任何作物，在秋冬季暖季型草坪上交播冷季型草坪草（黑麦草）时应保证至少在交播前 60d 停止使用。

（3）不得用于新播种、新铺植或新近用匍匐茎栽植的草坪。

（4）草坪生长不旺盛或处于如干旱等胁迫条件下不得施用。

（5）勿与酸性化合物、有机磷类杀虫剂或杀线虫剂混用。若稀释水 pH＜5.5，应将 pH 调到约 7 时再使用。

（6）加入非离子表面活性剂可提高药效，加入甲基化种子油或作物油脂类浓缩物也可提高药效，但可能会引起短暂的草坪叶片变色。

（7）每季最多使用 2～3 次，每季用量不宜超过 90g（a.i.）/hm^2。

三氟羧草醚（acifluorfen）

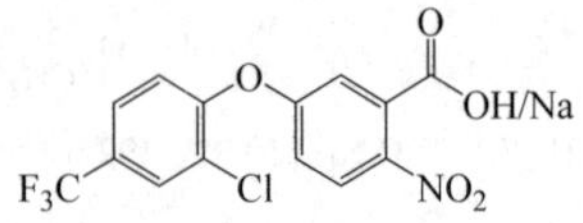

O OH/Na F3C Cl NO2

$C_{14}H_7ClF_3NO_5$，361.66，50594-66-6

化学名称 5-(2-氯-α,α,α-三氟对甲苯氧基)-2-硝基苯甲酸（钠）。

理化性质 纯品三氟羧草醚为棕色固体，熔点 142～160℃，235℃分解；溶解度（25℃，g/kg）：丙酮 600，二氯甲烷 50，乙醇 500，水 0.12。纯品三氟羧草醚钠盐为白色固体，熔点 274～278℃（分解）；溶解度（25℃，g/L）：水 608.1，辛醇 53.7，甲醇 641.5。

毒性　急性 LD_{50}（mg/kg）：大鼠经口 2025（雄），1370（雌）；小鼠经口 2050（雄），1370（雌）；兔经皮 3680；对兔皮肤有中等刺激性，对兔眼睛有强刺激性；对动物无致畸、致突变、致癌作用。

作用方式　触杀型选择性芽后除草剂。苗后早期处理，被杂草吸收后能促使气孔关闭，借助光来发挥除草活性，提高植物体温度引起坏死，并抑制线粒体电子的传导，以引起呼吸系统和能量生产系统的停滞，抑制细胞分裂使杂草致死。但进入大豆体内，被迅速代谢，因此，能选择性防除阔叶杂草。可被杂草茎叶吸收，在土壤中不被根吸收，且易被微生物分解，故不能作土壤处理，对大豆安全。

防除对象　主要防阔叶杂草，如防除铁苋菜、苋、刺苋、豚草、芸薹、灰藜、野西瓜、甜瓜、曼陀罗、裂叶牵牛等。对 1～3 叶期禾本科草如狗尾草、稷和野高粱也有较好的防效，对苣荬菜、刺儿菜有较强的抑制作用。

使用方法　适用于大豆田，一般在大豆 1～3 复叶期，田间一年生阔叶杂草基本出齐、株高 5～10cm（2～4 叶期）使用。每亩用三氟羧草醚有效成分 12～18g 兑水 25kg 左右均匀喷雾。在阔叶杂草与禾本科杂草混合发生的田块，可在大豆播种前每亩先用 48%氟乐灵 100mL，兑水 35kg 左右均匀喷雾于土表，随即充分均匀混土 2～3cm，混土后隔天播种，等大豆 1～3 片复叶时再用三氟羧草醚，可有效地防除一年生禾本科杂草和阔叶杂草，如大豆苗后禾本科杂草与阔叶杂草混合严重发生的田块，可在田间一年生阔叶杂草和禾本科杂草 2～4 叶期先用三氟羧草醚，隔 1～2d 再用 15%精吡氟禾草灵 50mL 兑水 35kg 左右对杂草茎叶喷雾，可有效防除阔叶杂草和禾本科杂草。

注意事项

（1）大豆三片复叶以后，叶片会遮盖杂草，此时施药会影响除草效果，并且大豆接触药剂多，抗药性减弱，会加重药害。

（2）大豆生长在不良的环境中，如遇干旱、水淹、肥料过多或土壤中含过多盐碱、霜冻，最高日温低于 21℃或土温低于 15℃均不施用，以免造成药害。应避免在 6h 之内下雨的情况下施药。

（3）该药对眼睛和皮肤有刺激性，施药时应戴面罩或眼镜，避免吸入药雾，如该药溅入眼睛中或皮肤上，立即用大量清水冲洗 15min 以上。若不慎误服，应让患者呕吐，本药剂无特效解毒剂，可对症治疗。

（4）该药剂须在 0℃以上条件下贮存，在 0℃以下贮存，将会结冰，可加温到 0℃以上，彻底搅匀即可使用。

（5）勿使本剂流入湖泊、池塘或河流中，避免因洗涤器具或处理废物导致水源的污染。

药害

（1）小麦　受其飘移危害，表现先从叶片的着药部位开始失绿变为灰白、黄白或黄褐色而枯萎，并扭卷、弯曲、下垂，有的叶片则变为紫褐色，有的叶鞘也随之枯死。

（2）大豆　用其做茎叶处理受害，表现着药叶片的叶肉失绿变为灰白，并产生漫连形锈褐色（中间色浅、边缘色深）枯斑。受害严重时，叶片大面积变褐或枯焦卷缩，顶芽枯死，遂形成无主生长点的植株。

（3）甜菜　受其飘移危害，表现着药子叶变黄白而枯死，真叶局部变灰白而枯萎、皱缩，叶柄和生长点变黑褐而枯萎。

三氟吲哚丁酸酯

$C_{15}H_{16}F_3NO_2$，299.39，164353-12-2

其他名称　TFIBA。

化学名称　1*H*-吲哚-3-丙酸-*β*-三氟甲基-1-甲基乙基酯。

作用特点　能促进植物根系发达，从而达到增产的目的。此外，还能提高水果甜度，降低水果中的含糖量，且对人安全。

适宜作物　主要用于水稻、豆类、马铃薯等。

三环唑（tricyclazole）

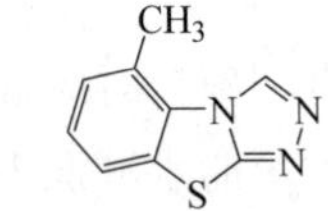

$C_9H_7N_3S$，189.24，41814-78-2

化学名称　5-甲基-1,2,4-三唑基[3,4-*b*]苯并噻唑。

理化性质　纯品三环唑为无色针状结晶，熔点 187～188℃；溶解度（25℃，g/kg）：水 1.6，氯仿＞500；其他溶剂溶解度：二氯甲烷 33%，乙醇 25%，甲醇 25%，丙酮 10.4%，环己酮 10.0%，二甲苯 2.1%。

毒性　急性 LD_{50}（mg/kg）：大鼠经口 358（雄）、305（雌），小鼠经口 250，兔和大鼠经皮＞2000；原药对兔眼睛和皮肤有一定刺激性；以 275mg/（kg・d）剂量饲喂大鼠两年，未发现异常现象；对动物无致畸、致突变、致癌作用。

作用特点　属三唑类杀菌剂，具有较强的保护和内吸活性。其作用机制是通过抑制从 scytalone 到 1,3,8-三羟基萘和从 vermelone 到 1,8-二羟基萘的脱氢反应，从而抑制黑色素的形成。三环唑能抑制孢子萌发和附着胞形成，有效地阻止病菌侵入和减少稻瘟病菌孢子的产生。

适宜作物　水稻。推荐剂量下对作物安全。

防治对象　稻瘟病。

使用方法　喷雾处理。

（1）叶瘟　发病初期施药，如出现急性型病斑，或较容易见到病斑，则应全田施药。用 75%可湿性粉剂 22g/亩，对水 20～50L，全田喷施。

（2）穗瘟　在水稻拔节末期至抽穗初期（抽穗率 5%以下），用 75%可湿性粉剂 26g/亩，对水 3～5L，全田喷施。航空施药，对于水稻抽穗应选早晚风小、气温低时进行。

（3）防治水稻稻瘟病，发病初期 20%三环唑可湿性粉剂 90g/亩效果显著。水稻破口初期用 75%三环唑可湿性粉剂 25～30g/亩，间隔 7～10d，连续施药 2 次。防治水稻稻瘟病，叶瘟在发病初期，穗瘟在水稻破口期，用 20%三环唑悬浮剂 100mL/亩，效果显著。防治水稻稻瘟病，用 75%三环唑水分散粒剂 20～30g/亩对叶瘟和穗瘟的防效优于相同浓度 75%三环唑可湿性粉剂。

注意事项　三环唑能迅速被水稻根、茎、叶吸收，并输送到植株各部位。持效期长，药效稳定。三环唑抗雨水冲刷力强，喷药 1h 后遇雨不需补喷药。晴天上午 8:00～17:00、空气相对湿度低于 65%、气温高于 28℃、风速超过 4m/s 时应停止施药。田间叶面喷药应在采收前 25d 停止用药。

三甲苯草酮（tralkoxydim）

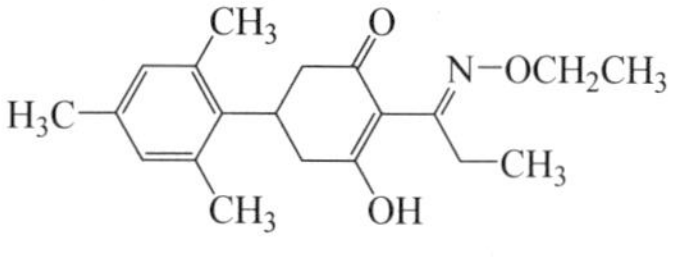

$C_{20}H_{26}NO_3$，329.43，87820-88-0

化学名称　2-[1-(乙氧基亚氨基)丙基]-3-羟基-5-(2,4,6-三甲基苯基)环己-2-烯酮。

理化性质　纯品三甲苯草酮为无色无味固体，熔点 106℃；溶解度（20℃，g/L）：

水 0.006（pH 6.5）、5（pH 5.0），甲醇 25，己烷 18，甲苯 213，二氯甲烷＞500，丙酮 89，乙酸乙酯 110。

毒性 急性 LD_{50}（mg/kg）：大鼠经口 1258（雄）、934（雌），小鼠经口 1321（雄）、1100（雌），大鼠经皮＞2000；对兔眼睛和皮肤有轻微刺激性；以 12.5mg/（kg·d）剂量饲喂大鼠 90d，未发现异常现象；对动物无致畸、致突变、致癌作用；对鱼类高毒。

作用方式 叶面施药后迅速被植物吸收，在韧皮部转移到生长点，抑制乙酰辅酶 A 羧化酶活性，从而抑制脂肪酸的合成，阻碍新的生长。杂草失绿后变色枯死，一般 3～4 周内完全枯死，叶面喷雾后 1h 内应不下雨，否则影响药效。

防除对象 鼠尾看麦娘、风草、瑞士黑麦草、硬草、马唐、野燕麦、狗尾草和虉草等禾本科杂草。对阔叶杂草和莎草科杂草无明显除草活性。

使用方法 芽后施药，小麦田在杂草 2～5 叶期，每亩 40%三甲苯草酮水分散粒剂 65～80g。防除野燕麦施药适期宽，用药量是 200～350g（a.i.）/hm^2。几乎可彻底防除分蘖末期前的野燕麦，抑制期可延至拔节期。本药剂即便在 2 倍最大推荐剂量下，对小麦、大麦和硬粒小麦均安全。

注意事项

（1）该药剂对鱼类有毒，剩余的药液和洗刷施药用具的水，禁止倒入田间水流或水产养殖区。

（2）避免与激素类除草剂如 2 甲 4 氯等混用。

三氯吡氧乙酸（triclopyr）

Cl Cl

Cl N OCH_2CO_2H

$C_7H_4Cl_3NO_3$，256.47，55335-06-3

化学名称 3,5,6-三氯-2-吡啶氧乙酸，3,5,6-trichloro-2-pyridinyloxyacetic acid。

理化性质 原药为白色固体，熔点 150.5℃，208℃分解，水溶液弱酸性，溶解度（20℃，mg/L）：水 8100，己烷 90，甲苯 19000，甲醇 665000，丙酮 582000。高温及碱性条件下易分解。

毒性 大鼠急性经口 LD_{50}＞577mg/kg，短期喂食毒性高；对绿头鸭急性 LD_{50} 1698mg/kg，中等毒性；对虹鳟 LC_{50}（96h）为 117mg/L，低毒；对大型溞 EC_{50}（48h）为 132.9mg/kg，低毒；对月牙藻 EC_{50}（72h）为 181.1mg/L，低毒；对蜜蜂低毒，对蚯蚓中等毒性。具眼睛刺激性、皮肤致敏性和生殖影响，无神经毒性和皮肤刺激性，无染色体畸变和致癌风险。

作用方式　内吸传导型选择性除草剂，通过植物的叶面和根系吸收，并在植物体内传导至全株，造成其根、茎、叶畸形，储藏物质耗尽，维管束被栓塞或破裂，逐渐死亡。

防除对象　登记用于森林防除灌木和阔叶杂草。

使用方法　防火道及造林前灭灌：以柴油稀释 50 倍，喷洒于灌木及幼树基部。非目的树种防除：以柴油稀释 50 倍，在离地面 70～90cm 喷洒，桦、柞、椴、杨胸径在 10～20cm 之间，每株用药液 70～90mL。防除幼小灌木、藤木和阔叶杂草：生长旺盛期，以清水稀释 100～200 倍，低容量定向喷雾，480g/L 乳油每亩制剂用量 278～417mL。

注意事项

（1）施药时避免药液喷洒或飘移到阔叶作物，以免产生药害。

（2）对于松树和云杉超过 1kg（a.i.）/hm^2 将有不同程度药害发生，有的甚至死亡，应用喷枪定量穴喷。

三氯吡氧乙酸丁氧基乙酯（triclopyr-butotyl）

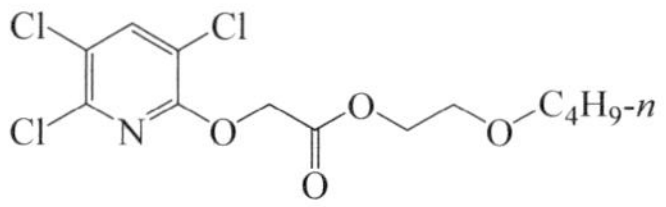

$C_{13}H_{16}Cl_3NO_4$，356.62，64700-56-7

化学名称　[(3,5,6-三氯吡啶-2-基)氧]乙酸 2-丁氧基乙酯。

理化性质　原药为无色液体，熔点–32℃，210℃分解，溶解度（20℃，mg/L）：水 5.75，易溶于己烷、丙酮、甲苯、乙酸乙酯。土壤中易分解。

毒性　大鼠急性经口 LD_{50} 500mg/kg，短期喂食毒性高；山齿鹑急性 LD_{50} 为 735mg/kg，中等毒性；对虹鳟 LC_{50}（96h）为 1.3mg/L，中等毒性；对大型溞 EC_{50}（48h）为 2.9mg/kg，中等毒性；对月牙藻 EC_{50}（72h）＞3.0mg/L，中等毒性；对蜜蜂低毒。具皮肤致敏性、呼吸道刺激性和生殖影响，无神经毒性和眼睛、皮肤刺激性，无致癌风险。

作用方式　内吸传导型选择性除草剂，通过植物的叶面和根系吸收，并在植物体内传导至全株，作用于核酸代谢，使植物产生过量核酸，从而使一些组织转变为分生组织，造成叶片、茎和根畸形，贮藏物质耗尽，维管束组织被栓塞或破裂，植株死亡。

防除对象　登记用于森林防除灌木和阔叶杂草。

使用方法　灌木、阔叶杂草始盛期低容量定向喷雾，45%乳油每亩制剂用量

350～420mL，兑水 50L 稀释均匀后喷雾。

注意事项 大风天或预计 6h 内降雨，请勿施药，避免药液喷洒或飘移到阔叶作物产生药害。

三氯杀虫酯（plifenate）

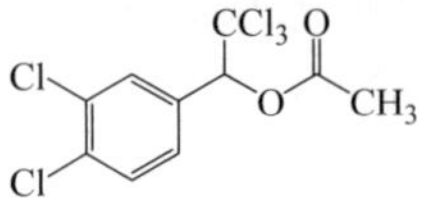

$C_{10}H_7Cl_5O_2$，336.3，21757-82-4

其他名称 蚊蝇净、蚊蝇灵、半滴乙酯、acetofenate、Baygon MEB、benzetthazet、Penfenate。

化学名称 2,2,2-三氯-1-(3,4-二氯苯基)乙基乙酸酯。

理化性质 纯品为白色结晶。熔点 84.5℃（83.7℃），20℃时溶解度：甲苯＞60%，二氯甲烷＞60%，环己酮＞60%，异丙醇＜1%，还能溶于丙酮、苯、甲苯、二甲苯、热的甲醇、乙醇等有机溶剂，水中溶解度 0.005%。在中性和弱酸性介质中较稳定，遇碱分解。

毒性 急性经口 LD_{50}（mg/kg）：雄、雌大鼠＞10000，雄、雌小鼠＞2500，雄狗＞1000，雄兔＞2500。雄大鼠急性经皮 LD_{50}＞1000mg/kg。雄大鼠急性吸入 LC_{50}（4h）＞561mg/m^3，雄小鼠（4h）＞567mg/m^3。大鼠 3 个月喂养无作用剂量为 1000mg/kg。动物试验无致畸、致突变作用。鱼毒 LC_{50} 为 1.52mg/L。

作用特点 具有触杀和熏蒸作用，具有高效、低毒、对人畜安全等特点。主要用于防治卫生害虫，杀灭蚊蝇效力高，是比较理想的家庭用杀虫剂。

注意事项

（1）不可与碱性物质混用。

（2）在开启农药包装、称量配制和施用中，操作人员应戴必要的防护器具，要小心谨慎，防止污染。

（3）建议用控制焚烧法或安全掩埋法处置。塑料容器要彻底冲洗，不能重复使用。把倒空的容器归还厂商或在规定场所掩埋。

（4）灭火方法：消防人员须佩戴防毒面具、穿全身消防服，在上风向灭火。切勿将水流直接射至熔融物，以免引起严重的流淌火灾或引起剧烈的沸溅。灭火剂：雾状水、泡沫、干粉、二氧化碳、砂土。

（5）泄漏应急处理。隔离泄漏污染区，周围设警告标志，建议人员戴自给式呼吸器，穿化学防护服。避免扬尘，小心扫起，收集运至废物处理场所。也可以用大量水冲洗，经稀释的洗水放入废水系统。对污染地带进行通风。如大量泄漏，收集回收或无害处理后废弃。

三氯杀螨砜（tetradifon）

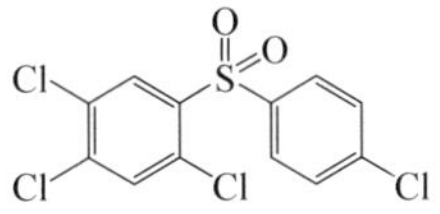

$C_{12}H_6Cl_4O_2S$，356.1，116-29-0

化学名称 4-氯苯基-2,4,5-三氯苯基砜，2,4,4′,5-tetrachlorodiphenylsulphone

其他名称 涕滴恩、天地红、退得完、天地安、Diphenylsulfon、Duphar、Tedion、Chlorodifon。

理化性质 纯品为无色无味结晶，熔点148～149℃。工业品为淡黄色结晶，熔点144～148℃。溶解性（20℃）：在丙酮、醇类中溶解度较低，较易溶于芳烃、氯仿、二噁烷中；对酸碱、紫外线稳定。

毒性 急性LD_{50}（mg/kg）：大鼠经口14700，兔经皮＞10000。以500mg/kg剂量饲喂大鼠60d，未发现异常现象；对动物无致畸、致突变、致癌作用。

作用特点 三氯杀螨砜属神经毒剂，非内吸性，具长效、渗透植物组织的作用，除对成螨无效外，对卵及其他生长阶段均有抑制及触杀作用，也能使雌螨不育或导致卵不孵化。

适宜作物 棉花、果树、花卉等。

防除对象 螨类。

应用技术 以20%三氯杀螨砜乳油为例。

（1）防治棉花螨类 防治棉红蜘蛛，在害螨发生初盛期施药，用20%三氯杀螨砜乳油50～75g/亩均匀喷雾。对已产生抗性的红蜘蛛，用20%三氯杀螨砜乳油75～100g/亩均匀喷雾。

（2）防治果树螨类

① 苹果、山楂红蜘蛛 在开花前后，幼、若螨初盛期，平均每叶有螨3～4头时，7月份以后平均每叶有螨6～7头时施药，用20%三氯杀螨砜乳油600～1000倍液均匀喷雾。

② 柑橘红蜘蛛 在春梢大量抽发期及幼、若螨初盛期施药，用20%三氯杀螨砜乳油800～1000倍液均匀喷雾。

（3）防治花卉螨类 在害螨发生初盛期施药，用20%三氯杀螨砜乳油1000～2000倍液均匀喷雾。

注意事项

（1）不能用三氯杀螨砜杀冬卵。

（2）当红蜘蛛为害重、成螨数量多时，必须与其他药剂混用，效果才好。

（3）该药对柑橘锈螨无效。

（4）应储存于阴凉、通风的库房，远离火种、热源，防止阳光直射，保持容器密封。应与氧化剂、碱类分开存放，切忌混储。配备相应品种和数量的消防器材，储区应备有泄漏应急处理设备和合适的收容材料。

（5）不可与呈碱性的农药等物质混合使用。

三十烷醇（triacontanol）

$CH_3(CH_2)_{28}CH_2OH$

$C_{30}H_{62}O$，438.38，593-50-0

其他名称 1-三十烷醇、蜂花醇、增产宝、大丰力、Melissyl alcohol、Myrictl alcohol。

化学名称 正三十烷醇。

理化性质 纯品为白色鳞片状晶体（95%～99%），熔点86.5～87.5℃，分子链长67.0Å。不溶于水，难溶于冷甲醇、乙醇、丙酮，微溶于苯、丁醇、戊醇，可溶于热苯、热丙酮、热四氢呋喃，易溶于氯仿、二氯甲烷、乙醚和四氯化碳中。C_{20}～C_{28}醇可溶于热甲醇、乙醇及冷戊醇。性质稳定，对光、空气、热及碱均较稳定。

毒性 低毒，对人、畜十分安全。雌小鼠急性经口LD_{50}为1.5g/kg，雄小鼠急性经口LD_{50}为8g/kg，以18.75g/kg的剂量给10只体重17～20g的小白鼠灌胃，7d后照常存活。

作用特点 三十烷醇是一种天然的长碳链植物生长调节剂，广泛存在于蜂蜡和植物蜡纸中。可经由植物的茎、叶吸收，具有多种生理作用，可促进能量贮存，增加干物质积累，改善细胞透性，调节生理功能，增加叶面积，促进组织吸水，增加叶绿素含量，提高酶的活性，增强呼吸作用，促进矿质元素吸收，增加蛋白质含量。对作物具有促进生根、发芽、开花、茎叶生长、早熟、提高结实率的作用。在作物生长期使用，可提高种子发芽率、改善秧苗素质、增加有效分蘖。在作物生长中、后期使用，可增加蕾花、坐果率（结实率）、千粒重，从而增产。2%三十烷醇可溶粉产品是广谱性植物生长增效剂，增强植物免疫力、抗病、抗逆、增产、改善作物品质、解药害、增加药效、增加肥效，可迅速溶于水，适合用于各种肥料中增效。

适宜作物 用于水稻、麦类、玉米、高粱、甘蔗、甘薯、西瓜、黄瓜、豇豆、油菜、花椰菜、甘蓝、青菜、番茄、茄子、辣椒、甜菜、柑橘、枣、苹果、荔枝、桑、茶、棉花、大豆、花生、烟草等作物提高产量。在蘑菇等食用菌上应用，也能增产。

应用技术

（1）浸种　种子催芽前，用0.1%三十烷醇微乳剂1000倍液浸种2d，然后再催芽、播种；旱地作物，在播种前用0.1%三十烷醇微乳剂1000倍液浸种0.5～1d，然后播种，可增强发芽势，提高种子发芽率。

① 水稻　用0.1%三十烷醇乳剂1000倍液浸种，浸种时间早稻为48h，中、晚稻24h后即可催芽播种。浸种后，发芽率可比对照提高2%左右，发芽势提高8%左右，并能促进根系生长，增强秧苗抗逆能力等，有利于培育壮秧。

② 小麦　播种前用0.2～0.5mg/kg的三十烷醇溶液浸种4～12h；或用15kg麦种喷三十烷醇溶液1L，喷后堆起，闷种2～4h后晾干即可播种。

③ 甘薯　三十烷醇用于甘薯浸种可比对照提前4d出苗，并使薯苗的鲜重和长度比对照增加6.67%～13.3%和22.53%，可增产5.7%～13.9%或16.2%。选择无病种薯，采用温床育苗，将薯块浸泡在1mg/kg的三十烷醇溶液中10min，捞出晾干后进行温床育苗。或剪取无病薯苗，将薯苗基端浸于0.5mg/kg的三十烷醇溶液中30min，晾干后播种。还可在甘薯薯块膨大期用0.5mg/kg的三十烷醇溶液50kg叶面喷雾，每隔10d喷施1次，共喷2～3次。

④ 大豆　1.4%的三十烷醇乳粉0.5mg/L，浸泡种子4h，然后催芽播种。可提高发芽率和发芽势，增加三仁荚，减少单仁荚，增加豆数。注意必须按规定浓度使用，若浓度过大，则抑制生长。可与其他种子处理杀菌剂混合使用。

（2）喷雾

① 粮、棉、瓜、果类作物　在始花期和盛花期各施1次药，用0.1%三十烷醇微乳剂2000倍液均匀喷雾，喷药液量以作物叶面喷湿而不流失为宜。

② 水稻　在水稻抽穗始期用1mg/L的三十烷醇溶液喷洒植株。可促进光合作用产物向水稻穗部运送，增加穗粒数，提高千粒重，提高水稻产量。在水稻孕穗期、齐穗期用浓度为0.5mg/L的三十烷醇各喷施1次，每次每亩喷施50kg药液为宜。能明显地增加叶片中叶绿素的含量，增强光合作用，促进光合产物向谷粒输送，从而提高产量。一般结实率可提高7%以上，千粒重增加0.2～0.9g，产量提高10%左右。

在杂交水稻制种田，三十烷醇与赤霉素混合使用，增产效果比单用赤霉素效果更显著，有利于提高赤霉素的增产作用，而三十烷醇又同时提高了水稻光合磷酸化作用，增加光能利用率，使母本午前花比例增加，促进父、母本花期相遇，二者表现协调效应，使结实率和产量较各自单独喷施有明显增加，一般可增产5%左右。可在母本始穗期，用0.5mg/kg的三十烷醇与20mg/kg的赤霉素混合喷施，每亩用药量为36kg左右。但使用须注意，在混配时，先各自用少量水稀释，再混合加足量水定容后喷施；要现配现用，以免药液搁置时间过长而影响药效；严格控制使用浓度。

③ 小麦　在小麦开花期，用0.1～0.5mg/L的药液叶面喷洒，可增产。

④ 玉米　在玉米幼穗分化期至抽雄期，用 0.1～0.5mg/L 的药液叶面喷洒，可增产。

⑤ 甘薯　在薯块膨大期，用 0.5～1.0mg/L 的药液叶面喷洒，可增产。

⑥ 花生　于盛花期、下针末幼果膨大期，每亩用 0.1%三十烷醇微乳剂 48～60mL，加水 60kg 叶面喷施各 1 次，可提高叶绿素含量和光合能力，提高花生成果率，促进果实膨大增重，增加产量。

⑦ 大豆　在大豆盛花期喷洒 0.5mg/L 的三十烷醇乳粉溶液，可使叶色增绿，提高光合作用和物质积累，增加结实率和百粒重，并提前几天成熟。

⑧ 油菜　对生长旺盛的油菜，于盛花期用浓度为 0.5mg/kg 的三十烷醇药液喷洒叶片，有利于提高结实率和千粒重。对生长一般的植株，可在抽薹期增喷一次同样浓度的三十烷醇，可增加主花序长度，一般可增产 10%～15%。三十烷醇乳粉效果更好。对缺硼严重的地块，则可喷洒硼砂和三十烷醇的混合液。

用 0.05mg/kg 的三十烷醇对甘蓝型油菜品种“上海 23”浸种 5h，可明显提高种子萌发率，提高种子脂肪酶活性，增加子叶期的主根长度以及皮层和木质部的宽度，也增加了导管的数量，有利于向地上部输送更多的水分和养分，从而促进地上部的生长，为培育早苗和壮苗奠定了基础。

⑨ 青菜、大白菜、萝卜　在生长期，用 0.5～1.0mg/L 的药液叶面喷洒，可增产。

⑩ 番茄　番茄应用三十烷醇可促进植株的根、茎、叶生长，使鲜重和干重迅速增加，提高果实中维生素的含量，一般每 100g 番茄果实中可以增加维生素 C 的含量 34.52mg。

三十烷醇喷施番茄的最适浓度为 0.5mg/kg，用药量为 50L/亩，整个生长期喷施 2～3 次，喷施时可加入磷酸二氢钾或尿素等混合喷施，增产效果更为显著。

⑪ 蘑菇　于菌丝体初期，用 1～20mg/L 的药液喷洒，可增产。

⑫ 双孢菇　于菌丝体初期，用 0.1～10mg/L 的药液喷洒，可增产。

⑬ 香菇　用 0.5mg/L 的药液喷洒喷淋接菌后的板块培养基，可增产。

⑭ 甘蔗　在甘蔗伸长期，用 0.5mg/L 的药液叶面喷洒，可增加含糖量。

⑮ 烟草　在团棵期至生长盛期，用 0.1%微乳剂 1670～2500 倍液喷 2～3 次，可增产。

⑯ 麻类　在播种后 6～8 个月，用 1mg/L 的药液喷洒，可增加纤维产量。

⑰ 茶树　在鱼叶初展期，每亩用 0.1%微乳剂 25～50mL，兑水 50kg 喷雾，每个茶季喷 2 次，间隔 15d，如加 0.5%尿素，可增加效果。

⑱ 柑橘　苗木用 0.1%可溶液剂 3300 倍喷雾，能促进生长。在初花期至壮果期喷 1500～2000 倍液药剂，有增产作用。

（3）浸苗　用于海带、紫菜养殖。在海带幼苗出苗时，用 1.4%三十烷醇乳粉 7000 倍液浸苗 2h 或用 2.8 万倍稀释液浸苗 12h 后放入海区养殖，可明显促进幼龄期海带的生长，有利于早分苗和分大苗，提早成熟，增加产量。紫菜育苗方法同海带，可促进丝状体生长，增加壳孢子的释放量，提高出苗率，促进幼苗生长。

（4）混配　可与杀虫剂（如敌百虫、甲胺磷等）、杀菌剂（如硫菌灵、多菌灵等）等农药混合使用来防止病虫害的危害。

可与各种化肥，如 1%尿素、0.2%磷酸二氢钾和微量元素、0.2%硼砂、0.1%钼酸铵等混合喷施。在水稻、小麦等上与磷酸二氢钾混配喷施，可促进生长并提高结实率。

注意事项

（1）应选用结晶纯化不含其他高烷醇杂质的制剂，否则防治效果不稳定。

（2）要严格控制使用浓度和施药量，以免产生药害。使用量较大会导致苗期鞘弯曲，根部畸形，成株则导致幼嫩叶片卷曲。浸种浓度过高会抑制种子发芽，配制时要充分搅拌均匀。一般 0.1%乳液稀释 1000～2000 倍为宜。

（3）三十烷醇乳剂使用时如有沉淀，可反复摇动瓶中药液，或者置于 50～70℃热水中溶解，或加乙醇助溶剂后再使用，否则无效果。

（4）本品不得与酸性物质混合，以免分解失效。

（5）使用三十烷醇适宜温度为 20～25℃，应选择在晴天下午施药，在高温、低温、雨天、大风等不良天气情况下不宜施药。如果喷药后 6h 降雨，需重喷 1 次药。

（6）三十烷醇可与尿素、磷酸二氢钾、微量元素（如锌、硼、钼等）混用，可获得更佳效果。

（7）本品应保存在阴凉干燥处，不宜受冻，药剂提倡当年生产当年使用。

三唑醇（triadimenol）

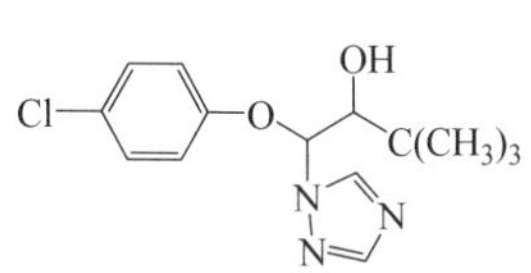

$C_{14}H_{18}ClN_3O_2$，295.76，55219-65-3

化学名称　1-(4-氯代苯氧基)-3,3-二甲基-1-(1*H*-1,2,4-三唑基-1)-2-丁醇。

理化性质　三唑醇是非对映异构体 A、B 的混合物，A 代表（1*RS*,2*RS*）、B 代表（1*RS*,2*SR*）。纯品三唑醇为无色结晶固体，具有轻微特殊气味；熔点：A 138.2℃、B 133.5℃、A+B 110℃；溶解度（20℃，g/L）：水中 A 0.062、B 0.033，二氯甲烷中 200～500，异丙基乙醇中 50～100，甲苯中 20～50；两个非对映体对水稳定。

毒性　急性 LD_{50}（mg/kg）：大鼠经口 700，小鼠经口 1300，大鼠经皮＞5000；对兔眼睛和皮肤无刺激性；以 125mg/kg 剂量饲喂大、小鼠两年，未发现异常现象；

对动物无致畸、致突变、致癌作用。

作用特点 属广谱内吸性种子处理剂，具有保护、治疗和铲除作用。其作用机制是抑制赤霉素和麦角固醇的生物合成进而影响细胞分裂速率。可通过茎、叶吸收，在新生组织中稳定运输，但在老化、木本组织中输导不稳定。

适宜作物 禾谷类作物（如春大麦、冬大麦、冬小麦、春燕麦、冬黑麦、玉米、高粱、水稻）、蔬菜、观赏园艺作物、咖啡、葡萄、果树、烟草、甘蔗、香蕉和其他作物。推荐剂量下对作物安全。

防治对象 禾谷类作物的白粉病、锈病、网斑病、条纹病、叶斑病、腥黑穗病、丝黑穗病、散黑穗病、根腐病、雪腐病等，香蕉叶斑病、甜菜白粉病。推荐剂量下对作物安全。

使用方法 作为种子处理剂使用时，用药量为20～60g（a.i.）/100kg禾谷类作物种子，30～60g（a.i.）/100kg棉花种子。作为喷雾剂使用时，香蕉和禾谷类作物平均用药量为6.7～10g（a.i.）/亩，咖啡保护用量为8.3～16.7g（a.i.）/亩，治疗用量为16.7～33.3g（a.i.）/亩，用于葡萄、梨果、核果和蔬菜用量为1.67～8.3g（a.i.）/亩。

（1）种子处理

① 防治小麦锈病、白粉病　用10%干拌种剂300～375g/100kg种子或15%干拌种剂200～250g/100kg拌种；

② 防治小麦腥黑穗病、秆黑粉病、散黑穗病　每100kg种子用25%干拌种剂120～150g/100kg或15%干拌种剂30～60g/100kg拌种；

③ 防治春大麦散黑穗病、大麦网斑病、大麦白粉病、燕麦散黑穗病、麦叶斑病、小麦网腥黑穗病、根腐病　用25%干拌种剂80～120g/100kg种子；

④ 防治玉米丝黑穗病　用10%干拌种剂600～750g/100kg或15%可湿性粉剂400～500g/100kg种子拌种；

⑤ 防治高粱丝黑穗病　用25%干拌种剂60～90g/100kg种子或15%干拌种剂100～150g/100kg拌种。

（2）喷雾处理

① 防治水稻稻曲病　用15%可湿性粉剂60～70g/亩对水40～50kg喷雾；

② 防治甜菜白粉病　用15%可湿性粉剂35～50g/亩对水40～50kg喷雾；

③ 防治香蕉叶斑病　用15%可湿性粉剂500～800倍液喷雾。

（3）防治小麦白粉病　用25%三唑醇乳油30～40g/亩效果显著。

注意事项 高剂量对玉米出苗有影响，拌种时需加入适量水或其他黏着剂。目前无解毒药剂，注意贮藏和使用安全。

三唑磺草酮（tripyrasulfone）

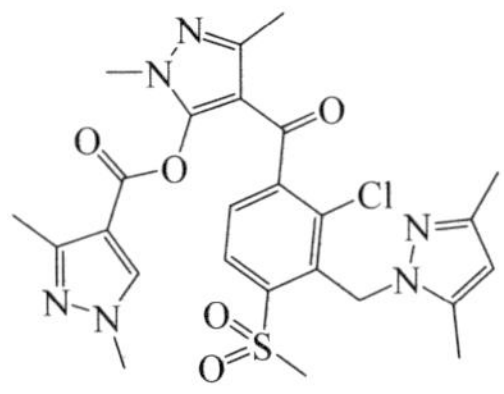

$C_{25}H_{27}ClN_6O_5S$，559.04，1911613-97-2

化学名称　4-{2-氯-3-[(3,5-二甲基-1*H*-吡唑-1-基)甲基]-4-(甲基磺酰基)苯甲酰基}-1,3-二甲基-1*H*-吡唑-5-基-1,3-二甲基-1*H*-吡唑-4-甲酸酯。

理化性质　熔点 174.0～179℃；溶解度（mg/L，20℃）：二甲亚砜 250、环己酮 100，不溶于二甲苯等芳烃溶剂，不溶于水，在酸性和中性条件下稳定。

毒性　大鼠急性经口：微毒；大鼠急性经皮：低毒；大鼠急性吸入：低毒；兔眼刺激：轻度刺激性；兔急性皮肤：无刺激性；豚鼠致敏：弱致敏物。

作用方式　通过抑制植物体内 HPPD 的活性，使对羟苯基丙酮酸转化为尿黑酸的过程受阻，质体醌无法正常合成，进而影响植物体内类胡萝卜素生物合成，导致叶片白化，最终死亡。

防除对象　防除水稻田禾本科杂草和部分阔叶杂草，对稗草、千金子、鸭舌草、鳢肠、碎米莎草、稻稗等活性较高；并能高效防除抗性千金子和多抗性稗草、稻稗等。

使用方法　长江流域直播粳稻 3 叶期（籼稻 4 叶期）后至拔节前，移栽稻充分缓苗后至拔节前，千金子、稗草 2～4 叶期，每亩地用有效成分 18g，兑水 15L，喷雾；如使用大型施药器械，可加大用水量至 30L。宁夏稻区直播粳稻 2 叶 1 心期后（水直播后 16～20d）至拔节前，稗草 3 叶期至 2 分蘖期施药。东北稻区直播田水稻 3 叶 1 心后至拔节前，移栽田水稻充分缓苗后至拔节前（水稻移栽后发新根并长出 1 片新叶），稗草 2～4 叶期施药。

注意事项

（1）前期施药杂草较小，为避免遮挡，建议施药前排干田水，后期补喷大龄杂草，可不必排干田水，但务必确保杂草叶片 2/3 以上露出水面，充分着药。

（2）施药后 24～48h 内回水 5～7cm 并保水 7d 以上，保水时间越长防效越稳定。

（3）长江流域严禁籼稻 4 叶前及水稻拔节后施药；宁夏稻区严禁水稻 2 叶 1 心期前及拔节后施药；东北稻区直播田严禁 3 叶前及拔节后施药，移栽田严禁充分缓苗前及拔节后施药。

三唑磷（triazophos）

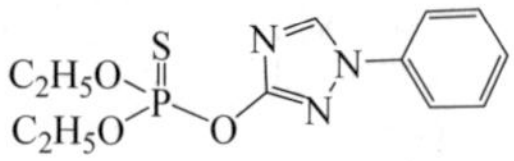

$C_{12}H_{16}N_3O_3PS$，313.3，24017-47-8

其他名称 特力克、三唑硫磷、稻螟克、多杀螟、Phentriazophos、Hostathion、Hoe2960、Trelka。

化学名称 *O,O*-二乙基-*O*-(1-苯基-1,2,4-三唑-3-基)硫代磷酸酯。

理化性质 纯品为浅棕黄色油状液体，熔点 2～5℃；溶解度（20℃）：丙酮、乙酸乙酯＞1kg/kg，乙醇、甲苯＞330g/kg；工业品为浅棕色油状液体。

毒性 大白鼠急性 LD_{50}（mg/kg）：82（经口），1100（经皮）；对蜜蜂有毒。

作用特点 三唑磷是一种中等毒性、广谱的杀虫剂，具有强烈的触杀和胃毒作用，杀虫效果好，杀卵作用明显，渗透性较强，无内吸作用，可用于水稻等多种作物防治多种害虫。

适宜作物 水稻、小麦、棉花、甘薯等。

防除对象 水稻害虫如二化螟、三化螟、稻水象甲、稻瘿蚊等；小麦害虫如蚜虫等；棉花害虫如棉铃虫、棉红铃虫等；甘薯害虫如甘薯茎线虫等。

应用技术

（1）防治水稻害虫

① 二化螟　在卵孵始盛期到卵孵高峰期施药，用 40%乳油 50～75g/亩喷雾，重点是稻株中下部。田间保持水层 3～5cm 深，保水 3～5d。视虫害发生情况可继续用药，但每季最多使用 2 次。

② 三化螟　在分蘖期和孕穗至破口露穗期施药，用 20%乳油 120～150g/亩喷雾使用，隔 6～7d 再防第 2 次。

③ 稻水象甲　在低龄幼虫为害时施药，用 30%乳油 53～107mL/亩朝叶鞘部位喷雾。

④ 稻瘿蚊　水稻分蘖期至幼穗分化前施药，用40%乳油200～250g/亩均匀喷雾。

（2）防治小麦害虫　防治麦蚜，在蚜虫发生始盛期施药，用 25%微乳剂 50～70mL/亩兑水 40～50kg 均匀喷雾。

（3）防治棉花害虫

① 棉铃虫　卵孵盛期至低龄幼虫期施药，用 30%乳油 107～133mL/亩兑水均匀喷雾。

② 棉红铃虫　成虫发生盛期到卵盛期施药，用 40%乳油 80～100g/亩兑水均匀喷雾。视虫害发生情况，每 10d 左右施药一次，可连续用药 2 次。

（4）防治甘薯线虫 防治甘薯茎线虫，甘薯苗期移栽时施药，用20%微囊悬浮剂兑水3～5倍，把苗理齐浸入10cm，10min拿出晾干栽培，剩下的药水加到大桶定植水里搅拌均匀，浇定植水使用。

注意事项

（1）禁止在蔬菜上使用

（2）不能与碱性物质混用。

（3）对蜜蜂、鱼类等水生生物、家蚕有毒，施药期间应避免对周围蜂群的影响；开花植物花期、蚕室和桑园附近禁用；远离水产养殖区施药；禁止在河塘等水体中清洗施药器具。

（4）对甘蔗、玉米、高粱敏感，施药时应防止飘移而产生药害。

（5）最后一次施药距收获天数：水稻30d，棉花40d，小麦为28d；水稻、小麦每季最多用药2次；棉花每季最多用药3次。

（6）建议与不同作用机制杀虫剂轮换使用。

三唑酮（triadimefon）

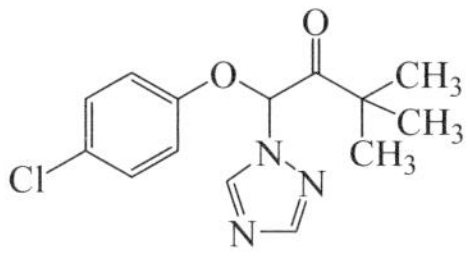

$C_{14}H_{16}ClN_3O_2$，293.09，43121-43-3

其他名称 粉锈宁，百理通，百菌酮，立菌克，植保宁，菌克灵，Amiral，Bayleton。

化学名称 3,3-二甲基-1-(4-氯苯氧基)-1-(1,2,4-三唑-1-基)-1-丁酮。

理化性质 纯品为无色结晶，有特殊芳香味，熔点82.3℃，不溶于水，在水中易扩散，20℃时水中溶解度为260mg/L。溶于甲苯、环己酮、三氯甲烷，溶解度（g/L，20℃）：二氯甲烷、甲苯＞200，异丙醇50～100，己烷5～10。商品为浅黄色粉末，在酸性和碱性介质中较稳定，在正常情况下，贮存两年以上不变质。在塘水中半衰期6～8d。

毒性 大鼠急性经口 LD_{50} 1000～1500mg/kg，雄小鼠989mg/kg，雌小鼠1071mg/kg；雄大鼠急性经皮 LD_{50}＞1000mg/kg；大鼠急性吸入 LC_{50}＞439mg/m^3。对皮肤、黏膜无明显刺激作用。大鼠3个月喂养无作用剂量为2000mg/kg，狗为600mg/kg。雄大鼠2年喂养无作用剂量为500mg/kg，雌大鼠为50mg/kg，狗为330mg/kg。动物试验无“三致”作用。鲤鱼 LC_{50}（48h）为7.6mg/L，鲫鱼（96h）10～15mg/L，虹鳟鱼（96h）为14mg/L，金鱼（96h）10～50mg/L。鹌鹑急性经口

LD_{50}为1750～2500mg/kg，雌鸡5000mg/kg，对蜜蜂、家蚕无影响。

作用特点 属于内吸性杀菌剂，具有预防、铲除和治疗作用。其作用机制是通过抑制麦角甾醇的生物合成，改变孢子的形态和细胞膜的结构，致使孢子细胞变形，菌丝膨大，分枝畸形，导致直接影响细胞的渗透性，从而使病菌死亡或受抑制。被植物各部分吸收后，能在植物体内传导，药剂被根系吸收后向顶部传导能力很强。

适宜作物 玉米、麦类、高粱、瓜类、烟草、花卉、果树、豆类、水稻等。推荐剂量下对作物安全。

防治对象 可防治子囊菌亚门、担子菌亚门、半知菌亚门等的病原菌，卵菌除外。对麦类（大、小麦）条锈病、白粉病、全蚀病、白秆病、纹枯病、叶枯病、根腐病、散黑穗病、坚黑穗病、丝黑穗病、光腥黑穗病等，玉米圆斑病、纹枯病，水稻纹枯病、叶黑粉病、云形病、粒黑粉病、叶尖枯病、紫秆病等，大豆、梨、苹果、葡萄、山楂、黄瓜等的白粉病，韭菜灰霉病，甘薯黑斑病，大蒜锈病，杜鹃瘿瘤病，向日葵锈病等均具有良好的防效。

使用方法

（1）种子处理

① 小麦、大麦病害的防治　用25%可湿性粉剂300～500g/100kg种子，可防治小麦根腐病；用25%可湿性粉剂200～500g/100kg种子，可防治小麦散黑穗病；用有效成分30g拌100kg种子，可防治光腥黑穗病、黑穗病、白秆病、锈病、叶枯病和全蚀病等；

② 玉米病害的防治　用25%可湿性粉剂400g/100kg种子，可防治玉米丝黑穗病等；

③ 高粱病害的防治　用有效成分40～60g/100kg种子，可防治高粱丝黑穗病、散黑穗病和坚黑穗病。

（2）喷雾处理

① 水稻病害的防治　用7～9g（a.i.）/亩对水或用8%悬浮剂60～80mL/亩对水60kg，均匀喷施，可防治稻瘟病、叶黑粉病、叶尖枯病等；

② 麦类病害防治　8.75g(a.i.)/亩对水或25%可湿性粉剂24～64g/亩对水60kg，均匀喷施，可防治小麦、大麦、燕麦和稞麦的锈病、白粉病、云纹病和叶枯病等；

③ 玉米病害防治　用25%可湿性粉剂50～100g/亩对水50～75kg喷雾，可防治玉米圆斑病；

④ 瓜类病害的防治　用3.33g（a.i.）/亩对水或用25%可湿性粉剂2000～3000倍液，均匀喷施，可防治白粉病；

⑤ 蔬菜病害的防治　用有效浓度125mg/L的药液或用25%可湿性粉剂125g/亩对水75kg，均匀喷施，可防治菜豆、蚕豆等白粉病；

⑥ 果树病害的防治　用5000～10000mg/L药液喷雾，可防治苹果、梨、山楂、葡萄白粉病等；

⑦ 花卉病害的防治　在发病初期，用 50mg/L 有效浓度的药液喷施，可有效地防治白粉病、锈病等；

⑧ 烟草病害的防治　在发病初期，用 25%可湿性粉剂 50～100g/亩对水 50kg 喷雾，在病害盛发期，用 1.25～2.5（a.i.）/亩，对水均匀喷施，可防治白粉病。

（3）防治小麦白粉病　用 25%三唑酮可湿性粉剂 50～60g/亩喷雾或 15%三唑酮可湿性粉剂 120g/亩均有效；防治小麦锈病，25%三唑酮可湿性粉剂 50～65g/亩喷雾；防治番茄白粉病，15%三唑酮可湿性粉剂 1000 倍液效果最好。

注意事项　三唑酮为低毒农药，但无特效解毒药剂，应注意贮藏和使用安全，可与除强碱性药以外的一般农药混用，安全间隔期为 20d。拌种处理时，要严格控制用量，特别是麦类种子，避免影响出苗。

用作植物生长调节剂

作用特点　为三唑类化合物，登记为杀菌剂，具有高效、广谱、低残留、残效期长、内吸性强的特点，具有预防、铲除、治疗和熏蒸作用，持效期较长。其杀菌作用为抑制麦角甾醇的生物合成，因而抑制或干扰菌体附着胞及吸器的发育、菌丝的生长和孢子的形成。还具有三唑类植物生长调节剂的功能，能使叶片加厚，叶面积减少，可提高植物抗逆性、光合作用和呼吸作用，延迟地上部分生长，有利于提高产量。

适宜作物　主要用于防治麦类、果树、蔬菜、瓜类、花卉等作物的病害。

应用技术

（1）花生　用 300～500mg/kg 三唑酮溶液在花生盛花期叶面喷洒，可抑制花生地上部分生长，有利于光合产物向荚果输送，增加荚果重量。在花生幼苗期用 300mg/kg 喷洒，可培育壮苗，提高抗干旱能力。

（2）菜豆、大麦、小麦　用三唑酮处理，可抑制其营养生长。

注意事项

（1）要按规定用药量使用，否则作物易受药害。

（2）可与碱性以及铜制剂以外的其他制剂混用。拌种可能使种子延迟 1～2d 出苗，但不影响出苗率及后期生长。

（3）操作时注意防护，无特效解毒药，如误食，只能对症治疗，应立即催吐、洗胃。

（4）药剂置于干燥通风处。

三唑锡（azocyclotin）

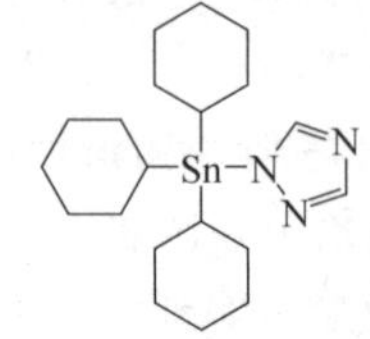

$C_{20}H_{35}N_3Sn$，436.2，41083～11～6

其他名称 灭螨锡、亚环锡、倍乐霸、三唑环锡、Peropal、Triclotin、Clermait。

化学名称 1-(三环己基锡基)-1-氢-1,2,4-三唑，1-(tricylohexylstannyl)-1*H*-1,2,4-triazole。

理化性质 纯品三唑锡为白色无定形结晶，熔点218.8℃；溶解性（25℃）：水0.25mg/L，易溶于己烷，可溶于丙酮、乙醚、氯仿，在环己酮、异丙醇、甲苯、二氯甲烷中≤10g/L；在碱性介质中以及受热易分解成三环锡和三唑。

毒性 急性 LD_{50}（mg/kg）：大白鼠经口100～150、经皮（雄）＞1000，小鼠经口410～450、经皮1900～2450；对兔眼睛和皮肤有刺激性。

作用特点 三唑锡属剧烈神经毒物，为触杀作用较强的光谱性杀螨剂。可杀灭若螨、成螨和夏卵，对冬卵无效。对光和雨水有较好的稳定性，残效期较长。在常用浓度下对作物安全。

适宜作物 果树、蔬菜等。

防除对象 螨类。

应用技术 以25%三唑锡可湿性粉剂为例。

（1）防治果树害螨

① 葡萄叶螨 在发生始期、盛期施药，用25%三唑锡可湿性粉剂1000～1500倍液均匀喷雾。

② 柑橘红蜘蛛 在柑橘树红蜘蛛发生初期施药，用25%三唑锡可湿性粉剂1000～2000倍液均匀喷雾。

③ 苹果全爪螨、山楂叶螨 在苹果开花前后或叶螨发生初期施药，用25%三唑锡可湿性粉剂1500～2000倍液在树冠均匀喷雾。

（2）防治蔬菜害螨 防治茄子红蜘蛛，在发生期施药，用25%三唑锡可湿性粉剂1000～1500倍液均匀喷雾（正反叶面均匀喷施），效果较好。

注意事项

（1）该药可与有机磷杀虫剂和代森锌、克菌丹等杀虫剂混用，但不能与波尔多液、石硫合剂等碱性农药混用；

（2）收获前21d停用；

（3）该药对人的皮肤刺激性大，施药时要保护好皮肤和眼睛，避免接触药液。

（4）对蜜蜂、家蚕有毒，花期蜜源作物周围禁用，施药期间应密切注意对附近蜂群的影响，蚕室及桑园附近禁用；对鱼类等水生生物有毒，远离水产养殖区施药，禁止在河塘等水域内清洗施药器具。

杀虫单（monosultap）

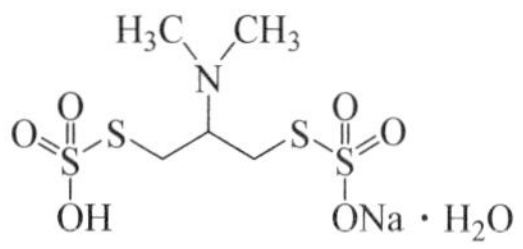

$C_5H_{12}NO_6NaS_4$，333.402，29547-00-0

其他名称　虫丹、单钠盐、叼虫、杀螟克、丹妙、稻道顺、杀螟 2000、稻润、双锐、索螟、稻刑螟、扑螟瑞、庄胜、水陆全、科净、卡灭、苏星、螟蛙、卫农。

化学名称　2-二甲氨基-1-硫代磺酸钠基-3-硫代磺酸基丙烷。

理化性质　纯品为白色针状结晶，工业品为白色粉末或无定形粒状固体。有吸潮性，易溶于水，能溶于热甲醇和乙醇，难溶于丙酮、乙醚等有机溶剂。室温下对中性和微酸性介质稳定。原粉不能与铁器接触，包装密封后，应贮存于干燥避光处。

毒性　急性经口 LD_{50}（mg/kg）：小鼠 83（雄）、86（雌），大鼠 142（雄）、137（雌），在 25%浓度范围内对家兔皮肤无任何刺激反应，对家兔眼黏膜无刺激作用。对大小鼠蓄积系数 $K>5.3$，属于轻度蓄积。用 ^{35}S 标记的杀虫单以水溶液灌胃鹌鹑或以颗粒剂喂鸡，杀虫单在鸡鸟体内各脏器均有分布，在肠道肌肉中分布甚少，均能迅速地通过粪便排出体外，在脂肪中无积蓄。杀虫单对水生生物安全，无生物浓缩现象，对白鲢鱼 LC_{50}（48h）5.0mg/L。在土壤中的吸附性小，移动性能大。10mg/L 浓度对土壤微生物无明显抑制影响，100mg/L 有一定抑制影响。在植物体内降解较快，最大允许残留量 2.5mg/L。对鹌鹑急性经口 LD_{50} 27.8mg/kg，对蚯蚓的 LD_{50}12.7mg/L，对家蚕剧毒。

作用特点　杀虫单进入昆虫体内迅速转化为沙蚕毒素或二氢沙蚕毒素。该药为乙酰胆碱竞争性抑制剂，具有较强的触杀、胃毒、熏蒸和内吸传导作用，对鳞翅目害虫的幼虫有较好的防治效果。杀虫单属仿生型农药，对天敌影响小，无抗性，无残毒，不污染环境，是目前综合治理虫害较理想的药剂。对鱼类低毒，但对蚕的毒性大。

适宜作物　蔬菜、水稻、甘蔗、果树、茶树等。

防除对象　水稻害虫如二化螟、三化螟、稻纵卷叶螟、稻叶蝉、稻飞虱、稻苞虫等；油料及经济作物害虫如甘蔗条螟、大螟、蓟马等；蔬菜害虫如菜青虫、小菜蛾、小地老虎、水生蔬菜螟虫等；果树害虫如柑橘潜叶蛾、葡萄钻心虫、蚜虫等；茶树害虫如茶小绿叶蝉等。

应用技术 以80%杀虫单粉剂、90%杀虫单原粉为例。

（1）防治油料及经济作物害虫 防治甘蔗条螟，在卵孵高峰期，用80%杀虫单粉剂35～40g/亩均匀喷雾；或用90%杀虫单原粉0.15～0.2kg/亩，拌土375～450kg穴施，效果更佳，可兼防大螟及蓟马；或用90%杀虫单原粉160g/亩，于根区施药，保持蔗田湿润以利于药剂被吸收发挥，安全间隔期至少28d。

（2）防治水稻害虫

① 三化螟 在卵孵高峰期，防治二化螟1、2龄高峰期，防治稻纵卷叶螟、稻蓟马在幼虫2～3龄期，用80%杀虫单粉剂35～60g/亩均匀喷雾。

② 稻飞虱、叶蝉 宜加大剂量，增加防治次数，在若虫盛期，用90%杀虫单原粉50～60g/亩均匀喷雾，持效期7～10d，隔7～10d再喷第二次。

（3）防治蔬菜害虫

① 菜青虫、小菜蛾 在菜青虫2～3龄幼虫盛期喷雾施药，用80%杀虫单原粉35～50g/亩均匀喷雾。

② 水生蔬菜螟虫 在幼虫低龄期用毒土法施药，用80%杀虫单粉剂35～40g/亩。

③ 小地老虎 用80%杀虫单粉剂70g/L，拌10kg玉米种子，2h后播种。

（4）防治果树害虫

① 柑橘潜叶蛾 在夏、秋梢萌发后，用80%杀虫单粉剂2000倍液均匀喷雾。

② 葡萄钻心虫 在葡萄开花前，用80%杀虫单粉剂2000倍液均匀喷雾。

注意事项

（1）本品对家蚕剧毒，使用时应特别小心，防止污染桑叶及蚕具等。

（2）杀虫单对棉花、某些豆类敏感，不能在此类作物上使用。

（3）本品不能与强酸、强碱性物质混用。

（4）应存放于阴凉、干燥处。

（5）孕妇、儿童应远离该药。

杀虫环（thiocyclam）

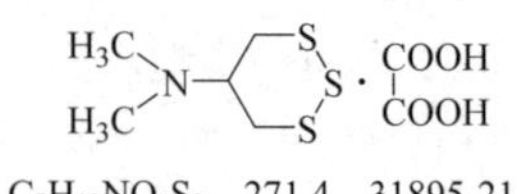

$C_7H_{13}NO_4S_3$，271.4，31895-21-3

其他名称 易卫杀、多噻烷、虫噻烷、甲硫环、类巴丹、硫环杀、杀螟环、甲硫环、Evisect、Sulfoxane、Eviseke。

化学名称　*N,N*-二甲基-1,2,3-三硫杂己-5-胺草酸盐。

理化性质　可溶粉剂外观为白色或微黄色粉末，熔点125～128℃。23℃水中溶解度84g/L，在丙酮（500mg/L）、乙醚、乙醇（1.9g/L）、二甲苯中的溶解度小于10g/L，甲醇中17g/L，不溶于煤油，能溶于苯、甲苯和松节油等溶剂，微溶于水。在正常条件下贮存稳定期至少2年。

毒性　雄性大鼠急性经口LD_{50} 310mg/kg，雄性小鼠373mg/kg。雄性大鼠急性经皮LD_{50} 1000mg/kg，雄性大鼠急性吸入LC_{50}＞4.5mg/L。对兔皮肤和眼睛有轻度刺激作用。大鼠90d饲喂试验剂量为100mg/kg，狗为75mg/kg。无致畸、致癌、致突变作用。鲤鱼LC_{50}为1.03mg/L（96h）。蜜蜂经口LD_{50}为11.9μg/只。对人、畜为中等毒性，对皮肤、眼有轻度刺激作用，对鱼类和蚕的毒性大。对害虫具有触杀和胃毒作用，也有一定的内吸、熏蒸和杀卵作用，对害虫的药效较迟缓，中毒轻者有时能复活，持效期短。

作用特点　杀虫环属神经毒剂，其作用机制是占领乙酰胆碱受体，阻断神经突触传导，害虫中毒后表现为麻痹并直至死亡。杀虫环主要起触杀和胃毒作用，还具有一定的内吸、熏蒸和杀卵作用。杀虫谱较广，对鳞翅目、鞘翅目、半翅目、缨翅目等害虫有效。但毒效表现较为迟缓，中毒轻的个体还有复活可能，与速效农药混用可提高击倒力。对害虫具有较强的胃毒作用、触杀作用和内吸作用，也有显著的杀卵作用。且防治效果稳定，即使在低温条件下也能保持较高的杀虫活性。对高等动物毒性中等，对鱼类等水生生物毒性中等至低毒，对蜜蜂、家蚕有毒，对天敌无不良影响。

适宜作物　蔬菜、水稻、玉米、果树、茶树等。

防治对象　水稻害虫如二化螟、三化螟、大螟、稻纵卷叶螟等；蔬菜害虫如菜青虫、小菜蛾、菜蚜、蓟马等；果树害虫如柑橘潜叶蛾、苹果潜叶蛾、梨星毛虫等；油料及经济作物害虫如玉米螟、玉米蚜、马铃薯甲虫、烟青虫等；也可用于防治寄生线虫，如水稻白尖线虫，对一些作物的锈病和白穗也有一定的防治效果。

应用技术　以50%杀虫环可溶粉剂、50%杀虫环乳油为例。

（1）防治水稻害虫

① 三化螟　在水稻螟虫卵孵盛期至低龄幼虫期施药，用50%杀虫环可湿性粉剂50～100g/亩均匀喷雾，或用50%杀虫环乳油0.9～1.L/亩均匀喷雾。同时施药期应注意保持3cm田水3～5d，以有利于药效充分发挥。

② 稻纵卷叶螟　在水稻穗期，在幼虫1～2龄高峰期施药，用50%杀虫环可湿性粉剂50～100g/亩均匀喷雾，或用50%杀虫环乳油0.9～1L/亩均匀喷雾。

③ 二化螟　a.防治鞘和枯心苗。一般年份在孵化高峰前后3d内；大发生年在孵化高峰前2～3d用药。b.防治虫伤株、枯孕穗和白穗。一般年份在蚁螟孵化始盛期至孵化高峰期用药；在大发生年份以两次用药为宜。用可湿性粉剂50%杀虫环可湿性粉剂50～100g/亩均匀喷雾。

④ 稻蓟马　在蓟马若虫发生高峰期施药，用50%杀虫环可溶粉剂35～40g/亩

均匀喷雾。

（2）防治油料及经济作物害虫

① 玉米螟、玉米蚜　在心叶期喷雾用 50%杀虫环可溶粉剂 25g/亩。也可用 25g 药粉兑适量水成母液，再与细砂 4～5kg 拌匀制成毒砂，以每株 1g 左右撒施于心叶内。或以 50 倍稀释液用毛笔涂于玉米果穗下一节的茎秆。

② 马铃薯甲虫　在马铃薯甲虫低龄幼虫盛发期施药，用 50%杀虫环可溶粉剂 75g/亩均匀喷雾。

（3）防治蔬菜害虫　防治菜青虫、小菜蛾、甘蓝夜蛾、菜蚜、红蜘蛛，在害虫孵化盛期至低龄幼虫高峰期施药，用 50%杀虫环可溶粉剂 75g/亩均匀喷雾。

（4）防治果树害虫

① 柑橘潜叶蛾　在柑橘新梢萌芽后施药，用 50%杀虫环可溶粉剂 1500 倍液均匀喷雾。

② 梨星毛虫、桃蚜、苹果蚜、苹果红蜘蛛　在蚜虫低龄若虫始盛期施药，用 50%杀虫环可溶粉剂 2000 倍液均匀喷雾。

注意事项

（1）对家蚕毒性大，蚕桑地区使用应谨慎。

（2）棉花、苹果、豆类的某些品种对杀虫环表现敏感，不宜使用。

（3）水田施药后应注意避免让田水流入鱼塘，以防鱼类中毒。

（4）水稻使用 50%杀虫环可湿性粉剂，其每次的最高用药量为 1500g/亩兑水均匀喷雾，全生育期内最多只能使用 3 次，其安全间隔期（末次施药距收获的天数）为 15d。

（5）药液接触皮肤后应立即用清水洗净。个别人皮肤会发生过敏反应，容易引起皮肤丘疹，但一般过几小时后会自行消失。

（6）不宜与铜制剂、碱性物质混用，以防药效下降。建议与其他作用机制不同的杀虫剂轮换使用，以延缓抗性产生。

（7）置于阴凉、干燥处，不与酸碱一起存放。

杀虫双（bisultap）

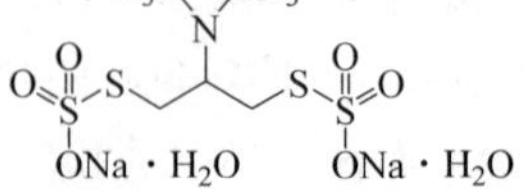

H_3C　CH_3 N

O=S(=O)(ONa)-S-CH₂-CH(N)-CH₂-S-S(=O)(=O)ONa

$ONa \cdot H_2O$　$ONa \cdot H_2O$

$C_5H_{11}O_6NNa_2S_4$，355.3，52207-48-4

其他名称　稻螟一施净、稻鲁宝、撒哈哈、稻顺星、螟诱、烈盛、民螟、地通、三通、变利、地虫化、螟变、喜相逢、稻玉螟、螟思特、歼螟、稻抛净、秋刀、蛀螟网、螟净杀、捷猛特、三螟枪。

化学名称　1,3-双硫代磺酸钠基-2-二甲氨基丙烷（二水合物）。

理化性质　纯品杀虫双为白色结晶，（含有两个结晶水）熔点169～171℃（开始分解），（不含结晶水）熔点142～143℃；有很强的吸湿性；溶解性（20℃）：水中溶解度1330g/L，能溶于甲醇、热乙醇，不溶于乙醚、苯、乙酸乙酯；水溶液呈较强的碱性；常温下稳定，长时间见光以及遇强碱、强酸分解。

毒性　急性LD_{50}（mg/kg）：大白鼠经口451（雄）、342（雌），大鼠经皮>1000；对兔眼睛和皮肤无刺激性；以250mg/（kg・d）剂量饲喂大鼠90d，未发现异常现象；对动物无致畸、致突变、致癌作用。

作用特点　杀虫双为神经毒剂，昆虫接触和取食药剂后表现出迟钝、行动缓慢、失去侵害作物的能力、停止发育，虫体软化、瘫痪直至死亡。杀虫双对害虫具有较强的触杀和胃毒作用，兼有一定的熏蒸作用。有很强的内吸作用，能被作物的叶、根等吸收和传导。

适宜作物　蔬菜、水稻、棉花、小麦、玉米、果树、茶树、甘蔗等。

防除对象　果树害虫如柑橘潜叶蛾等；蔬菜害虫如菜青虫、小菜蛾等；茶树害虫如茶尺蠖、茶细蛾、茶小绿叶蝉等；油料及经济作物害虫如苗期条螟、大螟等；水稻害虫如二化螟。

应用技术　以18%杀虫双水剂、25%杀虫双水剂为例。

（1）防治果树害虫

① 柑橘潜叶蛾　在新梢长2～3mm即新梢萌发初期，或田间50%嫩芽抽出时，用18%杀虫双水剂500～800倍液均匀喷雾。

② 达摩凤蝶　在卵孵化盛期，用25%杀虫双水剂600倍液均匀喷雾。

（2）防治蔬菜害虫

① 菜青虫、小菜蛾　在幼虫2～3龄盛期前，用25%杀虫双水剂100～150mL/亩兑水均匀喷雾。

② 茭白螟虫　在卵孵盛末期，用18%杀虫双水剂100～150mL/亩均匀喷雾；或用18%杀虫双水剂500倍液灌心。

（3）防治水稻害虫　防治二化螟，在卵孵化盛期用药，用25%杀虫双水剂150～250mL/亩均匀喷雾。

（4）防治茶树害虫　防治茶小绿叶蝉，在茶小绿叶蝉盛发期施药，用18%杀虫双水剂500倍液均匀喷雾。

（5）防治油料及经济作物害虫　防治甘蔗苗期条螟、大螟，在害虫卵孵化高峰期施药，用25%杀虫双水剂200～250mL/亩均匀喷雾，隔7d左右再施药1次。

注意事项

（1）在常用剂量下对作物安全。

（2）在夏季高温时有药害，使用时应小心。

（3）如不慎中毒，立即引吐，并用1%～2%苏打水洗胃，用阿托品解毒。

（4）置于阴凉、干燥处，不与酸碱一起存放。

（5）勿与碱性农药等物质混用。

（6）对家蚕的毒性较高，在蚕区使用时必须十分谨慎，禁止污染桑叶和蚕宝。对鱼等水生生物有毒，应远离水产养殖区施药，禁止在河塘等水体中清洗施药器具。

杀铃脲（triflumuron）

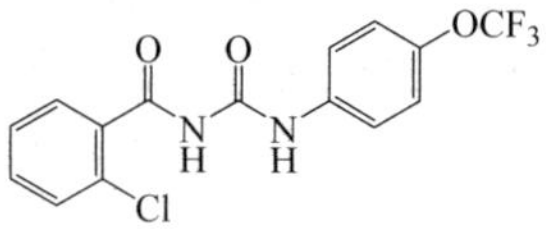

$C_{15}H_{10}ClF_3N_2O_3$，358.7，64628-44-0

其他名称　杀虫隆、杀虫脲、氟幼脲、氟幼灵、战果、先安。

化学名称　1-(2-氯苯甲酰基)-3-(4-三氟甲氧基苯基)脲。

理化性质　纯品杀铃脲为白色结晶固体，熔点195.1℃；溶解度（20℃，g/L）：二氯甲烷20～50，甲苯2～5，异丙醇1～2。

毒性　急性LD_{50}（mg/kg）：大鼠经口＞5000、经皮＞5000；以20mg/kg剂量饲喂大鼠90d，未发现异常现象；对动物无致畸、致突变、致癌作用。

作用特点　一种昆虫几丁质合成抑制剂，是苯甲酰脲类的昆虫生长调节剂，对昆虫主要起胃毒作用，有一定的触杀作用，但无内吸作用，有良好的杀卵作用。抑制昆虫几丁质合成，使幼虫蜕皮时不能形成新表皮，或虫体畸形而死亡。杀铃脲对绝大多数动物和人类无毒害作用，且能被微生物所分解，成为当前调节剂类农药的主要品种。

适宜作物　玉米、棉花、森林、大豆、果树等。

防除对象　蔬菜害虫如菜青虫、小菜蛾等；小麦害虫如黏虫等；果树害虫如金纹细蛾、卷叶蛾、潜叶蛾、枣尺蠖等；林木害虫如美国白蛾等。

应用技术　以20%杀铃脲悬浮剂、25%杀铃脲悬浮剂、40%杀铃脲悬浮剂为例。

（1）防治果树害虫

① 潜叶蛾　在害虫卵孵盛期及幼虫期施药，用40%杀铃脲悬浮剂5000～7000倍液均匀喷雾。

② 金纹细蛾　在卵孵盛期至低龄幼虫期施药，用20%杀铃脲悬浮剂4000～6000倍液均匀喷雾。

（2）防治棉花害虫棉铃虫　在棉铃虫卵孵盛期施药，用25%杀铃脲悬浮剂20～35g/亩均匀喷雾。

注意事项

（1）本品贮存有沉淀现象，需摇匀后使用，不影响药效。

（2）为高效药剂，可同菊酯类农药混合使用，施药比例为2∶1。

（3）不能与碱性农药混用。

（4）本品对虾、蟹幼体有害，对成体无害。

（5）库房通风、低温、干燥；与食品原料分开储运。

（6）避免孕妇、儿童接触。

杀螺胺（niclosamide）

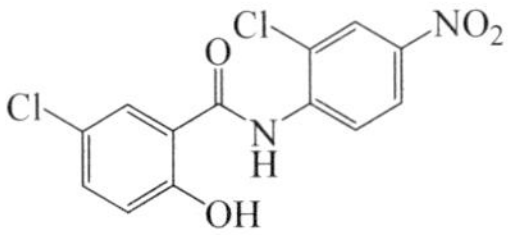

$C_{13}H_8 \cdot Cl_2N_2O_4$，327.1，50-65-7

其他名称　百螺杀、氯螺消、贝螺杀、氯硝柳胺。

化学名称　2′,5-二氯-4′-硝基水杨酰苯胺，2′,5-chloro-*N*-(2-chloro-4′-nitrophenyl)-2-hydroxybenzamide

理化性质　工业品纯度≥96%。纯品为无色晶体，工业品为淡黄色或绿色粉末。熔点230℃。水中溶解度（mg/L，20～25℃）：0.005（pH4），0.2（pH7），40（pH9）：能溶于常见有机溶剂，如乙醇和乙醚。稳定性：在pH5～8.7，pK_a5.6下稳定。

毒性　大鼠急性经口 LD_{50}＞5000mg/kg；大鼠急性经皮 LD_{50}＞1000mg/kg（250mg/L乳油）。对兔眼睛有强烈刺激；兔皮肤长期接触有反应。大鼠吸入 LC_{50}（1h）为20mg/L（空气）。NOEL：雄大鼠2000mg/kg（2年），雌大鼠8000mg/kg（2年），小鼠200mg/kg（2年），狗100mg/kg（1年）。ADI/RfD 3mg/kg体重。

作用特点　具有内吸和胃毒作用，是一种强的杀软体动物剂，对螺类的杀虫效果很大，且对人畜等哺乳动物的毒性很小。药物通过阻止水中害螺对氧的摄入而降低呼吸作用，最终使其窒息死亡；对螺卵、血吸虫尾蚴等也有较强的灭杀作用。

适宜作物　水稻。

防除对象　福寿螺、钉螺。

应用技术

（1）防治水稻软体动物福寿螺　在稻田福寿螺初发生时施药，用70%杀螺胺可湿性粉剂35～45g/亩兑水均匀喷雾。用药宜在第一次降雨或灌溉后，保持水深3～

5cm，但不能淹没稻苗。

（2）防治沟渠软体动物钉螺　用25%悬浮剂按2g/m^{2}浸杀处理或2g/m^{2}兑水均匀喷雾。

注意事项

（1）不可与其他药剂混用。

（2）对蜜蜂和家蚕高风险，在开花植物花期和桑园附近禁止使用。

（3）对鱼类、蛙类、贝类有毒，使用时严禁药液流入河塘；施药器械不得在河塘内洗涤。

（4）喷雾施药时必须用清水配制药液，禁止使用浑浊的河水配药。

（5）在水稻上安全间隔期为52d，每季最多使用2次。

（6）大风天或预计1h内降雨，请勿施药。

（7）建议与其他不同作用机制的杀虫剂轮换使用。

杀螟丹（cartap）

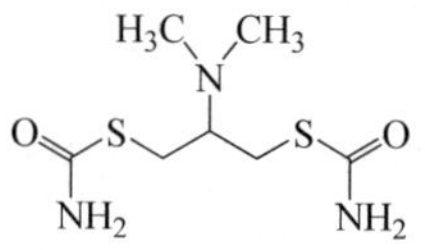

$C_7H_{15}N_3O_2S_2$，237.3，15263-52-2

其他名称　巴丹、培丹、克螟丹、派丹、粮丹、乐丹、沙蚕胺卡塔普、克虫普、卡达普、农省星、螟奄、兴旺、稻宏远、卡泰丹、云力、双诛、巧予、盾清、Cartap-hydrochloride、Padan、Cardan、Sanvex、Thiobel。

化学名称　1,3-双-(氨基甲酰硫基)-2-二甲氨基丙烷盐酸盐，1,3-di(carbamoylthio)-2-dimethyl aminoproprane。

理化性质　纯品杀螟丹为白色结晶，熔点179～181℃（开始分解）；溶解性（25℃）：水中溶解度200g/L，微溶于甲醇和乙醇，不溶于丙酮、氯仿和苯；在酸性介质中稳定，在中性和碱性溶液中水解，稍有吸湿性，对铁等金属有腐蚀性；工业品为白色至微黄色粉末，有轻微臭味。

毒性　急性LD_{50}（mg/kg）：大白鼠经口325（雄）、345（雌），小鼠经皮＞1000；对兔眼睛和皮肤无刺激性；以10mg/（kg·d）剂量饲喂大鼠两年，未发现异常现象；对动物无致畸、致突变、致癌作用。

作用特点　杀螟丹是一种神经毒剂，昆虫接触和取食药剂后表现出迟钝、行动缓慢、失去侵害作物的能力、停止发育、虫体软化、瘫痪，直至死亡。对害虫具有胃毒和触杀作用，也有一定的内吸性，并有杀卵作用，持效期长。对人、畜为中等毒性，对鱼类毒性大，对家蚕剧毒。

适宜作物　蔬菜、水稻、果树、茶树、甘蔗等。

防除对象　蔬菜害虫如菜青虫、小菜蛾幼虫、马铃薯瓢虫、茄二十八星瓢虫、黄条跳甲、葱蓟马、美洲斑潜蝇幼虫、番茄斑潜蝇幼虫、豌豆潜叶蝇幼虫、菜潜蝇幼虫、南瓜斜斑天牛、黄瓜天牛、黄守瓜、黑足黑守瓜、瓜蓟马、黄蓟马、双斑萤叶甲、黄斑长跗萤叶甲、菜叶蜂、红棕灰夜蛾、焰夜蛾、油菜蚤跳甲、蚜虫、螨、潜叶蛾、二化螟、螟虫等。

应用技术　以50%杀螟丹可溶粉剂、98%杀螟丹可溶粉剂、2%杀螟丹粉剂为例。

（1）防治杂粮及经济作物害虫　防治马铃薯块茎蛾，用50%杀螟丹可溶粉剂500～750倍液均匀喷雾。

（2）防治蔬菜害虫

① 南瓜斜斑天牛、黄瓜天牛、黄守瓜、黑足黑守瓜　在天牛羽化盛期施药，用50%杀螟丹可溶粉剂1000倍液均匀喷雾。

② 菜青虫、小菜蛾幼虫、马铃薯瓢虫、茄二十八星瓢虫、黄条跳甲、葱蓟马　在害虫低龄幼虫或若虫盛发期施药，用50%杀螟丹可溶粉剂1000～1500倍液均匀喷雾，或用98%可溶粉剂30～40g/亩均匀喷雾。

③ 瓜蓟马、黄蓟马　在虫害发生初期或低龄若虫高峰期施药，用50%杀螟丹可溶粉剂2000倍液均匀喷雾。

④ 蚜虫、螨类　在虫害发生初期或低龄若虫高峰期施药，用50%杀螟丹可溶粉剂2000～3000倍液均匀喷雾。

⑤ 美洲斑潜蝇、番茄斑潜蝇、豌豆潜叶蝇　在潜叶蝇低龄幼虫期施药，用98%杀螟丹可溶粉剂1500～2000倍液均匀喷雾。

⑥ 丝大蓟马、黄胸蓟马、色蓟马、印度裸蓟马、黄领麻纹灯蛾　在虫害发生初期或低龄若虫或幼虫高峰期施药，用98%杀螟丹可溶粉剂2000倍液均匀喷雾。

⑦ 黑缝油菜叶甲幼虫　在害虫盛发初期施药，用2%杀螟丹粉剂1.5～2kg/亩均匀喷雾。

⑧ 双斑萤叶甲、黄斑长跗萤叶甲、菜叶蜂幼虫、油菜蚤跳甲幼虫　在害虫盛发初期施药，用2%杀螟丹粉剂2kg/亩。

⑨ 红棕灰夜蛾、焰夜蛾　用2%杀螟丹粉剂2kg/亩与干细土225kg混匀，制成毒土，撒于株间。

注意事项

（1）在蔬菜收获前21d停用。高温季节，在十字花科蔬菜上慎用本剂，以避免药害。

（2）不宜在桑园或养蚕区使用本剂。

（3）置于阴凉、干燥处，不与酸碱一起存放。

（4）不可与呈碱性的农药等物质混合使用。

（5）对蜜蜂、鱼类等水生生物、家蚕有毒，施药期间应避免对周围蜂群的影响，蜜源作物花期、蚕室和桑园附近禁用。远离水产养殖区施药，禁止在河塘等水体中清洗施药器具。

（6）禁止儿童、孕妇及哺乳期的妇女接触。

杀螟硫磷（fenitrothion）

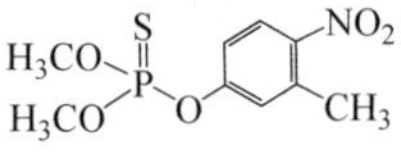

$C_9H_{12}NO_5PS$，277.14，122-14-5

其他名称 杀螟松、苏米硫磷、杀虫松、住硫磷、速灭虫、福利松、苏米松、杀螟磷、诺发松、富拉硫磷、Accothion、Agrothion、Sumithion、Novathion、Foliithion、S-5660、Bayer41831、S-110A、S-1102A。

化学名称 *O,O*-二甲基-*O*-(3-甲基-4-硝基苯基)硫代磷酸酯，*O,O*-dimethyl-*O*-(3-methyl-4-nitrophenyl)hposphorothioate。

理化性质 棕色液体，沸点 140～145℃（分解）（13.3Pa），工业品为浅黄色油状液体；溶解度（30℃）：水 14mg/L，二氯甲烷、甲醇、二甲苯＞1.0kg/kg，己烷 42g/kg；常温条件下稳定，高温分解，在碱性介质中水解。

毒性 急性 LD_{50}：大白鼠经口 240mg/kg（雄）、450mg/kg（雌）；小白鼠经口 370mg/kg，经皮 3000mg/kg。无致癌、致畸作用，有较弱的致突变作用。

作用特点 杀螟硫磷为广谱杀虫剂，触杀作用强烈，也有胃毒作用，有渗透作用，能杀死钻蛀性害虫，但杀卵活性低。

适宜作物 水稻、棉花、甘薯、果树、茶树等。

防除对象 水稻害虫如二化螟、三化螟、稻纵卷叶螟、稻飞虱等；棉花害虫如棉铃虫、红铃虫、蚜虫等；果树害虫如食心虫、卷叶蛾等；茶树害虫如茶尺蠖、茶小绿叶蝉、毛虫类等；甘薯害虫如甘薯小象甲等；卫生害虫如蚊、蝇、蜚蠊等。

应用技术

（1）防治水稻害虫

① 二化螟 早、晚稻分蘖期或晚稻孕穗、抽穗期，在卵孵始盛期至高峰期时施药，用 45%乳油 44.4～55.5g/亩兑水朝稻株中下部重点喷雾。田间保持水层 3～5cm 深，保水 3～5d。

② 三化螟　在分蘖期和孕穗至破口露穗期施药，用 50%乳油 49～100mL/亩兑水喷雾，隔 6～7d 再防第 2 次。

③ 稻纵卷叶螟　在卵孵盛期至低龄幼虫期施药，用 50%乳油 50～75mL/亩兑水均匀喷雾。重点是稻株的中上部。

④ 稻飞虱　在低龄若虫盛期施药，用 45%乳油 56～83g/亩兑水喷雾，重点是水稻中下部的叶丛及茎秆。田间应保持 3～5cm 的水层 2～3d。

（2）防治棉花害虫

① 棉铃虫　在卵孵盛期至低龄幼虫期施药，用 45%乳油 55～110g/亩兑水均匀喷雾。

② 红铃虫　在成虫发生盛期施药，用 45%乳油 55～110g/亩兑水均匀喷雾。

③ 棉蚜、叶蝉、造桥虫　各类害虫的低龄若虫或低龄幼虫在始盛期施药，用 45%乳油 55～85g/亩兑水均匀喷雾。

（3）防治甘薯害虫　防治甘薯小象甲，在成虫转移到田间为害时施药，用 45%乳油 80～135g/亩兑水向甘薯喷雾。

（4）防治果树害虫

① 卷叶蛾类　在卵孵高峰至低龄幼虫期施药，用 45%乳油 900～1800 倍液均匀喷雾。

② 食心虫类　在成虫高峰期施药，用 45%乳油 900～1800 倍液均匀喷雾。

（5）防治茶树害虫　防治尺蠖类、毛虫类及茶小绿叶蝉，各害虫在低龄幼虫或若虫盛发期施药，用 45%乳油 900～1800 倍液均匀喷雾。

（6）卫生害虫的防治　防治蚊、蝇、蜚蠊，用 40%乳油按 5g/m^2 兑水 25～50mL 稀释滞留喷洒。

注意事项

（1）不可与碱性农药等物质混合使用。

（2）对蜜蜂、鱼类等水生生物、家蚕有毒，施药期间应避免对周围蜂群的影响；开花作物花期、蚕室和桑园附近禁用；远离水产养殖区施药；禁止在河塘等水体中清洗施药器具，避免污染水源。

（3）对萝卜、油菜、青菜、卷心菜等十字花科蔬菜及高粱易产生药害，使用时应注意。

（4）施药时应现配现用，不可隔天使用，以免影响药效。

（5）在水稻上的安全间隔期为 21d，每季最多使用 3 次；在苹果树上的安全间隔期为 15d，每季最多用药 3 次。

（6）大风天或预计 1h 内降雨请勿施药。

杀雄啉（sintofen）

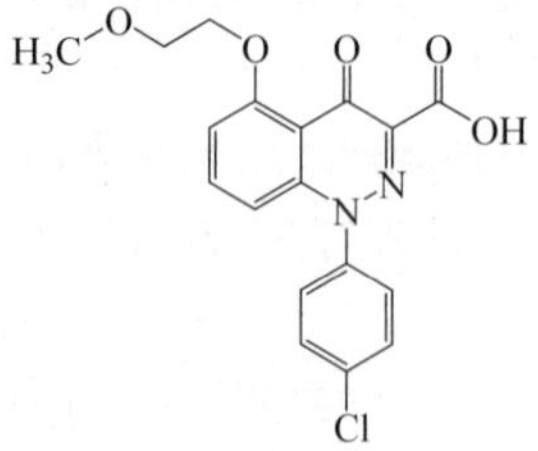

$C_{18}H_{15}ClN_2O_5$，374.78，130561-48-7

其他名称 津奥啉，Achor，Croisor，SC-2053。

化学名称 1-(4-氯苯基)-1,4-二氢-5-(2-甲氧基乙氧基)-4-氧代-噌啉-3-羧酸。

理化性质 原药杀雄啉为淡黄色粉末，略带气味，熔点260～263℃；不溶于水，微溶于水和大多数溶剂；溶于1mol/L NaOH溶液。制剂外观为红棕色水剂，pH 8.2～8.7。

毒性 大鼠急性经口LD_{50}＞1000mg/L，制剂大鼠经口LD_{50}＞5000mg/L，经皮LD_{50}＞2000mg/L。对兔眼睛无刺激作用，对动物皮肤无刺激作用，对动物无致畸、致突变、致癌作用。10000mg/L对大鼠繁殖无不良影响。在水和土壤中半衰期约1年。鹌鹑和野鸭急性经口LD_{50}＞2000mg/L，对蜜蜂接触LD_{50}＞100μg/只。鳟鱼无作用剂量（48h）为324mg/L。

作用特点 主要用作杀雄剂，能阻滞禾谷类作物花粉发育，使之失去受精能力而自交不实，从而可进行异花授粉，获取杂交种子。用于小麦及其他小粒谷物花粉形成前，绒毡层细胞是为小孢子发育提供营养的组织，药剂能抑制孢粉质前体化合物的形成，使单核阶段小孢子的发育受到抑制，药剂由叶片吸收，并主要向上传输，大部分存在于穗状花絮及地上部分，根部及分蘖部分很少。湿度大时，利于吸收。

适宜作物 主要用作小麦杀雄剂。

应用技术

（1）春小麦 在幼穗长到0.6～1cm，即处于雌、雄蕊原基分化至药隔分化期之间，为施药适期。每亩用33%水剂140mL，兑水17～20kg，喷洒叶面，雾化均匀不得见水滴。可使雄性相对不育率达98%以上，自然异交结实率达65%，杂交种纯度达97%以上，而且副作用小。

（2）冬小麦 在小麦雌、雄蕊原基形成至药隔分化期，小穗长0.55～1cm时，每亩用33%水剂100～140mL，兑水17～20kg喷植株顶部。若在减数分裂期施药，杀雄效果显著降低；在春季气温回升快、冬小麦生长迅速的地区，宜在幼穗发育期适时施药。

注意事项

（1）不同品种的小麦对杀雄啉反应不同，对敏感系在配制杂交种之前，应对母本基本型进行适用剂量的试验研究。

（2）每亩用 33%水剂 180mL（有效成分 60g）以上时，则会抑制株高和穗节长度，还会造成心叶和旗叶皱缩、基部失绿白化、生长缓慢、幼小分蘖死亡、抽穗困难、穗茎弯曲。

（3）应在温室避光保存。使用前如发现结晶，可加热溶解后再用，随配随用。

莎稗磷（anilofos）

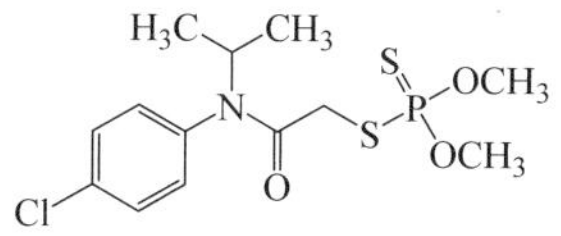

$C_{13}H_{19}ClNO_3PS_2$，367.9，64249-01-0

化学名称　*S*-4-氯-*N*-异丙基苯氨基甲酰基甲基-*O*,*O*-二甲基二硫代磷酸酯。

理化性质　纯品莎稗磷为无色至浅棕色晶体，熔点 50.5～52.5℃，150℃分解，溶解度（20℃，mg/L）：水 9.4，丙酮、乙酸乙酯、甲苯 1000000，己烷 12000。

毒性　大鼠急性经口 LD_{50} 472mg/kg（雌），830mg/kg（雄）；日本鹌鹑急性 LD_{50} ＞3360mg/kg，低毒；对虹鳟 LC_{50}（96h）＞2.8mg/L，中等毒性；对大型溞 EC_{50}（48h）＞56mg/kg，中等毒性；对蜜蜂中等毒性。对皮肤和呼吸道具刺激性，具神经毒性，无眼睛刺激性。

作用方式　内吸性传导型土壤处理的选择性除草剂，主要被幼芽和地下茎吸收，抑制植物细胞分裂与伸长，对正在萌发的杂草幼芽效果好，对已长大的杂草效果差。受害植物叶片深绿、变短、厚、脆，心叶不易抽出，生长停止，最后枯死，持效期 20～40d。

防除对象　用于水稻田防除一年生禾本科杂草和莎草科杂草，如马唐、狗尾草、蟋蟀草、野燕麦、苋、稗草、千金子、鸭舌草和水莎草、异型莎草、碎米莎草、节节菜、藨草和牛毛毡等，对阔叶杂草防效差。

使用方法　南方在水稻移栽后 4～8d，北方在水稻移栽前 3～5d 或移栽后 2～3 周，稗草萌发期至 2 叶期，以 30%乳油为例，每亩制剂用量 60～70mL（南方）、70～80mL（北方），拌细沙土或者化肥 5～7kg，均匀撒施，控制水层 3～5cm，保水 5～7d，水层不得淹没稻心。

注意事项

（1）旱育秧苗对本品的耐药性与丁草胺相近，轻度药害一般在 3～4 周消失，对分蘖和产量没有影响。

（2）水育秧苗即使在较高剂量时也无药害，若在栽后 3d 前施药，则药害很重，直播田的类似试验证明，苗后 10～14d 施药，作物对本品的耐药性差。

（3）本品颗粒剂分别施在 1cm、3cm、6cm 水深的稻田里，施药后水层保持 4～5d，对防效无影响。

（4）本品乳油或与 2,4-滴桶混喷雾在吸足水的土壤上，当施药时排去稻田水，24h 后再灌水，其除草效果提高很多。

蛇床子素（cnidiadin）

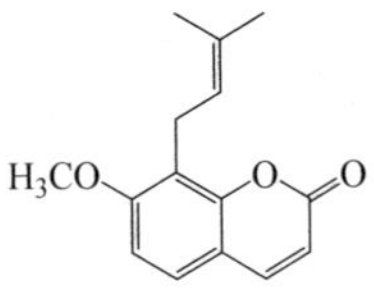

$C_{15}H_{16}O_3$，244.29，484-12-8

化学名称 7-甲氧基-8-(3′-甲基-2′-丁烯基)-1-二氢苯并吡喃-2 日酮。

理化性质 熔点 83～84℃；溶解性：不溶于水和冷石油醚，易溶于丙酮、甲醇、乙醇、三氯甲烷、乙酸；稳定性：在普遍贮存条件稳定，在 pH5～9 溶液中无分解现象。

毒性 急性 LD_{50}（mg/kg）：经口 3687，经皮 2000。

作用特点 蛇床子素是从中药材蛇床子种子内提取的杀虫活性物质，以触杀作用为主，胃毒作用为辅，药液通过体表吸收进入昆虫体内，作用于害虫神经系统，导致昆虫肌肉非功能性收缩，最终衰竭而死。本产品低毒，在自然界中易分解，推荐使用条件下对人畜及环境相对安全，药效稳定。

适宜作物 十字花科蔬菜、茶树、原粮等。

防除对象 蔬菜害虫如菜青虫等；茶树害虫如茶尺蠖；原粮害虫如谷蠹、书虱、玉米象等。

应用技术 以 2%蛇床子素乳油、0.4%蛇床子素可溶液剂、1%蛇床子素粉剂、0.4%蛇床子素乳油为例。

（1）防治蔬菜害虫　防治菜青虫，在低龄幼虫发生初期和始盛期施药，用 0.4%蛇床子素可溶液剂 100～120mL/亩均匀喷雾。

（2）防治茶树害虫　防治茶尺蠖，在低龄幼虫发生初期和始盛期施药，用 0.4%蛇床子素乳油 100～120g/亩均匀喷雾。

（3）防治原粮害虫　防治谷蠹、书虱、玉米象，用 1%蛇床子素粉剂拌粮。在粮食未生虫前施药，将药剂与少量储粮拌和，然后再与待处理粮拌和均匀。根据储粮数量和粮仓条件确定使用技术，小型粮仓宜采用全仓拌粮处理，而大型粮仓宜采用表层 35cm 拌粮处理。粮仓周围和门、窗下缘打防虫线。新粮储藏宜采用 0.05g/kg 剂量处理，已发生虫情感染的储粮宜适当增加处理剂量（25～75g/1000kg 原粮）。本产品用于原粮和种子粮的防虫，不可用于成品粮。

注意事项

（1）本品不可与呈强酸、强碱性的农药等物质混合使用。

（2）建议与其他作用机制不同的杀虫剂轮换使用，以延缓抗性产生。

（3）养蜂场所和周围开花植物花期禁用，使用时应密切关注对附近蜂群的影响，蚕室及桑园、鸟类保护区附近禁用；水产养殖区、河塘等水体附近禁用，禁止在河塘等水域内清洗施药器具。

（4）每季最多使用 1 次。

虱螨脲（lufenuron）

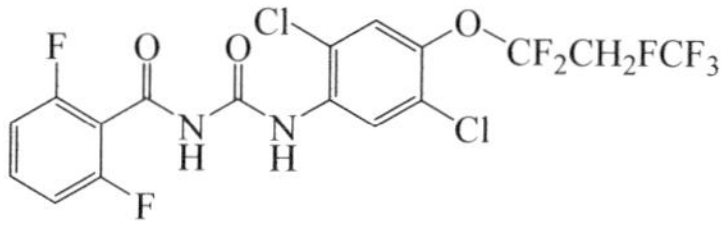

$C_{17}H_8Cl_2F_8N_2O_3$，511.2，103055-07-8

化学名称　(*RS*)-1-[2,5-二氯-4-(1,1,2,3,3,3-六氟丙氧基)苯基]-3-(2,6-二氟苯甲酰基)脲。

其他名称　美除、Adress、Axor、Fuoro、Luster、Manyi、Match、Program、Sorba、Zyrox。

理化性质　无色晶体，熔点 168.7～169.4℃。水中溶解度（20～25℃，pH7.7）0.048mg/L。有机溶剂中溶解度（g/L，20～25℃）：丙酮 460，二氯甲烷 84，乙酸乙酯 330，正己烷 0.10，甲醇 52，正辛醇 8.2，甲苯 66。25℃，pH5 和 7 下稳定。水中稳定性 DT_{50}：512d（pH 9,25℃）。pK_a（20～25℃）＞8.0。

毒性　大鼠急性经口 LD_{50}＞2000mg/kg；大鼠急性经皮 LD_{50}＞2000mg/kg。对兔眼睛和皮肤无刺激。对豚鼠皮肤中度致敏性。大鼠吸入 LC_{50}（4h）＞2.35mg/L。蜜蜂经口 LD_{50}＞197μg/只，接触 LD_{50}＞μg/只。NOEL 大鼠（2 年）2.0mg（kg·d）。ADI/RfD 0.015mg/kg 体重。

作用特点　通过抑制幼虫几丁质合成酶的形成，干扰几丁质在表皮的沉积，导致昆虫不能正常蜕皮而死亡。有胃毒和触杀作用，能使幼虫蜕皮受阻，并停止取食；

也可杀卵，持效期可达14d。对成虫可明显减少产卵量，降低卵块的孵化率。该药剂渗透性强，对叶背的害虫也有较好的作用。

适宜作物 玉米、马铃薯、甘蓝、菜豆、番茄、韭菜、苹果、柑橘、棉花、杨树等。

防除对象 草地贪夜蛾、马铃薯块茎蛾、甜菜夜蛾、豆荚螟、棉铃虫、韭菜迟眼蕈蚊（韭蛆）、苹果小卷叶蛾、柑橘锈壁虱、柑橘木虱、美国白蛾等。

应用技术

（1）防治玉米害虫 防治草地贪夜蛾，对玉米草地贪夜蛾，在低龄幼虫始盛期叶面施药，用50g/L乳油40～60mL/亩兑水均匀喷雾。

（2）防治马铃薯害虫 防治马铃薯块茎蛾，在幼虫发生初期叶面施药，用50g/L乳油40～60mL/亩兑水均匀喷雾。

（3）防治蔬菜害虫

① 甜菜夜蛾 于甘蓝上害虫处于低龄幼虫期叶面施药，用50g/L乳油30～40mL/亩兑水均匀喷雾。

② 豆荚螟 于菜豆上的幼虫发生始盛期叶面施药，用50g/L乳油40～50mL/亩兑水均匀喷雾。

③ 棉铃虫 于番茄上卵孵化盛期至低龄幼虫期叶面施药，用50g/L乳油50～60mL/亩兑水均匀喷雾。

④ 韭蛆 韭菜上韭蛆发生初期施药，用10%悬浮剂150～200mL/亩兑水灌根。

（4）防治苹果害虫 防治小卷叶蛾，在害虫发生初期叶面施药，用50g/L乳油1000～2000倍液兑水均匀喷雾。

（5）防治柑橘害虫

① 锈壁虱 当柑橘个别树有少数叶片或果实呈现黑色时应立即施药，用5%悬浮剂2000～2500倍液兑水均匀喷雾。

② 木虱 在害虫卵孵盛期及若虫低龄盛发期施药，用10%悬浮剂3000～5000倍液兑水均匀喷雾。

③ 潜叶蛾 当柑橘嫩叶受害率达5%或田间嫩芽萌发率达20%时施药，用5%悬浮剂2000～2500倍液兑水均匀喷雾。

（6）防治棉花害虫 防治棉铃虫，卵孵化盛期至低龄幼虫期施药，用50g/L乳油50～60mL/亩兑水均匀喷雾。

（7）防治杨树害虫 防治美国白蛾，幼虫3龄发生始盛期施药，用50g/L乳油1000～2000倍液兑水均匀喷雾。

注意事项

（1）不能与碱性农药混用。

（2）对蜜蜂、家蚕、甲壳类动物和鱼类等有毒，施药时应避免对周围蜂群的影响；蜜源作物花期、蚕室和桑园附近禁用；瓢虫、赤眼蜂等天敌放飞区禁用；禁止在河塘等水体中清洗施药器具。

（3）与氟铃脲、氟啶脲、除虫脲等有交互抗性；也不宜与灭多威、硫双威等氨基甲酸酯类药剂混用。

（4）在玉米上安全间隔期为21d，每季最多使用1次；在马铃薯上安全间隔期14d，每季最多使用3次；在甘蓝上安全间隔期14d，每季可使用1～2次；在菜豆上安全间隔期7d，每季最多施用3次；在番茄上安全间隔期7d，每季最多使用2次；在韭菜上安全间隔期14d，每季最多使用1次；在苹果上安全间隔期14d，每季最多施用3次；在柑橘上安全间隔期28d，每季最多施药1次；在棉花上安全间隔期28d，每季最多使用2次；在杨树上每季使用次数为1次。

（5）大风天或预计1h内降雨，请勿施药。

（6）建议与其他不同作用机制的杀虫剂轮换使用。

十三吗啉（tridemorph）

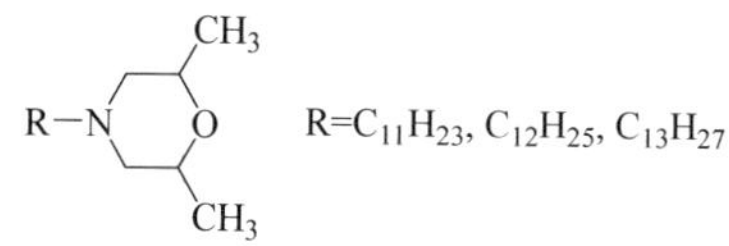

$C_{19}H_{39}NO$，297.52，24602-86-6

化学名称　2,6-二甲基-*N*-十三烷基吗啉。

理化性质　十三吗啉为4-C_{11}～C_{14}烷基-2,6-二甲基吗啉同系物组成的混合物，其中4-十三烷基异构体含量为60%～70%，C_9和C_{15}同系物含量为0.2%，2,5-二甲基异构体含量5%。纯品为黄色油状液体，具有轻微氨气味，沸点134℃（66.7Pa）；溶解性（20℃）：水中溶解度0.0011g/kg，能与丙酮、氯仿、乙酸乙酯、环己烷、甲苯、乙醇、乙醚、氯仿、苯等有机溶剂互溶。

毒性　急性LD_{50}（mg/kg）：大鼠经口480，大鼠经皮4000；对兔眼睛和皮肤无刺激性；以30mg/kg剂量饲喂大鼠两年，未发现异常现象；对动物无致畸、致突变、致癌作用。

作用特点　十三吗啉是一种具有预防和治疗作用的内吸性吗啉杀菌剂，具有广谱性，能被植物的根、茎、叶吸收，对半知菌、子囊菌和担子菌引起的植物病害有效。主要是抑制病原菌的麦角甾醇的生物合成。

适宜作物　马铃薯、黄瓜、豌豆、香蕉、小麦、大麦、茶树、橡胶等。

防治对象 主要防治由白粉菌、叶锈菌、条锈菌等病原菌引起的粮食作物、蔬菜、花卉、树木等植物的白粉病、叶锈病和条锈病，如黄瓜白粉病、豌豆白粉病、马铃薯白粉病、橡胶树白粉病、小麦白粉病、大麦白粉病、小麦条锈病、小麦叶锈病、大麦条锈病、大麦叶锈病、香蕉叶斑病等，另外对橡胶树的红根病、茶叶茶饼病也有很好的防效。

使用方法 茎叶喷雾，也可灌根。

（1）防治小麦白粉病 在发病早期，用75%乳油35mL/亩对水50～80kg喷雾，喷雾量人工每亩20～30kg，拖拉机每亩10kg，飞机1～2kg，间隔7～10d再喷一次。

（2）防治瓜类、马铃薯白粉病 在发病早期，用75%乳油20～30mL/亩对水100kg喷雾，间隔7～10d再喷1次。

（3）防治谷物锈病 在发病早期，用75%乳油35～50mL/亩对水40～50kg喷雾。

（4）防治香蕉叶斑病 在发病早期，用75%乳油1200～1500倍液喷雾。

（5）防治茶树茶饼病 在发病早期，用75%乳油2000～3000倍液喷雾。

（6）防治橡胶树红根病和白根病 在病树基部四周挖1条15～20cm深的环形沟，每株用75%乳油20～30mL对水2kg，先用1kg药液均匀地淋灌在环形沟内，覆土后将剩下的1kg药液均匀地淋灌在环形沟上，按以上的方法，每6个月施药1次。

（7）防治菊花白粉病 在发病早期，用75%乳油1000～1500倍液喷雾，间隔10d施药1次。

（8）防治橡胶树根病 防治该病时应注意时间，及时发现，及时防治，否则会加快根病的传播，特别是对与病区边缘相接的健康胶树应及时进行保护。必须掌握施药时间，间隔5～6个月，年施2次，连续进行2年的灌根处理，对个别尚未治愈的病株还要进行淋灌处理，直到病株康复为止。

（9）防治苹果腐烂病 用75%十三吗啉乳油（力亮），萌芽前枝干用1500倍，在生长期8～9月份，用75%十三吗啉乳油5000倍叶面和枝干喷雾，第二年病斑无复发，不仅可以防治腐烂病的发生，同时还可以防治苹果叶面和枝干的其他病害。

（10）防治紫薇白粉病 在发病初期，用75%十三吗啉乳剂（力亮）1000倍液喷洒，每隔10d喷1次，连喷3次。

（11）治疗苦瓜白粉病 用75%十三吗啉乳剂（力亮）3500倍液加奥迪斯有机硅交替使用，5～7d 1次，连喷3次。

（12）防治美国红栌白粉病 从6月中旬开始定期进行症状观察并结合孢子捕捉法，当少量病叶出现时进行第1次喷药，可用75%十三吗啉乳油0.02%溶液，每隔10～15d喷药1次。

注意事项

（1）严格按照农药安全规定使用此药，避免药液或药粉直接接触身体，如果药液不小心溅入眼睛，应立即用清水冲洗干净并携带此药标签去医院就医；

（2）此药应储存在阴凉和儿童接触不到的地方；

（3）如果误服要立即送往医院治疗；

（4）施药后各种工具要认真清洗，污水和剩余药液要妥善处理保存，不得任意倾倒，以免污染鱼塘、水源及土壤；

（5）搬运时应注意轻拿轻放，以免破损污染环境，运输和储存时应有专门的车皮和仓库，不得与食物和日用品一起运输，应储存在干燥和通风良好的仓库中。

十一碳烯酸（10-undecenoic acid）

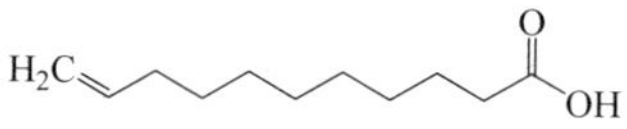

$C_{11}H_{20}O_2$，184.3，112-38-9

其他名称 10-十一烯酸，十一烯酸。

理化性质 本品为油状液体或晶体，熔点 24.5℃，沸点 275℃（201.3kPa，分解）；折光率为 1.4486。不溶于水，溶于乙醇、三氯甲烷和乙醚。其碱金属盐可溶。

毒性 大白鼠急性经口 LD_{50} 2500mg/kg，浓度＞10%时对皮肤有刺激。对人和牲畜有局部的抗菌作用。

作用特点 本品可作脱叶剂、除草剂和杀线虫剂使用。

适宜作物 可作植物的除草剂、脱叶剂。

应用技术 0.5%～32%的十一碳烯酸盐可作脱叶剂。本品对蚊蝇有驱避作用，但超过 10%时刺激皮肤。

注意事项 本品不宜受热，需避光、低温贮存。药液对皮肤具有刺激性，操作时避免接触。中毒后无专用解毒药，应对症治疗。

双苯三唑醇（bitertanol）

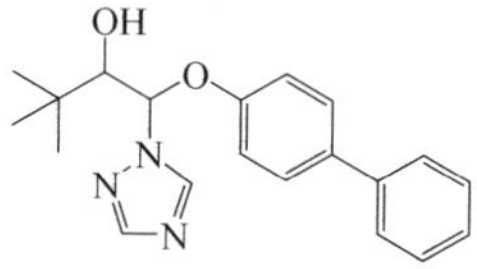

$C_{20}H_{23}N_3O_2$，337.18，55179-31-2

化学名称 1-[(1,1′-联苯)-4-氧基]-3,3-二甲基-1-(1*H*-1,2,4-三唑基-1-基)-2-丁醇。

理化性质 由两种非对映异构体组成的混合物。原药为带有气味的白色至棕褐色结晶，纯品外观为白色粉末。熔点：A：138.6℃；B：147.1℃ ，A、B 共晶 118℃。蒸气压：A 2.2×10^{-7}mPa；B 2.5×10^{-6}mPa（均在 20℃）。水中溶解度（mg/L，20℃，不受 pH 值的影响）：2.7（A），1.1（B），3.8（混晶）；有机溶剂中溶解度（g/L，20℃）：二氯甲烷＞250，异丙醇 67，二甲苯 18，正辛醇 52（取决于 A 和 B 的相对数量）。稳定性：在中性、酸性及碱性介质中稳定。25℃时半衰期＞1 年（pH 4，pH 7 和 pH 9）。

毒性 急性经口 LD_{50}（mg/kg）：大鼠＞5000，狗＞5000。大鼠急性经皮 LD_{50} ＞5000mg/kg。对兔皮肤和眼睛有轻微刺激作用，无皮肤过敏现象。大鼠急性吸入 LC_{50}（4h）：＞0.55mg/L 空气（浮质）、＞1.2mg/L 空气（尘埃）。大、小鼠 2 年喂养无作用剂量为 100mg/kg。日本鹌鹑急性经口 LD_{50}＞10000mg/kg，野鸭＞2000mg/kg，虹鳟鱼 LC_{50}（96h）2.2～2.7mg/L，水蚤 LC_{50}（48h）1.8～7mg/L。蜜蜂 LD_{50}＞104.4μg/只（口服），＞200μg/只（接触）。

作用特点 属叶面杀菌剂，具保护和治疗活性。双苯三唑醇是类甾醇类去甲基化抑制剂，通过抑制麦角固醇的生物合成，从而抑制孢子萌发、菌丝体生长和孢子形成。可与其他杀菌剂混合防治萌发期种子白粉病。

适宜作物 水果、观赏植物、蔬菜、花生、谷物、大豆和茶等。水中直接光解，土壤中降解，对环境安全。

防治对象 白粉病、叶斑病、黑斑病以及锈病等。

使用方法

（1）防治花生叶斑病，用 25%可湿性粉剂 50～80g/亩对水 40～50kg 喷雾；

（2）防治水果的黑斑病，25%可湿性粉剂 800～1000 倍液喷雾；

（3）防治香蕉病害，用药量 7～13g（a.i.）/亩；

（4）防治玫瑰叶斑病，用药量 8.3～50g（a.i.）/亩；

（5）防治观赏植物锈病和白粉病，用 25%可湿性粉剂 35～100g/亩对水 40～50kg 喷雾；

（6）作为种子处理剂用于控制小麦黑穗病等病害。

（7）另据资料报道，防治花生叶斑病，用 25%双苯三唑醇可湿性粉剂 50～80g/亩效果显著。

双草醚（bispyribac-sodium）

$C_{19}H_{17}N_4NaO_8$，452.35，125401-92-5

化学名称 2,6-双-(4,6-二甲氧嘧啶-2-氧基)苯甲酸钠，sodium-2,6-bis-(4,6-dimethoxy pyrimidin-2-yloxy)benzoate。

理化性质　纯品双草醚为白色粉状固体，熔点 223～224℃，溶解度（25℃，g/L）：水 73.3，甲醇 26.3，丙酮 0.043。

毒性　大鼠急性 LD_{50}（mg/kg）：经口 4111（雄）、2635（雌）；大鼠＞2000；对兔皮肤无刺激性，对兔眼睛有轻度刺激性；以 1.1～1.4mg/（kg·d）剂量饲喂大鼠两年，未发现异常现象；对鸟类、蜜蜂低毒；对动物无致畸、致突变、致癌作用。

作用方式　是高活性的乙酰乳酸合成酶（ALS）抑制剂，本品施药后能很快被杂草的茎叶吸收，并传导至整个植株，抑制植物分生组织生长，从而杀死杂草。高效、广谱、用量极低。

防除对象　有效防除稻田稗草及其他禾本科杂草，兼治大多数阔叶杂草、一些莎草科杂草及对其他除草剂产生抗性的杂草，如稗草、双穗雀稗、稻李氏禾、马唐、匍茎剪股颖、看麦娘、东北甜茅、狼把草、异形莎草、日照飘拂草、碎米莎草、萤蔺、日本草、扁秆草、鸭舌草、雨久花、野慈姑、泽泻、眼子菜、谷精草、牛毛毡、节节菜、陌上菜、水竹叶、空心莲子草、花蔺等水稻田常见的绝大部分杂草。对大龄稗草和双穗雀稗有特效，可杀死 1～7 叶期的稗草。

使用方法

（1）直播稻田　本品在直播水稻出苗后到抽穗前均可使用，在稗草 3～5 叶期施药，效果最好。每亩用 20%双草醚可湿性粉剂 18～24g，兑水 25～30kg，均匀喷雾杂草茎叶。

（2）移栽田或抛秧田　水稻移栽田或抛秧田，应在移栽或抛秧 15d 以后，秧苗后返青后施药，以避免用药过早，秧苗耐药性差，从而出现药害。每亩用 20%双草醚可湿性粉剂 12～18g，兑水 25～30kg，均匀喷雾杂草茎叶。施药前排干田水，使杂草全部露出，施药后 1～2d 灌水，保持 3～5cm 水层 4～5d。

注意事项

（1）本品只能用于稻田除草，请勿用于其他作物。

（2）粳稻品种喷施本品后有叶片发黄现象，4～5d 即可恢复，不影响产量。

（3）稗草 1～7 叶期均可用药，稗草小，用低剂量，稗草大，用高剂量。

（4）本品使用时加入有机硅助剂可提高药效。

双氟磺草胺（florasulam）

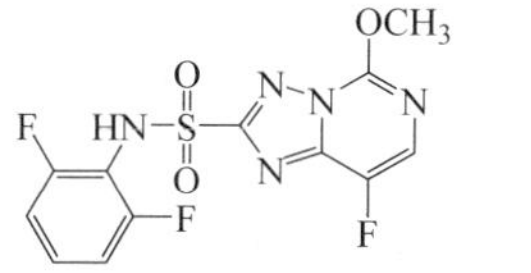

OCH3 O N N HN S N F O N N F F

$C_{12}H_8F_3N_5O_3S$，359.3，145701-23-1

化学名称　2′,6′-二氟-5-甲氧基-8-氟[1,2,4]三唑[1,5-*c*]嘧啶-2-磺酰苯胺。

理化性质 纯品为灰白色固体，熔点193.5～230.5℃（分解），溶解度（20℃，mg/L）：水6360，正庚烷0.019，二甲苯227，甲醇9810，丙酮123000。土壤中易分解。

毒性 大鼠急性经口LD_{50}＞6000mg/kg，对日本鹌鹑急性LD_{50}为1046mg/kg，对虹鳟LC_{50}（96h）＞100mg/L，低毒；对大型溞EC_{50}（48h）＞292mg/kg，低毒；对某未知藻类EC_{50}（72h）为0.00894mg/L，高毒；对蜜蜂、蚯蚓低毒。对呼吸道具刺激性，无神经毒性、眼睛和皮肤刺激性，无染色体畸变和致癌风险。

作用方式 选择内吸传导型除草剂，可被植物根部和嫩芽吸收，通过木质部和韧皮部快速传导至杂草全株，抑制支链氨基酸的合成。在低温下药效稳定，即使是在2℃时仍能保证稳定药效，这一点是其他除草剂无法比拟的。

防除对象 用于小麦田防除阔叶杂草如看麦娘、猪殃殃、播娘蒿、泽漆、繁缕、蓼属杂草、菊科杂草等。

使用方法 小麦返青至拔节期、杂草2～5叶期施药，以25%水分散粒剂为例，每亩制剂用量1～1.2g，兑水15～30L稀释均匀后茎叶喷雾。

双环磺草酮（benzobicyclon）

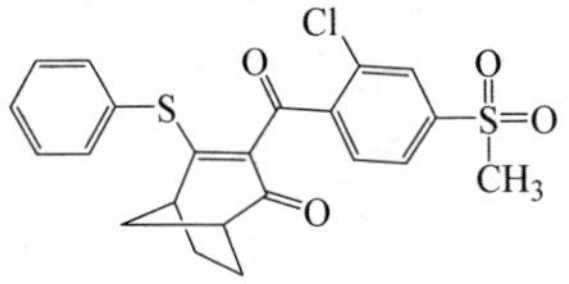

$C_{22}H_{19}ClO_4S_2$，446.96，156963-66-5

化学名称 3-(2-氯-4-甲基磺酰基苯甲酰基)-4-苯基硫代双环[3.2.1]-2-辛烯-4-酮。

理化性质 原药为淡黄色结晶固体，熔点187.3℃，溶解度（20℃，mg/L）：水0.052。

毒性 大鼠急性经口LD_{50}＞5000mg/kg，绿头鸭急性LD_{50}＞2250mg/kg，对鲤鱼LC_{50}（96h）＞10.0mg/L，中等毒性；大型溞EC_{50}（48h）＞1.0mg/kg，中等毒性；对月牙藻EC_{50}（72h）为1.0mg/L，中等毒性；对蜜蜂低毒。

作用方式 双环辛烷类内吸传导型除草剂，主要通过根茎部吸收，抑制4-羟基苯基丙酮酸双氧化酶（HPPD）活性，影响质体醌合成和胡萝卜素生物合成，使叶面白化死亡。

防除对象 用于水稻移栽田防除一年生杂草，如萤蔺、异型莎草、扁秆藨草、鸭舌草、雨久花、陌上菜、泽泻、幼龄稗草、假稻、千金子等。

使用方法 水稻移栽当天或移栽后1～5d，水面喷雾施药，25%悬浮剂每亩制剂用量 40～60mL，兑水 15～30L 稀释均匀后喷雾，施药时保持 3～5cm 水层，药后保水 5～7d，不得淹没稻心叶。

注意事项　对粳稻安全，对籼稻敏感，不得使用。

双甲脒（amitraz）

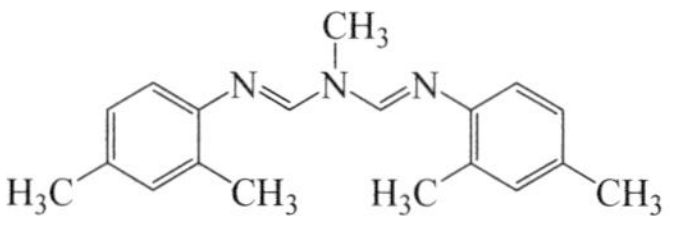

$C_{19}H_{23}N_3$，293.4，33089-61-1

其他名称　螨克、兴星、阿米曲士、二甲脒、双虫脒、胺三氮螨、阿米德拉兹、果螨杀、杀伐螨、三亚螨、双二甲脒、梨星二号、Taktic、Mitac、Azaform、Danicut、Triatox、Triazid。

化学名称　*N*,*N*-双-(2,4-二甲苯基亚氨基甲基)甲胺，*N*,*N*-di-(2,4-xylyliminomethyl) methylamine。

理化性质　纯品双甲脒为白色单斜针状结晶，熔点 86～87℃；溶解性（20℃）：在丙酮和苯可溶解 30%，在酸性介质中不稳定，在潮湿环境中长期存放会慢慢分解。

毒性　急性 LD_{50}（mg/kg）：经口大白鼠 800、小白鼠 1600，兔经皮＞1600。以 50mg/kg 剂量饲喂大鼠两年，未发现异常现象；对动物无致畸、致突变、致癌作用；对蜜蜂、鸟类及天敌较安全。

作用特点　广谱杀螨剂，主要是抑制单胺氧化酶的活性。具有触杀、拒食、驱避作用，也有一定的内吸、熏蒸作用。

适宜作物　蔬菜、棉花、果树、茶树等。

防除对象　各种作物的害螨，对半翅目害虫也有较好的防效。

应用技术　以 20%双甲脒乳油为例。

（1）防治果树害螨、害虫　防治苹果叶螨、柑橘红蜘蛛、柑橘锈螨、木虱，在害螨发生初期施药，用 20%双甲脒乳油 1000～1500 倍液均匀喷雾。

（2）防治茶树害螨

① 茶半跗线螨　在若虫发生盛期施药，用有效浓度 150～200mg/L 均匀喷雾。

② 茶螨　在若虫发生盛期施药，用 20%双甲脒乳油 1000～1500 倍液均匀喷雾。

（3）防治蔬菜害螨

① 茄子、豆类红蜘蛛　在低龄幼虫发生高峰期施药，用 20%双甲脒乳油 2500～5000 倍液均匀喷雾。

② 西瓜、冬瓜红蜘蛛　在低龄幼虫发生高峰期施药，用 20%双甲脒乳油 2500～

5000 倍液均匀喷雾。

（4）防治棉花害螨、害虫　防治红蜘蛛，在红蜘蛛初发期间施药，用 20%双甲脒乳油 45～50mL/亩均匀喷雾。同时对棉铃虫、棉红铃虫有一定兼治作用。

（5）防治牲畜体外蜱螨、其他害螨

① 牛、羊等牲畜蜱螨　处理时用药液浓度为 50～1000mg/L。牛疥癣病用药液 250～500mg/L 全身涂擦、刷洗。

② 环境害螨　用 20%双甲脒乳油 4000～5000 倍液均匀喷雾。

注意事项

（1）不要与碱性和酸性农药混合使用。

（2）在气温低于 25℃以下使用，药效发挥作用较慢，药效较低，高温天晴时使用药效高。

（3）在推荐使用浓度范围，对棉花、柑橘、茶树和苹果无药害，对天敌及蜜蜂较安全。

（4）应储存于阴凉、通风的库房，远离火种、热源，防止阳光直射，保持容器密封。应与氧化剂、碱类分开存放，切忌混储。配备相应品种和数量的消防器材，储区应备有泄漏应急处理设备和合适的收容材料。

（5）对柑橘树红蜘蛛各个发育阶段的虫态都有效，但对越冬的卵效果较差。

（6）建议与其他作用机制不同的杀虫剂轮换使用，以延缓抗性产生。

双氯苯妥唑（dichlobentiazox）

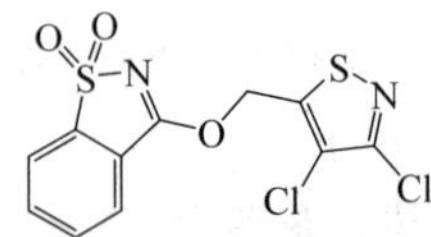

$C_{11}H_6Cl_2N_2O_3S_2$，349.21，957144-77-3

化学名称　3-(3,4-二氯-1,2-噻唑-5-甲氧基)-1,2-苯并噻唑-1,1-二酮。

理化性质　白色固体粉末，熔点 172.5℃，密度 1.59g/cm^3（25℃）。

毒性　对大鼠毒性较低，在环境中的残留物是其母体化合物，无致癌性、生殖毒性、致畸性和遗传毒性。

作用特点　是日本组合化学在开发糖精衍生物的过程中发现的一种全新杀菌剂，含有苯并异噻唑和异噻唑基团。FRAC 尚未对其作用机制进行分类，但开发公司推测其可能为植物防御激活剂。

适宜作物　对水稻稻瘟病具有稳定的防治效果，且安全性高，对水稻幼苗生长无抑制作用，对种子出芽也无延迟，可用于小麦、黄瓜、苹果等。

防治对象 对黄瓜霜霉病、炭疽病、白粉病、灰霉病、细菌性斑点病，小麦白粉病、颖枯病、叶锈病，水稻稻瘟病、纹枯病、白叶枯病、细菌性谷枯病、细菌性立枯病、褐斑病、褐变病，苹果黑星病等病害高效。

双氯磺草胺（diclosulam）

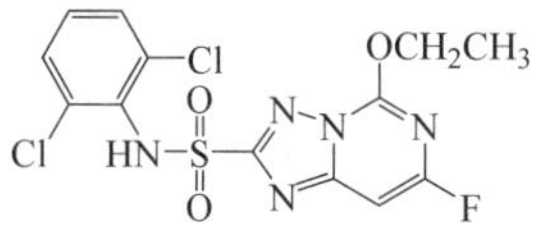

$C_{13}H_{10}Cl_2FN_5O_3S$，406.22，145701-21-9

化学名称 *N*-(2,6-二氯苯基)-5-乙氧基-7-氟[1,2,4]三唑并[1,5-*c*]嘧啶-2-磺酰胺。

理化性质 原药为类白色固体，熔点 218～221℃，水溶液弱酸性，溶解度(20℃，mg/L)：水 6.32，丙酮 7970，二氯甲烷 2170，乙酸乙酯 1450，甲醇 813。

毒性 大鼠急性经口 LD_{50}＞5000mg/kg，山齿鹑急性 LD_{50}＞2250mg/kg，对虹鳟 LC_{50}（96h）＞110mg/L，低毒；对大型溞 EC_{50}（48h）为 72mg/kg，中等毒性；对月牙藻 EC_{50}（72h）＞0.01mg/L，中等毒性；对蜜蜂、蚯蚓中等毒性。对眼睛、皮肤具刺激性，无神经毒性和生殖影响，无染色体畸变和致癌风险。

作用方式 通过杂草叶、鞘部、茎或根吸收，在生长点累积，抑制乙酰乳酸合成酶，阻碍支链氨基酸、蛋白质合成，造成杂草停止生长、黄化，然后枯死。

防除对象 登记用于夏大豆田防除一年生阔叶杂草，如凹头苋、反枝苋、马齿苋、鸭跖草、苘麻、碎米莎草等。

使用方法 播后苗前，土壤均匀喷雾，84%水分散粒剂每亩制剂用量 2～4g，兑水 30～45L 稀释均匀后进行喷雾。

注意事项

（1）在无风无雨时施药，避免雾滴飘移，危害周围作物。

（2）南方地区低温阴雨时，不宜使用高剂量。

（3）后茬不宜种植蔬菜等敏感作物，与敏感作物套种的大豆田慎用。

双氯氰菌胺（diclocymet）

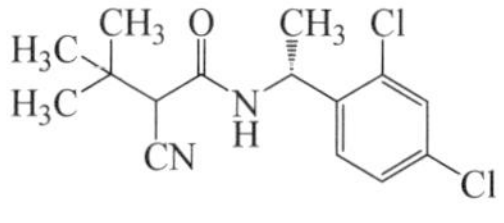

$C_{15}H_{18}Cl_2N_2O$，313.22，139920-32-4

化学名称 (*RS*)-2-氰基-*N*-[(*R*)-1-(2,4-二氯苯基)乙基)]]-3,3-二甲基丁酰胺。

理化性质 纯品为淡黄色晶体，熔点154.4～156.6℃。蒸气压0.26mPa（25℃），水中溶解度（25℃）为6.38μg/mL。

毒性 大鼠急性经口LD_{50}＞5000mg/kg。

作用特点 内吸性杀菌剂，黑色素生物合成抑制剂。

适宜作物 水稻。

防治对象 稻瘟病。

使用方法 茎叶喷雾。防治稻瘟病，发病前至发病初期，用7.5%悬浮剂80～100mL/亩对水40～50kg喷雾。

注意事项

（1）严格按照农药安全规定使用此药，喷药时戴好口罩、手套，穿上工作服；

（2）施药时不能吸烟、喝酒、吃东西，避免药液或药粉直接接触身体，如果药液不小心溅入眼睛，应立即用清水冲洗干净并携带此药标签去医院就医；

（3）此药应储存在阴凉和儿童接触不到的地方；

（4）如果误服要立即送往医院治疗；

（5）施药后各种工具要认真清洗，污水和剩余药液要妥善处理保存，不得任意倾倒，以免污染鱼塘、水源及土壤；

（6）搬运时应注意轻拿轻放，以免破损污染环境，运输和储存时应有专门的车皮和仓库，不得与食物和日用品一起运输，应储存在干燥和通风良好的仓库中。

双炔酰菌胺（mandipropamid）

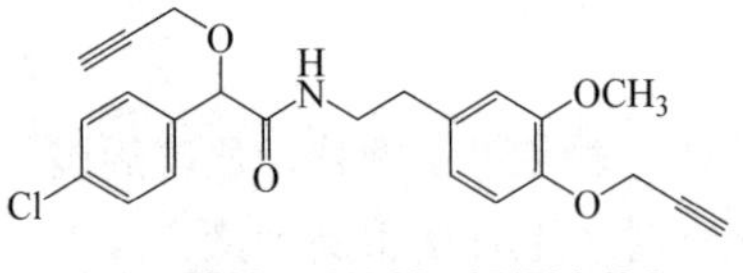

$C_{23}H_{22}ClNO_4$，411.88，374726-62-2

化学名称 2-(4-氯苯基)-*N*-[2-(3-甲氧基-4-(2-丙炔氧基)-苯基-乙烷基]-2-(2-丙炔氧基)-乙酰胺。

理化性质 外观为浅褐色无味细粉末；pH值6～8；在有机溶剂中溶解度（25℃，g/L）：乙酸乙酯120，甲醇66，二氯甲烷400，丙酮300，正己烷0.042，辛醇4.8，甲苯29。

毒性 对大鼠急性经口、经皮LD_{50}＞5000mg/kg，急性吸入LC_{50} 4980～5190mg/m^3；对白兔眼睛和皮肤有轻度刺激性，对豚鼠皮肤变态反应试验结果为无致敏性。

作用特点　对处于萌发阶段的孢子具有较高活性，并可抑制菌丝的生长和孢子的形成。其作用机理为抑制磷脂的生物合成，对绝大多数由卵菌引起的叶部和果实病害均有很好的防效。可以通过叶片被迅速吸收，并停留在叶表蜡质层中，对叶片起保护作用。

适宜作物　荔枝等，推荐剂量下，对荔枝树生长无不良影响，未见药害发生。

防治对象　荔枝霜霉病等。

使用方法　茎叶喷雾。

防治荔枝霜霉病，在开花期、幼果期、中果期、转色期，用250g/L悬浮剂1000～2000倍液喷雾。

注意事项

（1）严格按照农药安全规定使用此药，避免药液或药粉直接接触身体，如果药液不小心溅入眼睛，应立即用清水冲洗干净并携带此药标签去医院就医；

（2）此药应储存在阴凉和儿童接触不到的地方；

（3）如果误服要立即送往医院治疗；

（4）施药后各种工具要认真清洗，污水和剩余药液要妥善处理保存，不得任意倾倒，以免污染鱼塘、水源及土壤；

（5）搬运时应注意轻拿轻放，以免破损污染环境，运输和储存时应有专门的车皮和仓库，不得与食物和日用品一起运输，应储存在干燥和通风良好的仓库中。

双唑草腈（pyraclonil）

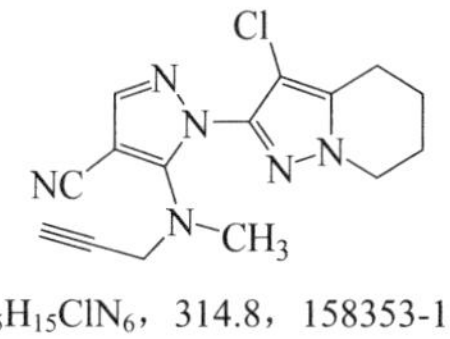

Cl N N NC N N N CH3

$C_{15}H_{15}ClN_6$，314.8，158353-15-2

化学名称　1-(3-氯-4,5,6,7-四氢吡唑并[1,5-*a*]吡啶-2-基)-5-[甲基(丙-2-炔基)氨基]吡唑-4-腈。

理化性质　纯品为白色固体，熔点93.1～94.6℃，溶解度（20℃，mg/L）：水50.1。

毒性　大鼠急性经口LD_{50} 4979mg/kg（雄）、1127mg/kg（雌），大鼠急性经皮LD_{50}＞2000mg/kg，低毒；对鲤鱼LC_{50}（96h）＞28mg/L，中等毒性；大型溞EC_{50}（48h）＞16.3mg/kg，中等毒性。对眼睛、皮肤、呼吸道具刺激性。

作用方式 为原卟啉原氧化酶（PPO）抑制剂，植物根和叶基部为其可能的主要吸收部位，通过抑制植物体内叶绿素合成过程中原卟啉原氧化酶而破坏细胞膜，使叶片迅速干枯、死亡。

防除对象 主要用于水稻田防除一年生杂草，如稗草（幼龄）、凹头苋、鸭舌草、陌菜、节节菜、沟繁缕、萤蔺、紫水苋菜、鳢肠、狼把草、田皂角、扁秆藨草、矮慈姑、雨久花、狭叶母草等，同时可防除对磺酰脲类除草剂产生耐药性的杂草（萤蔺、雨久花、鸭舌草等），对双穗雀稗、日本藨草、假稻防效较差。

使用方法 人工插秧5～7d，或者机插8～10d后，杂草1～2叶期，直接撒施或者拌土、肥均匀撒施，每亩2%颗粒剂用量550～700g，撒施后保水3～5cm，4～5d，水层不要淹没心叶，如遇大雨应及时排水。

注意事项

（1）田块应整平，否则会影响药效。

（2）早春低温4叶期以下的早稻移栽田不宜使用。

（3）机插秧、抛秧田由于根系浅，需等秧苗返青后施药。

（4）对水稻安全，残效期适中，对后茬作物无影响。

（5）稗草大量发生时可与其他除稗剂如丙草胺、丁草胺、苯噻酰草胺混用。

双唑草酮（bipyrazone）

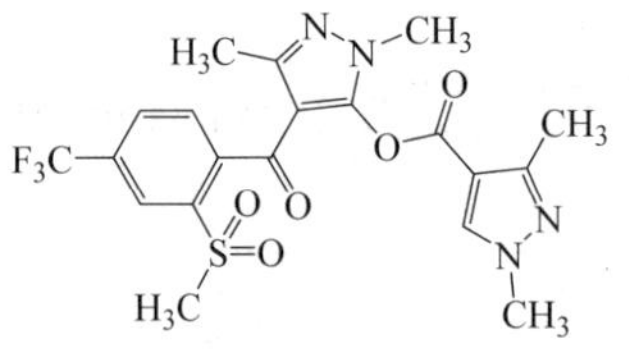

$C_{20}H_{19}SN_4F_3O_5$，484.4，1622908-18-2

化学名称 1,3-二甲基-1*H*-吡唑-4-甲酸-1,3-二甲基-4-(2-甲基磺酰基)-4-(三氟甲基)苯甲酰基)-1*H*-吡唑-5-基酯。

理化性质 纯品熔点159.8～170.8℃，在水中（20℃）的溶解度为236.7mg/L，密度（20℃）1.402g/mL，不具有爆炸性。

毒性 原药低毒。

作用方式 具有内吸传导作用的新型HPPD抑制剂，使对羟基苯基丙酮酸转化为尿黑酸的过程受阻，从而导致生育酚及质体醌无法正常合成，影响靶标体内类胡萝卜素合成，导致叶片发白。与当前麦田常用的双氟磺草胺、苯磺隆、苄嘧磺隆、噻吩磺隆等ALS抑制剂类除草剂，唑草酮、乙羧氟草醚等PPO抑制剂类除草剂以及 2 甲 4 氯钠、2,4-滴等激素类除草剂不存在交互抗性。

防除对象 用于小麦田防除猪殃殃、播娘蒿、繁缕、牛繁缕、荠菜、麦家公、野油菜、宝盖草、泽漆、野老鹳、大巢菜等杂草。

使用方法 冬小麦返青至拔节前、阔叶杂草 2～5 叶期进行茎叶喷雾，10%双唑草酮可分散油悬浮剂每亩制剂用量 20～25mL，兑水 15～30kg。

注意事项

（1）最适施药温度 10～25℃。

（2）大风天或预计 8h 内降雨，请勿施药。

（3）施药时避免药液飘移到邻近阔叶作物上，以防产生药害。

霜霉威（propamocarb）

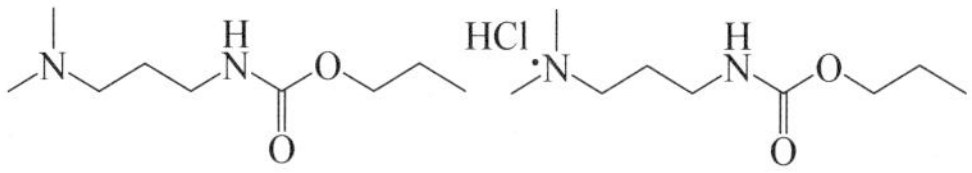

$C_9H_{20}N_2O_2$，188.15，24579-73-5

化学名称 *N*-[3-(二甲基氨基)丙基]氨基甲酸正丙酯及其盐酸盐。

理化性质 纯品霜霉威盐酸盐为无色带有淡淡芳香气味的吸湿性晶体，熔点 45～55℃；溶解度（20℃，g/kg）：水 1005，正己烷＜0.01，甲醇 656，二氯甲烷＞626，甲苯 0.41，丙酮 560，乙酸乙酯 4.34。

毒性 霜霉威（盐酸盐）急性 LD_{50}（mg/kg）：大鼠经口 2000～2900，小鼠经口 2650～2800，大、小鼠经皮＞3000；对皮肤和眼睛无刺激作用；以 1000mg/kg 剂量饲喂大鼠两年，未发现异常现象；对动物无致畸、致突变、致癌作用。

作用特点 抑制病菌细胞膜成分中的磷脂和脂肪酸的生物合成，抑制菌丝生长、孢子囊的形成和萌发。由于其作用机理与其他杀菌剂不同，与其他药剂无交互抗性，因此对常用杀菌剂产生抗药性的病菌效果尤其明显。

适宜作物 主要用于黄瓜、甜椒、番茄、莴苣、马铃薯等以及烟草、草莓、草坪、花卉等。在合适剂量下，对作物生长十分安全，并且对植物根、茎、叶的生长有明显促进作用。

防治对象 可有效防治卵菌纲真菌引起的病害如霜霉病、疫病、猝倒病等。

使用方法 灌根、喷雾。

（1）防治苗期猝倒病和疫病 播种前后或移栽前后均可施用，每平方米用 72.2%水剂 5～7.5mL 加 2～3L 水稀释灌根。

（2）防治霜霉病、疫病等　每亩用 72.2%水剂 60～100mL 加 30～50L 水于发病前或初期喷雾，每隔 7～10d 喷药 1 次。

注意事项

（1）应与其他农药交替使用，每季喷洒次数不要超过 3 次。

（2）该药在碱性条件下易分解，不可与碱性物质混用，以免失效。

（3）孕妇及哺乳期妇女应避免接触。

霜脲氰（cymoxanil）

$C_7H_{10}N_4O_3$，198.4，57966-95-7

化学名称　2-氰基-*N*-[(乙氨基)羰基]-2-(甲氧基亚氨基)乙酰胺。

理化性质　无色结晶固体，熔点 160～161℃。溶解度（20℃，g/L）：水 0.890（pH5），己烷 1.85，己腈 57，正辛醇 1.43，乙醇 22.9，丙酮 62.4，乙酸乙酯 28，二氯乙烷 133.0。水解 DT_{50}148d（pH 5），34h（pH 7），31min（pH 9），对水敏感 pK_a 9.7（分解）。

毒性　急性经口 LD_{50}（mg/kg）：1196（雄大鼠），1390（雌大鼠），1096（豚鼠）；对雄兔和狗急性经皮 LD_{50}＞3000mg/kg。对皮肤无刺激作用或过敏反应，对眼睛有轻微刺激作用。雌雄大鼠急性吸入 LC_{50}（4h）＞5.06mg/L；无作用剂量：雄大鼠 4.1mg/（kg·d），雌大鼠 5.4mg/（kg·d），雄小鼠 4.2mg/（kg·d），雌小鼠 5.8mg/（kg·d），雄狗 3.0mg/（kg·d），雌狗 1.6mg/（kg·d），对人的 ADI 为 0.016mg/kg。白喉鹌和野鸭急性经口 LD_{50}＞2250mg/kg，白喉鹌和野鸭 LC_{50}＞5620mg/kg 饲料。鱼毒 LC_{50}（96h）：虹鳟 61mg/L，蓝鳃 29mg/L。对蜜蜂无毒，LD_{50}（48h，接触）25μg/蜜蜂；LC_{50}（48h，经口）1g/kg。水蚤 LC_{50}（48h）为 27mg/L。

作用特点　具有保护、治疗和内吸活性，既能够抑制病原菌孢子萌发，同时对侵入寄主植物的病原菌也有杀伤作用，对霜霉病和疫病有效，霜脲氰单独用时，药效期短，与保护性杀菌剂混用时，持效期延长。

适宜作物　白菜、辣椒、番茄、马铃薯、黄瓜、葡萄等。

防治对象　黄瓜霜霉病、葡萄霜霉病、辣椒疫霉病等，主要防治霜霉病和疫病。

使用方法　茎叶喷雾。

（1）霜脲氰防治霜霉病和疫病，其效果和甲霜灵相当，没有药害，和代森锰锌混配效果更佳；

（2）防治葡萄霜霉病，在发病早期，用 80%霜脲氰可湿性粉剂 120～150g/亩对水 40～50kg 喷雾；

（3）防治马铃薯晚疫病，用 80%霜脲氰可湿性粉剂 100～130g/亩对水 40～50kg 喷雾；

注意事项

（1）霜脲氰避免与碱性物质接触，可与其他杀菌剂混用提高防效；

（2）严格按照农药安全规定使用此药，避免药液或药粉直接接触身体，如果药液不小心溅入眼睛，应立即用清水冲洗干净并携带此药标签去医院就医；

（3）此药应储存在阴凉和儿童接触不到的地方；

（4）如果误服要立即送往医院治疗；

（5）施药后各种工具要认真清洗，污水和剩余药液要妥善处理保存，不得任意倾倒，以免污染鱼塘、水源及土壤；

（6）搬运时应注意轻拿轻放，以免破损污染环境，运输和储存时应有专门的车皮和仓库，不得与食物和日用品一起运输，应储存在干燥和通风良好的仓库中。

水杨菌胺（trichlamide）

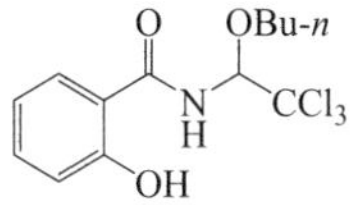

$C_{13}H_{16}Cl_3NO_3$，340.63，70193-21-4

化学名称　(*R*,*S*)-*N*-(1-正丁氧基-2,2,2-三氯乙基)水杨酰胺。

理化性质　纯品为白色结晶，熔点 73～74℃，20℃时蒸气压为 10mPa，25℃时溶解度：水 6.5mg/L，丙酮、甲醇、氯仿 2000g/L 以上，苯 803g/L，己烷 55g/L。对酸、碱、光稳定。

毒性　大鼠急性经口 LD_{50}＞7g/kg，急性经皮 LD_{50}＞5g/kg，小鼠急性经口 LD_{50}＞5g/kg，急性经皮 LD_{50}＞5g/kg。鸡急性经口 LD_{50}＞1g/kg。鱼毒：LC_{50}（鲤鱼，48h）为 1.7mg/kg。对蜜蜂、蚕、鸡低毒。皮肤刺激性、突变型致畸性试验均为阴性。

作用特点　水杨菌胺为广谱杀菌剂。

适宜作物　白菜、甘蓝 、芜菁、豌豆、马铃薯、西瓜、黄瓜等。

防治对象　白菜根肿病、甘蓝根肿病、青豌豆根腐病、马铃薯疮痂病和粉痂病、西瓜枯萎病、黄瓜猝倒病、芜菁根肿病。

使用方法　茎叶喷雾。

（1）防治西瓜枯萎病　15%水杨菌胺可湿性粉剂加水配成 700～800 倍液，于西瓜播前苗床浇灌或移栽后灌根，每株500mL药液灌根。一般施药2～3次，施药次数视病情而定，未见药害发生。

（2）防治白菜根肿病、甘蓝根肿病、青豌豆根腐病、马铃薯疮痂病和粉痂病、黄瓜猝倒病、芜菁根肿病　发病初期，用10%可湿性粉剂500～800倍液喷雾。

注意事项

（1）严格按照农药安全规定使用此药，喷药时戴好口罩、手套，穿上工作服；

（2）施药时不能吸烟、喝酒、吃东西，避免药液或药粉直接接触身体，如果药液不小心溅入眼睛，应立即用清水冲洗干净并携带此药标签去医院就医；

（3）此药应储存在阴凉和儿童接触不到的地方；

（4）如果误服要立即送往医院治疗；

（5）施药后各种工具要认真清洗，污水和剩余药液要妥善处理保存，不得任意倾倒，以免污染鱼塘、水源及土壤；

（6）搬运时应注意轻拿轻放，以免破损污染环境，运输和储存时应有专门的车皮和仓库，不得与食物和日用品一起运输，应储存在干燥和通风良好的仓库中。

水杨酸（salicylic acid）

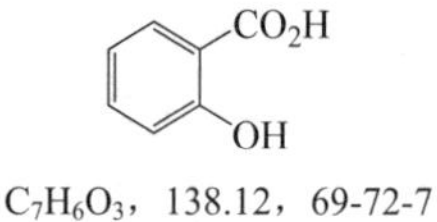

$C_7H_6O_3$，138.12，69-72-7

其他名称　柳酸，沙利西酸，撒酸。

化学名称　2-羟基苯甲酸，2-hydroxybenzoic acid。

理化性质　纯品为白色针状结晶或结晶状粉末，有辛辣味，易燃，见光变暗，空气中稳定。熔点157～159℃，76℃升华，微溶于冷水（1g/mL），易溶于热水（1g/15mL）、乙醇（1g/2.7mL）、丙酮（1g/3mL）。水溶液呈酸性，与三氯化铁水溶液生成特殊紫色。

毒性　大鼠急性经口 LD_{50} 890mg/kg，大白鼠经口 LD_{50} 1300mg/kg。

作用特点　为植物体内含有的天然苯酚类植物生长调节剂，可被植物的叶、茎、花吸收，具有相当强的传导作用。水杨酸最早是从柳树皮分离出来的，名叫柳酸，广泛用于防腐剂、媒染剂及分析试剂。研究发现在水稻、大豆、大麦等几十种作物的叶片、生殖器官中含有水杨酸，是植物体内一种不可缺少的生理活性物质。从其现有的生理作用来看，一是提高作物的抗逆性，二是有利于花粉的传授。可用于促进生根、增强抗性、提高产量等。

适宜作物　促进菊花插枝生根，提高甘薯、水稻、小麦等作物的抗逆能力。

应用技术

（1）提高作物的抗逆性

① 番茄 将绿熟番茄用 0.1%水杨酸溶液浸泡 15～20min。可加大番茄果实硬度，增强抗病力，有效保存果实新鲜度，延长货架期。

② 大豆 在大豆七叶期喷洒 20mg/L 水杨酸溶液，能够加快主茎生长，提前开花，增加单株开花数、结荚数、百粒重和产量。

③ 甘薯 在甘薯块根膨大期，用 0.4mg/L 水杨酸处理（加 0.1%吐温-20），使叶绿素含量增加，减少水分蒸腾，增加产量。

④ 烟草 水杨酸与 Bion（一种植物活化剂）混用[(5～50)mg/kg+(35～70) mg/kg]，既可提高对烟草花叶病的防治效果，对其他病害也有提高防效的作用。

（2）促进生根

① 水稻 幼苗用 1～2mg/L 水杨酸处理，能促进生根，减少蒸腾，增强耐寒能力。

② 小麦 用 0.05%水杨酸溶液 75mL/m^2 喷施，可促进小麦生根，减少蒸腾，增加产量。

③ 菊花 与萘乙酸混用可促进菊花生根。方法是用菊花插枝基部蘸粉，粉剂配方如下：NAA0.2%+水杨酸 0.2%+抗坏血酸 0.2%+硼酸 0.1%+克菌丹 5%+滑石粉 92.3%+水 2%。

注意事项

（1）需密封暗包装，产品存放于阴凉、干燥处。

（2）对不同果蔬，保鲜效果不同。

（3）水杨酸虽有抗逆等生理作用，但生理作用并不十分明显，应混用以提高其生理活性，提高其在农业生产上的实用性。

顺式氯氰菊酯（alpha-cypermethrin）

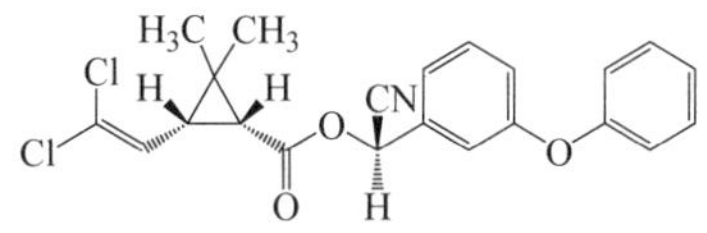

$C_{22}H_{19}Cl_2NO_3$，416.3，67375-30-8

其他名称 甲体氯氰菊酯、快杀敌、高效。

化学名称 (1*R,S*)-顺,反式-2,2-二甲基-3-(2,2-二氯乙烯基)-环丙烷羧酸-(*R,S*)-*α*-氰基-3-苯氧基苄基酯。

理化性质 纯品为白色至奶油色结晶。熔点 81.5℃，易溶于醇类、酮类及芳香烃类有机溶剂，如环己酮 515g/L，二甲苯 315g/L，在水中溶解度 5～10mg/L（0.01～0.2mg/L）。在酸性及中性条件下较稳定，在强碱性条件下易水解，热稳定性良好。

毒性 大鼠急性经口 LD_{50} 79mg/kg。

作用特点 作用于害虫的神经系统，扰乱昆虫神经轴突传导，具有触杀和胃毒作用，药效较迅速，防效较持久，耐雨水冲刷。

适宜作物 棉花、小麦、玉米、果树、蔬菜等。

防除对象 蔬菜害虫如菜青虫、蚜虫、小菜蛾、大豆卷叶螟等；小麦害虫如蚜虫等；棉花害虫如棉铃虫、棉红铃虫、盲蝽等；玉米地下害虫如蛴螬、蝼蛄、金针虫和地老虎等；果树害虫如柑橘潜叶蛾、荔枝蒂蛀虫等；卫生害虫如蚊、蝇、蜚蠊、跳蚤等。

应用技术 以 50g/L 顺式氯氰菊酯乳油、100g/L 顺式氯氰菊酯乳油、5%顺式氯氰菊酯水乳剂、100g/L 顺式氯氰菊酯悬浮剂、200g/L 顺式氯氰菊酯种子处理悬浮剂、15% 顺式氯氰菊酯悬浮剂为例。

（1）防治蔬菜害虫

① 菜青虫 在卵孵盛期至低龄幼虫期施药，用 50g/L 顺式氯氰菊酯 15～20mL/亩均匀喷雾；或用 100g/L 顺式氯氰菊酯乳油 5～10mL/亩均匀喷雾；或用 5%顺式氯氰菊酯水乳剂 30～40mL/亩均匀喷雾。

② 小菜蛾 在低龄幼虫期施药，用 50g/L 顺式氯氰菊酯 12～24mL/亩均匀喷雾；或用 100g/L 顺式氯氰菊酯乳油 5～10mL/亩均匀喷雾。

③ 蚜虫 在蚜虫为害初期施药，用 50g/L 顺式氯氰菊酯 20～30mL/亩均匀喷雾；或用 100g/L 顺式氯氰菊酯乳油 5～10mL/亩均匀喷雾。

④ 大豆卷叶螟 在豇豆大豆卷叶螟卵孵盛期或低龄幼虫期施药，用 100g/L 顺式氯氰菊酯乳油 10～13mL/亩均匀喷雾。

（2）防治玉米害虫 防治地下害虫蛴螬、蝼蛄、金针虫和地老虎，按照 1：（570～665）的药种比，用 200g/L 顺式氯氰菊酯种子处理悬浮剂均匀拌种。

（3）防治棉花害虫

① 棉铃虫 在卵孵盛期至 1～2 龄幼虫发生初盛期施药，用 50g/L 顺式氯氰菊酯 35～50mL/亩均匀喷雾；或用 100g/L 顺式氯氰菊酯乳油 6.5～13mL/亩均匀喷雾。

② 盲蝽 在低龄若虫盛期施药，用 50g/L 顺式氯氰菊酯 40～50mL/亩均匀喷雾。

③ 红铃虫 在卵孵盛期至低龄幼虫期施药，用 100g/L 顺式氯氰菊酯乳油 6.5～13mL/亩均匀喷雾。

（4）防治果树害虫

① 柑橘潜叶蛾 当柑橘树嫩梢有潜叶蛾虫或卵的叶率达 20%时为防治适期，用 50g/L 顺式氯氰菊酯 1000～1500 倍液均匀喷雾；或用 100g/L 顺式氯氰菊酯乳油

10000～20000 倍液均匀喷雾。

② 荔枝蒂蛀虫　在第一次生理落果后、果实膨大期、果实成熟前 20d 各施一次药，用 50g/L 顺式氯氰菊酯 1000～1500 倍液均匀喷雾。

③ 椿象　在成虫交尾产卵前和若虫发生期各施 1 次药，用 50g/L 顺式氯氰菊酯 2000～2500 倍液均匀喷雾。

（5）防治卫生害虫

① 蚊、蝇、蜚蠊　用 15% 顺式氯氰菊酯悬浮剂 266mg/m^2 滞留喷洒；用 100g/L 顺式氯氰菊酯悬浮剂 200～300mg/m^2 滞留喷洒。

② 跳蚤　室内防治用 15%顺式氯氰菊酯悬浮剂 266mg/m^2 滞留喷洒；或用 100g/L 顺式氯氰菊酯悬浮剂 150～250mg/m^2 滞留喷洒。

注意事项

（1）不能在桑园、鱼塘、河流、养蜂场使用，避免污染。赤眼蜂放飞区域禁用。

（2）不能与碱性物质混用，以免分解失效。

（3）建议与作用机制不同的杀虫剂轮换使用，以延缓抗性产生。

（4）黄瓜每季最多用药 2 次，安全间隔期为 3d；豇豆每季最多用药 2 次，安全间隔期为 5d；甘蓝每季最多用药 3 次，安全间隔期为 3d；棉花每季最多使用 3 次，安全间隔期 7d。柑橘树每季最多使用 3 次，安全。

四氟醚菊酯（tetramethylfluthrin）

$C_{17}H_{20}F_4O_3$，348.0，84937-88-2

其他名称　尤士菊酯。

化学名称　2,2,3,3-四甲基环丙烷羧酸-2,3,5,6-四氟-4-甲氧甲基苄基酯。

理化性质　工业品为淡黄色透明液体，沸点为 110℃（0.1mPa），熔点为 10℃，难溶于水，易溶于有机溶剂。在中性、弱酸性介质中稳定，但遇强酸和强碱能分解，对紫外线敏感。

毒性　大鼠急性经口 LD_{50}＜500mg/kg。

作用特点　四氟醚菊酯是通过破坏轴突离子通道而影响神经功能的神经毒剂，是吸入和触杀型杀虫剂，也用作驱避剂，对蚊子具有击倒效果，适用于家庭、宾馆等室内场所使用。

防除对象 卫生害虫如蚊子。

应用技术 以 0.05%四氟醚菊酯蚊香、0.72%四氟醚菊酯电热蚊香液、1.5%四氟醚菊酯电热蚊香液为例。

防治卫生害虫蚊，用含四氟醚菊酯 0.05%的蚊香，于上风方向点燃毒杀；电热加温含 0.72%或 1.5%四氟醚菊酯的电热蚊香液，使用时始终保持药液瓶竖直向上，以免发生药液泄漏。

注意事项

（1）本品对鱼类、蜂、家蚕有毒，切勿在蚕房内及其附近使用。

（2）使用时注意通风。

（3）勿让儿童玩耍，忌食，放置于儿童接触不到的地方。

（4）使用蚊香时勿用易燃品做接灰盘。

四环唑（tetcyclacis）

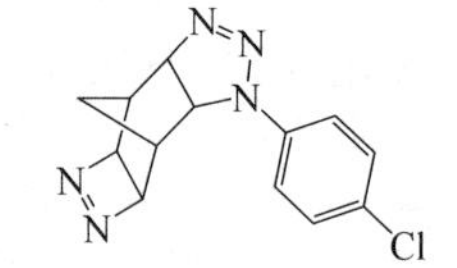

$C_{13}H_{12}ClN_5$，273.7，77788-21-7

其他名称 Ken byo，BAS 106 W。

化学名称 (1*R*,2*R*,6*S*,7*R*,8*R*,11*S*)-5-(4-氯苯基)-3,4,5,9,10-五氮杂环[5.4.1.0$^{2.6}$.0$^{8.1}$]十二-3,9-二烯。

理化性质 本品为无色结晶，熔点 190℃。溶解度（20℃）：水中 3.7mg/kg，氯仿 42g/kg，乙醇 2g/kg。在阳光下和浓酸中分解。

毒性 大鼠急性经口 LD_{50}：261mg/kg，大鼠急性经皮 LD_{50}：＞4640mg/kg。

作用特点 本品抑制赤霉素的合成。

适宜作物 水稻。

应用技术 在水稻抽穗前 3～8d 起，每周喷施 1 次，以出穗前 10d 使用效果最好。

四甲基戊二酸（tetramethyl glutaric aciduria）

化学名称 四甲基戊二酸。

理化性质　白色粉末，味微酸，溶于水，不溶于醇，熔点205℃。大量存在于谷类蛋白质中，动物脑中含量也较多。

毒性　急性经口LD_{50}大鼠6300mg/kg，小鼠＞2500mg/kg。大鼠吸入无作用剂量为200～400mg/kg，小鼠经口无作用剂量为1298mg/kg。未见致突变及致肿瘤作用。用四甲基戊二酸促进坐果刺激生长时，水肥一定要充足，果实、蔬菜允许残留量为0.2mg/kg。鲤鱼TLm（48h）＞100mg/kg，水蚤850mg/kg。

作用特点　是一种集营养、调节、防病为一体的高效植物生长调节剂。植物体内普遍存在着四甲基戊二酸，是促进植物生长发育的重要物质之一。四甲基戊二酸在生物体内的蛋白质代谢过程中占重要地位，参与动物、植物和微生物中的许多重要化学反应。外源四甲基戊二酸进入植物体内，具有内源四甲基戊二酸同样的生理功能。四甲基戊二酸制剂主要经由叶片、嫩枝、花、种子或果实迅速渗透到植物体内，然后传导至生长活跃的部位起作用，可促进细胞的原生质流动、加快植物发根速度，茎伸长，叶片扩大，绿而肥厚，增加单性结实，果实生长，打破种子休眠，改变雌雄花比率，减少花、果的脱落。四甲基戊二酸见效快、持效期长、用量少、成本低、效益高。具备复硝酚钠、DA-6、萘乙酸的所有功能，用量仅为复硝酚钠、DA-6、萘乙酸钠的50%～60%，就能获得复硝酚钠、DA-6、萘乙酸钠的所有优点和功能，成为药、肥、杀菌剂的理想增效剂和促进剂。

（1）广谱性　四甲基戊二酸可广泛适用于粮食作物、棉花作物、油料作物、瓜果蔬菜等多种作物。从播种到收获期间的任何时期均可使用。

（2）高效性　在农药、肥料中只需加一点四甲基戊二酸就可以提高药效40%以上，减少农药、肥料用量20%，使药效更显神奇。

（3）提高产量、改善品质　使用四甲基戊二酸后，粮食作物籽粒饱满、千粒重增加；蔬菜作物叶片肥厚、叶色浓绿；茄果作物果肉充实、营养物质含量高、口感好。

（4）增强抗逆能力　四甲基戊二酸能促进细胞原生质流动，提高细胞活力，加速植物生长发育，增强排毒功能，提高作物抗病、抗寒、抗旱、抗盐碱、抗倒伏等抗逆能力。

（5）调节内源激素的平衡　四甲基戊二酸被植物吸收后，可以调节植物体内赤霉素、细胞分裂素、生长素、脱落酸、乙烯等内源激素的平衡，促进植物体内抗病代谢过程，提高防御酶的活性，增强抵抗能力。

适宜作物　在农业、林业、园艺等植物上效果均非常显著。

应用技术　可以叶面喷施、追施、基施，使用可按量与基肥、复混肥、有机肥、追施肥配合使用。

（1）单独使用　叶面喷施量0.1～0.2g/亩，或为0.1～0.15mg/kg。

（2）增强植株活力提高植株需肥欲　使用与复硝酚钠复配的多元肥料，能够充分调动和发挥植物主动吸肥吸水活力，增加根部对多元营养元素的吸收。复合肥的添加量为12～15g/亩。

（3）与叶面肥复配使用　四甲基戊二酸钠与叶面肥复配使用，可促进植物叶片变大变厚，提高光合效率，增强叶面角质层透性，提高营养元素的渗透速率。还能给植物杀虫、抗病，起到肥料的作用，又可解除肥料间的拮抗作用，使多元肥料被植物同时吸收同化，提高肥料利用率30%以上。追施和基施为每亩5～8g；冲施肥添加量6～8g/亩。

（4）与杀菌剂、杀虫剂复配　使用四甲基戊二酸与杀菌剂混用，可增强植物的免疫力，减少病原菌的侵染，明显增强杀菌剂的防效；能够增加原生质膜的透性，使杀菌剂更易杀死病原菌，增强药效；可增强杀菌剂与病原菌的亲和力，增强了杀菌剂药效。添加量0.15～0.3g/亩。

注意事项

（1）应贮藏于低温干燥的地方，特别注意避免高温。

（2）贮处要与食物和饲料隔离，勿让孩童进入，使用时避免吸入药雾，避免药液与皮肤、眼睛等接触。

四聚乙醛（metaldehyde）

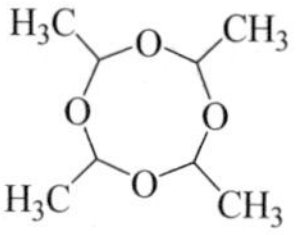

$C_8H_{16}O_4$，176.2，108-62-3（四聚体），37273-91-9（四聚乙醛），9002-91-9（均聚物）

其他名称　多聚乙醛、密达、蜗牛敌、蜗牛散、甲环氧醛、灭蜗灵。

化学名称　2,4,6,8-四甲基-1,3,5,7-四氧基环辛烷（四聚乙醛）。

理化性质　纯品为结晶粉末。熔点246℃，沸点112～115℃。水中溶解度（20～25℃）222mg/L，有机溶剂中溶解度（g/L,20～25℃）：甲苯为0.53、甲醇为1.73。稳定性：高于112℃升华，部分解聚。闪点50～55℃（封口杯）。

毒性　大鼠急性经口LD_{50} 283mg/kg；小鼠急性经口LD_{50} 425mg/kg；大鼠急性经皮LD_{50}＞5000mg/kg。对兔眼无刺激。对豚鼠的皮肤也无刺激。大鼠吸入LC_{50}(4h)＞15mg/L空气。NOAEL值：狗10mg/kg体重（EPA RED）。ADI/RfD（EPA）aRfD 0.75mg/kg 体重，cRfD 0.1mg/kg体重。

作用特点　属于杀软体动物剂，以胃毒为主，兼有引诱和触杀作用，选择性较强。通过软体动物的吸食或接触，使其迅速分泌大量的黏液，导致脱水死亡。

适宜作物　棉花、水稻、十字花科蔬菜、烟草、草坪等。

防除对象　蜗牛、蛞蝓、福寿螺、钉螺等。

应用技术

（1）防治棉花田软体动物

① 蜗牛　播种后，种子发芽时即均匀撒施 6%颗粒剂 400～544g/亩。移植田在移栽后撒药。也可条施或点施，距离 40～50cm 为宜。

② 蛞蝓　方法同①。

（2）水稻田软体动物　防治福寿螺，水稻插秧、抛秧一天后，均匀撒施 6%颗粒剂 400～544g/亩于稻田中，保持 2～5cm 水位 3～7d。

（3）蔬菜田软体动物

① 蜗牛　方法同（1）防治棉花田软体动物①。

② 蛞蝓　方法同（1）防治棉花田软体动物②。

（4）烟草田软体动物

① 蜗牛　方法同（1）防治棉花田软体动物①。

② 蛞蝓　方法同（1）防治棉花田软体动物②。

（5）草坪软体动物　蜗牛，幼蜗发生期或蜗牛活动猖獗时施药，均匀撒施 6%颗粒剂 500～600g/亩。

（6）铁皮石斛田软体动物　防治蜗牛，在温度 12～30℃蜗牛活动季节施药，可撒施、条施与点施，点施时每点用药量约 1.0g，每点间距 0.5～1.0m，可根据蜗牛密度适量施药。撒施量一般为 12%颗粒剂 325～400g/亩。

（7）滩涂软体动物　防治钉螺，于滩涂钉螺发生期施药，用 20%悬浮剂按 10～20g/m^2 兑水均匀喷雾。施药时气温应在 20℃以上。

注意事项

（1）不能与碱性或酸性物质混用。

（2）对鸟、蜜蜂、家蚕及鱼类有毒。鸟类保护区禁用；花期蜜源作物周围禁用；赤眼蜂等天敌放飞区域禁用；蚕室及桑园附近禁用；水产养殖区禁用；禁止在河塘等水域内清洗施药器具。

（3）在黄昏或雨后施药效果最佳。

（4）避免低温或高温时施药。

（5）施药后不要在地内践踏。

（6）如遇大雨，药剂被雨水冲刷，需雨后补喷。

（7）在棉花上安全间隔期为 30d，每季最多使用 2 次；在水稻上安全间隔期 70d，每季最多使用 1 次；在叶菜上安全间隔期为 7d，每季最多使用 2 次；铁皮石斛收获前 7d 停止用药，每季最多使用 1 次。

（8）大风天气或预计 1h 内降雨，请勿施药。

（9）建议与其他作用机制不同的杀虫剂轮换使用。

四氯虫酰胺（tetrachlorantraniliprole）

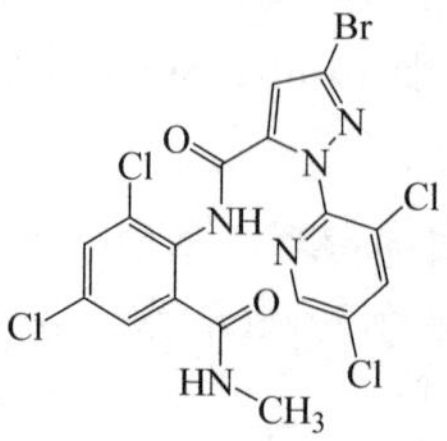

$C_{17}H_{10}BrCl_4N_5O_2$，538.015，1104384-14-6

化学名称 3-溴-2′,4′-二氯-1-(3,5-二氯-2-吡啶基)-6′-(甲氨基甲酰基)-1*H*-吡唑-5-甲酰苯胺。

理化性质 原药纯品为白色至灰白色固体，熔点 189～191℃，易溶于 *N,N*-二甲基甲酰胺、二甲亚砜，可溶于二氧六环、四氢呋喃、丙酮，光照下稳定。

毒性 大鼠急性经口 LD_{50}＞5000mg/kg，大鼠急性经皮 LD_{50}＞2000mg/kg，对家兔眼睛、皮肤均无刺激性，对豚鼠无皮肤致敏性，Ames 试验、小鼠骨髓细胞微核试验和睾丸细胞染色体畸变试验均为阴性。四氯虫酰胺对 3 龄期家蚕的 LC_{50}（48h）为 9.48mg/L，毒性较大。

作用特点 作用于昆虫的鱼尼丁受体。通过激活鱼尼丁受体并引起钙离子的持续释放，害虫中毒后表现为抽搐、麻痹、拒食，最终导致死亡。该药剂对鳞翅目害虫活性高，对哺乳动物低毒，对蜂类、鸟类等非靶标生物安全，属低毒杀虫剂。四氯虫酰胺对多种害虫具有触杀、胃毒和内吸传导作用，对黏虫幼虫具有明显触杀活性。

适宜作物 甘蓝、水稻、玉米、果树等。

防除对象 甜菜夜蛾、稻纵卷叶螟、玉米螟。

应用技术 以 10%四氯虫酰胺悬浮剂为例。

① 在水稻稻纵卷叶螟卵孵高峰期至 2 龄幼虫期施药，用 10%四氯虫酰胺悬浮剂 10～20g/亩均匀喷雾。

② 在甘蓝甜菜夜蛾低龄幼虫盛发期施药，用 10%四氯虫酰胺悬浮剂 30～40g/亩均匀喷雾。

③ 在玉米螟卵孵化高峰期至低龄幼虫期施药，用 10%四氯虫酰胺悬浮剂 20～40g/亩均匀喷雾。

注意事项

（1）正常使用技术条件下，该产品不会对家畜和人产生危害。

（2）孕妇及哺乳期妇女避免接触。

（3）禁止在蚕室和桑园附近用药，禁止在河塘等水域内清洗施药器具。水产养殖区、河塘等水体附近禁用。鱼、虾蟹套养稻田禁用，施药后的田水不得直接排入水体。对虾、蟹毒性高。

（4）本品不可与强酸、强碱性物质混用。荔枝每季最多使用 3 次，安全间隔期 14d。

四螨嗪（clofentezine）

$C_{14}H_8Cl_2N_4$，303.1，74115-24-5

其他名称　螨死净、阿波罗、克螨芬、Apollo、Acaritop、NC 144、NC 21344。

化学名称　3,6-双(邻氯苯基)-1,2,4,5-四嗪，3,6-bis(2-chlorophenyl)-1,2,4,5-tertrazine。

理化性质　纯品四螨嗪为红色晶体，熔点 179～182℃，溶解性（20℃）：在一般极性和非极性溶剂中溶解度都很小，在卤代烃中稍大；工业品为红色无定形粉末。

毒性　急性 LD_{50}（mg/kg）：大、小鼠经口＞10000，大鼠和兔经皮＞5000；对兔眼睛有极轻度刺激性，对兔皮肤无刺激性；以 200mg/kg 剂量饲喂大鼠 90d，未发现异常现象；对动物无致畸、致突变、致癌作用。

作用特点　四螨嗪为有机氮杂环类广谱性杀螨剂，以触杀作用为主，无内吸、传导作用。四螨嗪为特效杀螨剂，药效持久。对发生在果树、棉花、观赏植物上的苹果爪螨、茶红蜘蛛的卵和若螨有效，对成螨无效，对捕食螨、天敌无害。对温室玫瑰花、石竹有轻微影响。但该药作用慢，药效持久，一般用药后 2 周才能达到最高防效，因此使用该药时应做好预测预报。

适宜作物　棉花、果树等。

防除对象　螨类。

应用技术　以 50%四螨嗪悬浮剂、20%四螨嗪悬浮剂、10%四螨嗪可湿性粉剂为例。

① 橘全爪螨　在发生初期和卵孵化盛期施药，用 20%四螨嗪悬浮剂 1200～2000 倍液均匀喷雾。

② 柑橘锈壁虱　在发生初期，用 50%四螨嗪悬浮剂 4000～5000 倍液均匀喷雾；或用 10%四螨嗪可湿性粉剂 800～1000 倍液均匀喷雾。

③ 柑橘红蜘蛛　在柑橘红蜘蛛发生始盛期施药，用 20%四螨嗪悬浮剂 1000～2000 倍液均匀喷雾。在螨卵初孵前期施药，用 40%四螨嗪悬浮剂 3000～4000 倍液

均匀喷雾。

④ 苹果红蜘蛛　在苹果树红蜘蛛螨卵初孵期施药，用 20%四螨嗪悬浮剂 2000～2500 倍液均匀喷雾；在苹果花后 3～5d 第一代卵盛期至初孵幼螨始见期施药，用 50%四螨嗪可湿性粉剂 5000～6000 倍液均匀喷雾。

⑤ 山楂红蜘蛛　在卵盛期施药，用 20%四螨嗪悬浮剂 2000～2500 倍液均匀喷雾；在卵盛期施药，用 10%四螨嗪可湿性粉剂 1000～1500 倍液均匀喷雾。

注意事项

（1）主要用于杀螨卵，对幼螨也有一定效果，对成螨无效，所以在螨卵初孵期用药效果最佳。

（2）在螨的密度大或温度较高时施用最好，与其他杀成螨药剂混用，在气温低（15℃左右）和虫口密度小时施用效果好，持效期长。

（3）与噻螨酮有交互抗性，不能交替使用。

（4）不可与呈碱性的农药等物质混用。

四唑吡氨酯（picarbutrazox）

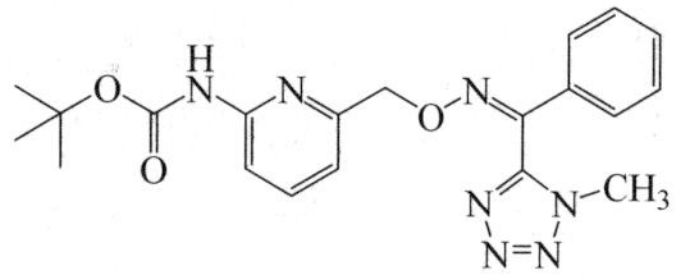

$C_{20}H_{23}N_7O_3$，409.44，500207-04-5

化学名称　(6-{[(*Z*)-(甲基-1*H*-5-四唑基)(苯基)亚甲基]氨基氧基甲基}-2-吡啶基)氨基甲酸叔丁酯。

理化性质　白色结晶粉末，无臭味，熔点 136.6～138.7℃，沸点 150℃（分解），密度 1.3g/cm^3（25℃），土壤吸附系数：K_{oc}=1300～6000（25℃），辛醇/水分配系数 lgP_{ow}=4.16（25℃），生物浓缩性 BCF$_{ss}$=63～220。能溶于乙醇、甲醇、二甲苯、甲苯、乙酸乙酯、二氯甲烷、丙酮等。水中溶解度 3.33×10^{2}μg/L（20℃）。

毒性　对大鼠急性经口和急性经皮 LD$_{50}$ 均＞2000mg/kg，大鼠急性吸入 LC$_{50}$＞5.2mg/L（雌雄）。无神经毒性，对兔眼睛有轻微刺激性，但处理 48 h 后刺激性消失，对兔皮肤没有刺激作用。对 Hartley 豚鼠的皮肤刺激作用为阴性。对繁殖没有被认可的影响，无致畸性，无遗传毒性。对鲤鱼 LC$_{50}$（96h）＞363μg/L，水蚤 EC$_{50}$（48h）＞342μg/L。

作用特点　该杀菌剂作用机制为分类表（FRAC 编码表）中作用机制不明的 U17 类别，但其不抑制呼吸链电子传递系统复合体Ⅰ或复合体Ⅲ，与 QoⅠ和苯酰胺类杀菌剂没有交互抗性。其作用机理为通过抑制病菌细胞膜的形成、抑制菌丝生长和孢子萌发，减少孢子囊形成和游动孢子的数量，对作物霜霉病、疫病有卓越的防效。可有效防治那些已经对现有产品产生抗性的病害。

适宜作物　本药为日本曹达株式会社开发的氨基甲酸酯类杀菌剂，是目前四唑肟类杀菌剂中唯一的化合物。其结构独特，作用机制新颖，具有渗透和治疗作用。用于抑制卵菌纲病害，例如盘霜霉属、腐霉属、霜霉科、假霜霉属、疫霉属病害。适宜作物包括黄瓜、甜瓜、西瓜、小番茄、莴苣属作物、西兰花、甘蓝、大白菜、洋葱、日本萝卜、水稻、菠菜、马铃薯、番茄、葫芦、绿叶作物、草坪等。对人畜安全，对环境友好，对处理作物无药害。

防治对象　防治葫芦、番茄、叶类蔬菜的霜霉病和晚疫病，水稻育种及幼苗枯萎病，玉米、大豆腐霉菌和疫霉菌等。

使用方法　可用于叶面喷施防治黄瓜、甜瓜、西瓜、小番茄、莴苣属作物、西兰花、甘蓝、大白菜、洋葱、日本萝卜、水稻、菠菜、马铃薯、番茄、葫芦、绿叶作物、草坪病害；也可用于玉米和大豆种子处理，有效成分用药量为50～200g/hm^2。

一般在发病前或发病初期，用10%悬浮剂75～88g（a.i.）/hm^2，进行叶面喷雾，能起到良好的预防作用，在发病期间每隔5d喷雾1次，根据病害不同，用药次数和药量也不同，一般连用1～4次。

（1）防治葫芦科瓜类霜霉病菌和绿叶作物盘梗霉菌、霜霉病等，应在发病初期，用10%悬浮剂75～88g（a.i.）/hm^2，喷雾，每隔5d喷雾1次，连喷3次。

（2）防治专业草坪腐霉病，应在发病初期，用20%分散粒剂用药量为244.3～366.5g（a.i.）/hm^2，每隔14d喷雾1次，4次/年。

（3）防治番茄疫病，萝卜、西兰花、菠菜白锈病，西瓜褐腐病，白菜霜霉病，用5%悬浮剂1000倍液喷雾，1000～3000L/hm^2，施用2～3次。

注意事项

（1）四唑吡氨酯是一种预防保护性杀菌剂，同时具有跨层内吸和治疗活性，须在病害发生前或始发期喷药。

（2）施药前请详细阅读产品标签，按说明使用，防止发生药害，避免药物中的有效成分分解。

松脂二烯（pinolene）

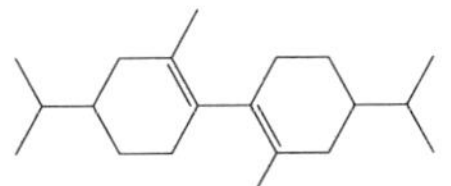

$C_{20}H_{34}$，274.5，34363-01-4

其他名称　Vapor-Gard，Miller Aide，NU FILM17。

化学名称 2-甲基-4-(1-甲基乙基)-环己烯二聚物，dimer 2-methyl-4-(1-methylethyl)-cyclohexene。

理化性质 存在于松脂内的一种物质，沸点175～177℃。溶于水和乙醇。

毒性 对人和动物安全。

作用特点 将松脂二烯喷施在植物叶面，会很快形成一薄层黏性、展布很快的分子，因此，经常可与除草剂和杀菌剂混用，提高作业效果。可作为抗蒸腾剂防止水分从叶片气孔蒸发。

适宜作物 橘子、桃、葡萄、蔬菜等。

应用技术 一般将90%松脂二烯稀释20～50倍使用。

（1）橘子 收获时，浸果或喷果，防止果皮变干，延长贮存时间。

（2）桃 收获前2周，喷1次，增加色泽，提高味感。

（3）葡萄 收获前，浸果或喷果1次，抗病，延长贮存时间。

（4）蔬菜或果树 移栽前，叶面喷施，防止移栽物干枯，提高存活率。

苏云金杆菌以色列亚种（*Bacillus thuringiensis* H-14）

产品性能 苏云金杆菌以色列亚种是目前应用广泛的一种微生物杀蚊剂，其主要杀虫成分是伴孢晶体。孑孓（蚊幼虫）取食后，晶体被碱性肠液破坏成较小单位的δ-内毒素，使上皮细胞解离，破坏肠壁，使昆虫得败血症而死。其灭蚊选择性强，对非靶生物和人畜无毒性，在自然界中易降解不污染环境。

应用技术 以1200ITU/mg苏云金杆菌以色列亚种可湿性粉剂、400ITU/mg苏云金杆菌以色列亚种悬浮剂、600ITU/μL苏云金杆菌以色列亚种悬浮剂为例。

防治卫生害虫蚊幼虫，用1200ITU/mg苏云金杆菌以色列亚种可湿性粉剂稀释30倍，0.5～1g/m^{2}均匀喷洒，5d后应当再次施药；或用400ITU/μL苏云金杆菌以色列亚种悬浮剂1.5～3mL/m^{2}均匀喷洒，5d后应当再次施药；或用600ITU/mg苏云金杆菌以色列亚种悬浮剂2～5mL/m^{2}均匀喷洒，10～15d用药1次。

注意事项

（1）对鱼等水生动物、蜜蜂、蚕有毒，使用时不可污染鱼塘等水域及养蜂、养蚕场地。

（2）不要与碱性物质混用。

苏云金芽孢杆菌（*Bacillus thuringiensis*）

其他名称 敌宝、包杀敌、快来顺、Bt、Dipel、Ecotech-Bio。

产品性能　苏云金杆菌可产生内毒素（即伴孢晶体）和外毒素（α-外毒素、β-外毒素和γ-外毒素）两大类毒素，伴孢晶体是主要的毒素。在昆虫的碱性中肠中，毒素可使肠道在几分钟内麻痹，昆虫停止取食，并很快破坏肠道内膜，穿透肠道底膜进入血淋巴，最后昆虫因饥饿和败血症而死亡。外毒素作用缓慢，在蜕皮和变态时作用明显。

适宜作物　蔬菜、玉米、水稻、高粱、烟草、甘薯、棉花、果树、茶树、林木、草坪等。

防除对象　蔬菜害虫如菜青虫、小菜蛾、甜菜夜蛾、豆荚螟等；玉米害虫如玉米螟等；烟草害虫如烟青虫等；水稻害虫如稻苞虫、稻纵卷叶螟等；棉花害虫如棉铃虫、造桥虫等；甘薯害虫如甘薯天蛾等；大豆害虫如豆天蛾等；果树害虫如天幕毛虫、枣尺蠖、桃小食心虫、苹果巢蛾、柑橘凤蝶等；茶树害虫如茶毛虫等；林木害虫如松毛虫、美国白蛾、柳毒蛾等；卫生害虫如蚊等。

应用技术　以16000IU/mg苏云金杆菌可湿性粉剂、8000IU/μL苏云金杆菌悬浮剂为例。

（1）防治蔬菜害虫

① 菜青虫　在1～2龄幼虫期施药，用16000IU/mg苏云金杆菌可湿性粉剂100～150g/亩均匀喷雾；或用8000IU/μL苏云金杆菌悬浮剂200～300mL/亩均匀喷雾。

② 小菜蛾　在1～2龄幼虫期施药，用16000IU/mg苏云金杆菌可湿性粉剂100～150g/亩均匀喷雾；或用8000IU/μL苏云金杆菌悬浮剂200～300mL/亩均匀喷雾。

③ 甜菜夜蛾　在低龄幼虫期施药，用16000IU/mg苏云金杆菌可湿性粉剂75～100g/亩均匀喷雾。

④ 豇豆豆荚螟　用16000IU/mg苏云金杆菌可湿性粉剂75～100g/亩均匀喷雾。

（2）防治玉米害虫　防治玉米螟，在1～2龄幼虫期施药，用16000IU/mg苏云金杆菌可湿性粉剂50～100g/亩均匀喷雾；或用8000IU/μL苏云金杆菌悬浮剂200～300mL/亩加细沙灌心叶。

（3）防治水稻害虫　防治稻纵卷叶螟、稻苞虫，在卵孵高峰后2～5d或1～2龄幼虫期施药，用16000IU/mg苏云金杆菌可湿性粉剂100～150g/亩均匀喷雾；或用8000IU/μL苏云金杆菌悬浮剂200～400mL/亩均匀喷雾。

（4）防治棉花害虫　防治棉铃虫、造桥虫，在卵孵盛期后2～5d施药，用16000IU/mg苏云金杆菌可湿性粉剂100～500g/亩均匀喷雾；或用8000IU/μL苏云金杆菌悬浮剂250～400mL/亩均匀喷雾。

（5）防治烟草害虫　防治烟青虫，在卵孵化盛期至低龄幼虫期用药，用16000IU/mg苏云金杆菌可湿性粉剂100～200g/亩均匀喷雾；或用8000IU/μL苏云金杆菌悬浮剂400～500mL/亩均匀喷雾。

（6）防治甘薯害虫　防治甘薯天蛾，在1～2龄幼虫期施药，用16000IU/mg苏云金杆菌可湿性粉剂100～150g/亩均匀喷雾；或用8000IU/μL苏云金杆菌悬浮剂

200～300mL/亩均匀喷雾。

（7）防治大豆害虫　防治豆天蛾，在1～2龄幼虫期施药，用16000IU/mg苏云金杆菌可湿性粉剂100～150g/亩均匀喷雾。

（8）防治茶树害虫　防治茶毛虫，用16000IU/mg苏云金杆菌可湿性粉剂800～1600倍液均匀喷雾；或用8000IU/μL苏云金杆菌悬浮剂100～200倍液均匀喷雾。

（9）防治果树害虫

① 天幕毛虫　在卵孵化盛期和低龄幼虫发生初期施药，用16000IU/mg苏云金杆菌可湿性粉剂100～250g/亩均匀喷雾。

② 枣尺蠖　在卵孵化盛期和低龄幼虫发生初期施药，用16000IU/mg苏云金杆菌可湿性粉剂1200～1600倍液均匀喷雾；或用8000IU/μL苏云金杆菌悬浮剂100～200倍液均匀喷雾。

③ 柑橘凤蝶、苹果巢蛾　用16000IU/mg苏云金杆菌可湿性粉剂150～250g/亩均匀喷雾。

（10）防治林木害虫

① 松毛虫　在3～4龄幼虫期施药，用16000IU/mg苏云金杆菌可湿性粉剂1000～1500倍液均匀喷雾；或用8000IU/μL苏云金杆菌悬浮剂100～200倍液均匀喷雾。

② 柳毒蛾　在1～2龄幼虫期施药，用16000IU/mg苏云金杆菌可湿性粉剂150～500g/亩均匀喷雾；或用8000IU/μL苏云金杆菌悬浮剂150～200倍液均匀喷雾。

③ 美国白蛾　低龄幼虫高峰期施药，用8000IU/μL苏云金杆菌悬浮剂250～350倍液均匀喷雾。

注意事项

（1）不能与内吸性有机磷杀虫剂或杀菌剂混合使用，如乐果、波尔多液等。

（2）禁止在蚕室、桑园及附近使用，远离水产养殖区施药。

（3）施药应在晴天傍晚或阴天全天用药。

（4）与作用机制不同杀虫剂交替使用，延缓其抗药性。

（5）不得与杀菌剂同时或前后衔接使用。

速灭威（metolcard）

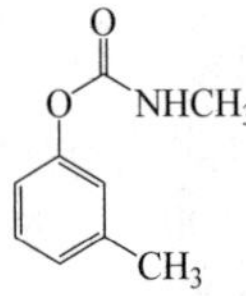

$C_9H_{11}NO_2$，165.2，1129-41-5

其他名称　治灭虱、MTMC、Tsumacide、Metacrate、Kumiai。

化学名称　间-甲苯基-*N*-甲基氨基甲酸酯，*m*-tolyl-*N*-methylcarbamate。

理化性质　纯品为白色晶体，熔点76～77℃，沸点180℃，溶于丙酮、乙醇、氯仿等多种有机溶剂，在水中溶解度为2300mg/L；遇碱迅速分解，受热时有少量分解，分解速率随温度上升而增加。

毒性　急性LD_{50}（mg/kg）：小白鼠经口268，大鼠经口498～580，大鼠经皮6000。对蜜蜂有毒。

作用特点　速灭威为速效性的低毒杀虫剂，具有触杀和熏蒸作用。其击倒力强，持效期短，一般只有3～4d，对稻飞虱、稻叶蝉和稻蓟马，以及茶小绿叶蝉等有特效，对稻田蚂蟥也有良好的杀伤作用。

适宜作物　水稻。

防除对象　水稻害虫如稻飞虱、稻叶蝉等。

应用技术　防治水稻害虫

① 稻飞虱　在低龄若虫发生盛期施药，用20%乳油150～200g/亩兑水50～60kg进行喷雾，重点是稻株中下部，田间应保持水层2～3d。

② 稻叶蝉　在低龄若虫发生盛期施药，用25%可湿性粉剂100～200g/亩兑水50～60kg喷雾处理，前期重点是茎秆基部；抽穗灌浆后穗部和上部叶片为喷布重点。

注意事项

（1）不能与石硫合剂和波尔多液等碱性物质混用。

（2）对蜜蜂、蚕、鱼类毒害大，蜜源作物花期、蚕室和桑园附近禁用；远离水产养殖区施药；禁止在河塘等水体中清洗施药器具。

（3）施用药剂后，10d内不能使用敌稗。

（4）某些水稻品种对速灭威敏感，应在分蘖末期使用，浓度不宜高。

（5）在水稻上的安全间隔期为25d，每季最多使用3次。

（6）大风天气或预计1h内降雨请勿施药。

（7）建议与作用机制不同的杀虫剂轮换使用，以延缓害虫抗性产生。

缩水甘油酸

CO_2H

$C_3H_4O_3$，88.1，503-11-7

其他名称　OCA。

化学名称　缩水甘油酸，英文化学名称为oxiranecarboxylic acid。

理化性质　纯品为结晶体，熔点36～38℃，沸点55～60℃（66.7Pa）。有吸湿性。溶于水和乙醇。

作用特点 可由植物吸收，抑制羟乙酰氧化酶的活性，从而抑制植物呼吸系统。

适宜作物 烟草、大豆。

应用技术

（1）烟草 在烟草生长期，用100～200mg/L整株喷洒，可增加烟草的产量。

（2）大豆 在大豆结荚期，用100～200mg/L整株喷洒，可增加大豆的产量。

缩株唑

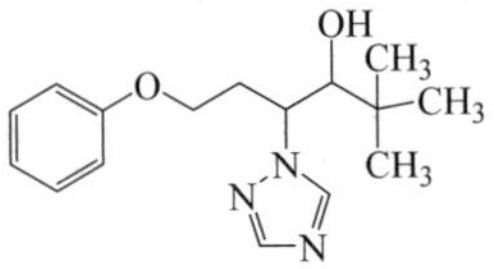

$C_{16}H_{23}N_3O_2$，289.37，80553-79-3

其他名称 BAS1100W、BAS111W、BASF111。

化学名称 1-苯氧基-3-(1*H*-1,2,4-三唑-1-基)-4-羟基-5,5-二甲基己烷。

毒性 大鼠急性经口 LD_{50} 5g/kg。

作用特点 本品为三唑类抑制类，可通过植物的叶或根吸收，在植物体内阻碍赤霉素生物合成中从贝壳杉烯到异贝壳杉烯酸的氧化，从而抑制赤霉素的合成。改善树冠结构，延缓叶片衰老，改进同化物分配，促进根系生长，提高作物抗低温干旱能力。秋季施用可增加油菜的耐寒性。

适宜作物 油菜。

注意事项 本品宜贮存在阴凉场所，勿靠近食物和饲料处贮藏；避免药液接触眼睛和皮肤。发生误服时要进行催吐，对本品无专用解毒药。

特丁津（terbuthylazine）

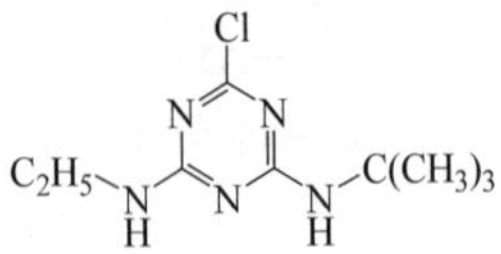

$C_9H_{16}ClN_5$，229.71，5915-41-3

化学名称 6-氯-*N*-(1,1-二甲基乙基)-*N'*-乙基-1,3,5-三嗪-2,4-二胺。

理化性质　原药为白色晶体状粉末，熔点175℃，224℃分解，溶解度（20℃，mg/L）：水6.6，丙酮41000，甲苯9800，正辛醇12000，正己烷410。

毒性　大鼠急性经口 LD_{50}＞1000mg/kg 短期喂食毒性高；山齿鹑急性 LD_{50}＞1236mg/kg，对虹鳟 LC_{50}（96h）为2.2mg/L，中等毒性；对大型溞 EC_{50}（48h）为21.2mg/kg，中等毒性；对月牙藻 EC_{50}（72h）为0.012mg/L，中等毒性；对蜜蜂、蚯蚓中等毒性。具眼睛、呼吸道刺激性和皮肤致敏性，无染色体畸变风险。

作用方式　三嗪类选择性内吸传导型除草剂，主要通过根部吸收，茎叶吸收较少，传导到植物分生组织及叶部，干扰光合作用，使杂草死亡。

防除对象　登记用于玉米田防除一年生禾本科杂草、莎草和某些阔叶杂草，对阔叶杂草效果优于禾本科杂草，但对多年生杂草效果较差。

使用方法　春玉米播后苗前、一年生杂草3～5叶前施药，进行土壤处理，50%悬浮剂每亩制剂用量80～120mL，兑水30～50L稀释均匀后喷雾。也登记用于春、夏玉米3～5叶期进行茎叶喷雾，25%可分散油悬浮剂每亩制剂用量180～200mL。

注意事项

（1）避开低温、高湿天气，施药后发生大量降雨时玉米易发生药害，积水的玉米田更为严重，雨前1～2d内施药对玉米不安全。

（2）春玉米与其他作物间套或混种，不宜使用。药后3个月以内不能种植大豆、十字花科蔬菜等敏感性蔬菜。连续使用含特丁津的除草剂后茬作物需谨慎选择，种植指数高的地区不宜使用。

（3）后茬不宜种植苋菜、蔬菜等敏感作物，与敏感作物套种的大豆田慎用。

特丁净（terbutryn）

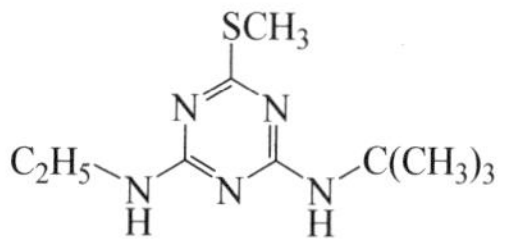

$C_{10}H_{19}N_5S$，241.36，886-50-0

化学名称　2-甲硫基-4-乙氨基-6-叔丁氨基-1,3,5-三嗪。

理化性质　原药为白色或无色晶体状粉末，熔点104～105℃，水溶液弱碱性，溶解度(20℃，mg/L)：水25，丙酮220000，己烷9000，正辛醇130000，甲醇220000。

毒性　大鼠急性经口 LD_{50} 2045mg/kg，绿头鸭急性 LD_{50}＞4640mg/kg，对虹鳟 LC_{50}（96h）＞1.1mg/L，中等毒性；对大型溞 EC_{50}（48h）＞2.66mg/kg，中等毒性；对月牙藻 EC_{50}（72h）为0.0024mg/L，高毒；对蜜蜂低毒，对蚯蚓中等毒性。具眼

睛刺激性，无呼吸道、皮肤刺激性，无神经毒性和染色体畸变风险。

作用方式 三嗪类选择性内吸传导型除草剂，以根部吸收为主，也可被芽和茎叶吸收，运送到绿色叶片内抑制光合作用。

防除对象 用于冬小麦田防除一年生杂草。

使用方法 播后苗前施药，进行土壤处理，50%悬浮剂每亩制剂用量 160～240mL，兑水 30～50L 稀释均匀后喷雾。

注意事项

（1）施用时保持畦面湿润为好。

（2）以春季一年生杂草发生为主的冬小麦田不适合使用。

甜菜安（desmedipham）

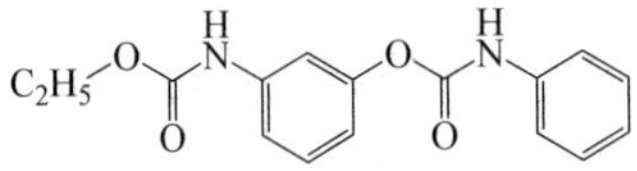

$C_{16}H_{16}N_2O_4$，300.3，13684-56-5

化学名称 [3-[(苯基氨基甲酰)氧基]苯基]氨基甲酸乙酯，ethyl-3-phenylcarbamoyloxyphenyl carbamate。

理化性质 纯品为无色结晶，熔点 120℃，水中溶解度（20℃）7mg/L（pH 7），其他溶剂中溶解度（20℃，g/L）：丙酮 400，苯 1.6，氯仿 80，二氯甲烷 17.8，乙酸乙酯 149，己烷 0.5，甲醇 180，甲苯 1.2。

毒性 急性经口 LD_{50}（mg/kg）：大鼠＞10250，小鼠＞5000。兔急性经皮 LD_{50}＞4000mg/kg。在两年的饲养试验中，大鼠无作用剂量 60mg/kg 饲料，小鼠 1250mg/kg。野鸭和山齿鹑饲喂 LC_{50}（8d）＞10000mg/kg 饲料。鱼毒 LC_{50}（96h）：虹鳟 1.7mg/L，太阳鱼 6.0mg/L。蜜蜂经口 LD_{50}＞50μg/只。

作用方式 二氨基甲酸酯类除草剂，芽后防除阔叶杂草，如反枝苋等。适用于甜菜作物，特别是糖甜菜，通常与甜菜宁混用。可制成乳油。

防除对象 防除甜菜田的阔叶杂草，如荞麦属杂草、藜属杂草、芥菜、苋属杂草、豚草属杂草、荠菜等。

使用方法 16%甜菜安每亩施药剂量为 360～408mL，作苗期茎叶处理，以杂草 2～4 叶期防效最佳。该药对甜菜十分安全。土壤类型及温度对药效无影响。复配剂登记使用时常与甜菜宁以 1：1 的比例混用。该药仅由叶面吸收而起作用，在正常生长条件下受土壤类型和温度影响小。由于该药对作物十分安全，因此喷药时间仅由杂草的发育阶段来决定，杂草不多于 2～4 片真叶时防效最佳。

甜菜宁（phenmedipham）

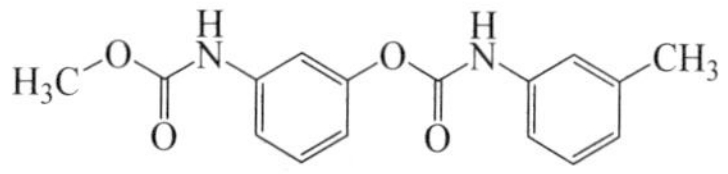

$C_{16}H_{16}N_2O_4$，300.3，13684-63-4

化学名称　3-[(甲氧羰基)氨基]苯基-*N*-(3-甲基苯基)氨基甲酸酯，3-[(methoxycarbonyl)amino] phenyl-*N*-(3-methylphenyl)carbamate。

理化性质　纯品为无色结晶，熔点 143～144℃。水中溶解度（20℃）6mg/L，其他溶剂中的溶解度（20℃，g/L）：丙酮、环己酮约 200，苯 2.5，氯仿 20，三氯甲烷 16.7，乙酸乙酯 56.3，乙烷约 0.5，甲醇约 50，甲苯 0.97。原药纯度＞97%，熔点 140～144℃，蒸气压 1.3nPa（20℃），在 200℃以上稳定，在 pH 5 时，水解 DT_{50} 为 50d，pH 7 时 14.5h，pH 9 时 10min。土壤中 DT_{50} 为 2d。制剂外观为浅色透明液体，常温贮存稳定可达数年。

毒性　急性经口 LD_{50} 大鼠和小鼠＞8000mg/kg，狗和鹌鹑＞4000mg/kg，大鼠急性经皮 LD_{50}＞4000mg/kg。在两年的饲养试验中，大鼠无作用剂量 100mg/kg 饲料，狗 1000mg/kg，鸡经口毒性 LD_{50} 3000mg/kg，野鸭急性经口 LD_{50} 2100mg/kg，野鸭和山齿鹑饲喂 LC_{50}（8d）＞10000mg/kg 饲料。鱼毒 LC_{50}（96h）：虹鳟鱼 1.4～3.0mg/L，太阳鱼 3.98mg/L。蚯蚓 LD_{50} 447.6mg/kg 土壤。

作用方式　甜菜宁为选择性苗后茎叶处理剂。对甜菜田许多阔叶杂草有良好的防治效果，对甜菜高度安全。杂草通过茎叶吸收，传导到各部分。

防除对象　甜菜宁适用于甜菜、草莓等作物防除多种阔叶杂草如藜属杂草、豚草属杂草、牛舌草、鼬瓣花、野芝麻、野萝卜、繁缕、荞麦蔓等，但是蓼、苋等双子叶杂草对其耐性强，对禾本科杂草和未萌发的杂草无效。

使用方法　甜菜宁可采用一次性用药或低量分次施药方法进行处理。一次用药的适宜时间在阔叶杂草 2～4 叶期进行，株高 5cm 以上。在气候条件不好、干旱、杂草出苗不齐的情况下宜于低量分次用药。一次施药的剂量为每亩用 16%乳油 330～400mL（有效成分 53.3～64g）。低量分次施药推荐每亩用商品量 200mL，每隔 7～10d 重复喷药 1 次，共 2～3 次即可。每亩兑水 20L 均匀喷雾，高温低湿有助于杂草叶片吸收。本品可与其他防除单子叶杂草的除草剂（如拿捕净等）混用，以扩大杀草谱。

注意事项

（1）配制药液时，应先在喷雾器药箱内加少量水，倒入药剂摇匀后加入足量水再摇匀。甜菜宁乳剂一经稀释，应立即喷雾，久置不用会有结晶沉淀形成。

（2）甜菜宁可与大多数杀虫剂混合使用，每次宜与一种药剂混合，随混随用。

（3）避免本药剂接触皮肤和眼睛，或吸入药雾。如果药液溅入眼中，应立即用大量清水冲洗，然后用阿托品解毒，无专门解毒剂，应对症治疗。

甜菜夜蛾核型多角体病毒

（*Spodoptera exigua* nuclear polyhedrosis virus）

理化性质 外观：灰白色。沸点100℃。熔化碳化160～180℃。稳定性：25℃以下贮藏二年生物活性稳定。

毒性 急性LD_{50}（mg/kg）：经口＞5000，经皮＞2000。

作用特点 甜菜夜蛾核型多角体病毒属于高度特异性微生物病毒杀虫剂，起胃毒作用，具有毒性低、持效期长的特点。病毒被幼虫摄食后，包涵体在寄主中肠内溶解，释放出包有衣壳蛋白的病毒粒子，进入寄主血淋巴并增殖，最终导致幼虫死亡，表皮破裂，大量的包涵体被释放到环境中。感病幼虫通常在5～10d后死亡。

适宜作物 蔬菜。

防除对象 蔬菜害虫甜菜夜蛾。

应用技术 以甜菜夜蛾核型多角体病毒10亿PIB/mL悬浮剂、甜菜夜蛾核型多角体病毒5亿PIB/mL悬浮剂、300亿PIB/g甜菜夜蛾核型多角体病毒水分散粒剂、30亿PIB/mL甜菜夜蛾核型多角体病毒悬浮剂、甜核·苏云菌（苏云金杆菌16000IU/mg、甜菜夜蛾核型多角体病毒1万PIB/mg）可湿性粉剂为例。

防治蔬菜害虫甜菜夜蛾，在卵孵初期至三龄前幼虫发生高峰期施药。

① 用10亿PIB/mL甜菜夜蛾核型多角体病毒悬浮剂80～100mL/亩均匀喷雾。

② 用5亿PIB/g甜菜夜蛾核型多角体病毒悬浮剂120～160mL/亩均匀喷雾。

③ 用30亿PIB/g甜菜夜蛾核型多角体病毒水分散粒剂2～5g/亩均匀喷雾。

④ 用30亿PIB/mL甜菜夜蛾核型多角体病毒悬浮剂20～30mL/亩均匀喷雾。

注意事项

（1）桑园及养蚕场所不得使用。

（2）不能与碱性物质混用，也不能同化学杀菌剂混用。

（3）施药时选择傍晚或阴天，避免阳光直射。

（4）建议与其他不同作用机理的杀虫剂轮用。

（5）视害虫发生情况，每7d左右施药一次，采收前7d停止施药。

调节安

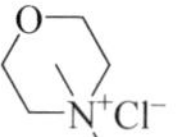

$C_6H_{14}NOCl$，151.6，23165-19-7

其他名称　DMC，田丰安，调节胺。

化学名称　1,1-二甲基吗啉鎓氯化物，4,4-dimethyl morpholinium chloride。

理化性质　纯品为无色针状晶体，熔点344℃（分解），易溶于水，微溶于醇，难溶于丙酮及非极性溶剂。有强烈的吸湿性，其水溶液呈中性，化学性质稳定。工业品为白色或淡黄色粉末状固体，纯度＞95%。

毒性　雄性大鼠口服 LD_{50} 740mg/kg，雌性大鼠口服 LD_{50} 840mg/kg；雄性小鼠经口 LD_{50} 250mg/kg，经皮＞2000mg/kg。28d蓄积性试验表明：雄大鼠和雌大鼠的蓄积系数均大于5，蓄积作用很低。经Ames试验，微核试验和精子畸形实验证明：它没有导致基因突变而改变体细胞和生殖细胞中遗传信息的作用，因而生产和应用均比较安全。由于调节安溶于水，极易在植物体内代谢，初步测定它在棉籽中的残留＜0.1mg/kg。

作用特点　是一种生长延缓剂，能够抑制植物茎、叶疯长，提前开花，防止蕾铃脱落有明显效果。药剂被植物根或叶吸收后迅速传导到作用部位，使节间缩短，减弱顶芽、侧芽及腋芽的生长势，使尚未定型的叶面积减小，叶绿素增加，使已出现的生殖器官长势加强，流向这些器官的营养流增强，从而促进早熟。

适宜作物　调节安作为一种生长延缓剂，其最大特点是药效缓和、安全幅度大、应用范围广。主要应用于旺长的棉田，调控棉花株型，防止旺长，增强光合作用，增加叶绿素含量，增强生殖器官的生长势，增加结铃和铃重。在玉米、小麦等作物上也有应用效果。

应用技术

（1）中等肥力的棉田，后劲不足，或遇干旱，生长缓慢，可在盛花期以66.6mg/L浓度叶面喷洒。

（2）中等肥力的棉田，后劲较足，稳健型长相，可在初花期（开花10%～20%）以66.6～100mg/L浓度喷洒。

（3）肥水足的棉田，后劲好或棉花生长中期降水量较多，旺长型长相，第1次调控在盛蕾期以116.6～166.6mg/L浓度喷洒，第2次调控在初花期至盛花期，视其长势每亩用50～83.3mg/L浓度喷洒。

（4）棉田肥水足，后劲好，降水量多，田间种植密度较大，疯长型长相，第1次调控在盛蕾期以150～183.3mg/L浓度喷洒，第2次在初花期用50～100mg/L浓度喷洒，第 3 次在盛花期视其田间长势用 33.3～66.6mg/L 浓度补喷。

注意事项

（1）棉花整个大田生长期内，每亩用药量不宜超过 9g。50～250mg/L 为安全浓度，100～200mg/L 为最佳用药浓度，300mg/L 以上对棉花将产生较强的抑制作用。

（2）喷洒调节安后，叶片叶绿素含量增加，叶色加深，应注意不要被这种假相掩盖了缺肥，栽培管理上应按常规方法及时施肥、浇水。

（3）易吸潮，应贮存在阴凉、通风、干燥处，不可与食物、饲料、种子混放。

（4）施药人员做好安全防护。

调节硅（silaid）

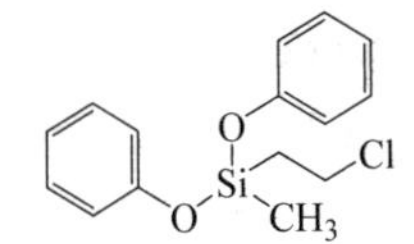

$C_{15}H_{17}ClO_2Si$，292.8，41289-08-1

化学名称　（2-氯乙基）甲基双（苯氧基）硅烷，(2-chloroethyl) methylbis (phenyloxy) silane。

作用特点　调节硅为有机硅类的一种乙烯释放剂。可经植物的叶、小枝条、果皮吸收，进入植物体内能很快形成乙烯，尤其是橄榄树。还可增加橘子果皮花青素的含量。

适宜作物　橄榄，橘子。

应用技术

（1）橄榄　在橄榄收获前 6～10d，用 1kg（a.i.）/hm^2 剂量喷果，使果实易于脱落，利于收获。

（2）橘子　收获前 10d，用 500～2000mg/L 剂量叶面喷施，可增加果皮花青素含量，增加色泽。

调节膦（fosamine-ammonium）

$C_3H_{11}N_2O_4P$，170.11，25954-13-6

其他名称　杀木膦、膦胺素、蔓草膦、安果磷、安果、膦胺。

化学名称　氨基甲酰基膦酸乙酯铵盐。

理化性质　工业品纯度大于95%。纯品为白色结晶，熔点173～175℃，溶解度（g/kg，25℃）：水中＞2500，甲醇158，乙醇12，二甲基甲酰胺1.4，苯0.4，氯仿0.04，丙酮0.001，正己烷＜0.001。稳定性：在中性和碱性介质中稳定，在稀酸中分解，pK_a 9.25。

毒性　大鼠急性经口 LD_{50}＞5000mg/kg，兔急性经皮 LD_{50}＞1683mg/kg。对兔皮肤和眼睛没有刺激。对豚鼠皮肤无致敏现象。雄大鼠急性吸入 LC_{50}＞56mg/L 空气（制剂产品）。1000mg/kg饲料喂养大鼠90d未见异常。绿头鸭和山齿鹑急性经口 LD_{50}＞10000mg/kg。绿头鸭和山齿鹑饲喂试验 LD_{50}：5620mg/kg 饲料。鱼毒 LC_{50}（96h）：蓝鳃翻车鱼590mg/L，虹鳟鱼300mg/L，黑头呆鱼＞1000mg/L。水蚤 LC_{50}（48h）：1524mg/L。蜜蜂 LD_{50}＞200mg/只（局部施药）。调节膦可被土壤微生物迅速降解，半衰期约7～10d。

作用特点　低浓度的调节膦是植物生长调节剂，主要经由茎、叶吸收，进入叶片后抑制光合作用和蛋白质的合成，进入植株的幼嫩部位抑制细胞的分裂和伸长，使植株株型矮化，抑制新梢生长。调节膦还能增强植物体内过氧化物酶和吲哚乙酸氧化酶的活性，加快内源生长素的分解，抑制营养生长，保证生殖生长对营养的需要，从而提高坐果率和增加产量，并具有整枝、矮化、增糖、保鲜等多种生理作用。

高浓度的调节膦（15000～60000mg/L）是一种除草剂，因为它可抑制光合反应过程中的光合磷酸化，因而使植物因缺乏能量而死亡。可防除森林中的杂灌木和缠绕植物。

适用作物　适用于柑橘等果树控制夏梢，增加结实，用于观赏植物化学修剪及花卉保鲜等，用于柏树、油松、云杉、红松、樟子松等幼林地灭灌除草。防治灌木和萌条包括胡枝子、山丁子、杞柳、佛头花、荚莲、连翘、醋栗、山杏、接骨木、鼠李、刺槐、山楂、山麻黄、悬钩子、柳树、楸树、野蔷薇以及蒙古柞、桦、杨、榆树的萌条和某些蕨类、水蒿等杂草。

应用技术　具有整枝、矮化、增糖、保鲜等多种生理作用。使用时，将药液由植物顶端由上向下喷洒，施药剂量、时间视施药对象、施药环境而定。

（1）防除和控制杂草及灌木生长　调节膦可以防除和控制多种杂草及灌木生长，以促进目的树种的生长发育。用药量2.4～7.2kg（a.i.）/hm^2，秋季落叶前2个月，用150～300L/hm^2的药量喷雾。有效控制时间2～3年。

（2）控制柑橘夏梢生长　用于柑橘，用作植物生长调节剂，它可以控制柑橘夏梢，减少刚结果柑橘的“6月生理落果”，在夏梢长出0.5～1.0cm长时，以500～750mg/L喷洒1次就能有效地控制夏梢的发生，增产15%以上。

（3）促进坐果，提高果实含糖量

① 葡萄　浆果开始膨大后，即成熟期前30d，用500～1000mg/L的药液全株喷施1次。

② 番茄　在番茄旺盛生长时期用500～1000mg/L药液喷洒一次，可促进坐果，增加维生素C含量，提高转化酶活性，增加果实含糖量。

（4）矮化、整枝　用于橡胶树，在1～2年龄橡胶树于顶端旺盛生长时用1000～1500mg/L喷洒1次，促进侧枝生长，起矮化橡胶树的作用。

（5）增加产量　用于花生，在花生下针期用500～1000mg/L喷洒一次，能有效地控制花生后期产生无效花，减少养分消耗，增产10%以上，使花生叶片厚度增加，上、中部叶片尤其明显。在结荚中期喷洒浓度为500mg/L，喷液量为750L/hm^2，则明显促进荚果增大，饱果数多，百果重及百仁重均增加。

（6）用于延长玫瑰、月季保鲜时间。

（7）防除根桩萌条　用5%水溶液处理刚砍伐的根桩截面即可。

注意事项

（1）高浓度的调节膦是一种除草剂，当使用浓度为1000～5000mg/kg时，可抑制植株生长；15000～60000mg/kg时，可抑制植物光合作用，杀灭植物。故在作为植物生长调节剂使用时，必须严格掌握剂量，以免发生药害。

（2）配药时，要用清洁水稀释药液，切勿用浑浊河水，以免降低药效。喷后药液进入植物体内一般需要24h，如喷后6h内下雨须补喷，但要注意避免过量喷药。使用时，将药液由植物顶端开始自上而下喷洒。被处理的灌木一般不宜超过1.5m，植株过高地面喷洒有困难。落叶前20d最好不要喷药，以免延长植物的休眠期。

（3）因调节膦是铵盐，对黄铜或铜器及喷雾器零件易腐蚀，因此药械使用后应立即冲洗干净。

（4）注意安全防护，勿让药液溅到眼内，施药后用肥皂水清洗手、脸。若误服中毒，应立即送医院诊治，采用一般有机磷农药的解毒和急救方法。

（5）果树只能连续2年喷洒调节膦，第3年要改用其他调节剂，以免影响树势。

（6）调节膦可与少量的草甘膦、赤霉素、整形素或萘乙酸混用，有增效作用。但不能与酸性农药混用。

土菌灵（etridiazole）

C_2H_5—O—(1,2,4-噻二唑环：S—N，N)—CCl_3

$C_5H_5Cl_3N_2OS$，247.53，2593-15-9

化学名称　5-乙氧基-3-三氯甲基-1,2,4-噻二唑。

理化性质　黄色液体，熔点 19.9℃。25℃时蒸气压 1.43Pa。能溶于丙酮、四氯化碳；剂型为粉剂；25℃下水中溶解度为 50mg/L。

毒性　急性 LD_{50}（mg/kg）：大鼠经口 1077，小鼠经口 2000，对水生生物有极高毒性，对鱼毒性强，可能对水体环境产生长期不良影响。日本农药注册保留标准规定残留限量，蔬菜为 0.1mg/kg，薯类为 0.5mg/kg。

作用特点　铜离子杀菌剂，是一种用于种子和土壤处理的有机杀菌剂，为触杀性杀菌剂。对保护地蔬菜及大田多种作物的病原真菌、细菌、病毒及类菌体都有良好的灭杀效果，尤其对土壤中残留的病原菌，具有良好的触杀作用。

适宜作物　本药为保护和治疗性杀菌剂，对多种真菌引起的病害有抑制和预防作用，可用于防治黄瓜、西瓜、葱蒜、番茄、辣椒、茄子等蔬菜及棉花、水稻等多种作物的猝倒病、炭疽病、枯萎病、病毒病等病，防效明显。

防治对象　防治猝倒病、炭疽病、枯萎病、病毒病等。

使用方法　主要用于种子或土壤处理。对各种作物的猝倒病、炭疽病、枯萎病、病毒病具有一定防治作用。一般在发病前或发病初期，用 20%可湿性粉剂 600～800 倍液灌根或泼浇处理；土壤处理时以 4～7g/m^2 药剂拌土；也可以 20%可湿性粉剂 800～1000 倍液，兑水喷雾。

注意事项

（1）对铜制剂敏感的作物如烟草的部分品种慎用。

（2）燃烧产生有毒氯化物、硫氧化物和氮氧化物气体。

（3）药剂储存库房通风低温干燥，与食品原料分开储运。

托实康（tomacon）

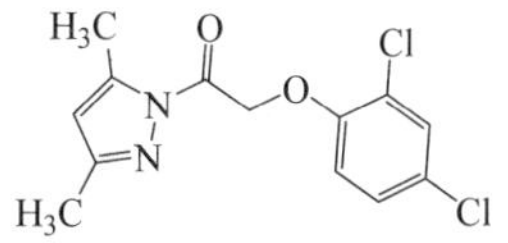

$C_{13}H_{12}Cl_2N_2O_2$，299.2，13241-78-6

其他名称　TG-427，促果肥。

化学名称　1-(2,4-二氯苯氧乙酰基)-3,5-二甲基吡唑。

毒性　小鼠急性经口 LD_{50} 为 1130mg/kg。

作用特点　托实康能提高果实坐果率，促进果实成熟，促进作物生根和防除杂草。

脱叶磷（tribufos）

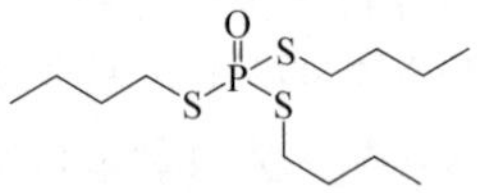

$C_{12}H_{27}OPS_3$，314.51，78-48-8

其他名称 1,2-脱叶膦，三丁膦，敌夫，DEF，B-1776，Fos-Fall，Deleaf。

化学名称 *S,S,S*-三丁基三硫代磷酸酯。

理化性质 本品为浅黄色透明液体，有类似硫醇气味。沸点 150℃（400Pa）。凝固点-25℃以下。折射率 1.532，闪点＞200℃（闭环）。水中溶解度（20℃）2.3mg/L。溶于丙酮、乙醇、苯、二甲苯、乙烷、煤油、柴油、石脑油和甲基萘。对热和酸性介质稳定，在碱性介质中能缓慢分解。

毒性 雄大鼠急性经口 LD_{50} 为 435mg/kg，急性经皮 LD_{50} 为 850mg/kg，雌大鼠急性经口 LD_{50} 为 234mg/kg；野鸭急性经口 LD_{50} 为 500～707mg/kg，鹌鹑为 142～163mg/kg。雄大鼠急性吸入 LC_{50}（4h）为 4.65mg/L（气溶胶），雌大鼠为 2.46mg/L（气溶胶）。对鱼毒性：LC_{50}（96h）为 0.72～0.84mg/L，虹鳟 1.07～1.52mg/L。对禽鸟毒性：鹌鹑 LC_{50}1649mg/kg。用含 25mg/L 药量的饲料分别喂雌雄性狗 12 周，均无不利影响，对皮肤有刺激性。对兔眼睛刺激很小，对兔表皮有中等刺激。对皮肤无致敏作用。

作用特点 吸收后迅速进入植物细胞，促进合成乙烯中间产物氨基环丙烷羧酸（ACC），使之尽快生成乙烯，从而促进叶柄部纤维素酶合成和提高酶活性，诱导离层形成，使叶片很快脱落。

适宜作物 为脱叶剂，用于棉花、苹果等作物叶片脱落，以便于机械收获。

应用技术

（1）棉花 50%～60%棉铃开裂时，以有效成分 1.25～2.9kg/hm^2 加水 750mL，叶面喷施，5～7d 后脱叶率达 90%以上，能使棉铃吐絮时间提前。如要使下部叶片脱落，用药 1～1.5kg/hm^2，加水 750L 喷下部叶片。

（2）苹果 苹果采收前 30d，用 750～1000mg/L 药液喷洒 1 次，可有效促进落叶。

（3）橡胶 越冬前用 2000～3000mg/L 药液喷洒 1 次，可使橡胶树叶片提早脱落，翌年提早长出叶片，达到对白粉病的避病作用。

（4）绣球花 在催化前的低温处理期，用 1%～2%脱叶膦乳剂喷雾处理，可诱导脱叶而不伤害花朵，防止低温处理期间因真菌感染叶片导致花畸变。

也可用于大豆、马铃薯和有些花卉脱叶。

注意事项

（1）使用本品时注意保护脸、手等部位，如中毒，可采取有机磷中毒救治办法，硫酸阿托品是有效解救药。

（2）贮存于干燥、低温处，勿近热源；勿与食物和饲料混放。

（3）残余药液勿倒入河塘。

萎锈灵（carboxin）

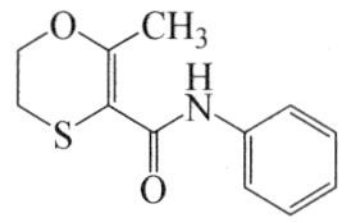

$C_{12}H_{13}NO_2S$，235.30，5234-68-4

化学名称　5,6-二氢-2-甲基-1,4-氧硫环己烯-3-甲酰苯胺。

理化性质　纯品萎锈灵为白色固体，两种异构体熔点 91.5～92.5℃、98～100℃；溶解度（20℃，mg/L）：水 199，丙酮 177，二氯甲烷 353，甲醇 88，乙酸乙酯 93。

毒性　急性 LD_{50}（mg/kg）：大鼠经口 3820，兔经皮＞4000；对兔眼睛有刺激性；以 600mg/kg 剂量饲喂大鼠两年，未发现异常现象；对动物无致畸、致突变、致癌作用。

作用特点　该药剂为选择性内吸杀菌剂，它能渗入萌芽的种子而杀死种子内的病原菌。萎锈灵对植物生长有刺激作用，并能使小麦增产。

适宜作物　水稻、棉花、花生、小麦、大麦、燕麦、大豆、蔬菜、玉米、高粱等多种作物以及草坪。

防治对象　选择性内吸杀菌剂，主要用于防治由锈菌和黑粉菌在多种作物上引起的锈病和黑粉病、黑穗病，如棉花立枯病、黄萎病，高粱散黑穗病、丝黑穗病，玉米丝黑穗病，麦类黑穗病，锈病，豆锈病，水稻纹枯病，苹果腐烂病，粟瘟病，油菜菌核病，谷子黑穗病以及棉花苗期病害。

使用方法　主要用于拌种，也可用于喷雾或灌根。

（1）20%萎锈灵乳油 800～1250g 拌种或闷种 100kg，可有效防治谷子黑穗病；

（2）20%萎锈灵乳油 500mL 拌种 100kg，可有效防治麦类黑穗病；

（3）20%萎锈灵乳油 500～1000mL 拌种 100kg，可有效防治高粱散黑穗病、丝黑穗病，玉米丝黑穗病；

（4）20%萎锈灵乳油 875mL 拌种 100kg，可有效防治棉花苗期病害；

（5）防治棉花黄萎病，于发病早期，可用 20%萎锈灵乳油 800 倍液灌根，每株灌药液 500mL；

（6）防治麦类锈病，于发病前至发病初期，用20%萎锈灵乳油187.5～375mL/亩对水40～50kg喷雾，间隔10～15d 1次；

（7）50%萎锈灵1000倍液对咖啡锈病有内吸治疗效果，残效期长达2个多月，能铲除病组织内菌丝和抑制夏孢子的产生，但黏着力差，常被雨水冲洗；

（8）防治梨锈病，用20%萎锈灵乳剂200～400倍液，在梨二叉蚜与锈病同时发生时，用20%萎锈灵乳剂200倍与40%乐果乳剂2000倍的混合液防治1次或2次，不仅能控制锈病的发生，还能有效控制梨二叉蚜的发展。

注意事项

（1）严格按照农药安全规定使用此药，避免药液或药粉直接接触身体，如果药液不小心溅入眼睛，应立即用清水冲洗干净并携带此药标签去医院就医；

（2）此药应储存在阴凉和儿童接触不到的地方；

（3）如果误服要立即送往医院治疗；

（4）施药后各种工具要认真清洗，污水和剩余药液要妥善处理保存，不得任意倾倒，以免污染鱼塘、水源及土壤；

（5）搬运时应注意轻拿轻放，以免破损污染环境，运输和储存时应有专门的车皮和仓库，不得与食物和日用品一起运输，应储存在干燥和通风良好的仓库中；

（6）20%萎锈灵乳油100倍液对麦类可能有轻微的危害，药剂处理过的种子不可食用或作饲料，勿与碱性或酸性药品接触；

（7）药剂应储存在阴凉干燥通风处，并注意防火；

（8）操作时，不要抽烟喝水吃东西，如遇中毒事故，应立即到医院就医。

蚊蝇醚（pyriproxyfen）

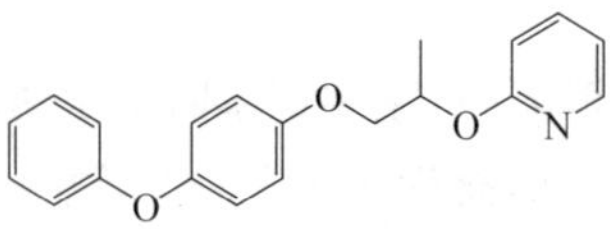

$C_{20}H_{29}NO_3$，331.5，95737-68-1

其他名称　丙基醚、吡丙醚、Sumilarv、S-9318、S-31183。

化学名称　4-苯氧基苯基-(*RS*)-2-(2-吡啶氧基)丙基醚。

理化性质　纯品蚊蝇醚为白色结晶，熔点45～47℃；溶解度（20℃）：二甲苯50%，己烷40%，甲醇20%。

毒性　急性LD_{50}（mg/kg）：大鼠经口＞5000、经皮＞2000。

作用特点　保幼激素类型的几丁质合成抑制剂，具有强烈杀卵作用，还具有内吸转移活性，可以影响隐藏在叶片背后的幼虫。对昆虫的抑制作用表现在影响昆虫的蜕皮和繁殖。对于蚊蝇类卫生害虫，在其幼虫后期4龄期较为敏感的阶段低剂量即可导致化蛹阶段死亡，抑制成虫羽化，其持效期长，可达一个月以上。对半翅目、双翅目、鳞翅目、缨翅目害虫高效，具有用药量少、持效期长、对作物安全、对鱼低毒、对生态环境影响小等特点。

适宜作物 果树、姜、番茄等。

防除对象 果树害虫如柑橘吹绵蚧、木虱等；姜害虫如姜蛆；番茄害虫如白粉虱；卫生害虫如蚊、蝇等。

应用技术 以0.5%蚊蝇醚颗粒剂、10%蚊蝇醚乳油、1%蚊蝇醚粉剂为例。

（1）防治卫生害虫 防治蚊、蝇，可直接投入污水塘中或散布于蚊蝇孳生的地表面，蚊幼虫用0.5%蚊蝇醚颗粒剂 $100mg/m^2$，家蝇幼虫用0.5%蚊蝇醚颗粒剂 $100 \sim 200mg/m^2$。

（2）防治果树害虫 防治柑橘吹绵蚧，在若虫孵化初期施药，用10%蚊蝇醚乳油1000～1500倍液均匀喷雾。

（3）防治姜害虫 防治姜蛆，在姜窖内使用时，将药剂与细河砂按照1∶10比例混匀后均匀撒施于生姜表面。生姜储藏期撒施1次，安全间隔期180d。

（4）防治番茄害虫白粉虱 于粉虱发生初期施药，用10%蚊蝇醚乳油47.5～60mL/亩均匀喷雾于作物叶片正、背面，每隔7d左右再用药一次。

（5）防治柑橘树木虱 于若虫孵化初期施药，用10%蚊蝇醚乳油1000～1500倍液均匀喷雾，间隔7～15d再用药一次。

注意事项

（1）本品对鱼和其他水生生物有毒，避免污染池塘、河流等水域。

（2）密闭存放于通风、阴凉处，避免阳光直射，远离火源。

（3）避免接触眼睛、皮肤，施药时佩戴手套，施药完毕后用肥皂彻底清洗。

（4）勿让儿童、敏感体质人士、孕妇及哺乳期妇女接触本品。加锁保存。不能与食品、饲料存放一起。

五氟磺草胺（penoxsulam）

$C_{16}H_{14}F_5N_5O_5S$，483.4，219714-96-2

化学名称 3-(2,2-二氟乙氧基)-*N*-(5,8-二甲氧基-[1,2,4]三唑并[1,5-*c*]嘧啶-2-基)-*α,α,α*-三氟苯基-2-磺酰胺。

理化性质 原药为浅褐色固体，熔点212℃，214℃分解，溶解度（20℃，mg/L）：水408，丙酮20300，甲醇1480，正辛醇35，乙腈15300。

毒性 大鼠急性经口 LD_{50}＞5000mg/kg，山齿鹑急性 LD_{50}＞2025mg/kg，虹鳟 LC_{50}（96h）＞100mg/L，低毒；对大型溞 EC_{50}（48h）为98.3mg/kg，中等毒性；对鱼腥藻 EC_{50}（72h）为0.49mg/L，中等毒性；对蜜蜂、蚯蚓低毒。无眼睛、皮肤、呼吸道无刺激性和神经毒性，无生殖影响和染色体畸变风险。

作用方式 三唑并嘧啶磺酰胺类苗后用除草剂，通过抑制乙酰乳酸合成酶（ALS）而起作用，为传导型除草剂。经茎叶、幼芽及根系吸收，通过木质部和韧皮部传导至分生组织，抑制植株生长，使生长点失绿，处理后7～14d顶芽变红，坏死，2～4周植株死亡。

防除对象 为稻田用广谱除草剂，对稗草、一年生莎草以及多种阔叶草均有良好的防效，对千金子防效不佳，持效期长达30～60d，一次用药能基本控制全季杂草危害。

使用方法 五氟磺草胺适用于水稻的旱直播田、水直播田、秧田以及抛秧、插秧栽培田。于水稻田稗草2～3叶期，秧田稗草1.5～2.5叶期施药，以25g/L可分散油悬浮剂为例，每亩制剂用量40～80mL（水稻抛秧田、移栽田、直播田）或35～45mL（秧田），兑水20～30L，混合均匀后茎叶喷雾，也可毒土法施药。施药时应保留浅水层，杂草露出水面2/3以上，药后24～72h灌水，保持3～5cm水层5～7d，水层勿淹没稻心。

注意事项

（1）严格按照推荐剂量施用，请勿擅自增加使用剂量，当超过剂量时，早期对水稻根部的生长有一定的抑制作用。

（2）施药量按稗草密度和叶龄确定，稗草密度大、草龄大，使用上限用药量。

（3）施药前后遇冷害或缓苗期、秧苗长势弱，可能存在药害风险，不推荐使用。

（4）不宜在缺水田、漏水田及盐碱田使用。鱼或虾蟹套养稻田禁用，施药后的田水不得直接排入水体。

（5）在东北、西北秧田不推荐使用，在制种田等使用，须根据当地示范试验结果。

武夷菌素

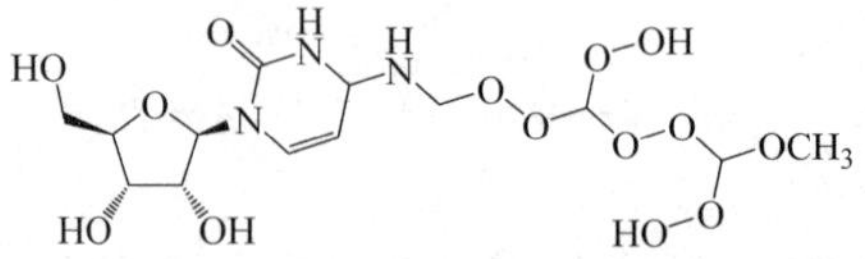

其他名称 BO-10。

理化性质 微黄色粉末，分子量为443，熔点265℃，极易溶于水，微溶于甲醇，不溶于丙酮、氯仿、吡啶等有机溶剂。

毒性 急性 LD_{50}＞10g/kg，蓄积性毒性：蓄积系数＞5，无明显蓄积毒性。武夷菌素喂养大鼠90d，对大鼠生长、肝肾功能、血相以及主要脏器镜检，实验组与对照组无明显差异，武夷菌素对大鼠最大无作用剂量为5g/kg，无致畸、致突变效应。

作用特点 能调整作物达到合理的株型、合理的根/冠比、适当的叶面系数、适合的坐果量，对于群体还调整合理均匀的群体数量，在群体中长势特别强的和特别弱的植株比较少，使整个植物群体正态分布趋于平均数；能对植物进行抗性诱导，在病原物侵染的情况下，植物可以感受病原信号，并传递这些信号，启动相应的防卫机制，这一启动过程包括自由基爆发、激素水平的改变、防御蛋白和保护酶转录和表达的增强、合成次生物质以建立屏障、产生杀灭或驱除病虫害的物质，达到健康操控的目的；能抑制病原菌蛋白质的合成，并抑制病原菌菌体菌丝生长、孢子形成、萌发，以及影响菌体细胞膜渗透性。

适宜作物 山楂、苹果、桃、梨、枇杷、葡萄、猕猴桃、龙眼、荔枝等果树，芦苇、笋、花卉、茶树、黄瓜、草莓、西瓜、大豆、水稻、玉米、小麦等作物。

应用技术 施用武夷菌素可根据不同作物、不同发病部位而采用不同的方法和不同浓度。

（1）对叶、茎部病害，常采用600～800倍药液喷雾，蔬菜病害一般喷2～3次，间隔7～10d。

（2）对种传病害，常进行种子消毒，一般用100倍药液浸种1～24h，对苗床、营养钵，可采用800～1000药液进行土壤消毒。

（3）对土传病害，以灌根为好。

（4）对果树茎部病害可对患部进行涂抹。长期的实验表明，从苗期开始连续喷武夷菌素3～4次，该作物发病率将大大降低。

注意事项

（1）与植物生长调节剂、三唑酮、多菌灵等各种杀菌剂混用能提高药效，与杀虫剂混用先试验，切忌与强酸、强碱性农药混用。

（2）喷施的时间以晴天为宜，不要在大雨前后或露水未干以及阳光强烈的中午喷施。

（3）施用该药以预防为主，应适当提高用药量，施药力求均匀、周到，增加施用效果。

（4）储存地点应选择在通风、干燥、阳光不直接照射的地方，低温储存，可延长存储期。

戊环唑（azaconazole）

$C_{12}H_{11}Cl_2N_3O_2$，132.45，60207-31-0

化学名称 1-[[2-(2,4-二氯苯基)-1,3-二氧五环-2-基]甲基]-1*H*-1,2,4-三唑。

理化性质 固体，熔点 112.6℃，溶解度（20℃，g/L）：甲醇 150，己烷 0.8，甲苯 79，丙酮 160，水 0.3。呈碱性 pK_a<3。稳定性：≤220℃稳定；在通常贮存条件下，对光稳定但其酮溶液不稳定；在 pH 4～9 无明显水解。闪点 180℃。

毒性 急性经口 LD_{50}（mg/kg）：308（大鼠），1123（小鼠），114～136（狗）。对兔皮肤和眼睛黏膜有轻度刺激作用。对豚鼠皮肤无致敏作用。大鼠急性吸入 LC_{50}（4h）>0.64mg/L 空气（5%和 1%制剂）。大鼠饲喂实验无作用剂量为 2.5mg/（kg·d）。虹鳟 LC_{50}（96h）86mg/L，水蚤 LC_{50}（96h）86mg/L。

作用特点 属内吸性杀菌剂。是类固醇脱甲基化（麦角甾醇生物合成）抑制剂，能迅速被植物有生长力的部分吸收并主要向顶部转移。

适宜作物 在推荐剂量下使用对作物和环境安全。

使用方法 戊环唑 20%乳油 50～200 倍液用于木材防腐，也可用作蘑菇消毒剂和用于果树或蔬菜储存室杀灭有害病菌。

戊菌隆（pencycuron）

$C_{19}H_{21}ClN_2O$，328.84，66063-05-6

化学名称 1-(4-氯苄基)-1-环戊基-3-苯基脲。

理化性质 纯品戊菌隆为无色结晶晶体，熔点 128℃；溶解度（20℃，g/L）：水 0.0003，二氯甲烷 270，正己烷 0.12，甲苯 20。

毒性 急性 LD_{50}（mg/kg）：大鼠经口>5000，大、小鼠经皮>2000；对兔皮肤和眼睛无刺激性；以 50～500mg/kg 剂量饲喂大鼠两年，未发现异常现象；对动物无致畸、致突变、致癌作用；对鸟和蜜蜂无毒。

作用特点　戊菌隆属于保护性杀菌剂，无内吸活性，对立枯丝核菌属有特效，尤其对水稻纹枯病有特效，能有效地控制马铃薯立枯病和观赏作物的立枯丝核病。戊菌隆对其他土壤真菌如腐霉属真菌和镰刀属真菌引起的病害防治效果不佳，为了同时兼治土传病害，应与能防治土传病害的杀菌剂混用。

适宜作物　甘蔗、菠菜、观赏植物、花卉、棉花、水稻、马铃薯、甜菜等。

防治对象　主要防治立枯丝核菌引起的病害，防治水稻纹枯病效果卓越。

使用方法　茎叶处理、种子处理、土壤处理。

（1）戊菌隆可通过直接撒布到土壤上或用不同剂型进行灌溉、喷雾等处理。若仔细将药剂施入土壤中，则效果更佳。在蔬菜、棉花、甜菜和观赏植物中，为兼治镰刀菌属、腐霉菌属、疫霉菌属等土壤病原菌，建议与克菌丹混用，戊菌隆还可以与敌磺钠、福美双、倍硫磷、敌瘟磷混用。

（2）拌种使用时，马铃薯、水稻、棉花、甜菜均为 15～25g（a.i.）/100kg 种子。

（3）防治水稻纹枯病，茎叶处理用药量 10～16.7g（a.i.）/亩。

（4）在纹枯病发生早期，喷第 1 次药，20d 后再喷第 2 次。

（5）用 1.5%无漂移粉剂以 500g/100kg 处理马铃薯，可以有效地防治马铃薯黑胫病。

注意事项

（1）严格按照农药安全规定使用此药，避免药液或药粉直接接触身体，如果药液不小心溅入眼睛，应立即用清水冲洗干净并携带此药标签去医院就医；

（2）此药应储存在阴凉和儿童接触不到的地方；

（3）如果误服要立即送往医院治疗；

（4）施药后各种工具要认真清洗，污水和剩余药液要妥善处理保存，不得任意倾倒，以免污染鱼塘、水源及土壤；

（5）搬运时应注意轻拿轻放，以免破损污染环境，运输和储存时应有专门的车皮和仓库，不得与食物和日用品一起运输，应储存在干燥和通风良好的仓库中。

戊菌唑（penconazole）

Cl
C_3H_7
N
Cl
N
N

$C_{13}H_{15}Cl_2N_3$，284.19，66246-88-6

化学名称　1-[2-(2,4-二氯苯基)戊基]-1*H*-1,2,4-三唑。

理化性质 纯品白色结晶体。熔点 60℃，20℃时溶解度：二氯甲烷 800g/kg，甲醇 800g/kg，丙烷 700g/kg，二甲苯 500g/L，正己烷 17g/L，水 70mg/L。对热和水解稳定。

毒性 大鼠急性 LD_{50}（mg/kg）：2125（经口），＞3000（经皮）；对兔眼睛和皮肤有轻度刺激。大鼠亚慢性饲喂试验无作用剂量 10mg/kg。鲤鱼 LC_{50}3.8～4.6mg/L，虹鳟鱼 1.7～4.3mg/L，对鲇鱼低毒。对蜜蜂安全。

作用特点 属内吸性杀菌剂，具治疗、保护和铲除作用。是甾醇脱甲基化抑制剂，破坏和阻止麦角甾醇生物合成，导致细胞膜不能形成，使病菌死亡。戊菌唑可迅速地被植物吸收，并在内部传导。

适宜作物 果树（如苹果、葡萄、梨、香蕉）、蔬菜和观赏植物等。在推荐剂量下使用对作物和环境安全。

防治对象 能有效地防治子囊菌、担子菌和半知菌所致病害尤其对白粉病、黑星病等具有优异的防效。

使用方法 茎叶喷雾，使用剂量通常为 1.7～5g(a.i.)/亩或 10%乳油 10～30mL/亩对水 40～50kg 喷雾。

注意事项 使用时间尽可能在早晨，以免作物产生不可逆危害，加重病情。

戊炔草胺（propyzamide）

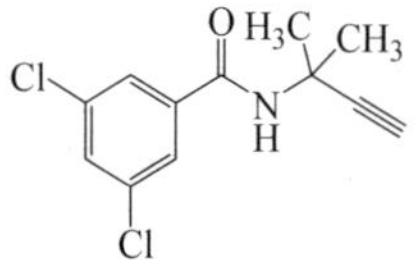

$C_{12}H_{11}Cl_2NO$，256.1，23950-58-5

化学名称 3,5-二氯-*N*-(1,1-二甲基丙炔基)苯甲酰胺。

理化性质 纯品为无色结晶粉末，熔点 156℃，溶解度（mg/L，20℃）：水 9.0，丙酮 139000，甲醇 63800，正己烷 501，甲苯 9670。土壤与水中稳定，不易降解。

毒性 大鼠急性经口 LD_{50}＞5000mg/kg，日本鹌鹑急性 LD_{50}＞5000mg/kg，对虹鳟 LC_{50}（96h）＞4.7mg/L，中等毒性；大型溞 EC_{50}（48h）＞5.6mg/L，中等毒性；对月牙藻 EC_{50}（72h）为 2.8mg/L，中等毒性；对蜜蜂低毒，对蚯蚓中等毒性。对眼睛、皮肤可能具刺激性，无神经毒性、呼吸道刺激性和致敏性，有致癌风险。

作用方式 酰胺类除草剂，具内吸传导选择性，土壤中持效期长，主要通过根系吸收传导，干扰植物有丝分裂，进而抑制生长，出苗后仍可通过叶鞘吸收药剂抑制杂草生长。

防除对象　主要用于防治莴苣、姜田一年生杂草，对一年生禾本科杂草及部分小粒种子阔叶杂草具有较好防效，如马唐、看麦娘、稗草、早熟禾、狗尾草、藜、苋等。

使用方法　莴苣田，移栽莴苣定植前或直播莴苣播种后1～3d，以50%可湿性粉剂为例，每亩制剂用量200～250g，用水量40L，二次稀释后进行土壤喷雾；姜田，在姜播后苗前，以90%水分散粒剂为例，每亩制剂用量100～120g，用水量40L，二次稀释后进行土壤喷雾。

注意事项

（1）一般播后芽前用药效果好于苗后早期。

（2）需在雨后或灌水后使用，药后避免破坏地表土层。

（3）不可与碱性物质混用，避免降低药效。

戊唑醇（tebuconazole）

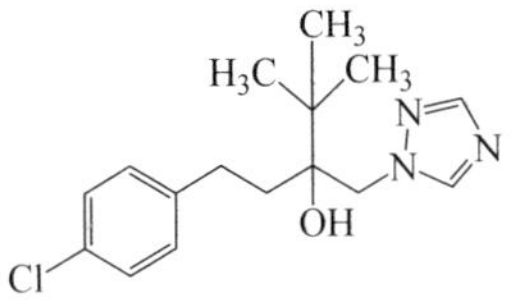

$C_{16}H_{22}ClN_3O$，307.82，107534-96-3

化学名称　(*RS*)-1-(4-氯苯基)-4,4-二甲基-3-(1*H*-1,2,4-三唑-1-基甲基)戊-3-醇。

理化性质　戊唑醇为外消旋混合物，纯品无色晶体，熔点105℃；溶解度(20℃，g/kg)：水0.036，二氯甲烷＞200，异丙醇、甲苯50～100。

毒性　急性LD_{50}（mg/kg）：大鼠经口4000（雄）、1700（雌），小鼠经口3000，大鼠经皮＞5000；对兔眼睛有严重刺激性，对兔皮肤无刺激性；以300mg/kg剂量饲喂大鼠两年，未发现异常现象；对动物无致畸、致突变、致癌作用。

作用特点　属高效广谱内吸性杀菌剂，有内吸、保护和治疗作用。是麦角甾醇生物合成抑制剂，能迅速被植物有生长力的部分吸收并主要向顶部转移。不仅具有杀菌活性，还可促进作物生长，使之根系发达、叶色浓绿、植株健壮、有效分蘖增加，从而提高产量。

适宜作物　小麦、大麦、燕麦、黑麦、玉米、高粱、花生、香蕉、葡萄、茶、果树等。在推荐剂量下对作物安全。

防治对象　可以防治白粉菌属、柄锈菌属、喙孢属、核腔菌属和壳针孢属菌引起的病害如小麦白粉病、小麦散黑穗病、小麦纹枯病、小麦雪腐病、小麦全蚀病、小麦腥黑穗病、大麦云纹病、大麦散黑穗病、大麦纹枯病、玉米丝黑穗病、高粱丝黑穗病、大豆锈病、油菜菌核病、香蕉叶斑病、茶饼病、苹果斑点落叶病、梨黑星病和葡萄灰霉病等。

使用方法 2%戊唑醇湿拌种剂，一般发病情况下，用药剂10g/10kg小麦种子，30g/10kg玉米或高粱种子；病害大发生情况下或土传病害严重的地区，用药剂15g/10kg小麦种子，60g/10kg玉米或高粱种子。

（1）人工拌种 按照所需的比例，将药剂和水混成糊状，最后将所需的种子倒入并充分搅拌，务必使每粒种子都均匀地沾上药剂，拌好的种子放在阴凉处晾干后即可播种。

（2）机械化拌种 在特制的或有搅拌装置的预混桶内，加入所需量的水，再将所需的戊唑醇制剂慢慢倒入水中，静置3min，待戊唑醇被水浸湿后，再开动搅拌装置使之成匀浆状液，在供药包衣期间，必须保持戊唑醇制剂浆液的搅动状态，用戊唑醇包衣或拌种处理的种子，在播种时要求将土地耙平，播种深度一般在3～5cm左右，出苗可能稍迟，但不影响生长并很快能恢复正常。

（3）戊唑醇主要用于重要经济作物的种子处理或叶面喷雾 以16.7～25g（a.i.）/亩进行叶面喷雾可用于防治禾谷类作物锈病、白粉病、网斑病、根腐病及麦类赤霉病等，若以20～30g（a.i.）/t进行种子处理，可防治腥黑粉菌属和黑粉菌属菌引起的病害，如可彻底防治大麦散黑穗病、燕麦散黑穗病、小麦网腥黑穗病、光腥黑穗病以及种传的轮斑病等。用8.3g（a.i.）/亩喷雾，可防治花生褐斑病和轮斑病，用6.7～16.7g（a.i.）/亩喷雾，可防治葡萄灰霉病、白粉病以及香蕉叶斑病和茶树茶饼病。

（4）混用 戊唑醇可以与其他一些杀菌剂如抑霉唑、福美双等制成杀菌剂混剂使用，也可以与一些杀虫剂如克百威、辛硫磷等混用，制成包衣剂拌种用以同时防治地上、地下害虫和土传、种传病害，任何与杀虫剂的混剂在进入大规模商业化应用前，必须进行严格的混用试验，以确认其安全性与防治效果。

（5）种子处理 主要用于防治小麦散黑穗病、小麦纹枯病、小麦全蚀病、小麦腥黑穗病、玉米丝黑穗病、高粱丝黑穗病、大麦散黑穗病、大麦纹枯病等。

① 防治小麦纹枯病 用2%湿拌种剂100～200g/100kg种子包衣；

② 防治小麦散黑穗病 用6%悬浮种衣剂30～60mL/100kg种子包衣；

③ 防治小麦全蚀病 用25%可湿性粉剂按种子重量的0.2%拌种；

④ 防治水稻立枯病、恶苗病 用2%湿拌种剂150～250g/亩种子包衣；

⑤ 防治玉米丝黑穗病 用6%种子处理悬浮剂90～180mL/100kg种子包衣；

⑥ 防治棉花枯萎病 用2%干粉种衣剂种子处理（药种比）1：（250～500）；

⑦ 防治大麦纹枯病 用6%悬浮种衣剂25～50mL/100kg种子包衣。

（6）大田作物喷雾处理

① 防治小麦锈病、白粉病 小麦齐穗期用30%戊唑醇悬浮剂40～50g/亩，防效显著；

② 防治水稻稻瘟病　发病初期用 6%微乳剂 125～150mL/亩对水 40～50kg 喷雾；

③ 防治水稻稻曲病　发病初期用 43%悬浮剂 10～15mL/亩对水 40～50kg 喷雾；

④ 防治油菜菌核病　发病初期用 25%水乳剂 35～50mL/亩对水 40～50kg 喷雾；

⑤ 防治小麦纹枯病　60g/L 戊唑醇悬浮种衣剂 58.33～66.67g/100kg 种子，具有较好的防治效果；

⑥ 防治花生冠腐病　60g/L 戊唑醇悬浮种衣剂 9g/100kg 种子，效果明显；

⑦ 防治玉米丝黑穗病　用 60g/L 戊唑醇悬浮种衣剂 100mL（或 50～150g）/100kg 种子，或者 2%戊唑醇湿拌种剂 500～600g/100kg 种子，有较好的防治效果，且对玉米安全；

⑧ 防治水稻纹枯病　在水稻抽穗期、灌浆期用 25%戊唑醇水乳剂 1000～1500 倍液喷雾，喷三次可有效控制纹枯病危害；

⑨ 防治花生叶斑病　发病初期用 6%戊唑醇微乳剂 160～200mL/亩，间隔 10d 喷施一次，连喷 2～3 次；或发病初期用 25%可湿性粉剂 25～35g/亩对水 40～50kg 喷雾。

（3）蔬菜、果树喷雾处理

① 防治黄瓜白粉病　发病初期用 43%悬浮剂 15～18mL/亩对水 40～50kg 喷雾；

② 防治苦瓜白粉病　发病初期用 12.5%微乳剂 40～60mL/亩对水 40～50kg 喷雾；

③ 防治豇豆锈病　发病初期用 25%水乳剂 25～50mL/亩对水 40～50kg 喷雾；

④ 防治大白菜黑斑病　发病初期用 25%悬浮剂 20～25mL/亩对水 40～50kg 喷雾；

⑤ 防治白菜黑星病　发病初期用 25%水乳剂 35～50mL/亩对水 40～50kg 喷雾；

⑥ 防治苹果树斑点落叶病　发病初期用 43%悬浮剂 5000～8000 倍液或每 100L 水加制剂 12.5～20mL 喷雾，隔 10d 喷药 1 次，春季喷药 3 次，或秋季喷药 2 次；

⑦ 防治苹果褐斑病、轮纹病、梨黑星病　发病初期用 43%悬浮剂 3000～5000 倍液或每 100L 水加制剂 20～33.3mL 喷雾，隔 15d 喷药 1 次，共喷药 4～7 次；

⑧ 防治香蕉叶斑病　发病初期用 25%水乳剂 1000～1500 倍液或每 100L 水加制剂 67～100mL 喷雾，隔 10d 喷药 1 次，共喷药 4 次；

⑨ 防治桃褐腐病、葡萄白腐病　发病初期用 25%水乳剂 2000～3500 倍液喷雾；

⑩ 防治草莓灰霉病　发病初期用 25%水乳剂 25～30mL/亩对水 40～50kg 喷雾。

注意事项　严格按照农药使用防护规则做好个人防护。拌种处理过的种子播种深度以 2～5cm 为宜。处理过的种子避免与粮食、饲料混放，药剂对水生生物有害，避免污染水源。

芴丁酸（flurenol）

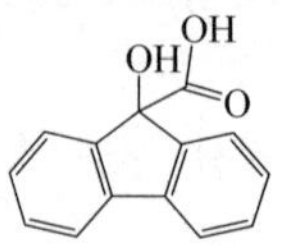

$C_{14}H_{10}O_3$，226.2，467-69-6

其他名称 IT 3233。

化学名称 9-羟基芴-9-羧酸，9-hydroxyfluorene-9-carboxylic acid。

理化性质 熔点 71℃。水中溶解度：36.5mg/L（20℃）；有机溶剂中溶解度（g/L，20℃）：甲醇 1500，丙酮 1450，苯 950，乙醇 700，氯仿 550，环己酮 35。光解，在酸碱介质中水解。

毒性 急性经口 LD_{50}：大鼠＞6400mg/kg，小鼠＞6315mg/kg。大鼠急性经皮 LD_{50}＞10000mg/kg。NOEL 数据：大鼠（117d）＞10000mg/kg 饲料；狗（119d）＞10000mg/kg 饲料。鳟鱼 LC_{50}（96h）318mg/L。水蚤 LC_{50}（24h）86.7mg/L。

作用特点 芴丁酸通过被植物根、叶吸收而抑制植物生长，但它主要与苯氧链烷酸除草剂一起使用，起增效作用，可防除谷物作物中杂草。

芴丁酸胺

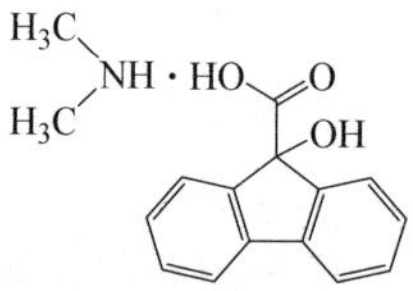

$C_{16}H_{17}NO_3$，271.3，10532-56-6

其他名称 FDMA。

化学名称 9-羟基芴-9-羧酸二甲胺盐。

理化性质 是略带氨气味的无色结晶体。熔点 160～162℃。溶解度（20℃，g/100mL）：水 3.3，丙酮 0.248，甲醇 25。

毒性 芴丁酸胺相对低毒。急性经口 LD_{50}（mg/kg）：大鼠 6400，小鼠 6315。大鼠急性经皮 LD_{50}10000mg/kg，对兔皮肤和眼无刺激作用。

作用特点 芴丁酸胺由植物茎、叶吸收，传导到顶部分生组织，抑制顶部生长，促进侧枝生长，矮化植株。

应用技术 莎丁酸胺主要用来矮化植株，还可与2,4-滴混用作为麦田和水稻田除草剂。

西草净（simetryn）

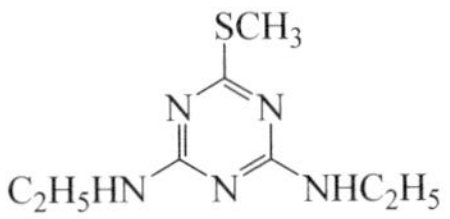

$$\begin{array}{c} SCH_3 \\ C_2H_5HN\text{-}[\text{triazine}]\text{-}NHC_2H_5 \end{array}$$

$C_8H_{15}N_5S$，213.3，1014-70-6

其他名称 simetryne。

化学名称 2-甲硫基-4,6-二(乙氨基)-1,3,5-三嗪。

理化性质 白色晶体状粉末，熔点 79.5～80℃，沸点 337℃，溶解度（20℃，mg/L）：水 450（25℃），丙酮 400000，甲醇 380000，甲苯 300000，己烷 4000。

毒性 大鼠急性经口 LD_{50}750～1195mg/kg，对虹鳟 LC_{50}（96h）＞7.0mg/L，中等毒性；对大型溞 EC_{50}（48h）＞50mg/kg，中等毒性；对鱼腥藻 EC_{50}（72h）为 0.0098mg/L，高毒。对眼睛、皮肤无刺激性。

作用方式 选择性内吸传导型三氮苯类除草剂。主要从根部吸收，也可从茎叶透入体内，运输至绿色叶片内，抑制光合作用希尔反应，影响糖类的合成和淀粉的积累，发挥除草作用。西草净在土壤中移动性中等，药效长达 35～45d。

防除对象 用于稻田，对恶性杂草眼子菜有特效，对早期稗草、瓜皮草、牛毛草、水绵均有显著效果。施药晚则防效差，因此应视杂草基数选择施药适期及用药量。

使用方法 水稻分蘖盛期或末期，插秧后 15～30d，大部分眼子菜叶片转绿时，每亩用 25%可湿性粉剂 200～250g/亩（东北地区）、100～150g（其他地区）混细潮土 20kg，均匀撒施。施药后保持 5～7cm 药水层 5～7d，勿淹没稻心叶。

注意事项

（1）根据杂草基数，选择合适的施药时间和用药剂量。田间以稗草和阔叶草为主，施药应适当提早，于秧苗返青后施药。但小苗、弱苗秧易产生药害，最好与除稗草药剂混用以减低用量。

（2）用药量要准确，避免重施。水稻生育期严禁茎叶喷雾，否则容易出现药害，应采用毒土法，撒药均匀。

（3）要求地平整，土壤质地 pH 值对安全性影响较大，有机质含量少的砂质土，低洼排水不良地及重盐或强酸性土使用，易发生药害，不宜使用。

（4）用药时温度应在 30℃以下，超过 30℃易产生药害。西草净主要在北方使用。

（5）不同水稻品种对西草净耐药性不同。在新品种稻田使用西草净时，应注意水稻的敏感性。

（6）25%西草净可湿性粉剂属低毒除草剂，但配药和施药人员仍需注意防止感染手、脸和皮肤，如有污染应及时清洗。施药后，各种工具要认真清洗，污水和剩余药液要妥善处理或保存，不得任意倾倒，以免污染水源、土壤和造成药害。

西玛津（simazine）

Cl

N N

C_2H_5HN N NHC_2H_5

$C_7H_{12}ClN_5$，201.7，122-34-9

化学名称 2-氯-4,6-二乙氨基-1,3,5-三嗪。

理化性质 纯品为白色晶体，225.2℃降解，溶解度（20℃，mg/L）：水 5，乙醇 570，丙酮 1500，甲苯 130，正己烷 3.1。化学性质稳定，但在较强的酸碱条件下和较高温度下易水解，生成无活性的羟基衍生物，无腐蚀性。

毒性 大鼠急性经口 LD_{50}＞5000mg/kg，短期喂食毒性高；绿头鸭急性 LD_{50} 为 4640mg/kg，对蓝鳃鱼 LC_{50}（96h）为 90mg/L，中等毒性；对大型溞 EC_{50}（48h）为 1.1mg/kg，中等毒性；对 *Scenedesmus subspicatus* 的 EC_{50}（72h）为 0.04mg/L，中等毒性；对蜜蜂、蚯蚓中等毒性。无呼吸道刺激性，无染色体畸变风险。

作用方式 选择性内吸传导型土壤处理除草剂。被杂草的根系吸收后沿木质部随蒸腾流迅速向上传导到绿色叶片内，抑制杂草光合作用，使杂草饥饿而死亡。温度高时植物吸收传导快。西玛津的选择性是不同植物生态及重量化等方面的差异而致。西玛津水溶性极小，在土壤中不易向下移动，被土壤吸附在表层形成药层，一年生杂草大多发生在浅层，杂草幼苗根吸收到药液而死，而深根性作物主根明显，并迅速下扎而不受害。在抗性植物体内含有谷胱甘肽 *S*-转移酶，通过谷胱甘肽轭合作用，使西玛津在其体内丧失毒性而对作物安全。

防除对象 用于茶园、甘蔗田、公路、红松苗圃、梨树（12 年以上树龄）、苹果树（12 年以上树龄）、森林防火道、铁路、玉米防除一年生阔叶杂草及禾本科杂草，如马唐、稗草、牛筋草、碎米莎草、野苋菜、苘麻、反枝苋、马齿苋、铁苋菜等。

使用方法 以 50%可湿性粉剂为例：玉米播后苗前使用，每亩制剂用量 300～

400g；甘蔗播种后或甘蔗埋垄后杂草发芽前使用，每亩制剂用量 150～250g；茶园田间杂草处于萌发盛期，应于出土前土壤处理，每亩制剂用量 150～250g；红松苗圃制剂用量按照 0.4～0.8g/m^2 施药；果园于杂草萌发期使用，每亩制剂用量 240～400g；公路、铁路、防火道按照 1.6～4g/m^2 剂量使用。兑水 30～50L 稀释均匀后进行地表喷雾，勿喷至植株叶片上。

注意事项

（1）西玛津的残效期长，对某些敏感后茬作物生长有不良影响，如对小麦、大麦、棉花、大豆、水稻、十字花科蔬菜等有药害。施用西玛津的地块，不宜套种豆类、瓜类等敏感作物，以免发生药害。

（2）西玛津用药量应根据土壤的有机质含量、土壤质地、气温而定，一般气温高有机质含量低的砂质土用量低，反之用量高。在有机质含量很高的黑地块，因用量大成本高，最好不要用西玛津。

（3）西玛津不可用于落叶松的新播、换床苗圃以及一些玉米自交系新品种。

（4）西玛津可通过食管、呼吸道等引起人体中毒，中毒症状有全身不适、头晕、口中有异味、嗅觉减退或消失等；吸入西玛津可出现呼吸道刺激症状，重者引起支气管肺炎、肺出血、肺水肿及肝功能损害等；慢性中毒主要引起贫血。中毒时可采用一般急救措施，及时对症处理，治疗可应用抗贫血药物，呼吸困难时给予氧气吸入，还可给予维生素 B 和铁剂等。

烯丙苯噻唑（probenazole）

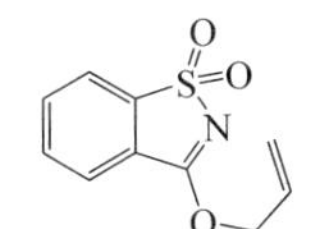

$C_{10}H_9NO_3S$，223.2，27605-76-1

化学名称　3-烯丙氧基-1,2-苯并异噻唑-1,1-二氧化物。

理化性质　纯品为无色结晶固体，熔点 138～139℃。难溶于正己烷和石油醚，微溶于水（150mg/L）、甲醇、乙醇、乙醚和苯，易溶于丙酮、DMF、氯仿等。

毒性　急性经口 LD_{50}（mg/kg）：大鼠 2030，小鼠 2750～3000。大鼠急性经皮 LD_{50}＞5000mg/kg，无致突变作用，600mg/kg 饲料喂养大鼠无致畸作用。

作用特点　内吸性杀菌剂。水杨酸免疫系统促进剂。在离体试验中，稍有抗微生物活性。

适宜作物　水稻。在推荐剂量下使用对作物和环境安全。

防治对象 稻瘟病、白叶枯病。

使用方法 通常在移植前以粒剂[160～213.3g（a.i.）/亩]施于水稻或者1.6～2.4g/育苗箱（30cm×60cm×3cm）。如以50g（a.i.）/亩防治水稻稻瘟病，其防效可达97%。

（1）防治水稻稻瘟病，发病前用8%颗粒剂1.65～2kg/亩均匀撒施。

（2）防治水稻白叶枯病，发病初期用8%颗粒剂2～2.65kg/亩均匀撒施。

注意事项 处理水稻，促进根系吸收，保护作物不受稻瘟病菌和白叶枯病菌侵染。施药稻田要保持水深不低于3cm，并要保水4～5d，有鱼的稻田不要用此药，禁止与敌稗除草剂混用。

烯草酮（clethodim）

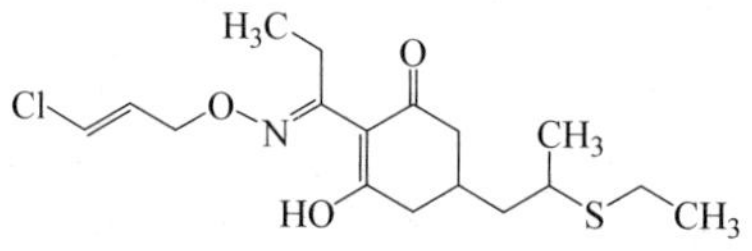

$C_{17}H_{26}ClNO_3S$，359.91，99129-21-2

化学名称 (±)-2-[(*E*)-1-[(*E*)-3-氯烯丙氧基亚氨基]丙基]-5-[2-(乙硫基)丙基]-3-羟基环己-2-烯酮。

理化性质 纯品烯草酮为透明、琥珀色液体，沸点温度分解；原药为淡黄色油状液体；溶解性（20℃）：溶于大多数有机溶剂；紫外光、高温及强酸碱介质中分解。

毒性 急性LD_{50}（mg/kg）：大鼠经口1630（雄）、1360（雌），兔经皮＞5000；对兔眼睛和皮肤有轻微刺激性；以30mg/（kg·d）剂量饲喂大鼠两年，未发现异常现象；对鱼类低毒，对动物无致畸、致突变、致癌作用。

作用方式 本品是一种内吸传导型高选择性芽后除草剂，可迅速被植物叶片吸收，并传导到根部和生长点，抑制植物支链脂肪酸的生物合成，被处理的植物体生长缓慢并丧失竞争力，幼苗组织早期黄化，随后其余叶片萎蔫，导致杂草死亡。

防除对象 适用于大豆、油菜、棉花、花生等阔叶田防除野燕麦、马唐、狗尾草、牛筋草、早熟禾、硬草等一年生和多年生禾本科杂草以及许多阔叶作物田中的自生禾谷类作物。对于阔叶杂草或薹草则没有或稍有活性。禾本科作物如大麦、玉米、燕麦、水稻、高粱及小麦等对烯草酮敏感，因此，在非禾本科作物田中的这些自生作物可用烯草酮防除。

使用方法 在禾本科杂草生长旺盛期施药可获得最好的防除效果。干旱、低温

（15℃以下）及其他不利因素有时会降低烯草酮的活性。一年生禾本科杂草于 3～5 叶期，多年生禾本科杂草于分蘖后施药；非施药适期则需要提高剂量或增加施药次数。如能获得雾滴的均匀分布，低喷液量（即 50L/hm^2）比高喷液量（180～280L/hm^2）更有效。加入植物油 2.34L/hm^2，可提高生物活性。烯草酮中的有效成分在 1h 内即被植物吸收，因此，施药后降雨不会降低效果。烯草酮可与某些防除双子叶杂草的除草剂混用。

多次施用低剂量的烯草酮[28～56g（a.i.）/hm^2]可有效地防除阿拉伯高粱。狗牙根比一年生杂草难于防除，施用烯草酮[250g（a.i.）/hm^2]1 次或 140 g（a.i.）/hm^2 施用 2 次即可有效防除。

注意事项

（1）掌握施药适期很关键。一年生禾本科杂草草龄 3～5 叶期且生长旺盛时施药，对多年生禾本科杂草宜分蘖后施药。此时药剂易于喷洒到杂草叶面，杂草吸收传导速度也快，一次用药可有效防除大部分禾本科杂草。

（2）注意气候条件对药效的影响。温度过高会使杂草气孔关闭造成吸收缓慢，加之喷到叶面的药剂很快被蒸发，药效也就发挥不好。

（3）不宜用在大麦、玉米、燕麦、水稻、高粱及小麦等禾本科作物田。施药时也要避免药剂飘移到这些作物上，与禾本科作物间、混、套种的田块不能使用。

烯啶虫胺（nitenpyram）

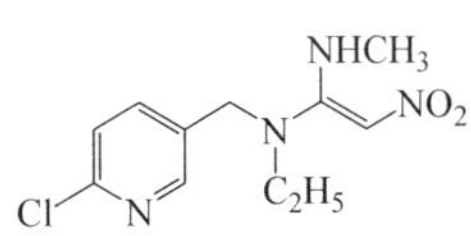

NHCH3　NO2　N　C2H5　Cl　N

$C_{11}H_{15}ClN_4O_2$，270.71，150824-47-8

化学名称　(*E*)-*N*-(6-氯-3-吡啶甲基)-*N*-乙基-*N'*-甲基-2-硝基亚乙烯基二胺。

其他名称　Bestyuard、TI 304。

理化性质　纯品烯啶虫胺为浅黄色结晶固体，熔点 83～84℃；溶解度（20℃，g/L）：水 840，氯仿 700，丙酮 290，二甲苯 4.5。

毒性　急性 LD_{50}（mg/kg）：经口大鼠 1680（雄）、1574（雌），小鼠 867（雄）、1281（雌），大鼠经皮＞2000；对兔眼睛和皮肤无刺激性。对动物无致畸、致突变、致癌作用。

作用特点　主要作用于烟碱型乙酰胆碱受体，具有神经阻断作用，与其他的新烟碱类化合物相似。烯啶虫胺是一种高效、广谱的新型烟碱类杀虫剂，具有很好的内吸和渗透作用，具用量少、毒性低、对作物安全、无药害等优点，广泛应用于园艺和农业上防治半翅目害虫，持效期可达 14d 左右。

适宜作物 水稻、小麦、棉花、马铃薯、蔬菜、果树、茶树等。

防除对象 防治刺吸式口器害虫如稻飞虱、白粉虱、蚜虫、梨木虱、叶蝉、蓟马等。

应用技术 以 10%、20%烯啶虫胺水剂，20%烯啶虫胺水分散粒剂，25%烯啶虫胺可溶粉剂，50%烯啶虫胺可溶粉剂，20%烯啶虫胺可湿性粉剂为例。

（1）防治棉花害虫 蚜虫。

① 在棉花蚜虫发生初期施用 用 10%烯啶虫胺水剂 10～20mL/亩均匀喷雾；20%烯啶虫胺水分散粒剂 5～10g/亩均匀喷雾。

② 在害虫低龄若虫期施药 用 25%烯啶虫胺可溶粉剂 4～8g/亩均匀喷雾。

（2）防治水稻害虫 稻飞虱。

① 在水稻稻飞虱低龄若虫高峰期施药 用 20%烯啶虫胺水剂 20～30mL/亩均匀喷雾，50%烯啶虫胺可溶粉剂 8～12g/亩均匀喷雾。

② 在水稻稻飞虱低龄若虫盛发期 用 50%烯啶虫胺可溶粒剂 2～4g/亩均匀喷雾。

（3）防治蔬菜害虫 防治蚜虫，在蚜虫发生的初盛期施药，用 20%烯啶虫胺可湿性粉剂 5～10g/亩均匀喷雾。

（4）防治果树害虫 防治蚜虫，在蚜虫发生的初盛期施药，用 50%烯啶虫胺可溶粒剂 2～4g/亩均匀喷雾。

注意事项

（1）安全间隔期为 7～14d，每个作物周期最多使用次数为 4 次。

（2）本品对蜜蜂、鱼类、水生物、家蚕有毒，用药时需注意。

（3）本品不可与碱性物质混用。

（4）为延缓抗性，要与其他不同作用机制的药剂交替使用。

（5）勿让儿童、孕妇及哺乳期妇女接触本品。

（6）贮运时，严防潮湿和日晒。

烯禾啶（sethoxydim）

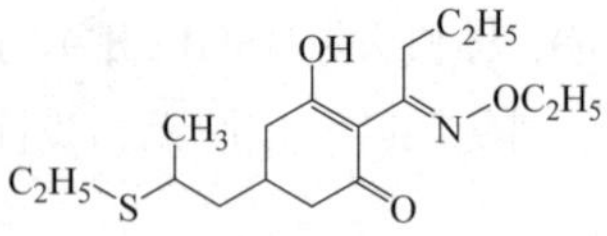

$C_{17}H_{29}NO_3S$，327.48，74051-80-2（ⅰ），71441-80-0（ⅱ）

化学名称 (±)-(*EZ*)-2-[1-(乙氧基亚氨基)丁基]-5-[2-(乙硫基)丙基]-3-羟基环己-

2-烯酮。

理化性质　纯品烯禾啶为无嗅液体，熔点＞90℃（3.99×10^{-3}Pa）；溶解性（20℃，g/L）：水 4.7（pH7），与甲醇、己烷、乙酸乙酯、甲苯、辛醇、二甲苯等有机溶剂互溶；不能与无机或有机铜化合物相混配。

毒性　急性 LD_{50}（mg/kg）：大鼠经口 3200（雄），2676（雌）；大鼠经皮＞5000；对兔眼睛和皮肤无刺激性；以 17.2mg/（kg·d）剂量饲喂大鼠两年，未发现异常现象；对动物无致畸、致突变、致癌作用；对鱼类低毒。

作用方式　烯禾啶是一种具有高度选择性的芽后除草剂，主要通过杂草茎叶吸收，迅速传导到生长点和节间分生组织，抑制细胞分裂。其作用缓慢，禾本科杂草一般在施药后 3d 停止生长，5～7d 叶片褪绿、变紫，基本逐渐变褐枯死，10～14d 后整株枯死，对阔叶作物安全。本剂在土壤中残留时间短，施药后当天可播种阔叶作物，药后 4 周可播种禾谷类作物。

防除对象　防除稗草、看麦娘、马唐、狗尾草、牛筋草、野燕麦、狗牙根、白茅、黑麦属、宿根高粱等一年生和多年生禾本科杂草，对阔叶杂草、莎草属杂草、紫羊茅、早熟禾无效。

使用方法　用于苗后茎叶喷雾处理。主要是大豆、棉花、油菜、花生、马铃薯、甜菜、向日葵等作物防除一年生禾本科杂草和部分多年生禾本科杂草。用药量应根据杂草的生长情况和土壤墒情确定。水分适宜，杂草小，用量宜低，反之宜高。一般情况下，在一年生禾本科杂草 3～5 叶期，每亩使用 20%乳油 50～80mL；防除多年生禾本科杂草，每亩需使用 80～150mL，每亩加水 30～50kg 进行茎叶喷雾。阔叶杂草发生多的田块，应和防除阔叶杂草的除草剂混用或交替使用。在大豆田可与氟磺胺草醚混用，或与苯达松等交替使用。

注意事项

（1）烯禾啶是防除禾本科杂草的除草剂，在使用时应注意避免药液飘移到小麦、水稻等禾本科作物上，以免发生药害。

（2）对阔叶杂草无效。阔叶草密度大时除结合中耕除草外，可采取烯禾啶与其他防除阔叶杂草的药剂混用或交替应用的措施。

（3）施药时间以早晚为好，中午或气温较高时不宜用药。干旱杂草较大或防除多年生禾本科杂草应适当增加用药量。

（4）12.5%和 20%乳油与磺酰脲类混用要慎重。

（5）施药后立即洗手、脸，漱口。药械要冲洗干净。

烯酰吗啉（dimethomorph）

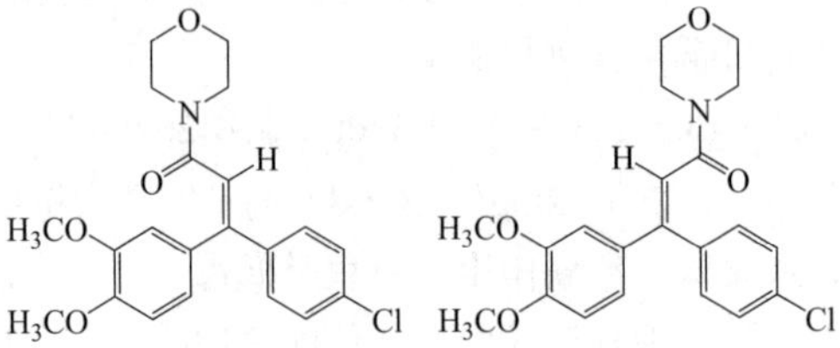

$C_{21}H_{22}ClNO_4$，387.86，110488-70-5

化学名称 (*Z,E*)-4-[3-(4-氯苯基)-3-(3,4-二甲氧基苯基)丙烯酰]吗啉。

理化性质 纯品烯酰吗啉为无色晶体，顺反比例约为 1∶1；混合体溶解度（20℃，g/L）：水 0.018，正己烷 0.11，甲醇 39，乙酸乙酯 48.3，甲苯 49.5，丙酮 100，二氯甲烷 461。

毒性 急性 LD_{50}（mg/kg）：大鼠经口 4300（雄）、3500（雌），小鼠经口＞5000（雄）、3700（雌），大鼠经皮＞5000；对兔眼睛和皮肤无刺激性；以 200mg/kg 剂量饲喂大鼠两年，未发现异常现象；对动物无致畸、致突变、致癌作用。对蜜蜂无毒。

作用特点 内吸性杀菌剂，具有保护作用和抑制孢子萌发的活性，通过破坏卵菌细胞壁的形成而起作用。在卵菌生活史的各个阶段都有作用，对孢子囊梗和卵孢子的形成阶段尤为敏感，烯酰吗啉与苯酰胺类杀菌剂如甲霜灵·锰锌、甲霜灵、霜脲氰等没有交互抗性，可以迅速杀死对这些杀菌剂产生抗性的病菌，保证药效的稳定发挥。

适宜作物 十字花科蔬菜、葡萄、黄瓜、荔枝、马铃薯、烟草、苦瓜等。

防治对象 马铃薯晚疫病、葡萄霜霉病、烟草黑胫病、辣椒疫病、黄瓜霜霉病、甜瓜霜霉病、十字花科蔬菜的霜霉病、水稻霜霉病、芋头疫病等。

使用方法 茎叶喷雾和灌根。

（1）防治黄瓜等的霜霉病　在发病初期，用 50%可湿性粉剂 2500 倍液喷雾，间隔 7～10d 再喷 1 次，连续喷 4 次能控制病害；

（2）防治烟草黑胫病　发病初期，用 50%可湿性粉剂 30～40g/亩对水 40～50kg 喷雾；

（3）防治辣椒疫病　发病初期，用 50%可湿性粉剂 40～60g/亩对水 40～50kg 喷雾；

（4）防治番茄晚疫病　发病初期，用 50%可湿性粉剂 30～40g/亩对水 40～50kg 喷雾；

（5）防治葡萄霜霉病　发病早期，用 50%可湿性粉剂 2000～3000 倍液喷雾；

（6）防治荔枝霜霉病　在荔枝小果期、中果期和果实转熟期，用40%水分散粒剂1000～1500倍液喷雾。

注意事项

（1）严格按照农药安全规定使用此药，避免药液或药粉直接接触身体，如果药液不小心溅入眼睛，应立即用清水冲洗干净并携带此药标签去医院就医；

（2）此药应储存在阴凉和儿童接触不到的地方；

（3）如果误服要立即送往医院治疗；

（4）施药后各种工具要认真清洗，污水和剩余药液要妥善处理保存，不得任意倾倒，以免污染鱼塘、水源及土壤；

（5）搬运时应注意轻拿轻放，以免破损污染环境，运输和储存时应有专门的车皮和仓库，不得与食物和日用品一起运输，应储存在干燥和通风良好的仓库中；

（6）该药没有解毒剂，如有误服，千万不要引吐，尽快送往医院治疗；

（7）如果皮肤沾上了该药剂，用肥皂和清水冲洗；

（8）该药应贮存在阴凉干燥处，黄瓜、辣椒、十字花科蔬菜等幼苗期喷药时，用药量低；

（9）烯酰吗啉应与不同作用机制的杀菌剂轮流使用，避免产生抗药性。

烯效唑（uniconazole）

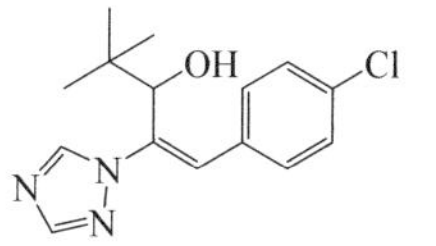

OH Cl N N N

$C_{15}H_{18}ClN_3O$，291.78，83657-17-4

其他名称　高效唑，特效唑，优康唑，S-3307，Sumgaic，Prunit，Sumiseven。

化学名称　(*E*)-(*RS*)-1-(4-氯苯基)-4,4-二甲基-2-(1*H*-1,2,4-三唑-1-基)戊-1-烯-3-醇。

理化性质　纯品为无色结晶，熔点147～164℃，微溶于水，易溶于丙酮、乙酸乙酯、氯仿和二甲基甲酰胺等常用有机溶剂，21℃溶解度（g/L）：水 0.014，丙酮74，乙醇92，二甲苯10，*β*-羟基乙醚141，环己酮173，乙酸乙酯58，乙腈19，氯仿185，二甲亚砜348，DMF 317，甲基异丁基甲酮52。有四种异构体，分子在40℃下稳定，在多种溶剂中及酸、中性、碱水液中不分解。但在260～270nm短光波下易分解。

毒性　急性LD_{50}（mg/kg）：大鼠经口2020（雄）、1790（雌），经皮＞2000。

小白鼠急性经口 LD_{50} 为 4000mg/kg（雄）、2850mg/kg（雌）；亚急性毒性，大白鼠混入饲料最大无作用剂量 2.30mg/kg（雄）、2.48mg/kg（雌）；无致突变、致畸、致癌作用；对兔眼有短期轻微反应，但对皮肤无刺激作用，荷兰猪皮肤（变态反应）为阴性；鱼毒：鲤鱼 TLm（48h）6.36mg/L，溞 TLm（3h）＞10mg/L。

作用特点 广谱植物生长调节剂，是赤霉素合成抑制剂，并且有一定杀菌作用。对草本或木本单子叶或双子叶植物均有强烈的抑制生长作用。主要抑制节间细胞的伸长。烯效唑可经由植物的根、茎、叶、种子吸收，被植物的根吸收，可在体内进行传导，茎叶喷雾时，可向上内吸传导，但没有向下传导的作用。作用机理与多效唑相同，具有控制营养生长、抑制细胞伸长、缩短节间、矮化植株、促进侧芽生长和花芽形成、增加抗逆性的作用。其活性是多效唑的 6～10 倍，使用浓度一般比多效唑低 80%～90%，在土壤中的残留量仅为多效唑的 1/10，因此对后茬作物影响小。

适宜作物 可用于大田作物水稻、小麦，增加分蘖，控制株高，提高抗倒伏力；用于果树和灌木，减少营养生长，控制营养生长的树形；用于观赏植物降低高度，促进花芽形成，增加开花。

应用技术 可用喷雾、土壤处理、种芽浸渍等方法施药。观赏植物以 10～200mg/L 喷雾，以 0.1～0.2mg/盆浇灌，或于种植前以 10～100mg/L 浸根（球茎、鳞茎）数小时。对于水稻，以 10～100mg/L 喷雾，以 10～50mg/L 进行土壤处理。小麦、大麦以 10～100mg/L 溶液喷雾。草坪以 0.1～1.0kg/hm^2 进行喷雾或浇灌。施药方法有根施、喷施及种芽浸渍等。具体应用如下。

（1）增加分蘖、控制株高、增加抗倒伏力

① 水稻 经烯效唑处理的水稻，具有控制促蘖效应和增穗增产效果。早稻浸种浓度以 500～1000 倍液为宜；晚稻的常规粳稻、糯稻等杂交稻浸种以 833～1000 倍液为宜，种子量和药液量比为 1：（1～1.2）。浸种 36～48h，或间歇浸种，整个浸种过程中要搅拌两次，以便使种子受药均匀。

② 小麦 用烯效唑拌（闷）种，可使分蘖提早，年前分蘖增多（单株增蘖 0.5～1 个），成穗率提高。一般按每公顷播种量 150kg 计算，用 5%烯效唑可湿性粉剂 4.5g，加水 22.5L，用喷雾器喷到麦粒上，边喷雾边搅拌，手感潮湿而无水流，经稍摊晾后直接播种。或于容器内堆闷 3h 播种，如播种前遇雨，未能及时播种，即摊晾伺机播种，无不良影响，但不能耽误过久。播种后注意浅覆土。也可在小麦拔节前 10～15d，或抽穗前 10～15d，每公顷用 5%烯效唑可湿性粉剂 400～600g，加水 400～600L 均匀喷雾。

③ 大豆 于大豆始花期，50mg/L 的药液 30～50L/亩均匀喷雾，对降低大豆花期株高、抗倒伏，增加结荚数和提高产量有一定效果。种子或根部吸收烯效唑后可往植株的地上部运输，土壤残留量低，安全。还可用烯效唑溶液直接拌种、闷种或混入种衣剂中进行种子包衣，均能使大豆幼苗矮化，增加茎粗、叶绿素含量、分枝

数、开花株数、结荚数、粒数和粒重。使用剂量为0.2～1.2g（a.i.）/亩，拌种浓度不超过1200mg/L。

用10mg/L烯效唑拌种或在子叶张开时喷苗，能明显降低苗高，增加茎粗、根长和须根数，根冠比大幅度提高。但在移栽后，株高、叶片数、成活率和茎粗增加，根冠比仍然超过对照。

④ 油菜 3叶期，每亩用5%可湿性粉剂20～40g，对水50kg喷雾，可使油菜叶色深绿、叶片增厚、根粗、根多、茎秆粗壮、矮化、多结荚、增产。

⑤ 花生 初花期，喷5%可湿性粉剂1000倍液，可矮化植株，多结果。

⑥ 甘薯和马铃薯 在初花期即薯块膨大时，常规喷5%可湿性粉剂1000～1600倍液，可控制地上部旺长，促进薯块膨大。

⑦ 棉花 用20～50mg/L的药液初花期喷施，可矮化植株，增加产量。

⑧ 元胡 用20mg/L的药液于营养生长旺盛期喷施，可促进地下部分膨大，增加产量。

⑨ 油茶 油茶成年树的开花结果主要靠春梢，发育健壮的春梢易发育成结果枝。因此，控制春梢生长对花序及果实形成有直接的影响。据试验，当油茶的春梢长到一定时期（4月20日前后），喷洒500mg/L烯效唑溶液，可以协调营养生长与生殖生长，减少来年春梢长度29.1%，增加春梢数44.5%，叶片数、叶片厚度、总叶绿素含量、可溶性糖及蛋白质含量、坐果率明显增加，落果率降低，单果鲜重增加26.4%，单株产量增加98.7%。

（2）控制株形、促进花芽分化和开花 以10～200mg/L的药液喷雾，以0.1～0.2mg/L药液喷灌，或在种植前以10～100mg/L药液浸根（球茎、鳞茎等）数小时，可控制株型，促进花芽分化和开花。

注意事项

（1）一般情况下，使用烯效唑不易产生药害。要根据作物品种控制用药浓度，以免浓度过高长过头，相反浓度过低达不到理想效果。若用药量过高，作用受抑制过度时，可增施氮肥或用赤霉素解救。

（2）不同品种的水稻因其内源赤霉素、吲哚乙酸水平不同，生长势也不相同。生长势较强的品种用药量要偏高，而生长势弱的品种用药量要少。烯效唑浸种降低发芽势，随剂量增加更明显，浸种种子发芽推迟8～12h。另外温度高时，用药量要大，温度低时则要少用。

（3）使用时按一般农药标准进行安全防护。

（4）本品应贮存于阴凉干燥处，注意防潮、防晒。不得与食物、种子、饲料混放。

（5）一般，由于烯效唑在土壤中的半衰期短，且使用浓度一般只有多效唑的1/10，对土壤和环境比较安全，所以应用范围正在扩大。作为坐果剂使用时，有时造成果多、果变形的问题，因此要注意与其他试剂混合施用，如在农作物上使用时，注意与生根剂、钾盐混用，尽量减少用量，减轻对环境的影响；在果树上应用时，尽量与细胞分裂素等科学地混用或制成混剂使用，经试验示范后再加以推广。

烯唑醇（diniconazole）

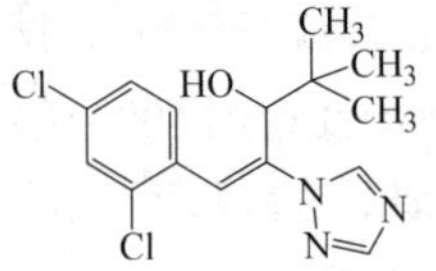

$C_{15}H_{17}Cl_2N_3O$，326.22，83657-24-3

化学名称 (*E*)-(*RS*)-1-(2,4-二氯苯基)-4,4-二甲基-2-(1*H*-1,2,4-三唑-1-基)-1-戊烯-3-醇。

理化性质 纯品烯唑醇为白色结晶固体，熔点 134～136℃；溶解性（25℃，g/kg）：水 0.004，已烷 0.7，甲醇 95，二甲苯 14。

毒性 急性 LD_{50}（mg/kg）：大鼠经口 570（雄）、953（雌），大鼠经皮＞2000；对兔眼睛和皮肤无明显刺激性；对动物无致畸、致突变、致癌作用。

作用特点 广谱内吸性杀菌剂，具有保护、治疗和铲除作用。其作用机制是在菌体麦角甾醇的生物合成中抑制 24-亚甲基二氢羊毛甾醇碳 14 位的脱甲基作用，引起麦角甾醇缺乏，导致真菌细胞膜不正常，使病菌死亡。烯唑醇抗菌谱广，具有较高的杀菌活性和内吸性，植物种子、根、叶片均能内吸，并具有较强的向顶传导性能，残效期长，对病原菌孢子的萌发抑制作用小，但能明显抑制萌芽后芽管的伸长、吸器的形状及菌体在植物体内的发育、新孢子的形成等。可防治子囊菌、担子菌和半知菌引起的许多真菌病害。不宜长时间、单一使用该药，易使病原菌产生抗药性，对藻状菌纲病菌引起的病害无效。

适宜作物 玉米、小麦、花生、苹果、梨、葡萄、香蕉、黑穗醋栗、咖啡、甜瓜、西葫芦、芦笋、荸荠、花卉等。推荐剂量下对人、畜、作物及环境安全。

防治对象 烯唑醇对子囊菌和担子菌有特效，适用于防治麦类散黑穗病、腥黑穗病、坚黑穗病、白粉病、条锈病、叶锈病、秆锈病、云纹病、叶枯病，玉米、高粱丝黑穗病，花生褐斑病、黑斑病，苹果白粉病、锈病，梨黑星病，黑穗醋栗白粉病以及咖啡、蔬菜等的白粉病、锈病等病害。

使用方法 种子处理及喷雾。

（1）种子处理

① 防治小麦黑穗病　用 12.5%可湿性粉剂 160～240g/100kg 种子拌种，湿拌和干拌均可；

② 防治小麦白粉病、条锈病　用 12.5%可湿性粉剂 120～160g/100kg 种子

拌种；

③ 防治玉米丝黑穗病　用 12.5%可湿性粉剂 240～640g/100kg 种子拌种。

（2）喷雾处理

① 防治小麦白粉病、条锈病、叶锈病、秆锈病、云纹病、叶枯病　感病前或发病初期用 12.5%可湿性粉剂 12～32g/亩，对水 50～70kg 喷雾；

② 防治黑穗醋栗白粉病　感病初期用 12.5%可湿性粉剂 1700～2500 倍液喷雾；

③ 防治香蕉叶斑病，葡萄黑痘病、炭疽病　用 12.5%乳油 750～1000 倍液喷雾，间隔 10～15d，施药 3 次；

④ 防治苹果白粉病、锈病　感病初期用 12.5%可湿性粉剂 3000～6000 倍液喷雾；

⑤ 防治梨黑星病　感病初期用 12.5%可湿性粉剂 3000～4000 倍液喷雾；

⑥ 防治甜瓜白粉病　用 12.5%乳油 3000～4000 倍液喷雾；

⑦ 防治花生褐斑病、黑斑病　感病初期用 12.5%可湿性粉剂 16～48g/亩，对水 50kg 喷雾；

⑧ 防治西葫芦白粉病、葡萄白粉病　用 12.5%可湿性粉剂 2000～3000 倍液喷雾；

⑨ 防治荸荠秆枯病　用 12.5%可湿性粉剂 800 倍液喷雾；

⑩ 防治香蕉褐缘灰斑病、叶斑病　防治香蕉褐缘灰斑病，用 5%烯唑醇微乳剂 600～800 倍液，效果显著；防治香蕉叶斑病，用 25 %烯唑醇乳油 800～1000 倍液，效果显著；

⑪ 防治玉米丝黑穗病　用 5%烯唑醇微粉种衣剂药种比为 1：200 包衣；

⑫ 防治芦笋茎枯病　发病初期用 5%烯唑醇微乳剂 1000～2000 倍液喷药，连喷 4～5 次；

⑬ 防治荸荠秆枯病　用 12.5%烯唑醇可湿性粉剂 800 倍液均匀喷雾。

注意事项　不可与碱性农药混用。药品存放在阴暗处，避免药液吸入或沾染皮肤，不宜做地面喷洒使用，与作用机制不同的其他杀菌剂轮换使用。

酰嘧磺隆（amidosulfuron）

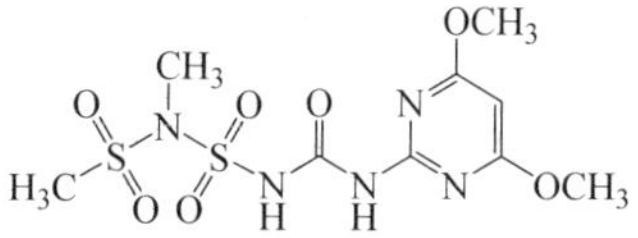

$C_9H_{15}N_5O_7S_2$，369.4，120923-37-7

化学名称　1-(4,6-二甲氧基-2-嘧啶基)-3-(*N*-甲基甲磺酰胺磺酰基)脲。

理化性质 纯品为白色晶体状粉末，熔点160～163℃，185℃分解，土壤中易降解，溶解度（20℃，mg/L）：水5600，丙酮8100，乙酸乙酯3000，甲苯256，正己烷1。

毒性 大鼠急性经口LD_{50}＞5000mg/kg，短期喂食毒性中等；山齿鹑经口LD_{50}＞2000mg/kg，对蓝鳃鱼LC_{50}（96h）＞100mg/L，低毒；对大型溞EC_{50}（48h）为36mg/kg，中等毒性；对*Scenedesmus subspicatus*的EC_{50}（72h）为47mg/L，低毒；对蜜蜂、黄蜂、蚯蚓低毒。对眼睛具刺激性，无皮肤、呼吸道刺激性和致敏性，无染色体畸变和致癌风险。

作用方式 乙酰乳酸合成酶抑制剂，通过杂草根和叶吸收，在植株体内传导，抑制细胞有些分裂，植株停止生长、叶色褪绿，而后枯死。施药后的除草效果不受天气影响，效果稳定。土壤中易被土壤微生物分解，不易在土壤中残留积累。

防除对象 用于小麦田防除多种恶性阔叶杂草如猪殃殃、播娘蒿、荠菜、苋、苣荬菜、田旋花、独行菜、野萝卜、本氏蓼、皱叶酸模等，对猪殃殃有特效。

使用方法 冬小麦2～6叶期、阔叶杂草出齐（2～5叶期）且生长旺盛时施药，50%水分散粒剂每亩制剂用量3～4g，兑水30L，混匀后进行茎叶喷雾。

注意事项

（1）冬季低温霜冻期、小麦起身拔节后、大雨前、低洼积水，或遭受涝害、冻害、盐碱害、病害等胁迫的小麦田不宜施用，避免药害。

（2）杂草基本出齐苗后用药，越早越好。

（3）干旱、低温时杂草枯死速度减慢，但不影响最终药效。

香菇多糖（lentinan）

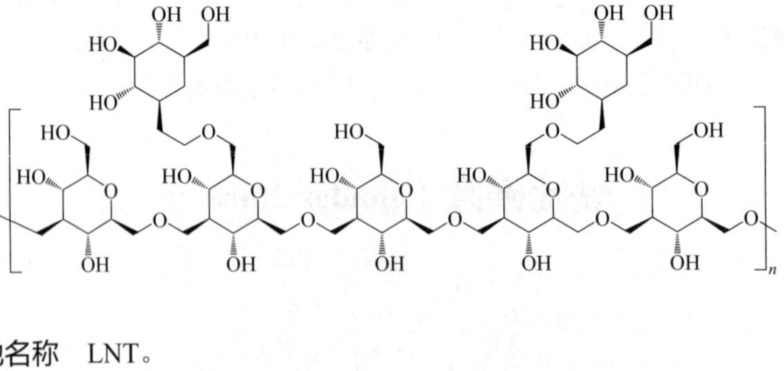

其他名称 LNT。

理化性质 从香菇子实体中分离提取的一种新型的天然功能性多糖。

毒性 低毒，对人、畜及环境安全，适于绿色无公害基地使用。

作用特点 香菇多糖为植物免疫诱抗剂类生物农药，是一种广谱性的治疗植物病毒病的生物制剂，由蘑菇培养基中提取的抑制 RNA 复制的高效治疗病毒病的生物农药，具有刺激植物免疫系统反应、增强植物抗病毒病能力和调节植物生长的功能，在植物表面有良好的湿润和渗透性，能迅速被植物吸收、降解，对番茄花叶病毒病、烟草花叶病毒病、黄瓜花叶病毒病、大豆花叶病毒病、玉米花叶病毒病、玉米粗缩病、芜菁花叶病毒病、辣椒病毒病、马铃薯病毒病以及其他作物的病毒病等均有良好的防治效果。香菇多糖作为一种天然功能性多糖，绿色环保，对病害防治具有良好的应用前景。

适宜作物　番茄、辣椒、烟草、马铃薯、茶树。

应用技术　叶面喷雾，稀释 1000～1500 倍，用药量 10.5～13.5g/hm^2。

注意事项：

（1）喷药后 24h 遇雨及时补喷。

（2）如有沉淀物，使用时摇匀，不影响药效。

（3）避免与酸性物质、碱性物质及其他物质混用。配制时必须用清水，现配现用，配好的药剂不可贮存。

（4）使用本品应采取安全防护措施，应穿戴防护服、手套、口罩等防护用具，避免口鼻吸入，使用后及时清洗暴露部位皮肤。

（5）切勿使药剂污染水源。

（6）过敏者禁用，使用中有任何不良反应请及时就医。

（7）用过的容器应妥善处理，不可做他用，也不可随意丢弃。

（8）孕妇及哺乳期妇女禁止接触本品。

硝磺草酮（mesotrione）

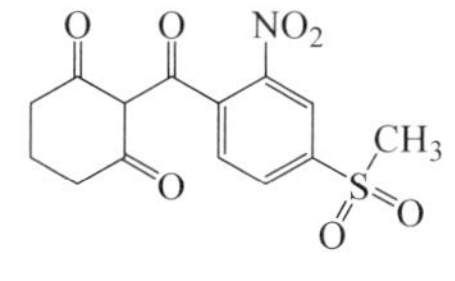

O　O　NO_2　CH_3　O　S　O　O

$C_{14}H_{13}NO_7S$，339.32，104206-82-8

化学名称　2-((4-甲磺酰基)-2-硝基苯甲酰)环己烷-1,3-二酮，2-(4-(methylsulfonyl)-2-nitrobenzoyl)-1,3-cyclohexanedione。

理化性质　纯品为黄色至棕褐色固体，熔点 165.3℃，166℃分解，弱酸性，溶解度（20℃，mg/L）：水 1500，丙酮 93300，乙酸乙酯 18600，甲苯 3100，二甲苯 1600。

毒性　大鼠急性经口 LD_{50}＞5000mg/kg，短期喂食毒性高；山齿鹑急性 LD_{50}＞37760mg/kg，对蓝鳃鱼 LC_{50}（96h）＞120mg/L，低毒；大型溞 EC_{50}（48h）＞622mg/kg，低毒；对月牙藻 EC_{50}（72h）为 3.5mg/L，中等毒性；对蜜蜂接触毒性低，喂食毒性

中等，对蚯蚓低毒。对眼睛、皮肤具刺激性，无皮肤致敏性、神经毒性和生殖影响，无染色体畸变和致癌风险。

作用方式 可被植物的根和茎叶吸收，通过抑制对羟基苯基酮酸酯双氧化酶的活性，导致酪氨酸积累，使质体醌和生育酚的生物合成受阻，进而影响到类胡萝卜素的生物合成，杂草茎叶白化后死亡。

防除对象 主要用于玉米田、甘蔗田、水稻移栽田、早熟禾草坪防除一年生阔叶杂草和部分禾本科杂草，如苍耳、三裂叶豚草、苘麻、藜、苋、蓼、苘麻、红花酢浆草、香附子、马唐、狗尾草、牛筋草、稗草等。

使用方法 玉米苗后 4～5 片叶、禾本科杂草 3～5 叶、阔叶杂草 2～4 叶期，10%悬浮剂每亩制剂用量 100～120mL，兑水稀释后茎叶喷雾；甘蔗苗后、杂草 2～4 叶期，10%悬浮剂每亩制剂用量 70～90mL，兑水稀释后茎叶喷雾；水稻移栽前 3d，10%悬浮剂每亩制剂用量 40～50mL，毒土法施药，施药时田间水深 3～5cm，药后保水 5～7d，施药后 2d 内尽量只灌不排；冷季型草坪杂草旺盛生长期（2～4 叶前）施药，40%悬浮剂每亩制剂用量 24～40mL，兑水 30～50L 茎叶喷雾。

注意事项

（1）暖季型草坪，如狗牙根、海滨雀稗、结缕草和狼尾草等，对本品敏感，不能使用。剪股颖和一年生早熟禾草坪对硝磺草酮敏感，不得使用。

（2）勿与任何有机磷类、氨基甲酸酯类杀虫剂混用或在间隔 7d 内使用。

（3）豆类和十字花科作物对硝磺草酮敏感，避免大风或极端天气条件下施药。后茬种植甜菜、苜蓿、烟草、蔬菜、油菜、豆类需先做试验后种植。一年两熟地区，后茬不得种植油菜。

（4）观赏玉米、甜玉米和爆裂玉米对硝磺草酮较敏感，应谨慎使用。不得用于玉米与其他作物的间、套或混种田。

（5）籼稻及含有籼稻血缘的粳稻有药害风险，不宜在这类水稻品种使用，如需使用应先进行试验后再考虑使用。

（6）茎叶喷雾空气相对湿度较大（＞65%）时有利于杂草对药剂的吸收，增加除草效果。

5-硝基愈创木酚钠（5-nitroguaiacolate sodium）

O_2N ONa OCH_3

$C_7H_6NO_4Na$，191.12，67233-85-6

其他名称 PMN。

化学名称　2-甲氧基-5-硝基苯酚钠。

理化性质　枣红色片状结晶，熔点 105～106℃，游离酸状态下易溶于水，可溶于乙醇、甲醇、丙酮等有机溶剂。常规下贮存稳定。

作用特点　强力细胞赋活剂，在动植物体表现出极高的活性，可用于调节植物生长，具有较强的渗透作用，它能迅速进入植物体内，促进细胞原生质流动，加快植物生根发芽，促进生长、生殖和结果，帮助受精结实。5-硝基愈创木酚钠是复合硝基酚钠的最关键部分，其价值最高，作用最强，调节能力最好。可提高叶片的光合速率，促进干物质的形成；迅速将光合产物运送到果实中去；促进根系的发育，并能显著提高其对氮、磷、钾等大量元素和锌、铁、铜等微量元素或营养成分的吸收和运输；促进硝酸还原酶的活性，提高硝态氮的转化率，加速氨基酸、蛋白质的合成；提高农作物的花粉发芽率和花粉管的伸长速度，并提高坐果结实率；降低细胞膜透性，延长细胞寿命，防止作物早衰。5-硝基愈创木酚钠是复硝酚钠中活性最高的单体，它及其复配制剂复硝酚钠（与邻硝、对硝等复配），已被联合国粮农组织（FAO）指定推荐为绿色食品工程植物生长调节剂。

适宜作物　广泛适用于粮食作物、油料作物、蔬菜、瓜果、果树、棉花、花卉、森林、草木等。

应用技术　该产品及其复配产品复硝酚钠制剂已在我国和其他国家及地区大量、广泛使用。

（1）应用在肥料、杀虫剂、杀菌剂、种衣剂的复配方面具有极为明显的增效作用；可用于浸种、浇灌、花蕾撒布和叶面喷施。

（2）用于畜牧、渔业：与饲料复配使用，迅速进入动物体内，可促进动物的食欲，促进动物对营养的吸收，加快动物生长发育，能够明显提高肉、蛋、奶、皮、毛的产量和质量，且能增强动物的免疫能力，预防多种疾病。

（3）用于医药：可用于生发剂和美容剂，能促进生发、美发。促使伤口愈合，促进老皮肤细胞的脱落和新皮肤细胞的形成。具有很好的生发美容功能。

小菜蛾颗粒体病毒（*Plutella xylostella* granulosis virus）

其他名称　环业二号。

理化性质　外观为均匀疏松粉末，制剂密度为 2.6～2.7g/cm^3，pH 6～10，54℃保存 14d 活性降低率不小于 80%。

毒性　急性 LD_{50}（mg/kg）：经口 3174.7，经皮＞5000。

作用特点　小菜蛾颗粒体病毒感染小菜蛾后在其中肠中溶解，进入细胞核中复制、繁殖、感染细胞，使害虫失常，48h 后可大量死亡。可长期造成施药地块的病毒水平传染和次代传染，对幼虫及成虫均有很强防效。对化学农药、Bt 已产生抗性的小菜蛾具有明显的防治效果，对天敌安全。

适宜作物 十字花科蔬菜。

防除对象 蔬菜害虫小菜蛾。

应用技术 以 300 亿 OB/mL 小菜蛾颗粒体病毒悬浮剂为例。

防治蔬菜害虫小菜蛾，在产卵高峰期施药，用 300 亿 OB/mL 小菜蛾颗粒体病毒悬浮剂 25～30mL/亩均匀喷雾。

注意事项

(1) 本品不能与碱性物质和铜制剂及杀菌剂混用。

(2) 远离水产养殖区、河塘等水域施药，不要在河塘等水域清洗施药器械，避免药剂污染水源，桑园及蚕室附近禁用。

(3) 施药时选择傍晚或阴天，避免阳光直射。

(4) 建议与其他不同作用机理的杀虫剂轮用。

斜纹夜蛾核型多角体病毒

(*Spodoptera litura* nuclear polyhedrosis virus)

理化性质 病毒为杆状，伸长部分包围在透明的蛋白孢子体内。原药为黄褐色到棕色粉末，不溶于水。

作用特点 斜纹夜蛾核型多角体病毒是一种生物杀虫剂，具有胃毒作用，无内吸、熏蒸作用，毒性低，持效期长。

适宜作物 蔬菜。

防除对象 蔬菜害虫斜纹夜蛾。

应用技术 以 10 亿 PIB/mL 斜纹夜蛾核型多角体病毒悬浮剂、10 亿 PIB/g 斜纹夜蛾核型多角体病毒可湿性粉剂、200 亿 PIB/g 斜纹夜蛾核型多角体病毒水分散粒剂为例。

防治蔬菜害虫斜纹夜蛾，在卵孵初期至三龄前幼虫发生高峰期施药。

① 用 10 亿 PIB/mL 斜纹夜蛾核型多角体病毒悬浮剂 50～75mL/亩均匀喷雾。

② 用 10 亿 PIB/g 斜纹夜蛾核型多角体病毒可湿性粉剂 40～50g/亩均匀喷雾。

③ 用 200 亿 PIB/g 斜纹夜蛾核型多角体病毒水分散粒剂 3～4g/亩均匀喷雾。

注意事项

(1) 桑园及养蚕场所不得使用。

(2) 本品不能与强酸、碱性物质和铜制剂及杀菌剂混用。

(3) 施药时选择傍晚或阴天，避免阳光直射。

（4）远离水产养殖区、河塘等水域施药，禁止在河塘等水域中清洗施药器具。不要在河塘等水域清洗施药器械，避免药剂污染水源，桑园及蚕室附近禁用。

（5）建议与其他不同作用机理的杀虫剂轮用。

（6）视害虫发生情况，每 7d 左右施药一次。

缬菌胺（valifenalate）

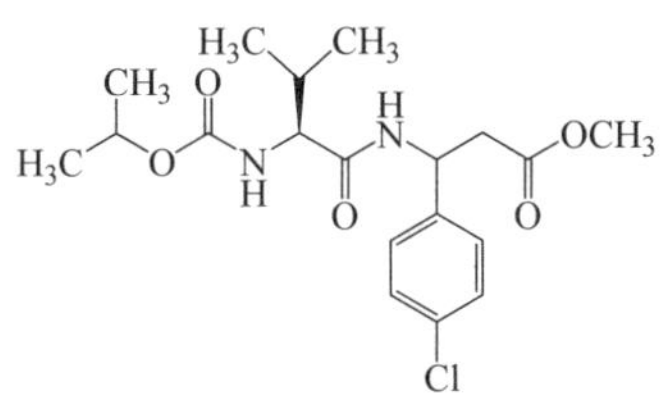

$C_{19}H_{27}ClN_2O_5$，398.88，283159-90-0

化学名称　*N*-(异丙氧基羰基)-L-缬氨酰基-(3*RS*)-3-(4-氯苯基)-*R*-丙氨酸甲酯。

理化性质　闪点（300.5±30.1）℃，沸点（573.2±50.0）℃（1.01×10^5Pa），蒸气压（0.0±213.3）Pa（25℃）。

毒性　低毒。

作用特点　缬菌胺属于羧酸酰胺类杀菌剂，通过抑制真菌细胞壁合成从而影响病原菌的生长，包括抑制孢子萌发和抑制菌丝体生长。可有效地防治由卵菌纲除腐霉属之外的病原菌引起的局部或系统性病害。缬菌胺属羧酸酰胺类杀菌剂，可在植物体表、体内发挥保护、治疗、铲除作用，具有良好保护及内吸作用。

适宜作物与防治对象　瓜类霜霉病 、葡萄霜霉病、马铃薯和番茄晚疫病、葱霜霉病、莴苣霜霉病等。

使用方法　66%代森锰锌·缬菌胺水分散粒剂，用 130～170g/亩制剂量喷雾防治黄瓜霜霉病。一般在发病前或初期用药，7～10d 施药 1 次，连续使用 2～3 次；若病情发展较快可用较高剂量、适当缩短间隔期，并与其他有不同作用机理药剂轮换使用。安全间隔期 3d，每季最多使用 3 次。

注意事项

（1）施药时应穿工作服戴手套等，不可吸烟、饮水或进食；

（2）施药后用肥皂洗手、脸及裸露皮肤、工作服和手套；

（3）用过的空药袋应妥善处理，不可做他用，也不可随意丢弃；

（4）远离水产养殖区、河塘等水体附近用药，禁止在河塘等水体中清洗施药器具；避免药液污染水源地；

（5）孕妇及哺乳期妇女禁止接触本品。

（6）赤眼蜂等天敌放飞区域禁用。

辛硫磷（phoxim）

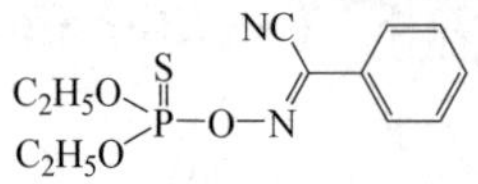

$C_{12}H_{15}N_2O_3PS$，298.18，14816-18-3

其他名称 肟硫磷、倍腈磷、倍腈松、腈肟磷、地虫杀星、Baythion、Valaxon、Phoxime、Volaton、Bayer77488、BaySRA7502、Bay5621。

化学名称 *O*,*O*-二乙基-*O*-(*α*-氰基亚苯氨基氧)硫代磷酸酯，*O*,*O*-diethyl-*O*-(*α*-cyanobenzy lideneamino) phosphorothioate。

理化性质 黄色透明液体，熔点＜–23℃；溶解度（20℃）：水 3.4mg/L，二氯甲烷＞500g/kg，异丙醇＞600g/kg；蒸馏时分解，在水和酸性介质中稳定；工业品原药为浅红色油状液体。

毒性 大白鼠急性经口 LD_{50}（mg/kg）：2170（雄）、1976（雌）；以 15mg/kg 剂量饲喂大白鼠两年，无异常现象；对蜜蜂有毒。

作用特点 乙酰胆碱酯酶抑制剂。当害虫接触药液后，神经异常兴奋，肌肉抽搐，最终导致死亡。辛硫磷为高效低毒的杀虫剂，以触杀和胃毒作用为主，无内吸作用，杀虫谱广，击倒力强，对鳞翅目幼虫很有效。在田间使用，因对光不稳定，很快分解失效，所以残效期很短，残留危害性极小，叶面喷雾一般残效期 2～3d，但该药施入土中，其残效期很长，可达 1～2 个月。

适宜作物 花生、小麦、玉米、水稻、棉花、甘蔗、十字花科蔬菜、山药、苹果、茶树、烟草、桑树、林木等。

防除对象 花生地下害虫如蛴螬、金针虫、蝼蛄、地老虎等；小麦地下害虫如金针虫、蝼蛄、蛴螬等；玉米害虫如玉米螟等；水稻害虫如三化螟、稻纵卷叶螟等；棉花害虫如棉蚜等；甘蔗害虫如蔗龟等；蔬菜害虫如菜青虫、韭蛆等；果树害虫如桃小食心虫等；烟草、茶树和桑树害虫如各种食叶类害虫等；卫生害虫如蝇等。

应用技术

（1）花生害虫防治　防治花生地下害虫，花生播种时用 5%颗粒剂 4200～4800g/亩拌细土沟施，施用后应及时覆土。

（2）小麦害虫防治　防治小麦地下害虫，小麦播种前耕地时每亩用 3%颗粒剂 3000～4000g/亩加细土或细沙 15～20kg 沟施。

（3）玉米害虫防治　防治玉米螟，用 3%颗粒剂加细沙或炉渣 2～4 倍拌匀，于玉米心叶期施入喇叭口中，对玉米螟有良好的防治效果。

（4）水稻害虫防治

① 三化螟　当卵孵盛期或发现田间有枯心苗和白穗时，用 40%乳油 100～125mL/亩喷雾，分蘖期重点是近水面的茎基部；孕穗期重点是稻穗。

② 稻纵卷叶螟　在卵孵盛期至低龄幼虫期施药，用 20%微乳剂 250～300mL/亩兑水喷雾，重点喷稻株中上部。

（5）防治棉花害虫

① 棉铃虫　在卵孵盛期或低龄幼虫钻蛀前施药，用 40%乳油 37.5～50mL/亩兑水均匀喷雾。

② 棉蚜　在蚜虫始盛期施药，用 40%乳油 30～40mL/亩兑水 50～60kg 均匀喷雾。

（6）防治甘蔗害虫　防治蔗龟，甘蔗下种时施药，用 5%颗粒剂 3.6～4.8kg 均匀撒施于种植沟内，及时覆盖土。土壤保持湿润效果更佳。

（7）防治蔬菜害虫

① 菜青虫　在低龄幼虫盛发时施药，用 40%乳油 50～75mL/亩均匀喷雾。

② 韭蛆　当发现韭菜叶尖发黄、植株零星倒伏，并扒出韭蛆幼虫时施药，用卸去旋水片的手动喷雾器将 70%乳油 350～570mL/亩兑水顺垄喷入韭菜根部；也可以随灌溉水施药。

（8）防治果树害虫　防治桃小食心虫，在卵果率达 1%时开始防治，用 40%乳油 1000～2000 倍均匀喷雾。7～10d 喷雾一次，可连续用药 2～3 次。亦可用该剂 500 倍液在 6 月上中旬的雨后向苹果树盘下喷雾，防效良好。

（9）防治烟草害虫　防治烟草食叶害虫，在卵孵盛期或低龄幼虫期施药，用 40%乳油 50～100mL/亩兑水均匀喷雾。

（10）防治茶、桑树害虫　防治茶树、桑树食叶害虫，在卵孵盛期或低龄幼虫期施药，用 40%乳油 1000～2000 倍液均匀喷雾。

（11）防治卫生害虫　防治蝇，用 15%乳油兑水 50 倍，按 10g/m^2 喷洒。

注意事项

（1）不能和碱性物质混合使用。

（2）辛硫磷在光照条件下易分解，所以田间喷雾最好在傍晚或阴天施用。

（3）对鱼类等水生生物、蜜蜂、家蚕有毒，施药期间应避免对周围蜂群的影响；蜜源作物花期、蚕室和桑园附近禁用；远离水产养殖区施药；禁止在河塘等水体中清洗施药器具。

（4）对烟叶、瓜类苗期、大白菜秧苗、莴苣、甘蔗、高粱、甜菜、玉米和某些樱桃品种较敏感，施药时应避免药液飘移到上述作物上，以防产生药害。

（5）喷雾要均匀周到，现配现用。

（6）大风天或预计 1h 内降雨请勿施药。

（7）防治花生地下害虫的安全间隔期为 28d，每季最多施药 1 次；在水稻上的安全间隔期为 14d，每季最多使用不超过 2 次；在棉花上的安全间隔期为 14d，每季最多使用 3 次；在甘蓝、萝卜上的安全间隔期为 7d，每季最多 3 次；在韭菜上的安全间隔期为 14d，每季最多使用 1 次；在苹果树上的安全间隔期为 14d，每季最多使用 3 次；在茶树上的安全间隔期为 6d，每季最多使用 1 次；在烟草上的安全间隔期为 5d，每季最多使用 2 次。

（8）建议与其他作用机制的农药轮换使用。

辛酰碘苯腈（ioxynil octanoate）

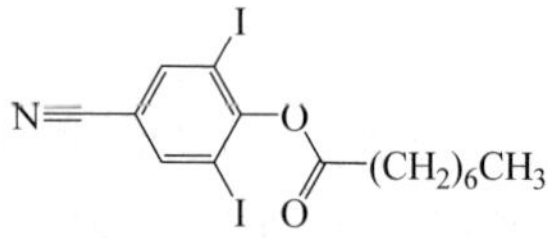

$C_{15}H_{17}I_2NO_2$，497.1，3861-47-0

化学名称 3,5-二碘-4-辛酰氧苯甲腈，4-cyano-2,6-diiodophenyl octanoate。

理化性质 原药为白色粉末，熔点 56.6℃，240℃分解，溶解度（20℃，mg/L）：水 0.03，丙酮 1000000，乙酸乙酯 1000000，甲醇 111800，二甲苯 1000000。土壤与水中不稳定，易降解。

毒性 大鼠急性经口 LD_{50} 165mg/kg，日本鹌鹑急性 LD_{50}＞677mg/kg，对某鱼类高毒；对大型溞高毒；对蜜蜂、蚯蚓中等毒性。具眼睛刺激性，无神经毒性和呼吸道、皮肤刺激性，无染色体畸变和致癌风险。

作用方式 具内吸活性的触杀型除草剂，能被植物茎叶迅速吸收，并通过抑制植物的电子传递、光合作用及呼吸作用而呈现杀草活性，在植物体其他部位无渗透作用，适合杂草幼期使用。

防除对象 用于玉米田防除一年生阔叶杂草。

使用方法 玉米 3～4 叶期、杂草 2～4 叶期施药，进行定向喷雾，30%水乳剂每亩制剂用量 120～170mL，兑水 30～50L 稀释均匀后定向喷雾，不要喷到玉米叶片上。

注意事项

（1）光照强，气温高，有利于药效发挥，加速杂草死亡。

（2）大风天或预计 6h 内降雨，不宜施药。

（3）不宜与肥料、助剂混用，易产生药害。

辛酰溴苯腈（bromoxynil octanoate）

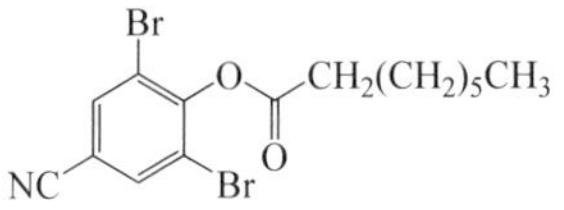

$C_{15}H_{17}Br_2NO_2$，403.1，1689-99-2

化学名称　3,5-二溴-4-辛酰氧苯甲腈，2,6-dibromo-4-cyanophenyl octanoate。

理化性质　纯品为白色精细粉末，熔点 45.3℃，180℃分解，溶解度（20℃，mg/L）：水 0.05，丙酮 1215000，乙酸乙酯 847000，甲醇 207000，甲苯 813000。土壤与水中不稳定，易降解。稳定性较溴苯腈强，实际应用辛酰溴苯腈较多。

毒性　大鼠急性经口 LD_{50}＞141mg/kg，山齿鹑急性 LD_{50} 170mg/kg，对虹鳟 LC_{50}（96h）为 0.041mg/L，高毒；对大型溞 EC_{50}（48h）为 0.044mg/kg，高毒；对月牙藻 EC_{50}（72h）＞28mg/L，低毒；对蜜蜂低毒，对蚯蚓中等毒性。对眼睛、皮肤、呼吸道无刺激性和神经毒性，具皮肤致敏性，无染色体畸变风险。

作用方式　选择性苗后茎叶处理触杀型除草剂。主要经由叶片吸收，在植物体内进行极其有限的传导，通过抑制光合作用的各个过程迅速使植物组织坏死。

防除对象　用于小麦、玉米、大蒜田防除一年生阔叶杂草，如播娘蒿、麦瓶草、猪殃殃、婆婆纳、藜、蓼、荠菜、麦家公等。

使用方法　小麦田于小麦 3～6 叶期、阔叶杂草 2～4 叶期用药，25%乳油每亩制剂用量 120～150mL（春小麦田）/100～150mL（冬小麦田），兑水 20～25L 稀释均匀后喷洒。大蒜田于大蒜 3～4 叶期，阔叶杂草基本出齐后施药，25%乳油每亩制剂用量 90～108mL。玉米田于玉米苗后 3～5 叶期、杂草出齐至 4 叶期施药，25%乳油每亩制剂用量 100～150mL。

注意事项

（1）应选择晴天，光照强、气温高，有利于药效发挥，加速杂草死亡。高温或低温均可降低产品使用效果，并加重药害反应。

（2）施药后需 6h 内无雨，以保证药效。

（3）不宜与肥料混用，不能添加助剂，否则也会造成作物药害。不宜与呈碱性农药等物质混用。

（4）对阔叶作物敏感，施药时应避免药液飘移到这些作物上，以防产生药害。

溴苯腈（bromoxynil）

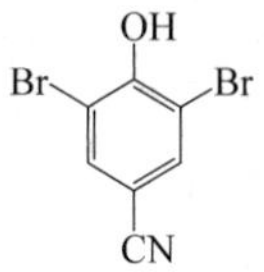

$C_7H_3Br_2NO$，276.9，1689-84-5

化学名称 3,5-二溴-4-羟基-1-氰基苯，3,5-二溴-4-羟基苯甲腈，3,5-dibromo-4-hydroxybenzonitrile。

理化性质 纯品为透明至白色晶体，熔点194～195℃，270℃分解，溶解度（20℃，mg/L）：水38000，丙酮186000，甲醇80500，正辛醇46700。土壤与水中不稳定，半衰期短。

毒性 大鼠急性经口 LD_{50} 81～177mg/kg，短期喂食毒性高；山齿鹑急性 LD_{50} 217mg/kg，对蓝鳃鱼 LC_{50}（96h）>29.2mg/L，中等毒性；对大型溞 EC_{50}（48h）12.5mg/kg，中等毒性；对 *Navicula pelliculosa* EC_{50}（72h）为0.12mg/L，中等毒性；对蜜蜂接触毒性低，喂食毒性中等；对黄蜂接触毒性低，对蚯蚓中等毒性。对眼睛、皮肤、呼吸道无刺激性，无神经毒性，具皮肤致敏性和生殖影响。

作用方式 是选择性苗后茎叶处理触杀型除草剂。主要经由叶片吸收，在植物体内进行极其有限的传导，通过抑制光合作用的各个过程迅速使植物组织坏死。施药24h内叶片褪绿，出现坏死斑。在气温较高、光线较强的条件下，加速叶片枯死。

防除对象 适用于小麦、玉米田防除阔叶杂草蓼、藜、苋、麦瓶草、龙葵、苍耳、猪毛菜、麦家公、田旋花、荞麦蔓等。

使用方法 小麦田于3～5叶期、杂草4叶前施药，80%可溶粉剂每亩制剂用量30～40g，兑水30～40L稀释后茎叶喷雾。玉米田于玉米3～8叶期、杂草4叶前施药，80%可溶粉剂每亩制剂用量40～50g，兑水30～40L稀释后茎叶喷雾。

注意事项

（1）施用溴苯腈遇到低温或高湿的天气，除草效果可能降低，作物安全性降低。

（2）施药后需6h内无雨，以保证药效。

（3）不宜与肥料混用，也不能添加助剂，否则也会造成作物药害。

（4）为腈类除草剂，建议与其他作用机制不同的除草剂轮换使用。

（5）本药剂应贮存在 0℃以上的条件下，同时要注意存放在远离种子、化肥和食物以及儿童接触不到的地方。如本药在 0℃以下发生冰冻，在使用时应将药剂放在温度较高的室内，并不断搅动，直至冰块溶解。

（6）对阔叶作物敏感，施药时应避免药液飘移到这些作物上，以防产生药害。

溴螨酯（bromopropylate）

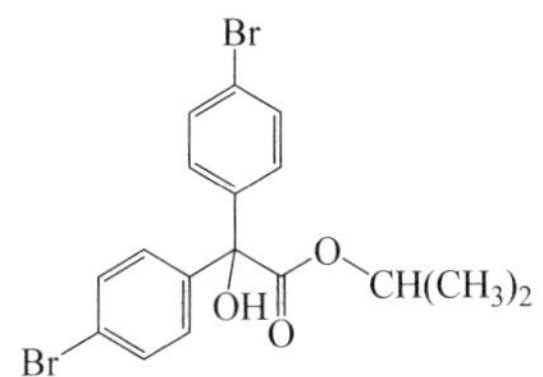

$C_{17}H_{16}Br_2O_3$，428.1，18181-80-1

其他名称　螨代治、新灵、溴杀螨醇、溴杀螨、新杀螨、溴丙螨醇、溴螨特、Neoron、Acarol、 Phenisobromolate。

化学名称　4,4′-二溴代二苯乙醇酸异丙酯，iso-propyl-4,4′-dibromobenzilate。

理化性质　白色结晶，熔点 77℃，蒸气压 1.066×10^{-6}Pa（20℃）、0.7Pa（100℃）。能溶解于丙酮、苯、异丙醇、甲醇、二甲苯等多种有机溶剂；20℃时在水中溶解度＜0.5mg/kg。常温下贮存稳定，在中性介质中稳定，在酸性或碱性条件下不稳定。

毒性　急性经口 LD_{50}（mg/kg）：5000（大鼠），8000（小鼠）；兔急性经皮 LD_{50}＞4000mg/kg。大鼠急性经口无作用剂量为 25mg/（kg·d），小鼠 143mg/（kg·d）。对兔皮肤有轻度刺激性，对眼睛无刺激作用。动物实验未见致癌、致畸、致突变作用。虹鳟鱼 LC_{50} 0.3mg/L，北京鸭 LD_{50}＞601mg/kg（8d），对蜜蜂低毒。

作用特点　杀螨谱广，残效期长，毒性低，对天敌、蜜蜂及作物比较安全的杀螨剂。触杀性较强，无内吸性，对成、若螨和卵均有一定杀伤作用。温度变化对药效影响不大。

适宜作物　蔬菜、棉花、果树、茶树等。

防除对象　叶螨、瘿螨、线螨等多种害螨。

应用方法　以 50%溴螨酯乳油为例。

（1）防治果树害螨

① 山楂红蜘蛛、苹果红蜘蛛　在红蜘蛛盛发初期施药，用 50%溴螨酯乳油 1000～2000 倍液均匀喷雾。

② 柑橘红蜘蛛、柑橘锈壁虱　在红蜘蛛盛发初期施药，用 50%溴螨酯乳油 800～1500 倍液均匀喷雾。

（2）防治棉花害螨　防治棉红蜘蛛，在红蜘蛛盛发初期施药，用 50%溴螨酯乳油 25～40mL/亩均匀喷雾。

（3）防治蔬菜害螨　防治叶螨，在害螨发生初期施药，用 50%溴螨酯乳油 20～30mL/亩均匀喷雾。

注意事项

（1）在蔬菜和茶叶采摘期不可用药。

（2）本品无专用解毒剂，应对症治疗。

（3）贮于通风阴凉干燥处，温度不要超过 35℃。

（4）不可与呈碱性的农药等物质混合使用。

溴氰虫酰胺（cyantraniliprole）

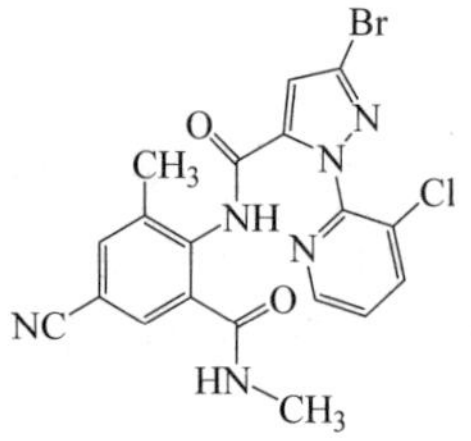

$C_{19}H_{14}BrClN_6O_2$，473.7105，736994-63-1

其他名称　氰虫酰胺。

化学名称　3-溴-1-(3-氯-2-吡啶基)-*N*-[4-氰基-2-甲基-6-[(甲基氨基)甲酰基]苯基]-1*H*-吡唑-5-甲酰胺。

理化性质　外观为白色粉末，密度 1.387g/cm^3，溶点 168～173℃，不易挥发，水中溶解度 0～20mg/L，（20±0.5）℃时其他溶剂中的溶解度：（2.383±0.172）g/L（甲醇）、（5.965±0.29）g/L（丙酮）、（0.576±0.05）g/L（甲苯）、（5.338±0.395）g/L（二氯甲烷）、（1.728±0.315）g/L（乙腈）。

毒性　急性经口 LD_{50} 大鼠（雌/雄）＞2000mg/kg，急性经皮 LD_{50} 大鼠（雌/雄）＞2000mg/kg。

作用特点　通过激活靶标害虫的鱼尼丁受体而防治害虫，为新型酰胺类内吸性杀虫剂，胃毒为主，兼具触杀。鱼尼丁受体的激活可释放平滑肌和横纹肌细胞内储存的钙离子，结果导致损害肌肉，最终害虫死亡。该药表现出对哺乳动物和害虫鱼尼丁受体极显著的选择性差异，大大提高了对哺乳动物、其他脊椎动物以及其他天敌的安全性。

适宜作物　蔬菜等。

防除对象　蔬菜害虫如美洲斑潜蝇、蓟马、甜菜夜蛾、烟粉虱、棉铃虫、黄条跳甲、蚜虫、小菜蛾、斜纹夜蛾、菜青虫等。

应用技术　以10%溴氰虫酰胺可分散油悬浮剂为例。

① 美洲斑潜蝇　在害虫初现时施药，用10%溴氰虫酰胺可分散油悬浮剂14～24mL/亩均匀喷雾。

② 蓟马　在害虫初现3～10头蓟马每张叶片时，用10%溴氰虫酰胺可分散油悬浮剂18～24mL/亩均匀喷雾。

③ 甜菜夜蛾　在卵孵盛期施药，用10%溴氰虫酰胺可分散油悬浮剂10～18mL/亩均匀喷雾。

④ 黄条跳甲　害虫初现时施药，用10%溴氰虫酰胺可分散油悬浮剂24～28mL/亩均匀喷雾。

⑤ 蚜虫　蚜虫发生初期施药，用10%溴氰虫酰胺可分散油悬浮剂33.3～40mL/亩均匀喷雾。

⑥ 小菜蛾、斜纹夜蛾、菜青虫　在卵孵化盛期或每株初现2～3头1～2龄幼虫时施药，用10%溴氰虫酰胺可分散油悬浮剂10～14mL/亩均匀喷雾。

注意事项

（1）使用时，需将溶液调节至pH 4～6。

（2）对家蚕和水蚤有毒，蚕室和桑园附近禁用。

（3）儿童、孕妇和哺乳期妇女应避免接触。

溴氰菊酯（deltamethrin）

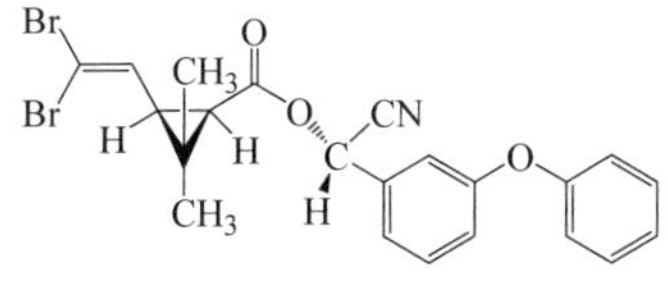

$C_{22}H_{17}Br_2NO_3$，505.2，52918-63-5

化学名称　(*S*)-*α*-氰基-3-苯氧苄基(1*R*,3*R*)-3-(2,2-二溴乙烯基)-2,2-二甲基环丙烷羧酸。

其他名称　敌杀死、凯安保、凯素灵、扑虫净、氰苯菊酯、第灭宁、敌苄菊酯、倍特、康素灵、克敌、Decamethrin、K-Othrin、Decis、NRDC-161、FMC45498、K-Obiol、Butox。

理化性质 溴氰菊酯纯品为白色斜方形针状结晶，熔点101～102℃；工业原药有效成分含量98%，为无色结晶粉末，熔点98～101℃；难溶于水，可溶于丙酮、DMF、苯、二甲苯、环己烷等有机溶剂；对光、空气稳定；在弱酸性介质中稳定，在碱性介质中易发生皂化反应而分解。

毒性 急性LD_{50}（mg/kg）：大鼠经口128（雄）、138（雌），小鼠经口33（雄）、34（雌）；经皮大鼠＞2000；对皮肤、眼睛、鼻黏膜刺激性较大，对鱼、蜜蜂、家蚕高毒；对动物无致畸、致突变、致癌作用。

作用特点 溴氰菊酯为神经毒剂，作用于昆虫神经系统，使其兴奋麻痹而死。具有触杀和胃毒作用，有一定避拒食作用，无内吸和熏蒸作用。本品杀虫谱广，持效期长，击倒速度快，对鳞翅目幼虫、蚜虫等杀伤力大，但对螨类无效。

适宜作物 蔬菜、棉花、小麦、玉米、果树、茶树、烟草等。

防除对象 蔬菜害虫如菜青虫、小菜蛾、斜纹夜蛾、蚜虫、黄条跳甲等；棉花害虫如棉铃虫、棉红铃虫、造桥虫、棉蚜、棉蓟马、棉盲蝽等；小麦害虫如蚜虫、黏虫等；果树害虫如桃小食心虫、梨小食心虫、蚜虫、苹果蠹蛾、柑橘潜叶蛾、椿象等；玉米害虫如玉米螟等；烟草害虫如烟青虫等；茶树害虫如茶尺蠖、茶小绿叶蝉、卷叶蛾、刺蛾、介壳虫、黑刺粉虱、蚜虫、茶毛虫等；卫生害虫如蜚蠊、蚊、蝇、臭虫、跳蚤、蚂蚁等。

应用技术 以25g/L溴氰菊酯乳油为例。

（1）防治棉花害虫

① 棉铃虫、红铃虫、棉造桥虫　在卵孵盛期或低龄幼虫发生期施药，用25g/L溴氰菊酯乳油20～40mL/亩均匀喷雾。

② 棉蚜　在无翅若蚜发生盛期施药，用25g/L溴氰菊酯乳油20～40mL/亩均匀喷雾。

③ 棉盲蝽、棉蓟马　在害虫发生初期施药，用25g/L溴氰菊酯乳油20～40mL/亩均匀喷雾。

（2）防治小麦害虫　防治蚜虫，在虫害发生初期施药，用25g/L溴氰菊酯乳油12.5～15mL/亩均匀喷雾。

（3）防治玉米害虫　防治玉米螟，在卵孵化高峰期、玉米喇叭口期施药，用25g/L溴氰菊酯乳油20～30mL/亩拌2kg细砂撒入玉米喇叭口中。

（4）防治大豆害虫　防治大豆食心虫，在卵高峰期后3～5d施药，用25g/L溴氰菊酯乳油20～25mL/亩均匀喷雾。

（5）防治蔬菜害虫

① 菜青虫、小菜蛾、斜纹夜蛾　在卵孵盛期或低龄幼虫发生高峰期施药，用25g/L溴氰菊酯乳油20～40mL/亩均匀喷雾。

② 黄条跳甲　用25g/L溴氰菊酯乳油20～40mL/亩均匀喷雾。

③ 蚜虫　在十字花科蔬菜蚜虫发生期施药，用25g/L溴氰菊酯乳油8～12mL/

亩均匀喷雾。

（6）防治烟草害虫 防治烟青虫，在低龄幼虫期施药，用25g/L溴氰菊酯乳油20～35mL/亩均匀喷雾。

（7）防治果树害虫

① 梨小食心虫 防治梨树的梨小食心虫，在卵果率达到1%时施药，用25g/L溴氰菊酯乳油2500～3000倍液均匀喷雾。

② 桃小食心虫 在苹果树的桃小食心虫卵孵盛期、幼虫蛀果前施药，用25g/L溴氰菊酯乳油2000～3000倍液均匀喷雾。

③ 苹果蠹蛾 在幼虫始发期施药，用25g/L溴氰菊酯乳油2000～2500倍液均匀喷雾。

④ 柑橘潜叶蛾 在夏梢或秋梢整齐抽发（平均长度在5cm以下）、有虫卵叶率50%以下施药，用25g/L溴氰菊酯乳油1500～2500倍液均匀喷雾。

⑤ 荔枝椿象 在卵孵盛期施药，用25g/L溴氰菊酯乳油3000～3500倍液均匀喷雾。

（8）防治茶树害虫

① 茶尺蠖、茶毛虫、茶刺蛾 于幼虫2～3龄期施药，用25g/L溴氰菊酯乳油10～20mL/亩均匀喷雾。大风天或预计1h内降雨，请勿施药。

② 茶小绿叶蝉 在茶小绿叶蝉盛发期施药，用25g/L溴氰菊酯乳油10～20mL/亩均匀喷雾。

③ 黑刺粉虱、介壳虫 在害虫盛发期施药，用25g/L溴氰菊酯乳油10～20mL/亩均匀喷雾。

注意事项

（1）本品不要与铜、汞制剂及呈碱性的农药等物质混用。

（2）为了避免产生抗性，建议与其他作用机制不同的杀虫剂轮换使用。

（3）对鱼、蜂、蚕毒性大，开花植物花期、蚕室和桑园附近禁用。施药时远离水产养殖区，禁止在河塘等水体中清洗施药器具。

（4）在柑橘树和荔枝树上的安全间隔期为28d，每季最多使用3次；在苹果和梨树上的安全间隔期为5d，每季最多使用3次；在大豆上的安全间隔期为7d，每季最多使用2次；在小麦上的安全间隔期为28d，每季最多使用3次；在玉米上的安全间隔期为20d，每季最多使用2次；在烟草上的安全间隔期为15d，每季最多使用2次；在棉花上的安全间隔期为14d，每季最多使用3次；在茶树上的安全间隔期为5d，每季最多使用1次。

亚胺硫磷（phosmet）

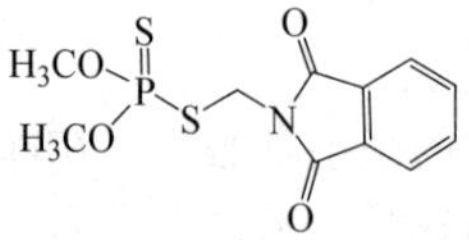

$C_{11}H_{12}NO_4PS_2$，317.3，732-11-6

其他名称 亚氨硫磷、酞胺硫磷、亚胺磷、Appa、Fosdan、Prolate、Ineovat、Imidan、phthalophos。

化学名称 *O*,*O*-二甲基-*S*-酞酰亚氨基甲基二硫代磷酸酯，*O*,*O*-dimethyl-*S*-phthalimidomethyl phosphorodioate。

理化性质 纯品为白色无臭结晶；工业品为淡黄色固体，有特殊刺激性气味。熔点72.0～72.7℃。25℃在有机溶剂中溶解度为丙酮650g/L、苯600g/L、甲苯300g/L、二甲苯250g/L、甲醇50g/L、煤油5g/L，在水中溶解度为22mg/L。遇碱和高温易水解，有轻微腐蚀性。

毒性 急性经口LD_{50}（mg/kg）：147（大鼠），34（鼷鼠），45（小鼠）。急性经皮LD_{50}（mg/kg）：＞3160（兔），＞1000（小鼠），大鼠及狗慢性无作用剂量为45mg/kg。对鱼类中等毒性，鲤鱼LC_{50} 5.3mg/L。蜜蜂LD_{50} 0.0181mg/只。

作用特点 抑制昆虫体内的乙酰胆碱酯酶，属于广谱性杀虫剂，具有触杀和胃毒作用，残效期较长。

适宜作物 水稻、玉米、棉花、大豆、白菜、柑橘树等。

防除对象 水稻害虫如二化螟、三化螟、稻纵卷叶螟等；玉米害虫如玉米螟、黏虫等；棉花害虫如棉铃虫、蚜虫等；大豆害虫如大豆食心虫等；蔬菜害虫如菜青虫等；柑橘害虫如介壳虫等。

应用技术

（1）防治水稻害虫

① 二化螟　在卵孵始盛期到卵孵高峰期施药，用20%乳油250～300mL/亩兑50～70kg水重点喷布稻株中下部。田间保持水层3～5cm深，保水3～5d。

② 三化螟　在分蘖期和孕穗至破口露穗期卵孵初期施药，用20%乳油250～300mL/亩兑50～70kg水喷雾。施药后田间要保持3～5cm的浅水层5～7d。

③ 稻纵卷叶螟　在卵孵盛期至低龄幼虫期施药，用20%乳油250～300mL/亩兑水均匀喷雾。

（2）防治玉米害虫

① 玉米螟　在卵孵盛期至低龄幼虫期施药，用20%乳油200～400倍液均匀喷雾。

② 黏虫　在卵孵盛期至低龄幼虫期施药，用20%乳油200～400倍液均匀喷雾。

（3）防治棉花害虫

① 棉铃虫　在卵孵盛期至低龄幼虫期施药，用20%乳油300～2000倍液均匀喷雾。

② 棉蚜　在蚜虫始盛期施药，用20%乳油300～2000倍液均匀喷雾。

（4）防治大豆害虫　防治大豆食心虫，成虫盛发期施药，用20%乳油325～425mL/亩兑水均匀喷雾。

（5）防治蔬菜害虫　防治菜青虫，低龄幼虫盛发期施药，用20%乳油700～1000倍液均匀喷雾。

（6）防治柑橘害虫　防治介壳虫，柑橘上卵孵盛期、一龄若虫到处爬迁时施药，用20%乳油250～400倍液均匀喷雾。

注意事项

（1）不能与碱性物质混用，以免分解失效。

（2）对蜜蜂毒性较高，应规避对其的影响。

（3）作物收获前20d不要使用。

（4）建议与其他作用机制不同的杀虫剂轮换使用，以延缓害虫抗性产生。

亚胺唑（imibenconazole）

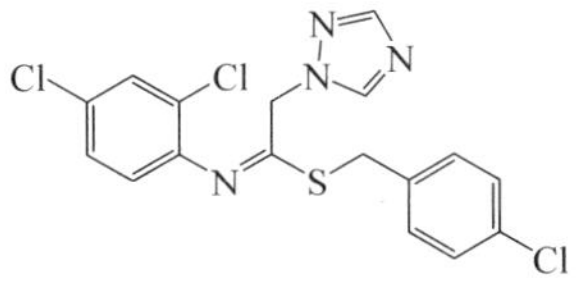

$C_{17}H_{13}Cl_3N_4S$，411.7，86598-92-7

化学名称　4-氯苄基-*N*-2,4-二氯苯基-2-(1*H*-1,2,4-三唑-1-基)硫代乙酰胺酯。

理化性质　纯品亚胺唑为浅黄色晶体，熔点89.5～90℃；溶解度（20℃，g/L）：水0.0017，甲醇120，丙酮1063，苯580，二甲苯250；在酸性和强碱性介质中不稳定。

毒性　急性LD_{50}（mg/kg）：大鼠经口＞2800（雄）、＞3000（雌），大鼠经皮＞2000；对兔眼睛有轻微刺激性，对兔皮肤无刺激性；以100mg/（kg・d）剂量饲喂大鼠两年，未发现异常现象；对动物无致畸、致突变、致癌作用。

作用特点　广谱内吸性杀菌剂，具有保护和治疗作用。是甾醇合成抑制剂，重要作用机理是破坏和阻止麦角甾醇的生物合成，从而破坏细胞膜的形成，导致病菌死亡。喷到作物上后能快速渗透到植物体内，耐雨水冲刷，土壤施药不能被根吸收。

适宜作物 蔬菜、果树、禾谷类作物和观赏植物等。在推荐剂量下使用，对环境、作物安全。

防治对象 能有效地防治子囊菌、担子菌和半知菌所致病害如桃、日本杏、柑橘树疮痂病，梨黑星病，苹果黑星病、锈病、白粉病、轮斑病，葡萄黑痘病，西瓜、甜瓜、烟草、玫瑰、日本卫茅、紫薇白粉病，花生褐斑病，茶炭疽病，玫瑰黑斑病，菊、草坪锈病等。尤其对柑橘疮痂病、葡萄黑痘病、梨黑星病具有显著的防治效果。对藻菌真菌无效。

使用方法 以 0.025～0.075g（a.i.）/L 能有效防治苹果黑星病；0.075g（a.i.）/L 能有效防治葡萄白粉病；以 15g（a.i.）/100kg 处理小麦种子，能防治小麦网腥黑穗病；在 120g/100kg 种子剂量下对作物仍无药害。每亩喷药液量一般为 100～300L，可视作物大小而定，以喷至作物叶片湿透为止。

（1）防治柑橘疮痂病　用 5%可湿性粉剂 600～900 倍液或每 100L 水加 5%可湿性粉剂 111～167g，喷药适期为第一次在春芽刚开始萌发时进行；第二次在花落 2/3 时进行，以后每隔 10d 喷药 1 次，共喷 3～4 次（5、6 月份多雨和气温不很高的年份要适当增加喷药次数）。

（2）防治葡萄黑痘病　用 5%可湿性粉剂 800～1000 倍液或每 100L 水加 5%可湿性粉剂 100～125g，于春季新梢生长达 10cm 时喷第一次（发病严重地区可适当提早喷药），以后每隔 10～15d 喷药一次，共喷 4～5 次。遇雨水较多时，要适当缩短喷药间隔期和增加喷药次数。

（3）防治梨黑星病　5%可湿性粉剂 1000～2000 倍液或每 100L 水加 5%可湿性粉剂 83～100g，于发病初期开始喷药，每隔 7～10d 喷药一次，连续喷 5～6 次，不可超过 6 次。

注意事项 推荐使用剂量为 4～10g（a.i.）/亩，亚胺唑不能与酸性和碱性农药混用，施用前建议先进行小范围试验，避免产生药害。不宜在鸭梨上使用，喷药时注意防护，柑橘收获前 30d，梨、葡萄收获前 21d 停止使用。

烟碱（nicotine）

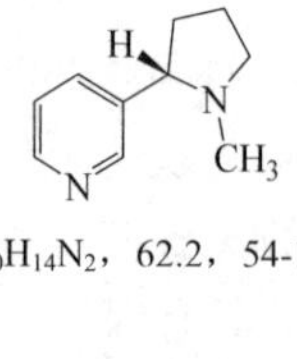

$C_{10}H_{14}N_2$，62.2，54-11-5

其他名称 蚜克、尼古丁。

化学名称 (*S*)-3-(1-甲基-2-吡咯烷基)吡啶，3-[(2*S*)-1-methylpyrrolidin-2-

yl]pyridine。

理化性质　无色液体，见光和空气中很快变深色，沸点 246～247℃，蒸气压 5.65Pa（25℃），60℃以下与水混溶，形成水合物。与乙醚、乙醇混溶，迅速溶于大多有机溶剂，暴露于空气中颜色变深、发黏，与酸形成盐，pK_b: pK_{b1} 6.16，pK_{b2} 10.96。

毒性　急性 LD_{50}（mg/kg）：经口 56～60，经皮（兔）＞50；对蜜蜂有忌避作用。

作用特点　烟碱对害虫有胃毒、触杀、熏蒸作用，并有杀卵作用。其主要作用机理是麻痹昆虫神经，其蒸气可从虫体任何部分侵入体内而发挥毒杀作用，能够引起昆虫颤抖、痉挛、麻痹，通常 1h 内死亡。烟碱为受体激动剂，低浓度时刺激受体，使突触后膜产生去极化，虫体表现出兴奋；高浓度时对受体脱敏性抑制，神经冲动传导受阻，但神经膜仍保持去极化，虫体表现麻痹。烟碱易挥发，故残效期短。

适宜作物　棉花、烟草等。

防除对象　棉花害虫如蚜虫等；烟草害虫如烟青虫等。

应用技术　以 10%烟碱水剂、10%烟碱乳油为例。

（1）防治棉花害虫　防治蚜虫，在蚜虫发生初期施药，用 10%烟碱水剂 80～100mL/亩均匀喷雾。

（2）防治经济作物害虫　防治烟青虫，在烟草烟青虫低龄幼虫盛期施药，用 10%烟碱乳油 50～75mL/亩均匀喷雾。

注意事项

（1）烟碱易挥发，配成的药液应立即使用。

（2）本品对家蚕和鸟类高毒，蚕室和桑园附近禁用，应远离水产养殖区施药，禁止在河塘等水体中清洗施药器具，鸟类保护区禁用。

（3）与不同作用机理的药物轮换使用。

（4）本品不得与碱性物质混用，不得与含铜杀菌剂混用。

（5）在棉花上的安全间隔期为 14d，每季施药不超过 3 次。

烟嘧磺隆（nicosulfuron）

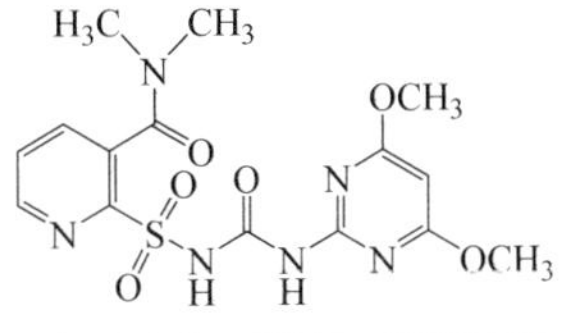

$C_{15}H_{18}N_6O_6S$，410.41，111991-09-4

化学名称　2-(4,6-二甲氧嘧啶-2-基氨基羰基氨基磺酰基)-*N*,*N*-二甲基烟酰胺。

理化性质 纯品烟嘧磺隆为白色粉末或无色晶体，熔点 169～172℃，中性与碱性条件下稳定，酸性条件下易降解，溶解度（20℃，mg/L）：水 7500，丙酮 8900，二氯甲烷 21300，甲醇 400，乙酸乙酯 2400。

毒性 大鼠急性经口 LD_{50}＞5000mg/kg，短期喂食毒性中等；山齿鹑急性 LD_{50}＞2000mg/kg，对虹鳟 LC_{50}（96h）为 65.7mg/L，中等毒性；对大型溞 EC_{50}（48h）为 90.0mg/kg，中等毒性；对鱼腥藻 EC_{50}（72h）为 7.8mg/L，中等毒性；对蜜蜂中等毒性，对蚯蚓低毒。对眼睛、皮肤、呼吸道具刺激性，具皮肤致敏性，无神经毒性，无染色体畸变风险。

作用方式 被杂草叶片或根部迅速吸收后，通过木质部和韧皮部在植物体内传导，通过抑制植物体内的乙酰乳酸合成酶（ALS）活性，阻止支链氨基酸缬氨酸、亮氨酸与异亮氨酸合成，进而阻止细胞分裂，使敏感植物生长停滞、茎叶褪绿，逐渐枯死。施用后杂草停止生长，4～5d 新叶褪色、坏死，并逐步扩展到整个植株，一般条件下处理后 20～25d 植株死亡。

防除对象 用于玉米田防除一年生、多年生禾本科杂草、某些阔叶杂草以及莎草科杂草，如稗草、野燕麦、狗尾草、马唐、牛筋草、野黍、香附子、画眉草、反枝苋、龙葵、苍耳、苘麻、问荆、刺儿菜等。

使用方法 玉米 3～5 叶期，杂草基本出齐，芽高达 5cm 左右施用，以 4%可分散油悬浮剂为例，每亩制剂用量 65～100mL，兑水 30～45L，充分混匀后茎叶喷雾。

注意事项

（1）不要和有机磷杀虫剂混用或使用本剂前后 7d 内不要使用有机磷类杀虫剂，以免发生药害。

（2）作物对象玉米为马齿型和硬玉米品种，易产生药害，个别马齿型玉米品种如登海系列、济单 7 号较为敏感，同时甜玉米、糯玉米、爆裂玉米、制种田玉米、自交系玉米田及玉米 2 叶期及 10 叶期后，不宜使用。

（3）此药剂为玉米田专用除草剂，用在玉米以外的作物上会产生药害，施药时不要把药剂洒到或流入周围的其他作物田里。

（4）选早晚气温低、风小时施药，土壤水分、空气温度适宜时施药有利于杂草对本品的吸收传导，长期干旱、低温和空气相对湿度低于 65%时不宜施药，施药 6h 后下雨，对本品无明显影响。

（5）对后茬小麦、大蒜、向日葵、苜蓿、马铃薯、大豆等无药害，但对小白菜、甜菜、菠菜、油菜、萝卜等有药害，应做好对后茬蔬菜的药害试验再选择后茬作物种类。

烟酰胺（nicotinamide）

$C_6H_6N_2O$，122.1，98-92-0

其他名称　维生素 B_3，维生素 PP，尼克酰胺，烟酰胺，烟碱酰胺，3-吡啶甲酰胺。

化学名称　吡啶-3-甲酰胺，pyridine-3-carboxyamide。

理化性质　白色粉状或针状结晶体，无臭或几乎无臭，微有苦味，熔点 129～131℃。在室温下，水中溶解度为 100%，也溶于乙醇和甘油，但不溶于乙醚，在碳酸钠试液或氢氧化钠试液中易溶。

毒性　本品对人和动物安全。急性经口 LD_{50}（mg/kg）：大鼠 3500，小鼠 2900。大鼠急性经皮 LD_{50}：1700mg/kg。

作用特点　烟酰胺广泛存在于酵母、稻麸和动物肝脏内。可经由植物的根、茎、叶吸收。提高植物体内辅酶Ⅰ活性，促进生长和根的形成。

适宜作物　棉花等。

应用技术

（1）促进移栽植物生根　移栽前，每 5kg 土混 5～10g 烟酰胺可促进根的形成，提高移栽苗成活率。

（2）棉花　用 0.001%～0.01%药液处理，可促进低温下棉花的生长。

注意事项

（1）低剂量下促进植物生长，但高剂量时抑制植物生长。不同作物的施用剂量不同，应用前应做试验，以确定适宜的剂量。

（2）作为生根剂时，最好和其他生根剂混用。

氧化萎锈灵（oxycarboxin）

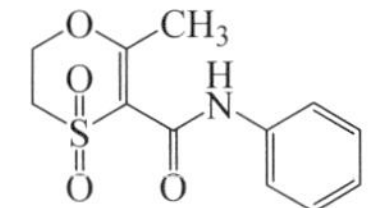

$C_{12}H_{13}NO_4S$，267.30，5259-88-1

化学名称　2,3-二氢-6-甲基-5-苯基-氨基甲酰-1,4-氧硫杂芑-4,4-二氧化物。

理化性质 白色固体，熔点 127.5～130℃；在 25℃水中溶解度为 1g/L，乙醇 3%，丙酮中 36%，二甲亚砜 223%，苯中 3.4%，甲醇 7%。不能与强酸性或强碱性农药混用，可与其他农药混用。

毒性 大鼠急性经口 LD_{50} 2000mg/kg，小白鼠急性经口 LD_{50} 2149mg/kg（雄）、1654mg/kg（雌），兔急性经皮 LD_{50}＞16000mg/kg。

作用特点 是内吸性杀菌剂。

适宜作物 谷子、蔬菜等。

防治对象 用于防治谷物和蔬菜锈病。

使用方法 叶面喷雾。防治谷物及蔬菜锈病，用 75%可湿性粉剂 50～100g/亩对水 40～50kg 喷雾，每隔 10～15d 一次，共喷 2 次。

注意事项

（1）严格按照农药安全规定使用此药，喷药时戴好口罩、手套，穿上工作服；

（2）施药时不能吸烟、喝酒、吃东西，避免药液或药粉直接接触身体，如果药液不小心溅入眼睛，应立即用清水冲洗干净并携带此药标签去医院就医；

（3）此药应储存在阴凉和儿童接触不到的地方；

（4）如果误服要立即送往医院治疗；

（5）施药后各种工具要认真清洗，污水和剩余药液要妥善处理保存，不得任意倾倒，以免污染鱼塘、水源及土壤；

（6）搬运时应注意轻拿轻放，以免破损污染环境，运输和储存时应有专门的车皮和仓库，不得与食物和日用品一起运输，不能与强碱性或强酸性农药混用；

（7）应储存在干燥和通风良好的仓库中。

野麦畏（triallate）

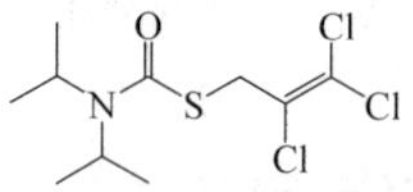

$C_{10}H_{16}Cl_3NOS$，304.66，2303-17-5

化学名称 *S*-(2,3,3-三氯丙烯基)-*N*,*N*-二异丙基硫赶氨基甲酸酯。

理化性质 工业品为琥珀色液体。略带特殊气味，纯品为无色或淡黄色固体，熔点 29～30℃，沸点 117℃（40mPa），分解温度大于 200℃。可溶于丙酮、三乙胺、苯、乙酸乙酯等大多数溶剂。20℃在水中的溶解度为 40mg/kg，不易燃、不易爆，无腐蚀性；紫外光辐射不易分解，常温下稳定。

毒性 大鼠急性经口 LD_{50}：1675～2165mg/kg，家兔急性经皮 LD_{50} 2225～4050mg/kg。大鼠急性吸入 LC_{50}＞5.3mg/L，对眼睛有轻度的刺激作用，对皮肤有中等的刺激性，在动物体内的积蓄作用属于中等。Ames 试验为阴性，有轻度诱变作用。野麦畏剂量组可导致小鼠骨髓细胞微核率增高。

作用方式 防除野燕麦类的选择性土壤处理剂。野燕麦在萌芽通过土层时，主要由芽鞘或第一片叶吸收药剂，并在体内传导，生长点部位最为敏感，影响细胞的有丝分裂和蛋白质的合成，抑制细胞生长，芽鞘顶端膨大，鞘顶空心，致使野燕麦能出土而死亡；而出苗后的野燕麦，由根部吸收药剂，野燕麦吸收药剂中毒后，生长停止，叶片深绿，心叶干枯而死亡。小麦萌发 24h 后便有较强的耐药性。野麦畏挥发性强，其蒸气对野麦也有毒杀作用，施后要及时混土。在土壤中主要为土壤微生物分解。适用于小麦、大麦、青稞、油菜、豌豆、蚕豆、亚麻、甜菜、大豆等作物田防除野燕麦。

防除对象 适用于小麦、大麦、青稞、油菜、豌豆、蚕豆、亚麻、甜菜、大豆等作物中防除野燕麦。

使用方法

（1）播前施药深混土处理 适用于干旱多风的西北、东北、华北等春麦区应用。对小麦、大麦、青稞较安全，药害伤苗一般不超过 1%，不影响基本苗。在小麦、大麦（青稞）等播种之前，将地整平，每亩用 400g/L 野麦畏乳油 150～200mL（有效成分 60～80g），加水 20～40L，混匀后喷洒于地表。也可混潮细砂（土），每亩用 40～50kg，充分混匀后均匀撒施。施药后要求在 2h 内进行混土，混土深度为 8～10cm（播种深度为 5～6cm），以拖拉机圆盘耙或手扶拖拉机旋耕器混土最佳，随施随混土。如混土过深（14cm），除草效果差；混土浅（5～6cm），对小麦、青稞药害加重。混土后播种小麦、青稞。土壤墒情适宜，土层疏松，药土混合作用良好，药效高，药害轻。若田间过于干旱，地表板结，耕翻形成大土块，既影响药效，也影响小麦出苗；若田间过于潮湿，则影响药土混合的均匀程度。药剂处理后至小麦出苗前，如遇大雨雪造成表土板结，应注意及时耙松表土，以减轻药害，利于保苗。

（2）播后苗前浅混土处理 一般适用于播种时雨水多，温度较高，土壤潮湿和冬麦区。在小麦、大麦等播种后，出苗前施药，每亩用 40%野麦畏微囊悬浮剂 200mL，加水喷雾，或拌潮湿砂土撒施。施药后立即浅混土 2～3cm，以不耙出小麦种、不伤害麦芽为宜。施药后如遇干旱除草效果往往较差。

注意事项

（1）野麦畏具有挥发性，需随施药随混土，如间隔 4h 后混土，除草效果显著降低，如相隔 24h 后混土，除草效果只有 50%左右。

（2）播种深度与药效、药害关系很大。如果小麦种子在药层之中直接接触药剂，则会产生药害。

（3）野麦畏人体每日允许摄入量（ADI）是 0.17mg/kg。使用野麦畏应遵守我国

《农药合理使用准则》（GB/T 8321.2—2000），每亩最高用药量为200mL 40%微囊悬浮剂，使用方法为喷雾（土壤处理或苗后处理），最多使用1次。最后1次施药距收获的天数（安全间隔期）为：春小麦播种前5～7d喷施。

（4）野麦畏对眼睛和皮肤有刺激性，使用时应注意防护。药液若溅入眼睛，应立即用清水冲洗，最好找医生治疗；溅到皮肤上，用肥皂洗净。经药液污染的衣服，需洗净后再穿。吞服对身体有害，严禁儿童接触药液。

（5）野麦畏乳油具有可燃性，应在空气流通处操作，切勿贮存在高温或有明火的地方，应贮存于阴凉、温度在0℃以上的库房。若有渗漏，应用水冲洗。

（6）在贮存使用过程中，要避免污染饮水、粮食、种子或饲料。

野燕枯（difenzoquat）

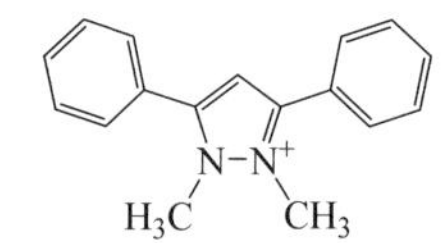

$C_{17}H_{17}N_2$，249.3，49866-87-7

化学名称 1,2-二甲基-3,5-二苯基吡唑阳离子，1,2-dimethyl-3,5-diphenyl-1*H*-pyrazolium。

理化性质 纯品为无色无臭晶体，易吸潮，熔点156.5～158℃，160℃分解，溶解度（g/L，25℃）：水765，二氯甲烷360，氯仿500，甲醇588，1,2-二氯乙烷71，异丙醇23，丙酮9.8，二甲苯<0.01；微溶于石油醚、苯和二氧六环。水溶液对光稳定，热稳定，弱酸介质中稳定，但遇强酸和氧化剂分解。

毒性 大鼠急性经口LD_{50} 617mg/kg（雄），373mg/kg（雌），绿头鸭急性LD_{50} 10338mg/kg，对虹鳟LC_{50}（96h）76mg/L，中等毒性；对大型溞EC_{50}（48h）2.6mg/kg，中等毒性。对眼睛具刺激性，无皮肤刺激性、神经毒性和生殖影响，无致癌风险。

作用方式 是一种内吸传导型选择性野燕麦苗期茎叶处理除草剂，通过茎叶吸收，破坏生长点细胞分裂。

防除对象 主要用于防除小麦田中的恶性杂草野燕麦。防除效果达到90%左右，增产效果显著。

使用方法 于野燕麦3～5叶期进行茎叶喷雾一次，40%水剂每亩制剂用量200～250mL，兑水稀释后均匀喷雾。喷液量人工每公顷300～600L，拖拉机喷雾机100～150L。配药方法先在一个容器内配母液，在药箱内加1/3水，再加入配好的野燕枯母液，充分搅拌，再加入药液量0.4%～0.5%的表面活性剂，最后加药液量

0.005%硅酮消泡剂，搅拌均匀。喷药时气温 20℃以上、空气相对湿度 70%以上的晴天药效好。在干旱少雨地区麦田先灌水后施药。

注意事项

（1）日平均温度 10℃、相对湿度 70℃以上，土壤墒情较好，药效更佳，施药后应保持 4h 无雨。

（2）不同品种小麦耐药性有差异，用药后可能会出现暂时褪绿现象，20d 后可恢复正常，不影响产量。

（3）野燕枯不能与钠盐、铵盐除草剂或其他碱性农药混用，以免产生沉淀，影响药效。

（4）40%燕麦枯水剂在北方冬季应放温室贮存，遇 0℃以下低温会结晶，温热溶解后使用，不影响药效。

（5）可与 72%的 2,4-滴混合使用，兼除阔叶杂草且有相互增效作用，但 2,4-滴每亩用量不得超过 50mL。

叶菌唑（metconazole）

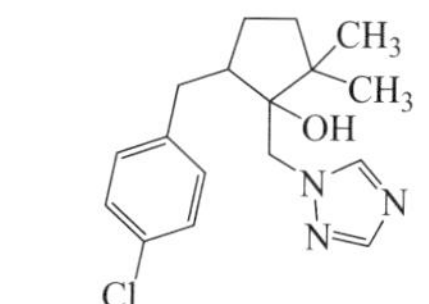

$C_{17}H_{22}ClN_3O$，319.8，125116-23-6

化学名称　(1*RS*,5*RS*; 1*RS*,5*RS*)-5-(4-氯苄基)-2,2-二甲基-1-(1*H*-1,2,4-三唑-1-基甲基)环戊醇。

理化性质　纯品为白色无味结晶固体，熔点 110～113℃，水中溶解度为 15mg/L，有很好的热稳定性和水解稳定性。

毒性　大鼠急性经口 LD_{50}＞1459mg/kg，急性经皮 LD_{50} 为 2000mg/kg，对豚鼠皮肤过敏性为阴性，对兔皮肤无刺激，对兔眼睛有轻微刺激作用。

作用特点　属于内吸性杀菌剂，具有预防和治疗作用。叶菌唑为麦角甾醇生物合成抑制剂。顺式异构式的活性最高，对壳针孢菌和锈菌有优异防效。

适宜作物　禾谷类作物。推荐剂量下对作物和环境安全。

防治对象　可有效防治壳针孢属病菌、柄锈菌属病菌、黑麦喙孢、圆核腔菌、小麦网腥黑粉菌、黑粉菌属病菌和核腔菌属病菌等引起的病害。

应用技术　防治小麦条纹病、大麦条纹病，用 50～75mg（a.i.）/kg 种子拌种。

叶枯唑（bismerthiazol）

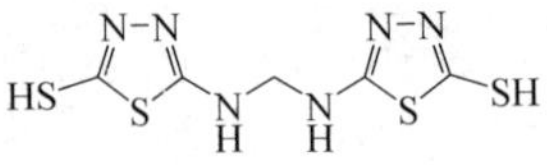

$C_5H_6N_6S_4$，278.38

化学名称 *N,N'*-亚甲基-双（2-氨基-5-巯基-1,3,4-噻二唑）。

理化性质 纯品叶枯唑为白色长方柱状结晶或浅黄色疏松粉末，熔点 172～174℃；难溶于水，稍溶于丙酮、甲醇、乙醇，溶于二甲基甲酰胺、二甲亚砜、吡啶。

毒性 急性 LD_{50}（mg/kg）：大鼠经口 3160～8250，小鼠经口 3480～6200，以 0.25mg/（kg·d）剂量饲喂大鼠 1 年，未发现异常现象；对动物无致畸、致突变、致癌作用。

作用特点 属内吸性杀菌剂，具有保护和治疗作用。主要用于防治植物细菌性病害，对水稻白叶枯病、细菌性条斑病、柑橘溃疡病有一定防效。

适宜作物 水稻、柑橘、番茄、大白菜、桃树等。在推荐剂量下使用对作物和环境安全。

防治对象 主要用于防治水稻白叶枯病、细菌性条斑病，柑橘溃疡病，番茄青枯病，大白菜软腐病，桃树穿孔病。

使用方法

（1）防治水稻病害 水稻白叶枯病、水稻细菌性条斑病，发病初期及齐穗期用 25%可湿性粉剂 100～150g/亩对水 40～50kg 喷雾，间隔 7～10d。

（2）防治蔬菜病害

① 防治番茄青枯病 发病初期用 20%可湿性粉剂 300～500 倍液灌根。

② 防治大白菜软腐病 用 20%可湿性粉剂 100～150g/亩对水 40～50kg 喷雾，间隔 7d 施一次，连续施药 3 次，选择晴天喷药，喷雾时力求均匀喷湿至大白菜基部。

③ 防治白菜细菌性角斑病 发病初期用 20%叶枯唑可湿性粉剂 500～800 倍液，防效显著。

（3）防治果树病害

① 防治桃树穿孔病 在盛花期，用 20%可湿性粉剂 800 倍液喷雾，1 个月后再喷一次。

② 防治柑橘溃疡病 在苗木或幼龄树的新芽萌发后 20～30d（梢长 1.5～3cm，叶片刚转绿期）各喷一次药，结果树在春梢、夏秋梢萌发初期喷药 1～2 次，用 25%可湿性粉剂 500～750 倍液喷雾，间隔 10d 左右，视树冠大小喷足药量，重点在嫩梢、叶等部位。

③ 防治桃树细菌性穿孔病 发病初期用 20%叶枯唑可湿性粉剂 600～800 倍

液（施用量为 250～333.3mg/kg），间隔 10～14d 喷 1 次，连喷 3～4 次。

注意事项　不宜做毒土使用，不宜与碱性农药混用。水稻收割和柑橘采收前 30d 内停止使用。置于干燥阴凉处。

依维菌素（ivermectin）

其他名称　22,23-二氢阿巴美丁，Uvemec，Ivosint，Ivermectin，Mectizan，Vermic。

理化性质　十六元环的大环内酯类抗生素，其基本结构是碳 16 位上的大酯环和 3 个主要取代基团，即 C2 到 C8 位上的六氢苯丙呋喃类，C13 位上的双糖基，C17 到 C18 位上的酮基。本品为白色结晶性粉末；无味。在甲醇、乙醇、丙酮、乙酸乙酯中易溶，在水中几乎不溶，微有引湿性。

作用特点　新型的广谱、高效、低毒抗生素类抗寄生虫药，对体内外寄生虫特别是线虫和节肢动物均有良好驱杀作用。但对绦虫、吸虫及原生动物无效。大环内酯类抗寄生虫药对线虫及节肢动物的驱杀作用，在于增加虫体的抑制性递质 γ-氨基丁酸（GABA）的释放，以及打开谷氨酸控制的氯离子通道，增强神经膜对 Cl 的通透性，从而阻断神经信号的传递，最终神经麻痹，使肌肉细胞失去收缩能力，从而导致虫体死亡。本品为抗生素类杀虫剂，是以阿维菌素为先导化合物，通过双键氢化，结构优化而开发成功的新型合成农药，具有胃毒、触杀作用。

适宜作物　蔬菜、果树。

防除对象　蔬菜害虫如小菜蛾等；果树害虫如红蜘蛛、果蝇等；卫生害虫如蜚蠊、白蚁等。

应用技术　以 0.5%依维菌素乳油、0.1%依维菌素杀蟑胶饵、0.3%依维菌素乳油为例。

（1）防治蔬菜害虫　防治小菜蛾，在低龄幼虫期施药，用 0.5%依维菌素乳油 40～60mL/亩均匀喷雾。

（2）防治果树害虫

① 红蜘蛛　在草莓红蜘蛛发生初期施药，用 0.5%依维菌素乳油 500～1000 倍液均匀喷雾。

② 果蝇　防治杨梅树果蝇，用 0.5%依维菌素乳油 500～750 倍液均匀喷雾。

（3）防治卫生害虫

① 蜚蠊　在食品加工场所、餐馆、商用楼宇、飞机、轮船、家庭等蟑螂孳生的场所使用时，将 0.1%依维菌素杀蟑胶饵投放在蜚蠊经常出现的地方，做到药点体积小、点数多。

② 白蚁　土壤处理：新建、改建、扩建、装饰装修的房屋务必实施白蚁预防处

理。将0.3%依维菌素乳油用水稀释2倍后，对需处理土壤均匀喷洒。木材浸泡：将0.3%依维菌素乳油用水稀释4倍后，将木材在药液中浸泡30min以上。

注意事项

（1）不可与碱性物质混用。

（2）为延缓抗性的发生，建议与其他作用机制不同的杀虫剂轮换使用。

（3）本品对鱼类和蜜蜂毒性较高，应避免污染水源，放蜂期禁用，开花植物花期、蚕室、桑园附近禁用；赤眼蜂等天敌放飞区域禁用；远离水产养殖区、河塘等水体施药，禁止在河塘等水域内清洗施药器具，防止污染水源地。

（4）使用饵剂之处应避免使用其他杀虫剂，以防蜚蠊远离饵剂。

（5）在甘蓝上的安全间隔期为7d，在草莓上的安全间隔期为5d，每季最多使用2次。

乙草胺（acetochlor）

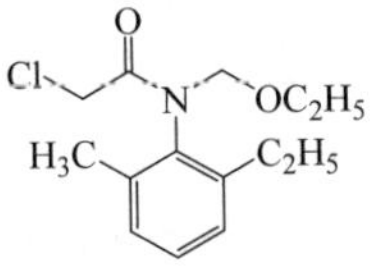

$C_{14}H_{20}ClNO_2$，269.8，34256-82-1

化学名称 *N*-(2-甲基-6-乙基苯基)-*N*-(乙氧甲基)氯乙酰胺，2-chloro-*N*-(ethoxymethyl)-*N*-(2-ethyl-6-methylphenyl)acetamide。

理化性质 纯品乙草胺为淡黄色液体，熔点10.6℃，沸点172℃（665Pa），溶解度（20℃，mg/L）：水282，丙酮5000000，乙酸乙酯500000，甲苯756000，乙醇100000。

毒性 大鼠急性经口LD_{50} 2148mg/kg，短期喂食毒性高；山齿鹑急性LD_{50}＞928mg/kg，虹鳟LC_{50}（96h）0.36mg/L，中等毒性；对大型溞EC_{50}（48h）＞8.3mg/kg，中等毒性；对月牙藻EC_{50}（72h）为0.0036mg/L，高毒；对蜜蜂低毒，蚯蚓中等毒性。对皮肤、呼吸道具刺激性，具皮肤致敏性，无神经毒性、眼睛刺激性，基因毒性未知。

作用方式 选择性芽前土壤封闭处理剂，能被杂草的幼芽和根吸收，抑制杂草的蛋白质合成，而使杂草死亡，在土壤中持效期可达两个月左右。禾本科杂草吸收乙草胺的能力比阔叶杂草强，所以防除禾本科杂草的效果优于阔叶杂草。

防除对象 主要用于大豆、花生、油菜、玉米、马铃薯、棉花、水稻等作物田防除一年生禾本科杂草及部分阔叶杂草，如稗草、狗尾草、马唐、牛筋草、秋稷、臂形草、藜、苋、马齿苋、鸭跖草、菟丝子、刺黄花稔、黄香附子、紫香附子、双色高粱、春蓼等。

使用方法　在作物播种后杂草出土前施药，以 900g/L 乳油为例，大豆田制剂用量 100～140mL/亩（东北地区）、60～100mL/亩（其他地区）；花生田制剂用量 58～94mL/亩；棉花田制剂用量 60～70mL/亩（南疆）、70～80mL/亩（北疆）、60～80mL/亩（其他地区），油菜田制剂用量 40～60mL/亩；玉米田制剂用量 100～120mL/亩（东北地区）、60～100mL/亩（其他地区）；马铃薯田制剂用量 100～140mL/亩，每亩兑水 45～60kg 混匀后进行土壤喷雾。地膜覆盖田在盖膜前用药，用药量比露地栽培减少 1/3。水稻田以毒土法施药，栽插后 4～5d 将 900g/L 乙草胺乳油按照 7～9mL/亩的用量与稀土拌匀后撒施，控制田间水层 5cm 左右，保水 5d。

注意事项

（1）杂草对本剂的主要吸收部位是芽鞘，因此必须在杂草出土前施药，只能作土壤处理，不能作杂草茎叶处理。

（2）本剂的应用剂量取决于土壤湿度和土壤有机质含量，应根据不同地区、不同季节，确定使用剂量。施药前后土壤保持湿润，有利于药效发挥，田间积水则易发生药害。土壤有机质含量高、黏壤土或干旱情况用最高推荐剂量，土壤有机质含量低、砂质土应减少用量。

（3）黄瓜、菠菜、小麦、韭菜、谷子、高粱、水稻等作物，对本剂比较敏感，不宜应用。水稻秧田不能用，移栽田宜用于大苗、壮苗，不可用于小苗、弱苗，灌水不宜过深避免淹没稻心叶。

（4）大豆苗期遇低温、多湿、田间长期渍水的条件下，乙草胺对大豆有抑制作用，表现为叶片皱缩，待大豆 3 叶复活后，可恢复正常生长，一般对产量无影响。

（5）乙草胺不可与碱性农药混合使用。

乙虫腈（ethiprole）

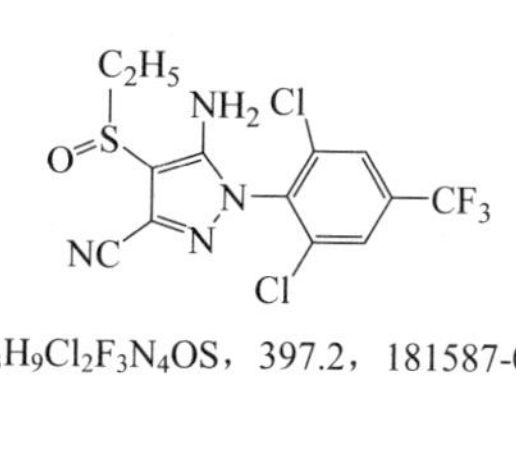

C_2H_5 NH$_2$ Cl O=S N N CF$_3$ NC Cl

$C_{13}H_9Cl_2F_3N_4OS$，397.2，181587-01-9

化学名称　5-氨基-1-(2,6-二氯-对三氟甲基苯基)-4-乙基亚磺（硫）酰基吡唑-3-腈。

理化性质　原药纯品为白色粉末，无特别气味。制剂为具有芳香味浅褐色液体。

密度（20℃）为1.57g/mL。

毒性 急性经口LD_{50}大鼠（雌/雄）＞5000mg/kg，急性经皮LD_{50}大鼠（雌/雄）＞5000mg/kg。

作用特点 杀虫谱广，通过γ-氨基丁酸（GABA）干扰氯离子通道，从而破坏中枢神经系统（CNS）正常活动使昆虫致死。该药对昆虫GABA氯通道的束缚比对脊椎动物更加紧密，因而具有很高的选择毒性。它的作用机制不同于拟除虫菊酯、有机磷、氨基甲酸酯等主要杀虫剂家族，与多种现存杀虫剂无交互性，因此，它是抗性治理的理想后备品种，可与其他化学家族的农药混配、交替使用。

适宜作物 水稻等。

防除对象 水稻害虫如稻飞虱等。

应用技术 以乙虫腈100g/L悬浮剂、9.7%乙虫腈悬浮剂为例。

在水稻灌浆期稻飞虱卵孵高峰期进行茎叶喷雾处理，用100g/L乙虫腈悬浮剂30～40mL/亩；或用9.7%乙虫腈悬浮剂30～40g/亩均匀喷雾。

乙二醇缩糠醛（furalanel）

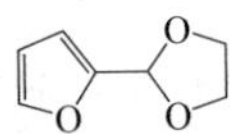

$C_7H_8O_3$，140.14，1708-41-4

其他名称 润禾宝，Ethylene glycol furfura。

化学名称 2-(2-呋喃基)-1,3-二氧五环。

理化性质 原药为浅黄色均相透明液体，无可见的悬浮物和沉淀。本品易溶于丙酮、甲醇、苯、乙酸乙酯、四氢呋喃、二氧六环、二甲基甲酰胺、二甲基亚砜等有机溶剂，微溶于石油醚和水；在光照下接触空气不稳定，在强酸条件下不稳定，弱酸性、中性及碱性条件下稳定。

毒性 大鼠急性经口LD_{50} 562mg/kg，无性别差异；大鼠急性经皮LD_{50}＞2150mg/kg；对家兔眼睛和皮肤无刺激性。低毒。

作用特点 乙二醇缩糠醛是从植物的秸秆中分离精制而成的植物生长调节剂，能促进植物的抗旱和抗盐能力。其作用机制是在光照条件下表现出很强的还原能力。叶面喷药后，能够吸收作物叶面的氧自由基，使植物叶面细胞质膜免受侵害，在氧自由基催化下发生聚合反应，生成单分子薄膜，封闭一部分叶面气孔，减少植物水分的蒸发，增强作物的保水能力，起到抗旱作用。作物在遭受干旱胁迫时，使用该药后，可提高作物幼苗的超氧化物歧化酶、过氧化氢酶和过氧化物酶的活性，并能持续较高水平，有效地消除自由基，还可促进植物根系生长，尤其次生根的数量明显增加，提高作物在逆境条件下的成活力。

适宜作物　小麦。

应用技术　20%乙二醇缩糠醛乳油能增强小麦对逆境（干旱、盐碱）的抵抗能力，促进小麦生长，提高小麦产量。使用有效成分为50～100mg/kg，于小麦播种前浸种10～12h，晾干后再播种。在小麦生长期喷药4次，即在小麦返青、拔节、开花和灌浆期各喷1次药，能有效地调节小麦生长，增加产量，对小麦品质无不良影响。未见药害发生。

乙二膦酸

$HO-P(=O)(OH)-CH_2CH_2-P(=O)(OH)-OH$

$C_2H_8P_2O_6$，190.0，6145-31-9

其他名称　EDPA。

化学名称　1,2-次乙基二膦酸。

理化性质　纯品为白色结晶，熔点220～223℃，吸水性很强，易溶于水、乙醇，难溶于苯、甲苯，不溶于石油醚。其工业产品为淡黄色透明液体，呈强酸性，在酸性介质中稳定，在碱性介质中易分解。

毒性　未见报道。

作用特点　乙二膦酸为一种乙烯释放剂。其水溶液为酸性，被植物吸收后，由于酸度下降而逐渐分解成乙烯和磷酸。乙烯对植物生长发育起着多方面的调节作用，如促进果实成熟、种子萌发，打破顶端优势，加速成熟和叶片脱落。磷酸又是植物所需的营养成分。与乙烯利不同之处是乙二膦酸分解后不产生盐酸，故使用安全。

适宜作物　棉花，苹果，梨，桃。

应用技术

（1）棉花　在棉荚张开时，施用1000～2000g/L乙二膦酸，可促进棉荚早张开，避免霜冻后开花。

（2）桃　在收获前15～30d，施用1000～2000g/L乙二膦酸，可促进桃提早成熟，增加色泽。

（3）苹果、梨　在收获前15～30d，施用1000～2000g/L乙二膦酸，可增加甜度，提早成熟，增加色泽。

注意事项

（1）切勿曝晒和靠近热源。贮存在冷凉条件下。

（2）对金属有一定腐蚀作用，喷雾器使用后用清水冲洗。

（3）不可与碱性药物混用，以免分解而降低药效。

（4）药液随用随配，稀释药液不宜久放。使用时加少量洗衣粉，可增加黏着力，提高药效。

（5）虽然乙二膦酸比乙烯利作用温和，但要严格控制对各种作物的用量，且要喷洒均匀。

乙二肟（glyoxime）

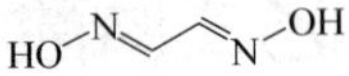

HO-N=CH-CH=N-OH

$C_2H_4N_2O_2$，88.07，557-30-2

其他名称 Pik-off，CGA-22911，glyoxal dioxime。

化学名称 乙二醛二肟，英文化学名称为 ethanedial dioxime。

理化性质 白色结晶，无臭，熔点 178℃（升华）。微溶于水，水溶液呈弱酸性，溶于热水、乙醇和乙醚。在常温下较稳定，可保存 5 年以上，在高温（50～70℃）下易降解，不能与其他化合物混合使用。

毒性 大白鼠急性经口 LD_{50} 为 180mg/kg。

作用特点 乙二肟为乙烯促进剂，也是柑橘果实离层剂。在果实和叶片间有良好的选择性，柑橘外果皮吸收药剂后，诱导内源乙烯产生，使果实基部形成离层，促进果柄离层形成，加速果实脱落。乙烯会很快传导到中果皮内，但不进入果汁，并不降低芳香味。

适宜作物 用作柑橘和凤梨的脱落剂。

应用技术 在柑橘成熟采收前 4～6d 喷洒，将药剂稀释到 15L 水中即可，每公顷用药量 300～450mL。气温在 18℃左右时使用，不会影响未成熟的果实和树叶。

注意事项

（1）干燥时易爆，高度易燃，故应远离火源。

（2）操作时应穿戴防护服、手套和护目镜或面具。

乙环唑（etaconazole）

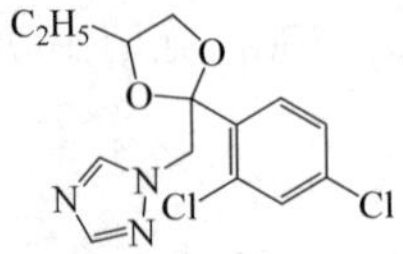

$C_{14}H_{15}Cl_2N_3O_2$，328.20，60207-93-4

化学名称 1-[2-(2,4-二氯苯基)-4-乙基-1,3-二氧戊环-2-甲基]-1*H*-1,2,4-三唑。

理化性质　硝酸盐熔点 122℃。难溶于水，易溶于有机溶剂。纯品为淡黄色或白色固体。

毒性　大鼠急性 LD_{50}（mg/kg）：1343（经口），3100（经皮）。对鸟无毒性，对鱼中等毒性。

作用特点　属广谱内吸性杀菌剂，具有保护和治疗作用。是麦角甾醇生物合成抑制剂。乙环唑通过干扰 C14 去甲基化而妨碍麦角甾醇的生物合成，从而阻止真菌细胞膜的形成，破坏生长繁殖。

适宜作物　小麦、黄瓜、番茄、苹果、梨、柑橘、柠檬、烟草、秋海棠、玫瑰、香石竹等。在推荐剂量下使用对作物和环境安全。

防治对象　除对藻菌病害无效外，对子囊菌亚门、担子菌亚门、半知菌亚门真菌在粮食作物、蔬菜、水果以及观赏植物上引起的多种病害，都有很好的防治效果，持效期长达 3～5 周。

使用方法

（1）防治粮食作物病害　用乙环唑处理种子，防治种传、土传小麦腥黑穗病，效果很优异，同三唑酮、三甲呋酰苯胺不相上下，明显好于苯菌灵、五氯硝基苯。

（2）防治蔬菜病害　乙环唑在室内和田间对黄瓜白粉病防治很好。室内试验，10mg/L 就能完全保护黄瓜免遭白粉病菌的侵染。丙环唑对番茄白粉病防效亦好。乙环唑还能防治芹菜叶斑病。

（3）防治水果病害　乙环唑对苹果白粉病、黑星病、锈病、青霉腐烂病，梨黑星瘸、腐烂病，柑橘褐瘸病、酸腐病、绿霉病，香蕉叶斑病，柠檬酸腐病等，防效都很好，优于三唑酮。乙环唑作为水果保鲜剂，每吨水果用药 2～2.5g 即可。

（4）防治其他经济作物及观赏植物病害　对烟草黑腐病，在温室中用药剂浸灌幼苗，乙环唑用量 75～300mg/m^2（土壤），比苯菌灵 10 倍用量的防效还要好。乙环唑能有效地防治玫瑰、秋海棠白粉病，对香石竹锈病防效很好，不过有使植株矮化的副作用。

乙基多杀菌素（spinetoram）

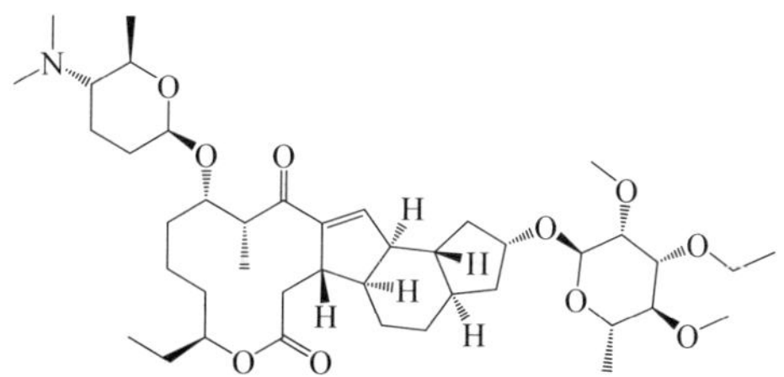

$C_{42}H_{69}NO_{10}$，$C_{43}H_{69}NO_{10}$；187166-40-1，187166-15-0

其他名称　乙基多杀菌素-J、乙基多杀菌素-L、spinetoram-J、spinetoram-L、XDE-

175-J、XDE-175-L。

理化性质 乙基多杀菌素-J（22.5℃）外观为白色粉末，乙基多杀菌素-L（22.9℃）外观为白色至黄色晶体，带苦杏仁味。

毒性 大鼠急性 LD_{50}（mg/kg）：经口＞5000（雌/雄），经皮＞5000（雌/雄）。每日允许摄入量：0.008～0.06mg/kg。

作用特点 本品是新型化学杀虫剂，作用于昆虫神经系统，乙基多杀菌素具有胃毒和触杀作用。

适宜作物 蔬菜、水稻、果树等。

防除对象 蔬菜害虫如美洲斑潜蝇、甜菜夜蛾、小菜蛾、蓟马等；水稻害虫如稻纵卷叶螟、蓟马等；果树害虫如果蝇、蓟马等。

应用技术 以25%乙基多杀菌素水分散粒剂、60g/L乙基多杀菌素悬浮剂为例。

（1）防治蔬菜害虫

① 美洲斑潜蝇　在黄瓜美洲斑潜蝇低龄幼虫（1～2龄幼虫）期施药，或叶面形成0.5～1cm长虫道时开始施药，用25%乙基多杀菌素水分散粒剂11～14g/亩均匀喷雾。

② 豆荚螟　在豇豆初花期施药一次，盛花期施药一次，间隔7～10d，用25%乙基多杀菌素水分散粒剂12～14g/亩均匀喷雾。

③ 甜菜夜蛾、小菜蛾　在低龄幼虫期施药2～3次，间隔7d，用60g/L乙基多杀菌素悬浮剂20～40mL/亩均匀喷雾。

④ 蓟马　在茄子蓟马发生高峰前施药，用60g/L乙基多杀菌素悬浮剂10～20mL/亩均匀喷雾。

（2）防治水稻害虫

① 稻纵卷叶螟　1～2龄幼虫盛发期施药1～2次，用60g/L乙基多杀菌素悬浮剂20～30mL/亩均匀喷雾。

② 蓟马　在蓟马发生高峰前施药，用60g/L乙基多杀菌素悬浮剂20～40mL/亩均匀喷雾。

（3）防治果树害虫

① 果蝇　防治杨梅果蝇应在杨梅采摘前7～10d施药，用60g/L乙基多杀菌素悬浮剂1500～2500倍液均匀喷雾。

② 蓟马　在芒果蓟马发生高峰前施药，用60g/L乙基多杀菌素悬浮剂1000～2000倍液均匀喷雾。

注意事项

（1）施药后如6h内遇雨，天晴后需补喷。

（2）本品对蜜蜂、家蚕等有毒。施药期间应避免影响周围蜂群，禁止在开花植物花期、蚕室和桑园附近使用，施药期间应密切关注对附近蜂群的影响。天敌放飞区域禁用。水产养殖区、河塘等水体附近禁用，禁止在河塘等水体清洗施药器具。

（3）在甘蓝上的安全间隔期为7d，每季最多使用3次；在豇豆上的安全间隔期为3d，每季最多使用2次；在茄子上的安全间隔期为5d，每季最多使用3次；在水稻上的安全间隔期为14d，每季最多使用3次；在杨梅上的安全间隔期为3d，每季最多使用1次；在芒果上的安全间隔期为7d，每季最多使用2次。

乙菌利（chlozolinate）

$C_{13}H_{11}Cl_2NO_5$，332.14，84332-86-5

化学名称　3-(3,5-二氯苯基)-5-乙氧基甲酰基-5-甲基-1,3-噁唑烷-2,4-二酮。

理化性质　纯品为无色结晶固体，熔点112.6℃，25℃水中溶解度32mg/L，在丙酮、氯仿、二氯甲烷中大于300g/kg，乙烷3g/kg。

毒性　大鼠急性经口LD_{50}＞4.5g/kg，小鼠急性经口LD_{50} 10g/kg，大鼠急性经皮LD_{50}＞5g/kg，对皮肤无刺激性、无过敏性。

作用特点　抑制菌体内甘油三酯的合成，具有保护和治疗双重作用。主要作用于细胞膜，阻碍菌丝顶端正常细胞壁的合成，抑制菌丝的发育。

适宜作物　葡萄、草莓、核果及仁果类、蔬菜、禾谷类作物（如小麦、大麦和燕麦等）、苹果及玫瑰等。

防治对象　苹果黑星病、玫瑰白粉病、葡萄灰霉病、草莓灰霉病、蔬菜上的灰霉病、小麦腥黑穗病、大麦和燕麦的散黑穗病等。

使用方法　茎叶处理和种子处理。防治葡萄、草莓的灰霉病，核果和仁果类桃褐腐，以及蔬菜上的灰葡萄孢和核盘菌等，使用剂量为50～66.7g（a.i.）/亩。

注意事项

（1）严格按照农药安全规定使用此药，喷药时戴好口罩、手套，穿上工作服；

（2）施药时不能吸烟、喝酒、吃东西，避免药液或药粉直接接触身体，如果药液不小心溅入眼睛，应立即用清水冲洗干净并携带此药标签去医院就医；

（3）此药应储存在阴凉和儿童接触不到的地方；

（4）如果误服要立即送往医院治疗；

（5）施药后各种工具要认真清洗，污水和剩余药液要妥善处理保存，不得任意倾倒，以免污染鱼塘、水源及土壤；

（6）搬运时应注意轻拿轻放，以免破损污染环境，运输和储存时应有专门的车皮和仓库，不得与食物和日用品一起运输，应储存在干燥和通风良好的仓库中。

乙螨唑（etoxazole）

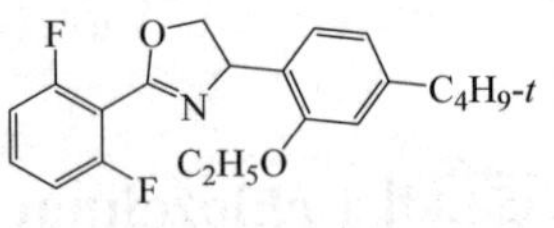

$C_{21}H_{23}F_2NO_2$，359.4，153233-91-1

化学名称 (*RS*)-5-叔丁基-2-[2-(2,6-二氟苯基)-4,5-二氢-1,3-噁唑-4-基]苯乙醚。

理化性质 纯品乙螨唑为白色粉末，熔点 101～102℃，溶解度（20℃，g/L）：甲醇 90，乙醇 90，丙酮 300，环己酮 500，乙酸乙酯 250，二甲苯 250，正己烷 13，乙腈 80，四氢呋喃 750。

毒性 急性 LD_{50}（mg/kg）：大、小鼠经口＞5000，大鼠经皮＞2000；对兔眼睛和皮肤无刺激性；对动物无致畸、致突变、致癌作用。

作用特点 乙螨唑属于 2,4-二苯基噁唑衍生类化合物，是一种选择性杀螨剂，主要是抑制螨类的蜕皮过程，从而对螨卵、幼虫到蛹不同阶段都有优异的触杀性。但对成虫的防治效果不是很好。对噻螨酮已产生抗性的螨类有很好的防治效果。

适宜作物 蔬菜、棉花、果树、花卉等作物。

防除对象 叶螨、始叶螨、全爪螨、二斑叶螨、朱砂叶螨等螨类。

应用技术 以 110g/L 悬浮剂为例。

防治果树害螨柑橘红蜘蛛，在幼螨发生始盛期施药，用 110g/L 悬浮剂 4000～7500 倍液均匀喷雾。

注意事项

（1）不可与氧化性物质混用。

（2）对鸟类、蜜蜂、家蚕、赤眼蜂、七星瓢虫、鱼类有毒。

（3）不可与波尔多液混用。

乙霉威（diethofencarb）

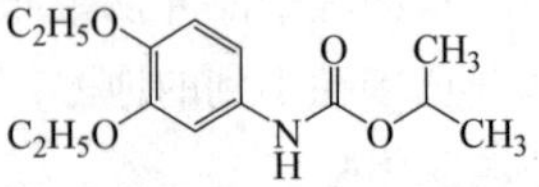

$C_{14}H_{21}NO_4$，267.15，87130-20-9

化学名称 *N*-(3,4-二乙氧基苯基)氨基甲酸异丙酯。

理化性质　纯品乙霉威为白色结晶，熔点 100.3℃，原药为灰白色或褐红色固体；溶解度（20℃，g/L）：水 0.0266，己烷 1.3，甲醇 103，二甲苯 30。

毒性　急性 LD_{50}（mg/kg）：大、小鼠经口＞5000；对动物无致畸、致突变、致癌作用。

作用特点　具有保护和治疗作用的内吸性杀菌剂。通过抑制病菌芽孢纺锤体的形成来抑制病菌。乙霉威对抗性病菌有较强的杀菌作用，尤其对苯并咪唑类如多菌灵或二甲酰亚胺类如腐霉利和异菌脲等产生抗性的灰霉菌有特效。

适宜作物　黄瓜、莴苣、番茄、洋葱、草莓、甜菜、葡萄等。

防治对象　防治甜菜叶斑病，黄瓜茎腐病、灰霉病。能有效防治对多菌灵、腐霉利产生抗性的灰葡萄孢病菌引起的葡萄和蔬菜灰霉病。

使用方法　茎叶喷雾，剂量通常为 16.7～33.3g（a.i.）/亩或 250～500g（a.i.）/L。

（1）防治黄瓜灰霉病、茎腐病，用 12.5mg（a.i.）/L 喷雾；防治甜菜叶斑病，用 50mg（a.i.）/L 喷雾；防治番茄灰霉病，25%可湿性粉剂用量为 125mg（a.i.）/L。

（2）用于水果保鲜防治苹果青霉病时，加入 500mg/L 硫酸链霉素和展着剂浸泡 1min，用量为 500～1000mg/L。

注意事项

（1）不得与食物、种子、饲料等混储，运输储存时应严格防潮湿和日晒。

（2）在一个生长季节里使用次数不宜超过 3 次，最好与腐霉利交替使用，以免诱发抗性产生。

（3）不能与铜制剂及酸碱性较强的农药混用，避免大量地、过度连续使用。

（4）喷药时要做好防护，避免药液接触皮肤，一旦沾染应立即用清水反复清洗，并到医院对症治疗。

乙嘧酚（ethirimol）

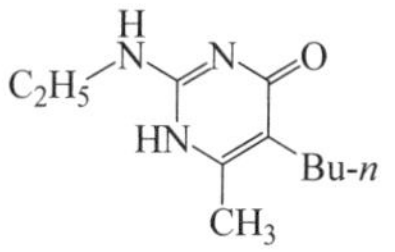

$C_{11}H_{19}N_3O$，209.29，23947-60-6

化学名称　5-丁基-2-乙氨基-4-羟基-6 甲基嘧啶。

理化性质　白色结晶固体，燃点为 159～160℃。在 140℃时发生相变，室温时在水中的溶解度为 253mg/L（pH5.2）、153mg/L（pH9.3）；几乎不溶于丙酮，微溶于乙醇，在氯仿、三氯乙烷、强碱和强酸中溶解。它对热稳定，在碱性和酸性溶液中均稳定，它不腐蚀金属，但是它的酸性溶液不能贮存在镀锌的钢铁容器中。

毒性 雌大鼠急性经口 LD_{50} 为 6.34g/kg，小鼠为 4g/kg，雄兔为 2g/kg，对雌猫＞1g/kg，对雌性豚鼠为 0.5～1g/kg，对母鸡为 4g/kg；大鼠急性经皮 LD_{50}＞2g/kg；大鼠急性吸入 LC_{50}＞4.92mg/L。每天用 1mL 含 50mg 药物的溶液滴入兔的眼睛中，只引起轻微的刺激。

作用特点 腺嘌呤核苷脱氨酶抑制剂，是内吸性杀菌剂，具有保护和治疗作用，可被植物的根、茎、叶迅速吸收，并在植物体内运转到各个部位。

适宜作物 禾谷类作物。

防治对象 禾谷类作物白粉病。

使用方法 茎叶处理和种子处理。

防治禾谷类作物白粉病：茎叶处理，使用剂量为 16.7～23.3g（a.i.）/亩；种子处理，使用剂量为 4g（a.i.）/1kg 种子。

注意事项

（1）严格按照农药安全规定使用此药，避免药液或药粉直接接触身体，如果药液不小心溅入眼睛，应立即用清水冲洗干净并携带此药标签去医院就医；

（2）此药应储存在阴凉和儿童接触不到的地方；

（3）如果误服要立即送往医院治疗；

（4）施药后各种工具要认真清洗，污水和剩余药液要妥善处理保存，不得任意倾倒，以免污染鱼塘、水源及土壤；

（5）搬运时应注意轻拿轻放，以免破损污染环境，运输和储存时应有专门的车皮和仓库，不得与食物和日用品一起运输，应储存在干燥和通风良好的仓库中。

乙嘧酚磺酸酯（bupirimate）

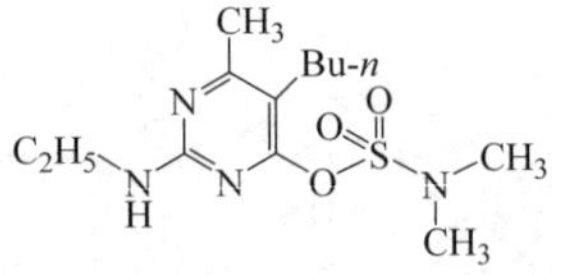

$C_{13}H_{24}N_4O_3S$，316.42，41483-43-6

化学名称 5-丁基-2-乙基氨基-6-甲基嘧啶-4-基二甲基氨基磺酸酯。

理化性质 浅棕色蜡状固体，熔点 50～51℃，室温时溶解度 22mg/L，溶于大多数有机溶剂，不溶于烷烃，工业品熔点为 40～45℃，稳定性：在稀酸中易于水解；在 37℃以上长期贮存不稳定。在土壤中半衰期为 35～90d（pH5.1～7.3），闪点大于 50℃。

毒性　雌大鼠、小鼠、家兔和雄性豚鼠的急性经口 LD_{50} 4000mg/kg。大鼠急性经皮 LD_{50} 4800mg/kg。每日以 500mg/kg 的剂量经皮处理大鼠，10d 后未发现临床症状。对家兔眼睛有轻微的刺激。

作用特点　为腺嘌呤核苷酸抑制剂，内吸性杀菌剂，具有保护和治疗作用。可被植物的根、茎、叶迅速吸收，并在植物体内运转到各个部位，耐雨水冲刷，施药后持效期 10～14d。

适宜作物　果树、蔬菜、花卉等观赏植物、大田作物，对草莓、苹果、玫瑰等某些品种有药害。

防治对象　各种白粉病，如苹果、葡萄、黄瓜、草莓、玫瑰、甜菜白粉病等。

使用方法　茎叶处理。使用剂量为 10～25g（a.i.）/亩。

注意事项

（1）严格按照农药安全规定使用此药，避免药液或药粉直接接触身体，如果药液不小心溅入眼睛，应立即用清水冲洗干净并携带此药标签去医院就医；

（2）此药应储存在阴凉和儿童接触不到的地方；

（3）如果误服要立即送往医院治疗；

（4）施药后各种工具要认真清洗，污水和剩余药液要妥善处理保存，不得任意倾倒，以免污染鱼塘、水源及土壤；

（5）搬运时应注意轻拿轻放，以免破损污染环境，运输和储存时应有专门的车皮和仓库，不得与食物和日用品一起运输，应储存在干燥和通风良好的仓库中。

乙羧氟草醚（fluoroglycofen-ethyl）

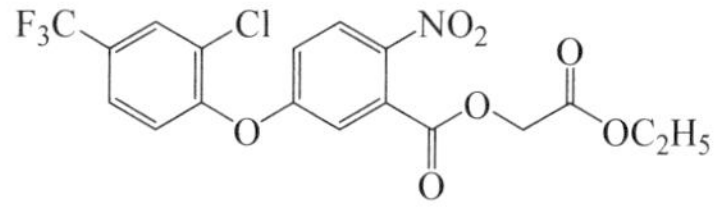

F_3C　Cl　NO_2　O　O　OC_2H_5　O

$C_{18}H_{13}ClF_3NO_7$，447.75，77501-90-7

化学名称　*O*-[5-(2-氯-*a*,*a*,*a*-三氟-对-甲苯氧基)-2-硝基苯甲酰基]氧乙酸乙酯。

理化性质　纯品为深琥珀色固体，熔点 65℃，稳定性：0.25mg/L 水溶液在 22℃下的 DT_{50}：231d（pH 5）、15d（pH 7）、0.15d（pH 9）。其水悬浮液因紫外光而迅速分解，土壤中因微生物而迅速降解。

毒性　大鼠急性经口 LD_{50}＞1500mg/kg，兔急性经皮 LD_{50}＞5000mg/kg，对兔皮肤和眼睛有轻微刺激性。大鼠急性吸入 LC_{50}（4h）＞7.5mg/L（乳油）。Ames 试验结果表明，无致突变作用。山齿鹑急性经口 LD_{50}＞3160mg/kg，山齿鹑和野鸭饲喂试验 LC_{50}（8d）＞5000mg/kg。鱼毒 LC_{50}（96h，mg/L）：虹鳟鱼 23，大翻车鱼

1.6。蜜蜂接触 LD_{50}（96h）＞100μg/只。

作用方式 本品属二苯醚类除草剂，是原卟啉原氧化酶抑制剂。本品一旦被植物吸收，只有在光照条件下，才发挥效力。该化合物同分子氯反应，生成对植物细胞具有毒性的化合物四吡咯，积聚而发生作用。积聚过程中，使植物细胞膜完全消失，然后引起细胞内含物渗漏。

防除对象 适用于防除大豆、小麦、大麦、燕麦、花生和水稻田的阔叶杂草和禾本科杂草，尤其是猪殃殃、婆婆纳、堇菜、苍耳属杂草和甘薯属杂草。

使用方法 在大豆 2～3 片复叶期间，北方以每亩用 10%乙羧氟草醚乳油 40～60mL，兑水 10kg，均匀喷雾，气温高、阳光充足，有利于药效发挥。与异丙隆、绿麦隆等混用可扩大杀草谱，提高药效。

药害

（1）小麦　用其做土壤处理受害，表现出苗、生长较慢，叶色稍淡，并在叶片上产生漫连形白色枯斑，有的叶片从中基部枯折。用其做茎叶处理受害，表现在着药叶片上产生白色枯斑，有的叶片从枯斑较大的部位折垂。

（2）玉米　用其做土壤处理受害，表现叶色褪淡，叶脉、叶鞘变紫，叶脉和叶肉形成两色相间的条纹，底叶叶尖黄枯，根系缩短并横长，植株矮缩，生长缓慢。

（3）大豆　用其做茎叶处理受害，表现在着药叶片上产生小点状白色或淡褐色枯斑。用其做土壤处理受害，表现叶片产生大块状淡褐色枯斑并扭卷皱缩，有的叶片变小卷缩，下胚轴变粗而弯曲，根系纤细短小，植株显著萎缩。

（4）花生　用其做土壤处理受害，表现下胚轴缩短、变粗，根系缩成秃尾状，子叶产生褐斑，真叶叶柄弯曲，叶片窄小。受害严重时，植株、顶芽萎缩，生长停滞。

（5）棉花　用其做土壤处理受害，表现子叶产生漫连形褐色枯斑，并皱缩、变小。

乙烯硅（etacelasil）

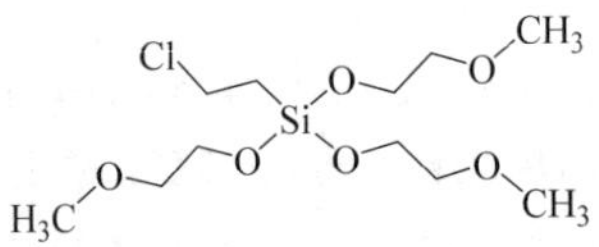

$C_{11}H_{25}ClO_6Si$，361.9，37894-46-5

其他名称 Alsol、GAA-13586、橄榄离层剂。

化学名称 2-氯乙基-三(2′-甲氧基-乙氧基)硅烷。

理化性质 无色液体，沸点 85℃（0.13Pa），溶于水，比较稳定，在密闭容器内可保存 1 年以上，在潮湿环境下，会缓慢降解。蒸气压 27mPa（20℃），密度 1.10g/cm^3（20℃）。溶解性（20℃）：水中 25g/L，可与苯、二氯甲烷、乙烷、甲醇、正辛醇互溶。水解 DT_{50}（min，20℃）：50（pH5），160（pH6），43（pH7），23（pH8）。

毒性　对人、畜无害。大白鼠急性经口 LD_{50} 2066mg/kg，大白鼠急性经皮 LD_{50} ＞3100mg/L，对兔皮肤有轻微刺激，对兔眼睛无刺激。大鼠急性吸入 LC_{50}（4h）＞3.7mg/L 空气。90d 饲喂试验无作用剂量：大鼠 20mg/（kg・d），狗 10mg/（kg・d）。鱼毒 LC_{50}（96h）：虹鳟鱼、鲫鱼、蓝鳃翻车鱼＞100mg/L。对鸟无毒。

作用特点　植物吸收后在体内释放，几小时内迅速降解，在植物体内不会传导，只限于喷洒部位。用于果实收获时促进落果。乙烯硅释放乙烯速度比乙烯利快。

适宜作物　在欧洲，用作橄榄化学脱落剂，有利于机械采收（有机械振动时可使 90%以上的橄榄脱落）。

应用技术　本品通过释放乙烯而促使落果，用作油橄榄的脱落剂。根据油橄榄的品种不同，在收获前 6～10d，气温在 15～25℃、相对湿度较高时，用 1000～2000mg/L 的药液喷雾，使枝叶和果全部被药液湿透。药液中加表面活性剂可提高脱落效果。

注意事项

（1）采取一般防护，避免吸入药雾，避免药液沾染皮肤和眼睛。

（2）贮藏时与食物、饲料隔离，勿让儿童接近。本品中毒无专用解毒药，出现中毒症状，应对症治疗。

（3）气候状况不良时，注意不要过量喷药，也不要加表面活性剂。

乙烯菌核利（vinclozolin）

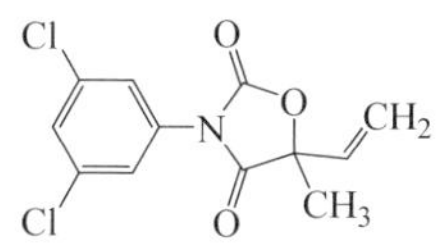

$C_{12}H_9Cl_2NO_3$，286.11，50471-44-8

化学名称　3-(3,5-二氯苯基)-5-甲基-5-乙烯基-1,3-噁唑烷-2,4-二酮。

理化性质　纯品乙烯菌核利为无色结晶，熔点 108℃，略带芳香气味；溶解度（20℃，g/L）：甲醇 15.4，丙酮 334，乙酸乙酯 233，甲苯 109，二氯甲烷 475；在酸性及中性介质中稳定，遇强碱分解。

毒性　急性 LD_{50}（mg/kg）：大、小鼠经口＞15000，大鼠经皮＞5000；对兔眼睛和皮肤没有刺激性；对动物无致畸、致突变、致癌作用。

作用特点 二甲酰亚胺类触杀性杀菌剂，主要干扰细胞核功能，并对细胞膜和细胞壁有影响，改变膜的渗透性，使细胞破裂。

适宜作物 白菜、黄瓜、番茄、大豆、茄子、油菜、花卉。

防治对象 白菜黑斑病、黄瓜灰霉病、大豆菌核病、茄子灰霉病、油菜菌核病、番茄灰霉病，对防治果树、蔬菜类作物的灰霉病、褐斑病、菌核病有较好的防治效果，还可用在葡萄、果树、啤酒花和观赏植物上。

使用方法 主要用于茎叶处理。

（1）防治番茄灰霉病、番茄早疫病　在发病初期开始喷药，每次用 50%乙烯菌核利可湿性粉剂 50～100g/亩，对水喷雾，间隔 10d，连喷 3～4 次；

（2）防治番茄灰霉病　还可用 50%乙烯菌核利水分散粒剂，在发病前或发病初期对水喷雾，用药量为 100～150g/亩，喷雾时，使叶片的正反两面及果实均匀附着药液，药剂使用次数根据病情发展喷 3～4 次，用药间隔期为 6～8d；

（3）防治油菜菌核病、茄子灰霉病、大白菜黑斑病、花卉黑霉病等　发病初期开始喷药，用 50%可湿性粉剂 50～100g/亩对水 40～50kg 喷雾，全生育期喷 3～4 次；

（4）防治西瓜灰霉病　用 50%可湿性粉剂 50～100g/亩对水 40～50kg 喷雾，在西瓜团棵期、始花期、坐果期各喷一次；

（5）防治黄瓜灰霉病　刚开始发病时，用 50%可湿性粉剂 50～100g/亩对水 40～50kg 喷雾，间隔 10d 喷 1 次，共喷药 3～4 次；

（6）防治葡萄灰霉病　葡萄开花前 10d 至开花末期，对花穗喷施 50%干悬浮剂 750～1200 倍液，共喷 3 次；

（7）蔬菜种植前对保护地进行表面消毒灭菌　用 50%干悬浮剂 400～500 倍液喷洒地面、墙壁、立柱、棚膜等。

注意事项

（1）为防止病害抗性的产生，应与其他杀菌剂轮换使用。

（2）在黄瓜、番茄上推荐的安全间隔期为 21～35d。

（3）严格按照农药安全规定使用此药，避免药液或药粉直接接触身体，如果不慎将该药剂溅到皮肤上或眼睛内，应立即用大量清水冲洗，如误服中毒，应立即催吐，不要使用促进吸收乙烯菌核利的食物，如脂肪（牛奶、蓖麻油）或酒类等，并且应迅速服用医用活性炭。若患者昏迷不醒，应将患者放置于空气新鲜处，并侧卧。

（4）若停止呼吸，应进行人工呼吸。此药应储存在阴凉和儿童接触不到的地方。

（5）施药后各种工具要认真清洗，污水和剩余药液要妥善处理保存，不得任意倾倒，以免污染鱼塘、水源及土壤。

（6）搬运时应注意轻拿轻放，以免破损污染环境，运输和储存时应有专门的车皮和仓库，不得与食物和日用品一起运输，应储存在干燥和通风良好的仓库中。

乙烯利（ethephon）

HO–P(=O)(OH)–CH₂CH₂–Cl

$C_2H_6ClO_3P$，144.5，16672-87-0

其他名称　乙烯灵，乙烯磷，一试灵，CEPA，Ethrel。

化学名称　2-氯乙基膦酸。

理化性质　纯品为长针状无色结晶，熔点74～75℃，极易吸潮，易溶于水、乙醇、乙醚、丙酮、甲醇，微溶于苯和二氯乙烷，不溶于石油醚。制剂为棕黄色黏稠强酸性液体，pH值1左右。在常温、pH值3以下比较稳定，几乎不放出乙烯，在pH值4以上会分解出乙烯，乙烯释放速度随温度和pH值升高而加快。乙烯利在碱性沸水浴中40min会全部分解，放出乙烯和氯化物及磷酸盐。

毒性　大鼠急性经口LD_{50} 4299mg/kg，兔急性经皮LD_{50} 5730mg/kg。小白鼠急性经皮LD_{50} 6810mg/kg。对人皮肤、黏膜、眼睛有刺激性，无致突变、致畸和致癌作用。乙烯利与酯类有亲和性，故可抑制胆碱酯酶的活力。一定浓度的乙烯利可能导致头脑、肾损害，甚至诱发癌变。长期食用乙烯利催熟的蔬菜，体内会积累衰老素，影响身体健康。对鱼低毒，对蜜蜂低毒，对蚯蚓无毒。

作用特点　是促进植物成熟的生长调节剂，易被植物吸收，进入植物的茎、叶、花、果实等细胞中，并在植物细胞液微酸性条件下分解释放出乙烯，与内源激素乙烯所起的生理功能相同。几乎参与植物的每一个生理过程，促进果实成熟；叶片、果实脱落；促进雌花发育；诱导雄性不育；打破种子休眠；减少顶端优势；增加有效分蘖，使植株矮壮等。几乎参加植物的每个生理过程，促进果实成熟，促进雄花发育和植物器官脱落，诱导雄性不育，打破某些种子休眠，改变向性，减少顶端优势，增加有效分蘖，使植株矮壮等。乙烯利在碱性介质中会分解释放乙烯从而加速果实成熟，属于低毒植物生长调节剂。

适宜作物　乙烯利主要应用于棉花、水稻、玉米、高粱、大麦、番茄、西瓜、黄瓜、苹果、梨、柑橘、山楂等作物催熟；也用于水稻，控制秧苗徒长，增加分蘖；增加橡胶乳产量和小麦、大豆等的产量。

应用技术

（1）催熟

① 玉米　心叶末期每亩用40%乙烯利50mL兑水15kg喷施，可矮化植株，抗倒伏，增产，使成熟期提前3～5d。

② 棉花　棉花具无限生长习性，但是受气候条件制约，特别是随着夏播棉的发展，部分晚期棉铃不能自然成熟，甚至不能开裂吐絮。乙烯利直接促进棉花的乙烯生成，从而引起叶片脱落和棉铃开裂，但一般情况下，乙烯利的催熟效果优于脱

叶效果。用乙烯利催熟棉花，大多数需要催熟的棉铃达到铃期的70%～80%时，药液浓度一般在500～800mg/L。目前我国使用较多的是40%乙烯利水剂，每亩用100～150mL，对水量可根据使用的喷雾方法调整，手动喷雾时用水20～30kg，机动喷雾时可用水15～20kg。用乙烯利催熟处理后，早熟棉花10月上中旬吐絮率可达92.9%～98.2%，比对照增加11.6%，同时中熟棉花吐絮达79.2%～81.1%，比对照增加24.2%～34.4%，中熟品种的催熟效果更显著。

③ 梨　用200～400mg/L的乙烯利药液喷洒植株可疏花疏果；用25～250mg/L的乙烯利药液喷洒可催熟，改善果实品质。

④ 樱桃、枣树　用200～300mg/L的乙烯利药液浸果可催熟。

⑤ 山楂　在果实正常采收前1周，用40%乙烯利水剂800～1000倍稀释液喷雾全株，可促使山楂果脱落，脱落率可达90%～100%，采收省工可提高好果率。

⑥ 李子　用50～100mg/L的乙烯利药液喷洒植株，可催熟，改善果实品质。

⑦ 葡萄　在果实膨大期，喷40%乙烯利水剂888～1333倍液，每隔10d喷洒一次，连续喷2次，果实可提前10d左右成熟。

⑧ 果梅　用250～350mg/L的乙烯利药液喷洒植株，可催熟。

⑨ 柿子　用300～800mg/L的乙烯利药液喷洒植株或浸果，可催熟，脱涩。

⑩ 银杏　用500～700mg/L的乙烯利药液喷洒植株，可促进果实脱落。

⑪ 菠萝　用25～75mg/L的乙烯利药液叶腋注射，可催芽；每株灌入30～50mL 250～500mg/L的乙烯利药液，可控制开花结果；果实成熟度达七成以上时使用，可催熟。

⑫ 香蕉　用800～1000mg/L的乙烯利药液浸果，可催熟并改善香蕉的风味。

⑬ 烟草　乙烯利催熟烟叶可以在生长后期茎叶处理或采后处理烟片。茎叶处理：一般采用全株喷洒的方法。对于早、中烟，在夏季晴天喷施500～700mg/L乙烯利，每亩用40%乙烯利水剂62.5～87.5mL，加水50～100kg，3～4d后烟株自下向上约2～4台叶（每台2片）能由绿转黄，和自然成熟一样；对晚烟，浓度要增加到1000～2000mg/L，5～6d后浅绿色的叶片转黄。也可以用15%乙烯利溶液涂于叶基部茎的周围，或者把茎表皮纵向拨开约1.5cm×4.0cm尺寸，然后抹上乙烯利原液，3～5d，抹药部位以上的烟叶即可褪色促黄，乙烯利在烟草上药效持续期为8～12d，也可在烟草生长季节，针对下部叶片和上部叶片使用两次。有研究表明对达到生理成熟的上部烟叶，高温快烤前提前2d喷施浓度为200mg/L的乙烯利溶液能使烤后烟叶成熟度提高，化学成分含量的适宜性和协调性得到改善。乙烯利处理的高温快烤可提高上等烟和上、中等烟比例，较未使用乙烯利处理提高15.66%。

⑭ 番茄　番茄在采收前期应用乙烯利处理，不仅可促进早熟、增加早期产量，而且对后期番茄的成熟也十分有利。对于贮藏加工番茄品种，为了便于集中加工，都可应用乙烯加工处理，其茄红素、糖、酸等的含量与正常成熟的果实相似。使用

方法如下：

涂抹法　当番茄的果实由青熟期即将进入催色期时，可将小毛巾或纱手套等在4000mg/kg 的乙烯利溶液中浸湿后，在番茄果实上揩一下或摸一下。经处理的果实可提早 6～8d 成熟，且果实光泽鲜亮。

浸果法　也可将进入催色期的番茄采摘下来再催熟，可采用 2000mg/kg 的乙烯利溶液对果实进行喷施 1min 或喷洒，再将番茄置于温暖处（22～25℃）或室内催熟，但用这种方法催熟的果实不如在植株上催熟的果实鲜艳。

大田喷果法　对于一次性采收的大田番茄，可在生长后期，大部分果实已转红色但尚有一部分青果不能用于加工时，为了加速果实成熟，可全株喷施 1000mg/kg 乙烯利溶液，使青果加快成熟。对于晚季栽培的秋番茄或高山番茄，在生长后期气温逐渐下降，为防霜冻可用乙烯利喷洒于植株或果实，促进果实提早成熟。

但须注意，应用乙烯利促进番茄早熟，要严格掌握乙烯利的浓度；在番茄的正常生长季节，不能用乙烯利喷施植株，因为植株经乙烯利，特别是较高浓度的乙烯利处理后，会抑制植株的生长发育，并使枝叶迅速转黄，将严重影响产量。我国和澳大利亚均规定乙烯利作为农药使用时，在番茄中的最大残留限量为 2mg/kg。

① 西瓜　用 100～300mg/L 喷洒已经长足的西瓜，可以提早 5～7d 成熟。

但要注意，乙烯利催熟瓜果时，某些瓜果风味欠佳，如西瓜等，除施足底肥外，还应配合使用有关增甜剂，才能达到既早熟风味又好的效果。或者与某些生长抑制剂混用，结合高效水肥条件则更理想。

② 平菇　用 500mg/L 的乙烯利药液喷洒 3 次，可促进现蕾、早出菇，增产。

③ 金针菇　用 500mg/L 的乙烯利药液喷洒，可促进早出菇，出齐菇。

（2）调节生长，增加产量，改善品质

① 水稻　连作晚稻秧苗生长期，由于播种量较大，气温高，生长速度快，植株普遍细长，适时喷施乙烯利溶液后，能在植物体内释放出乙烯，引起水稻幼苗矮化 10cm 左右。在水稻秧田期使用乙烯利处理后，能起到提高秧苗素质、控制秧苗高度等生理作用。主要表现在如下方面：

a. 提高秧苗素质，秧苗出叶速度加快，叶色深绿，单叶光合效率明显高于对照。移栽前和移栽后，根系吸收能力强，单株发根能力强，根量多，返青快。

b. 控制后季稻秧苗的高度，秧苗高度比对照下降 25%左右。

c. 减轻拔秧力度。

d. 促进栽秧后早发。

e. 提早抽穗。

f. 增加产量，增产率达 5%～10%。用 40%乙烯利 800～1600 倍液喷雾，每亩喷 50kg，在秧苗四叶期、六叶期各喷 1 次。

需要注意的是，乙烯利促进秧苗发育，常发生“早穗”，只有掌握在拔秧前 15d

左右使用才能免除这一副作用。

② 玉米　在玉米拔节初期，一般品种在有6～10片展开叶时，用乙烯利60～90g对水450kg进行叶面喷雾，能有效降低下部节间长度，降低株高，防止倒伏；生产上将乙烯利和胺鲜酯、羟烯腺嘌呤、芸苔素内酯等促进型植物生长调节剂进行复配使用。30%胺鲜酯·乙烯利水剂（福建浩伦生物工程技术有限公司首家登记）在生产上推广应用有较好的表现，除了保留乙烯利降低株高、防止倒伏特点的同时，加入的胺鲜酯组分促进了源器官光合产物的制造能力，表现出穗粒数增加、千粒重提高、降低了“秃尖”长度、大幅度提高了玉米产量，同时增强了玉米植物对大风、干旱等不良环境的抵抗能力。

③ 大麦　乙烯利在大麦抽穗初期施用，使大麦株高降低、成熟期提前、千粒重略有增加，具有一定的增产效果，而对大麦穗长、每穗实粒数无明显影响。乙烯利对大麦生长发育无明显不良影响，安全性较好。应用乙烯利防止大麦倒伏、催熟，每亩用乙烯利20～24g进行叶面喷雾为宜，掌握在大麦破口抽穗期施药。

④ 高粱　用250mg/L的乙烯利药液喷洒叶面，可矮化植株，抗倒伏，增产。

⑤ 大豆　乙烯利被植物吸收后，在体内释放乙烯，引起生理变化，促进果实成熟，使大豆植株矮壮，提高产量。于大豆9～12叶片，用40%水剂配制成0.3～0.5g/L的乙烯利溶液，每亩喷稀释液30～40L。

⑥ 花生　开花多，结荚少，秕果多，饱果少，所以要设法控制后期花，使之少开花或不开花，以减少养分消耗，为多结荚、结饱荚创造条件。对初花期花生叶面喷施6种浓度的40%乙烯利水剂，可使植株矮化，抑制花生地上部分的生长，使主茎和分枝长比对照缩短，但分枝数较多；提高单位叶面积鲜重、干重及植株鲜重、干重；提高植株的单株结荚数、饱果率和产量。其中以浓度为200mg/L的处理效果最好，花生的经济性状和产量最高，适宜在生产中推广。不同浓度的乙烯利能够明显提高花生功能叶叶绿素含量和光合速率，有利于功能叶光合产物的合成和累积以及籽粒产量和品质的提高；有利于花生功能叶中的氮素向籽粒库转运，不同浓度的各处理功能叶中全氮、蛋白氮含量的减少量均高于对照；且能够明显提高花生结荚前期功能叶硝酸还原酶、谷氨酰胺合成酶和转化酶活性及结荚中、后期功能叶中蛋白水解酶活性；能明显提高花生籽粒全氮、蛋白氮的含量，且以150mg/L浓度最合理。

⑦ 橡胶树　用乙烯利处理橡胶树时，以15年生长以上的实生树为宜。先将橡胶割线下部刮去4cm的死皮，然后涂药液，浓度为30%以下，涂药后20h胶乳分泌量急剧上升，药效期可达1.5～3个月，药效消失后可再涂。应采用半树围隔日割胶，每月割次应控制在15刀以下，过多时将会影响产胶潜力。

⑧ 漆树、安息香树、松树、印度紫檀等　经乙烯利处理后，可促进分泌乳液和油脂。

（3）调节花期、提高两性花比例

① 小麦 用40%乙烯利水剂200～400倍液于抽穗初期到末期使用，可使雄性不育。

② 水稻 用1%～2%乙烯利溶液在花粉母细胞减数分裂时喷洒，可使花粉母细胞发育不全。

③ 棉花 用1000～2000mg/L的乙烯利溶液喷洒植株，可使雄蕊发育不全。

④ 花生 用2000mg/L的乙烯利溶液在开花后25d喷洒植株，可控制开花。

⑤ 杏树 用50～200mg/L的乙烯利溶液喷洒植株，可延迟开花，增产。

⑥ 芒果 用100～200mg/L的乙烯利溶液喷洒植株，可促进开花。

⑦ 黄瓜 用200～300mg/L的药液在苗龄一心一叶时各喷一次药，有增产效果，雌花增多，节间变短，坐瓜率提高。

⑧ 西葫芦 用150～200mg/L的乙烯利药液于3叶期喷洒植株，以后每隔10～15d喷洒1次，共喷洒3次，可使雌花数增加，增加早期产量15%～20%，提早7～10d成熟。

⑨ 甜瓜 用100mg/L的乙烯利溶液喷洒植株，可提高两性花比例。

⑩ 甜菜 用4000～8000mg/L的乙烯利溶液喷洒植株，可杀雄，但也有使甜菜不易抽穗的副作用。

⑪ 牡丹 用500mg/L的乙烯利溶液喷洒植株，可促进开花。

⑫ 菊花 用200mg/L的乙烯利溶液喷洒植株，可抑制花芽形成，推迟花期。

⑬ 水仙 用1000～2000mg/L的乙烯利溶液浇灌，可促进开花。

⑭ 叶子花 用75mg/L的乙烯利溶液喷洒植株，可促进开花。

（4）增加分枝、促进生长

① 玫瑰、杜鹃花、天竺葵 插枝生根后，用500mg/L的乙烯利溶液喷洒苗基部，间隔2周再喷1次，可促进侧枝生长。

② 香石竹 用500mg/L的乙烯利溶液喷洒4次，可增加分枝，促进生长。

（5）提高抗逆性

① 马铃薯 叶面喷洒200～600mg/L的乙烯利溶液，可控制马铃薯巧克力斑点病。

② 茶树 10月下旬至11月上旬，每亩用40%乙烯利水剂125mL，对水150kg喷洒花蕾，可促使落花落蕾，节省茶树养料，有利于翌年春茶增产及增强茶树抗寒性。

注意事项

（1）乙烯利原液稳定，但经稀释后的乙烯利水溶液稳定性变差。生产上使用时应随配随用，放置过久会降低使用效果。

（2）乙烯利活性强，不可随意使用，否则将产生药害。较轻药害表现为植株顶部出现萎蔫，植株下部叶片及花、幼果逐渐变黄、脱落，残果提前成熟；较重药害为整株叶片迅速变黄、脱落，果实迅速成熟脱落，导致整株死亡。乙烯利用量过大或使用时间不当均可产生药害，但其药害不对下茬作物产生影响。缺少使用经验的地方要先试验，然后再加大面积使用。

（3）使用乙烯利要配合其他农业技术措施，尤其要施足基肥和增加追肥。遇天旱、肥力不足、作物生长矮小时，应降低使用浓度；雨水过多，肥力过剩，气温偏低，作物不能正常成熟时，应增加使用剂量。

（4）乙烯利宜在晴天使用，至少在用后 4～5h 内无雨，否则药效减弱，需补充用药。施用本品的气温最好在 16～32℃，当温度低于 20℃时要适当加大使用浓度。如遇天旱、肥力不足，或其他原因植株生长矮小时，使用该药剂应予小心，降低使用浓度，并作小区试验。相反，如果土壤肥力过大，雨水过多，气温偏低，不能正常成熟时，应适当加大使用浓度。作为使用乙烯利后要及时收获，以免果实过熟。

（5）配制的乙烯利溶液 pH＜4 时可直接使用，若 pH＞4，则需要加酸使药液调至 pH=4。

（6）使用乙烯利时温度宜在 20℃以上。温度过低，乙烯利分解缓慢，使用效果降低。

（7）乙烯利虽是低毒制剂，但对人的皮肤、眼睛有刺激作用。0.5%乙烯利能刺激眼睛，20%乙烯利能刺激皮肤，故使用时应尽量避免与皮肤接触，特别注意不要将药液溅入眼内。如不慎皮肤接触原液或溅入眼内，应迅速用水和肥皂冲洗，必要时请医生治疗。

（8）乙烯利具有强酸性，原液与金属容器会发生反应放出氢气，腐蚀金属容器、皮肤及衣物，因此应戴手套和眼镜作业，作业完毕后应立即充分清洗喷雾器械。当遇碱时会放出可燃易爆气体乙烯，在清洗、检查或选用贮存容器时，务必注意这些性能，以免发生危险。贮存过程中勿与碱金属的盐类接触。

乙酰甲胺磷（acephate）

$C_4H_{10}NO_3PS$，183.16，30560-19-1

其他名称 高灭磷、杀虫灵、酰胺磷、益士磷、杀虫磷、欧杀松、Ortran、Ortho12420、Torndo、Orthene。

化学名称 *O*,*S*-二甲基-*N*-乙酰基硫代磷酰胺，*O*,*S*-dimethyl-*N*-acethyl phosphorramidothioate。

理化性质 白色针状结晶，熔点 88～90℃，分解温度为 147℃；易溶于水、丙酮、醇等极性溶剂及二氯甲烷、二氯乙烷等氯代烷烃中；低温储藏比较稳定，酸性、碱性及水介质中均可分解；工业品为白色吸湿性固体，有刺激性臭味。

毒性　急性经口 LD_{50}（mg/kg）：大白鼠 945（雄）、866（雌），小白鼠 361；低剂量饲喂狗、鼠两年，无异常现象；在动物体内解毒很快，对动物无致畸、致突变、致癌作用；对禽类和鱼类低毒；能很快被植物和土壤分解，所以不会污染环境。

作用特点　乙酰甲胺磷的作用机制是抑制昆虫体内的乙酰胆碱酯酶，属内吸杀虫剂，具有胃毒和触杀作用，并可杀卵，有一定的熏蒸作用，是缓效型杀虫剂。在施药后初效作用缓慢，2～3d 效果显著，后效作用强。如果与甲萘威、乐果等农药混用，有增效作用并可延长持效期。

适宜作物　水稻、小麦、玉米、棉花、烟草等。

防除对象　水稻害虫如三化螟、二化螟、稻纵卷叶螟、稻叶蝉等；玉米害虫如黏虫、玉米螟等；棉花害虫如棉铃虫、盲蝽等；烟草害虫如烟青虫等；菊花害虫如蚜虫等。

应用技术

（1）防治水稻害虫

① 三化螟　在卵孵盛期或田间出现枯心苗和白穗时施药，用 20%乳油 250～300g/亩兑水喷雾，分蘖期重点是近水面的茎基部；孕穗期重点是稻穗。

② 二化螟　在卵孵始盛期到卵孵高峰期施药，用 95%可湿性粉剂 60～80g/亩兑水喷雾，重点是靠近水面的茎秆和叶丛。田间保持 3～5cm 的水层 3～5d。

③ 稻纵卷叶螟　在卵孵盛期至低龄幼虫期施药，用 75%可溶粉剂 80～100g/亩兑水喷雾，重点是稻株中上部分。

④ 稻叶蝉　在低龄若虫发生盛期施药，用 30%乳油 175～225mL/亩兑水均匀喷雾。

（2）防治玉米害虫

① 黏虫　在卵孵盛期至低龄幼虫期施药，用 30%乳油 180～240mL/亩兑水均匀喷雾。

② 玉米螟　在卵孵盛期至低龄幼虫尚未钻蛀时施药，用 30%乳油 180～240mL/亩兑水均匀喷雾。

（3）防治棉花害虫

① 棉铃虫　在卵孵盛期至低龄幼虫期施药，用 75%可湿性粉剂 80～120g/亩兑水均匀喷雾。

② 盲蝽　在低龄若虫盛发期施药，用 97%可溶粉剂 45～60g/亩兑水喷雾，重点是棉花生长点和蕾铃。

（4）防治烟草害虫　防治烟青虫，在卵孵盛期至低龄幼虫期施药，用 30%乳油 150～200mL/亩兑水 45～50kg 均匀喷雾。

（5）防治花卉害虫　防治蚜虫，在观赏菊花蚜虫发生始盛期施药，用 75%可湿性粉剂 80～93g/亩兑水均匀喷雾。

注意事项

（1）不能与碱性农药混用。

（2）对蜜蜂、家蚕等生物高毒，对蚯蚓、鱼类等水生物低毒。施药期间应避免对周围蜂群的影响；周围作物的花期、蚕室和桑树园附近禁止使用；水产养殖区、河塘等水体附近禁用；赤眼蜂等放飞区禁用；禁止在河塘等水体中清洗施药器具。

（3）对桑树、茶树较敏感，施药时应避免药液飘移到上述作物上。

（4）在棉花上的安全间隔期为 21d，每季最多使用 1 次；在水稻上的安全间隔期为 45d，每季最多使用 2 次；在小麦上的安全间隔期为 21d，每季最多使用 2 次；在玉米上的安全间隔期为 21d，每季最多使用 2 次；在烟草上的安全间隔期为 21d，每季最多使用 2 次。

（5）大风天或预计 1h 内降雨请勿施药。

（6）为延缓抗药性产生，建议与其他不同作用机制的杀虫剂轮换使用。

乙氧呋草黄（ethofumesate）

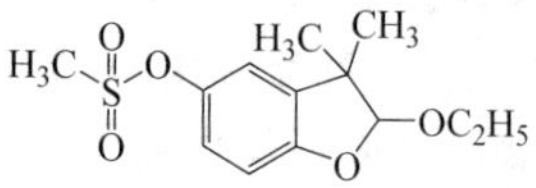

H_3C CH_3 H_3C O O S O O O OC_2H_5

$C_{13}H_{18}O_5S$，286.3，26225-79-6

化学名称 2-乙氧基-2,3-二氢-3,3-二甲基-5-苯并呋喃甲基磺酸酯，2,3-dihydro-3,3-dimethyl benzofuran-5-yl ethanesulfonate。

理化性质 纯品为白色至米黄色结晶固体，熔点 70～72℃，溶解度（20℃，mg/L）：水 50（25℃），丙酮 260000，二氯甲烷 600000，乙酸乙酯 600000，甲醇 114000。

毒性 大鼠急性经口 LD_{50}＞5000mg/kg，绿头鸭急性 LD_{50}＞2000mg/kg，鲤鱼 LC_{50}（96h）10.92mg/L，中等毒性；对大型溞 EC_{50}（48h）13.52mg/kg，中等毒性；对月牙藻 EC_{50}（72h）3.9mg/L，中等毒性；对蜜蜂、蚯蚓中等毒性。对眼睛、皮肤无刺激性，无神经毒性，无染色体畸变和致癌风险。

作用方式 苯并呋喃烷基磺酸类选择性内吸性除草剂，双子叶植物主要通过根部吸收，单子叶植物主要经萌发的幼芽吸收，当植物形成成熟的角质层后一般不容易吸收。抑制植物体脂类物质合成，阻碍分生组织生长和细胞分裂，限制蜡质层的形成。

防除对象 用于甜菜田防除看麦娘、野燕麦、早熟禾、狗尾草等一年生禾本科杂草和多种阔叶杂草。

使用方法　甜菜出苗后、杂草于2～4叶期，进行常规茎叶喷雾，20%乙氧呋草黄乳油每亩制剂用量400～533mL，兑水30～40L，稀释均匀后喷雾。

注意事项

（1）不得与酸性或碱性农药混用，以免水解降低药效。

（2）干旱及杂草叶龄较大时施药会降低药效，因此在苗后尽早施药。

乙氧氟草醚（oxyfluorfen）

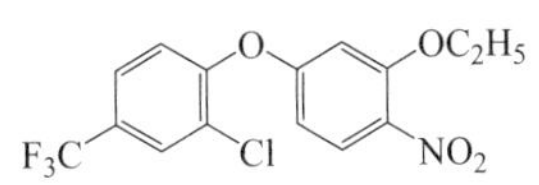

$C_{15}H_{11}ClF_3NO_4$，361.7，42874-03-3

化学名称　2-氯-α,α,α-三氟对甲氧基-（3-乙氧基-4-硝基苯基）醚。

理化性质　白色至橙色或红色-棕色结晶固体，带有一种像烟的气味。熔点83～84℃，沸点358.2℃（分解），溶解度（20℃，g/100g）：丙酮72.5，氯仿50～55，环己酮61.5，DMF＞50。

毒性　急性LD_{50}（mg/kg）：大鼠经口＞5000；经皮兔＞5000；对兔皮肤有轻度刺激性，对兔眼睛有中度刺激性；以100mg/kg剂量饲喂狗两年，未发现异常现象；对鸟类、蜜蜂低毒；对动物无致畸、致突变、致癌作用。

作用方式　触杀型除草剂，在有光的情况下发挥杀草作用，最好在傍晚施药。主要通过胚芽、中胚轴进入植物体内，经根部吸收较少，并有极微量通过根部向上运输进入叶部。芽前和芽后早期施用效果最好，对种子萌发的杂草除草谱较广，能防除阔叶杂草、莎草及稗草，但对多年生杂草只有抑制作用。在水田里，施入水层中后在24h内沉降在土表，水溶性极低，移动性较小，施药后很快吸附于0～3cm表土层中，不易垂直向下移动，三周内被土壤中的微生物分解成二氧化碳，在土壤中半衰期为30d左右。

防除对象　用于水稻、大豆、玉米、棉花、玉米等作物防除多种阔叶杂草、莎草科杂草和多种禾本科杂草，如飞扬草、鸭舌草、鳢肠、苍耳、反枝苋、草龙、鬼针草、胜红蓟、矮慈姑、节节草、小藜、陌上草、旱稗、千金子、牛筋草、稗、孔雀稗、野燕麦、狗尾草、马唐、扁穗莎草、日照飘拂草、萤蔺、异型莎草、毛轴莎草、碎米莎草等。

使用方法

（1）水稻移栽田　适用于秧龄30d以上、苗高20cm以上的一季中稻和双季晚稻移植田，移栽后 3～5d，水稻缓苗后，稗草芽期至 1.5 叶期，视草情、气候条件确定用药量，每亩用 24%乙氧氟草醚乳油 10～20mL（有效成分 2.4～4.8g），兑水 300～500mL 母液，然后均匀洒在备用的 15～20kg 沙土中混匀。稻田水层 3～5cm，均匀撒施或将亩用药量兑水 1.5～2kg 装入盖上打有三个小孔的瓶内，手持药瓶每隔 4m 一行，前进四步向左右各撒 1 次，使药液均匀分布在水层中，施药后保水层 5～7d。

（2）南方冬麦田　在水稻收割后、麦类播种 9d 前施药，每亩用 24%乙氧氟草醚 12mL。

（3）棉田　棉花苗床在棉花播种后施药，每亩用 24%乙氧氟草醚 12～18mL，混用时加 60%丁草胺 60mL；地膜覆盖棉田在棉花播种覆土后盖膜前施药，用 24%乙氧氟草醚 18～24mL；直播棉田在棉花苗后苗前施，用 24%乙氧氟草醚 36～48mL；移栽棉田在棉花移栽前施药，24%乙氧氟草醚 40～90mL。

（4）大蒜田　大蒜播种后至立针期或大蒜苗后 2 叶 1 心期以后，24%乙氧氟草醚 40～50mL/亩，土壤喷雾处理，沙质土用低药量，壤质土、黏质土用较高药量；地膜大蒜用 24%乙氧氟草醚 40mL；盖草大蒜用 24%乙氧氟草醚 70mL，可与氟乐灵、二甲戊灵混用。

（5）洋葱田　直播洋葱 2～3 叶期施药，用 24%乙氧氟草醚 40～50mL；移栽洋葱在移栽后 6～10d（洋葱 3 叶期后）施药，用 24%乙氧氟草醚 70～100mL。

（6）花生田　播后苗前施药，用 24%乙氧氟草醚 40～50mL。

（7）针叶苗圃　在针叶苗圃播种后立即进行施药对苗木安全，用 24%乙氧氟草醚 50～80mL/亩，土壤喷雾处理。

（8）茶园、果园、幼林抚育　杂草 4～5 叶期施药，用 24%乙氧氟草醚 30～50mL。

（9）甘蔗田　在甘蔗种植后苗前施药，土壤封闭处理，用 240g/L 乙氧氟草醚 30～50mL。

注意事项

（1）乙氧氟草醚为触杀型除草剂，喷施药时要求均匀周到，施药剂量要准。用于大豆田，在大豆出苗后即停止使用，以免对大豆产生药害。

（2）插秧田使用时，以药土法施用比喷雾安全，应在露水干后施药，施药田应整平，保水层，切忌水层过深淹没稻心叶。在移栽稻田时使用，稻苗高应在 20cm 以上，秧龄应为 30d 以上的壮秧，气温达 20～30℃。切忌在日温低于 20℃、土温低于 15℃或秧苗过小、嫩或遭伤还未能恢复的稻苗上施用。勿在暴雨来临之前施药，施药后遇大暴雨田间水层过深，需要排出水，保浅水层，以免伤害稻苗。

（3）本药用量少，活性高，对水稻、大豆易产生药害，使用时切勿任意提高用药量，初次使用时，应根据不同气候带，先进行小规模试验，找出适合当地使用的最佳施药方法和最适剂量后，再大面积使用。在刮大风、下暴雨、田间露水未干时不能施用，以免产生药害。

（4）乙氧氟草醚对人体每日允许摄入量（ADI）是 0.003mg/（kg・d）。安全间隔期为 50d。

（5）本药剂对人体有害，避免与眼睛和皮肤接触。若药剂溅入眼睛或皮肤上，立即用大量清水冲洗，并立即送医院。

（6）勿将本药剂置放在湖边、池塘或河沟边，或清洗喷药器具和处理废物而导致水源污染，用后的空容器应予以压碎，并埋在远离水源的地方。

用作植物生长调节剂

作用特点　含氟苯醚类生长调节剂。用于荔枝树控冬梢时，对荔枝抽出冬梢 5～10cm 长的嫩梢杀梢效果好。

适宜作物　荔枝树。

使用方法　本品应于荔枝树秋梢老熟，冬梢抽出 5～10cm 时用 2000～3000 倍液叶面喷雾施药一次，注意喷雾均匀周到，以确保效果；大风天或预计 1h 内有雨，请勿施药；每季最多施药 1 次。

注意事项

（1）本品对蜜蜂有毒，使用时应密切关注对附近蜂群的影响。

（2）本品对鸟类有毒，鸟类保护区及其附近禁用。赤眼蜂等天敌放飞区禁用。

乙氧磺隆（ethoxysulfuron）

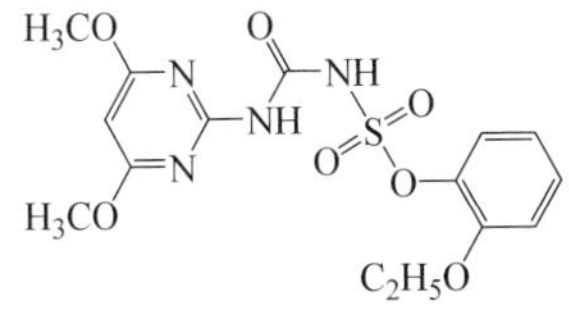

$C_{15}H_{18}N_4O_7S$，398.39，126801-58-9

理化性质　原药为米白色粉末，熔点 144～147℃，水溶液弱酸性，溶解度（20℃，mg/L）：水 5000，正己烷 6，甲苯 2500，丙酮 36000，甲醇 7700。土壤与水中不稳定，易降解。

毒性　大鼠急性经口 LD_{50} 3270mg/kg，短期喂食毒性高；山齿鹑急性 LD_{50}＞2000mg/kg，对鲤鱼 LC_{50}（96h）为 80mg/L，中等毒性；对大型溞 EC_{50}（48h）为 307mg/kg，低毒；对月牙藻 EC_{50}（72h）为 0.19mg/L，中等毒性；对蜜蜂、蚯蚓低毒。具眼睛、皮肤刺激性，无神经毒性和致癌风险。

作用方式 内吸选择性除草剂，抑制支链氨基酸合成酶活性，阻断支链氨基酸的生物合成，阻止细胞分裂和植物生长。

防除对象 用于水稻田防除大多数莎草和阔叶杂草，如鸭舌草、三棱草、飘拂草、异型莎草、碎米莎草、牛毛毡、水莎草、萤蔺、野荸荠、眼子菜、泽泻、鳢肠、矮慈姑、慈姑、长瓣慈姑、狼把草、鬼针草、草龙、丁香蓼、节节菜、耳叶水苋、水苋菜、（四叶）萍、小茨藻、苦草、水绵、谷精草。

使用方法

毒土法 插秧稻、抛秧稻栽后南方3～6d、北方4～10d、杂草2叶期前，每亩使用15%水分散粒剂制剂3～5g（华南地区）、5～7g（长江流域地区）、7～14g（东北、华北地区），与5～7kg沙土或化肥混匀后，均匀撒施到3～5cm水层的稻田中，药后保持3～5cm水层7～10d，勿使水层淹没稻苗心叶。

喷雾法 直播稻南方播后10～15d、北方播后15～20d、稻苗2～4叶，每亩使用15%水分散粒剂制剂4～6g（华南地区）、6～9g（长江流域地区）、10～15g（华北、东北地区），兑水10～25kg稀释均匀后进行茎叶喷雾；插秧稻、抛秧稻栽后10～20d，杂草2～4叶期，每亩使用15%水分散粒剂制剂3～5g（华南地区）、5～7g（长江流域地区）、7～14g（东北、华北地区），兑水10～25kg稀释均匀后茎叶喷雾。

注意事项

（1）不宜栽前使用。

（2）盐碱地中采用推荐的低用药量，施药3d后可换水排盐。

乙氧喹啉（ethoxyquin）

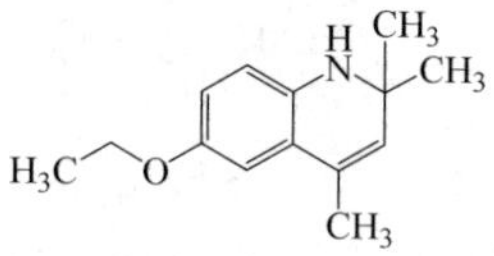

$C_{14}H_{19}NO$，217.31，91-53-2

其他名称 抗氧喹，虎皮灵，山道喹，乙氧喹，珊多喹，衣索金，乙抑菌，Nix-scald，Santoquin，Stopscald。

化学名称 1,2-二氢-2,2,4-三甲基喹啉-6-基乙醚。

理化性质 纯品为黏稠黄色液体。沸点123～125℃（267Pa）。折射率1.569～1.672（25℃），不溶于水，溶于苯、汽油、醇、醚、四氯化碳、丙酮和二氯乙烷。稳定性：暴露在空气中，颜色变深，但不影响活性。

毒性　大鼠急性经口 LD_{50}：1920mg/kg，小鼠 1730mg/kg。对兔和豚鼠进行皮肤测验，发疹和产生红斑，但都是暂时的，NOEL 数据：大鼠 6.25mg/（kg·d），狗 7.5mg/（kg·d）。ADI 值：0.005mg/kg。以 900mg/kg 饲料饲养鲑鱼 2 个月未见异常反应，本品在鲑鱼体内的半衰期为 4～6d，9d 后未见残留。由于本品不直接接触作物，因此对蜜蜂无害。

作用特点　乙氧喹啉可作为抗氧化剂，延长水果的保存时间，作为植物生长调节剂用于防治苹果、梨表皮的一般灼伤病和斑点。在收获前喷施，或在收获后浸果，或将药液浸渍包果实的纸，以预防苹果和梨在贮存期间出现灼伤病和斑点。浸泡果实药液浓度为 2.7g/L；浸渍包装纸浓度为 1.3g/L。果实浸泡温度以在 15～25℃间为宜，浸泡约 30s。处理后的果实待药液阴干后贮存，剩余药品仍放入原包装中，密封贮存，120d 内保持无变化。

适宜作物　苹果、梨等。

应用技术

（1）苹果　收获后，用 0.2%～0.4%药液浸泡 10～15s，放入袋中保存，可保存 8～9 个月仍保持新鲜。

（2）梨　收获后，放在用 0.2%～0.4%药液浸泡过的纸袋（20cm×20cm）中，把纸袋放入盒子中冷藏，可保存 7 个月。

注意事项

（1）苹果收获后立即处理。

（2）保存在阴凉干燥处。药品变浑浊后不再使用。

（3）处理时戴橡胶手套。乙氧喹啉药液如溅到皮肤或眼睛，要立刻用水和肥皂水冲洗。本品中毒无专用解毒药，应对症治疗。

乙唑螨腈（cyetpyrafen）

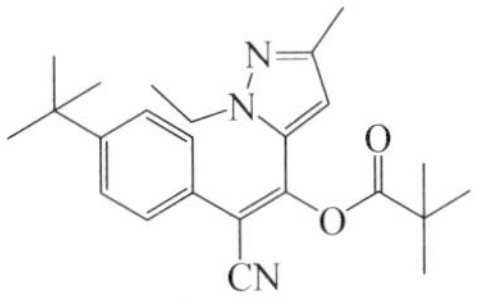

$C_{24}H_{31}N_3O_2$，393.5，1253429-01-4

其他名称　宝卓。

化学名称　(*Z*)-2-(4-叔丁基苯基)-2-氰基-1-(1-乙基-3-甲基-1*H*-吡唑-5-基)乙烯基三甲基乙酸酯。

理化性质　原药为白色固体。熔点 92～93℃，易溶于二甲基甲酰胺、乙腈、丙酮、甲醇、乙酸乙酯、二氯甲烷等，可溶于石油醚、庚烷，难溶于水。

毒性 雌、雄大鼠急性经口 LD_{50}＞5000mg/kg；急性经皮 LD_{50}＞2000mg/kg。对家兔眼睛皮肤均无刺激性；豚鼠皮肤变态反应试验为阴性。Ames 试验、小鼠骨髓细胞微核试验、小鼠睾丸细胞染色体畸变试验均为阴性。

作用特点 属于非内吸性杀螨剂，主要通过触杀以及胃毒作用杀死螨虫。它在螨虫体内代谢转化成羟基化合物，抑制琥珀酸脱氢酶的作用，进而作用于呼吸电子传递链中复合体Ⅱ，破坏能量合成，达到防治效果。乙唑螨腈具有较好的速效性和持效性，可以杀卵、幼螨、若螨及成螨，且与常规杀螨剂无交互抗性，对各类作物常见的害螨均有不错的防效。

适宜作物 柑橘树、棉花、苹果树、草莓等。

防除对象 叶螨类害虫。

应用技术

（1）防治柑橘叶螨 在柑橘始叶螨或柑橘全爪螨发生初期施药，用 30%乙唑螨腈悬浮剂 3000～6000 倍液兑水均匀喷雾。

（2）防治棉花叶螨 在棉花上朱砂叶螨、截形叶螨、二斑叶螨或土耳其斯坦叶螨单独发生或混合发生的初期施药，用 30%乙唑螨腈悬浮剂 5～10mL/亩兑水均匀喷雾。

（3）防治苹果叶螨 在苹果全爪螨、山楂叶螨或二斑叶螨单独发生或混合发生的初期施药，用 30%乙唑螨腈悬浮剂 3000～6000 倍液兑水均匀喷雾。

（4）防治草莓二斑叶螨 在二斑叶螨发生初期施药，用 30%乙唑螨腈悬浮剂 10～20mL/亩兑水均匀喷雾。

注意事项

① 使用前先将药剂摇晃均匀，再用少量水稀释所需的药剂，最后加足所需水量，搅拌兑水均匀后喷雾。

② 对鱼和水生生物有毒，清洗器具的废水，不可排入河流、池塘等水源。

③ 在苹果树、柑橘树上安全间隔期为 14d；在棉花上使用的安全间隔期为 21d；在草莓上的安全间隔期为 5d。在各种作物上每季最多使用 2 次。

④ 大风天或预计 1h 内降雨请勿施药。

⑤ 建议与其他作用机制不同的杀虫剂轮换使用，以延缓害虫抗性产生。

异丙草胺（propisochlor）

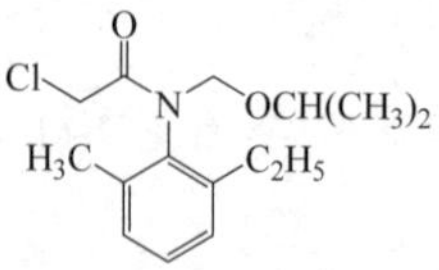

$C_{15}H_{22}ClNO_2$，283.8，86763-47-5

化学名称 2-氯-*N*-(异丙基甲基)-*N*-(2-乙基-6-甲基)苯基乙酰胺。

理化性质 纯品为无色液体，熔点 21.8℃，沸点 277℃，150℃分解，溶解度（20℃，mg/L）：水 90.8，丙酮 483000，二氯甲烷 538000，庚烷 582000，甲醇 598000。

毒性 大鼠急性经口 LD_{50} 3433mg/kg（雄），2088mg/kg（雌），日本鹌鹑急性 LD_{50}＞1562mg/kg，虹鳟 LC_{50}（96h）1.3mg/L，中等毒性；对大型溞 EC_{50}（48h）14mg/kg，中等毒性；对 *Scenedesmus subspicatus* EC_{50}（72h）0.012mg/L，中等毒性；对蜜蜂低毒，对蚯蚓中等毒性。具皮肤致敏性，无皮肤、眼睛刺激性，无致癌风险。

作用方式 内吸传导型选择性芽前除草剂，主要通过杂草幼芽吸收。

防除对象 主要用于大豆、春油菜、玉米、花生、甘薯田、水稻移栽田防除一年生禾本科杂草及部分小粒种子阔叶杂草，如稗草、狗尾草、马唐、鬼针草、看麦娘、反枝苋、卷茎蓼、本氏蓼、大蓟、小蓟、猪毛菜、苍耳、苘麻、牛筋草、秋稷、马齿、苋、藜、龙葵、蓼等。

使用方法 一般作物播后苗前、杂草出土前使用，以 72%乳油为例，每亩兑水 50L，混匀后喷洒于土壤表面，春玉米、大豆田制剂用量 150～200mL/亩（东北地区），夏玉米、大豆田制剂用量 100～150mL/亩，花生田制剂用量 120～150mL/亩，春油菜制剂用量 125～175mL/亩。甘薯田在移苗后使用，每亩用 50%异丙草胺乳油 200～250g，兑水 40～60L 进行土壤喷雾。水稻（南方地区）施药在移栽后 3～5d，每亩用 50%异丙草胺乳油 15～20g 用少量水稀释后拌细土（或化肥）15～20kg，均匀撒施，药前保持 3～4cm 水层（水层不能淹没水稻心叶），药后保持水层 7～10d。

注意事项

（1）土壤湿度是异丙草胺药效发挥的前提，用药时土壤要保持一定湿度，干旱条件下应加大兑水量。

（2）高粱、麦类、苋菜、菠菜、生菜等对本品敏感，施药时应注意避开。

（3）有机质含量高和黏性大的土壤用药量应适当增加。

异丙甲草胺（metolachlor）

$C_{15}H_{22}ClNO_2$，283.8，51218-45-2

化学名称 2-甲基-6-乙基-*N*-(1-甲基-2-甲氧乙基)-*N*-氯代乙酰基苯胺。

理化性质 原药为无色至棕白色液体，熔点-62.1℃，溶解性（20℃）：水中溶解度530mg/L，与苯、甲苯、甲醇、乙醇、辛醇、丙酮、二甲苯、二氯甲烷、DMF、环己酮、己烷等有机溶剂互溶。

毒性 大鼠急性经口 LD_{50} 1936mg/kg（雄），1063mg/kg（雌），短期喂食毒性高；绿头鸭急性 LD_{50} 2000mg/kg，虹鳟 LC_{50}（96h）3.9mg/L；对大型溞 EC_{50}（48h）23.5mg/kg；对月牙藻 EC_{50}（72h）57.1mg/L；对蜜蜂低毒，对蚯蚓中等毒性。对眼睛、皮肤具刺激性，无神经毒性、呼吸道刺激性，无染色体畸变风险。

作用方式 选择性芽前除草剂，主要通过幼芽吸收，向上传导，抑制幼芽与根的生长。主要抑制发芽种子的蛋白质合成，其次抑制胆碱渗入磷脂，干扰卵磷脂形成。

防除对象 适用于甘蔗、红小豆、花生、西瓜、大豆、玉米、烟草、移栽水稻、高粱田防除一年生禾本科杂草及部分阔叶杂草，如牛筋草、马唐、千金子、狗尾草、稗草、碎米莎草、鸭舌草、马齿苋、藜、蓼、荠菜等。

使用方法 主要在杂草萌发前期使用，作物播后苗前或移栽前使用（烟草移栽前后均可，水稻移栽5～7d缓苗后），以720g/L乳油为例，甘蔗、花生、西瓜、烟草每亩制剂用量100～150g，春大豆、春玉米每亩制剂用量150～200g，红小豆、夏玉米每亩制剂用量120～150g，夏大豆每亩制剂用量100～130g，兑水30～45L，稀释均匀后进行土壤喷雾。水稻移栽田，720g/L乳油每亩制剂用量10～20g，毒土或喷雾法均可，施药前田块灌水3cm水层，不淹没稻苗心叶，并保水层7d以上。

注意事项

（1）对萌发而未出土的杂草有效，对已出土的杂草无效。作物拱土前五天不宜用药，否则可能会出现药害。

（2）药效易受气温和土壤肥力条件的影响。温度偏高时和砂质土壤用药量宜低；反之，气温较低时和黏质土壤用药量可适当偏高。

（3）湿润土壤除草效果好，干旱、无雨条件下施药后需浅层混土。施药后遇大雨，地面有明水易产生药害。

（4）本品对麦类敏感，应注意避开这些作物，以免产生药害。

（5）烟草田施用时不宜直接喷施在烟株上。

（6）水旱轮作栽培的西瓜田和小拱棚不宜使用异丙甲草胺。

（7）水稻移栽田不得使用于移栽小苗、弱苗上，同时不得用于水稻秧田和直播田，也不得随意加大用药量，防治产生药害。

（8）禾本科杂草幼芽吸收异丙甲草胺的能力比阔叶杂草强，该药防除禾本科杂草的效果好于阔叶杂草，如需防治其他杂草可与其他除草剂混用扩大杀草谱。

异丙隆（isoproturon）

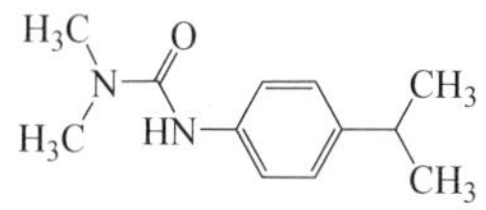

$C_{12}H_{18}N_2O$，206.3，34123-59-6

化学名称　3-对异丙苯基-1,1-二甲基脲，*N,N*-dimethyl-*N'*-(4-(1-methylethyl) phenyl)urea。

理化性质　纯品异丙隆为无色晶体，熔点 158℃，溶解度（20℃，mg/L）：水 70.2，正己烷 100，二氯甲烷 46000、二甲苯 2000、丙酮 30000；在强酸、强碱介质中水解为二甲胺和相应的芳香胺。

毒性　大鼠急性经口 LD_{50} 1826～2417mg/kg；对鸟类急性 LD_{50} 1401；对鱼类 LC_{50}（96h）18mg/L；对溞类 EC_{50}（48h）0.58mg/L；对 *Navicula pelliculosa* EC_{50}（72h）0.013mg/L；对蜜蜂、蚯蚓低毒。对眼睛、皮肤具刺激性，无神经毒性和致敏性，有致癌风险。

作用方式　选择性芽前、芽后除草剂，具内吸传导性，主要通过根部吸收，药剂被植物根部吸收后，输导并积累在叶片中，抑制光合作用电子传递过程，影响光合产物积累，致杂草叶尖、叶缘褪绿，叶黄，最后枯死。

防除对象　小麦田防除一年生禾本科杂草及部分阔叶杂草，如马唐、小藜、看麦娘、日本看麦娘、硬草、菵草、野燕麦、早熟禾、黑麦草属杂草、春蓼、兰堇、田芥菜、田菊、萹蓄、大爪草、牛繁缕、野老鹳、猪殃殃、大巢菜等。

使用方法　主要通过根部吸收，可作播后苗前土壤处理，也可作苗后茎叶处理，小麦播种前至麦苗拔节前均可以施用，杂草齐苗后使用效果最佳，杂草草龄偏大效果降低。以 50%可湿性粉剂为例，每亩制剂用量 140～160g，于杂草齐苗后兑水 40～60L，二次稀释后进行土壤或茎叶均匀喷雾。

注意事项

（1）使用过磷酸钙的土地不要使用；

（2）作物生长势弱或受冻害的、漏耕地段及砂性重或排水不良的土壤不宜施用；

（3）异丙隆使用后会降低麦苗的抗冻能力，药后遇寒流易引发“冻药害”，应避开寒流使用，或者在寒流过后“冷尾暖头”时期用药；

（4）异丙隆对一些作物敏感，不宜用于套种或间作玉米、棉花、油菜、花生、豆类、瓜类、甜菜、白菜等阔叶作物的小麦田，也不得用于以上述作物为后茬的小麦田。

异丙威（isoprocarb）

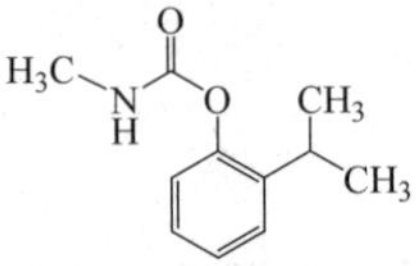

$C_{11}H_{15}NO_2$，193.2，2631-40-5

化学名称 2-异丙基苯基-*N*-甲基氨基甲酸酯，2-isopropylphenyl-*N*-methyl carbamate。

其他名称 叶蝉散、异灭威、灭必虱、灭扑威、灭扑散、Hytox、Entrofolan、Mipcin、Mobucin、Mipcide、Bayer 105807。

理化性质 纯品为白色结晶状粉末，熔点96～97℃，原粉为浅红色片状结晶，熔点89～91℃，闪点156℃，蒸气压0.13Pa。20℃时，在丙酮中溶解度为400g/L，在甲醇中125g/L，在二甲苯中＜50g/L，在水中265mg/L。在碱液和强酸性中易分解，但在弱酸中稳定。对阳光和热稳定。

毒性 急性经口LD_{50}（mg/kg）：大鼠403～485，小鼠487～512，兔500。雄性大鼠急性经皮LD_{50}＞500mg/kg。雄性大鼠急性吸入LD_{50}＞0.4mg/kg。大鼠两年饲喂试验无作用剂量为0.5mg/（kg·d）。对兔皮肤和眼睛刺激性甚小，动物试验显示无明显蓄积性。在试验剂量内，动物无致癌、致畸、致突变作用。对蜜蜂有害。

作用特点 能抑制昆虫体内的乙酰胆碱酯酶使昆虫死亡，对害虫主要是触杀和胃毒作用，击倒力强，药效迅速，但残效期较短。对稻飞虱、叶蝉等害虫具有特效，可兼治蓟马；对飞虱天敌、蜘蛛类安全。

适宜作物 黄瓜、水稻。

防除对象 瓜果类害虫如蚜虫、白粉虱等；水稻害虫如稻飞虱、稻叶蝉等。

应用技术

（1）防治蔬菜害虫

① 瓜蚜 黄瓜保护地蚜虫始盛期施药，用15%烟剂按250～350g/亩放烟。放烟时关闭保护地门窗，6h后开门窗通风。每60m^2放一燃点，用明火点燃放烟，点燃后吹灭明火。

② 白粉虱 黄瓜保护地白粉虱成虫盛发期施药，用20%烟剂按200～300g/亩放烟。每隔3～5d施药一次，连续用2～3次。使用时应根据棚室大小均匀布点，每亩大棚可设4～6个放烟点，由里向外逐个点燃，放烟后，应关闭棚室，放烟6h后开门窗通风。施药量要根据棚室高度和虫害发生情况酌情增减，放在瓦片上点燃且要离植株有一定距离，以免地面水分过大燃烧不完全影响药效。

（2）防治水稻害虫

① 稻飞虱 在低龄若虫发生盛期施药，用20%乳油150～200g/亩兑水朝稻株

中下部重点喷雾；田间应保持水层 2～3d。视虫害情况，每 7～10d 施药一次，可连续用药 2 次。

② 稻叶蝉　在低龄若虫发生盛期施药，用 20%乳油 150～200mL/亩兑水 50～60kg 喷雾处理。前期重点是稻株下部；抽穗灌浆后重点是穗部和上部叶片。视虫害情况，每 7～10d 施药一次，可连续用药 2 次。

注意事项

（1）不可与碱性农药等物质混合使用。

（2）对蜜蜂、家蚕有毒，施药期间应避免对周围蜂群的影响；蜜源作物花期、蚕室和桑园附近禁用；对鱼类等水生生物有毒，应远离水产养殖区施药；禁止在河塘等水体中清洗施药器具。

（3）在水稻上使用的前后 10d 要避免使用除草剂敌稗，以免发生药害。

（4）对薯类有药害，不宜在薯类作物上使用。

（5）在水稻上的安全间隔期为 30d，每季最多使用 2 次；在黄瓜上的安全间隔期为 7d，每季最多使用 2 次。

（6）建议与其他作用机制不同的杀虫剂轮换使用。

异丙酯草醚（pyribambenz-isopropyl）

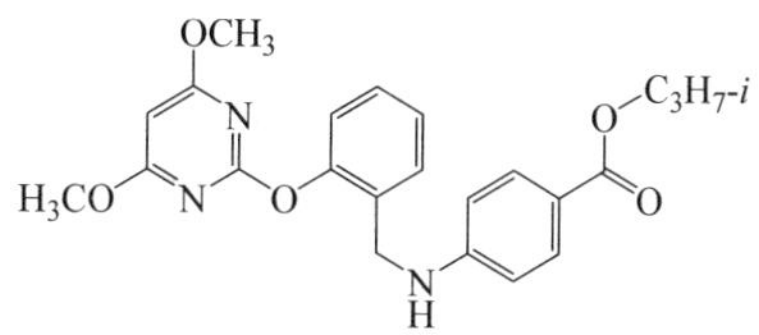

$C_{23}H_{25}N_3O_5$，423.462，420138-41-6

化学名称　4-[2-(4,6-二甲氧基嘧啶-2-氧基)苄氨基]苯甲酸异丙酯。

理化性质　纯品为白色固体，熔点 83～84℃，溶解度（20℃，mg/L）：水 1.39，乙醇 1070；常温条件下稳定。原药外观为白色至米黄色粉末。对光、热稳定，强酸、强碱会逐渐分解。

毒性　急性 LD_{50}（mg/kg）：大鼠经口＞5000，经皮＞2000；对兔皮肤无刺激性，对兔眼睛轻度刺激性；对动物无致畸、致突变、致癌作用。

作用方式　我国具有自主知识产权的新型油菜田除草剂，它可以通过杂草的茎叶、根、芽吸收，在植株体内迅速传导至全株，抑制乙酰乳酸合成酶（ALS）和氨基酸的生物合成。

防除对象　主要用于油菜田防除一年生和部分阔叶杂草，如看麦娘、日本看麦娘、牛繁缕、雀舌草等，对大巢菜、野老鹳草、碎米荠效果差，对泥糊菜、稻槎菜、鼠麦基本无效。

使用方法 冬油菜移栽田，移栽成活后，杂草4叶期前用药，10%异丙酯草醚乳油每亩用药量35～50g，茎叶喷雾处理。

注意事项

（1）油菜移栽田，宜在油菜缓苗成活后、杂草4叶期前施药。

（2）异丙酯草醚活性发挥较慢，需施药15d以上才能出现明显症状，30d以上才能完全发挥除草活性。

异噁草松（clomazone）

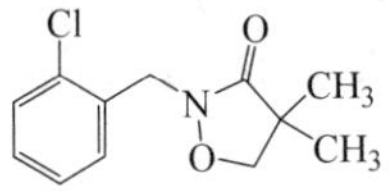

$C_{12}H_{14}ClNO_2$，239.7，81777-89-1

化学名称 2-(2-氯苄基)-4,4-二甲基异噁唑-3-酮。

理化性质 原药为淡稻黄色液体，熔点33.9℃，沸点275.4～281.7℃，溶解度（20℃，mg/L）：水1212，丙酮250000，二氯甲烷955000，正庚烷161800，甲醇969000。

毒性 大鼠急性经口LD_{50} 2077mg/kg（雄），1369mg/kg（雌），短期喂食毒性高；对山齿鹑急性LD_{50}＞2224mg/kg；对鲤鱼LC_{50}（96h）14.4mg/L；对大型溞EC_{50}（48h）12.7mg/kg；对藻类EC_{50}（72h）0.136mg/L；对蜜蜂、蚯蚓中等毒性，对黄蜂低毒。无皮肤致敏性和神经毒性，具生殖影响，无染色体畸变和致癌风险。

作用方式 苗前选择性除草剂，影响敏感植物（杂草）叶绿素的合成，使植物在短期内死亡。

防除对象 单剂登记用于大豆、油菜、甘蔗、水稻田防除禾本科杂草如马唐、止血马唐、宽叶臂形草、芒稷、稗、牛筋草、野黍、秋稷黍、大狗尾草、金狗尾草、狗尾草、二色高粱、阿拉伯高粱等，和阔叶杂草如苘麻、铁苋菜、苋属杂草、美洲豚草、藜、腺毛巴豆、扭曲山蚂蟥、曼陀罗、菊芋、野西瓜苗、宾州蓼、马齿苋、刺苋花稔、龙葵、佛罗里达马蹄莲、苍耳等。

使用方法

（1）大豆田播前或播后苗前土壤喷雾，480g/L乳油每亩制剂用量139～167mL；

（2）甘蔗田芽前土壤喷雾，480g/L乳油每亩制剂用量110～140mL；

（3）移栽水稻于移栽后5d撒毒土，360g/L微囊悬浮剂每亩制剂用量27.8～35mL，田间保持水层2～3cm，药后保水5d；南方直播水稻播种后7～10d喷雾，360g/L微囊悬浮剂每亩制剂用量27.8～35mL，药后保持田间湿润，药后2d建立水层，水层高度以不淹没水稻心叶为准；北方直播水稻播种前 3～5d 喷雾，360g/L 微囊悬浮剂每亩制剂用量 35～40mL，药后保持田间湿润，5～7d 后建立水层，水层高度以不淹没水稻心叶为准；

（4）甘蓝型油菜移栽前 1～3d 土壤喷雾处理，360g/L 微囊悬浮剂每亩制剂用量 26～33mL。

注意事项

（1）仅限于非豆麦轮作区使用，药剂在土壤中的生物活性可持续 6 个月以上，使用后当年秋天或次年春天，不宜种植小麦、大麦、燕麦、黑麦、谷子、苜蓿，施药后的次年春季，可以种植水稻、玉米、棉花、花生、向日葵等作物。

（2）在水稻、油菜田使用，作物叶片可能出现白化现象，在推荐剂量下使用不影响后期生长和产量。

（3）对白菜型油菜和芥菜型油菜敏感，不宜使用。

用作植物生长调节剂

防治对象 本品为激素型植物生长调解剂，可用于大白菜、茭瓜、番茄、茄子等作物，防止早期落花掉果和大白菜脱帮现象，同时促进早熟。

使用方法

（1）笔涂法 用毛笔将激素液轻轻涂在花柄及花朵上。

（2）浸花法 把配好的激素液装入小杯中，轻轻将花朵连花柄在此液中浸一下，随即推出。

（3）喷射法 用小喷雾器对准要处理的花朵喷射，不要喷在嫩头上和叶面上。一束花处理一次为宜。

注意事项 为避免残留药害，仅限于非豆麦轮作的地区使用。小心药雾飘移药害，敏感植物如五味子、小麦、柳树等。大豆苗后施药量过大会产生药害。

异噁唑草酮（isoxaflutole）

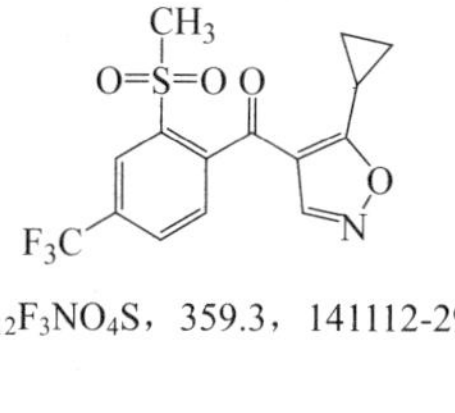

CH_3 O=S=O O F_3C O N

$C_{15}H_{12}F_3NO_4S$，359.3，141112-29-0

化学名称 5-环丙基-1,2-噁唑-4-基（α,α,α-三氟甲基-2-甲磺酰基对甲苯基）酮。

理化性质 纯品异噁唑草酮类白色固体，熔点 140℃，205℃分解，溶解度（20℃，mg/L）：水 6.2，丙酮 293000，乙酸乙酯 142000，甲苯 31200，甲醇 13800。酸性条件相对稳定，土壤与碱性条件下易分解。

毒性　大鼠急性经口 LD_{50}＞5000mg/kg，短期喂食毒性高；对绿头鸭急性 LD_{50}＞2150mg/kg；对虹鳟 LC_{50}（96h）＞1.7mg/L；对大型溞 EC_{50}（48h）＞1.5mg/kg；对月牙藻 EC_{50}（120h）为 0.12mg/L；对蜜蜂、蚯蚓低毒。对眼睛、皮肤、呼吸道无刺激性，无皮肤致敏性和染色体畸变风险。

作用方式　有机杂环类选择性内吸型苗前除草剂，主要经由杂草幼根吸收传导，作用于对羟苯基丙酮酸双氧化酶，破坏叶绿素的形成，导致受害杂草失绿枯萎，引起白化。

防除对象　用于防除玉米田中的苘麻、藜、地肤、猪毛菜、龙葵、反枝苋、柳叶刺蓼、鬼针草、马齿苋、繁缕、香薷、苍耳、铁苋菜、水棘针、酸模叶蓼、婆婆纳等多种一年生阔叶杂草，对马唐、稗草、牛筋草、千金子、大狗尾草和狗尾草等一些一年生禾本科杂草也有较好的防效，对苣荬菜、鸭跖草、田旋花等多年生杂草及铁苋菜、龙葵、苍耳等大粒种子杂草仅有一定的抑制作用。

使用方法　玉米播后苗期及早施用，以 20%悬浮剂为例，每亩制剂用量 30～40mL，兑水 30～50L 二次稀释均匀后进行土壤喷雾。

注意事项

（1）在施用时或施用后，因土壤墒情不好而滞留于表层土壤中的有效成分虽不能及时地发挥出防除杂草的作用，但仍能保持较长时间不被分解，待遇到降雨或灌溉，仍能发挥防除杂草的作用，甚至对长到 4～5 叶的敏感杂草也能杀伤和抑制。因此要求播种前把地整平，播种后把地压实，配制药液时要把水量加足。不然难以保证药效。

（2）杀草活性较高，施用时不要超过推荐用量，并力求把药喷施均匀，以免影响药效和产生药害。

（3）用于碱性土或有机质含量低、淋溶性强的沙质土，有时会使玉米叶片产生黄化、白化药害症状。另外，爆裂型玉米对该药较为敏感，在这些玉米田上不宜使用。

（4）长期干旱或持续降雨，对药效有一定的影响，导致效果下降，大风天严禁用药。

异氟苯诺喹（ipflufenoquin）

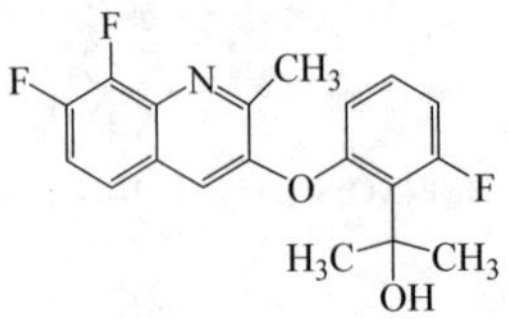

$C_{19}H_{16}F_3NO_2$，347.3，1314008-27-9

化学名称　2-{2-[(7,8-二氟-2-甲基-3-喹啉基)氧]-6-氟苯基}异丙醇。

理化性质 固体粉末，密度为 1.3g/cm^3（25℃），在水中的溶解度为 9.20mg/L（20℃），分配系数 lgP_{ow}=3.89（25℃）。

毒性 对所测试的非靶标生物，包括鸟类、蜜蜂和陆生植物等，均无令人担忧的风险，安全性高。

作用特点 作用机制新颖，FRAC 尚未对其作用机制分类。

适宜作物 可用于水稻、大麦、小麦、番茄、马铃薯、苹果、葡萄、烟草等。

防治对象 对黑星病、斑点落叶病、灰星病、炭疽病、菌核病，以及水稻叶枯病高效；防治梨果上的黑星病和白粉病，以及杏的褐腐病、疮痂病、炭疽病、黑星病、叶斑病等。

使用方法 产品在不同剂量下对水稻稻瘟病及水稻生长后期叶部病害有防效。

异菌脲（iprodione）

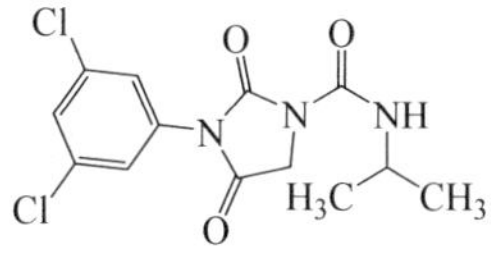

$C_{13}H_{13}Cl_2N_3O_3$，330.17，36734-19-7

化学名称 3-(3,5-二氯苯基)-*N*-异丙基-2,4-氧代咪唑啉-1-羧酰胺。

理化性质 纯品异菌脲为白色结晶，熔点 136℃，工业品熔点 126～130℃；溶解度（25℃，g/L）：乙醇 20，乙腈 150，丙酮 300，苯 200，二氯甲烷 500，在酸性及中性介质中稳定，遇强碱分解。

毒性 急性 LD_{50}（mg/kg）：大白鼠经口 3500，小白鼠经口 4000；对兔眼睛和皮肤没有刺激性；对动物无致畸、致突变、致癌作用。

作用特点 主要抑制蛋白激酶，控制许多细胞功能的细胞内信号。属广谱、触杀型保护性杀菌剂，具有一定的治疗作用，它既可抑制真菌孢子萌发及产生，也可抑制菌丝生长，也就是说对病原菌生活史中的各发育阶段均有影响。

适宜作物 大豆、豌豆、茄子、番茄、辣椒、马铃薯、萝卜、芹菜、野莴苣、草莓、大蒜、葱、柑橘、玉米、小麦、大麦、水稻、甜瓜、黄瓜、香瓜、西瓜、苹果、梨、杏、樱桃、桃、李、葡萄、园林花卉、草坪等，也用于柑橘、香蕉、苹果、梨、桃等水果储存期的防腐保鲜。

防治对象 杀菌谱广，对葡萄孢属、链孢霉属、核盘菌属、小菌核属等菌具有较好的杀菌效果，对链格孢属、蠕孢霉属、丝核菌属、镰刀菌属、伏革菌属等真菌也有杀菌效果，异菌脲对引致多种作物的病原真菌均有效，可以在多种作物上防治多种病害，如马铃薯立枯病，蔬菜和草莓灰霉病，葡萄灰霉病，核果类果树上的菌核病，苹果斑点落叶病，梨黑星病等，异菌脲和苯并咪唑类杀菌剂作用机理不同，对苯并咪唑类杀菌剂有抗性的病害，异菌脲可以取得较好的防治效果。

使用方法 主要用于茎叶喷雾。

（1）防治番茄早疫病、灰霉病 在番茄移植后约10d开始喷药，用50%可湿性粉剂30～60g/亩对水60kg喷雾，间隔8～14d再喷一次，共喷3～4次；

（2）防治水稻胡麻斑病、纹枯病、菌核病 发病初期，用50%可湿性粉剂40～70mL/亩对水40～60kg喷雾，连续2～3次；

（3）防治花生冠腐病 用50%可湿性粉剂100～300g拌种100kg；

（4）防治黄瓜灰霉病、菌核病 发病初期，用50%悬浮剂40～80mL/亩对水50～75kg喷雾，间隔7～10d，全生育期施药2～3次；

（5）防治油菜菌核病 在油菜初花期或盛花期，用50%可湿性粉剂1000～2000倍液喷雾；

（6）防治豌豆、西瓜、甜瓜、大白菜、甘蓝、菜豆、大蒜、韭菜、芦笋等作物的灰霉病、菌核病、黑斑病、斑点病、茎枯病 均在发病初期开始施药，用50%悬浮剂50～100mL/亩对水50～75kg喷雾；

（7）防治玉米小斑病 发病初期用药，用50%可湿性粉剂40～80g/亩对水40～60kg喷雾，间隔15d再喷一次，共喷2次；

（8）防治杏、樱桃、李等花腐病、灰星病、灰霉病 果树始花期和盛花期用50%可湿性粉剂65～100mL/亩对水75～100kg喷雾，各喷施药1次；

（9）防治人参、西洋参及三七黑斑病 用50%可湿性粉剂800～1000倍液喷雾，可使叶片浓绿，有明显刺激增产作用，对人参、西洋参、三七安全无药害；

（10）防治烟草赤星病 用50%可湿性粉剂，在发病初期，用药量为50～75g/亩，对水量为40～50kg/亩，均匀喷雾植株正反面，根据病情指数确定用药次数，一般为2～3次，施药间隔期为7～10d；

（11）防治观赏植物花卉叶斑病、灰霉病、菌核病、根腐病 发病初期，用50%可湿性粉剂40～80g/亩对水40～50kg喷雾，间隔7～14d，再喷1次，连喷2～3次；

（12）防治葡萄灰霉病 发病初期，用50%可湿性粉剂30～60g/亩对水60kg喷雾，间隔7～14d再喷一次，共喷3～4次；

（13）防治柑橘贮藏期病害 柑橘采收后，用清水将果实洗干净，选取没有破损的柑橘，用50%可湿性粉剂1000mg/L药液浸果1min，晾干后，室温下保存，可以控制柑橘青、绿霉菌的为害，有条件的放在冷库内保存，可以延长保存时间；

（14）用于香蕉的保鲜 对采收后的香蕉果实及时进行去轴分梳，洗去香蕉表面的尘土和抹掉果指上残留的花器，及时用255g/L异菌脲悬浮剂1500～2000mg/L，浸果1min捞起晾干，然后进行包装、运输。

注意事项

（1）避免与腐霉利、乙烯菌核利等作用方式相同的杀菌剂混用。

（2）不能与强碱性或强酸性的药剂混用。

（3）为预防抗性菌株的产生，作物全生育期异菌脲的使用次数控制在 3 次以内，在病害发生初期和高峰期使用，可获得最佳效果。一般叶部病害两次喷药间隔 7～10d，根茎部病害间隔 10～15d，都在发病初期用药。使用可湿性粉剂时，应加少量水搅拌成糊状后，再加水至所需水量。最后一次喷药距收获天数不得少于 7d。

（4）严格按照农药安全规定使用此药，避免药液或药粉直接接触身体，如果药液不小心溅入眼睛，应立即用清水冲洗干净并携带此药标签去医院就医。

（5）此药应储存在阴凉和儿童接触不到的地方。

（6）如果误服要立即送往医院治疗。

（7）施药后各种工具要认真清洗，污水和剩余药液要妥善处理保存，不得任意倾倒，以免污染鱼塘、水源及土壤。

（8）搬运时应注意轻拿轻放，以免破损污染环境，运输和储存时应有专门的车皮和仓库，不得与食物和日用品一起运输，应储存在干燥和通风良好的仓库中。

异噻菌胺（isotianil）

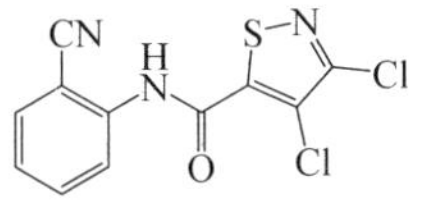

$C_{11}H_5Cl_2N_3OS$，298.15，224049-04-1

理化性质　纯品为白色粉末；熔点 191～193℃。水中溶解度：0.5mg/L（20℃，pH 7.0）。

作用特点　防治稻瘟病的异噻唑类杀菌剂，能激发水稻的天然防御机制，但其特点是不会对病原菌直接产生抗菌作用，而是通过激发水稻自身对稻瘟病产生天然防御机制，达到抵抗稻瘟病的目的，故也称激活剂，具有诱导活性，同时还具有一定杀虫活性，不易产生抗性，对环境友好，是具有发展前景的一种农药。

毒性　原药低毒。

适宜作物　水稻。

应用技术　24.1%肟菌・异噻胺种子处理悬浮剂中的肟菌酯是甲氧基丙烯酸酯类杀菌剂，具有良好保护、治疗和渗透活性，二者混配对水稻恶苗病、苗瘟和叶瘟有较高防效和较长持效期。该产品用 15～25mL/kg 种子剂量拌种，防治水稻稻瘟病和恶苗病。

注意事项

（1）机械化种子处理时，根据要求调整浆状药液与种子比例，按推荐制剂用药量加适量水，混匀后进行种子处理。

（2）手工种子处理时，根据种子量确定制剂用量，加适量水混匀调成浆状药液，按每千克种子浆状药液量 15～30mL 施于种子上，搅拌到种子均匀着药，于通风阴凉处晾干。

异戊烯腺嘌呤（ZIP）

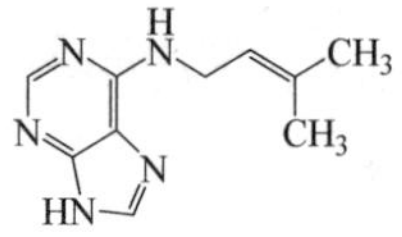

$C_{10}H_{13}N_5$，203.24，2365-40-4

其他名称 5406 细胞分裂素、羟烯腺嘌呤·烯腺嘌呤、DMAA、IPA、2iPA。

化学名称 *N*-6-(2-isopentenyl)adenosine。

理化性质 有效成分为玉米素和异戊烯基腺嘌呤。白色结晶，熔点 216.4～217.5℃，溶于甲醇、乙醇，不溶于丙酮和水。

毒性 小鼠经口 LD_{50}＞10g/kg，大鼠 90d 饲喂试验无作用剂量 5000mg/kg，Ames 试验、小鼠骨髓嗜多染红细胞微核试验、精子畸变试验均为阴性。

作用特点 新型高效细胞分裂素，为链霉素通过深层发酵而制成的腺嘌呤细胞分裂素植物生长调节剂。能促进细胞的分裂和分化，诱导芽的形成和促进芽的生长，有促进细胞扩大、提高坐果率、延缓叶片衰老的功效，促进器官形成，促进花芽分化，并能诱导单性结实等，在低浓度下还能促进作物生根。广泛适用于果树和蔬菜上，一般可增产 12%～40%。另外，还可延缓叶绿素和蛋白质的降解，防止离体叶片衰老，是农业生产中不可或缺的保鲜剂。

适宜作物 广泛适用于水稻、小麦、大豆、番茄、西瓜、柑橘、烟草、茶树等各种大田作物以及花卉、草坪等。

应用技术 将 0.0001%异戊烯腺嘌呤可湿性粉剂兑水稀释后喷雾或浸种。

（1）番茄从 4 叶期起，用 0.0001%异戊烯腺嘌呤可湿性粉剂 400～500 倍液喷洒植株，7～10d 喷 1 次，连喷 3 次。

（2）茄子在定植后 1 个月起，用 0.0001%异戊烯腺嘌呤可湿性粉剂 600 倍液喷洒植株，7～10d 喷 1 次，连喷 2～3 次。

（3）马铃薯用 0.0001%异戊烯腺嘌呤可湿性粉剂 100 倍液浸泡种薯块 12h 后，

晾干播种；在生长期间，用 600 倍液喷洒植株，7～10d 喷 1 次，连喷 2～3 次。

（4）大白菜用 0.0001%异戊烯腺嘌呤可湿性粉剂 50 倍液浸泡种子 8～12h 后，晾干播种；定苗后，用 400～500 倍液喷洒，7～10d 喷 1 次，连喷 2～3 次。

（5）西瓜开花始期用 0.0001%异戊烯腺嘌呤可湿性粉剂 600 倍液进行茎叶喷雾，每亩喷液量 20～30L，每隔 10d 处理一次，重复三次，使西瓜藤势早期健壮，中后期不衰，使枯萎病、炭疽病等病害减轻，而且使产量和含糖量增加。

（6）玉米以玉米种子：水：植物细胞分裂素三者的比例为 1：1：0.1，浸种 24h，并于穗位叶分化、雌穗分化末期、抽雄始期，再用 0.0001%异戊烯腺嘌呤可湿性粉剂 600 倍药液均匀喷洒三次，每亩喷药量 30～50L。可使玉米拔节、抽雄、扬花及成熟提前，而且穗节位和穗长提高，穗秃尖减少，粒数增加，千粒重增加。

注意事项　应密封贮藏于阴凉处，用过的容器应妥善处理，不得污染水源、食物和饲料。

抑霉唑（imazalil）

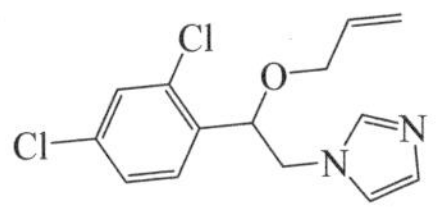

$C_{14}H_{14}Cl_2N_2O$，297.2，35554-44-0，60534-80-7（硫酸氢盐），33586-66-2（硝酸盐）

化学名称　(*RS*)-1-(*β*-烯丙氧基-2,4-二氯苯乙基)咪唑或(*RS*)-烯丙基-1-(2,4-二氯苯基)-2-咪唑-1-基乙基醚。

理化性质　纯品抑霉唑为浅黄色结晶固体，熔点 52.7℃；溶解度（20℃，g/L）：水 0.18，丙酮、二氯甲烷、甲醇、乙醇、异丙醇、苯、二甲苯、甲苯＞500。

毒性　大鼠急性 LD_{50}（mg/kg）：经口 320，经皮 4200～4880，大鼠急性吸入无症状，对眼睛有中等刺激，对豚鼠无致敏作用。原药对大鼠 90d 饲喂试验无作用剂量为 200mg/（kg・d），大鼠 2 年饲喂试验无作用剂量为 80mg/（kg・d）饲料，对繁殖无不良影响。无致癌作用和迟发神经毒性，对鱼类 LC_{50} 2.5mg/L（96h），水蚤 LC_{50} 3.2mg/L（45h），鹌鹑 LD_{50} 510mg/kg，正常使用对蜜蜂有毒。

作用特点　广谱内吸性杀菌剂。作用机理是影响细胞膜的渗透性、生理功能和脂类合成代谢，从而破坏霉菌的细胞膜，同时抑制霉菌孢子的形成，对侵袭水果、蔬菜和观赏植物的许多真菌病害都有防效。抑霉唑对抗苯并咪唑类的青霉菌、绿霉菌有较高的防效。与咪鲜胺复配防治柑橘青霉病、绿霉病、酸腐病、蒂腐病等。

适宜作物　苹果、柑橘、香蕉、芒果、瓜类、大麦、小麦、番茄等。在推荐剂量下使用对作物和环境安全。

防治对象 对长蠕孢属、镰孢属和壳针孢属真菌具有高活性，推荐用作种子处理剂，防治谷物病害。对柑橘、香蕉和其他水果喷施或浸渍（在水或蜡状乳剂中）能防止收获后水果的腐烂。用于防治镰刀菌属、长蠕孢属病害，观赏植物白粉病，以及苹果、柑橘、芒果、香蕉和瓜类作物青霉病、绿霉病，香蕉轴腐病、炭疽病。

使用方法 茎叶处理推荐剂量为 0.05～0.3g（a.i.）/L，种子处理 4～5g（a.i.）/100kg 种子，仓储水果防腐、防病推荐使用剂量为 2～4g（a.i.）/t 水果。

（1）0.1%抑霉唑浓水乳剂（仙亮）

① 原液涂抹 用清水清洗并擦干或晾干，用原液（用毛巾或海绵）涂抹，晾干。注意施药尽量薄，避免涂层过厚。

② 机械喷施 用于柑橘等水果处理系统的上蜡部分，药液不稀释，0.1%浓水乳剂 1L 可处理 1～1.5t 水果。

（2）25%抑霉唑乳油（戴唑霉）

① 原液涂抹 用清水清洗并擦干或晾干，用原液（用毛巾或海绵）涂抹，晾干。注意施药尽量薄，避免涂层过厚。

② 机械喷施 用于柑橘等水果处理系统的上蜡部分，稀释成 250～500 倍液，制成 500～1000mg/L 药液，进行机械喷涂。

③ 药液浸果 挑选当天采收无伤口和无病斑的柑橘，并用清水洗去果面的灰尘和药迹，然后配制 25%乳油 2500 倍液，将果放入药液中浸泡 1～2min，然后捞起晾干，即可贮藏或运输。在通风条件下室温贮藏，可有效抑制青霉菌、绿霉菌危害，延长储藏时间，如能单果包装效果更佳。

（3）50%抑霉唑乳油（万利得）

① 防治苹果腐烂病 50%乳油 6～9mL/m^2 涂抹病部。

② 柑橘采收后防腐处理方法 挑选当天采收无伤口和无病斑的柑橘，并用清水洗去果面的灰尘和药迹，然后配制药液，长途运输的柑橘用 50%乳油 2000～3000 倍液或每 100L 水加 50%乳油 33～50mL，短期贮藏的柑橘用 50%乳油 1500～2000 倍液或每 100L 水加 50%乳油 50～67mL，贮藏 3 个月以上的柑橘用 50%乳油 1000～1500 倍液或每 100L 水加 50%乳油 67～100mL，将果放入药液中浸泡 1～2min，然后捞起晾干，即可贮藏或运输。在通风条件下室温贮藏，可有效抑制青霉菌、绿霉菌危害，延长储藏时间，如能单果包装效果更佳。

（4）防治番茄叶霉病 发病初期用 15%烟剂 250～350g/亩熏烟。

（5）柑橘青霉、绿霉病 用 400～800mg/kg 的抑霉唑药液浸果 1min，捞起晾干，装箱入库常温贮藏，防效显著。

注意事项 药剂应存放于阴凉干燥处，使用时避免接触皮肤、眼睛，如接触需用大量清洁水冲洗，并送医院治疗。不能与碱性农药混用。

抑食肼（RH-5849）

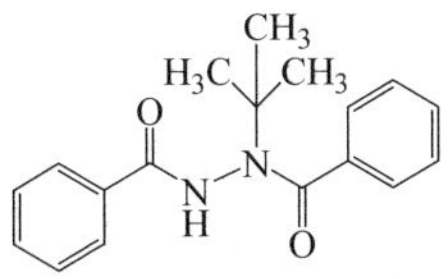

$C_{18}H_{20}N_2O_2$，296.4，112225-87-3

其他名称　虫死净。

化学名称　2′-苯甲酰基-1′-叔丁基苯甲酰肼，2′-benzoyl-1′-*tert*-butylbenzoylhydrazine。

理化性质　抑食肼工业品为白色粉末状固体，纯品为白色结晶，无臭味。熔点174～176℃，在环己酮中溶解度为50g/L，水中溶解度50mg/L，分配系数（正辛醇/水）212。常温下储存稳定，在土壤中的半衰期为27d（23℃）。在正常贮存条件下稳定。

毒性　大鼠急性LD_{50}（mg/kg）：435（经口），500（经皮）。Ames试验为阴性。对眼睛和皮肤无刺激。

作用特点　是一种非甾类、具有蜕皮激素活性的昆虫生长调节剂，对鳞翅目、鞘翅目、双翅目幼虫具有抑制进食、加速蜕皮和减少产卵的作用。本品对害虫以胃毒作用为主，具有较强的内吸性。施药后2～3d见效，持效期长，无残留。对人、畜、禽、鱼毒性低，是一种可取代有机磷农药，特别是可以取代高毒农药甲胺磷的低毒、无残留、无公害的优良杀虫剂。

适宜作物　蔬菜、水稻、棉花、茶叶、果树等。

防除对象　蔬菜害虫如菜青虫、小菜蛾、甜菜夜蛾、菜青虫等；水稻害虫如黏虫、二化螟、三化螟、稻纵卷叶螟等；果树害虫如食心虫、红蜘蛛、蚜虫、潜叶蛾等；茶树害虫如茶尺蠖、茶毛虫、茶细蛾、茶小绿叶蝉等。

应用技术　以20%抑食肼可湿性粉剂为例。

（1）防治蔬菜害虫

① 菜青虫、斜纹夜蛾　用20%抑食肼悬浮剂65～100mL/亩均匀喷雾。对低龄幼虫防治效果较好，且对作物无药害。

② 小菜蛾　于幼虫孵化高峰期至低龄幼虫盛发期，用抑食肼可湿性粉剂5.3～8.3g/亩均匀喷雾。在幼虫盛发高峰期用药防治7～10d后，再喷药1次，以维持药效。

（2）防治水稻害虫

① 稻纵卷叶螟　在幼虫1～2龄高峰期施药，用20%抑食肼可湿性粉剂50～100g/亩均匀喷雾。

② 水稻黏虫　在幼虫3龄幼虫前施药，用20%抑食肼可湿性粉剂50～100g/亩均匀喷雾。

（3）防治果树害虫　防治食心虫、红蜘蛛、蚜虫、潜叶蛾，在初孵幼虫或若虫期施药，用20%抑食肼可湿性粉剂2000倍液均匀喷雾。

（4）防治茶树害虫　防治茶尺蠖、茶毛虫、茶细蛾、茶小绿叶蝉，在初孵幼虫或若虫期施药，用20%抑食肼可湿性粉剂2000倍液均匀喷雾。

注意事项

（1）施药时遵循常规农药使用规则，做好个人防护。戴手套，还要避免药液溅及眼睛和皮肤。

（2）该药作用缓慢，施药后2～3d见效。应在害虫发生初期用药，以收到更好效果，且最好不要在雨天施药。

（3）该药剂持效期长，在蔬菜、水稻收获前7～10d内禁止施药。

（4）不可与碱性物质混用。

（5）避免儿童、孕妇及哺乳期妇女接触，避免污染水源。

抑芽唑（triapenthenol）

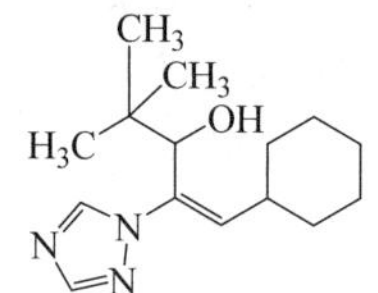

$C_{15}H_{25}N_3O$，263.38，76608-88-3

其他名称　抑高唑。

化学名称　(*E*)-(*RS*)-1-环己基-4,4二甲基-2-(1*H*-1,2,4三唑-1-基)戊1-烯-3-醇。

理化性质　无色晶体，熔点135.5℃，20℃时溶解度为：二甲基甲酰胺468g/L，甲醇433g/L，二氯甲烷＞200g/L，异丙醇100～200g/L，丙酮150g/L，甲苯20～50L，己烷5～10g/L，水68mg/L。

毒性　大白鼠急性经口LD_{50}＞5000mg/kg，小鼠急性经口LD_{50} 4000mg/kg，大鼠急性经皮LD_{50}＞5000mg/kg。大鼠慢性无作用剂量100mg/（kg·d）。对鸟类低毒，日本鹌鹑急性经口LD_{50}＞5000mg/kg。对鱼低毒，鲤鱼LC_{50}（96h）为18mg/L，虹鳟鱼为18.8mg/L（96h）。对蜜蜂无毒。

作用特点　本剂为三唑类植物生长调节剂，是赤霉素生物合成抑制剂，主要抑制茎秆生长，并能提高作物产量。在正常剂量下，不抑制根部生长，无论通过叶或根吸收，都能达到抑制双子叶作物生长的目的。对单子叶植物，必须通过根吸收，叶面处理不能产生抑制作用。还可使大麦的耗水量降低，单位叶面积蒸发量减少。使油菜植株鲜重/干重比值增加，每株植物的总氮量没有变化，但以干重计时则氮含量增加。如施药时间与感染时间一致时，具有杀菌作用。

适宜作物　主要用于油菜、豆科作物、水稻、小麦等作物抗倒伏。

应用技术

（1）水稻　在水稻抽穗前 12～15d 用药，每公顷用 70%可湿性粉剂 500～720g，对水 750kg，均匀喷雾，防止水稻倒伏。

（2）油菜　油菜现蕾前施药，每公顷用 70%可湿性粉剂 720g，对水 750kg，均匀喷雾，控制油菜株型，防止油菜倒伏，增荚。

（3）大豆　始花期施药，每公顷用 70%可湿性粉剂 500～1428g，对水 750kg，茎、叶均匀喷雾，降低植株高度，增荚、增粒。

注意事项

（1）抑芽唑控长，防止倒伏，适用于水肥条件好的作物，健壮植物上效果明显。

（2）应先进行试验，取得经验后再推广应用。

（3）注意防护，避免药液接触皮肤和眼睛。误服时饮温开水催吐，送医院治疗。

（4）药品保存在阴凉、干燥、通风处。

（5）2019 年 1 月 1 日起，欧盟正式禁止使用抑芽唑的农产品在境内销售，请注意使用情况。

茵多酸（endothal）

$C_8H_{10}O_5$，186.2，145-73-3

其他名称　Aquathol、Accelerate、Hydout、Ripenthol。

化学名称　3,6-环氧-1,2-环己二酸。

理化性质　纯品是无色无嗅结晶（一水合物），熔点 144℃。溶解度（20℃）：水中 10%，丙酮 7%，甲醇 28%，异丙醇 1.7%。在酸和弱碱溶液中稳定，光照下稳定。不易燃，无腐蚀性。

毒性　对人和动物低毒。大鼠急性经口 LD_{50}：38～54mg/kg（酸），兔急性经皮 LD_{50}＞2000mg/L（酸）。NOEL 数据（2 年）大鼠 1000mg/kg 饲料。山齿鹑和绿头鸭饲喂实验 LC_{50}(8d)＞5000mg/L 饲料。蓝鳃翻车鱼 LC_{50} 为 77mg/L。水蚤 LC_{50}(48h)：

92mg/L。对蜜蜂无毒。

作用特点 可通过植物叶、根吸收，通过木质部向上传导。可用作选择性除草剂，作为植物生长调节剂，主要用作脱叶剂，加速叶片脱落。

适宜作物 可作为棉花、马铃薯、苹果等作物的脱叶剂，也可作为甘蔗的增糖剂。

应用技术 1～12kg/hm^{2}剂量可加速棉花、马铃薯、苜蓿和苹果等作物的成熟，加速叶片脱落，还可增加甘蔗的含糖量。

注意事项 操作过程中注意防护。贮存于低温、阴凉、干燥处。

吲哚丁酸（IBA）

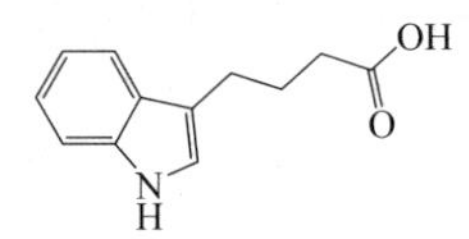

$C_{12}H_{13}NO_2$，203.23，133-32-4

其他名称 Hormodin，Seradix，Chryzopon，Rootone F。

化学名称 吲哚-3-丁酸。

理化性质 纯品为白色或微黄色晶粉，稍有异臭，熔点123～125℃。溶于丙酮、乙醚和乙醇等有机溶剂，难溶于水，20℃水中溶解度为0.25mg/kg；苯＞1000mg/kg，丙酮、乙醇、乙醚30～100mg/kg，氯仿为10～100mg/kg。对酸稳定，在碱中成盐；工业品为白色、粉红色或淡黄色结晶，熔点121～124℃。在光照下会慢慢分解，在暗中贮存分子结构稳定。

毒性 小白鼠急性经口LD_{50} 1000mg/kg，急性经皮1760mg/kg；大鼠急性经口LD_{50} 5000mg/kg。小鼠腹腔内注射LD_{50} 150mg/kg。鲤鱼耐药中浓度为180mg/L。按照规定剂量使用，对蜜蜂无毒，对鱼类低毒，对人、畜低毒。在土中迅速降解。

作用特点 1935年发现合成的生长素，作用机制与吲哚乙酸相似。具有生长素活性，植物吸收后不易在体内输送，往往停留在处理的部位。因此主要用于插条生根。对植物插条具有诱导根原体的形成、促进细胞分裂等作用，有利于新根生长和维管束系统的分化，促进插条不定根的形成，促进植株发根的效果大于吲哚乙酸。吲哚丁酸能诱导插条生出细而疏、分叉多的根系。而萘乙酸能诱导出粗大、肉质的多分枝根系。因此，吲哚丁酸与萘乙酸混合使用，生根效果更好。

容易被植物内的吲哚乙酸氧化酶所分解，同时也容易被强光破坏，而吲哚丁酸不易被氧化酶分解。与萘乙酸相比，萘乙酸浓度稍高容易伤害枝条，而吲哚丁酸较安全。与2,4-滴等苯氧化合物相比，2,4-滴类化合物在植物体内容易传导，促进某些品种生根的浓度，往往会抑制枝条生长，浓度稍高还会造成对枝条的伤害，而吲哚丁酸不易传导，仅停留在处理部位，因此使用较安全。

很多果树、林木、花卉等插条，用吲哚丁酸处理，能有效地促进处理部位形成层细胞分裂而长出根系，从而提高扦插成活率。

适宜作物　可用于大田作物、蔬菜、果树、林木、花卉等。主要用于木本植物插条促使生根。

应用技术　常用于木本和草本植物的浸根移栽、硬枝扦插，能加速根的生长，提高植物生根百分率，也可用于植物种子浸种和拌种，提高发芽率和成活率。移栽浸根时，草本植物使用浓度为10～20mg/L，木本植物50mg/L；扦插时浸渍浓度为50～100mg/L；浸种、拌种浓度为木本植物100mg/L、草本植物10～20mg/L。

（1）浸渍法　易生根的植物种类使用较低的浓度，不易生根的植物种类使用浓度略高。一般用50～200mg/L浸渍插条基部约8～24h。浓度较高时，浸泡时间短。

快浸法：浓度为500～1000时，浸泡时间为5～7s。

（2）蘸粉法　将适量的本品用适量的乙醇溶液溶解，再将滑石粉或黏土泡在药液中，酒精挥发后得到粉剂，药量为0.1%～0.3%。然后润湿插条基部，再蘸粉或喷粉。

① 苹果、梨树、李　用20～150mg/kg吲哚丁酸钾盐水溶液处理梨、李和苹果的插条，都有一定的促进生根的效果。用2500～5000mg/kg吲哚丁酸50%乙醇溶液快蘸李树硬材插条，促进生根。用8000mg/kg吲哚丁酸粉剂蘸梨树插条，能促进生根。

② 苹果、梨　嫁接前，将接穗在200～400mg/kg吲哚丁酸钠盐溶液中速蘸一下，可提高成活率，但对芽的生长有抑制效应，且浓度越高，抑制效应越大，可以促进其加粗生长。

③ 柑橘、四季柚、香橙、枳橙等　先剪取向阳处呈绿色、芽眼饱满的未完全木质化的枝条，上端用蜡封住切口，防止水分蒸发，下端削成斜面，浸于0.01%～0.02%吲哚丁酸水溶液中12～24h，或用0.5%吲哚丁酸液浸10s，待乙醇挥发后置于无阳光直射处扦插，并加强苗床管理，做到干湿适宜。

④ 猕猴桃　硬枝插条，在2月底至3月中旬，选择长10～15cm、直径0.4～0.8cm的一年生中、下段做插条，插条的上端用蜡封口，下端基部浸蘸药液。将硬枝插条基部在0.5%吲哚丁酸溶液中浸蘸3～5s，再在经消毒处理的沙土苗床中培育。苗床土壤温度控制在19～20℃、相对湿度95%左右。绿枝插条，选择中、下部当年生半木质化嫩枝，留1～2叶片、用0.02%～0.05%吲哚丁酸浸渍3h再扦插入沙土苗床中。苗床温度可控制在25℃左右。

⑤ 葡萄　选择葡萄优良品种，剪取一年生充分成熟、生长健壮、芽眼饱满的无病虫枝条，葡萄硬枝基端用0.005%吲哚丁酸液浸8h；葡萄绿枝基端用0.1%吲哚丁酸液浸5s，待枝条吸收药液后埋在潮湿的沙土中。处理时要注意控制浓度和浸泡

时间，沙土要保持干湿适宜，防止过干过湿影响促根。

⑥ 山楂　选用品质优良、大小适中、生长健壮未展幼芽的无病山楂插条，用0.005%吲哚丁酸溶液浸泡插条基部3h，浸后埋于湿度适中的土壤中促根。

⑦ 桃树　20～100mg/kg 吲哚丁酸溶液浸泡桃树插条24h，然后用自来水洗去插条上的药液，置于沙床中培育，保持pH7.5，放在阴凉处，促生根，效果较萘乙酸好，其中以40～60mg/kg效果最好。用于软材插条比硬材插条好。桃树嫁接后，用50～100mg/kg 吲哚丁酸溶液处理12～14h，可促使接口愈合。

⑧ 枣树　在10～20kg 的水中加入1g 萘乙酸，在1～2kg 水中加入0.1g 吲哚丁酸，然后将萘乙酸和吲哚丁酸溶液按9∶1的比例混合。使用时将其倒入塑料盆中，水面超过根系3～5cm，浸泡6～8h。

⑨ 石榴、月季　选取发育充实、芽眼饱满、无病虫害的1～2年生枝条，将其剪成60～80cm长，每50根一捆，沙藏后在上端距芽眼1.5cm处剪成马耳形，插条长15～20cm，斜面搓齐朝下，用50～200mg/L 吲哚丁酸钠药液浸泡8～12h，浓度愈高，浸泡时间愈短。浸后扦插，可促进插条生根，增加根系数量，提高成活率，加快新梢的生长速度，苗木长势好。

⑩ 桂花　剪取桂花的夏季新梢（新梢已停止生长，并有部分木质化），每根插条长5～10cm，并留上部2～3片绿叶，将插条浸于0.05%的吲哚丁酸溶液中5min，晾干后插于遮阴苗床上。

⑪ 红豆杉　以一年生、二年生的全部木质化的红豆杉枝条为插穗，长10～15cm，有1个顶芽或短侧芽，上切口平，下切口斜，在50～80mg/L 的吲哚丁酸钠药液中浸泡12h，可明显促进根系发育。

⑫ 满天星、杜鹃花、倒挂金钟、蔷薇、菊花　用100mg/L 吲哚丁酸钠溶液浸泡3h，或用2000mg/L 吲哚丁酸钠溶液快蘸20s，对满天星、杜鹃花、菊花插条有促进生根的作用。用500～1000mg/L 吲哚丁酸钠溶液处理倒挂金钟，促进生根效果明显。用15～25mg/L 吲哚丁酸钠溶液浸泡蔷薇插条，能促进生根。

⑬ 林木　育苗或移栽时，用萘乙酸与吲哚丁酸处理，即在10～20kg 的水中加入1g 萘乙酸，在1～2kg 的水中加入0.1g 吲哚丁酸，然后将二者按9∶1的比例混合，施用时，将混合液倒入塑料盆中，水面超过根系3～5cm，浸泡6～8h。

⑭ 油桐　种子播种前在水中浸泡12h，然后再用吲哚丁酸溶液浸泡12h，可促进萌发。种子在－10℃下处理15min，可增加萌发速度和萌发率。

⑮ 花生　播种前用吲哚丁酸溶液浸种12h，可促进开花并提高产量。

⑯ 其他作物　用250mg/kg 左右的吲哚丁酸溶液浸或喷花、果，可以促进番茄、辣椒、黄瓜、无花果、草莓、黑树莓、茄子等坐果或单性结实。

注意事项

（1）用吲哚丁酸处理插条时，不可使药液沾染叶片和心叶。

（2）本剂可与萘乙酸、2,4-滴混用，并有增效作用。

（3）本剂应按不同作物严格控制使用浓度，0.06%吲哚丁酸药液对无花果有药害。

（4）吲哚丁酸见光易分解，产品须用黑色包装物，存放在阴凉干燥处。

（5）吲哚丁酸不溶于水，使用前先用乙醇溶解，然后加水稀释至需要浓度。

（6）高浓度吲哚丁酸乙醇溶液，用后必须密封，以免乙醇挥发。

吲哚丁酸钾（indole-3-butyric acid potassium）

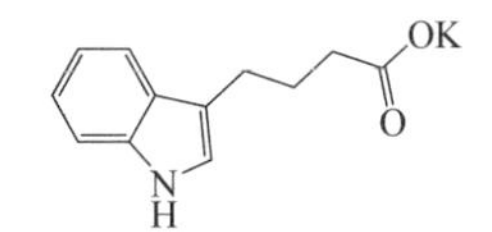

$C_{12}H_{12}KNO_2$，241.05，60096-23-3

其他名称　IBA/K、生长素、扎根、3-吲哚丁酸钾。

化学名称　4-吲哚-3-基丁酸钾。

理化性质　纯品为白色或淡黄色小鳞片结晶粉末，易溶于水。熔点121～124℃，在中性、碱性介质中稳定，在强光下会缓慢分解，在遮光条件下储存，分子结构稳定。

毒性　急性口服大鼠 LD_{50}＞3160mg/kg；大鼠经皮 LD_{50}＞5000mg/kg。稳定性好，使用安全。

作用特点　促生根类植物生长调节剂，经由叶面喷洒、蘸根等方式，由叶片、种子等部位进入植物体，并集中在生长点部位，用于细胞分裂和细胞增生，促进草木和木本植物根的分生，诱导作物形成不定根，表现为根多、根直、根粗、根毛多。活性比吲哚乙酸高。吲哚丁酸钾可作用于植株全身各生长旺盛部位，如根、嫩芽、果实，对专一处理部位强烈表现为细胞分裂、促进生长；具有长效性与专一性的特点；吲哚丁酸钾可以促进新根生长，诱导根原体形成，促进插条不定根形成。

特点：

（1）吲哚丁酸钾稳定性比吲哚丁酸强，完全水溶。

（2）吲哚丁酸钾打破种子休眠，还能生根壮根。

（3）大树小树扦插移栽所用最多的原粉产品。

（4）冬季低温时所用生根壮苗最佳调节剂。

适宜作物　黄瓜、番茄、茄子、辣椒、苹果、桃、梨、柑橘、葡萄、猕猴桃、草莓、一品红、石竹、菊花、月季、木兰、茶树、杨树、杜鹃等。

应用技术　主要用作插条生根剂，也可用于冲施、滴灌，用作叶面肥的增效剂。

（1）吲哚丁酸钾浸渍法　根据插条难易生根的不同情况，用50～300mg/L浸插条基部 6～24h。

（2）吲哚丁酸钾快浸法　根据插条难易生根的不同情况，用 500～1000mg/L 浸插条基部 5～8s。

（3）吲哚丁酸钾蘸粉法　将吲哚丁酸钾与滑石粉等助剂拌匀后，将插条基部浸湿，之后蘸粉、扦插。

（4）吲哚丁酸钾单独使用对多种作物有生根作用，如和其他的调节剂混用效果更好，使用范围更广。建议最佳用量为：①冲施肥：1～2g/亩；②滴灌肥：0.5g/亩；③基肥：1～2g/亩；④拌种：0.5g 原药加 30kg 种子；⑤浸种（12～24h）：50～100mg/L；⑥快蘸（3～5s）：500～1000mg/L；⑦冲施肥：大水每亩 3～6g，滴灌 1.0～1.5g。

注意事项

（1）吲哚丁酸钾见光易分解，产品必须用黑色包装物，存放在阴凉干燥处，注意避光保存。

（2）未使用过本产品，一定要遵循小范围调试再大面积推广的原则。

吲哚乙酸（indole acetic acid，IAA）

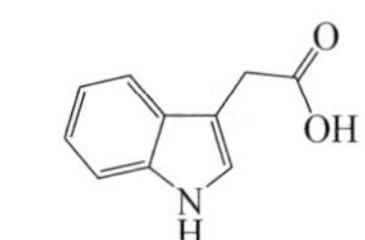

$C_{10}H_9NO_2$，175.19，87-51-4

其他名称　生长素（auxin），异生长素（heteroauxin），吲哚醋酸，茁壮素，吲哚-3-乙酸，β-吲哚乙酸，2-(3-吲哚基)乙酸。

化学名称　3-吲哚乙酸，3-indoleacetic acid。

理化性质　纯品无色叶状结晶或结晶性粉末，见光速变为玫瑰色，熔点 168～169℃。易溶于无水乙醇、乙酸乙酯、二氯乙烷，可溶于乙醚和丙酮。不溶于苯、甲苯、汽油及氯仿。微溶于水，20℃水中的溶解度为 1.5g/L，其水溶液能被紫外光分解，但对可见光稳定。在酸性介质中很不稳定，在无机酸的作用下迅速胶化，水溶液不稳定，其钠盐、钾盐比游离酸本身稳定。易脱羧成 3-甲基吲哚（粪臭素）。

毒性　小鼠急性经皮 LD_{50} 1000mg/kg，腹腔内注射 LD_{50} 150mg/kg；鲤鱼 LC_{50}（48h）＞40mg/kg；对蜜蜂无毒。

作用特点　属植物生长促进剂，最初曾称为异植物生长素。生理作用广泛，具有维持顶端优势、诱导同化物质向库（产品）中运输、促进坐果、促进植物插条生根、促进种子萌发、促进果实成熟及形成无籽果实等作用，还具有促进嫁接接口愈合的作用。主要作用是促进细胞伸长与产生，也能使茎、下胚轴、胚芽鞘伸长，促进雌花的分化，但植株内由于吲哚乙酸氧化酶的作用，使脂肪酸侧链氧化脱羧而降解。试验证明，在生长素与细胞分裂素的共同作用下，才能完成细胞分裂过程。吲哚乙酸被植物吸收后，只能从顶部自上而下输送。生长素类物质具有低浓度促进、高浓度抑制的特性，其效应往往与植物体内的内源生长素的含量有关。如当果实成熟时，内源生长素含量较低，外施生长素可延缓果柄离层形成，防止果实脱落，延长挂果时间。而果实正在生长时，内源生长素含量较高，外施生长素可诱导植物体内乙烯的合成，促进离层形成，有疏花疏果的作用。在植物组织培养中使用，可诱导愈伤组织扩大和生根。

适宜作物　可用于促进水稻、花生、棉花、茄子和油桐种子萌发；李树、苹果树、柞树、松树、葡萄、桑树、杨树、水杉、亚洲扁担杆、绣线菊、马铃薯、甘薯、中华猕猴桃、西洋常春藤等插条促使生根。促进马铃薯、玉米、青稞、蚕豆、斑鸠菊、麦角菌、甜菜、萝卜和其他豆类的生长，提高产量。控制水稻、西瓜、番茄和应用纤维的大麻性别和促使单性结实。

应用技术

（1）促进种子萌发

① 水稻　种子在播种前以 10mg/kg 吲哚乙酸钠盐和乙二胺四乙酸二钠盐溶液处理，可促进出苗和生根。但浓度为 50mg/kg 时会抑制生长。

② 花生　以 10～25mg/kg 吲哚乙酸水溶液浸泡花生种子 12h，可促进种子萌发和提高花生产量。低浓度（10mg/kg）效果更好，而高浓度（25mg/kg）可略微提高花生中的油和粗蛋白质含量，并降低糖类的含量。

③ 棉花　在播种前，以 0.5～2.5mg/kg 吲哚乙酸溶液浸泡种子 3～12h，能促进根的生长。

④ 茄子　以 1mg/kg 吲哚乙酸溶液浸泡茄子种子 5h，可促进萌发，但会增加畸形幼苗的数量。

⑤ 马铃薯　插条生根后移植于培养基中，诱导其在高糖分的培养基中生长块根，吲哚乙酸可促进块根形成；在低糖分培养基中，由于不能供应充分的糖类，则不起作用。

⑥ 油桐　在种子播种前先用水浸泡 12h，再用 50～500mg/kg 吲哚乙酸溶液浸泡 12h，可促进萌发。将湿种子在低温 0～10℃下放置 15min，可增加萌发速度和萌发率，但在 15℃下则有抑制作用。

⑦ 甜菜　处理甜菜种子，可促进发芽，增加块根产量和含糖量。

（2）促进作物生长，提高产量

① 马铃薯　在种植前用 50mg/kg 吲哚乙酸溶液浸泡种薯 12h，可增加种薯吸水量，增强呼吸作用，增加种薯出苗数、植株总重和叶面积，有利于增加产量。在

生长早期用 50mg/kg 吲哚乙酸溶液，也可加磷酸二氢钾（10g/L）喷洒马铃薯，可促进植株生长，提高叶片中过氧化氢酶活性，增加光合作用强度及叶片和块茎中维生素 C 与淀粉的含量。但只有在早期喷洒才有增产效果。

② 玉米　种子以 10mg/kg 吲哚乙酸溶液浸泡，可增产 15.6%；以 10mg/kg 的吲哚乙酸和赤霉素混合液浸泡，增产效果更明显。

③ 青稞（裸麦）种子　种子以 80mg/kg 吲哚乙酸水溶液处理 5h，可增加植株分蘖数和叶面积总量，春化作用延长 5d，提高抗寒性，使之良好，产量明显增加。

④ 甜菜　植株 5 叶期用 20mg/kg 的吲哚乙酸溶液喷洒 1 次，15d 后再喷 1 次。第二次喷洒时，每公顷施入过磷酸钙 25kg，能增强光合作用和呼吸强度及磷酸酶的活性，提高植株抗旱能力，增加甜菜含糖量和产量。

⑤ 萝卜　以 30～90mg/kg 该溶液处理萝卜种子或幼苗，可促进生长，增加内源激素。

⑥ 斑鸠菊　在植株开花前用 75mg/kg 吲哚乙酸溶液喷洒，可显著促进植株的营养生长和生殖生长，明显增加种子产量。

⑦ 麦角菌　在麦角菌培养液中加入 1mg/kg 吲哚乙酸，可使其生物碱增加 0.2～6 倍；加入 5mg/kg 时生物碱产量增加更多。

⑧ 蚕豆　用 10～100mg/kg 的吲哚乙酸溶液浸泡种子 24h，可增加果荚数和种子重量，增加种子多糖含量，如浸种时间超过 48h，则效果变差。

⑨ 其他豆类　种子在播种前，以 50mg/kg 的吲哚乙酸溶液浸泡，或在盛花期喷洒，可增加根瘤的数量、体积、干重和植株中的总氮量。

（3）促进插条生根

① 李树、苹果树、柞树、松树等　用 20～150mg/kg 吲哚乙酸钾盐水溶液处理插条，能促进生根。品种不同使用浓度有差异。

② 葡萄　以 0.01mg/kg 吲哚乙酸溶液处理葡萄插条，可促进生根、增加果实产量。冬季葡萄插条在顶端用该试剂处理，可诱导基部生根，但处理基部则不生根。

③ 桑树　以 100mg/kg 吲哚乙酸溶液处理桑树插条，生根率达 98%。

④ 杨树　插条在种植前浸于 150mg/kg 或 2500mg/kg 吲哚乙酸溶液中 24h，能促进生根，并增加幼苗生长速度。

⑤ 水杉　用 100～1000mg/kg 吲哚乙酸钾盐水溶液浸泡插条，可促进根和芽的形成。

⑥ 亚洲扁担杆　亚洲扁担杆用一般扦插法繁殖不易成活，在压枝时应用 1000mg/kg 吲哚乙酸溶液处理，有良好的生根效果。

⑦ 绣线菊　插条经 300mg/kg 吲哚乙酸溶液处理，对于根的形成有良好的效果。生根难度小一些的插条，用 200mg/kg 吲哚乙酸溶液处理即可。

（4）控制性别和促使单性结实

① 水稻 用 200mg/kg 吲哚乙酸溶液处理日本水稻品种赤穗，可促使雌性发育、雄性隐退，降低雄蕊数目，使部分雄蕊转变为雌蕊和多子房雌蕊。

② 西瓜 用 100mg/kg 吲哚乙酸溶液处理西瓜花芽，隔日一次，可诱导雌花发生。

③ 大麻 用 100mg/kg 吲哚乙酸溶液处理后，能促进雄性特征出现。

④ 番茄 盛花期用 10mg/kg 吲哚乙酸溶液浸蘸花簇，可诱导单性结实，增加坐果，产生无籽果实。

注意事项

（1）吲哚乙酸在植物体内易分解，降低应有的效能，可在 IAA 溶液中加入儿茶酚、邻苯二酚、咖啡酸、槲皮酮等多元酚类，可以抑制植物体内吲哚乙酸氧化酶的活性，减少对其降解。

（2）吲哚乙酸见光易分解，不稳定，易溶于无水乙醇、丙酮、乙酸乙酯、二氯乙烷等有机溶剂，不溶于水。其钠盐、钾盐比较稳定，因而配制溶液时应先用少量碱液（如 1mol/L NaOH 或 KOH）溶解，形成钠盐或钾盐。再加水稀释到使用浓度。吲哚乙酸也可以配成 1000mg/L 母液放于 4℃冰箱中备用，使用时按比例稀释到所需浓度，避光保存。也可以将吲哚乙酸结晶溶于 95%乙醇中，到全溶为止，即配成约 20%乙醇溶液。然后将乙醇溶液徐徐倒入一定量水中再定容。切忌将水倒入乙醇溶液中。如出现沉淀，则要重配。配制成溶液后遇光或加热易分解，应注意避光保存。

吲熟酯（ethychlozate）

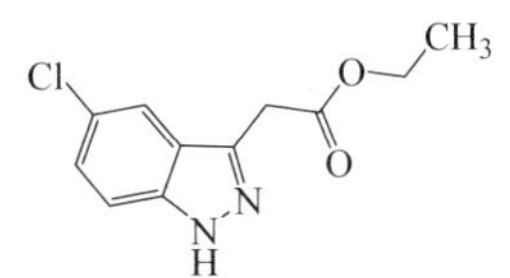

$C_{11}H_{11}N_2O_2Cl$，238.67，27512-72-7

其他名称 丰果乐，富果乐，Figaron，J-455，IZAA。

化学名称 5-氯-1-氢-3-吲唑-3-基乙酸乙酯。

理化性质 纯品为白色针状结晶，熔点 76.6～78.1℃，分解点为 250℃以上，难溶于水，易溶于甲醇、丙酮、乙醇等。在一般条件下贮藏较稳定，遇碱易分解。在植物体内易分解，在土壤中易被微生物分解。施用后 3～4h 遇雨，将降低应用效果。

毒性 大白鼠急性经口 LD_{50} 4800～5210mg/kg，小白鼠 1580～2740mg/kg。大鼠急性经皮 LD_{50}＞10000mg/kg，对兔皮肤和眼睛无刺激作用。

作用特点 经过植物的茎、叶吸收，然后输送到根部，在植物体内阻抑生长素运转，增进植物根系生理活性，促进生根，增加根系对水分和矿质元素的吸收，控制营养生长，促进生殖生长，使光合产物尽可能多地输送到果实部位；也可促进乙烯的释放，使幼果脱落，起到疏果作用；还可以改变果实成分，有增糖作用，改善果实品质。

适宜作物 主要用于苹果、梨、桃、菠萝蔬果，用于葡萄、菠萝、甘蔗可增加含糖量和氨基酸含量。

应用技术

（1）苹果、梨、桃 苹果花瓣脱落 3 周后，用 50～200mg/kg 吲熟酯溶液喷叶，可起到疏果作用。当未成熟果实开始落果前，用 50～100mg/kg 吲熟酯溶液喷洒，可防止果实脱落，也可防止梨和桃的采前落果。

（2）柑橘 盛花期后 2～3 个月，正值 6 月份生理落果期，用 100～300mg/kg 吲熟酯溶液喷施叶面，可起到疏果的作用。有报道对温州蜜柑在其盛花期后 35～50d，用 100～200mg/kg 吲熟酯溶液喷洒，疏果效果好，且不会产生落叶的副作用，为理想的疏果剂，并可增加柑橘果实中可溶性固形物含量，提高糖酸比，加速果实着色，改变氨基酸组成，明显地减少浮皮。

（3）菠萝、葡萄、甘蔗 菠萝收获前 20～30d，喷施 100～200mg/kg 吲熟酯溶液，可促进果实成熟，提高固态糖含量。对葡萄和甘蔗也有增加固态糖的效果。

（4）枇杷 用 75mg/L 的吲熟酯溶液于生长期喷施，可降低枇杷酸度，提高糖酸比和维生素 C 含量，改善果实品质。

（5）西瓜 在幼瓜 0.25～0.5kg 时，施药浓度为 50～100mg/L，喷后瓜蔓受到抑制，早熟 7d，糖度增加 10%～20%，且果肉中心糖与边糖的梯度较小，同时每亩产量增加 10%。

（6）甜瓜 厚皮甜瓜在受精后 20d 和 25d，以 1%的吲熟酯 1000～1300 倍液喷洒着果以上部位的茎叶，可促进果实生长速度，加快果实的膨大。

注意事项

（1）吲熟酯遇碱会分解，在用药前 1 周和用药后 1～2d 内，避免施用碱性农药。

（2）宜在生长健壮的成年树上使用，弱树不宜使用。连续多年使用有减弱树势的趋势。

（3）作为柑橘疏果剂使用，适宜的最高气温为 20～30℃，高于 30℃会造成落果过多，低于 20℃疏果效果不佳。用药后即使遇雨也不要补喷，否则会脱落过多。

（4）本品最佳施药时期为果实膨大期。

（5）施用该药品的次数以 1～2 次/年为宜，间隔期为 15d。

印楝素（azadirachtin）

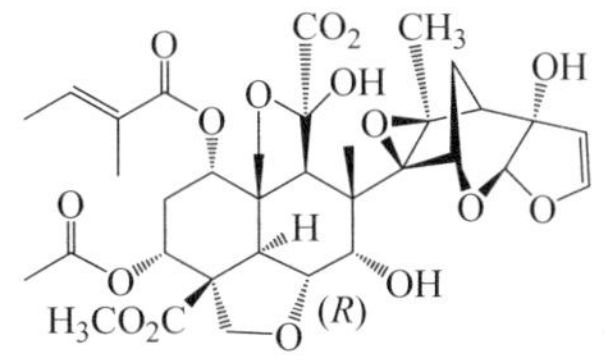

$C_{35}H_{44}O_{16}$，720.7，11141-17-6

理化性质　原药外观为深棕色半固体状，易溶于甲醇、乙醇、乙醚、丙酮，微溶于水、乙酸乙酯。制剂外观为棕色均相液体，pH4.5～7.5。

毒性　急性 LD_{50}（mg/kg）：经口＞1780（雄），＞2150（雌）；经皮＞2150（雌）。

作用特点　该药是从印楝树中提取的植物性杀虫剂，具有拒食、忌避、内吸和抑制生长发育作用。主要作用于昆虫的内分泌系统，降低蜕皮激素的释放量；也可以直接破坏表皮结构或阻止表皮几丁质的形成，或干扰呼吸代谢，影响生殖系统发育等。对环境、人畜、天敌比较安全，对害虫不易产生抗药性。

适宜作物　茶树、十字花科蔬菜、果树、高粱、烟草等。

防除对象　茶树害虫如茶毛虫、小绿叶蝉、茶黄螨等；柑橘树害虫如潜叶蛾等；蔬菜害虫如小菜蛾、菜青虫、斜纹夜蛾、韭蛆等；高粱害虫如玉米螟等。

应用技术　以 0.3%印楝素乳油、0.3%印楝素可溶液剂、1%印楝素微乳剂、1%印楝素水分散粒剂为例。

（1）防治茶树害虫

① 茶毛虫　在卵孵化盛期至低龄幼虫期施药，用 0.3%印楝素乳油 120～150mL/亩均匀喷雾。

② 茶黄螨　在茶黄螨盛发期喷雾 1 次，用 0.3%印楝素可溶液剂 125～186mL/亩均匀喷雾。

③ 茶小绿叶蝉　在若虫盛发初期开始施药，用 1%印楝素微乳剂 27～45mL/亩均匀喷雾。

（2）防治果树害虫　防治柑橘树潜叶蛾，用 0.3%印楝素乳油 400～600 倍液均匀喷雾。

（3）防治蔬菜害虫

① 小菜蛾　在卵孵化盛期至低龄幼虫期施药，用 0.3%印楝素乳油 60～90mL/亩均匀喷雾；或用 1%印楝素微乳剂 42～56mL/亩均匀喷雾。

② 韭蛆 在韭菜收割后 2～3d，用 0.3%印楝素乳油 1330～2660mL/亩根部喷淋 1 次。

③ 菜青虫 在卵孵盛期至低龄幼虫盛发期施药，用 0.3%印楝素乳油 90～140mL/亩均匀喷雾。

④ 斜纹夜蛾 在卵孵盛期至低龄幼虫盛发期施药，用 1%印楝素水分散粒剂 50～60g/亩均匀喷雾。

（4）防治高粱害虫 防治玉米螟，在卵孵盛期至低龄幼虫期施药，用 0.3%印楝素乳油 80～100mL/亩均匀喷雾。

（5）防治烟草害虫 防治烟青虫，在卵孵盛期至低龄幼虫期施药，用 0.3%印楝素乳油 60～100mL/亩均匀喷雾。

注意事项

（1）本品为生物农药，药效较慢，但持效期长，不要随意加大施药量。

（2）不能与碱性农药混用。

（3）建议与其他作用机制不同的杀虫剂轮换使用。

（4）本品对蜜蜂、鱼类等水生生物、家蚕有毒。周围作物花期禁用，使用时应密切关注对附近蜂群的影响；远离水产养殖区施药，禁止在河塘等水体中清洗施药器；蚕室及桑园附近禁用；鸟类保护区禁用；赤眼蜂等天敌放飞区禁用。

（5）每 7～10d 左右施药一次，可连续用药 3 次。

茚草酮（indanofan）

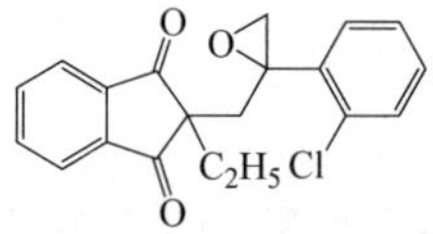

O, O, C_2H_5, Cl

$C_{20}H_{17}ClO_3$，340.7，133220-30-1

化学名称 (*RS*)-2-[2-(3-氯苯基)-2,3-环氧丙基]-2-乙基茚满-1,3-二酮。

理化性质 纯品为灰白色晶体，熔点 60.0～61.1℃，溶解度（20℃）：水 17.1mg/L，在酸性条件下水解。

毒性 大鼠急性经口 LD_{50}（mg/kg）：雌 631，雄 460。大鼠急性经皮 LD_{50}＞2000mg/kg，大鼠急性吸入 LC_{50}（4h）1.5mg/L 空气。对兔皮肤无刺激性，对兔眼睛有轻微刺激性，无致突变性。

作用方式 是一种主要用于水稻和草坪上的新型茚满类除草剂，由日本三菱化学公司于 1987 年发现，并于 1999 年在日本上市。

药剂特点

（1）杀草谱广，对作物安全　茚草酮具有广谱的除草活性，在苗后早期用量为150g/hm^2，能很好地防除水稻田一年生杂草和阔叶杂草，如稗草、扁秆藨草、鸭舌草、异型莎草、牛毛毡等。苗后为250～500g/hm^2，能防除旱田一年生杂草，如马唐、稗草、早熟禾、叶蓼、繁缕、藜、野燕麦等，对水稻、大麦、小麦以及草坪安全。

（2）用药时间长　茚草酮有一个宽裕的用药时机，能防除水稻田苗后至3叶期稗草。

（3）低温性能好　即使在低温下，茚草酮也能有效地除草。

茚虫威（indoxacarb）

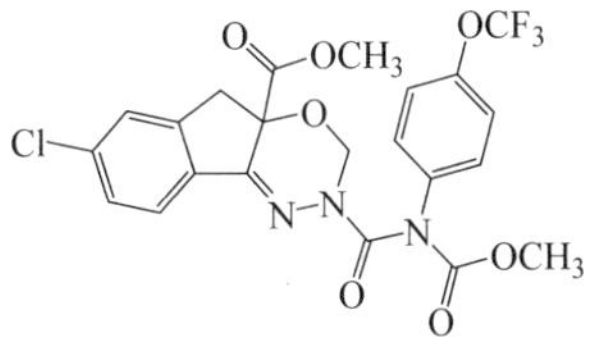

OCF$_3$ O OCH$_3$ O Cl N N N O OCH$_3$ O O

$C_{22}H_{17}ClF_3N_3O_7$，527.83，144171-61-9

其他名称　安打，安美，全垒打，噁二唑虫，因得克MP等。

化学名称　7-氯-2,5-二氢-2-[*N*-(甲氧基甲酰基)-4-(三氟甲氧基)苯胺甲酰]茚并[1,2-*E*][1,3,4]噁二嗪-4A(3H)-甲酸甲酯。

理化性质　熔点88.1℃，溶解度水小于0.2mL/L，丙酮250g/L，甲醇3g/L。稳定性水解DT_{50}＞30d（pH 5）。

毒性　大鼠急性经口LD_{50}1732mg/L（雄）、268mg/kg（雌）；大鼠急性经皮LD_{50}＞5000mg/kg，对兔眼睛和皮肤无刺激性，大鼠吸入LD_{50}＞5.5mg/L，Ames试验阴性。

作用特点　茚虫威是一种噁二嗪类高效低毒杀虫剂，以胃毒作用为主兼有触杀活性，通过阻断昆虫神经纤维膜上的钠离子通道，使神经丧失功能，对环境中的非靶标生物非常安全。在作物中残留量低，尤其适用于蔬菜等多次采收类作物。施药后害虫停止取食，对作物保护效果较优越，并具有耐雨水冲刷特性。

适宜作物　水稻、棉花、十字花科蔬菜、豆科蔬菜、茶树、金银花等。

防除对象　水稻害虫如二化螟、稻纵卷叶螟等；棉花害虫如棉铃虫等；蔬菜害虫如小菜蛾、菜青虫、甜菜夜蛾、豇豆螟等；茶树害虫如茶小绿叶蝉等；药材害虫如金银花尺蠖等。

应用技术

（1）防治水稻害虫

① 二化螟　在卵孵始盛期到卵孵高峰期施药，用 150g/L 悬浮剂 15～20mL/亩兑水喷雾，重点为靠近水面 3～7cm 的部位。施药后田间要保持 3～5cm 的水层 3～5d。

② 稻纵卷叶螟　在卵孵盛期至低龄幼虫期施药，用 15%悬乳剂 15～20mL/亩兑水喷雾，重点是稻株中上部。

（2）防治棉花害虫　防治棉铃虫，在卵孵盛期至低龄幼虫期施药，用 150g/L 悬浮剂 10～18mL/亩兑水均匀喷雾。

（3）防治蔬菜害虫

① 小菜蛾　在低龄幼虫盛期施药，用 150g/L 悬浮剂 10～18mL/亩兑水均匀喷雾。田间喷雾最好在傍晚进行。

② 菜青虫　在低龄幼虫盛期施药，用 150g/L 悬浮剂 5～10mL/亩兑水均匀喷雾。

③ 甜菜夜蛾　十字花科蔬菜在低龄幼虫盛期施药，用 150g/L 悬浮剂 10～18mL/亩兑水均匀喷雾；大葱上卵即将孵时用 15%悬浮剂 15～20g/亩兑水喷雾，重点是大葱尖部；姜上的卵孵至低龄幼虫时，用 15%悬浮剂 25～35mL/亩兑水均匀喷雾。

④ 豇豆螟　在成虫产卵盛期施药，用 30%水分散粒剂 6～9g/亩重点喷花蕾；在发现有蛀果现象时，豇豆果实也应重点喷雾。

（4）防治茶树害虫　防治茶小绿叶蝉，在低龄若虫盛发期，即每 100 张叶片有 3～5 头若虫时施药，用 150mL/L 悬浮剂 17～22mL/亩兑水均匀喷雾。依害虫危害程度可重复施药 1 次，间隔期为 5～7d。

（5）防治药材害虫

① 棉铃虫　金银花上卵孵盛期至低龄幼虫期施药，用 15%悬浮剂 25～40mL/亩兑水均匀喷雾。

② 金银花尺蠖　在卵孵盛期至低龄幼虫期施药，用 15%悬浮剂 15～25mL/亩兑水均匀喷雾。药剂的使用：在南方害虫密度较高地区，可使用中高剂量；在北方害虫密度较低地区，使用中低剂量。

注意事项

（1）对蜜蜂、家蚕有毒，施药期间应避免对周围蜂群的影响；开花植物花期禁用；桑田及蚕室附近禁用；虾蟹套养稻田禁用；施药后的田水不得直接排入水体。远离养殖区施药；禁止在河塘等水体中清洗施药器具。

（2）在棉花上的安全采收间隔期为 14d，每季最多使用 3 次；在十字花科蔬菜上的安全采收间隔期为 3d，每季最多使用 3 次；在水稻上的安全间隔期为 21d，每季最多使用 2 次；在茶叶上的安全间隔期为 10d，每季最多使用 1 次；在姜上的安全间隔期为 7d，每季最多使用 1 次；在金银花上的安全间隔期为 5d，每季最多使用 1 次。

（3）大风天或预计 1h 内降雨请勿施药。

（4）建议与其他不同作用机理的杀虫剂交替使用。

莠灭净（ametryn）

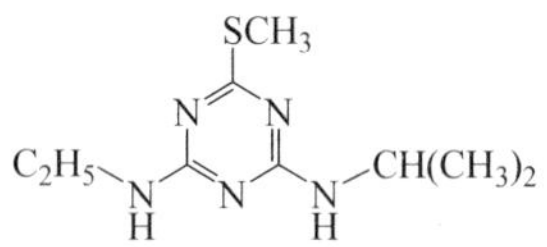

$C_9H_{17}N_5S$，227.12，834-12-8

化学名称　*N*-2-乙氨基-*N*-4-异丙氨基-6-甲硫基-1,3,5-三嗪。

理化性质　原药为白色粉末，熔点 86.3～87℃，沸点 337℃，溶解度（20℃，mg/L）：水 200，丙酮 56900，正己烷 1400，甲苯 4600。

毒性　大鼠急性经口 LD_{50} 1160mg/kg，绿头鸭急性 LD_{50}＞5620mg/kg，虹鳟 LC_{50}（96h）为 5mg/L，中等毒性；对大型溞 EC_{50}（48h）为 28mg/kg，中等毒性；对藻类 EC_{50}（72h）为 0.0036mg/L，高毒；对蜜蜂低毒，对蚯蚓中等毒性。对眼睛、皮肤具刺激性，无染色体畸变风险。

作用方式　三氮苯类内吸传导选择型除草剂，通过对光合作用电子传递的抑制，导致叶片内亚硝酸盐积累，致植物受害至死亡。

防除对象　主要用于甘蔗、菠萝田防除稗草、牛筋草、狗牙根、马唐、雀稗、狗尾草、大黍、秋稷、千金子、苘麻、一点红、菊芹、大戟属杂草、蓼属杂草、眼子菜、马蹄莲、田荠、胜红蓟、苦苣菜、空心莲子菜、水蜈蚣、苋菜、鬼针草、罗氏草、田旋花、臂形草、藜属杂草、猪屎豆、铁荸荠等一年生杂草。

使用方法　甘蔗苗前进行土壤喷雾，80%可湿性粉剂每亩制剂用量 130～200g，兑水 40～50L 稀释后喷雾；也可用于甘蔗芽后 3～4 叶期、杂草出齐后 10cm 左右，对准垄沟杂草定向喷雾，80%水分散粒剂每亩制剂用量 100～140g，药液不得直接喷到甘蔗心叶上。也可用于菠萝田定向喷雾防除杂草，80%可湿性粉剂每亩制剂用量 120～150g。

注意事项

（1）对香蕉苗、水稻、花生、红薯及谷类、豆类、茄类、瓜类、菜类敏感，施药时应采用定向茎叶喷雾，尽量避免药液飘移。

（2）避免中午高温施药。

（3）勿与呈碱性的农药物质混用。

（4）低洼积水易发生药害，砂壤和有机质含量低的蔗田，应使用推荐低剂量，剂量过大易造成叶片发黄、生长缓慢症状，一般两周左右可恢复正常。杂草高大、茂密地块，要确保药液喷到杂草根部，保证药效。

（5）间作大豆、花生等作物的蔗田，不能使用。

（6）防除菠萝田杂草，建议单用，混用其他除草剂可能会降低菠萝品质。

莠去津（atrazine）

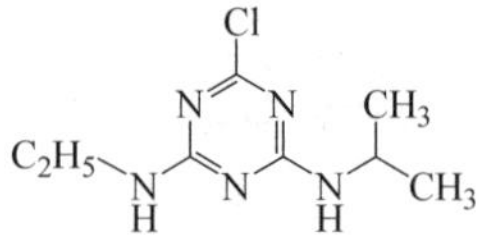

$C_8H_{14}ClN_5$，215.7，1912-24-9

化学名称 2-氯-4-乙氨基-6-异丙氨基-1,3,5-三嗪。

理化性质 白色结晶，熔点175.8℃，溶解度（20℃，mg/L）：水35，乙酸乙酯24000，氯仿28000，甲苯4000，正己烷110。在微酸性和微碱性介质中稳定，但在高温下，碱和无机酸可将其水解为无除草活性的羟基衍生物，无腐蚀性。

毒性 大鼠急性经口LD_{50} 1869～3090mg/kg；日本鹌鹑急性LD_{50} 4237mg/kg；对虹鳟LC_{50}（96h）为4.5mg/L；对大型溞EC_{50}（48h）＞85mg/kg；对月牙藻EC_{50}（72h）为0.059mg/L；对蜜蜂低毒，对蚯蚓中等毒性。对眼睛、皮肤、呼吸道具刺激性，无染色体畸变和致癌风险。

作用方式 内吸选择性苗前、苗后除草剂。根吸收为主，茎叶吸收很少。杀草作用和选择性同西玛津，易被雨水淋洗至土壤较深层，对某些深根草亦有效，但易产生药害。持效期也较长。

防除对象 用于防除玉米、高粱、甘蔗、糜子、茶树、梨树、苹果树、葡萄水、红松苗圃、林地、橡胶中马唐、稗草、狗尾草、莎草、看麦娘、蓼、藜等一年生禾本科杂草和阔叶杂草，对某些多年生杂草也有一定抑制作用。

使用方法 高粱、玉米、糜子、甘蔗田播后苗前施药，地表土壤喷雾；茶园、果园、橡胶园杂草萌发高峰期稀释后地表喷雾，不得喷洒至作物，同时应避开葡萄根部。以48%可湿性粉剂为例，制剂用量如下：茶园208～312.5g/亩；甘蔗156～260g/亩；高粱、糜子260～365g/亩（东北地区）；红松苗圃0.5～1g/m^2；梨树、苹果树（12年以上树龄）417～521g/亩（东北地区）；玉米田、葡萄树312.5～417g/亩；橡胶园521～625g/亩；公路1.7～4.2g/m^2；铁路、森林2.1～5.2g/m^2。

注意事项

（1）大豆、桃树、小麦、水稻等对莠去津敏感，不宜使用。玉米田后茬为小麦、水稻时，应降低剂量与其他安全的除草剂混用。北京、华北地区，玉米后茬作物多为冬小麦，故莠去津单用每亩不能超过 200g（商品量）（有效成分 100g）。要求喷雾均匀，否则因用量过大或喷雾不均，常引起小麦点片受害，甚至死苗。连种玉米地，用量可适当提高。青饲料玉米，在上海地区只作播后苗前使用。苗期 3～4 叶期，作茎叶处理对后茬水稻有影响。玉米套种豆类，不宜使用莠去津。

（2）有机质含量超过 6%的土壤，不宜作土壤处理，以茎叶处理为好。

（3）果园使用莠去津，对桃树不安全，因桃树对莠去津敏感，表现为叶黄、缺绿、落果、严重减产，一般不宜使用。

（4）莠去津播后苗前，土表处理时，要求施药前整地要平，土块要整。

右旋烯炔菊酯（empenthrin）

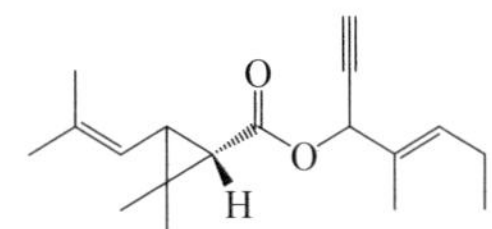

$C_{18}H_{26}O_2$，274.4，54406-48-3

其他名称 炔戊菊酯、烯炔菊酯、百扑灵、Vaporthrin。

化学名称 (*E*)-(*R*,*S*)-1-乙炔基-2-甲基戊-2-烯基-(1*R*,*S*)-顺、反-2,2-二甲基-3-（2-甲基丙-1-烯基）-环丙烷羧酸酯。

理化性质 淡黄色油状液体；沸点 295.5℃；能溶于丙酮、乙醇、二甲苯等有机溶剂中，常温下贮存 2 年稳定。

毒性 大鼠急性经口 LD_{50}（mg/kg）：＞5000（雄），＞3500（雌），急性经皮 LD_{50}＞2000mg/kg，对皮肤和眼睛无刺激性。

作用特点 属于家用杀虫剂，是一种高效、低毒的新型拟除虫菊酯类杀虫剂，对织物有防蛀作用，能有效防止衣物、皮革、棉、毛、化纤、混防物品虫蛀，适用于家庭衣柜、抽屉、鞋柜等场所。

防除对象 仓储害虫黑皮蠹、幕衣蛾等。

应用技术 以右旋烯炔菊酯 30%防蛀片剂、300mg/片右旋烯炔菊酯防蛀片剂、60mg/片右旋烯炔菊酯防蛀片剂为例。

防治卫生害虫：

（1）黑皮蠹 将右旋烯炔菊酯 30%防蛀片剂或 300mg/片右旋烯炔菊酯防蛀片

剂挂在衣柜或储物柜内。

（2）幕衣蛾　将60mg/片右旋烯炔菊酯防蛀片剂挂在大衣柜内。

注意事项

（1）必须贮藏在密闭容器中，放置于低温和通风良好处，防止受热，勿受光照。

（2）切勿与其他防蛀剂一起使用。

（3）对鱼、蚕有毒，请远离蚕室、鱼塘及其附近使用。

（4）不能与铜制品接触。

（5）本品易燃，要远离火源。

S-诱抗素[(+)-abscisic acid]

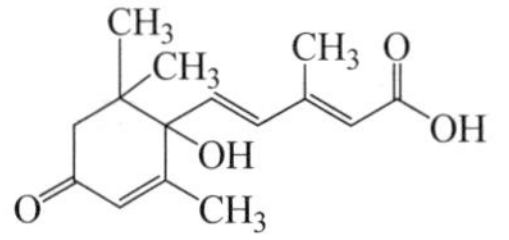

$C_{15}H_{20}O_4$，264.32，21293-29-8

化学名称　丙烯基乙基巴比妥酸。

其他名称　福生诱抗素，天然脱落酸。

理化性质　纯品为白色结晶，熔点160～162℃，水溶解度3～5g/L（20℃），难溶于石油醚与苯，易溶于甲醇、乙醇、丙酮、乙酸乙酯与三氯甲烷。*S*-诱抗素的稳定性较好，常温下放置两年，有效成分含量基本不变。对光敏感，属强光分解化合物。

毒性　对人畜无毒害、无刺激性。

作用特点　在逆境胁迫时，*S*-诱抗素在细胞间传递逆境信息，诱导植物机体产生各种应对的抵抗能力。在土壤干旱胁迫下，*S*-诱抗素启动叶片细胞质膜上的信号传导，诱导叶面气孔不均匀关闭，减少植物体内水分蒸腾散失，提高植物抗干旱能力。在寒冷胁迫下，*S*-诱抗素启动细胞抗冷基因，诱导植物产生抗寒蛋白质。在病虫害胁迫下，*S*-诱抗素诱导植物叶片细胞*PIN*基因活化，产生蛋白酶抑制物阻碍病原或虫害进一步侵害，避免植物受害或减轻植物的受害程度。在土壤盐渍胁迫下，*S*-诱抗素诱导植物增强细胞膜渗透调节能力，降低每千克物质中Na^+含量，提高PEP羧化酶活性，增强植株的耐盐能力；在药害肥害的胁迫下，调节植物内源激素的平衡，停止进一步吸收，有效解除药害肥害的不良影响；在正常生长条件下，*S*-诱抗素诱导植物增强光合作用和吸收营养物质，促进物质的转运和积累，提高产量、改善品质。

能显著提高作物的生长素质，诱导并激活植物体内产生150余种基因参与调节近代物质的平衡生长和营养物质合成，增强作物抗干旱、低温、盐碱、涝能力，有效预防病虫害的发生，解除药害肥害，并能稳花、保果和促进果实膨胀与早熟；能增强作物光合作用，促进氨基酸、维生素和蛋白质等的合成，加速营养物质的积累，对改善品质、提高产量效果特别显著；施用后，幼苗发根快、发根多、移栽后返青快、成活率高，作物整个营养生长期和生殖生长旺盛、抗逆性强、病虫害少。

适宜作物 各种蔬菜、烟草、棉花、瓜类、大豆、水稻、小麦、苗木、葡萄、枇杷、果树、茶树、中药材、花卉及园艺作物等，其对作物抗旱、抗寒、抗病、增产效果显著。

应用技术

（1）在出苗后，将本品用水稀释1500～2000倍，苗床喷施。

（2）在作物移栽2～3d，移栽后10～15d，将本品用水兑1000～1500倍，对叶面喷施一次。

（3）若作物移栽前未施用，可在作物移栽后2d内喷施。

（4）在直播田初次定苗后，将本品用水稀释1000～1500倍，进行叶面喷施。

（5）作物整个生育期内，均可根据作物长势，将本品用水稀释1000～1500倍后进行叶面喷施，用药间隔期15～20d。

注意事项

（1）勿与碱性物质混用。

（2）与非碱性杀菌剂、杀虫剂混用，药效将大大提高。

（3）植株弱小时，兑水量应取上限。

（4）喷施后6h遇雨补喷。

鱼藤酮（rotenone）

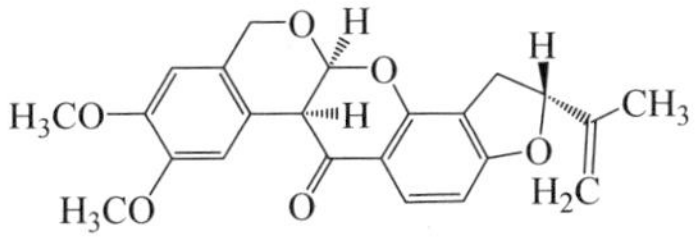

$C_{23}H_{22}O_6$，394.4，83-79-4

其他名称 aker-tuba、derrisroot、tuba-root。

化学名称 1,2,6,6*a*,12,12*a*-六氢-2-(1-甲基乙烯基)-8,9-二甲氧基苯并吡喃［3,4-*b*］呋喃并［2,3-*h*］苯并吡喃-6-酮。

理化性质 纯品为无色六角板状结晶，熔点163℃、181℃（同质二晶型）。水中溶解度0.142mg/L（20～25℃），易溶于丙酮、二硫化碳、乙酸乙酯和氯仿，微溶于乙醚、乙醇、石油醚和四氯化碳。旋光度$[a]_{D}^{20}$=−231.0（苯中）。遇碱消旋，易氧化，尤其在光或碱存在下氧化快而失去杀虫活性。外消旋体杀虫活性减弱，在干燥情况下，比较稳定。

毒性 急性经口LD_{50}（mg/kg）：大鼠132～1500，小鼠350。兔急性经皮LD_{50}＞5000mg/kg；大鼠吸入LC_{50}（mg/L）：雄性0.0235，雌性0.0194。大鼠NOEL（2代）7.5mg/L（0.38mg/kg）。ADI：（EPA）aRfD 0.015mg/kg，cRfD 0.0004mg/kg。对人皮肤有轻度刺激性，对人类为中等毒性。对猪高毒。

作用特点 植物性杀虫、杀螨剂，具有选择性，无内吸性，见光易分解，在空气中易氧化，在作物上残留时间短，对环境无污染，对害虫有触杀和胃毒作用，但对天敌安全。该药杀虫谱广，进入虫体后迅即妨碍呼吸，抑制C-谷氨酸脱氢酶的活性而使害虫死亡。其安全间隔期为3d。

适宜作物 甘蓝、油菜、茶树等。

防除对象 蚜虫、小菜蛾、黄曲条跳甲、茶小绿叶蝉等。

应用技术

（1）防治叶菜类害虫

① 蚜虫 在蚜虫数量上升期施药，用2.5%乳油100～150mL/亩兑水均匀喷雾。

② 小菜蛾 在小菜蛾低龄幼虫发生初期或卵孵化盛期用药，用5%微乳剂200～300mL/亩兑水均匀喷雾。

③ 黄曲条跳甲 在黄曲条跳甲成虫始盛期施药，用5%微乳剂150～200mL/亩兑水均匀喷雾。

④ 斑潜蝇 在斑潜蝇始盛期施药，用5%可溶液剂150～200mL/亩兑水均匀喷雾。

（2）防治茶树害虫 防治假眼小绿叶蝉，在假眼小绿叶蝉低龄若虫发生始盛期施药，用6%鱼藤酮微乳剂40～60mL/亩兑水均匀喷雾。

注意事项

（1）不可与碱性农药等物质混合使用。

（2）鱼类对本剂极为敏感，使用时不要污染鱼塘；禁止在河塘等水体中清洗施药器具。

（3）对蜜蜂、鸟、家蚕有毒，施药期间应避免对周围蜂群的影响；蜜源作物花期、蚕室和桑园附近禁用；赤眼蜂等天敌放飞区禁用。

（4）药剂易分解，避免在烈日下施药，药液应随用随配，不宜久置。

（5）在甘蓝、茶树上的安全间隔期均为5d。甘蓝上每季最多使用2次；茶树上每季节最多使用1次。

（6）大风天或预计 1h 内降雨请勿施药。

（7）建议与其他作用机制不同的杀虫剂轮换使用。

玉米素（zeatin）

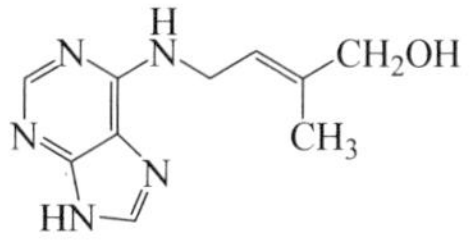

$C_{10}H_{13}N_5O$，219.24，1637-39-4

其他名称　羟烯腺嘌呤，异戊烯酰嘌呤，烯腺嘌呤，富滋，玉米因子，ZT。

化学名称　6-(4-羟基-3-甲基-丁-2-烯基)-氨基嘌呤，6-(4-hydroxy-3-methyl-butenylamino) purine。

理化性质　纯品为白色结晶，含量 98%，熔点 209.5～213℃，溶于甲醇、乙醇，易溶于盐酸，不溶于水和丙酮。在 0～100℃时热稳定性良好。难溶于水，溶于醇和 DMF。

毒性　大白鼠急性经口 LD_{50}＞10000mg/kg，对兔皮肤有轻微刺激作用，但可很快恢复。无吸入毒性。动物试验表明无亚慢性、慢性、致畸、致癌、致突变作用和迟发性神经毒性。生物降解快，在土壤、水体中半衰期只有几天。

作用特点　是从甜玉米灌浆期的籽粒中提取并结晶出的第 1 个天然细胞分裂素。已能人工合成。能刺激植物细胞分裂，促进叶绿素形成，促进光合作用和蛋白质合成，减慢呼吸作用，保持细胞活力，延缓植物衰老，从而使有机体迅速增长，促使作物早熟丰产，提高植物抗病、延缓衰老、抗寒能力。生理活性远高于激动素。在植物体内移动度差，一般随蒸腾流在木质部运输。极低浓度（0.05nmol/L）就能诱导烟草和胡萝卜离层组织的细胞分裂，与生长素配合可促进不分化细胞的生长与分化。

玉米素是植物中分布最普遍的细胞分裂素。天然存在的细胞分裂素有玉米素、玉米素核苷和异戊烯基腺苷等；人工合成的细胞分裂素如 6-苄基嘌呤等，细胞分裂素有诱导芽分化、抑制衰老和脱落、促进细胞分裂和扩大、促进生长、解除顶端优势、促进雌花分化、促进叶绿素生物合成、解除某些需光种子的休眠，以及贮藏保鲜等作用。其作用机理是保护 tRNA 中反密码子临近部位的异戊烯基腺苷（iPA），使之免遭破坏，而维持其蛋白质合成的正常机能。

6-苄基腺嘌呤（6-BA）、玉米素均为人工合成的细胞分裂素类化合物，具有促进细胞分裂、调控营养物质运输、促进植物新陈代谢等的功能。

适宜作物 主要用于调节水稻、玉米、大豆、西葫芦、番茄、马铃薯、杏、苹果、梨、葡萄等作物的生长。

应用技术

（1）促进农作物生长

① 水稻 分别于秧苗移栽前、孕穗期用0.01%水剂600倍液浸根、用0.01%水剂50～66mL/亩，加水30kg喷雾处理，可增产。

② 玉米 以种子：玉米素（25mg/L）=1：1的比例，浸种24h；再用0.04mg/L的浓度于穗叶分化期、雌穗分化期、抽雄期喷施3次，可使玉米拔节、抽雄、扬花及成熟期提前，减少秃穗、粒数、千粒重增加。

③ 棉花 移栽时用0.01%水剂12500倍液蘸根，再于盛蕾期、初花期、结铃期，用0.01%水剂80～100mL/亩，加水40～50mL喷洒3次。

④ 苹果 盛花期后4d，用100～500mg/kg玉米素溶液喷洒。

⑤ 葡萄 6-BA、玉米素对葡萄果实中糖分积累和转化酶活性有影响。经处理的果实在发育过程中蔗糖、葡萄糖、果糖、总糖含量及转化酶活性变化与对照基本上一致，采收时各糖分含量均不同程度高于对照，以30mg/L 6-BA处理的最为显著，200倍玉米素稀释液处理的次之。6-BA、玉米素处理均明显提高了果实发育前期蔗糖相对含量和转化酶活性，并且维持了葡萄糖、果糖在果实发育中后期稳步积累。6-BA、玉米素可能主要通过影响果实发育过程中的转化酶活性来影响果实糖分积累。

⑥ 番茄 用0.04～0.06mg/L药液喷施5次，间隔10d，可保花保果、增产。

⑦ 茄子 用0.04～0.06mg/L药液喷施6次，间隔10d，可保花保果、增产。

⑧ 马铃薯 对二茬种用的马铃薯块在100mg/kg玉米素溶液中浸蘸，能终止马铃薯休眠，使薯块在2～3d内萌发；在结薯前2～3周，每亩用0.01%玉米素水剂80～100mL，加水30kg喷雾，2周后再用相同浓度的药液喷施1次，可提高坐果率。

⑨ 甘蓝 在甘蓝莲座期，用0.0008%玉米素水剂喷雾处理，可以提高甘蓝单株鲜重，增加产量。

⑩ 大白菜 用0.04～0.06mg/L药液喷施3次，间隔10d，可增产。

⑪ 西瓜 开花期用0.04mg/L药液喷施，共喷3次，间隔期10d，可使西瓜藤早期生长健壮，中后期不衰，增加含糖量和产量。

⑫ 西葫芦 原药可用适量95%酒精或高度白酒溶化，然后再加水配制。制剂可直接加水配制成适宜浓度的水溶液使用。据试验，在西葫芦上的施用浓度一般为4～6mg/kg，以5mg/kg为最佳。在西葫芦开花前1～3d施用为最好。用毛笔蘸取配好的药液涂抹或用喷水壶喷在幼瓜的两侧即可，对于已开花的幼瓜可采取点花柱头或喷花的方式进行处理即可坐瓜。使用后对西葫芦无污染，符合生产无公害蔬菜、有机蔬菜技术要求；西葫芦坐瓜率高、瓜条生长快、产量高。据试验，5mg/kg玉米素处理较60～70mg/kg 2,4-滴钠盐处理，施药后2d、6d、10d瓜体积分别增大126.9%、

84.1%、82.7%，具有明显的增产效果。并且坐瓜率与2,4-滴钠盐相当，均在96%以上，显著提高瓜的外观质量，安全性高；2,4-滴钠盐连续处理或操作不当药液接触到瓜秧，特别是接触到生长点，容易诱发药害，造成嫩叶类似病毒病的蕨叶症状，严重影响西葫芦的产量和品质。而用玉米素处理则可避免药害的发生，能显著提高产量和品质。连续处理30d调查，玉米素药害株率为零，而2,4-滴钠盐处理药害株率为19%；受气温影响小，玉米素的使用基本不受气温的干扰，而2,4-滴钠盐必须根据气温的高低来决定使用的浓度，否则就会严重影响瓜的产量和品质。

⑬ 茶叶　用0.04～0.06mg/L药液喷施3次，间隔期7d，可增加咖啡碱、茶多酚含量。

⑭ 人参　用0.03～0.04mg/L药液喷施3次，间隔期10d，可抗病、增产。

（2）组织培养　极低的浓度（0.05nmol/L）能诱导烟草和胡萝卜形成层离体组织的细胞分裂，与生长素配合可促进不分化细胞的生长与分化，活性比激动素高，而低于6-苄基氨基嘌呤。由于价格高，大多用激动素或6-苄基氨基嘌呤代替。

注意事项

（1）本品应密封贮存于阴凉干燥处。

（2）用过的容器应妥善处理，不得污染水源、食物和饲料。操作时避免溅到皮肤和眼睛上。

（3）和其他生长促进型激素混用可提高药效。

（4）使用不能过量，已稀释的药液不能保存。

芸苔素内酯（brassinolide）

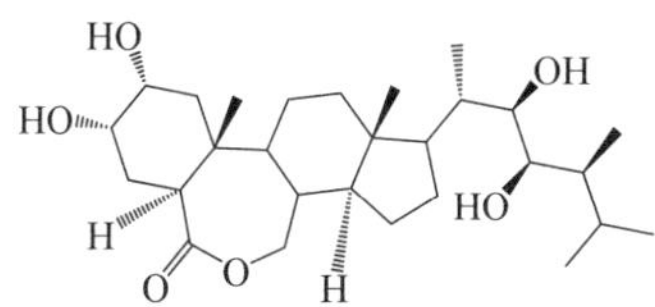

$C_{28}H_{48}O_6$，480.68，72962-43-7

其他名称　油菜素内酯，油菜素甾醇，BR，农乐利，芸天力，果宝，益丰素。

化学名称　(22*R*,23*R*,24*R*)-2*α*,3*α*,22,23-四羟基-*β*-均相-7-氧杂-5*α*-麦角甾烷-6-酮。

理化性质　外观为白色结晶粉，熔点256～258℃，水中溶解度为5mg/L，易溶于甲醇、乙醇、四氢呋喃、丙酮等多种有机溶剂。

毒性　大白鼠急性经口LD_{50}＞2000mg/kg，急性经皮LD_{50}＞2000mg/kg。Ames试验没有致突变作用。对鱼类低毒。

作用特点　芸苔素内酯是甾体化合物中生物活性较高的一种，广泛存在于植物体内，具有天然油菜素内酯类似的生物活性，较易合成，是运用分子生物学研究的立体异构体，除能抑制植物中氧化酶和水解酶的活性外，还能增加植物呼吸和调节内源激素的平衡，使植物组织保持较高的渗透势和维持保幼延衰的能力，从而促使植物生长、生殖，达到增产目的。芸苔素内酯的处理浓度极低，一般在 10^{-5}～10^{-1}mg/L 就可起到作用。它能促进作物生长，增加营养体收获量；提高坐果率，促进果实肥大，增加千粒重；提高作物的耐寒性，减轻药害，增加抗病性。具有增强植物营养生长、促进细胞分裂和生殖生长的作用。由于人工合成的 24-表芸苔素内酯活性较高，可经由植物的根、茎、叶吸收，然后传导到起作用的部位，目前农业生产上使用的是 24-表芸苔素内酯。

芸苔素内酯作为第 6 类植物生长调节剂，与前 5 类植物生长调节剂相比，在增产、抗逆、解药害、降农残等方面均有优异表现，具有明显的优势。在预防柑橘黄龙病、修复果树退化机能、降低植株重金属含量、提升盐碱地土壤上农作物生长机能等方面的研究也正在进行中。目前，芸苔素内酯制剂主要以单剂为主，但其与杀菌剂混用，或是与其他植物生长调节剂混用将是未来的一个发展趋势。

适宜作物 高效、广谱、安全的多用途植物生长调节剂。可用于水稻、玉米、小麦、黄瓜、番茄、青椒、菜豆、马铃薯、果树等多种作物。

应用技术

（1）小麦 以 0.05～0.5mg/L 浸种 24h，促进根系发育，增加株高；以 0.05～0.5mg/L 分蘖期叶面喷施，促进分蘖；以 0.01～0.05mg/L 于开花、孕穗期叶喷，提高弱势花结实率、穗粒数、穗重、千粒重，同时增加叶片叶绿素含量，从而增加产量。

（2）玉米 玉米穗顶端籽粒败育是影响产量提高的一个重要因素。以 0.01mg/L 的芸苔素内酯药液在玉米抽花丝期进行全株喷雾或喷花丝，能明显减少玉米穗顶端籽粒的败育率，可增产 20%左右，在抽雄前处理的效果优于吐丝后施药。处理后的玉米叶片变厚，叶重和叶绿素含量增高，光合作用增强，果穗顶端籽粒的活性增强。另外，吐丝后处理也有增加千粒重的效果。芸苔素内酯与乙烯利混剂在抽穗前 3～5d（大喇叭口期）叶面喷施，能够调节玉米的营养生长，提高其抗倒伏能力。

（3）水稻 水稻分蘖后期至幼穗形成期到开花期叶面喷施有效浓度 0.01mg/L 的芸苔素内酯药液，可增加穗重、每穗粒数、千粒重，若开花期遇低温，提高结实率更明显。

（4）棉花 用有效浓度 0.02mg/L 的芸苔素内酯药液浸种，可促使种子早发芽，棉苗长势好；用有效浓度 0.01mg/L 的芸苔素内酯药液在苗期或开花前喷施，可使棉株粗壮、结蕾多、棉铃大，可提前 10～15d 采收。在棉花蕾期、初花期和盛花期使用芸苔素内酯和甲哌鎓的复配制剂，比两者单独处理效果都好，有显著的增效作用，表现为提高叶绿素含量和光合速率，促进根系活力，控制植株徒长。

（5）花生　在苗期使用有效成分含量为 0.5～1.0mg/L 的芸苔素内酯处理茎叶，对花生幼苗生长发育有一定的促进作用，能使花生单株果针数增加 20%以上。在花生生长始花期开始下针时，使用 0.02～0.04mg/L 叶面喷施，能使花生生长稳健，单株总果数增加，百果重和百仁重增加，增产效果好，提高花生对低温的抵抗力。

（6）大豆　在大豆生育期多次喷施 0.04mg/L 芸苔素内酯，能增加大豆有效荚数及百粒重，提高产量。能增加株高和主茎节数，提高产量 10%以上，但略降低蛋白质和脂肪含量，对大豆种子发芽率基本无影响。

（7）烟草　芸苔素内酯处理烟草可促进烟草植株生长发育，扩大单株叶面积；促进光合作用和物质运输分配。改善烟叶化学成分，烟碱含量可增加 39.4%～76.7%；提高上等烟比例。烟草团棵期后，下午高温过后又有一点光照时，用 0.01mg/L 的芸苔素内酯，每亩 50～75kg 药液，喷洒叶背面效果较好。

（8）番茄　以 0.01mg/L 的芸苔素内酯于果实膨大期叶面喷施，每亩用药 25～30kg，可明显增加果实的重量。还可抑制猝倒病和后期的炭疽病、疫病和病毒病的发生。

（9）茄子　以 0.1mg/L 浸于开花的茄子花，能促进正常结果。

（10）黄瓜　用有效浓度 0.05mg/L 的芸苔素内酯药液浸种，然后播种，可提高发芽势和发芽率，增强植株抗寒性；或在苗期或大田期，用 0.01～0.05mg/L 的芸苔素内酯水溶液进行叶面喷雾，每亩喷药液 25～50kg，第 1 次喷后 7～10d 再喷第 2 次，共喷 2～3 次，可使第一雌花节位下降，花期提前，坐果率增加，产量增加，品质改善，增加蛋白质、氨基酸、维生素 C 等含量。

（11）芹菜　在芹菜立心期，用 0.001mg/L 的芸苔素内酯药液叶面喷雾. 可使植株增高、增重，叶绿素含量提高，叶色浓绿，富有光泽。如果在收获前 10d 再喷施 1 次，可提高生理活性，增加抗逆力，适合运输贮藏。

（12）油菜　在油菜幼苗期，喷施 0.01～0.02mg/L 的芸苔素内酯，能促进下胚轴伸长，促进根系生长，提高单株鲜重、氨基酸、可溶性糖和叶绿素含量。

（13）甘蔗　在甘蔗分蘖期和抽节期，用 0.01～0.04mg/L 的芸苔素内酯溶液叶面喷雾，可增加甘蔗含糖量。

（14）果树　用 0.01mg/L 的芸苔素内酯药液，在苹果、葡萄、杨梅、桃、梨等果树的初花期和膨果期喷施 2 次，可提高坐果率，果大形美，口感好。

（15）茶树　上一季节茶叶采收后，用 0.08mg/L 的芸苔素内酯叶面喷施 1 次，在茶叶抽新梢时喷第 2 次，抽梢后喷第 3 次，能调节茶叶生长，增加产量，增长芽梢，同时降低茶叶的粗纤维含量，提高茶多酚含量。

（16）观赏植物　月季花、康乃馨、茶花、兰花、黄杨、苏铁、仙人掌、银杏、水仙、茉莉花、菊花等用有 0.005～0.01mg/L 的芸苔素内酯药液喷叶面，植株生长旺盛，叶色鲜嫩亮丽，花朵增大，花期延长。

芸苔素内酯复配其他药剂

（1）氯吡脲+芸苔素内酯　氯吡脲膨果效果显著；与芸苔素内酯复配，既能促进果实膨大，又能促进植物生长，保共保果，防止落果，对器官的横向生长和纵向生长都有促进作用，从而起到膨大果实的作用，有效地改善果实的品质。试验证明，用在小麦和水稻上，能增加千粒重，达到增产的效果。

（2）叶面肥+赤霉素+芸苔素内酯　能促进幼苗生长及果实膨大促进坐果、增产促进坐果及膨大促进坐果及休眠芽萌发促进壮苗生长增收。喷保果药一般在第二次生理落果前约 15d 喷 1 次，以后每隔约 15d 喷 1 次，一般喷 2～3 次。

（3）芸苔素内酯+胺鲜酯　芸苔素内酯和胺鲜酯其制剂为水剂，效果好、安全性高。

（4）芸苔素内酯+乙烯利　乙烯利可以矮化玉米株高，促进根系发育，抗倒伏，但果穗发育也明显受抑制。与芸苔素内酯复配后处理玉米，比单独用乙烯利或芸苔素内酯，具有明显增强根系活力，延缓后期叶片衰老，促进果穗发育，植株矮化，茎粗，纤维素含量高，增强茎秆韧性，在大风天气里对照倒伏率大大降低，较对照增产 52.4%。

（5）芸苔素内酯+胺鲜酯+乙烯利　这种复配方式是最近几年流行起来的玉米控旺的植物生长调节剂，也是现在控制玉米株高最好的植物生长调节剂。该产品克服了单用生长剂控制玉米旺长时玉米棒小、秆细减产的副作用，使营养有效地转移到生殖生长上，所以植株表现为矮化、发绿、棒大、棒匀、植株根系发达、抗倒伏能力强。

（6）芸苔素内酯+多效唑　芸苔素内酯+多效唑，为可溶粉剂，主要用于果树的控梢和膨大果实，也是最近几年较为流行的果树专用植物生长调节剂，在果树上的应用方兴未艾。

（7）芸苔素内酯+甲哌鎓　芸苔素内酯能够增强光合作用，促进根系发育；甲哌鎓能够协调棉株生长发育，控制棉株旺长，延缓叶片衰老和提高根系活力。研究表明，在棉花蕾期、初花期和盛花期使用芸苔素内酯和甲哌鎓的复配制剂，比两者单独处理效果都好，有显著的增效作用，表现为提高叶绿素含量和光合速率，促进根系活力，控制植株徒长。

（8）芸苔素内酯+甲哌鎓+多效唑　甲哌鎓促旺长较为迅速，但持效期短，多效唑具有控制营养生长，缩短节间距，促进生殖生长，持效长的特点。将三者复配使用，药效持效长，在控制旺长的同时，增加产量，抗倒伏。

注意事项

（1）贮存在阴凉干燥处，远离食物、饲料、人畜等。操作时避免溅到皮肤和眼中，操作后用肥皂和清水洗手、脸后再用餐。

（2）芸苔素内酯活性较高，使用时要正确配制，防止浓度过高引起植株疯长，果实少而小，后期形成僵果等药害症状。

（3）芸苔素内酯不能与碱性农药混用，以免分解失效。

（4）施用本剂后要加强肥水管理，充分发挥作物增产效果。

（5）施用芸苔素内酯时，应按水量的 0.01%加入表面活性剂，以便药物进入植物体内。

（6）在倒春寒来临前与 0.2%的磷酸二氢钾混配喷施，可降低倒春寒对果实落花落果的危害，能使作物的抗寒能力增加，且可最大限度地激活植物体的抗旱、抗逆能力。

增产胺（guayule）

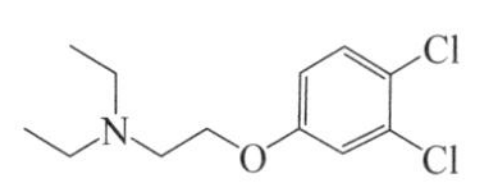

$C_{12}H_{17}Cl_2NO$，262.18，65202-07-5

其他名称　SC-0046，DCPTA。

化学名称　2-(3,4-二氯苯氧基)-乙基-二乙胺，2-(3,4-二氯苯氧基)三乙胺。

理化性质　纯品为液体，有芳香味，易溶于水，可溶于乙醇、甲醇等有机溶剂，常温下稳定。

毒性　低毒。

作用特点　DCPTA 是至今为止所发现的植物生长调节剂中第一个直接作用于植物细胞核，通过影响某些植物的基因、修补残缺的基因来改善作物品质的物质，DCPTA 能显著增加作物产量，显著提高光合作用，增加对二氧化碳的吸收、利用，增加蛋白质、脂类等物质的积累贮存，促进细胞分裂和生长，增加某些合成酶的活性等效果。

DCPTA 能显著地增加绿色植物的光合作用，使用后叶片明显变绿、变厚、变大。棉花试验表明，用 21.5mg/L 的 DCPTA 喷施，可增加 CO_2 的吸收 21%，增加干茎重量 69%，棉株增高 36%，茎直径增加 27%，棉花提前开花，蕾铃增多。

阻止叶绿素分解，DCPTA 具有阻止叶绿素分解、保绿保鲜、防止早衰的功能。经甜菜、大豆、花生的田间试验证明，DCPTA 能防止老叶叶片褪绿，使其仍具有光合作用功能，防止植物早衰。经花卉离体培养试验，DCPTA 可使叶片保绿，防止花、叶衰败。所以，DCPTA 具有很好的防早衰的作用。

改善品质，DCPTA 可以增加豆类作物中蛋白质、脂类等物质的积累，可以增加有色果类着色，增加水果、蔬菜的维生素、氨基酸等营养物质含量，加强瓜类、水果的香味，改善口感，提高产品的商品价值。

增强抗逆性，DCPTA 可增加作物的抗旱、抗冻、抗盐碱、抗贫瘠、抗干热、抗病虫的能力。在天气恶劣有变化时不减产。

适宜作物 水稻、小麦、玉米等粮食作物；大豆、荷兰豆、豆角、碗豆等豆类作物；大白菜、芹菜、菠菜、生菜、芥菜、空心菜、甘蓝等叶菜类；萝卜、甜菜、马铃薯、甘薯、洋葱、大蒜、芋、人参、西洋参、党参等块根块茎类作物；韭菜、大葱、洋葱、大蒜等葱蒜类；荔枝、龙眼、柑橘、苹果、梨、葡萄、桃、李、枇杷、杏等果树。

应用技术

（1）促进块根块茎生长，增加产量　萝卜、甜菜、马铃薯、甘薯、洋葱、大蒜、芋、人参、西洋参、党参等块根块茎类作物，在成苗期、根茎形成期、膨大期整株均匀喷施 20～30mg/L 的 DCPTA 药液 3 次，可大幅度膨大果实，改善品质，增加产量。

甜菜喷施 30mg/L DCPTA，能促进生长发育，增强甜菜对褐斑病的抗性，同时能显著提高甜菜的含糖量和产糖量。

（2）促进营养生长　大白菜、芹菜、菠菜、生菜、芥菜、空心菜、甘蓝等叶菜类，在成苗期、生长期整株均匀喷施 20～30mg/L 的 DCPTA 药液，可促使壮苗，提高植株抗逆性，促进营养生长，长势快，叶片增多，叶片宽、大、厚、绿，茎粗、嫩，达到提前采收的效果。

韭菜、大葱、洋葱、大蒜等葱蒜类，在营养生长期整株均匀喷施 20～30mg/L 的 DCPTA 药液，间隔 10d 以上喷施一次，共 2～3 次，可达到促进营养生长、提高抗性的效果。

（3）膨果拉长

① 大豆、荷兰豆、豆角、碗豆等豆类作物　在 4 片真叶以后、始花期、结荚期整株均匀喷施 30～40mg/L 的 DCPTA 药液，不仅可以大幅度提高豆类的产量，还可改善豆类的质量，使大豆的主要营养成分（蛋白质和脂肪）含量提高。

② 番茄、茄子、辣椒、马铃薯、山药蔬菜　在 4 片真叶期、初花期、花期、坐果期、膨果期整株均匀喷施 20～30mg/L 的 DCPTA 药液，对黄瓜、苦瓜、辣椒等膨果拉长，对瓜类增产，提高商品价值，对番茄增色膨果，平均增产 31%。

③ 荔枝、龙眼、柑橘、苹果、梨、葡萄、桃、李、枇杷、杏等果树　在始花期、幼果期、膨果期整株均匀喷施 20～30mg/L 的 DCPTA 药液，可保花保果，有效促进幼果膨大，使果实大小均匀，味甜着色好。

④ 西瓜、甜瓜、哈密瓜等瓜类　在坐果期、膨果期整株均匀喷施 20～30mg/L 的 DCPTA 药液，可有效提高坐果率，增加单瓜重，增加含糖量从而增加甜味，并

提前成熟。

⑤ 香蕉　在花蕾期、果成长期整株均匀喷施30～40mg/L的DCPTA药液，可以实现膨果拉长，增加维生素、氨基酸等营养物质含量，改善口感，提高产品的商品性。

⑥ 花生　在始花期、下针期、结荚期整株均匀喷施30～40mg/L的DCPTA药液，可提高结荚数，膨果增产。

（4）壮苗、壮秆、增强抗逆性

① 水稻、小麦、玉米等粮食作物　在四叶期、拔节期、抽穗扬花期、灌浆期整株均匀喷施20～30mg/L的DCPTA药液，可促使壮苗，灌浆充分，提高营养成分含量，增加千粒重，同时增强植株的抗虫性、抗寒性和抗倒性。

② 玉米　在播种前用1mg/L的DCPTA药液浸泡7h，可促使苗壮苗齐。

③ 草坪　在生长期均匀喷施10～20mg/L的DCPTA药液，可促使草坪苗壮浓绿。

（5）着色，提高品质，增强果香，改善口感

① 荔枝、龙眼、柑橘、苹果、梨、葡萄、桃、李、枇杷、杏等果树　在始花期、幼果期、膨果期整株均匀喷施20～30mg/L的DCPTA药液，可增加有色果类着色，增加水果的维生素、氨基酸等营养物质含量，加强水果的香味，改善口感，提高产品的商品价值。

② 西瓜、甜瓜、哈密瓜等瓜类　在4片真叶期、初花期、花期、坐果期、膨果期整株均匀喷施20～30mg/L的DCPTA药液，可促进着色，增加含糖量从而增加甜味，改善口感，提高商品性。

③ 草莓　在4片真叶以后、初花期、幼果期整株均匀喷施20～30mg/L的DCPTA药液，可使膨果增色，提高产量。

④ 茶叶　在茶芽萌动期、采摘期整株均匀喷施20～30mg/L的DCPTA药液，可增加茶叶中维生素、茶多酚、氨基酸和芳香物质的含量，提高口感，提高商品性。

（6）保花保果，提高坐果率

① 苹果、梨、柑橘、橙、荔枝、龙眼等果树　在始花期、坐果后、膨果期整株均匀喷施20～30mg/L的DCPTA药液，可达到保花保果、提高坐果率、果实大小均匀、味甜着色好、早熟增产的效果。

② 番茄、茄子、辣椒等茄果类　在幼苗期、初花期、坐果后整株均匀喷施20～30mg/L的DCPTA药液，可达到增花保果、提高结实率、果实均匀光滑、品质提高、早熟增产的效果。

③ 黄瓜、冬瓜、南瓜、丝瓜、苦瓜、西葫芦等瓜类　在幼苗期、初花期、坐果后整株均匀喷施20～30mg/L的DCPTA药液，可达到苗壮、抗病、抗寒、开花数增多、结果率提高、瓜型美观、瓜色正、干物质增多，品质提高、早熟增产的效果。

④ 西瓜、香瓜、哈密瓜、草莓等　在初花期、坐果后、果实膨大期整株均匀喷施20～30mg/L的DCPTA药液，可达到味好汁多、提高含糖量、增加单瓜重、提前

采收、增产、抗逆性好的效果。

⑤ 桃、李、梅、枣、樱桃、枇杷、葡萄、杏、山楂等　在始花期、坐果后、果实膨大期整株均匀喷施 20～30mg/L 的 DCPTA 药液，可达到提高坐果率、果实生长快、大小均匀、百果重增加、酸度下降、含糖度增加、抗逆性好、提前采收、增产的效果。

⑥ 香蕉　在花蕾期、断蕾期后整株均匀喷施 30～40mg/L 的 DCPTA 药液，可达到结实多、果簇均匀、增产早熟、品质好的效果。

⑦ 棉花　在 4 片真叶以后、花蕾期、花铃期整株均匀喷施 20～40mg/L 的 DCPTA 药液，可增加叶片光合作用，从而使叶片和茎秆干重增加，提前开花，蕾铃数增加，防止落铃。

（7）抗早衰

① 花卉及观赏作物　在成苗后、初蕾期、花期整株均匀喷施 10～20mg/L 的 DCPTA 药液，使叶片保绿保鲜，防止花叶衰败。

② 烟草　在定植后、团棵期、生长期整株均匀喷施 20～30mg/L 的 DCPTA 药液，可促使苗壮、叶绿，防早衰。

注意事项

（1）对敏感作物及新品种须先做试验，然后再推广使用。

（2）贮存于阴凉通风处，与食物、种子、饲料隔开。

（3）避免药液接触眼睛和皮肤。

增产灵（iodophenoxyacetic acid，IPA）

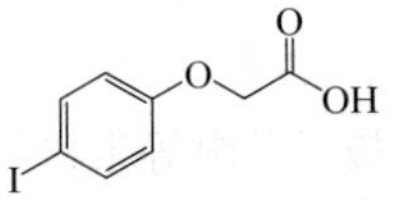

$C_8H_7O_3I$，278.05，1878-94-0

其他名称　增产灵 1 号，保棉铃，肥猪灵，碘苯乙酸。

化学名称　4-碘苯氧乙酸，4-iodophenoxyacetic acid，4-IPA。

理化性质　纯品白色针状或鳞片状结晶，略带刺激性碘臭味，熔点 154～156℃。商品为橙黄色结晶。难溶于冷水，能溶于热水，易溶于醇、醚、丙酮、苯和氯仿等有机溶剂。遇碱金属离子易生成盐，性质稳定，可长期保存

毒性　小白鼠急性经口 LD_{50} 1872mg/kg。对鱼类安全，在使用浓度范围内，对人、畜安全。

作用特点　增产灵为内吸性植物生长调节剂，类似于吲哚乙酸。低浓度的增产

灵能调节植物营养器官的营养物质运转到生殖器官，促进开花、结实、提高产量。有促进细胞分裂与分化、阻止离层形成等作用。能刺激植物生长，增强光合能力，加快营养物质运输，提高根系活力，增加对养分的吸收。具有促进生长，防止落花落果，提早成熟和增加产量等效果。

适宜作物 用于棉花可防止蕾铃脱落，增加铃重；用于小麦、水稻、玉米、高粱、小米等禾谷类作物可减少秕谷，促使穗大、粒饱；用于花生、大豆、芝麻等油料作物，可防止落花、落荚；用于果树、蔬菜、瓜果，可促进生长，提高坐果率。

应用技术 增产灵可采用喷雾、点涂或浸种等方法使用。配制药液时先将原药用酒精或热水溶解，配成母液，再用冷水稀释至规定浓度。

（1）棉花 将 30～50mg/L 增产灵药液加温至 55℃，将棉籽浸泡 8～16h，冷却后播种，可促进壮苗。棉花开花当天用 20～30mg/kg 药液滴涂在花冠内，或在幼铃上每间隔 3～4d 滴涂 2～3 次，用药量 7.5～15kg/hm^2，可防止棉花蕾铃脱落，增加铃重。在棉花现蕾至始花期，喷洒 5～10mg/L 增产灵，或始花至盛花期喷洒 10～30mg/L 增产灵 1～2 次，都能增加单株结铃数，减少脱落 10%左右。特别是对营养生长较差的棉花，减少脱落和增产的效果更为显著。

（2）水稻 移栽前 1～2d，喷洒 20mg/L 或幼穗分化期喷洒 30mg/L 增产灵，能促进水稻生长、茎叶粗壮、根系发达、干物质重增加、分蘖早生快发。单位面积穗数、每粒穗数和千粒重均有增加。增产幅度为 12%～19%，其中以秧苗期喷洒增产灵效果最好，且又省工、经济。苗期喷洒 10～20mg/L 药液，加快秧苗生长。水稻抽穗、扬花、灌浆期，按 20～30mg/L 用量喷洒增产灵，能提高叶绿素含量，增强光合作用，增加对矿物质营养的吸收，促进营养物质转移，加快籽粒灌浆，减少空秕率，提高千粒重，增产效果一般为 1%～10%，且能早熟 3～5d。

（3）小麦 用 20～100mg/L 药液浸种 8h，促进幼苗健壮。抽穗期用 20～30mg/L 叶面喷洒 1 次，可提高结实率和千粒重。

（4）玉米 在抽丝、灌浆期，用 20～40mg/L 药液喷洒全株或灌注在果穗丝内，可使果穗饱满，防止秃顶，增加穗重、千粒重。

（5）大豆 在大豆始花期和盛花期各喷洒 10～20mg/L 的增产灵 1 次，每 1hm^2 喷洒药液 30～50L，可使大豆植株生长、分枝增多、扩大绿色面积、提高光合效率、增加干物质积累、促进花荚发育、提高结荚率。特别对肥力较低的土壤和早熟品种，其作用尤为明显，而对长势旺盛、植株高大的品种，效果则较差。在一般培养条件下，大豆喷洒增产灵后增产幅度为 7%～20%左右。

但要注意喷药过早或浓度过大，都会引起植株徒长、倒伏。

（6）花生 于花生开花期和盛花期各喷 1 次 10～20mg/L 药液，可防止花生落花，能增加果荚数、果仁产量，并能促进早熟，增产 15%左右。

（7）高粱 于开花至灌浆期，喷洒 20mg/L 增产灵，能使籽粒灌浆饱满，千粒重增加 1～3g，成熟整齐，提早 3～7d，增产 10%左右。繁殖和制种时使用增产灵可调节亲本花期，促进早熟。移栽高粱在栽前 5～7d，喷洒 20mg/L 增产灵，可缩短缓苗时间。

（8）苹果　元帅苹果于盛花期、落花期喷洒 20mg/L 增产灵，能提高坐果率 30%左右。在其他作物上的使用方法见表 2-3。

表 2-3　增产灵的应用

作物	使用浓度/（mg/L）	施药时间和方法
葡萄	20	初花期、末花期和果实膨大期各喷 1 次
甘薯	10～20	浸秧、灌根或叶面喷雾
蚕豆、豌豆	10	盛花、结荚期喷 1～2 次
芝麻	10～20	蕾花期喷 2 次
番茄	20～30	蕾花期喷 2 次
黄瓜	5～10	点涂幼果
大白菜	20～30	包心期喷 2 次
茶	10～20	喷雾
白术	10～20	喷雾或浇灌
樟子松幼苗	10～60	每半月喷 1 次，连喷 3 次

注意事项

（1）增产灵不溶于水，配制药液时先用适量乙醇溶解。也可用开水溶解，充分搅匀（不要有沉淀），然后加水稀释至所需浓度。药液如有沉淀，可加入少量纯碱促使溶解。

（2）花期喷药宜在下午进行，以免药液喷洒在花蕊上影响授粉，喷药后 6h 内降雨，需再补喷。

（3）浸种时间超过 12h 应适当降低浓度。

（4）使用增产灵应重视氮、磷、钾肥料的作用，只有在科学用肥的基础上才能发挥增产灵的作用。

（5）可与酸性或碱性农药或化肥混用。

增产肟（heptopargil）

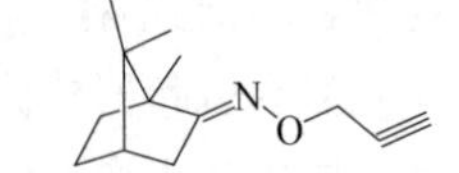

$C_{13}H_{19}NO$，205.3，73886-28-9

其他名称　Limbolid，EGYT 2250。

化学名称　(*E*)-(1*RS*,4*RS*)-莰-2-酮-*O*-丙-2-炔基肟。

理化性质　本品为浅黄色油状液体，沸点95℃（133Pa）。水中溶解度1g/L（20℃），易溶于有机溶剂。

毒性　大鼠急性经口 LD_{50}（mg/kg）：雄2100，雌2141。大鼠急性吸入 LC_{50}＞1.4mg/L空气。

作用特点　可由种子吸收，促进发芽和幼苗生长。

适宜作物　玉米、水稻、甜菜的种子处理。

应用技术　用于玉米、水稻、甜菜的种子处理，促进种子发芽和幼苗生长，提高作物产量。

增甘膦（glyphosine）

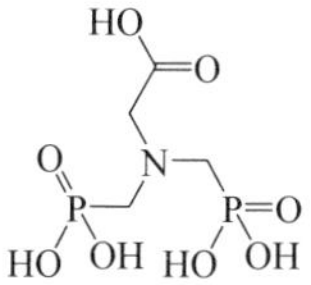

$C_4H_{11}NO_8P_2$，263.09，2439-99-8

其他名称　草甘双膦，催熟磷，Polaris，CP-41845。

化学名称　*N,N*-双(膦酸甲基)甘氨酸，*N,N*-bis(phosphonomethyl) glycine。

理化性质　纯品为白色结晶固体，有霉臭味。熔点200℃，熔化时分解。易溶于水，在水中溶解度（20℃）为248mg/L。对光稳定。

毒性　增甘膦为低毒植物生长调节剂，原药大鼠急性经口 LD_{50} 为3925mg/kg，小鼠为2800mg/kg，大鼠经口＞3000mg/kg，兔经皮＞5010mg/kg。对人、畜皮肤、眼睛无太大的刺激作用，对兔眼睛有强烈刺激作用，对皮肤中等刺激作用。兔、狗饲喂90d无不良作用，对动物无致畸、致突变、致癌作用。甘蔗允许残留量为1.5mg/L。

作用特点　属于能刺激植物生成乙烯的药剂。通过植物叶面吸收，抑制植物顶芽生长，促进侧芽生长。也抑制酸性转化酶的活性，在低浓度时可延缓作物生长，减少呼吸消耗，增加糖分积累，并具有催熟作用；在高浓度时，是一种除草剂。主要用于甘蔗、甜菜等作物，以增加糖分含量；用于棉花，可脱叶催熟。因易被微生物降解，只能叶面喷洒，不宜做土壤浇灌。

适用作物　通过植物叶面吸收，对甘蔗、西瓜、糖用甜菜、玉米等的成熟及含糖量有显著作用。在高浓度下，被用作棉花脱叶剂。

应用技术

（1）甘蔗　收获前4～8周作叶面喷洒，浓度为3750g/hm^2，喷顶部叶片，可增加甘蔗节间糖的含量，并有促进提前成熟的效果。

（2）糖用甜菜　收获前4周用750g/hm^{2}叶面喷洒，可提高含糖量。

（3）西瓜　于西瓜直径5～10cm时以750g/hm^{2}叶面喷洒，可提高含糖量。

（4）玉米　在6～7叶期，用500～700mg/kg增甘膦溶液喷洒，使玉米茎秆矮壮，防止玉米倒伏，减少玉米棒秃尖现象，增加产量。

（5）棉花　棉花吐絮期每亩用85%可湿性粉剂37.4g加水50kg喷洒，7d内有70%～90%棉花叶脱落。

（6）苹果、梨　采前9周喷1500mg/L。

注意事项

（1）严格掌握使用浓度，以免产生药害。避免与皮肤、眼睛接触，操作后用清水洗手。施药后要及时清洗喷药器具。

（2）喷药时千万不要与其他农药混用，病瓜不要喷药。处理后4h如遇雨不受影响。不宜土壤浇灌，在土壤中无活性。

（3）在使用时注意用清洁水稀释药液，以免影响药效。

（4）用聚氯乙烯塑料袋包装，贮存在阴凉干燥通风处；在运输过程中防淋、防晒，不得与有污染的产品混放。

（5）晴天处理效果好，应用时需加入适量活性剂。

增色胺（CPTA）

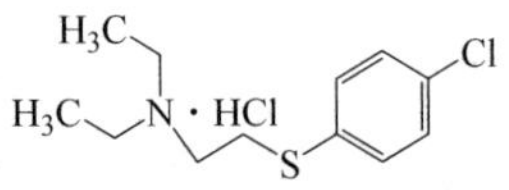

H_3C, H_3C, N · HCl, S, Cl

$C_{12}H_{19}Cl_2NS$，280.3，13663-07-5

化学名称　2-对氯苯硫基三乙胺盐酸盐。

理化性质　纯品熔点123～124.5℃。溶于水和有机溶剂。在酸介质中稳定。

作用特点　通过叶片和果实表皮吸收，传导到其他组织。可增加类胡萝卜素的含量。作用机制有待进一步研究。

适宜作物　番茄、柑橘等。

应用技术　增色胺可增加番茄和柑橘属植物果实的色泽。在橘子由绿转黄色时用2500mg/L药液喷雾。番茄接近成熟时喷增色胺可诱导红色素产生，加速由绿色向红色转变。

增糖胺（fluoridamid）

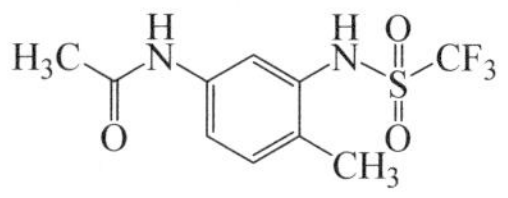

$C_{10}H_{11}F_3N_2O_3S$，296.27，47000-92-0

其他名称　撒斯达，MBR-6033。

化学名称　3′-(1,1,1-三氟甲基磺酰氨基)对甲乙酰替苯胺。

理化性质　纯品为白色结晶固体，熔点175～176℃。溶于甲醇和丙酮。水中溶解度130mg/L。

毒性　低毒。其二乙醇胺盐对大鼠急性经口LD_{50} 2576mg/kg，小鼠1000mg/kg。对皮肤无刺激性。

作用特点　可作为矮化剂，增糖胺还可作为除草剂。

适宜作物　本品作甘蔗催熟剂，在收获前6～8周喷施，可以增加甘蔗含糖量。也可作为草坪与某些观赏植物的矮化剂。

应用技术　抑制草坪草茎的生长及盆栽植物的生长，剂量1～3kg（a.i.）/hm^2。也可用于甘蔗上，在收获前6～8周，以0.75～1kg（a.i.）/hm^2剂量整株施药，可加速成熟和提高含糖量。

注意事项　按照一般农药的要求处理，要避免药液与皮肤和眼睛接触；勿吸入药雾。本品无专用解毒药，应按照出现的中毒症状作对症治疗。

整形素（chlorflurenol-methy）

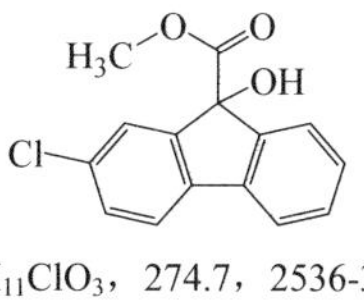

$C_{15}H_{11}ClO_3$，274.7，2536-31-4

其他名称　形态素、疏果丁、氯芴醇、氯甲丹、整形剂。

化学名称　氯-9-羟基芴-9-羧酸甲酯。

理化性质　微溶于水，溶于乙醇、丙酮等。熔点136～142℃，沸点385.02℃，折射率1.4585，储存条件0～6℃，酸度系数10.87±0.20，水中溶解度18mg/L（20℃）。

毒性　对人、畜安全，大鼠急性经口LD_{50} 3100mg/kg。

作用特点 一种芴类植物生长素的抑制剂，药剂通过茎叶吸收，被植物内吸后传导至全身，阻碍内源激素从顶芽向下转运，提高吲哚乙酸氧化酶活性，使生长素含量下降。幼嫩组织中药剂的含量较高，抑制顶端分生组织有丝分裂，减慢分裂速度，拉长线粒体，从而抑制节间伸长，叶面积缩小，阻碍生长素从顶芽向下传导，减弱顶端优势，促进侧芽生长，形成丛生株，并抑制侧根形成。它能抑制顶端分生组织细胞的分裂和伸长、抑制茎的伸长和促进腋芽滋生，使植物发育成矮小灌木状。整形素还具有使植株不受地心引力和光影响的特性。

适宜作物 橡胶树、菜花、萝卜、葡萄、番茄、黄瓜等。

应用技术

（1）提高胶乳产量，在割胶期以1%整形素与8%乙烯利复合制剂涂切口，每株含整形素0.024g，一般比单用乙烯利增产20%以上。

（2）促进菜花花球提前成熟，在12～14片叶时，以1000mg/L药液全株喷洒一次，可使25%植株提早采收。

（3）减少萝卜空心，在收前20d，用100～1000mg/L药液喷洒一次，可减少空心，改善品质。

（4）诱导愈伤组织和不定根的形成，将1mg/ kg的整形素加入含吲哚乙酸的培养基中，可使葡萄扦插枝条，诱导不定根的形成。

（5）诱导无籽果实，用0.1～100mg/L的整形素处理去雄后的番茄，可形成无籽番茄果。

（6）黄瓜三叶期用100mg/L药液喷一次，可长成无籽黄瓜。

（7）矮化植株，大多数单、双子叶植物，在顶端生长期，用100～1000mg/L药液喷洒一次，都可抑制顶端生长，促进侧芽侧枝生长，植株矮化，株型紧凑。

（8）常用于盆景的造型，使植株成为丛生形态。有些用途在扩大中。

注意事项 整形素燃烧时会产生有毒氯化物气体，因此库房保存应通风低温干燥。

正癸醇（1-decanol）

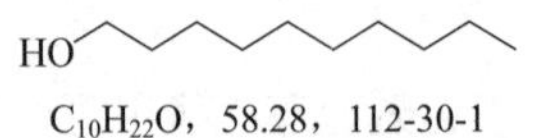

$C_{10}H_{22}O$，58.28，112-30-1

其他名称 1-癸醇，癸醇，癸烷-1-醇，壬基甲醇，第十醇，正-十碳醇，1-Decanol，Agent 148，Sucker Agent 504，Alfol-10，Fair-85，Royaltac M-2，Royaltac 85，Sellers 85。

化学名称　正-癸醇或癸-1-醇。

理化性质　黄色透明黏性液体，具有强折光性，凝固时成叶状或长方形板状结晶。6.4℃固化形成长方形片状体，沸点232～239℃（93.3kPa），107～108℃（0.93kPa），折光率1.4371，闪点82℃，黏度13.8mPa·s。微溶于水，水中溶解度2.8%（质量），溶于冰乙酸、乙醇、苯、石油醚，极易溶于乙醚。

毒性　大鼠急性经口LD_{50} 18000mg/kg，小鼠急性经口LD_{50} 6500mg/kg。对皮肤和眼睛有刺激性。吸入、摄入或经皮肤吸收后对身体有害。有强烈刺激作用，接触后可引起烧灼感、咳嗽、喉炎、气短、头痛、恶心和呕吐。接触时间长能引起麻醉作用。

作用特点　本品为接触性植物生长抑制剂，用以控制烟草腋芽。

适宜作物　在农业方面，可用作除草剂；作为生长调节剂，主要用以控制烟草腋芽。

应用技术　561L水中加浓液剂16.8～22.5L可喷$1hm^2$。施药时间为烟草拔顶约1周或拔顶后2d，在第1次喷药后7～10d，再喷第2次，一般在施药后30～60min即可杀死腋芽。

注意事项

（1）采取一般防护，避免药液接触皮肤和眼睛，勿吸入药雾。如药液溅到皮肤和眼睛，要用肥皂水冲洗。脱下的工作服需经洗涤后再用。

（2）药品贮存于低温、干燥、通风处，远离热源、食物及饲料。误服后可大量饮用牛奶、蛋白或白明胶水溶液，催吐，勿饮酒类，并迅速送医院。

治萎灵

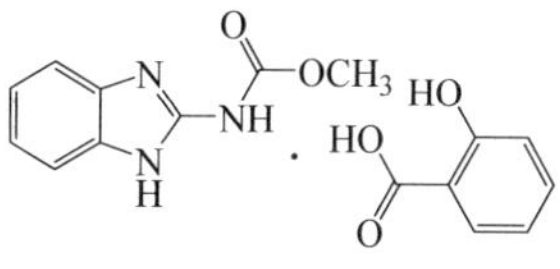

$C_{16}H_{15}N_3O_5$，329.31

化学名称　苯并咪唑-2-基氨基甲酸酯水杨酸。

理化性质　可溶液剂为深褐色液体，溶于水；可湿性粉剂为灰白色粉末，水溶性良好，悬浮率＞50%，稳定性合格。

毒性　低毒。

作用特点　属于内吸性杀菌剂，具有保护和治疗作用。以掺假方式阻止核酸合成，对作物有促进生长作用，有很强的穿透作用。

适宜作物 禾谷类作物、棉花、花生、油菜、西瓜、大白菜、芦笋、梨等。推荐剂量下对作物和环境安全。

防治对象 可有效防治小麦赤霉病、棉花枯萎病、棉花黄萎病、油菜菌核病、花生叶斑病、西瓜枯萎病、大白菜枯萎病、芦笋茎枯病、梨腐烂病等真菌病害。

使用方法

（1）防治小麦赤霉病，齐穗至扬花初期，用 12.5%可溶液剂 100mL/亩对水 50kg 喷雾；

（2）防治棉花枯萎病、黄萎病，移栽棉花采用药钵法，按照 $1m^2$ 钵土加 12.5%可溶液剂 750mL 制钵，直播棉分别在棉苗 3、5、7 片真叶期，用 12.5%可溶液剂 200 倍液喷雾，间隔 10d；

（3）防治西瓜枯萎病，发病初期，用 12.5%可溶液剂 200 倍液灌根，每株灌 100mL。

注意事项 可溶液剂为酸性，不能与碱性和碳酸氢铵混用，不可浸种、拌种，避免产生药害，必须按照规程操作。

种菌唑（ipconazole）

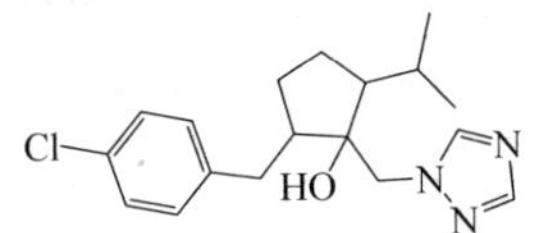

$C_{18}H_{24}ClN_3O$，333.90，125225-28-7

化学名称 (1*RS*, 2*RS*, 5*RS*; 1*RS*, 2*RS*, 5*RS*)-2-(4-氯苄基)-5-异丙基-1-(1*H*-1,2,4-三唑-1-基甲基)环戊醇。

理化性质 种菌唑由异构体Ⅰ（1*RS*, 2*RS*, 5*RS*）和异构体Ⅱ（1*RS*, 2*RS*, 5*RS*）组成，纯品为无色晶体，熔点 88～90℃，水中溶解度为 6.93mg/L（20℃）。

毒性 大鼠急性经口 LD_{50} 为 1338mg/kg，急性经皮 LD_{50}＞2000mg/kg，对兔皮肤无刺激，对眼睛有轻微刺激性，无皮肤过敏现象，鲤鱼 LC_{50} 为 2.5mg/L（48h）。

作用特点 属于内吸性广谱杀菌剂。种菌唑是麦角甾醇生物合成抑制剂。

适宜作物 水稻和其他作物。推荐剂量下对作物和环境安全。

防治对象 主要防治水稻和其他作物的种传病害，如水稻恶苗病、水稻胡麻斑病、水稻稻瘟病等。

使用方法 种子处理使用剂量为 3～6g(a.i.)/100kg 种子。防治小麦散黑穗病，发病初期用 2.5%悬浮种衣剂 3～5g/100kg 种子。

仲丁灵（butralin）

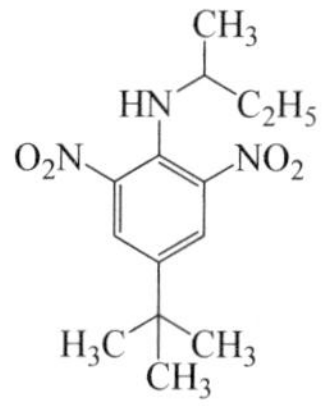

$C_{14}H_{21}N_3O_4$，295.33，33629-47-9

其他名称　止芽素、地乐胺、比达宁、硝苯胺灵、双丁乐灵、A-820、Amchem 70-25、AmchemA-820,TAMEX。

化学名称　*N*-仲丁基-4-叔丁基-2,6-二硝基苯胺。

理化性质　略带芳香味橘黄色晶体，熔点60～61℃，沸点134～136℃(66.5Pa)，蒸气压1.7mPa(25℃)。溶解度：水中1mg/L(24℃)，丁酮9.55kg/kg，丙酮4.48kg/kg，二甲苯3.88kg/kg，苯2.7kg/kg，四氯化碳1.46kg/kg（24～26℃）。265℃分解，光稳定性好，贮存3年稳定，不宜在低于－5℃下存放。

毒性　大鼠急性经口LD_{50}：1170mg/kg（雄），1049mg/kg（雌）；大鼠急性经皮LD_{50} 4600mg/kg；以20～30mg/kg剂量喂养大鼠2年，未见不良影响。对鱼类毒性中等，虹鳟鱼LC_{50}为3.4mg/L（48h）。

作用方式　选择性芽前土壤处理类除草剂，作用机理与氟乐灵、氨氟乐灵相似，药剂主要通过杂草的胚芽鞘和胚轴吸收，双子叶植物吸收部位为下胚轴，单子叶植物为幼芽。药剂进入植物后，抑制细胞分裂过程中纺锤体的形成，影响根系和芽的生长，从而抑制新萌发的杂草种子生长发育。本品对已出苗的杂草无效。

防除对象　用于防除大豆、棉花、玉米、西瓜、甘蔗、水稻、马铃薯、花生等作物的一年生禾本科杂草及部分小粒种子的阔叶杂草，主要为稗草、马唐、千金子、牛筋草、狗尾草等，对苍耳、鸭跖草及多年生杂草防效较差。

使用方法

（1）棉花田　播后苗前土壤喷雾处理，30%仲丁灵水乳剂每亩用药量为350～400mL，兑水40～60kg，苗前施药一次。

（2）大豆田　大豆播前2～3d或播后苗前，春大豆每亩用48%仲丁灵乳油250～300mL，夏大豆每亩用48%仲丁灵乳油200～250mL，兑水40～50kg，土壤均匀喷雾后混土，混土深度为3～5cm。在低温季节或用药后浇水，不混土也有较好防效。

（3）西瓜田　西瓜播后苗前或移栽前施用，48%仲丁灵乳油每亩用药量150～200mL，均匀进行土壤喷雾处理，如果为大棚西瓜种植，选择低剂量处理。

（4）水稻田　水稻移栽田每亩用 48%仲丁灵乳油 200～250mL，在水稻移栽 5～7d 后，药土法施药，保持水层 3～5cm 5～7d。

注意事项

（1）本品属芽前除草剂，对已出苗杂草无效。

（2）本品是选择性芽前除草剂，对水稻萌发后施药存在药害风险。

（3）本品对鱼有毒，远离水产养殖区施药，禁止在河塘中清洗施药器具。鱼或虾蟹套养稻田禁用，施药后的用水不得直接排入水体。赤眼蜂及天敌放飞区禁用。

用作植物生长调节剂

作用特点　作植物生长调节剂使用，控制烟草腋芽生长。

适宜作物　可用于控制烟草腋草生长。

应用技术　烟草抑芽。烟草打顶后 24h 内用 36%乳油对水 100 倍液从烟草打顶处倒下，使药液沿茎而下流到各腋芽处，每株用药液 15～20mL。

注意事项

（1）作烟草抑芽剂使用时，不宜在植株太湿、气温过高、风速太大时使用。

（2）避免药液与烟草叶片直接接触。已经被抑制的腋芽不要人为摘除，避免再生新腋芽。

（3）施药时注意安全防护。

仲丁威（fenobucarb）

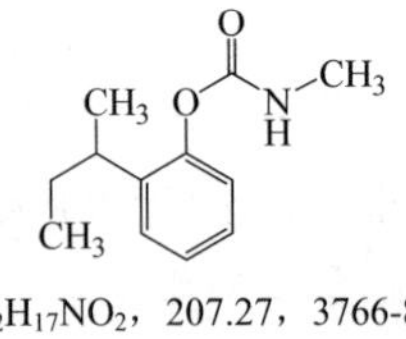

$C_{12}H_{17}NO_2$，207.27，3766-81-2

其他名称　基灭必虱、Bassa、Osbac、Hopcin、Bayer41637、Baycarb、Carvil、Brodan、巴沙、扑杀威、丁苯威。

化学名称　2-仲丁基苯基-*N*-甲基氨基甲酸酯，2-*sec*-butylphenyl-*N*-methyl carbamate。

理化性质　白色结晶，熔点 31～32℃，溶解度（20℃）：水 42mg/L，二氯甲烷、异丙醇、甲苯＞200g/L；在弱酸性介质中稳定，在浓酸、强碱性介质中或受热易分解。工业品为淡黄色、有芳香味的油状黏稠液体。

毒性　急性 LD_{50}（mg/kg）：大鼠经口 623（雄）、657（雌），小鼠经口 182.3（雄）、

172.8（雌）；经皮大鼠＞5000；对兔皮肤和眼睛刺激性很小，对鱼低毒；以100mg/kg 以下剂量饲喂大鼠两年，未发现异常现象；对动物无致畸、致突变、致癌作用。

作用特点 仲丁威通过抑制乙酰胆碱酯酶使害虫中毒死亡，具有强烈的触杀作用，并具有一定的胃毒、熏蒸和杀卵作用。它对飞虱、叶蝉类有特效，杀虫迅速，但残效期短，只能维持 4～5d。

适宜作物 水稻。

防除对象 水稻害虫如稻飞虱、叶蝉、稻纵卷叶螟等。

应用技术 防治水稻害虫。

（1）稻飞虱 在低龄若虫发生盛期施药，用 20%乳油 180～200g/亩兑水朝稻株中下部重点喷雾。田间应保持水层 2～3d。

（2）稻叶蝉 在低龄若虫发生盛期施药，用 50%乳油 50～75mL/亩兑水 50～60kg 喷雾处理，前期重点是茎秆基部；抽穗灌浆后穗部和上部叶片为喷布重点。

（3）稻纵卷叶螟 在卵孵盛期至低龄幼虫期施药，用 20%水乳剂 150～180mL/亩兑水喷雾，重点喷稻株中上部。

注意事项

（1）不可与碱性农药等物质混合使用。

（2）对鸟类有毒，远离鸟类自然保护区施药；对鱼类等水生生物有毒，远离水产养殖区施药；禁止在河塘等水体中清洗施药器具。对蜜蜂和家蚕高毒，施药期间应避免对周围蜂群的影响；开花植物花期禁用，桑园、蚕室附近禁用。

（3）在水稻上使用前后 10d，要避免使用敌稗。

（4）在水稻上的安全间隔期为 21d，每季最多使用 4 次。

（5）建议与其他作用机制不同的杀虫剂轮换使用，以延缓害虫抗性产生。

坐果酸（cloxyfonac）

OH
O
HO O
Cl

$C_9H_9ClO_4$，216.6，6386-63-6

其他名称 Tomatlane（cloxyfonac-sodium）、CAPA-Na、CHPA、PCHPA。

化学名称 4-氯-2-羟甲基苯氧基乙酸。

理化性质 纯品为无色结晶，熔点 140.5～142.7℃，溶解度（g/L）：水中 2，丙酮 100，二氧六环 125，乙醇 91，甲醛 125；不溶于苯和氯仿。稳定性：40℃以下稳定，在弱酸、弱碱性介质中稳定，对光稳定。

毒性 雄性和雌性大、小鼠急性经口 LD_{50}>5000mg/kg，雄性和雌性大鼠急性经皮 LD_{50}>5000mg/kg。对大鼠皮肤无刺激性。

作用特点 属芳氧基乙酸类植物生长调节剂，具有类生长素作用。

适宜作物 番茄和茄子。

应用技术 在花期施用，有利于促进番茄和茄子坐果，并使果实大小均匀。

唑草酮（carfentrazone-ethyl）

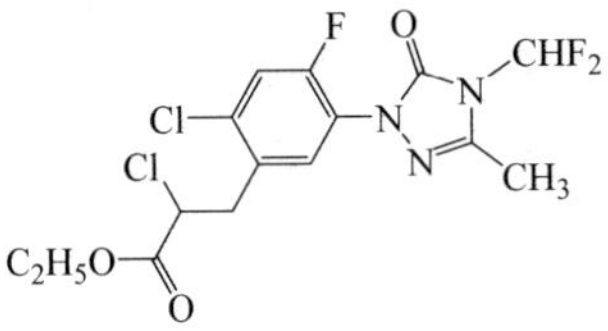

$C_{15}H_{14}Cl_2F_3N_3O_3$，412，128639-02-1

化学名称 (*RS*)-2-氯-3-[2-氯-5-(4-二氟甲基-4,5-二氢-3-甲基-5-氧-1*H*-1,2,4-三唑-1-基)-4-氟苯基]丙酸乙酯。

理化性质 原药外观为无色至黄色黏性液体，熔点–22.1℃，沸点 350～355℃，溶解度（20℃，mg/L）：水 29.3，丙酮 2000000，甲苯 900000，己烷 30000，乙醇 2000000。

毒性 大鼠急性经口 LD_{50} 5143mg/kg；山齿鹑急性 LD_{50}>2250mg/kg；对虹鳟 LC_{50}（96h）为 1.6mg/L；对大型溞 EC_{50}（48h）>9.8mg/kg；对鱼腥藻 EC_{50}（72h）为 0.012mg/L；对蜜蜂低毒，对蚯蚓中等毒性。对眼睛、皮肤、呼吸道无刺激性，无神经毒性和皮肤致敏性，无染色体畸变风险。

作用方式 触杀型选择性除草剂，在有光的条件下，在叶绿素生物合成过程中，通过抑制原卟啉原氧化酶导致有毒中间物的积累，从而破坏杂草的细胞膜，使叶片迅速干枯、死亡。唑草酮在喷药后 15min 内即被植物叶片吸收，其不受雨淋影响，3～4h 后杂草就出现中毒症状，2～4d 死亡。杀草速度快，受低温影响小，用药机会广，由于唑草酮有良好的耐低温和耐雨水冲刷效应，可在冬前气温降到很低时用药，也可在降雨频繁的春季抢在雨天间隙及时用药，而且对后茬作物十分安全，是麦田春季化除的优良除草剂。

防除对象 主要用于小麦、水稻田防除阔叶杂草和莎草如猪殃殃、野芝麻、婆婆纳、苘麻、萹蓄、藜、红心藜、空管牵牛、鼬瓣花、酸模叶蓼、柳叶刺蓼、卷茎蓼、反枝苋、铁苋菜、宝盖菜、苣荬菜、野芝麻、小果亚麻、地肤、龙葵、白芥等杂草，对猪殃殃、苘麻、红心藜、荠、泽漆、麦家公、空管牵牛等杂草具有优异的防效，对磺酰脲类除草剂产生抗性的杂草等具有很好的活性。

使用方法　春小麦 3～4 叶期，冬小麦返青至拔节期用药，水稻田插秧两周后，杂草基本出土后即可施药，10%唑草酮每亩制剂用量 22～24g（春小麦）、18～20g（冬小麦）、10～15g（移栽水稻田），兑水 25～30L，稀释均匀后茎叶喷雾。水稻田药前排水，施药后 1～2d 放水回田，保水 3～5cm 5～7d。

注意事项

（1）超高效除草剂，但小麦对唑草酮的耐药性较强，在小麦三叶期至拔节前（一般为 11 月至次年 3 月）均可使用，但如果施药不当，施药后麦苗叶片上会产生黄色灼伤斑，用药量大、用药浓度高，则灼伤斑大，药害明显。因此施药时药量一定要准确，最好将药剂配成母液，再加入喷雾器。喷雾应均匀，不可重喷，以免造成作物的严重药害。唑草酮没有内吸传导作用，通常不引起全株死亡，在药害严重时，少数处于 1～2 叶期的麦苗，由于叶片严重损伤，可能出现死亡，较大麦苗一般不会死亡。药害通常在施药后 2～4d 即充分表现出来并趋于稳定，如果受到药害时麦苗较小，田间群体不足，即麦苗受伤会影响分蘖和分蘖成穗，对产量影响较大。目前对受害麦苗应适当增施氮肥，每亩施尿素 5～10kg，促进麦苗分蘖，争取小分蘖成穗，到拔节孕穗期再根据苗情适当早施、重施拔节孕穗肥，减少产量损失。

（2）只对杂草有触杀作用，没有土壤封闭作用，在用药时期上应尽量在田间杂草大部分出苗后进行。

（3）小麦在拔节期至孕穗期喷药后，或喷液量不足时，叶片上会出现黄色斑点，但施药后 1 周就可恢复正常绿色，不影响产量。

（4）药效发挥与光照条件有一定的关系，施药后光照条件好，有利于药效充分发挥，阴天不利于药效正常发挥。气温在 10℃以上时杀草速度快，2～3d 即见效，低温期施药杀草速度会变慢。

（5）喷施唑草酮及其与苯磺隆、2 甲 4 氯、苄嘧磺隆的复配剂时，药液中不能加洗衣粉、有机硅等助剂，否则容易对作物产生药害。

（6）含唑草酮的药剂不宜与精噁唑禾草灵等乳油制剂混用，否则可能会影响唑草酮在药液中的分散性，喷药后药物在叶片上的分布不均，着药多的部位容易受到药害，但可分开使用，例如：头天打一种药，第二天打另一种药，就不会出现药害，但考虑到苯磺隆、苄嘧磺隆、2 甲 4 氯等药剂会影响精噁唑禾草灵的防效，最好相隔一周左右使用。

唑虫酰胺（tolfenpyrad）

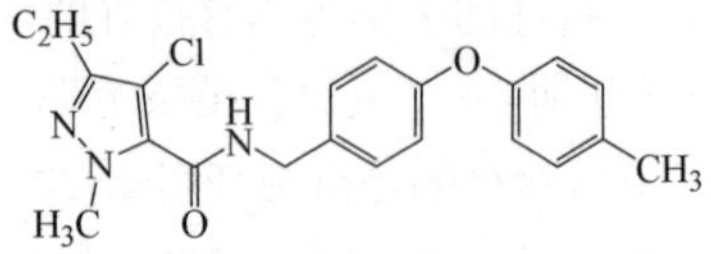

$C_{21}H_{22}ClN_3O_2$，383.9，129558-76-5

化学名称 *N*-[4-(4-甲基苯氧基)苄基]-1-甲基-3-乙基-4-氯-5-吡唑甲酰胺。

理化性质 纯品为类白色固体粉末，密度（25℃）为1.18g/cm^3，溶解度（25℃）：水0.037mg/L，正己烷7.41g/L，甲苯366g/L，甲醇59.6g/L。

毒性 15%乳油制剂急性大鼠经口LD_{50}（mg/kg）：102（雄）、83（雌）；小鼠经口LD_{50}（mg/kg）104（雄）、108（雌）。急性经皮毒性相对较低，对大鼠、小鼠LD_{50}均＞2000mg/kg。对兔眼睛和皮肤有中等程度刺激作用。

作用特点 阻止昆虫的氧化磷酸化作用。该药杀虫谱很广，还具有杀卵、抑食、抑制产卵及杀菌作用。杀虫谱很广，对各种鳞翅目、半翅目、鞘翅目、膜翅目、双翅目害虫及螨类具有较高的防治效果，该药还具有良好的速效性，一经处理，害虫马上死亡。

适宜作物 蔬菜、果树、花卉、茶树等

防除对象 蔬菜害虫如小菜蛾、蓟马等。

应用技术 以15%唑虫酰胺悬浮剂为例。

防治蔬菜害虫小菜蛾，在小菜蛾幼虫发生始盛期施药，用15%唑虫酰胺悬浮剂30～50mL/亩均匀喷雾。

注意事项

（1）对鱼剧毒，对鸟、蜜蜂、家蚕高毒。蜜源作物花期、桑园附近禁用。不得在河塘等水域清洗施药器具。

（2）勿让儿童、孕妇及哺乳期妇女接触本品。加锁保存。不能与食品、饲料存放一起。

唑啉草酯（pinoxaden）

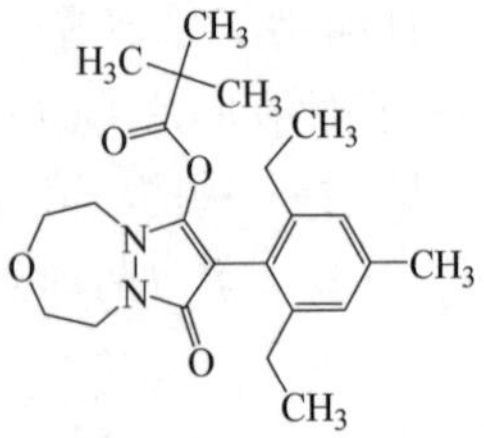

$C_{23}H_{32}N_2O_4$，400.5，243973-20-8

化学名称 8-(2,6-二乙基-4-甲基苯基)-1,2,4,5-四氢-7-氧-7*H*-吡唑[1,2-*d*][1,4,5]

氧二氮杂䓬-9-基-2,2-二甲基丙酸酯。

理化性质　纯品为白色粉末固体，熔点 120.5～121.6℃，溶解度（20℃，mg/L）：水 200（25℃），丙酮 250000，二氯甲烷 500000，正己烷 1000，甲苯 13000。土壤与水中不稳定，降解迅速。

毒性　大鼠急性经口 LD_{50}＞5000mg/kg；绿头鸭急性 LD_{50}＞2250mg/kg；山齿鹑经口 LD_{50} 5620mg/kg；对虹鳟 LC_{50}（96h）为 10.3mg/L；对骨藻 EC_{50}（72h）为 0.91mg/L；对蜜蜂、蚯蚓低毒。对眼睛、皮肤、呼吸道具刺激性，无神经毒性、致癌作用和生殖影响，无 DNA 损失和基因突变风险。

作用方式　作用靶点为乙酰辅酶 A 羧化酶（ACC），可被杂草茎叶吸收，快速传导至分生组织，造成脂肪酸合成受阻，使细胞生长分裂停止，导致杂草死亡。一般施药后敏感杂草 48h 停止生长，1～2 周开始发黄，3～4 周死亡。

防除对象　主要用于防除小麦或大麦田一年生禾本科杂草，如看麦娘、日本看麦娘、野燕麦、黑麦草、虉草、狗尾草、硬草、菵草、棒头草等。是目前登记在大麦田中安全使用的为数不多的除草剂之一。

使用方法　在小麦或大麦 2 叶 1 心期至旗叶期，杂草 3～5 叶期施用，以 5%乳油为例，大麦田制剂用量 60～100mL/亩，小麦田制剂用量 60～80mL/亩，兑水 15～30L，二次稀释后进行茎叶喷雾。

注意事项

（1）不良条件下大麦叶片可能会出现暂时失绿，但不影响产量，勿在冬前使用，避免低温导致的药害产生，通常加入解草酯等安全剂配合使用。

（2）切忌重喷、多喷，避免药害。

（3）耐雨水，施药 1h 后遇雨不影响药效。

（4）土壤降解快且根吸收弱，施药部位为茎叶。

（5）不推荐与 2 甲 4 氯、麦草畏等激素类除草剂混用。

唑螨酯（fenpyroximate）

$C_{24}H_{27}N_3O_4$，421.5，134098-61-6

其他名称　杀螨王、霸螨灵、Trophloabul、Danitrophloabul、Danitron、

fenproximate、Phenproximate、NNI 850。

化学名称 (*E*)-*α*-(1,3-二甲基-5-苯氧基吡唑-4-亚甲基氨基氧)对甲苯甲酸特丁酯。

理化性质 纯品为白色晶体，熔点 101.7℃，溶解度（20℃，g/L）：甲苯 0.61，丙酮 154，甲醇 15.1，己烷 4.0，难溶于水。

毒性 急性 LD_{50}（mg/kg）：大、小鼠经口 245～480，大鼠经皮＞2000；对兔眼睛和皮肤轻度刺激性；以 25mg/kg 剂量饲喂大鼠两年，未发现异常现象；对动物无致畸、致突变、致癌作用。

作用特点 具有击倒和抑制蜕皮作用，无内吸性，以触杀作用为主。唑螨酯杀螨谱广，杀螨速度快，并兼有杀虫治病作用。

适宜作物 果树等。

防除对象 红叶螨、全爪叶螨。

应用技术 以 5%唑螨酯悬浮剂、8%唑螨酯微乳剂为例。

① 柑橘树红蜘蛛　在卵孵化初期、若螨期施药，用 5%唑螨酯悬浮剂 1000～2500 倍液均匀喷雾，或用 8%唑螨酯微乳剂 1600～2400 倍液均匀喷雾。

② 苹果树红蜘蛛　在苹果树红蜘蛛发生初盛期施药，用 5%唑螨酯悬浮剂 2000～3000 倍液均匀喷雾。

注意事项

（1）不能与碱性物质混合使用。

（2）对鸟类、蜜蜂、家蚕、鱼类等水生生物和天敌赤眼蜂有毒，使用时注意安全。

（3）应储存于阴凉、通风的库房，远离火种、热源，防止阳光直射，保持容器密封。应与氧化剂、碱类分开存放，切忌混储。配备相应品种和数量的消防器材，储区应备有泄漏应急处理设备和合适的收容材料。

唑嘧磺草胺（flumetsulam）

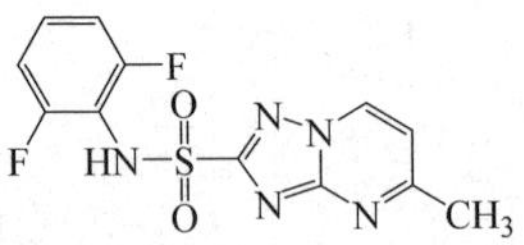

$C_{12}H_9F_2N_5O_2S$，325.2，98967-40-9

化学名称 2′,6′-二氟-5-甲基[1,2,4]三唑并[1,5-*a*]嘧啶-2-磺酰苯胺。

理化性质 纯品唑嘧磺草胺为灰白色固体，熔点 251～253℃，溶解度（20℃，

mg/L)：水 5650，丙酮 1600，几乎不溶于甲苯和正己烷。

毒性　大鼠急性经口 LD_{50}＞5000mg/kg；山齿鹑急性 LD_{50}＞2250mg/kg；虹鳟 LC_{50}（96h）＞300mg/L；对大型溞 EC_{50}（48h）＞254mg/kg；对小球藻 EC_{50}（72h）为 10.68mg/L；对蜜蜂低毒。对眼睛、皮肤具刺激性，无神经毒性和染色体畸变风险。

作用方式　典型的乙酰乳酸合成酶抑制剂，通过抑制支链氨基酸的合成使蛋白质合成受阻，植物停止生长。残效期长、杀草谱广，土壤、茎叶处理均可。

防除对象　适于玉米、大豆、小麦田中防治一年生及多年生阔叶杂草，如问荆（节骨草）、荠菜、小花糖芥、独行菜、播娘蒿（麦蒿）、蓼、婆婆纳（被窝絮）、苍耳（老场子）、龙葵（野葡萄）、反枝苋（苋菜）、藜（灰菜）、苘麻（麻果）、猪殃殃（涩拉秧）、曼陀罗等。

使用方法　大豆田、玉米田播前或播后芽前土壤喷雾处理，80%水分散粒剂每亩制剂用量分别为 3.75～5g（大豆田、春玉米田）、2～4g（夏玉米田），兑水 30～60L 混匀喷雾。小麦田于返青至拔节前、杂草 2～5 叶期进行茎叶喷雾处理，80%水分散粒剂每亩制剂用量 1.67～2.5g，每亩用水量 15～30L 均匀喷雾。

注意事项

（1）正常推荐剂量下后茬可以种植玉米、小麦、大麦、水稻、高粱；后茬如果种植油菜、棉花、甜菜、向日葵、马铃薯、亚麻、茄科植物及十字花科蔬菜等敏感作物需隔年，其余作物后茬种植需经试验后进行。

（2）不宜在地表太干燥或下雨时施药，在土壤墒情好时施药最佳。

（3）盐碱地、低洼地、风沙地、河沙地禁止使用。

（4）节骨草、刺菜等多年生抗性阔叶草建议连续使用 2～3 年，方可达到理想效果。对田旋花、苍耳抑制作用较好，防除效果较弱。

参考文献

[1] 农业农村部农药检定所. 农药制剂加工工艺与生产许可审查. 北京: 中国农业大学出版社, 2020。

[2] 成卓敏. 农药使用手册. 北京: 化学工业出版社, 2009.

[3] 高立起, 孙阁. 生物农药集锦. 北京: 中国农业出版社, 2009.

[4] 高希武, 郭艳春, 王恒亮, 等. 新编实用农药手册. 郑州: 中原农民出版社, 2006.

[5] 纪明山. 生物农药手册. 北京: 化学工业出版社, 2012.

[6] 李照会. 农业昆虫学鉴定. 北京: 中国农业出版社, 2002.

[7] 梁帝允, 邵振润. 农药科学安全使用指南. 北京: 中国农业科学技术出版社, 2011.

[8] 刘长令. 世界农药大全: 杀虫剂卷. 北京: 化学工业出版社, 2012.

[9] 刘绍友. 农业昆虫学. 杨陵: 天则出版社, 1990.

[10] 时春喜. 农药使用技术手册. 北京: 金盾出版社, 2009.

[11] 石明旺, 高扬帆. 新编常用农药安全使用指南. 北京: 化学工业出版社, 2011.

[12] 仵均祥. 农业昆虫学. 北京: 中国农业出版社, 2009.

[13] 向子钧. 常用新农药实用手册. 武昌: 武汉大学出版社, 2011.

[14] 袁峰. 农业昆虫学. 北京: 中国农业出版社, 2006.

[15] 袁会珠. 农药使用技术指南. 北京: 高等教育出版社, 2011.

[16] 浙江农业大学植物保护系昆虫学教研组. 农业昆虫图册. 上海: 上海科学技术出版社, 1964.

[17] 刘惕若, 辛惠普, 李庆孝. 大豆病虫害. 北京: 农业出版社, 1979.

[18] 黄邦侃, 高日霞. 果树病虫害防治图册(第二版). 福州: 福建科学技术出版社, 1996.

[19] 谭济才. 茶树病虫防治学(第二版). 北京: 中国农业出版社, 2011.

[20] 孙家隆. 农药化学合成基础(第三版). 北京: 化学工业出版社, 2019.

[21] 白小宁, 李友顺, 杨锚, 等. 2020 年我国登记的新农药概览.世界农化网. 2022.9.25.

[22] 柏亚罗, 陈燕玲. 优秀的谷物田除草剂. 农村新技术, 2016(1): 39.

[23] 柏亚罗, 顾林玲. 唑啉草酯及其应用与开发进展. 现代农药, 2017, 16(3): 40-44.

[24] 柏亚罗. 水稻田长效除草剂—噁嗪草酮. 农药市场信息, 2014(24): 1.

[25] 边强, 于淑晶, 寇俊杰, 等. 25%咪唑烟酸水剂对非耕地杂草和狗牙根的防除效果. 农药, 2019, 58(3): 223-225, 234.

[26] 曹斌, 杨强, 张耀. 小麦田除草剂甲基二磺隆药害试验研究. 现代农业科技, 2018, 11: 116, 119.

[27] 曹敏. 二硝基苯胺类除草剂微生物降解研究进展. 微生物学通报, 2020, 47(1):282-294.

[28] 陈翠芳, 孙玉华, 赵伟, 等. 5%唑啉草酯乳油(爱秀)防除大麦田硬草的药效研究. 现代农业科技, 2015, 24: 127, 133.

[29] 陈定军, 尹惠平, 孙华明, 等. 二氯异噁草酮对油菜田杂草的防效及后茬作物的影响. 湖南农业科学, 2017(10): 48-50.

[30] 陈国珍, 盛祝波, 裴鸿艳, 等. 新型 PPO 抑制剂类除草剂三氟草嗪. 农药, 2022, 61(7): 517-522.

[31] 陈树文, 苏少范. 农田杂草识别与防除新技术. 北京: 中国农业出版社, 2007.

[32] 程文超, 李光宁, 相世刚, 等. 安融乐对 2 种除草剂防除冬小麦田禾本科杂草的增效作用. 杂草学报, 2019, 37(1): 64-70.

[33] 程元霞. 50%异丙隆可湿性粉剂对小麦幼根生理特性的影响. 现代农业科技, 2017, 13: 102, 104.

[34] 崔海军. 咪唑烟酸用于毛竹林清除草灌木的环境效应评价. 北京: 中国林业科学研究院, 2012.

[35] 崔海兰, 林荣华, 张宏军, 等. 70%氟唑磺隆水分散粒剂对麦田禾本科杂草的防效评价. 农药科学与管理, 2018, 39(11): 58-61.

[36] 崔丽娜, 姜晓君, 崔丽. 50%异丙隆可湿性粉剂对小麦发芽的影响. 现代农业科技, 2017, 11: 110, 114.

[37] 刁杰, 敖飞. 新型除草剂碘甲磺隆钠盐. 农药, 2007, 7: 484-485.

[38] 杜蔚, 任春阳, 宋巍, 等. 除草剂苊草酮的合成. 农药, 2019, 58(03):24-26.

[39] 范福玉. 除草剂 2,4-滴丁酸. 农药科学与管理, 2018, 39(2): 57-58.

[40] 范添乐, 魏苓杰, 陈小军, 等. 氟唑磺隆在野燕麦中的内吸传导特性. 农药学学报, 2018, 20(6): 809-813.

[41] 范晓季, 宋昊, 孙立伟, 等. 禾草灵对水稻生长和典型土壤酶活性的影响. 生态毒理学报, 2017, 12(6): 7.

[42] 方圆. 施用异丙隆和甲基二磺隆后短期内遇霜冻易发生药害. 江苏农业科技报, 2017-12-9.

[43] 封云涛, 郭晓君, 李光玉, 等. 33%二甲戊灵乳油及其不同处理方式防除胡萝卜田杂草试验.山西农业科学, 2018(2): 265-267, 302.

[44] 冯丽萍. 绿麦隆过量施用对后茬水稻药害症状调查. 云南农业科技, 2002, S1: 225-226.

[45] 冯莉, 田兴山, 杨彩宏, 等. 不同蔬菜对甲咪唑烟酸土壤残留的敏感性. 广东农业科学, 2016, 43(11): 103-108, 193.

[46] 冯莉, 张泰杰, 高家东, 等. 甲咪唑烟酸残留对后茬不同蔬菜幼苗生长的影响, 2014.

[47] 付丹妮, 赵铂锤, 陈彦, 等. 东北稻田野慈姑对苄嘧磺隆抗药性研究. 中国植保导刊, 2018, 38(1): 17-23.

[48] 付丹妮, 赵铂锤, 孙中华, 等. 抗苄嘧磺隆野慈姑乙酰乳酸合成酶的突变研究. 植物保护, 2018, 44(3): 142-145, 155.

[49] 高英, 伊米尔, 张勇. 25%敌草隆棉田除草防效试验. 新疆农业科技, 1999, 3: 22.

[50] 高兴祥, 张纪文, 李美, 等. 喹草酮与莠去津复配防除杂草效果及对高粱的安全性. 植物保护学报, 2020, 47(6): 1370-1376.

[51] 管欢, 刘晓亮, 唐文伟, 等. 环嗪酮对不同甘蔗品种苗期生长的影响. 江苏农业科学, 2015, 43(5): 98-100.

[52] 管欢. 环嗪酮对甘蔗及其间套种作物的影响. 南宁: 广西大学, 2015.

[53] 郭良芝, 郭青云, 张兴. 二氯吡啶酸防除春油菜田刺儿菜和苣荬菜的效果. 杂草科学, 2009, 1: 53-54.

[54] 郭世俭, 章振, 赵东, 等. 42%氟啶草酮悬浮剂滴施防治新疆棉田杂草研究. 中国棉花, 2020, 47(9):

11-16.

[55] 郭艳春, 毛景英, 马玉红. 50%速收 WP 防除麦田杂草田间药效试验初报. 农药, 2002, 12: 39-40.

[56] 韩德新, 刘宇龙, 芮静, 等. 不同除草剂对大豆田反枝苋的防除效果研究. 东北农业科学, 2016(41): 82.

[57] 华乃震. 新型高效安全麦田除草剂甲基二磺隆市场与应用述评. 农药市场信息, 2018, 7: 6-10.

[58] 黄晓宇, 顾剑, 高明伟, 等. 95%咪唑烟酸原药对大鼠致畸试验的影响分析. 农药, 2014, 53(9): 658-659.

[59] 黄雅丽, 顾刘金, 杨校华, 等. 啶嘧磺隆的亚慢性毒性研究. 毒理学杂志, 2008, 2: 135-136.

[60] 黄义召. 苯唑氟草酮除草活性及对玉米安全性研究.泰安: 山东农业大学, 2018.

[61] 辉胜. 高效麦田除草剂氟唑磺隆国内登记状况. 农药市场信息, 2017, 14: 38.

[62] 辉胜. 老花新开——二氯吡啶酸复配产品潜力依旧. 农药市场信息, 2017, 12: 38.

[63] 火庆忠, 火良余, 焦俊森, 等. 75%异丙隆可湿性粉剂与不同除草剂混用对冬小麦田日本看麦娘防效比较. 现代农业科技, 2017, 19: 103-104, 109.

[64] 季万红, 马秀凤, 张雅东. 19%氟酮磺草胺 SC 防除机插秧稻田杂草的效果. 杂草科学, 2012, 30(2): 53-54.

[65] 蒋洪权. 新颖除草剂唑啉草酯及其合成方法. 世界农药, 2017, 39(4): 47-48.

[66] 姜宜飞, 狄凤娟, 宋俊华. 5%环磺酮可分散油悬浮剂高效液相色谱方法研究. 农药科学与管理, 2016, 37(10): 49-51.

[67] 兰大伟, 刘永立. 丙酯草醚对植物细胞有丝分裂的影响. 安徽农业科学, 2016(36): 5-6.

[68] 李春琪. 10%精噁唑禾草灵乳油防除大豆田杂草田间药效试验总结. 农业技术与装备, 2018, 346(10): 13-14.

[69] 李莉, 朱文达, 李林, 等. 10%乙羧氟草醚 EC 对大豆田阔叶杂草的防除效果. 湖北农业科学, 2018(7): 15.

[70] 李莉, 朱文达, 李林, 等. 17.5%精喹禾灵 EC 对大豆田一年生禾本科杂草防除效果研究. 湖北农业科学, 2017(23): 97-100.

[71] 李美, 高兴祥, 高宗军, 等. 嘧草硫醚对棉花的安全性及除草活性测定. 农药, 2009, 48(7): 538-541.

[72] 李涛, 钱振官, 温广月, 等. 50g/L 唑啉草酯乳油防除大麦田杂草应用技术. 杂草科学, 2014, 32(4): 66-68.

[73] 李玮. 50%双氟磺草胺·氟唑磺隆 WDG 防除春小麦田杂草效果试验. 安徽农学通报, 2014, 20(9): 95-98.

[74] 李玮. 70%氟唑磺隆水分散粒剂防除春小麦田杂草效果及其对小麦安全性试验. 青海农林科技, 2014, 3: 8-10.

[75] 李香菊, 梁帝允, 袁会珠. 除草剂科学使用指南. 北京: 中国农业科学技术出版社, 2015.

[76] 李香菊. 除草剂及科学使用指南. 北京: 中国农业科学技术出版社, 2014.

[77] 李小艳. 二氯喹啉草酮及其复配剂在水稻田中的应用. 南京: 南京农业大学, 2016.

[78] 李娅, 封云涛, 郭晓君, 等. 17%炔草酯·氟唑磺隆可分散油悬浮剂防除冬小麦田间杂草试验. 山西农业科学, 2019, 47(9): 1618-1621.

[79] 李洋. 2020 年农药登记及新农药品种. 世界农药, 2021, 43(03): 10-15.

[80] 李元祥, 柏连阳, 胡蔚昱. 嘧啶水杨酸类除草剂中间体 DMSP 的合成研究进展. 广州化工, 2010(03): 11-14.

[81] 李源, 于乐祥, 张学忠. 丙嗪嘧磺隆合成及应用. 化工设计通讯, 2017, 43(1): 134, 147.

[82] 刘安昌, 董元海, 余玉, 等. 新型除草剂唑啉草酯的合成工艺. 农药, 2017, 56(6): 407-409.

[83] 刘安昌, 张树康, 余彩虹, 等. 新型除草剂丙嗪嘧磺隆的合成研究. 世界农药, 2016, 38(5): 30-32.

[84] 刘才, 王作平, 杨梦婷, 等. 玉米骨干自交系对除草剂苯磺隆和甲咪唑烟酸的敏感性差异. 河南农业科学, 2019, 48(3): 77-82.

[85] 刘刚. 第 3 个炔苯酰草胺原药产品获批. 农药市场信息, 2009, 10: 23.

[86] 刘刚. 二氯吡啶酸适用于防除胡麻田刺儿菜. 农药市场信息, 2018, 16: 40.

[87] 刘刚. 氟唑磺隆为防除小麦田雀麦的理想除草剂. 农药市场信息, 2017, 10: 52.

[88] 刘刚. 国内企业首个喹禾糠酯原药产品登记. 农药市场信息, 2011, 11: 22.

[89] 刘刚. 甲基碘磺隆钠盐首次在玉米田登记. 农药市场信息, 2019, 2: 33.

[90] 刘刚. 目前我国批准登记的甲咪唑烟酸制剂产品. 农药市场信息, 2015, 12: 40.

[91] 刘刚. 双唑草腈的除草活性及对水稻的安全性再次被证实. 农药市场信息, 2017, 28: 55.

[92] 刘刚. 双唑草腈在水稻田具有很好的应用前景. 农药市场信息, 2017, 22: 51.

[93] 刘刚. 硝磺草酮与二氯吡啶酸复配应用于玉米田除草效果好. 农药市场信息, 2016, 1: 56.

[94] 刘刚. 新型除草剂二氯喹啉草酮在水稻田应用前景广阔. 农药市场信息, 2016, 11: 51.

[95] 刘建军. 环嗪酮在山核桃林地的残留分析及其应用. 北京: 中国林业科学研究院, 2013.

[96] 刘进伟. 富美实最新除草剂二氯异噁草酮将在我国登记和上市. 农博在线, 2022.9.25.

[97] 刘向国. 氨氟乐灵对福州市结缕草草坪杂草的防除试验. 中国园艺文摘, 2018, 34(1): 2.

[98] 刘旬胜, 王忠秋, 周国虎, 等. 绿麦隆防除麦田杂草药害产生原因及预防. 农作物药害预防及控制技术研讨会论文集, 2005.

[99] 刘洋. 登记热点产品——呋喃磺草酮. 农药快讯, 2017(16): 35-36.

[100] 刘洋. 未来水稻田除草剂登记的热点产品系列之双唑草腈. 农药市场信息, 2017(18): 24-29.

[101] 刘洋. 未来水稻田除草剂登记的热点产品之嘧草醚. 农药市场信息, 2017(21): 9-12.

[102] 刘洋. 未来水稻田除草剂登记的热点产品之嗪吡嘧磺隆. 农药市场信息, 2017, 13: 24-25, 69.

[103] 刘洋. 未来小麦田除草剂登记的热点产品之唑啉草酯. 农药市场信息, 2017, 30: 24-26.

[104] 刘洋. 小麦田除草剂登记的热点产品之甲基二磺隆. 农药市场信息, 2017, 11: 29-31, 76.

[105] 刘占山. 新颖水田除草剂——碘甲磺隆. 世界农药, 2010, 32(5): 54.

[106] 卢政茂. 环酯草醚杀草谱及作用特性室内生测研究. 农药, 2018, 57(10): 79-81.

[107] 卢宗志, 逯忠斌, 张浩. 除草剂喹禾糠酯在土壤中的吸附研究. 吉林农业科学, 2005, 3: 54-55.

[108] 鲁传涛. 除草剂原理与应用原色图鉴. 北京: 中国农业科学技术出版社, 2014.

[109] 鲁传涛. 农田杂草识别与防治原色图鉴. 北京: 中国农业科学技术出版社, 2014.

[110] 陆勇伟, 朱晓群, 孙会锋. 33%嗪吡嘧磺隆水分散粒剂防除水稻机械穴直播田杂草效果及安全性研究. 现代农业科技, 2018, 10: 115, 117.

[111] 路伟, 李琳, 李世奎, 等. 水溶性氟乐灵纳米制剂对向日葵列当的毒力及田间药效[J]. 植物保护, 2019, 45(03):242-245, 253.

[112] 吕学深. 双唑草酮除草活性及对小麦安全性研究. 泰安: 山东农业大学, 2018.

[113] 马国兰, 刘都才, 刘雪源, 等. 双唑草腈的除草活性及对不同水稻品种和后茬作物的安全性[J]. 植物保护, 2017, 43(4): 218-223.

[114] 马奇祥, 常中先. 农田化学除草新技术. 北京: 金盾出版社, 2008.

[115] 孟丹丹, 范洁群, 郭水良, 等. 基于生理指标早期诊断异丙隆对小麦药害的研究. 植物保护, 2019, 45(5): 186-189, 213.

[116] 穆杰, 吴松兰, 姚刚. 超高效除草剂——甲咪唑烟酸应用情况分析. 吉林农业, 2010, 10: 71, 98.

[117] 南开大学农药国家工程研究中心. 单取代磺酰脲类超高效创制除草剂——单嘧磺隆和单嘧磺酯. 世界农药, 2006, 28(1): 49-50.

[118] 南秋利, 方红新, 李玲, 等. 含氟酮磺草胺与哒草特除草组合物对水稻田杂草的防除效果. 安徽农业科学, 2018, 46(32): 140-143.

[119] 钮璐. 麦田杂草防除巧配方. 河南农业, 2019, 4: 33.

[120] 农药研究与应用编辑部. 环嗪酮原药产品最新登记动态. 农药研究与应用, 2012, 16(3): 28.

[121] 潘同霞, 王国富, 张保民, 等. 绿麦隆防除麦田禾本科杂草试验. 河南农业科学, 1995, 10: 21-22.

[122] 钱振官, 管丽琴, 李涛, 等. 25%啶嘧磺隆水分散颗粒剂对苗木的安全性及对杂草的防治效果研究. 林业实用技术, 2012, 8: 42-43.

[123] 强胜. 杂草学. 北京: 中国农业出版社, 2008.

[124] 曲风臣, 张弘弼. 喹禾糠酯 4%乳油向日葵田间药效试验. 农药科学与管理, 2011, 32(11): 60-61.

[125] 曲耀训. 2,4-滴丁酯将被禁用的几点思考. 农药市场信息, 2016(23): 15.

[126] 曲耀训. 值得关注开发的唑啉草酯. 山东农药信息, 2019, 3: 21-22.

[127] 曲耀训. 唑啉草酯具备多种性能优势及未来前景广阔值得关注开发. 农药市场信息, 2019, 10: 37-38.

[128] 任浩章, 于海英, 崔振强, 等. 75%环嗪酮水分散粒剂防除林下杂草效果. 杂草科学, 2010, 3: 60-61.

[129] 石磊, 周益民, 邹利军. 唑啉草酯防治小麦田禾本科杂草的试验与示范. 2015.

[130] 石磊. 绿麦隆除草剂进入静止状态. 农药市场信息, 2003, 18: 14.

[131] 石凌波. 新型专利除草剂二氯喹啉草酮或将获我国首登. 农药市场信息, 2018, 23: 30.

[132] 史磊, 宁跃翠, 韩晓辉, 等. 除草剂使用过程中主要药害及情况调查. 农业与技术, 2019, 39(21): 51-52.

[133] 食品数据库. 农药氟啶草酮的基本信息. 食品伙伴网, 2022.9.29.

[134] 师新进, 曹颖, 段建忖. 50%氰草津可湿性粉剂防除夏玉米田杂草试验. 农药科学与管理, 2007, 25(4): 23-26.

[135] 水清. 氟唑磺隆与炔草酯混用除草效果好. 江苏农业科技报, 2012-11-28.

[136] 苏少泉. 除草剂作用靶标与新品种创制. 北京: 化学工业出版社, 2001.

[137] 苏旺苍, 孙兰兰, 张强, 等. 甲咪唑烟酸在土壤中的残留对后茬小麦幼苗生长和光合作用的影响. 麦类作物学报, 2013, 33(6): 1226-1231.

[138] 苏旺苍. 甲咪唑烟酸残留对后茬作物的影响及土壤修复研究. 2013.

[139] 孙涛, 付声姣, 江志彦, 等. 啶嘧磺隆对南方暖季型草坪主要杂草的防除效果. 湖北农业科学, 2016, 55(2): 371-373.

[140] 孙文忠, 周怀江, 邓权才, 等. 20%二氯喹啉草酮悬浮剂防除水稻机插秧田杂草试验. 现代农业科技, 2016, 24: 114, 117.

[141] 孙宇, 李小艳, 贺建荣, 等. 二氯喹啉草酮对不同龄期稻田主要杂草的生物活性. 杂草学报, 2016, 34(1): 56-60.

[142] 孙宇. 新型除草化合物二氯喹啉草酮的作用机理初探. 南京: 南京农业大学, 2016.

[143] 谭立云. 二氯吡啶酸除玉米田刺儿菜高效. 农药市场信息, 2018, 20: 44.

[144] 谭立云. 喹禾糠酯对各类油菜安全　杀草谱与高效氟吡甲禾灵相仿. 农药市场信息, 2012, 1: 43.

[145] 唐建明. 油菜田小苜蓿可用二氯吡啶酸除. 杂草科学, 2010, 3: 62.

[146] 唐韵. 新型水稻除草剂丙嗪嘧磺隆及其应用技术. 农药市场信息, 2015, 17: 50.

[147] 陶波, 池源, 滕春红, 等. 助剂对氟磺胺草醚在土壤中分布影响研究. 东北农业大学学报, 2018, 278(04): 24-31.

[148] 陶波, 胡凡. 杂草化学防除实用技术. 北京: 化学工业出版社, 2009.

[149] 王恒智, 王豪, 朱宝林, 等. 水稻田除草剂三唑磺草酮的作用特性. 农药学学报, 2020, 22(1): 76-81.

[150] 王红春, 李小艳, 孙宇, 等. 新型除草剂二氯喹啉草酮的除草活性及对水稻的安全性评价. 江苏农业学报, 2016, 32(1): 67-72.

[151] 王红春, 李小艳, 孙宇, 等. 新型除草剂二氯喹啉草酮的除草活性与安全性. 2015.

[152] 王红军. 异丙隆对白菜生长发育及生理指标的影响. 河南农业科学, 2017, 46(5): 112-115.

[153] 王慧, 周小军, 马明. 氟酮磺草胺防除直播水稻田杂草效果试验. 浙江农业科学, 2018, 59(8): 1434-1435.

[154] 王满意, 寇俊杰, 鞠国栋, 等. 创制除草剂单嘧磺隆应用研究. 农药, 2008, 47(6): 412-415.

[155] 王亮, 伦志安, 穆娟微. 1%噁嗪草酮悬浮剂防治水稻移栽田杂草试验. 北方水稻, 2018, 48(3): 3.

[156] 王嫱, 孙克, 张敏恒. 碘甲磺隆钠盐分析方法述评. 农药, 2014, 53(3): 231-233.

[157] 王诗白, 严彪, 顾宝贵, 等. 绿麦隆药后盖草防除麦田杂草. 安徽农业科学, 1999, 1: 44.

[158] 王守宝, 王香芝, 肖林云. 甲基二磺隆药害原因及预防补救措施. 基层农技推广, 2018, 6(8): 92-93.

[159] 王霞. 新型麦田除草剂之唑啉草酯. 山东农药信息, 2014, 2: 26-27, 30.

[160] 王险峰. 如何选择大豆田除草剂品种. 农药市场信息, 2009, 7: 40.

[161] 王香芝, 王守宝, 张玉华. 甲基二磺隆对节节麦的田间防效及敏感性研究. 基层农技推广, 2019, 7(8): 33-35.

[162] 王晓岚. 安道麦噁草酸或将在我国首获登记. 农药市场信息, 2018, 23: 32.

[163] 王晓霞, 姬鹏燕, 魏万磊, 等. 唑啉草酯合成的研究进展. 农药, 2018, 57(8): 547-550, 559.

[164] 王晓艳. 9.5%丙嗪嘧磺隆悬浮剂防除移栽稻田杂草试验. 植物医生, 2017, 30(1): 59-60.

[165] 王秀平, 肖春, 叶敏, 等. 抗除草剂油菜施用甲咪唑烟酸和阿特拉津对下茬作物水稻的影响. 农

药, 2007, 9: 622-624.

[166] 王学东. 除草剂咪唑烟酸在非耕地环境中的降解及代谢研究. 杭州: 浙江大学, 2003.

[167] 王彦兵, 陈齐斌, 苏旺苍, 等. 小麦甲基二磺隆安全剂筛选. 安徽农业科学, 2015, 43(30): 11-13.

[168] 王彦兵, 孙慧慧, 苏旺苍, 等. 氰草津对几种禾本科杂草防效及增效助剂研究. 农药. 2016, 55(3): 231-234.

[169] 王长方, 卢学松, 占志雄, 等. 敌草隆、阿灭净防除蔗田杂草试验. 甘蔗, 1996, 3: 24-25.

[170] 王振东, 穆娟微. 48%仲丁灵乳油防治寒地水稻秧田杂草试验. 北方水稻, 2018, 48(3): 2.

[171] 翁华, 郭良芝, 魏有海, 等. 70%氟唑磺隆对春麦田杂草除草活性及其后茬作物安全性初探. 大麦与谷类科学, 2018, 35(5): 24-28.

[172] 吴翠霞, 周超, 张田田, 等. 乙羧氟草醚与高效氟吡甲禾灵混配的联合作用. 农药, 2018, 57(3): 3.

[173] 吴仁海, 孙慧慧, 苏旺苍, 等. 氟噻草胺与氟唑磺隆混配协同作用及在小麦田杂草防治中的应用. 植物保护, 2018, 44(2): 209-214.

[174] 吴小美, 曹书培, 朱友理, 等. 几种新型除草剂对机插稻田杂草的防效. 浙江农业科学, 2018, 59(7): 1186-1188.

[175] 吴张钢. 20%氟酮磺草胺悬浮剂防除直播单季稻高龄禾本科杂草药效研究. 现代农业科技, 2016, 9: 129-130.

[176] 筱禾. 2,4-滴的回顾与展望(上). 世界农药, 2017, 39(3): 9.

[177] 筱禾. 2,4-滴的回顾与展望(下). 世界农药, 2017, 39(4): 11.

[178] 筱禾. 新颖除草剂嗪吡嘧磺隆(metazosulfuron). 世界农药, 2017, 39(1): 58-61.

[179] 谢梦醒. 环嗪酮 • 敌草隆在甘蔗、土壤中的残留消解动态及敌草隆的土壤吸附行为研究. 合肥: 安徽农业大学, 2010.

[180] 谢艳红. 不同小麦对甲基二磺隆耐药性及安全剂对耐药性的影响. 北京: 中国农业大学, 2004.

[181] 熊飞. 新型花生地专用除草剂——甲咪唑烟酸. 科学种养, 2011, 7: 49-50.

[182] 徐朝阳, 陈律, 周益民, 等. 50%禾草丹乳油防除旱直播杂草试验效果与应用技术研究. 上海农业科技, 2016, 356(02): 129-130.

[183] 徐德锋, 徐祥建, 王彬, 等. 高效除草剂嘧啶肟草醚研究进展. 农药, 2019(6): 398-402.

[184] 徐汉青. 使用这几种麦田除草剂要注意环境温度. 农药市场信息, 2017, 29: 53.

[185] 徐洪乐, 樊金星, 苏旺苍, 等. 42%氟啶草酮悬浮剂的除草活性及对棉花的安全性. 中国棉花, 2018, 45(11): 14-18.

[186] 徐磊. 关注复配, 开发打造除草剂大品——唑啉草酯未来市场分析. 营销界, 2019, 1: 70-73.

[187] 徐蓬, 王红春, 吴佳文, 等. 2%双唑草腈颗粒剂对机插秧稻田杂草的防效及水稻的安全性. 杂草学报, 2016, 34(3): 45-49.

[188] 徐蓬, 吴佳文, 王红春, 等. 双唑草腈的除草活性及对水稻的安全性. 植物保护, 2017, 43(5): 198-204.

[189] 徐蓬. 水稻田除草剂双唑草腈应用技术研究. 南京: 南京农业大学, 2017.

[190] 徐森富, 方辉, 王会福. 氟酮磺草胺·呋喃磺草酮防除水稻直播田杂草效果及应用技术. 浙江农业

科学, 2018, 59(5): 772-774.

[191] 徐源辉, 唐涛, 刘都才, 等. 丙嗪嘧磺隆等药剂对直播稻田杂草的防除效果. 湖南农业科学, 2015, 2: 23-25, 28.

[192] 许贤, 刘小民, 李秉华, 等. 10% 噁草酸乳油除草活性及对棉花安全性测定. 2017.

[193] 杨翠芝. 麦田使用绿麦隆不当对下茬水稻造成药害. 云南农业, 2009, 10: 12.

[194] 杨光. 93.6%氟酮磺草胺原药等 18 个产品拟批准正式登记. 农药市场信息, 2017, 1: 39.

[195] 杨光. 清原农冠环吡氟草酮田间示范顺利通过国家重点研发计划项目验收. 农药市场信息, 2019, 8: 19.

[196] 杨俊伟, 王建军, 贾鑫, 等. 利用二甲戊灵诱导孤雌生殖的研究. 河北农业科学, 2019, 23(04): 53-55.

[197] 杨益军. 敌草隆市场现状分析. 农药市场信息, 2014, 4: 34.

[198] 杨益军. 敌草隆市场现状和未来预测分析. 营销界(农资与市场), 2014, 2: 74-76.

[199] 杨子辉, 田昊. 唑啉草酯的合成路线评述. 浙江化工, 2017, 48(7): 3-5.

[200] 于丹. 异丙隆. 江苏农业科技报. 2012-11-24.

[201] 于建垒, 宋国春, 李瑞娟, 等. 甲咪唑烟酸及其代谢物在花生及土壤中的残留动态研究. 农业环境科学学报, 2006, S1: 260-264.

[202] 于金萍, 刘亦学, 张惟, 等. 甲基二磺隆和炔草酯防治小麦田禾本科杂草效果研究. 北方农业学报, 2018, 46(06): 87-90.

[203] 余露. 拜耳新活性成分氟酮磺草胺及氟唑菌苯胺获中国药检所首登. 农药市场信息, 2015, 11: 34.

[204] 余露. 江苏绿叶炔苯酰草胺获得临时登记. 农药市场信息, 2012, 19: 33.

[205] 余露. 日本住友化学丙嗪嘧磺隆原药及悬浮剂产品获药检所首登记. 农药市场信息, 2014, 12: 36.

[206] 余露. 双唑草腈将在我国首获登记. 农药市场信息, 2016, 24: 36.

[207] 余铮, 邓莉立, 谭显胜, 等. 20%双草醚可湿性粉剂对水稻直播田杂草的防除效果及安全性评价. 杂草学报, 2017, 3: 38-42.

[208] 张宝珠. 70%氟唑磺隆(彪虎)防治小麦恶性杂草效果好. 农药市场信息, 2011, 26: 38.

[209] 张朝贤. 农田杂草与防控. 北京: 中国农业科学技术出版社, 2011.

[210] 张风文, 金涛, 王恒智, 等. 新化合物环吡氟草酮对小麦田杂草的杀草谱与安全性评价, 2017.

[211] 张建萍, 朱晓群, 唐伟, 等. 33%嗪吡嘧磺隆水分散粒剂在机直播稻“播喷同步”机械除草新技术中的应用. 黑龙江农业科学, 2018, 7: 54-57.

[212] 张俊, 廖燕春, 税正, 等. 氯苯胺灵原药高效液相色谱分析方法研究. 四川化工, 2019, 22(01): 35-36, 40.

[213] 张淑东, 张双, 王禹博, 等. 稻田萤蔺对苄嘧磺隆的抗药性. 农药, 2019, 58(8): 621-624.

[214] 张双, 纪明山, 谷祖敏, 等. 2,4-滴异辛酯的水解及光解特性. 农药学学报, 2019, 21(01): 130-135.

[215] 张特, 赵强, 康正华, 等. 嘧啶(氧)硫苯甲酸类除草剂研究进展. 植物保护, 2018, 44(2): 22-28.

[216] 张田田, 路兴涛, 张勇, 等. 50%炔苯酰草胺 WP 防除移栽莴苣田杂草的效果及安全性. 杂草科学, 2010, 2: 51-52, 59.

[217] 张伟星, 刘永忠, 徐建伟, 等. 40%三甲苯草酮水分散粒剂对稻茬麦田杂草的防效及小麦的安全

性. 杂草学报, 2017, 35(004): 30-35.

[218] 张炜, 陆俊武, 曹秀霞, 等. 二氯吡啶酸防除胡麻田刺儿菜的药效及安全性评价. 植物保护, 2018, 44(3): 220-224.

[219] 张栩, 王伟民, 盛亚红, 等. 咪唑烟酸在农田土壤中的降解规律. 上海农业学报, 2014, 30(3): 79-81.

[220] 张一宾. 水稻田用除草剂双唑草腈(pyraclonil)的研发及其应用普及. 世界农药, 2014, 36(6): 1-3.

[221] 张勇, 宋敏, 周超, 等. 氟唑磺隆防除小麦田杂草效果及对后茬作物安全性. 现代农药, 2019, 18(4): 53-56.

[222] 张云月, 卢宗志, 李洪鑫, 等. 抗苄嘧磺隆雨久花乙酰乳酸合成酶突变的研究. 植物保护, 2015, 41(5): 88-93.

[223] 赵铭森, 邬腊梅, 孔佳茜, 等. 除草剂混用对大麻田一年生杂草的防除效果. 山西农业科学, 2017, 45(1): 3.

[224] 赵霞, 夏丽娟, 李婷, 等. 42% 氟啶草酮悬浮剂对棉花后茬作物的安全性. 农药, 2021, 60(12): 877-899.

[225] 赵祖英. 防除雀麦高效除草剂的筛选及氟唑磺隆的应用研究. 泰安: 山东农业大学, 2015.

[226] 郑庆伟. 我国在莴苣上批准登记的农药产品. 农药市场信息, 2017, 28: 36.

[227] 周婷婷, 陈时健. 240g/L 乙氧氟草醚乳油防除水稻移栽田杂草药效试验简报. 上海农业科技, 2018(2): 116-117.

[228] 周育水, 陈前武, 欧阳勋, 等. 33%嗪吡嘧磺隆 WG 防治水稻直播田杂草试验报告. 福建农业, 2015, 1: 83-84.

[229] 朱春杰. 90%2,4-滴异辛酯乳油防除玉米田、大豆田阔叶类杂草效果评价. 辽宁农业科学, 2013(5): 71-73.

[230] 朱海霞, 李明珠, 魏有海. 30g/L 甲基二磺隆可分散油悬浮剂防除春小麦田一年生杂草. 青海农林科技, 2018, 3: 1-5, 42.

[231] 朱建义, 周小刚, 陈庆华, 等. 二氯吡啶酸防除夏玉米田和冬油菜田阔叶杂草的药效试验. 2012.

[232] 朱文达, 邓德峰. 25%绿麦隆可湿性粉剂防除麦田杂草施药时间的研究. 湖北农业科学, 2002, 4: 48-50.

[233] 朱文达, 颜冬冬, 李林, 等. 精吡氟禾草灵防除油菜田禾本科杂草的效果及对光照和养分的影响. 江西农业学报, 2019, 31(04):60-64.

索引　英文通用名称索引

A

B

C

D

E

F

G

H

I

P

Q

R

S

T

U

V

Z